普通高等教育"十二五"规划教材·财经类院校基础课系列教材

高 等 数 学

（理工类）

主　编　乔花玲　马秦龙　周怀玉
主　审　窦井波　葛　键

科 学 出 版 社

北 京

内 容 简 介

本书是根据普通高等学校理工类专业高等数学课程的教学大纲及基本要求，结合目前学生特点，贯彻"以应用为目的，不削弱理论学习"的指导思想编写而成的，全书共 12 章，分别是函数、极限与连续，导数与微分，中值定理及其导数应用，不定积分，定积分，定积分的应用，空间解析几何与向量代数，多元函数微分学，重积分，曲线积分与曲面积分，无穷级数，微分方程.

本书可以作为普通高等学校非数学专业理工科学生的教材，也可作为相关人员的参考用书.

图书在版编目(CIP)数据

高等数学：理工类/乔花玲，马秦龙，周怀玉主编. —北京：科学出版社，2014

普通高等教育"十二五"规划教材　财经类院校基础课系列教材
ISBN 978-7-03-041254-6

Ⅰ.①高…　Ⅱ.①乔…②马…③周…　Ⅲ.①高等数学-高等学校-教材
Ⅳ.①O13

中国版本图书馆 CIP 数据核字(2014)第 128385 号

责任编辑：滕亚帆　任俊红 / 责任校对：郭瑞芝
责任印制：徐晓晨 / 封面设计：华路天然工作室

科 学 出 版 社 出版
北京东黄城根北街 16 号
邮政编码：100717
http://www.sciencep.com

北京京华虎彩印刷有限公司 印刷
科学出版社发行　各地新华书店经销
*
2014 年 6 月第 一 版　开本：787×1092　1/16
2017 年 1 月第四次印刷　印张：34
字数：892 000
定价：63.00 元
(如有印装质量问题，我社负责调换)

编委会名单

主　编　乔花玲　马秦龙　周怀玉

副主编　张　驰　叶中华　杨善学

主　审　窦井波　葛　键

前　言

　　数学是自然科学的基本语言,是应用模式探索现实世界物质运动规律的主要手段,对于非数学专业的大学生而言,学习数学尤其是高等数学,其意义不仅仅是学习一门专业的基础课程,中外大量的教育实践充分显示了:优秀的数学教育有利于人的理性思维品格的培养和思辨能力的培育,有利于人的聪明智慧的启发,有利于人的潜在能动性与创造力的开发,其价值远非一般的专业技术教育所及.

　　当前,普通本科数学课程的教育效果不尽人意,教材建设仍停留在传统模式上,未能适应社会需求,传统的大学数学教材过分追求逻辑严密性与理论体系的完整性,重理论轻实践,剥离了概念、原理和范例的几何背景与现实意义,导致教学内容过于抽象,也不利于与其他课程及学生自身专业的衔接.

　　本书是根据普通高等学校理工类专业高等数学课程的教学大纲与基本要求,还有多年教学改革实践,结合目前学生的特点,贯彻"以应用为目的,不削弱理论学习"的指导思想编写而成的.本书用通俗易懂的语言将知识进行了更新与重组,尽力在严密的数学语言描述中,保留反映数学思想的本质内容,摒弃非本质的、仅仅为确保数学理论上的完整性与严密性的数学语言描述。坚持"数学思想优先于数学方法,数学方法优先于数学知识"的原则,以提升学生运用数学思想和数学方法解决实际问题的能力为核心,使读者在学习中真正领悟到高等数学教育的思想内涵和巨大价值。

　　为了能更好地与中学数学教学相衔接,本书从一般的数集、区间再到函数概念,回顾了基本初等函数的基础内容;为了培养学生的能力和数学素养,本书渗透了一些现代数学思想、语言和方法;强调有关概念、方法和理工学科的联系;在应用方面,增加了一些微积分在科学技术、日常生活等方面的应用性例题和习题.

　　本书由乔花玲、马秦龙、周怀玉主编,窦井波、葛键主审,参加本书编写的有乔花玲(第1、2章)、马秦龙(第3、4章)、周怀玉(第5、6章)、杨善学(第7、8章)、雷向辰(第9、10章)、张弛(第11章)、叶中华(第12章).

　　由于编者水平有限,书中难免会有不足之处,敬请广大读者批评指正.

编　者

2013 年 12 月

目　　录

第 1 章 函数、极限与连续

中学学习的数学是初等数学. 初等数学主要研究的是常量, 而高等数学主要研究的是变量. 函数是反映各变量之间相互依赖关系, 也是高等数学中最重要的基本概念之一, 极限方法是研究变量的一种基本方法. 高等数学中对函数的研究主要是在实数范围内讨论. 本章将介绍函数和极限的概念、性质及运算法则, 在此基础上建立函数连续的概念, 讨论连续函数的性质.

1.1 函 数

1.1.1 实数集

人类的祖先最先认识的数是**自然数** $1, 2, 3, \cdots$（全体自然数通常用 **N** 表示）. 从那以后, 伴随着人类文明的发展, 数的范围不断扩展, 这种扩展一方面是与社会实践的需要有关, 另一方面与数的运算需要有关. 这里仅就数的运算需要做些解释. 例如, 在自然数的范围内, 对于加法与乘法运算是封闭的, 即两个自然数的和与积仍是自然数. 然而, 两个自然数的差就不一定是自然数了. 为使自然数对于减法运算封闭, 就引进了负数和零, 这样, 人类对数的认识就从自然数扩展到了**整数**（整数的全体通常用 **Z** 表示）. 在整数范围内, 加法运算、乘法运算与减法运算都是封闭的, 但两个整数的商又不一定是整数. 探索使整数对于除法运算也封闭的数的集合, 使整数集扩展到了**有理数**（有理数的全体通常用 **Q** 表示）. 任意一个有理数均可表示成 $\dfrac{p}{q}$（其中 p, q 为整数, 且 $q \neq 0$）.

古希腊人发现等腰直角三角形的腰和斜边没有公度, 从而证明 $\sqrt{2}$ 不是有理数, 这样, 人们首次知道了无理数的存在, 后来又发现了更多的无理数, 如 $\sqrt{3}, \pi, e$ 等. 无理数是无限不循环的小数. 有理数与无理数统称为**实数**（全体实数通常用 **R** 表示）, 这样就把有理数集扩展到了实数集. 实数集不仅对于四则运算是封闭的, 而且对于开方运算也是封闭的. 数学家完全研究清实数及其相关理论, 已是 19 世纪的事情了.

1.1.2 实数的绝对值

实数的绝对值是数学里经常用到的概念. 下面介绍实数绝对值的定义及其一些性质.

定义 1 设 x 为一个实数, 则 x 的**绝对值**定义为

$$|x| = \begin{cases} x, & x \geqslant 0 \\ -x, & x < 0 \end{cases}.$$

x 的绝对值 $|x|$ 在数轴上表示点 x 与原点 O 的距离. 若 y 为任意实数, 则点 y 与点 x 间的距离可用数 $y - x$ 或 $x - y$ 的**绝对值**来表示

$$|y - x| = |x - y| = \begin{cases} x - y, x \geqslant y \\ y - x, x < y \end{cases}.$$

实数的绝对值有如下性质:

(1) 对于任意的 $x \in \mathbf{R}$, 有 $|x| \geqslant 0$. 当且仅当 $x = 0$ 时, 才有 $|x| = 0$.

(2) 对于任意的 $x \in \mathbf{R}$, 有 $|-x| = |x|$.

(3) 对于任意的 $x \in \mathbf{R}$, 有 $|x| = \sqrt{x^2}$.

(4) 对于任意的 $x \in \mathbf{R}$,有 $-|x| \leqslant x \leqslant |x|$.

(5) $|x+y| \leqslant |x|+|y|$　　（三角不等式）.

(6) $||x|-|y|| \leqslant |x-y| \leqslant |x|+|y|$.

(7) $|xy|=|x||y|$.

(8) $\left|\dfrac{x}{y}\right|=\dfrac{|x|}{|y|}$ $(y \neq 0)$.

(9) 设实数 $a>0$,则 $|x|<a$ 的充分必要条件是 $-a<x<a$.

(10) 设实数 $a \geqslant 0$,则 $|x| \leqslant a$ 的充分必要条件是 $-a \leqslant x \leqslant a$.

(11) 设实数 $a>0$,则 $|x|>a$ 的充分必要条件是 $x<-a$ 或 $x>a$.

(12) 设实数 $a \geqslant 0$,则 $|x| \geqslant a$ 的充分必要条件是 $x \leqslant -a$ 或 $x \geqslant a$.

它们的几何解释是直观的. 例如性质(9),在数轴上 $|x|<a$ 表示所有与原点距离小于 a 的点 x 构成的点集,$-a<x<a$ 表示所有位于点 $-a$ 和 a 之间的点 x 构成的点集. 它们表示同一个点集. 性质(10)~(12)可做类似的解释.

由性质(9)可以推得不等式 $|x-A|<a$ 与 $A-a<x<A+a$ 是等价的,其中 A 为实数,a 为正实数.

下面仅就结论(5)进行证明.

证　由性质(4),有 $-|x| \leqslant x \leqslant |x|$ 及 $-|y| \leqslant y \leqslant |y|$,从而有
$$-(|x|+|y|) \leqslant x+y \leqslant |x|+|y|.$$
根据性质(10),由于 $|x|+|y| \geqslant 0$(相当于性质(10)中 $a \geqslant 0$),得
$$|x+y| \leqslant |x|+|y|.$$

1.1.3　区间与邻域

1. 区间

区间是高等数学中常用的实数集,设 a,b 为两个实数,且 $a<b$,数集 $\{x|a<x<b\}$ 称为开区间,记为 (a,b),即
$$(a,b)=\{x|a<x<b\}.$$
其中 a,b 称为开区间 (a,b) 的端点,$a \notin (a,b)$,$b \notin (a,b)$.

类似地,有闭区间和半开半闭区间:
$$[a,b]=\{x|a \leqslant x \leqslant b\}, \quad [a,b)=\{x|a \leqslant x<b\}, \quad (a,b]=\{x|a<x \leqslant b\}.$$

以上这些区间称为有限区间,数 $b-a$ 称为这些区间的长度,从数轴上看这些有限区间是长度有限的线段,区间 $[a,b]$ 与 (a,b) 在数轴上表示出来,分别如图 1-1-1(a)与(b). 另外还有无限区间,引入记号 $+\infty$(读作"正无穷大")及 $-\infty$(读作"负无穷大"),则可类似地表示无限区间. 例如
$$[a,+\infty)=\{x|a \leqslant x\}, \quad (-\infty,b)=\{x|x<b\}.$$
这两个无限区间在数轴上表示如图 1-1-1(c)与(d).

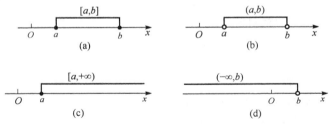

图 1-1-1

特别地,全体实数的集合 **R** 也可以表示为无限区间$(-\infty,+\infty)$.

注 在本教程中,当不需要特别辨明区间是否包含端点、是有限还是无限时,常将其简称为"区间",并常用 I 表示.

例 1 解下列不等式,并将其解用区间表示.

(1) $|2x-1|<3$;   (2) $|3x+2|\geqslant 3$.

解 (1) $|2x-1|<3$ 等价于$-3<2x-1<3$,解得$-1<x<2$,用区间表示即为$(-1,2)$.

(2) $|3x+2|\geqslant 3$ 等价于 $3x+2\geqslant 3$ 或 $3x+2\leqslant -3$,解得 $x\geqslant \dfrac{1}{3}$ 或 $x\leqslant -\dfrac{5}{3}$,用区间表示为 $\left(-\infty,-\dfrac{5}{3}\right] \cup \left[\dfrac{1}{3},+\infty\right)$.

2. 邻域

定义 2 设 a 与 δ 是两个实数,且 $\delta>0$,数集$\{x\,|\,a-\delta<x<a+\delta\}$ 称为点 a 的 δ 邻域,记为
$$U(a,\delta)=\{x\,|\,a-\delta<x<a+\delta\}.$$
其中,点 a 称为该邻域的**中心**,δ 称为该邻域的**半径**(图 1-1-2).

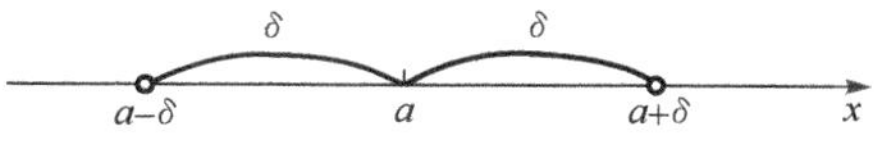

由于 $a-\delta<x<a+\delta$ 相当于 $|x-a|<\delta$,因此

$U(a,\delta)=\{x\,|\,a-\delta<x<a+\delta\}$
图 1-1-2

$$U(a,\delta)=\{x\,|\,|x-a|<\delta\}.$$

若把邻域 $U(a,\delta)$ 的中心去掉,所得到的邻域称为**点 a 的去心 δ 邻域**,记为 $\mathring{U}(a,\delta)$,即
$$\mathring{U}(a,\delta)=\{x\,|\,0<|x-a|<\delta\}.$$

更一般地,以 a 为中心的任何开区间均是点 a 的邻域,当不需要特别辨明邻域的半径时,可简记为 $U(a)$.

为了方便,有时把开区间$(a-\delta,a)$称为 a 的**左去心 δ 邻域**;把开区间$(a,a+\delta)$称为 a 的**右去心 δ 邻域**.

1.1.4 函数的概念

函数是描述变量间相互依赖关系的一种数学模型.

例如,在自由落体运动中,设物体下落的时间为 t,落下的距离为 s. 假定开始下落的时刻为 $t=0$,则变量 s 和 t 之间的依赖关系由数学模型
$$s=\frac{1}{2}gt^2$$
给定,其中 g 是重力加速度.

定义 3 设 x 和 y 是两个变量,D 是一个给定的非空数集. 如果对于每个数 $x\in D$,变量 y 按照一定法则总有确定的数值和它对应,则称 y 是 x 的函数,记为
$$y=f(x),\quad x\in D,$$
其中,x 称为**自变量**,y 称为**因变量**,数集 D 称为这个函数的**定义域**,也记为 D_f,即 $D_f=D$.

对 $x_0\in D$,按照对应法则 f,总有确定的值 y_0(记为 $f(x_0)$)与之对应,称 $f(x_0)$ 为函数在点 x_0 处的**函数值**. 因变量 y 与自变量 x 的这种相依关系通常称为**函数关系**.

当自变量 x 遍取 D 的所有数值时,对应的函数值 $f(x)$ 的全体构成的集合称为函数 f 的

值域,记为 R_f 或 $f(D)$,即
$$R_f = f(D) = \{y \mid y = f(x), x \in D\}.$$

按照上述定义,记号 f 表示自变量 x 和因变量 y 之间的对应法则;记号 $f(x)$ 表示与自变量 x 对应的函数值.为了叙述方便,习惯上常用"$f(x), x \in D$"或"$y = f(x), x \in D$"表示定义在 D 上的函数,这时应理解为函数 f.

函数的表示记号可以任意选取,除了常用的 f 以外,还可以用其他英文字母或希腊字母,如"F","h","g","ϕ","$\varnothing$"等,相应的函数记为 $y = F(x), y = h(x), y = g(x), y = \phi(x), y = \phi(x)$ 等.

注 函数的定义域与对应法则称为函数的两个要素.两个函数相等的充分必要条件是它们的定义域和对应法则均相同.

关于函数的定义域,在实际问题中应根据问题的实际意义具体确定.如果讨论的是纯数学问题,则往往取使函数的表达式有意义的一切实数所构成的集合作为该函数的定义域,这种定义域又称为函数的**自然定义域**.

例如,函数
$$y = \sqrt{1 - x^2}$$
的(自然)定义域即为闭区间 $[-1, 1]$.

例 2 求函数 $y = \dfrac{1}{1 - x^2} + \sqrt{x + 2}$ 的定义域.

解 要使函数解析式有意义,则有
$$\begin{cases} 1 - x^2 \neq 0 \\ x + 2 \geqslant 0 \end{cases},$$

解得 $\begin{cases} x \neq \pm 1 \\ x \geqslant -2 \end{cases}$,即函数 $y = \dfrac{1}{1 - x^2} + \sqrt{x + 2}$ 的定义域为 $[-2, -1) \cup (-1, 1) \cup (1, +\infty)$.

对函数 $y = f(x)$ $(x \in D)$,若取自变量 x 为横坐标,因变量 y 为纵坐标,则在平面直角坐标系 xOy 中就确定了一个点 (x, y).当 x 遍取定义域中的每一个数值时,平面上的点集
$$C = \{(x, y) \mid y = f(x), x \in D\}$$
称为函数 $y = f(x)$ 的图形(图 1-1-3).

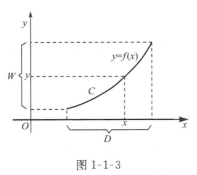

图 1-1-3

若自变量在定义域内任取一个数值,对应的函数值总是只有一个,这种函数称为**单值函数**,否则称为**多值函数**.

例如,方程 $x^2 + y^2 = a^2$ 在闭区间 $[-a, a]$ 上确定了一个以 x 为自变量,y 为因变量的函数.对每一个 $x \in (-a, a)$,都有两个 y 值($\pm \sqrt{a^2 - x^2}$)与之对应,因而 y 是多值函数.

注 若无特别声明,本教程中的函数均指单值函数.

1.1.5 函数的常用表示法

函数的表示法通常有三种:**表格法、图像法和公式法**.

(1) **表格法**.将自变量的值与对应的函数值列成表格的方法.

（2）**图像法**. 在坐标系中用图形来表示函数关系的方法.

（3）**公式法（解析法）**. 将自变量和因变量之间的关系用数学表达式（又称为解析表达式）来表示的方法.

根据函数的解析表达式的形式不同, 函数也可分为**显函数**、**隐函数**和**分段函数**三种：

（1）**显函数**. 函数 y 由 x 的解析表达式直接表示.

（2）**隐函数**. 函数的自变量 x 与因变量 y 的对应关系由方程 $F(x,y)=0$ 来确定. 例如, $\ln y = \cos(x^2+y)$.

（3）**分段函数**. 函数在其定义域的不同范围内, 具有不同的解析表达式.

以下是几个分段函数的例子.

例 3　绝对值函数

$$y=|x|=\begin{cases} x, & x\geqslant 0 \\ -x, & x<0 \end{cases}$$

的定义域 $D=(-\infty,+\infty)$, 值域 $R_f=[0,+\infty)$, 图形如图 1-1-4 所示.

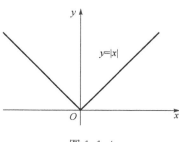

图 1-1-4

例 4　取整函数 $[x]$, 其中 $[x]$ 表示不超过 x 的最大整数. 例如,

$$\left[\frac{4}{5}\right]=0, \quad [\sqrt{3}]=1, \quad [\pi]=3, \quad [-2]=-2, \quad [-3.14]=-4.$$

易见, 取整函数的定义域为 $D=(-\infty,+\infty)$, 值域 $R_f=\mathbf{Z}$, 如图 1-1-5 所示.

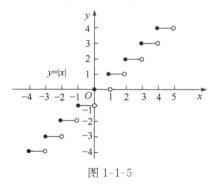

图 1-1-5

例 5*　狄利克雷函数

$$y=D(x)=\begin{cases} 1, & x\in\mathbf{Q} \\ 0, & x\in\mathbf{Q}^c \end{cases}.$$

易见, 该函数的定义域 $D=(-\infty,+\infty)$, 值域 $R_f=\{0,1\}$, 但它没有直观的图形表示.

1.1.6　函数的特性

1. 函数的有界性

设函数 $f(x)$ 的定义域为 D, 数集 $X\subset D$, 若存在一个正数 M, 使得对一切 $x\in X$, 恒有

$$|f(x)|\leqslant M$$

成立, 则称函数 $f(x)$ 在 X 上**有界**, 或称 $f(x)$ 是 X 上的**有界函数**. 每一个具有上述性质的正数 M 都是该函数的界.

若具有上述性质的正数 M 不存在, 则称 $f(x)$ 在 X 上**无界**, 或称 $f(x)$ 为 X 上的**无界函数**.

例如, 函数 $y=\cos x$ 在 $(-\infty,+\infty)$ 内有界, 因为对任何实数 x, 恒有 $|\cos x|\leqslant 1$. 函数 $y=\ln x$ 在 $(0,1)$ 上无界, 在 $[1,4)$ 上有界.

例 6　证明函数 $y=\dfrac{2x}{x^2+1}$ 在 $(-\infty,+\infty)$ 上是有界的.

证明　因为 $(1-|x|)^2\geqslant 0$, 所以 $|x^2+1|\geqslant 2|x|$, 故对一切 $x\in(-\infty,+\infty)$, 恒有

$$|f(x)|=\left|\frac{2x}{x^2+1}\right|=\frac{2|x|}{|1+x^2|}\leqslant 1.$$

从而函数 $y=\dfrac{2x}{x^2+1}$ 在 $(-\infty,+\infty)$ 上是有界的.

2. 函数的单调性

设函数 $f(x)$ 的定义域为 D,区间 $I\subset D$. 如果对于区间 I 上任意两点 x_1 及 x_2,当 $x_1<x_2$ 时,恒有

$$f(x_1)<f(x_2),$$

则称函数 $f(x)$ 在区间 I 上是**单调增加函数**;如果对于区间 I 上任意两点 x_1 及 x_2,当 $x_1<x_2$ 时,恒有

$$f(x_1)>f(x_2),$$

则称函数 $f(x)$ 在区间 I 上是**单调减少函数**.

例如,函数 $y=x^2$ 在 $[0,+\infty)$ 内是单调增加的,在 $(-\infty,0]$ 内是单调减少的,在 $(-\infty,+\infty)$ 内是不单调的(图 1-1-6). 而函数 $y=x^3$ 在 $(-\infty,+\infty)$ 内是单调增加的(图 1-1-7).

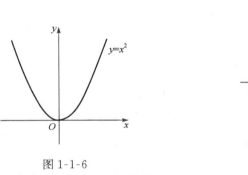

图 1-1-6

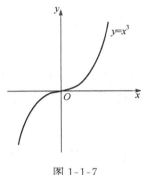

图 1-1-7

由定义易知,单调增加函数的图形沿 x 轴正向是逐渐上升的(图 1-1-8),单调减少的图形沿 x 轴正向是逐渐下降的(图 1-1-9).

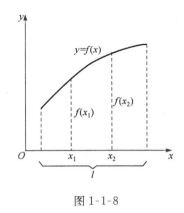

图 1-1-8

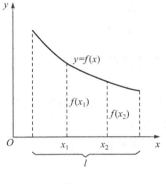

图 1-1-9

例 7　证明函数 $f(x)=\dfrac{x}{1+x}$ 在 $(-1,+\infty)$ 内是单调增加的函数.

证明　在 $(-1,+\infty)$ 内任取两点 x_1,x_2,且 $x_1<x_2$,则

$$f(x_1)-f(x_2)=\frac{x_1}{1+x_1}-\frac{x_2}{1+x_2}=\frac{x_1-x_2}{(1+x_1)(1+x_2)}.$$

因为 x_1,x_2 是 $(-1,+\infty)$ 内任意两点,所以
$$1+x_1>0, \quad 1+x_2>0.$$
又因为 $x_1-x_2<0$,故 $f(x_1)-f(x_2)<0$,即
$$f(x_1)<f(x_2),$$
所以 $f(x)=\dfrac{x}{1+x}$ 在 $(-1,+\infty)$ 内是单调增加的.

3. 函数的奇偶性

设函数 $f(x)$ 的定义域 D 关于原点对称. 若 $\forall x\in D$,恒有
$$f(-x)=f(x),$$
则称 $f(x)$ 为**偶函数**;若 $\forall x\in D$,恒有
$$f(-x)=-f(x),$$
则称 $f(x)$ 为**奇函数**.

偶函数的图形关于 y 轴是对称的(图 1-1-10);奇函数的图形关于原点是对称的(图 1-1-11).

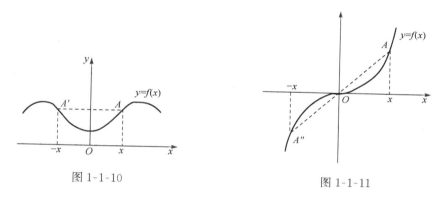

图 1-1-10　　　　　　　　　图 1-1-11

例如,函数 $y=\sin x$ 是奇函数;$y=\cos x$ 是偶函数.

例 8　判断函数
$$f(x)=\frac{e^x-1}{e^x+1}\ln\frac{1-x}{1+x} \quad (-1<x<1)$$
的奇偶性.

解　因为函数的定义域为 $(-1,1)$,且
$$f(-x)=\frac{e^{-x}-1}{e^{-x}+1}\ln\frac{1+x}{1-x}=\frac{1-e^x}{1+e^x}\ln\left(\frac{1-x}{1+x}\right)^{-1}=-\frac{e^x-1}{e^x+1}\cdot(-1)\ln\frac{1-x}{1+x}$$
$$=\frac{e^x-1}{e^x+1}\ln\frac{1-x}{1+x}=f(x).$$
所以 $f(x)$ 是偶函数.

4. 函数的周期性

设函数 $f(x)$ 的定义域为 D,如果存在常数 $T>0$,使得对一切 $x\in D$,有 $(x+T)\in D$,且
$$f(x+T)=f(x),$$
则称 $f(x)$ 为**周期函数**,T 称为 $f(x)$ 的**周期**.

例如, $\sin x$, $\cos x$ 都是以 2π 为周期的周期函数; 函数 $\tan x$ 是以 π 为周期的周期函数.

周期函数的图形特点是, 如果把一个周期为 T 的周期函数在一个周期内的图形向左或向右平移周期的正整数倍距离, 则它将与周期函数的其他部分图形重合(图 1-1-12).

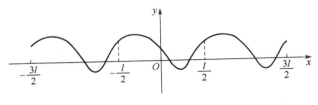

图 1-1-12

通常周期函数的周期是指其**最小正周期**. 但并非每个周期函数都有最小正周期.

例 9[*] 狄利克雷函数

$$D(x) = \begin{cases} 1, & x \in \mathbf{Q} \\ 0, & x \in \mathbf{Q}^C \end{cases},$$

容易验证它是一个周期函数, 任何正有理数 r 都是它的周期. 因为不存在最小的正有理数, 所以它没有最小正周期.

周期函数的应用是广泛的, 因为在科学与工程技术中研究的许多现象都呈现出明显的周期性特征, 如家用的电压和电流是周期的, 用于加热食物的微波炉中电磁场是周期的, 季节和气候是周期的, 月相和行星的运动是周期的等.

例 10 设 a, b 为两个函数, 且 $a < b$. 对于任意实数 x, 函数 $f(x)$ 满足条件:
$$f(a-x) = f(a+x) \quad 及 \quad f(b-x) = f(b+x).$$
证明: $f(x)$ 以 $T = 2(b-a)$ 周期.

证明 因为 $f[x+2(b-a)] = f[b+(x-2a+b)] = f[b-(x-2a+b)]$
$$= f(2a-x) = f[a+(a-x)] = f[a-(a-x)] = f(x).$$
故按周期函数的定义, $f(x)$ 以 $T = 2(b-a)$ 周期.

1.1.7 数学建模——函数关系的建立

马克思说过, 一门科学只有成功地应用数学时, 才算达到了完善的地步. 在高新技术领域, 数学已不再仅仅作为一门科学, 而是许多技术的基础. 20 世纪下半叶以来, 由于计算机软硬件的飞速发展, 数学正以空前的广度和深度向一切领域渗透, 而数学建模作为应用数学方法研究各领域中定量关系的关键与基础也越来越受到人们的重视.

在应用数学解决实际应用问题的过程中, 先要将该问题量化, 然后要分析哪些是常量, 哪些是变量, 确定选取哪个作为自变量, 哪个作为因变量, 最后要把实际问题中变量之间的函数关系正确抽象出来, 根据题意建立起它们之间的**数学模型**. 数学模型的建立有助于我们利用已知的数学工具来探索隐藏其中的内在规律, 帮助我们把握现状、预测和规划未来, 从这个意义上说, 我们可以把数学建模设想为旨在研究人们感兴趣的特定的系统或行为的一种数学构想.

在上述过程中, 数学模型的建立是数学建模中最核心和最困难之处. 在本课程的学习中, 我们将结合所学内容逐步深入地探讨不同的数学建模问题.

在许多实际问题中, 往往只能通过观测或试验获取反映变量特征的部分经验数据, 问题要求我们从这些数据出发来探求隐藏其中的某种模式或趋势. 如果这种模式确实存在, 而我们又能找到近似表达这种趋势的曲线 $y = f(x)$, 那么一方面就可以用这个表达式来概括这些数据,另一方面能够以此预测其他 x 处的 y 值. 求这样一条拟合数据的特殊曲线类型的过程称为**回归分析**,该曲线称为**回归曲线**.

实际应用中有许多有用的回归曲线类型,如幂函数曲线、多项式函数曲线、指数函数曲线、对数函数曲线和正弦函数曲线等. 尽管有关回归分析的理论要到后续内容和后续课程(如概率论与数理统计等课程)中才会涉及,其中一些理论内容甚至在整个大学学习阶段都不会涉及,但作为一种重要的数学建模工具,如今的数学软件甚至像 Excel 那样的办公软件中都包含了回归分析的功能,因此,它并不影响我们从应用的角度来学习如何利用回归分析. 对实际问题进行数学建模.

例 11 为研究某国际标准普通信件(重量不超过 50g)邮资与时间的关系,得到如下数据:

年份	1978	1981	1984	1985	1987	1991	1995	1997	2001	2005	2008
邮资(分)	6	8	10	13	15	20	22	25	29	32	33

试构建一个邮资作为时间的函数的数学模型,在检验了这个模型是"合理"的之后,用这个模型来预测一下 2012 年邮资.

解 (1) 先将实际问题量化,确定自变量 x 和因变量 y. 用 x 表示时间,为方便计算,设起始年 1978 年为 0,用 y(单位:分)表示相应年份的信件的邮资,得到下表

x	0	3	6	7	9	13	17	19	23	27	30
y	6	8	10	13	15	20	22	25	29	32	33

(2) 作散点图(图 1-1-13). 由图可见邮资与时间大致呈线性关系. 故可设 y 与 x 之间的函数关系为

$$y = ax + b,$$

其中 a, b 为待定常数.

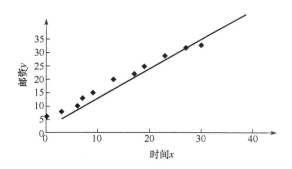

图 1-1-13 邮资与时间间散点图

(3) 求待定常数项 a, b,通过 Excel 相关功能的计算分别得到 a, b 的值.

$$a = 0.961\ 8, \quad b = 5.898.$$

从而得到回归直线为

$$y = 5.898 + 0.961\ 8x.$$

(4) 在散点图中添加上述回归直线,可见该线性模型与散点图拟合得相当好,说明线性模型是合理的.

(5) 预测 2012 年邮资,即 $x = 34$ 时 y 的取值. 将 $x = 34$ 代入上述回归直线方程可得 $y \approx 39$. 即可预测 2012 年的邮资约为 39 分.

一般地,可按以下四个步骤进行回归分析:

(1) 将实际问题量化,确定自变量和因变量;

(2) 根据已知数据作散点图,大致确定拟合数据的函数类型;

(3) 通过软件(如 Excel 等)计算,得到函数关系模型;

(4) 利用回归分析建立的近似函数关系来预测指定点 x 处的 y 值.

在例 3 中,问题所给邮资与时间的数据对之间大致呈线性关系,由回归分析知直线为较理想的回归曲线,此类回归问题又称为**线性回归问题**,它是最简单的回归分析,但却具有广泛的实际应用价值. 此外,许多更加复杂的非线性回归问题,如幂函数、指数函数与对数函数回归等都可以通过适当的变量替换化为线性回归问题来研究.

习 题 1-1

1. 求下列函数的自然定义域:

(1) $y=\dfrac{1}{x}-\sqrt{1-x^2}$;　　　(2) $y=\sqrt{4-x^2}+\dfrac{1}{\sqrt{x-1}}$;　　　(3) $y=\arcsin\dfrac{x-1}{2}$;

(4) $y=\sqrt{3-x}+\arctan\dfrac{1}{x}$;　　(5) $y=\dfrac{\lg(3-x)}{\sqrt{|x|-1}}$;　　　(6) $y=\log_{x-1}(16-x^2)$;

(7) $f(x)=\dfrac{\lg(3-x)}{\sin x}+\sqrt{5+4x-x^2}$.

2. 下列各题中,函数是否相同? 为什么?

(1) $f(x)=\lg x^3$ 与 $g(x)=3\lg x$;　 (2) $f(x)=x$ 与 $g(x)=(\sqrt{x})^2$;　　(3) $y=2x^3+5$ 与 $x=2y^3+5$;

(4) $y=\sqrt{1-\cos 2x}$ 与 $y=\sqrt{2}\sin x$;　(5) $y=\sqrt[3]{x^4-x^3}$ 与 $y=x\sqrt[3]{x-1}$;　(6) $y=1$ 与 $y=\csc^2 x-\cot^2 x$.

3. 设 $\varphi(x)=\begin{cases}|\sin x|, & |x|<\dfrac{\pi}{3}\\[2mm] 0, & |x|\geqslant\dfrac{\pi}{3}\end{cases}$,求 $\varphi\left(\dfrac{\pi}{6}\right),\varphi\left(\dfrac{\pi}{4}\right),\varphi\left(-\dfrac{\pi}{4}\right),\varphi(-2)$,并作出函数 $y=\varphi(x)$ 的图形.

4. 试证下列函数在指定区间内的单调性:

(1) $y=\dfrac{x}{1-x}$, $(-\infty,1)$;　　　　　　　　　　　(2) $y=3x+\ln x$, $(0,+\infty)$.

5. 设 $f(x)$ 定义在 $(-l,l)$ 内的奇函数,若 $f(x)$ 在 $(0,l)$ 内单调增加,证明:$f(x)$ 在 $(-l,0)$ 内也单调增加.

6. 已知 $f(\sin^2 x)=\cos 2x+\tan^2 x,0<x<1$,求函数 $f(x)$ 的表达式.

7. 设 $f(x)$ 满足方程:$af(x)+bf\left(-\dfrac{1}{x}\right)=\sin x$ $(|a|\neq|b|)$,求 $f(x)$.

8. 设下面所考虑函数的定义域关于原点对称,证明:

(1) 两个偶函数的和是偶函数,两个奇函数的和是奇函数;

(2) 两个偶函数的乘积是偶函数,两个奇函数的乘积是偶函数,偶函数与奇函数的乘积是奇函数.

9. 下列函数中哪些是偶函数,哪些是奇函数,哪些既非奇函数又非偶函数?

(1) $y=x^2(1-x^2)$;　　　　　(2) $y=3x^2-x^3$;　　　　　(3) $y=\dfrac{e^x+e^{-x}}{2}$;

(4) $y=|x\cos x|e^{\cos x}$;　　　(5) $y=\tan x-\sec x+1$;　　(6) $y=x(x-3)(x+3)$.

10. 下列各函数中哪些是周期函数? 对于周期函数,指出其周期:

(1) $y=\cos(x-1)$;　　　　　(2) $y=x\tan x$;　　　　　(3) $y=\sin^2 x$;

(4) $y=\cos 4x$;　　　　　　(5) $y=x\cos x$;　　　　　(6) $y=1+\sin\pi x$.

11. 设函数 $f(x)$ 在数集 X 上有定义,试证:函数 $f(x)$ 在 X 上有界的充分必要条件是它在 X 上既有上界又有下界.

12. 证明：$f(x)=x\sin x$ 在 $(0,+\infty)$ 上是无界函数.

13. 已知水渠的横断面为等腰梯形，斜角 $\varphi=40°$（图 1-1-14）. 当过水断面 $ABCD$ 的面积为定值 S_0 时，求湿周 $L(L=AB+BC+CD)$ 与水深 h 之间的函数关系式，并指明其定义域.

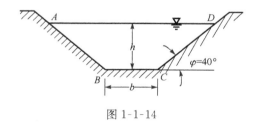

图 1-1-14

14. 已知一物体与地面的摩擦系数是 μ，重量是 P. 设有一与水平方向成 α 角的拉力 F，使物体从静止开始移动（图 1-1-15）. 求物体开始移动时拉力 F 与角 α 之间的函数关系式.

15. 一球的半径为 r，作外切线于球的圆锥（图 1-1-16），试将其体积表示为高的函数，并指明其定义域.

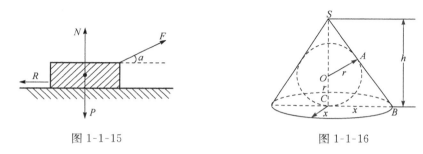

图 1-1-15　　　　　　　　　　图 1-1-16

1.2　初 等 函 数

1.2.1　反函数

函数关系的实质就是从定量分析的角度来描述运动过程中变量之间的相互依赖关系. 但在研究过程中，哪个量作为自变量，哪个量作为因变量（函数）是由具体问题来决定.

例如，设某种商品的单价为 p，销售量为 q，则销售收入 R 是 q 的函数：

$$R=pq, \tag{1.2.1}$$

这里 q 是自变量，R 是因变量（函数）.

若已知收入 R，反过来求销售量 q，则有

$$q=\frac{R}{p}, \tag{1.2.2}$$

这里 R 是自变量，q 是因变量（函数）.

式（1.2.1）和式（1.2.2）是同一个关系的两种写法，但从函数的观点来看，由于对应法则不同，它们是两个不同的函数，常称它们互为反函数.

一般地，设函数 $y=f(x)$ 的定义域为 D，值域为 W. 对于值域 W 中的任一数值 y，在定义域 D 上至少可以确定一个数值 x 与 y 对应，且满足关系式

$$f(x)=y.$$

如果把 y 作为自变量，x 作为函数，则由上述关系式可确定一个新函数

$$x=\varphi(y)\quad（或\ x=f^{-1}(y)），$$

这个新函数称为函数 $y=f(x)$ 的**反函数**. 反函数的定义域为 W，值域为 D. 相对于反函数，函

数 $y=f(x)$ 称为**直接函数**.

注 (1) 即使 $y=f(x)$ 是单值函数,其反函数 $x=\varphi(y)$ 也不一定是单值函数(图 1-2-1). 但如果 $y=f(x)$ 在 D 上不仅单值,而且单调,则其反函数 $x=\varphi(y)$ 在 W 上是单值的.

例如,函数 $y=x^2$ 的定义域为 $(-\infty,+\infty)$,值域为 $[0,+\infty)$. 易见 $y=x^2$ 的反函数是多值函数,即 $x=\pm\sqrt{y}$. 因为函数 $y=x^2$ 是在区间 $[0,+\infty)$ 上单调增加的(图 1-2-2),所以当把 x 限制在 $[0,+\infty)$ 上时,$y=x^2$ 的反函数是单值函数,即 $x=\sqrt{y}$.

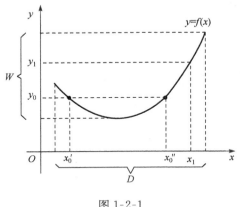

图 1-2-1

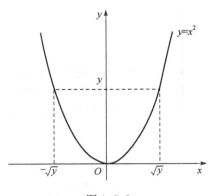

图 1-2-2

(2) 习惯上,总是用 x 表示自变量,y 表示因变量,因此,$y=f(x)$ 的反函数 $x=\varphi(y)$ 常改写为

$$y=\varphi(x) \quad (\text{或 } y=f^{-1}(x)).$$

(3) 在同一个坐标平面内,直接函数 $y=f(x)$ 和反函数 $y=\varphi(x)$ 的图形关于直线 $y=x$ 是对称的(图 1-2-3).

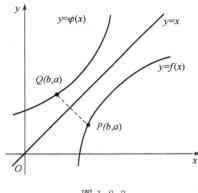

图 1-2-3

例 1 已知

$$\mathrm{sgn}x=\begin{cases} 1, & x>0 \\ 0, & x=0, \\ -1, & x<0 \end{cases} \quad \mathrm{sgn}x \text{ 为符号函数},$$

求 $y=(1+x^2)\mathrm{sgn}x$ 的反函数.

解 由题设易得

$$y=(1+x^2)\mathrm{sgn}x=\begin{cases} 1+x^2 & x>0 \\ 0 & x=0, \\ -(1+x^2) & x<0 \end{cases}$$

反解出
$$x=\begin{cases} \sqrt{y-1} & y>1 \\ 0 & y=0. \\ -\sqrt{-(1+y)} & y<-1 \end{cases}$$

所以 $y=(1+x^2)\mathrm{sgn}x$ 的反函数为
$$y=\begin{cases} \sqrt{x-1} & x>1 \\ 0 & x=0. \\ -\sqrt{-(1+x)} & x<-1 \end{cases}$$

1.2.2　基本初等函数

幂函数、指数函数、对数函数、三角函数和反三角函数是五类基本初等函数. 由于在中学数学中,我们已经深入学习过这些函数,这里只作简要复习.

1. 幂函数

幂函数 $y=x^\alpha$(α 为任意实数),其定义域要依 α 具体是什么数而定. 当
$$\alpha=1,\quad 2,\quad 3,\quad \frac{1}{2},\quad -1$$
时是最常用的幂函数(图 1-2-4).

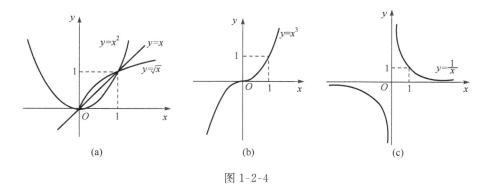

图 1-2-4

2. 指数函数

指数函数 $y=a^x$(a 为常数,$a>0$ 且 $a\neq1$),其定义域为$(-\infty,+\infty)$,值域$(0,+\infty)$. 当 $a>1$ 时,指数函数 $y=a^x$ 单调增加;当 $0<a<1$ 时,指数函数 $y=a^x$ 单调减少.

$y=a^{-x}$ 与 $y=a^x$ 的图形关于 y 轴对称(图 1-2-5). 其中最为常用的是以 $\mathrm{e}=2.718\,281\,8$ ……为底数的指数函数 $y=\mathrm{e}^x$.

3. 对数函数

指数函数 $y=a^x$ 的反函数称为对数函数,记为
$$y=\log_a x\ (a\text{ 为常数},a>0\text{ 且 }a\neq1).$$

其定义域为$(0,+\infty)$,值域$(-\infty,+\infty)$.当$a>1$时,对数函数$y=\log_a x$单调增加;当$0<a<1$时,对数$y=\log_a x$单调减少(图 1-2-6).

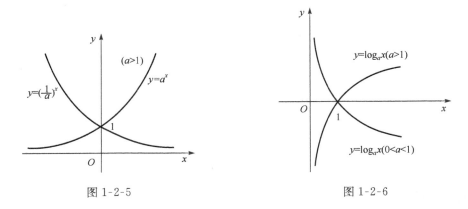

图 1-2-5　　　　　　　　　　　　　　　图 1-2-6

其中以 e 为底的对数函数称为**自然对数函数**,记为
$$y=\ln x.$$

4. 三角函数

常用三角函数有:

(1) 正弦函数 $y=\sin x$,其定义域为$(-\infty,+\infty)$,值域为$[-1,1]$,是奇函数,以 2π 为周期的周期函数(图 1-2-7).

(2) 余弦函数 $y=\cos x$,其定义域为$(-\infty,+\infty)$,值域为$[-1,1]$,是偶函数,以 2π 为周期的周期函数(图 1-2-8).

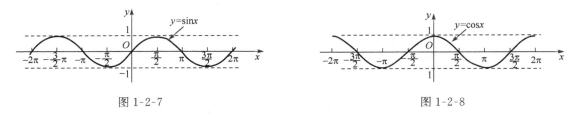

图 1-2-7　　　　　　　　　　　　　　　图 1-2-8

(3) 正切函数 $y=\tan x$,其定义域为$\left\{x\,\middle|\,x\neq k\pi+\dfrac{\pi}{2},k\in\mathbf{Z}\right\}$,值域为$(-\infty,+\infty)$,是奇函数,以 π 为周期的周期函数,一个周期内是单调增加的(图 1-2-9).

(4) 余切函数 $y=\cot x$,其定义域为$\{x\,|\,x\neq k\pi,k\in\mathbf{Z}\}$,值域为$(-\infty,+\infty)$,是奇函数以 π 为周期的周期函数,一个周期内是单调减少的(图 1-2-10).

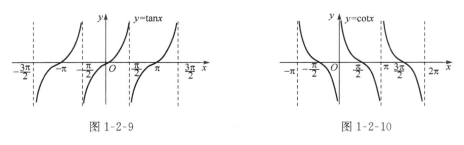

图 1-2-9　　　　　　　　　　　　　　　图 1-2-10

（5）正割函数 $y=\sec x=\dfrac{1}{\cos x}$，其定义域为 $\left\{x\,\middle|\,x\neq k\pi+\dfrac{\pi}{2},k\in\mathbf{Z}\right\}$，值域为 $(-\infty,-1]\bigcup$
$[1,+\infty)$，是偶函数，以 2π 为周期的周期函数（图 1-2-11）.

（6）余割函数 $y=\csc x=\dfrac{1}{\sin x}$，其定义域为 $\{x\,|\,x\neq k\pi,k\in\mathbf{Z}\}$，值域为 $(-\infty,-1]\bigcup$
$[1,+\infty)$，是奇函数，以 2π 为周期的周期函数（图 1-2-12）.

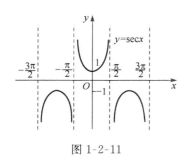
图 1-2-11

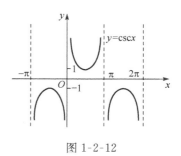
图 1-2-12

5. 反三角函数

三角函数的反函数称为反三角函数，由于三角函数 $y=\sin x$，$y=\cos x$，$y=\tan x$，$y=\cot x$ 不是单调的，为了得到它们的反函数，对这些函数限定在某个单调区间内来讨论. 一般地，取反三角函数的"主值". 常用的反三角函数有：

（1）反正弦函数 $y=\arcsin x$，定义域为 $[-1,1]$，值域为 $\left[-\dfrac{\pi}{2},\dfrac{\pi}{2}\right]$（图 1-2-13）.

（2）反余弦函数 $y=\arccos x$，定义域为 $[-1,1]$，值域为 $[0,\pi]$（图 1-2-14）.

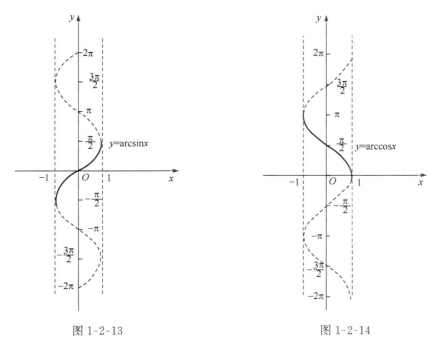
图 1-2-13　　　　　　　　　　　　　图 1-2-14

（3）反正切函数 $y=\arctan x$，定义域为 $(-\infty,+\infty)$，值域为 $\left(-\dfrac{\pi}{2},\dfrac{\pi}{2}\right)$（图 1-2-15）.

（4）反余切函数 $y=\text{arccot}x$，定义域为 $(-\infty,+\infty)$，值域为 $(0,\pi)$（图 1-2-16）.

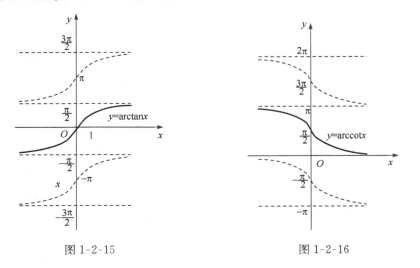

图 1-2-15　　　　　　　　　　图 1-2-16

1. 2. 3　复合函数

定义 1　设函数 $y=f(u)$ 的定义域为 D_f，而函数 $u=\varphi(x)$ 的值域为 R_φ，若
$$D_f \bigcap R_\varphi \neq \varnothing,$$
则称函数 $y=f[\varphi(x)]$ 是由 $y=f(u)$ 与 $u=\varphi(x)$ 复合而成的**复合函数**. 其中，x 称为**自变量**，y 称为**因变量**，u 称为**中间变量**.

注　（1）不是任何两个函数都可以复合成一个复合函数.

例如，$y=\arcsin u$ 和 $u=2+x^2$. 因前者定义域为 $[-1,1]$，而后者 $u=2+x^2 \geqslant 2$，故这两个函数不能复合成复合函数.

（2）复合函数可以由两个以上的函数经过复合构成.

例 2　设 $y=f(u)=\sin u,u=\varphi(x)=\sqrt{x^2-2}$，求 $f[\varphi(x)]$.

解　$f[\varphi(x)]=\sin[\varphi(x)]=\sin\sqrt{x^2-2}$.

例 3　设 $y=f(u)=\arctan u,u=\varphi(t)=\dfrac{1}{t},t=\psi(x)=x^2+1$，求 $f\{\varphi[\psi(x)]\}$.

解　$f\{\varphi[\psi(x)]\}=f[\varphi(x^2+1)]=f\left(\dfrac{1}{x^2+1}\right)=\arctan\dfrac{1}{x^2+1}$.

例 4　将下列函数分解成基本初等函数的复合.

（1）$y=\sqrt{\ln\tan^2 x}$；　　　　　　（2）$y=6^{\arcsin x^3}$；　　　　　　（3）$y=\sin^3\ln(2-\sqrt{1+x^2})$.

解　（1）所给函数由
$$y=\sqrt{u},\quad u=\ln v,\quad v=w^2,\quad w=\tan x,$$
4 个函数复合而成：

（2）所给函数由
$$y=6^u,\quad u=\arcsin v,\quad v=x^3,$$
3 个函数复合而成：

（3）所给函数由
$$y=u^3,\quad u=\sin v,\quad v=\ln w,\quad w=2-t,\quad t=\sqrt{h},\quad h=1+x^2,$$

6 个函数复合而成.

例 5 设 $f(x)=\begin{cases} e^x, & x<1 \\ x, & x\geq1 \end{cases}$，$\varphi(x)=\begin{cases} x+2, & x<0 \\ x^2-1, & x\geq0 \end{cases}$，求 $f[\varphi(x)]$.

解 $f[\varphi(x)]=\begin{cases} e^{\varphi(x)}, & \varphi(x)<1 \\ \varphi(x), & \varphi(x)\geq1 \end{cases}$.

(1) 当 $\varphi(x)<1$ 时，

或 $x<0,\varphi(x)=x+2<1$，得 $x<-1$；

或 $x\geq0,\varphi(x)=x^2-1<1$，得 $0\leq x<\sqrt{2}$.

(2) 当 $\varphi(x)\geq1$ 时，

或 $x<0,\varphi(x)=x+2\geq1$，得 $-1\leq x<0$；

或 $x\geq0,\varphi(x)=x^2-1\geq1$，得 $x\geq\sqrt{2}$.

综上所述，得到

$$f[\varphi(x)]=\begin{cases} e^{x+2}, & x<-1 \\ x+2, & -1\leq x<0 \\ e^{x^2-1}, & 0\leq x<\sqrt{2} \\ x^2-1, & x\geq\sqrt{2} \end{cases}.$$

1.2.4 初等函数

由常数和基本初等函数经过有限次四则运算和有限次的函数复合步骤所构成并可用一个式子表示的函数，称为**初等函数**.

初等函数的基本特征：在函数有定义的区间内，初等函数的图形是不间断的. 如前面提到的符号函数 $y=\mathrm{sgn}x$、取整函数 $y=[x]$ 等分段函数均不是初等函数.

在科学和工程技术领域中，初等数学有着极其重要和广泛的应用. 下面将通过实例来考虑指数函数和对数函数在放射性物质衰减、地震强度计算等问题的数学模型中的应用. 构成这些模型的数学基础是优美而深刻的.

函数 $y=y_0e^{kx}$，当 $k>0$ 时称为**指数增长模型**，当 $k<0$ 时称为**指数衰减模型**.

例 6 物理学中，通常称放射性物质从最初的质量到衰变为该质量自身的一半所花费的时间为**半衰期**. 试证明半衰期是一个常数，它只依赖于放射性物质本身，而不依赖于其初始质量.

证明 设 y_0 是时刻 $t=0$ 时放射性物质的质量，在以后任何时刻 t 的质量为

$$y=y_0e^{-kt}.$$

求出 t 使得此时的放射性物质的质量等于初始质量的一半，即

$$y_0e^{-kt}=\frac{1}{2}y_0 \Rightarrow t=\frac{\ln2}{k},$$

t 的值就是该元素的半衰期，它只依赖于 k 的值，而与 y_0 无关.

例如，钋-210 的衰减率 $k=5\cdot10^{-3}$，所以该元素的半衰期为

$$t=\frac{\ln2}{k}=\frac{\ln2}{5\cdot10^{-3}}\approx139(天).$$

不同物质的半衰期差别极大，如铀的普通同位素(^{238}U)的半衰期约为 50 亿年；通常的镭(^{226}Ra)的半衰期为 1600 年，而镭的另一同位素 ^{230}Ra 的半衰期仅为 1 小时.

放射性物质的半衰期是反映该物质的一种重要特征，$1g^{226}$Ra 衰变成 $\frac{1}{2}$g 所需要的时间与

$1t^{226}Ra$ 衰变成 $\frac{1}{2}t$ 所需要的时间同样是 1600 年,正是这种事实才构成了确定考古发现日期时使用的著名的碳-14 测验的基础.

例 7 地震的里氏震级常用对数来刻画.以下是它的公式

$$里氏震级 R = \lg\left(\frac{a}{T}\right) + B,$$

其中 a 是监听站以微米计的地面运动的幅度,T 是地震波以秒计的周期,而 B 是由于当离震中的距离增大时地震波减弱所允许的一个经验因子.对监听站 10 000km 处的地震来说,$B=6.8$.如果记录的垂直地面运动为 $a=10\mu m$,而周期 $T=1s$,那么震级为

$$R = \lg\left(\frac{a}{T}\right) + B = \lg\left(\frac{10}{1}\right) + 6.8 = 7.8,$$

这种强度的地震在其震中附近会造成极大的破坏.

*1.2.5　双曲函数和反双曲函数

下面再介绍在工程技术上常用到的一类函数及其反函数.

常用到的双曲函数主要有:

双曲正弦　　$y = \mathrm{sh}x = \dfrac{\mathrm{e}^x - \mathrm{e}^{-x}}{2}$;

双曲余弦　　$y = \mathrm{ch}x = \dfrac{\mathrm{e}^x + \mathrm{e}^{-x}}{2}$;

双曲正切　　$y = \mathrm{th}x = \dfrac{\mathrm{sh}x}{\mathrm{ch}x} = \dfrac{\mathrm{e}^x - \mathrm{e}^{-x}}{\mathrm{e}^x + \mathrm{e}^{-x}}$.

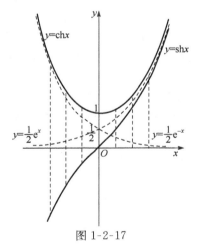

图 1-2-17

从定义可见,双曲函数是由指数函数生成的初等函数,这三个双曲函数的简单性态如下:

双曲正弦:定义域为 $(-\infty, +\infty)$,值域为 $(-\infty, +\infty)$;是单调增加的奇函数,其图形通过原点且关于原点对称.当 x 的绝对值很大时,它的图形在第一象限内接近曲线 $y = \frac{1}{2}\mathrm{e}^x$;在第三象限内接近于曲线 $y = -\frac{1}{2}\mathrm{e}^{-x}$(图 1-2-17).

双曲余弦:定义域为 $(-\infty, +\infty)$,值域为 $[1, +\infty)$;是偶函数,在 $(-\infty, 0)$ 内单调减少,在 $(0, +\infty)$ 内单调增加.当 x 的绝对值很大时,它的图形在第一象限内接近曲线 $y = \frac{1}{2}\mathrm{e}^x$;在第二象限内接近于曲线 $y = \frac{1}{2}\mathrm{e}^{-x}$(图 1-2-17).

双曲正切:定义域为 $(-\infty, +\infty)$,值域为 $(-1, 1)$;是单调增加的奇函数,其图形夹在水平直线 $y = 1$ 和 $y = -1$ 之间.当 x 的绝对值很大时,它的图形在第一象限内接近直线 $y = 1$;在第三象限内接近于直线 $y = -1$(图 1-2-18).

类似于三角恒等式,由双曲函数的定义,可以证明下列四个恒等式:

$$\mathrm{sh}(x + y) = \mathrm{sh}x\mathrm{ch}y + \mathrm{ch}x\mathrm{sh}y, \tag{1.2.3}$$

$$\mathrm{sh}(x - y) = \mathrm{sh}x\mathrm{ch}y - \mathrm{ch}x\mathrm{sh}y, \tag{1.2.4}$$

$$\text{ch}(x+y)=\text{ch}x\text{ch}y+\text{sh}x\text{sh}y, \qquad (1.2.5)$$

$$\text{ch}(x-y)=\text{ch}x\text{ch}y-\text{sh}x\text{sh}y. \qquad (1.2.6)$$

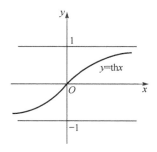

图 1-2-18

我们来证明第一个等式,其余三个读者自己证明. 由定义,得

$$\text{sh}x\text{ch}y+\text{ch}x\text{sh}y=\frac{e^x-e^{-x}}{2}\cdot\frac{e^y+e^{-y}}{2}+\frac{e^x+e^{-x}}{2}\cdot\frac{e^y-e^{-y}}{2}$$

$$=\frac{e^{x+y}-e^{-(x+y)}}{2}=\text{sh}(x+y).$$

此外,由以上几个恒等式可以导出其他一些恒等式,例如:

在式(1.2.6)中,令 $x=y$,并注意到 ch0=1,则有

$$\text{ch}^2x-\text{sh}^2x=1; \qquad (1.2.7)$$

在式(1.2.3)中,令 $x=y$,则有

$$\text{sh}2x=2\text{sh}x\text{ch}x; \qquad (1.2.8)$$

在式(1.2.5)中,令 $x=y$,则有

$$\text{ch}2x=\text{ch}^2x+\text{sh}^2x. \qquad (1.2.9)$$

上述等式与三角函数的有关恒等式类似,但也要注意它们之间的差异性.

双曲函数的反函数称为**反双曲函数**,依次记为

反双曲正弦 $y=\text{arsh}x$;

反双曲余弦 $y=\text{arch}x$;

反双曲正切 $y=\text{arth}x$.

这些反双曲函数都可以通过自然对数函数来表示,例如,对反双曲正弦函数 $y=\text{arsh}x$,它是 $x=\text{sh}y$ 的反函数,由双曲函数的定义,有

$$x=\frac{e^y-e^{-y}}{2} \quad 即 \quad e^{2y}-2xe^y-1=0.$$

解得 $e^y=x\pm\sqrt{x^2+1}$,因 $e^y>0$,上式应取正号,故

$$e^y=x+\sqrt{x^2+1}.$$

等式两端取对数,就得到

$$y=\text{arsh}x=\ln(x+\sqrt{x^2+1}).$$

由此可见,反双曲正弦函数的定义域是 $(-\infty,+\infty)$,是单调增加的奇函数. 根据反函数的作图法,可得其图形(图 1-2-19).

类似地,可得到反双曲余弦函数的表达式

$$y=\text{arch}x=\ln(x+\sqrt{x^2-1}).$$

由此可见,反双曲余弦函数的定义域是 $[1,+\infty)$,值域是 $[0,+\infty)$,在定义域上是单调增加的. 根据反函数的作图法,可得其图形(图 1-2-20).

类似地,还可得到反双曲正切函数的表达式为

$$y=\text{arth}x=\frac{1}{2}\ln\left(\frac{1+x}{1-x}\right).$$

反双曲正切函数的定义域是 $(-1,1)$,并且函数是 $(-1,1)$ 上的是单调增加的奇函数. 根据反函数的作图法,可得其图形(图 1-2-21).

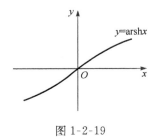

图 1-2-19

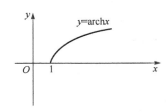

图 1-2-20

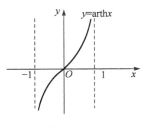

图 1-2-21

习　题　1-2

1. 求下列函数的反函数：

(1) $y=\sqrt[3]{x+1}$；

(2) $y=\dfrac{ax+b}{cx+d}$ $(ad-bc\neq 0)$；

(3) $y=\dfrac{1-x}{1+x}$；

(4) $y=1+\ln(x+2)$；

(5) $y=2\sin 3x$ $\left(-\dfrac{\pi}{6}\leqslant x\leqslant\dfrac{\pi}{6}\right)$；

(6) $y=\dfrac{2^x}{2^x+1}$.

2. 设 $f(x)=\begin{cases}1, & x<0 \\ 0, & x=0, \\ 1, & x>0\end{cases}$ 求 $f(x-1),f(x^2-1)$.

3. 设函数 $f(x)=x^3-x,\varphi(x)=\sin 2x$，求 $f\left[\varphi\left(\dfrac{\pi}{12}\right)\right],f\{f[f(1)]\}$.

4. 设 $f(x)=\dfrac{x}{1-x}$，求 $f[f(x)],f\{f[f(x)]\}$.

5. 下列函数是哪些函数复合而成的？

(1) $y=\sin 2x$；

(2) $y=\sqrt{\tan e^x}$；

(3) $y=a^{\sin^2 x}$；

(4) $y=\ln[\ln(\ln x)]$；

(5) $y=(1+\ln^2 x)^3$；

(6) $y=x^2\cos e^{\sqrt{x}}$.

6. 在下列各题中，求由给定函数复合而成的函数.

(1) $y=u^2,u=\ln v,v=\dfrac{x}{3}$；

(2) $y=\sqrt{u},u=e^x-1$；

(3) $y=\ln u,u=v^2+1,v=\tan x$；

(4) $y=\sin u,u=\sqrt{v},v=2x-1$；

(5) $y=\arctan u,u=\sqrt{v},v=a^2+x^2$.

7. 设 $f(x)$ 的定义域是 $[0,1]$，求

(1) $f(x^2)$；　(2) $f(\sin x)$；　(3) $f(\ln x)$；　(4) $f(\sqrt{1-x^2})$

的定义域.

8. 已知 $f\left(\dfrac{1}{t}\right)=\dfrac{5}{t}+2t^2$，求 $f(t),f(t^2+1)$.

9. 已知 $f\left(x+\dfrac{1}{x}\right)=x^2+\dfrac{1}{x^2}$，求 $f(x)$.

10. 已知 $f[\varphi(x)]=1+\cos x,\varphi(x)=\sin\dfrac{x}{2}$，求 $f(x)$.

11. $f(x)=\sin x,f[\varphi(x)]=1-x^2$，求 $\varphi(x)$ 及其定义域.

12. 设 $G(x)=\ln x$，证明：当 $x>0,y>0$ 时，下列等式成立

(1) $G(x)+G(y)=G(xy)$；

(2) $G(x)-G(y)=G\left(\dfrac{x}{y}\right)$.

13. 分别举出两个初等函数和两个非初等函数的例子.

* 14. 证明:

(1) $\operatorname{sh} x + \operatorname{sh} y = 2\operatorname{sh} \dfrac{x+y}{2} \operatorname{ch} \dfrac{x-y}{2}$;　　(2) $\operatorname{ch} x + \operatorname{ch} y = 2\operatorname{sh} \dfrac{x+y}{2} \operatorname{sh} \dfrac{x-y}{2}$.

1.3　数列的极限

1.3.1　极限概念的引入

　　极限思想是由于求某些实际问题的精确解而产生的. 例如,我国古代数学家刘徽(公元 3 世纪)利用圆内接正多边形来推算圆面积的方法——割圆术,就是极限思想在几何学上的应用. 又如,春秋战国时期的哲学家庄子(公元前 4 世纪)在《庄子·天下篇》中对"截丈问题"有一段名言:"一尺之棰,日取其半,万世不竭",其中也隐含了深刻的极限思想.

　　极限是研究变量的变化趋势的基本工具,高等数学中许多基本概念,例如连续、导数、定积分、无穷级数等都是建立在极限的基础上. 极限方法也是研究函数的一种最基本的方法. 本节将首先给出数列极限的定义.

1.3.2　数列的定义

　　定义 1　按一定次序排列的无穷多个数

$$x_1, x_2, \cdots, x_n, \cdots,$$

称为无穷数列,简称**数列**,可简记为 $\{x_n\}$. 其中的每个数称为数列的项,x_n 称为**通项**(一般项),n 称为项 x_n 的**下标**.

　　数列既可看作数轴上的一个动点,它在数轴上依次取值 $x_1, x_2, \cdots, x_n, \cdots$(图 1-3-1),也可看作自变量为正整数 n 的函数:

$$x_n = f(n),$$

其定义域是全体正整数,当自变量 n 依次取 $1,2,3,\cdots$ 时,对应的函数值就排成数列 $\{x_n\}$(图 1-3-2).

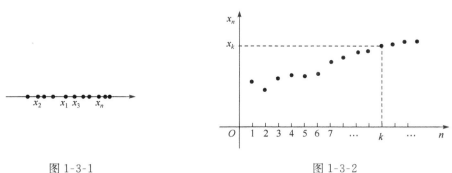

图 1-3-1　　　　　　　　　　　　　　　图 1-3-2

1.3.3　数列的极限

　　极限的概念最初是在运动观点的基础上凭借几何直观产生的直觉用自然语言来定性描述的.

　　定义 2　设有数列 $\{x_n\}$ 与常数 a,如果当 n 无限增大时,x_n 无限接近于 a,则称常数 a 为**数列 $\{x_n\}$ 的极限**,或称数列 $\{x_n\}$ **收敛**于 a,记为

$$\lim_{n \to \infty} x_n = a \quad \text{或} \quad x_n \to a \ (n \to \infty).$$

如果一个数列没有极限,就称该数列是**发散**的.

注　记号 $x_n \to a$ 常读作:当 n 趋于无穷大时,x_n 趋于 a.

例 1　下列各数列是否收敛,若收敛,试指出其收敛于何值.

(1) $\{3^n\}$;　　　　(2) $\left\{\dfrac{1}{n}\right\}$;　　　　(3) $\{(-1)^{n+1}\}$;　　　　(4) $\left\{\dfrac{n+1}{n}\right\}$.

解　(1) 数列 $\{3^n\}$ 即为

$$3,\quad 9,\quad 27,\quad \cdots,\quad 3^n,\quad \cdots.$$

易见,当 n 无限增大时,2^n 也无限增大,故该数列是发散的.

(2) 数列 $\left\{\dfrac{1}{n}\right\}$ 即为

$$1,\quad \frac{1}{2},\quad \frac{1}{3},\quad \cdots,\quad \frac{1}{n},\quad \cdots.$$

易见,当 n 无限增大时,$\dfrac{1}{n}$ 无限接近于 0,故该数列收敛于 0.

(3) 数列 $\{(-1)^{n+1}\}$ 即为

$$1,\quad -1,\quad 1,\quad \cdots,\quad (-1)^{n+1},\quad \cdots.$$

易见,当 n 无限增大时,$(-1)^{n+1}$ 无休止地反复取 1,-1 两个数,而不会无限接近于任何一个确定的常数,故该数列是发散的.

(4) 数列 $\left\{\dfrac{n+1}{n}\right\}$ 即为

$$2,\quad \frac{3}{2},\quad \frac{4}{3},\quad \frac{5}{4},\quad \cdots,\quad \frac{n+1}{n},\quad \cdots.$$

易见,当 n 无限增大时,$\dfrac{n+1}{n}$ 无限接近于 1,故该数列收敛于 1.

从定义 2 给出的数列极限概念的定性描述,可见,下标 n 的变化过程与数列 $\{x_n\}$ 的变化趋势均借助了"无限"这样一个明显带有直观模糊性的形容词.从文学的角度看,不可不谓尽善尽美,并且能激起人们诗一般的想象.几何直观在数学的发展和创造中扮演着充满活力的积极的角色,但在数学中仅凭直观是不可靠的,必须将凭直观产生的定性描述转化为用数学语言表达的超越现实原型的定量描述.

观察数列 $\{x_n\} = \left\{\dfrac{n-(-1)^{n-1}}{n}\right\}$,当 n 无限增大时的变化趋势.因为

$$|x_n - 1| = \left|\frac{(-1)^{n-1}}{n}\right| = \frac{1}{n},$$

易见,当 n 无限增大时,x_n 与 1 的距离无限接近于 0,若以确定的数学语言来描述这种趋势,即有:对于任意给定的正数 ε(不论它多么小),总可以找到正整数 N,使得当 $n > N$ 时,恒有

$$|x_n - 1| = \frac{1}{n} < \varepsilon.$$

受此启发,可以给出用数学语言表达的数列极限的定量描述.

定义 3　设有数列 $\{x_n\}$ 与常数 a,若对于 $\forall \varepsilon > 0$(不论它多么小),总 $\exists N > 0$,使得对于 $n > N$ 时的一切 x_n,不等式

$$|x_n - a| < \varepsilon$$

都成立,则称常数 a 为数列 $\{x_n\}$ 的**极限**,或称数列 $\{x_n\}$ **收敛**于 a,记为

$$\lim_{n\to\infty}x_n=a,$$

或

$$x_n\to a \quad (n\to\infty).$$

如果一个数列没有极限,就称该数列是**发散**的.

注　定义中"对于 $\forall\varepsilon>0$,有 $|x_n-a|<\varepsilon$"实际上表达了 x_n 无限接近于 a 的意思.此外,定义中的 N 与任意给定的正数 ε 有关.此定义又称为"**ε-N 定义**".

$\lim\limits_{n\to\infty}x_n=a$ 的几何解释:

将常数 a 及数列 $x_1,x_2,\cdots,x_n,\cdots$ 表示在数轴上,并在数轴上作邻域 $U(a,\varepsilon)$(图 1-3-3).

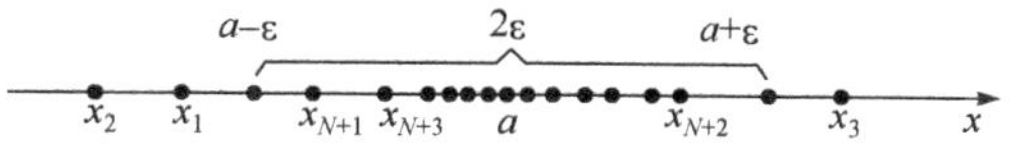

图 1-3-3

注意到不等式 $|x_n-a|<\varepsilon$ 等价于 $a-\varepsilon<x_n<a+\varepsilon$,所以数列 $\{x_n\}$ 的极限为 a 在几何上即表示:当 $n>N$ 时,所有的点 x_n 都落在开区间 $(a-\varepsilon,a+\varepsilon)$ 内,而落在这个区间之外的点至多只有 N 个.

数列极限的定义并未给出求极限的方法,只给出了论证数列 $\{x_n\}$ 的极限为 a 的方法,常称为 **ε-N 论证法**,其论证步骤为:

(1) 对于任意给定的正数 ε;

(2) 由 $|x_n-a|<\varepsilon$ 开始分析倒推,推出 $n>\varphi(\varepsilon)$;

(3) 取 $N\geqslant[\varphi(\varepsilon)]$,再用 ε-N 语言顺叙结论.

例 2　证明 $\lim\limits_{n\to\infty}\dfrac{n-(-1)^{n-1}}{n}=1$.

证明　由

$$|x_n-1|=\left|\frac{n-(-1)^{n-1}}{n}-1\right|=\frac{1}{n}.$$

易见,对任意的 $\varepsilon>0$,要使 $|x_n-1|<\varepsilon$,只要 $\dfrac{1}{n}<\varepsilon$,即 $n>\dfrac{1}{\varepsilon}$,取 $N=\left[\dfrac{1}{\varepsilon}\right]$,则对任意给定的 $\varepsilon>0$,当 $n>N$ 时,就有

$$\left|\frac{n-(-1)^{n}}{n}-1\right|<\varepsilon,$$

即

$$\lim_{n\to\infty}\frac{n-(-1)^{n-1}}{n}=1.$$

例 3　用数列极限定义证明 $\lim\limits_{n\to\infty}\dfrac{3n^2-1}{n^2+n+1}=3$.

证明　由

$$|x_n-a|=\left|\frac{3n^2-1}{n^2+n+1}-3\right|=\frac{4+3n}{n^2+n+1}<\frac{n+3n}{n^2}=\frac{4}{n} \quad (n>4).$$

易见,对任意给定的 $\varepsilon>0$,要使 $|x_n-a|<\varepsilon$,只要 $\dfrac{4}{n}<\varepsilon$,即 $n>\dfrac{4}{\varepsilon}$,取 $N=\max\left\{\left[\dfrac{4}{\varepsilon}\right],4\right\}$,则对任意给定的 $\varepsilon>0$,当 $n>N$ 时,就有

$$\left|\frac{3n^2-1}{n^2+n+1}-3\right|<\varepsilon,$$

即
$$\lim_{n\to\infty}\frac{3n^2-1}{n^2+n+1}=3.$$

1.3.4 收敛数列的性质

定义 4 对数列 $\{x_n\}$，若存在正数 M，使对一切自然数 n，恒有 $|x_n|\leqslant M$，则称数列 $\{x_n\}$ **有界**；否则，称其**无界**.

例如，数列 $x_n=\dfrac{n}{n-1}$ $(n=1,2,\cdots)$ 是有界的，因为可取 $M=2$，使 $\left|\dfrac{n}{n-1}\right|<2$ 对一切正整数 n 都成立.

数列 $x_n=3^n$ $(n=1,2,\cdots)$ 是无界的，因为当 n 无限增加时，3^n 可以超过任何正数.

几何上，若数列 $\{x_n\}$ 有界，则存在 $M>0$，使得数轴上对应于有界数列的点 x_n，都落在闭区间 $[-M,M]$ 上.

定理 1(收敛数列的有界性) 收敛的数列必定有界.

证明 设 $\lim\limits_{n\to\infty}x_n=a$，由定义，若取 $\varepsilon=1$，则 $\exists N>0$，使当 $n>N$ 时，恒有
$$|x_n-a|<1,$$
即
$$a-1<x_n<a+1.$$
若记 $M=\max\{|x_1|,\cdots,|x_N|,|a-1|,|a+1|\}$，则对于一切自然数 n，皆有 $|x_n|\leqslant M$，故 $\{x_n\}$ 有界.

推论 1 无界数列必定发散.

例 4 证明数列 $x_n=(-1)^{n+1}$ 是发散的.

证明 设 $\lim\limits_{n\to\infty}x_n=a$，由定义，对于 $\varepsilon=\dfrac{1}{2}$，$\exists N$，使得当 $n>N$ 时，恒有
$$|x_n-a|<\varepsilon=\frac{1}{2},$$

即当 $n>N$ 时，$x_n\in\left(a-\dfrac{1}{2},a+\dfrac{1}{2}\right)$，区间长度为 1. 而 x_n 无休止的反复取 1，-1 两个数，不可能同时位于长度为 1 的区间内，矛盾. 因此，该数列是发散的.

注 此例同时也表明：有界数列不一定收敛.

定理 2(收敛数列极限的唯一性) 收敛数列的极限是唯一的.

证明 反证法. 设 $\lim\limits_{n\to\infty}x_n=a$，$\lim\limits_{n\to\infty}x_n=b$，由定义，$\forall\varepsilon>0$，$\exists N_1>0,N_2>0$，使得
当 $n>N_1$ 时，恒有 $|x_n-a|<\varepsilon$；当 $n>N_2$ 时，恒有 $|x_n-b|<\varepsilon$.
取 $N=\max\{N_1,N_2\}$，则当 $n>N$ 时有
$$|a-b|=|(x_n-b)-(x_n-a)|\leqslant|x_n-b|+|x_n-a|<\varepsilon+\varepsilon=2\varepsilon.$$
上式仅当 $a=b$ 时才能成立，从而证得结论.

定理 3(收敛数列的保号性) 如果 $\lim\limits_{n\to\infty}x_n=a$，且 $a>0$（或 $a<0$），则存在正整数 N，使得当 $n>N$ 时，恒有 $x_n>0$（或 $x_n<0$）.

证明 先证 $a>0$ 的情形. 按定义对 $\varepsilon=\dfrac{a}{2}>0$，存在正整数 N，当 $n>N$ 时，有
$$|x_n-a|<\frac{a}{2},$$
即
$$x_n>a-\frac{a}{2}=\frac{a}{2}>0.$$

同理可证 $a < 0$ 的情形.

推论 2　若数列 $\{x_n\}$ 从某项起有 $x_n \geqslant 0$(或 $x_n \leqslant 0$),且 $\lim\limits_{n \to \infty} x_n = a$,则 $a \geqslant 0$(或 $a \leqslant 0$).

证明　证数列 $\{x_n\}$ 从第 N_1 项起有 $x_n \geqslant 0$ 情形. 用反证法.

若 $\lim\limits_{n \to \infty} x_n = a < 0$,则由定理 3,∃ 正整数 $N_2 > 0$,当 $n > N_2$ 时,有 $x_n < 0$. 取

$$N = \max\{N_1, N_2\},$$

当 $n > N$ 时,有 $x_n < 0$,但按假定有 $x_n \geqslant 0$,矛盾. 故必有 $a \geqslant 0$.

同理可证数列 $\{x_n\}$ 从某项起有 $x_n \leqslant 0$ 的情形.

例 5　证明:若 $\lim\limits_{n \to \infty} x_n = A$ ($A \neq 0$),则存在正整数 N,使得当 $n > N$ 时,恒有

$$|x_n| > \frac{|A|}{2}.$$

证明　因 $\lim\limits_{n \to \infty} x_n = A$,由数列极限的 ε-N 定义知,对任意给定的 $\varepsilon > 0$,存在 $N > 0$,当 $n > N$ 时,恒有

$$|x_n - A| < \varepsilon.$$

由于 $||x_n| - |A|| \leqslant |x_n - A|$,故 $n > N$ 时,恒有

$$||x_n| - |A|| < \varepsilon,$$

即有

$$|A| - \varepsilon < |x_n| < |A| + \varepsilon,$$

由此可见,只要取 $\varepsilon = \dfrac{|A|}{2}$,则当 $n > N$ 时,恒有 $|x_n| > \dfrac{|A|}{2}$.

1.3.5　子数列的收敛性

在数列 $\{x_n\}$ 中任意抽取无限多项并保持这些项在原数列 $\{x_n\}$ 中的先后次序,这样得到的一个数列称为原数列 $\{x_n\}$ 的**子数列**(或子列).

设在数列 $\{x_n\}$ 中,第一次抽取的记为 x_{n_1},第二次抽取的记为 x_{n_2},第三次抽取的记为 x_{n_3},……,如此反复抽取下去,就得到数列 $\{x_n\}$ 的一个子序列 $x_{n_1}, x_{n_2}, \cdots, x_{n_k}, \cdots$.

注　在子序列 $\{x_{n_k}\}$ 中,x_{n_k} 是 $\{x_{n_k}\}$ 的第 k 项,是原数列 $\{x_n\}$ 中第 n_k 项. 显然,$n_k \geqslant k$.

定理 4(收敛数列与其子数列间的关系)　如果数列 $\{x_n\}$ 收敛于 a,则它的任一子数列也收敛,且极限也是 a.

证明　设数列 $\{x_{n_k}\}$ 是数列 $\{x_n\}$ 的任一子数列. 由 $\lim\limits_{n \to \infty} x_n = a$,故对于任意给定的 $\varepsilon > 0$,存在正整数 $N > 0$,当 $n > N$ 时,恒有

$$|x_n - a| < \varepsilon,$$

取 $K = N$,则当 $k > K$ 时,$n_k > n_K = n_N \geqslant N$. 于是,$|x_n - a| < \varepsilon$,即

$$\lim_{n \to \infty} x_n = a.$$

由定理 4 的逆否命题知,若数列 $\{x_n\}$ 有两个子数列收敛于不同的极限,则数列 $\{x_n\}$ 是发散的.

例如,考察例 4 中的数列

$$1, -1, 1, \cdots, (-1)^{n+1}, \cdots.$$

因子数列 $\{x_{2k-1}\}$ 收敛于 1,而子数列 $\{x_{2k}\}$ 收敛于 -1,故数列

$$x_n = (-1)^{n+1} (n = 1, 2, \cdots)$$

是发散的. 此例同时说明了,一个发散数列也可能有收敛的子数列.

习　题　1-3

1. 观察一般项 x_n 如下的数列 $\{x_n\}$ 的变化趋势,写出它们的极限:

(1) $x_n = \dfrac{1}{3^n}$; 　　　　(2) $x_n = (-1)^n \dfrac{1}{n}$; 　　　　(3) $x_n = 2 + \dfrac{1}{n^3}$;

(4) $x_n = \dfrac{n-2}{n+2}$; 　　　　(5) $x_n = (-1)^n n$.

2. 利用数列极限的定义证明:

(1) $\lim\limits_{n\to\infty} \dfrac{1}{n^k} = 0$ (k 为正常数); 　　(2) $\lim\limits_{n\to\infty} \dfrac{n^2-2}{n^2+n+1} = 1$; 　　(3) $\lim\limits_{n\to\infty} \dfrac{n+2}{n^2-2}\sin n = 0$.

3. 设数列 $\{x_n\}$ 的一般项 $x_n = \dfrac{1}{n}\cos\dfrac{n\pi}{2}$. 问 $\lim\limits_{n\to\infty} x_n = ?$ 求出 N,使当 $n > N$ 时,x_n 与其极限之差的绝对值小于正数 ε. 当 $\varepsilon = 0.001$ 时,求出数 N.

4. 证明:若 $\lim\limits_{n\to\infty} x_n = a$,则 $\lim\limits_{n\to\infty}|x_n| = |a|$. 反之不成立.

5. 设数列 $\{x_n\}$ 有界,又 $\lim\limits_{n\to\infty} y_n = 0$,证明:$\lim\limits_{n\to\infty} x_n y_n = 0$.

6. 对数列 $\{x_n\}$,若 $\lim\limits_{k\to\infty} x_{2k-1} = a$,$\lim\limits_{k\to\infty} x_{2k} = a$,证明:$\lim\limits_{n\to\infty} x_n = a$.

7. 设 $a_n = \left(1 + \dfrac{1}{n}\right)\sin\dfrac{n\pi}{2}$,证明数列 $\{a_n\}$ 没有极限.

1.4　函数的极限

数列可看作自变量为正整数 n 的函数:$x_n = f(n)$,数列 $\{x_n\}$ 的极限为 a,即,当自变量 n 取正整数且无限增大($n\to\infty$)时,对应的函数值 $f(n)$ 无限接近数 a. 若将数列极限概念中自变量 n 和函数值 $f(n)$ 的特殊性撇开,可以由此引出函数极限的一般概念:在自变量 x 的某个变化过程中,如果对应的函数值 $f(x)$ 无限接近于某个确定的数 A,则 A 就称为 x 在该变化过程中函数 $f(x)$ 的极限. 显然,极限 A 是与自变量 x 的变化过程紧密相关,自变量的变化过程不同,函数的极限就有不同的表现形式. 本节分下列两种情况来讨论:

(1) 自变量趋于无穷大时函数的极限;

(2) 自变量趋于有限值时函数的极限.

1.4.1　自变量趋向无穷大时函数的极限

观察函数 $f(x) = \dfrac{\sin x}{x}$ 当 $x\to\infty$ 时的变化趋势. 因为

$$|f(x) - 0| = \left|\dfrac{\sin x}{x}\right| \leqslant \left|\dfrac{1}{x}\right|.$$

易见,当 $|x|$ 越来越大时,$f(x)$ 就越来越接近 0. 因为只要 $|x|$ 足够大,$\left|\dfrac{1}{x}\right|$(从而 $\dfrac{\sin x}{x}$) 就可以小于任意给定的正数,或者说,当 $|x|$ 无限增大时,$\dfrac{\sin x}{x}$ 就无限接近于 0.

定义 1　设函数 $f(x)$ 当 $|x|$ 大于某一正数时有定义及常数 A. 如果对于 $\forall \varepsilon > 0$(不论它多么小),总 $\exists X > 0$,使得对于满足不等式 $|x| > X$ 的一切 x,总有

$$|f(x) - A| < \varepsilon,$$

则称常数 A 为函数 $f(x)$ 当 $x\to\infty$ 时的极限，记为

$$\lim_{x\to\infty}f(x)=A \quad 或 \quad f(x)\to A(x\to\infty).$$

注　定义中 ε 刻画了 $f(x)$ 与 A 的接近程度，X 刻画了 $|x|$ 充分大的程度，X 是随 ε 而的不同而不同.

$\lim\limits_{x\to\infty}f(x)=A$ 的几何解释：任意给定一个正数 ε，作平行于 x 轴直线 $y=A-\varepsilon$ 和 $y=A+\varepsilon$，则总存在一个正数 X，使得当 $|x|>X$ 时，函数 $y=f(x)$ 的图形位于这两条直线之间（图 1-4-1）.

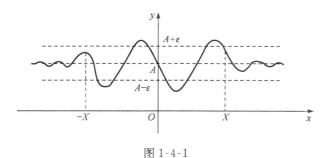

图 1-4-1

定义 2　设函数 $f(x)$ 当 x 大于（或小于）某一正数时有定义及常数 A. 如果对于 $\forall\varepsilon>0$（不论它多么小），总 $\exists X>0$，使得对于满足不等式 $x>X$（或 $x<-X$）的一切 x，总有

$$|f(x)-A|<\varepsilon,$$

则称常数 A 为函数 $f(x)$ 当 $x\to+\infty(x\to-\infty)$ 时的极限，记为

$$\lim_{x\to+\infty}f(x)=A \quad (\lim_{x\to-\infty}f(x)=A)$$

或

$$f(x)\to A(x\to+\infty) \quad (f(x)\to A(x\to-\infty)).$$

极限 $\lim\limits_{x\to+\infty}f(x)=A$ 与 $\lim\limits_{x\to-\infty}f(x)=A$ 称为**单侧极限**.

定理 1　$\lim\limits_{x\to\infty}f(x)=A$ 的充要条件 $\lim\limits_{x\to+\infty}f(x)=\lim\limits_{x\to-\infty}f(x)=A$.

证明　（请读者自证）.

例 1　用极限定义证明 $\lim\limits_{x\to\infty}\dfrac{1-x}{x+1}=-1$.

证明　因为

$$\left|\frac{1-x}{x+1}-(-1)\right|=\left|\frac{2}{x+1}\right|\leqslant\frac{2}{|x|-1},$$

于是，对 $\forall\varepsilon>0$，要使 $\dfrac{2}{|x|-1}<\varepsilon$，则 $|x|>\dfrac{2}{\varepsilon}+1$，于是取 $X=\dfrac{2}{\varepsilon}+1$，则当 $|x|>X$ 时恒有

$$\left|\frac{1-x}{x+1}-(-1)\right|<\varepsilon,$$

故

$$\lim_{x\to\infty}\frac{1-x}{x+1}=-1.$$

例 2　用极限定义证明 $\lim\limits_{x\to+\infty}q^x=0(0<q<1)$.

证明　对任意给定的 $\varepsilon>0$，要使

$$|q^x-0|=q^x<\varepsilon,$$

又 $0<q<1$，即 $x>\log_q\varepsilon=\dfrac{\ln\varepsilon}{\ln q}$（不妨设 $\varepsilon<1$）就可以了. 因此，对 $\forall\varepsilon>0$，取 $X=\dfrac{\ln\varepsilon}{\ln q}$，则当 $x>X$

时,恒有
$$|q^x - 0| < \varepsilon,$$
所以 $\lim\limits_{x \to +\infty} q^x = 0.$

注 类似可证:当 $q > 1$ 时,$\lim\limits_{x \to -\infty} q^x = 0.$

1.4.2 自变量趋向有限值时函数的极限

现在研究自变量 x 趋于有限值 x_0(即 $x \to x_0$)时,函数 $f(x)$ 的变化趋势.

在 $x \to x_0$ 的过程中,对应的函数值 $f(x)$ 无限接近于确定的数值 A,可用
$$|f(x) - A| < \varepsilon \text{(这里 } \varepsilon \text{ 是任意给定的正数)}$$
来表达. 又因为函数值 $f(x)$ 无限接近于 A 是在 $x \to x_0$ 的过程中实现的,所以对于任意给定的正数 ε,只要求充分接近于 x_0 的 x 的函数值 $f(x)$ 满足不等式 $|f(x) - A| < \varepsilon$,而充分接近于 x_0 的 x 可以表达为
$$0 < |x - x_0| < \delta \quad \text{(这里 } \delta \text{ 为某个正数)}.$$

由上述分析,可给出当 $x \to x_0$ 时函数极限的定义.

定义 3 设函数 $f(x)$ 在点 x_0 的某一去心邻域内有定义及常数 A. 若对于 $\forall \varepsilon > 0$(不论它多么小),总 $\exists \delta > 0$,使得对于满足不等式 $0 < |x - x_0| < \delta$ 的一切 x,恒有
$$|f(x) - A| < \varepsilon,$$
则称常数 A 为**函数 $f(x)$ 当 $x \to x_0$ 时的极限**,记为
$$\lim_{x \to x_0} f(x) = A \quad \text{或} \quad f(x) \to A \ (x \to x_0).$$

注 (1) 函数在点 x_0 的极限与函数 $f(x)$ 在点 x_0 是否有定义无关;

(2) δ 与任意给定的正数 ε 有关.

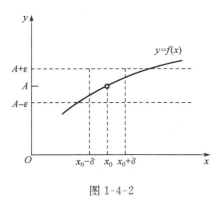

图 1-4-2

$\lim\limits_{x \to x_0} f(x) = A$ 的几何解释:任意给定一正数 ε,作平行于 x 轴的直线 $y = A + \varepsilon$ 和 $y = A - \varepsilon$. 根据定义,一定存在点 x_0 的一个去心 δ 邻域 $0 < |x - x_0| < \delta$,当 $y = f(x)$ 的图形上的点的横坐标 x 落在该邻域内时,这些点对应的纵坐标落在带形区域 $A - \varepsilon < f(x) < A + \varepsilon$ 内(图 1-4-2).

类似数列极限的 ε-N 论证法,可以给出证明函数极限的 **ε-δ 论证法**:

(1) 任意给定的正数 ε;

(2) 由 $|f(x) - A| < \varepsilon$ 开始分析倒推,推出 $|x - x_0| < \varphi(\varepsilon)$;

(3) 取定 $\delta \leqslant \varphi(\varepsilon)$,再用 ε-δ 语言顺叙结论.

例 3 利用定义证明 $\lim\limits_{x \to x_0} C = C$($C$ 为常数).

证明 对于 $\forall \varepsilon > 0$,不等式
$$|f(x) - C| = |C - C| \equiv 0 < \varepsilon,$$
对任何 x 都成立,故可取 δ 为任意正数,当 $0 < |x - x_0| < \delta$ 时,必有
$$|C - C| < \varepsilon,$$
所以 $\lim\limits_{x \to x_0} C = C.$

例 4　证明：当 $x_0 > 0$ 时，$\lim\limits_{x \to x_0} \sqrt{x} = \sqrt{x_0}$.

证明　因为

$$|f(x) - A| = \left| \sqrt{x} - \sqrt{x_0} \right| = \left| \frac{x - x_0}{\sqrt{x} + \sqrt{x_0}} \right| < \frac{|x - x_0|}{\sqrt{x_0}},$$

对 $\forall \varepsilon > 0$，要使 $|f(x) - A| < \varepsilon$，只要 $|x - x_0| < \sqrt{x_0}\varepsilon$ 且 $x_0 > 0$，于是取 $\delta = \min\{x_0, \sqrt{x_0}\varepsilon\}$，当 $|x - x_0| < \delta$ 时，恒有

$$|f(x) - A| = \left| \sqrt{x} - \sqrt{x_0} \right| < \varepsilon,$$

所以 $\lim\limits_{x \to x_0} \sqrt{x} = \sqrt{x_0}$.

例 5　利用定义证明 $\lim\limits_{x \to 1} \dfrac{x^2 + x - 2}{x - 1} = 3$.

证明　函数在点 $x = 1$ 处没有定义，又因为

$$|f(x) - A| = \left| \frac{x^2 + x - 2}{x - 1} - 3 \right| = |x - 1|,$$

所以，对任意给定的 $\varepsilon > 0$，要使 $|f(x) - A| < \varepsilon$，只要取 $\delta = \varepsilon$，则当 $0 < |x - 1| < \delta$ 时，就有

$$\left| \frac{x^2 + x - 2}{x - 1} - 3 \right| < \varepsilon,$$

故

$$\lim\limits_{x \to 1} \frac{x^2 + x - 2}{x - 1} = 3.$$

1.4.3　左、右极限

当自变量 x 从 x_0 的左侧（或右侧）趋于 x_0 时，函数 $f(x)$ 趋于常数 A，则称 A 为 $f(x)$ 在点 x_0 处的**左极限**（或**右极限**），记为

$$\lim\limits_{x \to x_0^-} f(x) = A \quad (\text{或} \lim\limits_{x \to x_0^+} f(x) = A),$$

有时也记为

$$\lim\limits_{x \to x_0 - 0} f(x) = A \quad (\text{或} \lim\limits_{x \to x_0 + 0} f(x) = A),$$

与

$$f(x_0 - 0) = A \quad (\text{或} f(x_0 + 0) = A).$$

注　注意到有不等式

$$\{x \mid 0 < |x - x_0| < \delta\} = \{x \mid 0 < x - x_0 < \delta\} \bigcup \{x \mid -\delta < x - x_0 < 0\},$$

易给出左、右极限的分析定义（留给读者自己给出）.

直接从定义出发，容易证明下面的定理：

定理 2　$\lim\limits_{x \to x_0} f(x) = A$ 的充分必要条件为 $\lim\limits_{x \to x_0^-} f(x) = \lim\limits_{x \to x_0^+} f(x) = A$.

例 6　设 $f(x) = \dfrac{1 - e^{\frac{1}{x}}}{1 + e^{\frac{1}{x}}}$，求 $\lim\limits_{x \to 0} f(x)$.

解　$f(x)$ 在 $x = 0$ 处没有定义，而

$$\lim\limits_{x \to 0^+} f(x) = \lim\limits_{x \to 0^+} \frac{e^{-\frac{1}{x}} - 1}{e^{-\frac{1}{x}} + 1} = -1, \ \lim\limits_{x \to 0^-} f(x) = \lim\limits_{x \to 0^-} \frac{1 - e^{\frac{1}{x}}}{1 + e^{\frac{1}{x}}} = 1,$$

因为 $\lim\limits_{x \to 0^+} f(x) \neq \lim\limits_{x \to 0^-} f(x)$，故 $\lim\limits_{x \to 0} f(x)$ 不存在.

例 7　证明函数 $f(x)=|x|$ 当 $x \to 0$ 时极限为零.

证明　因为

$$f(x)=|x|=\begin{cases} x & x \geqslant 0 \\ -x & x<0 \end{cases},$$

$$\lim_{x \to 0^+} f(x)=\lim_{x \to 0^+} x=0, \quad \lim_{x \to 0^-} f(x)=\lim_{x \to 0^+}(-x)=0, \quad \lim_{x \to 0^+} f(x)=\lim_{x \to 0^-} f(x)=0.$$

所以 $\lim\limits_{x \to 0} f(x)=0$.

1.4.4　函数极限的性质

利用函数极限的定义,采用与数列极限相应性质的证明中类似的方法,可得函数极限的一些相应性质.下面仅以 $x \to x_0$ 的极限形式为代表给出这些性质,至于其他形式的极限性质,只需作出些修改即可得到.

性质 1(唯一性)　若 $\lim\limits_{x \to x_0} f(x)$ 存在,则其极限是唯一的.

性质 2(有界性)　若 $\lim\limits_{x \to x_0} f(x)=A$ 存在,则存在常数 $M>0$ 和 $\delta>0$,使得当 $0<|x-x_0|<\delta$ 时,有 $|f(x)| \leqslant M$.

性质 3(保号性)　若 $\lim\limits_{x \to x_0} f(x)=A$,且 $A>0$(或 $A<0$),则存在 $\delta>0$,使得当 $0<|x-x_0|<\delta$ 时,有 $f(x)>0$(或 $f(x)<0$).

证明　给出 $A>0$ 情形的证明,$A<0$ 时类似证明.

取 $\varepsilon=\dfrac{A}{2}$,对于取定的 ε,由 $\lim\limits_{x \to x_0} f(x)=A$ 知,存在 $\delta>0$,使得当 $0<|x-x_0|<\delta$ 时,有

$$|f(x)-A|<\frac{A}{2},$$

$$f(x)>A-\frac{A}{2}=\frac{A}{2}>0.$$

推论 1　若 $\lim\limits_{x \to x_0} f(x)=A$,且在 x_0 的某去心邻域内 $f(x) \geqslant 0$(或 $f(x) \leqslant 0$)),则 $A \geqslant 0$(或 $A \leqslant 0$).

1.4.5　子序列的收敛性

定义 4　设在过程 $x \to a$(a 可以是 x_0, x_0^+ 或 x_0^-)中有数列 $\{x_n\}$($x_n \neq a$),使得 $n \to \infty$ 时,$x_n \to a$,则称数列 $\{f(x_n)\}$ 为函数 $f(x)$ 当 $x \to a$ 时的**子序列**.

定理 3　若 $\lim\limits_{x \to x_0} f(x)=A$,数列 $\{f(x_n)\}$ 是 $f(x)$ 当 $x \to x_0$ 时的子序列,则有 $\lim\limits_{n \to \infty} f(x_n)=A$.

证明　因为 $\lim\limits_{x \to x_0} f(x)=A$,所以对任意 $\varepsilon>0$,存在 $\delta>0$,使得 $0<|x-x_0|<\delta$ 时,恒有

$$|f(x)-A|<\varepsilon.$$

又因为 $\lim\limits_{n \to \infty} x_n=x_0$ 且 $x_n \neq x_0$,所以对上述 $\delta>0$,存在 $N>0$,使当 $n>N$ 时,恒有 $0<|x-x_0|<\delta$.从而有

$$|f(x_n)-A|<\varepsilon,$$

故 $\lim\limits_{n \to \infty} f(x_n)=A$.

定理 4　函数极限存在的充要条件是它的任何子序列的极限都存在且相等.

例如,设 $\lim\limits_{x \to 0} \dfrac{\sin x}{x}=1$,则

$$\lim_{n\to\infty}n\sin\frac{1}{n}=\lim_{n\to\infty}\frac{\sin\dfrac{1}{n}}{\dfrac{1}{n}}=1，\quad \lim_{n\to\infty}\sqrt{n}\sin\frac{1}{\sqrt{n}}=\lim_{n\to\infty}\frac{\sin\dfrac{1}{\sqrt{n}}}{\dfrac{1}{\sqrt{n}}}=1，$$

$$\lim_{n\to\infty}\frac{n^2}{n+1}\sin\frac{n+1}{n^2}=\lim_{n\to\infty}\frac{\sin\dfrac{n+1}{n^2}}{\dfrac{n+1}{n^2}}=1.$$

例 8　证明 $\lim\limits_{x\to 0}\cos\dfrac{1}{x}$ 不存在.

证明　取 $\{x_n\}=\left\{\dfrac{1}{2n\pi}\right\}，\{x_n'\}=\left\{\dfrac{1}{2n\pi+\dfrac{1}{2}\pi}\right\}$，则

$$\lim_{n\to\infty}x_n=0，且\ x_n\neq 0，\lim_{n\to\infty}x_n'=0，且\ x_n'\neq 0，$$

而　　　　$\lim\limits_{n\to\infty}\cos\dfrac{1}{x_n}=\lim\limits_{n\to\infty}\cos 2n\pi=1，\quad \lim\limits_{n\to\infty}\cos\dfrac{1}{x_n'}=\lim\limits_{n\to\infty}\cos\left(2n\pi+\dfrac{1}{2}\pi\right)=\lim\limits_{n\to\infty}0=0.$

二者不相等，故 $\lim\limits_{x\to 0}\cos\dfrac{1}{x}$ 不存在.

习　题　1-4

1. 在某极限过程中，若 $f(x)$ 有极限，若 $g(x)$ 无极限，试判断：$f(x)\cdot g(x)$ 是否必无极限. 若是，请说明理由；若不是，请举反例说明之.

2. 当 $x\to 2$ 时，$y=x^2-4$. 问 δ 等于多少，使当 $|x-2|<\delta$ 时，$|y-4|<0.001$?

3. 设函数 $y=\dfrac{x^2-1}{x-1}$，问 $|x-1|<\delta$ 中的 δ 等于多少时，有 $|y-2|<0.5$?

4. 利用函数极限的定义证明：

(1) $\lim\limits_{x\to\infty}\dfrac{2x+3}{3x}=\dfrac{2}{3}$；　(2) $\lim\limits_{x\to+\infty}\dfrac{\sin x}{\sqrt{x}}=0$；　(3) $\lim\limits_{x\to 2}\dfrac{1}{x-1}=1$；　(4) $\lim\limits_{x\to 1}\dfrac{x^2-1}{x^2-x}=2$.

5. 证明函数 $f(x)=|x|$ 当 $x\to 0$ 时极限为 0.

6. 讨论函数 $f(x)=\dfrac{|x|}{x}$ 当 $x\to 0$ 时的极限.

7. 求 $f(x)=\lim\limits_{n\to\infty}\dfrac{nx}{nx^2+3}$.

8. 证明：如果函数 $f(x)$ 当 $x\to x_0$ 时的极限存在，则函数 $f(x)$ 在 x_0 的某个去心邻域内有界.

1.5　无穷小与无穷大

1.5.1　无穷小

对无穷小的认识问题，可以远溯到古希腊，那时，阿基米德就曾用无限小量方法得到许多重要的数学结果，但他认为无限小量方法存在着不合理的地方. 直到 1821 年，柯西在他的《分析教程》中才对无限小（即这里所说的无穷小）这一概念给出了明确的回答. 而有关无穷小的理论就是在柯西的理论基础上发展起来的.

定义 1 极限为零的变量(函数)称为**无穷小**.

例如,(1) $\lim\limits_{x\to 0}(1-\cos x)=0$,函数 $1-\cos x$ 是当 $x\to 0$ 时的无穷小;

(2) $\lim\limits_{x\to\infty}\dfrac{1}{x^3}=0$,函数 $\dfrac{1}{x^3}$ 是当 $x\to\infty$ 时的无穷小;

(3) $\lim\limits_{n\to\infty}\dfrac{1}{3^n}=0$,数列 $\left\{\dfrac{1}{3^n}\right\}$ 是当 $n\to\infty$ 时的无穷小.

注 (1) 根据定义,无穷小本质上是这样一个变量(函数):在某过程(如 $x\to x_0$ 或 $x\to\infty$)中,该变量的绝对值能小于任意给定的正数 ε. 无穷小不能与很小的数(如千万分之一)混淆. 但零是可以作为无穷小的唯一常数.

(2) 无穷小是相对于 x 的某个变化过程而言的. 例如,当 $x\to\infty$ 时,$\dfrac{1}{x}$ 是无穷小;当 $x\to 3$ 时,$\dfrac{1}{x}$ 不是无穷小.

定理 1 $\lim\limits_{x\to x_0}f(x)=A$ 的充分必要条件是

$$f(x)=A+\alpha,$$

其中 α 是当 $x\to x_0$ 时的无穷小.

证明 **必要性**. 设 $\lim\limits_{x\to x_0}f(x)=A$,则对于任意给定的 $\varepsilon>0$,存在 $\delta>0$,使得当 $0<|x-x_0|<\delta$ 时,恒有

$$|f(x)-A|<\varepsilon,$$

令 $\alpha=f(x)-A$,则当 α 是当 $x\to x_0$ 时的无穷小,且

$$f(x)=A+\alpha.$$

充分性. 设 $f(x)=A+\alpha$,其中 A 为常数,α 是当 $x\to x_0$ 时的无穷小,于是

$$|f(x)-A|=|\alpha|.$$

因为 α 是当 $x\to x_0$ 时的无穷小,故对于任意给定的 $\varepsilon>0$,存在 $\delta>0$,使当 $0<|x-x_0|<\delta$ 时,恒有 $|\alpha|<\varepsilon$,即

$$|f(x)-A|<\varepsilon,$$

从而 $\lim\limits_{x\to x_0}f(x)=A$.

注 定理 1 对于 $x\to\infty$ 等其他形式也成立(读者自证).

定理 1 的结论在今后的学习中有重要的应用,尤其是在理论推导或证明中. 它将函数的极限运算问题转化为常数与无穷小的代数运算问题.

1.5.2 无穷小的运算性质

在下面讨论无穷小的性质时,仅证明 $x\to x_0$ 时函数为无穷小的情形,至于 $x\to\infty$ 等其他情形,证明完全类似.

定理 2 有限个无穷小的代数和仍是无穷小.

证明 只证两个无穷小的和的情形即可. 设 α 及 β 是当 $x\to x_0$ 时的两个无穷小,则对任意给定的 $\varepsilon>0$,一方面,存在 $\delta_1>0$,使当 $0<|x-x_0|<\delta_1$ 时,恒有

$$|\alpha|<\frac{\varepsilon}{2}.$$

另一方面,存在 $\delta_2>0$,使当 $0<|x-x_0|<\delta_2$ 时,恒有

$$|\beta|<\frac{\varepsilon}{2},$$

取 $\delta=\min\{\delta_1,\delta_2\}$，则当 $0<|x-x_0|<\delta$ 时，恒有

$$|\alpha\pm\beta|<|\alpha|+|\beta|<\frac{\varepsilon}{2}+\frac{\varepsilon}{2}=\varepsilon,$$

所以 $\lim\limits_{x\to x_0}(\alpha\pm\beta)=0$，即 $\alpha\pm\beta$ 是当 $x\to x_0$ 时的无穷小.

注　无穷多个无穷小的代数和未必是无穷小.

例如，$n\to\infty$ 时，$\dfrac{1}{n^2},\dfrac{2}{n^2},\cdots,\dfrac{n}{n^2}$ 是无穷小，但

$$\lim\limits_{n\to\infty}\left(\frac{1}{n^2}+\frac{2}{n^2}+\cdots+\frac{n}{n^2}\right)=\lim\limits_{n\to\infty}\frac{n(n+1)}{2n^2}=\lim\limits_{n\to\infty}\frac{1+\dfrac{1}{n}}{2}=\frac{1}{2},$$

即当 $n\to\infty$ 时，$\dfrac{1}{n^2}+\dfrac{2}{n^2}+\cdots+\dfrac{n}{n^2}$ 不是无穷小.

定理 3　有界函数与无穷小的乘积是无穷小.

证明　设函数 u 在 $0<|x-x_0|<\delta_1$ 内有界，则存在 $M>0$，使得当 $0<|x-x_0|<\delta_1$ 时，恒有 $|u|\leqslant M$.

再设 α 是当 $x\to x_0$ 时的无穷小，则对于任意给定的 $\varepsilon>0$，存在 $\delta_2>0$，使得当 $0<|x-x_0|<\delta_2$ 时，恒有 $|\alpha|\leqslant\dfrac{\varepsilon}{M}$.

取 $\delta=\min\{\delta_1,\delta_2\}$，则当 $0<|x-x_0|<\delta$ 时，恒有

$$|u\cdot\alpha|=|u|\cdot|\alpha|<M\cdot\frac{\varepsilon}{M}=\varepsilon.$$

所以当 $x\to x_0$ 时，$u\cdot\alpha$ 为无穷小.

推论 1　常数与无穷小的乘积是无穷小.

推论 2　有限个无穷小的乘积也是无穷小.

例 1　求 $\lim\limits_{x\to\infty}\dfrac{\arctan x}{x}$.

解　因为

$$\lim\limits_{x\to\infty}\frac{\arctan x}{x}=\lim\limits_{x\to\infty}\frac{1}{x}\cdot\arctan x,$$

当 $x\to\infty$ 时，$\dfrac{1}{x}$ 是无穷小量，$\arctan x$ 是有界量 $\left(|\arctan x|<\dfrac{\pi}{2}\right)$，故

$$\lim\limits_{x\to\infty}\frac{\arctan x}{x}=0.$$

1.5.3　无穷大

若在 $x\to x_0$（或 $x\to\infty$）时，函数 $f(x)$ 的绝对值无限增大（即大于任何预先给定的任意正数），则称函数 $f(x)$ 为当 $x\to x_0$（或 $x\to\infty$）时的**无穷大**.

定义 2　如果对于任意给定的正数 M（不论它多么大），总存在正数 δ（或正数 X），使得满足不等式 $0<|x-x_0|<\delta$（或 $|x|>X$）的一切 x 所对应的函数值 $f(x)$ 都满足不等式

$$|f(x)|>M,$$

则称函数 $f(x)$ 当 $x\to x_0$（或 $x\to\infty$）时为**无穷大**，记为

$$\lim_{x \to x_0} f(x) = \infty \quad (\text{或} \lim_{x \to \infty} f(x) = \infty).$$

注　当 $x \to x_0$（或 $x \to \infty$）时为无穷大的函数 $f(x)$，按通常的意义来说，极限是不存在的．但是为了叙述函数的这一性态的方便，通常也说"函数的极限是无穷大"．

如果在无穷大的定义中，把 $|f(x)| > M$ 换为 $f(x) > M$（或 $f(x) < -M$），则称函数 $f(x)$ 当 $x \to x_0$（或 $x \to \infty$）时为**正无穷大**（或**负无穷大**），记为

$$\lim_{\substack{x \to x_0 \\ (x \to \infty)}} f(x) = +\infty \quad (\text{或} \lim_{\substack{x \to x_0 \\ (x \to \infty)}} f(x) = -\infty).$$

例 2　证明 $\lim\limits_{x \to 1} \dfrac{1}{x-1} = \infty$．

证明　对任意给定的 M，要使 $\left| \dfrac{1}{x-1} \right| > M$，只要 $|x-1| < \dfrac{1}{M}$，所以，取 $\delta = \dfrac{1}{M}$，则当 $0 < |x-1| < \delta = \dfrac{1}{M}$ 时，就有 $\left| \dfrac{1}{x-1} \right| > M$．即 $\lim\limits_{x \to 1} \dfrac{1}{x-1} = \infty$．

注　无穷大一定是无界变量．反之，无界变量不一定是无穷大．

例 3　当 $x \to 0$ 时，$y = \dfrac{1}{x} \sin \dfrac{1}{x}$ 是一个无界变量，但不是无穷大．

解　取 $x \to 0$ 的两个子数列：

$$x_k' = \frac{1}{2k\pi + \dfrac{\pi}{2}}, \quad x_k'' = \frac{1}{2k\pi} \quad (k = 1, 2, \cdots).$$

则

$$x_k' \to 0 \ (k \to \infty), \quad x_k'' \to 0 \ (k \to \infty),$$

且

$$y(x_k') = 2k\pi + \frac{\pi}{2} \quad (k = 1, 2, \cdots).$$

故对任意的 $M > 0$，都存在 $k > 0$，使 $y(x_k') > M$，即 y 是无界的；但

$$y(x_k') = \left(2k\pi + \frac{\pi}{2} \right) \sin \left(2k\pi + \frac{\pi}{2} \right) = 2k\pi + \frac{\pi}{2} \to \infty \quad (k = 0, 1, 2, \cdots);$$

$$y(x_k'') = 2k\pi \sin 2k\pi = 0 \to 0 \quad (k = 0, 1, 2, \cdots).$$

故 y 不是无穷大．

1.5.4　无穷小与无穷大的关系

定理 4　在自变量的同一变化过程中，无穷大的倒数为无穷小；恒不为零的无穷小的倒数为无穷大．

证明　设 $\lim\limits_{x \to x_0} f(x) = \infty$，则对任意给定的 $\varepsilon > 0$，存在 $\delta > 0$，使得当 $0 < |x - x_0| < \delta$ 时，恒有

$$|f(x)| > \frac{1}{\varepsilon}, \quad \text{即} \quad \left| \frac{1}{f(x)} \right| < \varepsilon.$$

所以当 $x \to x_0$ 时，$\dfrac{1}{f(x)}$ 为无穷小．

反之，设 $\lim\limits_{x \to x_0} f(x) = 0$，且 $f(x) \neq 0$，则对于任意给定的 $M > 0$，存在 $\delta > 0$，当 $0 < |x - x_0| < \delta$ 时，恒有

$$|f(x)| < \frac{1}{M}, \quad \text{即} \quad \left| \frac{1}{f(x)} \right| > M.$$

所以当 $x \to x_0$ 时，$\dfrac{1}{f(x)}$ 为无穷大.

根据这个定理，可将无穷大的讨论归结为关于无穷小的讨论.

例 4　求 $\lim\limits_{x \to \infty} \dfrac{x^5}{x^4+6}$.

解　因为

$$\lim_{x \to \infty} \frac{x^4+6}{x^5} = \lim_{x \to \infty}\left(\frac{1}{x}+\frac{6}{x^5}\right)=0.$$

于是，根据无穷小与无穷大的关系有

$$\lim_{x \to \infty} \frac{x^5}{x^4+6} = \infty.$$

习　题　1-5

1. 判断题：

(1) 非常小的数是无穷小；　　　　　　　　　　　　　　　　（　）

(2) 零是无穷小；　　　　　　　　　　　　　　　　　　　　（　）

(3) 无穷小是一个数；　　　　　　　　　　　　　　　　　　（　）

(4) 两个无穷小的商是无穷小；　　　　　　　　　　　　　　（　）

(5) 两个无穷大的和一定是无穷大.　　　　　　　　　　　　（　）

2. 指出下列哪些是无穷小，哪些是无穷大.

(1) $\dfrac{1+(-1)^n}{n}$ $(n \to \infty)$;　　　(2) $\dfrac{\sin x}{1+\cos x}$ $(x \to 0)$;　　　(3) $\dfrac{x+1}{x^2-4}$ $(x \to 2)$.

3. 根据定义证明：$y = x\sin\dfrac{1}{x}$ 为 $x \to 0$ 时的无穷小.

4. 求下列极限并说明理由：

(1) $\lim\limits_{x \to \infty} \dfrac{3x+2}{x}$;　　　(2) $\lim\limits_{x \to 0} \dfrac{x^2-4}{x-2}$;　　　(3) $\lim\limits_{x \to 0} \dfrac{1}{1-\cos x}$.

5. 判断 $\lim\limits_{x} e^{\frac{1}{x}}$ 是否存在，若将极限过程改为 $x \to 0$ 呢？

6. 函数 $y = x\cos x$ 在 $(-\infty, +\infty)$ 内是否有界？当 $x \to +\infty$ 时，函数是否为无穷大？为什么？

7. 设 $x \to x_0$ 时，$g(x)$ 是有界量，$f(x)$ 是无穷大，证明：$f(x) \pm g(x)$ 是无穷大.

8. 设 $x \to x_0$ 时，$|g(x)| \geqslant M$(M 是一个常数)，$f(x)$ 是无穷大. 证明：$f(x)g(x)$ 是无穷大.

1.6　极限运算法则

本节要建立极限的四则运算法则和复合函数的极限运算法则. 在下面的讨论中，记号"lim"下面没有表明自变量的变化过程，是指对 $x \to x_0$ 和 $x \to \infty$ 以及单则极限均成立. 但在论证时，只证明了 $x \to x_0$ 的情形.

定理 1　设 $\lim f(x) = A$，$\lim g(x) = B$，则

(1) $\lim[f(x) \pm g(x)] = \lim f(x) \pm \lim g(x) = A \pm B$;

(2) $\lim f(x) \cdot g(x) = \lim f(x) \cdot \lim g(x) = A \cdot B$;

(3) $\lim \dfrac{f(x)}{g(x)} = \dfrac{\lim f(x)}{\lim g(x)} = \dfrac{A}{B}$ $(B \neq 0)$.

证明　因为 $\lim f(x) = A$，$\lim g(x) = B$，所以

$$f(x) = A + \alpha, \quad g(x) = B + \beta(\alpha \to 0, \beta \to 0).$$

（1）由无穷小的运算性质，得

$$[f(x)\pm g(x)]-(A\pm B)=\alpha\pm\beta\to 0.$$

即 $\lim[f(x)\pm g(x)]=A\pm B$，故（1）式成立；

（2）由无穷小的运算性质，得

$$[f(x)\cdot g(x)]-(A\cdot B)=(A+\alpha)(B+\beta)-AB=(A\beta+B\alpha)+\alpha\beta\to 0,$$

即 $\lim[f(x)\cdot g(x)]=A\cdot B$，故（2）式成立；

（3）由无穷小的运算性质，得

$$\frac{f(x)}{g(x)}-\frac{A}{B}=\frac{A+\alpha}{B+\beta}-\frac{A}{B}=\frac{B\alpha-A\beta}{B(B+\beta)},$$

注意到 $B\alpha-A\beta\to 0$，又因 $\beta\to 0$，$B\neq 0$，于是存在某个时刻，从该时刻起 $|\beta|<\dfrac{|B|}{2}$，所以 $|B+\beta|\geqslant|B|-|\beta|\geqslant\dfrac{|B|}{2}$，故 $\left|\dfrac{1}{B(B+\beta)}\right|<\dfrac{2}{B^2}$（有界），从而

$$\frac{f(x)}{g(x)}-\frac{A}{B}=\frac{B\alpha-A\beta}{B(B+\beta)}\to 0,$$

即 $\lim\dfrac{f(x)}{g(x)}=\dfrac{A}{B}$，故（3）成立.

注　法则（1）、（2）均可推广到有限个函数的情形，例如，若 $\lim f(x),\lim g(x),\cdots,\lim h(x)$ 都存在，则有

$$\lim[f(x)+h(x)-g(x)]=\lim f(x)+\lim g(x)-\lim h(x);$$
$$\lim[f(x)h(x)g(x)]=\lim f(x)\cdot\lim g(x)\cdot\lim h(x).$$

推论 1　如果 $\lim f(x)$ 存在，而 C 为常数，则

$$\lim[Cf(x)]=C\lim f(x).$$

推论 2　如果 $\lim f(x)$ 存在，而 n 为正整数，则

$$\lim[f(x)]^n=[\lim f(x)]^n.$$

注　（1）关于数列，也有类似的极限四则运算法则.

（2）上述定理给求极限带来很大方便，但应注意，运用该定理的前提是被运算的各个变量的极限必须存在，并且在除法运算中，还要求分母的极限不为零.

例 1　求 $\lim\limits_{x\to 2}(x^2-3x+5)$.

解　$\lim\limits_{x\to 2}(x^2-3x+5)=\lim\limits_{x\to 2}x^2-3\lim\limits_{x\to 2}x+\lim\limits_{x\to 2}5=2^2-3\cdot 2+5=3.$

例 2　求 $\lim\limits_{x\to 1}\dfrac{2x^3+1}{3x^3-2x+1}$.

解　因为 $\lim\limits_{x\to 1}(3x^3-2x+1)=2\neq 0$，所以

$$\lim\limits_{x\to 1}\frac{2x^3+1}{3x^3-2x+1}=\frac{\lim\limits_{x\to 1}(2x^3+1)}{\lim\limits_{x\to 1}(3x^3-2x+1)}=\frac{2\cdot 1^3+1}{3\cdot 1^3-2\cdot 1+1}=\frac{3}{2}.$$

例 3　求 $\lim\limits_{x\to\infty}\dfrac{x^2+x}{x^4-3x^2+1}$.

解　当 $x\to\infty$ 时，分子和分母的极限都是无穷大，此时可采用所谓的**无穷小因子法**. 即以分母中自变量的最高幂次除以分子和父母，以分出无穷小，然后再用求极限的方法. 对本例，先用 x^4 去除分子和分母，分出无穷小，再求极限.

$$\lim_{x\to\infty}\frac{x^2+x}{x^4-3x^2+1}=\lim_{x\to\infty}\frac{\frac{1}{x^2}+\frac{1}{x^3}}{1-3\frac{1}{x^2}+\frac{1}{x^4}}=0.$$

例 4　计算 $\lim\limits_{x\to\infty}\dfrac{\sqrt[3]{8x^3+5x+1}}{x-3}$.

解　当 $x\to\infty$ 时,分子和分母均趋于 ∞,可把分子和分母同除以分母中自变量的最高次幂,即得

$$\lim_{x\to\infty}\frac{\sqrt[3]{8x^3+5x+1}}{x-3}=\lim_{x\to\infty}\frac{\sqrt[3]{8+\frac{5}{x^2}+\frac{1}{x^3}}}{1-\frac{3}{x}}=2.$$

注　当 $a_0\neq0,b_0\neq0,m$ 和 n 为非负整数时,有

$$\lim_{x\to\infty}\frac{a_0x^m+a_1x^{m-1}+\cdots+a_m}{b_0x^n+b_1x^{n-1}+\cdots+b_n}=\begin{cases}\dfrac{a_0}{b_0}, & n=m\\[2mm] 0, & n>m\\[2mm] \infty, & n<m\end{cases}.$$

例 5　求 $\lim\limits_{x\to3}\dfrac{2x-5}{x^2-2x-3}$.

解　因 $\lim\limits_{x\to3}(x^2-2x-3)=0$,商的法则不能用. 又 $\lim\limits_{x\to3}(2x-5)=1\neq0$,故

$$\lim_{x\to3}\frac{x^2-2x-3}{2x-5}=\frac{0}{1}=0.$$

由无穷小与无穷大的关系,得

$$\lim_{x\to3}\frac{2x-5}{x^2-2x-3}=\infty.$$

例 6　求 $\lim\limits_{x\to-8}\dfrac{\sqrt{1-x}-3}{2+\sqrt[3]{x}}$.

解　当 $x\to-8$ 时,分子和分母的极限都是零. 此时应先对分子和分母进行有理化,之后约去不为零的无穷小因子 $(8+x)$,再求极限.

$$\lim_{x\to-8}\frac{\sqrt{1-x}-3}{2+\sqrt[3]{x}}=\lim_{x\to-8}\frac{(\sqrt{1-x}-3)(\sqrt{1-x}+3)(4-2\sqrt[3]{x}+\sqrt[3]{x^2})}{(2+\sqrt[3]{x})(4-2\sqrt[3]{x}+\sqrt[3]{x^2})(\sqrt{1-x}+3)}$$

$$=\lim_{x\to-8}\frac{-(8+x)(4-2\sqrt[3]{x}+\sqrt[3]{x^2})}{(8+x)(\sqrt{1-x}+3)}=\lim_{x\to-8}\frac{-(4-2\sqrt[3]{x}+\sqrt[3]{x^2})}{\sqrt{1-x}+3}=-2.$$

例 7　求 $\lim\limits_{n\to\infty}\left(\dfrac{2}{n^2}+\dfrac{5}{n^2}+\cdots+\dfrac{3n-1}{n^2}\right)$.

解　$n\to\infty$ 时,题设极限是无穷小之和. 先变形再求极限

$$\lim_{n\to\infty}\left(\frac{2}{n^2}+\frac{5}{n^2}+\cdots+\frac{3n-1}{n^2}\right)=\lim_{n\to\infty}\frac{2+5+\cdots+(3n-1)}{n^2}=\lim_{n\to\infty}\frac{\frac{1}{2}n[(3n-1)+2]}{n^2}$$

$$=\lim_{n\to\infty}\frac{1}{2}\left(3+\frac{1}{n}\right)=\frac{3}{2}.$$

定理 2(复合函数的极限运算法则)　设函数 $y=f[g(x)]$ 是由函数 $y=f(u)$ 与函数 $u=g(x)$ 复合而成，$f[g(x)]$ 在点 x_0 的某去心邻域内有定义，若

$$\lim_{x\to x_0}g(x)=u_0,\quad \lim_{u\to u_0}f(u)=A,$$

且存在 $\delta_0>0$，当 $x\in \overset{\circ}{U}(x_0,\delta_0)$ 时，有 $g(x)\neq u_0$，则

$$\lim_{x\to x_0}f[g(x)]=\lim_{u\to u_0}f(u)=A.$$

证明　由函数极限的定义，就是要证：$\forall \varepsilon>0,\exists \delta>0$，使得当 $0<|x-x_0|<\delta$ 时，恒有 $|f[g(x)]-A|<\varepsilon$.

因为 $\lim_{u\to u_0}f(u)=A$，对于 $\forall \varepsilon>0,\exists \eta>0$，使得当 $0<|u-u_0|<\eta$ 时，恒有

$$|f(u)-A|<\varepsilon.$$

又因为 $\lim_{x\to x_0}g(x)=u_0$，对于上述得到的 $\eta>0,\exists \delta_1>0$，使得当 $0<|x-x_0|<\delta_1$ 时，恒有

$$|g(x)-u_0|<\eta.$$

由假设，当 $x\in \overset{\circ}{U}(x_0,\delta_0)$ 时，有 $g(x)\neq u_0$，取 $\delta=\min\{\delta_0,\delta_1\}$，则当 $0<|x-x_0|<\delta$ 时，有 $|g(x)-u_0|<\eta,|g(x)-u_0|\neq 0$ 同时成立，从而

$$|f[g(x)]-A|=|f(u)-A|<\varepsilon$$

成立.

注　(1) 对 u_0 或 x_0 为无穷大的情形，也可得到类似的定理.

(2) 定理 2 表明：若函数 $f(u)$ 和 $g(x)$ 满足该定理的条件，则作代换 $u=g(x)$，可把求极限 $\lim_{x\to x_0}f[g(x)]$ 化为求 $\lim_{u\to u_0}f(u)$，其中 $u_0=\lim_{x\to x_0}g(x)$.

例 8　极限 $\lim_{x\to 0}e^{x\sin\frac{1}{x}}$.

解　令 $u=x\sin\frac{1}{x}$，则当 $x\to 0$ 时，$u=x\sin\frac{1}{x}\to 0$，故

$$原式=\lim_{u\to 0}e^u=1.$$

习　题　1-6

1. 计算下列极限：

(1) $\lim_{x\to 1}(3x^2+4\sqrt{x}-2)$；

(2) $\lim_{x\to 2}\dfrac{x^2+5}{x-3}$；

(3) $\lim_{x\to \sqrt{3}}\dfrac{x^2-3}{x^2+1}$；

(4) $\lim_{x\to 1}\dfrac{x^2-2x+1}{x^2-1}$；

(5) $\lim_{x\to \infty}\left(2-\dfrac{1}{x}+\dfrac{1}{x^2}\right)$；

(6) $\lim_{x\to \infty}\dfrac{2x^2-3x+4}{3x^2-2x-1}$；

(7) $\lim_{x\to 4}\dfrac{x^2-6x+8}{x^2-5x+4}$；

(8) $\lim_{x\to 0}\dfrac{4x^3-2x^2+x}{3x^2+2x}$；

(9) $\lim_{h\to 0}\dfrac{(x+h)^2-x^2}{h}$；

(10) $\lim_{x\to \infty}\left(1+\dfrac{1}{x}\right)\left(2-\dfrac{1}{x^2}\right)$；

(11) $\lim_{x\to +\infty}\dfrac{\cos x}{e^x+e^{-x}}$；

(12) $\lim_{x\to \infty}\dfrac{4x-3}{3x^2-2x+5}\sin x$；

(13) $\lim_{x\to 4}\dfrac{\sqrt{1+2x}-3}{\sqrt{x}-2}$；

(14) $\lim_{x\to 2}\dfrac{x^3+2x^2}{(x-2)^2}$；

(15) $\lim_{x\to +\infty}x(\sqrt{1+x^2}-x)$；

(16) $\lim_{x\to \infty}\dfrac{\arctan x}{x}$；

(17) $\lim_{x\to 1}\left(\dfrac{1}{1-x}-\dfrac{3}{1-x^3}\right)$；

(18) $\lim_{x\to \infty}\dfrac{(2x-1)^{30}(3x-2)^{20}}{(2x+1)^{50}}$；

(19) $\lim_{x\to +\infty}(\sqrt{x^2+x+1}-\sqrt{x^2-x+1})$；

(20) $\lim_{x\to +\infty}(\sqrt{x+1}-\sqrt{x})$；

(21) $\lim\limits_{x\to 1}\dfrac{\sqrt{2x-1}-\sqrt{x}}{x-1}$; (22) $\lim\limits_{x\to a}\dfrac{\sin x-\sin\alpha}{x-\alpha}$.

2. 计算下列极限:

(1) $\lim\limits_{n\to\infty}\dfrac{(n+1)(n+2)(n+3)}{5n^3}$; (2) $\lim\limits_{n\to\infty}\dfrac{\sqrt[3]{n^2}\sin n!}{n+1}$;

(3) $\lim\limits_{n\to\infty}\left(1+\dfrac{1}{2}+\dfrac{1}{2^2}+\cdots+\dfrac{1}{2^n}\right)$; (4) $\lim\limits_{n\to\infty}\dfrac{1+2+3+\cdots+(n-1)}{n^2}$;

(5) $\lim\limits_{n\to\infty}\left(\dfrac{1}{3}+\dfrac{1}{15}+\cdots+\dfrac{1}{4n^2-1}\right)$.

3. 设 $f(x)=\begin{cases}3x+2, & x\leqslant 0\\ x^2+1, & 0<x\leqslant 1,\\ 2/x, & 1<x\end{cases}$ 分别讨论 $x\to 0$ 及 $x\to 1$ 时 $f(x)$ 的极限是否存在.

4. 已知 $\lim\limits_{x\to c}f(x)=4$ 及 $\lim\limits_{x\to c}g(x)=1$,$\lim\limits_{x\to c}h(x)=0$,求:

(1) $\lim\limits_{x\to c}\dfrac{g(x)}{f(x)}$; (2) $\lim\limits_{x\to c}\dfrac{h(x)}{f(x)-g(x)}$; (3) $\lim\limits_{x\to c}[f(x)\cdot g(x)]$;

(4) $\lim\limits_{x\to c}[f(x)\cdot h(x)]$; (5) $\lim\limits_{x\to c}\dfrac{g(x)}{h(x)}$.

5. 若 $\lim\limits_{x\to 3}\dfrac{x^2-2x+k}{x-3}=4$,求 k 的值.

6. 若 $\lim\limits_{x\to\infty}\left(\dfrac{x^2+1}{x+1}-ax-b\right)=0$,求 a,b 的值.

1.7 极限存在准则 两个重要极限

1.7.1 夹逼准则

准则 I 如果数列 $\{x_n\}$,$\{y_n\}$ 及 $\{z_n\}$ 满足下列条件:

(1) $y_n\leqslant x_n\leqslant z_n(n=1,2,3,\cdots)$;
(2) $\lim\limits_{n\to\infty}y_n=a$,$\lim\limits_{n\to\infty}z_n=a$;

则数列 $\{x_n\}$ 的极限存在,且 $\lim\limits_{n\to\infty}x_n=a$.

证明 因为 $\lim\limits_{n\to\infty}y_n=a$,所以对 $\forall\varepsilon>0$,$\exists N_1>0$,当 $n>N_1$ 时,恒有 $|y_n-a|<\varepsilon$,又因 $\lim\limits_{n\to\infty}z_n=a$,对于前面给出的 ε,$\exists N_2>0$,当 $n>N_2$ 时,恒有 $|z_n-a|<\varepsilon$.

取 $N=\max\{N_1,N_2\}$,则当 $n>N$ 时,同时有 $|y_n-a|<\varepsilon$,$|z_n-a|<\varepsilon$,即

$$a-\varepsilon<y_n<a+\varepsilon,\quad a-\varepsilon<z_n<a+\varepsilon.$$

从而,当 $n>N$ 时,恒有

$$a-\varepsilon<y_n\leqslant x_n\leqslant z_n<a+\varepsilon.$$

即

$$|x_n-a|<\varepsilon,$$

所以 $\lim\limits_{n\to\infty}x_n=a$.

注 利用夹逼准则求极限,关键是构造出 y_n 与 z_n,并且 y_n 与 z_n 的极限相同且容易求得.

例 1 求 $\lim\limits_{n\to\infty}\left(\dfrac{1}{n^2}+\dfrac{1}{(n+1)^2}+\cdots+\dfrac{1}{(n+n)^2}\right)$.

解 设 $x_n=\dfrac{1}{n^2}+\dfrac{1}{(n+1)^2}+\cdots+\dfrac{1}{(n+n)^2}$,因

$$\frac{n+1}{(n+n)^2}\leqslant x_n\leqslant\frac{n+1}{n^2},$$

又 $$\lim_{n\to\infty}\frac{n+1}{(n+n)^2}=\lim_{n\to\infty}\frac{n+1}{4n^2}=0,\quad\lim_{n\to\infty}\frac{n+1}{n^2}=0,$$

由夹逼准则得

$$\lim_{n\to\infty}x_n=\lim_{n\to\infty}\left(\frac{1}{n^2}+\frac{1}{(n+1)^2}+\cdots+\frac{1}{(n+n)^2}\right)=0.$$

例 2 求 $\lim\limits_{n\to\infty}(1+2^n+3^n)^{\frac{1}{n}}$.

解 因为 $x_n=1+2^n+3^n=3^n\left[\dfrac{1}{3^n}+\left(\dfrac{2}{3}\right)^n+1\right]$,又

$$1<\frac{1}{3^n}+\left(\frac{2}{3}\right)^n+1<3.$$

所以 $$3<x_n^{\frac{1}{n}}<3\cdot 3^{\frac{1}{n}}.$$

又知 $\lim\limits_{n\to\infty}3\cdot 3^{\frac{1}{n}}=3$ $\lim\limits_{n\to\infty}3^{\frac{1}{n}}=3$,由夹逼准则知 $\lim\limits_{n\to\infty}(1+2^n+3^n)^{\frac{1}{n}}=3$.

例 3 求 $\lim\limits_{n\to\infty}\dfrac{n}{a^n}(a>1)$.

解 令 $a=1+h$ $(h>0)$,则

$$a^n=(1+h)^n=1+nh+\frac{n(n-1)}{2!}h^2+\cdots+h^n>\frac{n(n-1)}{2!}h^2\quad(n>1),$$

因此 $$0<\frac{n}{a^n}<\frac{2!}{n(n-1)h^2}\cdot n=\frac{2}{(n-1)h^2}.$$

由于 $\lim\limits_{n\to\infty}\dfrac{2}{(n-1)h^2}=0$,所以由夹逼准则知 $\lim\limits_{n\to\infty}\dfrac{n}{a^n}=0$.

上述关于数列极限的存在准则可以推广到函数极限的情形.

准则 Ⅰ′ 如果函数 $f(x),g(x)$ 和 $h(x)$ 满足下面的条件:

(1) 当 $0<|x-x_0|<\delta$|(或 $|x|>M$)时,有 $g(x)\leqslant f(x)\leqslant h(x)$;

(2) $\lim\limits_{\substack{x\to x_0\\(x\to\infty)}}g(x)=A$, $\lim\limits_{\substack{x\to x_0\\(x\to\infty)}}h(x)=A$.

则极限 $\lim\limits_{\substack{x\to x_0\\(x\to\infty)}}f(x)$ 存在,且等于 A.

例 4 求极限 $\lim\limits_{x\to 0}\cos x$.

解 因为 $$0<1-\cos x<2\sin^2\frac{x}{2}<2\left(\frac{x}{2}\right)^2=\frac{x}{2}^2,$$

故由夹逼准则 Ⅰ′,得

$$\lim_{x\to 0}(1-\cos x)=0,\quad 即\quad \lim_{x\to 0}\cos x=1.$$

例 5 证明: $\lim\limits_{x\to 0}\dfrac{\sin x}{x}=1$

证明 由于 $\dfrac{\sin x}{x}$ 是偶函数,故只需讨论 $x\to 0^+$ 的情形.

作单位圆(图 1-7-1). 设 $\angle AOB = x\left(0 < x < \dfrac{\pi}{2}\right)$,点

A 处的切线于与 OB 的延长线相交于点 D,因 $BC \perp$
OA,故

$$\sin x = CB, \quad x = \overset{\frown}{AB}, \quad \tan x = AD.$$

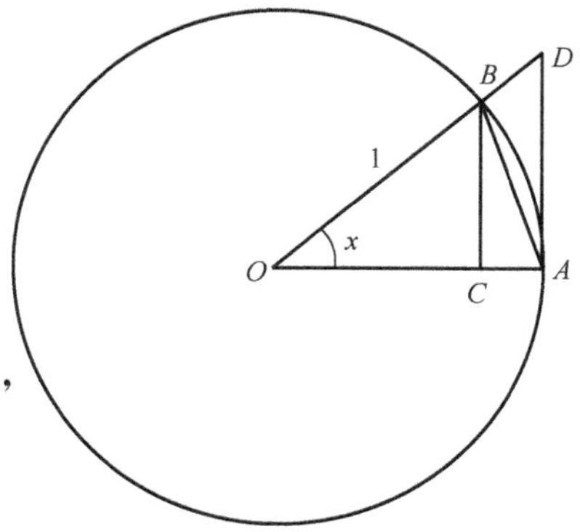

易见

三角形 AOB 的面积＜扇形 AOB 的面积＜三角形 OAD 面积,

所以　　　　　$\dfrac{1}{2}\sin x < \dfrac{1}{2}x < \dfrac{1}{2}\tan x,$

即　　　　　　$\sin x < x < \tan x,$ 　　　　(1.7.1)

整理得　　　　$\cos x < \dfrac{\sin x}{x} < 1.$ 　　　　(1.7.2)

图 1-7-1

由例 4 知 $\lim\limits_{x \to 0^+} \cos x = 1$ 及准则 I′,即得

$$\lim_{x \to 0^+} \frac{\sin x}{x} = 1. \tag{1.7.3}$$

当 $x < 0$ 时,$-x > 0$,有 $\dfrac{\sin x}{x} = \dfrac{\sin(-x)}{-x}$,即

$$\lim_{x \to 0^-} \frac{\sin x}{x} = \lim_{x \to 0^-} \frac{\sin(-x)}{-x} = 1. \tag{1.7.4}$$

从而由(1.7.3)式及(1.7.4)式有

$$\lim_{x \to 0} \frac{\sin x}{x} = 1.$$

例 6　求 $\lim\limits_{x \to 0} \dfrac{\tan x}{x}$.

解　$\lim\limits_{x \to 0} \dfrac{\tan x}{x} = \lim\limits_{x \to 0} \dfrac{\sin x}{x} \cdot \dfrac{1}{\cos x} = \lim\limits_{x \to 0} \dfrac{\sin x}{x} \cdot \lim\limits_{x \to 0} \dfrac{1}{\cos x} = 1.$

例 7　求 $\lim\limits_{x \to 0} \dfrac{\tan 3x}{\sin 5x}$.

解　$\lim\limits_{x \to 0} \dfrac{\tan 3x}{\sin 5x} = \lim\limits_{x \to 0} \dfrac{\tan 3x}{3x} \cdot 3x \cdot \dfrac{5x}{\sin 5x} \cdot \dfrac{1}{5x} = \dfrac{3}{5} \lim\limits_{x \to 0} \dfrac{\tan 3x}{3x} \cdot \dfrac{5x}{\sin 5x}$

$$= \frac{3}{5} \lim_{x \to 0} \frac{\tan 3x}{3x} \cdot \lim_{x \to 0} \frac{5x}{\sin 5x} = \frac{3}{5}.$$

例 8　求 $\lim\limits_{x \to 0} \dfrac{\arcsin x}{x}$.

解　令 $t = \arcsin x$, $x = \sin t$,

$$\lim_{x \to 0} \frac{\arcsin x}{x} = \lim_{t \to 0} \frac{t}{\sin t} = \lim_{t \to 0} \frac{1}{\dfrac{\sin t}{t}} = 1.$$

1.7.2　单调有界准则

定义 1　如果数列 $\{x_n\}$ 满足条件

$$x_1 \leqslant x_2 \leqslant \cdots \leqslant x_n \leqslant x_{n+1} \leqslant \cdots,$$

则称数列 $\{x_n\}$ 是**单调增加**的;如果数列 $\{x_n\}$ 满足条件

$$x_1 \geqslant x_2 \geqslant \cdots \geqslant x_n \geqslant x_{n+1} \geqslant \cdots,$$

则称数列 $\{x_n\}$ 是**单调减少**的. 单调增加和单调减少数列统称为**单调数列**.

　　准则Ⅱ　单调有界数列必有极限.

　　这里不证明准则Ⅱ,但图 1-7-2 可以帮助理解为什么一个单调增加且有界的数列 $\{x_n\}$ 必有极限,因为数列单调增加又不能大于 M,故某个时刻以后,数列的项必然集中在某数 a ($a \leqslant M$)的附近,即对任意给定的 $\varepsilon > 0$,必然存在 N 与数 a,使当 $n > N$ 时,恒有 $|x_n - a| < \varepsilon$,从而数列 $\{x_n\}$ 的极限存在.

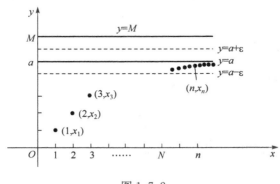

图 1-7-2

　　根据本章 1.3 节的定理 1,收敛的数列必定有界.但有界的数列不一定收敛.准则Ⅱ表明,如果数列不仅有界,而且单调,则该数列一定收敛.

　　例 9　设有数列 $x_1 = \sqrt{a}, x_2 = \sqrt{a + x_1}, \cdots, x_n = \sqrt{a + x_{n-1}}, \cdots (a > 0)$,求 $\lim\limits_{n \to \infty} x_n$.

　　解　显然,$x_{n+1} > x_n$,故 $\{x_n\}$ 是单调增加的.下面用数学归纳法证明数列 $\{x_n\}$ 有界.

　　因为 $x_1 = \sqrt{a} < a$,假定 $x_k < a$,则有

$$x_{k+1} = \sqrt{a + x_k} < \sqrt{a + a} < a.$$

故 $\{x_n\}$ 是有界的.根据准则Ⅱ,$\lim\limits_{n \to \infty} x_n$ 存在.

　　设 $\lim\limits_{n \to \infty} x_n = A$,因为

$$x_{n+1} = \sqrt{a + x_n}, \quad 即 \quad x_{n+1}^2 = a + x_n,$$

所以

$$\lim_{n \to \infty} x_{n+1}^2 = \lim_{n \to \infty} (a + x_n),$$

即

$$A^2 = a + A.$$

解得

$$A = \frac{1 + \sqrt{1 + 4a}}{2} \quad 或 \quad A = \frac{1 - \sqrt{1 + 4a}}{2} (舍去).$$

所以

$$\lim_{n \to \infty} x_n = \frac{1 + \sqrt{1 + 4a}}{2}.$$

　　作为准则Ⅱ的应用,下面讨论另一重要极限

$$\lim_{x \to \infty} \left(1 + \frac{1}{x}\right)^x.$$

　　证明　先考虑 x 取正整数 n 且 $n \to +\infty$ 的特殊情形.

　　设 $x_n = \left(1 + \frac{1}{n}\right)^n$,下面先证明数列 $\{x_n\}$ 单调增加.按牛顿二项公式,有

$$x_n = \left(1 + \frac{1}{n}\right)^n$$

$$= 1 + \frac{n}{1!} \cdot \frac{1}{n} + \frac{n(n-1)}{2!} \cdot \frac{1}{n^2} + \frac{n(n-1)(n-2)}{3!} \cdot \frac{1}{n^3} + \cdots$$

$$+ \frac{n(n-1)\cdots[n-(n-1)]}{n!} \cdot \frac{1}{n^n}$$

$$= 1 + 1 + \frac{1}{2!}\left(1 - \frac{1}{n}\right) + \frac{1}{3!}\left(1 - \frac{1}{n}\right)\left(1 - \frac{2}{n}\right) + \cdots$$

$$+ \frac{1}{n!}\left(1 - \frac{1}{n}\right)\left(1 - \frac{2}{n}\right)\cdots\left(1 - \frac{n-1}{n}\right).$$

又
$$x_{n+1} = 1 + 1 + \frac{1}{2!}\left(1 - \frac{1}{n+1}\right) + \frac{1}{3!}\left(1 - \frac{1}{n+1}\right)\left(1 - \frac{2}{n+1}\right) + \cdots$$

$$+ \frac{1}{n!}\left(1 - \frac{1}{n+1}\right)\left(1 - \frac{2}{n+1}\right)\cdots\left(1 - \frac{n-1}{n+1}\right)$$

$$+ \frac{1}{(n+1)!}\left(1 - \frac{1}{n+1}\right)\left(1 - \frac{2}{n+1}\right)\cdots\left(1 - \frac{n}{n+1}\right),$$

比较 x_n, x_{n+1} 的展开式的各项可知,除前两项相等外,从第三项起,x_{n+1} 的各项都大于 x_n 的各对应项,而且 x_{n+1} 还多了最后一个正项,因而

$$x_{n+1} > x_n \quad (n = 1, 2, 3, \cdots),$$

即 $x_n = \left(1 + \frac{1}{n}\right)^n$ 为单调增加数列.

再证 $\left\{\left(1 + \frac{1}{n}\right)^n\right\}$ 有界,因

$$0 < x_n < 1 + 1 + \frac{1}{2!} + \cdots + \frac{1}{n!} < 1 + 1 + \frac{1}{2} + \cdots + \frac{1}{2^{n-1}} = 1 + \frac{1 - \frac{1}{2^n}}{1 - \frac{1}{2}} = 3 - \frac{1}{2^{n-1}} < 3,$$

故 $\{x_n\}$ 有界. 根据准则 II,$\lim\limits_{n\to\infty} x_n$ 存在,常用字母 e 表示该极限值,即

$$\lim_{n\to\infty}\left(1 + \frac{1}{n}\right)^n = e.$$

可以证明对于一般的实数 x,仍有

$$\lim_{x\to\infty}\left(1 + \frac{1}{x}\right)^x = e. \tag{1.7.5}$$

注　无理数 e 是数学中的一个重要常数,其值为

$$e = 2.718\,281\,828\,459\,045\cdots.$$

在 1.2 节中讲到的指数函数 $y = e^x$ 以及自然对数函数 $y = \ln x$ 中的底数 e 就是这个常数.

利用复合函数的极限运算法则,若令 $y = \frac{1}{x}$,则式(1.7.5)变为

$$\lim_{y\to 0}(1 + y)^{\frac{1}{y}} = e. \tag{1.7.6}$$

例 10　求 $\lim\limits_{n\to\infty}\left(1 + \frac{1}{n}\right)^{n+5}$.

解　$\lim\limits_{n\to\infty}\left(1 + \frac{1}{n}\right)^{n+5} = \lim\limits_{n\to\infty}\left[\left(1 + \frac{1}{n}\right)^n \cdot \left(1 + \frac{1}{n}\right)^5\right] = \lim\limits_{n\to\infty}\left(1 + \frac{1}{n}\right)^n \cdot \lim\limits_{n\to\infty}\left(1 + \frac{1}{n}\right)^5$

$$=\mathrm{e} \cdot 1 = \mathrm{e}.$$

例 11 求 $\lim\limits_{x \to 0}(1-kx)^{\frac{1}{x}}$（$k$ 为非零常数）.

解 $\lim\limits_{x \to 0}(1-kx)^{\frac{1}{x}} = \lim\limits_{x \to 0}\left[(1-kx)^{-\frac{1}{kx}}\right]^{-k} = \mathrm{e}^{-k}.$

例 12 求 $\lim\limits_{x \to \infty}\left(\dfrac{1+x}{2+x}\right)^{3x}$.

解 方法一.

$$\lim_{x \to \infty}\left(\frac{1+x}{2+x}\right)^{3x} = \lim_{x \to \infty}\left[\left(1+\frac{-1}{2+x}\right)^{x}\right]^{3} = \lim_{x \to \infty}\left[\left(1+\frac{-1}{2+x}\right)^{-(x+2)}\right]^{-3}\left(1+\frac{-1}{2+x}\right)^{-6} = \mathrm{e}^{-3}.$$

方法二.

$$\lim_{x \to \infty}\left(\frac{1+x}{2+x}\right)^{3x} = \lim_{x \to \infty}\left(\frac{1+\dfrac{1}{x}}{1+\dfrac{2}{x}}\right)^{3x} = \frac{\left[\lim\limits_{x \to \infty}\left(1+\dfrac{1}{x}\right)^{x}\right]^{3}}{\left[\lim\limits_{x \to \infty}\left(1+\dfrac{2}{x}\right)^{x}\right]^{3}} = \frac{\left[\lim\limits_{x \to \infty}\left(1+\dfrac{1}{x}\right)^{x}\right]^{3}}{\left[\lim\limits_{x \to \infty}\left(1+\dfrac{2}{x}\right)^{\frac{x}{2}}\right]^{6}} = \frac{\mathrm{e}^{3}}{\mathrm{e}^{6}} = \mathrm{e}^{-3}.$$

1.7.3 柯西极限存在准则

从 1.4 节的例 2 可知, 收敛的数列不一定是单调的. 因此, 准则 II 所给出的单调有界的条件, 是数列收敛的充分条件, 而不是必要的.

下面叙述的柯西极限存在准则, 给出了数列收敛的充分必要条件.

柯西极限存在准则 数列 $\{x_n\}$ 收敛的充分必要条件是: 对于 $\forall \varepsilon > 0, \exists N > 0$, 使得当 $m > N, n > N$ 时, 恒有

$$|x_m - x_n| < \varepsilon.$$

证明 必要性. 设 $\lim\limits_{x \to \infty}x_n = a$, 则对 $\forall \varepsilon > 0$, 由数列极限的定义, $\exists N > 0$, 当 $n > N$ 时, 有

$$|x_n - a| < \frac{\varepsilon}{2},$$

同样, 当 $m > N$ 时, 也有

$$|x_m - a| < \frac{\varepsilon}{2},$$

因此, 当 $m > N, n > N$ 时, 有

$$|x_m - x_n| = |(x_m - a) - (x_n - a)| \leqslant |x_m - a| + |x_n - a| < \frac{\varepsilon}{2} + \frac{\varepsilon}{2} = \varepsilon.$$

充分性. 证明略.

注 柯西极限存在准则又称为柯西审敛原理, 其几何意义是: 对于任意给定的正数 ε, 在数轴上一切具有足够大下标的点 x_n 中, 任意两点间的距离小于 ε.

习 题 1-7

1. 计算下列极限:

(1) $\lim\limits_{x \to 0}\dfrac{\tan 3x}{x}$;　　　　(2) $\lim\limits_{x \to 0}x\sin\dfrac{1}{x}$;　　　　(3) $\lim\limits_{x \to 0}x\cot x$;

(4) $\lim\limits_{x \to 0}\dfrac{\tan x - \sin x}{x^3}$;　　(5) $\lim\limits_{x \to 0}\dfrac{1-\cos 2x}{x\sin x}$;　　(6) $\lim\limits_{x \to 0}\dfrac{x}{\sqrt{1-\cos x}}$;

(7) $\lim\limits_{x \to \pi}\dfrac{\sin x}{\pi - x}$;　　　(8) $\lim\limits_{x \to 0}\dfrac{2\arcsin x}{3x}$;　　　(9) $\lim\limits_{x \to 0}\dfrac{x - \sin x}{x + \sin x}$.

2. 计算下列极限:

(1) $\lim\limits_{x \to 0}(1 - x)^{\frac{1}{x}}$;　　　(2) $\lim\limits_{x \to 0}(1 + 2x)^{\frac{1}{x}}$;　　　(3) $\lim\limits_{x \to \infty}\left(\dfrac{1 + x}{x}\right)^{2x}$;

(4) $\lim\limits_{x \to \infty}\left(1 - \dfrac{1}{x}\right)^{kx}(k \in \mathbf{N})$;　(5) $\lim\limits_{x \to \infty}\left(\dfrac{x}{x + 1}\right)^{x + 3}$;　(6) $\lim\limits_{x \to \infty}\left(\dfrac{x + a}{x - a}\right)^{x}$;

(7) $\lim\limits_{x \to 0}(1 + x\mathrm{e}^x)^{\frac{1}{x}}$;　　　(8) $\lim\limits_{x \to \infty}\dfrac{1}{x}\ln\sqrt{\dfrac{1 + x}{x}}$;　　　(9) $\lim\limits_{x \to \infty}\dfrac{5x^2 + 1}{3x - 1}\sin\dfrac{1}{x}$.

3. 设 $f(x - 1) = \begin{cases} -\dfrac{\sin x}{x}, & x > 0 \\ 2, & x = 0 \\ x - 1, & x < 0 \end{cases}$, 求 $\lim\limits_{x \to -1}f(x)$.

4. 已知 $\lim\limits_{x \to \infty}\left(\dfrac{x + c}{x - c}\right)^{\frac{x}{2}} = 3$, 求 c.

5. 利用极限存在准则证明:

(1) $\lim\limits_{n \to \infty}\left(\dfrac{1}{\sqrt{n^2 + 1}} + \dfrac{1}{\sqrt{n^2 + 2}} + \cdots + \dfrac{1}{\sqrt{n^2 + n}}\right) = 1$;　　　(2) $\lim\limits_{n \to \infty}\sqrt[n]{n} = 1$;

(3) $\lim\limits_{x \to 0}\sqrt{1 + x} = 1$;　　　(4) $\lim\limits_{n \to \infty}\sqrt[n]{a} = 1\ (a > 0)$;

(5) $\lim\limits_{n \to \infty}\dfrac{n!}{n^n} = 0$.

6. 设 $\{x_n\}$ 满足: $-1 < x_0 < 0, x_{n+1} = x_n^2 + 2x_n(n = 0, 1, 2, \cdots)$, 证明 $\{x_n\}$ 收敛, 求 $\lim\limits_{n \to \infty}x_n$.

1.8　无穷小的比较

1.8.1　无穷小比较的概念

根据无穷小的运算性质, 两个无穷小的和、差、积仍是无穷小. 但两个无穷小的商, 却会出现不同的情况, 例如, $x \to 0$ 时, $3x, x^2, \sin x$ 都是无穷小, 而

$$\lim_{x \to 0}\frac{x^2}{3x} = 0, \quad \lim_{x \to 0}\frac{3x}{x^2} = \infty, \quad \lim_{x \to 0}\frac{\sin x}{x} = 1.$$

从中可看出各无穷小趋于 0 的快慢程度: x^2 比 $3x$ 快些, $3x$ 比 x^2 慢些, $\sin x$ 与 $3x$ 大致相同. 即无穷小比的极限不同, 反映了无穷小趋向于零的**快慢程度**不同.

定义 1　设 α, β 是同一变化过程中的两个无穷小, 且 $\alpha \neq 0$.

(1) 如果 $\lim\dfrac{\beta}{\alpha} = 0$, 则称 β 是比 α **高阶的无穷小**, 记作 $\beta = o(\alpha)$;

(2) 如果 $\lim\dfrac{\beta}{\alpha} = \infty$, 则称 β 是比 α **低阶的无穷小**;

(3) 如果 $\lim\dfrac{\beta}{\alpha} = C\ (C \neq 0)$, 则称 β 与 α **同阶的无穷小**; 特别地, 如果 $\lim\dfrac{\beta}{\alpha} = 1$, 则称 β 是与 α **等价的无穷小**, 记作 $\alpha \sim \beta$;

(4) 如果 $\lim\dfrac{\beta}{\alpha^k} = C(C \neq 0, k > 0)$, 则称 **$\beta$ 是 α 的 k 阶的无穷小**.

前面提到的例子:

因为 $\lim\limits_{x\to0}\dfrac{x^2}{3x}=0$,所以当 $x\to0$ 时,x^2 是比 $3x$ 高阶的无穷小,即 $x^2=o(3x)$;

因为 $\lim\limits_{x\to0}\dfrac{3x}{x^2}=\infty$,所以当 $x\to0$ 时,$3x$ 是比 x^2 低阶的无穷小;

因为 $\lim\limits_{x\to-2}\dfrac{x^2-4}{x+2}=-4$,所以当 $x\to-2$ 时,x^2-4 是与 $x+2$ 同阶无穷小;

因为 $\lim\limits_{x\to0}\dfrac{\sin x}{x}=1$,所以当 $x\to0$ 时,$\sin x$ 是与 x 等价无穷小;

因为 $\lim\limits_{x\to0}\dfrac{1-\cos x}{x^2}=\dfrac{1}{2}$,所以当 $x\to0$ 时,$1-\cos x$ 是关于 x 的二阶无穷小.

1.8.2 常用等价无穷小

根据等价无穷小的定义,可以证明,当 $x\to0$ 时,有下列常用等价无穷小关系:
$$\sin x\sim x;\quad \tan x\sim x;$$
$$\arcsin x\sim x;\quad \arctan x\sim x;\quad 1-\cos x\sim\frac{1}{2}x^2;$$
$$\ln(1+x)\sim x;\quad e^x-1\sim x;\quad a^x-1\sim x\ln a(a>0);$$
$$(1+x)^\alpha-1\sim\alpha x(\alpha\neq0\text{ 且为常数}).$$

例 1　证明:$e^x-1\sim x(x\to0)$.

证明　令 $y=e^x-1$,则 $x=\ln(1+y)$,且 $x\to0$ 时,$y\to0$,因此
$$\lim_{x\to0}\frac{e^x-1}{x}=\lim_{y\to0}\frac{y}{\ln(1+y)}=\lim_{y\to0}\frac{1}{\ln(1+y)^{\frac{1}{y}}}=\frac{1}{\ln e}=1.$$

即有等价关系
$$e^x-1\sim x\ (x\to0).$$

上述证明过程同时给出了等价关系:$\ln(1+x)\sim x\ (x\to0)$.

注　当 $x\to0$ 时,$\beta(x)$ 为无穷小.在常用等价无穷小中,用无穷小 $\beta(x)$ 代替 x 后,上述等价关系依然成立.

例如,$x\to1$ 时,有 $(x-1)^2\to0$,从而
$$\sin(x-1)^2\sim(x-1)^2(x\to1).$$

定理 1　设 $\alpha,\alpha',\beta,\beta'$ 是同一过程中的无穷小,且 $\alpha\sim\alpha',\beta\sim\beta',\lim\dfrac{\beta'}{\alpha'}$ 存在,则
$$\lim\frac{\beta}{\alpha}=\lim\frac{\beta'}{\alpha'}.$$

证明　$\lim\dfrac{\beta}{\alpha}=\lim\left(\dfrac{\beta}{\beta'}\cdot\dfrac{\beta'}{\alpha'}\cdot\dfrac{\alpha'}{\alpha}\right)=\lim\dfrac{\beta}{\beta'}\cdot\lim\dfrac{\beta'}{\alpha'}\cdot\lim\dfrac{\alpha'}{\alpha}=\lim\dfrac{\beta'}{\alpha'}.$

定理 1 表明,在求两个无穷小之比的极限时,分子及分母都可以用等价无穷小替换.因此,如果无穷小的替换运用得当,则可简化极限的计算.

例 2　证明:当 $x\to0$ 时,$(1+x)^\alpha-1\sim\alpha x(\alpha\neq0$ 且为常数).

证明　$\lim\limits_{x\to0}\dfrac{(1+x)^\alpha-1}{\alpha x}=\lim\limits_{x\to0}\dfrac{e^{\ln(1+x)^\alpha}-1}{\alpha x}=\lim\limits_{x\to0}\dfrac{\ln(1+x)^\alpha}{\alpha x}=1.$

例 3　求 $\lim\limits_{x\to0}\dfrac{\tan3x}{\sin5x}$.

解 当 $x \to 0$ 时，$\tan 3x \sim 3x$，$\sin 5x \sim 5x$，故

$$\lim_{x \to 0} \frac{\tan 3x}{\sin 5x} = \lim_{x \to 0} \frac{3x}{5x} = \frac{3}{5}.$$

例 4 求 $\lim\limits_{x \to 0} \dfrac{(1+x^2)^{\frac{1}{3}} - 1}{\cos x - 1}$.

解 当 $x \to 0$ 时，$(1+x^2)^{\frac{1}{3}} - 1 \sim \dfrac{1}{3} x^2$，$\cos x - 1 = -(1 - \cos x) \sim -\dfrac{1}{2} x^2$，故

$$\lim_{x \to 0} \frac{(1+x^2)^{\frac{1}{3}} - 1}{\cos x - 1} = \lim_{x \to 0} \frac{\dfrac{1}{3} x^2}{-\dfrac{1}{2} x^2} = -\frac{2}{3}.$$

例 5 求 $\lim\limits_{x \to 0} \dfrac{\sqrt{2} - \sqrt{1 + \cos x}}{\sin^2 x}$.

解 由于 $x \to 0$ 时，$\sin^2 x \sim x^2$，$1 - \cos x \sim \dfrac{1}{2} x^2$，故

$$\lim_{x \to 0} \frac{\sqrt{2} - \sqrt{1 + \cos x}}{\sin^2 x} = \lim_{x \to 0} \frac{1 - \cos x}{x^2 (\sqrt{2} + \sqrt{1 + \cos x})}$$

$$= \lim_{x \to 0} \frac{1 - \cos x}{x^2} \cdot \lim_{x \to 0} \frac{1}{\sqrt{2} + \sqrt{1 + \cos x}}$$

$$= \frac{1}{2} \cdot \frac{1}{2\sqrt{2}} = \frac{\sqrt{2}}{8}.$$

定理 2 β 与 α 是等价无穷小的充分必要条件是

$$\beta = \alpha + o(\alpha).$$

证明 必要性. 设 $\alpha \sim \beta$，则

$$\lim \frac{\beta - \alpha}{\alpha} = \lim \left(\frac{\beta}{\alpha} - 1 \right) = \lim \frac{\beta}{\alpha} - 1 = 0,$$

因此，$\beta - \alpha = o(\alpha)$，即 $\beta = \alpha + o(\alpha)$.

充分性. 设 $\beta = \alpha + o(\alpha)$，则

$$\lim \frac{\beta}{\alpha} = \lim \frac{\alpha + o(\alpha)}{\alpha} = \lim \left(1 + \frac{o(\alpha)}{\alpha} \right) = 1,$$

因此 $\alpha \sim \beta$.

例如，当 $x \to 0$ 时，无穷小等价关系 $\sin x \sim x$，$1 - \cos x \sim \dfrac{1}{2} x^2$ 可表述为

$$\sin x = x + o(x), \quad \cos x = 1 - \frac{1}{2} x^2 + o(x^2).$$

例 6 求 $\lim\limits_{x \to 0} \dfrac{5x + \sin^2 x - 2x^3}{\tan x + 4x^2}$.

解 因为 $\sin^2 x = x^2 + o(x^2)$，$\tan x = x + o(x)$，故

$$原式 = \lim_{x \to 0} \frac{5x + x^2 + o(x^2) - 2x^3}{x + o(x) + 4x^2} = \lim_{x \to 0} \frac{5 + x + \dfrac{o(x^2)}{x} - 2x^2}{1 + \dfrac{o(x)}{x} + 4x} = 5.$$

习　题　1-8

1. 当 $x \to 0$ 时，$x - x^2$ 与 $x^2 - x^3$ 相比，哪一个是高阶无穷小？

2. 当 $x \to 1$ 时，无穷小 $1 - x$ 和 $\dfrac{1}{2}(1 - x^2)$ 是否同阶？是否等价？

3. 当 $x \to 0$ 时，$\sqrt{a + x^3} - \sqrt{a}$ $(a > 0)$ 与 x 相比是几阶无穷小？

4. 当 $x \to 0$ 时，$\left(\sin x + x^2 \cos \dfrac{1}{x} \right)$ 与 $(1 + \cos x) \ln(1 + x)$ 是否为同阶无穷小？

5. 利用等价无穷小的性质求下列极限：

(1) $\lim\limits_{x \to 0} \dfrac{\arctan 3x}{5x}$；

(2) $\lim\limits_{x \to 0} \dfrac{\ln(1 + 3x \sin x)}{\tan x^2}$；

(3) $\lim\limits_{x \to 0} \dfrac{(\sin x^3) \tan x}{1 - \cos x^2}$；

(4) $\lim\limits_{x \to 0} \dfrac{e^{5x} - 1}{x}$；

(5) $\lim\limits_{x \to 0} \dfrac{\sqrt{1 + x \sin x} - 1}{x \arctan x}$；

(6) $\lim\limits_{x \to 0} \dfrac{\sin^2 3x}{\ln^2(1 + 2x)}$；

(7) $\lim\limits_{x \to 0} \dfrac{x \ln(1 + x)}{1 - \cos x}$；

(8) $\lim\limits_{x \to 0} \dfrac{\tan x - \sin x}{\sin^3 2x}$；

(9) $\lim\limits_{x \to 0} \dfrac{\sqrt{2 + \sin x} - \sqrt{2 - \sin x}}{\sqrt{1 + 2x} - 1}$；

(10) $\lim\limits_{x \to 0} \dfrac{\arctan 7x - \cos x + 1}{\sin 5x}$.

1.9　函数的连续性与间断点

1.9.1　函数的连续性

　　自然界中有许多现象，如气温的变化、河水的流动、植物的生长等，都是连续地变化着的. 这种现象在函数关系上的反映，就是**函数的连续性**. 例如就气温的变化来看，当时间变动很微小时，气温的变化也很微小，这种特点就是所谓连续性. 具有这种性质的函数称为连续函数. 连续函数不仅是微积分的研究对象，而且微积分中的主要概念、定理、公式与法则等，往往都要求函数具有连续性.

　　本节和 1.10 节将以极限为基础，介绍连续函数的概念、连续函数的运算及连续函数的一些性质.

　　为描述函数的连续性，先引入函数增量的概念.

　　设变量 u 从它的一个初值 u_1 变到终值 u_2，则称终值 u_2 与初值 u_1 的差 $u_2 - u_1$ 为变量 u 的**增量**（**改变量**），记为 Δu，即 $\Delta u = u_2 - u_1$.

　　增量 Δu 可以是正的，也可以是负的. 当 Δu 为正时，变量 u 的终值 $u_2 = u_1 + \Delta u$ 大于初值 u_1；当 Δu 为负时，终值 u_2 小于初值 u_1.

　　注　记号 Δu 不是 Δ 与 u 的积，而是一个不可分割的记号.

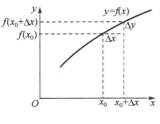

图 1-9-1

　　定义 1　设函数 $y = f(x)$ 在点 x_0 的某一邻域内有定义. 当自变量 x 在 x_0 处取得增量 Δx（即 x 在这个邻域内从 x_0 变到 $x_0 + \Delta x$）时，相应地，函数 $y = f(x)$ 从 $f(x_0)$ 变到 $f(x_0 + \Delta x)$，则称

$$\Delta y = f(x_0 + \Delta x) - f(x_0) \qquad (1.9.1)$$

为函数 $y = f(x)$ 的对应**增量**（图 1-9-1）.

　　例如，函数 $y = x^2$，当 x 由 x_0 变到 $x_0 + \Delta x$ 时，函数 y

的增量为
$$\Delta y=f(x_0+\Delta x)-f(x_0)=(x_0+\Delta x)^2-x_0^2=2x_0\Delta x+(\Delta x)^2.$$

借助函数增量的概念,引入函数连续的概念.

设函数 $y=f(x)$ 在点 x_0 的某一邻域内有定义. 从几何直观上理解,若 x 在 x_0 处取得微小增量 Δx 时,函数 y 的相应增量 Δy 也很微小,且 Δx 趋于 0 时,Δy 也趋于 0,即

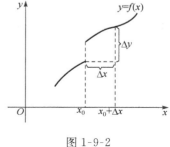

$$\lim_{\Delta x\to0}\Delta y=0.$$

则函数 $y=f(x)$ 在点 x_0 处是连续的. 否则,若 Δx 趋于 0 时,Δy 不趋于 0,则称函数 $y=f(x)$ 在点 x_0 处是不连续的(图 1-9-2).

定义 2　设函数 $y=f(x)$ 在点 x_0 的某一邻域内有定义. 如果当自变量在点 x_0 的增量 Δx 趋于零时,函数 $y=f(x)$ 对应增量 Δy 也趋于零,即

图 1-9-2

$$\lim_{\Delta x\to0}\Delta y=0 \ 或 \ \lim_{\Delta x\to0}[f(x_0+\Delta x)-f(x_0)]=0, \tag{1.9.2}$$

则称函数 $y=f(x)$ 在点 x_0 处**连续**,x_0 称为 $f(x)$ 的**连续点**.

在定义 2 中,若令 $x=x_0+\Delta x$,即 $\Delta x=x-x_0$,有
$$\Delta y=f(x_0+\Delta x)-f(x_0)=f(x)-f(x_0);$$
$$f(x)=f(x_0)+\Delta y.$$

则当 $x\to x_0$ 时,有 $\Delta x\to0$ 时,从而 $\Delta y\to0$,于是有
$$\lim_{x\to x_0}f(x)=f(x_0).$$

因而,函数在点 x_0 处是连续的定义又可以叙述如下:

定义 3　设函数 $y=f(x)$ 在点 x_0 的某一邻域内有定义. 如果函数 $f(x)$ 当 $x\to x_0$ 时的极限存在,且等于它在点 x_0 处的函数值 $f(x_0)$,即
$$\lim_{x\to x_0}f(x)=f(x_0). \tag{1.9.3}$$

则称函数 $f(x)$ 在点 x_0 处**连续**.

例 1　设 $f(x)$ 是定义在 $[a,b]$ 上的单调增加函数,$x_0\in(a,b)$,如果 $\lim\limits_{x\to x_0}f(x)$ 存在,试证明函数 $f(x)$ 在点 x_0 处连续.

证明　设 $\lim\limits_{x\to x_0}f(x)=A$,由于 $f(x)$ 单调增加,故

当 $x<x_0$ 时,$f(x)<f(x_0)$,$A=\lim\limits_{x\to x_0^-}f(x)\leqslant f(x_0)$;

当 $x>x_0$ 时,$f(x)>f(x_0)$,$A=\lim\limits_{x\to x_0^+}f(x)\geqslant f(x_0)$;

由此得到 $A=f(x_0)$,即有
$$\lim_{x\to x_0}f(x)=f(x_0).$$

因此 $f(x)$ 在点 x_0 处连续.

1.9.2　左连续与右连续

若函数 $f(x)$ 在 $(a,x_0]$ 内有定义,且
$$\lim_{x\to x_0^-}f(x)=f(x_0)=f(x_0-0), \tag{1.9.4}$$

则称 $f(x)$ 在点 x_0 处**左连续**.

若函数 $f(x)$ 在 $[x_0,b)$ 内有定义,且

$$\lim_{x \to x_0^+} f(x) = f(x_0) = f(x_0+0),\qquad (1.9.5)$$

则称 $f(x)$ 在点 x_0 处**右连续**.

由以上连续及左右连续的定义容易得到下面的定理:

定理 1　函数 $f(x)$ 在点 x_0 处连续的充分必要条件是函数 $f(x)$ 在点 x_0 处既左连续又右连续.

例 2　已知函数 $f(x) = \begin{cases} \dfrac{\sin kx}{x}, & x < 0 \\ 3x^2 - 2, & x \geqslant 0 \end{cases}$ 在点 $x = 0$ 处连续,求 k 的值.

解　$\lim\limits_{x \to 0^+} f(x) = \lim\limits_{x \to 0^+}(3x^2 - 2) = -2,\quad \lim\limits_{x \to 0^-} f(x) = \lim\limits_{x \to 0^-} \dfrac{\sin kx}{x} = k,$

因为 $f(x)$ 在点 $x = 0$ 处连续,故

$$\lim_{x \to 0^+} f(x) = \lim_{x \to 0^-} f(x),\ \text{即}\ k = -2.$$

1.9.3　连续函数与连续区间

在区间内每一点都连续的函数,称为该区间内的**连续函数**,或者说函数在该区间内连续. 该区间称为**函数的连续区间**.

如果函数在开区间 (a,b) 内连续,并且在左端点 $x = a$ 处右连续,在右端点 $x = b$ 处左连续,则称**函数 $f(x)$ 在闭区间 $[a,b]$ 上连续**.

连续函数的图形是一条连续而不间断的曲线.

例 3　证明函数 $y = \sin x$ 在区间 $(-\infty, +\infty)$ 内连续.

证明　任取 $x \in (-\infty, +\infty)$,则

$$\Delta y = \sin(x + \Delta x) - \sin x = 2\sin \frac{\Delta x}{2} \cdot \cos\left(x + \frac{\Delta x}{2}\right),$$

由 $\left| \cos\left(x + \dfrac{\Delta x}{2}\right) \right| \leqslant 1$,得

$$0 \leqslant |\Delta y| \leqslant 2\left| \sin \frac{\Delta x}{2} \right| \leqslant |\Delta x|.$$

所以,当 $\Delta x \to 0$ 时,由夹逼准则得 $\Delta y \to 0$,即函数 $y = \sin x$ 在点 x 连续,再由点 x 的任意性知, $y = \sin x$ 在区间 $(-\infty, +\infty)$ 是连续的.

类似地,可以证明基本初等函数在其定义域内是连续的.

1.9.4　函数的间断点

定义 4　设函数 $f(x)$ 在点 x_0 的某个去心邻域内有定义,如果 $f(x)$ 在点 x_0 处满足下列三个条件之一:

(1) $f(x)$ 在点 x_0 处没有定义;

(2) $\lim\limits_{x \to x_0} f(x)$ 不存在;

(3) 在点 x_0 处有定义,且 $\lim\limits_{x \to x_0} f(x)$ 存在,但是

$$\lim_{x \to x_0} f(x) \neq f(x_0).$$

则称 $f(x)$ 在点 x_0 处**不连续或间断**，称点 x_0 为 $f(x)$ 的**不连续点**或**间断点**.

根据函数的间断点处极限的情况常分为下面两类：

第一类间断点　设点 x_0 为 $f(x)$ 的间断点，左极限 $f(x_0-0)$ 及右极限 $f(x_0+0)$ 都存在，则称 x_0 为 $f(x)$ 的第一类间断点.

当 $f(x_0-0) \neq f(x_0+0)$ 时，x_0 称为 $f(x)$ 的**跳跃间断点**.

若 $f(x_0-0)=f(x_0+0) \neq f(x_0)$（$f(x)$ 在点 x_0 处有定义），则称点 x_0 为 $f(x)$ 的**可去间断点**.

第二类间断点　如果 $f(x)$ 在点 x_0 处的左、右极限至少有一个不存在，则称点 x_0 为函数 $f(x)$ 的第二类间断点.

常见的第二类间断点有**无穷间断点**（如 $\lim\limits_{x \to x_0} f(x)=\infty$）和**振荡间断点**（在 $x \to x_0$ 的过程中，$f(x)$ 无限振荡，极限不存在）.

下面举例说明函数的间断点.

例 4　讨论函数 $f(x)=\begin{cases}2x+1, & x>0 \\ 0, & x=0 \\ x-1, & x<0\end{cases}$ 在 $x=0$ 处的连续性.

解　$\lim\limits_{x \to 0^+} f(x)=\lim\limits_{x \to 0^+}(2x+1)=1$, $\lim\limits_{x \to 0^-} f(x)=\lim\limits_{x \to 0^-}(x-1)=-1$,
函数 $f(x)$ 在 $x=0$ 点处左、右极限都存在，但不相等，故函数 $f(x)$ 在点 $x=0$ 处不连续，$x=0$ 是函数 $f(x)$ 的间断点，是 $f(x)$ 的跳跃间断点（图 1-9-3）.

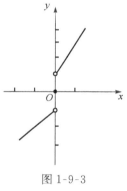

例 5　讨论函数 $f(x)=\begin{cases}2\sqrt{x}, & 0 \leqslant x<1 \\ 1+x, & x>1\end{cases}$ 在 $x=1$ 处的连续性.

解　因为 $f(x)$ 在 $x=1$ 处无定义，所以 $f(x)$ 在 $x=1$ 处不连续. 但是因为

$$\lim_{x \to 1^-} f(x)=\lim_{x \to 1^-}2\sqrt{x}=2, \quad \lim_{x \to 1^+} f(x)=\lim_{x \to 1^+}(x+1)=2,$$

所以
$$\lim_{x \to 1} f(x)=2.$$

图 1-9-3

若补充定义 $f(1)=2$，这样间断点 $x=1$ 就变成连续点. 因此 $x=1$ 称为可去间断点（图 1-9-4）.

例 6　讨论函数 $f(x)=\begin{cases}x^2 & x \neq 2 \\ 1 & x=2\end{cases}$ 在 $x=2$ 处的连续性.

解　因为 $\lim\limits_{x \to 2} f(x)=\lim\limits_{x \to 2}x^2=4$，但是 $f(2)=1$，所以 $\lim\limits_{x \to 2} f(x) \neq f(2)$，从而 $x=2$ 是 $f(x)$ 的间断点.

但是若改变函数 $f(x)$ 在 $x=2$ 处的定义，令 $f(2)=4$，则 $f(x)$ 在 $x=2$ 处变成连续的. 因此 $x=2$ 称为可去间断点.

例 7　讨论函数 $f(x)=\begin{cases}\dfrac{1}{x}, & x>0 \\ x, & x \leqslant 0\end{cases}$ 在 $x=0$ 处的连续性.

解　因为
$$f(0-0)=0, \quad f(0+0)=+\infty,$$
所以 $x=0$ 为函数的第二类间断点，且为无穷间断点（图 1-9-5）.

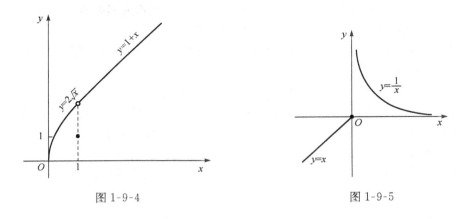

图 1-9-4　　　　　　　　　　　　　图 1-9-5

例 8　讨论函数 $f(x)=\sin\dfrac{1}{x}$ 在 $x=0$ 处的连续性.

解　因为 $f(x)$ 在 $x=0$ 处没有定义,且 $\lim\limits_{x\to0}\sin\dfrac{1}{x}$ 不存在.所以 $x=0$ 为函数 $f(x)$ 的第二类间断点,且为振荡间断点(图 1-9-6).

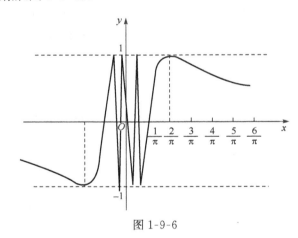

图 1-9-6

例 9　讨论 $f(x)=\lim\limits_{n\to\infty}\dfrac{x+x^{2}\mathrm{e}^{-nx}}{1+\mathrm{e}^{-nx}}$ 的连续性.

解　右端的极限与 x 的取值范围有关,当 $x>0$ 时,$\mathrm{e}^{-nx}\to0,n\to\infty$;当 $x<0$ 时,$\mathrm{e}^{-nx}\to+\infty,n\to\infty$.因此,

当 $x>0$ 时,　$\lim\limits_{n\to\infty}\dfrac{x+x^{2}\mathrm{e}^{-nx}}{1+\mathrm{e}^{-nx}}=x$;

当 $x<0$ 时,　$\lim\limits_{n\to\infty}\dfrac{x+x^{2}\mathrm{e}^{-nx}}{1+\mathrm{e}^{-nx}}=x^{2}$;

当 $x=0$ 时,　$\lim\limits_{n\to\infty}\dfrac{x+x^{2}\mathrm{e}^{-nx}}{1+\mathrm{e}^{-nx}}=0$.

综上得 $f(x)=\begin{cases}x & x\geqslant0\\ x^{2} & x<0\end{cases}$,从而可以看出 $f(x)$ 在其整个定义域上是连续的.

习 题 1-9

1. 研究下列函数的连续性,并画出函数的图形.

(1) $f(x)=\begin{cases} x^2, & 0\leqslant x<0 \\ 2-x, & 1<x\leqslant 2 \end{cases}$;　　　　(2) $f(x)=\begin{cases} x, & -1\leqslant x\leqslant 1 \\ 1, & x<-1 \text{ 或 } x>1 \end{cases}$.

2. 下列函数 $f(x)$ 在 $x=0$ 处是否连续? 为什么?

(1) $f(x)=\begin{cases} x^2\sin\dfrac{1}{x}, & x\neq 0 \\ 0, & x=0 \end{cases}$;　　(2) $f(x)=\begin{cases} e^x, & x\leqslant 0 \\ \dfrac{\sin x}{x}, & x>0 \end{cases}$.

3. 判断下列函数在指定点所属的间断点类型,如果是可去间断点,则请补充或改变函数的定义使它连续.

(1) $y=\dfrac{1}{(x+2)^2}$,$x=-2$;　　　　(2) $y=\dfrac{x^2-1}{x^2-3x+2}$;$x=1$,$x=2$;

(3) $y=\dfrac{1}{x}\ln(1-x)$,$x=0$;　　　　(4) $y=\cos^2\dfrac{1}{x}$,$x=0$;

(5) $y=\begin{cases} x-1, & x\leqslant 1 \\ 3-x, & x>1 \end{cases}$,$x=1$.

4. 设 $f(x)=\begin{cases} e^x, & x<0 \\ a+x, & x\geqslant 0 \end{cases}$,应当如何选择数 a,使得 $f(x)$ 成为 $(-\infty,+\infty)$ 内的连续函数.

5. 设 $f(x)=\begin{cases} a+x^2, & x<0 \\ 1, & x=0 \\ \ln(b+x+x^2), & x>0 \end{cases}$,已知 $f(x)$ 在 $x=0$ 处连续,试确定 a 和 b 的值.

6. 研究 $f(x)=\begin{cases} \dfrac{1}{1+e^{1/x}}, & x<0 \\ 0, & x=0 \end{cases}$ 在 $x=0$ 处的左、右连续.

7. 设函数 $g(x)$ 在 $x=0$ 处连续,且 $g(0)=0$,已知 $|f(x)|\leqslant|g(x)|$,试证函数 $f(x)$ 在 $x=0$ 处也连续.

8. 设 $f(x)=\lim\limits_{n\to\infty}\dfrac{x^{2n+1}+ax^2+bx}{x^{2n}+1}$,当 a,b 取何值时,$f(x)$ 在 $(-\infty,+\infty)$ 连续?

1.10 连续函数的运算与初等函数的连续性

1.10.1 连续函数的算术运算

定理1 若函数 $f(x),g(x)$ 在点 x_0 处连续,则

$$Cf(x)(C\text{ 为常数}),\quad f(x)\pm g(x),\quad f(x)\cdot g(x),\quad \dfrac{f(x)}{g(x)}(g(x_0)\neq 0),$$

在点 x_0 处也连续.

证明 只证 $f(x)\pm g(x)$ 在点 x_0 处连续,其他情形可类似地证明.

因为 $f(x)$ 与 $g(x)$ 在点 x_0 处连续,所以

$$\lim_{x\to x_0}f(x)=f(x_0),\quad \lim_{x\to x_0}g(x)=g(x_0),$$

故有

$$\lim_{x\to x_0}[f(x)\pm g(x)]=\lim_{x\to x_0}f(x)\pm\lim_{x\to x_0}g(x)=f(x_0)\pm g(x_0).$$

所以 $f(x)\pm g(x)$ 在点 x_0 处连续.

例如，$\sin x, \cos x$ 在$(-\infty, +\infty)$内连续，故

$$\tan x = \frac{\sin x}{\cos x}, \quad \cot x = \frac{\cos x}{\sin x}, \quad \sec x = \frac{1}{\cos x}, \quad \csc x = \frac{1}{\sin x}$$

在其定义域内连续.

1.10.2　反函数的连续性

反函数和复合函数的概念已经在本章 1.2 节中讲过，这里进一步来讨论它们的连续性.

定理 2　若函数 $y = f(x)$ 在区间 I_x 上单调增加（或单调减少）且连续，则其反函数 $x = \varphi(y)$ 也在对应的区间

$$I_y = \{y \mid y = f(x), x \in I_x\}$$

上单调增加（或单调减少）且连续.

证明　略.

例如，由于 $y = \sin x$ 在闭区间 $\left[-\dfrac{\pi}{2}, \dfrac{\pi}{2}\right]$ 上单调增加且连续，所以它的反函数 $y = \arcsin x$ 在对应区间$[-1, 1]$上单调增加且连续.

同理可知，$y = \arccos x$ 在$[-1, 1]$上单调减少且连续；$y = \arctan x$ 在区间$(-\infty, +\infty)$内单调增加且连续；$y = \text{arccot} x$ 在区间$(-\infty, +\infty)$内单调减少且连续.

总之，反三角函数 $\arcsin x, \arccos x, \arctan x, \text{arccot} x$ 在它们的定义域内都是连续的.

1.10.3　复合函数的连续性

定理 3　若 $\lim\limits_{x \to x_0} \varphi(x) = a, u = \varphi(x)$，函数 $f(u)$ 在点 a 处连续，则有

$$\lim_{x \to x_0} f[\varphi(x)] = f[\lim_{x \to x_0} \varphi(x)] = f(a). \tag{1.10.1}$$

证明　因为 $f(u)$ 在点 a 处连续，故对任意给定的 $\varepsilon > 0$，存在 $\eta > 0$，使得当 $|u - a| < \eta$ 时，恒有

$$|f(u) - f(a)| < \varepsilon.$$

又因 $\lim\limits_{x \to x_0} \varphi(x) = a$，对上述 η，存在 $\delta > 0$，使得当 $0 < |x - x_0| < \delta$ 时，恒有

$$|\varphi(x) - a| = |u - a| < \eta.$$

结合上述两步得，对任意给定的 $\varepsilon > 0$，存在 $\delta > 0$，使得当 $0 < |x - x_0| < \delta$ 时，恒有

$$|f(u) - f(a)| = |f[\varphi(x)] - f(a)| < \varepsilon,$$

所以　　　　　　　　$$\lim_{x \to x_0} f[\varphi(x)] = f[\lim_{x \to x_0} \phi(x)] = f(a).$$

注　式(1.10.1)表明：在定理 2 的条件下，求复合函数 $f[\varphi(x)]$ 的极限时，极限符号与函数符号 f 可以交换次序.

在定理 2 的条件下，若作代换 $u = \varphi(x)$，则求 $\lim\limits_{x \to x_0} f[\varphi(x)]$ 就转化为求 $\lim\limits_{u \to a} f(u)$，这里 $\lim\limits_{x \to x_0} \varphi(x) = a$.

若在定理 2 的条件下，假定 $\varphi(x)$ 在点 x_0 处连续，即

$$\lim_{x \to x_0} \varphi(x) = \varphi(x_0),$$

则可以得到下列结论：

定理 4　设函数 $u = \varphi(x)$ 在点 x_0 连续，且 $\varphi(x_0) = u_0$，而函数 $y = f(u)$ 在点 $u = u_0$ 处连

续,则复合函数 $f[\varphi(x)]$ 在点 x_0 处也连续.

例如,函数 $y=\dfrac{1}{x^2}$ 在 $(-\infty,0)\bigcup(0,+\infty)$ 内连续. 函数 $y=\sin u$ 在 $(-\infty,+\infty)$ 内连续,

所以 $y=\sin\dfrac{1}{x^2}$ 在 $(-\infty,0)\bigcup(0,+\infty)$ 内连续.

例 1　求 $\lim\limits_{x\to 0}\dfrac{a^x-1}{x}$.

解　令 $y=a^x-1$, $x=\log_a(1+y)=\dfrac{\ln(1+y)}{\ln a}$,当 $x\to 0$ 时, $y\to 0$,则

$$\lim_{x\to 0}\frac{a^x-1}{x}=\lim_{y\to 0}\frac{y\ln a}{\ln(1+y)}=\lim_{y\to 0}\frac{\ln a}{\ln(1+y)^{\frac{1}{y}}}=\frac{\ln a}{\lim\limits_{y\to 0}\ln(1+y)^{\frac{1}{y}}}=\frac{\ln a}{\ln\lim\limits_{y\to 0}(1+y)^{\frac{1}{y}}}=\ln a.$$

例 2　求 $\lim\limits_{x\to\infty}\sin(\sqrt{x+1}-\sqrt{x})$.

解
$$\lim_{x\to +\infty}\sin(\sqrt{x+1}-\sqrt{x})=\lim_{x\to +\infty}\sin\left[\frac{(\sqrt{x+1}-\sqrt{x})(\sqrt{x+1}+\sqrt{x})}{(\sqrt{x+1}+\sqrt{x})}\right]$$
$$=\lim_{x\to +\infty}\sin\left[\frac{1}{\sqrt{x+1}+\sqrt{x}}\right]=\sin\left[\lim_{x\to +\infty}\frac{1}{\sqrt{x+1}+\sqrt{x}}\right]$$
$$=\sin 0=0.$$

例 3　$\lim\limits_{x\to 0}(1+2\sin x)^{\frac{3}{x}}$.

解　因为　$(1+2\sin x)^{\frac{3}{x}}=(1+2\sin x)^{\frac{1}{2\sin x}\cdot\frac{\sin x}{x}\cdot 6}$,

所以　$\lim\limits_{x\to 0}(1+2\sin x)^{\frac{3}{x}}=\lim\limits_{x\to 0}\left[(1+2\sin x)^{\frac{1}{2\sin x}}\right]^{\frac{\sin x}{x}\cdot 6}=e^6.$

1.10.4　初等函数的连续性

定理 5　基本初等函数在其定义域内是连续的.

因为初等函数是由基本初等函数经过有限次四则运算和复合运算所构成的,故有如下定理.

定理 6　一切初等函数在其定义区间内都是连续的.

注　这里,**定义区间**是指包含在定义域内的区间.初等函数仅在其定义区间内连续,在其定义域内不一定连续.

例如,函数 $y=\sqrt{x^2(x-1)^3}$ 的定义域为 $\{0\}\bigcup[1,+\infty)$,函数在 $x=0$ 点的邻域内没有定义,因而函数 y 在 $x=0$ 点不连续,但函数 y 在定义区间 $[1,+\infty)$ 上连续.

定理 6 的结论非常重要,因为微积分的研究对象主要是连续或分段连续的函数. 而一般应用中所遇到的函数基本上是初等函数,其连续性的条件总是满足的. 从而使微积分具有强大的生命力和广阔的应用前景. 此外,根据定理 6,求初等函数在其定义区间内某点的极限,只需求初等函数在该点的函数值. 即
$$\lim_{x\to x_0}f(x)=f(x_0)\quad(x_0\in\text{定义区间}).$$

例 4　求 $\lim\limits_{x\to 1}\dfrac{\sqrt{3+x^2}\arctan x}{e^x(1+x^3)}$.

解　因为 $f(x)=\dfrac{\sqrt{3+x^2}\arctan x}{e^x(1+x^3)}$ 是初等函数,且 $x_0=1$ 是其定义区间内的点,所以, $f(x)=$

$\dfrac{\sqrt{3+x^2}\arctan x}{\mathrm{e}^x(1+x^3)}$ 在 $x_0=1$ 处连续,于是

$$\lim_{x\to 1}\frac{\sqrt{3+x^2}\arctan x}{\mathrm{e}^x(1+x^3)}=\frac{\sqrt{3+1^2}\arctan 1}{\mathrm{e}^1(1+1^3)}=\frac{\pi}{4\mathrm{e}}.$$

注 函数 $f(x)=u(x)^{v(x)}$ $(u(x)>0)$ 既不是幂函数,也不是指数函数,称其为**幂指函数**. 因为

$$u(x)^{v(x)}=\mathrm{e}^{\ln u(x)^{v(x)}}=\mathrm{e}^{v(x)\ln u(x)},$$

故幂指函数可化为复合函数,在计算幂指函数的极限时,若

$$\lim_{x\to x_0}u(x)=a>0,\quad \lim_{x\to 0}v(x)=b,$$

则有

$$\lim_{x\to 0}u(x)^{v(x)}=\left[\lim_{x\to 0}u(x)\right]^{\lim\limits_{x\to 0}v(x)}=a^b. \tag{1.10.2}$$

例 5 求 $\lim\limits_{x\to 1}(x+3\mathrm{e}^{x^2})^{\frac{1}{2x-1}}$.

解 $\lim\limits_{x\to 1}(x+3\mathrm{e}^{x^2})^{\frac{1}{2x-1}}=\left[\lim\limits_{x\to 1}(x+3\mathrm{e}^{x^2})\right]^{\lim\limits_{x\to 1}\frac{1}{2x-1}}=1+3\mathrm{e}.$

1.10.5 闭区间上连续函数的性质

下面介绍闭区间上连续函数的几个基本性质,由于它们的证明涉及严密的实数理论,故略去其严格证明,但可以借助几何直观地来理解.

先说明最大值和最小值的概念. 对于在区间 I 上有定义的函数 $f(x)$,如果存在 $x_0\in I$,使得对于任一 $x\in I$,都有

$$f(x)\leqslant f(x_0)\quad (f(x)\geqslant f(x_0)),$$

则称 $f(x_0)$ 是函数 $f(x)$ 在区间 I 上**最大值(最小值)**.

例如,函数 $y=1+\sin x$ 在区间 $[0,2\pi]$ 上有最大值 2 和最小值 0. 函数 $y=\mathrm{sgn}\,x$ 在区间 $(-\infty,+\infty)$ 内有最大值 1 和最小值 -1.

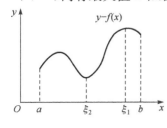

图 1-10-1

定理 7(最大最小值定理) 在闭区间上连续的函数一定有最大值和最小值.

定理 7 表明:若函数 $f(x)$ 在闭区间 $[a,b]$ 上连续,则至少存在一点 $\xi_1\in[a,b]$,使得 $f(\xi_1)$ 是 $f(x)$ 在闭区间 $[a,b]$ 上的最小值;又至少存在一点 $\xi_2\in[a,b]$,使得 $f(\xi_2)$ 是 $f(x)$ 在闭区间 $[a,b]$ 上的最大值(图 1-10-1).

注 当定理中"闭区间上连续"的条件不满足时,定理的结论可能不成立.

例如,函数 $f(x)=\dfrac{1}{x}$ 在开区间 $(0,1)$ 内没有最大值,因为它在闭区间 $[0,1]$ 上不连续.

又如,函数

$$f(x)=\begin{cases}-x+1, & 0\leqslant x<1 \\ 1, & x=1 \\ -x+3, & 1<x\leqslant 2\end{cases}$$

在闭区间 $[0,2]$ 上有间断点 $x=1$. 该函数在闭区间 $[0,2]$ 上既无最大值又无最小值(图 1-10-2).

由定理 7 易得下面的结论:

定理 8(有界性定理) 在闭区间上连续的函数一定在该区间上有界.

如果 $f(x_0)=0$,则称 x_0 为函数 $f(x)$ 的**零点**.

定理 9(零点定理)　设函数 $f(x)$ 在 $[a,b]$ 上连续,且 $f(a)$ 与 $f(b)$ 异号(即 $f(a) \cdot f(b)<0$),则至少存在一点 $\xi(a<\xi<b)$,使 $f(\xi)=0$.

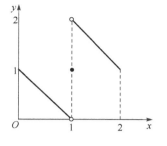

图 1-10-2

　　注　如图 1-10-3 所示,在闭区间 $[a,b]$ 上连续的曲线 $y=f(x)$ 满足 $f(a)<0$,$f(b)>0$,且与 x 轴相交于 ξ 处,即有 $f(\xi)=0$.

定理 10(介值定理)　设 $f(x)$ 在闭区间 $[a,b]$ 上连续,且在该区间的端点有不同的函数值 $f(a)=A$ 及 $f(b)=B$,则对于 A 与 B 之间的任意一个数 C,在开区间 (a,b) 内至少存在一点 ξ,使得

$$f(\xi)=C \quad (a<\xi<b).$$

　　注　如图 1-10-4 所示,在闭区间 $[a,b]$ 上连续的曲线 $y=f(x)$ 与直线 $y=C$ 有三个交点 ξ_1,ξ_2,ξ_3,即

$$f(\xi_1)=f(\xi_2)=f(\xi_3)=C \quad (a<\xi_1,\xi_2,\xi_3<b).$$

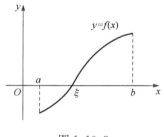

图 1-10-3

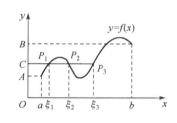

图 1-10-4

　　推论 1　在闭区间上连续的函数必取得介于最大值 M 与最小值 m 之间的任何值.

　　例 6　证明方程 $x^4-3x^2+7x-10=0$ 在区间 $(1,2)$ 内至少有一个根.

　　证明　令 $f(x)=x^4-3x^2+7x-10$,则 $f(x)$ 在 $[1,2]$ 上连续. 又

$$f(1)=-5<0, \quad f(2)=8>0,$$

由零点定理,至少存在一个 $\xi \in (1,2)$,使 $f(\xi)=0$,即

$$\xi^4-3\xi^2+7\xi-10=0.$$

所以方程 $x^4-3x^2+7x-10=0$ 在 $(1,2)$ 内至少有一个实根 ξ.

　　例 7　设函数 $f(x)$ 在区间 $[a,b]$ 上连续,且 $f(a)<a,f(b)>b$,证明:存在 $\xi \in (a,b)$,使得 $f(\xi)=\xi$.

　　证明　构造辅助函数 $F(x)=f(x)-x$,易见 $F(x)$ 在 $[a,b]$ 上连续,且

$$F(a)=f(a)-a<0, \quad F(b)=f(b)-b>0,$$

由零点定理知,存在 $\xi \in (a,b)$,使

$$F(\xi)=f(\xi)-\xi=0,$$

即 $f(\xi)=\xi$.

1.10.6　一致连续性的概念

　　我们已知道,如果函数在区间 I 上连续,即对每一个 $x_0 \in I$,任意给定的 $\varepsilon>0$,都存在 $\delta>0$(δ 不仅与 ε 有关且与 x_0 有关),当 $|x-x_0|<\delta$ 时,恒有 $|f(x)-f(x_0)|<\varepsilon$. 当 ε 给定以后,对

不同的 x_0，一般来说，δ 是不同的，而在实际问题的研究中，有时需要对 $\delta(x_0,\varepsilon)$ 有较严格的限制，希望在 ε 给定以后，要找到的 δ 与 x_0 无关．这就是下面要引入的**一致连续性**（有时也称为**均匀连续性**）．

定义 1　设函数 $f(x)$ 在区间 I 有定义，若对任意给定的 $\varepsilon>0$，存在 $\delta>0$，使得对于区间 I 上的任意两点 x_1,x_2，当 $|x_1-x_2|<\delta$ 时，有

$$|f(x_1)-f(x_2)|<\varepsilon.$$

则称函数 $f(x)$ 在区间 I 上是**一致连续**的．

注　一致连续性表明：区间 I 上的任何部分，只要自变量的两个数值接近到一定的程度，就可使对应的函数值达到所指定的接近程度．

定理 11（一致连续性定理）　如果函数 $f(x)$ 在闭区间 $[a,b]$ 上连续，则它在该区间上一致连续．

证明　略．

例 8　证明函数 $f(x)=\sin x$ 在 $(-\infty,+\infty)$ 内是一致连续的．

证明　因为对 $\forall x_1,x_2\in(-\infty,+\infty)$ 有

$$\left|\sin x_1-\sin x_2\right|=\left|2\cos\frac{x_1+x_2}{2}\sin\frac{x_1-x_2}{2}\right|\leqslant 2\left|\sin\frac{x_1-x_2}{2}\right|\leqslant|x_1-x_2|.$$

故对任意给定的 $\varepsilon>0$，只要取 $\delta=\varepsilon$，则对 $\forall x_1,x_2\in(-\infty,+\infty)$，当 $|x_1-x_2|<\delta$ 时，有

$$|\sin x_1-\sin x_2|<\varepsilon,$$

所以 $\sin x$ 在 $(-\infty,+\infty)$ 内是一致连续的．

注　由一致连续的定义可以知道，如果函数 $f(x)$ 在区间 I 上一致连续，则 $f(x)$ 在区间上必定连续．但是，反过来不一定成立．

例 9　试说明函数 $f(x)=\dfrac{1}{x}$ 在区间 $(0,1]$ 上是连续，但不是一致连续的．

解　因为函数 $f(x)=\dfrac{1}{x}$ 是初等函数，它在区间 $(0,1]$ 上有定义，所以由定理 6 知，在 $(0,1]$ 上是连续的．

对任意给定的 $\varepsilon>0$（不妨设 $0<\varepsilon<1$），若 $f(x)=\dfrac{1}{x}$ 在区间 $(0,1]$ 上一致连续，则就应该存在 $\delta>0$，使得对于区间 $(0,1]$ 上的任意两个值 x_1,x_2，当 $|x_1-x_2|<\delta$ 时，就有

$$|f(x_1)-f(x_2)|<\varepsilon.$$

现在取原点附近的两点 $x_1=\dfrac{1}{n}$，$x_2=\dfrac{1}{n+1}$ $(n\in\mathbf{N})$，显然 $x_1,x_2\in(0,1]$．因

$$|x_1-x_2|=\left|\frac{1}{n}-\frac{1}{n+1}\right|=\frac{1}{n(n+1)},$$

故只要 n 取得足够大，总能使 $|x_1-x_2|<\delta$．但这时有

$$|f(x_1)-f(x_2)|=\left|\frac{1}{\dfrac{1}{n}}-\frac{1}{\dfrac{1}{n+1}}\right|=|n-(n+1)|=1>\varepsilon,$$

不符合一致连续的定义，所以 $f(x)=\dfrac{1}{x}$ 在 $(0,1]$ 上不是一致连续的．

习 题 1-10

1. 求函数 $f(x)=\dfrac{x^3+3x^2-x-3}{x^2+x-6}$ 的连续区间,并求极限 $\lim\limits_{x\to 0}f(x)$, $\lim\limits_{x\to -3}f(x)$, $\lim\limits_{x\to 2}f(x)$.

2. 求下列极限:

(1) $\lim\limits_{x\to 0}\sqrt{x^2-2x+5}$;

(2) $\lim\limits_{a\to \frac{\pi}{4}}(\sin 2a)^3$;

(3) $\lim\limits_{x\to \frac{\pi}{6}}\ln(2\cos 2x)$;

(4) $\lim\limits_{x\to \infty}e^{\frac{1}{x}}$;

(5) $\lim\limits_{x\to 0}\ln\dfrac{\sin x}{x}$;

(6) $\lim\limits_{x\to 0}\dfrac{\ln(1+x^2)}{\sin(1+x^2)}$;

(7) $\lim\limits_{x\to 0}(1+2\tan^2 x)^{\cot^2 x}$;

(8) $\lim\limits_{x\to \infty}\left(\dfrac{1+x}{2+x}\right)^{\frac{x-1}{2}}$;

(9) $\lim\limits_{x\to 0}\dfrac{\sqrt{1+\tan x}-\sqrt{1+\sin x}}{x\sqrt{1+\sin^2 x}-x}$.

3. 证明方程 $x^5-3x=1$ 至少有一个根介于 1 和 2 之间.

4. 证明方程 $\sin x+x+1=0$ 在 $\left(-\dfrac{\pi}{2},\dfrac{\pi}{2}\right)$ 内至少有一个实根.

5. 证明曲线 $y=x^3-4x^2+1$ 在 $x=0$ 与 $x=1$ 之间至少与 x 轴有一个交点.

6. 设 $f(x)=e^x-2$,求证在区间 $(1,2)$ 内至少有一点 x_0,使 $e^{x_0}-2=x_0$.

7. 证明:若 $f(x)$ 在 $[a,b]$ 上连续,$a<x_1<x_2<\cdots<x_n<b$,则在 $[x_1,x_n]$ 上有 ξ,使

$$f(\xi)=\dfrac{f(x_1)+f(x_2)+\cdots+f(x_n)}{n}.$$

8. 设 $f(x)$ 在 $[0,2a]$ 连续,且 $f(0)=f(2a)$,证明:在 $[0,a]$ 上至少存在一点 ξ,使

$$f(\xi)=f(\xi+a).$$

9. 证明:若 $f(x)$ 在 $(-\infty,+\infty)$ 内连续,且 $\lim\limits_{x\to \infty}f(x)=A$,则 $f(x)$ 在 $(-\infty,+\infty)$ 内有界.

*10. 在什么条件下,(a,b) 内的连续函数 $f(x)$ 为一致连续?

总 习 题 一

1. 求函数 $y=\sqrt{2+x-x^2}+\arcsin\left(\lg\dfrac{x}{10}\right)$ 的定义域.

2. 设

$$f(x)=\begin{cases}1, & 0\leqslant x\leqslant 2\\ -2, & 2<x\leqslant 4\end{cases},$$

求函数 $f(x-5)$ 的定义域.

3. 证明:$f(x)=\dfrac{e^x-1}{e^x+1}\ln\dfrac{1-x}{1+x}$ $(-1<x<1)$ 是偶函数 $(x\in \mathbf{R})$.

4. 设函数 $y=f(x)$, $x\in(-\infty,+\infty)$ 的图形关于 $x=a,x=b$ 均对称 $(a\neq b)$,试证:$y=f(x)$ 是周期函数,并求其周期.

5. 设 $f(x)$ 在 $(0,+\infty)$ 上有意义,$x_1>0$, $x_2>0$. 求证:

(1) 若 $\dfrac{f(x)}{x}$ 单调减少,则 $f(x_1+x_2)<f(x_1)+f(x_2)$;

(2) 若 $\dfrac{f(x)}{x}$ 单调增加,则 $f(x_1+x_2)>f(x_1)+f(x_2)$.

6. 设 $\varphi(x+1)=\begin{cases}x^2, & 0\leqslant x\leqslant 1\\ 2x, & 1<x\leqslant 2\end{cases}$,求 $\varphi(x)$.

7. 设 $f(x)=\mathrm{e}^{x^2}$，$f[\varphi(x)]=2-\arcsin x$，且 $\varphi(x)\geqslant 0$，求 $\varphi(x)$ 及其定义域.

8. 设 $f(x)=\begin{cases}1, & |x|<1 \\ 0, & |x|=1 \\ -1, & |x|>1\end{cases}$，$g(x)=\mathrm{e}^x$，求 $f[g(x)]$，$g[f(x)]$，并作出它们的图形.

9. 设 $f(x)=\begin{cases}0, & x\leqslant 0 \\ x, & x>0\end{cases}$，$g(x)=\begin{cases}0, & x\leqslant 0 \\ -x^2, & x>0\end{cases}$，求 $f[f(x)]$，$g[g(x)]$，$f[g(x)]$，$g[f(x)]$.

10. 在"充分"、"必要"、"充分必要"三者中选择一个正确的填入下列空格内：

(1) 数列 $\{x_n\}$ 有界是数列 $\{x_n\}$ 收敛的_____条件. 数列 $\{x_n\}$ 收敛是数列 $\{x_n\}$ 有界的_____条件.

(2) $f(x)$ 在 x_0 的某一去心邻域内有界是 $\lim\limits_{x\to x_0}f(x)$ 存在的_____条件. $\lim\limits_{x\to x_0}f(x)$ 存在是 $f(x)$ 在 x_0 的某一去心邻域内有界的_____条件；

(3) $f(x)$ 在 x_0 的某一去心邻域内无界是 $\lim\limits_{x\to x_0}f(x)=\infty$ 的_____条件. $\lim\limits_{x\to x_0}f(x)=\infty$ 是 $f(x)$ 在 x_0 的某一去心邻域内无界的_____条件；

(4) $f(x)$ 当 $x\to x_0$ 时的右极限 $f(x_0+0)$ 及左极限 $f(x_0-0)$ 都存在且相等是 $\lim\limits_{x\to x_0}f(x)$ 存在的_____条件.

11. 证明：$\lim\limits_{x\to x_0}f(x)=A$ 的充分必要条件为 $\lim\limits_{x\to x_0^-}f(x)=\lim\limits_{x\to x_0^+}f(x)=A$.

12. 证明：$\lim\limits_{x\to\infty}f(x)=A$ 的充分必要条件为 $\lim\limits_{x\to+\infty}f(x)=\lim\limits_{x\to-\infty}f(x)=A$.

13. 根据定义证明：$y=\dfrac{x^2-9}{x+3}$ 为当 $x\to 3$ 时的无穷小.

14. 设 $f(x)=\begin{cases}\dfrac{1}{x^2}, & x<0 \\ 0, & x=0 \\ x^2-2x, & 0<x\leqslant 2 \\ 3x-6, & 2<x\end{cases}$，讨论 $x\to 0$ 及 $x\to 2$ 时，$f(x)$ 的极限是否存在，并且求 $\lim\limits_{x\to-\infty}f(x)$ 及 $\lim\limits_{x\to+\infty}f(x)$.

15. 已知 $f(x)=\dfrac{px^2-2}{x^2+3}+3qx+5$，当 $x\to\infty$ 时，p,q 取何值时 $f(x)$ 为无穷小？p,q 取何值时 $f(x)$ 为无穷大？

16. 计算下列极限：

(1) $\lim\limits_{x\to 1}\dfrac{x^n-1}{x-1}$（$n$ 为正整数）；　　(2) $\lim\limits_{x\to 4}\dfrac{\sqrt{2x+1}-3}{\sqrt{x-2}-\sqrt{2}}$；　　(3) $\lim\limits_{x\to+\infty}\left(\sqrt{(x+p)(x+q)}-x\right)$；

(4) $\lim\limits_{x\to\infty}\dfrac{x^2+1}{x^3+x}(3+\cos x)$；　　(5) $\lim\limits_{x\to+\infty}\dfrac{2x\sin x}{\sqrt{1+x^2}}\arctan\dfrac{1}{x}$；　　(6) $\lim\limits_{x\to\infty}\dfrac{\sqrt[3]{x^2}-2\sqrt[3]{x}+1}{(x-1)^2}$.

17. 计算下列极限：

(1) $\lim\limits_{n\to\infty}2^n\sin\dfrac{x}{2^n}$（$x\neq 0$）；　　(2) $\lim\limits_{x\to\infty}\dfrac{3x^2+5}{5x+3}\sin\dfrac{2}{x}$；　　(3) $\lim\limits_{x\to 0}\dfrac{\sqrt{1+\tan x}-\sqrt{1+\sin x}}{x(1-\cos x)}$.

18. 计算下列极限：

(1) $\lim\limits_{x\to 0}(1+x\mathrm{e}^x)^{\frac{1}{x}}$；　　(2) $\lim\limits_{x\to\frac{\pi}{2}}(1+\cos x)^{2\sec x}$；　　(3) $\lim\limits_{x\to 0}\left(\dfrac{1+\tan x}{1+\sin x}\right)^{\frac{1}{x^3}}$.

19. 设 $x_1=1$，$x_{n+1}=1+\dfrac{x_n}{1+x_n}$（$n=1,2,\cdots$），求 $\lim\limits_{n\to\infty}x_n$.

20. 利用等价无穷小性质求下列极限：

(1) $\lim\limits_{x\to 0}\dfrac{(\sin x^n)}{(\sin x)^m}$（$m,n\in\mathbf{N}$）；　　　　　　　　(2) $\lim\limits_{x\to 0}\dfrac{(1+\alpha x)^{\frac{1}{n}}-1}{x}$（$n\in\mathbf{N}$）；

(3) $\lim\limits_{x \to 0}\dfrac{\sin x - \tan x}{(\sqrt[3]{1+x}-1)(\sqrt{1+\sin x}-1)}$;　　　　(4) $\lim\limits_{x \to 0}\dfrac{\sqrt{1+x\sin x}-\cos x}{\sin^2 \dfrac{x}{2}}$;

(5) $\lim\limits_{x \to 0}\left(\dfrac{2+\mathrm{e}^{\frac{1}{x}}}{1+\mathrm{e}^{\frac{4}{x}}}+\dfrac{\sin x}{|x|}\right)$ (2000 年数一考研题);　　(6) $\lim\limits_{x \to 0}\dfrac{x\ln(1+x)}{1-\cos x}$ (2006 年数一、二考研题);

(7) $\lim\limits_{x \to \infty}\left[\dfrac{x^2}{(x-a)(x+b)}\right]^x$ (2010 年数一考研题);　　(8) $\lim\limits_{x \to 0}\left[\dfrac{\ln(1+x)}{x}\right]^{\frac{1}{\mathrm{e}^x-1}}$ (2011 年数一考研题).

21. 试判断:当 $x \to 0$ 时,$\dfrac{x^6}{1-\sqrt{\cos x^2}}$ 是 x 的多少阶无穷小?

22. 当 $x \to 0$ 时,$\alpha(x)=kx^2$ 与 $\beta(x)=\sqrt{1+x\arcsin x}-\sqrt{\cos x}$ 是等价无穷小,试求 k 的值(2005 年数二考研题)?

23. 当 $x \to 0$ 时,$f(x)=x-\sin ax$ 与 $g(x)=x^2\ln(1-bx)$ 为等价无穷小,试求 a 和 b 的值(2009 年数一、二考研题).

24. 设 $p(x)$ 是多项式,且 $\lim\limits_{x \to \infty}\dfrac{p(x)-x^3}{x^2}=2$,$\lim\limits_{x \to 0}\dfrac{p(x)}{x}=1$,求 $p(x)$.

25. 已知 $\lim\limits_{x \to 1}\dfrac{x^2+ax+b}{x-1}=3$,试求 a 和 b 的值.

26. 设 $\lim\limits_{n \to \infty}\dfrac{n^\alpha}{n^\beta-(n-1)^\beta}=2013$,试求 α 和 β 的值.

27. 下列函数 $f(x)$ 在 $x=0$ 处是否连续? 为什么?

(1) $f(x)=\begin{cases} \mathrm{e}^{-\frac{1}{x^2}}, & x \neq 0; \\ 0, & x=0 \end{cases}$;　　　　　(2) $f(x)=\begin{cases} \dfrac{\sin x}{|x|}, & x \neq 0. \\ 1, & x=0 \end{cases}$

28. 判断下列函数的指定点所属的间断点类型,如果是可去间断点,则补充或改变函数的定义使它连续.

(1) $y=\dfrac{x}{\tan x}$,$x=k\pi$,$x=k\pi+\dfrac{\pi}{2}$ $(k \in \mathbf{Z})$;　　　　(2) $y=\dfrac{1}{1-\mathrm{e}^{\frac{x}{x-1}}}$,$x=0$,$x=1$;

(3) $y=\dfrac{1}{\mathrm{e}^{\frac{x}{x-1}}-1}$,$x=0$,$x=1$.

29. 设函数 $f(x)=\dfrac{x-x^3}{\sin \pi x}$,是判断其可去间断点有几个?

30. 讨论函数 $f(x)=\lim\limits_{n \to \infty}\dfrac{1+x^{2n}}{1+x^{2n}}x$ 的连续性,若有间断点,判断其类型.

31. 试确定 a 的值,使函数 $f(x)=\begin{cases} x^2+a, & x \leqslant 0 \\ x\sin\dfrac{1}{x}, & x>0 \end{cases}$ 在 $(-\infty,+\infty)$ 内连续.

32. 求函数 $y=\dfrac{1}{1-\ln x^2}$ 的连续区间.

33. 设函数 $f(x)$ 与 $g(x)$ 在点 x_0 处连续性,证明函数
$$\varphi(x)=\max\{f(x),g(x)\}, \quad \psi(x)=\min\{f(x),g(x)\}$$
在点 x_0 处也连续.

34. 设 $f(x)$ 在 $[a,b]$ 上连续,且 $a<c<d<b$,证明:在 $[a,b]$ 上必存在点 ξ 使
$$mf(c)+nf(d)=(m+n)f(\xi).$$

35. 证明:若 $f(x)$ 在 $(-\infty,+\infty)$ 内连续,且 $\lim\limits_{x \to \infty}f(x)=A$,则 $f(x)$ 在 $(-\infty,+\infty)$ 内有界.

第 2 章　导数与微分

数学中研究导数、微分及其应用的部分称为微分学,研究不定积分、定积分及其应用的部分称为积分学. 微分学与积分学统称为微积分学. 微积分学是高等数学最基本、最重要的组成部分,是现代数学许多分支的基础,是人类认识客观世界、探索宇宙奥秘乃至人类自身的典型数学模型之一. 其中,导数的概念反映函数相对于自变量变化而变化的快慢程度,即函数的变化率问题;微分则指明了在局部范围内以线性函数近似替代非线性函数的可能性.

2.1　导　数　概　念

16 世纪的欧洲,正处在资本主义萌芽时期,生产力得到了很大的发展. 生产实践的发展对自然科学提出了新的课题,迫切要求力学、天文学等基础科学向前发展,而这些学科都是深刻依赖于数学的,因而其发展也推动了数学的发展. 在各类学科对数学提出的种种要求中,下列三类问题导致了微分学的产生:

(1) 求变速运动的瞬时速度;

(2) 求曲线上某一点处的切线;

(3) 求最大值和最小值.

这三类实际问题的现实原型在数学上都可归结为函数相对于自变量变化而变化的快慢程度,即所谓**函数的变化率**问题. 牛顿从第一个问题出发,莱布尼茨从第二个问题出发,分别给出了导数的概念.

2.1.1　引例

引例 1　变速直线运动的瞬时速度.

假设一物体作变速直线运动,在 $[0,t]$ 这段时间内所经过的路程为 s,则 s 是时间 t 的函数 $s=s(t)$. 求该物体在时刻 $t_0\in[0,t]$ 的瞬时速度 $v(t_0)$.

首先考虑物体在时刻 t_0 附近很短一段时间内的运动. 设物体从 t_0 到 $t_0+\Delta t$ 这段时间间隔内路程从 $s(t_0)$ 变到 $s(t_0+\Delta t)$,其改变量为

$$\Delta s=s(t_0+\Delta t)-s(t_0),$$

在这段时间间隔内的平均速度为

$$\bar{v}=\frac{\Delta s}{\Delta t}=\frac{s(t_0+\Delta t)-s(t_0)}{\Delta t}.$$

当时间间隔很小时,可以认为物体在时间 $[t_0,t_0+\Delta t]$ 内近似地做匀速运动. 因此,可以用 $\bar{v}$ 作为 $v(t_0)$ 的近似值,且 Δt 越小,其近似程度越高. 当时间间隔 $\Delta t\to 0$ 时,把平均速度 $\bar{v}$ 的极限称为时刻 t_0 的瞬时速度,即

$$v(t_0)=\lim_{\Delta t\to 0}\frac{\Delta s}{\Delta t}=\lim_{\Delta t\to 0}\frac{s(t_0+\Delta t)-s(t_0)}{\Delta t}.$$

引例 2　平面曲线的切线.

设曲线 C 是函数 $y=f(x)$ 的图形,求曲线 C 在点 $M(x_0,y_0)$ 处切线的斜率.

如图 2-1-1,设点

$$N(x_0+\Delta x, y_0+\Delta y) \ (\Delta x \neq 0)$$

为曲线 C 上的另一点,连接点 M 和点 N 的直线 MN 称为曲线 C 的割线. 设割线 MN 的倾角为 φ,其斜率为

$$\tan\varphi = \frac{\Delta y}{\Delta x} = \frac{f(x_0+\Delta x)-f(x_0)}{\Delta x},$$

所以当点 N 沿曲线 C 趋近于点 M 时,割线 MN 的倾角 φ 趋近于切线 MT 的倾角 α,故割线 MN 的斜率为 $\tan\varphi$ 趋近于切线 MT 的

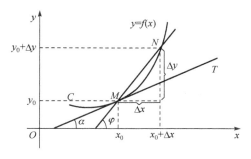

图 2-1-1

斜率 $\tan\alpha$. 因此,曲线 C 在点 $M(x_0, y_0)$ 处的切线斜率为

$$\tan\alpha = \lim_{\Delta x \to 0}\tan\varphi = \lim_{\Delta x \to 0}\frac{\Delta y}{\Delta x} = \lim_{\Delta x \to 0}\frac{f(x_0+\Delta x)-f(x_0)}{\Delta x}.$$

上面两个例子的实际意义完全不同,但从抽象的数量关系来看,其实质都是函数的改变量与自变量的改变量之比,在自变量改变量趋于零时的极限. 把这种特定的极限称为函数的导数.

2.1.2　导数的定义

定义 1　设 $y=f(x)$ 在点 x_0 的某个邻域内有定义,当自变量 x 在 x_0 处取得增量 Δx(点 $x_0+\Delta x$ 仍在该邻域内)时,相应地,函数 y 取得增量

$$\Delta y = f(x_0+\Delta x) - f(x_0).$$

如果当 $\Delta x \to 0$ 时,极限

$$\lim_{\Delta x \to 0}\frac{\Delta y}{\Delta x} = \lim_{\Delta x \to 0}\frac{f(x_0+\Delta x)-f(x_0)}{\Delta x} \tag{2.1.1}$$

存在,则称函数 $y=f(x)$ 在点 x_0 处可导,称此极限值为函数 $y=f(x)$ 在点 x_0 处的**导数**,记为

$$f'(x_0), \quad y'\big|_{x=x_0}, \quad \frac{\mathrm{d}y}{\mathrm{d}x}\bigg|_{x=x_0} \quad \text{或} \quad \frac{\mathrm{d}f}{\mathrm{d}x}\bigg|_{x=x_0}.$$

x_0 称为函数 $y=f(x)$ 的**可导点**. 函数 $f(x)$ 在点 x_0 处可导有时也称为函数 $f(x)$ 在点 x_0 处**具有导数**或**导数存在**.

导数的定义也可采取不同的表达形式.

例如,在式(2.1.1)中,令 $h=\Delta x$,则

$$f'(x_0) = \lim_{h \to 0}\frac{f(x_0+h)-f(x_0)}{h}. \tag{2.1.2}$$

令 $x=x_0+\Delta x$,则

$$f'(x_0) = \lim_{x \to x_0}\frac{f(x)-f(x_0)}{x-x_0}. \tag{2.1.3}$$

如果极限式(2.1.1)不存在,则称函数 $y=f(x)$ 在点 x_0 处**不可导**,称 x_0 为 $y=f(x)$ 的**不可导点**. 如果不可导的原因是(2.1.1)的极限为 ∞,为方便起见,有时也称函数 $y=f(x)$ 在点 x_0 处的**导数为无穷大**.

注　导数概念是函数变化率这一概念的精确描述,它撇开了自变量和因变量所代表的几何或物理等方面的特殊意义,纯粹从数量方面来刻画函数变化率的本质:函数增量与自变量增

量的比值 $\dfrac{\Delta y}{\Delta x}$ 是函数 y 在以 x_0 和 $x_0+\Delta x$ 为端点的区间上的平均变化率,而导数 $y'|_{x=x_0}$ 则是

函数 y 在点 x_0 处的瞬时变化率,它反映了函数随自变量变化而变化的快慢程度.

如果函数 $y=f(x)$ 在开区间 I 内的每点处都可导,则称函数 $y=f(x)$ 在开区间 I 内可导.

设函数 $y=f(x)$ 在开区间 I 内可导,对 I 内每一个点 x,都有唯一一个导数值与之对应,因此,x 与导数值之间存在一个函数关系,称这个函数关系为 $f(x)$ 的**导函数**,记为

$$y', \quad f'(x), \quad \frac{\mathrm{d}y}{\mathrm{d}x} \quad \text{或} \quad \frac{\mathrm{d}f(x)}{\mathrm{d}x},$$

即有导函数的定义

$$\lim_{\Delta x \to 0} \frac{f(x+\Delta x)-f(x)}{\Delta x} = f'(x). \tag{2.1.4}$$

函数 $f(x)$ 在点 x_0 处的导数 $f'(x_0)$ 就是其导数 $f'(x)$ 在点 x_0 的函数值,即

$$f'(x_0)=f'(x)|_{x=x_0}.$$

根据导数的定义求导,一般包含以下三个步骤:

(1) 求函数的增量: $\Delta y=f(x+\Delta x)-f(x)$;

(2) 作比值: $\dfrac{\Delta y}{\Delta x}=\dfrac{f(x+\Delta x)-f(x)}{\Delta x}$;

(3) 求极限: $y'=\lim\limits_{\Delta x \to 0}\dfrac{\Delta y}{\Delta x}$.

下面举例说明怎样用导数(导函数)的定义.

例 1 设函数 $f(x)=\sin x$,求 $(\sin x)'|_{x=\frac{\pi}{4}}$.

解 $(\sin x)'|_{x=\frac{\pi}{4}}=\lim\limits_{h \to 0}\dfrac{\sin\left(\dfrac{\pi}{4}+h\right)-\sin\dfrac{\pi}{4}}{h}=\lim\limits_{h \to 0}2\cos\left(\dfrac{\pi}{4}+\dfrac{h}{2}\right)\cdot\dfrac{\sin\dfrac{h}{2}}{h}=\cos\dfrac{\pi}{4}=\dfrac{\sqrt{2}}{2}.$

注 $(\sin x)'=\cos x$,同理可得 $(\cos x)'=-\sin x$.

例 2 试按导数定义求下列各极限(假设各极限均存在).

(1) $\lim\limits_{x \to a}\dfrac{f(4x)-f(4a)}{x-a}$;   (2) $\lim\limits_{\Delta x \to 0}\dfrac{f(x_0-3\Delta x)-f(x_0+\Delta x)}{\Delta x}$.

解 (1) 由导数定义式(2.1.3)和极限的运算法则,有

$$\lim_{x \to a}\frac{f(4x)-f(4a)}{x-a}=\lim_{4x \to 4a}\frac{f(4x)-f(4a)}{\frac{1}{4}(4x-4a)}=4 \cdot \lim_{4x \to 4a}\frac{f(4x)-f(4a)}{4x-4a}=4 \cdot f'(4a).$$

(2) $\lim\limits_{\Delta x \to 0}\dfrac{f(x_0+3\Delta x)-f(x_0+\Delta x)}{\Delta x}=\lim\limits_{\Delta x \to 0}\left[\dfrac{f(x_0+3\Delta x)-f(x_0)}{3\Delta x} \cdot 3-\dfrac{f(x_0+\Delta x)-f(x_0)}{\Delta x}\right]$

$$=\lim_{\Delta x \to 0}\frac{f(x_0+3\Delta x)-f(x_0)}{3\Delta x} \cdot 3-\lim_{\Delta x \to 0}\frac{f(x_0+\Delta x)-f(x_0)}{\Delta x}$$

$$=3f'(x_0)-f'(x_0)=2f'(x_0).$$

例 3 求函数 $f(x)=c(c$ 为常数$)$ 的导数.

解 $f'(x)=\lim\limits_{h \to 0}\dfrac{f(x+h)-f(x)}{h}=\lim\limits_{h \to 0}\dfrac{C-C}{h}=0.$

即 $$(c)'=0.$$

例 4 求函数 $f(x)=x^n(n$ 为正整数$)$ 的导数.

解　$(x^n)'=\lim\limits_{h\to 0}\dfrac{(x+h)^n-x^n}{h}=\lim\limits_{h\to 0}\left[nx^{n-1}+\dfrac{n(n-1)}{2!}x^{n-2}h+\cdots+h^{n-1}\right]=nx^{n-1}$，

即
$$(x^n)'=nx^{n-1}.$$

更一般地，
$$(x^\mu)'=\mu x^{\mu-1}(\mu\in\mathbf{R}).$$

例如
$$(\sqrt{x})'=\frac{1}{2}x^{\frac{1}{2}-1}=\frac{1}{2\sqrt{x}};$$

$$\left(\frac{1}{x}\right)'=(x^{-1})'=(-1)x^{-1-1}=-\frac{1}{x^2}.$$

例 5　求 $f(x)=a^x(a>0,a\neq 1)$ 的导数.

解　当 $a>0,a\neq 1$ 时，有
$$(a^x)'=\lim\limits_{h\to 0}\frac{a^{x+h}-a^x}{h}=a^x\lim\limits_{h\to 0}\frac{a^h-1}{h}=a^x\ln a.$$

即
$$(a^x)'=a^x\ln a.$$

特别地，当 $a=e$ 时，有
$$(e^x)'=e^x.$$

例 6　求 $f(x)=\log_a x(a>0,a\neq 1)$ 的导数.

解　由 $f'(x)=\lim\limits_{\Delta x\to 0}\dfrac{f(x+\Delta x)-f(x)}{\Delta x}$ 有

$$(\log_a x)'=\lim\limits_{\Delta x\to 0}\frac{\log_a(x+\Delta x)-\log_a x}{\Delta x}=\lim\limits_{\Delta x\to 0}\frac{1}{\Delta x}\log_a\left(1+\frac{\Delta x}{x}\right)$$

$$=\lim\limits_{\Delta x\to 0}\frac{1}{x}\frac{x}{\Delta x}\log_a\left(1+\frac{\Delta x}{x}\right)=\frac{1}{x}\lim\limits_{\Delta x\to 0}\frac{\log_a\left(1+\dfrac{\Delta x}{x}\right)}{\dfrac{\Delta x}{x}}$$

$$=\frac{1}{x\ln a},$$

即
$$(\log_a x)'=\frac{1}{x\ln a}.$$

特别地，当 $a=e$ 时，有 $(\ln x)'=\dfrac{1}{x}$.

2.1.3　左、右导数

求函数 $y=f(x)$ 在点 x_0 处的导数时，$x\to x_0$ 的方式是任意的. 如果 x 仅从 x_0 的左侧趋于 x_0（记为 $\Delta x\to 0^-$ 或 $x\to x_0^-$）时，极限

$$\lim\limits_{\Delta x\to 0^-}\frac{\Delta y}{\Delta x}=\lim\limits_{\Delta x\to 0^-}\frac{f(x_0+\Delta x)-f(x_0)}{\Delta x}$$

存在，则称该极限值为函数 $y=f(x)$ 在点 x_0 处的**左导数**，记为 $f'_-(x_0)$. 即

$$f'_-(x_0)=\lim\limits_{\Delta x\to 0^-}\frac{\Delta y}{\Delta x}=\lim\limits_{\Delta x\to 0^-}\frac{f(x_0+\Delta x)-f(x_0)}{\Delta x}=\lim\limits_{x\to x_0^-}\frac{f(x)-f(x_0)}{x-x_0}.\qquad(2.1.5)$$

类似地，可定义函数 $y=f(x)$ 在点 x_0 处的**右导数**：

$$f'_+(x_0)=\lim\limits_{\Delta x\to 0^+}\frac{\Delta y}{\Delta x}=\lim\limits_{\Delta x\to 0^+}\frac{f(x_0+\Delta x)-f(x_0)}{\Delta x}=\lim\limits_{x\to x_0^+}\frac{f(x)-f(x_0)}{x-x_0}.\qquad(2.1.6)$$

函数在一点处的左导数、右导数与函数在该点处的导数间有如下关系：

定理 1　函数 $y=f(x)$ 在点 x_0 处可导的充分必要条件是：函数 $y=f(x)$ 在点 x_0 处的左、右导数均存在且相等.

注　本定理常被用于判定分段函数在分段点处是否可导.

例 7　求函数 $f(x)=\begin{cases} \sin x, & x<0 \\ x, & x\geqslant 0 \end{cases}$ 在 $x=0$ 处的导数.

解　当 $\Delta x<0$ 时，

$$\Delta y=f(0+\Delta x)-f(0)=\sin \Delta x-0=\sin \Delta x,$$

故

$$f'_-(0)=\lim_{\Delta x\to 0^-}\frac{\Delta y}{\Delta x}=\lim_{\Delta x\to 0^-}\frac{\sin \Delta x}{\Delta x}=1.$$

当 $\Delta x>0$ 时，

$$\Delta y=f(0+\Delta x)-f(0)=\Delta x-0=\Delta x,$$

故

$$f'_+(0)=\lim_{\Delta x\to 0^+}\frac{\Delta y}{\Delta x}=\lim_{\Delta x\to 0^+}\frac{\Delta x}{\Delta x}=1.$$

由 $f'_-(0)=f'_+(0)=1$，得

$$f'(0)=\lim_{\Delta x\to 0}\frac{\Delta y}{\Delta x}=1.$$

注　如果函数 $f(x)$ 在开区间 (a,b) 内可导，且 $f'_+(a)$ 及 $f'_-(b)$ 都存在，则 $f(x)$ 在闭区间 $[a,b]$ 上可导.

2.1.4　导数的几何意义

根据引例 2 的讨论可知，如果函数 $y=f(x)$ 在点 x_0 处可导，则 $f'(x_0)$ 就是曲线 $y=f(x)$ 在点 $M(x_0,y_0)$ 处切线的斜率，即

$$k=\tan\alpha=f'(x_0),$$

其中 α 是曲线 $y=f(x)$ 在点 M 处的切线的倾角（图 2-1-2）.

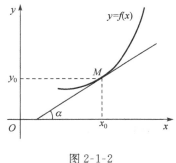

图 2-1-2

于是，由直线的点斜式方程，曲线 $y=f(x)$ 在点 $M(x_0,y_0)$ 处的切线方程为

$$y-y_0=f'(x_0)(x-x_0), \tag{2.1.7}$$

法线方程为

$$y-y_0=-\frac{1}{f'(x_0)}(x-x_0). \tag{2.1.8}$$

如果 $f'(x_0)=0$，则切线方程为 $y=y_0$，即切线平行于 x 轴.

如果 $f'(x_0)$ 为无穷大，则切线方程为 $x=x_0$，即切线垂直于 x 轴.

例 8　求等边双曲线 $y=\sqrt[3]{x^2}$ 在点 $(8,4)$ 处的切线的斜率，并写出在该点处的切线方程和法线方程.

解　因为

$$y'=(\sqrt[3]{x^2})'=\frac{2}{3}\frac{1}{\sqrt[3]{x}},$$

由导数的几何意义可知，所求切线的斜率为

$$y'\big|_{x=8}=\frac{1}{3},$$

从而所求切线方程为 $$y-4=\frac{1}{3}(x-8),$$

即 $$x-3y+4=0.$$

所求法线方程为 $$y-4=-3(x-8),$$

即 $$3x+y-28=0.$$

注 导数在物理中也有广泛的应用.

例如,根据引例 1 中的讨论可知,作变速直线运动的物体在时刻 t_0 的瞬时速度 $v(t_0)$ 是路程函数 $s=s(t)$ 在时刻 t_0 的导数,即 $v(t_0)=s'(t_0)$.

2.1.5 函数的可导性与连续性的关系

初等函数在其定义的区间上都是连续的,那么函数的连续性与可导性之间有什么联系呢? 下面的定理从一方面回答了这个问题.

定理 2 如果函数 $y=f(x)$ 在点 x_0 处可导,则它在 x_0 处连续.

证明 因为函数 $y=f(x)$ 在点 x_0 处可导,故有

$$\lim_{\Delta x\to 0}\frac{\Delta y}{\Delta x}=f'(x_0),$$

$$\frac{\Delta y}{\Delta x}=f'(x_0)+\alpha,\text{其中 }\alpha\to 0(\text{当 }\Delta x\to 0\text{ 时}),$$

$$\Delta y=f'(x_0)\Delta x+\alpha\Delta x,$$

$$\lim_{\Delta x\to 0}\Delta y=\lim_{\Delta x\to 0}[f'(x_0)\Delta x+\alpha\Delta x]=0.$$

所以,函数 $f(x)$ 在点 x_0 处连续.

注 该定理的逆命题不成立. 即函数在某点连续,但在该点不一定可导.

例 9 讨论函数

$$f(x)=|x|=\begin{cases}x, & x\geqslant 0\\ -x, & x<0\end{cases}$$

在 $x=0$ 处的连续性与可导性(图 2-1-3).

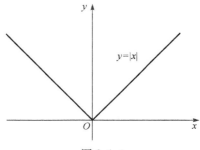

图 2-1-3

解 函数 $f(x)=|x|$ 在 $x=0$ 处是连续的,因为

$$\lim_{x\to 0^+}f(x)=\lim_{x\to 0^+}|x|=\lim_{x\to 0^+}x=0,\quad \lim_{x\to 0^-}f(x)=\lim_{x\to 0^-}|x|=\lim_{x\to 0^-}(-x)=0,$$

因而 $$\lim_{x\to 0^+}f(x)=\lim_{x\to 0^-}f(x)=0=f(0),$$

所以函数 $f(x)=|x|$ 在 $x=0$ 处是连续的.

给 $x=0$ 一个增量 Δx,则函数增量与自变量增量的比值为

$$\frac{\Delta y}{\Delta x}=\frac{f(0+\Delta x)-f(0)}{\Delta x}=\frac{|\Delta x|}{x},$$

于是

$$f'_+(0)=\lim_{\Delta x\to 0^+}\frac{\Delta y}{\Delta x}=\lim_{\Delta x\to 0^+}\frac{|\Delta x|}{\Delta x}=\lim_{\Delta x\to 0^+}\frac{\Delta x}{\Delta x}=1,$$

$$f'_-(0)=\lim_{\Delta x\to 0^-}\frac{\Delta y}{\Delta x}=\lim_{\Delta x\to 0^-}\frac{|\Delta x|}{\Delta x}=\lim_{\Delta x\to 0^-}\frac{-\Delta x}{\Delta x}=-1.$$

因为 $f'_+(0) \neq f'_-(0)$，所以函数 $f(x) = |x|$ 在 $x=0$ 处不可导. 从而曲线 $f(x) = |x|$ 在原点 O 没有切线.

一般地，如果曲线 $y=f(x)$ 的图形在点 x_0 处出现"尖点"（图 2-1-4），则它在该点不可导. 因此，如果函数在一个区间内可导，则其图形不出现"尖点"，或者说是一条连续的光滑曲线.

例 10　讨论函数 $f(x) = \sqrt[3]{x}$ 在 $x=0$ 处的可导性.

解　因为 $f(x) = \sqrt[3]{x}$ 是基本初等函数，在其定义域内连续，所以在 $x=0$ 处连续.

在 $x=0$ 处有

$$\frac{f(0+x)-f(0)}{x} = \frac{\sqrt[3]{0+x}-\sqrt[3]{0}}{x} = \frac{1}{\sqrt[3]{x^2}}.$$

而 $\lim\limits_{x \to 0}\dfrac{f(0+x)-f(0)}{x} = \lim\limits_{x \to 0}\dfrac{1}{\sqrt[3]{x^2}} = +\infty$，即导数为无穷大（导数不存在）. 在图形中表现为曲线 $f(x) = \sqrt[3]{x}$ 在原点 O 具有垂直于 x 轴的切线 $x=0$（图 2-1-5）.

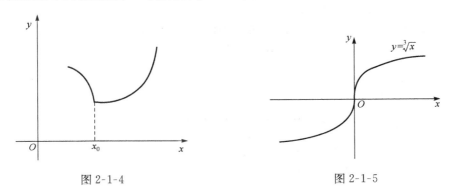

图 2-1-4　　　　　　　　　　　　　　　　图 2-1-5

注　上述两个例子说明，函数在某点处连续是函数在该点处可导的必要条件，但不是充分条件. 由定理 2 还知道，若函数在某点处不连续，则它在该点处一定不可导.

在微积分理论尚不完善的时候，人们普遍认为连续函数除个别点外都是可导的. 1872 年德国数学家维尔斯特构造出一个处处连续但处处不可导的例子，这与人们基于直观的普遍认识大相径庭，从而震惊了数学界和思想界. 这就促使人们在微积分研究中从依赖于直观转向理性思维，从而大大促进了微积分逻辑基础的创建工作.

习　题　2-1

1. 设 $f(x) = 10x^2$，试按定义求 $f'(-1)$.

2. 已知物体的运动规律 $s = t^3(m)$，求该物体在 $t=2$ 秒(s)时的速度.

3. 设 $f'(x)$ 存在，试利用导数的定义求下列极限：

(1) $\lim\limits_{\Delta x \to 0}\dfrac{f(x_0-\Delta x)-f(x_0)}{\Delta x}$；　　　　　(2) $\lim\limits_{h \to 0}\dfrac{f(x_0+h)-f(x_0-h)}{h}$；

(3) $\lim\limits_{\Delta x \to 0}\dfrac{f(x_0+\Delta x)-f(x_0-2\Delta x)}{2\Delta x}$；　　　(4) $\lim\limits_{x \to 0}\dfrac{f(x)}{x}$，其中 $f(0)=0$.

4. 设 $f(x)$ 在 $x=2$ 处连续，且 $\lim\limits_{x \to 2}\dfrac{f(x)}{x-2} = 2$，求 $f'(2)$.

5. 给定抛物线 $y = x^2 - x + 2$，求过点 $(1,2)$ 的切线方程与法线方程.

6. 求曲线 $y=\cos x$ 在点 $\left(\dfrac{\pi}{3},\dfrac{1}{2}\right)$ 处的切线方程和法线方程.

7. 求曲线 $y=\mathrm{e}^x$ 在点 $(0,1)$ 处的切线方程.

8. 设函数 $f(x)=\begin{cases} x^2, & x\leqslant 1 \\ ax+b, & x>1 \end{cases}$，为了使函数 $f(x)$ 在 $x=1$ 处连续且可导，a,b 应取什么值?

9. 用导数定义求 $f(x)=\begin{cases} \ln(1+x), & -1<x\leqslant 0 \\ \sqrt{1+x}-\sqrt{1-x}, & 0<x<1 \end{cases}$ 在点 $x=0$ 处的导数.

10. 已知 $f(x)=\begin{cases} \sin x, & x<0 \\ x, & x\geqslant 0 \end{cases}$，求 $f'(x)$.

11. 讨论 $f(x)=\begin{cases} x^2\sin\dfrac{1}{x}, & x\neq 0 \\ 0, & x=0 \end{cases}$ 在 $x=0$ 处的连续性与可导性.

12. 设 $\varphi(x)$ 在 $x=a$ 处连续，$f(x)=(x^2-a^2)\varphi(x)$，求 $f'(a)$.

13. 设恒不为零的奇函数 $f(x)$ 在 $x=0$ 处可导，试说明 $x=0$ 为函数 $\dfrac{f(x)}{x}$ 的何种间断点.

14. 设函数 $f(x)$ 在其定义域上可导，若 $f(x)$ 是偶函数，证明 $f'(x)$ 是奇函数；若 $f(x)$ 是奇函数，则 $f'(x)$ 是偶函数（即求导改变奇偶性）.

15. 设物体绕定轴旋转，在时间间隔 $[0,t]$ 内转过角度 θ，从而转角 θ 是 t 的函数：$\theta=\theta(t)$. 如果旋转是匀速的，则称 $\omega=\dfrac{\theta}{t}$ 为该物体旋转的**角速度**. 如果旋转是非匀速的，应怎样确定该物体在时刻 t_0 的角速度.

16. 当物体的温度高于周围介质的温度时，物体就不断冷却. 若物体的温度 T 与时间 t 的函数关系为 $T=T(t)$，应怎样确定该物体在时刻 t 的冷却速度?

2.2　函数的求导法则

求函数的变化率——导数，是理论研究和实践应用中经常遇到的一个普遍问题. 但根据定义求导往往非常繁琐，有时甚至是不可行的. 能否找到求导的一般法则或常用函数的求导公式，使求导的运算变得更为简单易行呢? 从微积分诞生之日起，数学家们就在探求这一途径. 牛顿和莱布尼茨都做了大量的工作. 特别是博学多才的数学符号大师莱布尼茨对此做出了不朽的贡献. 今天我们所学的微积分学中的法则、公式，特别是所采用的符号，大体上是由莱布尼茨完成的.

2.2.1　导数的四则运算法则

定理 1　若函数 $u(x),v(x)$ 在点 x 处可导，则它们的和、差、积、商（分母不为零）在点 x 处也可导，且

(1) $[u(x)\pm v(x)]'=u'(x)\pm v'(x)$；

(2) $[u(x)\cdot v(x)]'=u'(x)v(x)+u(x)v(x)'$；

(3) $\left[\dfrac{u(x)}{v(x)}\right]'=\dfrac{u'(x)v(x)-u(x)v'(x)}{v^2(x)}\ (v(x)\neq 0)$.

证明　在此只证明(3)，(1)、(2)请读者自己证明.

设 $f(x)=\dfrac{u(x)}{v(x)}\ (v(x)\neq 0)$，则

$$f'(x)=\lim_{\Delta x\to 0}\frac{f(x+\Delta x)-f(x)}{\Delta x}=\lim_{\Delta x\to 0}\frac{\dfrac{u(x+\Delta x)}{v(x+\Delta x)}-\dfrac{u(x)}{v(x)}}{\Delta x}$$

$$=\lim_{\Delta x \to 0}\frac{u(x+\Delta x)v(x)-u(x)v(x+\Delta x)}{v(x+\Delta x)v(x)\Delta x}$$

$$=\lim_{\Delta x \to 0}\frac{[u(x+\Delta x)-u(x)]v(x)-u(x)[v(x+\Delta x)-v(x)]}{v(x+\Delta x)v(x)\Delta x}$$

$$=\lim_{\Delta x \to 0}\left[\frac{\dfrac{u(x+\Delta x)-u(x)}{\Delta x}v(x)-u(x)\dfrac{v(x+\Delta x)-v(x)}{\Delta x}}{v(x+\Delta x)v(x)}\right]$$

$$=\frac{u'(x)v(x)-u(x)v'(x)}{v^2(x)},$$

从而所证结论成立.

注　法则(1)、(2)均可推广到有限个函数运算的情形. 例如,设 $u=u(x),v=v(x),w=w(x),s=s(x)$ 均可导,则有

$$(u-v+w)'=u'-v'+w'.$$

$$(uvw)'=[(uv)w]'=(uv)'w+(uv)w'=(u'v+uv')+uvw',$$

即
$$(uvw)'=u'vw+uv'w+uvw'.$$

若在法则(2)中,令 $v(x)=C$ (C 为常数),则有
$$(Cu)'=Cu'.$$

若在法则(3)中,令 $u(x)=C$ (C 为常数),则有
$$\left[\frac{C}{v(x)}\right]'=-C\frac{v'(x)}{v^2(x)}.$$

例1　求 $y=3\mathrm{e}^x-2\sqrt{x}-\dfrac{1}{x}+4\cos x$ 的导数.

解　$y'=(3\mathrm{e}^x)'-(2\sqrt{x})'-\left(\dfrac{1}{x}\right)'+(4\cos x)'=3\mathrm{e}^x-\dfrac{1}{\sqrt{x}}+\dfrac{1}{x^2}-4\sin x.$

例2　求 $y=4\sqrt[3]{x}\cdot 3^x$ 的导数.

解　$y'=(4\sqrt[3]{x}\cdot 3^x)'=4\left[(\sqrt[3]{x})'3^x+\sqrt[3]{x}(3^x)'\right]=\dfrac{4}{3\sqrt[3]{x^2}}\cdot 3^x+4\sqrt[3]{x}\cdot 3^x\ln 3$

$$=\frac{4\cdot 3^x}{3\sqrt[3]{x^2}}+4\ln 3\sqrt[3]{x}\cdot 3^x.$$

例3　求 $y=\tan x$ 的导数.

解　
$$y'=\left(\frac{\sin x}{\cos x}\right)'=\frac{(\sin x)'\cos x-\sin x(\cos x)'}{\cos^2 x}$$

$$=\frac{\cos x\cdot\cos x-\sin x(-\sin x)}{\cos^2 x}=\frac{\cos^2 x+\sin^2 x}{\cos^2 x}=\frac{1}{\cos^2 x}=\sec^2 x,$$

即
$$(\tan x)'=\sec^2 x.$$

同理可得
$$(\cot x)'=-\csc^2 x.$$

例4　求 $y=\sec x$ 的导数.

解　$y'=(\sec x)'=\left(\dfrac{1}{\cos x}\right)'=-\dfrac{(\cos x)'}{\cos^2 x}=\dfrac{\sin x}{\cos^2 x}=\dfrac{\sin x}{\cos x}\cdot\dfrac{1}{\cos x}=\tan x\sec x.$

即
$$(\sec x)'=\sec x\tan x;$$

同理可得
$$(\csc x)'=-\csc x\cot x.$$

2.2.2　反函数的导数法则

定理 2　设函数 $x=\varphi(y)$ 在区间 I_y 内单调、可导且 $\varphi'(y)\neq0$,则其反函数 $y=f(x)$ 在对应区间 I_x 内也可导,且

$$f'(x)=\frac{1}{\varphi'(y)} \quad 或 \quad \frac{\mathrm{d}y}{\mathrm{d}x}=\frac{1}{\dfrac{\mathrm{d}y}{\mathrm{d}x}}.$$

即反函数的导数等于直接函数导数的倒数.

例 5　求函数 $y=\arcsin x$ 的导数.

解　因为 $y=\arcsin x$ 的直接函数是 $x=\sin y$ 在 $I_y=\left(-\dfrac{\pi}{2},\dfrac{\pi}{2}\right)$ 内单调、可导,且

$$(\sin y)'=\cos y>0,$$

所以 $y=\arcsin x$ 在对应区间 $I_x=(-1,1)$ 内可导,有

$$(\arcsin x)'=\frac{1}{(\sin y)'}=\frac{1}{\cos y}=\frac{1}{\sqrt{1-\sin^2 y}}=\frac{1}{\sqrt{1-x^2}}.$$

即

$$(\arcsin x)'=\frac{1}{\sqrt{1-x^2}}.$$

同理可得

$$(\arccos x)'=-\frac{1}{\sqrt{1-x^2}}, \quad (\arctan x)'=\frac{1}{1+x^2}, \quad (\mathrm{arccot}\,x)'=-\frac{1}{1+x^2}.$$

2.2.3　复合函数的求导法则

定理 3　若函数 $u=g(x)$ 在点 x 处可导,而 $y=f(u)$ 在点 $u=g(x)$ 处可导,则复合函数 $y=f[g(x)]$ 在点 x 处可导,且其导数为

$$\frac{\mathrm{d}y}{\mathrm{d}x}=f'(u)\cdot g'(x) \quad 或 \quad \frac{\mathrm{d}y}{\mathrm{d}x}=\frac{\mathrm{d}y}{\mathrm{d}u}\cdot\frac{\mathrm{d}u}{\mathrm{d}x}.$$

证明　因为 $y=f(u)$ 在点 u 处可导,所以

$$\lim_{\Delta u\to0}\frac{\Delta y}{\Delta u}=f'(u),$$

根据极限与无穷小的关系,有

$$\frac{\Delta y}{\Delta u}=f'(u)+\alpha,$$

其中 α 是 $\Delta u\to0$ 时的无穷小. 上式中若 $\Delta u\neq0$,则有

$$\Delta y=f'(u)\Delta u+\alpha\Delta u. \tag{2.2.1}$$

当 $\Delta u=0$ 时,规定 $\alpha=0$,此时 $\Delta y=f(u+\Delta u)-f(u)=0$,而式(2.2.1)的右端亦为零,故式(2.2.1)对 $\Delta u=0$ 也成立. 从而

$$\lim_{\Delta x\to0}\frac{\Delta y}{\Delta x}=\lim_{\Delta x\to0}\left[f'(u)\frac{\Delta u}{\Delta x}+\alpha\frac{\Delta u}{\Delta x}\right]=f'(u)\lim_{\Delta x\to0}\frac{\Delta u}{\Delta x}+\lim_{\Delta x\to0}\alpha\lim_{\Delta x\to0}\frac{\Delta u}{\Delta x}=f'(u)g'(x).$$

即

$$\frac{\mathrm{d}y}{\mathrm{d}x}=f'(u)g'(x).$$

注　复合函数的求导法则可叙述为:复合函数的导数,等于函数对中间变量的导数乘以中间

变量对自变量的导数. 这一法则又称为链式法则.

例 6 求函数 $y=\ln \sec x$ 的导数.

解 设 $y=\ln u, u=\sec x$, 则

$$\frac{\mathrm{d}y}{\mathrm{d}x}=\frac{\mathrm{d}y}{\mathrm{d}u} \cdot \frac{\mathrm{d}u}{\mathrm{d}x}=(\ln u)' \cdot (\sec x)'=\frac{1}{u} \cdot \sec x \tan x=\frac{1}{\sec x} \cdot \sec x \tan x=\tan x.$$

例 7 求函数 $y=(x+\sin x)^3$ 的导数.

解 设 $y=u^3, u=x+\sin x$, 则

$$\frac{\mathrm{d}y}{\mathrm{d}x}=\frac{\mathrm{d}y}{\mathrm{d}u} \cdot \frac{\mathrm{d}u}{\mathrm{d}x}=(u^3)' \cdot (x+\sin x)'=3u^2 \cdot [x'+(\sin x)']$$

$$=3u^2(1+\cos x)=3(1+\cos x)(x+\sin x)^2.$$

注 复合函数求导既是重点又是难点. 在求复合函数的导数时, 首先要分清函数的复合层次, 然后从外向里, 逐层推进求导, 不要遗漏, 也不要重复. 在求导的过程中, 始终要明确所求的导数是哪个函数对哪个变量(不管是自变量还是中间变量)的导数.

对复合函数的分解比较熟练了, 就可以像下面这样不用写出中间变量.

例 8 求 $y=\cos \dfrac{1}{\sqrt{1+x}}$ 的导数.

解 $y'=\left(\cos \dfrac{1}{\sqrt{1+x}}\right)'=-\sin \dfrac{1}{\sqrt{1+x}} \cdot \left(\dfrac{1}{\sqrt{1+x}}\right)'$

$$=-\sin \frac{1}{\sqrt{1+x}} \cdot \frac{-1}{2\sqrt{(1+x)^3}}=\frac{1}{2\sqrt{(1+x)^3}}\sin \frac{1}{\sqrt{1+x}}.$$

复合函数求导法则可推广到多个中间变量的情形. 例如, 设

$$y=f(u), \quad u=\varphi(v), \quad v=\psi(x),$$

均满足定理 3 的条件, 则复合函数 $y=f\{\varphi[\psi(x)]\}$ 的导数为

$$\frac{\mathrm{d}y}{\mathrm{d}x}=\frac{\mathrm{d}y}{\mathrm{d}u} \cdot \frac{\mathrm{d}u}{\mathrm{d}v} \cdot \frac{\mathrm{d}v}{\mathrm{d}x} \quad \text{或} \quad \frac{\mathrm{d}y}{\mathrm{d}x}=f'(u) \cdot \varphi'(v) \cdot \psi'(x).$$

例 9 求函数 $y=\mathrm{e}^{\sin^2(1-x)}$ 的导数.

解

$$y'=(\mathrm{e}^{\sin^2(1-x)})'=\mathrm{e}^{\sin^2(1-x)} \cdot [\sin^2(1-x)]'$$

$$=\mathrm{e}^{\sin^2(1-x)} \cdot 2\sin(1-x)[\sin(1-x)]'$$

$$=\mathrm{e}^{\sin^2(1-x)} \cdot 2\sin(1-x) \cdot \cos(1-x)(1-x)'$$

$$=-\mathrm{e}^{\sin^2(1-x)}\sin 2(1-x).$$

例 10 求函数 $y=\ln \dfrac{(x^2+1)^3}{\sqrt[3]{x^3-2}}$ 的导数.

解 因为 $y=3\ln(x^2+1)-\dfrac{1}{3}\ln(x^3-2)$, 所以

$$y'=3 \cdot \frac{1}{x^2+1} \cdot (x^2+1)'-\frac{1}{3} \cdot \frac{1}{x^3-2} \cdot (x^3-2)'$$

$$=3\frac{1}{x^2+1} \cdot 2x-\frac{1}{3(x^3-2)} \cdot 3x^2=\frac{6x}{x^2+1}-\frac{x^2}{x^3-2}.$$

例 11 求函数 $y=\sin nx \cdot \sin^n x$ (n 为常数)的导数.

解 $y'=(\sin nx)' \cdot \sin^n x+\sin nx \cdot (\sin^n x)'=\cos nx \cdot (nx)' \cdot \sin^n x+\sin nx \cdot n\sin^{n-1}x \cdot (\sin x)'$

$$=n\cos nx \cdot \sin^n x+n\sin nx \cdot \sin^{n-1}x \cdot \cos x=n\sin^{n-1}x(\cos nx \cdot \sin x+\sin nx \cdot \cos x)$$

$$=n\sin^{n-1}x\cdot\sin(n+1)x.$$

例 12　求函数 $y=x^{a^a}+a^{x^a}+a^{a^x}(a>0)$ 的导数.

解　$y'=a^a\cdot x^{a^a-1}+a^{x^a}\cdot\ln a\cdot(x^a)'+a^{a^x}\cdot\ln a\cdot(a^x)'$

$$=a^a x^{a^a-1}+a x^{a-1}a^{x^a}\ln a+a^x a^{a^x}\ln^2 a.$$

例 13　求函数 $f(x)=\begin{cases}x, & x<0 \\ \ln(1+x), & x\geqslant0\end{cases}$ 的导数.

解　求分段函数的导数时,在每一段内的导数可按一般求导法则求之,但在分段点处的导数要用左、右导数的定义求之.

当 $x<0$ 时, $f'(x)=(x)'=1$;

当 $x>0$ 时, $f'(x)=[\ln(1+x)]'=\dfrac{1}{1+x}$;

当 $x=0$ 时,

$$f'_-(0)=\lim_{x\to0^-}\frac{f(x)-f(0)}{x-0}=\lim_{x\to0^-}\frac{x-0}{x-0}=1,$$

$$f'_+(0)=\lim_{x\to0^+}\frac{f(x)-f(0)}{x-0}=\lim_{x\to0^+}\frac{\ln(1+x)-0}{x-0}=\lim_{x\to0^+}\frac{\ln(1+x)}{x}=1.$$

由 $f'_+(0)=f'_-(0)=1$ 知, $f'(0)=1$. 所以

$$f'(x)=\begin{cases}1, & x<0 \\ \dfrac{1}{1+x}, & x\geqslant0\end{cases}.$$

例 14　已知 $f(u)$ 可导,求函数 $y=f(\tan x)$ 的导数.

解　$y'=[f(\tan x)]'=f'(\tan x)\cdot(\tan x)'=f'(\tan x)\cdot\sec^2 x.$

注　求此类含抽象函数的导数时,应特别注意记号表示的真实含义,此例中 $f'(\tan x)$ 表示对 $\tan x$ 求导,而 $[f(\tan x)]'$ 表示对 x 求导.

2.2.4　初等函数的求导法则

为方便查阅,我们把导数基本公式和导数运算函数法则汇集如下:

1. **基本求导公式**

(1) $(c)'=0$;

(2) $(x^\mu)'=\mu x^{\mu-1}$;

(3) $(\sin x)'=\cos x$;

(4) $(\cos x)'=-\sin x$;

(5) $(\tan x)'=\sec^2 x$;

(6) $(\cot x)'=-\csc^2 x$;

(7) $(\sec x)'=\sec x\cdot\tan x$;

(8) $(\csc x)'=-\csc x\cdot\cot x$;

(9) $(a^x)'=a^x\ln a$;

(10) $(\mathrm{e}^x)'=\mathrm{e}^x$;

(11) $(\log_a x)'=\dfrac{1}{x\ln a}$;

(12) $(\ln x)'=\dfrac{1}{x}$;

(13) $(\arcsin x)'=\dfrac{1}{\sqrt{1-x^2}}$;

(14) $(\arccos x)'=-\dfrac{1}{\sqrt{1-x^2}}$;

(15) $(\arctan x)'=\dfrac{1}{1+x^2}$;

(16) $(\operatorname{arccot} x)'=-\dfrac{1}{1+x^2}$.

2. 函数的和、差、积、商的求导法则

设 $u = u(x), v = v(x)$ 可导，则

(1) $(u \pm v)' = u' \pm v'$;　　　　　　(2) $(Cu)' = Cu'$　（C 为常数）;

(3) $(uv)' = u'v + uv'$;　　　　　　(4) $\left(\dfrac{u}{v}\right)' = \dfrac{u'v - uv'}{v^2}$　$(v \neq 0)$.

3. 反函数的求导法则

若函数 $x = \varphi(y)$ 在区间 I_y 内单调、可导且 $\varphi'(y) \neq 0$，则其反函数 $y = f(x)$ 在对应区间 I_x 内也可导，且

$$f'(x) = \frac{1}{\varphi'(y)} \quad \text{或} \quad \frac{\mathrm{d}y}{\mathrm{d}x} = \frac{1}{\dfrac{\mathrm{d}x}{\mathrm{d}y}}.$$

4. 复合函数的求导法则

设 $y = f(u)$，而 $u = g(x)$，则 $y = f[\varphi(x)]$ 的导数为

$$\frac{\mathrm{d}y}{\mathrm{d}x} = \frac{\mathrm{d}y}{\mathrm{d}u} \cdot \frac{\mathrm{d}u}{\mathrm{d}x} \quad \text{或} \quad \frac{\mathrm{d}y}{\mathrm{d}x} = f'(u) \cdot g'(x).$$

2.2.5　双曲函数与反双曲函数的导数

双曲函数与反双曲函数都是初等函数，它们的导数都可以用前面的求导公式及法则求出.

例如，对双曲正弦函数 $\mathrm{sh}x = \dfrac{\mathrm{e}^x - \mathrm{e}^{-x}}{2}$，有

$$(\mathrm{sh}x)' = \left(\frac{\mathrm{e}^x - \mathrm{e}^{-x}}{2}\right)' = \frac{\mathrm{e}^x + \mathrm{e}^{-x}}{2} = \mathrm{ch}x,$$

即

$$(\mathrm{sh}x)' = \mathrm{ch}x,$$

同理可得

$$(\mathrm{ch}x)' = \mathrm{sh}x, \qquad (\mathrm{th}x)' = \frac{1}{\mathrm{ch}^2 x}.$$

对反双曲正弦函数，由 $\mathrm{arsh}x = \ln(x + \sqrt{x^2 + 1})$，有

$$(\mathrm{arcsh}x)' = \left[\ln(x + \sqrt{x^2 + 1})\right]' = \frac{(x + \sqrt{x^2 + 1})'}{x + \sqrt{x^2 + 1}}$$

$$= \frac{1}{x + \sqrt{x^2 + 1}}\left(1 + \frac{x}{\sqrt{x^2 + 1}}\right) = \frac{1}{\sqrt{x^2 + 1}},$$

即

$$(\mathrm{arsh}x)' = \frac{1}{\sqrt{x^2 + 1}}.$$

同理可得

$$(\mathrm{arch}x)' = \left[\ln(x + \sqrt{x^2 - 1})\right]' = \frac{1}{\sqrt{x^2 - 1}}.$$

$$(\mathrm{arcth}x)' = \left(\frac{1}{2}\ln\frac{1+x}{1-x}\right)' = \frac{1}{1-x^2}.$$

例 15　求函数 $y = \arctan(\mathrm{th}x)$ 的导数.

解　$y'=\dfrac{1}{1+\text{th}^2 x}\cdot(\text{th}x)'=\dfrac{1}{1+\text{th}^2 x}\cdot\dfrac{1}{\text{ch}^2 x}=\dfrac{1}{1+\dfrac{\text{sh}^2 x}{\text{ch}^2 x}}\cdot\dfrac{1}{\text{ch}^2 x}=\dfrac{1}{\text{ch}^2 x+\text{sh}^2 x}=\dfrac{1}{1+2\text{sh}^2 x}.$

习　题　2-2

1. 计算下列函数的导数：

(1) $y=3x+5\sqrt{x}+\dfrac{1}{x}$；

(2) $y=3x^3-5^x+7\text{e}^x$；

(3) $y=2\tan x+\sec x-1$；

(4) $y=\sin x\cdot\cos x$；

(5) $y=x^4\ln x$；

(6) $y=4\text{e}^x\cos x$；

(7) $y=\dfrac{\ln x}{x^n}$；

(8) $y=\dfrac{1+\sin t}{1+\cos t}$；

(9) $y=(x-1)(x-2)(x-3)$；

(10) $y=\dfrac{5x^2-3x+4}{x^2-1}$；

(11) $y=x\log_2 x+\ln 2$；

(12) $y=\dfrac{x-1}{x+1}$；

(13) $y=\dfrac{2\csc x}{1+x^2}$；

(14) $y=x^2\ln x\cos x$；

(15) $y=\sqrt[3]{x}\sin x+a^x\text{e}^x$；

(16) $y=x^a+a^x+a^a$；

(17) $y=\dfrac{\text{e}^t-\text{e}^{-t}}{\text{e}^t+\text{e}^{-t}}$.

2. 计算下列函数在指定点处的导数：

(1) $y=\sin x-\cos x$，求 $\left.\dfrac{\mathrm{d}y}{\mathrm{d}x}\right|_{x=\frac{\pi}{6}}$ 和 $\left.\dfrac{\mathrm{d}y}{\mathrm{d}x}\right|_{x=\frac{\pi}{4}}$；

(2) $\rho=\varphi\sin\varphi+\dfrac{1}{2}\cos\varphi$，求 $\left.\dfrac{\mathrm{d}\rho}{\mathrm{d}\varphi}\right|_{\varphi=\frac{\pi}{4}}$；

(3) $y=\dfrac{3}{4-x}+\dfrac{x^4}{4}$，求 $y'(0)$；

(4) $y=\text{e}^x(x^2-3x+1)$，求 $y'(0)$.

3. 以初速度 v_0 竖直上抛的物体，其上升高度与 s 与时间 t 的关系是

$$s=v_0-\dfrac{1}{2}gt^2,$$

求：(1) 该物体的速度 $v(t)$；(2) 该物体达到最高点的时刻.

4. 求抛物线 $y=ax^2+bx+c$ 上具有水平切线的点.

5. 在抛物线 $y=x^2$ 上取横坐标为 $x_1=1$ 及 $x_2=3$ 的两点，作过这两点的割线，问抛物线上哪一点的切线平行于这条割线？

6. 写出曲线 $y=x-\dfrac{1}{x}$ 与 x 轴交点处的切线方程.

7. 求下列函数的导数：

(1) $y=\cos(5-4x)$；

(2) $y=\text{e}^{-5x^3}$；

(3) $y=\sqrt{a^2-x^2}$；

(4) $y=\tan(x^2)$；

(5) $y=\sin^2 x$；

(6) $y=\arctan(\text{e}^x)$；

(7) $y=\arcsin(1-2x)$；

(8) $y=\arccos\dfrac{1}{x}$；

(9) $y=\ln(\sec x+\tan x)$；

(10) $y=\ln(\csc x-\cot x)$；

(11) $y=\ln(1+x^2)$；

(12) $y=\log_a(x^2+x+1)$.

8. 求下列函数的导数：

(1) $y=\text{e}^{-\frac{x}{2}}\cos 3x$；

(2) $y=\ln\dfrac{1+\sqrt{x}}{1-\sqrt{x}}$；

(3) $y=\ln\tan\dfrac{x}{2}$；

(4) $y=\left(\arcsin\dfrac{x}{2}\right)^2$；

(5) $y=x\sqrt{1-x^2}+\arcsin x$；

(6) $y=\ln\ln x$；

(7) $y=\sin^n x\cdot\cos nx$；

(8) $y=\text{e}^{\arctan\sqrt{x}}$；

(9) $y=\sqrt{1+\ln^2 x}$；

(10) $y=10^{x\tan 2x}$；

(11) $y=\arcsin\sqrt{\dfrac{1-x}{1+x}}$；

(12) $y=\ln\sqrt{\dfrac{\text{e}^{4x}}{\text{e}^{4x}+1}}$；

(13) $y=e^{\tan\frac{1}{x}}$； (14) $y=\sqrt{x+\sqrt{x}}$.

9. 设 $f(x)$ 为可导函数，求 $\dfrac{\mathrm{d}y}{\mathrm{d}x}$.

(1) $y=f(x^4)$； (2) $y=f(\sin^2 x)+f(\cos^2 x)$； (3) $y=f\left(\arcsin\dfrac{1}{x}\right)$；

(4) $y=f(e^x+x^e)$； (5) $y=f(e^x)e^{f(x)}$.

10. 设 $f(1-x)=xe^{-x}$，且 $f(x)$ 可导，求 $f'(x)$.

11. 设 $f(u)$ 为可导函数，且 $f(x+3)=x^5$，求 $f'(x+3)$，$f'(x)$.

12. 已知 $f\left(\dfrac{1}{x}\right)=\dfrac{x}{1+x}$，求 $f'(x)$.

13. 已知 $\varphi(x)=a^{f^2(x)}$，且 $f'(x)=\dfrac{1}{f(x)\ln a}$，证明 $\varphi'(x)=2\varphi(x)$.

14. 设 $f(x)$ 在 $(-\infty,+\infty)$ 内可导，且 $F(x)=f(x^2-1)+f(1-x^2)$，证明：$F'(1)=F'(-1)$.

15. 设函数 $f(x)=\begin{cases}2\tan x+1, & x<0 \\ e^x, & x\geqslant 0\end{cases}$，求 $f'(x)$.

16. 求下列函数的导数：

(1) $y=\mathrm{ch}(\mathrm{sh}x)$； (2) $y=\mathrm{sh}x\cdot e^{\mathrm{ch}x}$； (3) $y=\mathrm{th}(\ln x)$； (4) $y=\mathrm{sh}^3 x+\mathrm{ch}^2 x$；

(5) $y=\mathrm{arch}(e^{2x})$； (6) $y=\mathrm{arsh}(1+x^2)$； (7) $y=\ln\mathrm{ch}x+\dfrac{1}{2\mathrm{ch}^2 x}$； (8) $y=\mathrm{ch}^2\left(\dfrac{x-1}{x+1}\right)$.

2.3 高 阶 导 数

根据本章 2.1 节的引例 1 知道，物体作变速直线运动，其瞬时速度 $v(t)$ 就是路程函数 $s=s(t)$ 对时间 t 的导数，即

$$v(t)=s'(t).$$

根据物理学知识，速度函数 $v(t)$ 对于时间 t 的变化率就是加速度 $a(t)$，即 $a(t)$ 是 $v(t)$ 对于时间 t 的导数，

$$a(t)=v'(t)=[s'(t)]'.$$

于是，加速度 $a(t)$ 就是路程函数 $s(t)$ 对时间 t 的导数的导数，称为 $s(t)$ 对 t 的**二阶导数**，记为 $s''(t)$. 因此，变速直线运动的加速度就是路程函数 $s(t)$ 对 t 的二阶导数，即

$$a(t)=s''(t).$$

一般地，我们有下面关于高阶导数的定义.

定义 1 如果函数 $f(x)$ 的导数 $f'(x)$ 在点 x 处可导，即

$$[f'(x)]'=\lim_{\Delta x\to 0}\frac{f'(x+\Delta x)-f'(x)}{\Delta x}$$

存在，则称 $[f'(x)]'$ 为函数 $f(x)$ 在点 x 处的**二阶导数**，记为

$$f''(x), \quad y'', \quad \frac{\mathrm{d}^2 y}{\mathrm{d}x^2} \quad 或 \quad \frac{\mathrm{d}^2 f(x)}{\mathrm{d}x^2}.$$

类似地，二阶导数的导数称为**三阶导数**，记为

$$f'''(x), \quad y''', \quad \frac{\mathrm{d}^3 y}{\mathrm{d}x^3} \quad 或 \quad \frac{\mathrm{d}^3 f(x)}{\mathrm{d}x^3}.$$

一般地，$f(x)$ 的 $n-1$ 阶导数的导数称为 $f(x)$ 的 **n 阶导数**，记为

$$f^{(n)}(x), \quad y^{(n)}, \quad \frac{\mathrm{d}^n y}{\mathrm{d}x^n} \quad 或 \quad \frac{\mathrm{d}^n f(x)}{\mathrm{d}x^n}.$$

注　二阶和二阶以上的导数统称为高阶导数. 相应地, $f(x)$ 称为零阶导数; $f'(x)$ 称为一阶导数.

由此可见, 求函数的高阶导数, 就是利用基本求导公式及导数的运算法则, 对函数逐次地连续求导.

例 1　设 $y=x^2+bx+c$, 求 y'''.

解　$y'=2x+b$, $y''=2$, $y'''=0$.

例 2　设 $y=\cos\omega t$, 求 y''.

解　$y'=-\omega\sin\omega t$, $y''=-\omega^2\cos\omega t$.

例 3　求指数函数 $y=\mathrm{e}^x$ 的 n 阶导数.

解　$y'=\mathrm{e}^x$, $y''=\mathrm{e}^x$, $y'''=\mathrm{e}^x$, $y^{(4)}=\mathrm{e}^x$.

一般地, 可得 $y^{(n)}=\mathrm{e}^x$, 即有

$$(\mathrm{e}^x)^{(n)}=\mathrm{e}^x. \tag{2.3.1}$$

例 4　求幂函数 $y=x^\alpha(\alpha\in\mathbf{R})$ 的 n 阶求导公式.

解　$y'=\alpha x^{\alpha-1}$, $y''=(\alpha x^{\alpha-1})'=\alpha(\alpha-1)x^{\alpha-2}$,

$y'''=[\alpha(\alpha-1)x^{\alpha-2}]'=\alpha(\alpha-1)(\alpha-2)x^{\alpha-3}$,

一般地, 可得

$$y^{(n)}=\alpha(\alpha-1)\cdots(\alpha-n+1)x^{\alpha-n},$$

即

$$(x^\alpha)^{(n)}=\alpha(\alpha-1)\cdots(\alpha-n+1)x^{\alpha-n}. \tag{2.3.2}$$

特别地, 若 $\alpha=-1$, 则有

$$\left(\frac{1}{x}\right)^{(n)}=(-1)^n\frac{n!}{x^{n+1}},$$

若 α 为自然数 n, 则有

$$(x^n)^{(n)}=n(n-1)(n-2)\cdots3\cdot2\cdot1=n!, \quad (x^n)^{(n+1)}=(n!)'=0.$$

例 5　求对数函数 $y=\ln(1+x)$ 的 n 阶导数.

解　$y'=\dfrac{1}{1+x}$, $y''=-\dfrac{1}{(1+x)^2}$, $y'''=\dfrac{2!}{(1+x)^3}$, $y^{(4)}=-\dfrac{3!}{(1+x)^4}$,

一般地, 可得 $\qquad y^{(n)}=(-1)^{n-1}\dfrac{(n-1)!}{(1+x)^n} \quad (n\geqslant1,0!=1). \tag{2.3.3}$

例 6　求 $y=\sin kx$ 的 n 阶导数.

解　$y'=k\cos kx=k\sin\left(kx+\dfrac{\pi}{2}\right)$,

$y''=k^2\cos\left(kx+\dfrac{\pi}{2}\right)=k^2\sin\left(kx+\dfrac{\pi}{2}+\dfrac{\pi}{2}\right)=k^2\sin\left(kx+2\cdot\dfrac{\pi}{2}\right)$,

$y'''=k^3\cos\left(kx+2\cdot\dfrac{\pi}{2}\right)=k^3\sin\left(kx+3\cdot\dfrac{\pi}{2}\right)$.

一般地, 可得 $\qquad y^{(n)}=k^n\sin\left(kx+n\cdot\dfrac{\pi}{2}\right)$.

即

$$(\sin kx)^{(n)}=k^n\sin\left(kx+n\cdot\frac{\pi}{2}\right). \tag{2.3.4}$$

同理可得

$$(\cos kx)^{(n)}=k^n\cos\left(kx+n\cdot\frac{\pi}{2}\right). \tag{2.3.5}$$

如果函数 $u=u(x)$ 及 $v=v(x)$ 都在点 x 处具有 n 阶导数, 则显然有

$$[u(x)\pm v(x)]^{(n)}=u^{(n)}(x)\pm v^{(n)}(x).\qquad(2.3.6)$$

利用复合求导法则,还可证得下列常用结论:

$$[Cu(x)]^{(n)}=Cu^{(n)}(x);\qquad(2.3.7)$$

$$[u(ax+b)]^{(n)}=a^n u^{(n)}(ax+b)\ (a\neq 0).\qquad(2.3.8)$$

例如,由幂函数的 n 阶导数公式,可得

$$\left(\frac{1}{ax+b}\right)^{(n)}=(-1)^n\frac{n!\,a^n}{(ax+b)^{n+1}}.$$

求函数的高阶导数时,除直接按定义逐阶求出指定的高阶导数外(直接法),还常常利用已知的高阶导数公式,通过导数的四则运算,变量代换等方法,间接求出指定的高阶导数(间接法).

例 7　设函数 $y=\dfrac{1}{x^2+8x+15}$,求 $y^{(100)}$.

解　因为 $y=\dfrac{1}{x^2+8x+15}=\dfrac{1}{(x+3)(x+5)}=\dfrac{1}{2}\left(\dfrac{1}{x+3}-\dfrac{1}{x+5}\right)$,所以

$$y^{(100)}=\frac{100!}{2}\left[\frac{1}{(x+3)^{101}}-\frac{1}{(x+5)^{101}}\right].$$

乘积 $u(x)\cdot v(x)$ 的 n 阶导数比较复杂,由 $(uv)'=u'v+uv'$ 首先可得到

$$(uv)''=u''v+2u'v'+uv'',\quad(uv)'''=u'''v+3u''v'+3u'v''+uv'''.$$

一般地,可用数学归纳法证明

$$(u\cdot v)^{(n)}=u^{(n)}v^{(0)}+nu^{(n-1)}v'+\frac{n(n-1)}{2!}u^{(n-2)}v''+\cdots$$
$$+\frac{n(n-1)\cdots(n-k+1)}{k!}u^{(n-k)}v^{(k)}+\cdots+uv^{(n)}.$$

上式称为**莱布尼茨公式**. 注意,这个公式中的各项系数与下列二项展开式的系数相同:

$$(u+v)^n=u^n+nu^{n-1}v+\frac{n(n-1)}{2!}u^{n-2}v^2+\cdots+\frac{n(n-1)\cdots(n-k+1)}{k!}u^{n-k}v^k+\cdots+v^n$$
$$=\sum_{k=0}^{n}C_n^k u^{n-k}v^k.$$

如果把其中的 k 次幂换成 k 阶导数(零阶导数理解为函数本身),再把左端的 $u+v$ 换成 uv,则莱布尼茨公式可记为

$$(uv)^{(n)}=\sum_{k=0}^{n}C_n^k u^{(n-k)}v^{(k)}.\qquad(2.3.9)$$

例 8　设 $y=xe^{3x}$,求 $y^{(30)}$.

解　设 $u=e^{3x},v=x$ 则由莱布尼茨公式,得

$$y^{(30)}=(e^{3x})^{(30)}\cdot x+30\,(e^{3x})^{(29)}\cdot(x)'+0=3^{30}e^{3x}\cdot x+30\cdot 3^{29}e^{3x}\cdot 1$$
$$=3^{30}e^{3x}(x+10x).$$

习　题　2-3

1. 求下列函数的二阶导数:

(1) $y=x^6+3x^4+2x^3$;　　　　(2) $y=e^{4x-3}$;　　　　(3) $y=x\cos x$;

(4) $y=e^{-t}\sin t$;　　　　(5) $y=\sqrt{a^2-x^2}$;　　　　(6) $y=\ln(1-x^2)$;

(7) $y = \tan x$;　　　　　　(8) $y = \dfrac{1}{x^2+1}$;　　　　　　(9) $y = (1+x^2)\arctan x$;

(10) $y = \dfrac{\mathrm{e}^x}{x}$;　　　　　(11) $y = x\mathrm{e}^{x^2}$;　　　　　(12) $y = \ln(x+\sqrt{1+x^2})$.

2. 设 $f(x) = (x+10)^6$,求 $f'''(2)$.

3. 已知物体的运动规律为 $s = A\sin \omega t (A,\omega$ 是常数),求物体运动的加速度,并验证:
$$\frac{\mathrm{d}^2 s}{\mathrm{d}t^2} + \omega^2 s = 0.$$

4. 验证函数 $y = C_1 \mathrm{e}^{\lambda x} + C_2 \mathrm{e}^{-\lambda x}(\lambda,C_1,C_2$ 是常数)满足关系式:
$$y'' - \lambda^2 y = 0.$$

5. 设 $g'(x)$ 连续,且 $f(x) = (x-a)^2 g(x)$,求 $f''(a)$.

6. 设 $f''(x)$ 存在,求下列函数的二阶导数 $\dfrac{\mathrm{d}^2 y}{\mathrm{d}x^2}$:

(1) $y = f(x^3)$;　　　　　　　　　　　　(2) $y = \ln[f(x)]$.

7. 求下列函数的 n 阶导数的一般表达式:

(1) $y = x^n + a_1 x^{n-1} + a_2 x^{n-2} + \cdots + a_{n-1} x + a_n (a_1,a_2,\cdots,a_n$ 都是常数);

(2) $y = \sin^2 x$;　　　　　(3) $y = x\ln x$;　　　　　(4) $y = \dfrac{1}{x^2 - 5x + 6}$.

8. 求下列函数所指定阶的导数:

(1) $y = \mathrm{e}^x \cos x$,求 $y^{(4)}$;　　　　　　(2) $y = x\mathrm{sh}x$,求 $y^{(100)}$;

(3) $y = x^2 \sin 2x$,求 $y^{(50)}$;　　　　　　(4) $y = \dfrac{1}{x(x-1)}$,求 $y^{(n)}$.

2.4 隐函数的导数

2.4.1 隐函数的导数

本章前面几节所讨论的求导法则适用因变量 y 与自变量 x 之间的函数关系是显函数 $y = f(x)$ 的形式. 但是,有时因变量 y 与自变量 x 之间的函数关系是以方程 $F(x,y) = 0$ 的形式出现的,并且在此类情况下,往往从方程 $F(x,y) = 0$ 中是不易解出或无法解出 y 的,例如,$xy - \mathrm{e}^x + \mathrm{e}^y = 0$,$x\mathrm{e}^y + y\mathrm{e}^x = 0$ 等,都无法从中解出 y 来.

假设由方程 $F(x,y) = 0$ 所确定的函数为 $y = f(x)$,则把它代回方程 $F(x,y) = 0$ 中,得到恒等式
$$F(x,f(x)) \equiv 0.$$

利用复合函数求导法则,在上式两边同时对自变量 x 求导,再解出所求导数 $\dfrac{\mathrm{d}y}{\mathrm{d}x}$,这就是**隐函数求导法**.

例 1 求方程 $xy - \mathrm{e}^x + \mathrm{e}^y = 0$ 所确定的函数的导数 $\dfrac{\mathrm{d}y}{\mathrm{d}x}$.

解 在题设方程两边同时对自变量 x 求导数,得
$$y + x \cdot \frac{\mathrm{d}y}{\mathrm{d}x} - \mathrm{e}^x + \mathrm{e}^y \cdot \frac{\mathrm{d}y}{\mathrm{d}x} = 0,$$

整理得
$$(x + \mathrm{e}^y)\frac{\mathrm{d}y}{\mathrm{d}x} = (\mathrm{e}^x - y),$$

解得
$$\frac{\mathrm{d}y}{\mathrm{d}x} = \frac{\mathrm{e}^x - y}{\mathrm{e}^y + x} \quad (x + \mathrm{e}^y \neq 0).$$

注　求隐函数的导数时,只需将确定隐函数的方程两边对自变量 x 求导数,遇到含有因变量 y 的项时,把 y 当作中间变量看待,即 y 是 x 的函数,再按复合函数求导法则求之,然后从所得等式中解出 $\dfrac{\mathrm{d}y}{\mathrm{d}x}$.

例 2　设 $x^3-xy+y^3=1$,求 $y'|_{x=0}$.

解　在题设方程两边同时对自变量 x 求导数,得
$$3x^2-y-xy'+3y^2\cdot y'=0,$$
整理得
$$(3y^2-x)y'=y-3x^2,$$
解得
$$y'=\frac{y-3x^2}{3y^2-x}\quad(3y^2-x\neq0).$$

当 $x=0$ 时,$y=1$,因此 $y'|_{x=0}=\dfrac{y-3x^2}{3y^2-x}\bigg|_{\substack{x=0\\y=1}}=\dfrac{1}{3}$.

例 3　求曲线 $x^{\frac{2}{3}}+y^{\frac{2}{3}}=a^{\frac{2}{3}}$ 在点 $\left(\dfrac{\sqrt2}{4}a,\dfrac{\sqrt2}{4}a\right)$ 处的切线方程和法线方程.

解　在题设方程两边同时对自变量 x 求导数,得
$$\frac{2}{3}x^{-\frac{1}{3}}+\frac{2}{3}y^{-\frac{1}{3}}\cdot y'=0,$$
解得
$$\frac{\mathrm{d}y}{\mathrm{d}x}=-\sqrt[3]{\frac{y}{x}}.$$

在点 $\left(\dfrac{\sqrt2}{4}a,\dfrac{\sqrt2}{4}a\right)$ 处,

$$\frac{\mathrm{d}y}{\mathrm{d}x}\bigg|_{\substack{x=\frac{\sqrt2}{4}a\\y=\frac{\sqrt2}{4}a}}=-\sqrt[3]{\frac{\dfrac{\sqrt2}{4}a}{\dfrac{\sqrt2}{4}a}}=-1.$$

于是,在点 $\left(\dfrac{\sqrt2}{4}a,\dfrac{\sqrt2}{4}a\right)$ 处的切线方程为

$$y-\frac{\sqrt2}{4}a=-1\left(x-\frac{\sqrt2}{4}a\right),\ \text{即}\ x+y-\frac{\sqrt2}{2}a=0.$$

法线方程为

$$y-\frac{\sqrt2}{4}a=x-\frac{\sqrt2}{4}a,\quad\text{即}\ x-y=0.$$

例 4　求由方程 $y=1+xe^y$ 所确定的函数的二阶导数 y''.

解　在题设方程两边同时对自变量 x 求导数,得
$$y'=e^y+xe^y\cdot y',$$
解得
$$y'=\frac{e^y}{1-xe^y}=\frac{e^y}{2-y}.$$
而
$$y''=(y')'=\left(\frac{e^y}{2-y}\right)'=\frac{e^y\cdot y'(2-y)-e^y(-y')}{(2-y)^2}$$

$$= \frac{e^{2y}(3-y)}{(2-y)^3}.$$

注　求隐函数的二阶导数时,在得到一阶导数的表达式后,再进一步求二阶导数的表达式,此时,要注意将一阶导数的表达式代入其中,如在本例一样.

2.4.2　对数求导法

对幂指函数 $y=u(x)^{v(x)}$,直接使用前面介绍的求导法则不能求出其导数,对于这类函数,可以先在函数两边取对数,然后在等式两边同时对自变量 x 求导数,最后解出所求导数.这种方法称为**对数求导法**.

例 5　设 $y=x^{\tan x}\,(x>0)$,求 y'.

解　在题设等式两边取对数,得

$$\ln y=\tan x \cdot \ln x,$$

等式两边对 x 求导数,得

$$\frac{1}{y}y'=\sec^2 x \cdot \ln x+\tan x \cdot \frac{1}{x},$$

所以

$$y'=y\left(\sec^2 x \cdot \ln x+\tan x \cdot \frac{1}{x}\right)=x^{\tan x}\left(\sec^2 x \cdot \ln x+\frac{\tan x}{x}\right).$$

一般地,设 $y=u(x)^{v(x)}\,(u(x)>0)$,在等式两边取对数,得

$$\ln y=v(x) \cdot \ln u(x),$$

在等式两边同时对自变量 x 求导数,得

$$\frac{y'}{y}=v'(x) \cdot \ln u(x)+\frac{v(x)u'(x)}{u(x)},$$

从而

$$y'=u(x)^{v(x)}\left[v'(x) \cdot \ln u(x)+\frac{v(x)u'(x)}{u(x)}\right]. \tag{2.4.1}$$

例 6　设 $(\cos y)^x=(\sin x)^y$,求 y'.

解　在题设等式两端取对数,得

$$x\ln\cos y=y\ln\sin x,$$

等式两边对 x 求导数,得

$$\ln\cos y-x\frac{\sin y}{\cos y} \cdot y'=y'\ln\sin x+y \cdot \frac{\cos x}{\sin x}.$$

所以

$$y'=\frac{\ln\cos y-y\cot x}{\ln\sin x+x\tan y}.$$

此外,对由多次乘、除、幂和开方运算构成的函数,也可采用对数法求导,使运算简化.

例 7　设 $y=\dfrac{(x+1)^4\sqrt[5]{2-x}}{\sqrt{4-x}e^{3x}}\,(x<2)$,求 y'.

解　在题设等式两端取对数,得

$$\ln y=4\ln(x+1)+\frac{1}{5}\ln(2-x)-\frac{1}{2}\ln(4-x)-3x,$$

上式两边对 x 求导数,得

$$\frac{y'}{y}=\frac{4}{x+1}-\frac{1}{5(2-x)}+\frac{1}{2(4-x)}-3.$$

所以
$$y'=\frac{(x+1)^4\sqrt[3]{2-x}}{\sqrt{4-x}e^{3x}}\left[\frac{4}{x+1}-\frac{1}{5(2-x)}+\frac{1}{2(4-x)}-3\right].$$

有时,也可直接利用指数对数恒等式 $x=e^{\ln x}$ 化简求导.

2.4.3　参数方程表示的函数的导数

若由参数方程
$$x=\varphi(t),y=\psi(t) \tag{2.4.2}$$
确定 y 与 x 之间函数关系,则称此函数关系所表示的函数为由**参数方程(2.4.2)所确定的函数**.

在实际问题中,有时需要计算由参数方程(2.4.2)所确定的函数的导数.但要从方程(2.4.2)中消去参数 t 有时会有困难.因此,希望有一种能直接由参数方程出发计算出它所确定的函数的导数的方法.下面具体讨论之.

一般地,设 $x=\varphi(t)$ 具有单调连续的反函数 $t=\varphi^{-1}(x)$,且此反函数能与 $y=\psi(t)$ 构成复合函数,那么由参数方程(2.4.2)所确定的函数可以看成由函数 $y=\psi(t),t=\varphi^{-1}(x)$ 复合而成的函数
$$y=\psi[\varphi^{-1}(x)].$$

现在,要计算这个复合函数的导数.为此,假定函数 $x=\varphi(t),y=\psi(t)$ 都可导,且 $\varphi'(t)\neq0$,则由复合函数与反函数的求导法则,就有
$$\frac{dy}{dx}=\frac{dy}{dt}\frac{dt}{dx}=\frac{dy}{dt}\frac{1}{\frac{dx}{dt}}=\frac{\psi'(t)}{\varphi'(t)},$$

即
$$\frac{dy}{dx}=\frac{\psi'(t)}{\varphi'(t)} \quad 或 \quad \frac{dy}{dx}=\frac{\frac{dy}{dt}}{\frac{dx}{dt}}. \tag{2.4.3}$$

如果函数 $x=\varphi(t),y=\psi(t)$ 二阶可导,则可进一步求出参数方程(2.4.2)所确定的函数的二阶导数:
$$\frac{d^2y}{dx^2}=\frac{d}{dx}\left(\frac{dy}{dx}\right)=\frac{d}{dx}\left[\frac{\psi'(t)}{\varphi'(t)}\right]=\frac{d}{dt}\left[\frac{\psi'(t)}{\varphi'(t)}\right]\frac{dt}{dx}=\frac{\psi''(t)\varphi'(t)-\psi'(t)\varphi''(t)}{\varphi'^2(t)}\cdot\frac{1}{\varphi'(t)}.$$

即
$$\frac{d^2y}{dx^2}=\frac{\psi''(t)\varphi'(t)-\psi'(t)\varphi''(t)}{\varphi'^3(t)}. \tag{2.4.4}$$

例 8　求由参数方程为 $\begin{cases}x=\sin t\\y=\cos 2t\end{cases}$ 所确定的函数 $y=y(x)$ 的导数.

解　$\dfrac{dy}{dx}=\dfrac{\dfrac{dy}{dt}}{\dfrac{dx}{dt}}=\dfrac{-2\sin 2t}{\cos t}=-4\sin t.$

例 9　求由摆线(图 2-4-1)的参数方程
$$\begin{cases}x=a(t-\sin t)\\y=a(1-\cos t)\end{cases}$$
所表示的函数 $y=y(x)$ 的二阶导数.

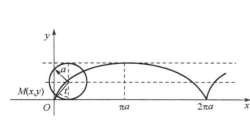

图 2-4-1

解 $\dfrac{\mathrm{d}y}{\mathrm{d}x}=\dfrac{\dfrac{\mathrm{d}y}{\mathrm{d}t}}{\dfrac{\mathrm{d}x}{\mathrm{d}t}}=\dfrac{a\sin t}{a-a\cos t}=\dfrac{\sin t}{1-\cos t}\ (t\neq 2n\pi, n\in\mathbf{Z}),$

$$\dfrac{\mathrm{d}^2 y}{\mathrm{d}x^2}=\dfrac{\mathrm{d}}{\mathrm{d}x}\Big(\dfrac{\mathrm{d}y}{\mathrm{d}x}\Big)=\dfrac{\mathrm{d}}{\mathrm{d}x}\Big(\dfrac{\sin t}{1-\cos t}\Big)=\dfrac{\mathrm{d}}{\mathrm{d}t}\Big(\dfrac{\sin t}{1-\cos t}\Big)\dfrac{1}{\dfrac{\mathrm{d}x}{\mathrm{d}t}}=-\dfrac{1}{1-\cos t}\cdot\dfrac{1}{a(1-\cos t)}$$

$$=-\dfrac{1}{a\,(1-\cos t)^2}\ (t\neq 2n\pi, n\in\mathbf{Z}).$$

例 10 如果不计空气的阻力,则抛射体运动轨迹的参数方程为

$$\begin{cases} x=v_1 t \\ y=v_2 t-\dfrac{1}{2}gt^2, \end{cases}$$

其中 v_1,v_2 分别是抛射体初速度的水平、铅直分量,g 是重力加速度,t 是飞行时间. 求抛射体在时刻 t 的运动速度的大小和方向.

解 因为速度的水平分量和铅直分量分别为

$$\dfrac{\mathrm{d}x}{\mathrm{d}t}=v_1,\quad \dfrac{\mathrm{d}y}{\mathrm{d}t}=v_2-gt,$$

所以抛射体的运动速度的大小为

$$v=\sqrt{\Big(\dfrac{\mathrm{d}x}{\mathrm{d}t}\Big)^2+\Big(\dfrac{\mathrm{d}y}{\mathrm{d}t}\Big)^2}=\sqrt{v_1^2+(v_2-gt)^2}.$$

而速度的方向就是轨道的切线方向. 若 φ 是切线与 x 轴正方向的夹角,则根据导数的几何意义,有

$$\tan\varphi=\dfrac{\mathrm{d}y}{\mathrm{d}x}=\dfrac{y'_t}{x'_t}=\dfrac{v_2-gt}{v_1}\quad 或\quad \varphi=\arctan\dfrac{v_2-gt}{v_1}.$$

所以,在抛射体刚射出(即 $t=0$)时,

$$\tan\varphi\Big|_{t=0}=\dfrac{\mathrm{d}y}{\mathrm{d}x}\Big|_{t=0}=\dfrac{v_2}{v_1};$$

当 $t=\dfrac{v_2}{g}$ 时,

$$\tan\varphi\Big|_{t=\frac{v_2}{g}}=\dfrac{\mathrm{d}y}{\mathrm{d}x}\Big|_{t=\frac{v_2}{g}}=0,$$

此时,运动方向是水平的,即抛物体达到最高点(图 2-4-2).

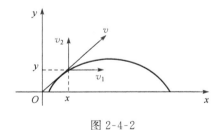

图 2-4-2

习 题 2-4

1. 求由下列方程所确定的隐函数 y 的导数 $\dfrac{\mathrm{d}y}{\mathrm{d}x}$:

(1) $xy=\mathrm{e}^{x+y}$;　　　　(2) $xy-\sin(\pi y^2)=0$;　　　　(3) $\mathrm{e}^{xy}+y^3-5x=0$;

(4) $y=1-x\mathrm{e}^y$;　　　　(5) $\cos(xy)=x$;　　　　(6) $\arctan\dfrac{y}{x}=\ln\sqrt{x^2+y^2}$.

2. 求由方程 $xy+\ln y=1$ 所确定的函数 $y=f(x)$ 在点 $M(1,1)$ 处的切线方程与法线方程.

3. 求下列方程所确定的隐函数 y 的二阶导数 y'':

(1) $b^2x^2+a^2y^2=a^2b^2$；　　　　　　　　(2) $\sin y=\ln(x+y)$；

(3) $y-2x=(x-y)\ln(x-y)$；　　　　　　(4) $y=\tan(x+y)$.

4. 用对数求导法求下列函数的导数：

(1) $y=(1+x^2)^{\tan x}$；　　(2) $y=\dfrac{\sqrt[5]{x-3}\sqrt[3]{3x-2}}{\sqrt{5x+2}}$；　　(3) $y=\sqrt{\dfrac{x-5}{\sqrt[5]{x^2+2}}}$；

(4) $y=(\tan 2x)^{\cot\frac{x}{2}}$；　　(5) $y=\sqrt{x\sin x\sqrt{1-e^x}}$；　　(6) $y=(\tan x)^{\sin x}+x^x$.

5. 设函数 $y=y(x)$ 由方程 $y-xe^y=1$ 确定，求 $y'(0)$，并求曲线上横坐标 $x=0$ 点处切线方程与法线方程.

6. 设函数 $y=y(x)$ 由方程 $e^y+xy-e^x=0$ 确定，求 $y''(0)$.

7. 求曲线 $\begin{cases}x=\ln(1+t^2)\\ y=\arctan t\end{cases}$ 在 $t=1$ 的对应点处的切线方程与法线方程.

8. 求下列参数方程所确定的函数的导数 $\dfrac{\mathrm{d}y}{\mathrm{d}x}$：

(1) $\begin{cases}x=at^2\\ y=bt^3\end{cases}$；　　　　(2) $\begin{cases}x=e^t\sin t\\ y=e^t\cos t\end{cases}$；　　　　(3) $\begin{cases}x=\cos^2 t\\ y=\sin^2 t\end{cases}$.

9. 求下列参数方程所确定的函数的二阶导数 $\dfrac{\mathrm{d}^2y}{\mathrm{d}x^2}$：

(1) $\begin{cases}x=\dfrac{t^2}{2}\\ y=1-t\end{cases}$；　　(2) $\begin{cases}x=a\cos t\\ y=b\sin t\end{cases}$；　　(3) $\begin{cases}x=3e^{-t}\\ y=2e^t\end{cases}$；　　(4) $\begin{cases}x=f'(t)\\ y=tf'(t)-f(t)\end{cases}$，$f''(t)\neq0$.

10. 求下列参数方程所确定的函数的三阶导数 $\dfrac{\mathrm{d}^3y}{\mathrm{d}x^3}$：

(1) $\begin{cases}x=t-t^2\\ y=t-t^3\end{cases}$；　　　　(2) $\begin{cases}x=\ln(1+t^2)\\ y=t-\arctan t\end{cases}$.

2.5　函数的微分

在理论研究和实际应用中，常常会遇到这样的问题：当自变量 x 有微小变化时，求函数 $y=f(x)$ 的微小改变量

$$\Delta y=f(x+\Delta x)-f(x).$$

这个问题初看起来似乎只要做减法运算就可以了，然而，对于较复杂的函数 $f(x)$，差值 $f(x+\Delta x)-f(x)$ 却是一个更复杂的表达式，不易求出其值. 一个想法是：设法将 Δy 表示成 Δx 的线性函数，即**线性化**，从而把复杂问题化为简单问题. 微分就是实现这种线性化的一种数学模型.

2.5.1　微分的定义

先分析一个具体的问题. 设有一块边长为 x_0 的正方形金属薄片，由于受到温度变化的影响，边长从 x_0 变到 $x_0+\Delta x$，问此薄片的面积改变了多少？

如图 2-5-1 所示，此薄片原面积 $A=x_0^2$，薄片受到温度变化的影响后，面积变为 $(x_0+\Delta x)^2$，故面积 A 的改变量为

$$\Delta A=(x_0+\Delta x)^2-x_0^2=2x_0\Delta x+(\Delta x)^2.$$

上式包含两部分，第一部分 $2x_0\Delta x$ 是 Δx 的线性函数，即图 2-5-1 中带有斜线的两个矩形面积之和；第二部分 $(\Delta x)^2$ 是图中带有交叉斜线的小正方形的面积. 当 $\Delta x\to0$ 时，$(\Delta x)^2$ 是比 Δx 高阶的无穷小，即

$$(\Delta x)^2 = o(\Delta x) \quad (\Delta x \rightarrow 0).$$

由此可见,如果边长有微小改变时(即 $|\Delta x|$ 很小时),可以将第二部分 $(\Delta x)^2$ 这个高阶无穷小忽略,而用第一部分 $2x_0\Delta x$ 近似地表示 ΔA,即 $\Delta A \approx 2x_0\Delta x$. 把 $2x_0\Delta x$ 称为 $A = x^2$ 在点 x_0 处的微分.

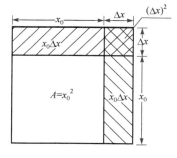

图 2-5-1

是否所有的函数的改变量都能在一定条件下表示为一个线性函数(改变量的主要部分)与一个高阶无穷小的和呢? 这个线性部分是什么? 如何求? 本节将具体来讨论这些问题.

定义 1　设函数 $y = f(x)$ 在某区间内有定义,x_0 及 $x_0 + \Delta x$ 在该区间内,如果函数的增量 $\Delta y = f(x_0 + \Delta x) - f(x_0)$ 可表示为

$$\Delta y = A\Delta x + o(\Delta x). \tag{2.5.1}$$

其中 A 是与 Δx 无关的常数,则称函数 $y = f(x)$ 在点 x_0 处**可微**,并且称 $A \cdot \Delta x$ 为函数 $y = f(x)$ 在点 x_0 处相应于自变量的改变量 Δx 的**微分**,记作 $\mathrm{d}y$,即

$$\mathrm{d}y = A \cdot \Delta x. \tag{2.5.2}$$

注　由定义可见:如果函数在 $y = f(x)$ 点 x_0 处可微,则

(1) 函数 $y = f(x)$ 在点 x_0 处的微分 $\mathrm{d}y$ 是自变量的改变量 Δx 的线性函数;

(2) 由式(2.5.1)得

$$\Delta y - \mathrm{d}y = o(\Delta x). \tag{2.5.3}$$

即 $\Delta y - \mathrm{d}y$ 是比自变量的改变量 Δx 高阶的无穷小;

(3) 当 $A \neq 0$ 时,$\mathrm{d}y$ 与 Δy 是等价无穷小. 事实上,

$$\frac{\Delta y}{\mathrm{d}y} = \frac{\mathrm{d}y + o(\Delta x)}{A \cdot \Delta x} = 1 + \frac{o(\Delta x)}{A \cdot \Delta x} \rightarrow 1 \quad (\Delta x \rightarrow 0),$$

由此可得

$$\Delta y = \mathrm{d}y + o(\Delta x), \tag{2.5.4}$$

称 $\mathrm{d}y$ 是 Δy 的**线性主部**. 式(2.5.4)还表明,以微分 $\mathrm{d}y$ 近似代替函数增量 Δy 时,其误差为 $o(\Delta x)$. 因此,当 $|\Delta x|$ 很小时,有近似等式

$$\Delta y \approx \mathrm{d}y. \tag{2.5.5}$$

根据定义仅知道微分 $\mathrm{d}y = A \cdot \Delta x$ 中的 A 与 Δx 无关,那么 A 是怎样的量? 什么样的函数才可微? 下面我们来回答这些问题.

2.5.2　函数可微的条件

设 $y = f(x)$ 在点 x_0 可微,即有

$$\Delta y = A \cdot \Delta x + o(\Delta x),$$

两边除以 Δx,得

$$\frac{\Delta y}{\Delta x} = A + \frac{o(\Delta x)}{\Delta x},$$

于是,当 $\Delta x \rightarrow 0$ 时,由上式就得到

$$A = \lim_{\Delta x \to 0} \frac{\Delta y}{\Delta x} = f'(x_0).$$

即函数 $y = f(x)$ 在点 x_0 处可导,且 $A = f'(x_0)$.

反之,若函数 $y = f(x)$ 在点 x_0 处可导,即有

$$\lim_{\Delta x \to 0} \frac{\Delta y}{\Delta x} = f'(x_0),$$

根据极限与无穷小的关系,得

$$\frac{\Delta y}{\Delta x}=f'(x_0)+\alpha,$$

其中 $\alpha \to 0$ (当 $\Delta x \to 0$),由此得到

$$\Delta y=f'(x_0) \cdot \Delta x+\alpha \Delta x.$$

因为 $\alpha \Delta x=o(\Delta x)$,且 $f'(x_0)$ 不依赖于 Δx,由微分的定义可知,函数 $y=f(x)$ 在点 x_0 处可微.

综合上述讨论,得到:

定理 1 函数 $y=f(x)$ 在点 x_0 处可微的充分必要条件是函数 $y=f(x)$ 在点 x_0 处可导,并且函数的微分等于函数的导数与自变量的改变量的乘积,即

$$dy=f'(x_0)\Delta x.$$

函数 $y=f(x)$ 在任意点 x 的微分,称为**函数的微分**,记为 dy 或 $df(x)$,即

$$dy=f'(x)\Delta x. \tag{2.5.6}$$

例如,函数 $y=\sin x$ 的函数微分为

$$dy=(\sin x)'\Delta x=\cos x\Delta x,$$

容易看出,函数的微分 $dy=f'(x)\Delta x$ 与 x 和 Δx 都有关.

通常把自变量 x 的改变量 Δx 称为自变量的微分,记为 dx,即 $dx=\Delta x$,于是函数 $y=f(x)$ 的微分可记为

$$dy=f'(x)dx. \tag{2.5.7}$$

改写一下有

$$\frac{dy}{dx}=f'(x).$$

即函数的导数等于函数的微分与自变量的微分的商. 因此,导数又称为"**微商**".

由于求微分的问题归结为求导数的问题,因此,求导数与求微分的方法统称为**微分法**.

例 1 求函数 $y=x^2$ 当 x 由 2 改变到 2.03 的微分.

解 因为 $dy=f'(x)dx=2xdx$,由题设条件可知

$$x=2, \quad dx=\Delta x=2.03-2=0.03,$$

所以 $$dy=2 \cdot 2 \cdot 0.03=0.12.$$

例 2 求函数 $y=x^4$ 在 $x=1$ 处的微分.

解 函数 $y=x^4$ 在 $x=1$ 处的微分为

$$dy=(x^4)'\big|_{x=1}dx=(4x^3)\big|_{x=1}dx=4dx.$$

2.5.3 基本初等函数的微分公式与微分运算法则

根据函数微分的表达式

$$dy=f'(x)dx,$$

函数的微分等于函数的导数乘以自变量的微分(改变量). 由此可以得到基本初等函数的微分公式和微分运算法则.

1. 基本初等函数的微分公式

(1) $d(C)=0$ (C 为常数);

(2) $d(x^\mu)=\mu x^{\mu-1}dx$;

(3) $d(\sin x)=\cos xdx$;

(4) $d\cos x=-\sin xdx$;

(5) $d(\tan x)=\sec^2 xdx$

(6) $d(\cot x)=-\csc^2 xdx$;

(7) $d(\sec x)=\sec x\tan x dx$；　　　　　　(8) $d(\csc x)=-\csc x\cot x dx$；

(9) $d(a^x)=a^x\ln a dx$；　　　　　　　　(10) $d(e^x)=e^x dx$；

(11) $d(\log_a x)=\dfrac{1}{x\ln a}dx$；　　　　　(12) $d(\ln x)=\dfrac{1}{x}dx$；

(13) $d(\arcsin x)=\dfrac{1}{\sqrt{1-x^2}}dx$；　　(14) $d(\arccos x)=-\dfrac{1}{\sqrt{1-x^2}}dx$；

(15) $d(\arctan x)=\dfrac{1}{1+x^2}dx$；　　　(16) $d(\text{arccot}x)=-\dfrac{1}{1+x^2}dx$.

2. 微分的四则运算法则

(1) $d(cu)=c du$；　　　　　　　　　(2) $d(u\pm v)=du\pm dv$；

(3) $d(uv)=v du+u dv$；　　　　　(4) $d\left(\dfrac{u}{v}\right)=\dfrac{v du-u dv}{v^2}$.

以乘积的微分运算法则为例加以证明：

$$d(uv)=(uv)'dx=(u'v+uv')dx=u'v dx+uv'dx$$
$$=v(u'dx)+u(v'dx)=v du+u dv.$$

即有
$$d(uv)=v du+u dv.$$

其他运算法则可以类似地证明.

例 3　求函数 $y=\cos x\cdot e^{1+x^3}$ 的微分 dy.

解　因为 $y'=-\sin x\cdot e^{1+x^3}+\cos x\cdot e^{1+x^3}\cdot 3x^2=e^{1+x^3}(3x^2\cos x-\sin x)$，

所以
$$dy=y'dx=e^{1+x^3}(3x^2\cos x-\sin x)dx.$$

例 4　求函数 $y=\dfrac{\tan x}{x}$ 的微分 dy.

解　因为
$$y'=\left(\frac{\tan x}{x}\right)'=\frac{x\sec^2 x-\tan x}{x^2},$$

所以
$$dy=y'dx=\frac{x\sec^2 x-\tan x}{x^2}dx.$$

3. 微分形式不变性

设 $y=f(u)$，$u=\varphi(x)$，现在进一步来推导复合函数
$$y=f[\varphi(x)]$$
的微分法则.

如果 $y=f(u)$ 及 $u=\varphi(x)$ 都可导，则 $y=f[\varphi(x)]$ 的微分为
$$dy=y'_x dx=f'(u)\varphi'(x)dx.$$
由于 $\varphi'(x)dx=du$，故 $y=f[\varphi(x)]$ 的微分公式也可写成
$$dy=f'(u)du\quad 或\quad dy=y'_u du.$$

由此可见，无论 u 是自变量还是复合函数的中间变量，函数 $y=f(u)$ 的微分形式总是可以按公式(2.5.7)的形式来写，即有
$$dy=f'(u)du.$$

这一性质称为**微分形式的不变性**. 利用这一特性，可以简化微分的有关运算.

例 5　设 $y=\arcsin\sqrt{x}$，求 dy.

解　设 $y=\arcsin u$，$u=\sqrt{x}$，则

$$\mathrm{d}y=\mathrm{d}(\arcsin u)=\frac{1}{\sqrt{1-u^2}}\mathrm{d}u=\frac{1}{\sqrt{1-u^2}}\mathrm{d}(\sqrt{x})$$

$$=\frac{1}{\sqrt{1-(\sqrt{x})^2}}\cdot\frac{1}{2\sqrt{x}}\mathrm{d}x=\frac{1}{2\sqrt{x(1-x)}}\mathrm{d}x.$$

注　与复合函数求导类似，求复合函数的微分也可不写中间变量，这样更加直接和方便.

例 6　设 $y=f[\ln(\sin x)]$，其中 f 是可导函数，求 $\mathrm{d}y$.

解　应用微分形式不变性有

$$\mathrm{d}y=\mathrm{d}\{f[\ln(\sin x)]\}=f'[\ln(\sin x)]\mathrm{d}[\ln(\sin x)]=f'[\ln(\sin x)]\frac{1}{\sin x}\mathrm{d}(\sin x)$$

$$=\frac{\cos x}{\sin x}f'[\ln(\sin x)]\mathrm{d}x=\cot x f'[\ln(\sin x)]\mathrm{d}x.$$

例 7　已知 $y=\dfrac{\sin 2x}{x^2}$，求 $\mathrm{d}y$.

解　$\mathrm{d}y=\mathrm{d}\left(\dfrac{\sin 2x}{x^2}\right)=\dfrac{x^2\mathrm{d}(\sin 2x)-\sin 2x\mathrm{d}(x^2)}{(x^2)^2}$

$$=\frac{x^2\cos 2x\cdot 2\mathrm{d}x-\sin 2x\cdot 2x\mathrm{d}x}{x^4}=\frac{2(x\cos 2x-\sin 2x)}{x^3}\mathrm{d}x.$$

例 8　在下列等式的括号中填入适当的函数，使等式成立.

(1) $\mathrm{d}(\quad)=\cos\omega t\mathrm{d}t$；　　　　　　　　(2) $\mathrm{d}(\sin x^2)=(\quad)\mathrm{d}(\sqrt{x})$.

解　(1) 因为 $\mathrm{d}(\sin\omega t)=\omega\cos\omega t\mathrm{d}t$，所以

$$\cos\omega t\mathrm{d}t=\frac{1}{\omega}\mathrm{d}(\sin\omega t)=\mathrm{d}\left(\frac{1}{\omega}\sin\omega t\right).$$

一般地，有
$$\mathrm{d}\left(\frac{1}{\omega}\sin\omega t+C\right)=\cos\omega t\mathrm{d}t.$$

(2) 因为 $\dfrac{\mathrm{d}(\sin x^2)}{\mathrm{d}\sqrt{x}}=\dfrac{2x\cos x^2\mathrm{d}x}{\dfrac{1}{2\sqrt{x}}\mathrm{d}x}=4x\sqrt{x}\cos x^2$，所以

$$\mathrm{d}(\sin x^2)=(4x\sqrt{x}\cos x^2)\mathrm{d}(\sqrt{x}).$$

例 9　求由方程 $\mathrm{e}^{x+y}=\cos x+y^3$ 所确定的隐函数 $y=f(x)$ 的微分 $\mathrm{d}y$.

解　对方程两边求微分，得

$$\mathrm{d}(\mathrm{e}^{x+y})=\mathrm{d}(\cos x+y^3),$$

$$\mathrm{e}^{x+y}\mathrm{d}(x+y)=\mathrm{d}(\cos x)+\mathrm{d}(y^3),$$

$$\mathrm{e}^{x+y}(\mathrm{d}x+\mathrm{d}y)=-\sin x\mathrm{d}x+3y^2\mathrm{d}y,$$

于是
$$\mathrm{d}y=\frac{\mathrm{e}^{x+y}+\sin x}{3y^2-\mathrm{e}^{x+y}}\mathrm{d}x.$$

2.5.4　微分的几何意义

函数的微分有明显的几何意义. 在直角坐标系中，函数 $y=f(x)$ 的图形是一条曲线. 设 $M(x_0,y_0)$ 是该曲线上的一个定点，当自变量 x 在点 x_0 处取得改变量 Δx 时，就得到曲线上另一个点 $N(x_0+\Delta x,y_0+\Delta y)$，由图 2-5-2 可见：

$$MQ = \Delta x, \quad QN = \Delta y.$$

过点 M 作曲线的切线 MT,它的倾角为 α,则

$$QP = MQ \cdot \tan\alpha = \Delta x \cdot f'(x_0),$$

即

$$dy = QP = f'(x_0)dx.$$

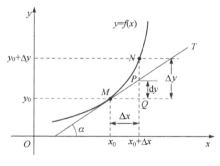

图 2-5-2

由此可知,当 Δy 是曲线 $y = f(x)$ 上点的纵坐标的增量时,dy 就是曲线的切线上点的纵坐标的增量. 由于当 $|\Delta x|$ 很小时,$|\Delta y - dy|$ 比 $|\Delta x|$ 小得多. 因此,在点 M 的邻近处,可以用切线段 MP 近似代替曲线段 MN.

2.5.5　函数的线性化

从前面的讨论可知,当函数 $y = f(x)$ 在点 x_0 处导数 $f'(x_0) \neq 0$,且 $|\Delta x|$ 很小(在下面的讨论中假定这两个条件均得到满足),有

$$\Delta y \approx dy,$$

即

$$f(x_0 + \Delta x) - f(x_0) \approx f'(x_0) \cdot \Delta x, \tag{2.5.8}$$

令 $x = x_0 + \Delta x$,则 $\Delta x = x - x_0$,从而

$$f(x) - f(x_0) \approx f'(x_0)(x - x_0),$$

或

$$f(x) \approx f(x_0) + f'(x_0)(x - x_0). \tag{2.5.9}$$

若记上式右端的线性函数为

$$L(x) = f(x_0) + f'(x_0)(x - x_0),$$

它的图像就是曲线 $y = f(x)$ 过点 $(x_0, f(x_0))$ 的切线,如图 2-5-3.

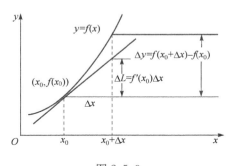

图 2-5-3

式 (2.5.9) 表明:当 $|\Delta x|$ 很小时,线性函数 $L(x)$ 给出了函数 $f(x)$ 的很好的近似.

定义 2　如果 $f(x)$ 在点 x_0 处可微,那么线性函数

$$L(x) = f(x_0) + f'(x_0)(x - x_0)$$

就称为 $f(x)$ 在点 x_0 处的**线性化**,近似式 $f(x) \approx L(x)$ 称为 $f(x)$ 在点 x_0 处的**标准线性近似**,点 x_0 称为该近似的中心.

例 10　求 $f(x) = \sqrt{1+x}$ 在 $x = 0$ 与 $x = 3$ 处的线性化.

解　首先求得 $f'(x) = \dfrac{1}{2\sqrt{1+x}}$,则

$$f(0) = 1, \quad f(3) = 2, \quad f'(0) = \frac{1}{2}, \quad f'(3) = \frac{1}{4}.$$

于是,根据上面线性化定义知 $f(x)$ 在 $x = x_0$ 处的线性化.

$$L(x) = f(x_0) + f'(x_0)(x - x_0),$$

因此,$f(x)$ 在 $x = 0$ 处的线性化为

$$L(x) = f(0) + f'(0)(x - 0) = \frac{1}{2}x + 1,$$

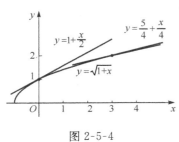

图 2-5-4

在 $x=3$ 处的线性化为

$$L(x)=f(3)+f'(3)(x-3)=\frac{1}{4}x+\frac{5}{4},$$

故

$$\sqrt{1+x}\approx1+\frac{1}{2}x\ (在\ x=0\ 处),$$

$$\sqrt{1+x}\approx\frac{1}{4}x+\frac{5}{4}\ (在\ x=3\ 处).$$

如图 2-5-4 所示.

例 11 求 $f(x)=\ln(1+x)$ 在 $x=0$ 处的线性化.

解 首先求得 $f'(x)=\dfrac{1}{1+x}$,得 $f'(0)=1$,又 $f(0)=0$,于是 $f(x)$ 在 $x=0$ 处的线性化

$$L(x)=f(0)+f'(0)(x-0)=x.$$

注 下面列举了一些常用函数在 $x=0$ 处的标准线性近似公式:

(1) $\sqrt[n]{1+x}\approx1+\dfrac{1}{n}x$; $\qquad\qquad\qquad\qquad\qquad\qquad$ (2.5.10)

(2) $\sin x\approx x$ (x 为弧度); $\qquad\qquad\qquad\qquad\qquad$ (2.5.11)

(3) $\tan x\approx x$ (x 为弧度); $\qquad\qquad\qquad\qquad\qquad$ (2.5.12)

(4) $e^x\approx1+x$; $\qquad\qquad\qquad\qquad\qquad\qquad\qquad$ (2.5.13)

(5) $\ln(1+x)\approx x$. $\qquad\qquad\qquad\qquad\qquad\qquad\quad$ (2.5.14)

例 12 半径 10cm 的金属圆片加热后,半径伸长了 0.05cm,问面积增大了多少?

解 圆面积 $A=\pi r^2$(r 为半径),令 $r=10$,$\Delta r=0.05$,因为 Δr 相对于 r 较小,所以可用微分 $\mathrm{d}A$ 近似代替 ΔA. 由 $\Delta A\approx\mathrm{d}A=(\pi r^2)'\cdot\mathrm{d}r=2\pi r\mathrm{d}r$,$\mathrm{d}r=\Delta r=0.05$ 时,得

$$\Delta A\approx2\pi\cdot10\cdot0.05=\pi(\mathrm{cm}^2).$$

例 13 计算 $\cos30°45'$ 的近似值.

解 先把设 $30°45'$ 化为弧度,得

$$30°45'=\frac{\pi}{6}+\frac{\pi}{240}.$$

由于所求的是余弦函数的值,故设 $f(x)=\cos x$,此时

$$f'(x)=-\sin x,$$

取 $x_0=\dfrac{\pi}{6}$,$\Delta x=\dfrac{\pi}{240}$,则

$$f\left(\frac{\pi}{6}\right)=\frac{\sqrt{3}}{2},\quad f'\left(\frac{\pi}{6}\right)=-\frac{1}{2}.$$

所以

$$\cos30°45'=\cos\left(\frac{\pi}{6}+\frac{\pi}{240}\right)\approx\cos\frac{\pi}{6}-\sin\frac{\pi}{6}\cdot\frac{\pi}{240}$$

$$=\frac{\sqrt{3}}{2}-\frac{1}{2}\cdot\frac{\pi}{240}\approx0.859\ 5.$$

习 题 2-5

1. 已知 $y=x^3-1$,在点 $x=2$ 处计算当 Δx 分别为 1,0.1,0.001 时的 Δy 及 $\mathrm{d}y$.

2. 将适当的函数填入下列括号内,使等式成立:

(1) d(　)=$7x\mathrm{d}x$;　　　(2) d(　)=$\sin\omega x\mathrm{d}x$;　　　(3) d(　)=$\dfrac{1}{3+x}\mathrm{d}x$;

(4) d(　)=$\mathrm{e}^{-5x}\mathrm{d}x$;　　　(5) d(　)=$\dfrac{1}{\sqrt{x}}\mathrm{d}x$;　　　(6) d(　)=$\sec^2 5x\mathrm{d}x$.

3. 求下列函数的微分:

(1) $y=\ln x+2\sqrt{x}$;　　　(2) $y=x\sin 2x$;　　　(3) $y=x^3\mathrm{e}^{3x}$;

(4) $y=\ln\sqrt{1-x^2}$;　　　(5) $y=(\mathrm{e}^x+\mathrm{e}^{-x})^2$;　　　(6) $y=\sqrt{x-\sqrt{x}}$;

(7) $y=\arctan\dfrac{1-x^2}{1+x^2}$;　　　(8) $y=\ln(x+\sqrt{x^2\pm a^2})$;　　　(9) $y=\mathrm{e}^{-x}\cos(3-x)$;

(10) $y=\arcsin\sqrt{1-x^2}$;　　　(11) $y=\tan^2(1+2x^2)$.

4. 求方程 $2y-x=(x-y)\ln(x-y)$ 所确定的函数 $y=y(x)$ 的微分 $\mathrm{d}y$.

5. 求由方程 $\cos(xy)=x^2y^2$ 所确定的函数 y 的微分.

6. 当 $|x|$ 较小时,证明下列近似公式:

(1) $\sin x\approx x$;　　　(2) $\mathrm{e}^x\approx 1+x$;　　　(3) $\sqrt[n]{1+x}\approx 1+\dfrac{x}{n}$.

7. 选择合适的中心对下面的函数给出其线性化,然后估算在给定点的函数值.

(1) $f(x)=\sqrt[3]{1+x}$,$x_0=6.5$;　　　　　　(2) $f(x)=\dfrac{x}{1+x}$,$x_0=1.1$.

8. 求 $f(x)=\sqrt{1+x}+\sin x$ 在 $x=0$ 处的线性化,它和 $\sqrt{1+x}$ 以及 $\sin x$ 在 $x=0$ 处的线性化有何关系.

9. 计算下列各式的近似值:

(1) $\sqrt[100]{1.002}$;　　　(2) $\cos 29°$;　　　(3) $\arcsin 0.5002$.

10. 扩音器插头为圆柱形,截半径 r 为 $0.15\mathrm{cm}$,长度 l 为 $4\mathrm{cm}$,为了提高它的导电性能,要在该圆柱的侧面镀上一层厚为 $0.001\mathrm{cm}$ 的纯铜,问每个插头约需多少克纯铜?

总 习 题 二

1. 在"充分"、"必要"、"充分必要"三者中选择一个正确的填入下列空格中:

(1) $f(x)$ 在 x_0 点可导是 $f(x)$ 在 x_0 点连续的_____条件. $f(x)$ 在 x_0 点连续是 $f(x)$ 在 x_0 点可导的_____条件.

(2) $f(x)$ 在 x_0 点的左导数 $f'_-(x_0)$ 与右导数 $f'_+(x_0)$ 都存在且相等是 $f(x)$ 在 x_0 点可导的_____条件.

(3) $f(x)$ 在 x_0 点可导是 $f(x)$ 在点 x_0 点可微的_____条件.

2. 设 $f(x)=x(x-1)(x-2)\cdots(x-n)$,$(n\geqslant 2)$,求 $f'(0)$.

3. 设 $f(x)$ 对任何 x 满足 $f(x+1)=2f(x)$,且 $f(0)=1$,$f'(0)=C$（C 为常数）,求 $f'(1)$.

4. 设函数 $f(x)$ 对任何 x_1,x_2,有 $f(x_1+x_2)=f(x_1)+f(x_2)$ 且 $f'(0)=1$,证明:函数可导,且 $f'(x)=1$.

5. 设 $f(x)$ 在 $x=a$ 的某邻域内有定义,则 $f(x)$ 在 $x=a$ 处可导的一个充分条件是

(A) $\lim\limits_{h\to 0}\dfrac{f(a+2h)-f(a+h)}{h}$ 存在;　　　　　(B) $\lim\limits_{h\to +\infty}h\left[f\left(a+\dfrac{1}{h}\right)-f(a)\right]$ 存在;

(C) $\lim\limits_{h\to 0}\dfrac{f(a+h)-f(a-h)}{2h}$ 存在;　　　　　(D) $\lim\limits_{h\to 0}\dfrac{f(a)-f(a-h)}{h}$ 存在.

6. 设 $y=f(x)$ 是 $x=\varphi(y)$ 的反函数,且 $f(2)=4$,$f'(2)=3$,$f'(4)=1$,求 $\varphi'(4)$.

7. 求与直线 $x+9y-1=0$ 垂直的曲线 $y=x^3-3x^2+5$ 的切线方程.

8. 讨论函数 $y=x|x|$ 在点 $x=0$ 处的可导性.

9. 试确定 a,b 的值,使 $f(x)=\begin{cases}b(1+\sin x)+a+2, & x>0\\ \mathrm{e}^{ax}-1, & x\leqslant 0\end{cases}$ 在 $x=0$ 处可导.

10. 求下列函数 $f(x)$ 的 $f'_-(0)$ 及 $f'_+(0)$，又 $f'(0)$ 是否存在：

(1) $f(x)=\begin{cases} \sin x, & x<0 \\ \ln(1+x), & x\geqslant 0 \end{cases}$; (2) $f(x)=\begin{cases} \dfrac{x}{1+e^{\frac{1}{x}}}, & x\neq 0 \\ 0, & x=0 \end{cases}$.

11. 求下列函数的导数：

(1) $y=\arcsin(\sin x)$;   (2) $y=\arctan\dfrac{x+1}{x-1}$;   (3) $y=\dfrac{\sqrt{1+x}-\sqrt{1-x}}{\sqrt{1+x}+\sqrt{1-x}}$;

(4) $y=\ln(e^x+\sqrt{1+e^{2x}})$;   (5) $y=x^{\frac{1}{x}}$ $(x>0)$;   (6) $y=x\arcsin\dfrac{x}{2}+\sqrt{4-x^2}$.

12. 设 $x>0$ 时，可导函数 $f(x)$ 满足：$f(x)+2f\left(\dfrac{1}{x}\right)=\dfrac{3}{x}$，求 $f'(x)$ $(x>0)$.

13. 已知 $y=f\left(\dfrac{3x-2}{3x+2}\right)$，$f'(x)=\arctan(x^2)$，求 $\dfrac{dy}{dx}\Big|_{x=0}$.

14. 求下列函数的二阶导数：

(1) $y=\cos^2 x \cdot \ln x$;   (2) $y=\ln(x+\sqrt{1+x^2})$.

15. 试从 $\dfrac{dx}{dy}=\dfrac{1}{y'}$ 导出：

(1) $\dfrac{d^2 x}{dy^2}=-\dfrac{y''}{(y')^3}$;   (2) $\dfrac{d^3 x}{dy^3}=\dfrac{3(y'')^2-y'y'''}{(y')^5}$.

16. 求下列函数所指定阶的导数：

(1) $y=\sin^2 x$，求 $y^{(n)}$;   (2) $y=\dfrac{1-x}{1+x}$，求 $y^{(n)}$.

17. 已知函数 $f(x)$ 具有任意阶导数，且 $f'(x)=[f(x)]^2$，则当 n 为大于 2 的正整数时，试求 $f(x)$ 的 n 阶导数 $f^{(n)}(x)$.

18. 设方程 $\sin(xy)+\ln(y-x)=x$ 确定 y 是 x 的函数，且 $\dfrac{dy}{dx}\Big|_{x=0}$.

19. 求下列函数所确定的隐函数 y 的二阶导数 $\dfrac{d^2 y}{dx^2}$：

(1) $x-y+\dfrac{1}{2}\sin y=0$;   (2) $\sqrt[x]{y}=\sqrt[3]{x}$ $(x>0, y>0)$.

20. 设由方程组 $\begin{cases} x=2t-1 \\ te^y+y+1=0 \end{cases}$ 确定 y 是 x 的函数，求 $\dfrac{d^2 y}{dx^2}\Big|_{x=0}=($ $)$.

(A) $\dfrac{1}{e^2}$;   (B) $\dfrac{1}{2e^2}$;   (C) $-\dfrac{1}{e}$;   (D) $-\dfrac{1}{2e}$.

21. 设 $y=f(\ln x)e^{f(x)}$，其中 f 可微，求 dy.

22. 已知 $y=\cos x^2$，求 $\dfrac{dy}{dx}$，$\dfrac{dy}{dx^2}$，$\dfrac{dy}{dx^3}$，$\dfrac{d^2 y}{dx^2}$.

23. 求 $f(x)=\sqrt{1+x}+\dfrac{2}{1-x}-3.1$ 在 $x=0$ 处的线性化.

第3章　中值定理及其导数应用

在第 2 章中,已经学习了微分学的两个基本概念——导数与微分,并讨论了其计算方法,本章我们将以微积分学基本定理——微分中值定理为基础,进一步介绍导数的应用,利用导数求一些函数的极限以及利用导数研究函数的性态。

3.1　中　值　定　理

中值定理揭示了函数在某区间上的整体性质与函数在该区间内某一点的导数之间的关系,中值定理既是用微分学知识解决应用问题的理论基础,又是解决微分学自身发展的一种理论性模型,因而称为微分中值定理.

3.1.1　罗尔定理

定理 1(罗尔定理)　如果函数 $y=f(x)$ 满足:(1)在闭区间 $[a,b]$ 上连续;(2)在开区间 (a,b) 内可导;(3)在区间端点的函数值相等,即 $f(a)=f(b)$,则在 (a,b) 内至少存在一点 $\xi(a<\xi<b)$,使得 $f'(\xi)=0$.

先考察一下罗尔定理的几何意义.观察图 3-1-1,定理的条件表示,设函数 $y=f(x)$ 在闭区间 $[a,b]$ 上的图像是一条连续光滑的曲线弧,这条曲线在开区间 (a,b) 内每一点都存在不垂直于 x 轴的切线,且区间 $[a,b]$ 的两个端点的函数值相等,即 $f(a)=f(b)$.定理的结论表示,在曲线 $y=f(x)$ 上至少有一点 C,使曲线在点 C 处的切线是水平的.从图中可以发现,在曲线弧上的最高点或最低点处,曲线有水平切线,即有 $f'(\xi)=0$,这就启发了我们证明这个定理的思路.

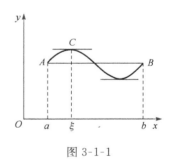

图 3-1-1

证明　由于 $f(x)$ 在闭区间 $[a,b]$ 上连续,根据闭区间上连续函数的最大值和最小值定理,$f(x)$ 在 $[a,b]$ 上必有最大值 M 和最小值 m.现分两种情况来讨论:

若 $M=m$,则 $f(x)$ 在 $[a,b]$ 上必为常数,这时对任意的 $\xi\in(a,b)$,都有 $f'(\xi)=0$.

若 $M>m$,由条件(3)知,M 和 m 中至少有一个不在区间端点 a 和 b 处取得.不妨设 $M\neq f(a)$,则在开区间 (a,b) 内至少有一点 ξ,使得 $f(\xi)=M$.下面来证明 $f'(\xi)=0$.

由条件(2)知,$f'(\xi)$ 存在.由于 $f(\xi)$ 为最大值,所以不论 Δx 为正或为负,只要 $\xi+\Delta x\in[a,b]$,总有

$$f(\xi+\Delta x)-f(\xi)\leqslant 0,$$

因此,当 $\Delta x>0$ 时,有

$$\frac{f(\xi+\Delta x)-f(\xi)}{\Delta x}\leqslant 0,$$

根据函数极限的保号性知

$$f'_+(\xi) = \lim_{\Delta x \to 0^+} \frac{f(\xi + \Delta x) - f(\xi)}{\Delta x} \leqslant 0,$$

同样,当 $\Delta x < 0$ 时,有 $\dfrac{f(\xi + \Delta x) - f(\xi)}{\Delta x} \geqslant 0$,所以

$$f'_-(\xi) = \lim_{\Delta x \to 0^-} \frac{f(\xi + \Delta x) - f(\xi)}{\Delta x} \geqslant 0.$$

因为 $f'(\xi) = f'_+(\xi) = f'_-(\xi)$,故 $f'(\xi) = 0$.

注 在定理的证明过程中可以看到这样一个结论,如果函数 $f(x)$ 在 x_0 的某邻域内有定义,且在 x_0 处可导,若对该邻域内任意一点 $x(x \neq x_0)$,恒有 $f(x) \leqslant f(x_0)$(或 $f(x) \geqslant f(x_0)$),则必有 $f'(x_0) = 0$,这一结论通常称为费马引理.

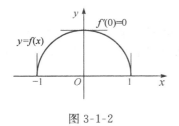

图 3-1-2

罗尔定理的假设并不要求 f 在 a 和 b 处可导,满足在 a 和 b 处的连续性就足够了. 例如,函数 $f(x) = \sqrt{1 - x^2}$ 在 $[-1, 1]$ 上满足罗尔定理的假设(和结论),即使 $f(x)$ 在 $x = -1$ 和 $x = 1$ 处不可导. 若取 $\xi = 0 \in (-1, 1)$,则有 $f'(\xi) = 0$(图 3-1-2).

如果定理的三个条件有一个不满足,则定理的结论就可能不成立.

但要注意,在一般情况下,罗尔定理只给出了结论中导函数的零点的存在性,通常这样的零点是不易具体求出的.

例 1 设 $f(x) = \ln(\sin x)$,验证罗尔定理对 $f(x)$ 在区间 $\left[\dfrac{\pi}{6}, \dfrac{5\pi}{6}\right]$ 上的正确性。

解 因为 $f(x) = \ln(\sin x)$ 是初等函数,且在 $\left[\dfrac{\pi}{6}, \dfrac{5\pi}{6}\right]$ 上有定义,所以 $f(x)$ 在 $\left[\dfrac{\pi}{6}, \dfrac{5\pi}{6}\right]$ 上连续,又由于 $f'(x) = \cot x$ 在 $\left(\dfrac{\pi}{6}, \dfrac{5\pi}{6}\right)$ 上存在,即 $f(x)$ 在 $\left(\dfrac{\pi}{6}, \dfrac{5\pi}{6}\right)$ 上可导,另外 $f\left(\dfrac{\pi}{6}\right) = \ln\left(\dfrac{1}{2}\right) = f\left(\dfrac{5\pi}{6}\right)$. 因此 $f(x)$ 在区间 $\left[\dfrac{\pi}{6}, \dfrac{5\pi}{6}\right]$ 上满足罗尔定理的条件.

又令 $f'(\xi) = \cot\xi = 0$,可得 $\xi = \dfrac{\pi}{2}$,所以确实存在 $\xi = \dfrac{\pi}{2} \in \left(\dfrac{\pi}{6}, \dfrac{5\pi}{6}\right)$,使得 $f'(\xi) = 0$. 即 $f(x)$ 在 $\left[\dfrac{\pi}{6}, \dfrac{5\pi}{6}\right]$ 上罗尔定理的结论成立,验证完毕.

例 2 不求导数,判断函数 $f(x) = (x-1)(x-2)(x-3)$ 的导函数有几个零点及这些零点所在的范围.

解 因为 $f(1) = f(2) = f(3) = 0$,所以 $f(x)$ 在闭区间 $[1,2]$,$[2,3]$ 上满足罗尔定理的三个条件,所以在 $(1,2)$ 内至少存在一点 ξ_1,使 $f'(\xi_1) = 0$,即 ξ_1 是 $f'(x)$ 的一个零点;又在 $(2,3)$ 内至少存在一点 ξ_2,使 $f'(\xi_2) = 0$,即 ξ_2 也是 $f'(x)$ 的一个零点. 因此,$f'(x)$ 至少有两个零点.

又因为 $f'(x)$ 为二次多项式,最多只能有两个零点,故 $f'(x)$ 恰好有两个零点,分别在区间 $(1,2)$ 和 $(2,3)$ 内.

例 3 证明方程 $x^5 - 5x + 1 = 0$ 有且仅有一个小于 1 的正实根.

证明 设 $f(x) = x^5 - 5x + 1$,则 $f(x)$ 在 $[0,1]$ 上连续,且 $f(0) = 1$,$f(1) = -3$. 由零点定理知,至少存在一点 $x_0 \in (0,1)$,使 $f(x_0) = 0$,即 x_0 是题设方程的小于 1 的正实根.

再来证明 x_0 是题设方程的小于 1 的唯一正实根.

用反证法,设另有 $x_1 \in (0,1)$, $x_1 \neq x_0$, 使 $f(x_1)=0$. 易见, 函数 $f(x)$ 在以 x_0, x_1 为端点的区间上满足罗尔定理的条件, 故至少存在一点 ξ(介于 x_0, x_1 之间), 使得 $f'(\xi)=0$. 但

$$f'(x)=5(x^4-1)<0, \quad x \in (0,1)$$

矛盾, 所以 x_0 即为题设方程的小于 1 的唯一正实根.

3.1.2　拉格朗日中值定理

罗尔定理中, $f(a)=f(b)$ 这个条件是相当特殊的, 它使罗尔定理的应用受到了限制, 拉格朗日在罗尔定理的基础上作了进一步的研究, 取消了罗尔定理中这个条件的限制, 但仍保留了其余两个条件, 得到了在微分学中具有重要地位的拉格朗日中值定理.

定理 2(拉格朗日中值定理)　如果函数 $y=f(x)$ 满足:(1)在闭区间 $[a,b]$ 上连续;(2)在开区间 (a,b) 内可导, 则在 (a,b) 内至少存在一点 $\xi(a<\xi<b)$, 使得

$$f(b)-f(a)=f'(\xi)(b-a). \tag{3.1.1}$$

在证明之前, 先介绍一下定理的几何意义. 式(3.1.1)可改写为

$$\frac{f(b)-f(a)}{b-a}=f'(\xi). \tag{3.1.2}$$

由图 3-1-3 可见, $\dfrac{f(b)-f(a)}{b-a}$ 为弦 AB 的斜率, 而 $f'(\xi)$ 为曲线在点 C 处的切线的斜率. 因此, 拉格朗日中值定理的几何意义是, 在满足定理条件的情况下, 曲线 $y=f(x)$ 上至少有一点 C, 使曲线在点 C 处的切线平行于弦 AB.

由图 3-1-3 亦可看出, 罗尔定理是拉格朗日中值定理在 $f(a)=f(b)$ 时的特殊情形. 由这种特殊关系, 还可进一步联想到利用罗尔定理来证明拉格朗日中值定理. 但在拉格朗日中值定理中, 函数 $f(x)$ 不一定具备 $f(a)=f(b)$ 这个条件, 为此我们设想构造一个与 $f(x)$ 有密切联系的辅助函数 $F(x)$, 使 $F(x)$ 满足条件 $F(a)=F(b)$, 对 $F(x)$ 应用罗尔定理, 最后将对 $F(x)$ 所得的结论转化到 $f(x)$ 上, 证得所要

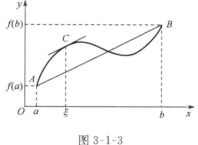

图 3-1-3

的结论. 事实上, 因为弦 AB 的方程为 $y=f(a)+\dfrac{f(b)-f(a)}{b-a}(x-a)$, 而曲线 $y=f(x)$ 与弦 AB 在区间端点 a, b 处相交, 故若用曲线方程 $y=f(x)$ 与弦 AB 的方程的差做成一个新函数, 则这个新函数在端点 a, b 处的函数值相等. 由此即可证明拉格朗日中值定理.

证明　构造辅助函数

$$F(x)=f(x)-\left[f(a)+\frac{f(b)-f(a)}{b-a}(x-a)\right].$$

容易验证 $F(x)$ 在区间 $[a,b]$ 上满足罗尔定理的条件, 从而在 (a,b) 内至少存在一点 ξ, 使得 $F'(\xi)=0$, 即 $f'(\xi)-\dfrac{f(b)-f(a)}{b-a}=0$, 或 $f(b)-f(a)=f'(\xi)(b-a)$.

注　式(3.1.1)和式(3.1.2)均称为拉格朗日中值公式. 显然, 当 $b<a$ 时, 式(3.1.1)和式(3.1.2)也成立. 式(3.1.2)的左端 $\dfrac{f(b)-f(a)}{b-a}$ 表示函数在闭区间 $[a,b]$ 上整体变化的平均变化率, 右端 $f'(\xi)$ 表示开区间 (a,b) 内某点 ξ 处函数的局部变化率. 于是, 拉格朗日中值公式反

映了可导函数在$[a,b]$上的整体平均变化率与在(a,b)内某点ξ处函数的局部变化率的关系,即在整个区间上的平均变化率一定等于某个内点处的瞬时变化率. 若从力学角度看,式(3.1.2)表示整体上的平均速度等于某一内点处的瞬时速度. 因此,拉格朗日中值定理是联结局部与整体的纽带.

设$x,x+\Delta x\in(a,b)$,在以$x,x+\Delta x$为端点的区间上应用式(3.1.1),则有

$$f(x+\Delta x)-f(x)=f'(x+\theta\Delta x)\cdot\Delta x\quad(0<\theta<1),$$

即

$$\Delta y=f'(x+\theta\Delta x)\cdot\Delta x\quad(0<\theta<1).\tag{3.1.3}$$

我们知道,函数的微分$\mathrm{d}y=f'(x)\cdot\Delta x$是函数的增量$\Delta y$的近似表达式,而式(3.1.3)则表示$f'(x+\theta\Delta x)\cdot\Delta x$就是函数增量$\Delta y$的准确表达式. 式(3.1.3)精确地表达了函数在一个区间上的增量与函数在该区间内某点处的导数之间的关系,这个公式又称为**有限增量公式**.

拉格朗日中值定理在微分学中占有重要地位,有时也称这个定理为微分中值定理. 在某些问题中,当自变量x取得有限增量Δx而需要函数增量的准确表达式时,拉格朗日中值定理就突显出其重要价值.

我们知道,常数的导数为零;但反过来,导数为零的函数是否为常数呢? 回答是肯定的. 现在就用拉格朗日中值定理来证明其正确性.

推论 1 如果函数$f(x)$在区间I上的导数恒为零,那么$f(x)$在区间I上是一个常数.

证明 在区间I上任取两点$x_1,x_2(x_1<x_2)$,在区间$[x_1,x_2]$上应用拉格朗日中值定理,得

$$f(x_2)-f(x_1)=f'(\xi)(x_2-x_1)\quad(x_1<\xi<x_2).$$

由假设,$f'(\xi)=0$,所以

$$f(x_2)-f(x_1)=0,\quad\text{即}\ f(x_2)=f(x_1).$$

再由x_1,x_2的任意性知,$f(x)$在区间I上任意点处的函数值都相等,即$f(x)$在区间I上是一个常数.

注 推论1表明,导数为零的函数就是常数函数. 这一结论在以后的积分学中将会用到. 由推论1立即可得下面的推论2.

推论 2 如果函数$f(x)$与$g(x)$在区间I上恒有$f'(x)=g'(x)$,则在区间I上有

$$f(x)=g(x)+C\quad(C\text{ 为常数}).$$

例 4 证明$\arcsin x+\arccos x=\dfrac{\pi}{2}(-1\leqslant x\leqslant1)$.

证明 设$f(x)=\arcsin x+\arccos x,x\in[-1,1]$,因为

$$f'(x)=\frac{1}{\sqrt{1-x^2}}+\left(-\frac{1}{\sqrt{1-x^2}}\right)=0,\quad x\in(-1,1),$$

所以$f(x)\equiv C,x\in(-1,1)$. 又$f(0)=\arcsin0+\arccos0=0+\dfrac{\pi}{2}=\dfrac{\pi}{2}$,故$C=\dfrac{\pi}{2}$,所以$f(x)=\dfrac{\pi}{2},x\in(-1,1)$. 又因为

$$f(-1)=\arcsin(-1)+\arccos(-1)=-\frac{\pi}{2}+\pi=\frac{\pi}{2},$$

$$f(1)=\arcsin1+\arccos1=\frac{\pi}{2}+0=\frac{\pi}{2},$$

从而

$$\arcsin x+\arccos x=\frac{\pi}{2}(-1\leqslant x\leqslant1).$$

例 5　证明:当 $x>0$ 时,$\dfrac{x}{1+x}<\ln(1+x)<x$.

证明　设 $f(t)=\ln(1+t)$,显然,$f(t)$ 在 $[0,x]$ 上满足拉格朗日中值定理的条件,由式 (3.1.1),有

$$f(x)-f(0)=f'(\xi)(x-0)\quad(0<\xi<x).$$

由于 $f(0)=0,f'(t)=\dfrac{1}{1+t}$,故上式即为

$$\ln(1+x)=\frac{x}{1+\xi}\quad(0<\xi<x).$$

由于 $0<\xi<x$,所以 $\dfrac{x}{1+x}<\dfrac{x}{1+\xi}<x$,即

$$\frac{x}{1+x}<\ln(1+x)<x.$$

3.1.3　柯西中值定理

拉格朗日中值定理表明:如果连续曲线弧 $\overset{\frown}{AB}$ 上除端点外处处具有不垂直于横轴的切线,则这段弧上至少有一点 C,使曲线在点 C 处的切线平行于弦 AB. 设弧 $\overset{\frown}{AB}$ 的参数方程为 $\begin{cases}X=g(x)\\Y=f(x)\end{cases}(a\leqslant x\leqslant b)$(图 3-1-4),其中 x 是参数.

那么曲线上点 (X,Y) 处的斜率为

$$\frac{\mathrm{d}Y}{\mathrm{d}X}=\frac{f'(x)}{g'(x)},$$

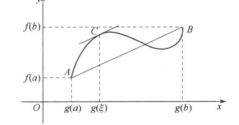

图 3-1-4

弦 AB 的斜率为 $\dfrac{f(b)-f(a)}{g(b)-g(a)}$. 假设点 C 对应于参数 $x=\xi$,那么曲线上点 C 处的切线平行于弦 AB,即

$$\frac{f(b)-f(a)}{g(b)-g(a)}=\frac{f'(\xi)}{g'(\xi)}.$$

与这一事实相应的是下述定理 3.

定理 3(柯西中值定理)　如果函数 $f(x)$ 及 $g(x)$ 满足:(1)在闭区间 $[a,b]$ 上连续;(2)在开区间 (a,b) 内可导;(3)在 (a,b) 内每一点处 $g'(x)\neq0$,则在 (a,b) 内至少存在一点 $\xi(a<\xi<b)$,使得

$$\frac{f(b)-f(a)}{g(b)-g(a)}=\frac{f'(\xi)}{g'(\xi)}.$$

证明　构造辅助函数

$$\varphi(x)=f(x)-f(a)-\frac{f(b)-f(a)}{g(b)-g(a)}[g(x)-g(a)].$$

易知 $\varphi(x)$ 在 $[a,b]$ 上满足罗尔定理的条件,故在 (a,b) 内至少存在一点 ξ,使得 $\varphi'(\xi)=0$,即

$$f'(\xi)-\frac{f(b)-f(a)}{g(b)-g(a)}\cdot g'(\xi)=0,$$

从而

$$\frac{f(b)-f(a)}{g(b)-g(a)}=\frac{f'(\xi)}{g'(\xi)}.$$

注 在拉格朗日中值定理和柯西中值定理的证明中,我们都采用了构造辅助函数的方法.这种方法是高等数学中证明数学命题的一种常用方法,它是根据命题的特征与需要,经过推敲与不断修正而构造出来的,并且不是唯一的.

显然,若取 $g(x)=x$,则 $g(b)-g(a)=b-a$, $g'(x)=1$. 这时,柯西中值定理就变成了拉格朗日中值定理(微分中值定理).所以柯西中值定理又称为**广义中值定理**.

例 6 设函数 $f(x)$ 在 $[0,1]$ 上连续,在 $(0,1)$ 内可导.试证明至少存在一点 $\xi\in(0,1)$,使 $f'(\xi)=2\xi[f(1)-f(0)]$.

证明 题设结论可变形为

$$\frac{f(1)-f(0)}{1-0}=\frac{f'(\xi)}{2\xi}=\frac{f'(x)\,|_{x=\xi}}{(x^2)'\,|_{x=\xi}}.$$

因此,可设 $g(x)=x^2$,则 $f(x)$, $g(x)$ 在 $[0,1]$ 上满足柯西中值定理的条件,所以在 $(0,1)$ 内至少存在一点 ξ,使 $\dfrac{f(1)-f(0)}{1-0}=\dfrac{f'(\xi)}{2\xi}$,即

$$f'(\xi)=2\xi[f(1)-f(0)].$$

习 题 3-1

1. 下列函数在给定区间上是否满足罗尔定理的所有条件? 如满足,请求出满足定理的数值 ξ.

(1) $f(x)=2x^2-x-3$, $[-1,1.5]$;   (2) $f(x)=x\sqrt{3-x}$, $[0,3]$.

2. 验证拉格朗日中值定理对函数 $y=4x^3-5x^2+x-2$ 在区间 $[0,1]$ 上的正确性.

3. 试证明对函数 $y=px^2+qx+r$ 应用拉格朗日中值定理时所求得的点 ξ 总是位于区间的正中间.

4. 一位货车司机在收费亭处拿到一张罚款单,说他在限速为 65km/h 的收费道路上在 2h 内走了 159km. 罚款单列出的违章理由为该司机超速行驶. 为什么?

5. 15 世纪郑和下西洋的最大的宝船能在 12h 内一次航行 110 海里. 试解释为什么在航行过程中的某时刻宝船的速度一定超过 9 海里/小时.

6. 一位马拉松运动员用了 2.2h 跑完了马拉松比赛的 42.195km 的全程. 试说明该马拉松运动员至少有两个时刻正好以 19km/h 的速度跑.

7. 函数 $f(x)=x^3$ 与 $g(x)=x^2+1$ 在区间 $[1,2]$ 上是否满足柯西中值定理的所有条件? 如满足,请求出满足定理的数值 ξ.

8. 设 $f(x)$ 在 $[0,1]$ 上连续,在 $(0,1)$ 内可导,且 $f(1)=0$. 求证:存在 $\xi\in(0,1)$,使 $f'(\xi)=-\dfrac{f(\xi)}{\xi}$.

9. 若函数 $f(x)$ 在 (a,b) 内具有二阶导函数,且 $f(x_1)=f(x_2)=f(x_3)(a<x_1<x_2<x_3<b)$,证明:在 (x_1, x_3) 内至少有一点 ξ,使得 $f''(\xi)=0$.

10. 若四次方程 $a_0x^4+a_1x^3+a_2x^2+a_3x+a_4=0$ 有 4 个不同的实根,证明

$$4a_0x^3+3a_1x^2+2a_2x+a_3=0$$

的所有根皆为实根.

11. 证明:方程 $x^5+x-1=0$ 只有一个正根.

12. 不用求出函数 $f(x)=(x-1)(x-2)(x-3)(x-4)$ 的导数,说明方程 $f'(x)=0$ 有几个实根,并指出它们所在的区间.

13. 证明下列不等式:

(1) $|\arctan a-\arctan b|\leqslant|a-b|$;   (2) 当 $x>1$ 时, $e^x>e\cdot x$;

(3) 当 $x>0$ 时, $\dfrac{x}{1+x^2}<\arctan x<x$;　　　　(4) 当 $x>0$ 时, $\ln\left(1+\dfrac{1}{x}\right)>\dfrac{1}{1+x}$.

14. 证明等式: $2\arctan x+\arcsin\dfrac{2x}{1+x^2}=\pi(x\geqslant 1)$.

15. 证明: 若函数 $f(x)$ 在 $(-\infty,+\infty)$ 内满足关系式 $f'(x)=f(x)$, 且 $f(0)=1$, 则 $f(x)=\mathrm{e}^x$.

16. 设函数 $f(x)$ 在 $[a,b]$ 上连续, 在 (a,b) 内有二阶导数, 且有 $f(a)=f(b)=0$, $f(c)>0(a<c<b)$, 试证: 在 (a,b) 内至少存在一点 ξ, 使 $f''(\xi)<0$.

17. 设 $f(x)$ 在 $[a,b]$ 上可微, 且 $f'_+(a)>0$, $f'_-(b)<0$, $f(a)=f(b)=A$, 试证明 $f'(x)$ 在 (a,b) 内至少有两个零点.

18. 设 $f(x)$ 在闭区间 $[a,b]$ 上满足 $f''(x)>0$, 试证明存在唯一的 $c(a<c<b)$, 使得 $f'(c)=\dfrac{f(b)-f(a)}{b-a}$.

19. 设函数 $f(x)$ 在 $[a,b]$ 上连续, 在 (a,b) 内可导 $(a>0)$, 试证明: 存在 $\xi\in(a,b)$, 使得 $f(b)-f(a)=\xi f'(\xi)\ln\dfrac{b}{a}$.

20. 设函数 $y=f(x)$ 在 $x=0$ 的某邻域内具有 n 阶导数, 且 $f(0)=f'(0)=\cdots=f^{(n-1)}(0)=0$, 试用柯西中值定理证明:

$$\frac{f(x)}{x^n}=\frac{f^{(n)}(\theta x)}{n!}(0<\theta<1).$$

3.2　洛必达法则

如果当 $x\to a$(或 $x\to\infty$)时, 两个函数 $f(x)$ 与 $g(x)$ 都趋于零或都趋于无穷大, 则极限 $\lim\limits_{x\to a}\dfrac{f(x)}{g(x)}\left(\text{或}\lim\limits_{x\to\infty}\dfrac{f(x)}{g(x)}\right)$ 可能存在, 也可能不存在, 通常把这种极限称为未定式, 并分别记为 $\dfrac{0}{0}$ 或 $\dfrac{\infty}{\infty}$. 例如, $\lim\limits_{x\to 0}\dfrac{\sin x}{x}$, $\lim\limits_{x\to 0}\dfrac{1-\cos x}{x^2}$, $\lim\limits_{x\to+\infty}\dfrac{x^3}{\mathrm{e}^x}$ 等就是未定式.

在第 1 章中, 曾计算过两个无穷小之比以及两个无穷大之比的未定式的极限. 当时, 计算未定式的极限往往需要经过适当的变形, 转化为可利用极限运算法则或重要极限进行计算的形式. 这种变形没有一般方法, 需视具体问题而定, 属于特定的方法, 不容易掌握. 本节将利用导数为工具, 给出计算未定式极限的一般方法, 即**洛必达法则**.

3.2.1　$\dfrac{0}{0}$ 型与 $\dfrac{\infty}{\infty}$ 型未定式

下面, 以 $x\to a$ 时的未定式 $\dfrac{0}{0}$ 的情形为例进行讨论.

定理 1　设(1) 当 $x\to a$ 时, 函数 $f(x)$ 与 $g(x)$ 都趋于零;

(2) 在点 a 的某去心邻域内, $f'(x)$ 及 $g'(x)$ 都存在且 $g'(x)\neq 0$;

(3) $\lim\limits_{x\to a}\dfrac{f'(x)}{g'(x)}$ 存在(或为无穷大),

则

$$\lim_{x\to a}\frac{f(x)}{g(x)}=\lim_{x\to a}\frac{f'(x)}{g'(x)}.$$

证明　因为极限 $\lim\limits_{x\to a}\dfrac{f(x)}{g(x)}$ 是否存在与 $f(a)$ 和 $g(a)$ 取何值无关, 故可补充定义 $f(a)=g(a)=0$. 于是, 由(1),(2)可知, 函数 $f(x)$ 及 $g(x)$ 在点 a 的某一邻域内是连续的. 设 x 是该邻域内任意一点 $(x\neq a)$, 则 $f(x)$ 及 $g(x)$ 在以 x 及 a 为端点的区间上满足柯西中值定理的条

件,从而存在 $\xi(\xi$ 介于 x 与 a 之间$)$,使得

$$\frac{f(x)}{g(x)}=\frac{f(x)-f(a)}{g(x)-g(a)}=\frac{f'(\xi)}{g'(\xi)}.$$

当 $x \to a$ 时,有 $\xi \to a$,所以

$$\lim_{x \to a}\frac{f(x)}{g(x)}=\lim_{x \to a}\frac{f'(\xi)}{g'(\xi)}=\lim_{\xi \to a}\frac{f'(\xi)}{g'(\xi)}=\lim_{x \to a}\frac{f'(x)}{g'(x)}.$$

上述定理给出的这种在一定条件下通过对分子、分母先分别求导,再求极限来确定未定式的值的方法称为**洛必达法则**.

如果 $\lim\limits_{x \to a}\dfrac{f'(x)}{g'(x)}$ 仍属 $\dfrac{0}{0}$ 型,且这时 $f'(x),g'(x)$ 也满足定理 1 的条件,那么可以继续应用洛必达法则,即

$$\lim_{x \to a}\frac{f(x)}{g(x)}=\lim_{x \to a}\frac{f'(x)}{g'(x)}=\lim_{x \to a}\frac{f''(x)}{g''(x)}.$$

且可以依次类推.

例 1 求 $\lim\limits_{x \to 0}\dfrac{\sin 7x}{\sin 5x}$.

解 这是 $\dfrac{0}{0}$ 型未定式,由洛必达法则,可得

$$\lim_{x \to 0}\frac{\sin 7x}{\sin 5x}=\lim_{x \to 0}\frac{(\sin 7x)'}{(\sin 5x)'}=\lim_{x \to 0}\frac{7\cos 7x}{5\cos 5x}=\frac{7}{5}.$$

例 2 求 $\lim\limits_{x \to 1}\dfrac{x^3-3x+2}{x^3-x^2-x+1}$.

解 这是 $\dfrac{0}{0}$ 型未定式,连续应用洛必达法则两次,可得

$$\lim_{x \to 1}\frac{x^3-3x+2}{x^3-x^2-x+1}=\lim_{x \to 1}\frac{3x^2-3}{3x^2-2x-1}=\lim_{x \to 1}\frac{6x}{6x-2}=\frac{3}{2}.$$

上式中的 $\lim\limits_{x \to 1}\dfrac{6x}{6x-2}$ 已经不是未定式,不能再对它应用洛必达法则,否则会导致错误. 使用洛必达法则时应注意,如果不是未定式,就不能应用洛必达法则.

例 3 求 $\lim\limits_{x \to 0}\dfrac{e^x-e^{-x}-3x}{x-\sin x}$.

解 $$\lim_{x \to 0}\frac{e^x-e^{-x}-3x}{x-\sin x}=\lim_{x \to 0}\frac{e^x+e^{-x}-3}{1-\cos x}=\lim_{x \to 0}\frac{e^x-e^{-x}}{\sin x}=\lim_{x \to 0}\frac{e^x+e^{-x}}{\cos x}=2.$$

注 我们指出,对 $x \to \infty$ 时的未定式 $\dfrac{0}{0}$,以及 $x \to a$ 或 $x \to \infty$ 时的未定式 $\dfrac{\infty}{\infty}$,也有相应的洛必达法则.

例如,对 $x \to \infty$ 时的未定式 $\dfrac{0}{0}$,有以下定理.

定理 2 设(1) 当 $x \to \infty$ 时,函数 $f(x)$ 与 $g(x)$ 都趋于零;

(2) 对充分大的 $|x|$,$f'(x)$ 及 $g'(x)$ 都存在且 $g'(x)\neq 0$;

(3) $\lim\limits_{x \to \infty}\dfrac{f'(x)}{g'(x)}$ 存在(或为无穷大),

则
$$\lim_{x\to\infty}\frac{f(x)}{g(x)}=\lim_{x\to\infty}\frac{f'(x)}{g'(x)}.$$

例 4　求 $\lim\limits_{x\to+\infty}\dfrac{\dfrac{\pi}{2}-\arctan x}{\dfrac{1}{x}}$.

解　$\lim\limits_{x\to+\infty}\dfrac{\dfrac{\pi}{2}-\arctan x}{\dfrac{1}{x}}=\lim\limits_{x\to+\infty}\dfrac{-\dfrac{1}{1+x^2}}{-\dfrac{1}{x^2}}=\lim\limits_{x\to+\infty}\dfrac{x^2}{1+x^2}=1.$

例 5　求 $\lim\limits_{x\to0^+}\dfrac{\ln2x}{\cot x}$.

解　$\lim\limits_{x\to0^+}\dfrac{\ln2x}{\cot x}=\lim\limits_{x\to0^+}\dfrac{(\ln2x)'}{(\cot x)'}=\lim\limits_{x\to0^+}\dfrac{\dfrac{1}{x}}{-\csc^2x}=\lim\limits_{x\to0^+}\dfrac{-\sin^2x}{x}$

$$=-\lim_{x\to0^+}\frac{\sin x}{x}\lim_{x\to0^+}\sin x=0.$$

例 6　求 $\lim\limits_{x\to+\infty}\dfrac{\ln x}{x^n}\ (n>0)$.

解　$\lim\limits_{x\to+\infty}\dfrac{\ln x}{x^n}=\lim\limits_{x\to+\infty}\dfrac{\dfrac{1}{x}}{nx^{n-1}}=\lim\limits_{x\to+\infty}\dfrac{1}{nx^n}=0.$

例 7　求 $\lim\limits_{x\to+\infty}\dfrac{x^n}{\mathrm{e}^{\lambda x}}$（$n$ 为正整数，$\lambda>0$）.

解　连续应用洛必达法则 n 次，可得

$$\lim_{x\to+\infty}\frac{x^n}{\mathrm{e}^{\lambda x}}=\lim_{x\to+\infty}\frac{nx^{n-1}}{\lambda\mathrm{e}^{\lambda x}}=\lim_{x\to+\infty}\frac{n(n-1)x^{n-2}}{\lambda^2\mathrm{e}^{\lambda x}}=\cdots=\lim_{x\to+\infty}\frac{n!}{\lambda^n\mathrm{e}^{\lambda x}}=0.$$

注　对数函数 $\ln x$、幂函数 x^n、指数函数 $\mathrm{e}^{\lambda x}$（$\lambda>0$）均为 $x\to+\infty$ 时的无穷大，但它们增大的速度很不一样，幂函数增大的速度远比对数函数快，而指数函数增大的速度又远比幂函数快.

洛必达法则虽然是求未定式极限的一种有效方法，但若能与其他求极限的方法结合使用，效果会更好. 例如，能化简时应尽可能先化简，可以应用等价无穷小替换或重要极限时，应尽量应用，这样可以使运算更简便.

例 8　求 $\lim\limits_{x\to0}\dfrac{2x-\sin2x}{(1-\cos x)\ln(1+2x)}$.

解　当 $x\to0$ 时，$1-\cos x\sim\dfrac{1}{2}x^2$，$\ln(1+2x)\sim2x$，所以

$$\lim_{x\to0}\frac{2x-\sin2x}{(1-\cos x)\ln(1+2x)}=\lim_{x\to0}\frac{2x-\sin2x}{x^3}=\lim_{x\to0}\frac{2-2\cos2x}{3x^2}$$

$$=\lim_{x\to0}\frac{2\sin2x}{3x}=\frac{4}{3}.$$

应用洛必达法则求极限 $\lim\dfrac{f(x)}{g(x)}$ 时,如果 $\lim\dfrac{f'(x)}{g'(x)}$ 不存在且不等于 ∞,只表明洛必达法则失效,并不意味着 $\lim\dfrac{f(x)}{g(x)}$ 不存在,此时应改用其他方法求之.

例 9　求 $\lim\limits_{x\to 0}\dfrac{x^2\sin\dfrac{1}{x}}{\sin x}$.

解　此极限属于 $\dfrac{0}{0}$ 型未定式. 但对分子和分母分别求导后,将变为

$$\lim\limits_{x\to 0}\dfrac{2x\sin\dfrac{1}{x}-\cos\dfrac{1}{x}}{\cos x},$$

此极限式的极限不存在(振荡),故洛必达法则失效. 但原极限是存在的,可用如下方法求得:

$$\lim\limits_{x\to 0}\dfrac{x^2\sin\dfrac{1}{x}}{\sin x}=\lim\limits_{x\to 0}\left(\dfrac{x}{\sin x}\cdot x\sin\dfrac{1}{x}\right)=\lim\limits_{x\to 0}\dfrac{x}{\sin x}\cdot\lim\limits_{x\to 0}x\sin\dfrac{1}{x}=1\cdot 0=0.$$

3.2.2　其他类型的未定式($0\cdot\infty,\infty-\infty,0^0,1^\infty,\infty^0$)

(1) 对于 $0\cdot\infty$ 型,可将乘积化为除的形式,即化为 $\dfrac{0}{0}$ 或 $\dfrac{\infty}{\infty}$ 型未定式来计算.

例 10　求 $\lim\limits_{x\to 0^+}x\ln 3x$.

解　这是 $0\cdot\infty$ 型未定式,则

$$\lim\limits_{x\to 0^+}x\ln 3x=\lim\limits_{x\to 0^+}\dfrac{\ln 3x}{\dfrac{1}{x}}=\lim\limits_{x\to 0^+}\dfrac{\dfrac{1}{x}}{-\dfrac{1}{x^2}}=\lim\limits_{x\to 0^+}(-x)=0.$$

(2) 对于 $\infty-\infty$ 型,可利用通分化为 $\dfrac{0}{0}$ 型未定式来计算.

例 11　求 $\lim\limits_{x\to\frac{\pi}{2}}(\sec x-\tan x)$.

解　这是 $\infty-\infty$ 型未定式,则

$$\lim\limits_{x\to\frac{\pi}{2}}(\sec x-\tan x)=\lim\limits_{x\to\frac{\pi}{2}}\left(\dfrac{1}{\cos x}-\dfrac{\sin x}{\cos x}\right)=\lim\limits_{x\to\frac{\pi}{2}}\dfrac{1-\sin x}{\cos x}$$

$$=\lim\limits_{x\to\frac{\pi}{2}}\dfrac{-\cos x}{-\sin x}=\dfrac{0}{1}=0.$$

(3) 对于 $0^0,1^\infty,\infty^0$ 型,可以先利用指数对数恒等式将之化为以 e 为底的指数函数的极限,再利用指数函数的连续性,化为直接求指数的极限. 一般地,我们有

$$\lim\ln f(x)=A\Rightarrow\lim f(x)=\lim e^{\ln f(x)}=e^{\lim\ln f(x)}=e^A.$$

例 12　求 $\lim\limits_{x\to 0^+}x^{\sin x}$.

解　这是 0^0 型未定式,将它变形为 $\lim\limits_{x\to 0^+}x^{\sin x}=e^{\lim\limits_{x\to 0^+}\sin x\ln x}$,由于

$$\lim\limits_{x\to 0^+}\sin x\ln x=\lim\limits_{x\to 0^+}\dfrac{\ln x}{\csc x}=\lim\limits_{x\to 0^+}\dfrac{\dfrac{1}{x}}{-\csc x\cot x}=\lim\limits_{x\to 0^+}\dfrac{-\sin x\tan x}{x}=0,$$

故
$$\lim_{x \to 0^+} x^{\sin x} = e^0 = 1.$$

下面我们用洛必达法则来重新求 1.7 节中的第二个重要极限.

例 13　求 $\lim\limits_{x \to \infty} \left(1 + \dfrac{1}{x}\right)^x$.

解　这是 1^∞ 型未定式,将它变形为 $\ln\left(1 + \dfrac{1}{x}\right)^x = \dfrac{\ln\left(1 + \dfrac{1}{x}\right)}{\dfrac{1}{x}}$,

由于
$$\lim_{x \to \infty} \ln\left(1 + \frac{1}{x}\right)^x = \lim_{x \to \infty} \frac{\ln\left(1 + \dfrac{1}{x}\right)}{\dfrac{1}{x}} = \lim_{x \to \infty} \frac{\dfrac{1}{1 + \dfrac{1}{x}}\left(-\dfrac{1}{x^2}\right)}{-\dfrac{1}{x^2}} = \lim_{x \to \infty} \frac{1}{1 + \dfrac{1}{x}} = 1,$$

故
$$\lim_{x \to \infty} \left(1 + \frac{1}{x}\right)^x = e.$$

例 14　求 $\lim\limits_{x \to 0^+} (\cot x)^{\frac{1}{\ln x}}$.

解　这是 ∞^0 型未定式,则

$$\lim_{x \to 0^+} (\cot x)^{\frac{1}{\ln x}} = \lim_{x \to 0^+} e^{\frac{\ln \cot x}{\ln x}} = e^{\lim\limits_{x \to 0^+} \frac{\ln \cot x}{\ln x}} = e^{\lim\limits_{x \to 0^+} \frac{-\tan x \cdot \csc^2 x}{1/x}} = e^{\lim\limits_{x \to 0^+}\left(-\frac{1}{\cos x} \cdot \frac{x}{\sin x}\right)} = e^{-1}.$$

注　用洛必达法则求数列极限 $\lim\limits_{n \to \infty} \dfrac{f(n)}{g(n)}$ 时,不能直接关于 n 求导,其原因是 $f(n)$ 的自变量 n 只取正整数,其改变量至少为 1 而不可能趋于 0,从而 $f(n)$ 没有关于 n 的导数. 若要用洛必达法则,只能先求相应的函数极限 $\lim\limits_{x \to +\infty} \dfrac{f(x)}{g(x)}$,这时可以应用洛必达法则.

例 15　求 $\lim\limits_{n \to \infty} n \tan\left(\dfrac{2}{n}\right)$.

解　先求 $\lim\limits_{x \to +\infty} x \tan \dfrac{2}{x}$,这是 $0 \cdot \infty$ 型未定式,则

$$\lim_{x \to +\infty} x \tan \frac{2}{x} = \lim_{x \to +\infty} \frac{\tan \dfrac{2}{x}}{\dfrac{1}{x}} = \lim_{x \to +\infty} \frac{-\dfrac{2}{x^2} \sec^2 \dfrac{2}{x}}{-\dfrac{1}{x^2}} = 2 \lim_{x \to +\infty} \sec^2 \frac{2}{x} = 2.$$

因此
$$\lim_{n \to \infty} n \tan\left(\frac{2}{n}\right) = \lim_{x \to +\infty} x \tan \frac{2}{x} = 2.$$

习　题　3-2

1. 用洛必达法则求下列极限:

(1) $\lim\limits_{x \to 0} \dfrac{e^x - e^{-x}}{\sin x}$;

(2) $\lim\limits_{x \to a} \dfrac{\sin x - \sin a}{x - a}$;

(3) $\lim\limits_{x \to \frac{\pi}{2}} \dfrac{\ln \sin x}{(\pi - 2x)^2}$;

(4) $\lim\limits_{x\to+\infty}\dfrac{\ln\left(1+\dfrac{1}{x}\right)}{\text{arccot}x}$;

(5) $\lim\limits_{x\to0}\dfrac{\ln\tan7x}{\ln\tan2x}$;

(6) $\lim\limits_{x\to1}\dfrac{x^3-1+\ln x}{e^x-e}$;

(7) $\lim\limits_{x\to0}\dfrac{\tan x-x}{x-\sin x}$;

(8) $\lim\limits_{x\to0}x\cot2x$;

(9) $\lim\limits_{x\to0}x^2 e^{\frac{1}{x^2}}$;

(10) $\lim\limits_{x\to\infty}x(e^{\frac{1}{x}}-1)$;

(11) $\lim\limits_{x\to0}\left(\dfrac{1}{x}-\dfrac{1}{e^x-1}\right)$;

(12) $\lim\limits_{x\to1}\left(\dfrac{x}{x-1}-\dfrac{1}{\ln x}\right)$;

(13) $\lim\limits_{x\to\infty}\left(1+\dfrac{a}{x}\right)^x$;

(14) $\lim\limits_{x\to0^+}x^{\tan x}$;

(15) $\lim\limits_{x\to0^+}\left(\dfrac{1}{x}\right)^{\tan x}$;

(16) $\lim\limits_{x\to0}\dfrac{e^x+\ln(1-x)-1}{x-\arctan x}$;

(17) $\lim\limits_{x\to0}(1+\sin x)^{\frac{1}{x}}$;

(18) $\lim\limits_{x\to0^+}\left(\ln\dfrac{1}{x}\right)^x$;

(19) $\lim\limits_{x\to+\infty}(x+\sqrt{1+x^2})^{\frac{1}{x}}$;

(20) $\lim\limits_{n\to\infty}\left(n\tan\dfrac{1}{n}\right)^{n^2}$.

2. 验证极限 $\lim\limits_{x\to\infty}\dfrac{x+\sin x}{x}$ 存在,但不能用洛必达法则求出.

3. 若 $f(x)$ 有二阶导数,证明 $f''(x)=\lim\limits_{h\to0}\dfrac{f(x+h)-2f(x)+f(x-h)}{h^2}$.

4. 讨论函数 $f(x)=\begin{cases}\left[\dfrac{(1+x)^{\frac{1}{x}}}{e}\right]^{\frac{1}{x}}, & x>0 \\ e^{-\frac{1}{2}}, & x\leqslant0\end{cases}$ 在点 $x=0$ 处的连续性.

5. 设 $g(x)$ 在 $x=0$ 处二阶可导,且 $g(0)=0$. 试确定 a 的值使 $f(x)$ 在 $x=0$ 处可导,并求 $f'(0)$,其中 $f(x)=\begin{cases}\dfrac{g(x)}{x}, & x\neq0 \\ a, & x=0\end{cases}$.

3.3 泰 勒 公 式

对于一些复杂函数,为了便于研究,往往希望用一些简单的函数来近似表达. 多项式函数是最为简单的一类函数,它只要对自变量进行有限次的加、减、乘三种算术运算,就能求出其函数值,因此,多项式常被用来近似地表达函数,这种近似表达在数学上常称为**逼近**. 泰勒在这方面做出了不朽的贡献. 其研究结果表明:具有直到 $n+1$ 阶导数的函数在一个点的邻域内的值可以用函数在该点的函数值及各阶导数值组成的 n 次多项式近似表达. 本节将介绍泰勒公式极其简单应用.

在介绍微分的应用时,通常知道,在 $x=0$ 附近,有下列近似等式

$$e^x\approx1+x,\quad \ln(1+x)\approx x.$$

这些都是用一次多项式来近似表达函数的例子. 显然,在 $x=0$ 处,这些一次多项式及其一阶导数的值,分别等于被近似表达的函数及其一阶导数的值.

但是这种近似表达存在着明显的不足,首先是精确度不高,它所产生的误差仅是关于 x 的高阶无穷小;其次是用它来做近似计算时,不能具体估算出误差的大小. 因此,对于精度要求较高且需要估计误差时,就必须用高次多项式来近似表达函数,同时给出误差表达式.

于是,我们需要考虑的问题是:设函数 $f(x)$ 在含有 x_0 的开区间 (a,b) 内具有直到 $n+1$ 阶导数,试找出一个关于 $(x-x_0)$ 的 n 次多项式

$$p_n(x)=a_0+a_1(x-x_0)+a_2(x-x_0)^2+\cdots+a_n(x-x_0)^n, \tag{3.3.1}$$

来近似表达 $f(x)$,要求 $p_n(x)$ 与 $f(x)$ 之差是比 $(x-x_0)^n$ 高阶的无穷小,并给出误差

$|p_n(x)-f(x)|$ 的具体表达式.

现假设 $p_n(x)$ 在 x_0 处的函数值及它在 x_0 处直到 n 阶的导数值依次与 $f(x_0),f'(x_0)$，$f''(x_0),\cdots,f^{(n)}(x_0)$ 相等，即满足

$$p_n(x_0)=f(x_0),\quad p_n^{(k)}(x_0)=f^{(k)}(x_0)(k=1,2,\cdots,n).$$

按这些等式来确定多项式(3.3.1)的系数 $a_0,a_1,a_2,\cdots,a_n$. 为此，对式(3.31)求各阶导数，然后分别代入以上等式，得

$$a_0=f(x_0),\quad 1\cdot a_1=f'(x_0),\quad 2!\cdot a_2=f''(x_0),\quad \cdots,\quad n!\cdot a_n=f^{(n)}(x_0),$$

即

$$a_0=f(x_0),\quad a_k=\frac{1}{k!}f^{(k)}(x_0)(k=1,2,\cdots,n).$$

将求得的系数 $a_0,a_1,a_2,\cdots,a_n$ 代入式(3.3.1)中，有

$$p_n(x)=f(x_0)+f'(x_0)(x-x_0)+\frac{f''(x_0)}{2!}(x-x_0)^2+\cdots+\frac{f^{(n)}(x_0)}{n!}(x-x_0)^n. \tag{3.3.2}$$

下面的定理表明，多项式(3.3.2)就是我们寻找的 n 次多项式.

泰勒中值定理　如果函数 $f(x)$ 在含有 x_0 的某个开区间 (a,b) 内具有直到 $n+1$ 阶的导数，则对任一 $x\in(a,b)$，$f(x)$ 可以表示为 $(x-x_0)$ 的一个 n 次多项式与一个余项 $R_n(x)$ 之和，即

$$f(x)=f(x_0)+f'(x_0)(x-x_0)+\frac{f''(x_0)}{2!}(x-x_0)^2+\cdots$$
$$+\frac{f^{(n)}(x_0)}{n!}(x-x_0)^n+R_n(x), \tag{3.3.3}$$

其中

$$R_n(x)=\frac{f^{(n+1)}(\xi)}{(n+1)!}(x-x_0)^{n+1}, \tag{3.3.4}$$

这里 ξ 是介于 x_0 与 x 之间的某个值.

证明　由于 $R_n(x)=f(x)-p_n(x)$，因而只需证明式(3.3.4)成立. 由题设条件可知，$R_n(x)$ 在 (a,b) 内具有直到 $n+1$ 阶的导数，且

$$R_n(x_0)=R'_n(x_0)=R''_n(x_0)=\cdots=R_n^{(n)}(x_0)=0,$$

函数 $R_n(x)$ 及 $(x-x_0)^{n+1}$ 在以 x_0 及 x 为端点的闭区间上满足柯西中值定理的条件，则

$$\frac{R_n(x)}{(x-x_0)^{n+1}}=\frac{R_n(x)-R_n(x_0)}{(x-x_0)^{n+1}-0}=\frac{R'_n(\xi_1)}{(n+1)(\xi_1-x_0)^n}\quad(\xi_1\text{ 在 }x_0\text{ 与 }x\text{ 之间}),$$

又函数 $R'_n(x)$ 及 $(n+1)(x-x_0)^n$ 在以 x_0 及 ξ_1 为端点的闭区间上满足柯西中值定理的条件，则

$$\frac{R'_n(\xi_1)}{(n+1)(\xi_1-x_0)^n}=\frac{R'_n(\xi_1)-R'_n(x_0)}{(n+1)(\xi_1-x_0)^n-0}=\frac{R''_n(\xi_2)}{n(n+1)(\xi_2-x_0)^{n-1}}\quad(\xi_2\text{ 在 }x_0\text{ 与 }\xi_1\text{ 之间}),$$

按此方法继续做下去，经过 $n+1$ 次后，可得

$$\frac{R_n(x)}{(x-x_0)^{n+1}}=\frac{R_n^{(n+1)}(\xi)}{(n+1)!},$$

其中 ξ 在 x_0 与 ξ_n 之间(也在 x_0 与 x 之间)，因为 $p_n^{(n+1)}(x)=0$，所以

$$R_n^{(n+1)}(x)=f^{(n+1)}(x),$$

从而证得

$$R_n(x)=\frac{f^{(n+1)}(\xi)}{(n+1)!}(x-x_0)^{n+1}\quad(\xi\text{ 在 }x_0\text{ 与 }x\text{ 之间}).$$

多项式(3.3.2)称为函数 $f(x)$ 按$(x-x_0)$ 的幂展开的 **n 阶泰勒多项式**,公式(3.3.3)称为 $f(x)$ 按$(x-x_0)$ 的幂展开的 **n 阶泰勒公式**,$R_n(x)$ 的表达式(3.3.4)称为**拉格朗日型余项**.

当 $n=0$ 时,泰勒公式变成拉格朗日中值公式:

$$f(x)=f(x_0)+f'(\xi)(x-x_0) \quad (\xi 在 x_0 与 x 之间),$$

因此,泰勒中值定理是拉格朗日中值定理的推广.

由泰勒中值定理知,以多项式 $p_n(x)$ 近似表达函数 $f(x)$ 时,其误差为 $|R_n(x)|$. 如果对于固定的 n,当 $x\in(a,b)$ 时,$|f^{(n+1)}(x)|\leqslant M$,则有估计式

$$|R_n(x)|=\left|\frac{f^{(n+1)}(\xi)}{(n+1)!}(x-x_0)^{n+1}\right|\leqslant\frac{M}{(n+1)!}|x-x_0|^{n+1}, \tag{3.3.5}$$

及

$$\lim_{x\to x_0}\frac{R_n(x)}{(x-x_0)^n}=0.$$

由此可见,当 $x\to x_0$ 时,误差 $|R_n(x)|$ 是比 $(x-x_0)^n$ 高阶的无穷小,即

$$R_n(x)=o[(x-x_0)^n], \tag{3.3.6}$$

$R_n(x)$ 的表达式(3.3.6)称为**皮亚诺型余项**.

这样,我们提出的问题全部得到解决.

在不需要余项的精确表达式时,n 阶泰勒多项式也可以写成

$$f(x)=f(x_0)+f'(x_0)(x-x_0)+\frac{f''(x_0)}{2!}(x-x_0)^2+\cdots$$
$$+\frac{f^{(n)}(x_0)}{n!}(x-x_0)^n+o[(x-x_0)^n]. \tag{3.3.7}$$

公式(3.3.7)称为 $f(x)$ 按$(x-x_0)$ 的幂展开的**带有皮亚诺型余项的 n 阶泰勒公式**.

在泰勒公式(3.3.3)中,取 $x_0=0$,则 ξ 在 0 与 x 之间,因此可令 $\xi=\theta x(0<\theta<1)$,得

$$f(x)=f(0)+f'(0)x+\frac{f''(0)}{2!}x^2+\cdots+\frac{f^{(n)}(0)}{n!}x^n+\frac{f^{(n+1)}(\theta x)}{(n+1)!}x^{n+1}(0<\theta<1),$$
$$\tag{3.3.8}$$

式(3.3.8)称为**带有拉格朗日型余项的麦克劳林公式**.

在泰勒公式(3.3.7)中,取 $x_0=0$,则得到带有皮亚诺型余项的麦克劳林公式

$$f(x)=f(0)+f'(0)x+\frac{f''(0)}{2!}x^2+\cdots+\frac{f^{(n)}(0)}{n!}x^n+o(x^n). \tag{3.3.9}$$

从式(3.3.8)或式(3.3.9)可得近似公式

$$f(x)\approx f(0)+f'(0)x+\frac{f''(0)}{2!}x^2+\cdots+\frac{f^{(n)}(0)}{n!}x^n.$$

误差估计式(3.3.5)相应地变成

$$|R_n(x)|\leqslant\frac{M}{(n+1)!}|x|^{n+1}.$$

例 1 写出函数 $f(x)=x^2\ln x$ 在 $x_0=1$ 处的四阶泰勒公式.

解 由 $\qquad f(x)=x^2\ln x, \quad f'(x)=2x\ln x+x, \quad f''(x)=2\ln x+3,$

$$f'''(x)=\frac{2}{x}, \quad f^{(4)}(x)=-\frac{2}{x^2}, \quad f^{(5)}(x)=\frac{4}{x^3},$$

得 $\qquad f(1)=0, \quad f'(1)=1, \quad f''(1)=3,$

$$f'''(1)=2, \quad f^{(4)}(1)=-2, \quad f^{(5)}(\xi)=\frac{4}{\xi^3},$$

所以
$$x^2\ln x=(x-1)+\frac{3}{2!}(x-1)^2+\frac{2}{3!}(x-1)^3-\frac{2}{4!}(x-1)^4+\frac{4}{5!}\frac{1}{\xi^3}(x-1)^5,$$

其中 ξ 在 1 与 x 之间.

例 2 求 $f(x)=\mathrm{e}^x$ 的 n 阶麦克劳林公式.

解 因为 $f(x)=f'(x)=f''(x)=\cdots=f^{(n)}(x)=\mathrm{e}^x$,所以
$$f(0)=f'(0)=f''(0)=\cdots=f^{(n)}(0)=1,$$

注意到 $f^{(n+1)}(\theta x)=\mathrm{e}^{\theta x}$,代入式(3.3.8)中,即得所求麦克劳林公式
$$\mathrm{e}^x=1+x+\frac{x^2}{2!}+\cdots+\frac{x^n}{n!}+\frac{\mathrm{e}^{\theta x}}{(n+1)!}x^{n+1}\quad(0<\theta<1).$$

由上述公式可知,函数 e^x 的 n 阶泰勒多项式为
$$p_n(x)=1+x+\frac{x^2}{2!}+\cdots+\frac{x^n}{n!},$$

用 $p_n(x)$ 近似表达 e^x 所产生的误差为
$$|R_n(x)|=\left|\frac{\mathrm{e}^{\theta x}}{(n+1)!}x^{n+1}\right|\leqslant\frac{\mathrm{e}^{|x|}}{(n+1)!}|x|^{n+1}\quad(0<\theta<1).$$

若取 $x=1$,则得到无理数 e 的近似表达式为
$$\mathrm{e}\approx1+1+\frac{1}{2!}+\cdots+\frac{1}{n!}.$$

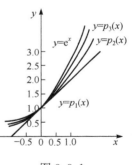

其误差 $\qquad |R_n|<\dfrac{\mathrm{e}}{(n+1)!}<\dfrac{3}{(n+1)!}.$

当 $n=10$ 时,可计算出 $\mathrm{e}\approx2.718282$.其误差不超过 10^{-6}.

函数 e^x 与 $p_1(x)=1+x$,$p_2(x)=1+x+\dfrac{x^2}{2!}$,$p_3(x)=1+x$

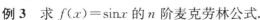

$+\dfrac{x^2}{2!}+\dfrac{x^3}{3!}$ 的比较见图 3-3-1.

图 3-3-1

例 3 求 $f(x)=\sin x$ 的 n 阶麦克劳林公式.

解 因为
$$f'(x)=\cos x,\quad f''(x)=-\sin x,\quad f'''(x)=-\cos x,\quad f^{(4)}(x)=\sin x,\quad\cdots,$$
$$f^{(n)}(x)=\sin\left(x+\frac{n\pi}{2}\right),$$

所以 $f'(0)=1,f''(0)=0,f'''(0)=-1,f^{(4)}(0)=0,\cdots,\sin x$ 的各阶导数依次循环地取 1,0,$-1,0$. 于是(令 $n=2m$)
$$\sin x=x-\frac{x^3}{3!}+\frac{x^5}{5!}+\cdots+(-1)^{m-1}\frac{x^{2m-1}}{(2m-1)!}+R_{2m}(x),$$

其中 $\qquad R_{2m}(x)=\dfrac{\sin\left(\theta x+(2m+1)\dfrac{\pi}{2}\right)}{(2m+1)!}x^{2m+1}\quad(0<\theta<1).$

若取 $m=1$,则得到近似公式 $\sin x\approx x$,其误差为
$$|R_2|=\left|\frac{\sin\left(\theta x+\frac{3\pi}{2}\right)}{3!}x^3\right|\leqslant\frac{|x^3|}{6}\quad(0<\theta<1).$$

若取 m 分别为 2 和 3,则可分别得到 $\sin x$ 的 3 阶和 5 阶泰勒多项式

$$p_3(x)=x-\frac{x^3}{3!},$$

和

$$p_5(x)=x-\frac{x^3}{3!}+\frac{x^5}{5!},$$

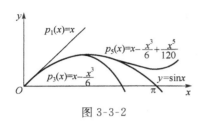

图 3-3-2

其误差的绝对值分别不超过 $\frac{1}{5!}|x|^5$ 和 $\frac{1}{7!}|x|^7$.

正弦函数 $\sin x$ 和以上三个泰勒多项式的图形比较见图 3-3-2.

按上述几例的方法,可得到几个常用初等函数的麦克劳林公式:

$$e^x=1+x+\frac{x^2}{2!}+\cdots+\frac{x^n}{n!}+o(x^n),$$

$$\sin x=x-\frac{x^3}{3!}+\frac{x^5}{5!}+\cdots+(-1)^n\frac{x^{2n+1}}{(2n+1)!}+o(x^{2n+2}),$$

$$\cos x=1-\frac{x^2}{2!}+\frac{x^4}{4!}-\frac{x^6}{6!}+\cdots+(-1)^n\frac{x^{2n}}{(2n)!}+o(x^{2n+1}),$$

$$\ln(1+x)=x-\frac{x^2}{2}+\frac{x^3}{3}-\cdots+(-1)^{n-1}\frac{x^n}{n}+o(x^n),$$

$$\frac{1}{1-x}=1+x+x^2+\cdots+x^n+o(x^n),$$

$$(1+x)^m=1+mx+\frac{m(m-1)}{2!}x^2+\cdots+\frac{m(m-1)\cdots(m-n+1)}{n!}x^n+o(x^n)(m>n).$$

在实际应用中,上述公式常用于间接地展开一些比较复杂的函数的麦克劳林公式、泰勒公式,以及求某些函数的极限等.

例 4 求函数 $f(x)=xe^{-x}$ 的带有皮亚诺型余项的 n 阶麦克劳林公式.

解 因为 $\quad e^{-x}=1+(-x)+\frac{(-x)^2}{2!}+\cdots+\frac{(-x)^{n-1}}{(n-1)!}+o(x^{n-1}),$

所以 $\quad xe^{-x}=x\left[1+(-x)+\frac{(-x)^2}{2!}+\cdots+\frac{(-x)^{n-1}}{(n-1)!}+o(x^{n-1})\right]$

$$=x-x^2+\frac{x^3}{2!}-\cdots+\frac{(-1)^{n-1}}{(n-1)!}x^n+o(x^n).$$

例 5 求函数 $y=\frac{1}{4-x}$ 在 $x=1$ 处的带有皮亚诺型余项的 n 阶泰勒公式.

解

$$y=\frac{1}{4-x}=\frac{1}{3-(x-1)}=\frac{1}{3}\cdot\frac{1}{1-\frac{x-1}{3}}$$

$$=\frac{1}{3}\cdot\left[1+\frac{x-1}{3}+\left(\frac{x-1}{3}\right)^2+\cdots+\left(\frac{x-1}{3}\right)^n+o\left(\frac{x-1}{3}\right)^n\right]$$

$$=\frac{1}{3}+\frac{x-1}{3^2}+\frac{(x-1)^2}{3^3}+\cdots+\frac{(x-1)^n}{3^{n+1}}+o[(x-1)^n].$$

例 6 求极限 $\lim\limits_{x\to 0}\dfrac{\cos x-e^{-\frac{x^2}{2}}}{x^2[x+\ln(1-x)]}$.

解　这是 $\dfrac{0}{0}$ 型未定式,可用洛必达法则求解,但比较繁琐,这里应用泰勒公式求解. 考虑到 $\ln(1-x)$ 的一阶麦克劳林公式为 $\ln(1-x)=-x+o(x)$,所以将其展至二阶麦克劳林公式 $\ln(1-x)=-x-\dfrac{x^2}{2}+o(x^2)$,这时分母最高次数为 x^4,因此只需将分子中的各函数也分别用带有皮亚诺型余项的四阶麦克劳林公式表示,即

$$\cos x=1-\frac{x^2}{2}+\frac{x^4}{24}+o(x^4),\quad \mathrm{e}^{-\frac{x^2}{2}}=1-\frac{x^2}{2}+\frac{x^4}{8}+o(x^4),$$

则

$$\cos x-\mathrm{e}^{-\frac{x^2}{2}}=-\frac{x^4}{12}+o(x^4),$$

所以

$$\lim_{x\to0}\frac{\cos x-\mathrm{e}^{-\frac{x^2}{2}}}{x^2[x+\ln(1-x)]}=\lim_{x\to0}\frac{\cos x-\mathrm{e}^{-\frac{x^2}{2}}}{x^2\left[-\dfrac{x^2}{2}+o(x^2)\right]}=\lim_{x\to0}\frac{-\dfrac{x^4}{12}+o(x^4)}{-\dfrac{x^4}{2}+o(x^4)}=\frac{1}{6}.$$

习　题　3-3

1. 按 $(x-1)$ 的幂展开多项式 $f(x)=x^4+3x^2+4$.

2. 求函数 $f(x)=\sqrt{x}$ 按 $(x-4)$ 的幂展开的带有拉格朗日型余项的三阶泰勒公式.

3. 求函数 $f(x)=\tan x$ 带有皮亚诺型余项的三阶麦克劳林公式.

4. 把 $f(x)=\dfrac{1+x+x^2}{1-x+x^2}$ 在点 $x=0$ 处展开到 x^4 项,并求 $f^{(3)}(0)$.

5. 求函数 $f(x)=\ln x$ 按 $(x-2)$ 的幂展开的带有皮亚诺型余项的 n 阶泰勒公式.

6. 求函数 $f(x)=\dfrac{1}{x}$ 按 $(x+1)$ 的幂展开的带有拉格朗日型余项的 n 阶泰勒公式.

7. 求函数 $f(x)=x\mathrm{e}^x$ 的带有皮亚诺型余项的 n 阶泰勒公式.

8. 验证当 $0<x\leqslant\dfrac{1}{2}$ 时,按公式 $\mathrm{e}^x\approx1+x+\dfrac{x^2}{2}+\dfrac{x^3}{6}$ 计算 e^x 的近似值时,所产生的误差小于 0.01,并求 $\sqrt{\mathrm{e}}$ 的近似值,使误差小于 0.01.

9. 用泰勒公式取 $n=5$,求 $\ln1.2$ 的近似值,并估计其误差.

10. 利用函数的泰勒展开式求下列极限:

(1) $\lim\limits_{x\to0}\dfrac{\sqrt{1+x}+\sqrt{1-x}-2}{x^2}$;　　　　(2) $\lim\limits_{x\to0}\dfrac{1+\dfrac{x^2}{2}-\sqrt{1+x^2}}{(\cos x-\mathrm{e}^{x^2})\sin x^2}$.

11. 证明:函数 $f(x)$ 是 n 次多项式的充要条件是 $f^{(n+1)}(x)=0$.

12. 若 $f(x)$ 在 $[a,b]$ 上有 n 阶导数,且 $f(a)=f(b)=f'(b)=f''(b)=\cdots=f^{(n-1)}(b)=0$,证明:在 (a,b) 内至少存在一点 ξ,使 $f^{(n)}(\xi)=0(a<\xi<b)$.

3.4　函数的单调性与极值

第 1 章中已经介绍了函数单调性的概念.本节将以导数为工具,对函数的单调性与极值进行研究.

3.4.1 函数的单调性

如何利用导数研究函数的单调性呢？我们先考察图 3-4-1,设函数 $y=f(x)$ 在 $[a,b]$ 上单调增加,那么它的图像沿 x 轴的正向上升,可以看到,曲线 $y=f(x)$ 在区间 (a,b) 内除个别点的切线斜率为零外,其余点处的切线斜率均为正,即 $f'(x) \geqslant 0$. 再考察图 3-4-2,函数 $y=f(x)$ 在 $[a,b]$ 上单调减少,它的图像沿 x 轴的正向下降,这时,曲线 $y=f(x)$ 在区间 (a,b) 内除个别点的切线斜率为零外,其余点处的切线斜率均为负,即 $f'(x) \leqslant 0$. 由此可见,函数的单调性与其导数的符号有着密切的联系.

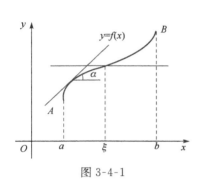

图 3-4-1

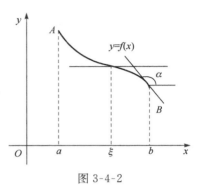

图 3-4-2

反过来,能否用导数的符号判断函数的单调性呢？一般地,根据拉格朗日中值定理,有如下定理.

定理 1 设函数 $y=f(x)$ 在 $[a,b]$ 上连续,在 (a,b) 内可导.

(1) 若在 (a,b) 内 $f'(x)>0$,则函数 $y=f(x)$ 在 $[a,b]$ 上单调增加;

(2) 若在 (a,b) 内 $f'(x)<0$,则函数 $y=f(x)$ 在 $[a,b]$ 上单调减少.

证明 任取两点 $x_1,x_2 \in [a,b]$,设 $x_1<x_2$,由拉格朗日中值定理知,存在 $\xi (x_1<\xi<x_2)$,使得 $f(x_2)-f(x_1)=f'(\xi)(x_2-x_1)$.

(1) 若在 (a,b) 内,$f'(x)>0$,则 $f'(\xi)>0$,所以
$$f(x_2)>f(x_1),$$
即 $y=f(x)$ 在 $[a,b]$ 上单调增加;

(2) 若在 (a,b) 内,$f'(x)<0$,则 $f'(\xi)<0$,所以
$$f(x_2)<f(x_1),$$
即 $y=f(x)$ 在 $[a,b]$ 上单调减少.

注 将此定理中的闭区间换成其他各种区间(包括无穷区间),结论仍成立.

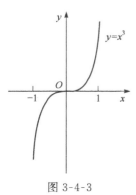

图 3-4-3

函数的单调性是一个区间上的性质,要用导数在这一区间上的符号来判定,而不能用导数在一点处的符号来判别函数在一个区间上的单调性,区间内个别点导数为零并不影响函数在该区间上的单调性.

例如,函数 $y=x^3$ 在其定义域 $(-\infty, +\infty)$ 内是单调增加的(图 3-4-3),但在其定义域内导数 $y'=3x^2 \geqslant 0$,且仅在 $x=0$ 处为零.

一般地,若在 (a,b) 内 $f'(x) \geqslant 0 (\leqslant 0)$,但等号只在个别点处成立,那么函数 $y=f(x)$ 在 $[a,b]$ 上仍是单调增加(减少)的.

如果函数在其定义域的某个区间内是单调的,则称该区间为函数的单调区间.

例 1　讨论函数 $y=e^x-x+1$ 的单调性.

解　题设函数的定义域为 $(-\infty,+\infty)$,又 $y'=e^x-1$. 因为在 $(-\infty,0)$ 内,$y'<0$,所以题设函数在 $(-\infty,0]$ 内单调减少;而在 $(0,+\infty)$ 内,$y'>0$,所以题设函数在 $[0,+\infty)$ 内单调增加.

例 2　讨论函数 $y=\sqrt[3]{x^2}$ 的单调区间.

解　题设函数的定义域为 $(-\infty,+\infty)$,又

$$y'=\frac{2}{3\sqrt[3]{x}}\quad(x\neq0),$$

显然,当 $x=0$ 时,题设函数的导数不存在.

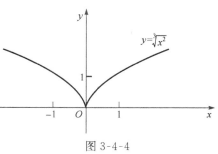

图 3-4-4

因为在 $(-\infty,0)$ 内,$y'<0$,所以题设函数在 $(-\infty,0]$ 内单调减少;而在 $(0,+\infty)$ 内,$y'>0$,所以题设函数在 $[0,+\infty)$ 内单调增加(图 3-4-4).

注　从上述两例可见,使导数等于零的点以及使导数不存在的点都有可能成为函数单调区间的分界点. 因此,对函数 $y=f(x)$ 单调的讨论,应先求出使导数等于零的点以及使导数不存在的点,并用这些点将函数的定义域划分为若干个子区间,然后逐个判断函数的导数 $f'(x)$ 在各子区间的符号,从而确定出函数 $y=f(x)$ 在各子区间上的单调性,每个使 $f'(x)$ 的符号保持不变的子区间都是函数 $y=f(x)$ 的单调区间.

例 3　确定函数 $f(x)=2x^3-6x^2-18x+7$ 的单调区间.

解　题设函数的定义域为 $(-\infty,+\infty)$,又

$$f'(x)=6x^2-12x-18=6(x+1)(x-3),$$

解方程 $f'(x)=0$,得 $x_1=-1,x_2=3$.

列表讨论如下:

x	$(-\infty,-1)$	-1	$(-1,3)$	3	$(3,+\infty)$
$f'(x)$	$+$	0	$-$	0	$+$
$f(x)$	↗		↘		↗

于是,函数 $f(x)$ 的单调增加区间为 $(-\infty,-1]$ 和 $[3,+\infty)$,单调减少区间为 $[-1,3]$.

下面,举一个利用函数的单调性证明不等式的例子.

例 4　试证明:当 $0<x<\dfrac{\pi}{2}$ 时,$\sin x+\tan x>2x$.

证明　作辅助函数

$$f(x)=\sin x+\tan x-2x,$$

因为 $f(x)$ 在 $\left[0,\dfrac{\pi}{2}\right)$ 上连续,在 $\left(0,\dfrac{\pi}{2}\right)$ 内可导,且在 $\left(0,\dfrac{\pi}{2}\right)$ 内

$$f'(x)=\cos x+\sec^2 x-2>\cos^2 x+\sec^2 x-2=(\cos x-\sec x)^2\geq0.$$

所以 $f(x)$ 在 $\left[0,\dfrac{\pi}{2}\right)$ 上单调增加,从而当 $x>0$ 时,$f(x)>f(0)=0$,即

$$\sin x+\tan x-2x>0,$$

故当 $0<x<\dfrac{\pi}{2}$ 时,$\sin x+\tan x>2x$.

例5 证明方程 $x^5+x+1=0$ 在区间 $(-1,0)$ 内有且只有一个实根.

证明 令 $f(x)=x^5+x+1$,由于 $f(x)$ 在闭区间 $[-1,0]$ 上连续,且 $f(-1)=-1<0$, $f(0)=1>0$. 根据零点定理,$f(x)$ 在 $(-1,0)$ 内至少有一个零点.

另一方面,对于任意实数 x,有 $f'(x)=5x^4+1>0$,所以 $f(x)$ 在 $(-\infty,+\infty)$ 上单调增加, 因此,曲线 $y=f(x)$ 与 x 轴至多只有一个交点.

综上所述,方程 $x^5+x+1=0$ 在区间 $(-1,0)$ 内有且只有一个实根.

3.4.2 函数的极值

在例3中我们看到,点 $x=-1$ 及 $x=3$ 是函数 $f(x)=2x^3-6x^2-18x+7$ 的单调区间的

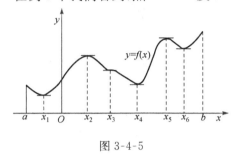

图 3-4-5

分界点. 例如,在点 $x=-1$ 的左侧邻近,函数 $f(x)$ 单调增加,在点 $x=-1$ 的右侧邻近,函数 $f(x)$ 单调减少. 易见,对 $x=-1$ 的某个邻域内 的任一点 $x(x\neq-1)$,恒有 $f(x)<f(-1)$,即曲 线在点 $(-1,f(-1))$ 处达到"顶峰";类似地,对 $x=3$ 的某个邻域内的任一点 $x(x\neq3)$,恒有 $f(x)>f(3)$,即曲线在点 $(3,f(3))$ 处达到"谷 底",参看图 3-4-5. 具有这种性质的点在实际应 用中有着重要的意义. 由此我们引入函数极值的概念.

定义1 设函数 $f(x)$ 在点 x_0 的某邻域内有定义,若对该邻域内任意一点 $x(x\neq x_0)$,恒有 $f(x)<f(x_0)$(或 $f(x)>f(x_0)$),则称 $f(x)$ 在点 x_0 处取得**极大值**(或**极小值**),而点 x_0 称为 函数 $f(x)$ 的**极大值点**(或**极小值点**). 极大值与极小值统称为函数的**极值**,极大值点与极小值 点统称为函数的**极值点**.

例如,函数 $y=\sin x+1$ 在点 $x=-\dfrac{\pi}{2}$ 处取得极小值 0,在点 $x=\dfrac{\pi}{2}$ 处取得极大值 2.

函数的极值概念是局部性的. 如果 $f(x_0)$ 是函数 $f(x)$ 的一个极大值(或极小值),只是就 x_0 邻近的一个局部范围内,$f(x_0)$ 是最大的(或最小的),对函数 $f(x)$ 的整个定义域来说就不 一定是最大的(或最小的)了.

在图 3-4-5 中,函数 $f(x)$ 有两个极大值 $f(x_2)$,$f(x_5)$,三个极小值 $f(x_1)$,$f(x_4)$,$f(x_6)$, 其中极大值 $f(x_2)$ 比极小值 $f(x_6)$ 还小. 就整个区间 $[a,b]$ 而言,只有一个极小值 $f(x_1)$ 同时也 是最小值,而没有一个极大值是最大值.

从图中还可看到,在函数取得极值处,曲线的切线是水平的,即函数在极值点处的导数等 于零. 但曲线上有水平切线的地方(如 $x=x_3$ 处),函数却不一定取得极值. 下面就来讨论函数 取得极值的必要条件和充分条件.

定理2(必要条件) 若函数 $f(x)$ 在点 x_0 处可导,且在 x_0 处取得极值,则 $f'(x_0)=0$.

证明 不妨设 x_0 是 $f(x)$ 的极小值点,由定义可知,$f(x)$ 在点 x_0 的某邻域内有定义,且对 该邻域内任意一点 $x(x\neq x_0)$,恒有 $f(x)>f(x_0)$. 于是

当 $x<x_0$ 时,$\dfrac{f(x)-f(x_0)}{x-x_0}<0$,因此 $f'_-(x_0)=\lim\limits_{x\to x_0^-}\dfrac{f(x)-f(x_0)}{x-x_0}\leqslant 0$;

当 $x>x_0$ 时,$\dfrac{f(x)-f(x_0)}{x-x_0}>0$,因此 $f'_+(x_0)=\lim\limits_{x\to x_0^+}\dfrac{f(x)-f(x_0)}{x-x_0}\geqslant 0$.

又函数 $f(x)$ 在点 x_0 处可导,所以

$$f'(x_0) = f'_-(x_0) = f'_+(x_0),$$

从而

$$f'(x_0) = 0.$$

使 $f'(x) = 0$ 的点,称为函数 $f(x)$ 的驻点. 根据定理 2,可导函数 $f(x)$ 的极值点必定是它的驻点. 但反过来,函数的驻点却不一定是极值点. 例如,$y = x^3$ 在点 $x = 0$ 处的导数等于零,但显然 $x = 0$ 不是 $y = x^3$ 的极值点.

此外,函数在它的导数不存在的点处也可能取得极值. 例如,函数 $f(x) = |x|$ 在点 $x = 0$ 处不可导,但函数在该点取得极小值.

因此,当我们求出函数的驻点和不可导点后,还需要判断这些点是不是极值点,以及进一步判断极值点是极大值点还是极小值点. 由函数极值的定义和函数单调性的判定法知,函数在其极值点的邻近两侧单调性改变(即函数一阶导数的符号改变),由此可导出关于函数极值点判定的一个充分条件.

定理 3(第一充分条件)　设函数 $f(x)$ 在点 x_0 的某个邻域内连续且可导(导数 $f'(x_0)$ 也可以不存在),

(1) 如果在点 x_0 的左邻域内,$f'(x) > 0$;在点 x_0 的右邻域内,$f'(x) < 0$,则 $f(x)$ 在点 x_0 处取得极大值 $f(x_0)$;

(2) 如果在点 x_0 的左邻域内,$f'(x) < 0$;在点 x_0 的右邻域内,$f'(x) > 0$,则 $f(x)$ 在点 x_0 处取得极小值 $f(x_0)$;

(3) 如果在点 x_0 的邻域内,$f'(x)$ 不变号,则 $f(x)$ 在点 x_0 处没有极值.

证明　(1) 由题设条件,函数 $f(x)$ 在点 x_0 的左邻域内单调增加,在点 x_0 的右邻域内单调减少,且函数 $f(x)$ 在点 x_0 处连续,故由定义可知,$f(x)$ 在点 x_0 处取得极大值 $f(x_0)$ (图 3-4-6(a)).

(2) 同理可证(图 3-4-6(b)、(c)、(d)).

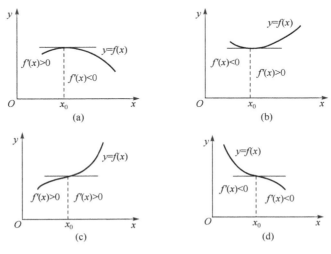

图 3-4-6

根据上面的两个定理,如果函数 $f(x)$ 在所讨论的区间内连续,除个别点外处处可导,则可按下列步骤来求函数 $f(x)$ 的极值点和极值:

(1) 确定函数 $f(x)$ 的定义域,并求其导数 $f'(x)$;

(2) 解方程 $f'(x)=0$,求出 $f(x)$ 的全部驻点与不可导点;

(3) 讨论 $f'(x)$ 在驻点与不可导点左、右两侧邻近范围内符号变化的情况,确定函数的极值点;

(4) 求出各极值点的函数值,就得到函数 $f(x)$ 的全部极值.

例 6　求函数 $f(x)=x^3-12x+5$ 的极值.

解　(1) 函数 $f(x)$ 在 $(-\infty,+\infty)$ 内连续,且
$$f'(x)=3x^2-12=3(x+2)(x-2).$$

(2) 令 $f'(x)=0$,解得驻点 $x_1=-2,x_2=2$.

(3) 列表讨论如下:

x	$(-\infty,-2)$	-2	$(-2,2)$	2	$(2,+\infty)$
$f'(x)$	$+$	0	$-$	0	$+$
$f(x)$	↗	极大值	↘	极小值	↗

(4) 极大值为 $f(-2)=21$,极小值为 $f(2)=-11$.

例 7　求函数 $f(x)=(2x-5)\sqrt[3]{x^2}$ 的极值.

解　(1) 函数 $f(x)$ 在 $(-\infty,+\infty)$ 内连续,除 $x=0$ 外处处可导,且

$$f'(x)=\frac{10}{3}x^{\frac{2}{3}}-\frac{10}{3}x^{-\frac{1}{3}}=\frac{10}{3}\frac{x-1}{\sqrt[3]{x}}.$$

(2) 令 $f'(x)=0$,得驻点 $x=1$,而 $x=0$ 为不可导点.

(3) 列表讨论如下:

x	$(-\infty,0)$	0	$(0,1)$	1	$(1,+\infty)$
$f'(x)$	$+$	不存在	$-$	0	$+$
$f(x)$	↗	极大值	↘	极小值	↗

(4) 极大值为 $f(0)=0$,极小值为 $f(1)=-3$.

当函数 $f(x)$ 在驻点处的二阶导数存在且不为零时,也可以利用下述定理来判定 $f(x)$ 在驻点处取得极大值还是极小值.

定理 4(第二充分条件)　设 $f(x)$ 在 x_0 处具有二阶导数,且
$$f'(x_0)=0,\quad f''(x_0)\neq0,$$

则　(1) 当 $f''(x_0)<0$ 时,函数 $f(x)$ 在点 x_0 处取得极大值;

(2) 当 $f''(x_0)>0$ 时,函数 $f(x)$ 在点 x_0 处取得极小值.

证明　对情形(1),由于 $f''(x_0)<0$,按二阶导数的定义有
$$f''(x_0)=\lim_{x\to x_0}\frac{f'(x)-f'(x_0)}{x-x_0}<0,$$

根据函数极限的局部保号性,当 x 在 x_0 的足够小的去心邻域内时,有

$$\frac{f'(x)-f'(x_0)}{x-x_0}<0,$$

又 $f'(x_0)=0$,所以上式即为 $\dfrac{f'(x)}{x-x_0}<0$,即 $f'(x)$ 与 $x-x_0$ 异号.

因此,当 $x-x_0<0$ 即 $x<x_0$ 时,$f'(x)>0$;当 $x-x_0>0$ 即 $x>x_0$ 时,$f'(x)<0$. 于是,由定理 3 知,$f(x)$ 在点 x_0 处取得极大值.

同理可证(2).

例 8　求函数 $f(x)=x^3+6x^2-36x-20$ 的极值.

解　函数 $f(x)$ 在 $(-\infty,+\infty)$ 内连续,且

$$f'(x)=3x^2+12x-36=3(x+6)(x-2).$$

令 $f'(x)=0$,得驻点 $x_1=-6,x_2=2$. 又 $f''(x)=6x+12$,因为

$$f''(-6)=-24<0, \quad f''(2)=24>0,$$

所以,极大值为 $f(-6)=196$,极小值为 $f(2)=-60$.

注　定理 4 表明,如果函数 $f(x)$ 在驻点 x_0 处的二阶导数 $f''(x_0)\neq0$,那么该驻点一定是极值点,并可按 $f''(x_0)$ 的符号来判定 $f(x_0)$ 是极大值还是极小值. 但如果 $f''(x_0)=0$ 时,定理 4 就不能应用,应用第一充分条件进行判断.

例 9　求函数 $f(x)=(x^2-1)^3+1$ 的极值.

解　$f'(x)=6x(x^2-1)^2$. 令 $f'(x)=0$,得驻点 $x_1=-1,x_2=0,x_3=1$. 又 $f''(x)=6(x^2-1)(5x^2-1)$.

因为 $f''(0)=6>0$,所以 $f(x)$ 在 $x=0$ 处取得极小值,极小值为 $f(0)=0$. 而 $f''(-1)=f''(1)=0$,故定理 4 无法判别. 应用第一充分条件,考察一阶导数 $f'(x)$ 在驻点 $x_1=-1$ 及 $x_3=1$ 左右邻近处的符号:

当 x 取 -1 的左侧邻近处的值时,$f'(x)<0$;

当 x 取 -1 的右侧邻近处的值时,$f'(x)<0$.

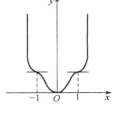

图 3-4-7

因为 $f'(x)$ 的符号没有改变,所以 $f(x)$ 在 $x_1=-1$ 处没有极值.同理,$f(x)$ 在 $x_3=1$ 处也没有极值(图 3-4-7).

习　题　3-4

1. 证明函数 $y=x-\ln(1+x^2)$ 单调增加.

2. 判定函数 $f(x)=x+\sin x(0\leqslant x\leqslant 2\pi)$ 的单调性.

3. 求下列函数的单调区间:

(1) $y=\dfrac{1}{3}x^3-x^2-3x+1$;　　　(2) $y=2x+\dfrac{8}{x}(x>0)$;　　　(3) $y=\dfrac{2}{3}x-\sqrt[3]{x^2}$;

(4) $y=\ln(x+\sqrt{1+x^2})$;　　　(5) $y=x^{\frac{1}{3}}(1-x)^{\frac{2}{3}}$;　　　(6) $y=2x^2-\ln x$.

4. 证明下列不等式:

(1) 当 $x>0$ 时,$1+\dfrac{1}{2}x>\sqrt{1+x}$;　　　(2) 当 $x>0$ 时,$\ln(1+x)>x-\dfrac{1}{2}x^2$;

(3) 当 $x\geqslant0$ 时,$(1+x)\ln(1+x)\geqslant\arctan x$;　　　(4) 当 $x>0$ 时,$\arctan x>x-\dfrac{1}{3}x^3$;

(5) 当 $0<x<\dfrac{\pi}{2}$ 时,$\tan x>x+\dfrac{1}{3}x^3$.

5. 试证方程 $\sin x = x$ 有且仅有一个实根.

6. 单调函数的导函数是否必然为单调函数? 研究例子: $f(x) = x + \sin x$.

7. 求下列函数的极值:

(1) $y = 2x^3 - 9x^2 + 12x - 3$;　　(2) $y = x - \ln(1+x)$;　　(3) $y = \dfrac{\ln^2 x}{x}$;

(4) $y = x + \sqrt{1-x}$;　　(5) $y = e^x \cos x$;　　(6) $f(x) = (x-1)\sqrt[3]{x^2}$.

8. 试证: 当 $a + b + 1 > 0$ 时, $f(x) = \dfrac{x^2 + ax + b}{x-1}$ 取得极值.

9. 试问 a 为何值时, 函数 $f(x) = a\sin x + \dfrac{1}{3}\sin 3x$ 在 $x = \dfrac{\pi}{3}$ 处取得极值, 并求此极值.

3.5 数学建模——最优化

3.5.1 函数的最大值与最小值

在实际应用中, 常常会遇到这样一类问题: 在一定条件下, 如何使用料最省、容量最大、效率最高、利润最大等. 此类问题在数学上往往可归结为求某一函数(通常称为目标函数)的最大值或最小值问题.

假定函数 $f(x)$ 在闭区间 $[a,b]$ 上连续, 则函数在该区间上必取得最大值和最小值. 函数的最大(小)值与函数的极值是有区别的, 前者是指在整个闭区间 $[a,b]$ 上的所有函数值中最大(小)的, 因而最大(小)值是全局性的概念. 但是, 如果函数的最大(小)值在开区间 (a,b) 内取得, 那么最大(小)值必定是函数的极大(小)值. 同时, 函数的最大(小)值也可能在区间的端点 a,b 处取得.

综上所述, 求函数 $f(x)$ 在闭区间 $[a,b]$ 上的最大(小)值, 只需计算函数 $f(x)$ 在所有驻点、不可导点处的函数值, 并将它们与区间端点处的函数值 $f(a), f(b)$ 相比较, 其中最大的就是最大值, 最小的就是最小值.

例 1 求 $f(x) = x^4 - 4x^3 + 5$ 在 $[-1,4]$ 上的最大值与最小值.

解 因为

$$f'(x) = 4x^3 - 12x^2 = 4x^2(x-3),$$

令 $f'(x) = 0$, 解得驻点 $x_1 = 0, x_2 = 3$. 计算

$$f(-1) = 10, \quad f(0) = 5, \quad f(3) = -22, \quad f(4) = 5,$$

比较得, 函数 $f(x)$ 在 $[-1,4]$ 上的最大值为 $f(-1) = 10$, 最小值为 $f(3) = -22$.

对于区间 I(有限或无限, 开或闭)上的连续函数 $f(x)$, 如果在这个区间内只有唯一的极值点 x_0, 则点 x_0 就是函数 $f(x)$ 在区间 I 上的最值点, 且当 x_0 是极大值点(或极小值点)时, 点 x_0 也就是函数 $f(x)$ 在区间 I 上的最大值点(或最小值点). 在实际应用问题中往往会遇到这样的情形.

例 2 设工厂 A 到铁路线的垂直距离为 20km, 垂足为 B, 铁路线上距离 B 为 100km 处有一原料供应站 C, 如图 3-5-1. 现在要在铁路 BC 段 D 处修建一个原料中转车站, 再由车站 D 向工厂修一条公路. 如果已知每 1km 的铁路运费与公路运费之比为 $3:5$, 那么 D 应选在何处, 才能使从原料供应站 C 运货到工厂 A 所需运费最省?

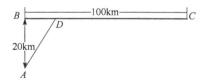

图 3-5-1

解　设 B,D 之间的距离为 x(单位:km),则 A,D 之间的距离和 C,D 之间的距离分别为

$$|AD|=\sqrt{x^2+20^2}, \quad |CD|=100-x.$$

设公路运费为 a 元/km,则铁路运费为 $\frac{3}{5}a$ 元/km,故从原料供应站 C 途径中转站 D 到工厂 A 所需总运费 y(目标函数)为

$$y=\frac{3}{5}a|CD|+a|AD|=\frac{3}{5}a(100-x)+a\sqrt{x^2+400} \quad (0\leqslant x\leqslant100).$$

由于

$$y'=-\frac{3}{5}a+\frac{ax}{\sqrt{x^2+400}}=\frac{a(5x-3\sqrt{x^2+400})}{5\sqrt{x^2+400}},$$

令 $y'=0$,即 $25x^2=9(x^2+400)$,解得驻点 $x_1=15,x_2=-15$(舍去),因而 $x=15$ 是函数 y 在其定义域内的唯一驻点.

又 $y''=\frac{400a}{\sqrt{(x^2+400)^3}}$,所以 $y''|_{x=15}>0$,故 $x=15$ 是函数 y 的极小值点,因此,$x=15$ 就是函数 y 的最小值点.

综上所述,车站 D 建于 B,C 之间且与 B 相距 15km 时,运费最省.

还要指出,在实际问题中,往往根据问题的性质就可以断定可导函数 $f(x)$ 确有最大值(或最小值),而且一定在定义区间内部取得,这时如果 $f(x)$ 在定义区间内部只有唯一一个驻点 x_0,那么不必讨论 $f(x_0)$ 是不是极值,就可以断定 $f(x_0)$ 是最大值(或最小值).

例 3　某房地产公司有 50 套公寓要出租,当租金定为每月 1800 元时,公寓可全部租出去.当月租金每增加 100 元时,就有一套公寓租不出去,而租出去的房子每月需花费 200 元的整修维护费.试问房租定为多少可获得最大收入?

解　设房租为每月 x 元,则租出去的房子为 $50-\frac{x-1\,800}{100}$ 套,每月的总收入为

$$R(x)=(x-200)\left(50-\frac{x-1\,800}{100}\right)=(x-200)\left(68-\frac{x}{100}\right) \quad (1\,800\leqslant x\leqslant6\,800).$$

由

$$R'(x)=\left(68-\frac{x}{100}\right)+(x-200)\left(-\frac{1}{100}\right)=70-\frac{x}{50},$$

令 $R'(x)=0$,解得唯一驻点 $x=3\,500$.

根据题意可以断定,最大收入一定存在,且在定义域 $[1\,800,6\,800]$ 内取得,又函数在 $[1\,800,6\,800]$ 内只有唯一的驻点 $x=3\,500$,因此该驻点即为所求最大值点.所以每月每套租金为 3 500 元时收入最大,最大收入为 $R(3\,500)=108\,900$(元).

例 4　在 1992 年巴塞罗那夏季奥运会开幕式上的奥运火炬是由射箭铜牌获得者安东尼奥·雷波罗用一枝燃烧的箭点燃的,奥运火炬位于高约 21m 的火炬台顶端的圆盘中,假定雷波罗在地面以上 2m 距火炬台顶端圆盘约 70m 处的位置射出火箭,若火箭恰好在达到其最大飞行高度 1s 后落入火炬圆盘中,试确定火箭的发射角 α 和初速度 v_0(假定火箭射出后在空中的运动过程中受到的阻力为零,且 $g=10\text{m/s}^2$,$\arctan\frac{22}{20.9}\approx46.5°$,$\sin46.5°\approx0.725$).

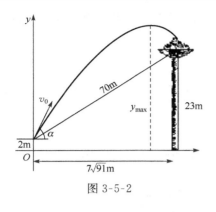

图 3-5-2

解 建立如图 3-5-2 所示坐标系,根据题意,火箭在空中运动 t s 后的位置为

$$\begin{cases} x(t)=(v_0\cos\alpha)t \\ y(t)=2+(v_0\sin\alpha)t-5t^2 \end{cases}.$$

火箭在其竖直速度为零时达到最高点,故有 $t=\dfrac{v_0\sin\alpha}{10}$,于是可得到当火箭达到最高点 1s 后的时刻其位置为

$$x(t)\big|_{t=\frac{v_0\sin\alpha}{10}+1}=v_0\cos\alpha\left(\frac{v_0\sin\alpha}{10}+1\right)=\sqrt{70^2-21^2},$$

$$y(t)\big|_{t=\frac{v_0\sin\alpha}{10}+1}=2+v_0\sin\alpha\left(\frac{v_0\sin\alpha}{10}+1\right)-5\left(\frac{v_0\sin\alpha}{10}+1\right)^2=21,$$

解得:$v_0\sin\alpha\approx22$,$v_0\cos\alpha\approx20.9$,从而

$$\tan\alpha=\frac{22}{20.9}\Rightarrow\alpha\approx46.5°,$$

又 $$v_0\sin\alpha\approx22,\quad \alpha\approx46.5°\Rightarrow v_0\approx30.3(\text{m/s}),$$

所以火箭的发射角 α 和初速度 v_0 分别约为 $46.5°$ 和 30.3m/s.

注 以上我们所研究的均为理想情况下的抛射体,实际情况远较此复杂,事实上,抛射体的运动还受到空气阻力等因素的持续影响.

习 题 3-5

1. 求下列函数在给定区间上的最大值和最小值:

(1) $y=x^4-8x^2+2,[-1,3]$;

(2) $y=\sin x+\cos x,[0,2\pi]$;

(3) $y=x+\sqrt{1-x},[-5,1]$;

(4) $y=\dfrac{x^2}{1+x},\left[-\dfrac{1}{2},1\right]$.

2. 求下列数列的最大项:

(1) $\left\{\dfrac{n^5}{2^n}\right\}$;

(2) $\{\sqrt[n]{n}\}$.

3. 问函数 $y=x^2-\dfrac{54}{x}(x<0)$ 在何处取得最小值?

4. 从一块边长为 a 的正方形铁皮的四角上截去同样大小的正方形,然后按虚线把四边折起来做成一个无盖的盒子(图 3-5-3),问要截去多大的小方块,才能使盒子的容量最大?

5. 从一块半径为 R 的圆片中应切去怎样的扇形,才能使余下的部分卷成的漏斗(图 3-5-4)容积最大?

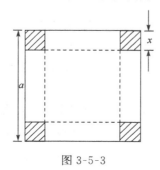

图 3-5-3

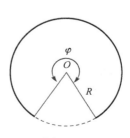

图 3-5-4

6. 设有重量为 5kg 的物体,置于水平面上,受力 F 的作用而开始移动(图 3-5-5),设摩擦系数 $\mu = 0.25$. 问力 F 与水平线的交角 α 为多少时,才可使力 F 的大小为最小?

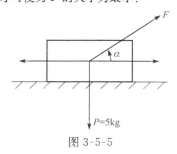

图 3-5-5

7. 甲船以每小时 20 浬的速度向东行驶,同一时间乙船在甲船正北 82 浬处以每小时 16 浬的速度向南行驶,问经过多少时间两船距离最近?

3.6　曲线的凹凸性与拐点

在 3.4 中节,我们研究了函数的单调性与极值,函数的单调性反映在图形上,就是曲线的上升或下降. 但是,仅仅知道这些,还不能准确地掌握函数的图形.

例如,如图 3-6-1 中的两条曲线弧,虽然都是单调上升,但图形却有明显的不同. ACB 是向上凸的,ADB 则是向上凹的,即它的凹凸性是不同的. 下面我们就来研究曲线的凹凸性及判定方法.

关于曲线凹凸性的定义,先从几何直观来分析. 在图 3-6-2 中,如果任取两点,则连结这两点的弦总位于这两点间的弧段的上方;在图 3-6-3 中,则正好相反. 曲线的这种性质就是曲线的凹凸性. 因此,曲线的凹凸性可以用联结曲线弧上任意两点的弦的中点与曲线上相应点的位置关系来描述.

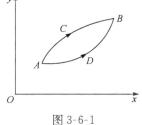

图 3-6-1

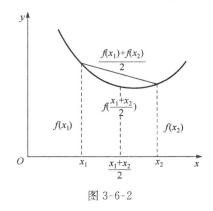

图 3-6-2

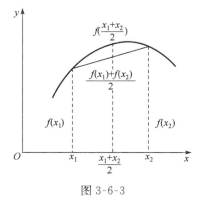

图 3-6-3

定义 1　设 $f(x)$ 在区间 I 内连续,如果对 I 上任意两点 x_1, x_2,恒有

$$f\left(\frac{x_1 + x_2}{2}\right) < \frac{f(x_1) + f(x_2)}{2},$$

则称 $f(x)$ 在 I 上的图形是**(向上)凹的**(或凹弧);如果恒有

$$f\left(\frac{x_1 + x_2}{2}\right) > \frac{f(x_1) + f(x_2)}{2},$$

则称 $f(x)$ 在 I 上的图形是**(向上)凸的**(或凸弧).

曲线的凹凸性具有明显的几何意义,对于凹曲线,当 x 逐渐增大时,其上每一点的切线的斜率是逐渐增大的,即导函数 $f'(x)$ 是单调增加函数(图 3-6-4);而对于凸曲线,其上每一点的切线的斜率是逐渐减小的,即导函数 $f'(x)$ 是单调减少函数(图 3-6-5). 于是有下述判断曲线凹凸性的定理.

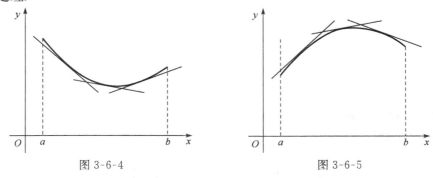

图 3-6-4 图 3-6-5

定理 1 设 $f(x)$ 在 $[a,b]$ 上连续,在 (a,b) 内具有一阶和二阶导数,则

(1) 若在 (a,b) 内,$f''(x)>0$,则 $f(x)$ 在 $[a,b]$ 上的图形是凹的;

(2) 若在 (a,b) 内,$f''(x)<0$,则 $f(x)$ 在 $[a,b]$ 上的图形是凸的.

证明 我们就情形(1)给出证明.

设 x_1 和 x_2 为 $[a,b]$ 内任意两点,且 $x_1<x_2$,记 $\dfrac{x_1+x_2}{2}=x_0$,并记 $x_2-x_0=x_0-x_1=h$,则由拉格朗日中值定理,得

$$f(x_2)-f(x_0)=f'(\xi_2)h, \quad \xi_2\in(x_0,x_2),$$
$$f(x_0)-f(x_1)=f'(\xi_1)h, \quad \xi_1\in(x_1,x_0).$$

两式相减,得

$$f(x_2)+f(x_1)-2f(x_0)=[f'(\xi_2)-f'(\xi_1)]h. \tag{3.6.1}$$

在 (ξ_1,ξ_2) 上对 $f'(x)$ 再次应用拉格朗日中值定理,得

$$f'(\xi_2)-f'(\xi_1)=f''(\xi)(\xi_2-\xi_1).$$

将上式代入式(3.6.1),得

$$f(x_2)+f(x_1)-2f(x_0)=f''(\xi)(\xi_2-\xi_1)h.$$

由题设条件知 $f''(\xi)>0$,并注意到 $\xi_2-\xi_1>0$,则有

$$f(x_2)+f(x_1)-2f(x_0)>0,$$

亦即

$$f\left(\frac{x_1+x_2}{2}\right)<\frac{f(x_1)+f(x_2)}{2},$$

所以 $f(x)$ 在 $[a,b]$ 上的图形是凹的.

类似地可证明情形(2).

例 1 判定 $y=x-\ln(1+x)$ 的凹凸性.

解 因为 $y'=1-\dfrac{1}{1+x}$,$y''=\dfrac{1}{(1+x)^2}>0$,所以,题设函数在其定义域 $(-1,+\infty)$ 内是凹的.

例 2 判断曲线 $y=x^3$ 的凹凸性.

解 因为 $y'=3x^2$,$y''=6x$,当 $x<0$ 时,$y''<0$,所以曲线在 $(-\infty,0]$ 内为凸的;当 $x>0$ 时,$y''>0$,所以曲线在 $[0,+\infty)$ 内为凹的(图 3-6-6).

例 3　判断曲线 $y=\sqrt[3]{x}$ 的凹凸性.

解　因为当 $x\neq0$ 时, $y'=\dfrac{1}{3\sqrt[3]{x^2}}$, $y''=-\dfrac{2}{9x\sqrt[3]{x^2}}$, 当 $x=0$

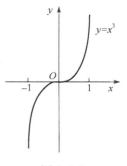

时, y'' 不存在. 当 $x<0$ 时, $y''>0$, 所以曲线在 $(-\infty,0]$ 内为凹的; 当 $x>0$ 时, $y''<0$, 所以曲线在 $[0,+\infty)$ 内为凸的.

　注　在例 2 和例 3 中, 我们注意到点 $(0,0)$ 是使曲线凹凸性发生改变的分界点, 此类分界点称为曲线的拐点. 一般地, 我们有如下定义

定义 2　连续曲线上凹弧与凸弧的分界点称为曲线的**拐点**.

图 3-6-6

图 3-6-7 是一条假设的上海证券交易所股票价格综合指数

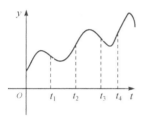

图 3-6-7

曲线. 上证指数是一种能反映具有局部下跌和上涨的股票市场总体增长的股票指数. 投资股票市场的目标无疑是低买(在局部最低处买进)高卖(在局部最高处卖出). 但是, 这种对股票时机的把握是难以捉摸的, 因为我们不可能准确预测股市的趋势. 当投资人刚意识到股市确实在上涨(或下跌)时, 局部最低点(或局部最高点)早已过去了.

　　　　　　拐点为投资者提供了在逆转趋势发生之前预测它的方法, 因为拐点标志着函数增长率的根本改变. 在拐点(或接近拐点)的价格购进股票能使投资者呆在较长期的上扬趋势中(拐点预警了趋势的改变), 降低了因股市的浮动给投资者带来的风险, 这种方法使投资者能在长时间的过程中抓住股指上扬的趋势.

　如何来寻找曲线 $y=f(x)$ 的拐点呢?

　根据定理 1, 二阶导数 $f''(x)$ 的符号是判断曲线凹凸性的依据. 因此, 若 $f''(x)$ 在点 x_0 的左、右两侧邻近处异号, 则点 $(x_0,f(x_0))$ 就是曲线的一个拐点, 所以, 要寻找拐点, 只要找出使 $f''(x)$ 符号发生变化的分界点即可. 从例 2 和例 3 可见, 使二阶导数 $f''(x)$ 等于零的点以及使二阶导数 $f''(x)$ 不存在的点都有可能成为使 $f''(x)$ 符号发生变化的分界点.

　综上所述, 判定曲线的凹凸性与求曲线的拐点的一般步骤为:

　(1) 确定函数的定义域, 并求其二阶导数 $f''(x)$;

　(2) 令 $f''(x)=0$, 解出全部实根, 并求出所有使二阶导数 $f''(x)$ 不存在的点;

　(3) 对步骤(2)中求出的每一个点, 检查其邻近左、右两侧 $f''(x)$ 的符号, 确定曲线的凹凸区间和拐点.

　例 4　求曲线 $y=x^4-2x^3+1$ 的拐点及凹凸区间.

　解　(1) 题设函数的定义域为 $(-\infty,+\infty)$, 又
$$y'=4x^3-6x^2,\quad y''=12x^2-12x=12x(x-1);$$

(2) 令 $y''=0$, 解得 $x_1=0$, $x_2=1$.

(3) 列表讨论如下:

x	$(-\infty,0)$	0	$(0,1)$	1	$(1,+\infty)$
$f''(x)$	$+$	0	$-$	0	$+$
$f(x)$	凹的	拐点 $(0,1)$	凸的	拐点 $(1,0)$	凹的

(4) 曲线的凹区间为 $(-\infty,0]$, $[1,+\infty)$, 凸区间为 $[0,1]$, 拐点为 $(0,1)$ 和 $(1,0)$.

　例 5　求曲线 $y=(x-2)^{\frac{5}{3}}$ 的拐点及凹凸区间.

　解　(1) 题设函数的定义域为 $(-\infty,+\infty)$, 又

$$y' = \frac{5}{3}(x-2)^{\frac{2}{3}}, \quad y'' = \frac{10}{9}(x-2)^{-\frac{1}{3}}.$$

(2) 当 $x=2$ 处,$y'=0$,y'' 不存在.

(3) 列表讨论如下:

x	$(-\infty,2)$	2	$(2,+\infty)$
$f''(x)$	—	不存在	$+$
$f(x)$	凸的	拐点	凹的

(4) 曲线的凹区间为 $[2,+\infty)$,凸区间为 $(-\infty,2]$,拐点为 $(2,0)$.

例 6 设 $x,y>0$,$x\neq y$,$n>1$,证明 $\dfrac{x^n+y^n}{2}>\left(\dfrac{x+y}{2}\right)^n$.

证明 令 $f(t)=t^n(n>1)$,$t\in(0,+\infty)$,$f'(t)=nt^{n-1}$. 因为当 $t\in(0,+\infty)$ 时,$f''(t)=n(n-1)t^{n-2}>0$,所以函数 $f(t)=t^n$ 在 $(0,+\infty)$ 上为凹函数,由凹函数定义,任取 $x,y>0$,当 $x\neq y$ 时,有 $f\left(\dfrac{x+y}{2}\right)<\dfrac{f(x)+f(y)}{2}$,即

$$\frac{x^n+y^n}{2}>\left(\frac{x+y}{2}\right)^n.$$

习 题 3-6

1. 求下列函数的凹凸区间及拐点:

(1) $y=2x^3-3x^2-36x+25$；　　(2) $y=x+\dfrac{1}{x}(x>0)$；　　(3) $y=x+\dfrac{x}{x^2-1}$；

(4) $y=x\arctan x$；　　(5) $y=(x+1)^4+e^x$；　　(6) $y=\ln(x^2+1)$；

(7) $y=e^{\arctan x}$.

2. 利用函数图形的凹凸性,证明不等式:

(1) $\dfrac{e^x+e^y}{2}>e^{\frac{x+y}{2}}(x\neq y)$；　　(2) $\cos\dfrac{x+y}{2}>\dfrac{\cos x+\cos y}{2}$,$\forall x,y\in\left(-\dfrac{\pi}{2},\dfrac{\pi}{2}\right)$；

(3) $x\ln x+y\ln y>(x+y)\ln\dfrac{x+y}{2}(x>0,y>0,x\neq y)$.

3. 试证明曲线 $y=\dfrac{x-1}{x^2+1}$ 有三个拐点位于同一直线上.

4. 问 a 及 b 为何值时,点 $(1,3)$ 为曲线 $y=ax^3+bx^2$ 的拐点?

5. 试确定曲线 $y=ax^3+bx^2+cx+d$ 中的 a,b,c,d,使得在 $x=-2$ 处曲线有水平切线,$(1,-10)$ 为拐点,且点 $(-2,44)$ 在曲线上.

6. 试确定 $y=k(x^2-3)^2$ 中 k 的值,使曲线的拐点处的法线通过原点.

7. 设函数 $y=f(x)$ 在 $x=x_0$ 的某邻域内具有三阶导数,如果 $f''(x_0)=0$,而 $f'''(x_0)\neq0$,试问 $(x_0,f(x_0))$ 是否为拐点,为什么?

3.7 函数图形的描绘

为了确定函数图形的形状,需要知道当沿图形往前走时它是上升或下降以及图形是如何弯曲的. 通过前面的学习,我们知道,借助于一阶导数可以确定函数图形的单调性和极值的位置;借助于二阶导数可以确定函数的凹凸性及拐点. 由此,就可以掌握函数的性态,并把函数的图形画得比较准确.

为方便起见,特将函数导数与函数图形的关系大致总结如下:

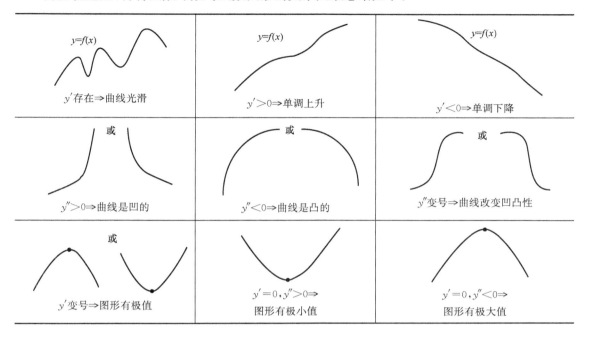

y'存在⇒曲线光滑	$y'>0$⇒单调上升	$y'<0$⇒单调下降
或	或	或
$y''>0$⇒曲线是凹的	$y''<0$⇒曲线是凸的	y''变号⇒曲线改变凹凸性
或		
y'变号⇒图形有极值	$y'=0, y''>0$⇒ 图形有极小值	$y'=0, y''<0$⇒ 图形有极大值

3.7.1　渐近线

有些函数的定义域和值域都是有限区间,其图形仅局限于一定的范围之内,如圆、椭圆等.有些函数定义域或值域是无穷区间,其图形向无穷远处延伸,如双曲线、抛物线等.为了把握曲线在无限变化中的趋势,我们先介绍曲线的渐近线的概念.

定义 1　如果当曲线 $y=f(x)$ 上的一动点沿着曲线移向无穷远时,该点与某条定直线 L 的距离趋向于零,则直线 L 就称为曲线 $y=f(x)$ 的一条渐近线(图 3-7-1).

渐近线分为水平渐近线、铅直渐近线和斜渐近线三种.

1. 水平渐近线

若函数 $y=f(x)$ 的定义域是无穷区间,且 $\lim\limits_{x\to\infty}f(x)=C$,则称直线 $y=C$ 为曲线 $y=f(x)$ 当 $x\to\infty$ 时的**水平渐近线**,类似地,可以定义 $x\to+\infty$ 或 $x\to-\infty$ 时的水平渐近线.

例如,对函数 $y=\dfrac{1}{x-1}$,因为 $\lim\limits_{x\to\infty}\dfrac{1}{x-1}=0$,所以直线 $y=0$ 为 $y=\dfrac{1}{x-1}$ 的水平渐近线(图 3-7-2).

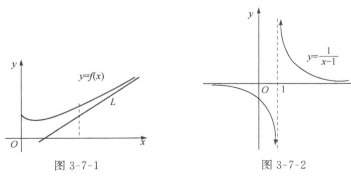

图 3-7-1　　　　　　　　　　　　　图 3-7-2

对函数 $y=\arctan x$,因为 $\lim\limits_{x\to-\infty}\arctan x=-\dfrac{\pi}{2}$,所以直线 $y=-\dfrac{\pi}{2}$ 为 $y=\arctan x$ 的一条水平渐近线;又 $\lim\limits_{x\to+\infty}\arctan x=\dfrac{\pi}{2}$,所以直线 $y=\dfrac{\pi}{2}$ 也为 $y=\arctan x$ 的一条水平渐近线.

2. 铅直渐近线

若函数 $y=f(x)$ 在点 x_0 处间断,且 $\lim\limits_{x\to x_0^+}f(x)=\infty$ 或 $\lim\limits_{x\to x_0^-}f(x)=\infty$,则称直线 $x=x_0$ 为曲线 $y=f(x)$ 的**铅直渐近线**.

例如,对函数 $y=\dfrac{1}{x-1}$,因为 $\lim\limits_{x\to1}\dfrac{1}{x-1}=\infty$,所以直线 $x=1$ 为 $y=\dfrac{1}{x-1}$ 的铅直渐近线(图 3-7-2).

3. 斜渐近线

设函数 $y=f(x)$,如果 $\lim\limits_{x\to\infty}[f(x)-(ax+b)]=0$,则称直线 $y=ax+b$ 为 $y=f(x)$ 当 $x\to\infty$ 时的**斜渐近线**,其中

$$a=\lim_{x\to\infty}\frac{f(x)}{x}(a\neq0),\quad b=\lim_{x\to\infty}[f(x)-ax].$$

类似地,可以定义 $x\to+\infty$ 或 $x\to-\infty$ 时的斜渐近线.

注 如果 $\lim\limits_{x\to\infty}\dfrac{f(x)}{x}$ 不存在,或虽然它存在但 $\lim\limits_{x\to\infty}[f(x)-ax]$ 不存在,则可以断定 $y=f(x)$ 不存在斜渐近线.

例 1 求曲线 $f(x)=\dfrac{\mathrm{e}^x}{1+x}$ 的渐近线.

解 函数的定义域为 $(-\infty,-1)\cup(-1,+\infty)$,易见 $\lim\limits_{x\to-1}f(x)=\infty$,所以直线 $x=-1$ 是曲线的铅直渐近线.

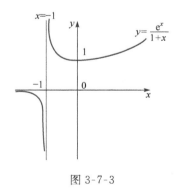

图 3-7-3

因为 $\lim\limits_{x\to+\infty}f(x)=+\infty$,所以曲线在 $x\to+\infty$ 时无水平渐近线.

而

$$\lim_{x\to+\infty}\frac{f(x)}{x}=\lim_{x\to+\infty}\frac{\mathrm{e}^x}{x(1+x)}$$
$$=\lim_{x\to+\infty}\frac{\mathrm{e}^x}{2x+1}=\lim_{x\to+\infty}\frac{\mathrm{e}^x}{2}=+\infty.$$

所以曲线在 $x\to+\infty$ 时亦无斜渐近线.

因为 $\lim\limits_{x\to-\infty}f(x)=0$,所以直线 $y=0$ 是曲线在 $x\to-\infty$ 时的水平渐近线(图 3-7-3).

例 2 求曲线 $f(x)=\dfrac{x^3}{x^2+2x-3}$ 的渐近线.

解 函数的定义域为 $(-\infty,-3)\cup(-3,1)\cup(1,+\infty)$,又 $f(x)=\dfrac{x^3}{(x+3)(x-1)}$,易见

$$\lim_{x\to-3}f(x)=\infty,\quad\lim_{x\to1}f(x)=\infty,$$

所以直线 $x=-3$ 和 $x=1$ 是曲线的铅直渐近线.

又因为 $\lim\limits_{x\to\infty}f(x)=\infty$，所以曲线无水平

渐近线.

$$\lim_{x\to\infty}\frac{f(x)}{x}=\lim_{x\to\infty}\frac{x^2}{x^2+2x-3}=1,$$

$$\text{且}\lim_{x\to\infty}\big[f(x)-ax\big]=\lim_{x\to\infty}\left[\frac{x^3}{x^2+2x-3}-x\right]$$

$$=\lim_{x\to\infty}\frac{-2x^2+3x}{x^2+2x-3}=-2,$$

所以直线 $y=x-2$ 是曲线 $x\to\infty$ 时的斜渐近

线(图 3-7-4).

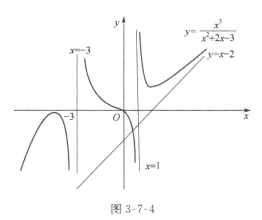

图 3-7-4

3.7.2　函数图形的描绘

一般地，我们利用导数描绘函数 $y=f(x)$ 的图形，其一般步骤如下：

(1) 确定函数 $f(x)$ 的定义域，研究函数的特性，如奇偶性、周期性、有界性等，并求出函数的一阶导数 $f'(x)$ 和二阶导数 $f''(x)$；

(2) 求出一阶导数 $f'(x)$ 和二阶导数 $f''(x)$ 在函数定义域内的全部零点，并求出函数 $f(x)$ 的间断点以及导数 $f'(x)$ 和 $f''(x)$ 不存在的点，用这些点把函数定义域划分成若干个部分区间；

(3) 确定在这些部分区间内 $f'(x)$ 和 $f''(x)$ 的符号，并由此确定函数的增减性和凹凸性，极值点和拐点；

(4) 确定函数图形的渐近线以及其他变化趋势；

(5) 算出 $f'(x)$ 和 $f''(x)$ 的零点以及不存在时的点所对应的函数值，并在坐标平面上定出相应的点；有时还需适当补充一些辅助作图点(如与坐标轴的交点和曲线的端点等)；然后根据(3)，(4)中得到的结果，用平滑的曲线连接得到的点即可画出函数的图形.

例 3　作函数 $f(x)=\dfrac{x^3-2}{2\,(x-1)^2}$ 的图形.

解　(1)函数的定义域为 $(-\infty,1)\bigcup(1,+\infty)$，是非奇非偶函数，而

$$f'(x)=\frac{(x-2)^2\,(x+1)}{2\,(x-1)^3},\quad f''(x)=\frac{3(x-2)}{(x-1)^4}.$$

(2) 由 $f'(x)=0$，解得驻点 $x=-1,x=2$，由 $f''(x)=0$，解得 $x=2$. 间断点及导数不存在的点为 $x=1$. 用这三点把定义域划分成下列四个部分区间：

$$(-\infty,-1],\quad[-1,1),\quad(1,2],\quad[2,+\infty).$$

(3) 列表确定函数的增减区间、凹凸区间及极值点和拐点：

x	$(-\infty,-1)$	-1	$(-1,1)$	1	$(1,2)$	2	$(2,+\infty)$
$f'(x)$	$+$	0	$-$	不存在	$+$	0	$+$
$f''(x)$	$-$		$-$	不存在	$-$	0	$+$
$f(x)$	$\nearrow$	极值点	$\searrow$	间断点	$\nearrow$	拐点	$\nearrow$

(4) 因为

$$\lim_{x \to 1} \frac{x^3 - 2}{2(x-1)^2} = -\infty,$$

所以直线 $x=1$ 为铅直渐近线；而

$$\lim_{x \to \infty} \frac{f(x)}{x} = \lim_{x \to \infty} \frac{x^3-2}{2x(x-1)^2} = \frac{1}{2},$$

$$\lim_{x \to \infty} [f(x) - ax] = \lim_{x \to \infty} \left[\frac{x^3-2}{2(x-1)^2} - \frac{1}{2}x \right] = \lim_{x \to \infty} \frac{2x^2-3}{2(x-1)^2} = 1,$$

所以直线 $y = \frac{1}{2}x + 1$ 是斜渐近线.

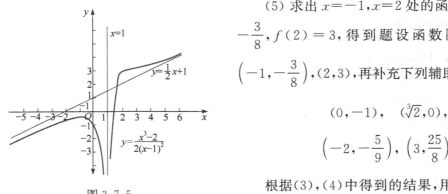

图 3-7-5

(5) 求出 $x=-1, x=2$ 处的函数值 $f(-1) = -\frac{3}{8}, f(2)=3$，得到题设函数图形上的两点 $\left(-1, -\frac{3}{8}\right), (2,3)$，再补充下列辅助作图点：

$$(0, -1), \quad (\sqrt[3]{2}, 0),$$

$$\left(-2, -\frac{5}{9}\right), \quad \left(3, \frac{25}{8}\right).$$

根据(3),(4)中得到的结果,用平滑的曲线连接这些点,即可描绘出题设函数的图形(图 3-7-5).

例 4 作函数 $\varphi(x) = \frac{1}{\sqrt{2\pi}} e^{-\frac{x^2}{2}}$ 的图形.

解 (1)函数的定义域为 $(-\infty, +\infty)$，是偶函数,其图形关于 y 轴对称. 因此只需讨论 $[0, +\infty)$ 上函数的图形. 而

$$\varphi'(x) = -\frac{x}{\sqrt{2\pi}} e^{-\frac{x^2}{2}}, \quad \varphi''(x) = \frac{(x+1)(x-1)}{\sqrt{2\pi}} e^{-\frac{x^2}{2}}.$$

(2) 在 $[0, +\infty)$ 上,由 $\varphi'(x)=0$,解得驻点 $x=0$,由 $\varphi''(x)=0$,解得 $x=1$. 点 $x=1$ 把 $[0, +\infty)$ 划分为两个部分区间 $[0,1]$,$[1, +\infty)$.

(3) 列表确定函数的增减区间、凹凸区间及极值点和拐点：

x	0	$(0,1)$	1	$(1, +\infty)$
$\varphi'(x)$	0	$-$		$-$
$\varphi''(x)$		$-$	0	$+$
$\varphi(x)$	极大值	↘	拐点	↘

(4) 因为

$$\lim_{x \to \infty} \varphi(x) = \lim_{x \to \infty} \frac{1}{\sqrt{2\pi}} e^{-\frac{x^2}{2}} = 0,$$

所以直线 $y=0$ 为水平渐近线.

(5) 算出 $x=0, x=1$ 处的函数值 $\varphi(0) = \frac{1}{\sqrt{2\pi}}, \varphi(1) = \frac{1}{\sqrt{2\pi e}}$,得到题设函数图形上的两点

$M_1\left(0,\dfrac{1}{\sqrt{2\pi}}\right),M_2\left(1,\dfrac{1}{\sqrt{2\pi\mathrm{e}}}\right)$，补充辅助作图点：$M_3\left(2,\dfrac{1}{\sqrt{2\pi\mathrm{e}^2}}\right)$.

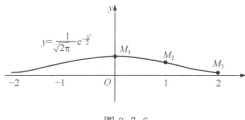

图 3-7-6

根据(3)、(4)中得到的结果,用平滑的曲线连接这些点,即可得到函数在$[0,+\infty)$上的图形. 最后,利用图形的对称性,便可描绘出题设函数的图形(图 3-7-6).

习　题　3-7

1. 求下列曲线的渐近线:

(1) $y=\mathrm{e}^{-\frac{1}{x}}$；　　　　　　　　　　　　　　(2) $y=\dfrac{x^3}{(x-1)^2}$；

(3) $y=x+\mathrm{e}^x$；　　　　　　　　　　　　　　(4) $y=x\arctan x$.

2. 画出具有以下性质的二次可导函数 $y=f(x)$ 图形的略图,在可能的地方标出坐标值.

x	y	导数
$x<2$		$y'<0,y''<0$
2	1	$y'=0,y''<0$
$2<x<4$		$y'<0,y''<0$
4	4	$y'>0,y''=0$
$4<x<6$		$y'>0,y''<0$
6	7	$y'=0,y''<0$
$x>6$		$y'<0,y''<0$

3. 描绘下列函数的图形:

(1) $y=\dfrac{2x^2}{x^2-1}$；　　　　(2) $y=\dfrac{x}{1+x^2}$；　　　　(3) $y=\dfrac{(x-3)^2}{4(x-1)}$；

(4) $y=x\sqrt{3-x}$；　　　　(5) $y=\dfrac{\ln x}{x}$.

3.8　曲　率

在生产实践和工程技术中,常常需要研究曲线的弯曲程度,例如,设计铁路、高速公路的弯道时,就需要根据最高限速来确定弯道的弯曲程度. 为此,本节将介绍曲率的概念及曲率的计算公式.

3.8.1　弧微分

作为曲率的预备知识,我们先介绍弧微分的概念.

设函数 $y=f(x)$ 在区间内具有连续导数,在曲线 $y=f(x)$ 上取一固定点 $M_0(x_0,y_0)$ 作为度量弧长的基本点,并规定:x 增大的方向为曲线的正向. 对曲线上任一点 $M(x,y)$,规定有向弧段 $\overparen{M_0M}$ 的值 s(简称为弧 s)如下:当 $\overparen{M_0M}$ 与曲线正向一致时,$s>0$;当 $\overparen{M_0M}$ 与曲线正向相反时,$s<0$. 显然,弧 s 是 x 的函数,即为 $s=s(x)$,且 $s(x)$ 是 x 的单调增加函数. 下面来求 $s=s(x)$ 的导数与微分.

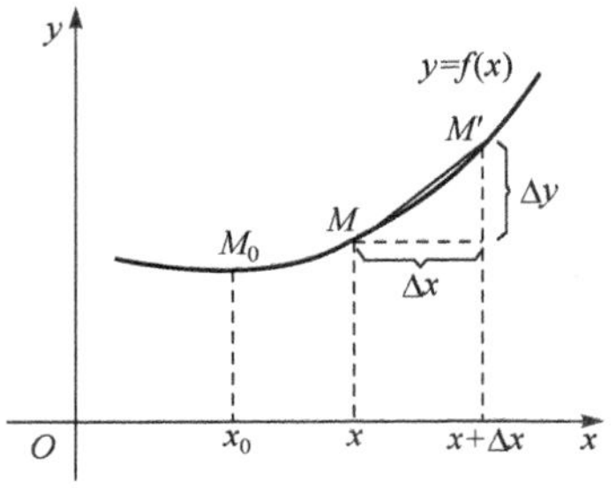

图 3-8-1

设 $x,x+\Delta x$ 为 (a,b) 内两个邻近的点,它们分别对应曲线 $y=f(x)$ 上的两点 M,M'(图 3-8-1),并设对应于 x 的增量 Δx,弧 s 相应的增量为 Δs,那么

$$\Delta s=\overparen{M_0M'}-\overparen{M_0M}=\overparen{MM'}.$$

于是

$$\left(\frac{\Delta s}{\Delta x}\right)^2=\left(\frac{\overparen{MM'}}{\Delta x}\right)^2=\left(\frac{\overparen{MM'}}{|MM'|}\right)^2\cdot\left(\frac{|MM'|}{\Delta x}\right)^2$$

$$=\left(\frac{\overparen{MM'}}{|MM'|}\right)^2\cdot\frac{\Delta x^2+\Delta y^2}{\Delta x^2}=\left(\frac{\overparen{MM'}}{|MM'|}\right)^2\cdot\left[1+\left(\frac{\Delta y}{\Delta x}\right)^2\right],$$

因为当 $\Delta x\to 0$ 时,$M'\to M$,这时弧的长度与弦的长度之比的极限等于 1,即 $\displaystyle\lim_{M'\to M}\left(\frac{\overparen{MM'}}{|MM'|}\right)^2=1$,从而

$$\left(\frac{\mathrm{d}s}{\mathrm{d}x}\right)^2=\lim_{\Delta x\to 0}\left(\frac{\Delta s}{\Delta x}\right)^2=\lim_{\Delta x\to 0}\left(\frac{\overparen{MM'}}{|MM'|}\right)^2\cdot\left[1+\left(\frac{\Delta y}{\Delta x}\right)^2\right]=1+\left(\frac{\mathrm{d}y}{\mathrm{d}x}\right)^2,$$

即有

$$\frac{\mathrm{d}s}{\mathrm{d}x}=\pm\sqrt{1+\left(\frac{\mathrm{d}y}{\mathrm{d}x}\right)^2}.$$

由于 $s=s(x)$ 是单调增加函数,故根号前应取正号,于是有

$$\mathrm{d}s=\sqrt{1+y'^2}\,\mathrm{d}x, \tag{3.8.1}$$

上式称为弧 $s=s(x)$ 关于 x 的**弧微分公式**.

式(3.8.1)也可写成

$$\mathrm{d}s=\sqrt{(\mathrm{d}x)^2+(\mathrm{d}y)^2}, \tag{3.8.2}$$

易见,$\mathrm{d}s,\mathrm{d}x$ 和 $\mathrm{d}y$ 构成直角三角形关系,常称此三角形为**微分三角形**(图 3-8-2).

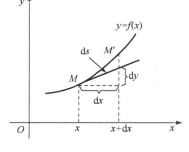

图 3-8-2

3.8.2　曲率及其计算公式

从直觉我们认识到:直线不弯曲,半径小的圆比半径大的圆弯曲得厉害些,即使是同一条曲线,其不同部分也有不同的弯曲程度,例如,抛物线 $y=x^2$ 在顶点附近比远离顶点的部分弯曲得厉害些.

如何用数量描述曲线的弯曲程度?

观察图 3-8-3,易见弧段 $\overparen{M_1M_2}$ 比较平直,当动点沿着这段弧从 M_1 移动到 M_2 时,切线转过的角度 φ_1 不大,而弧段 $\overparen{M_2M_3}$ 弯曲得比较厉害,转角 φ_2 也比较大.

然而,只考虑曲线弧的切线的转角还不足以完全反映曲线的弯曲程度. 例如,从图 3-8-4

可以看出,两曲线弧$\overset{\frown}{M_1M_2}$及$\overset{\frown}{N_1N_2}$的切线转角相同,但弯曲程度明显不同,短弧段比长弧段弯曲得厉害些.

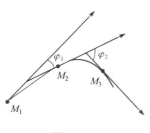

图 3-8-3

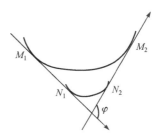

图 3-8-4

综上所述,曲线弧的弯曲程度与弧段的长度和切线转过的角度有关. 由此,引入描述曲线弯曲程度的概念——**曲率**.

设平面曲线 C 是光滑的,在 C 上选定一点 M_0,作为度量弧 s 的基点,设曲线上点 M 对应于弧 s,在点 M 处切线的倾角为 α(图 3-8-5),曲线上另一点 M' 对应于弧 $s+\Delta s$,点 M' 处切线的倾角为 $\alpha+\Delta\alpha$,则弧段$\overset{\frown}{MM'}$的长度为 $|\Delta s|$,当动点从点 M 移动到点 M' 的切线的转角为 $|\Delta\alpha|$.

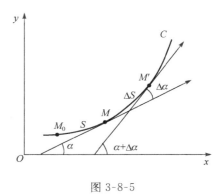

图 3-8-5

我们用比值 $\dfrac{|\Delta\alpha|}{|\Delta s|}$,即单位弧段上切线转过的角度来表示弧段$\overset{\frown}{MM'}$的平均弯曲程度,并称它为弧段$\overset{\frown}{MM'}$的平均曲率,记为 $\overline{K}$,即

$$\overline{K}=\frac{|\Delta\alpha|}{|\Delta s|}.$$

当 $\Delta s\to0$ 时(即 $M'\to M$ 时),上述平均曲率的极限称为曲线 C 在点 M 处的曲率,记为 K,即

$$K=\lim_{\Delta s\to0}\frac{|\Delta\alpha|}{|\Delta s|}.$$

在$\lim\limits_{\Delta s\to0}\dfrac{\Delta\alpha}{\Delta s}=\dfrac{\mathrm{d}\alpha}{\mathrm{d}s}$存在的条件下,$K$ 也可记为

$$K=\left|\frac{\mathrm{d}\alpha}{\mathrm{d}s}\right|. \tag{3.8.3}$$

例如,直线的切线就是本身,当点沿直线移动时,切线的转角 $\Delta\alpha=0$,$\dfrac{\Delta\alpha}{\Delta s}=0$(图 3-8-6),从而 $\overline{K}=0$,$K=0$. 它表明直线上任一点的曲率都等于零,这与我们的直觉"直线不弯曲"是一致的.

又如,半径为 R 的圆,圆上点 M,M' 处的切线所夹的角 $\Delta\alpha$ 等于中心角 $\angle MDM'$

(图 3-8-7),由于$\angle MDM'=\dfrac{\Delta s}{R}$,所以,$\dfrac{\Delta\alpha}{\Delta s}=\dfrac{\frac{\Delta s}{R}}{\Delta s}=\dfrac{1}{R}$,从而 $K=\left|\dfrac{\mathrm{d}\alpha}{\mathrm{d}s}\right|=\dfrac{1}{R}$. 这表明,圆上各点处的曲率都等于半径的倒数,且半径越小曲率越大,即弯曲得厉害.

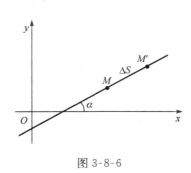

图 3-8-6

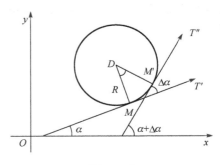

图 3-8-7

下面,我们根据式(3.8.3)来推导实际计算曲率的公式.

设曲线方程为 $y=f(x)$,$f(x)$ 具有二阶导数,因为 $\tan\alpha=y'$,$\alpha=\arctan y'$,所以 $\mathrm{d}\alpha=\dfrac{y''}{1+y'^2}\mathrm{d}x$,又由式(3.8.1)知,$\mathrm{d}s=\sqrt{1+y'^2}\,\mathrm{d}x$,从而,根据曲率的表达式(3.8.3),有

$$K=\frac{|y''|}{(1+y'^2)^{3/2}}. \tag{3.8.4}$$

如果曲线方程由参数方程 $\begin{cases}x=\varphi(t)\\y=\psi(t)\end{cases}$ 表示,则根据参数方程所表示的函数的求导法则,求出

$$\frac{\mathrm{d}y}{\mathrm{d}x}=\frac{\psi'(t)}{\varphi'(t)},\quad \frac{\mathrm{d}^2y}{\mathrm{d}x^2}=\frac{\varphi'(t)\psi''(t)-\varphi''(t)\psi'(t)}{\varphi'^3(t)}.$$

代入式(3.8.4),得

$$K=\frac{|\varphi'(t)\psi''(t)-\varphi''(t)\psi'(t)|}{[\varphi'^2(t)+\psi'^2(t)]^{3/2}}. \tag{3.8.5}$$

例1 计算曲线 $xy=1$ 在点 $(1,1)$ 处的曲率.

解 由 $y=\dfrac{1}{x}$,得

$$y'=-\frac{1}{x^2},\quad y''=\frac{2}{x^3},$$

于是 $\qquad y'|_{x=1}=-1,\quad y''|_{x=1}=2.$

因此,曲线 $xy=1$ 在点 $(1,1)$ 处的曲率为

$$K=\frac{2}{[1+(-1)^2]^{3/2}}=\frac{1}{\sqrt{2}}=\frac{\sqrt{2}}{2}.$$

例2 抛物线 $y=ax^2+bx+c$ 上哪一点处的曲率最大?

解 由 $y=ax^2+bx+c$,得 $y'=2ax+b$,$y''=2a$,因此

$$K=\frac{|2a|}{[1+(2ax+b)^2]^{3/2}}.$$

显然,当 $2ax+b=0$,即 $x=-\dfrac{b}{2a}$ 时,曲率 K 最大.而 $x=-\dfrac{b}{2a}$ 所对应的点为抛物线的顶点,故抛物线在顶点处的曲率最大.

注 在式(3.8.4)中,若 y' 远远小于1(常记为 $|y'|\ll1$),则有

$$1+y'^2\approx1,$$

从而可得到曲率的近似计算公式

$$K \approx |y''|.$$

例 3 在修筑铁路时,常需根据地形的特点和最高限速的要求来设计铁轨的圆弧弯道.铁轨由直道转入圆弧弯道时,若接头处的曲率突然改变,容易发生事故,为了行驶平稳,往往在直道和圆弧弯道之间接入一段缓冲段 $\overset{\frown}{OA}$(图 3-8-8),使轨道曲线的曲率由零连续地过渡到圆弧的曲率 $\frac{1}{R}$,其中 R 为圆弧轨道的半径.国内一般采用三次抛物线 $y = \frac{x^3}{6Rl}$($x \in [0, x_0]$)作为缓冲段 $\overset{\frown}{OA}$,其中 l 为 $\overset{\frown}{OA}$ 的长度,试验证缓冲段 $\overset{\frown}{OA}$ 在始端 O 处的曲率为零,且当 $\frac{l}{R}$ 很小 $\left(\frac{l}{R} \ll 1\right)$ 时,在终端 A 处的曲率近似为 $\frac{1}{R}$.

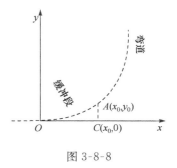

图 3-8-8

证明 因为在缓冲段 $\overset{\frown}{OA}$ 上,

$$y' = \frac{1}{2Rl}x^2, \quad y'' = \frac{1}{Rl}x.$$

所以缓冲段 $\overset{\frown}{OA}$ 在始端 $x=0$ 处的曲率 $K_0 = 0$(因 $y' = 0$,$y'' = 0$).另一方面,根据题意,有 $\frac{l}{R} \ll 1$,从而 $l \approx x_0$.所以

$$y'\big|_{x=x_0} = \frac{x_0^2}{2Rl} \approx \frac{l^2}{2Rl} = \frac{l}{2R}, \quad y''\big|_{x=x_0} = \frac{x_0}{Rl} \approx \frac{l}{Rl} = \frac{l}{R}.$$

从而在终端 A 处的曲率近似为

$$K_A = \frac{|y''|}{(1+y'^2)^{3/2}}\bigg|_{x=x_0} \approx \frac{\dfrac{l}{R}}{\left(1 + \dfrac{l^2}{4R^2}\right)^{3/2}} \approx \frac{1}{R}.$$

3.8.3 曲率圆

设曲线 $y = f(x)$ 在点 $M(x, y)$ 处的曲率为 $K(K \neq 0)$.在点 M 处的曲线的法线上,在凹的一侧取一点 D,使 $|DM| = \frac{1}{K} = \rho$.以 D 为圆心、ρ 为半径所作的圆称为曲线在点 M 处的曲率圆(图 3-8-9).曲率圆的圆心 D 称为曲线在点 M 处的**曲率中心**.曲率圆的半径 ρ 称为曲线在点 M 处的**曲率半径**.

根据上述规定,曲率圆与曲线在点 M 处有相同的曲率,且在点 M 邻近处有相同的凹向.因此,在实际问题中,常常用曲率圆在点 M 邻近处的一段圆弧来近似代替该点邻近处的小曲线弧.

根据上述定义,曲线上一点处的曲率半径与曲线在该点处的曲率互为倒数,即

$$\rho = \frac{1}{K}, \quad K = \frac{1}{\rho}.$$

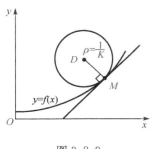

图 3-8-9

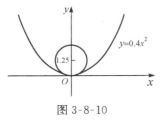

图 3-8-10

上述公式表明,曲线上某点处的曲率半径越大,曲线在该点处的曲率越小,则曲线越平缓;曲率半径越小,曲率越大,则曲线在该点处弯曲得越厉害.

例 4 设工件内表面的截线为抛物线 $y=0.4x^2$ (单位:m,图 3-8-10). 现在要用砂轮磨削其内表面,问用直径多大的砂轮才比较合适?

解 为了在磨削时不使砂轮与工件接触处附近的那部分工件磨去太多,砂轮的半径应不大于抛物线上各点处曲率半径的最小值. 根据例 2 中的结论,抛物线在顶点处的曲率最大,即抛物线在顶点处的曲率半径最小. 由

$$y'=0.8x, \qquad y''=0.8,$$

而有

$$y'|_{x=0}=0, \qquad y''|_{x=0}=0.8.$$

因此,该抛物线在顶点处的曲率半径为

$$\rho=\frac{1}{K}=\frac{(1+y'^2)^{3/2}}{|y''|}=1.25.$$

所以,选用砂轮的半径不得超过 1.25m,即直径不得超过 2.5m 才比较合适.

3.8.4 曲率中心的计算公式、渐屈线与渐伸线

设曲线 C 的方程为 $y=f(x)$,其二阶导数 y'' 在点 x 处不等于零. 现在我们来确定曲线 C 在点 $M(x,y)$ 处的曲率中心 $D(\xi,\eta)$ 的坐标(图 3-8-9).

因为

$$(x-\xi)^2+(y-\eta)^2=\rho^2, \tag{3.8.6}$$

且曲线 C 在点 $M(x,y)$ 处的切线与曲率半径 DM 垂直,所以

$$y'=-\frac{x-\xi}{y-\eta}. \tag{3.8.7}$$

将式(3.8.7)代入式(3.8.6)中消去 $x-\xi$,得

$$(y-\eta)^2=\frac{\rho^2}{1+y'^2}=\frac{\dfrac{(1+y'^2)^3}{y''^2}}{1+y'^2}=\frac{(1+y'^2)^2}{y''^2},$$

注意到当 $y''>0$ 时,曲线是凹的,这时 $\eta-y>0$;当 $y''<0$ 时,曲线是凸的,这时 $\eta-y<0$. 因此,有

$$\eta-y=\frac{1+y'^2}{y''}, \qquad 即 \quad \eta=y+\frac{1+y'^2}{y''}.$$

再由式(3.8.7),有 $\xi=x-\dfrac{y'(1+y'^2)}{y''}$,则曲线 C 在点 $M(x,y)$ 处的曲率中心 $D(\xi,\eta)$ 的坐标为

$$\begin{cases}\xi=x-\dfrac{y'(1+y'^2)}{y''} \\[2mm] \eta=y+\dfrac{1+y'^2}{y''}\end{cases} \tag{3.8.8}$$

当点 $M(x,y)$ 沿着曲线 C 移动时,它的曲率中心 $D(\xi,\eta)$ 亦将随着移动,把 $D(\xi,\eta)$ 移动的轨迹 L 称为曲线 C 的渐屈线,而原曲线 C 称为曲线 L 的渐伸线(图 3-8-11),它们在机器制造中有重要的应用. 曲线 $y=f(x)$ 的渐屈线的参数方程为

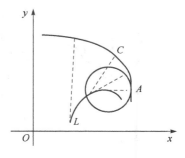

图 3-8-11

$$\begin{cases} \xi = x - \dfrac{y'(1+y'^2)}{y''} \\ \eta = y + \dfrac{1+y'^2}{y''} \end{cases}.$$

例 5　求曲线 $y = \tan x$ 在点 $\left(\dfrac{\pi}{4}, 1\right)$ 处的曲率圆方程.

解　因为 $y'|_{x=\frac{\pi}{4}} = 2$, $y''|_{x=\frac{\pi}{4}} = 4$, 所以曲线在点 $\left(\dfrac{\pi}{4}, 1\right)$ 处的曲率半径为

$$\rho = \frac{1}{K} = \frac{(1+y'^2)^{\frac{3}{2}}}{|y''|} = \frac{5\sqrt{5}}{4},$$

在点 $\left(\dfrac{\pi}{4}, 1\right)$ 处的曲率中心 $D(\xi, \eta)$ 的坐标为

$$\begin{cases} \xi = x - \dfrac{y'(1+y'^2)}{y''} = \dfrac{\pi-10}{4} \\ \eta = y + \dfrac{1+y'^2}{y''} = \dfrac{9}{4} \end{cases},$$

即为 $\left(\dfrac{\pi-10}{4}, \dfrac{9}{4}\right)$. 因此, 曲线 $y = \tan x$ 在点 $\left(\dfrac{\pi}{4}, 1\right)$ 处的曲率圆方程为

$$\left(x - \frac{\pi-10}{4}\right)^2 + \left(y - \frac{9}{4}\right)^2 = \frac{125}{16}.$$

习　题　3-8

1. 求抛物线 $f(x) = x^2 + 3x + 2$ 在点 $x=1$ 处的曲率和曲率半径.

2. 求椭圆 $4x^2 + y^2 = 4$ 在点 $(0, 2)$ 处的曲率.

3. 计算摆线 $\begin{cases} x = a(t - \sin t) \\ y = a(1 - \cos t) \end{cases}$ 在 $t = \dfrac{\pi}{2}$ 处的曲率.

4. 曲线弧 $y = \sin x (0 < x < \pi)$ 上哪一点处的曲率最小? 求出该点处的曲率半径.

5. 飞机沿抛物线 $y = \dfrac{x^2}{4\,000}$ (单位: m, 图 3-8-12)俯冲飞行, 在原点处速度为 $v = 400\text{m/s}$, 飞行员体重 70kg. 求俯冲到原点时, 飞行员对座椅的压力.

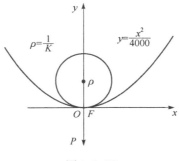

图 3-8-12

6. 汽车连同载重共 5t, 在抛物线拱桥上行驶, 速度为 21.6km/h, 桥的跨度为 10m, 拱的矢高为 0.25m, 求汽车越过桥顶时对桥的压力.

7. 求曲线 $y=\ln x$ 在其与 x 轴的交点处的曲率圆方程.

8. 求曲线 $y^2=2px$ 的渐屈线方程.

总 习 题 三

1. 证明下列不等式：

(1) 设 $a>b>0,n>1$,证明：$nb^{n-1}(a-b)<a^n-b^n<na^{n-1}(a-b)$；

(2) 设 $a>b>0$,证明：$\dfrac{a-b}{a}<\ln\dfrac{a}{b}<\dfrac{a-b}{b}$.

2. 设 $f(x)$ 在 $[0,1]$ 上可导,且 $0<f(x)<1$,对任何一个 $x\in(0,1)$ 都有 $f'(x)\neq1$,试证：在 $(0,1)$ 内,有且仅有一个数 ξ,使 $f(\xi)=\xi$.

3. 若 $a<b$ 时,可微函数 $f(x)$ 有 $f(a)=f(b)=0,f'(a)<0,f'(b)<0$,则方程 $f'(x)=0$ 在 (a,b) 内_____.

(A)无实根；　(B)有且仅有一实根；　(C)有且仅有二实根；　(D)至少有二实根.

4. 设 $f(x)$ 在 $[0,\pi]$ 上连接,在 $(0,\pi)$ 内可导,求证：存在 $\xi\in(0,\pi)$,使得
$$f'(\xi)=-f(\xi)\cot\xi.$$

5. 设 $f(x)$ 在 $[a,b]$ 上连续,在 (a,b) 内可导,证明：在 (a,b) 内至少存在一点 ξ,使得
$$\frac{bf(b)-af(a)}{b-a}=\xi f'(\xi)+f(\xi).$$

6. 设 $f(x)$ 在 $[a,b]$ 上连接,在 $(0,1)$ 内可导,且 $f(0)=0,f(1)=1$,试证：对任意给定的正数 a,b,在 $(0,1)$ 内存在不同的 ξ,η,使
$$\frac{a}{f'(\xi)}+\frac{b}{f'(\eta)}=a+b.$$

7. 设 $f(x)$ 在 $[a,b]$ 上连接,在 (a,b) 内可导,证明：在 (a,b) 内存在点 ξ 和 η,使
$$f'(\xi)=\frac{a+b}{2\eta}f'(\eta).$$

8. 证明多项式 $f(x)=x^3-3x+a$ 在 $[0,1]$ 上不可能有两个零点.

9. 设 $f(x)$ 可导,试证 $f(x)$ 的两个零点之间一定有函数 $f(x)+f'(x)$ 的零点.

10. 设 $a_1-\dfrac{a_2}{3}+\cdots+(-1)^{n-1}\dfrac{a_n}{2n-1}=0$,证明方程
$$a_1\cos x+a_2\cos3x+\cdots+a_n\cos(2n-1)x=0$$
在 $\left(0,\dfrac{\pi}{2}\right)$ 内至少有一个实根.

11. 设在 $[1,+\infty)$ 上处处有 $f''(x)\leqslant0$,且 $f(1)=2,f'(1)=-3$,证明：在 $(1,+\infty)$ 内方程 $f(x)=0$ 仅有一实根.

12. 设 $f(x)$ 在 $[1,2]$ 上具有二阶导数 $f''(x)$,且 $f(2)=f(1)=0$. 若 $F(x)=(x-1)f(x)$,证明：至少存在一点 $\xi\in(1,2)$,使得 $F''(\xi)=0$.

13. 设函数 $f(x)$ 在 $[a,b]$ 上可导,且 $f'_+(a)\cdot f'_-(b)<0$,则在 (a,b) 内存在一点 ξ,使得 $f'(\xi)=0$.

14. 用洛必达法则求下列极限：

(1) $\lim\limits_{x\to0}\dfrac{\ln(1+x^2)}{\sec x-\cos x}$；　　　(2) $\lim\limits_{x\to0}\dfrac{\sqrt{1+\tan x}-\sqrt{1+\sin x}}{x\ln(1+x)-x^2}$；　　　(3) $\lim\limits_{x\to1}(1-x)\tan\dfrac{\pi x}{2}$；

(4) $\lim\limits_{x\to-1}\left[\dfrac{1}{x+1}-\dfrac{1}{\ln(x+2)}\right]$；　　(5) $\lim\limits_{x\to0}\left(\dfrac{\sin x}{x}\right)^{\frac{1}{1-\cos x}}$；　　(6) $\lim\limits_{x\to+\infty}\left(\dfrac{2}{\pi}\arctan x\right)^x$.

15. 设 $\lim\limits_{x\to\infty}f'(x)=k$,求 $\lim\limits_{x\to\infty}[f(x+a)-f(x)]$.

16. 当 a 与 b 为何值时,$\lim\limits_{x\to0}\left(\dfrac{\sin3x}{x^3}+\dfrac{a}{x^2}+b\right)=0$.

17. 设 $f(x)=\begin{cases}\dfrac{g(x)-\mathrm{e}^{-x}}{x},&x\neq 0\\[2mm]0,&x=0\end{cases}$,其中 $g(x)$ 具有二阶连续导数,且 $g(0)=1,g'(0)=-1$,求 $f'(x)$.

18. 设 $f(x)=\ln(1+x),x\in(-1,1)$,由拉格朗日中值定理得:$\forall x>0,\exists\theta\in(0,1)$,使得
$$\ln(1+x)-\ln(1+0)=\frac{1}{1+\theta x}x,$$
证明:$\lim\limits_{x\to 0}\theta=\dfrac{1}{2}$.

19. 设 $f(x)$ 在 $x_0=0$ 的某个邻域内有二阶导数,且
$$\lim_{x\to 0}\left(1+x+\frac{f(x)}{x}\right)^{\frac{1}{x}}=\mathrm{e}^3,$$
求 $f(0),f'(0),f''(0)$.

20. 求 $f(x)=\ln(1+\sin x)$ 的四阶麦克劳林公式.

21. 证明:$\sqrt{1+x}=1+\dfrac{1}{2}x-\dfrac{1}{8}x^2+\dfrac{x^3}{16(1+\theta x)^{5/2}}\ (0<\theta<1)$.

22. 设 $0<x<\dfrac{\pi}{2}$,证明:$\dfrac{x^2}{3}<1-\cos x<\dfrac{x^2}{2}$.

23. 证明不等式:$\dfrac{2}{\pi}<\dfrac{\sin x}{x}<1\left(0<x<\dfrac{\pi}{2}\right)$.

24. 利用函数的泰勒展开式求下列极限:

(1) $\lim\limits_{x\to\infty}\left[x-x^2\ln\left(1+\dfrac{1}{x}\right)\right]$;　　(2) $\lim\limits_{x\to 0}\dfrac{\cos x-\mathrm{e}^{-\frac{x^2}{2}}}{x^2[x+\ln(1-x)]}$.

25. 若 $\lim\limits_{x\to 0}\dfrac{\sin 6x+xf(x)}{x^3}=0$,求 $\lim\limits_{x\to 0}\dfrac{6+f(x)}{x^2}$.

26. 求一个二次多项式 $p_2(x)$,使 $2^x=p_2(x)+o(x^2)$,式中 $o(x^2)$ 代表 $x\to 0$ 时比 x^2 高阶的无穷小.

27. 设 $x\to 0$ 时,$\mathrm{e}^x-(ax^2+bx+1)$ 是 x^2 的高阶无穷小量,求 a,b 的值.

28. 求下列函数的单调区间:

(1) $y=\sqrt[3]{(2x-a)(a-x)^2}\ (a>0)$;　　(2) $y=x^n\mathrm{e}^{-x}\ (n>0,x\geqslant 0)$;

(3) $y=x+|\sin 2x|$.

29. 证明下列不等式:

(1) 当 $x>0$ 时,$1+x\ln(x+\sqrt{1+x^2})>\sqrt{1+x^2}$;　　(2) 当 $x>4$ 时,$2^x>x^2$;

(3) 当 $x>0$ 时,$x-\dfrac{1}{3}x^3<\sin x<x$;　　(4) 设 $0<x<\dfrac{\pi}{2}$,则 $\sin x+\tan x>2x$.

30. 设 $b>a>0$,证明:$\ln\dfrac{b}{a}>\dfrac{2(b-a)}{a+b}$.

31. 设 $b>a>\mathrm{e}$,证明:$a^b>b^a$.

32. 求下列函数图形的拐点及凹凸区间:

(1) $y=x^4(12\ln x-7)$;　　(2) $y=x\mathrm{e}^{-x}$;　　(3) $y=1+\sqrt[3]{x-2}$.

33. 证明:当 $0<x<\pi$ 时,有 $\sin\dfrac{x}{2}>\dfrac{x}{\pi}$.

34. 设 $f(x)=x^3+ax^2+bx$ 在 $x=1$ 处有极值 -2,试确定系数 a 与 b,并求出 $y=f(x)$ 的所有极值点及拐点.

35. 设逻辑斯蒂函数 $f(x)=\dfrac{c}{1+a\mathrm{e}^{-bx}}$,其中 $a>0,abc\neq 0$.

(1) 证明:若 $abc>0$,则 f 在 $(-\infty,+\infty)$ 上是增函数;若 $abc<0$,则 f 在 $(-\infty,+\infty)$ 上是减函数;

(2) 证明: $x=\dfrac{\ln a}{b}$ 是 f 的拐点.

36. 求下列函数的极值:

(1) $y=\dfrac{1+3x}{\sqrt{4+5x^2}}$;　　　　　　　　(2) $y=2e^x+e^{-x}$;　　　　　　　(3) $y=x+\tan x$.

37. 研究函数 $f(x)=|x|e^{-|x-1|}$ 的极值.

38. 求下列函数的最大值、最小值:

(1) $y=\dfrac{x^2}{1+x}$, $x\in\left[-\dfrac{1}{2},1\right]$;　　　　　　　　(2) $y=x^{\frac{1}{x}}$, $x\in(0,+\infty)$.

39. 设 $a>0$,求 $f(x)=\dfrac{1}{1+|x|}+\dfrac{1}{1+|x-a|}$ 的最大值.

40. 求数列 $\left\{\dfrac{(1+n)^3}{(1-n)^2}\right\}$ 的最小项的项数及该项的数值.

41. 证明: $\dfrac{1}{2^{p-1}}\leqslant x^p+(1-x)^p\leqslant 1$ $(0\leqslant x\leqslant 1)$.

42. 一个抛射体以初速度 500m/s 和仰角 $\dfrac{\pi}{4}$ 发射.

(1) 抛射体何时在多远处落地?

(2) 抛射体在水平方向飞行 5km 是在空中的高度是多少?

(3) 抛射体达到的最大高度是多少?

43. 求下列曲线的渐近线:

(1) $y=x\ln\left(e+\dfrac{1}{x}\right)$ $(x>0)$;　　　　　　(2) $y=\dfrac{1+e^{-x^2}}{1-e^{-x^2}}$;　　　　　　(3) $y=x\sin\dfrac{1}{x}$ $(x>0)$.

44. 求函数 $y=(x-1)e^{\frac{\pi}{2}+\arctan x}$ 的单调区间和极值,并求该函数图形的渐近线.

45. 求笛卡尔曲线 $x^3+y^3-3axy=0$ 的斜渐近线.

46. 求曲线 $y=\ln(\sec x)$ 在点 (x,y) 处的曲率与曲率半径.

47. 证明:曲线 $y=a\operatorname{ch}\dfrac{x}{a}$ 在点 (x,y) 处的曲率半径为 $\dfrac{y^2}{a}$.

48. 求内摆线 $x^{\frac{2}{3}}+y^{\frac{2}{3}}=a^{\frac{2}{3}}$ 的曲率半径和渐屈线方程.

第4章 不定积分

由求物体的运动速度、曲线的切线和极值等问题产生了导数与微分,构成了微积分学的微分学部分;同时由已知速度求路程、已知切线求曲线以及求某些图形的面积与体积等问题,产生了不定积分与定积分,构成了微积分学的积分学部分.

第2章已经介绍了已知函数求导数的问题,现在我们要考虑其反问题:已知一个函数,求一个未知函数使其导数恰好是该已知函数.这种由导数或微分求原函数的逆运算称为不定积分.这一章将介绍不定积分的概念及其计算方法.

4.1 不定积分的概念与性质

4.1.1 原函数的概念

为引入不定积分的概念,我们先介绍原函数的概念.

定义1 设函数 $F(x)$ 与 $f(x)$ 在区间 I 上都有定义,若对任意 $x \in I$,均有

$$F'(x) = f(x) \quad \text{或} \quad dF(x) = f(x)dx,$$

则称函数 $F(x)$ 为 $f(x)$ 在区间 I 上的**原函数**.

例如,因为 $(\sin x)' = \cos x$,故 $\sin x$ 是 $\cos x$ 在 $(-\infty, +\infty)$ 上的一个原函数.又因为 $(x^2)' = 2x$,故 x^2 是 $2x$ 在 $(-\infty, +\infty)$ 上的一个原函数;$(x^2 + 1)' = 2x$,故 $x^2 + 1$ 也是 $2x$ 在 $(-\infty, +\infty)$ 上的一个原函数;……。

由上面的例子可知,**一个函数的原函数不是唯一的**.

事实上,若 $F(x)$ 为 $f(x)$ 在区间 I 上的原函数,则有 $F'(x) = f(x)$,那么,对任意常数 C,显然也有

$$[F(x) + C]' = f(x),$$

从而,$F(x) + C$ 也是 $f(x)$ 在区间 I 上的原函数.这说明,如果 $f(x)$ 有一个原函数,那么 $f(x)$ 就有无穷多个原函数.

一个函数的任意两个原函数之间相差一个常数.

事实上,设 $F(x)$ 和 $G(x)$ 都是 $f(x)$ 的原函数,则

$$[F(x) - G(x)]' = F'(x) - G'(x) = f(x) - f(x) = 0,$$

即有 $F(x) - G(x) = C$(C 为任意常数).

由此知道,若 $F(x)$ 为 $f(x)$ 在区间 I 上的一个原函数,则函数 $f(x)$ 的全体原函数为 $F(x) + C$(C 为任意常数).

关于原函数,还有一个问题:满足何种条件的函数必定存在原函数?原函数的存在性将在下一章讨论,这里先介绍一个结论:

定理1 区间 I 上的连续函数一定有原函数.

注 求函数 $f(x)$ 的原函数,实质上就是问什么函数的导数是 $f(x)$.而若求得 $f(x)$ 的一个原函数 $F(x)$,其全体原函数即为 $F(x) + C$(C 为任意常数).

4.1.2　不定积分的概念

由上述原函数的定义,引入不定积分的概念.

定义 2　在某区间 I 上的函数 $f(x)$,若存在原函数,则称 $f(x)$ 为**可积函数**,并将 $f(x)$ 的全体原函数记为

$$\int f(x)\mathrm{d}x,$$

称它是函数 $f(x)$ 在区间 I 上的**不定积分**,其中 $\int$ 称为**积分符号**,$f(x)$ 称为**被积函数**,$f(x)\mathrm{d}x$ 称为**被积表达式**,x 称为积分变量.

由定义可知,不定积分与原函数是总体与个体的关系,即若 $F(x)$ 为 $f(x)$ 的一个原函数,则

$$\int f(x)\mathrm{d}x = F(x) + C \quad (C \text{ 称为积分常数}).$$

注　在 $\int f(x)\mathrm{d}x$ 中,积分号 $\int$ 表示对函数 $f(x)$ 进行求原函数的运算,故求不定积分的运算实质上是求导(或求微分)运算的逆运算.

例 1　求下列不定积分:

(1) $\displaystyle\int x^2 \mathrm{d}x$;　　　　　　　(2) $\displaystyle\int \cos 2x \mathrm{d}x$;　　　　　　　(3) $\displaystyle\int \frac{1}{1+x^2}\mathrm{d}x$.

解　(1) 因为 $\left(\dfrac{x^3}{3}\right)' = x^2$,所以 $\dfrac{x^3}{3}$ 是 x^2 的一个原函数,从而

$$\int x^2 \mathrm{d}x = \frac{x^3}{3} + C \quad (C \text{ 为任意常数}).$$

(2) 因为 $\left(\dfrac{1}{2}\sin 2x\right)' = \cos 2x$,所以 $\dfrac{1}{2}\sin 2x$ 是 $\cos 2x$ 的一个原函数,从而

$$\int \cos 2x \mathrm{d}x = \frac{1}{2}\sin 2x + C \quad (C \text{ 为任意常数}).$$

(3) 因为 $(\arctan x)' = \dfrac{1}{1+x^2}$,所以 $\arctan x$ 是 $\dfrac{1}{1+x^2}$ 的一个原函数,从而

$$\int \frac{1}{1+x^2}\mathrm{d}x = \arctan x + C \quad (C \text{ 为任意常数}).$$

求一个不定积分有时是困难的,但检验起来却相对容易:首先检验积分常数,再对结果求导,其导数就应该是被积函数.

例 2　检验下列不定积分的正确性:

(1) $\displaystyle\int x\cos x \mathrm{d}x = x\sin x + C$;　　　　　　　(2) $\displaystyle\int x\cos x \mathrm{d}x = x\sin x + \cos x + C$.

解　(1) 错误. 因为对等式的右端求导,其导数不是被积函数:

$$(x\sin x + C)' = x\cos x + \sin x \neq x\cos x.$$

(2) 正确. 因为　$(x\sin x + \cos x + C)' = x\cos x + \sin x - \sin x = x\cos x.$

不定积分的几何意义　若 $F(x)$ 为 $f(x)$ 的一个原函数,则称 $y = F(x)$ 的图形为 $f(x)$ 的一条积分曲线. 于是,不定积分 $\int f(x)\mathrm{d}x$ 在几何上表示 $f(x)$ 的某一积分曲线沿 y 轴方向任意平移所得的一切积分曲线组成的曲线族(图 4-1-1). 显然,若在每一条积分曲线上横坐标相同的

点处作切线,则这些切线互相平行.

在求原函数的具体问题中,往往先求出全体原函数,然后从中确定一个满足条件 $F(x_0)=y_0$(称为**初始条件**,它由具体问题规定)的原函数,也就是积分曲线族中通过点(x_0,y_0)的那一条积分曲线.

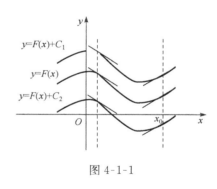

图 4-1-1

例 3 已知曲线 $y=f(x)$ 在任一点 x 处的切线斜率为 $2x$,且曲线通过点$(1,2)$,求此曲线的方程.

解 根据题意知
$$f'(x)=2x,$$
即 $f(x)$ 是 $2x$ 的一个原函数,从而
$$f(x)=\int 2x\mathrm{d}x=x^2+C.$$

曲线 $y=x^2+C$ 没有重叠的填满坐标平面(图 4-1-2),现要在上述积分曲线中选出通过点$(1,2)$的那条曲线. 由曲线通过点$(1,2)$,得
$$2=1^2+C \quad\Rightarrow\quad C=1,$$
故所求曲线方程为 $y=x^2+1$.

例 4 质点以初速度 v_0 铅直上抛,不计阻力,求它的运动规律.

解 所求质点的运动规律,实质上就是求其位置关于时间 t 的函数关系. 为此,按如下方式取一坐标系:将质点所在的铅直线取作坐标轴,指向朝上,轴与地面的交点取作坐标原点. 设质点抛出的时刻为 $t=0$,且此时质点所在位置为 x_0,质点在时刻 t 时的坐标为 x(图 4-1-3),于是,$x=x(t)$ 就是要求的函数.

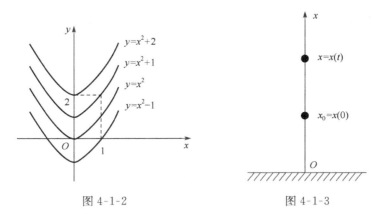

图 4-1-2　　　　　　　图 4-1-3

由导数的物理意义知,质点在时刻 t 时向上运动的速度为 $v(t)=\dfrac{\mathrm{d}x}{\mathrm{d}t}$(如果 $v(t)<0$,则实际运动方向朝下). 又 $\dfrac{\mathrm{d}^2x}{\mathrm{d}t^2}=\dfrac{\mathrm{d}v}{\mathrm{d}t}=a(t)$ 为质点在时刻 t 时向上运动的加速度,按题意,有 $a(t)=-g$,即
$$\frac{\mathrm{d}v}{\mathrm{d}t}=-g \quad\text{或}\quad \frac{\mathrm{d}^2x}{\mathrm{d}t^2}=-g.$$

先求 $v(t)$. 由 $\dfrac{\mathrm{d}v}{\mathrm{d}t}=-g$，即 $v(t)$ 是 $(-g)$ 的一个原函数，故

$$v(t) = \int(-g)\mathrm{d}t = -gt + C_1,$$

由 $v(0)=v_0$，得 $C_1=v_0$，于是 $v(t)=-gt+v_0$.

再求 $x(t)$. 由 $\dfrac{\mathrm{d}x}{\mathrm{d}t}=v(t)$，即 $x(t)$ 是 $v(t)$ 的一个原函数，故

$$x(t) = \int v(t)\mathrm{d}t = \int(-gt+v_0)\mathrm{d}t = -\frac{1}{2}gt^2 + v_0 t + C_2,$$

由 $x(0)=x_0$，得 $C_2=x_0$，于是，所求运动规律为

$$x = -\frac{1}{2}gt^2 + v_0 t + x_0, t\in[0,T],$$

其中 T 表示质点落地的时刻.

4.1.3　不定积分的性质

根据不定积分的定义，可推得如下四个性质：

性质 1　$\dfrac{\mathrm{d}}{\mathrm{d}x}\left[\displaystyle\int f(x)\mathrm{d}x\right] = f(x)$　或　$\mathrm{d}\left[\displaystyle\int f(x)\mathrm{d}x\right] = f(x)\mathrm{d}x$.

证明　设 $F'(x)=f(x)$，则

$$\frac{\mathrm{d}}{\mathrm{d}x}\left[\int f(x)\mathrm{d}x\right] = (F(x)+C)' = F'(x) + 0 = f(x).$$

又由于 $f(x)$ 是 $f'(x)$ 的原函数，故有：

性质 2　$\displaystyle\int f'(x)\mathrm{d}x = f(x) + C$　或　$\displaystyle\int \mathrm{d}f(x) = f(x) + C$.

注　由上可见，**微分运算与积分运算是互逆的**. 两个运算连在一起时，$\mathrm{d}\displaystyle\int$ 完全抵消，$\displaystyle\int\mathrm{d}$ 抵消后相差一个常数.

性质 3　两函数代数和的不定积分，等于它们各自积分的代数和，即

$$\int[f(x)\pm g(x)]\mathrm{d}x = \int f(x)\mathrm{d}x \pm \int g(x)\mathrm{d}x.$$

证明　$\left[\displaystyle\int f(x)\mathrm{d}x \pm \int g(x)\mathrm{d}x\right]' = \left[\displaystyle\int f(x)\mathrm{d}x\right]' \pm \left[\displaystyle\int f(x)\mathrm{d}x\right]' = f(x) \pm g(x)$.

注　此性质可推广到有限多个函数的情形.

性质 4　求不定积分时，非零常数因子可提到积分号外面，即

$$\int kf(x)\mathrm{d}x = k\int f(x)\mathrm{d}x \quad (k\neq 0).$$

证明　$\left[k\displaystyle\int f(x)\mathrm{d}x\right]' = k\left[\displaystyle\int f(x)\mathrm{d}x\right]' = kf(x)$.

4.1.4　基本积分表

既然积分运算是微分运算的逆运算，则由导数或微分基本公式，即可得到不定积分的基本公式，这里我们列出基本积分表. 这些公式是求不定积分的基础，请读者务必熟记.

(1) $\displaystyle\int k\mathrm{d}x = kx + C$（$k$ 是常数）；　　　　　　(2) $\displaystyle\int x^{\mu}\mathrm{d}x = \frac{x^{\mu+1}}{\mu+1} + C$（$\mu\neq -1$）；

$(3) \int \dfrac{\mathrm{d}x}{x} = \ln |x| + C;$

$(4) \int \dfrac{1}{1+x^2} \mathrm{d}x = \arctan x + C;$

$(5) \int \dfrac{1}{\sqrt{1-x^2}} \mathrm{d}x = \arcsin x + C;$

$(6) \int a^x \mathrm{d}x = \dfrac{a^x}{\ln a} + C;$

$(7) \int \mathrm{e}^x \mathrm{d}x = \mathrm{e}^x + C;$

$(8) \int \cos x \mathrm{d}x = \sin x + C;$

$(9) \int \sin x \mathrm{d}x = -\cos x + C;$

$(10) \int \sec^2 x \mathrm{d}x = \tan x + C;$

$(11) \int \csc^2 x \mathrm{d}x = -\cot x + C;$

$(12) \int \sec x \tan x \mathrm{d}x = \sec x + C;$

$(13) \int \csc x \cot x \mathrm{d}x = -\csc x + C;$

$(14) \int \mathrm{sh} x \mathrm{d}x = \mathrm{ch} x + C;$

$(15) \int \mathrm{ch} x \mathrm{d}x = \mathrm{sh} x + C.$

4.1.5 直接积分法

利用不定积分的定义来计算不定积分是非常不方便的. 为了解决不定积分的计算问题,这里先介绍一种利用不定积分的运算性质和基本**积分**公式,直接求出不定积分的方法,即**直接积分法**.

例如,求不定积分 $\int (3x^2 - 3x - 5) \mathrm{d}x$,有

$$\int (3x^2 - 3x - 5) \mathrm{d}x = \int 3x^2 \mathrm{d}x - \int 3x \mathrm{d}x - \int 5 \mathrm{d}x$$

$$= x^3 + C_1 - 3\left(\dfrac{1}{2}x^2 + C_2\right) - (5x + C_3)$$

$$= x^3 - \dfrac{3}{2}x^2 - 5x + C.$$

注 每个积分号都含有任意常数,但由于这些任意常数之和仍是任意常数,因此,只要总的写出一个任意常数 C 即可.

例 5 求不定积分 $\int (2 - \sqrt[3]{x})^2 \mathrm{d}x$.

解 $\int (2 - \sqrt[3]{x})^2 \mathrm{d}x = \int (4 - 4x^{\frac{1}{3}} + x^{\frac{2}{3}}) \mathrm{d}x = \int 4 \mathrm{d}x - 4\int x^{\frac{1}{3}} \mathrm{d}x + \int x^{\frac{2}{3}} \mathrm{d}x$

$$= 4x - 4 \cdot \dfrac{1}{\dfrac{1}{3} + 1} x^{\frac{1}{3}+1} + \dfrac{1}{\dfrac{2}{3} + 1} x^{\frac{2}{3}+1} + C$$

$$= 4x - 3x^{\frac{4}{3}} + \dfrac{3}{5}x^{\frac{5}{3}} + C.$$

注 从例 5 可以看出,有时被积函数实际是幂函数,但用分式或根式表示,遇此情形,应先把它化为 x^μ 的形式,然后应用幂函数的积分公式求解.

例 6 求不定积分 $\int \mathrm{e}^x (2^x - 1) \mathrm{d}x$.

解 $\int e^x(2^x - 1)dx = \int 2^x e^x dx - \int e^x dx = \int (2e)^x dx - \int e^x dx$

$$= \frac{(2e)^x}{\ln(2e)} - e^x + C = \frac{(2e)^x}{1 + \ln 2} - e^x + C.$$

例 7 求不定积分 $\int \dfrac{\sqrt{1 + x^2}}{\sqrt{1 - x^4}}dx$.

解 $\int \dfrac{\sqrt{1 + x^2}}{\sqrt{1 - x^4}}dx = \int \dfrac{\sqrt{1 + x^2}}{\sqrt{1 - x^2}\sqrt{1 + x^2}}dx = \int \dfrac{1}{\sqrt{1 - x^2}}dx = \arcsin x + C.$

例 8 求不定积分 $\int \dfrac{x^4 + 1}{x^2 + 1}dx$.

解 $\int \dfrac{x^4 + 1}{x^2 + 1}dx = \int \dfrac{x^4 - 1 + 2}{x^2 + 1}dx = \int \dfrac{(x^2 - 1)(x^2 + 1) + 2}{x^2 + 1}dx$

$$= \int \left(x^2 - 1 + \frac{2}{1 + x^2}\right)dx = \frac{1}{3}x^3 - x + 2\arctan x + C.$$

例 9 求下列不定积分:

(1) $\int \cot^2 x dx$;   (2) $\int \cos^2 \dfrac{x}{2} dx$.

解 (1) $\int \cot^2 x dx = \int (\csc^2 x - 1)dx = \int \csc^2 x dx - \int 1 dx = -\cot x - x + C$;

(2) $\int \cos^2 \dfrac{x}{2} dx = \int \dfrac{1}{2}(1 + \cos x)dx = \dfrac{1}{2}\int (1 + \cos x)dx$

$$= \frac{1}{2}\left[\int 1 dx + \int \cos x dx\right] = \frac{1}{2}(x + \sin x) + C.$$

例 10 已知 $f'(\ln x) = \begin{cases} 1, & 0 < x \leqslant 1 \\ x, & 1 < x < +\infty \end{cases}$,且 $f(0) = 0$,求 $f(x)$.

解 设 $t = \ln x$,即 $x = e^t$,则 $f'(t) = \begin{cases} 1, & -\infty < t \leqslant 0 \\ e^t, & 0 < t < +\infty \end{cases}$,即

$$f'(x) = \begin{cases} 1, & -\infty < x \leqslant 0 \\ e^x, & 0 < x < +\infty \end{cases}.$$

所以 $f(x) = \begin{cases} x + C_1, & -\infty < x \leqslant 0 \\ e^x + C_2, & 0 < x < +\infty \end{cases}.$

又 $f(0) = 0$,得 $C_1 = 0$,再由 $f(x)$ 在点 $x = 0$ 处连续,故有

$$f(0) = \lim_{x \to 0^+} f(x), 得 0 = 1 + C_2, 即 C_2 = -1.$$

所以 $f(x) = \begin{cases} x, & -\infty < x \leqslant 0 \\ e^x - 1, & 0 < x < +\infty \end{cases}.$

习　题　4-1

1. 求下列不定积分:

(1) $\int\left(1-x+x^3-\dfrac{1}{\sqrt[3]{x^2}}\right)\mathrm{d}x$;　　　　(2) $\int\left(x-\dfrac{1}{\sqrt{x}}\right)^2\mathrm{d}x$;　　　　(3) $\int(2^x+x^2)\mathrm{d}x$;

(4) $\int\dfrac{3x^4+3x^2+1}{x^2+1}\mathrm{d}x$;　　　　(5) $\int\dfrac{x^2}{x^2+1}\mathrm{d}x$;　　　　(6) $\int\left(\dfrac{x}{2}-\dfrac{1}{x}+\dfrac{3}{x^3}-\dfrac{4}{x^4}\right)\mathrm{d}x$;

(7) $\int\left(\dfrac{3}{1+x^2}-\dfrac{2}{\sqrt{1-x^2}}\right)\mathrm{d}x$;　　　　(8) $\int\sqrt{x\sqrt{x\sqrt{x}}}\,\mathrm{d}x$;　　　　(9) $\int\dfrac{1}{x^2(x^2+1)}\mathrm{d}x$;

(10) $\int\dfrac{\mathrm{e}^{2t}-1}{\mathrm{e}^t-1}\mathrm{d}t$;　　　　(11) $\int(\mathrm{e}^x+3^x)(1+2^x)\mathrm{d}x$;　　(12) $\int(\mathrm{e}^x-\mathrm{e}^{-x})^3\mathrm{d}x$;

(13) $\int\cot^2 x\,\mathrm{d}x$;　　　　(14) $\int\dfrac{2\cdot3^x-5\cdot2^x}{3^x}\mathrm{d}x$;　　(15) $\int\cos^2\dfrac{x}{2}\mathrm{d}x$;

(16) $\int\dfrac{\mathrm{d}x}{1+\cos2x}$;　　　　(17) $\int\dfrac{\cos2x}{\cos x-\sin x}\mathrm{d}x$;　　(18) $\int\dfrac{\cos2x}{\cos^2 x\cdot\sin^2 x}\mathrm{d}x$;

(19) $\int\left(\sqrt{\dfrac{1-x}{1+x}}-\sqrt{\dfrac{1+x}{1-x}}\right)\mathrm{d}x$;　　　　(20) $\int\dfrac{1+\cos^2 x}{1+\cos2x}\mathrm{d}x$.

2. 设 $\int xf(x)\mathrm{d}x=\arccos x+C$,求 $f(x)$.

3. 设 $f(x)$ 的导函数是 $\sin x$,求 $f(x)$ 的原函数的全体.

4. 证明函数 $\dfrac{1}{2}\mathrm{e}^{2x}$,$\mathrm{e}^x\mathrm{sh}x$ 和 $\mathrm{e}^x\mathrm{ch}x$ 都是 $\dfrac{\mathrm{e}^x}{\mathrm{ch}x-\mathrm{sh}x}$ 的原函数.

5. 一曲线通过点 $(\mathrm{e}^2,3)$,且在任一点处的切线的斜率等于该点横坐标的倒数,求该曲线的方程.

6. 一物体由静止开始运动,经 t 秒后的速度是 $3t^2\,(\mathrm{m/s})$,问

(1) 在 3s 后物体离开出发点的距离是多少?

(2) 物体走完 360m 需要多少时间?

4.2　换元积分法

利用直接积分法,所能计算的不定积分是十分有限的. 因此,有必要进一步研究不定积分的求法. 本节介绍的换元积分法,是将复合函数的求导法则反过来用于不定积分,通过适当的变量替换(换元),把某些不定积分化为可利用基本积分公式计算的形式,再计算出所求不定积分. 换元积分法通常分为两类,下面先介绍第一类换元积分法.

4.2.1　第一类换元积分法(凑微分法)

如果不定积分 $\int f(x)\mathrm{d}x$ 用直接积分法不易求得,但被积函数可分解为

$$f(x)=g[\varphi(x)]\varphi'(x),$$

注意到 $\varphi'(x)\mathrm{d}x=\mathrm{d}\varphi(x)$,作变量代换 $u=\varphi(x)$,则可将关于变量 x 的积分转化为关于变量 u 的积分,于是有

$$\int f(x)\mathrm{d}x=\int g[\varphi(x)]\varphi'(x)\mathrm{d}x=\int g[\varphi(x)]\mathrm{d}\varphi(x)=\int g(u)\mathrm{d}u.$$

如果 $\int g(u)\mathrm{d}u$ 容易求出，不定积分 $\int f(x)\mathrm{d}x$ 的计算问题就解决了，这就是**第一类换元积分法（凑微分法）.**

定理1（第一类换元积分法） 设 $g(u)$ 的原函数为 $F(u)$ 可导，则有换元公式

$$\int g[\varphi(x)]\varphi'(x)\mathrm{d}x = \int g[\varphi(x)]\mathrm{d}\varphi(x) = \int g(u)\mathrm{d}u = F(u) + C = F[\varphi(x)] + C.$$

注 上述公式中，第二个等号表示换元 $\varphi(x) = u$，最后一个等号表示回代 $u = \varphi(x)$.

利用第一类换元积分法求不定积分 $\int f(x)\mathrm{d}x$ 的关键是：根据被积函数 $f(x)$ 的特点，从中分出一部分与 $\mathrm{d}x$ 凑成微分式 $\mathrm{d}\varphi(x)$，余下部分的是 $\varphi(x)$ 的函数，即 $f(x)\mathrm{d}x = g[\varphi(x)]\mathrm{d}\varphi(x)$，从而将 $\int f(x)\mathrm{d}x$ 化为 $\int g(u)\mathrm{d}u$ 求解，且 $\int g(u)\mathrm{d}u$ 容易求出. 因此，第一类换元积分法又称为**凑微分法.**

例1 求不定积分 $\int \dfrac{\mathrm{d}x}{2x+1}$.

解 $\displaystyle\int \frac{\mathrm{d}x}{2x+1} = \frac{1}{2}\int \frac{1}{2x+1}(2x+1)'\mathrm{d}x = \frac{1}{2}\int \frac{1}{2x+1}\mathrm{d}(2x+1)$

$$\xlongequal[\text{换元}]{2x+1=u} \frac{1}{2}\int \frac{1}{u}\mathrm{d}u \xlongequal[\text{回代}]{u=2x+1} \frac{1}{2}\ln|u| + C = \frac{1}{2}\ln|2x+1| + C.$$

注 一般地，有 $\displaystyle\int f(ax+b)\mathrm{d}x \xlongequal{ax+b=u} \frac{1}{a}\int f(u)\mathrm{d}u$.

例2 求不定积分 $\int x\mathrm{e}^{x^2}\mathrm{d}x$.

解 $\displaystyle\int x\mathrm{e}^{x^2}\mathrm{d}x = \frac{1}{2}\int \mathrm{e}^{x^2}(x^2)'\mathrm{d}x = \frac{1}{2}\int \mathrm{e}^{x^2}\mathrm{d}(x^2) = \frac{1}{2}\int \mathrm{e}^u\mathrm{d}u \xlongequal[\text{换元}]{x^2=u} \frac{1}{2}\mathrm{e}^u + C \xlongequal[\text{回代}]{u=x^2} \frac{1}{2}\mathrm{e}^{x^2} + C.$

注 一般地，有 $\displaystyle\int x^{\mu-1}f(x^\mu)\mathrm{d}x \xlongequal{x^\mu=U} \frac{1}{\mu}\int f(u)\mathrm{d}u$.

例3 求不定积分 $\int \tan x\mathrm{d}x$.

解 $\displaystyle\int \tan x\mathrm{d}x = \int \frac{\sin x}{\cos x}\mathrm{d}x = -\int \frac{1}{\cos x}(\cos x)'\mathrm{d}x = -\int \frac{1}{\cos x}\mathrm{d}(\cos x)$

$$\xlongequal[\text{换元}]{\cos x=u} -\int \frac{1}{u}\mathrm{d}u = -\ln|u| + C \xlongequal[\text{回代}]{u=\cos x} -\ln|\cos x| + C.$$

类似地，可得 $\displaystyle\int \cot x\mathrm{d}x = \ln|\sin x| + C.$

注 一般地，有 $\displaystyle\int \sin x \cdot f(\cos x)\mathrm{d}x \xlongequal{\cos x=u} -\int f(u)\mathrm{d}u$.

根据微分基本公式可得到表 4-2-1 中的常用凑微分公式.

表 4-2-1 常用凑微分公式

	积分类型	换元公式
第一类换元积分法	1. $\int f(ax+b)\mathrm{d}x = \frac{1}{a}\int f(ax+b)\mathrm{d}(ax+b)$ $(a\neq 0)$;	$u=ax+b$
	2. $\int f(x^\mu)x^{\mu-1}\mathrm{d}x = \frac{1}{\mu}\int f(x^\mu)\mathrm{d}(x^\mu)$ $(\mu\neq -1)$;	$u=x^\mu$
	3. $\int f(\ln x)\cdot\frac{1}{x}\mathrm{d}x = \int f(\ln x)\mathrm{d}(\ln x)$;	$u=\ln x$
	4. $\int f(\mathrm{e}^x)\cdot\mathrm{e}^x\mathrm{d}x = \int f(\mathrm{e}^x)\mathrm{d}(\mathrm{e}^x)$;	$u=\mathrm{e}^x$
	5. $\int f(a^x)\cdot a^x\mathrm{d}x = \frac{1}{\ln a}\int f(a^x)\mathrm{d}(a^x)$;	$u=a^x$
	6. $\int f(\sin x)\cdot\cos x\mathrm{d}x = \int f(\sin x)\mathrm{d}(\sin x)$;	$u=\sin x$
	7. $\int f(\cos x)\cdot\sin x\mathrm{d}x = -\int f(\cos x)\mathrm{d}(\cos x)$;	$u=\cos x$
	8. $\int f(\tan x)\cdot\sec^2 x\mathrm{d}x = \int f(\tan x)\mathrm{d}(\tan x)$;	$u=\tan x$
	9. $\int f(\cot x)\cdot\csc^2 x\mathrm{d}x = -\int f(\cot x)\mathrm{d}(\cot x)$;	$u=\cot x$
	10. $\int f(\arctan x)\cdot\frac{1}{1+x^2}\mathrm{d}x = \int f(\arctan x)\mathrm{d}(\arctan x)$;	$u=\arctan x$
	11. $\int f(\arcsin x)\cdot\frac{1}{\sqrt{1-x^2}}\mathrm{d}x = \int f(\arcsin x)\mathrm{d}(\arcsin x)$.	$u=\arcsin x$

对变量代换比较熟练后,就可以省去书写中间变量的换元和回代过程.

例 4 求不定积分 $\int \frac{3^{2\arccos x}}{\sqrt{1-x^2}}\mathrm{d}x$.

解 $\int \frac{3^{2\arccos x}}{\sqrt{1-x^2}}\mathrm{d}x = -\frac{1}{2}\int 3^{2\arccos x}\mathrm{d}(2\arccos x) = -\frac{1}{2\ln 3}3^{2\arccos x}+C.$

例 5 求不定积分 $\int \frac{1}{a^2+x^2}\mathrm{d}x$ $(a>0)$.

解 $\int \frac{1}{a^2+x^2}\mathrm{d}x = \int \frac{1}{a^2}\cdot\frac{1}{1+\left(\frac{x}{a}\right)^2}\mathrm{d}x = \frac{1}{a}\int \frac{1}{1+\left(\frac{x}{a}\right)^2}\mathrm{d}\left(\frac{x}{a}\right) = \frac{1}{a}\arctan\frac{x}{a}+C.$

类似地,可得 $\int \frac{1}{\sqrt{a^2-x^2}}\mathrm{d}x = \arcsin\frac{x}{a}+C$ $(a>0)$.

例 6 求不定积分 $\int \frac{1}{x^2-a^2}\mathrm{d}x$.

解 由于 $\frac{1}{x^2-a^2} = \frac{1}{2a}\left(\frac{1}{x-a}-\frac{1}{x+a}\right)$,所以

$$\int \frac{1}{x^2-a^2}\mathrm{d}x = \frac{1}{2a}\int\left(\frac{1}{x-a}-\frac{1}{x+a}\right)\mathrm{d}x = \frac{1}{2a}\left[\int \frac{1}{x-a}\mathrm{d}x - \int \frac{1}{x+a}\mathrm{d}x\right]$$
$$= \frac{1}{2a}\left[\int \frac{1}{x-a}\mathrm{d}(x-a) - \int \frac{1}{x+a}\mathrm{d}(x+a)\right]$$
$$= \frac{1}{2a}[\ln|x-a|-\ln|x+a|]+C = \frac{1}{2a}\ln\left|\frac{x-a}{x+a}\right|+C.$$

例 7　求不定积分 $\displaystyle\int \frac{1}{x(1+4\ln x)}\mathrm{d}x$.

解　$\displaystyle\int \frac{1}{x(1+4\ln x)}\mathrm{d}x = \int \frac{1}{1+4\ln x}\mathrm{d}(\ln x) = \frac{1}{4}\int \frac{1}{1+4\ln x}\mathrm{d}(1+4\ln x)$

$$= \frac{1}{4}\ln|1+4\ln x| + C.$$

下面举一些被积函数中含有三角函数的例子,在计算这种积分的过程中,往往需要用到一些三角恒等式.

例 8　求不定积分 $\displaystyle\int \sin 2x\,\mathrm{d}x$.

解　**方法一** 原式 $= \dfrac{1}{2}\displaystyle\int \sin 2x\,\mathrm{d}(2x) = -\dfrac{1}{2}\cos 2x + C$;

方法二 原式 $= 2\displaystyle\int \sin x\cos x\,\mathrm{d}x = 2\int \sin x\,\mathrm{d}(\sin x) = (\sin x)^2 + C$;

方法三 原式 $= 2\displaystyle\int \sin x\cos x\,\mathrm{d}x = -2\int \cos x\,\mathrm{d}(\cos x) = -(\cos x)^2 + C$.

注　易检验,上述三个结果 $-\dfrac{1}{2}\cos 2x + C$,$(\sin x)^2 + C$,$-(\cos x)^2 + C$ 虽形式上看起来不相同,但都是同一族曲线,都是正确的.

例 9　求不定积分 $\displaystyle\int \sin^5 x \cdot \cos^2 x\,\mathrm{d}x$.

解　$\displaystyle\int \sin^5 x \cdot \cos^2 x\,\mathrm{d}x = \int \sin^4 x \cdot \cos^2 x \cdot \sin x\,\mathrm{d}x = -\int \sin^4 x \cdot \cos^2 x\,\mathrm{d}(\cos x)$

$$= -\int (1-\cos^2 x)^2 \cdot \cos^2 x\,\mathrm{d}(\cos x)$$

$$= -\int (\cos^6 x - 2\cos^4 x + \cos^2 x)\,\mathrm{d}(\cos x)$$

$$= -\frac{1}{7}\cos^7 x + \frac{2}{5}\cos^5 x - \frac{1}{3}\cos^3 x + C.$$

注　当被积函数是正余弦函数次幂的乘积时,拆开奇次项去凑微分;当被积函数为正(余)弦函数的偶次幂时,常用半角公式通过降低幂次的方法来计算.

例 10　求不定积分 $\displaystyle\int \cos^2 x\,\mathrm{d}x$.

解　$\displaystyle\int \cos^2 x\,\mathrm{d}x = \int \frac{1+\cos 2x}{2}\mathrm{d}x = \frac{1}{2}\left(\int 1\,\mathrm{d}x + \int \cos 2x\,\mathrm{d}x\right)$

$$= \frac{1}{2}\int \mathrm{d}x + \frac{1}{4}\int \cos 2x\,\mathrm{d}(2x) = \frac{x}{2} + \frac{1}{4}\sin 2x + C.$$

例 11　求不定积分 $\displaystyle\int \csc x\,\mathrm{d}x$.

解　$\displaystyle\int \csc x\,\mathrm{d}x = \int \frac{\mathrm{d}x}{\sin x} = \int \frac{\mathrm{d}x}{2\sin\dfrac{x}{2}\cos\dfrac{x}{2}} = \int \frac{1}{\tan\dfrac{x}{2}\cos^2\dfrac{x}{2}}\mathrm{d}\left(\frac{x}{2}\right)$

$$= \int \frac{1}{\tan \frac{x}{2}} \sec^2 \frac{x}{2} \mathrm{d}\left(\frac{x}{2}\right) = \int \frac{1}{\tan \frac{x}{2}} \mathrm{d}\left(\tan \frac{x}{2}\right) = \ln\left|\tan \frac{x}{2}\right| + C,$$

因为 $\qquad \tan \frac{x}{2} = \dfrac{\sin \frac{x}{2}}{\cos \frac{x}{2}} = \dfrac{2 \sin^2 \frac{x}{2}}{\sin x} = \dfrac{1 - \cos x}{\sin x} = \csc x - \cot x,$

所以 $\qquad\qquad\qquad \int \csc x \mathrm{d}x = \ln|\csc x - \cot x| + C.$

由上述结果,易推得 $\qquad \int \sec x \mathrm{d}x = \ln|\sec x + \tan x| + C.$

例 12 求不定积分 $\displaystyle\int \sec^4 x \mathrm{d}x$.

解 $\displaystyle\int \sec^4 x \mathrm{d}x = \int \sec^2 x \sec^2 x \mathrm{d}x = \int (1 + \tan^2 x) \mathrm{d}(\tan x)$

$$= \tan x + \frac{1}{3} \tan^3 x + C.$$

例 13 求不定积分 $\displaystyle\int \tan^3 x \sec x \mathrm{d}x$.

解 $\displaystyle\int \tan^3 x \sec x \mathrm{d}x = \int \tan^2 x \tan x \sec x \mathrm{d}x = \int (\sec^2 x - 1) \mathrm{d}(\sec x)$

$$= \frac{1}{3} \sec^3 x - \sec x + C.$$

例 14 求不定积分 $\displaystyle\int \cos 2x \cos 5x \mathrm{d}x$.

解 由积化和差公式 $\cos A \cos B = \dfrac{1}{2}\big[\cos(A - B) + \cos(A + B)\big]$,得

$$\int \cos 2x \cos 5x \mathrm{d}x = \frac{1}{2}\int (\cos 3x + \cos 7x) \mathrm{d}x = \frac{1}{2}\left[\frac{1}{3}\int \cos 3x \mathrm{d}(3x) + \frac{1}{7}\int \cos 7x \mathrm{d}(7x)\right]$$

$$= \frac{1}{6}\sin 3x + \frac{1}{14}\sin 7x + C.$$

下面再给出几个不定积分计算的例题,请读者悉心体会其中的方法.

例 15 求不定积分 $\displaystyle\int \frac{1}{\sqrt{x+3} + \sqrt{x-1}} \mathrm{d}x$.

解 $\displaystyle\int \frac{1}{\sqrt{x+3} + \sqrt{x-1}} \mathrm{d}x = \int \frac{\sqrt{x+3} - \sqrt{x-1}}{(\sqrt{x+3} + \sqrt{x-1})(\sqrt{x+3} - \sqrt{x-1})} \mathrm{d}x$

$$= \frac{1}{4}\int \sqrt{x+3} \mathrm{d}x - \frac{1}{4}\int \sqrt{x-1} \mathrm{d}x$$

$$= \frac{1}{6}(\sqrt{x+3})^3 - \frac{1}{6}(\sqrt{x-1})^3 + C.$$

例 16 求不定积分 $\displaystyle\int \frac{1}{1 + \mathrm{e}^x} \mathrm{d}x$.

解　$\displaystyle\int \frac{1}{1+e^x}dx = \int \frac{1+e^x-e^x}{1+e^x}dx = \int\left(1-\frac{e^x}{1+e^x}\right)dx = \int 1dx - \int \frac{e^x}{1+e^x}dx$

$\displaystyle = \int dx - \int \frac{1}{1+e^x}d(1+e^x) = x - \ln(1+e^x) + C.$

例 17　求不定积分 $\displaystyle\int \frac{1}{1+\sin x}dx$.

解　**方法一** $\displaystyle\int \frac{1}{1+\sin x}dx = \int \frac{1-\sin x}{1-\sin^2 x}dx = \int \frac{1}{\cos^2 x}dx + \int \frac{1}{\cos^2 x}d(\cos x)$

$\displaystyle = \int \sec^2 xdx + \int \frac{1}{\cos^2 x}d(\cos x) = \tan x - \frac{1}{\cos x} + C.$

方法二 $\displaystyle\int \frac{1}{1+\sin x}dx = \int \frac{dx}{1+\cos\left(\frac{\pi}{2}-x\right)} = -\int \frac{d\left(\frac{\pi}{4}-\frac{x}{2}\right)}{\cos^2\left(\frac{\pi}{4}-\frac{x}{2}\right)}$

$\displaystyle = -\tan\left(\frac{\pi}{4}-\frac{x}{2}\right) + C.$

4.2.2　第二类换元积分法

如果不定积分 $\int f(x)dx$ 用直接积分法或第一类换元积分法不易求得,但作适当的变量替换 $x=\varphi(t)$ 后,所得到的关于新积分变量 t 的不定积分

$$\int f[\varphi(t)]\varphi'(t)dt$$

可以求得,则可解决 $\int f(x)dx$ 的计算问题,这就是所谓的**第二类换元积分法**.

定理 2(第二类换元积分法)　设 $x=\varphi(t)$ 是单调、可导函数,且 $\varphi'(t)\neq0$,又设 $f[\varphi(t)]\varphi'(t)$ 具有原函数 $F(t)$,则有换元公式

$$\int f(x)dx = \int f[\varphi(t)]\varphi'(t)dt = F(t) + C = F[\psi(x)] + C,$$

其中 $\psi(x)$ 是 $x=\varphi(t)$ 的反函数.

证明　记 $G(x)=F[\psi(x)]$,因为 $F(t)$ 是 $f[\varphi(t)]\varphi'(t)$ 的原函数,由复合函数求导法则及反函数的求导法则,得

$$G'(x)=\frac{dF}{dt}\cdot\frac{dt}{dx}=f[\varphi(t)]\varphi'(t)\cdot\frac{1}{\varphi'(t)}=f[\varphi(t)]=f(x),$$

即 $F[\psi(x)]$ 为 $f(x)$ 的一个原函数,从而结论得证.

注　由定理 2 可见,第二类换元积分法的换元与回代过程与第一类换元积分法的正好相反.从形式上看,后者是前者的逆行,但两者的目的相同,都是为了将不定积分化为容易求解的形式.

下面,举例说明第二类换元积分法的应用.

例 18　求不定积分 $\displaystyle\int \sqrt{a^2-x^2}dx\ (a>0)$.

解　令 $x=a\sin t, t\in\left(-\frac{\pi}{2},\frac{\pi}{2}\right)$,则 $\sqrt{a^2-x^2}=\sqrt{a^2\cos^2 t}=a|\cos t|=a\cos t, dx=a\cos tdt$,

所以

$$\int \sqrt{a^2 - x^2}\,dx = \int a\cos t \cdot a\cos t\,dt = a^2 \int \cos^2 t\,dt = \frac{a^2}{2}\int (1 + \cos 2t)\,dt$$

$$= \frac{a^2}{2}\left(t + \frac{1}{2}\sin 2t\right) + C = \frac{a^2}{2}(t + \sin t\cos t) + C.$$

为将变量 t 还原回原来的积分变量 x，由 $x = a\sin t$ 作直角三角形（图 4-2-1），可知 $\cos t = \frac{\sqrt{a^2 - x^2}}{a}$，又 $t = \arctan\frac{x}{a}$，代入上式，得

$$\int \sqrt{a^2 - x^2}\,dx = \frac{a^2}{2}\left[\arctan\frac{x}{a} + \frac{x}{a} \cdot \frac{\sqrt{a^2 - x^2}}{a}\right] + C$$

$$= \frac{a^2}{2}\arctan\frac{x}{a} + \frac{x}{2} \cdot \sqrt{a^2 - x^2} + C.$$

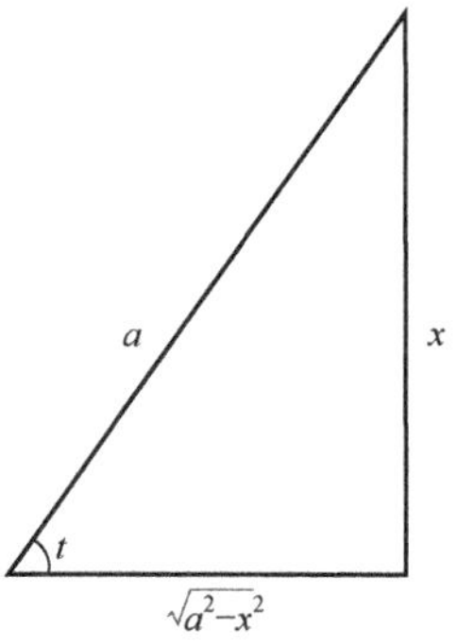

注 若令 $x = a\cos t, t \in (0, \pi)$，同样可以计算.

例 19 求不定积分 $\int \frac{1}{\sqrt{x^2 + a^2}}\,dx \ (a > 0)$.

解 令 $x = a\tan t, t \in \left(-\frac{\pi}{2}, \frac{\pi}{2}\right)$，则 $\sqrt{x^2 + a^2} = \sqrt{a^2 \sec^2 t} = a\sec t, dx = a\sec^2 t\,dt$，所以

$$\int \frac{1}{\sqrt{x^2 + a^2}}\,dx = \int \frac{1}{a\sec t} \cdot a \cdot \sec^2 t\,dt = \int \sec t\,dt = \ln|\sec t + \tan t| + C_1.$$

图 4-2-1

由 $x = a\tan t$ 作直角三角形（图 4-2-2），可知 $\sec t = \frac{\sqrt{x^2 + a^2}}{a}$，代入上式，得

$$\int \frac{1}{\sqrt{x^2 + a^2}}\,dx = \ln|\sec t + \tan t| + C_1$$

$$= \ln\left|\frac{\sqrt{x^2 + a^2}}{a} + \frac{x}{a}\right| + C_1 = \ln|x + \sqrt{x^2 + a^2}| + C.$$

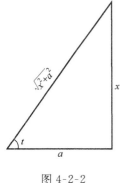

图 4-2-2

例 20 求不定积分 $\int \frac{1}{\sqrt{x^2 - a^2}}\,dx \ (a > 0)$.

解 注意到被积函数的定义域是 $(-\infty, -a) \cup (a, +\infty)$，我们在两个区间上分别求不定积分.

当 $x > a$ 时，令 $x = a\sec t, t \in \left(0, \frac{\pi}{2}\right)$，则 $\sqrt{x^2 - a^2} = \sqrt{a^2 \tan^2 t} = a\tan t, dx = a\sec t\tan t\,dt$，所以

$$\int \frac{1}{\sqrt{x^2 - a^2}}\,dx = \int \frac{a\sec t \cdot \tan t}{a\tan t}\,dt$$

$$= \int \sec t\,dt = \ln|\sec t + \tan t| + C_1.$$

由 $x = a\sec t$ 作直角三角形（图 4-2-3），可知 $\tan t = \frac{\sqrt{x^2 - a^2}}{a}$，代入上式，得

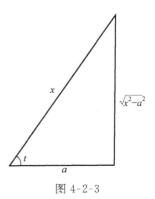

图 4-2-3

$$\int \frac{1}{\sqrt{x^2-a^2}}\mathrm{d}x = \ln|\sec t + \tan t| + C_1$$

$$= \ln\left|\frac{x}{a} + \frac{\sqrt{x^2-a^2}}{a}\right| + C_1 = \ln\left|x + \sqrt{x^2-a^2}\right| + C.$$

当 $x<-a$ 时，令 $x=-u$，则 $u>a$. 由上述结果，有

$$\int \frac{1}{\sqrt{x^2-a^2}}\mathrm{d}x = -\int \frac{1}{\sqrt{u^2-a^2}}\mathrm{d}u = -\ln\left|u + \sqrt{u^2-a^2}\right| + C_2$$

$$= -\ln\left|-x + \sqrt{x^2-a^2}\right| + C_2 = \ln\left|\frac{x + \sqrt{x^2-a^2}}{a^2}\right| + C_2$$

$$= \ln\left|x + \sqrt{x^2-a^2}\right| + C.$$

综上所述，$\displaystyle\int \frac{1}{\sqrt{x^2-a^2}}\mathrm{d}x = \ln\left|x + \sqrt{x^2-a^2}\right| + C.$

注 以上 3 例所使用的均为**三角代换**，三角代换的目的是化掉根式，其一般规律如下：如果被积函数中含有 $\sqrt{a^2-x^2}$ 时，可令 $x=a\sin t, t\in\left(-\frac{\pi}{2},\frac{\pi}{2}\right)$；如果被积函数中含有 $\sqrt{x^2+a^2}$ 时，可令 $x=a\tan t, t\in\left(-\frac{\pi}{2},\frac{\pi}{2}\right)$；如果被积函数中含有 $\sqrt{x^2-a^2}$ 时，可令 $x=\pm a\sec t$，$t\in\left(0,\frac{\pi}{2}\right)$.

根式有理化是化简不定积分计算的常用方法之一，去掉被积函数中的根号并不一定要采用三角代换，应根据被积函数的情况来确定采用何种根式有理化代换.

例 21 求不定积分 $\displaystyle\int \frac{\mathrm{d}x}{x\sqrt{x^2-1}}$.

解 本例如果采用三角代换将相当繁琐. 现在我们采用根式有理化代换，令 $t=\sqrt{x^2-1}$，则 $x^2=t^2+1, x\mathrm{d}x=t\mathrm{d}t$，于是

$$\int \frac{\mathrm{d}x}{x\sqrt{x^2-1}} = \int \frac{x\mathrm{d}x}{x^2\sqrt{x^2-1}} = \int \frac{t\mathrm{d}t}{(t^2+1)t} = \int \frac{\mathrm{d}t}{t^2+1} = \arctan t + C$$

$$= \arctan\sqrt{x^2-1} + C.$$

当有理分式函数中分母（多项式）的次数较高时，常采用**倒代换** $x=\dfrac{1}{t}$.

例 22 求不定积分 $\displaystyle\int \frac{1}{x(x^5+2)}\mathrm{d}x$.

解 令 $x=\dfrac{1}{t}$，则 $\mathrm{d}x=-\dfrac{1}{t^2}\mathrm{d}t$，于是

$$\int \frac{1}{x(x^5+2)}\mathrm{d}x = \int \frac{t}{\left(\frac{1}{t}\right)^5+2}\cdot\left(-\frac{1}{t^2}\right)\mathrm{d}t = -\int \frac{t^4}{1+2t^5}\mathrm{d}t = -\frac{1}{10}\int \frac{1}{1+2t^5}\mathrm{d}(1+2t^5)$$

$$= -\frac{1}{10}\ln|1+2t^5| + C = -\frac{1}{10}\ln|2+x^5| + \frac{1}{2}\ln|x| + C.$$

本节中一些结果以后会经常遇到，所以他们通常也被当作公式使用. 这样，常用的积分公式，除了基本积分表中的 15 个公式外，我们再补充下面几个（其中常数 $a>0$）.

(16) $\displaystyle\int \tan x\mathrm{d}x = -\ln|\cos x| + C$；   (17) $\displaystyle\int \cot x\mathrm{d}x = \ln|\sin x| + C$；

(18) $\int \sec x \mathrm{d}x = \ln | \sec x + \tan x | + C$;　(19) $\int \csc x \mathrm{d}x = \ln | \csc x - \cot x | + C$;

(20) $\int \dfrac{1}{a^2 + x^2} \mathrm{d}x = \dfrac{1}{a} \arctan \dfrac{x}{a} + C$;　(21) $\int \dfrac{1}{\sqrt{a^2 - x^2}} \mathrm{d}x = arc\sin \dfrac{x}{a} + C$;

(22) $\int \dfrac{1}{x^2 - a^2} \mathrm{d}x = \dfrac{1}{2a} \ln \left| \dfrac{x-a}{x+a} \right| + C$;　(23) $\int \dfrac{1}{\sqrt{x^2 \pm a^2}} \mathrm{d}x = \ln \left| x + \sqrt{x^2 \pm a^2} \right| + C$;

(24) $\int \sqrt{a^2 - x^2} \mathrm{d}x = \dfrac{a^2}{2} \arctan \dfrac{x}{a} + \dfrac{x}{2} \cdot \sqrt{a^2 - x^2} + C$.

习 题 4-2

1. 填空使下列等式成立:

(1) $\mathrm{d}x = \underline{\quad} \mathrm{d}(7x-3)$;　(2) $x\mathrm{d}x = \underline{\quad} \mathrm{d}(1-x^2)$;　(3) $x^3 \mathrm{d}x = \underline{\quad} \mathrm{d}(3x^4 - 2)$;

(4) $\mathrm{e}^{2x} \mathrm{d}x = \underline{\quad} \mathrm{d}(\mathrm{e}^{2x})$;　(5) $\dfrac{1}{x} \mathrm{d}x = \underline{\quad} \mathrm{d}(3 - 5\ln|x|)$;　(6) $\dfrac{1}{\sqrt{t}} \mathrm{d}t = \underline{\quad} \mathrm{d}(\sqrt{t})$;

(7) $\sin \dfrac{3}{2} x\mathrm{d}x = \underline{\quad} \mathrm{d}(\cos \dfrac{3}{2} x)$;　(8) $\dfrac{\mathrm{d}x}{\cos^2 2x} = \underline{\quad} \mathrm{d}(\tan 2x)$;　(9) $\dfrac{\mathrm{d}x}{1 + 9x^2} = \underline{\quad} \mathrm{d}(\arctan 3x)$.

2. 求下列不定积分:

(1) $\int \mathrm{e}^{3t} \mathrm{d}t$;　(2) $\int (3 - 5x)^3 \mathrm{d}x$;　(3) $\int \dfrac{\mathrm{d}x}{3 - 2x}$;

(4) $\int \dfrac{\mathrm{d}x}{\sqrt[3]{5 - 3x}}$;　(5) $\int (\sin ax - \mathrm{e}^{\frac{x}{b}}) \mathrm{d}x$;　(6) $\int \dfrac{\cos \sqrt{t}}{\sqrt{t}} \mathrm{d}t$;

(7) $\int \tan^{10} x \sec^2 x \mathrm{d}x$;　(8) $\int \dfrac{\mathrm{d}x}{x \ln x \ln \ln x}$;　(9) $\int \tan \sqrt{1 + x^2} \cdot \dfrac{x \mathrm{d}x}{\sqrt{1 + x^2}}$;

(10) $\int \dfrac{\mathrm{d}x}{\sin x \cos x}$;　(11) $\int \dfrac{\mathrm{d}x}{\mathrm{e}^x + \mathrm{e}^{-x}}$;　(12) $\int x \cos(x^2) \mathrm{d}x$;

(13) $\int \dfrac{x \mathrm{d}x}{\sqrt{2 - 3x^2}}$;　(14) $\int \cos^2(\omega t) \sin(\omega t) \mathrm{d}t$;　(15) $\int \dfrac{3x^3}{1 - x^4} \mathrm{d}x$;

(16) $\int \dfrac{\sin x}{\cos^3 x} \mathrm{d}x$;　(17) $\int \dfrac{x^9}{\sqrt{2 - x^{10}}} \mathrm{d}x$;　(18) $\int \dfrac{1 - x}{\sqrt{9 - 4x^2}} \mathrm{d}x$;

(19) $\int \dfrac{\mathrm{d}x}{2x^2 - 1}$;　(20) $\int \dfrac{x \mathrm{d}x}{(4 - 5x)^2}$;　(21) $\int \dfrac{x^2 \mathrm{d}x}{(x - 1)^{100}}$;

(22) $\int \dfrac{x \mathrm{d}x}{x^8 - 1}$;　(23) $\int \cos^3 x \mathrm{d}x$;　(24) $\int \cos^2(\omega t + \varphi) \mathrm{d}t$;

(25) $\int \sin 2x \cos 3x \mathrm{d}x$;　(26) $\int \sin 5x \sin 7x \mathrm{d}x$;　(27) $\int \tan^3 x \sec x \mathrm{d}x$;

(28) $\int \dfrac{10^{\arccos x}}{\sqrt{1 - x^2}} \mathrm{d}x$;　(29) $\int \dfrac{\mathrm{d}x}{(\arcsin x)^2 \sqrt{1 - x^2}}$;　(30) $\int \dfrac{\arctan \sqrt{x}}{\sqrt{x}(1 + x)} \mathrm{d}x$;

(31) $\int \dfrac{\ln \tan x}{\sin x \cos x} \mathrm{d}x$;　(32) $\int \dfrac{1 + \ln x}{(x \ln x)^2} \mathrm{d}x$;　(33) $\int \dfrac{\mathrm{d}x}{1 - \mathrm{e}^x}$;

(34) $\int \dfrac{\mathrm{d}x}{x(x^6 + 4)}$;　(35) $\int \dfrac{\mathrm{d}x}{x^8(1 - x^2)}$;　(36) $\int \dfrac{\mathrm{d}x}{x^2 - 8x + 25}$;

(37) $\int \dfrac{\mathrm{d}x}{1 + \sqrt{2x}}$;　(38) $\int \dfrac{1}{\sqrt{1 + \mathrm{e}^x}} \mathrm{d}x$.

3. 求下列不定积分:

(1) $\int \dfrac{\mathrm{d}x}{1 + \sqrt{1 - x^2}}$;　(2) $\int \dfrac{\sqrt{x^2 - 9}}{x} \mathrm{d}x$;　(3) $\int \dfrac{\mathrm{d}x}{\sqrt{(x^2 + 1)^3}}$;

(4) $\int \dfrac{\mathrm{d}x}{(x^2+a^2)^{\frac{3}{2}}}$;　　　　　(5) $\int \dfrac{x^2+1}{x\sqrt{1+x^4}}\mathrm{d}x$;　　　　　(6) $\int \sqrt{5-4x-x^2}\,\mathrm{d}x$.

4. 求下列不定积分：

(1) $\int [f(x)]^a f'(x)\mathrm{d}x\,(a\neq -1)$;　　　　(2) $\int \dfrac{f'(x)}{1+[f(x)]^2}\mathrm{d}x$;　　　　(3) $\int \dfrac{f'(x)}{f(x)}\mathrm{d}x$;

(4) $\int \mathrm{e}^{f(x)}f'(x)\mathrm{d}x$;　　　　　(5) $\int xf(x^2)f'(x^2)\mathrm{d}x$.

5. 求一个函数 $f(x)$,满足 $f'(x)=\dfrac{1}{\sqrt{x+1}}$,且 $f(0)=1$.

6. 设 $I_n=\int \tan^n x\mathrm{d}x$,求证：$I_n=\dfrac{1}{n-1}\tan^{n-1}x-I_{n-2}$,并求 $\int \tan^5 x\mathrm{d}x$.

4.3　分部积分法

前面所介绍的换元积分法虽然可以解决许多积分的计算问题,但仍有些积分,如 $\int x\mathrm{e}^x\mathrm{d}x$, $\int x\cos x\mathrm{d}x$ 等,利用换元法就无法解决.本节我们要介绍另一种基本的积分方法——**分部积分法**.

设函数 $u=u(x)$ 和 $v=v(x)$ 具有连续导数,则两个函数乘积的求导法则为

$$(uv)'=u'v+uv',$$

移项,得

$$uv'=(uv)'-u'v.$$

对等式两边同时求不定积分,得

$$\int uv'\mathrm{d}x=uv-\int u'v\mathrm{d}x, \tag{4.3.1}$$

即

$$\int u\mathrm{d}v=uv-\int v\mathrm{d}u. \tag{4.3.2}$$

公式(4.3.1)和(4.3.2)称为**分部积分公式**.如果求 $\int u\mathrm{d}v$ 有困难,而求 $\int v\mathrm{d}u$ 比较容易时,分部积分公式就发挥其作用了.由上述过程可以看出,分部积分法实质上就是求两函数乘积的导数(或微分)的逆运算.

利用分部积分公式求不定积分的关键在于如何将所给积分 $\int f(x)\mathrm{d}x$ 化为 $\int u\mathrm{d}v$ 形式,即恰当地选取 u 与 $\mathrm{d}v$.如果选择恰当,可以简化积分的计算;反之,选择不当,将会使积分的计算变得更加复杂.

例如,求不定积分 $\int x\mathrm{e}^x\mathrm{d}x$.若令 $u=x,\mathrm{d}v=\mathrm{e}^x\mathrm{d}x=\mathrm{d}(\mathrm{e}^x)$,则

$$\int x\mathrm{e}^x\mathrm{d}x=\int x\mathrm{d}(\mathrm{e}^x)=x\mathrm{e}^x-\int \mathrm{e}^x\mathrm{d}x=x\mathrm{e}^x-\mathrm{e}^x+C=(x-1)\mathrm{e}^x+C.$$

而若令 $u=\mathrm{e}^x,\mathrm{d}v=x\mathrm{d}x=\mathrm{d}\left(\dfrac{x^2}{2}\right)$,则

$$\int x\mathrm{e}^x\mathrm{d}x=\int \mathrm{e}^x\mathrm{d}\left(\dfrac{x^2}{2}\right)=\dfrac{x^2}{2}\mathrm{e}^x-\int \dfrac{x^2}{2}\mathrm{d}(\mathrm{e}^x)=\dfrac{x^2}{2}\mathrm{e}^x-\int \dfrac{x^2}{2}\mathrm{e}^x\mathrm{d}x.$$

容易看出,$\int \dfrac{x^2}{2}\mathrm{e}^x\mathrm{d}x$ 比 $\int x\mathrm{e}^x\mathrm{d}x$ 更不容易积出.

注　选取 u 与 $\mathrm{d}v$ 一般要考虑下面两点：(1)$\mathrm{d}v$ 要容易凑出；(2)$\int v\mathrm{d}u$ 要比 $\int u\mathrm{d}v$ 容易积出.

下面将通过例题介绍分部积分法的应用.

例 1　求不定积分 $\int x\sin x\mathrm{d}x$.

解　令 $u=x,\mathrm{d}v=\sin x\mathrm{d}x=-\mathrm{d}(\cos x)$,则

$$\int x\sin x\mathrm{d}x =-\int x\mathrm{d}(\cos x) =-x\cos x+\int\cos x\mathrm{d}x =-x\cos x+\sin x+C.$$

有些函数的积分需要连续多次应用分部积分法.

例 2　求不定积分 $\int x^2\mathrm{e}^{\frac{1}{2}x}\mathrm{d}x$.

解　令 $u=x^2,\mathrm{d}v=\mathrm{e}^{\frac{1}{2}x}\mathrm{d}x=\mathrm{d}(2\mathrm{e}^{\frac{1}{2}x})$,则

$$\int x^2\mathrm{e}^{\frac{1}{2}x}\mathrm{d}x =\int x^2\mathrm{d}(2\mathrm{e}^{\frac{1}{2}x}) =2x^2\mathrm{e}^{\frac{1}{2}x}-2\int\mathrm{e}^{\frac{1}{2}x}\mathrm{d}(x^2) =2x^2\mathrm{e}^{\frac{1}{2}x}-4\int x\mathrm{e}^{\frac{1}{2}x}\mathrm{d}x$$

$$=2x^2\mathrm{e}^{\frac{1}{2}x}-4\int x\mathrm{d}(2\mathrm{e}^{\frac{1}{2}x})\text{（再次应用分部积分法）}$$

$$=2x^2\mathrm{e}^{\frac{1}{2}x}-4(2x\mathrm{e}^{\frac{1}{2}x}-\int 2\mathrm{e}^{\frac{1}{2}x}\mathrm{d}x) =2x^2\mathrm{e}^{\frac{1}{2}x}-8(x-2)\mathrm{e}^{\frac{1}{2}x}+C.$$

注　若被积函数是幂函数（指数为正整数）与指数函数或正（余）弦函数的乘积,如 $x^n\sin mx,x^n\cos mx,x^n\mathrm{e}^{mx}$.可设幂函数为 u,而将其余部分凑微分为 $\mathrm{d}v$,使得应用一次分部积分公式后,幂函数的幂次降低一次.

例 3　求不定积分 $\int\ln x\mathrm{d}x$.

解　令 $u=\ln x,\mathrm{d}v=\mathrm{d}x$,则

$$\int\ln x\mathrm{d}x =x\ln x-\int x\mathrm{d}(\ln x) =x\ln x-\int\mathrm{d}x =x\ln x-x+C.$$

例 4　求不定积分 $\int x\arctan x\mathrm{d}x$.

解　令 $u=\arctan x,\mathrm{d}v=x\mathrm{d}x=\mathrm{d}\left(\dfrac{x^2}{2}\right)$,则

$$\int x\arctan x\mathrm{d}x =\int\arctan x\mathrm{d}\left(\frac{x^2}{2}\right) =\frac{x^2}{2}\arctan x-\int\frac{x^2}{2}\mathrm{d}(\arctan x)$$

$$=\frac{x^2}{2}\arctan x-\int\frac{x^2}{2}\cdot\frac{1}{1+x^2}\mathrm{d}x =\frac{x^2}{2}\arctan x-\frac{1}{2}\int\left(1-\frac{1}{1+x^2}\right)\mathrm{d}x$$

$$=\frac{x^2}{2}\arctan x-\frac{1}{2}(x-\arctan x)+C.$$

注　若被积函数是幂函数与对数函数或反三角函数的乘积,如 $x^n\ln mx,x^n\arcsin mx,x^n\arccos mx,x^n\arctan mx,x^n\mathrm{arccot} mx$ 等.可设对数函数或反三角函数为 u,而将幂函数凑微分为 $\mathrm{d}v$,使得应用分部积分公式后,对数函数或反三角函数消失.

例 5　求不定积分 $\int\mathrm{e}^x\sin x\mathrm{d}x$.

解　$\displaystyle\int\mathrm{e}^x\sin x\mathrm{d}x =\int\sin x\mathrm{d}(\mathrm{e}^x)\text{（取三角函数为 }u\text{）}$

$$=\mathrm{e}^x\sin x-\int\mathrm{e}^x\mathrm{d}(\sin x) =\mathrm{e}^x\sin x-\int\mathrm{e}^x\cos x\mathrm{d}x$$

$$=\mathrm{e}^x\sin x-\int\cos x\mathrm{d}(\mathrm{e}^x)\text{（再取三角函数为 }u\text{）}$$

$$= e^x \sin x - \left[e^x \cos x - \int e^x d(\cos x) \right]$$

$$= e^x(\sin x - \cos x) - \int e^x \sin x dx,$$

由此解得
$$\int e^x \sin x dx = \frac{1}{2} e^x(\sin x - \cos x) + C.$$

注　若被积函数是指数函数与正(余)函数的乘积,如 $e^{nx}\sin mx$, $e^{nx}\cos mx$. u 与 dv 可随意选取,但在两次分部积分中,必须选用同类型的 u,以便经过两次分部积分后产生循环式,从而解出所求积分.

灵活应用分部积分公式,可以解决许多不定积分的计算问题.下面再举一些例子,请读者悉心体会其解题方法.

例 6　求不定积分 $\int \sin(\ln x) dx$.

解　$\int \sin(\ln x) dx = x\sin(\ln x) - \int x d[\sin(\ln x)] = x\sin(\ln x) - \int x\cos(\ln x)\frac{1}{x}dx$

$$= x\sin(\ln x) - \left\{ x\cos(\ln x) - \int x d[\cos(\ln x)] \right\}$$

$$= x\sin(\ln x) - x\cos(\ln x) - \int \sin(\ln x) dx,$$

解得
$$\int \sin(\ln x) dx = \frac{1}{2}x[\sin(\ln x) - \cos(\ln x)] + C.$$

例 7　求不定积分 $\int \frac{xe^x}{(1+x)^2} dx$.

解　$\int \frac{xe^x}{(1+x)^2} dx = -\int xe^x d\frac{1}{1+x} = -\frac{xe^x}{1+x} + \int \frac{d(xe^x)}{1+x}$

$$= -\frac{xe^x}{1+x} + \int \frac{(1+x)e^x}{1+x} dx = -\frac{xe^x}{1+x} + \int e^x dx$$

$$= -\frac{xe^x}{1+x} + e^x + C.$$

例 8　求不定积分 $\int x\tan^2 x dx$.

解　$\int x\tan^2 x dx = \int x(\sec^2 x - 1) dx = \int x\sec^2 x dx - \int x dx$

$$= \int x d(\tan x) - \frac{1}{2}x^2 = x\tan x - \int \tan x dx - \frac{1}{2}x^2$$

$$= x\tan x + \ln|\cos x| - \frac{1}{2}x^2 + C.$$

例 9　求不定积分 $I_n = \int \frac{dx}{(x^2+a^2)^n}$,其中 n 为正整数.

解　当 $n=1$ 时,有
$$I_1 = \int \frac{dx}{x^2+a^2} = \frac{1}{a}\arctan\frac{x}{a} + C.$$

当 $n>1$ 时,利用分部积分法,得
$$\int \frac{dx}{(x^2+a^2)^{n-1}} = \frac{x}{(x^2+a^2)^{n-1}} + 2(n-1)\int \frac{x^2}{(x^2+a^2)^n} dx$$

$$= \frac{x}{(x^2+a^2)^{n-1}} + 2(n-1)\int\left[\frac{1}{(x^2+a^2)^{n-1}} - \frac{a^2}{(x^2+a^2)^n}\right]dx,$$

即

$$I_{n-1} = \frac{x}{(x^2+a^2)^{n-1}} + 2(n-1)(I_{n-1} - a^2 I_n),$$

于是

$$I_n = \frac{1}{2a^2(n-1)}\left[\frac{x}{(x^2+a^2)^{n-1}} + (2n-3)I_{n-1}\right].$$

以此作递推公式,则由 I_1 开始可计算出 $I_n (n>1)$.

在积分的过程中,往往需要兼用换元积分法和分部积分法,使积分计算更为简便.

例 10 求不定积分 $\int e^{\sqrt{x}}dx$.

解 令 $t=\sqrt{x}$,则 $x=t^2$,$dx=2tdt$,于是

$$\int e^{\sqrt{x}}dx = 2\int te^t dt = 2\int td(e^t) = 2(te^t - \int e^t dt)$$

$$= 2e^t(t-1) + C = 2e^{\sqrt{x}}(\sqrt{x}-1) + C.$$

例 11 已知 $f(x)$ 的一个原函数是 e^{-x^2},求 $\int xf'(x)dx$.

解 利用分部积分公式,得

$$\int xf'(x)dx = \int xd[f(x)] = xf(x) - \int f(x)dx,$$

根据题意,有 $f(x)=(e^{-x^2})'=-2xe^{-x^2}$,同时

$$\int f(x)dx = e^{-x^2} + C,$$

所以

$$\int xf'(x)dx = xf(x) - \int f(x)dx = -2x^2 e^{-x^2} - e^{-x^2} + C.$$

习 题 4-3

1. 求下列不定积分:

(1) $\int \arcsin x dx$;

(2) $\int \ln(x^2+1)dx$;

(3) $\int \arctan x dx$;

(4) $\int e^{-2x}\sin\frac{x}{2}dx$;

(5) $\int x^2 \arctan x dx$;

(6) $\int x\cos\frac{x}{2}dx$;

(7) $\int x\tan^2 x dx$;

(8) $\int \ln^2 x dx$;

(9) $\int x\ln(x-1)dx$;

(10) $\int \frac{\ln^2 x}{x^2}dx$;

(11) $\int \cos(\ln x)dx$;

(12) $\int \frac{\ln x}{x^2}dx$;

(13) $\int x^n \ln x dx (n\neq-1)$;

(14) $\int x^2 e^{-x}dx$;

(15) $\int x^3 \ln^2 x dx$;

(16) $\int \frac{\ln(\ln x)}{x}dx$;

(17) $\int x\sin x\cos x dx$;

(18) $\int x^2 \cos^2\frac{x}{2}dx$;

(19) $\int (x^2-1)\sin 2x dx$;

(20) $\int e^{\sqrt{x}}dx$;

(21) $\int (\arcsin x)^2 dx$;

(22) $\int e^x \sin^2 x dx$;

(23) $\int \frac{\ln(1+x)}{\sqrt{x}}dx$;

(24) $\int \frac{\ln(1+e^x)}{e^x}dx$;

(25) $\int x\ln\frac{1+x}{1-x}dx$;

(26) $\int \ln(1+\sqrt{x})dx$;

(27) $\int \frac{dx}{\sin 2x\cos x}$.

2. 已知 $\dfrac{\sin x}{x}$ 是 $f(x)$ 的原函数，求 $\int x f'(x)\mathrm{d}x$.

3. 已知 $f(x)=\dfrac{\mathrm{e}^x}{x}$，求 $\int x f''(x)\mathrm{d}x$.

4. 设 $I_n=\displaystyle\int\dfrac{\mathrm{d}x}{\sin^n x}(2\leqslant n)$，证明 $I_n=-\dfrac{1}{n-1}\cdot\dfrac{\cos x}{\sin^{n-1}x}+\dfrac{n-2}{n-1}I_{n-2}$.

5. 求不定积分 $I_n=\displaystyle\int(\arcsin x)^n\mathrm{d}x$，其中 n 为正整数.

6. 设 $f(x)$ 是单调连续函数，$f^{-1}(x)$ 是它的反函数，且 $\int f(x)\mathrm{d}x=F(x)+C$，求 $\int f^{-1}(x)\mathrm{d}x$.

4.4　有理函数与可化为有理函数的积分

至此我们已经学到了一些最基本的积分方法. 在此基础上，本节将进一步介绍几种比较简单的特殊类型函数的不定积分，包括有理函数的积分以及可化为有理函数的积分，如三角函数有理式、简单无理函数的积分等.

4.4.1　有理函数的积分

有理函数是指由两个多项式的商所表示的函数，其一般形式为
$$\frac{P(x)}{Q(x)}=\frac{a_0x^n+a_1x^{n-1}+\cdots+a_{n-1}x+a_n}{b_0x^m+b_1x^{m-1}+\cdots+b_{m-1}x+b_m},$$
其中，m,n 都是非负整数；$a_0,a_1,\cdots,a_n$ 及 $b_0,b_1,\cdots,b_m$ 都是实数，且 $a_0\neq0,b_0\neq0$. 当 $n<m$ 时，称为**真分式**；而当 $n\geqslant m$ 时，称为**假分式**.

利用多项式的除法可知，一个假分式总可以化成一个多项式与一个真分式之和的形式. 例如，
$$\frac{x^3+x+1}{x^2+1}=x+\frac{1}{x^2+1},$$
多项式的积分容易求解，以下我们只讨论有理真分式的积分.

1. 最简分式的积分

下列四类分式称为最简分式，其中 n 为大于等于 2 的正整数，A,M,N,a,p,q 均为常数，且 $p^2-4q<0$.

(1) $\dfrac{A}{x-a}$;　　(2) $\dfrac{A}{(x-a)^n}$;　　(3) $\dfrac{Mx+N}{x^2+px+q}$;　　(4) $\dfrac{Mx+N}{(x^2+px+q)^n}$.

下面先来讨论这四类最简分式的不定积分.

前两类最简分式的不定积分可以由基本积分公式直接得到，即

(1) $\displaystyle\int\frac{A}{x-a}\mathrm{d}x=A\ln|x-a|+C$;　　(2) $\displaystyle\int\frac{A}{(x-a)^n}\mathrm{d}x=\frac{A}{(1-n)(x-a)^{n-1}}+C$.

对第三类最简分式，将其分母配方得
$$x^2+px+q=\left(x+\frac{p}{2}\right)^2+q-\frac{p^2}{4},$$

令 $x+\dfrac{p}{2}=t$，并记 $x^2+px+q=t^2+a^2,Mx+N=Mt+b$，其中

$$a = q - \frac{p^2}{4}, \quad b = N - \frac{Mp}{2},$$

于是:

$$(3) \int \frac{Mx+N}{x^2+px+q} \mathrm{d}x = \int \frac{Mt}{t^2+a^2} \mathrm{d}t + \int \frac{b}{t^2+a^2} \mathrm{d}t$$

$$= \frac{M}{2} \ln|x^2+px+q| + \frac{b}{a} \arctan \frac{x+\frac{p}{2}}{a} + C.$$

对第四类最简分式,则有

$$(4) \int \frac{Mx+N}{(x^2+px+q)^n} \mathrm{d}x = \int \frac{Mt}{(t^2+a^2)^n} \mathrm{d}t + \int \frac{b}{(t^2+a^2)^n} \mathrm{d}t$$

$$= -\frac{M}{2(n-1)(t^2+a^2)^{n-1}} + b \int \frac{\mathrm{d}t}{(t^2+a^2)^n}.$$

上式中最后一个不定积分的求法在上节例 9 中已经给出.

综上所述,最简分式的不定积分都能被求出,且原函数都是初等函数. 根据代数学的有关定理可知,任何有理真分式都可以分解为上述四类最简分式之和,因此,**有理函数的原函数都是初等函数.**

2. 化有理真分式为最简分式之和

求有理函数的不定积分的难点在于如何将所给有理真分式化为最简分式之和. 下面我们来讨论这个问题.

设给定有理真分式 $\frac{P(x)}{Q(x)}$,要将它表示为最简分式之和,首先要把分母 $Q(x)$ 在实数范围内分解为一次因式与二次因式的乘积,再根据因式写出分解式,最后利用待定系数法确定分解式中的所有系数.

设多项式 $Q(x)$ 在实数范围内能分解为如下形式:

$$Q(x) = b_0 (x-a)^a \cdots (x-b)^\beta (x^2+px+q)^\lambda \cdots (x^2+rx+s)^\mu,$$

其中 $p^2-4q<0, \cdots, r^2-4s<0$,则有理真分式 $\frac{P(x)}{Q(x)}$ 可以分解成如下的形式:

$$\frac{P(x)}{Q(x)} = \frac{A_1}{(x-a)^a} + \frac{A_2}{(x-a)^{a-1}} + \cdots + \frac{A_a}{x-a} + \cdots + \frac{B_1}{(x-b)^\beta} + \frac{B_2}{(x-b)^{\beta-1}} + \cdots$$

$$+ \frac{B_\beta}{x-b} + \cdots + \frac{M_1 x+N_1}{(x^2+px+q)^\lambda} + \frac{M_2 x+N_2}{(x^2+px+q)^{\lambda-1}} + \cdots + \frac{M_\lambda x+N_\lambda}{x^2+px+q} + \cdots$$

$$+ \frac{R_1 x+S_1}{(x^2+rx+s)^\mu} + \frac{R_2 x+S_2}{(x^2+rx+s)^{\mu-1}} + \cdots + \frac{R_\mu x+S_\mu}{x^2+rx+s}.$$

其中 $A_i, \cdots, B_i, \cdots, M_i, N_i, \cdots, R_i$ 及 S_i 等都是常数.

在上述分解式中,应注意到以下两点:

(1) 若分母 $Q(x)$ 中含有因式 $(x-a)^k$,则分解后含有下列 k 个最简分式之和:

$$\frac{A_1}{(x-a)^k} + \frac{A_2}{(x-a)^{k-1}} + \cdots + \frac{A_k}{x-a},$$

其中 $A_1, A_2, \cdots, A_k$ 都是常数. 特别地,若 $k=1$,分解后有 $\frac{A_1}{x-a}$.

(2) 若分母 $Q(x)$ 中含有因式 $(x^2+px+q)^k$,其中 $p^2-4q<0$,则分解后含有下列 k 个最简

分式之和:

$$\frac{M_1 x + N_1}{(x^2 + px + q)^k} + \frac{M_2 x + N_2}{(x^2 + px + q)^{k-1}} + \cdots + \frac{M_k x + N_k}{x^2 + px + q},$$

其中 $M_i, N_i (i=1,2,\cdots,k)$ 都是常数. 特别地,若 $k=1$,分解后有 $\dfrac{M_1 x + N_1}{x^2 + px + q}$.

分解式中待定系数确定的一般方法为将分解式中的所有分式通分相加,所得分式的分母即为原分母 $Q(x)$,而其分子也应与原分子 $P(x)$ 恒等. 于是,按同幂项系数必定相等,得到一个关于待定系数的方程组,这个方程组的解就是所要确定的系数.

例 1　求不定积分 $\displaystyle\int \frac{x-2}{x^2-x-6}\mathrm{d}x$.

解　因为 $x^2-x-6=(x+2)(x-3)$,所以设

$$\frac{x-2}{x^2-x-6}=\frac{A}{x+2}+\frac{B}{x-3},$$

其中 A,B 为待定系数. 两端消去分母,得

$$x-2=A(x-3)+B(x+2)=(A+B)x-(3A-2B),$$

两端比较,得　　　　　　　　　$A+B=1,\quad 3A-2B=2,$

解得 $A=\dfrac{4}{5}, B=\dfrac{1}{5}$,即

$$\frac{x-2}{x^2-x-6}=\frac{4}{5(x+2)}+\frac{1}{5(x-3)}.$$

所以　　$\displaystyle\int \frac{x-2}{x^2-x-6}\mathrm{d}x = \frac{4}{5}\int\frac{\mathrm{d}x}{x+2}+\frac{1}{5}\int\frac{\mathrm{d}x}{x-3}=\frac{4}{5}\ln|x+2|+\frac{1}{5}\ln|x-3|+C.$

注　在恒等式 $x-2=A(x-3)+B(x+2)$ 中,代入特殊的 x 值,也可以求出待定系数的值. 例如,在恒等式中,令 $x=-2$,得 $A=\dfrac{4}{5}$;令 $x=3$,得 $B=\dfrac{1}{5}$.

例 2　求不定积分 $\displaystyle\int \frac{1}{x(x-1)^2}\mathrm{d}x$.

解　被积函数可分解为

$$\frac{1}{x(x-1)^2}=\frac{A}{x}+\frac{B}{(x-1)^2}+\frac{C}{x-1},$$

其中 A,B,C 为待定系数. 两端消去分母,得

$$1=A(x-1)^2+Bx+Cx(x-1),$$

令 $x=0$,得 $A=1$;令 $x=1$,得 $B=1$;令 $x=2$,得 $C=-1$. 即

$$\frac{1}{x(x-1)^2}=\frac{1}{x}+\frac{1}{(x-1)^2}-\frac{1}{x-1},$$

所以 $\displaystyle\int \frac{1}{x(x-1)^2}\mathrm{d}x = \int\frac{1}{x}\mathrm{d}x+\int\frac{1}{(x-1)^2}\mathrm{d}x-\int\frac{1}{x-1}\mathrm{d}x=\ln|x|-\frac{1}{x-1}-\ln|x-1|+C.$

例 3　求不定积分 $\displaystyle\int \frac{1}{x^4(x^2+1)}\mathrm{d}x$.

解　被积函数可分解为

$$\frac{1}{x^4(x^2+1)}=\frac{A}{x}+\frac{B}{x^2}+\frac{C}{x^3}+\frac{D}{x^4}+\frac{Ex+F}{x^2+1},$$

其中 A,B,C,D,E,F 为待定系数. 两端消去分母并比较两端同次幂的系数,解得 $A=C=E=0,B=-1,D=F=1$,即

$$\frac{1}{x^4(x^2+1)}=-\frac{1}{x^2}+\frac{1}{x^4}+\frac{1}{x^2+1},$$

所以

$$\int\frac{1}{x^4(x^2+1)}\mathrm{d}x=-\int\frac{1}{x^2}\mathrm{d}x+\int\frac{1}{x^4}\mathrm{d}x+\int\frac{1}{x^2+1}\mathrm{d}x$$
$$=\frac{1}{x}-\frac{1}{3x^3}+\arctan x+C.$$

前面介绍的求有理函数的不定积分的方法虽然具有普遍性,但在具体积分时,不应拘泥于上述方法,而应根据被积函数的特点,灵活选用各种能简化积分计算的方法,如上题例 3 中,因分母的次数比分子的次数高,也可采用倒代换来计算.

例 4　求不定积分 $\int\frac{2x+3}{x^2+8x+25}\mathrm{d}x$.

解　$\int\frac{2x+3}{x^2+8x+25}\mathrm{d}x=\int\frac{2x+8}{x^2+8x+25}\mathrm{d}x-\int\frac{5}{x^2+8x+25}\mathrm{d}x$
$$=\int\frac{\mathrm{d}(x^2+8x+25)}{x^2+8x+25}-5\int\frac{\mathrm{d}(x+4)}{(x+4)^2+3^2}$$
$$=\ln(x^2+8x+25)-\frac{5}{3}\arctan\frac{x+4}{3}+C.$$

例 5　求不定积分 $\int\frac{2x^3+2x^2+5x+5}{x^4+5x^2+4}\mathrm{d}x$.

解　$\int\frac{2x^3+2x^2+5x+5}{x^4+5x^2+4}\mathrm{d}x=\int\frac{2x^3+5x}{x^4+5x^2+4}\mathrm{d}x+\int\frac{2x^2+5}{x^4+5x^2+4}\mathrm{d}x$
$$=\frac{1}{2}\int\frac{\mathrm{d}(x^4+5x^2+4)}{x^4+5x^2+4}+\int\frac{x^2+1+x^2+4}{(x^2+1)(x^2+4)}\mathrm{d}x$$
$$=\frac{1}{2}\ln|x^4+5x^2+4|+\int\frac{\mathrm{d}x}{x^2+4}+\int\frac{\mathrm{d}x}{x^2+1}$$
$$=\frac{1}{2}\ln|x^4+5x^2+4|+\frac{1}{2}\arctan\frac{x}{2}+\arctan x+C.$$

4.4.2　可化为有理函数的积分

1. 三角函数有理式的积分

所谓三角函数有理式是指由三角函数和常数经过有限次四则运算所构成的函数. 由于各种三角函数都可用 $\sin x$ 及 $\cos x$ 的有理式表示,故三角函数有理式也就是 $\sin x,\cos x$ 的有理式,记作 $R(\sin x,\cos x)$.

求三角函数有理式的积分 $\int R(\sin x,\cos x)\mathrm{d}x$,其基本思路是通过适当的变换,将其化为有理函数的积分.

由三角函数理论我们知道,$\sin x$ 及 $\cos x$ 都可以用 $\tan\frac{x}{2}$ 的有理式来表示,即

$$\sin x = 2\sin \frac{x}{2}\cos \frac{x}{2} = \frac{2\tan \frac{x}{2}}{\sec^2 \frac{x}{2}} = \frac{2\tan \frac{x}{2}}{1+\tan^2 \frac{x}{2}},$$

$$\cos x = \cos^2 \frac{x}{2} - \sin^2 \frac{x}{2} = \frac{1-\tan^2 \frac{x}{2}}{\sec^2 \frac{x}{2}} = \frac{1-\tan^2 \frac{x}{2}}{1+\tan^2 \frac{x}{2}},$$

因此,若令 $u=\tan \frac{x}{2}$,则 $x=2\arctan u$,从而有

$$\sin x = \frac{2u}{1+u^2}, \quad \cos x = \frac{1-u^2}{1+u^2}, \quad dx = \frac{2du}{1+u^2}.$$

由此可见,通过变换 $u=\tan \frac{x}{2}$,三角函数有理式的积分总是可以转化为有理函数的积分,即

$$\int R(\sin x, \cos x)dx = \int R\left(\frac{2u}{1+u^2}, \frac{1-u^2}{1+u^2}\right)\frac{2}{1+u^2}du,$$

这个变换公式又称为**万能置换公式**.

有些情况下(如三角函数有理式中 $\sin x$ 和 $\cos x$ 的幂次均为偶数时),也常用变换 $u=\tan x$,此时易推出

$$\sin x = \frac{u}{\sqrt{1+u^2}}, \quad \cos x = \frac{1}{\sqrt{1+u^2}}, \quad dx = \frac{du}{1+u^2},$$

从而有

$$\int R(\sin x, \cos x)dx = \int R\left(\frac{u}{\sqrt{1+u^2}}, \frac{1}{\sqrt{1+u^2}}\right)\frac{1}{1+u^2}du,$$

这个变换公式常称为**修改的万能置换公式**.

例 6　求不定积分 $\int \frac{1+\sin x}{\sin x(1+\cos x)}dx$.

解　由万能置换公式,令 $u=\tan \frac{x}{2}$,则

$$\int \frac{1+\sin x}{\sin x(1+\cos x)}dx = \int \frac{1+\frac{2u}{1+u^2}}{\frac{2u}{1+u^2}\left(1+\frac{1-u^2}{1+u^2}\right)} \cdot \frac{2}{1+u^2}du$$

$$= \frac{1}{2}\int \left(u+2+\frac{1}{u}\right)du = \frac{1}{2}\left(\frac{u^2}{2}+2u+\ln|u|\right)+C$$

$$= \frac{1}{4}\tan^2 \frac{x}{2} + \tan \frac{x}{2} + \frac{1}{2}\ln\left|\tan \frac{x}{2}\right| + C.$$

例 7　求不定积分 $\int \frac{1}{\sin^4 x}dx$.

解　**方法一.** 由万能置换公式,令 $u=\tan \frac{x}{2}$,则

$$\int \frac{1}{\sin^4 x}dx = \int \frac{1}{\left(\frac{2u}{1+u^2}\right)^4} \cdot \frac{2}{1+u^2}du = \int \frac{1+3u^2+3u^4+u^6}{8u^4}du$$

$$= \frac{1}{8}\left[-\frac{1}{3u^3} - \frac{3}{u} + 3u + \frac{u^3}{3}\right] + C$$

$$= -\frac{1}{24\left(\tan\frac{x}{2}\right)^3} - \frac{3}{8\tan\frac{x}{2}} + \frac{3}{8}\tan\frac{x}{2} + 24\left(\tan\frac{x}{2}\right)^3 + C.$$

方法二. 由修改的万能置换公式,令 $u = \tan x$,则

$$\int \frac{1}{\sin^4 x}dx = \int \frac{1}{\left(\dfrac{u}{\sqrt{1+u^2}}\right)^4} \cdot \frac{1}{1+u^2}du = \int \frac{1+u^2}{u^4}du$$

$$= -\frac{1}{3u^3} - \frac{1}{u} + C = -\frac{1}{3}\cot^3 x - \cot x + C.$$

方法三. 不用万能置换公式.

$$\int \frac{1}{\sin^4 x}dx = \int \csc^4 x\,dx = \int \csc^2 x(1 + \cot^2 x)dx$$

$$= \int \csc^2 x\,dx + \int \csc^2 x\cot^2 x\,dx = -\cot x - \frac{1}{3}\cot^3 x + C.$$

注 由上例可知,利用万能置换化出的有理函数的积分往往比较繁琐,万能置换不一定是最简便的方法,故三角函数有理式的计算中应先考虑其他方法,不得已时再使用万能置换.

2. 简单无理函数的积分

这里,我们只讨论 $R(x, \sqrt[n]{ax+b})$ 及 $R\left(x, \sqrt[n]{\dfrac{ax+b}{cx+d}}\right)$ 这两类函数的积分,其中 $R(u, v)$ 表示 u, v 两个变量的有理式. 其基本思路是,通过变量代换 $t = \sqrt[n]{ax+b}$ 或 $t = \sqrt[n]{\dfrac{ax+b}{cx+d}}$,将被积函数中的根号去掉,转化为有理函数的积分. 下面我们通过例子来说明.

例 8 求不定积分 $\displaystyle\int \frac{x}{\sqrt[3]{3x+1}}dx$.

解 令 $t = \sqrt[3]{3x+1}$,则 $x = \dfrac{t^3-1}{3}$,$dx = t^2 dt$,所以

$$\int \frac{x}{\sqrt[3]{3x+1}}dx = \int \frac{t^3-1}{3t}t^2 dt = \frac{1}{3}\int (t^4 - t)dt = \frac{1}{3}\left(\frac{t^5}{5} - \frac{t^2}{2}\right) + C$$

$$= \frac{1}{15}(3x+1)^{\frac{5}{3}} - \frac{1}{6}(3x+1)^{\frac{2}{3}} + C.$$

例 9 求不定积分 $\displaystyle\int \frac{1}{x}\sqrt{\frac{x+2}{x-2}}dx$.

解 令 $t = \sqrt{\dfrac{x+2}{x-2}}$,则 $x = \dfrac{2(t^2+1)}{t^2-1}$,$dx = \dfrac{-8t}{(t^2-1)^2}dt$,所以

$$\int \frac{1}{x}\sqrt{\frac{x+2}{x-2}}dx = \int \frac{4t^2}{(1-t^2)(1+t^2)}dt = 2\int \left(\frac{1}{1-t^2} - \frac{1}{1+t^2}\right)dt$$

$$= \ln\left|\frac{1+t}{1-t}\right| - 2\arctan t + C$$

$$= \ln\left|\frac{1+\sqrt{(x+2)/(x-2)}}{1-\sqrt{(x+2)/(x-2)}}\right| - 2\arctan\sqrt{\frac{x+2}{x-2}} + C.$$

例 10 求不定积分 $\displaystyle\int \frac{\sqrt[3]{x}}{x(\sqrt{x}+\sqrt[3]{x})}\mathrm{d}x$.

解 为同时消去被积函数中的两个根号 $\sqrt[3]{x}$ 和 $\sqrt{x}$,可令 $x=t^6$,则 $\mathrm{d}x=\dfrac{1}{6}t^5\mathrm{d}t$,所以

$$\int \frac{\sqrt[3]{x}}{x(\sqrt{x}+\sqrt[3]{x})}\mathrm{d}x = 6\int \frac{t^7}{(t^3+t^2)t^6}\mathrm{d}t = 6\int \frac{\mathrm{d}t}{t(1+t)} = 6\int \left(\frac{1}{t}-\frac{1}{1+t}\right)\mathrm{d}t$$

$$= 6(\ln|t|-\ln|1+t|)+C = 6\ln\left|\frac{t}{1+t}\right|+C$$

$$= 6\ln\frac{\sqrt[6]{x}}{1+\sqrt[6]{x}}+C = \ln\frac{x}{(1+\sqrt[6]{x})^6}+C.$$

本章介绍了不定积分的概念及计算方法.必须指出的是:初等函数在其定义区间上的不定积分一定存在,但其不定积分却不一定都能用初等函数表示出来.例如,不定积分 $\displaystyle\int \mathrm{e}^{\pm x^2}\mathrm{d}x$,$\displaystyle\int \frac{\sin x}{x}\mathrm{d}x$,$\displaystyle\int \frac{\mathrm{d}x}{\ln x}$,$\displaystyle\int \frac{\mathrm{d}x}{\sqrt{1+x^3}}$ 等虽然都存在,但却无法用初等函数表示.

同时还应了解,求函数的不定积分与求函数的导数不同.求一个函数的导数总可以遵循一定的规则和方法去做,而求一个函数的不定积分却没有统一的规则可循,需要具体问题具体分析,灵活应用各种积分方法和技巧.

本书附录中列出了一个简单的积分表,在实际应用中也可利用积分表来计算不定积分.求积分时,可根据被积函数的类型直接或经过简单的变形后,在表内查得所需的结果.

例 11 求不定积分 $\displaystyle\int \frac{1}{4+5\sin x}\mathrm{d}x$.

解 被积函数中含有三角函数,在附录积分表(十一)中查得公式:

(103) $\displaystyle\int \frac{\mathrm{d}x}{a+b\sin x} = \frac{1}{\sqrt{b^2-a^2}}\ln\left|\frac{a\tan\dfrac{x}{2}+b-\sqrt{b^2-a^2}}{a\tan\dfrac{x}{2}+b+\sqrt{b^2-a^2}}\right|+C$ $(a^2<b^2)$.

将 $a=4$,$b=5$ 代入公式,得

$$\int \frac{\mathrm{d}x}{4+5\sin x} = \frac{1}{3}\ln\left|\frac{4\tan\dfrac{x}{2}+2}{4\tan\dfrac{x}{2}+8}\right|+C.$$

例 12 求不定积分 $\displaystyle\int \frac{1}{x\sqrt{4x^2+9}}\mathrm{d}x$.

解 这个积分不能在表中直接查到,需要先进行变量代换.

令 $2x=u$,则 $\sqrt{4x^2+9}=\sqrt{u^2+3^2}$,$x=\dfrac{u}{2}$,$\mathrm{d}x=\dfrac{1}{2}\mathrm{d}u$,从而

$$\int \frac{1}{x\sqrt{4x^2+9}}\mathrm{d}x = \int \frac{\dfrac{1}{2}\mathrm{d}u}{\dfrac{u}{2}\sqrt{u^2+3^2}} = \int \frac{1}{u\sqrt{u^2+3^2}}\mathrm{d}u.$$

在附录积分表(六)中查得公式:

$$(37) \quad \int \frac{\mathrm{d}x}{x\sqrt{x^2+a^2}} = \frac{1}{a}\ln\frac{\sqrt{x^2+a^2}-a}{|x|} + C.$$

所以
$$\int \frac{\mathrm{d}u}{u\sqrt{u^2+3^2}} = \frac{1}{3}\ln\frac{\sqrt{u^2+3^2}-3}{|u|} + C,$$

将 $u=2x$ 代入,得

$$\int \frac{1}{x\sqrt{4x^2+9}}\mathrm{d}x = \frac{1}{3}\ln\frac{\sqrt{4x^2+9}-3}{|2x|} + C.$$

习 题 4-4

1. 求下列不定积分:

(1) $\displaystyle\int \frac{x^3}{x-1}\mathrm{d}x$;

(2) $\displaystyle\int \frac{2x+3}{x^2+3x-10}\mathrm{d}x$;

(3) $\displaystyle\int \frac{x^5+x^4-8}{x^3-x}\mathrm{d}x$;

(4) $\displaystyle\int \frac{3}{1+x^3}\mathrm{d}x$;

(5) $\displaystyle\int \frac{3x+2}{x(x+1)^3}\mathrm{d}x$;

(6) $\displaystyle\int \frac{x\mathrm{d}x}{(x+2)(x+3)^2}$;

(7) $\displaystyle\int \frac{1-x-x^2}{(x^2+1)^2}\mathrm{d}x$;

(8) $\displaystyle\int \frac{x\mathrm{d}x}{(x+1)(x+2)(x+3)}$;

(9) $\displaystyle\int \frac{1}{x(x^2+1)}\mathrm{d}x$;

(10) $\displaystyle\int \frac{1}{x^4+1}\mathrm{d}x$;

(11) $\displaystyle\int \frac{x\mathrm{d}x}{(x^2+1)(x^2+x+1)}$;

(12) $\displaystyle\int \frac{-x^2-2}{(x^2+x+1)^2}\mathrm{d}x$.

2. 求下列不定积分:

(1) $\displaystyle\int \frac{\mathrm{d}x}{3+\sin^2 x}$;

(2) $\displaystyle\int \frac{\mathrm{d}x}{5-3\cos x}$;

(3) $\displaystyle\int \frac{\mathrm{d}x}{2+\sin x}$;

(4) $\displaystyle\int \frac{\mathrm{d}x}{1+\tan x}$;

(5) $\displaystyle\int \frac{\sin x}{1+\sin x+\cos x}\mathrm{d}x$;

(6) $\displaystyle\int \frac{\mathrm{d}x}{(5+4\sin x)\cos x}$;

(7) $\displaystyle\int \frac{\mathrm{d}x}{1+\sqrt[3]{x^2+1}}$;

(8) $\displaystyle\int \frac{(\sqrt{x})^3+1}{\sqrt{x}+1}\mathrm{d}x$;

(9) $\displaystyle\int \frac{\sqrt{x+1}-1}{\sqrt{x+1}+1}\mathrm{d}x$;

(10) $\displaystyle\int \frac{\mathrm{d}x}{\sqrt{x}+\sqrt[4]{x}}$;

(11) $\displaystyle\int \frac{x^3\,\mathrm{d}x}{\sqrt{1+x^2}}$;

(12) $\displaystyle\int \frac{\mathrm{d}x}{\sqrt[3]{(x+1)^2(x-1)^4}}$.

总 习 题 四

1. 设 $f(x)$ 的一个原函数是 e^{-2x},则 $f(x)=($).

(A) e^{-2x};   (B) $-2\mathrm{e}^{-2x}$;   (C) $-4\mathrm{e}^{-2x}$;   (D) $4\mathrm{e}^{-2x}$.

2. 设 $f'(\ln x)=1+x$,则 $f(x)=$ _____.

3. 设 $\displaystyle\int xf(x)\mathrm{d}x = \arcsin x+C$,则 $\displaystyle\int \frac{\mathrm{d}x}{f(x)} =$ _____.

4. 设 $f(x^2-1)=\ln\dfrac{x^2}{x^2-2}$,且 $f[\varphi(x)]=\ln x$,求 $\displaystyle\int \varphi(x)\mathrm{d}x$.

5. 设 $F(x)$ 为 $f(x)$ 的原函数,当 $x\geqslant 0$ 时,有 $f(x)F(x)=\sin^2 2x$,且 $F(0)=1$,$F(x)\geqslant 0$,试求 $f(x)$.

6. 求下列不定积分:

(1) $\displaystyle\int x\sqrt{2-5x}\,\mathrm{d}x$;

(2) $\displaystyle\int \frac{\mathrm{d}x}{x\sqrt{x^2-1}}(x>1)$;

(3) $\displaystyle\int \frac{2^x 3^x}{9^x-4^x}\mathrm{d}x$;

(4) $\displaystyle\int \frac{x^2}{a^6-x^6}\mathrm{d}x(a>0)$;

(5) $\displaystyle\int \frac{\mathrm{d}x}{\sqrt{x(1+x)}}$;

(6) $\displaystyle\int \frac{\mathrm{d}x}{x(2+x^{10})}$;

(7) $\displaystyle\int \frac{7\cos x-3\sin x}{5\cos x+2\sin x}\mathrm{d}x$;

(8) $\displaystyle\int \frac{\mathrm{e}^x(1+\sin x)}{1+\cos x}\mathrm{d}x$.

7. 已知 $f'(\cos x) = \sin x$，则 $f(\cos x) =$ _____.

8. 设 $f(x) = e^{-x}$，则 $\int \dfrac{f'(\ln x)}{x} dx =$ _____.

9. 求不定积分：$\int \left[\dfrac{f(x)}{f'(x)} - \dfrac{f^2(x) f''(x)}{f'^3(x)} \right] dx$.

10. 设不定积分 $I_1 = \int \dfrac{1+x}{x(1+xe^x)} dx, I_2 = \int \dfrac{du}{u(1+u)}$，则有（　　）.

(A) $I_1 = I_2 + x$；　　　　(B) $I_1 = I_2 - x$；　　　　(C) $I_1 = -I_2$；　　　　(D) $I_1 = I_2$.

11. 求下列不定积分：

(1) $\int \dfrac{dx}{x\sqrt{1+x^4}}$；

(2) $\int \dfrac{x+1}{x^2\sqrt{x^2-1}} dx$；

(3) $\int \dfrac{x+2}{x^2\sqrt{1-x^2}} dx$；

(4) $\int \dfrac{dx}{(1+x^2)\sqrt{1-x^2}}$；

(5) $\int \dfrac{dx}{x\sqrt{4-x^2}}$；

(6) $\int \dfrac{\sqrt{x}}{\sqrt{(1-x)^5}} dx$.

12. 求下列不定积分：

(1) $\int \ln(x + \sqrt{1+x^2}) dx$；

(2) $\int x\tan x \sec^4 x\, dx$；

(3) $\int \dfrac{x^2}{1+x^2} \arctan x\, dx$；

(4) $\int \dfrac{\ln(1+x^2)}{x^3} dx$；

(5) $\int \dfrac{x}{\sqrt{1-x^2}} \arcsin x\, dx$；

(6) $\int x^2(1+x^3) e^{x^3} dx$.

13. 求不定积分：$\int x^n e^x dx, n$ 为自然数.

14. 求下列不定积分：

(1) $\int \dfrac{x^{11} dx}{x^8 + 3x^4 + 2}$；

(2) $\int \dfrac{1-x^8}{x(1+x^8)} dx$；

(3) $\int \dfrac{x^3 - 2x + 1}{(x-2)^{100}} dx$；

(4) $\int \dfrac{x}{(x^2+1)(x^2+4)} dx$；

(5) $\int \dfrac{\sqrt[3]{x}}{x(\sqrt{x} + \sqrt[3]{x})} dx$；

(6) $\int \dfrac{\sqrt{x(x+1)}}{\sqrt{x} + \sqrt{x+1}} dx$；

(7) $\int \dfrac{dx}{(x-1)\sqrt{x^2-2}}$；

(8) $\int \sqrt{\dfrac{e^x - 1}{e^x + 1}} dx$；

(9) $\int \dfrac{x\,dx}{\sqrt{1+x^2} + \sqrt{(1+x^2)^3}}$.

15. 求下列不定积分：

(1) $\int \dfrac{dx}{\sin 2x + 2\sin x}$；

(2) $\int \dfrac{\tan \dfrac{x}{2}}{1 + \sin x + \cos x} dx$；

(3) $\int \dfrac{dx}{\sin^3 x \cos x}$；

(4) $\int \dfrac{\sin x \cos x}{\sin x + \cos x} dx$；

(5) $\int \dfrac{dx}{2\sin x - \cos x + 5}$；

(6) $\int \dfrac{\sin x \cos x}{\sin^4 x + \cos^4 x} dx$；

(7) $\int \sin x \sin 2x \sin 3x\, dx$；

(8) $\int \dfrac{4\sin x + 3\cos x}{\sin x + 2\cos x} dx$；

(9) $\dfrac{1}{2} \int \dfrac{1-r^2}{1 - 2r\cos x + r^2} dr$　$(0 < r < 1, -\pi < x < \pi)$.

16. 求 $\int \max\{1, |x|\} dx$.

17. 设 $y(x-y)^2 = x$，求 $\int \dfrac{1}{x-3y} dx$.

18. 设 $f(x)$ 定义在 (a,b) 上，$c \in (a,b)$，又 $f(x)$ 在 $(a,c) \bigcup (c,b)$ 内连续，c 为 $f(x)$ 的第一类间断点，问 $f(x)$ 在 (a,b) 内是否存在原函数？为什么？

第5章 定 积 分

微积分学是指微分学与积分学,积分学是微分学的逆运算,不定积分是微分学的一个侧面,定积分是微分学的另一个侧面.定积分起源于求曲线长、曲线围成的面积、曲面围成的体积、物体的重心、一个体积相当大的物体(例如行星)作用于另一个物体上的引力等.古希腊人用"穷竭法"、我国的刘徽用"割圆术",都曾计算过一些几何体的面积和体积,这些方法必须添上许多技巧,缺乏一般性.当阿基米德的工作在欧洲闻名时,穷竭法逐渐地被修改,直到17世纪中叶,定积分的创立成为解决有关实际问题的有力工具,并使各自独立的微分学和积分学联系在一起,构成了完整的理论体系——微积分学.

本章先从几何问题与物体运动问题引入定积分的概念,然后讨论定积分的性质、计算方法以及广义积分的相关概念、计算、敛散性判别等.

5.1 定积分的概念

5.1.1 实际问题举例

1. 曲边梯形的面积

在初等数学中,解决了以直线为边的多边形和规则图形的面积计算问题,但在实际应用中,往往需要求以曲线为边的图形(曲边形)的面积.

设 $y=f(x)$ 在区间 $[a,b]$ 上是非负、连续的曲线.在直角坐标系中,由连续曲线 $y=f(x)$、直线 $x=a$、$x=b$ 及 x 轴所围成的图形称为**曲边梯形**(图 5-1-1).

如何求曲边梯形的面积呢?

大家知道,矩形的面积=底×高,而曲边梯形在底边上各点的高 $f(x)$ 在区间 $[a,b]$ 上是变化的,故它的面积不能直接按矩形的面积公式来计算.然而,由于 $f(x)$ 在区间 $[a,b]$ 上是连续变化的,根据连续的性质,当自变量的变化很小时,因变量的变化也很小.因此,若把区间 $[a,b]$ 划分为许多个小区间,在每个小区间上用其中某一点处的高来近似代替同一小区间上的小曲边梯形的高,则每个小曲边梯形就可以近似的看成小矩形(图 5-1-2),我们就以所有这些小矩形的面积之和作为曲边梯形的面积的近似值,当把小区间无限细分,使得每个小区间的长度趋于零,这时所有**小矩形面积之和的极限就可以定义为曲边梯形的面积**,这个定义同时也给出了计算曲边梯形面积的方法.

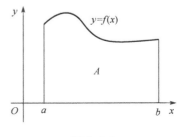

图 5-1-1

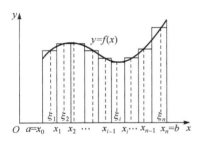

图 5-1-2

下面计算由曲线 $y=f(x)$，直线 $x=a$、$x=b$ 和 x 轴所围成曲边梯形的面积.

(1) **分割**. 在区间 $[a,b]$ 中任意插入 $n-1$ 个分点

$$a=x_0<x_1<x_2<\cdots<x_{n-1}<x_n=b,$$

把区间 $[a,b]$ 分成 n 个小区间，每个小区间长度为 $\Delta x_i=x_i-x_{i-1}(i=1,2,3,\cdots,n)$，过分点 x_i 作 y 轴的平行线，将曲边梯形分成 n 小曲边梯形，其面积分别记为 $\Delta s_i,(i=1,2,3,\cdots,n)$.

由于 $f(x)$ 在 $[a,b]$ 上连续，当分割很细时，即 Δx_i 很小时，在每个小区间内 $f(x)$ 的值变化不大，所以在第 i 个小区间 $[x_{i-1},x_i]$ 内任取一点 ξ_i，以 ξ_i 点的函数值 $f(\xi_i)$ 代替整个小区间上的函数值. 则第 i 个小曲边梯形的面积可以近似的用以 Δx_i 为底、以 $f(\xi_i)$ 为高的小矩形的面积代替，于是

$$\Delta s_i\approx f(\xi_i)\cdot\Delta x_i\quad(i=1,2,3,\cdots,n).\tag{5.1.1}$$

(2) **求和**. 将 n 个小矩形的面积相加，得到曲边梯形的面积的近似值，即

$$S=\sum_{i=1}^n\Delta s_i\approx\sum_{i=1}^n f(\xi_i)\cdot\Delta x_i.\tag{5.1.2}$$

(3) **取极限**. 为保证所有小区间的长度都趋于零，我们要求小区间长度最大的趋于零. 记
$$\lambda=\max\{\Delta x_1,\Delta x_2,\Delta x_3,\cdots,\Delta x_n\}.$$

当 $\lambda\to0$ 时，即每个小区间的长度都趋于零，同时每个小矩形的面积趋于每个小曲边梯形的面积，从而和式 (5.1.2) 就无限趋于曲边梯形的面积，即得曲边梯形面积的精确值

$$S=\lim_{\lambda\to0}\sum_{i=1}^n f(\xi_i)\cdot\Delta x_i.$$

2. 变速直线运动的路程问题

设质点沿直线做变速运动，已知速度为 $v=v(t)$ 是时间间隔 $[T_1,T_2]$ 上的连续函数，且 $v(t)>0$，求质点在这段时间内所经过的路程 S.

(1) **分割**. 在时间间隔 $[T_1,T_2]$ 中任意插入 $n-1$ 个分点

$$T_1=t_0<t_1<t_2<\cdots<t_{n-1}<t_n=T_2,$$

把 $[T_1,T_2]$ 分成 n 个小时间段

$$[t_0,t_1],\quad[t_1,t_2],\quad[t_{i-1},t_i],\quad\cdots,\quad[t_{n-1},t_n],$$

各个小区间的长度分别为

$$\Delta t_1=t_1-t_0,\quad\Delta t_2=t_2-t_1,\quad\cdots,\quad\Delta t_i=t_i-t_{i-1},\quad\cdots,\quad\Delta t_n=t_n-t_{n-1},$$

各个小时间段内质点经过的路程为

$$\Delta s_1,\Delta s_2,\quad\cdots,\quad\Delta s_i,\quad\cdots,\quad\Delta s_n.$$

在每个小时间段 $[t_{i-1},t_i]$ 内任取一点 τ_i，以时刻 τ_i 的速度近似代替 $[t_{i-1},t_i]$ 上各时刻的速度，得到小时间段 $[t_{i-1},t_i]$ 内质点经过的路程 Δs_i 的近似值，即

$$\Delta s_i\approx v(\tau_i)\Delta t_i\quad(i=1,2,3,\cdots,n).$$

(2) **求和**.

$$S=\sum_{i=1}^n\Delta s_i\approx\sum_{i=1}^n v(\tau_i)\Delta t_i.$$

（3）**取极限**. 记 $\lambda=\max\{\Delta t_1,\Delta t_2,\cdots,\Delta t_n\}$，当 $\lambda\to 0$ 时，取上述和式的极限，得变速直线运动路程的精确值

$$S=\lim_{\lambda\to 0}\sum_{i=1}^{n}v(\tau_i)\Delta t_i.$$

5.1.2 定积分的定义

从前述的两个引例可以看到，无论是求曲边梯形的面积问题还是求变速直线运动的路程问题，实际背景不同，前者是几何量，后者是物理量，但通过"分割、求和、取极限"，都能转化为形如和式 $\sum_{i=1}^{n}f(\xi_i)\Delta x_i$ 的极限问题，由此抽象出定积分的定义.

定义 1 设 $y=f(x)$ 在 $[a,b]$ 上有界，在 $[a,b]$ 中任意插入若干个分点

$$a=x_0<x_1<x_2<\cdots<x_{n-1}<x_n=b,$$

把区间 $[a,b]$ 分割成 n 个小区间

$$[x_0,x_1],\quad [x_1,x_2],\quad \cdots,\quad [x_{i-1},x_i],\quad \cdots,\quad [x_{n-1},x_n],$$

各个小区间的长度依次为

$$\Delta x_1=x_1-x_0,\quad \Delta x_2=x_2-x_1,\quad \cdots,\quad \Delta x_i=x_i-x_{i-1},\quad \cdots,\quad \Delta x_n=x_n-x_{n-1},$$

在每个小区间 $[x_{i-1},x_i]$ 上任取一点 $\xi_i(x_{i-1}<\xi_i<x_i$，介点$)$，作函数值 $f(\xi_i)$ 与小区间长度 Δx_i 的乘积 $f(\xi_i)\Delta x_i$，并作和式

$$S_n=\sum_{i=1}^{n}f(\xi_i)\Delta x_i, \tag{5.1.3}$$

记 $\lambda=\max\{\Delta x_1,\Delta x_2,\cdots,\Delta x_n\}$，如果不论对 $[a,b]$ 怎样的分割，也不论在小区间上的点 ξ_i 怎样选取，只要当 $\lambda\to 0$ 时，和 S_n 总趋于确定的极限 I，我们就称这个极限 I 为函数 $f(x)$ 在区间 $[a,b]$ 上的**定积分**，记为

$$\int_a^b f(x)\mathrm{d}x=I=\lim_{\lambda\to 0}\sum_{i=1}^{n}f(\xi_i)\Delta x_i, \tag{5.1.4}$$

其中 $f(x)$ 称为**被积函数**，$f(x)\mathrm{d}x$ 称为**被积表达式**，x 称为**积分变量**，a 称为**积分下限**，b 称为**积分上限**，$[a,b]$ 称为**积分区间**.

利用"ε-δ"的说法，上述定积分的定义可以精确地表述如下：

设有常数 I，如果对于任意给定的正数 ε，总存在一个正数 δ，使得对于区间 $[a,b]$ 的任何分法，不论 ξ_i 在 $[x_{i-1},x_i]$ 中怎样取法，只要 $\lambda<\delta$，总有

$$\left|\sum_{i=1}^{n}f(\xi_i)\Delta x_i-I\right|<\varepsilon$$

成立，则称 I 是 $f(x)$ 在区间 $[a,b]$ 上的定积分，记作 $\int_a^b f(x)\mathrm{d}x$.

关于定积分的定义，我们作以下几点说明：

（1）定积分 $\int_a^b f(x)\mathrm{d}x$ 是和式 $\sum_{i=1}^{n}f(\xi_i)\Delta x_i$ 的极限值，是一个确定的常数，这个常数只与被积函数 $f(x)$ 和积分区间 $[a,b]$ 有关，而与积分变量用什么字母表示无关，即

$$\int_a^b f(x)\mathrm{d}x=\int_a^b f(t)\mathrm{d}t=\int_a^b f(u)\mathrm{d}u;$$

（2）定义中区间 $[a,b]$ 的分法和 ξ_i 的取法都是任意的；

(3) 当函数 $f(x)$ 在区间 $[a,b]$ 上的定积分存在,称 $f(x)$ 在区间 $[a,b]$ 上可积;否则称为不可积.

为了以后计算及应用方便起见,我们这里对定积分作以下两点补充规定:

(1) 当 $a=b$ 时,$\int_a^b f(x)\mathrm{d}x = 0$;

(2) 当 $a>b$ 时,$\int_a^b f(x)\mathrm{d}x = -\int_b^a f(x)\mathrm{d}x$.

由上式可知,交换积分的上下限时,定积分的绝对值不变而符号相反.

5.1.3 可积函数类

关于定积分,还有一个重要的问题:函数 $f(x)$ 在区间 $[a,b]$ 上满足怎样的条件,$f(x)$ 在区间 $[a,b]$ 上一定可积? 这个问题本书不作深入讨论,只给出以下两个充分条件.

定理 1　若函数 $f(x)$ 在区间 $[a,b]$ 上连续,则 $f(x)$ 在区间 $[a,b]$ 上可积.

定理 2　若函数 $f(x)$ 在区间 $[a,b]$ 上有界,且只有有限个间断点,则 $f(x)$ 在区间 $[a,b]$ 上可积.

根据定积分的定义,前述两个引例可以简述为:

(1) 由曲线 $f(x)$,直线 $x=a$、$x=b$ 和 x 轴所围成曲边梯形的面积等于函数 $f(x)$ 在区间 $[a,b]$ 上的定积分,即

$$S = \int_a^b f(x)\mathrm{d}x.$$

(2) 以速度 $v=v(t)$,$v(t)>0$ 做直线运动的质点,从时刻 $t=T_1$ 到时刻 $t=T_2$ 所经过的路程等于 $v(t)$ 在时间间隔 $[T_1,T_2]$ 上的定积分,即:

$$S = \int_{T_1}^{T_2} v(t)\mathrm{d}t.$$

例 1　利用定积分的定义计算定积分 $\int_0^1 x^2\mathrm{d}x.$

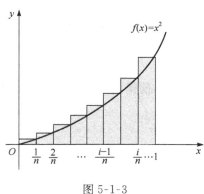

图 5-1-3

解　因 $f(x)=x^2$ 在 $[0,1]$ 上连续,故被积函数是可积的. 因此定积分的值与区间 $[0,1]$ 分法及 ξ_i 的取法无关. 不妨将区间 $[0,1]$ 分成 n 等份(图 5-1-3),分点为

$$x_i = \frac{i}{n} \quad (i=1,2,\cdots,n-1),$$

小区间的长度为

$$\lambda = \Delta x_i = \frac{1}{n} \quad (i=1,2,\cdots,n),$$

ξ_i 就取小区间的右端点

$$\xi_i = x_i = \frac{i}{n} \quad (i=1,2,\cdots,n),$$

则得到积分和式

$$\sum_{i=1}^n f(\xi_i)\Delta x_i = \sum_{i=1}^n \xi_i^2 \Delta x_i = \sum_{i=1}^n \left(\frac{i}{n}\right)^2 \frac{1}{n} = \frac{1}{n^3}\sum_{i=1}^n i^2,$$

$$= \frac{1}{n^3}(1^2+2^2+\cdots+n^2) = \frac{1}{n^3}\frac{n(n+1)(2n+1)}{6} = \frac{1}{6}\left(1+\frac{1}{n}\right)\left(2+\frac{1}{n}\right),$$

当 $\lambda\to0$ 即 $n\to\infty$ 时,上式右端取极限. 由定积分的定义,即得所求的定积分为

$$\int_0^1 x^2 \, \mathrm{d}x = \lim_{\lambda \to 0} \sum_{i=1}^n \xi_i^2 \Delta x_i = \lim_{n \to \infty} \frac{1}{6}\left(1 + \frac{1}{n}\right)\left(2 + \frac{1}{n}\right) = \frac{1}{3}.$$

5.1.4　定积分的几何意义

(1) 在区间 $[a,b]$ 上，当 $f(x) \geqslant 0$ 时，定积分 $\int_a^b f(x)\mathrm{d}x$ 在几何上表示由曲线 $y = f(x)$，直线 $x = a$、$x = b$ 及 x 轴所围成的曲边梯形的面积.

(2) 在区间 $[a,b]$ 上，当 $f(x) \leqslant 0$ 时，由曲线 $y = f(x)$，直线 $x = a$、$x = b$ 及 x 轴所围成的曲边梯形在 x 轴的下方，定积分 $\int_a^b f(x)\mathrm{d}x$ 在几何上表示上述曲边梯形面积的负值.

(3) 一般地，函数 $f(x)$ 在区间 $[a,b]$ 上既取负值也取正值时，定积分 $\int_a^b f(x)\mathrm{d}x$ 在几何上表示 x 轴上方图形的面积减去 x 轴下方图形的面积.

5.1.5　定积分的近似计算

下面我们就一般情形来讨论定积分的近似计算问题.

1. 矩形法

若函数 $f(x)$ 在区间 $[a,b]$ 上连续，则定积分 $\int_a^b f(x)\mathrm{d}x$ 存在，那么定积分与区间的分割和 ξ_i 的取法无关，因此我们取特殊的分割和介点 ξ_i，求出定积分 $\int_a^b f(x)\mathrm{d}x$ 的近似值(图 5-1-4).

将区间 $[a,b]$ 分成 n 个长度相等的小区间

$$a = x_0 < x_1 < x_2 < \cdots < x_{n-1} < x_n = b,$$

每个小区间 $[x_{i-1}, x_i]$ 的长度均为 $\Delta x = \dfrac{b-a}{n}$，

任取 $\xi_i \in [x_{i-1}, x_i]$，则有

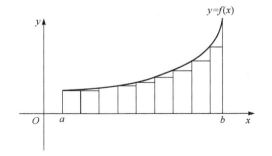

图 5-1-4

$$\int_a^b f(x)\mathrm{d}x = \lim_{n \to \infty} \frac{b-a}{n} \sum_{i=1}^n f(\xi_i).$$

从而对任意确定自然数 n，有

$$\int_a^b f(x)\mathrm{d}x \approx \frac{b-a}{n} \sum_{i=1}^n f(\xi_i).$$

若取 $\xi_i = x_{i-1}$，则得到

$$\int_a^b f(x)\mathrm{d}x \approx \frac{b-a}{n} \sum_{i=1}^n f(x_{i-1}) = \frac{b-a}{n}(y_0 + y_1 + \cdots + y_{n-1}). \tag{5.1.5}$$

若取 $\xi_i = x_i$，则得到

$$\int_a^b f(x)\mathrm{d}x \approx \frac{b-a}{n}\sum_{i=1}^n f(x_i) = \frac{b-a}{n}(y_1 + y_2 + \cdots + y_n). \qquad (5.1.6)$$

以上求定积分近似值的方法称为**矩形法**，式(5.1.5)、式(5.1.6)分别称为**左矩形公式**、**右矩形公式**. 矩形法的几何意义是：用窄条矩形的面积近似代替窄条曲边梯形面积，整体上用台阶形的面积近似代替曲边梯形面积.

2. *梯形法*

和矩形法一样，将区间 $[a,b]$ n 等份，设 $f(x_i) = y_i$，曲线 $y = f(x)$ 上的点 (x_i, y_i) 记作 $M_i(i = 0, 1, 2, \cdots, n)$. 将曲线 $y = f(x)$ 上的小弧段 $M_{i-1}M_i$ 用直线 $\overline{M_{i-1}M_i}$ 代替，也就是把窄条曲边梯形用窄条梯形代替，由此得到定积分的近似值为

$$\int_a^b f(x)\mathrm{d}x \approx \frac{1}{2}(y_0 + y_1)\Delta x + \frac{1}{2}(y_1 + y_2)\Delta x + \cdots + \frac{1}{2}(y_{n-1} + y_n)\Delta x$$
$$= \frac{b-a}{n}\left[\frac{1}{2}(y_0 + y_n) + y_1 + y_2 + \cdots + y_{n-1}\right].$$

注　区间是 n 等份.

3. *抛物线法*

梯形法是通过用许多直线段分别近似代替原来的各曲线段，即逐段地用线性函数近似代替被积函数，从而算出定积分的近似值. 为了提高精确度，可以考虑在小范围内用二次函数 $y = px^2 + qx + r$ 来近似代替被积函数，即用对称轴平行于 y 轴的抛物线上的一段弧来近似代替原来的曲线弧，从而算出定积分的近似值. 这种方法称为**抛物线法**，也称为**辛普森（Simpson）法**. 具体方法如下.

用分点 $a = x_0, x_1, x_2, \cdots, x_n = b$，将区间 $[a,b]$ 分为 n（偶数）个长度相等的小区间，各分点对应的函数值为 $y_0, y_1, y_2, \cdots, y_n$. 曲线 $y = f(x)$ 也相应地被分为 n 个小弧段，设曲线上的分点为 $M_0, M_1, M_2, \cdots, M_n$.

通常过三点可以确定一条抛物线 $y = px^2 + qx + r$. 于是在每两个相邻的小区间上经过曲线上的三个相应的分点作一条抛物线，这样可以得到一个曲边梯形，把这些曲边梯形的面积相加，就可以得到所求定积分的一个近似值. 由于两个相邻区间决定一条抛物线，所以用这种方法时，必须将区间 $[a,b]$ 分成偶数个小区间.

下面计算 $[-h, h]$ 上以过点 $M_0'(-h, y_0), M_1'(0, y_1), M_2'(h, y_2)$ 的抛物线 $y = px^2 + qx + r$ 为曲边的曲边梯形的面积.

首先，抛物线方程中的 p, q, r 可由下列方程组确定：

$$\begin{cases} y_0 = ph^2 - qh + r \\ y_1 = r \\ y_2 = ph^2 + qh + r \end{cases},$$

由此得到　　　　　　　　　　　　$2ph^2 = y_0 - 2y_1 + y_2.$

于是所求面积为：

$$A = \int_{-h}^{h} (px^2 + qx + r)\,\mathrm{d}x = \left[\frac{1}{3}px^3 + \frac{1}{2}qx^2 + rx \right]_{-h}^{h}$$

$$= \frac{2}{3}ph^3 + 2rh = \frac{1}{3}h(2ph^2 + 6r)$$

$$= \frac{1}{3}h(y_0 - 2y_1 + y_2 + 6y_1)$$

$$= \frac{1}{3}h(y_0 + 4y_1 + y_2).$$

注 这个曲边形的面积仅与纵坐标及底边所在区间的长度 $2h$ 有关.

更一般地,抛物线法的公式为

$$\int_a^b f(x)\,\mathrm{d}x \approx \frac{b-a}{3n}\left[(y_0 + y_n) + 2(y_2 + y_4 + \cdots + y_{n-2}) + 4(y_1 + y_3 + \cdots + y_{n-1}) \right].$$

此公式也称为**辛普森**(Simpson)**公式**.

例 2 用矩形法、梯形法、抛物线法(取 $n=10$)计算定积分 $\int_1^2 \frac{\mathrm{d}x}{x}$,并求 $\ln 2$ 的近似值.

解 $\int_1^2 \frac{\mathrm{d}x}{x} = \ln x \Big|_1^2 = \ln 2$.

把区间 $[1,2]$ 作 10 等分,设分点为 $x_i(i=0,1,2,\cdots,10)$,并设相应的函数值为 $y_i(i=0,1,2,\cdots,10)$,列表如下:

i	0	1	2	3	4	5	6	7	8	9	10
x_i	1.0	1.1	1.2	1.3	1.4	1.5	1.6	1.7	1.8	1.9	2
y_i	1.000 0	0.909 1	0.833 3	0.769 2	0.714 3	0.666 7	0.625 0	0.588 2	0.555 6	0.526 3	0.500 0

(1) **矩形法**.

$$\ln 2 = \int_1^2 \frac{\mathrm{d}x}{x} \approx (y_0 + y_1 + \cdots + y_9)\frac{2-1}{10}$$

$$= \frac{1}{10}(1 + 0.909\,1 + 0.833\,3 + 0.769\,2 + 0.714\,3 + 0.666\,7 + 0.625\,0$$

$$+ 0.588\,2 + 0.555\,6 + 0.526\,3)$$

$$= 0.1 \cdot 7.187\,7$$

$$= 0.7187\,7.$$

(2) **梯形法**.

$$\ln 2 = \int_1^2 \frac{\mathrm{d}x}{x} \approx \left(\frac{y_0 + y_{10}}{2} + y_1 + \cdots + y_9 \right)\frac{2-1}{10}$$

$$= \frac{1}{10}\left(\frac{1 + 0.5}{2} + 0.909\,1 + 0.833\,3 + 0.769\,2 + 0.714\,3 + 0.666\,7 + 0.625\,0 \right.$$

$$\left. + 0.588\,2 + 0.555\,6 + 0.526\,3 \right)$$

$$= 0.643\,8.$$

(3) 抛物线法.

$$\ln2 = \int_1^2 \frac{\mathrm{d}x}{x} \approx \frac{2-1}{3 \cdot 10}\big[(y_0+y_{10})+4(y_1+y_3+y_5+y_7+y_9)+2(y_2+y_4+y_6+y_8)\big]$$

$$= \frac{1}{30}\big[(1+0.5)+4(0.909\,1+0.769\,2+0.666\,7+0.588\,2+0.526\,3)$$

$$+2(0.833\,3+0.714\,3+0.625\,0+0.555\,6)\big]$$

$$= 0.693\,1.$$

一般说来 n 越大,近似程度越好. 当 n 相同时,从结果可以看出,一般是梯形法比矩形法精确,抛物线法又比梯形法更精确.

习　题　5-1

1. 填空题:

(1) 函数 $f(x)$ 在区间 $[a,b]$ 上的定积分是积分和的极限,即 $\int_a^b f(x)\mathrm{d}x = $ _____;

(2) 定积分的值只与 _____ 及 _____ 有关,而与 _____ 的记法无关;

(3) 区间 $[a,b]$ 的长度的定积分表示式是 _____;

(4) 被积函数 $f(x)$ 在区间 $[a,b]$ 上连续是定积分 $\int_a^b f(x)\mathrm{d}x$ 存在的 _____;

(5) 定积分的几何意义是 _____;

2. 利用定积分的定义计算下列积分.

(1) $\int_a^b 2x\mathrm{d}x$.　　　　　　　(2) $\int_0^1 \mathrm{e}^x\mathrm{d}x$.

3. 利用定积分的定义计算由抛物线 $y=x^2+1$,直线 $x=a,x=b(b>a)$ 及 x 轴所围成的图形的面积.

4. 利用定积分的几何意义,证明下列等式.

(1) $\int_{-\frac{\pi}{2}}^{\frac{\pi}{2}} \cos x\mathrm{d}x = 2\int_0^{\frac{\pi}{2}} \cos x\mathrm{d}x$;　　　　　　(2) $\int_{-\pi}^{\pi} \sin x\mathrm{d}x = 0$;

(3) $\int_0^a \sqrt{a^2-x^2}\,\mathrm{d}x = \frac{\pi}{4}a^2$;　　　　　　(4) $\int_{-1}^1 \arctan x\mathrm{d}x = 0$.

5. 用矩形法、梯形法、抛物线法计算定积分 $\int_0^1 \frac{\mathrm{d}x}{1+x^2}$,并求 π 的近似值(取 $n=4$).

6. 试将和式的极限 $\lim\limits_{n\to\infty}\frac{1}{n^2}(\sqrt{n^2-1}+\sqrt{n^2-2^2}+\cdots+\sqrt{n^2-(n-1)^2})$ 表示成定积分.

5.2　定积分的性质

本节介绍定积分的一些性质,以方便下一步讨论定积分的理论与计算. 在下面的讨论中,我们总假设函数在所讨论的区间上都是可积的. 无特别指出,对定积分的上、下限不加限制.

性质 1　代数和的积分等于积分的代数和,即

$$\int_a^b \big[f(x) \pm g(x)\big]\mathrm{d}x = \int_a^b f(x)\mathrm{d}x \pm \int_a^b g(x)\mathrm{d}x.$$

证明　$\int_a^b \big[f(x) \pm g(x)\big]\mathrm{d}x = \lim\limits_{\lambda\to0}\sum\limits_{i=1}^n \big[f(\xi_i) \pm g(\xi_i)\big]\Delta x_i$

$$= \lim\limits_{\lambda\to0}\sum\limits_{i=1}^n f(\xi_i)\Delta x_i \pm \lim\limits_{\lambda\to0}\sum\limits_{i=1}^n g(\xi_i)\Delta x_i$$

$$= \int_a^b f(x)\mathrm{d}x \pm \int_a^b g(x)\mathrm{d}x.$$

注 此性质可以推广到有限个函数的情形.

性质 2 常数因子可以提到积分符号的前面,即

$$\int_a^b kf(x)\mathrm{d}x = k\int_a^b f(x)\mathrm{d}x \qquad (k \neq 0 \text{ 为常数}).$$

这个性质的证明由读者自己根据定积分的定义完成.

性质 3(定积分的区间可加性) 如果积分区间 $[a,b]$ 被 c 点分成两个小区间 $[a,c]$ 与 $[c,b]$,则

$$\int_a^b f(x)\mathrm{d}x = \int_a^c f(x)\mathrm{d}x + \int_c^b f(x)\mathrm{d}x.$$

证明 (1) 先证 $a<c<b$ 的情形.

由被积函数 $f(x)$ 在 $[a,b]$ 上的可积性可知,无论对 $[a,b]$ 怎样的划分,积分和的极限总是不变的,所以总是可以把 c 取作一个分点,于是

$$\sum_{[a,b]} f(\xi_i)\Delta x_i = \sum_{[a,c]} f(\xi_i)\Delta x_i + \sum_{[c,b]} f(\xi_i)\Delta x_i,$$

令 $\lambda \to 0$,上式两边取极限,得

$$\int_a^b f(x)\mathrm{d}x = \int_a^c f(x)\mathrm{d}x + \int_c^b f(x)\mathrm{d}x.$$

(2) $a<b<c$ 的情形.

此时,b 点位于 a,c 之间,所以

$$\int_a^c f(x)\mathrm{d}x = \int_a^b f(x)\mathrm{d}x + \int_b^c f(x)\mathrm{d}x,$$

$$\int_a^b f(x)\mathrm{d}x = \int_a^c f(x)\mathrm{d}x - \int_b^c f(x)\mathrm{d}x = \int_a^c f(x)\mathrm{d}x + \int_c^b f(x)\mathrm{d}x.$$

(3) $c<a<b$ 的情形.

此时,a 点位于 c,b 之间,所以

$$\int_c^b f(x)\mathrm{d}x = \int_c^a f(x)\mathrm{d}x + \int_a^b f(x)\mathrm{d}x,$$

$$\int_a^b f(x)\mathrm{d}x = \int_c^b f(x)\mathrm{d}x - \int_c^a f(x)\mathrm{d}x = \int_c^b f(x)\mathrm{d}x + \int_a^c f(x)\mathrm{d}x.$$

性质 4 $\displaystyle\int_a^b 1 \cdot \mathrm{d}x = \int_a^b \mathrm{d}x = b-a.$

根据定积分的几何意义,$\displaystyle\int_a^b 1 \cdot \mathrm{d}x$ 表示以 $[a,b]$ 为底,$f(x) \equiv 1$ 为高的矩形面积.

这个性质的证明由读者自己根据定积分的定义完成.

性质 5 若在区间 $[a,b]$ 上有 $f(x) \geqslant g(x)$,则

$$\int_a^b f(x)\mathrm{d}x \geqslant \int_a^b g(x)\mathrm{d}x.$$

证明 由定积分的定义和性质知

$$\int_a^b f(x)\mathrm{d}x - \int_a^b g(x)\mathrm{d}x = \int_a^b [f(x)-g(x)]\mathrm{d}x = \lim_{\lambda \to 0}\sum_{i=1}^n [f(\xi_i)-g(\xi_i)]\Delta x_i,$$

由题设条件知等号右端积分和中的每一项均大于等于零,所以

$$\sum_{i=1}^n [f(\xi_i)-g(\xi_i)]\Delta x_i \geqslant 0,$$

于是由极限的保号性定理有

$$\int_a^b [f(x)-g(x)]\mathrm{d}x \geqslant 0,$$

即
$$\int_a^b f(x)\mathrm{d}x \geqslant \int_a^b g(x)\mathrm{d}x.$$

推论 1 若在区间 $[a,b]$ 上有 $f(x) \geqslant 0$,则 $\int_a^b f(x)\mathrm{d}x \geqslant 0.$

推论 2 $\left|\int_a^b f(x)\mathrm{d}x\right| \leqslant \int_a^b |f(x)|\mathrm{d}x \quad (a < b).$

证明 因为
$$-|f(x)| \leqslant f(x) \leqslant |f(x)|,$$

所以
$$-\int_a^b |f(x)|\mathrm{d}x \leqslant \int_a^b f(x)\mathrm{d}x \leqslant \int_a^b |f(x)|\mathrm{d}x,$$

即
$$\left|\int_a^b f(x)\mathrm{d}x\right| \leqslant \int_a^b |f(x)|\mathrm{d}x.$$

性质 6(估值定理) 设函数 $f(x)$ 在区间 $[a,b]$ 上有最大值 M 及最小值 m,则
$$m(b-a) \leqslant \int_a^b f(x)\mathrm{d}x \leqslant M(b-a).$$

证明 因为
$$m \leqslant f(x) \leqslant M, \quad x \in [a,b],$$

所以由性质 5
$$\int_a^b m\mathrm{d}x \leqslant \int_a^b f(x)\mathrm{d}x \leqslant \int_a^b M\mathrm{d}x,$$

再由性质 2 和性质 4 得
$$m(b-a) \leqslant \int_a^b f(x)\mathrm{d}x \leqslant M(b-a).$$

这个性质表明,只要知道被积函数在积分区间上的最大值和最小值,可以不必计算定积分的值就可以估计出定积分的大致范围.

性质 6 的几何意义是显然的,即以 $[a,b]$ 为底、$y = f(x)$ 为曲边的曲边梯形的面积 $\int_a^b f(x)\mathrm{d}x$ 介于同一底边而高分别为 m 与 M 的矩形面积 $m(b-a)$ 与 $M(b-a)$ 之间.

性质 7(定积分中值定理) 如果函数 $f(x)$ 在闭区间 $[a,b]$ 上连续,则在 $[a,b]$ 上至少存在一个点 ξ,使得
$$\int_a^b f(x)\mathrm{d}x = f(\xi)(b-a) \quad (a \leqslant \xi \leqslant b).$$

这个公式称为**积分中值公式**.

证明 因为函数 $f(x)$ 在闭区间 $[a,b]$ 上连续,所以有
$$m \leqslant f(x) \leqslant M,$$
$$m \leqslant \frac{1}{(b-a)} \int_a^b f(x)\mathrm{d}x \leqslant M,$$

由闭区间上连续函数的介值定理知,在区间 $[a,b]$ 上至少存在一个点 ξ,使得
$$\frac{1}{(b-a)} \int_a^b f(x)\mathrm{d}x = f(\xi),$$

从而
$$\int_a^b f(x)\mathrm{d}x = f(\xi)(b-a).$$

注 1. 积分中值定理可以加强为:

如果函数 $f(x)$ 在闭区间 $[a,b]$ 上连续,则在 (a,b) 上至少存在一个点 ξ,使得
$$\int_a^b f(x)\mathrm{d}x = f(\xi)(b-a) \qquad (a < \xi < b).$$

2. 积分中值定理的几何意义是：在闭区间 $[a,b]$ 上至少存在一个点 ξ，使得以 $[a,b]$ 为底、$y=f(x)$ 为曲边的曲边梯形的面积 $\int_a^b f(x)\mathrm{d}x$ 等于同一底边而高为 $f(\xi)$ 的矩形面积 $f(\xi)(b-a)$（图 5-2-1）.

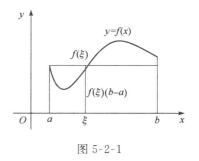

图 5-2-1

由上述几何解释易见，数值 $\dfrac{1}{(b-a)}\int_a^b f(x)\mathrm{d}x$ 表示连续曲线 $f(x)$ 在区间 $[a,b]$ 上的平均高度，我们称其为函数 $f(x)$ 在区间 $[a,b]$ 上的平均值. 这一概念是对有限个数的平均值概念的拓展. 例如，我们可以用此来计算做变速直线运动的物体在指定时间间隔内的平均速度等. 因此

$$v(\xi)=\frac{1}{(T_2-T_1)}\int_{T_1}^{T_2} v(t)\mathrm{d}t, \xi\in[T_1,T_2]$$

便是运动物体在 $[T_1,T_2]$ 这段时间内的平均速度.

例 1 比较 $\int_1^2 \ln x\mathrm{d}x$ 与 $\int_1^2 (\ln x)^2\mathrm{d}x$ 的大小.

解 因为当 $x\in[1,2]$ 时，有 $0\leqslant \ln x<1$，所以除 $x=1$ 外有

$$\ln x>(\ln x)^2,$$

故
$$\int_1^2 \ln x\mathrm{d}x>\int_1^2 (\ln x)^2\mathrm{d}x.$$

例 2 估计积分 $\int_0^4 (x^2+1)\mathrm{d}x$ 的值.

解 设 $f(x)=x^2+1, x\in[0,4]$. 由于

$$1\leqslant f(x)\leqslant 17,$$

所以
$$1(4-0)\leqslant\int_0^4 (x^2+1)\mathrm{d}x\leqslant 17(4-0),$$

故
$$4\leqslant\int_0^4 (x^2+1)\mathrm{d}x\leqslant 68.$$

例 3 估计积分 $\int_{\frac{\pi}{6}}^{\frac{\pi}{2}} \dfrac{\sin x}{x}\mathrm{d}x$ 的值.

解 设 $f(x)=\dfrac{\sin x}{x}, x\in\left[\dfrac{\pi}{6},\dfrac{\pi}{2}\right]$，由

$$f'(x)=\frac{x\cos x-\sin x}{x^2}=\frac{\cos x(x-\tan x)}{x^2}<0,$$

知 $f(x)$ 在 $\left[\dfrac{\pi}{6},\dfrac{\pi}{2}\right]$ 上单调递减，故函数在 $x=\dfrac{\pi}{6}$ 处取得最大值，在 $x=\dfrac{\pi}{2}$ 处取得最小值，

即
$$f\left(\frac{\pi}{2}\right)\leqslant f(x)\leqslant f\left(\frac{\pi}{6}\right),$$

亦即
$$\frac{2}{\pi}\leqslant\frac{\sin x}{x}\leqslant\frac{3}{\pi},$$

所以
$$\frac{2}{\pi}\left(\frac{\pi}{2}-\frac{\pi}{6}\right)\leqslant\int_{\frac{\pi}{6}}^{\frac{\pi}{2}}\frac{\sin x}{x}\mathrm{d}x\leqslant\frac{3}{\pi}\left(\frac{\pi}{2}-\frac{\pi}{6}\right),$$

故
$$\frac{2}{3} \leqslant \int_{\frac{\pi}{6}}^{\frac{\pi}{2}} \frac{\sin x}{x} \mathrm{d}x \leqslant 1.$$

例 4　设 $f(x)$ 可导,且 $\lim\limits_{x \to +\infty} f(x) = 1$,求 $\lim\limits_{x \to +\infty} \int_x^{x+3} t \tan \frac{2}{t} f(t) \mathrm{d}t$.

解　因为由积分中值定理知,存在 $\xi \in [x, x+3]$,使得

$$\int_x^{x+3} t \tan \frac{2}{t} f(t) \mathrm{d}t = \xi \tan \frac{2}{\xi} f(\xi)(x+3-x) = 3\xi \tan \frac{2}{\xi} f(\xi),$$

所以
$$\lim_{x \to +\infty} \int_x^{x+3} t \tan \frac{2}{t} f(t) \mathrm{d}t = 3 \lim_{\xi \to +\infty} \xi \tan \frac{2}{\xi} f(\xi) = 6.$$

例 5　设 $f(x)$ 在 $[a, b]$ 上连续,在 (a, b) 内可导,且 $\dfrac{1}{b-a} \int_a^b f(x) \mathrm{d}x = f(b)$. 求证:在 (a, b) 内至少存在一点 ξ,使 $f'(\xi) = 0$.

证明　因 $f(x)$ 在 $[a, b]$ 上连续,由积分中值定理可知,在 (a, b) 内至少存在一点 η,使 $\dfrac{1}{b-a} \int_a^b f(x) \mathrm{d}x = f(\eta) = f(b)$,$f(x)$ 在 $[\eta, b]$ 上连续,在 (η, b) 内可导,且 $f(\eta) = f(b)$. 由罗尔定理知在 $(\eta, b) \subset (a, b)$ 内至少存在一点 ξ,使 $f'(\xi) = 0$.

习　题　5-2

1. 证明定积分的性质.

(1) $\int_a^b kf(x) \mathrm{d}x = k \int_a^b f(x) \mathrm{d}x$ $(k \neq 0$ 为常数$)$;　　　　(2) $\int_a^b 1 \cdot \mathrm{d}x = \int_a^b \mathrm{d}x = b - a$.

2. 估计下列积分值.

(1) $\int_1^4 (x^2 + 2) \mathrm{d}x$;　　　　(2) $\int_{\frac{\pi}{4}}^{\frac{3\pi}{4}} (1 + \sin^2 x) \mathrm{d}x$;　　　　(3) $\int_{\frac{1}{\sqrt{3}}}^{\sqrt{3}} x \arctan x \mathrm{d}x$;

(4) $\int_0^1 \mathrm{e}^{x^2} \mathrm{d}x$;　　　　(5) $\int_1^2 \frac{x}{x^2+1} \mathrm{d}x$;　　　　(6) $\int_0^{\frac{\pi}{2}} \frac{\sin x}{x} \mathrm{d}x$.

3. 说明下列积分哪一个比较大.

(1) $\int_0^{\frac{\pi}{2}} \sin^3 x \mathrm{d}x$, $\int_0^{\frac{\pi}{2}} \sin^2 x \mathrm{d}x$;　　　(2) $\int_1^2 x^2 \mathrm{d}x$, $\int_1^2 x^3 \mathrm{d}x$;　　　(3) $\int_1^2 \ln x \mathrm{d}x$, $\int_1^2 (\ln x)^3 \mathrm{d}x$;

(4) $\int_1^0 \ln(x+1) \mathrm{d}x$, $\int_1^0 \frac{x}{1+x} \mathrm{d}x$;　　(5) $\int_0^{\frac{\pi}{2}} x \mathrm{d}x$, $\int_0^{\frac{\pi}{2}} \sin x \mathrm{d}x$;　　(6) $\int_0^{\frac{\pi}{2}} \sin x \mathrm{d}x$, $\int_{-\frac{\pi}{2}}^0 \sin x \mathrm{d}x$.

4. 利用积分中值定理求下列极限.

(1) $\lim\limits_{n \to \infty} \int_n^{n+p} \frac{\sin x}{x} \mathrm{d}x$;　　　　(2) $\lim\limits_{n \to \infty} \int_0^{\frac{1}{2}} \frac{x^n}{1+x} \mathrm{d}x$.

5. 如果函数 $f(x)$ 在区间 $[a, b]$ 上连续且 $\int_a^b f(x) \mathrm{d}x = 0$,证明 $f(x)$ 在 $[a, b]$ 上至少存在一个零点.

6. 设 $f(x)$ 在区间 $[0, 1]$ 上连续,在 $(0, 1)$ 内可导,且满足

$$f(1) = 3 \int_0^{\frac{1}{3}} \mathrm{e}^{1-x^2} f(x) \mathrm{d}x.$$

证明:在 $(0, 1)$ 内至少存在一点 ξ,使 $f'(\xi) = 2\xi f(\xi)$ 成立.

5.3 微积分基本公式

从 5.1 节的例 1 可以看到,尽管被积函数是简单的函数 $y=x^2$,但是,直接按定义来计算定积分也是一件十分困难的事. 所以,需要寻求简便而有效的计算方法. 我们知道,不定积分作为原函数的概念与定积分作为积分和的极限的概念是完全不相干的两个概念. 但是,牛顿和莱布尼茨不仅发现而且找到了这两个概念之间存在着的深刻的内在联系,即所谓的"微积分基本定理",并由此巧妙的开辟了求定积分的新途径——微积分第二基本定理,从而使积分学与微分学一起构成变量数学的基础学科——微积分学.

5.3.1 变上限函数及其导数

设函数 $f(x)$ 在区间 $[a,b]$ 上连续,x 为 $[a,b]$ 上的一点. 显然,$f(x)$ 在部分区间 $[a,x]$ 上可积,即定积分

$$\int_a^x f(t)\mathrm{d}t, \quad x \in [a,b]$$

存在. 若上限 x 在区间 $[a,b]$ 上任意变动,下限 a 固定,对于 x 的每一个数值,定积分都有一个确定的数值与之对应,所以此变动上限的定积分给出了一个定义在 $[a,b]$ 上的函数,记为

$$\Phi(x) = \int_a^x f(t)\mathrm{d}t, \quad x \in [a,b].$$

显然,$\Phi(x)$ 为积分上限 x 的函数.

关于积分上限的函数,我们有下面的重要定理.

定理 1 若函数 $f(x)$ 在区间 $[a,b]$ 上连续,则积分上限函数

$$\Phi(x) = \int_a^x f(t)\mathrm{d}t, \quad x \in [a,b],$$

在 $[a,b]$ 上可导,且

$$\Phi'(x) = \frac{\mathrm{d}}{\mathrm{d}x}\int_a^x f(t)\mathrm{d}t = f(x), \quad x \in [a,b]. \tag{5.3.1}$$

证明 设 $x \in [a,b]$,$\Delta x \neq 0$ 且 $x+\Delta x \in [a,b]$,则有

$$\Delta\Phi = \Phi(x+\Delta x) - \Phi(x) = \int_a^{x+\Delta x} f(t)\mathrm{d}t - \int_a^x f(t)\mathrm{d}t$$

$$= \int_a^x f(t)\mathrm{d}t + \int_x^{x+\Delta x} f(t)\mathrm{d}t - \int_a^x f(t)\mathrm{d}t$$

$$= \int_x^{x+\Delta x} f(t)\mathrm{d}t = f(\xi)\Delta x, \quad \xi \in [x, x+\Delta x],$$

由函数 $f(x)$ 在点 x 处的连续性,所以

$$\Phi'(x) = \lim_{\Delta x \to 0}\frac{\Delta\Phi}{\Delta x} = \lim_{\Delta x \to 0}f(\xi) = f(x),$$

即

$$\Phi'(x) = \frac{\mathrm{d}}{\mathrm{d}x}\int_a^x f(t)\mathrm{d}t = f(x) \quad (a \leqslant x \leqslant b).$$

注 1. 定理 1 揭示了微分(或导数)与定积分这两个定义不相干的概念之间的内在联系,因而称为**微积分第一基本定理**.

2. 利用复合函数的求导法则,我们还可以得到:

(1) $\dfrac{\mathrm{d}}{\mathrm{d}x}\displaystyle\int_a^{\varphi(x)} f(t)\mathrm{d}t = f[\varphi(x)]\varphi'(x)$; $\hspace{2cm}$ (5.3.2)

(2) $\dfrac{d}{\mathrm{d}x}\displaystyle\int_{\psi(x)}^{\varphi(x)} f(t)\mathrm{d}t = f[\varphi(x)]\varphi'(x) - f[\psi(x)]\psi'(x)$. $\hspace{1cm}$ (5.3.3)

例1 求 $y = \displaystyle\int_1^x \mathrm{e}^{-t^2}\,\mathrm{d}t$ 的导数.

解 $\dfrac{\mathrm{d}}{\mathrm{d}x}\left[\displaystyle\int_1^x \mathrm{e}^{-t^2}\,\mathrm{d}t\right] = \mathrm{e}^{-x^2}$.

例2 设 $f(x)$ 可导,求 $y = \displaystyle\int_1^{x^2} xf(t)\mathrm{d}t$ 的二阶导数.

解 因为 $\hspace{2cm} y = \displaystyle\int_1^{x^2} xf(t)\mathrm{d}t = x\int_1^{x^2} f(t)\mathrm{d}t,$

所以 $\hspace{1cm} y' = \displaystyle\int_1^{x^2} f(t)\mathrm{d}t + x \cdot f(x^2) \cdot 2x = \int_1^{x^2} f(t)\mathrm{d}t + 2x^2 f(x^2),$

$\hspace{1cm} y'' = f(x^2) \cdot 2x + 4xf(x^2) + 2x^2 f'(x^2) \cdot 2x = 6xf(x^2) + 4x^3 f'(x^2).$

例3 求 $\lim\limits_{x\to 0^+} \dfrac{\displaystyle\int_0^x \arctan t\,\mathrm{d}t}{x^2}$ 极限.

解 $\lim\limits_{x\to 0^+} \dfrac{\displaystyle\int_0^x \arctan t\,\mathrm{d}t}{x^2} = \lim\limits_{x\to 0^+} \dfrac{\arctan x}{2x} = \dfrac{1}{2}$.

例4 设函数 $y = y(x)$ 由方程 $\displaystyle\int_0^{y^2} \mathrm{e}^{t^3}\,\mathrm{d}t + \int_x^0 \cos t\,\mathrm{d}t = 0$ 所确定,求 $\dfrac{\mathrm{d}y}{\mathrm{d}x}$.

解 在方程两边关于 x 求导数,得

$$\frac{\mathrm{d}}{\mathrm{d}x}\int_0^{y^2} \mathrm{e}^{t^3}\,\mathrm{d}t + \frac{\mathrm{d}}{\mathrm{d}x}\int_x^0 \cos t\,\mathrm{d}t = \mathrm{e}^{y^6} \cdot 2y \cdot \frac{\mathrm{d}y}{\mathrm{d}x} - \cos x = 0,$$

从而 $$\frac{\mathrm{d}y}{\mathrm{d}x} = \frac{\cos x}{2y\mathrm{e}^{y^6}}.$$

例5 设 $f(x)$ 在 $(-\infty,+\infty)$ 内连续且 $f(x)>0$,证明:函数

$$F(x) = \frac{\displaystyle\int_0^x tf(t)\,\mathrm{d}t}{\displaystyle\int_0^x f(t)\,\mathrm{d}t}$$

在 $(0,+\infty)$ 内为单调增加函数.

证明 由公式 $(5.3.1)$,得

$$\frac{\mathrm{d}}{\mathrm{d}x}\int_0^x tf(t)\,\mathrm{d}t = xf(x), \quad \frac{\mathrm{d}}{\mathrm{d}x}\int_0^x f(t)\,\mathrm{d}t = f(x),$$

所以 $\hspace{0.5cm} F'(x) = \dfrac{xf(x)\displaystyle\int_0^x f(t)\,\mathrm{d}t - f(x)\int_0^x tf(t)\,\mathrm{d}t}{\left(\displaystyle\int_0^x f(t)\,\mathrm{d}t\right)^2} = \dfrac{f(x)\displaystyle\int_0^x (x-t)f(t)\,\mathrm{d}t}{\left(\displaystyle\int_0^x f(t)\,\mathrm{d}t\right)^2}.$

按题设,当 $t \in [0,x]$ 时,有

$$f(x)>0 \quad (x>0), \quad (x-t)f(t)\geqslant 0,$$

且 $(x-t)f(t)$ 不恒等于 0,故

$$\int_0^x f(t)\mathrm{d}t > 0, \qquad \int_0^x (x-t)f(t)\mathrm{d}t > 0,$$

即 $F'(x) > 0 (x > 0)$,从而 $F(x)$ 在 $(0,+\infty)$ 内为单调增加函数.

5.3.2 微积分第二基本定理

定理 1 指出了连续函数取变上限的定积分然后求导,其结果还是本身. 联系到原函数的定义,就可以从定理 1 知是连续函数的一个原函数. 因此,我们得到如下原函数存在定理.

定理 2 若函数 $f(x)$ 在区间 $[a,b]$ 上连续,则函数

$$\Phi(x) = \int_a^x f(t)\mathrm{d}t$$

就是 $f(x)$ 在 $[a,b]$ 上的一个原函数.

意义:此定理一方面指出了连续函数的原函数的存在性,另一方面初步揭示了积分学中定积分与原函数之间的联系. 因此,我们就有可能通过原函数来计算定积分.

定理 3 若函数 $F(x)$ 是连续函数 $f(x)$ 在区间 $[a,b]$ 上的一个原函数,则

$$\int_a^b f(x)\mathrm{d}x = F(b) - F(a).$$

证明 已知函数 $F(x)$ 是连续函数 $f(x)$ 的一个原函数,又根据定理 2 知

$$\Phi(x) = \int_a^x f(t)\mathrm{d}t$$

也是 $f(x)$ 的一个原函数,所以

$$F(x) - \Phi(x) = C, \quad x \in [a,b],$$

在上式中令 $x = a$,得 $F(a) - \Phi(a) = C$. 而

$$\Phi(a) = \int_a^a f(x)\mathrm{d}x = 0,$$

所以 $F(a) = C$.

又

$$F(x) - \Phi(x) = C,$$
$$\Phi(x) = F(x) - C,$$

即

$$\int_a^x f(x)\mathrm{d}x = F(x) - F(a),$$

再令 $x = b$,即得

$$\int_a^b f(x)\mathrm{d}x = F(b) - F(a).$$

注 此定理常称为微积分第二基本定理,通常记为

$$\int_a^b f(x)\mathrm{d}x = F(x)\Big|_a^b = F(b) - F(a).$$

此公式称为**微积分基本公式**,也称为**牛顿-莱布尼茨公式**. 该公式的重要性在于它巧妙地把定积分的计算问题与不定积分联系起来,即将定积分的计算问题转化为求被积函数的一个原函数在区间 $[a,b]$ 上的增量的问题,从而为定积分的计算提供了一个简便而有效的方法.

例 6 求定积分 $\int_0^1 x^4 \mathrm{d}x$.

解 $\int_0^1 x^4 \mathrm{d}x = \dfrac{1}{5}x^5\Big|_0^1 = \dfrac{1}{5} \cdot 1^5 - \dfrac{1}{5} \cdot 0^5 = \dfrac{1}{5}$.

例 7 计算 $\int_{-3}^{-1} \dfrac{1}{x}\mathrm{d}x$.

解　当 $x<0$ 时，$\ln(-x)$ 是 $\dfrac{1}{x}$ 的一个原函数，所以

$$\int_{-3}^{-1}\frac{1}{x}\mathrm{d}x = \ln(-x)\Big|_{-3}^{-1} = \ln 1 - \ln 3 = -\ln 3.$$

通过例 6，应该特别注意微积分第二基本定理中的 $F(x)$ 必须是 $f(x)$ 在积分区间 $[a,b]$ 上的原函数.

例 8　求定积分 $\displaystyle\int_{-1}^{0}\frac{3x^4+3x^2+1}{x^2+1}\mathrm{d}x$.

解　$\displaystyle\int_{-1}^{0}\frac{3x^4+3x^2+1}{x^2+1}\mathrm{d}x = \int_{-1}^{0}\left(3x^2+\frac{1}{x^2+1}\right)\mathrm{d}x = (x^3+\arctan x)\Big|_{-1}^{0} = 1 + \frac{\pi}{4}.$

例 9　求定积分 $\displaystyle\int_{-1}^{3}|x|\,\mathrm{d}x$.

解　因为 $|x| = \begin{cases} x, & 0\leqslant x\leqslant 3 \\ -x, & -1\leqslant x<0 \end{cases}$，所以

$$\int_{-1}^{3}|x|\,\mathrm{d}x = \int_{-1}^{0}(-x)\mathrm{d}x + \int_{0}^{3}x\mathrm{d}x = -\frac{1}{2}x^2\Big|_{-1}^{0} + \frac{1}{2}x^2\Big|_{0}^{3} = 5.$$

例 10　设 $f(x)$ 是连续函数，且满足 $f(x) = \sin x + \displaystyle\int_{0}^{\pi}f(x)\mathrm{d}x$，求 $f(x)$.

解　对所给的等式两边积分，并注意到 $\displaystyle\int_{0}^{\pi}f(x)\mathrm{d}x$ 是一个数，便有

$$\int_{0}^{\pi}f(x)\mathrm{d}x = \int_{0}^{\pi}\sin x\mathrm{d}x + \int_{0}^{\pi}\left(\int_{0}^{\pi}f(x)\mathrm{d}x\right)\mathrm{d}x$$

$$= 2 + \left(\int_{0}^{\pi}f(x)\mathrm{d}x\right)\int_{0}^{\pi}\mathrm{d}x = 2 + \pi\int_{0}^{\pi}f(x)\mathrm{d}x.$$

移项即得

$$\int_{0}^{\pi}f(x)\mathrm{d}x = \frac{-2}{\pi-1}.$$

代入原式得

$$f(x) = \sin x - \frac{2}{\pi-1}.$$

注　对于含有未知函数 $f(x)$ 的确定上、下限值的定积分问题，通常的方法是对它再进行积分. 又如，设

$$f(x) = \frac{1}{1+x^2} + \sqrt{1-x^2}\int_{0}^{1}f(x)\mathrm{d}x.$$

可用同样的方法求函数 $f(x)$，请读者自行完成.

例 11　设函数 $f(x)$ 在闭区间 $[a,b]$ 上连续，证明：在开区间 (a,b) 内至少存在一点 ξ，使

$$\int_{a}^{b}f(x)\mathrm{d}x = f(\xi)(b-a) \quad (a<\xi<b).$$

证明　因为 $f(x)$ 连续，故它的原函数存在，设为 $F(x)$，即设在 $[a,b]$ 上，$F'(x) = f(x)$. 根据牛顿-莱布尼茨公式，有

$$\int_{a}^{b}f(x)\mathrm{d}x = F(b) - F(a).$$

显然函数 $F(x)$ 在区间 $[a,b]$ 上满足微分中值定理的条件，因此，按微分中值定理，在开区间 (a,b) 内至少存在一点 ξ，使

$$F(b) - F(a) = F'(\xi)(b-a) \quad (a<\xi<b),$$

故
$$\int_a^b f(x)\mathrm{d}x = f(\xi)(b-a) \quad (a<\xi<b).$$

注 本例的结论是对积分中值定理的改进,从其证明不难看出积分中值定理与微分中值定理的联系.

习 题 5-3

1. 求下列函数的导数.

(1) $\varphi(x) = \int_0^x \sin t^2 \mathrm{d}t$;

(2) $\varphi(x) = \int_{x^2}^3 \mathrm{e}^{-t^2}\mathrm{d}t$;

(3) $y = \int_{\sqrt{x}}^{x^2} \dfrac{t}{1+t^2}\mathrm{d}t$;

(4) $\varphi(x) = \int_{\sin x}^{\cos x} \cos(\pi t^2)\mathrm{d}t$.

2. 利用洛必达法则求下列极限.

(1) $\lim\limits_{x\to 0} \dfrac{\int_0^x \cos t^2 \mathrm{d}t}{x}$;

(2) $\lim\limits_{x\to 0} \dfrac{\int_0^{x^2} t^{\frac{3}{2}}\mathrm{d}t}{\int_0^x t(t-\sin t)\mathrm{d}t}$;

(3) $\lim\limits_{x\to 1} \dfrac{\int_1^x \frac{\ln t}{t+1}\mathrm{d}t}{(x-1)^2}$;

(4) $\lim\limits_{x\to +\infty} \dfrac{1}{x}\int_0^x (t+t^2)\mathrm{e}^{t^2-x^2}\mathrm{d}t$;

(5) $\lim\limits_{x\to +\infty} \left(\int_0^x \mathrm{e}^{t^2}\mathrm{d}t\right)^2 \left(\int_0^x \mathrm{e}^{2t^2}\mathrm{d}t\right)^{-1}$;

(6) $\lim\limits_{x\to 0} \dfrac{\int_0^x (x-t)\sin t^2\mathrm{d}t}{(x^2+x^3)(1-\sqrt{1-x^2})}$.

3. 设函数 $y=y(x)$ 由方程 $\int_0^y \mathrm{e}^t \mathrm{d}t + \int_0^x \cos t\mathrm{d}t = 0$ 所确定,求 $\dfrac{\mathrm{d}y}{\mathrm{d}x}$.

4. 设 $x = \int_0^t \sin u\mathrm{d}u, y = \int_0^t \cos u\mathrm{d}u$,求 $\dfrac{\mathrm{d}y}{\mathrm{d}x}$.

5. 设 $f(x) = \int_0^x t(1-t)\mathrm{e}^{-2t}\mathrm{d}t$,问 x 为何值时,$f(x)$ 有极值?

6. 求函数 $F(x) = \int_0^x t(t-4)\mathrm{d}t$ 在 $[-1,5]$ 上的最大值与最小值.

7. 计算下列定积分.

(1) $\int_1^2 \left(x^4 + \dfrac{1}{x^2}\right)\mathrm{d}x$;

(2) $\int_0^1 (2\mathrm{e}^x + 1)\mathrm{d}x$;

(3) $\int_{-1}^1 \dfrac{1}{1+x^2}\mathrm{d}x$;

(4) $\int_0^{\frac{\pi}{4}} \tan^2 x\mathrm{d}x$;

(5) $\int_0^{\frac{1}{2}} \dfrac{1}{\sqrt{1-x^2}}\mathrm{d}x$;

(6) $\int_0^1 \dfrac{x^2}{1+x^2}\mathrm{d}x$;

(7) $\int_0^\pi \cos^2\left(\dfrac{x}{2}\right)\mathrm{d}x$;

(8) $\int_0^{2\pi} |\sin x|\mathrm{d}x$;

(9) 设 $f(x) = \begin{cases} 1+x^2 & 0\leqslant x \leqslant 1 \\ 1+x & -1\leqslant x < 0 \end{cases}$,求 $\int_{-1}^1 f(x)\mathrm{d}x$.

8. 设函数 $f(x) = \int_0^x \mathrm{e}^{2t}\sqrt{3t^2+1}\mathrm{d}t, g(x) = x^a \mathrm{e}^{2x}$,且 $\lim\limits_{x\to +\infty} \dfrac{f(x)}{g(x)} = \dfrac{\sqrt{3}}{2}$,试确定常数 a 的值.

9. 求正常数 a 与 b,使下式成立

$$\lim_{x\to 0} \frac{1}{bx-\sin x}\int_0^x \frac{t^2}{\sqrt{a+t^2}}\mathrm{d}t = 1.$$

10. 若 $f(x) = \dfrac{1}{1+x^2} + \sqrt{1-x^2}\int_0^1 f(x)\mathrm{d}x$,求 $\int_0^1 f(x)\mathrm{d}x$.

11. 设函数 $f(x)$ 在区间 $[a,b]$ 上连续且 $f(x)>0$，求方程 $\int_a^x f(t)\mathrm{d}t+\int_b^x \dfrac{1}{f(t)}\mathrm{d}t=0$ 在开区间 (a,b) 内实根的个数.

12. 设 $g(x)=\int_0^x f(u)\mathrm{d}u$，其中

$$f(x)=\begin{cases} \dfrac{1}{2}(x^2+1) & 0\leqslant x<1 \\ \dfrac{1}{3}(x-1) & 1\leqslant x\leqslant 2 \end{cases}.$$

证明：$g(x)$ 在区间 $(0,2)$ 内为连续函数.

5.4 定积分的换元积分法与分部积分法

至此已经介绍了两种计算定积分的方法：一种是依据定义给出的构造性模式求和式的极限，这种方法好看不中用，非常麻烦；另一种是依据牛顿-莱布尼茨公式给出的方法，先求被积函数的一个原函数，再求原函数在上、下限处的函数值之差. 这是计算定积分的基本方法，读者应当掌握. 但这种方法遇到用换元积分法求原函数时，需将新变量还原为原来的积分变量，才能求原函数之差，这样做比较麻烦. 现介绍省略还原为原积分变量的步骤，计算定积分的方法.

5.4.1 定积分的换元积分法

定理 1 设函数 $f(x)$ 在闭区间 $[a,b]$ 上连续，函数 $x=\varphi(t)$ 满足条件

(1) $\varphi(\alpha)=a,\varphi(\beta)=b$，且 $a\leqslant\varphi(t)\leqslant b$；

(2) $\varphi(t)$ 在 $[\alpha,\beta]$（或 $[\beta,\alpha]$）上具有连续导数，

则有
$$\int_a^b f(x)\mathrm{d}x=\int_\alpha^\beta f[\varphi(t)]\varphi'(t)\mathrm{d}t. \tag{5.4.1}$$

公式 (5.4.1) 称为**定积分的换元公式**.

证明 因为函数 $f(x)$ 在闭区间 $[a,b]$ 上连续，故在 $[a,b]$ 上可积，且原函数存在.

设 $F(x)$ 是 $f(x)$ 的一个原函数，则

$$\int_a^b f(x)\mathrm{d}x=F(b)-F(a),$$

另一方面，$\Phi(t)=F[\varphi(t)]$，由复合函数求导法则，得
$$\Phi'(t)=F'[\varphi(t)]\varphi'(t)=f[\varphi(t)]\varphi'(t),$$

即 $\Phi(t)$ 是 $f[\varphi(t)]\varphi'(t)$ 的一个原函数. 从而

$$\int_\alpha^\beta f[\varphi(t)]\varphi'(t)\mathrm{d}t=\Phi(\beta)-\Phi(\alpha),$$

注意到 $\Phi(t)=F[\varphi(t)],\varphi(\alpha)=a,\varphi(\beta)=b$，则

$$\int_a^b f(x)\mathrm{d}x=F(b)-F(a)=\Phi(\beta)-\Phi(\alpha)=\int_\alpha^\beta f[\varphi(t)]\varphi'(t)\mathrm{d}t.$$

使用该式求定积分时有两点值得注意：

(1) 换元必换限. 即用 $x=\varphi(t)$ 把原变量 x 换成新变量 t 时，积分限也要换成相应于新变量 t 的积分限.

(2) 换元不回代. 即求出 $f[\varphi(t)]\varphi'(t)$ 的一个原函数 $\Phi(t)$ 后，不必像计算不定积分那样再把 $\Phi(t)$ 变换成原来变量 x 的函数，而只要把新变量 t 的上、下限分别代入 $\Phi(t)$ 中，然后相减就

行了.

例 1 求定积分 $\int_0^{\frac{\pi}{2}} \sin^3 x \cos x \mathrm{d}x$.

解 $\int_0^{\frac{\pi}{2}} \sin^3 x \cos x \mathrm{d}x = \int_0^{\frac{\pi}{2}} \sin^3 x \mathrm{d}\sin x = \frac{1}{4} \sin^4 x \Big|_0^{\frac{\pi}{2}} = \frac{1}{4}$.

例 2 求定积分 $\int_0^a \sqrt{a^2 - x^2} \mathrm{d}x (a > 0)$.

解 令 $x = a \sin t$, 则 $\mathrm{d}x = a \cos t \mathrm{d}t$, 且当 $x = 0$ 时, $t = 0$; 当 $x = a$ 时, $t = \frac{\pi}{2}$.

$$\sqrt{a^2 - x^2} = a \sqrt{1 - \sin^2 t} = a \cos t,$$

所以
$$\int_0^a \sqrt{a^2 - x^2} \mathrm{d}x = a^2 \int_0^{\frac{\pi}{2}} \cos^2 t \mathrm{d}t = a^2 \int_0^{\frac{\pi}{2}} \frac{1 + \cos 2t}{2} \mathrm{d}t$$

$$= \frac{a^2}{2} \left(t + \frac{1}{2} \sin 2t \right) \Big|_0^{\frac{\pi}{2}} = \frac{\pi a^2}{4}.$$

例 3 求定积分 $\int_0^1 x^2 \sqrt{1 - x^2} \mathrm{d}x$.

解 设 $x = \sin t$, 则 $\mathrm{d}x = \cos t \mathrm{d}t$, 当 $x = 1$ 时, $t = \frac{\pi}{2}$; 当 $x = 0$ 时, $t = 0$. 于是

$$\int_0^1 x^2 \sqrt{1 - x^2} \mathrm{d}x = \int_0^{\frac{\pi}{2}} \sin^2 t \cdot \cos t \cdot \cos t \mathrm{d}t = \frac{1}{4} \int_0^{\frac{\pi}{2}} \sin^2 2t \mathrm{d}t = \frac{1}{8} \int_0^{\frac{\pi}{2}} (1 - \cos 4t) \mathrm{d}t,$$

$$= \frac{1}{8} \left(t - \frac{1}{4} \sin 4t \right) \Big|_0^{\frac{\pi}{2}} = \frac{\pi}{16}.$$

例 4 设 $f(x) = \begin{cases} 1 + x^2 & x \leqslant 0 \\ \mathrm{e}^x & x > 0 \end{cases}$, 求定积分 $\int_1^3 f(x - 2) \mathrm{d}x$.

解 设 $x - 2 = t$, 则 $f(x - 2) = f(t)$, $\mathrm{d}x = \mathrm{d}t$. 当 $x = 1$ 时, $t = -1$; 当 $x = 3$ 时, $t = 1$, 于是

$$\int_1^3 f(x - 2) \mathrm{d}x = \int_{-1}^1 f(t) \mathrm{d}t = \int_{-1}^0 f(t) \mathrm{d}t + \int_0^1 f(t) \mathrm{d}t = \int_{-1}^0 (1 + t^2) \mathrm{d}t + \int_0^1 \mathrm{e}^t \mathrm{d}t$$

$$= \left(t + \frac{1}{3} t^3 \right) \Big|_{-1}^0 + \mathrm{e}^t \Big|_0^1 = \frac{1}{3} + \mathrm{e}.$$

例 5 若 $f(x)$ 在 $[-a, a]$ 上连续, 则有

(1) 当 $f(x)$ 为偶函数, 有 $\int_{-a}^a f(x) \mathrm{d}x = 2 \int_0^a f(x) \mathrm{d}x$;

(2) 当 $f(x)$ 为奇函数, 有 $\int_{-a}^a f(x) \mathrm{d}x = 0$.

证明 因为 $\int_{-a}^a f(x) \mathrm{d}x = \int_{-a}^0 f(x) \mathrm{d}x + \int_0^a f(x) \mathrm{d}x$,

又 $\int_{-a}^0 f(x) \mathrm{d}x \xlongequal{x = -t} -\int_a^0 f(-t) \mathrm{d}t = \int_0^a f(-t) \mathrm{d}t = \int_0^a f(-x) \mathrm{d}x$,

所以 $\int_{-a}^a f(x) \mathrm{d}x = \int_0^a f(-x) \mathrm{d}x + \int_0^a f(x) \mathrm{d}x$.

(1) 当 $f(x)$ 为偶函数, 即 $f(-x) = f(x)$, 有

$$\int_{-a}^a f(x) \mathrm{d}x = 2 \int_0^a f(x) \mathrm{d}x.$$

(2) 当 $f(x)$ 为奇函数, 即 $f(-x) = -f(x)$, 有

$$\int_{-a}^{a} f(x)\mathrm{d}x = 0.$$

例 6　求定积分 $\int_{-\frac{\pi}{2}}^{\frac{\pi}{2}} \dfrac{x+\cos x}{1+\sin^2 x}\mathrm{d}x$.

解　$\int_{-\frac{\pi}{2}}^{\frac{\pi}{2}} \dfrac{x+\cos x}{1+\sin^2 x}\mathrm{d}x = \int_{-\frac{\pi}{2}}^{\frac{\pi}{2}} \dfrac{x}{1+\sin^2 x}\mathrm{d}x + \int_{-\frac{\pi}{2}}^{\frac{\pi}{2}} \dfrac{\cos x}{1+\sin^2 x}\mathrm{d}x,$

右边第一个积分的被积函数 $\dfrac{x}{1+\sin^2 x}$ 是奇函数，第二个积分的被积函数 $\dfrac{\cos x}{1+\sin^2 x}$ 是偶函数，且

积分区间 $\left[-\dfrac{\pi}{2}, \dfrac{\pi}{2}\right]$ 关于原点对称，故

$$\int_{-\frac{\pi}{2}}^{\frac{\pi}{2}} \frac{x+\cos x}{1+\sin^2 x}\mathrm{d}x = 0 + 2\int_{0}^{\frac{\pi}{2}} \frac{\cos x}{1+\sin^2 x}\mathrm{d}x = 2\int_{0}^{\frac{\pi}{2}} \frac{\mathrm{d}\sin x}{1+\sin^2 x}$$

$$= 2\arctan(\sin x)\Big|_{0}^{\frac{\pi}{2}} = \frac{\pi}{2}.$$

例 7　设 $f(x)$ 是以 T 为周期的周期函数，且可积，则对任一实数 a，有

$$\int_{a}^{a+T} f(x)\mathrm{d}x = \int_{0}^{T} f(x)\mathrm{d}x.$$

证明　由定积分性质 3，有

$$\int_{a}^{a+T} f(x)\mathrm{d}x = \int_{a}^{0} f(x)\mathrm{d}x + \int_{0}^{T} f(x)\mathrm{d}x + \int_{T}^{a+T} f(x)\mathrm{d}x.$$

对右边第三个积分，令 $x=t+T$，则 $\mathrm{d}x=\mathrm{d}t$，当 $x=T$ 时，$t=0$；当 $x=a+T$ 时，$t=a$. 并注意到 $f(t+T)=f(t)$，得

$$\int_{T}^{a+T} f(x)\mathrm{d}x = \int_{0}^{a} f(t+T)\mathrm{d}t = \int_{0}^{a} f(t)\mathrm{d}t = \int_{0}^{a} f(x)\mathrm{d}x,$$

于是　　　$\int_{a}^{a+T} f(x)\mathrm{d}x = \int_{a}^{0} f(x)\mathrm{d}x + \int_{0}^{T} f(x)\mathrm{d}x + \int_{0}^{a} f(x)\mathrm{d}x = \int_{0}^{T} f(x)\mathrm{d}x.$

例 8　设 $f(x)$ 在 $[0,1]$ 上连续，证明：

(1) $\int_{0}^{\frac{\pi}{2}} f(\sin x)\mathrm{d}x = \int_{0}^{\frac{\pi}{2}} f(\cos x)\mathrm{d}x$;

(2) $\int_{0}^{\pi} xf(\sin x)\mathrm{d}x = \dfrac{\pi}{2}\int_{0}^{\pi} f(\sin x)\mathrm{d}x$，并由此计算 $\int_{0}^{\pi} \dfrac{x\sin x}{1+\cos^2 x}\mathrm{d}x$.

证明　(1) 设 $x=\dfrac{\pi}{2}-t$，则 $\mathrm{d}x=-\mathrm{d}t$，且当 $x=0$ 时，$t=\dfrac{\pi}{2}$；当 $x=\dfrac{\pi}{2}$ 时，$t=0$.

所以 $\int_{0}^{\frac{\pi}{2}} f(\sin x)\mathrm{d}x = -\int_{\frac{\pi}{2}}^{0} f\left[\sin\left(\dfrac{\pi}{2}-t\right)\right]\mathrm{d}t = \int_{0}^{\frac{\pi}{2}} f(\cos t)\mathrm{d}t = \int_{0}^{\frac{\pi}{2}} f(\cos x)\mathrm{d}x.$

(2) 设 $x=\pi-t$，则 $\mathrm{d}x=-\mathrm{d}t$，且当 $x=0$ 时，$t=\pi$；当 $x=\pi$ 时，$t=0$.

所以　　　$\int_{0}^{\pi} xf(\sin x)\mathrm{d}x = -\int_{\pi}^{0} (\pi-t)f[\sin(\pi-t)]\mathrm{d}t$

$$= \int_{0}^{\pi} (\pi-t)f[\sin(\pi-t)]\mathrm{d}t$$

$$= \int_{0}^{\pi} (\pi-t)f(\sin t)\mathrm{d}t$$

$$= \pi\int_{0}^{\pi} f(\sin t)\mathrm{d}t - \int_{0}^{\pi} tf(\sin t)\mathrm{d}t$$

$$= \pi \int_0^\pi f(\sin x)\mathrm{d}x - \int_0^\pi xf(\sin x)\mathrm{d}x,$$

故
$$\int_0^\pi xf(\sin x)\mathrm{d}x = \frac{\pi}{2}\int_0^\pi f(\sin x)\mathrm{d}x.$$

利用上述结果,即得

$$\int_0^\pi \frac{x\sin x}{1+\cos^2 x}\mathrm{d}x = \frac{\pi}{2}\int_0^\pi \frac{\sin x}{1+\cos^2 x}\mathrm{d}x = -\frac{\pi}{2}\int_0^\pi \frac{\mathrm{d}\cos x}{1+\cos^2 x}$$

$$= -\frac{\pi}{2}\big[\arctan(\cos x)\big]\Big|_0^\pi = -\frac{\pi}{2}\Big(-\frac{\pi}{4}-\frac{\pi}{4}\Big) = \frac{\pi^2}{4}.$$

5.4.2 定积分的分部积分法

设函数 $u=u(x)$, $v=v(x)$ 在区间 $[a,b]$ 上具有连续导数,则
$$\mathrm{d}(uv) = v\,\mathrm{d}u + u\mathrm{d}v,$$

移项得
$$u\,\mathrm{d}v = \mathrm{d}(uv) - v\mathrm{d}u,$$

于是
$$\int_a^b u\mathrm{d}v = \int_a^b \mathrm{d}(uv) - \int_a^b v\mathrm{d}u,$$

即
$$\int_a^b u\mathrm{d}v = \big[uv\big]\Big|_a^b - \int_a^b v\mathrm{d}u, \tag{5.4.2}$$

或
$$\int_a^b uv'\mathrm{d}x = \big[uv\big]\Big|_a^b - \int_a^b vu'\mathrm{d}u. \tag{5.4.3}$$

这就是定积分的**分部积分公式**. 与不定积分的分部积分公式不同的是,这里原函数已经积出的部分 uv 先用上、下限代入.

例 9 求定积分 $\int_0^\pi x\cos x\mathrm{d}x$.

解
$$\int_0^\pi x\cos x\mathrm{d}x = \int_0^\pi x\mathrm{d}\sin x = x\sin x\big|_0^\pi - \int_0^\pi \sin x\mathrm{d}x = \cos x\Big|_0^\pi = -2.$$

可见,定积分的分部积分法本质上是先利用不定积分的分部积分法求出原函数,再用牛顿-莱布尼茨公式求得结果,这两者的差别在于定积分分部积分后就代入上下限,不必等到最后一起代入.

例 10 求定积分 $\int_0^{\frac{1}{2}} \arcsin x\mathrm{d}x$.

解
$$\int_0^{\frac{1}{2}} \arcsin x\mathrm{d}x = x\arcsin x\Big|_0^{\frac{1}{2}} - \int_0^{\frac{1}{2}} \frac{x}{\sqrt{1-x^2}}\mathrm{d}x$$

$$= \frac{1}{2}\cdot\frac{\pi}{6} + \frac{1}{2}\int_0^{\frac{1}{2}} \frac{\mathrm{d}(1-x^2)}{\sqrt{1-x^2}}\mathrm{d}x = \frac{\pi}{12} + \frac{\sqrt{3}}{2} - 1.$$

例 11 求定积分 $\int_0^1 \ln(x+\sqrt{1+x^2})\mathrm{d}x$.

解
$$\int_0^1 \ln(x+\sqrt{1+x^2})\mathrm{d}x = \big[x\ln(x+\sqrt{1+x^2})\big]\Big|_0^1 - \int_0^1 x\mathrm{d}\ln(x+\sqrt{1+x^2})$$

$$= \ln(1+\sqrt{2}) - \int_0^1 \frac{x}{\sqrt{1+x^2}}\mathrm{d}x$$

$$= \ln(1+\sqrt{2}) - \sqrt{1+x^2}\,\Big|_0^1 = \ln(1+\sqrt{2}) - \sqrt{2} + 1.$$

例 12　求定积分 $\displaystyle\int_{\frac{1}{2}}^1 e^{\sqrt{2x-1}}\,dx.$

解　$\displaystyle\int_{\frac{1}{2}}^1 e^{\sqrt{2x-1}}\,dx \overset{t=\sqrt{2x-1}}{=\!=\!=} \int_0^1 t e^t\,dt = te^t\,\Big|_0^1 - \int_0^1 e^t\,dt = e - e^t\,\Big|_0^1 = 1.$

例 13　导出 $I_n = \displaystyle\int_0^{\frac{\pi}{2}} \sin^n x\,dx$（$n$ 为非负整数）的递推公式.

证明　易见

$$I_0 = \int_0^{\frac{\pi}{2}} dx = \frac{\pi}{2}, \quad I_1 = \int_0^{\frac{\pi}{2}} \sin x\,dx = 1.$$

当 $n \geqslant 2$ 时，有

$$I_n = \int_0^{\frac{\pi}{2}} \sin^n x\,dx = -\int_0^{\frac{\pi}{2}} \sin^{n-1} x\,d\cos x$$

$$= \left[-\sin^{n-1} x \cos x\right]\Big|_0^{\frac{\pi}{2}} + (n-1)\int_0^{\frac{\pi}{2}} \sin^{n-2} x\,\cos^2 x\,dx$$

$$= (n-1)\int_0^{\frac{\pi}{2}} \sin^{n-2} x(1-\sin^2 x)\,dx$$

$$= (n-1)\int_0^{\frac{\pi}{2}} \sin^{n-2} x\,dx - (n-1)\int_0^{\frac{\pi}{2}} \sin^n x\,dx$$

$$= (n-1)I_{n-2} - (n-1)I_n,$$

于是　　　　　　　　　　　　　　$$I_n = \frac{n-1}{n} I_{n-2},$$

当 n 为偶数时，设 $n = 2m$，则有

$$I_{2m} = \frac{2m-1}{2m} \cdot \frac{2m-3}{2m-2} \cdot \frac{2m-5}{2m-4} \cdot \cdots \cdot \frac{3}{4} \cdot \frac{1}{2} I_0$$

$$= \frac{2m-1}{2m} \cdot \frac{2m-3}{2m-2} \cdot \frac{2m-5}{2m-4} \cdot \cdots \cdot \frac{3}{4} \cdot \frac{1}{2} \cdot \frac{\pi}{2},$$

当 n 为奇数时，设 $n = 2m+1$，则有

$$I_{2m+1} = \frac{2m}{2m+1} \cdot \frac{2m-2}{2m-1} \cdot \frac{2m-4}{2m-3} \cdot \cdots \cdot \frac{4}{5} \cdot \frac{2}{3} I_1$$

$$= \frac{2m}{2m+1} \cdot \frac{2m-2}{2m-1} \cdot \frac{2m-4}{2m-3} \cdot \cdots \cdot \frac{4}{5} \cdot \frac{2}{3} \cdot 1.$$

注　$\displaystyle\int_0^{\frac{\pi}{2}} \cos^n x\,dx = \int_0^{\frac{\pi}{2}} \sin^n x\,dx.$

在计算定积分时，本例的结果可作为已知结果使用，例如，计算定积分

$$\int_0^{\pi} \sin^6 \frac{x}{2}\,dx.$$

令 $\dfrac{x}{2} = t, t = 2x$，则 $dx = 2dt$. 当 $x = 0$ 时，$t = 0$；当 $x = \pi$ 时，$t = \dfrac{\pi}{2}$. 于是

$$\int_0^\pi \sin^6 \frac{x}{2} \mathrm{d}x = 2 \int_0^{\frac{\pi}{2}} \sin^6 t \mathrm{d}t = 2 \cdot \frac{5}{6} \cdot \frac{3}{4} \cdot \frac{1}{2} \cdot \frac{\pi}{2} = \frac{5\pi}{16}.$$

例 14 求 $\int_{-\frac{\pi}{2}}^{\frac{\pi}{2}} (\cos^4 \theta + \sin^3 \theta) \mathrm{d}\theta.$

解 因为被积函数 $f(\theta) = \cos^4 \theta + \sin^3 \theta$ 中 $\cos^4 \theta$ 为偶函数,$\sin^3 \theta$ 为奇函数,积分区间 $\left[-\frac{\pi}{2}, \frac{\pi}{2} \right]$ 关于原点对称,所以

$$\int_{-\frac{\pi}{2}}^{\frac{\pi}{2}} (\cos^4 \theta + \sin^3 \theta) \mathrm{d}\theta = 2 \int_0^{\frac{\pi}{2}} \cos^4 \theta \mathrm{d}\theta = 2 \int_0^{\frac{\pi}{2}} \sin^4 \theta \mathrm{d}\theta = 2 \cdot \frac{3}{4} \cdot \frac{1}{2} \cdot \frac{\pi}{2} = \frac{3\pi}{8}.$$

习 题 5-4

1. 用换元积分法求下列定积分:

(1) $\int_{-2}^{-1} \frac{\mathrm{d}x}{(11 + 5x)^2};$ (2) $\int_0^1 \frac{\mathrm{e}^x}{1 + \mathrm{e}^x} \mathrm{d}x;$ (3) $\int_0^{\frac{\pi}{2}} \sin^2 x \cos x \mathrm{d}x;$

(4) $\int_{-1}^0 \frac{1}{x^2 + 2x + 2} \mathrm{d}x;$ (5) $\int_0^{\frac{1}{2}} \frac{\arcsin x}{\sqrt{1 - x^2}} \mathrm{d}x;$ (6) $\int t \mathrm{e}^{-\frac{t^2}{2}} \mathrm{d}x;$

(7) $\int_1^2 \frac{\mathrm{e}^{\frac{1}{x}}}{x^2} \mathrm{d}x;$ (8) $\int_0^5 \frac{x^3}{x^2 + 1} \mathrm{d}x;$ (9) $\int_0^5 \frac{2x^2 + 3x - 5}{x + 3} \mathrm{d}x;$

(10) $\int_0^3 \frac{\mathrm{d}x}{(x + 1)\sqrt{x}};$ (11) $\int_0^4 \frac{\sqrt{x}}{1 + \sqrt{x}} \mathrm{d}x;$ (12) $\int_0^{\sqrt{2}a} \frac{x}{\sqrt{3a^2 - x^2}} \mathrm{d}x;$

(13) $\int_1^{\mathrm{e}^2} \frac{\mathrm{d}x}{2x\sqrt{1 + \ln x}};$ (14) $\int_0^1 \sqrt{2x - x^2} \mathrm{d}x;$ (15) $\int_0^{\sqrt{2}} \sqrt{2 - x^2} \mathrm{d}x;$

(16) $\int_0^1 (1 + x^2)^{-\frac{3}{2}} \mathrm{d}x;$ (17) $\int_{\frac{3}{4}}^1 \frac{1}{\sqrt{1 - x} - 1} \mathrm{d}x;$ (18) $\int_1^4 \frac{1}{1 + \sqrt{x}} \mathrm{d}x;$

(19) $\int_{-1}^1 \frac{x}{\sqrt{5 - 4x}} \mathrm{d}x;$ (20) $\int_0^1 \frac{\sqrt{\mathrm{e}^{-x}}}{\sqrt{\mathrm{e}^x + \mathrm{e}^{-x}}} \mathrm{d}x;$ (21) $\int_0^2 \frac{1}{\sqrt{x + 1} + \sqrt{(x + 1)^3}} \mathrm{d}x;$

(22) $\int_0^{\frac{\pi}{2}} \frac{\sin x}{\sin x + \cos x} \mathrm{d}x;$ (22) $\int_{-3}^0 \frac{x + 1}{\sqrt{x + 4}} \mathrm{d}x;$ (24) $\int_{-3}^2 \min(2, x^2) \mathrm{d}x.$

2. 用分部积分法求下列定积分:

(1) $\int_0^{\ln 2} x \mathrm{e}^x \mathrm{d}x;$ (2) $\int_1^{\mathrm{e}} x \ln x \mathrm{d}x;$ (3) $\int_1^4 \frac{\ln x}{\sqrt{x}} \mathrm{d}x;$

(4) $\int_0^1 x \arctan x \mathrm{d}x;$ (5) $\int_0^{\frac{\pi}{2}} x^2 \sin x \mathrm{d}x;$ (6) $\int_{\frac{\pi}{4}}^{\frac{\pi}{3}} \frac{x}{\sin^2 x} \mathrm{d}x;$

(7) $\int_0^{2\pi} x \cos^2 x \mathrm{d}x;$ (8) $\int_1^{\mathrm{e}} x^5 \ln^2 x \mathrm{d}x;$ (9) $\int_0^{\sqrt{\ln 2}} x^3 \mathrm{e}^{x^2} \mathrm{d}x;$

(10) $\int_0^{\frac{\pi}{4}} \frac{x \sec^2 x}{(1 + \tan^2 x)^2} \mathrm{d}x;$ (11) $\int_{-\frac{\pi}{4}}^{\frac{\pi}{4}} \frac{\sin^2 x}{1 + \mathrm{e}^{-x}} \mathrm{d}x;$ (12) $\int_{\frac{1}{\mathrm{e}}}^{\mathrm{e}} |\ln x| \mathrm{d}x;$

(13) $\int_0^{\frac{1}{\sqrt{2}}} \frac{\arcsin x}{(1 - x^2)^{\frac{3}{2}}} \mathrm{d}x;$ (14) $\int_0^{\frac{\pi}{2}} \mathrm{e}^{2x} \cos x \mathrm{d}x;$ (15) $\int_1^{\mathrm{e}} \sin(\ln x) \mathrm{d}x.$

3. 利用函数的奇偶性计算下列定积分:

(1) $\int_{-\frac{\pi}{2}}^{\frac{\pi}{2}} \sin x \cos 2x \mathrm{d}x;$ (2) $\int_{-\frac{\pi}{2}}^{\frac{\pi}{2}} \sqrt{\cos x - \cos^3 x} \mathrm{d}x;$ (3) $\int_{-\pi}^\pi x^6 \sin x \mathrm{d}x;$

(4) $\int_{-\frac{1}{2}}^{\frac{1}{2}} \frac{x \arcsin x}{\sqrt{1 - x^2}} \mathrm{d}x;$ (5) $\int_{-\sqrt{3}}^{\sqrt{3}} |\arctan x| \mathrm{d}x;$ (6) $\int_{-\frac{\pi}{2}}^{\frac{\pi}{2}} \frac{x}{1 + \cos x} \mathrm{d}x;$

(7) $\int_{-\frac{\pi}{2}}^{\frac{\pi}{2}} \cos^5 x \mathrm{d}x$; 　　　　(8) $\int_{-5}^{5} \frac{x^3 \sin^2 x}{x^4 + 2x^2 + 1} \mathrm{d}x$; 　　(9) $\int_{-\pi}^{\pi} (\sqrt{1 - \cos 2x} + |x| \sin x) \mathrm{d}x$.

4. 已知 $f(x)$ 是连续函数,证明:

(1) $\int_a^b f(x) \mathrm{d}x = (b - a) \int_0^1 f[a + (b - a)x] \mathrm{d}x$;

(2) $\int_0^{2a} f(x) \mathrm{d}x = \int_0^a [f(x) + f(2a - x)] \mathrm{d}x$.

5. 设 $f(x)$ 是连续函数,证明:

(1) 当 $f(x)$ 是偶函数时,则 $\varphi(x) = \int_0^x f(t) \mathrm{d}t$ 为奇函数;

(2) 当 $f(x)$ 是奇函数时,则 $\varphi(x) = \int_0^x f(t) \mathrm{d}t$ 为偶函数.

6. 证明: $\int_{-a}^a \varphi(x^2) \mathrm{d}x = 2 \int_0^a \varphi(x^2) \mathrm{d}x$,其中 $\varphi(x)$ 为连续函数.

7. 证明: $\int_0^\pi \sin^n x \mathrm{d}x = 2 \int_0^{\frac{\pi}{2}} \sin^n x \mathrm{d}x$.

8. 设 $f(x) = \dfrac{1}{1 + x^2} + \sqrt{1 - x^2} \int_0^1 f(x) \mathrm{d}x$,求 $\int_0^1 f(x) \mathrm{d}x$.

9. 设 $f(x)$ 连续,求 $\dfrac{\mathrm{d}}{\mathrm{d}x} \int_0^x t f(x^2 - t^2) \mathrm{d}t$.

10. 设函数 $f(x)$ 可导且 $f(0) = 0, F(x) = \int_0^x t^{n-1} f(x^n - t^n) \mathrm{d}t$,求 $\lim\limits_{x \to 0} \dfrac{F(x)}{x^{2n}}$.

11. 设 $f(x)$ 在 $(-\infty, +\infty)$ 内连续可导,$a > 0$. 求 $\lim\limits_{a \to 0^+} \dfrac{1}{4a^2} \int_{-a}^a [f(t + a) - f(t - a)] \mathrm{d}t$.

12. 已知 $f(x)$ 满足方程 $f(x) = 3x - \sqrt{1 - x^2} \int_0^1 f^2(x) \mathrm{d}x$,求 $f(x)$.

13. 计算定积分 $I_m = \int_0^1 (1 - x^2)^{\frac{m}{2}} \mathrm{d}x$ (m 为自然数).

14. 计算定积分 $J_m = \int_0^\pi \sin^m x \mathrm{d}x$ (m 为自然数).

15. 设 α 为任意常数,证明:
$$I = \int_0^{\frac{\pi}{2}} \frac{1}{1 + (\tan x)^\alpha} \mathrm{d}x = \int_0^{\frac{\pi}{2}} \frac{1}{1 + (\cot x)^\alpha} \mathrm{d}x = \frac{\pi}{4}.$$

5.5　广 义 积 分

前面所讨论的定积分 $\int_a^b f(x) \mathrm{d}x$ 有两个条件要同时满足:第一,积分区间为有限闭区间;第二,被积函数是此区间上的有界函数. 但在实际问题中,我们常常遇到积分区间为无穷区间,或者被积函数为无界函数的积分,它们已经不属于前面所说的定积分了. 因此,我们对定积分作如下两种推广,从而将这两类推广后的积分统称为**广义积分**或**反常积分**. 相对应地,前面的定积分则称为**常义积分**或**正常积分**.

5.5.1　无穷限的广义积分

定义 1　设函数 $f(x)$ 在区间 $[a, +\infty)$ 上连续,取 $b > a$. 如果极限
$$\lim_{b \to +\infty} \int_a^b f(x) \mathrm{d}x$$

存在,则称此极限为函数 **$f(x)$ 在无穷区间 $[a, +\infty)$ 上的广义积分**,记为 $\int_a^{+\infty} f(x) \mathrm{d}x$,即

$$\int_a^{+\infty} f(x)\mathrm{d}x = \lim_{b \to +\infty} \int_a^b f(x)\mathrm{d}x.$$

这时也称**广义积分** $\int_a^{+\infty} f(x)\mathrm{d}x$ **收敛**；如果上述极限不存在,函数 $f(x)$ 在无穷区间 $[a,+\infty)$ 上的广义积分 $\int_a^{+\infty} f(x)\mathrm{d}x$ 就没有意义,习惯上称为**广义积分** $\int_a^{+\infty} f(x)\mathrm{d}x$ **发散**,这时记号 $\int_a^{+\infty} f(x)\mathrm{d}x$ 不再表示数值了.

类似地,设函数 $f(x)$ 在无穷区间 $(-\infty,b]$ 上连续,取 $a<b$,如果极限

$$\lim_{a \to -\infty} \int_a^b f(x)\mathrm{d}x$$

存在,则称此极限为**函数 $f(x)$ 在无穷区间 $(-\infty,b]$ 上的广义积分**,记为 $\int_{-\infty}^b f(x)\mathrm{d}x$,即

$$\int_{-\infty}^b f(x)\mathrm{d}x = \lim_{a \to -\infty} \int_a^b f(x)\mathrm{d}x.$$

这时也称广义积分 $\int_{-\infty}^b f(x)\mathrm{d}x$ 收敛；如果上述极限不存在,就称为**广义积分** $\int_{-\infty}^b f(x)\mathrm{d}x$ **发散**.

定义 2 函数 $f(x)$ 在无穷区间 $(-\infty,+\infty)$ 上的广义积分定义为

$$\int_{-\infty}^{+\infty} f(x)\mathrm{d}x = \int_{-\infty}^a f(x)\mathrm{d}x + \int_a^{+\infty} f(x)\mathrm{d}x,$$

其中 a 为任意实数,当上式右端两个广义积分都收敛时,称广义积分 $\int_{-\infty}^{+\infty} f(x)\mathrm{d}x$ 是收敛的；否则,称**广义积分** $\int_{-\infty}^{+\infty} f(x)\mathrm{d}x$ **是发散的**.

上述广义积分统称为**无穷限的广义积分**.

设 $F(x)$ 是 $f(x)$ 在的一个原函数,且 $\lim\limits_{x \to +\infty} F(x),\ \lim\limits_{x \to -\infty} F(x)$ 存在,记

$$F(+\infty) = \lim_{x \to +\infty} F(x), \quad F(-\infty) = \lim_{x \to -\infty} F(x)$$

则广义积分可以表示为

$$\int_a^{+\infty} f(x)\mathrm{d}x = F(x)\Big|_a^{+\infty} = F(+\infty) - F(a),$$

$$\int_{-\infty}^b f(x)\mathrm{d}x = F(x)\Big|_{-\infty}^b = F(b) - F(-\infty),$$

$$\int_{-\infty}^{+\infty} f(x)\mathrm{d}x = F(x)\Big|_{-\infty}^{+\infty} = F(+\infty) - F(-\infty).$$

例 1 计算广义积分 $\int_0^{+\infty} x\mathrm{e}^{-x}\mathrm{d}x$.

解 $\int_0^{+\infty} x\mathrm{e}^{-x}\mathrm{d}x = -\int_0^{+\infty} x\mathrm{d}\mathrm{e}^{-x} = -x\mathrm{e}^{-x}\Big|_0^{+\infty} + \int_0^{+\infty} \mathrm{e}^{-x}\mathrm{d}x = -\mathrm{e}^{-x}\Big|_0^{+\infty} = 1.$

例 2 计算广义积分 $\int_e^{+\infty} \dfrac{\mathrm{d}x}{x(\ln x)^2}$.

解 $\int_e^{+\infty} \dfrac{\mathrm{d}x}{x(\ln x)^2} = \int_e^{+\infty} \dfrac{\mathrm{d}\ln x}{(\ln x)^2} = -\dfrac{1}{\ln x}\Big|_e^{+\infty} = 1.$

例 3 计算广义积分 $\int_{-\infty}^{+\infty} \dfrac{\mathrm{d}x}{1+x^2}$.

解　$\displaystyle\int_{-\infty}^{+\infty}\frac{\mathrm{d}x}{1+x^2}=\arctan x\Big|_{-\infty}^{+\infty}=\pi.$

例 4　判断广义积分 $\displaystyle\int_0^{+\infty}\cos x\mathrm{d}x$ 的敛散性.

解　取任意 $b>0$,则

$$\int_0^b\cos x\mathrm{d}x=\sin x\big|_0^b=\sin b,$$

因为 $\displaystyle\lim_{b\to+\infty}\sin b$ 不存在,所以 $\displaystyle\int_0^{+\infty}\cos x\mathrm{d}x$ 发散.

例 5　计算广义积分 $\displaystyle\int_0^{+\infty}te^{-pt}\mathrm{d}t$($p$ 是常数,且 $p>0$).

解　$\displaystyle\int_0^{+\infty}te^{-pt}\mathrm{d}t=\lim_{b\to+\infty}\int_0^b te^{-pt}\mathrm{d}t=\lim_{b\to+\infty}\left\{\left[-\frac{t}{p}e^{-pt}\right]_0^b+\frac{1}{p}\int_0^b e^{-pt}\mathrm{d}t\right\}$

$$=\left[-\frac{t}{p}e^{-pt}\right]_0^{+\infty}-\frac{1}{p^2}\left[e^{-pt}\right]_0^{+\infty}$$

$$=-\frac{1}{p}\lim_{t\to+\infty}te^{-pt}-0-\frac{1}{p^2}(0-1)=\frac{1}{p^2}.$$

例 6　讨论广义积分 $\displaystyle\int_a^{+\infty}\frac{1}{x^p}\mathrm{d}x$($a>0$) 的敛散性.

解　因为当 $p\neq 1$ 时,

$$\int_a^{+\infty}\frac{1}{x^p}\mathrm{d}x=\frac{1}{1-p}x^{1-p}\Big|_a^{+\infty}=\begin{cases}\dfrac{a^{1-p}}{p-1}&p>1\\+\infty&p<1\end{cases}.$$

当 $p=1$ 时,有 $\displaystyle\int_a^{+\infty}\frac{1}{x}\mathrm{d}x=\ln x\Big|_a^{+\infty}=+\infty.$

所以综上,当 $p>1$ 时,广义积分 $\displaystyle\int_a^{+\infty}\frac{1}{x^p}\mathrm{d}x$($a>0$) 收敛,当 $p\leqslant 1$ 时,广义积分 $\displaystyle\int_a^{+\infty}\frac{1}{x^p}\mathrm{d}x$ ($a>0$) 发散.

5.5.2　无界函数的广义积分

现在我们把定积分推广到被积函数为无界函数的情形.

定义 3　设函数 $f(x)$ 在 $(a,b]$ 上连续,而在点 a 的右半邻域内无界. 取 $\varepsilon>0$,如果极限

$$\lim_{\varepsilon\to 0^+}\int_{a+\varepsilon}^b f(x)\mathrm{d}x$$

存在,则称此极限为**函数 $f(x)$ 在 $(a,b]$ 上的广义积分**,仍然记作 $\displaystyle\int_a^b f(x)\mathrm{d}x$, 即

$$\int_a^b f(x)\mathrm{d}x=\lim_{\varepsilon\to 0^+}\int_{a+\varepsilon}^b f(x)\mathrm{d}x,$$

这时也称**广义积分 $\displaystyle\int_a^b f(x)\mathrm{d}x$ 收敛**. 如果上述极限不存在,就称**广义积分 $\displaystyle\int_a^b f(x)\mathrm{d}x$ 发散**.

类似地,设函数 $f(x)$ 在 $[a,b)$ 上连续,而在点 b 的左半邻域内无界. 取 $\varepsilon>0$,如果极限

$$\lim_{\varepsilon\to 0^+}\int_a^{b-\varepsilon} f(x)\mathrm{d}x$$

存在,则定义

$$\int_a^b f(x)\mathrm{d}x = \lim_{\varepsilon \to 0^+} \int_a^{b-\varepsilon} f(x)\mathrm{d}x;$$

否则,就称广义积分 $\int_a^b f(x)\mathrm{d}x$ 发散.

定义 4 设函数 $f(x)$ 在 $[a,b]$ 上除 $c(c\in(a,b))$ 点外均连续,而在 c 点的某邻域内无界,则函数 $f(x)$ 在 $[a,b]$ 上的广义积分定义为

$$\int_a^b f(x)\mathrm{d}x = \int_a^c f(x)\mathrm{d}x + \int_c^b f(x)\mathrm{d}x.$$

当右端的两个积分都收敛时,则称**广义积分** $\int_a^b f(x)\mathrm{d}x$ **是收敛的**;否则,称**广义积分** $\int_a^b f(x)\mathrm{d}x$ **是发散的**.

无界函数的广义积分定义中的函数 $f(x)$ 的无界间断点称为**瑕点**. 如定义 3 中的点 a,b 及定义 4 中的点 c 均为瑕点. 因此,无界函数的广义积分又称为**瑕积分**.

例 7 计算瑕积分 $\int_0^a \dfrac{\mathrm{d}x}{\sqrt{a^2-x^2}}(a>0)$.

解 $\displaystyle\int_0^a \frac{\mathrm{d}x}{\sqrt{a^2-x^2}} = \lim_{x\to a^-}\int_0^x \frac{\mathrm{d}t}{\sqrt{a^2-t^2}} = \lim_{x\to a^-}\left(\arcsin\frac{t}{a}\right)\Big|_0^x$

$\displaystyle = \lim_{x\to a^-}\arcsin\frac{x}{a} - 0 = \frac{\pi}{2}.$

例 8 计算瑕积分 $\int_1^2 \dfrac{\mathrm{d}x}{x\ln x}$.

解 $\displaystyle\int_1^2 \frac{\mathrm{d}x}{x\ln x} = \lim_{x\to 1^+}\int_x^2 \frac{\mathrm{d}t}{t\ln t} = \lim_{x\to 1^+}\int_x^2 \frac{\mathrm{d}\ln t}{\ln t} = \lim_{x\to 1^+}\ln\ln t\,\big|_x^2$

$\displaystyle = \lim_{x\to 1^+}[\ln\ln 2 - \ln\ln(x)] = +\infty.$

例 9 讨论广义积分 $\int_0^a \dfrac{1}{x^q}\mathrm{d}x(a>0)$ 的敛散性.

解 因为当 $q\neq 1$ 时,有

$$\int_0^a \frac{1}{x^q}\mathrm{d}x = \frac{1}{1-q}x^{1-q} = \begin{cases} +\infty, & q>1 \\ \dfrac{a^{1-q}}{1-q}, & q<1 \end{cases};$$

当 $q=1$ 时,有 $\displaystyle\int_0^a \frac{1}{x}\mathrm{d}x = \ln x\,\bigg|_0^a = -\infty.$

所以综上,当 $q<1$ 时,广义积分 $\int_0^a \dfrac{1}{x^q}\mathrm{d}x$ 收敛;当 $q\geqslant 1$ 时,广义积分 $\int_0^a \dfrac{1}{x^q}\mathrm{d}x$ 发散.

例 10 计算瑕积分 $\int_0^3 \dfrac{\mathrm{d}x}{(x-1)^{\frac{2}{3}}}$, $x=1$ 瑕点.

解 $\displaystyle\int_0^3 \frac{\mathrm{d}x}{(x-1)^{\frac{2}{3}}} = \int_0^1 \frac{\mathrm{d}x}{(x-1)^{\frac{2}{3}}} + \int_1^3 \frac{\mathrm{d}x}{(x-1)^{\frac{2}{3}}} = 3\sqrt[3]{x-1}\,\big|_0^1 + 3\sqrt[3]{x-1}\,\big|_1^3 = -3 + 3\sqrt[3]{2}.$

例 11 计算瑕积分 $\int_0^1 \dfrac{\arcsin\sqrt{x}}{\sqrt{x(1-x)}}\mathrm{d}x$.

解 因为 $\lim\limits_{x\to0}\dfrac{\arcsin\sqrt{x}}{\sqrt{x(1-x)}}=1$，所以 $x=0$ 不是瑕点，瑕点只有一个 $x=1$.

故　　　　　　$\displaystyle\int_0^1\dfrac{\arcsin\sqrt{x}}{\sqrt{x(1-x)}}\mathrm{d}x=\arcsin^2\sqrt{x}\Big|_0^1=\dfrac{\pi^2}{4}.$

例 12　计算广义积分 $\displaystyle\int_0^{+\infty}\dfrac{\mathrm{d}x}{\sqrt{x\,(x+1)^3}}.$

解　因为令 $\dfrac{1}{x+1}=t$，则 $x=\dfrac{1}{t}-1$，当 $x\to0$ 时，$t\to1$；当 $x\to+\infty$ 时，$t\to0$. 于是

$$\int_0^{+\infty}\dfrac{\mathrm{d}x}{\sqrt{x\,(x+1)^3}}=\int_1^0\dfrac{-\dfrac{1}{t^2}\mathrm{d}t}{\sqrt{\dfrac{1}{t}-1}\sqrt{\dfrac{1}{t^3}}}=\int_0^1\dfrac{\mathrm{d}t}{\sqrt{1-t}}=-2\sqrt{1-t}\Big|_0^1=2.$$

习 题 5-5

1. 判断下列广义积分的敛散性，如果收敛，计算广义积分的值.

(1) $\displaystyle\int_0^{+\infty}\mathrm{e}^{\sqrt{x}}\mathrm{d}x$;　　(2) $\displaystyle\int_1^{+\infty}\dfrac{1}{x(1+x^2)}\mathrm{d}x$;　　(3) $\displaystyle\int_{-\infty}^{+\infty}\dfrac{1}{x^2+2x+2}\mathrm{d}x$;

(4) $\displaystyle\int_0^1\dfrac{1}{(2-x)\sqrt{1-x}}\mathrm{d}x$;　　(5) $\displaystyle\int_1^2\dfrac{x}{\sqrt{x-1}}\mathrm{d}x$;　　(6) $\displaystyle\int_0^2\dfrac{1}{(1-x)^2}\mathrm{d}x$;

(7) $\displaystyle\int_1^{+\infty}\dfrac{1}{\sqrt{x}}\mathrm{d}x$;　　(8) $\displaystyle\int_1^e\dfrac{1}{x\sqrt{1-(\ln x)^2}}\mathrm{d}x$;　　(9) $\displaystyle\int_0^{+\infty}\mathrm{e}^{-pt}\sin\omega t\,\mathrm{d}t$　$(p>0,\omega>0)$.

2. 求当 k 为何值时，广义积分 $\displaystyle\int_2^{+\infty}\dfrac{1}{x(\ln x)^k}\mathrm{d}x$ 收敛？当 k 为何值时，该广义积分发散？又当 k 为何值时，该广义积分取得最小值？

3. 计算广义积分 $I_n=\displaystyle\int_0^{+\infty}x^n\mathrm{e}^{-x}\mathrm{d}x$（$n$ 为自然数）.

4. 求 c 为何值时，使

$$\lim_{x\to+\infty}\left(\dfrac{x+c}{x-c}\right)^x=\int_{-\infty}^c t\mathrm{e}^{2t}\mathrm{d}t.$$

5.6　广义积分的收敛性

判定一个广义积分的收敛性，是一个很重要的问题. 当被积函数的原函数求不出来，或者求原函数的计算过于复杂时，利用广义积分的定义来判断它的收敛性就不适合了. 关于广义积分我们往往只需知道它的敛散性，并不需要知道它收敛时的积分值，因此，本节中我们来建立不通过被积函数的原函数，而由被积函数本身判断广义积分的收敛性的方法.

5.6.1　无穷限的广义积分的审敛法

我们只就积分区间为 $[a,+\infty)$ 的情况加以讨论，所得结果可以类推到 $(-\infty,b]$ 上的广义积分.

设函数 $f(x)$ 在 $[a,+\infty)$ 上非负连续，当 $x>a$ 时，定义函数

$$F(x) = \int_a^x f(t)\,\mathrm{d}t.$$

由 $F'(x) = f(x) \geqslant 0$，所以 $F(x)$ 是单调增加函数，利用单调有界函数必有极限的准则，极限 $\lim\limits_{x\to+\infty} F(x)$ 存在的充分条件是 $F(x)$ 在 $[a, +\infty)$ 上有界，即：

定理 1　设函数 $f(x)$ 在 $[a, +\infty)$ 上非负连续，则无穷限的广义积分

$$\int_a^{+\infty} f(x)\,\mathrm{d}x$$

收敛的充分必要条件是函数 $F(x) = \int_a^x f(t)\,\mathrm{d}t$ 在 $[a, +\infty)$ 上有界.

由此进一步可得下面的定理 2.

定理 2(比较判别法)　若 $f(x), g(x)$ 在任何有限区间 $[a, b]$ 上可积，且 $x \to +\infty$ 时，$0 \leqslant f(x) \leqslant g(x)$，那么

(1) 当 $\int_a^{+\infty} g(x)\,\mathrm{d}x$ 收敛时，$\int_a^{+\infty} f(x)\,\mathrm{d}x$ 收敛；

(2) 当 $\int_a^{+\infty} f(x)\,\mathrm{d}x$ 发散时，$\int_a^{+\infty} g(x)\,\mathrm{d}x$ 发散.

证明　(1) 因为当 $x \to +\infty$ 时，$0 \leqslant f(x) \leqslant g(x)$，对任意 $b > a$ 有

$$\int_a^b f(x)\,\mathrm{d}x \leqslant \int_a^b g(x)\,\mathrm{d}x \leqslant \int_a^{+\infty} g(x)\,\mathrm{d}x,$$

当 $\int_a^{+\infty} g(x)\,\mathrm{d}x$ 收敛时，$\int_a^b f(x)\,\mathrm{d}x$ 有界，所以由定理 1 知极限 $\lim\limits_{b\to+\infty} \int_a^b f(x)\,\mathrm{d}x$ 存在，即 $\int_a^{+\infty} f(x)\,\mathrm{d}x$ 收敛.

(2) 用反证法. 假设 $\int_a^{+\infty} g(x)\,\mathrm{d}x$ 收敛，由(1)知 $\int_a^{+\infty} f(x)\,\mathrm{d}x$ 收敛，这与(2)的条件矛盾，由此可得 $\int_a^{+\infty} g(x)\,\mathrm{d}x$ 必发散.

注意到无穷限的广义积分 $\int_a^{+\infty} \dfrac{\mathrm{d}x}{x^p}\,(a > 0)$，当 $p > 1$ 时收敛，当 $p \leqslant 1$ 时发散，若取比较函数 $g(x) = \dfrac{C}{x^p}\,(C > 0$ 为常数$)$，则有以下推论.

推论 1　设函数 $f(x)$ 在 $[a, +\infty)\,(a > 0)$ 上连续，如果存在常数 $M > 0$ 及 $p > 1$ 使得

$$f(x) \leqslant \frac{M}{x^p} \quad (a \leqslant x < +\infty),$$

则 $\int_a^{+\infty} f(x)\,\mathrm{d}x$ 收敛；如果存在常数 $N > 0$，使得

$$f(x) \geqslant \frac{N}{x} \quad (a \leqslant x < +\infty),$$

则 $\int_a^{+\infty} f(x)\,\mathrm{d}x$ 发散.

推论 2(极限形式)　设函数 $f(x)$ 在 $[a, +\infty)\,(a > 0)$ 上连续，则

(1) 当 $\lim\limits_{x\to+\infty} x^p f(x)\,(p > 1)$ 存在时，$\int_a^{+\infty} f(x)\,\mathrm{d}x$ 收敛；

(2) 当 $\lim\limits_{x\to+\infty} xp f(x)\,(p \leqslant 1)$ 存在且不等于 0 或为无穷大时，$\int_a^{+\infty} f(x)\,\mathrm{d}x$ 发散.

例 1　判断无穷限的广义积分 $\int_0^{+\infty} \dfrac{1}{x^2+4x+8}\mathrm{d}x$ 敛散性,若收敛,求其值.

解　当 $1 \leqslant x < +\infty$ 时,$0 < \dfrac{1}{x^2+4x+8} < \dfrac{1}{x^2}$,而 $\int_1^{+\infty} \dfrac{\mathrm{d}x}{x^2}$ 收敛,故 $\int_1^{+\infty} \dfrac{\mathrm{d}x}{x^2+4x+8}$ 收敛,从而

知 $\int_0^{+\infty} \dfrac{\mathrm{d}x}{x^2+4x+8} = \int_0^1 \dfrac{\mathrm{d}x}{x^2+4x+8} + \int_1^{+\infty} \dfrac{\mathrm{d}x}{x^2+4x+8}$ 收敛.

所以 $\displaystyle\int_0^{+\infty} \dfrac{\mathrm{d}x}{x^2+4x+8} = \lim_{b \to +\infty} \int_0^b \dfrac{\mathrm{d}x}{x^2+4x+8}$

$$= \lim_{b \to +\infty} \int_0^b \dfrac{\mathrm{d}x}{(x+2)^2+2^2} = \lim_{b \to +\infty} \int_0^b \dfrac{\mathrm{d}(x+2)}{(x+2)^2+2^2}$$

$$= \lim_{b \to +\infty} \dfrac{1}{2} \arctan \dfrac{x+2}{2} \bigg|_0^b = \dfrac{1}{2}[\arctan(+\infty) - \arctan 1]$$

$$= \dfrac{1}{2}\left(\dfrac{\pi}{2} - \dfrac{\pi}{4}\right) = \dfrac{\pi}{8}.$$

例 2　判断广义积分 $\int_1^{+\infty} \dfrac{1+\mathrm{e}^{-x}}{x}\mathrm{d}x$ 的敛散性.

解　因为当 $x \geqslant 1$ 时,$\dfrac{1+\mathrm{e}^{-x}}{x} > \dfrac{1}{x}$,所以由推论 1 知 $\int_1^{+\infty} \dfrac{1+\mathrm{e}^{-x}}{x}\mathrm{d}x$ 发散.

例 3　判断广义积分 $\int_2^{+\infty} \dfrac{\mathrm{d}x}{\ln x}$ 的敛散性.

解　因为 $\lim\limits_{x \to +\infty} \dfrac{x}{\ln x} = +\infty$,而 $\int_2^{+\infty} \dfrac{\mathrm{d}x}{x}$ 发散,所以由推论 2 知 $\int_2^{+\infty} \dfrac{\mathrm{d}x}{\ln x}$ 发散.

例 4　判断广义积分 $\int_1^{+\infty} \dfrac{1}{x\sqrt{1+x^2}}\mathrm{d}x$ 的敛散性.

解　因为当 $x \geqslant 1$ 时,$f(x) = \dfrac{1}{x\sqrt{1+x^2}} \geqslant 0$,连续,且

$$\lim_{x \to +\infty} x^2 \cdot \dfrac{1}{x\sqrt{1+x^2}} = 1 \quad (\text{这里 } p=2>1),$$

所以由推论 2 知 $\int_1^{+\infty} \dfrac{1}{x\sqrt{1+x^2}}\mathrm{d}x$ 收敛.

上述判断无穷限的广义积分敛散性的方法都是当 x 充分大时,函数 $f(x) \geqslant 0$ 的条件下,才能使用. 对于 $f(x) \leqslant 0$ 的情形,可转化为 $-f(x)$ 来讨论. 对一般的变号函数 $f(x)$,就不能直接判断了,但可以对 $\int_a^{+\infty} |f(x)|\mathrm{d}x$ 运用上述方法判定,从而确定 $\int_a^{+\infty} f(x)\mathrm{d}x$ 的收敛性.

定义 1　设函数 $f(x)$ 在 $[a,+\infty)$ 上连续,如果广义积分

$$\int_a^{+\infty} |f(x)|\mathrm{d}x$$

收敛,则称 $\int_a^{+\infty} f(x)\mathrm{d}x$ 为**绝对收敛**.

定理 3　绝对收敛的广义积分 $\int_a^{+\infty} f(x)\mathrm{d}x$ 必定收敛.

证明　令 $\varphi(x) = \dfrac{1}{2}[f(x) + |f(x)|]$,则 $\varphi(x) \geqslant 0$,且 $\varphi(x) \leqslant |f(x)|$.

因为 $\int_a^{+\infty} |f(x)| \mathrm{d}x$ 收敛,故 $\int_a^{+\infty} \varphi(x) \mathrm{d}x$ 也收敛. 而

$$f(x) = 2\varphi(x) - |f(x)|,$$

$$\int_a^{+\infty} f(x) \mathrm{d}x = 2\int_a^{+\infty} \varphi(x) \mathrm{d}x - \int_a^{+\infty} |f(x)| \mathrm{d}x,$$

所以广义积分 $\int_a^{+\infty} f(x) \mathrm{d}x$ 收敛.

例 5 判断广义积分 $\int_a^{+\infty} \dfrac{\sin x}{x^2} \mathrm{d}x (a > 0)$ 的敛散性.

解 因为 $\left| \dfrac{\sin x}{x^2} \right| \leqslant \dfrac{1}{x^2}$,而 $\int_a^{+\infty} \dfrac{1}{x^2} \mathrm{d}x$ 收敛. 故 $\int_a^{+\infty} \left| \dfrac{\sin x}{x^2} \right| \mathrm{d}x$ 收敛,即 $\int_a^{+\infty} \dfrac{\sin x}{x^2} \mathrm{d}x$ 绝对收敛.

5.6.2 无界函数广义积分的审敛法

类似无穷限广义积分的判别法,无界函数广义积分也有类似的判别法(证明方法类似),对区间 $(a,b]$,a 是瑕点;对区间 $[a,b)$,b 是瑕点.

定理 4(比较审敛法) 设函数 $f(x)$、$g(x)$ 在 $(a,b]$ 上连续,且 $x \to a^+$ 时,有 $0 \leqslant f(x) \leqslant g(x)$,则

(1) 若瑕积分 $\int_a^b g(x) \mathrm{d}x$ 收敛,则 $\int_a^b f(x) \mathrm{d}x$ 也收敛;

(2) 若瑕积分 $\int_a^b f(x) \mathrm{d}x$ 发散,则 $\int_a^b g(x) \mathrm{d}x$ 也发散.

注意到瑕积分 $\int_a^b \dfrac{\mathrm{d}x}{(x-a)^q}$,当 $q < 1$ 时收敛;当 $q \geqslant 1$ 时发散. 在定理 4 中取比较函数为 $g(x) = \dfrac{C}{(x-a)^q}(C > 0$ 为常数$)$,则有:

推论 3 设函数 $f(x)$ 在 $(a,b]$ 上连续,且

$$f(x) \geqslant 0, \lim_{x \to a^+} f(x) = +\infty.$$

如果存在常数 $M > 0$ 及 $0 < q < 1$,使得

$$f(x) \leqslant \frac{M}{(x-a)^q} \quad (a < x \leqslant b),$$

则瑕积分 $\int_a^b f(x) \mathrm{d}x$ 收敛.

如果存在常数 $N > 0$ 及 $q \geqslant 1$,使得

$$f(x) \geqslant \frac{N}{(x-a)^q} \quad (a < x \leqslant b),$$

则瑕积分 $\int_a^b f(x) \mathrm{d}x$ 发散.

将推论 3 改写为极限形式,即有:

推论 4(极限形式) 设函数 $f(x)$ 在 $(a,b]$ 上连续,且

$$f(x) \geqslant 0, \quad \lim_{x \to a^+} f(x) = +\infty,$$

如果存在常数 $0 < q < 1$,使得

$$\lim_{x \to a^+} (x-a)^q f(x)$$

存在且非负, 则瑕积分 $\int_a^b f(x)\mathrm{d}x$ 收敛.

如果存在常数 $q \geqslant 1$, 使得

$$\lim_{x \to a^+}(x-a)^q f(x)=d>0 \quad (\text{或} \lim_{x \to a^+}(x-a)^q f(x)=+\infty),$$

则瑕积分 $\int_a^b f(x)\mathrm{d}x$ 发散.

例 6　判断瑕积分 $\int_0^1 \dfrac{\mathrm{d}x}{\sin x}$ 的敛散性.

解　因为 $\lim\limits_{x \to 0^+}\dfrac{1}{\sin x}\Big/\dfrac{1}{x}=1$, 且 $\int_0^1 \dfrac{\mathrm{d}x}{x}$ 发散. 所以由比较判别法的极限形式知瑕积分 $\int_0^1 \dfrac{\mathrm{d}x}{\sin x}$ 发散.

例 7　判断瑕积分 $\int_0^{\frac{\pi}{2}} \dfrac{1-\cos x}{x^m}\mathrm{d}x$ 的敛散性.

解　因为 $x=0$ 是 $f(x)=\dfrac{1-\cos x}{x^m}$ 的瑕点, 且

$$\frac{1-\cos x}{x^m} \sim \frac{\dfrac{1}{2}x^2}{x^m}=\frac{1}{2}\frac{1}{x^{m-2}} \quad (x \to 0).$$

所以当 $m-2<1$, 即 $m<3$ 时, $\int_0^{\frac{\pi}{2}} \dfrac{1-\cos x}{x^m}\mathrm{d}x$ 收敛.

当 $m-2 \geqslant 1$, 即 $m \geqslant 3$ 时, $\int_0^{\frac{\pi}{2}} \dfrac{1-\cos x}{x^m}\mathrm{d}x$ 发散.

例 8　判断广义积分 $\int_1^{+\infty} \dfrac{1}{x\sqrt{x^2-1}}\mathrm{d}x$ 的敛散性.

解　**解法一.** 该积分既是无穷限广义积分又是以 $x=1$ 为瑕点的无界函数的广义积分, 故按定义有:

$$\int_1^{+\infty} \frac{1}{x\sqrt{x^2-1}}\mathrm{d}x = \int_1^2 \frac{1}{x\sqrt{x^2-1}}\mathrm{d}x + \int_2^{+\infty} \frac{1}{x\sqrt{x^2-1}}\mathrm{d}x$$

$$= \lim_{\varepsilon \to 0^+} \int_{1+\varepsilon}^2 \frac{1}{x\sqrt{x^2-1}}\mathrm{d}x + \lim_{t \to +\infty} \int_2^t \frac{1}{x\sqrt{x^2-1}}\mathrm{d}x$$

$$= \lim_{\varepsilon \to 0^+}\left(-\operatorname{arc\,sec}\frac{1}{x}\Big|_{1+\varepsilon}^2\right) + \lim_{t \to +\infty}\left(-\operatorname{arc\,sec}\frac{1}{x}\Big|_2^t\right) = \frac{\pi}{2}.$$

解法二. 令 $x=\dfrac{1}{t}$, 则原广义积分化为无界函数的广义积分:

$$\int_1^{+\infty} \frac{\mathrm{d}x}{x\sqrt{x^2-1}} = \int_0^1 \frac{\mathrm{d}t}{\sqrt{1-t^2}}$$

$$= \lim_{\varepsilon \to 0^+} \int_0^{1-\varepsilon} \frac{\mathrm{d}t}{\sqrt{1-t^2}} = \lim_{\varepsilon \to 0^+}(\arcsin t \mid_0^{1-\varepsilon}) = \frac{\pi}{2}.$$

解法三. 令 $x=\sec t$, 有 $\mathrm{d}x=\sec t \tan t\,\mathrm{d}t$, 则原广义积分化为定积分:

$$\int_1^{+\infty} \frac{\mathrm{d}x}{x\sqrt{x^2-1}} = \int_0^{\frac{\pi}{2}} \mathrm{d}t = \frac{\pi}{2}.$$

注　(1) 如果给定的广义积分集两类广义积分于一式, 则应利用积分的分段性, 把无穷限

广义积分与无界函数广义积分分开来讨论,分别按定义去做.

(2) 经变量替换把广义积分化为定积分,当求得其值时,显然也就表示了该广义积分是收敛的,这是一个简洁的方法.

例 9 判断广义积分 $\int_0^1 x^p (1-x)^q \mathrm{d}x$ 的敛散性.

解 当 $p<0,q<0$ 时,$x=0$,$x=1$ 都是瑕点,因此,分别考虑 $\int_0^{\frac{1}{2}} x^p (1-x)^q \mathrm{d}x$ 与 $\int_{\frac{1}{2}}^1 x^p (1-x)^q \mathrm{d}x$.

在 $\int_0^{\frac{1}{2}} x^p (1-x)^q \mathrm{d}x$ 中,当 $p<0$ 时,$x=0$ 是瑕点,且当 $x \to 0^+$ 时,

$$x^p (1-x)^q \sim x^p.$$

而在 $\int_0^{\frac{1}{2}} x^p \mathrm{d}x = \int_0^{\frac{1}{2}} \frac{1}{x^{-p}} \mathrm{d}x$ 中,当 $-p<1$ 时收敛;当 $-p \geqslant 1$ 时发散. 因此,当 $p>-1$ 时,$\int_0^{\frac{1}{2}} x^p (1-x)^q \mathrm{d}x$ 收敛;当 $p \leqslant -1$ 时,$\int_0^{\frac{1}{2}} x^p (1-x)^q \mathrm{d}x$ 发散.

同理可得,当 $q>-1$ 时,$\int_{\frac{1}{2}}^1 x^p (1-x)^q \mathrm{d}x$ 收敛;当 $p \leqslant -1$ 时,$\int_{\frac{1}{2}}^1 x^p (1-x)^q \mathrm{d}x$ 发散. 因此,当 $p>-1$ 且 $q>-1$ 时,$\int_0^1 x^p (1-x)^q \mathrm{d}x$ 收敛,其余情形均发散.

5.6.3 Γ 函数

1. Γ 函数的定义

讨论广义积分 $\int_0^{+\infty} x^{s-1} \mathrm{e}^{-x} \mathrm{d}x$ 的收敛性.

$$\int_0^{+\infty} x^{s-1} \mathrm{e}^{-x} \mathrm{d}x = \int_0^1 x^{s-1} \mathrm{e}^{-x} \mathrm{d}x + \int_1^{+\infty} x^{s-1} \mathrm{e}^{-x} \mathrm{d}x = I_1 + I_2.$$

当 $s \geqslant 1$ 时,I_1 是正常积分.

当 $s<1$ 时,I_1 是瑕积分,$x=0$ 是瑕点,且

$$x^{s-1} \mathrm{e}^{-x} = \frac{1}{x^{1-s}} \cdot \frac{1}{\mathrm{e}^x} < \frac{1}{x^{1-s}}.$$

当 $1-s<1$,即 $s>0$ 时,I_1 是收敛的. I_2 是无穷限广义积分,由

$$\lim_{x \to +\infty} x^2 (x^{s-1} \mathrm{e}^{-x}) = \lim_{x \to +\infty} \frac{x^{s+1}}{\mathrm{e}^x} = 0$$

知,当 $s>0$ 时,I_2 收敛.

综上,当 $s>0$ 时,I_1,I_2 都收敛.

上述广义积分是工程上很有用的积分,当 $s>0$ 时,我们把它记作 $\Gamma(s)$(参数 s 的函数),即

$$\Gamma(s) = \int_0^{+\infty} x^{s-1} \mathrm{e}^{-x} \mathrm{d}x \quad (s>0),$$

称为 Γ(Gamma)**函数**. 它是数学、物理中常用的一种较简单的特殊函数.

2. Γ 函数的性质

(1)(递推公式)$\Gamma(s+1) = s\Gamma(s)(s>0)$.

证明 $\Gamma(s+1) = \int_0^{+\infty} x^{s+1-1} \mathrm{e}^{-x} \mathrm{d}x = \int_0^{+\infty} x^s \mathrm{e}^{-x} \mathrm{d}x$

$$= -\int_0^{+\infty} x^s \mathrm{d}\mathrm{e}^{-x} = -\left[(x^s \mathrm{e}^{-x}) \Big|_0^{+\infty} - s\int_0^{+\infty} x^{s-1} \mathrm{e}^{-x} \mathrm{d}x \right]$$

$$= s\int_0^{+\infty} x^{s-1} \mathrm{e}^{-x} \mathrm{d}x = s\Gamma(s).$$

特别地,当 s 是正整数 n 时,有

$$\Gamma(n+1) = n\Gamma(n) = n(n-1)\Gamma(n-1) = \cdots = n!\ \Gamma(1).$$

又因为 $\Gamma(1) = \int_0^{+\infty} \mathrm{e}^{-x} \mathrm{d}x = 1$,故 $\Gamma(n+1) = n!$.

(2) 当 $s \to 0^+$ 时,$\Gamma(s) \to +\infty$.

证明 因为 $$\Gamma(s) = \frac{\Gamma(s+1)}{s}, \quad \Gamma(1) = 1,$$

所以当 $s \to 0^+$ 时,$\Gamma(s) \to +\infty$.

(3) $\Gamma(s)\Gamma(1-s) = \dfrac{\pi}{\sin\pi s}$ $(0 < s < 1)$.

这个公式称为**余元公式**,在此我们不作证明.

当 $s = \dfrac{1}{2}$ 时,则得

$$\Gamma\left(\frac{1}{2}\right) = \sqrt{\pi}.$$

(4) 在 Γ 函数中,作代换 $x = u^2$,得

$$\Gamma(s) = 2\int_0^{+\infty} u^{2s-1} \mathrm{e}^{-u^2} \mathrm{d}u. \tag{5.6.1}$$

再令 $2s-1 = t$ 或 $s = \dfrac{t+1}{2}$,即得

$$\int_0^{+\infty} u^t \mathrm{e}^{-u^2} \mathrm{d}u = \frac{1}{2}\Gamma\left(\frac{t+1}{2}\right) \quad (t > -1).$$

在式(5.6.1)中,令 $s = \dfrac{1}{2}$,得

$$2\int_0^{+\infty} \mathrm{e}^{-u^2} \mathrm{d}u = \Gamma\left(\frac{1}{2}\right) = \sqrt{\pi},$$

即 $$\int_0^{+\infty} \mathrm{e}^{-u^2} \mathrm{d}u = \frac{1}{2}\Gamma\left(\frac{1}{2}\right) = \frac{\sqrt{\pi}}{2}.$$

这是概率论中常用的一个积分公式.

5.6.4 B 函数

广义积分 $\int_0^1 x^{p-1} (1-x)^{q-1} \mathrm{d}x$ 作为 p,q 参数的函数称为 **B 函数**,记为

$$B(p,q) = \int_0^1 x^{p-1} (1-x)^{q-1} \mathrm{d}x. \tag{5.6.2}$$

由例 9 的结论我们知道 $B(p,q)$ 的定义域是 $p > 0$,$q > 0$.

$B(p,q)$ 是与 Γ 函数密切相关的函数,它具有以下性质:

(1) $B(p,q) = B(q,p)$;

(2) $B(p+1,q+1)=\dfrac{q}{p+q+1}B(p+1,q)$;

(3) $B(p,q)=\dfrac{\Gamma(p)\Gamma(q)}{\Gamma(p+q)}$.

证明 (1) 在式(5.6.2)中令 $x=1-t$,则

$$B(p,q)=\int_0^1 x^{p-1}(1-x)^{q-1}\mathrm{d}x=-\int_1^0 t^{q-1}(1-t)^{p-1}\mathrm{d}t=\int_0^1 t^{q-1}(1-t)^{p-1}\mathrm{d}t=B(q,p).$$

(2) $B(p+1,q+1)=\displaystyle\int_0^1 x^p(1-x)^q\mathrm{d}x=\int_0^1 x^p(1-x)^{q-1}(1-x)\mathrm{d}x$

$$=\int_0^1 x^p(1-x)^{q-1}\mathrm{d}x-\int_0^1 x^{p+1}(1-x)^{q-1}\mathrm{d}x$$

$$=B(p+1,q)-\int_0^1 x^{p+1}(1-x)^{q-1}\mathrm{d}x,$$

对 $\displaystyle\int_0^1 x^{p+1}(1-x)^{q-1}\mathrm{d}x$ 再利用分部积分公式可得

$$\int_0^1 x^{p+1}(1-x)^{q-1}\mathrm{d}x=-\frac{1}{q}\int_0^1 x^{p+1}\mathrm{d}(1-x)^q$$

$$=-\frac{1}{q}\left[x^{p+1}(1-x)^q\right]\Big|_0^1+\frac{1}{q}(p+1)\int_0^1 x^p(1-x)^q\mathrm{d}x$$

$$=\frac{p+1}{q}B(p+1,q+1),$$

因此

$$B(p+1,q+1)=B(p+1,q)-\frac{p+1}{q}B(p+1,q+1),$$

从而求得

$$B(p+1,q+1)=\frac{q}{p+q+1}B(p+1,q).$$

习 题 5-6

1. 判别下列广义积分的敛散性.

(1) $\displaystyle\int_1^{+\infty}\frac{\ln x}{x^2}\sin x\mathrm{d}x$;

(2) $\displaystyle\int_0^{+\infty}\frac{x^2}{x^4-x^2+1}\mathrm{d}x$;

(3) $\displaystyle\int_1^{+\infty}\frac{\ln(1+x^2)}{x}\mathrm{d}x$;

(4) $\displaystyle\int_1^{+\infty}\sin\frac{1}{x^2}\mathrm{d}x$;

(5) $\displaystyle\int_{\frac{1}{e}}^{e}\frac{\ln x}{(1-x)^2}\mathrm{d}x$;

(6) $\displaystyle\int_1^2\frac{1}{\sqrt[3]{x^2-3x+2}}\mathrm{d}x$.

2. 计算.

(1) $\dfrac{\Gamma(7)}{2\Gamma(4)\Gamma(3)}$;

(2) $\dfrac{\Gamma(3)\Gamma\left(\frac{3}{2}\right)}{\Gamma\left(\frac{9}{2}\right)}$;

(3) $\displaystyle\int_0^{+\infty}x^4\mathrm{e}^{-x}\mathrm{d}x$;

(4) $\displaystyle\int_0^{+\infty}x^2\mathrm{e}^{-2x^2}\mathrm{d}x$.

3. 用 Γ 函数表示下列积分,并指出积分的收敛范围.

(1) $\displaystyle\int_0^{+\infty}\mathrm{e}^{-x^n}\mathrm{d}x\quad(n>0)$;

(2) $\displaystyle\int_0^1\left(\ln\frac{1}{x}\right)^p\mathrm{d}x$;

(3) $\displaystyle\int_{-\infty}^{+\infty}\frac{1}{\sqrt{2\pi}}\mathrm{e}^{-\frac{x^2}{2}}\mathrm{d}x$.

4. 证明: $\Gamma\left(\dfrac{2k+1}{2}\right)=\dfrac{1\cdot3\cdot5\cdot\cdots\cdot(2k-1)\sqrt{\pi}}{2^k}$,其中 k 为自然数.

总 习 题 五

1. 填空题

(1) 函数 $f(x)$ 在 $[a,b]$ 上有界是 $f(x)$ 在 $[a,b]$ 上可积的_____条件,而 $f(x)$ 在 $[a,b]$ 上连续是 $f(x)$ 在 $[a,b]$ 上可积的_____条件;

(2) 对 $[a,+\infty]$ 上非负、连续的函数 $f(x)$,它的变上限积分 $\int_a^x f(t)\mathrm{d}t$ 在 $[a,+\infty]$ 上有界是反常积分 $\int_a^{+\infty} f(x)\mathrm{d}x$ 收敛的_____条件;

(3) 绝对收敛的反常积分 $\int_a^{+\infty} f(x)\mathrm{d}x$ 一定_____;

(4) 函数 $f(x)$ 在 $[a,b]$ 上有定义且 $|f(x)|$ 在 $[a,b]$ 上可积,此时积分 $\int_a^b f(x)\mathrm{d}x$ _____存在.

2. 利用积分中值定理证明: $\lim\limits_{n\to\infty}\int_n^{n+p} \dfrac{\sin x}{x}\mathrm{d}x = 0$.

3. 求极限 $\lim\limits_{n\to\infty}\int_n^{n+2} \dfrac{x^2}{\mathrm{e}^{x^2}}\mathrm{d}x$.

4. 求极限 $\lim\limits_{n\to\infty}\sum\limits_{k=1}^n \sqrt{\dfrac{(n+k)(n+k+1)}{n^4}}$.

5. 计算下列极限.

(1) $\lim\limits_{n\to\infty}\dfrac{1}{n}\sum\limits_{i=1}^n \sqrt{1+\dfrac{i}{n}}$;

(2) $\lim\limits_{n\to\infty}\dfrac{1^p+2^p+\cdots+n^p}{n^{p+1}}\quad(p>0)$;

(3) $\lim\limits_{n\to\infty}\ln\dfrac{\sqrt[n]{n!}}{n}$;

(4) $\lim\limits_{x\to0}\dfrac{\left(\int_0^x \mathrm{e}^{t^2}\mathrm{d}t\right)^2}{\int_0^x t\mathrm{e}^{2t^2}\mathrm{d}t}$;

(5) $\lim\limits_{x\to a}\dfrac{x}{x-a}\int_a^x f(t)\mathrm{d}t$(其中 $f(x)$ 连续);

(6) $\lim\limits_{x\to+\infty}\dfrac{\int_0^x (\arctan t)^2\mathrm{d}t}{\sqrt{x^2+1}}$.

6. 设 $f(x),g(x)$ 在区间 $[a,b]$ 上均连续,证明:

(1) $\left(\int_a^b f(x)g(x)\mathrm{d}x\right)^2 \leqslant \int_a^b f^2(x)\mathrm{d}x \cdot \int_a^b g^2(x)\mathrm{d}x$(柯西-施瓦茨不等式);

(2) $\left(\int_a^b [f(x)+g(x)]^2\mathrm{d}x\right)^{\frac{1}{2}} \leqslant \left(\int_a^b f^2(x)\mathrm{d}x\right)^{\frac{1}{2}} + \left(\int_a^b g^2(x)\mathrm{d}x\right)^{\frac{1}{2}}$(闵可夫斯基不等式).

7. 设函数 $f(x)$ 在区间 $[a,b]$ 上连续,且 $f(x)>0$,证明:

$$\ln\left[\dfrac{1}{b-a}\int_a^b f(x)\mathrm{d}x\right] \geqslant \dfrac{1}{b-a}\int_a^b \ln f(x)\mathrm{d}x.$$

8. 设 $f(x)$ 在 $[0,a]\,(a>0)$ 上有连续导数,且 $f(0)=0$,证明:

$$\left|\int_0^a f(x)\mathrm{d}x\right| \leqslant \dfrac{Ma^2}{2},$$

其中 $M=\max\limits_{0\leqslant x\leqslant a}|f'(x)|$.

9. 设 $f(x)$ 在 $[0,1]$ 上连续且单调减少,试证:对任何 $a\in(0,1)$,有

$$\int_0^a f(x)\mathrm{d}x \geqslant a\int_0^1 f(x)\mathrm{d}x.$$

10. 设 $f(t)$ 在 $0\leqslant t\leqslant+\infty$ 上连续,若 $\int_0^{x^2} f(t)\mathrm{d}t = x^2(1+x)$,求 $f(2)$.

11. 求函数 $f(x) = \int_0^{x^2} (2-u)\mathrm{e}^{-u}\mathrm{d}u$ 的最大值与最小值.

12. 计算下列定积分.

(1) $\int_0^\pi (1 - \sin^3 x)\mathrm{d}x$;

(2) $\int_{\sqrt{e}}^{e} \dfrac{1}{x\ \sqrt{\ln x(1 - \ln x)}}\mathrm{d}x$;

(3) $\int_0^1 \dfrac{\sqrt{x}}{2 - \sqrt{x}}\mathrm{d}x$;

(4) $\int_0^a x^2\ \sqrt{a^2 - x^2}\ \mathrm{d}x$;

(5) $\int_0^{\frac{\pi}{2}} \dfrac{x + \sin x}{1 + \cos x}\mathrm{d}x$;

(6) $\int_0^{\frac{\pi}{4}} \ln(1 + \tan x)\mathrm{d}x$;

(7) $\int_0^a \dfrac{1}{x + \sqrt{a^2 - x^2}}\mathrm{d}x$;

(8) $\int_0^{\frac{\pi}{2}}\ \sqrt{1 - \sin 2x}\ \mathrm{d}x$;

(9) $\int_{-1}^1 (2x + |x| + 1)^2 \mathrm{d}x$;

(10) $\int_{-\pi}^{\pi} (\ \sqrt{1 + \cos 2x} + |x|\sin x)\mathrm{d}x$;

(11) $\int_0^1 \dfrac{\ln(1 + x)}{1 + x^2}\mathrm{d}x$;

(12) $\int_0^1 \dfrac{\arctan x}{1 + x}\mathrm{d}x$;

(13) $\int_{-1}^1 \dfrac{x^2}{1 + \mathrm{e}^{-x}}\mathrm{d}x$;

(14) $\int_{-1}^1 \dfrac{1 + x^2}{1 + x^4}\mathrm{d}x$;

(15) $\int_{\frac{1}{2}}^2 \left(1 + x - \dfrac{1}{x}\right)\mathrm{e}^{x + \frac{1}{x}}\mathrm{d}x$.

13. 设 $f(x)$ 在区间 $[a,b]$ 上连续,$g(x)$ 在区间 $[a,b]$ 上连续且不变号. 证明至少存在一点 $\xi \in [a,b]$,使下式成立

$$\int_a^b f(x)g(x)\mathrm{d}x = f(\xi)\int_a^b g(x)\mathrm{d}x \quad (\text{积分第一中值定理}).$$

14. 证明:$\int_x^1 \dfrac{1}{1 + x^2}\mathrm{d}x = \int_1^{\frac{1}{x}} \dfrac{1}{1 + x^2}\mathrm{d}x (x > 0)$.

15. 设 $f(5) = 2, \int_0^5 f(x)\mathrm{d}x = 3$,求 $\int_0^5 xf'(x)\mathrm{d}x$ 的值.

16. 讨论 $F(x)$ 在 $x = 0$ 处的连续性与可导性,其中

$$F(x) = \begin{cases} \dfrac{2(1 - \cos x)}{x^2}, & x < 0 \\[2mm] 1, & x = 0 \\[2mm] \dfrac{1}{x}\int_0^x \cos t^2\,\mathrm{d}t, & x > 0. \end{cases}$$

17. 设函数 $f(x)$ 连续,且 $\lim\limits_{x \to 0} \dfrac{f(x)}{x} = 2$,记 $F(x) = \int_0^1 f(xt)\mathrm{d}t$,试求 $F'(x)$,并讨论 $F'(x)$ 的连续性.

18. 设函数 $f(x)$ 具有连续的导数,有 $f'(x) > 0, f(0) = 0$,

$$F(x) = \begin{cases} \dfrac{1}{x^2}\int_0^x tf(t)\mathrm{d}t, & x \neq 0 \\[2mm] k, & x = 0 \end{cases}.$$

(1) 试确定常数 k 使 $F(x)$ 连续;

(2) 在(1)的结果下判断 $F'(x)$ 是否连续.

19. 设函数 $f(x)$ 在 $(-\infty, +\infty)$ 内连续,且 $F(x) = \int_0^x (x - 2t)f(t)\mathrm{d}t$.

证明:(1) 若 $f(x)$ 为偶函数,则 $F(x)$ 也是偶函数;(2) 若 $f(x)$ 单调增加,则 $F(x)$ 单调减少.

20. 设非零函数 $x = x(t)$ 可导,且 $x^2(t) = 2\int_0^t x(u)\cos u^2\,\mathrm{d}u$,而 $y(t) = 2\int_0^{t^2} \dfrac{\sin u}{\sqrt{u}}\mathrm{d}u, t > 0$,求 $\dfrac{\mathrm{d}y}{\mathrm{d}x}, \dfrac{\mathrm{d}^2 y}{\mathrm{d}x^2}$.

21. 设函数 $f(x)$ 在 $(0, +\infty)$ 上连续,且对任何的 $x > 0, y > 0$,有关系式 $\int_1^{xy} f(t)\mathrm{d}t = y\int_1^x f(t)\mathrm{d}t + x\int_1^y f(t)\mathrm{d}t$,又 $f(1) = 3$,求函数 $f(x)$.

22. 已知 $f(x)$ 连续，$\int_0^x tf(x-t)\mathrm{d}t = 1 - \cos x$，求 $\int_0^{\frac{\pi}{2}} f(x)\mathrm{d}x$ 的值.

23. 设 $f(x) = \begin{cases} 1+x^2, & x \leqslant 0 \\ \mathrm{e}^{-x}, & x > 0 \end{cases}$，求 $\int_1^3 f(x-2)\mathrm{d}x$.

24. 设函数 $f(x)$ 在 $(-\infty, +\infty)$ 内满足 $f(x) = f(x-\pi) + \sin x$ 且 $f(x) = x, x \in [0, \pi)$，计算 $\int_\pi^{3\pi} f(x)\mathrm{d}x$.

25. 设 $f(x), g(x)$ 在区间 $[-a, a](a>0)$ 上连续，$g(x)$ 为偶函数，且 $f(x)$ 满足条件 $f(x) + f(-x) = A(A$ 为常数).

(1) 证明：$\int_{-a}^a f(x)g(x)\mathrm{d}x = A\int_0^a g(x)\mathrm{d}x$;

(2) 利用(1)的结论计算定积分 $\int_{-\frac{\pi}{2}}^{\frac{\pi}{2}} |\sin x| \arctan \mathrm{e}^x \mathrm{d}x$.

26. 已知 $f(2) = 2, f'(2) = 0, \int_0^2 f(x)\mathrm{d}x = 4$，求 $\int_0^1 x^2 f''(2x)\mathrm{d}x$.

27. 已知 $f'(x) = \arctan(x-1)^2$，且 $f(0) = 0$，求 $\int_0^1 f(x)\mathrm{d}x$.

28. 证明：$\int_0^\pi \sin x \ln \sin x \mathrm{d}x = 2\int_0^{\frac{\pi}{2}} \sin x \ln \sin x \mathrm{d}x = 2(\ln 2 - 1)$.

29. 求 $\int_3^{+\infty} \dfrac{1}{(x-1)^4 \sqrt{x^2-2x}}\mathrm{d}x$.

30. 求 $\int_0^{+\infty} \dfrac{x\mathrm{e}^{-x}}{(1+\mathrm{e}^{-x})^2}\mathrm{d}x$.

31. 判断下列广义积分的敛散性.

(1) $\int_1^3 \dfrac{1}{\sqrt{x-1}}\mathrm{d}x$;　　　　(2) $\int_{-1}^2 \dfrac{1}{x}\mathrm{d}x$;　　　　(3) $\int_0^1 \dfrac{1}{\sin x}\mathrm{d}x$;　　　　(4) $\int_{-1}^1 \dfrac{1}{\sqrt{1-x^2}}\mathrm{d}x$;

(5) $\int_0^1 \ln x \mathrm{d}x$;　　　　　　(6) $\int_0^1 \dfrac{\cos^2 x}{\sqrt[3]{1-x^2}}\mathrm{d}x$;　　　(7) $\int_0^1 \dfrac{\ln(1+\sqrt{x})}{\mathrm{e}^x - 1}\mathrm{d}x$.

32. 已知 $\lim\limits_{x\to\infty} \left(\dfrac{x-a}{x+a}\right)^x = \int_a^{+\infty} 4x^2 \mathrm{e}^{-2x}\mathrm{d}x$，求常数 a 的值.

33. 设函数 $f(x)$ 在 $[0,1]$ 上连续，在 $(0,1)$ 内可导，且满足 $f(1) = 2\int_0^{\frac{1}{2}} \mathrm{e}^{x-x^2} f(x)\mathrm{d}x$. 试证明在 $(0,1)$ 内至少存在一点 ξ，使得 $f'(\xi) = (2\xi-1)f(\xi)$.

34. 设函数 $f(x)$ 在 $[0,1]$ 上连续，且 $\int_0^1 f(x)\mathrm{d}x = 0$，证明：在 $(0,1)$ 内至少存在一点 ξ，使得 $f(1-\xi) + f(\xi) = 0$.

35. 设连续函数 $f(x)$ 满足 $f(2x) = 2f(x)$，证明：$\int_1^2 xf(x)\mathrm{d}x = 7\int_0^1 xf(x)\mathrm{d}x$.

36. 设 $f(x)$ 在区间 $[a,b]$ 上连续，在 (a,b) 内可导，且 $|f'(x)| \leqslant M, f(a) = f(b) = 0$. 证明：
$$\frac{4}{(b-a)^2} \int_a^b f(x)\mathrm{d}x \leqslant M.$$

37. 设 $f(x)$ 在 $[a,b]$ 上连续，且 $f(x) > 0$. 证明：
$$\int_a^b f(x)\mathrm{d}x \cdot \int_a^b \frac{\mathrm{d}x}{f(x)} \geqslant (b-a)^2.$$

第6章 定积分的应用

6.1 定积分的微元法

定积分是求总量的数学模型,虽然根据定积分的定义求定积分不方便,但我们可以根据定积分的定义总结出的三步法建立求总量的模型.用定积分表示所求的总量,而后运用牛顿-莱布尼茨公式计算其总量.现在介绍比三步法更实用更简便的求总量的微元法,并运用微元法解决定积分在几何、物理等方面的简单应用问题.

建立求总量模型的简便方法——微元法.

定积分的所有应用问题,一般总可按"分割、求和、取极限"三个步骤把所求的量表示为定积分的形式.为了更好的说明这种方法,首先回顾第5章中讨论过的求曲边梯形面积的问题.

假设一曲边梯形由连续曲线 $f(x)$($f(x) \geqslant 0$)、直线 $x=a$、$x=b$ 和 x 轴所围成,求其面积 S.

(1) **分割**.用任意一组分点把区间 $[a,b]$ 分成 n 个小区间,每个小区间长度为 $\Delta x_i = x_i - x_{i-1}$($i=1,2,3,\cdots,n$),相应地将曲边梯形分成 n 小曲边梯形,其面积分别记为 Δs_i($i=1,2,3,\cdots,n$).则

$$\Delta s_i \approx f(\xi_i) \cdot \Delta x_i \quad (x_{i-1} \leqslant \xi_i \leqslant x_i);$$

(2) **求和**.得面积 S 的近似值

$$S \approx \sum_{i=1}^{n} \Delta s_i \approx \sum_{i=1}^{n} f(\xi_i) \cdot \Delta x_i;$$

(3) **取极限**.得面积 S 的精确值

$$S = \lim_{\lambda \to 0} \sum_{i=1}^{n} f(\xi_i) \cdot \Delta x_i = \int_a^b f(x) \mathrm{d}x,$$

其中 $\lambda = \max\{\Delta x_1, \Delta x_2, \Delta x_3, \cdots, \Delta x_n\}$.

从上述过程可见,当把区间 $[a,b]$ 分成 n 个小区间时,所求面积 S(**总量**)也被相应地分割成 n 个小曲边梯形的面积 Δs_i(**部分量**),而所求总量等于各部分量之和 $\left(\text{即 } S = \sum_{i=1}^{n} \Delta s_i\right)$,这一性质称为所求总量对于区间 $[a,b]$ 具有**可加性**.此外,以 $f(\xi_i) \cdot \Delta x_i$ 近似代替部分量 Δs_i 时,其误差是一个比 Δx_i 高阶的无穷小量.这两点保证了求和、取极限后能得到所求总量的精确值.

对上述分析过程,在其实际应用中,为简便起见,可省略其下标 i,改写为如下:

(1) **分割**.根据具体问题,选取一个积分变量,例如 x 为积分变量,并确定它的变化区间 $[a,b]$,任取 $[a,b]$ 的一个区间微元 $[x, x+\mathrm{d}x]$,用 Δs 表示 $[x, x+\mathrm{d}x]$ 上小曲边梯形的面积,于是,所求面积

$$S = \sum \Delta s.$$

取 $[x, x+\mathrm{d}x]$ 的左端点 x 为 ξ,以 x 点处的函数值 $f(x)$ 为高,$\mathrm{d}x$ 为底的小矩形的面积 $f(x)\mathrm{d}x$(面积微元,记为 $\mathrm{d}S$)作为 Δs 的近似值,即

$$\Delta s \approx \mathrm{d}S = f(x)\mathrm{d}x,$$

求出相应于这个区间微元上部分量 Δs 的近似值,即求出所求总量 S 的**微元**

$$dS = f(x)dx.$$

(2) **求和**. 得面积 S 的近似值

$$S \approx \sum dS = \sum f(x)dx.$$

(3) **求极限**. 得面积 S 的精确值

$$S = \lim \sum f(x)dx = \int_a^b f(x)dx.$$

由上述分析,我们可以抽象出在应用学科中广泛采用的将所求总量 U 表达为定积分的简化方法——**微元法**. 这个方法的主要步骤如下:

(1) **由分割写出微元**. 根据实际问题,选取合适的一个积分变量,例如 x 为积分变量,并确定它的变化区间 $[a,b]$,任取 $[a,b]$ 的一个微元区间 $[x,x+dx]$,求出相应于这个微元区间上的部分量 ΔU 的近似值,即求出所求总量 U 的微元

$$dU = f(x)dx.$$

(2) **由微元写出积分**. 根据 $dU = f(x)dx$ 写出表示总量 U 的定积分

$$U = \int_a^b dU = \int_a^b f(x)dx.$$

应用微元法解决实际问题时,应注意如下三点:

(1) **相关性**. 总量 U 是变量 x 的变化区间 $[a,b]$ 上的相关量.

(2) **可加性**. 总量 U 对于区间 $[a,b]$ 具有可加性,即如果把区间 $[a,b]$ 分成许多部分区间,则 U 相应地分成许多部分量,而 U 等于所有部分量之和.

(3) **近似性**. 部分量 ΔU 的近似值表示为 $f(x)dx$,即 $\Delta U \approx dU = f(x)dx$,那么就可以考虑用定积分表示这个量 U.

微元法在几何学、物理学、经济学、社会学等领域中具有广泛的应用,本章后面几节主要介绍微元法在几何学、物理学、经济学中的应用.

6.2 平面图形的面积

6.2.1 直角坐标系下平面图形的面积

在第 5 章中我们已经知道,由连续曲线 $y=f(x)(f(x)\geqslant 0)$、直线 $x=a$、$x=b$ 和 x 轴所围成的曲边梯形面积 A 是定积分

$$A = \int_a^b f(x)dx,$$

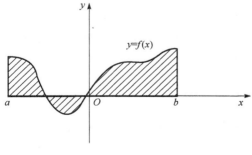

图 6-2-1

其中被积表达式 $f(x)dx$ 就是直角坐标系下的面积元素,它表示高为 $f(x)$,底为 dx 的一个矩形面积. 若 $f(x)$ 不全是非负的,则所围成的如图 6-2-1 所示的图形的面积应为

$$A = \int_a^b |f(x)|dx.$$

一般地,求平面图形的面积可以分为以下两种情况:

（1）若平面图形是由 $y=f(x)$、$y=g(x)$ 与直线 $x=a,x=b$ 所围成的图形,如图 6-2-2 所示,其面积可由对 x 的积分得到表示为

$$A = \int_a^b |f(x) - g(x)| \, \mathrm{d}x.$$

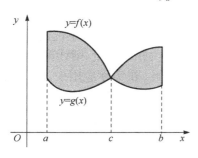 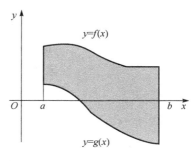

图 6-2-2

（2）若平面图形是由 $x=\varphi(y),x=\phi(y)$ 与直线 $y=c$、$y=d$ 所围成的图形,如图 6-2-3 所示,其面积可由对 y 的积分得到,表示为

$$A = \int_c^d |\varphi(y) - \phi(y)| \, \mathrm{d}y.$$

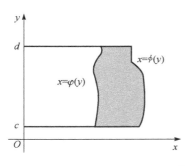 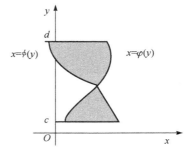

图 6-2-3

例 1　求由 $y^2=x$ 和 $y=x^2$ 所围成的图形的面积.

解　画出草图 6-2-4,并由方程组 $\begin{cases} y^2=x \\ y=x^2 \end{cases}$ 解得它们的交点为 $(0,0),(1,1)$.

选 x 为积分变量,积分区间为 $[0,1]$,任取其上的一个区间微元 $[x,x+\mathrm{d}x]$,则得到相应的面积微元为

$$\mathrm{d}A = (\sqrt{x} - x^2)\mathrm{d}x,$$

从而所求面积为

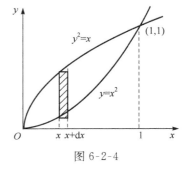

图 6-2-4

$$A = \int_0^1 (\sqrt{x} - x^2)\mathrm{d}x = \frac{1}{3}.$$

例 2　求由 $y^2=2x$ 和 $y=x-4$ 所围成的图形的面积.

解　画出草图 6-2-5,并由方程组 $\begin{cases} y^2=2x \\ y=x-4 \end{cases}$ 解得它们的交点为 $(2,-2),(8,4)$.

选 y 为积分变量,积分区间为 $[-2,4]$,任取其上的一个区间微元 $[y,y+\mathrm{d}y]$.则得到相应的面积微元为

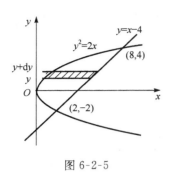

图 6-2-5

$$dA = \left(y + 4 - \frac{y^2}{2} \right) dy,$$

从而所求面积为

$$A = \int_{-2}^{4} \left(y + 4 - \frac{y^2}{2} \right) dy = 18.$$

由例 2 我们可以看到,积分变量选则适当,就可使计算方便. 本例如果选 x 为积分变量,则计算过程将会复杂很多(读者自行计算). 因此,在实际应用中,应根据具体情况合理选择积分变量,以达到简化计算的目的.

例 3 求由曲线 $y = \sin x$、$y = \cos x$、$x = 0$、$x = \frac{\pi}{2}$ 所围成的平面图形的面积.

解(建议读者自己画出图形) 当 $0 < x < \frac{\pi}{4}$ 时,$\cos x > \sin x > 0$;当 $\frac{\pi}{4} < x < \frac{\pi}{2}$ 时,$0 < \cos x < \sin x$. 因此,所求图形的面积为

$$A = \int_0^{\frac{\pi}{2}} |\cos x - \sin x| \, dx$$
$$= \int_0^{\frac{\pi}{4}} (\cos x - \sin x) dx + \int_{\frac{\pi}{4}}^{\frac{\pi}{2}} (-\cos x + \sin x) dx$$
$$= (\sin x + \cos x) \Big|_0^{\frac{\pi}{4}} + (-\sin x - \cos x) \Big|_{\frac{\pi}{4}}^{\frac{\pi}{2}}$$
$$= 2\sqrt{2} - 2.$$

例 4 求椭圆 $\dfrac{x^2}{a^2} + \dfrac{y^2}{b^2} = 1 (a > 0, b > 0)$ 所围成的面积.

解 如图 6-2-6 所示,由于椭圆关于两坐标轴对称,整个椭圆的面积是第一象限那部分面积的 4 倍.

选 x 为积分变量,积分区间为 $[0, a]$,任取其上的一个区间微元 $[x, x + dx]$. 则得到相应的的面积微元为

$$dA = \frac{b}{a} \sqrt{a^2 - x^2} dx.$$

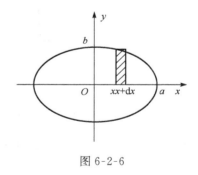

图 6-2-6

从而所求面积为

$$A = 4 \int_0^a \frac{b}{a} \sqrt{a^2 - x^2} dx = -4ab \int_{\frac{\pi}{2}}^0 \sin^2 t \, dt = 4ab \int_0^{\frac{\pi}{2}} \sin^2 t \, dt = \pi ab.$$

由于平面图形的面积不随坐标轴的旋转、平移而改变. 从例 4 我们知道:椭圆 $\dfrac{x^2}{a^2} + \dfrac{y^2}{b^2} \leqslant 1$ 的面积为 $S = \pi ab$,椭圆 $\dfrac{(x-x_0)^2}{a^2} + \dfrac{(y-y_0)^2}{b^2} \leqslant 1$ 的面积也为 $S = \pi ab$. 另外当 $a = b$ 时,椭圆 $\dfrac{x^2}{a^2} + \dfrac{y^2}{b^2} \leqslant 1$ 就是圆 $x^2 + y^2 \leqslant a^2$,它的面积就是我们所熟知的 $S = \pi a^2$.

一般地,当曲边梯形的曲边 $y = f(x) (f(x) \geqslant 0, x \in [a, b])$ 由参数方程

$$\begin{cases} x = \varphi(t) \\ y = \psi(t) \end{cases}$$

给出时,如果 $x=\varphi(t)$ 适合: $\varphi(\alpha)=a$、$\varphi(\beta)=b$,$\varphi(t)$ 在 $[\alpha,\beta]$(或 $[\beta,\alpha]$)上具有连续导数,$y=\psi(t)$ 连续,则由曲边梯形的面积公式及定积分的换元公式可知,曲边梯形的面积为

$$A = \int_a^b f(x)\mathrm{d}x = \int_\alpha^\beta \psi(t)\varphi'(t)\mathrm{d}t.$$

例 5　求摆线 $\begin{cases} x=a(t-\sin t) \\ y=a(1-\cos t) \end{cases}$($0 \leqslant t \leqslant 2\pi, a>0$)的一拱与 x 轴所围成图形的面积.

解　如图 6-2-7. 显然所求面积为 $S = \int_0^{2\pi} y\mathrm{d}x$.

将 $x=a(t-\sin t)$,$y=a(1-\cos t)$ 代入上式,应用定积分的换元法得

$$S = \int_0^{2\pi} a(1-\cos t) \cdot a(1-\cos t)\mathrm{d}t = a^2 \int_0^{2\pi} (1-2\cos t + \cos^2 t)\mathrm{d}t$$

$$= a^2 \int_0^{2\pi} \left(1-2\cos t + \frac{1+\cos 2t}{2}\right)\mathrm{d}t$$

$$= a^2 \left[\int_0^{2\pi} \frac{3}{2}\mathrm{d}t - 2\int_0^{2\pi} \cos t\mathrm{d}t + \frac{1}{2}\int_0^{2\pi} \cos 2t\mathrm{d}t\right] = 3\pi a^2.$$

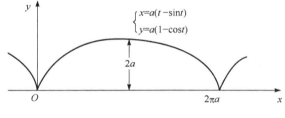

图 6-2-7

6.2.2　极坐标下平面图形的面积

某些平面图形,用极坐标来计算它们的面积比较方便.

设曲线的方程由极坐标形式给出

$$r=r(\theta) \quad (\alpha \leqslant \theta \leqslant \beta),$$

求由曲线 $r=r(\theta)$、射线 $\theta=\alpha$、$\theta=\beta$ 所围成的曲边扇形(图 6-2-8)的面积 A.

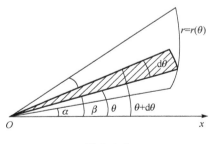

图 6-2-8

利用微元法,选取 θ 为积分变量,其变化范围为 $[\alpha,\beta]$. 任取其一个微元区间 $[\theta,\theta+\mathrm{d}\theta]$,则相应于 $[\theta,\theta+\mathrm{d}\theta]$ 区间的小曲边扇形的面积可以用半径为 $r=r(\theta)$,中心角为 $\mathrm{d}\theta$ 的圆扇形的面积来近似,从而曲边扇形的面积微元为

$$\mathrm{d}A = \frac{1}{2}[r(\theta)]^2\mathrm{d}\theta,$$

所求曲边扇形的面积为

$$A = \int_\alpha^\beta \frac{1}{2}\left[r(\theta)\right]^2 \mathrm{d}\theta.$$

例6　求双纽线 $\rho^2 = a^2\cos2\theta$ 所围平面图形的面积.

解　如图 6-2-9 所示. 因 $\rho^2 \geqslant 0$,所以 θ 的变化范围为 $\left[-\dfrac{\pi}{4}, \dfrac{\pi}{4}\right]$, $\left[\dfrac{3\pi}{4}, \dfrac{5\pi}{4}\right]$.

又因图形关于极点与极轴对称,所以只需计算 $\left[0, \dfrac{\pi}{4}\right]$ 上的图形的面积,再乘以 4 倍即可.

任取其上的一个区间微元 $[\theta, \theta+\mathrm{d}\theta]$,相应的面积微元为

$$\mathrm{d}A = \frac{1}{2}a^2\cos2\theta\mathrm{d}\theta,$$

从而,所求面积为

$$A = 4 \cdot \frac{1}{2}\int_0^{\frac{\pi}{4}} a^2\cos2\theta\mathrm{d}\theta = a^2\left.\sin2\theta\right|_0^{\frac{\pi}{4}} = a^2.$$

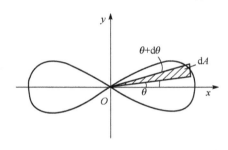

图 6-2-9

例7　求心形线 $r = a(1+\cos\theta)$ 所围平面图形的面积 $(a>0)$.

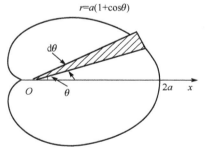

$r=a(1+\cos\theta)$

图 6-2-10

解　心形线(图 6-2-10)所围成的图形关于极轴对称,因此,所求面积 A 为 $[0, \pi]$ 上图形面积的 2 倍.

任取其上的一个区间微元 $[\theta, \theta+\mathrm{d}\theta]$,相应的面积微元为

$$\mathrm{d}A = \frac{1}{2}a^2(1+\cos\theta)^2\mathrm{d}\theta,$$

从而,所求面积为

$$A = 2 \cdot \frac{1}{2}a^2\int_0^\pi (1+\cos\theta)^2\mathrm{d}\theta = a^2\int_0^\pi (1+2\cos\theta+\cos^2\theta)\mathrm{d}\theta.$$

$$= a^2\left[\theta + 2\sin\theta + \frac{1}{2}\left(\theta + \frac{1}{2}\sin2\theta\right)\right]\Big|_0^\pi = \frac{3\pi a^2}{2}.$$

习　题　6-2

1. 求由下列各组曲线所围成平面图形的面积:

(1) $xy=1, y=x, x=2$;　　　　　　　　(2) $y=\mathrm{e}^x, y=\mathrm{e}^{-x}, x=1$;

(3) $y=x^2$，$x+y=2$；　　　　　(4) $y=x^3$，$y=1$，$y=2$，$x=0$；

(5) $y=0$，$y=1$，$y=\ln x$，$x=0$；　　　(6) $y=\dfrac{x^2}{2}$，$x^2+y^2=8$.

2. 直线 $x=k$ 平分由 $y=x^2$，$y=0$，$x=1$ 所围之面积，求 k 之值.

3. 求抛物线 $y=-x^2+4x-3$ 及在点 $(0,-3)$ 和 $(3,0)$ 处切线所围成图形的面积.

4. 求曲线 $y=-x^3+x^2+2x$ 与 x 轴所围成的图形的面积.

5. 求曲线 $r=2a\cos\theta$ 所围成图形的面积.

6. 求曲线 $x=a\cos^3 t$，$y=a\sin^3 t$ 所围成图形的面积.

7. 求曲线 $r=2a(2+\cos\theta)$ 所围成图形的面积.

8. 求对数螺线 $\rho=ae^{\theta}$（$-\pi\leqslant\theta\leqslant\pi$）及射线 $\theta=\pi$ 所围成图形的面积.

9. 圆 $\rho=1$ 被心形线 $\rho=1+\cos\theta$ 分割成两部分，求这两部分的面积.

10. 设 $y=\sin x$，$0\leqslant x\leqslant\dfrac{\pi}{2}$. 问：为 t 何值，图 6-2-11 中阴影部分的面积 s_1 与 s_2 之和最小？最大？

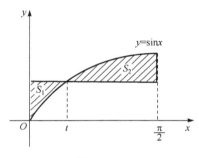

图 6-2-11

11. 已知 $f(x)=\displaystyle\int_{-1}^{x}(1-|t|)\mathrm{d}t$　$(x\geqslant 1)$，求曲线 $y=f(x)$ 与 x 轴围成图形的面积.

12. 求过曲线 $y=-x^2+1$ 上的一点，使过该点的切线与这条曲线及 x、y 轴在第一象限围成图形的面积最小，最小面积是多少？

13. 求由抛物线 $y^2=4ax$ 与过焦点的弦所围成的图形面积的最小值.

6.3　体　　积

6.3.1　旋转体

旋转体就是由一平面图形绕此平面内一条直线旋转一周而成的立体. 这条直线称为旋转体的**旋转轴**. 常见的立体如圆柱体、圆锥体、圆台体和球体等可以分别看成是由矩形绕它的一条边、直角三角形绕它的一直角边、直角梯形绕它的直角边、半圆绕它的直径旋转一周而成.

我们主要考虑以 x 轴和 y 轴为旋转轴的旋转体，下面利用微元法来推导求旋转体的体积公式.

设有一旋转体，如图 6-3-1 所示，是由连续曲线 $y=f(x)$，直线 $x=a$、$x=b$ 及 x 轴所围成的平面图形绕 x 轴旋转一周而成的立体. 现在用定积分计算它的体积.

取横坐标 x 为积分变量，它的变化范围是 $[a,b]$. 用垂直于 x 轴的平面将旋转体分成 n 个小的薄片，即把 $[a,b]$ 分成 n 个微元区间，其中任取一微元区间 $[x,x+\mathrm{d}x]$，其上所对应的小薄片的体积可以近似的看作以 $f(x)$ 为底面半径，以 $\mathrm{d}x$ 为高的小圆柱体的体积，即该旋转体的体积微元为

$$\mathrm{d}V=\pi\left[f(x)\right]^2\mathrm{d}x,$$

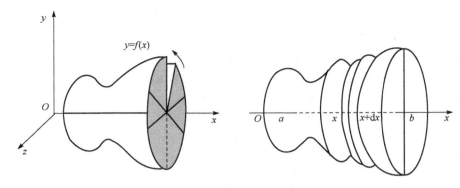

图 6-3-1

所求旋转体的体积为

$$V = \pi \int_a^b \left[f(x) \right]^2 \mathrm{d}x.$$

类似地可求得由连续曲线 $x = \varphi(y)$ 与直线 $y = c$、$y = d$ 及 y 轴所围成的平面图形绕 y 轴旋转一周而成的旋转体的体积(图 6-3-2)为

$$V = \pi \int_c^d \left[\varphi(y) \right]^2 \mathrm{d}y.$$

例 1　由直线 $y = \dfrac{r}{h}x$、直线 $x = h$ 及 x 轴围成一个直角三角形. 将它绕 x 轴旋转构成一个底半径为 r，高为 h 的圆锥体，计算圆锥体的体积.

解　如图 6-3-3 所示，取 x 为自变量，其变化区间为 $[0, h]$，任取其上的一个微元区间 $[x, x + \mathrm{d}x]$，相应的体积微元为

$$\mathrm{d}V = \pi \left(\frac{r}{h}x \right)^2 \mathrm{d}x,$$

所求旋转体的体积

$$V = \pi \int_0^h \left(\frac{r}{h}x \right)^2 \mathrm{d}x = \frac{\pi}{3} \left(\frac{r}{h} \right)^2 x^3 \Big|_0^h = \frac{\pi h r^2}{3}.$$

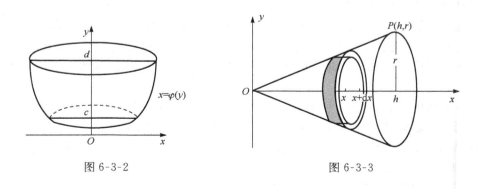

图 6-3-2　　　　　　　　　　　　图 6-3-3

例 2　计算由椭圆 $\dfrac{x^2}{a^2} + \dfrac{y^2}{b^2} = 1$ 围成的平面图形绕 x 轴旋转而成的旋转椭球体的体积.

解 如图 6-3-4,该旋转体可看作由上半椭圆 $y=\dfrac{b}{a}\sqrt{a^2-x^2}$ 及 x 轴所围成的图形绕 x 轴旋转而成的立体.

取 x 为自变量,其范围为 $[-a,a]$,任取一微元区间 $[x,x+\mathrm{d}x]$,相应于该微元区间的小薄片的体积,近似等于底半径为 $\dfrac{b}{a}\sqrt{a^2-x^2}$,高为 $\mathrm{d}x$ 的小圆柱体的体积,即体积微元为

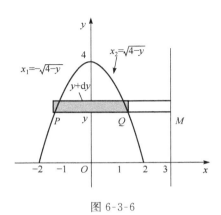

图 6-3-4

$$\mathrm{d}V=\pi\frac{b^2}{a^2}(a^2-x^2)\mathrm{d}x.$$

故所求旋转椭球体的体积为

$$V=\int_{-a}^{a}\mathrm{d}V=\pi\frac{b^2}{a^2}\int_{-a}^{a}(a^2-x^2)\mathrm{d}x=2\pi\frac{b^2}{a^2}\int_{0}^{a}(a^2-x^2)\mathrm{d}x$$

$$=2\pi\frac{b^2}{a^2}\left(a^2x-\frac{x^3}{3}\right)\Big|_{0}^{a}=\frac{4}{3}\pi ab^2.$$

例 3 求曲线 $xy=2,y\geqslant1,x>0$ 所围成的图形绕 y 轴旋转而成旋转体的体积.

解 画出草图 6-3-5,易见体积微元为

$$\mathrm{d}V=\pi x^2\mathrm{d}y=\pi\frac{4}{y^2}\mathrm{d}y,$$

故所求体积为

$$V=\int_{1}^{+\infty}\pi x^2\mathrm{d}y=4\pi\int_{1}^{+\infty}\frac{1}{y^2}\mathrm{d}y=4\pi\left[-\frac{1}{y}\right]\Big|_{1}^{+\infty}=4\pi.$$

例 4 求由曲线 $y=4-x^2$ 及 $y=0$ 所围成的图形绕直线 $x=3$ 旋转而成的旋转体的体积.

解 画出草图 6-3-6,解方程组

$$\begin{cases}y=4-x^2,\\y=0,\end{cases}$$

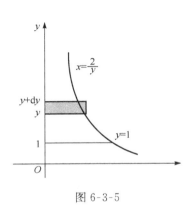

图 6-3-5

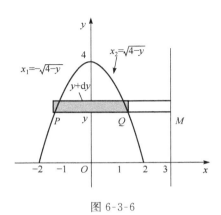

图 6-3-6

得交点为 $(-2,0),(2,0)$. 取 y 为自变量,其变化区间为 $[0,4]$,任取一微元区间 $[y,y+\mathrm{d}y]$,相应于该微元区间的小薄片的体积,近似的等于内半径 $\overline{QM}$、外半径 $\overline{PM}$、高为 $\mathrm{d}y$ 的扁

圆环柱体的体积,即体积微元

$$dV = [\pi \overline{PM}^2 - \pi \overline{QM}^2]dy = \pi[(3+\sqrt{4-y})^2 - (3-\sqrt{4-y})^2]dy = 12\pi\sqrt{4-y}dy,$$

故所求旋转体的体积为

$$V = 12\pi\int_0^4 \sqrt{4-y}dy = 64\pi.$$

例 5 设平面图形 σ 由 $x^2+y^2 \leqslant 2x$ 与 $y \geqslant x$ 确定,试求平面图形 σ 绕直线 $x=2$ 旋转一周所得的旋转体的体积 V.

解 因 σ 绕直线 $x=2$ 旋转,故取 y 为积分变量,它的变化区间为 $[0,1]$,且区域 σ 的左右两条边界曲线分别为 $x=1-\sqrt{1-y^2}$ 与 $x=y$. 则这两条边界曲线与直线 $x=2$ 的距离分别是 $2-(1-\sqrt{1-y^2})$ 与 $2-y$,故位于 $[y,y+dy] \subset [0,1]$ 上旋转体的体积微元为

$$dV = \pi[2-(1-\sqrt{1-y^2})]^2 dy - \pi(2-y)^2 dy$$
$$= 2\pi[\sqrt{1-y^2} - (1-y)^2]dy.$$

于是所求的体积为

$$V = 2\pi\int_0^1 [\sqrt{1-y^2} - (1-y)^2]dy$$
$$= \pi\left[y\sqrt{1-y^2} + \arcsin y + \frac{2}{3}(1-y)^3\right]\Big|_0^1 = \frac{\pi^2}{2} - \frac{2\pi}{3}.$$

6.3.2 平行截面面积为已知的立体的体积

从计算旋转体体积的过程中可以看出:如果一个立体不是旋转体,但却知道该立体上垂直于一定轴的各个截面的面积,那么,这个立体的体积也可用定积分来计算.

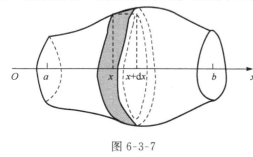

图 6-3-7

如图 6-3-7 所示,取定轴为 x 轴,设该立体在过点 $x=a$,$x=b$ 且垂直于 x 轴的两平面之间,以 $A(x)$ 表示过点 x 且垂直于 x 轴的截面的面积,且 $A(x)$ 是 x 的连续函数.

取 x 为积分变量,其中任取一微元区间 $[x, x+dx]$,相应该微元区间的小薄片的体积可以近似地等于底面积为 $A(x)$、高为 dx 的小圆柱体的体积,即体积微元为

$$dV = A(x)dx,$$

所求立体的体积为

$$V = \int_a^b A(x)dx.$$

例 6 求椭球 $\dfrac{x^2}{a^2} + \dfrac{y^2}{b^2} + \dfrac{z^2}{c^2} \leqslant 1 (a>0, b>0, c>0)$ 的体积.

解 如图 6-3-8 所示,取 x 为自变量,则其范围为 $[-a, a]$,椭球的垂直于 x 轴的截面为椭圆

$$\frac{y^2}{b^2\left(1-\dfrac{x^2}{a^2}\right)} + \frac{z^2}{c^2\left(1-\dfrac{x^2}{a^2}\right)} = 1,$$

其面积为
$$A(x) = \pi bc \left(1 - \frac{x^2}{a^2} \right),$$

则所求的体积为

$$V = \int_{-a}^{a} A(x) \mathrm{d}x = \int_{-a}^{a} \pi bc \left(1 - \frac{x^2}{a^2} \right) \mathrm{d}x = \pi bc \left(x - \frac{x^3}{3a^2} \right) \Big|_{-a}^{a} = \frac{4\pi abc}{3}.$$

例 7 一平面经过半径为 R 的圆柱体的底圆中心,并与底面交成角 α(图 6-3-9),计算这平面截圆柱体所得立体的体积.

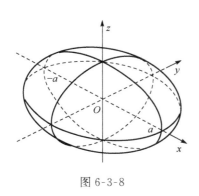

图 6-3-8

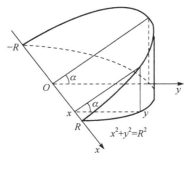

图 6-3-9

解 取该平面与圆柱体底面的交线为 x 轴,底面上的过圆的中心且垂直于 x 轴的直线为 y 轴,则底圆的方程为
$$x^2 + y^2 = R^2.$$
立体中过点 x 且垂直于 x 轴的截面是一个直角三角形. 它的两条直角边的边长分别为 y 及 $y\tan\alpha$,即 $\sqrt{R^2 - x^2}$ 及 $\sqrt{R^2 - x^2}\tan\alpha$,于是,截面面积为
$$A(x) = \frac{1}{2}(R^2 - x^2)\tan\alpha,$$

所求立体的体积为

$$V = \int_{-R}^{R} A(x) \mathrm{d}x = \int_{-R}^{R} \frac{1}{2}(R^2 - x^2)\tan\alpha \, \mathrm{d}x = \frac{1}{2}\tan\alpha \int_{-R}^{R} (R^2 - x^2) \mathrm{d}x$$

$$= \frac{1}{2}\tan\alpha \left(R^2 x - \frac{x^3}{3} \right) \Big|_{-R}^{R} = \frac{2}{3}R^3\tan\alpha.$$

习 题 6-3

1. 求由下列已知曲线围成的平面图形绕指定的轴旋转而成的旋转体的体积.

(1) $xy = a^2$, $y = 0$, $x = a$, $x = 2a(a > 0)$,绕 x 轴;

(2) $x^2 + (y - 2)^2 = 1$,绕 x 轴;

(3) $y = \ln x$, $y = 0$, $x = \mathrm{e}$,绕 x 轴和 y 轴;

(4) $x^2 + y^2 = 4$, $x^2 = -4(y - 1)$, $y > 0$,绕 x 轴;

(5) $xy = 5$, $x + y = 6$,绕 x 轴;

(6) $y = \cos x$, $x = 0$, $x = \pi$,绕 y 轴.

2. 求摆线 $\begin{cases} x = a(t - \sin t) \\ y = a(1 - \cos t) \end{cases}$ ($0 \leqslant t \leqslant 2\pi$, $0 < a$)的一拱与 $y = 0$ 所围成的图形绕直线 $y = 2a$ 旋转而成的旋转

体的体积.

3. 由心形线 $\rho=4(1+\cos\theta)$ 和直线 $\theta=0$ 及 $\theta=\dfrac{\pi}{2}$ 所围成图形绕极轴旋转而成的旋转体的体积.

4. 求由曲线 $y=\dfrac{1}{x}$，$y=x$，$y=0$，$x=2$ 所围图形绕 $x=2$ 旋转而成的旋转体的体积.

5. 计算底面半径 R 为的圆，而垂直于底面上一条直径的所有截面都是等边三角形的立体的体积.

6. 设直线 $y=ax+b$ 与直线 $x=0$，$x=1$ 及 $y=0$ 所围成的梯形面积等于 A，试求 a,b，使这个梯形绕 x 轴旋转所得旋转体的体积最小($a>0,b>0$).

7. 在由椭圆域 $x^2+\dfrac{y^2}{4}\leqslant1$ 绕 y 轴旋转而成的椭球体上，以 y 轴为中心轴打一个圆孔，使剩下的部分的体积恰好等于椭球体体积的一半，求圆孔的直径.

8. 求曲线 $y=3-|x^2-1|$ 与 x 轴围成的封闭图形绕直线 $y=3$ 旋转一周所得的旋转体体积.

9. 过点 $P(1,0)$ 作抛物线 $y=\sqrt{x-2}$ 的切线，该切线与上述抛物线及 x 轴围成一平面图形，求此平面图形绕 x 轴旋转一周所成旋转体的体积.

10. 求曲线 $y=(x-1)(x-2)$ 与 x 轴围成的封闭图形绕直线 y 旋转一周所得的旋转体体积.

6.4 平面曲线的弧长

6.4.1 平面曲线的弧长

在介绍如何计算平面曲线的弧长之前，首先建立平面上连续曲线弧长的概念.

在初等几何中，我们知道求圆周长的方法是：利用圆内接正多边形的周长作为圆周长的近似值，令多边形的边数无限增多而取极限，就可以定出圆周的周长. 这里，我们也可以类似地来定义平面曲线弧长的概念.

定义 1 设 A，B 是曲线弧 L 上的两个端点，在 L 上插入分点

$$A=M_0,M_1,M_2,\cdots,M_i,\cdots,M_{n-1},M_n=B,$$

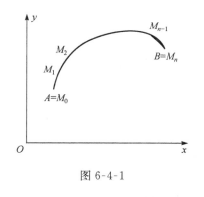

图 6-4-1

并依次连接相邻分点得一内接折线，如图 6-4-1，设曲线弧 L 的弧长为 s，则

$$s\approx\sum_{i=1}^{n}|M_{i-1}M_i|.$$

记 $\quad\lambda=\max\{|M_0M_1|,|M_1M_2|,\cdots,|M_{n-1}M_n|\}.$

如果极限 $\lim\limits_{\lambda\to0}\sum\limits_{i=1}^{n}|M_{i-1}M_i|$ 存在，则称此极限值为**平面曲线弧 L 的弧长**，并称**曲线 L 是可求长**的，即 $s=\lim\limits_{\lambda\to0}\sum\limits_{i=1}^{n}|M_{i-1}M_i|.$

那么，满足什么条件的曲线弧就是可求长的呢？我们不加证明地给出如下结论：

定理 1 光滑曲线弧是可求长的.

6.4.2 平面曲线的弧长的计算

设曲线弧由参数方程

$$\begin{cases}x=\varphi(t)\\y=\psi(t)\end{cases}\quad(\alpha\leqslant t\leqslant\beta)$$

给出，其中 $\varphi(t)$、$\psi(t)$ 在 $[\alpha,\beta]$ 上具有连续导数，现在来计算这曲线弧的长度.

取参数 t 为积分变量,它的变化区间为 $[\alpha,\beta]$,相应于 $[\alpha,\beta]$ 上任一小区间 $[t,t+\mathrm{d}t]$ 的小弧段的长度 Δs 近似等于对应的弦的长度 $\sqrt{(\Delta x)^2+(\Delta y)^2}$,又因为

$$\Delta x=\varphi(t+\mathrm{d}t)-\varphi(t)\approx\mathrm{d}x=\varphi'(t)\mathrm{d}t,$$
$$\Delta y=\phi(t+\mathrm{d}t)-\phi(t)\approx\mathrm{d}y=\phi'(t)\mathrm{d}t,$$

所以,Δs 的近似值,即弧长微分为

$$\mathrm{d}s=\sqrt{(\mathrm{d}x)^2+(\mathrm{d}y)^2}=\sqrt{\varphi'^2(t)(\mathrm{d}t)^2+\phi'^2(t)(\mathrm{d}t)^2}=\sqrt{\varphi'^2(t)+\phi'^2(t)}\mathrm{d}t,$$

于是所求弧长为

$$s=\int_\alpha^\beta\sqrt{\varphi'^2(t)+\phi'^2(t)}\mathrm{d}t.$$

当曲线由直角坐标方程

$$y=f(x)\qquad(a\leqslant x\leqslant b)$$

给出,其中 $f(x)$ 在 $[a,b]$ 上具有一阶连续导数,这时曲线弧有参数方程

$$\begin{cases}x=x\\y=f(x)\end{cases}\qquad(a\leqslant x\leqslant b).$$

从而所求弧长为

$$s=\int_a^b\sqrt{1+y'^2}\mathrm{d}x.$$

当曲线弧由极坐标方程

$$\rho=\rho(\theta)\qquad(\alpha\leqslant\theta\leqslant\beta)$$

给出,其中 $\rho(\theta)$ 在 $[\alpha,\beta]$ 上具有连续导数.则由直角坐标系与极坐标系的关系可得

$$\begin{cases}x=\rho(\theta)\cos\theta\\y=\rho(\theta)\sin\theta\end{cases}\qquad(\alpha\leqslant\theta\leqslant\beta),$$

这就是以极角 θ 为参数的曲线弧的参数方程.于是,弧长微分为

$$\mathrm{d}s=\sqrt{x'^2(\theta)+y'^2(\theta)}\mathrm{d}\theta=\sqrt{\rho^2(\theta)+\rho'^2(\theta)}\mathrm{d}\theta,$$

从而所求弧长为

$$s=\int_\alpha^\beta\sqrt{\rho^2(\theta)+\rho'^2(\theta)}\mathrm{d}\theta.$$

例 1　计算曲线 $y=\dfrac{2}{3}x^{\frac{3}{2}}$ 上相应于 x 从 a 到 b 的一段弧的长度.

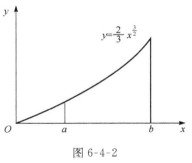

图 6-4-2

解　如图 6-4-2 所示,由于 $y'=x^{\frac{1}{2}}$,从而弧长微分为

$$\mathrm{d}s=\sqrt{1+y'^2}\mathrm{d}x=\sqrt{1+x}\mathrm{d}x,$$

因此,所求弧长为

$$s=\int_a^b\sqrt{1+x}\mathrm{d}x=\left[\frac{2}{3}(1+x)^{\frac{3}{2}}\right]_a^b$$
$$=\frac{2}{3}\left[(1+b)^{\frac{3}{2}}-(1+a)^{\frac{3}{2}}\right].$$

例 2　计算摆线 $\begin{cases}x=a(t-\sin t)\\y=a(1-\cos t)\end{cases}(0\leqslant t\leqslant2\pi,a>0)$ 的一拱的长度.

解　弧长微分为

$$\mathrm{d}s=\sqrt{a^2(1-\cos t)^2+a^2\sin^2t}\mathrm{d}t$$
$$=a\sqrt{2(1-\cos t)}\mathrm{d}t=2a\sin\frac{t}{2}\mathrm{d}t,$$

因此,所求弧长为

$$s = \int_0^{2\pi} 2a\sin\frac{t}{2}\mathrm{d}t = 4a\left[-\cos\frac{t}{2}\right]_0^{2\pi} = 8a.$$

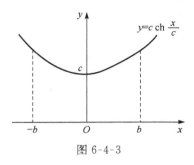

图 6-4-3

例 3　两根电线杆之间的电线,由于其本身的重量,下垂成曲线形,这样的曲线叫**悬链线**. 适当选取坐标系后,悬链线的方程为

$$y = c\,\mathrm{ch}\frac{x}{c},$$

其中 c 为常数. 计算悬链线上介于 $x=-b$ 与 $x=b$ 之间一段弧(图 6-4-3)的长度.

解　由于对称性,要计算的弧长为相应于 x 从 0 到 b 的一段曲线弧长的两倍. 由于

$$y' = \mathrm{sh}\frac{x}{c},$$

从而弧长微元为

$$\mathrm{d}s = \sqrt{1 + \mathrm{sh}^2\frac{x}{c}}\,\mathrm{d}x = \mathrm{ch}\frac{x}{c}\mathrm{d}x,$$

因此,所求弧长为

$$s = 2\int_0^b \mathrm{ch}\frac{x}{c}\mathrm{d}x = 2c\,\mathrm{sh}\frac{x}{c}\bigg|_0^b = 2c\,\mathrm{sh}\frac{b}{c}.$$

例 4　求阿基米德螺线 $\rho = a\theta\,(a>0)$ 相应于 θ 从 0 到 2π 一段的弧长.

解　如图 6-4-4 所示,弧长微分为

$$\mathrm{d}s = \sqrt{a^2\theta^2 + a^2}\,\mathrm{d}\theta = a\,\sqrt{1 + \theta^2}\,\mathrm{d}\theta,$$

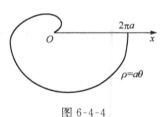

图 6-4-4

于是,所求弧长为

$$s = \int_0^{2\pi} a\,\sqrt{1 + \theta^2}\,\mathrm{d}\theta = \frac{a}{2}\left[2\pi\,\sqrt{1 + 4\pi^2} + \ln(2\pi + \sqrt{1 + 4\pi^2})\right].$$

注　$\displaystyle\int \sqrt{x^2 + a^2}\,\mathrm{d}x = \frac{x}{2}\,\sqrt{x^2 + a^2} + \frac{a^2}{2}\ln(x + \sqrt{x^2 + a^2}) + C.$

例 5　求曲线 $y = \displaystyle\int_{-\pi/2}^x \sqrt{\cos t}\,\mathrm{d}t$ 的弧长.

分析　所给曲线是积分上限的函数,要求此曲线的全长,需确定曲线的定义域,而积分上限的函数的定义域是使被积函数连续的那些自变量的全体.

解　因为 $\cos t\geqslant 0$,所以 $-\dfrac{\pi}{2}\leqslant t\leqslant\dfrac{\pi}{2}$,即函数定义域 $-\dfrac{\pi}{2}\leqslant x\leqslant\dfrac{\pi}{2}$,于是所求弧长

$$s = \int_{-\frac{\pi}{2}}^{\frac{\pi}{2}} \sqrt{1 + y'^2}\,\mathrm{d}x = 2\int_0^{\frac{\pi}{2}} \sqrt{1 + \cos x}\,\mathrm{d}x$$

$$= 2\sqrt{2}\int_0^{\frac{\pi}{2}} \cos\frac{x}{2}\mathrm{d}x = 4\sqrt{2}\sin\frac{x}{2}\bigg|_0^{\frac{\pi}{2}}$$

$$= 4\sqrt{2}\cdot\frac{\sqrt{2}}{2} = 4.$$

习　题　6-4

1. 计算曲线 $y=\ln x$ 上相应于 $\sqrt{3}\leqslant x\leqslant\sqrt{8}$ 的一段弧的弧长.

2. 计算曲线 $y=\dfrac{1}{3}\sqrt{x}(3-x)$ 上相应于 $1\leqslant x\leqslant 3$ 的一段弧的弧长

3. 计算半立方抛物线 $y^2=\dfrac{2}{3}(x-1)^3$ 被抛物线 $y^2=\dfrac{x}{3}$ 截得的一段弧的长度.

4. 计算抛物线 $y^2=2px(p>0)$ 从顶点到这曲线上一点 $M(x,y)$ 的弧长.

5. 计算渐伸线 $x=a(\cos t+t\sin t),y=a(\sin t-t\cos t)$ 上相应于 t 从 0 到 π 的一段弧长.

6. 在摆线 $x=a(t-\sin t),y=a(1-\cos t)$ 上,求分摆线第一拱成 $1:3$ 的点的坐标.

7. 求对数螺线 $r=\mathrm{e}^{a\theta}$ 相应于自 $\theta=0$ 至 $\theta=\varphi$ 的一段弧的弧长.

8. 求曲线 $r\theta=1$ 相应于自 $\theta=\dfrac{3}{4}$ 至 $\theta=\dfrac{4}{3}$ 的一段弧的弧长.

9. 求心形线 $\rho=a(1+\cos\theta)$ 的全长,其中 $a>0$.

10. 求曲线 $y=\dfrac{4}{3}x^{\frac{3}{2}}$ 以点 $\left(1,\dfrac{4}{3}\right)$ 为起点的弧长函数.

11. 设曲线 L 的极坐标方程为 $r=r(\theta)$，$M(r,\theta)$ 为 L 上任一点，$M_0(2,0)$ 为 L 上一定点. 若极径 OM_0，OM 与曲线 L 所围成的曲边扇形面积等于 L 上 M_0，M 两点间弧长值的一半,求曲线 L 的方程.

6.5　功、水压力和引力

本节再举几个定积分在物理上应用的典型例子,基本思想方法还是用微分替代增量的微元分析法,推导与前类似,这里不再一一作证.

6.5.1　变力沿直线所做的功

物体受力的作用沿 ox 轴做直线运动,从点 $x=a$ 移动到点 $x=b$(图 6-5-1)作用力 F 的方向与位移的方向一致,如果 F 是常力,则力 F 对物体所做的功为

$$W=F(b-a).$$

如果作用在物体上的力 F 不是常力,则力 F 对物体所做的功就要利用定积分来计算了. 下面通过具体的例子来说明.

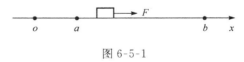

图 6-5-1

例 1　设 50N 的力使弹簧从自然长度 10cm 拉长成 15cm,问需要做多大的功才能克服弹性恢复力,将伸长的弹簧从 15cm 处再拉长 3cm?

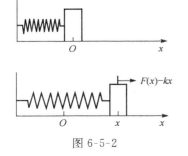

图 6-5-2

解　如图 6-5-2,根据胡克定律,有

$$F(x)=kx.$$

当弹簧从 10cm 拉长到 15cm 时,其伸长量为 5cm=0.05m. 因有 $F(0.05)=50$,即

$$k\cdot 0.05=50,$$

故得

$$k=1\,000.$$

于是，可写出

$$F(x) = 1\ 000x.$$

取 x 为积分变量，其变化区间为 $[0.05, 0.08]$，相应于 $[0.05, 0.08]$ 上任一小区间 $[x, x+\mathrm{d}x]$ 的力 F 可近似为常力，这力在小区间 $[x, x+\mathrm{d}x]$ 上所做的功（功微元）近似为

$$\mathrm{d}W = F(x)\mathrm{d}x = 1\ 000x\mathrm{d}x.$$

于是，弹簧从 15cm 拉长到 18cm，所做的功为

$$W = \int_{0.05}^{0.08} F(x)\mathrm{d}x = \int_{0.05}^{0.08} 1\ 000x\mathrm{d}x = 1.95(\mathrm{J}).$$

例 2　把一个带 $+q$ 电量的点电荷放在 x 轴上坐标原点 O 处．它产生一个电场，这个电场对周围的电荷有作用力，如果有一个单位正电荷放在这个电场中距离原点 O 为 r 的地方，由物理学知识我们知道，电场对它作用力的大小为

$$F = k\frac{q}{r^2}(k\ 为常数).$$

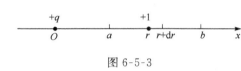

图 6-5-3

如图 6-5-3 所示，试计算：当这个单位正电荷在电场中从 $r=a$ 沿着 x 轴移动到 $r=b$ 处时，电场力 F 对它所做的功．

解　在单位正电荷移动过程中，电场对它的作用力是变力，问题归结为变力沿直线做功的情形来处理．

如果取 r 为积分变量，它的变化区间为 $[a, b]$，且在 $[a, b]$ 上，任意取区间微元 $[r, r+\mathrm{d}r]$，当正电荷从 r 移动到 $r+\mathrm{d}r$ 时，电场力可近似看作常力，并且用在点 r 处单位正电荷受到的电场力代替，于是它移动 $\mathrm{d}r$ 所做的功的近似值，即功微元为

$$\mathrm{d}W = k\frac{q}{r^2}\mathrm{d}r,$$

从而电场力对单位正电荷在 $[a, b]$ 上移动所做的功为

$$W = \int_a^b k\frac{q}{r^2}\mathrm{d}r = kq\int_a^b \frac{1}{r^2}\mathrm{d}r = kq\left[-\frac{1}{r}\right]_a^b = kq\left(\frac{1}{a} - \frac{1}{b}\right).$$

将单位正电荷从 $r=a$ 点移至无穷远处时，电场力所做的功称为电场中 $r=a$ 点处的电位 V．于是

$$V = kq\int_a^{+\infty} \frac{1}{r^2}\mathrm{d}r = kq\left[-\frac{1}{r}\right]_a^{+\infty} = \frac{kq}{a}.$$

例 3　设有一直径为 20m 的半球形水池，池内储满水，若把水抽净尽，问至少需做多少功？

解　本题要计算克服重力所做的功，要将水抽出，池中水至少要升高到池的表面，由此可见对不同深度 x 的单位的质点所需做的功不同，而对同一深度 x 的单位质点所做的功相同．

建立如图 6-5-4 所示的坐标系，即 Oy 轴取在水平面上，将原点置于球心处，而 Ox 轴向下（此时 x 表示深度）．这样，半球形可看作曲线 $x^2 + y^2 = 100$ 在第一象限的部分绕 Ox 轴旋转而成的旋转体，深度 x 的变化区间是 $[0, 10]$．因同一深度的质点升高的高度相同，故计算功时，宜用平行于水平面的平面截半球而成的许多小薄片来计算．

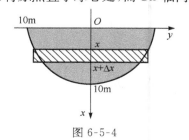

图 6-5-4

选取区间微元 $[x, x+\mathrm{d}x]$，相应于该区间微元的一层

水的体积为

$$dV = \pi y^2 dx = \pi(100 - x^2)dx,$$

抽出这层水所做的功微元为

$$dW = g\rho\pi(100 - x^2)dx \cdot x = g\rho\pi x(100 - x^2)dx,$$

其中 $\rho = 1\,000(\mathrm{kg/m^3})$ 是水的密度，$g = 9.8(\mathrm{m/s^2})$ 是重力加速度.

于是，所求功为

$$W = \int_0^{10} g\rho\pi x(100 - x^2)dx = g\rho\pi \int_0^{10} x(100 - x^2)dx$$

$$= \left[-\frac{g\rho\pi}{4}(100 - x^2)^2 \right]_0^{10} = \frac{g\rho\pi}{4} \times 10^4 \approx 7.693 \times 10^7 (\mathrm{J}).$$

6.5.2　水压力

从物理学知识知道，在水深为 h 处的压强为 $p = \rho g h$，这里 ρ 是水的密度，g 是重力加速度. 如果有一面积为 A 的平板水平地放置在水深为 h 处，那么，平板一侧所受的水压力为

$$P = p \cdot A.$$

如果平板铅直放置在水中，那么，由于水深不同的点压强 p 不相等，平板所受的水压力就不能用上述方法计算，下面举例说明它的计算方法.

例 4　一个横放着的圆柱形水桶，桶内盛有半桶水（图 6-5-5(a)），设桶的底半径为 R，水的密度为 ρ，计算桶的一个端面上所受的压力.

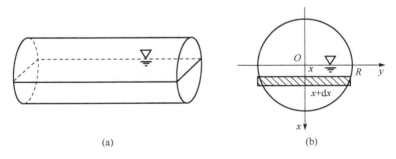

图 6-5-5

解　桶的一个端面是圆片，所以现在要计算的是当水平面通过圆心时，铅直放置的一个半圆片的一侧所受到的水压力.

如图 6-5-5(b)，在这个圆片上取过圆心且铅直向下的直线为 x 轴，过圆心的水平线为 y 轴，对这个坐标系来讲，所讨论的半圆的方程为 $x^2 + y^2 = R^2 (0 \leqslant x \leqslant R)$，取 x 为积分变量，它的变化区间为 $[0, R]$. 设 $[x, x + dx]$ 为 $[0, R]$ 上的任一小区间，半圆片上相应于 $[x, x + dx]$ 的窄条上各点处的压强近似等于 $\rho g x$，这窄条的面积近似于 $2\sqrt{R^2 - x^2}dx$. 因此，这窄条一侧所受水压力的近似值，即压力微元为

$$dP = 2\rho g x \sqrt{R^2 - x^2}dx.$$

于是，所求压力为

$$P = \int_0^R 2\rho g x \sqrt{R^2 - x^2}\,\mathrm{d}x = -\rho g \int_0^R \sqrt{R^2 - x^2}\,\mathrm{d}(R^2 - x^2)$$

$$= -\rho g \left[\frac{2}{3}(R^2 - x^2)^{\frac{3}{2}} \right]_0^R = \frac{2}{3}\rho g R^3.$$

例5 将直角边各为 a 及 $2a$ 的直角三角形薄板垂直地浸入水中,斜边朝下,直角边的边长与水平面平行,且该边到水面的距离恰好等于该边的边长,求薄板所受的侧压力.

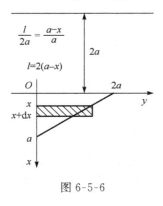

图 6-5-6

解 如图 6-5-6,建立坐标系,取 x 为积分变量,它的变化区间为 $[0,a]$,矩形片上相应于 $[x,x+\mathrm{d}x]$ 的窄条上各点处的压强近似等于 $\rho g(x+2a)$,这窄条的面积近似于 $2(a-x)$ $\mathrm{d}x \left(\text{因为} \dfrac{l}{2a} = \dfrac{a-x}{a} \right)$. 因此,这窄条一侧所受水压力的近似值,即压力微元为

$$\mathrm{d}P = 2\rho g(x+2a)(a-x)\mathrm{d}x.$$

于是,所求压力为

$$P = \int_0^a 2\rho g(x+2a)(a-x)\mathrm{d}x = 2\rho g \int_0^a (2a^2 + ax - x^2)\mathrm{d}x$$

$$= 2\rho g \left(2a^2 x + \frac{a}{2}x^2 - \frac{1}{3}x^3 \right) \Big|_0^a = \frac{7}{3}\rho g a^3.$$

6.5.3 引力

从物理学知识我们知道,质量为 m_1、m_2,相距为 r 的两质点间的引力为

$$F = k\frac{m_1 m_2}{r^2},$$

其中 k 为引力系数,引力的方向沿着两质点的连线方向.

如要计算一根细棒对一个质点的引力,那么,由于细棒上各点与该质点的距离是不相同的,且各点对该质点的引力的方向也是变化的,就不能直接引用上述公式来计算.下面举例说明它的计算方法.

例6 设有一长度为 l,线密度为 ρ 的均匀细棒,另有一质量为 m 的质点位于细棒所在的直线上,且到棒的近端距离为 a,求棒与质点之间的引力.

解 取坐标系(图 6-5-7)所示.

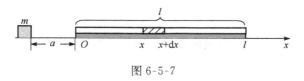

图 6-5-7

取 x 为积分变量,它的变化区间为 $[0,l]$,在 $[0,l]$ 上任意取一小区间 $[x,x+\mathrm{d}x]$,把它近似看成质点,其质量为 $\rho\mathrm{d}x$,与质点的距离近似为 $x+a$,于是该小段与质点的引力近似值,即引力 F 的微元为

$$\mathrm{d}F = k\frac{m\rho\mathrm{d}x}{(x+a)^2}.$$

于是细棒与质点之间的引力为

$$F = \int_0^l k \frac{m\rho \mathrm{d}x}{(x+a)^2} = km\rho \int_0^l \frac{\mathrm{d}x}{(x+a)^2} = km\rho \left(-\frac{1}{x+a}\right)_0^l = k\frac{m\rho l}{a(l+a)}.$$

如果质点位于细棒左端或右端的垂线上，且距细棒的距离为 a，这种情况下，细棒每小段对质点引力的方向是变化的，必须先把它们分解为水平方向与垂直方向的分力后，才可按水平方向，垂直方向相加.

习　题　6-5

1. 由胡克定律知：弹簧在弹性限度内在外力作用下伸长时，其弹性力的大小与伸长量成正比，方向指向平衡位置. 今有一弹簧. 在弹性限度内已知每拉长 1cm 要用 19.6N 的力，试将此弹簧由平衡位置拉长 5cm 时，求为克服弹簧的弹力所要做的功.

2. 物体按规律 $x = ct^3 (c > 0)$ 做直线运动，设介质阻力与速度的平方成正比，求物体从 $x = 0$ 运动到 $x = a$ 阻力所做的功.

3. 一圆台形水池，深 15m，上、下半径分别为 20m 和 10m，如果将其中盛满的水全部抽尽. 需做多少功？

4. 设某水箱的底部半径为 r 的半球体，上部为同直径的高为 H 的圆柱体，水箱内水深为 h，且 $0 < h - r < H$，求将水全部抽出所需做的功(已知水的比重为 ω).

5. 水坝中有一直立的矩形闸门，宽 20m，高 10m，闸门的上端与水面平行，试求以下情况闸门所受的压力：

(1) 闸门的上端与水面平齐时；

(2) 水面在闸门的顶上 8m 时.

6. 洒水车上的水箱是一个横放的椭圆柱体，长 4m，椭圆面的短轴长 1.5m，长轴长 2m，当水箱装满水时，求水箱的一个端面所受的压力.

7. 设一底半径为 r，高为 h 的圆锥形容器被隔成左右对称不相连通的两部分，两部分都盛满水. 若把右半部分的水抽出一部分，使容器的中间隔板的左边所受的压力 $F_{左}$ 为右边所受压力 $F_{右}$ 的 8 倍，求抽掉右边那部分水所需做的功 W.

8. 设半径为 R，总质量为 M 的均匀细半圆环，其圆心处有一质量为 m 的质点，求半圆环对质点的引力.

9. 设有一长度为 l，线密度为 ρ 的均匀细直棒，在与棒的一端垂直距离为 a 单位处有一质量为 m 的质点 M，试求这细棒对质点 M 的引力.

总 习 题 六

1. 求界于直线 $x = 0$、$x = 2\pi$ 之间、由曲线 $y = \sin x$ 和 $y = \cos x$ 所围成的平面图形的面积.

2. 求椭圆 $x^2 + \frac{1}{3}y^2 = 1$ 和 $\frac{1}{3}x^2 + y^2 = 1$ 的公共部分的面积.

3. 求曲线 $y = e^x$ 及该曲线的过原点的切线和 x 轴的负半轴所围成的平面图形的面积.

4. 下列可表示由双纽线 $(x^2 + y^2)^2 = x^2 - y^2$ 围成的平面区域的面积的是(　　　).

(A) $2 \int_0^{\frac{\pi}{4}} \cos 2\theta \mathrm{d}\theta$;

(B) $4 \int_0^{\frac{\pi}{4}} \cos 2\theta \mathrm{d}\theta$;

(C) $2 \int_0^{\frac{\pi}{2}} \sqrt{\cos 2\theta} \mathrm{d}\theta$;

(D) $\frac{1}{2} \int_0^{\frac{\pi}{4}} \cos^2 2\theta \mathrm{d}\theta$.

5. 求曲线 $y = \sin x$ 在区间 $[0, \pi]$ 内的一条切线，使得该切线与直线 $x = 0, x = \pi$ 及曲线 $y = \sin x$ 所围图形的面积最小.

6. 已知曲线 l 的参数方程为

$$\begin{cases} x = at^3 \\ y = t^2 - bt \end{cases} \quad (a > 0, b > 0),$$

且 l 在 $t=1$ 所对应的点处的切线斜率为 $\frac{1}{3}$,试确定 a,b 的值,使曲线 l 与 x 轴所围成的图形面积最大.

7. 求由柱体 $x^2+y^2\leqslant a^2$ 与 $x^2+z^2\leqslant a^2$ 的公共部分所围成图形的体积.

8. 将抛物线 $y=x^2-ax$ 在横坐标 0 与 $c(c>a>0)$ 之间的弧段绕 x 轴旋转,问 c 为何值时,所得旋转体体积 V 等于弦 $OP(P$ 为抛物线与 $x=c$ 的交点)绕 x 轴旋转所得椎体体积.

9. 一个棱锥体的底面是边长为 $2a$ 的正方形,高为 h,求此棱锥体的体积.

10. 作半径为 r 的球的外切正圆锥,问此圆锥的高 h 为何值时,其体积 V 最小? 求出此最小值.

11. 过曲线 $y=x^2(x\geqslant 0)$ 上某点 A 作一切线,使之与曲线及 x 轴所围成图形的面积为 $\frac{1}{12}$,试求此图形绕 x 轴旋转所得的旋转体的体积.

12. 已知曲线 $y=a\sqrt{x}(a>0)$ 与曲线 $y=\ln\sqrt{x}$ 在点 (x_0,y_0) 处有公共切线,求两曲线与 x 轴所围成的平面图形绕 x 轴旋转所得的旋转体的体积.

13. 设曲线方程为 $y=\mathrm{e}^{-x}(x\geqslant 0)$,把曲线 $y=\mathrm{e}^{-x}$、x 轴、y 轴和直线 $x=\xi(\xi>0)$ 所围成平面图形绕 x 轴旋转一周的旋转体的体积为 $V(\xi)$,求满足 $V(a)=\frac{1}{2}\lim\limits_{\xi\to+\infty}V(\xi)$ 的 a.

14. 设抛物线 $y=ax^2+bx+c$ 过原点,当 $0\leqslant x\leqslant 1$ 时 $y\geqslant 0$;又已知该抛物线与 x 轴及直线 $x=1$ 所围成图形的面积为 $\frac{1}{3}$. 试确定 a,b,c,使此图形绕 x 轴旋转一周而成的旋转体的体积最小.

15. 设曲线 $y=ax^2(a>0,x\geqslant 0)$ 与 $y=1-x^2$ 交于点 A,过坐标原点 O 和点 A 的直线与曲线 $y=ax^2$ 围成一平面图形,问 a 为何值时,该图形绕 x 轴旋转一周所得的旋转体的体积最大? 最大体积是多少?

16. 设有一截锥体,其高为 h,上、下底均为椭圆,椭圆的轴长分别为 $2a,2b$ 和 $2A,2B$,求这截锥体的体积.

17. 证明:由平面图形 $0\leqslant a\leqslant x\leqslant b,0\leqslant y\leqslant f(x)$ 绕 y 轴旋转所成的旋转体的体积为

$$V=2\pi\int_a^b xf(x)\mathrm{d}x.$$

18. 证明双纽线 $r^2=2a^2\cos 2\theta$ 的全长 L 可表示为 $L=4\sqrt{2}a\int_0^1\dfrac{\mathrm{d}x}{\sqrt{1-x^4}}$.

19. 设 $\rho=\rho(x)$ 是抛物线 $y=\sqrt{x}$ 上任一点 $M(x,y)\ (x\geqslant 1)$ 处的曲率半径,$s=s(x)$ 是该抛物线上介于点 $A(1,1)$ 与 M 之间的弧长,计算 $3\rho\dfrac{\mathrm{d}^2\rho}{\mathrm{d}s^2}-\left(\dfrac{\mathrm{d}\rho}{\mathrm{d}s}\right)^2$ 的值.

20. 已知曲线 $y=\sin x$ 在 $[0,\pi]$ 上的弧长为 l,试用 l 表示曲线 $x^2+2y^2=1$ 在第一象限的弧长 s.

21. 求下列曲线的一段弧长.

(1) $y=\displaystyle\int_0^x\sqrt{\sin t}\,\mathrm{d}t\quad(0\leqslant x\leqslant\pi)$;

(2) $\begin{cases}x=\displaystyle\int_1^t\dfrac{\cos u}{u}\mathrm{d}u\\[2mm]y=\displaystyle\int_1^t\dfrac{\sin u}{u}\mathrm{d}u\end{cases}\quad\left(1\leqslant t\leqslant\dfrac{\pi}{2}\right)$.

22. 一金属棒长 3m,离棒左端 xm 处的线密度为 $\rho(x)=\dfrac{1}{\sqrt{x+1}}$(kg/m),问 x 为何值时,$[0,x]$ 一段的质量为全棒质量的一半.

23. 半径为 R 的球沉入水中,球的上部与水面相切,球的密度与水相同,现将球从水中取出,需做多少功?

24. 水槽为半圆柱形,其长和半径分别为 a 和 R,设平放的水槽盛满了水,现把水槽里的水从水槽边上抽出,问将此水槽的水抽完要做多少功(设水的密度为 μ)?

25. 边长为 a 和 b 的矩形薄板,与液面成 α 角斜沉于液体内,长边平行于液面而位于深 h 处,设 $a>b$,液体的密度为 ρ,试求薄板每面所受的压力.

26. 圆柱形储油罐的高为 4m,底半径为 2m,已知储油的密度为 $900 \text{kg}/\text{m}^3$,求该直立式储油罐当装满油时,管壁所受的压力.

27. 设星形线 $x = a\cos^3 t, y = a\sin^3 t$ 上每一点处的线密度的大小等于该点到原点距离的立方,在原点 O 处有一单位质点,求星形线在第一象限的弧段对这个质点的引力.

28. 求函数 $y = 2x\text{e}^{-x}$ 在 $[0,2]$ 上的平均值.

第7章　空间解析几何与向量代数

在平面解析几何中,通过坐标法把平面上的点与一对有次序的数对应起来,把平面上的图形和方程对应起来,从而可以用代数方法来研究几何问题.空间解析几何也是按照类似的方法建立起来的.

正像平面解析几何的知识对学习一元函数微积分是不可缺少的一样,空间解析几何的知识对学习多元函数微积分也是必要的.

本章首先引进向量的概念以及向量的线性运算,在此基础上建立空间直角坐标系,然后利用坐标讨论向量的运算,并介绍空间解析几何的有关内容,其主要内容包括平面和直线方程、一些常用的空间曲线和曲面的方程以及关于它们的某些问题.

7.1　向量及其线性运算

7.1.1　向量的概念

在现实生活中,经常会用到诸如距离、温度、密度、质量、长度、面积、体积等变量,对于这些量的测定,我们只需记下一个实数与一个合适的单位名称即可,像这种只有大小没有方向的量,称之为**数量**(或**标量**).然而实际生活中我们也经常会遇到一些比较复杂的量,如果仅用量的大小就很难描述清楚.比如,当你准备驾机从北京飞往广州时,除了要知道飞行的距离外,还必须明确飞行的方向(否则找不到去广州的路线),这两个指标一起才能度量这两个城市之间的位移;又如对力、位移、速度、加速度等变量的描述,也同样需要大小和方向两个要素,像这种既有大小又有方向的量称为**向量**(或**矢量**).

图 7-1-1

在几何上,往往用空间中的一条有方向的线段,即有向线段来表示向量.有向线段的长度表示向量的大小,有向线段的方向表示向量的方向.如图 7-1-1 所示,以 M_1 为起点、M_2 为终点的有向线段所表示的向量记作 $\overrightarrow{M_1M_2}$. 有时也用一个粗体字母或书写时用一个上面加箭头的字母来表示向量,例如,a,i,v,F 或 $\vec{a},\vec{i},\vec{v},\vec{F}$ 等.

注　向量的大小和方向是组成向量不可分割的部分,也是向量与数量的根本区别所在.因此,在讨论向量运算时,必须将它的大小和方向统一起来考虑.

向量的大小称为向量的**模**.例如,向量 $\overrightarrow{M_1M_2},a,\vec{a}$ 的模依次记为 $|\overrightarrow{M_1M_2}|,|a|,|\vec{a}|$. 模等于 1 的向量称为**单位向量**.模等于零的向量叫做**零向量**,记为 **0** 或 $\vec{0}$.零向量的起点和终点重合,它的方向可以看做是任意的.

在实际问题中,有些向量与其起点有关(例如质点运动的速度与该质点的位置有关、一个力与该力的作用点的位置有关),有些向量与其起点无关.由于一切向量的共性是它们都有大小和方向,因此在数学上我们只研究与起点无关的向量,并称这种向量为**自由向量**(以后简称**向量**),即只考虑向量的大小和方向,而不论它的起点在什么地方.因此,我们可以把一个向量自由平移,使它的起点位置为任意点.

由于我们只讨论自由向量,所以如果两个向量 a 和 b 的模相等,且方向相同,我们就说向量 a 和 b 相等,记为 $a=b$. 这就是说,经过平行移动后能完全重合的向量是相等的.

如果两个非零向量 a 与 b 的方向相同或者相反,就称这两个向量**平行**,记作 $a /\!/ b$. 由于零向量的方向可以看作是任意的,因此可以认为**零向量**平行于**任何向量**.

当两个平行向量的起点放在同一点时,它们的终点和公共起点应在一条直线上,因此,两向量平行,又称两向量**共线**.

类似地,还可引入向量共面的概念. 设有 $k(k\geqslant 3)$ 个向量,当把它们的起点放在同一点时,如果 k 个终点和公共起点在一个平面上,就称这 k 个向量**共面**.

7.1.2　向量的线性运算

向量加减及数乘向量统称为向量的**线性运算**. 下面我们分别来介绍.

1. 向量的加减法

定义 1　设有两个向量 a 与 b,任取一点 A,作 $\overrightarrow{AB}=a$,再以 B 为起点,作 $\overrightarrow{BC}=b$,连接 AC (图 7-1-2),则向量 $\overrightarrow{AC}=c$ 称为向量 a 与 b 的和,记作 $a+b$,即
$$c=a+b.$$
上述作出两向量之和的方法称为向量相加的**三角形法则**.

类似地,也有向量相加的**平行四边形法则**,即当向量 a 与 b 不平行时,任取一点 A,作 $\overrightarrow{AB}=a$,$\overrightarrow{AD}=b$,以 AB,AD 为边作一平行四边形 $ABCD$,连接对角线 AC(图 7-1-3),显然向量 $\overrightarrow{AC}$ 即等于向量 a 与 b 的和 $a+b$.

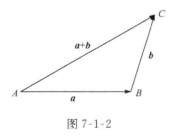

图 7-1-2　　　　　　　　　　　　图 7-1-3

向量的加法满足下列运算规律:

(1) 交换律　$a+b=b+a$;

(2) 结合律　$(a+b)+c=a+(b+c)$.

对于(1),按向量加法的三角形法则,从图 7-1-3 可见
$$a+b=\overrightarrow{AB}+\overrightarrow{BC}=\overrightarrow{AC}=c,$$
$$b+a=\overrightarrow{AD}+\overrightarrow{DC}=\overrightarrow{AC}=c,$$
所以向量的加法满足交换律.

对于(2),如图 7-1-4 所示,先作 $a+b$,再将其与 c 相加,即得和 $(a+b)+c$,如以 a 与 $(b+c)$ 相加,则得同一结果,所以向量的加法满足结合律.

由于向量的加法满足交换律与结合律,故 n 个向量 $a_1,a_2,\cdots,a_n(n\geqslant 3)$ 相加可写成 $a_1+a_2+\cdots+a_n$,并按向量相加的三角形法则,可得 n 个向量相加的法则如下:使前一向量的终点作为次一向量的起点,相继作向量 $a_1,a_2,\cdots$,

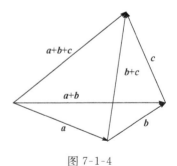

图 7-1-4

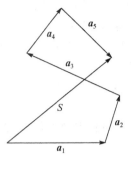

图 7-1-5

a_n,再以第一向量的起点为起点,最后一向量的终点为终点作一向量,这个向量即为所求的和.如图 7-1-5,有
$$s=a_1+a_2+a_3+a_4+a_5.$$

设 a 为一向量,与 a 的模相等而方向相反的向量称为 a 的**负向量**,记为 $-a$. 由此,我们规定两个向量 b 与 a 的差
$$b-a=b+(-a).$$
即向量 b 与 $-a$ 的和就是向量 b 与 a 的差 $b-a$(图 7-1-6).特别地,当 $a=b$ 时,有 $a-a=a+(-a)=0$.

显然,任给向量 $\overrightarrow{AB}$ 及点 O,有
$$\overrightarrow{AB}=\overrightarrow{AO}+\overrightarrow{OB}=\overrightarrow{OB}-\overrightarrow{OA},$$
因此,若把向量 a 与 b 移到同一起点 O,则从 a 的终点 A 向 b 的终点 B 所引的向量 $\overrightarrow{AB}$ 便是向量 b 与 a 的差 $b-a$(图 7-1-7).

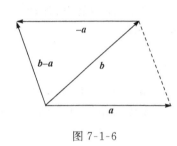

图 7-1-6

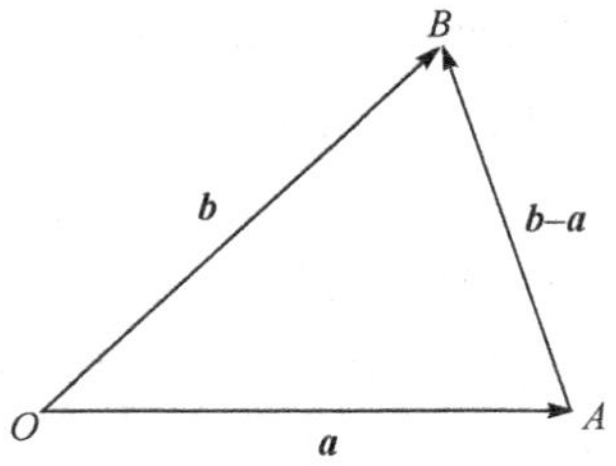

图 7-1-7

由三角形两边之和大于第三边的原理,有
$$|a+b|\leqslant|a|+|b| \quad 及 \quad |a-b|\leqslant|a|+|b|,$$
其中等号在 a 与 b 同向或反向时成立.

2. 向量与数的乘法

定义 2　实数 λ 与向量 a 的乘积是一个向量,记作 λa,λa 的模是 a 的模的 $|\lambda|$ 倍,即
$$|\lambda a|=|\lambda||a|.$$
当 $\lambda>0$ 时,λa 与 a 的方向相同;当 $\lambda<0$ 时,λa 与 a 的方向相反;当 $\lambda=0$ 时,$|\lambda a|=0$,即 $\lambda a=0$.

从几何上看,当 $\lambda>0$ 时,λa 的大小是 a 的大小的 λ 倍,方向不变;当 $\lambda<0$ 时,λa 的大小是 a 的大小的 $|\lambda|$ 倍,方向相反(图 7-1-8).

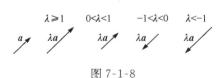

图 7-1-8

特别地,当 $\lambda=\pm1$ 时,有
$$1a=a, \quad (-1)a=-a.$$
数与向量的乘积满足下列运算规律:

(1) **结合律**　$\lambda(\mu a)=\mu(\lambda a)=(\lambda\mu)a.$

事实上,由数与向量的乘积的定义可知,向量 $\lambda(\mu a)$,$\mu(\lambda a)$,$(\lambda\mu)a$ 都是平行的向量,它们的方向也是相同的,而且
$$|\lambda(\mu a)|=|\mu(\lambda a)|=|(\lambda\mu)a|=|\lambda\mu||a|,$$
所以　　　　　　　$\lambda(\mu a)=\mu(\lambda a)=(\lambda\mu)a.$

（2）**分配律**　$(\lambda+\mu)a=\lambda a+\mu a$, $\lambda(a+b)=\lambda a+\lambda b$.

类似地，这个规律同样可以按数与向量的乘积的定义来证明.

例 1　在平行四边形 $ABCD$ 中，设 $\overrightarrow{AB}=a$, $\overrightarrow{AD}=b$ ，试用 a 和 b 表示向量 $\overrightarrow{MA}$, $\overrightarrow{MB}$, $\overrightarrow{MC}$ 和 $\overrightarrow{MD}$ ，这里 M 是平行四边形对角线的交点（图 7-1-9）.

图 7-1-9

解　由于平行四边形的对角线互相平分，所以
$$a+b=\overrightarrow{AC}=2\,\overrightarrow{AM},$$
即 $-(a+b)=2\,\overrightarrow{MA}$ ，故
$$\overrightarrow{MA}=-\frac{1}{2}(a+b);\qquad \overrightarrow{MC}=-\overrightarrow{MA}=\frac{1}{2}(a+b).$$

又 $b-a=\overrightarrow{BD}=2\,\overrightarrow{MD}$ ，故
$$\overrightarrow{MD}=\frac{1}{2}(b-a);\qquad \overrightarrow{MB}=-\overrightarrow{MD}=-\frac{1}{2}(b-a)=\frac{1}{2}(a-b).$$

通常将与向量 a 同方向的单位向量称为 a 的单位向量，记作 a°（图 7-1-10）. 由数与向量的乘积的定义，有
$$a=|a|a^{\circ},\quad a^{\circ}=\frac{a}{|a|}.$$

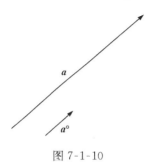

图 7-1-10

这表示一个非零向量除以它的模的结果是一个与原向量同方向的单位向量，这一过程又称为将向量单位化.

根据数与向量的乘积的定义，λa 与 a 平行. 因此，我们常用数与向量的乘积来说明两个向量的平行关系.

定理 1　设向量 $a\neq0$ ，那么，向量 b 平行于 a 的充分必要条件是：存在唯一的实数 λ ，使 $b=\lambda a$.

证明　条件的充分性是显然的，下面证明条件的必要性.

设 $b//a$ ，取 $\lambda=\pm\frac{|b|}{|a|}$ ，当 b 与 a 同向时 λ 取正值，当 b 与 a 反向时 λ 取负值，即有 $b=\lambda a$. 这是因为此时 b 与 λa 同向，且
$$|\lambda a|=|\lambda|\,|a|=\frac{|b|}{|a|}|a|=|b|.$$

再证数 λ 的唯一性. 设存在 λ,μ ，使 $b=\lambda a$, $b=\mu a$ ，两式相减，便得
$$(\lambda-\mu)a=0,\quad 即\,|\lambda-\mu|\,|a|=0.$$
因为 $a\neq0$ ，则 $|a|\neq0$ ，故 $|\lambda-\mu|=0$ ，即 $\lambda=\mu$.

定理 1 是建立数轴的理论依据. 我们知道，给定一个点、一个方向及单位长度，就确定了一条数轴. 又由于一个单位向量既确定了方向，又确定了单位长度，因此，给定一个点及一个单位向量就确定了一条数轴.

设点 O 及单位向量 i 确定了数轴 Ox ，如图 7-1-11，则对于轴上任一点 P ，对应一个向量 $\overrightarrow{OP}$ ，由于 $\overrightarrow{OP}//i$ ，根据定理 1，必存在唯一的实数 x ，使
$$\overrightarrow{OP}=xi,$$
其中 x 称为数轴上有向线段 $\overrightarrow{OP}$ 的值，这样，向量 $\overrightarrow{OP}$ 就与实数 x 一一对应了. 于是

图 7-1-11

$$点\ P\leftrightarrow向量\overrightarrow{OP}=x\boldsymbol{i}\leftrightarrow实数\ x,$$

即数轴上的点 P 与实数 x 一一对应. 我们定义实数 x 为数轴上点 P 的**坐标**.

例 2 在 x 轴上取一点 O 作为坐标原点. 设 A,B 是 x 轴上两点,点 A 的坐标为 5,且向量 $\overrightarrow{AB}=-3\boldsymbol{i}$,其中 $\boldsymbol{i}$ 是与 x 轴同方向的单位向量,求点 B 的坐标.

解 因为点 A 在 x 轴上的坐标为 5,所以 $\overrightarrow{OA}=5\boldsymbol{i}$,又 $\overrightarrow{AB}=-3\boldsymbol{i}$,于是

$$\overrightarrow{OB}=\overrightarrow{OA}+\overrightarrow{AB}=5\boldsymbol{i}-3\boldsymbol{i}=2\boldsymbol{i},$$

故点 B 的坐标为 2.

例 3 试用向量证明三角形两边中点的连线平行于第三边,且其长度等于第三边的一半.

证明 设 D,E 分别为 AB,AC 的中点,则

$$\overrightarrow{AD}=\frac{1}{2}\overrightarrow{AB},\quad \overrightarrow{AE}=\frac{1}{2}\overrightarrow{AC},\quad \overrightarrow{BC}=\overrightarrow{AC}-\overrightarrow{AB},$$

所以

$$\overrightarrow{DE}=\overrightarrow{AE}-\overrightarrow{AD}=\frac{1}{2}\overrightarrow{AC}-\frac{1}{2}\overrightarrow{AB}=\frac{1}{2}\overrightarrow{BC},$$

因此

$$\overrightarrow{DE}//\overrightarrow{BC},且\ |\overrightarrow{DE}|=\frac{1}{2}|\overrightarrow{BC}|.$$

习 题 7-1

1. 填空:

(1) 要使 $|\boldsymbol{a}+\boldsymbol{b}|=|\boldsymbol{a}-\boldsymbol{b}|$ 成立,向量 $\boldsymbol{a},\boldsymbol{b}$ 应满足_____;

(2) 要使 $|\boldsymbol{a}+\boldsymbol{b}|=|\boldsymbol{a}|+|\boldsymbol{b}|$ 成立,向量 $\boldsymbol{a},\boldsymbol{b}$ 应满足_____;

(3) 把空间中一切单位向量归结到共同的始点,则终点构成_____;

(4) 把平行于某一直线的一切单位向量归结到共同的始点,则终点构成_____;

2. 设 $\boldsymbol{u}=\boldsymbol{a}-\boldsymbol{b}+2\boldsymbol{c},\boldsymbol{v}=-\boldsymbol{a}+3\boldsymbol{b}-\boldsymbol{c}.$ 试用 $\boldsymbol{a},\boldsymbol{b},\boldsymbol{c}$ 表示向量 $2\boldsymbol{u}-3\boldsymbol{v}.$

3. 化简 $\boldsymbol{a}-\boldsymbol{b}+5\left(-\dfrac{2}{3}\boldsymbol{b}+\dfrac{\boldsymbol{b}-3\boldsymbol{a}}{5}\right).$

4. 如果平面上一个四边形的对角线互相平分,试用向量证明它是平行四边形.

5. 把 $\triangle ABC$ 的 BC 边五等分,设分点依次为 D_1,D_2,D_3,D_4,再把各分点与点 A 连接,试以 $\overrightarrow{AB}=\boldsymbol{c},\overrightarrow{BC}=\boldsymbol{a}$ 表示向量 $\overrightarrow{D_1A},\overrightarrow{D_2A},\overrightarrow{D_3A}$ 和 $\overrightarrow{D_4A}.$

6. 求证空间四边形相邻各边中点连线构成平行四边形.

7. 设 AM 是 $\triangle ABC$ 中心,求证 $\overrightarrow{AM}=\dfrac{1}{2}(\overrightarrow{AB}+\overrightarrow{AC}).$

8. 用向量法证明三角形两边三等分处 $\left(距公共顶点为边长\dfrac{1}{3}处\right)$ 相连线段平行且等于第三边的 $\dfrac{1}{3}.$

7.2 空间直角坐标系 向量的坐标

本节将在向量的基础上介绍空间直角坐标系,进一步建立空间中的点与有序数组的对应关系,引进研究向量的代数方法,从而建立代数方法与几何直观的联系.

7.2.1 空间直角坐标系

在平面解析几何中,我们建立了平面直角坐标系,并通过平面直角坐标系,将平面中的点

与有序数组(即点的坐标(x,y))对应起来.同样,为了把空间中的任一点与有序数组对应起来,我们建立空间直角坐标系.

过空间中一定点 O,作三个两两垂直的单位向量 i,j,k,就确定了三条都以 O 为原点的两两垂直的数轴,依次记为 x 轴(横轴)、y 轴(纵轴)、z 轴(竖轴),统称为**坐标轴**.它们构成一个空间直角坐标系 $Oxyz$,点 O 称为坐标原点.

空间直角坐标系有右手系和左手系两种.通常采用右手系(图 7-2-1),其坐标轴的正向按如下方式规定:首先选定 x 轴和 y 轴的正向,然后以右手握住 z 轴,当右手的四个手指从 x 轴正向以 $\dfrac{\pi}{2}$ 角度转向 y 轴正向时,大拇指的指向就是 z 轴的正向.

三条坐标轴中的任意两条可以确定一个平面,这样定出的三个平面统称为**坐标面**.x 轴及 y 轴所确定的坐标面称为 xOy 面,另两个由 y 轴及 z 轴和由 z 轴及 x 轴所确定的坐标面,分别称为 yOz 面及 zOx 面.三个坐标面把空间分成八个部分,每一部分称为一个**卦限**,共八个卦限.其中,$x>0,y>0,z>0$ 部分为第 Ⅰ 卦限,第 Ⅱ、Ⅲ、Ⅳ 卦限在 xOy 面的上方,按逆时针方向确定.第 Ⅴ、Ⅵ、Ⅶ、Ⅷ 卦限在 xOy 面的下方,由第 Ⅰ 卦限正下方的第 Ⅴ 卦限,按逆时针方向确定(图 7-2-2).

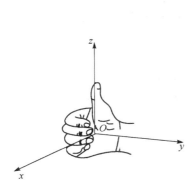

图 7-2-1

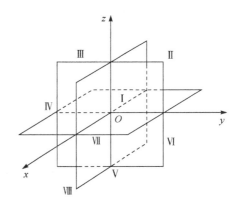

图 7-2-2

定义了空间直角坐标系后,就可以用一组有序数来确定空间中点的位置.设 M 为空间中任意一点(图 7-2-3),过点 M 分别作垂直于 x 轴、y 轴、z 轴的平面,它们与 x 轴、y 轴、z 轴分别交于 P,Q,R 三点,这三点在 x 轴、y 轴、z 轴上的坐标分别为 x,y,z.这样,空间的一点 M 就唯一确定了一个有序数组 x,y,z.反之,若给定一有序数组 x,y,z,就可以分别在 x 轴、y 轴、z 轴找到坐标分别为 x,y,z 的三个点 P,Q,R,过这三点分别垂直于 x 轴,y 轴,z 轴的平面,这三个平面的交点就是有序数组 x,y,z 所确定的唯一的点 M.这样就建立了空间的点 M 和有序数组 x,y,z 之间的一一对应关系.这组数 x,y,z 称为点 M 的**坐标**,并依次称 x,y 和 z 为点 M 的**横坐标**、**纵坐标**、**竖坐标**,记为 $M(x,y,z)$.

坐标面和坐标轴上的点,其坐标各有一定的特征.例如,x 轴上的点,其纵坐标 $y=0$,竖坐标 $z=0$,于是,其坐标为 $(x,0,0)$;同理,y 轴上的点的坐标为 $(0,y,0)$;z 轴上的点的坐标为 $(0,0,z)$.xOy 面上的

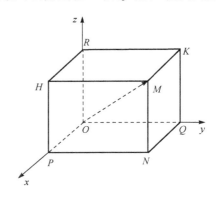

图 7-2-3

点的坐标为 $(x,y,0)$；yOz 面上的点的坐标为 $(0,y,z)$；zOx 面上的点的坐标为 $(x,0,z)$.

设点 $M(x,y,z)$ 为空间一点，则点 M 关于坐标面 xOy 的对称点为 $M_1(x,y,-z)$；关于 x 轴的对称点为 $M_2(x,-y,-z)$；关于原点的对称点为 $M_3(-x,-y,-z)$.

7.2.2　向量的坐标表示

前面讨论的向量的各种运算称为几何运算，只能在图形表示，计算起来不方便. 现在我们引入向量的坐标表示，以便将向量的几何运算转化为代数运算.

任意给定空间中一向量 r，将向量 r 平行移动，使其起点与坐标原点重合，终点为 $M(x,y,z)$，则有 $\overrightarrow{OM}=r$. 以 OM 为对角线、三条坐标轴为棱作长方体，如图 7-2-4 所示，根据向量的加法法则，有

$$r=\overrightarrow{OM}=\overrightarrow{OP}+\overrightarrow{PN}+\overrightarrow{NM}=\overrightarrow{OP}+\overrightarrow{OQ}+\overrightarrow{OR},$$

以 i,j,k 分别表示沿 x,y,z 轴正向的单位向量，则有

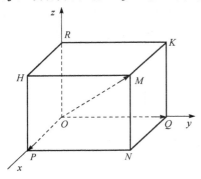

图 7-2-4

$$\overrightarrow{OP}=xi,\quad \overrightarrow{OQ}=yj,\quad \overrightarrow{OR}=zk,$$

从而

$$r=\overrightarrow{OM}=xi+yj+zk.$$

上式称为向量 r 的**坐标分解式**. xi,yj,zk 分别称为向量 r 沿 x,y,z 轴方向的**分向量**.

显然，给定向量 r，就确定了点 M 及 $\overrightarrow{OP},\overrightarrow{OQ},\overrightarrow{OR}$ 三个分向量，进而确定了 x,y,z 三个有序数；反之，给定三个有序数 x,y,z，也就确定了向量 r 与点 M. 于是，点 M，向量 r 与三个有序数 x,y,z 之间存在一一对应关系

$$\text{点 } M \leftrightarrow \text{向量 } r=\overrightarrow{OM}=xi+yj+zk\leftrightarrow(x,y,z).$$

据此，我们称有序数 x,y,z 为向量 r 的坐标，记为 $r=\{x,y,z\}$.

向量 $r=\overrightarrow{OM}$ 称为点 M 关于原点 O 的向径. 上述定义表明，一个点与该点的向径有相同的坐标.

7.2.3　向量的代数运算

利用向量的坐标，可得向量的加法、减法以及向量与数的乘法的运算如下：

设
$$a=\{a_x,a_y,a_z\},\quad b=\{b_x,b_y,b_z\},$$

即
$$a=a_x i+a_y j+a_z k,\quad b=b_x i+b_y j+b_z k.$$

利用向量加法的交换律与结合律，以及向量与数乘法的结合律与分配律，有

$$a+b=(a_x+b_x)i+(a_y+b_y)j+(a_z+b_z)k,$$
$$a-b=(a_x-b_x)i+(a_y-b_y)j+(a_z-b_z)k,$$
$$\lambda a=(\lambda a_x)i+(\lambda a_y)j+(\lambda a_z)k(\lambda \text{ 为实数}).$$

即

$$a+b=\{a_x+b_x,a_y+b_y,a_z+b_z\}, \tag{7.2.1}$$

$$a-b=\{a_x-b_x,a_y-b_y,a_z-b_z\}, \tag{7.2.2}$$

$$\lambda a=\{\lambda a_x,\lambda a_y,\lambda a_z\}. \tag{7.2.3}$$

由此可见，对向量进行加、减及数乘运算，只需对向量的各个坐标分别进行相应的数量运算即可.

根据上节定理 1 的结论，当向量 $a\neq 0$，向量 $b /\!/ a \Leftrightarrow$ 存在唯一的实数 λ，使 $b=\lambda a$，其坐标表

达式为
$$\{b_x,b_y,b_z\}=\{\lambda a_x,\lambda a_y,\lambda a_z\},$$
即向量 b 与 a 的对应坐标成比例：
$$\frac{b_x}{a_x}=\frac{b_y}{a_y}=\frac{b_z}{a_z}. \tag{7.2.4}$$

例 1　设 $a=\{5,7,2\},b=\{3,0,4\},c=\{-6,1,-1\}$，求 $3a-2b+c$ 及 $5a+6b+c$.

解　因为 $a=\{5,7,2\},b=\{3,0,4\},c=\{-6,1,-1\}$，所以
$$3a-2b+c=3\{5,7,2\}-2\{3,0,4\}+\{-6,1,-1\}=\{3,22,-3\},$$
$$5a+6b+c=5\{5,7,2\}+6\{3,0,4\}+\{-6,1,-1\}=\{37,36,33\}.$$

例 2　已知两点 $A(x_1,y_1,z_1),B(x_2,y_2,z_2)$ 以及实数 $\lambda(\lambda\neq-1)$，试在有向线段 $\overrightarrow{AB}$ 上求一点 $M(x,y,z)$，使
$$\overrightarrow{AM}=\lambda\overrightarrow{MB}.$$

解　如图 7-2-5 所示，由于
$$\overrightarrow{AM}=\overrightarrow{OM}-\overrightarrow{OA},\quad \overrightarrow{MB}=\overrightarrow{OB}-\overrightarrow{OM},$$
根据题意，有 $\overrightarrow{OM}-\overrightarrow{OA}=\lambda(\overrightarrow{OB}-\overrightarrow{OM})$，即

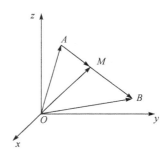

$$\begin{aligned}\overrightarrow{OM}&=\frac{1}{1+\lambda}(\overrightarrow{OA}+\lambda\overrightarrow{OB})\\&=\frac{1}{1+\lambda}\big[\{x_1,y_1,z_1\}+\lambda\{x_2,y_2,z_2\}\big]\\&=\Big\{\frac{x_1+\lambda x_2}{1+\lambda},\frac{y_1+\lambda y_2}{1+\lambda},\frac{z_1+\lambda z_2}{1+\lambda}\Big\},\end{aligned}$$
于是，所求点为 $M\Big(\dfrac{x_1+\lambda x_2}{1+\lambda},\dfrac{y_1+\lambda y_2}{1+\lambda},\dfrac{z_1+\lambda z_2}{1+\lambda}\Big)$.

图 7-2-5

本例中的点 M 称为有向线段 $\overrightarrow{AB}$ 的定比分点. 特别地，当 $\lambda=1$ 时，点 M 为有向线段 $\overrightarrow{AB}$ 的中点，其坐标为
$$M\Big(\frac{x_1+x_2}{2},\frac{y_1+y_2}{2},\frac{z_1+z_2}{2}\Big).$$

注　通过本例，我们应注意，点 M 与向量 $\overrightarrow{OM}$ 有相同的坐标，因此，求点 M 的坐标，就是求 $\overrightarrow{OM}$ 的坐标.

7.2.4　向量的模与方向余弦

1. 向量的模与空间中两点间的距离公式

设向量 $r=\{x,y,z\}$，作 $\overrightarrow{OM}=r$，如图 7-2-6 所示，有
$$r=\overrightarrow{OM}=\overrightarrow{OP}+\overrightarrow{OQ}+\overrightarrow{OR},$$
按勾股定理可得
$$|r|=|\overrightarrow{OM}|=\sqrt{|\overrightarrow{OP}|^2+|\overrightarrow{OQ}|^2+|\overrightarrow{OR}|^2},$$
由 $\overrightarrow{OP}=xi,\overrightarrow{OQ}=yj,\overrightarrow{OR}=zk$，有
$$|\overrightarrow{OP}|=|x|,\quad |\overrightarrow{OQ}|=|y|,\quad |\overrightarrow{OR}|=|z|,$$
于是，向量 r 的模为
$$|r|=|\overrightarrow{OM}|=\sqrt{x^2+y^2+z^2}. \tag{7.2.5}$$

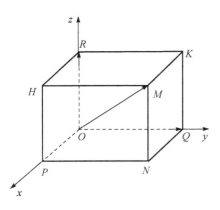

图 7-2-6

设 $M_1(x_1,y_1,z_1)$，$M_2(x_2,y_2,z_2)$ 为空间直角坐标系 $Oxyz$ 中任意两点，则点 M_1 与点 M_2 间的距离 $|M_1M_2|$ 就是向量 $\overrightarrow{M_1M_2}$ 的模 $|\overrightarrow{M_1M_2}|$．由

$$\overrightarrow{M_1M_2}=\{x_2,y_2,z_2\}-\{x_1,y_1,z_1\}=\{x_2-x_1,y_2-y_1,z_2-z_1\}，$$

即得空间中两点间的距离公式

$$|M_1M_2|=|\overrightarrow{M_1M_2}|=\sqrt{(x_2-x_1)^2+(y_2-y_1)^2+(z_2-z_1)^2}. \tag{7.2.6}$$

例 3　求证以 $M_1(4,3,1)$，$M_2(7,1,2)$，$M_3(5,2,3)$ 三点为顶点的三角形是一个等腰三角形．

证明　因为

$$|M_1M_2|=\sqrt{(7-4)^2+(1-3)^2+(2-1)^2}=\sqrt{14}，$$

$$|M_2M_3|=\sqrt{(5-7)^2+(2-1)^2+(3-2)^2}=\sqrt{6}，$$

$$|M_1M_3|=\sqrt{(5-4)^2+(2-3)^2+(3-1)^2}=\sqrt{6}，$$

又

$$|M_2M_3|=|M_1M_3|.$$

所以，以 M_1、M_2、M_3 为顶点的三角形是等腰三角形．

例 4　设已知两点 $M(2,1,3)$ 和 $N(8,2,1)$，求与向量 $\overrightarrow{MN}$ 平行的单位向量 $\overrightarrow{MN^\circ}$．

解　因所求向量与 $\overrightarrow{MN}$ 平行，则有两种情况，与 $\overrightarrow{MN}$ 同向，与 $\overrightarrow{MN}$ 反向，因此所求向量有两个．因为

$$\overrightarrow{MN}=\{8-2,2-1,1-3\}=\{6,1,-2\}，$$

所以

$$|\overrightarrow{MN}|=\sqrt{6^2+1^2+(-2)^2}=\sqrt{41}，$$

故所求单位向量为

$$\overrightarrow{MN^\circ}=\pm\frac{\overrightarrow{MN}}{|\overrightarrow{MN}|}=\pm\frac{1}{\sqrt{41}}\{6,1,-2\}.$$

2. 方向角与方向余弦

先引入两向量夹角的概念．

设有两个非零向量 $\boldsymbol{a}$ 和 $\boldsymbol{b}$，任取空间一点 O，作 $\overrightarrow{OA}=\boldsymbol{a}$，$\overrightarrow{OB}=\boldsymbol{b}$，则称 $\angle AOB$（设 $\varphi=\angle AOB,0\leqslant\varphi\leqslant\pi$）为向量 $\boldsymbol{a}$ 与 $\boldsymbol{b}$ 的夹角（图 7-2-7），记为 $(\widehat{\boldsymbol{a},\boldsymbol{b}})$ 或 $(\widehat{\boldsymbol{b},\boldsymbol{a}})$．

为了表示向量 $\boldsymbol{r}$ 的方向，我们把向量 $\boldsymbol{r}$ 与 x 轴、y 轴、z 轴正向的夹角分别记为 α,β,γ，将它们称为向量 $\boldsymbol{r}$ 的**方向角**（图 7-2-8）．同样，我们称 $\cos\alpha,\cos\beta,\cos\gamma$ 为向量 $\boldsymbol{r}$ 的**方向余弦**．

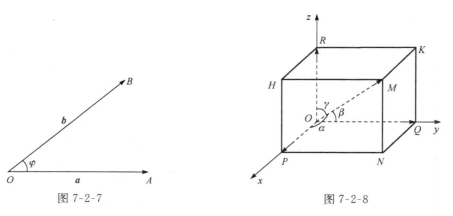

图 7-2-7　　　　　　　　　　　　　图 7-2-8

设向量 $\boldsymbol{r}=\{x,y,z\}$，在直角三角形 $\triangle OPM,\triangle OQM,\triangle ORM$ 中，有

$$\cos\alpha = \frac{x}{|\boldsymbol{r}|} = \frac{x}{\sqrt{x^2+y^2+z^2}},$$

$$\cos\beta = \frac{y}{|\boldsymbol{r}|} = \frac{y}{\sqrt{x^2+y^2+z^2}},$$

$$\cos\gamma = \frac{z}{|\boldsymbol{r}|} = \frac{z}{\sqrt{x^2+y^2+z^2}}.$$

易见,$\cos\alpha,\cos\beta,\cos\gamma$ 满足如下关系式

$$\cos^2\alpha + \cos^2\beta + \cos^2\gamma = 1. \tag{7.2.7}$$

这说明方向余弦 $\cos\alpha,\cos\beta,\cos\gamma$(或方向角 α,β,γ)不是相互独立的.

由 $\boldsymbol{r} = \{x,y,z\}$,有

$$\{\cos\alpha,\cos\beta,\cos\gamma\} = \frac{1}{|\boldsymbol{r}|}\{x,y,z\} = \frac{\boldsymbol{r}}{|\boldsymbol{r}|} = \boldsymbol{r}^\circ,$$

即向量 $\{\cos\alpha,\cos\beta,\cos\gamma\}$ 是一个与非零向量 $\boldsymbol{r}$ 同方向的单位向量.

例 5　已知两点 $M_1(4,\sqrt{2},1)$ 和 $M_2(3,0,2)$,计算向量 $\overrightarrow{M_1M_2}$ 的模、方向余弦和方向角.

解　因为 $\overrightarrow{M_1M_2} = \{3-4,0-\sqrt{2},2-1\} = \{-1,-\sqrt{2},1\}$,所以

$$|\overrightarrow{M_1M_2}| = \sqrt{(-1)^2+(-\sqrt{2})^2+1^2} = \sqrt{4} = 2;$$

$$\cos\alpha = -\frac{1}{2}, \quad \cos\beta = \frac{-\sqrt{2}}{2}, \quad \cos\gamma = \frac{1}{2};$$

$$\alpha = \frac{2\pi}{3}, \quad \beta = \frac{3\pi}{4}, \quad \gamma = \frac{\pi}{3}.$$

7.2.5　向量在轴上的投影

设点 O 及单位向量 $\boldsymbol{e}$ 确定了 u 轴(图 7-2-9),任意给定向量 $\boldsymbol{r}$,作 $\overrightarrow{OM} = \boldsymbol{r}$,再过点 M 作与 u 轴垂直的平面交 u 轴于点 M'(点 M' 称为点 M 在 u 轴上的投影),则向量 $\overrightarrow{OM'}$ 称为向量 $\boldsymbol{r}$ 在 u 轴上的分向量.设 $\overrightarrow{OM'} = \lambda\boldsymbol{e}$,则数 λ 称为向量 $\boldsymbol{r}$ 在 u 轴上的投影,记为 $\mathrm{Prj}_u\boldsymbol{r}$ 或 r_u.

根据这个定义,向量 $\boldsymbol{a}$ 在直角坐标系 $Oxyz$ 中的坐标 a_x,a_y,a_z 分别是向量在 x 轴、y 轴、z 轴上的投影,即

$$a_x = \mathrm{Prj}_x\boldsymbol{a}, \quad a_y = \mathrm{Prj}_y\boldsymbol{a}, \quad a_z = \mathrm{Prj}_z\boldsymbol{a}.$$

由此可知,向量的投影具有与坐标相同的性质:

性质 1　$\mathrm{Prj}_u\boldsymbol{a} = |\boldsymbol{a}|\cos\varphi$　(φ 为向量 $\boldsymbol{a}$ 与 u 轴的夹角);

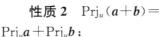

图 7-2-9

性质 2　$\mathrm{Prj}_u(\boldsymbol{a}+\boldsymbol{b}) = \mathrm{Prj}_u\boldsymbol{a} + \mathrm{Prj}_u\boldsymbol{b}$;

性质 3　$\mathrm{Prj}_u(\lambda\boldsymbol{a}) = \lambda\,\mathrm{Prj}_u\boldsymbol{a}$($\lambda$ 为实数).

例 6　设立方体的一条对角线为 OM,一条棱为 OA,且 $|\overrightarrow{OA}| = a$,求 $\overrightarrow{OA}$ 在 $\overrightarrow{OM}$ 方向上的投影 $\mathrm{Prj}_{\overrightarrow{OM}}\overrightarrow{OA}$.

解　如图 7-2-10 所示,因为 $|\overrightarrow{OA}| = a$,所以 $|\overrightarrow{OM}| = \sqrt{3}a$,记 $\angle MOA = \varphi$,有

$$\cos\varphi = \frac{|\overrightarrow{OA}|}{|\overrightarrow{OM}|} = \frac{1}{\sqrt{3}},$$

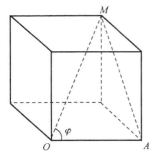

图 7-2-10

于是

$$\text{Prj}_{\overrightarrow{OM}}\overrightarrow{OA}=|\overrightarrow{OA}|\cos\varphi=\frac{a}{\sqrt{3}}.$$

习　题　7-2

1. 在空间直角坐标系中,指出下列各点所在的卦限:

$A(-2,2,3)$;　　　　　$B(6,-2,4)$;　　　　　$C(1,5,-3)$;　　　　　$D(-3,-2,-4)$;

$E(-4,-3,2)$;　　　　　$F(2,-3,-1)$;　　　　　$G(-3,3,-5)$;　　　　　$H(1,2,3)$.

2. 写出坐标面上和坐标轴上的点的坐标的特征,并指出下列各点的位置:

$A(-2,0,3)$;　　　　　　$B(0,-2,4)$;　　　　　$C(0,0,-3)$;　　　　　$D(0,2,0)$.

3. 求点 $M(a,b,c)$ 关于 x 轴、xOy 面和坐标原点的对称点的坐标.

4. 求点 $M(4,-3,5)$ 到各坐标面、各坐标轴及坐标原点的距离.

5. 求 yOz 面上到 $A(3,1,2)$,$B(4,-2,-2)$ 和 $C(0,5,1)$ 距离相等的点的坐标.

6. 试证明以三点 $A(4,1,9)$,$B(10,-1,6)$,$C(2,4,3)$ 为顶点的三角形是等腰直角三角形.

7. 设 P,Q 两点的向径分别为 r_1,r_2,点 R 在线段 PQ 上,且 $\dfrac{|PR|}{|RQ|}=\dfrac{m}{n}$,证明点 R 的向径为 $r=\dfrac{nr_1+mr_2}{m+n}$.

8. 已知两点 $M_1(0,1,2)$,$M_2(1,-1,0)$,试用坐标表示向量 $\overrightarrow{M_1M_2}$ 及 $-2\overrightarrow{M_1M_2}$.

9. 求平行于向量 $a=\{6,7,-6\}$ 的单位向量.

10. 已知两点 $M_1(2,2,\sqrt{2})$,$M_2(1,3,0)$,求向量 $\overrightarrow{M_1M_2}$ 的模、方向余弦和方向角.

11. 已知向量 a 的模为 3,其方向角 $\alpha=\gamma=60°,\beta=45°$,求向量 a.

12. 设向量 a 的方向余弦分别满足

(1) $\cos\alpha=0$;　　　　　　　(2) $\cos\beta=1$;　　　　　　　(3) $\cos\alpha=\cos\beta=0$.

问这些向量与坐标轴或坐标面的关系如何?

13. 已知向量 r 的模为 $4,r$ 与轴 u 的夹角为 $60°$,求 $\text{Prj}_u r$.

14. 一向量的终点为 $M(2,-1,-2)$,它在 x 轴、y 轴、z 轴的投影分别为 $2,-2,2$,求该向量的起点 A 的坐标.

15. 求与向量 $a=\{16,-15,12\}$ 平行,方向相反,且长度为 50 的向量 b.

16. 设 $u=3i+5j+8k,v=2i-4j-7k,w=5i+j-4k$,求向量 $a=4u+3v-w$ 在 x 轴上的投影及在 y 轴上的分向量.

7.3　数量积　向量积　*混合积

7.3.1　两向量的数量积

我们已经知道,如果一物体在常力 F 作用下,沿着直线移动,其位移为 s,则常力 F 所做的功为

$$W=|F||s|\cos\theta,$$

其中 θ 为 F 与 s 的夹角(图 7-3-1).

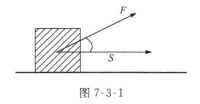

图 7-3-1

从这个问题可以看出,我们有时要对两个向量 a 和 b 作上述这样的运算,其运算的结果是一个数. 在物理学和力学的其他问题中,也常常会遇到此类情况. 为此,在数学中,我们把这种运算抽象成两个向量的数量积的概念.

定义 1　设有向量 a,b,它们的夹角为 θ,则乘积 $|a|$

$|b|\cos\theta$ 称为向量 a 与 b 的**数量积**(或称为**内积**、**点积**),记为 $a \cdot b$,即

$$a \cdot b = |a||b|\cos\theta.$$

根据这个定义,上述问题中常力 F 所做的功 W 就是力 F 与位移 s 的数量积,即 $W = F \cdot s$.

根据数量积的定义,可以推得:

(1) $a \cdot b = |b|\mathrm{Prj}_b a = |a|\mathrm{Prj}_a b$;

(2) $a \cdot a = |a|^2$;

(3) 设 a, b 为两个非零向量,则 $a \perp b$ 的充分必要条件是 $a \cdot b = 0$.

证明　因为如果 $a \cdot b = 0$,由 $|a| \neq 0$,$|b| \neq 0$,则有 $\cos\theta = 0$,从而 $\theta = \dfrac{\pi}{2}$,即 $a \perp b$;反之,如果 $a \perp b$,则有 $\theta = \dfrac{\pi}{2}$,即 $\cos\theta = 0$,于是 $a \cdot b = |a||b|\cos\theta = 0$.

数量积满足如下运算规律:

(1) **交换律**　$a \cdot b = b \cdot a$;

(2) **分配律**　$(a + b) \cdot c = a \cdot c + b \cdot c$;

(3) **结合律**　$\lambda(a \cdot b) = (\lambda a) \cdot b = a \cdot (\lambda b)$($\lambda$ 为实数).

上述三个运算规律利用数量积的定义即可证明.

下面我们利用数量积的性质和运算规律来推导数量积的坐标表达式.

设 $a = a_x i + a_y j + a_z k$,$b = b_x i + b_y j + b_z k$,按数量积的运算规律可得

$$a \cdot b = (a_x i + a_y j + a_z k) \cdot (b_x i + b_y j + b_z k)$$
$$= a_x b_x i \cdot i + a_x b_y i \cdot j + a_x b_z i \cdot k + a_y b_x j \cdot i + a_y b_y j \cdot j + a_y b_z j \cdot k$$
$$+ a_z b_x k \cdot i + a_z b_y k \cdot j + a_z b_z k \cdot k,$$

因为 i, j, k 是两两垂直的单位向量,所以有

$$i \cdot j = j \cdot k = k \cdot i = 0, \quad j \cdot i = k \cdot j = i \cdot k = 0,$$
$$i \cdot i = j \cdot j = k \cdot k = 1,$$

从而得到数量积的坐标表达式

$$a \cdot b = a_x b_x + a_y b_y + a_z b_z. \tag{7.3.1}$$

由此进一步得到,$a \perp b$ 的充分必要条件是

$$a_x b_x + a_y b_y + a_z b_z = 0.$$

由于 $a \cdot b = |a||b|\cos\theta$,所以当 a, b 为两非零向量时,可得两向量夹角余弦的坐标表达式

$$\cos\theta = \cos(\widehat{a, b}) = \frac{a \cdot b}{|a||b|} = \frac{a_x b_x + a_y b_y + a_z b_z}{\sqrt{a_x^2 + a_y^2 + a_z^2}\sqrt{b_x^2 + b_y^2 + b_z^2}}. \tag{7.3.2}$$

例 1　设 $|a| = 5$,$|b| = 2$,且两向量的夹角为 $\theta = \dfrac{\pi}{3}$,试求 $(2a - b) \cdot (a + 3b)$.

解　因为 $|a| = 5$,$|b| = 2$,且两向量的夹角为 $\theta = \dfrac{\pi}{3}$,所以

$$a \cdot a = |a|^2 = 25, \quad b \cdot b = |b|^2 = 4, \quad a \cdot b = |a||b|\cos\theta = 5,$$

则

$$(2a - b) \cdot (a + 3b) = 2a \cdot a + 2a \cdot 3b - b \cdot a - b \cdot 3b$$
$$= 2a \cdot a + 5a \cdot b - 3b \cdot b = 63.$$

例 2　已知 $a = i + j - 4k$,$b = i - 2j + 2k$,$c = i - 2j + k$,求:

(1) $(a \cdot b)c - (a \cdot c)b$;　　　(2) a 与 b 的夹角为 θ;　　　(3) a 在 b 上的投影.

解　(1) $a = \{1, 1, -4\}$,$b = \{1, -2, 2\}$,$c = \{1, -2, 1\}$.

因为

$$\boldsymbol{a}\cdot\boldsymbol{b}=1\cdot1+1\cdot(-2)+(-4)\cdot2=-9;$$
$$\boldsymbol{a}\cdot\boldsymbol{c}=1\cdot1+1\cdot(-2)+(-4)\cdot1=-5.$$

所以

$$(\boldsymbol{a}\cdot\boldsymbol{b})\boldsymbol{c}-(\boldsymbol{a}\cdot\boldsymbol{c})\boldsymbol{b}=-9\{1,-2,1\}-(-5)\{1,-2,2\}$$
$$=\{-4,8,1\}.$$

(2) 因为 $|\boldsymbol{a}|=\sqrt{18}=3\sqrt{2}$，$|\boldsymbol{b}|=\sqrt{9}=3$，则 $\cos\theta=\dfrac{\boldsymbol{a}\cdot\boldsymbol{b}}{|\boldsymbol{a}||\boldsymbol{b}|}=-\dfrac{1}{\sqrt{2}}$，所以 $\theta=\dfrac{3\pi}{4}$.

(3) 因为 $\boldsymbol{a}\cdot\boldsymbol{b}=|\boldsymbol{b}|\mathrm{Prj}_{b}\boldsymbol{a}$，所以 $\mathrm{Prj}_{b}\boldsymbol{a}=\dfrac{\boldsymbol{a}\cdot\boldsymbol{b}}{|\boldsymbol{b}|}=-3.$

例 3 已知三点 $A(2,2,1)$，$B(2,1,2)$ 和 $C(1,1,1)$，求 $\angle ACB$.

解 作向量 $\overrightarrow{CA}$，向量 $\overrightarrow{CB}$，则 $\angle ACB$ 为向量 $\overrightarrow{CA}$ 与 $\overrightarrow{CB}$ 的夹角.

因为

$$\overrightarrow{CA}=\{1,1,0\}, \quad \overrightarrow{CB}=\{1,0,1\},$$
$$\overrightarrow{CA}\cdot\overrightarrow{CB}=1, \quad |\overrightarrow{CA}|=\sqrt{2}, \quad |\overrightarrow{CB}|=\sqrt{2}.$$

所以

$$\cos\angle AMB=\dfrac{\overrightarrow{CA}\cdot\overrightarrow{CB}}{|\overrightarrow{CA}|\cdot|\overrightarrow{CB}|}=\dfrac{1}{\sqrt{2}\sqrt{2}}=\dfrac{1}{2},$$

从而

$$\angle ACB=\dfrac{\pi}{3}.$$

7.3.2 两向量的向量积

同两向量的数量积一样，两向量的向量积的概念也是从力学及物理学中的概念中抽象出来的. 例如，在研究物体的转动问题时，不但要考虑此物体所受的力，还要分析这些力所产生的力矩. 下面就举一个简单的例子来说明表达力矩的方法.

设 O 为一根杠杆 L 的支点，有一力 $\boldsymbol{F}$ 作用于该杠杆上点 P 处，力 $\boldsymbol{F}$ 与 $\overrightarrow{OP}$ 的夹角为 θ. 由力学规定，力 $\boldsymbol{F}$ 对支点 O 的力矩是一向量 $\boldsymbol{M}$（图 7-3-2），它的模为

$$|\boldsymbol{M}|=|OQ||\boldsymbol{F}|=\overrightarrow{|OP|}|\boldsymbol{F}|\sin\theta,$$

而力矩 $\boldsymbol{M}$ 的方向垂直于 $\overrightarrow{OP}$ 与 $\boldsymbol{F}$ 所确定的平面，指向符合右手系，即当右手的四个手指从 $\overrightarrow{OP}$ 的正向以不超过 π 的角度转向 $\boldsymbol{F}$ 的正向时，大拇指的指向就是 $\boldsymbol{M}$ 的指向（图 7-3-3）. 由此，在数学中，我们根据这种运算抽象出两向量的向量积的概念.

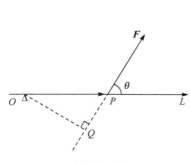

图 7-3-2

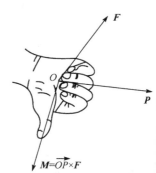

图 7-3-3

定义 2　若由向量 a 与 b 所确定的一个向量 c 满足下列条件：

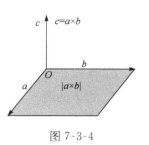

（1）c 的方向既垂直于 a 又垂直于 b，c 的指向按右手规则从 a 转向 b 来确定（图 7-3-4）；

（2）c 的模 $|c|=|a||b|\sin\theta$（其中 θ 为 a 与 b 的夹角），则称向量 c 为向量 a 与 b 的**向量积**（或称**外积、叉积**），记为 $a\times b$，即

$$c=a\times b.$$

图 7-3-4

注　由向量积的定义可知，$c=a\times b$ 的模在数值上等于以 a,b 为邻边的平行四边形的面积（图 7-3-4），即

$$|a\times b|=|a||b|\sin\theta. \tag{7.3.3}$$

根据向量积的定义，可以推得：

（1）$a\times a=0$；

（2）设 a,b 为两个非零向量，则 $a/\!/b$ 的充分必要条件是 $a\times b=0$.

证明　因为如果 $a\times b=0$，由 $|a|\neq0$，$|b|\neq0$，则有 $\sin\theta=0$，从而 $\theta=0$，即 $a/\!/b$；反之，如果 $a/\!/b$，则有 $\theta=0$ 或 $\theta=\pi$，从而 $\sin\theta=0$，于是

$$|a\times b|=|a||b|\sin\theta=0,\quad 即\ a\times b=0.$$

向量积满足如下运算规律：

（1）$a\times b=-(b\times a)$；

这是因为，按右手规则从 a 转向 b 定出的方向恰好与按右手规则从 b 转向 a 定出的方向相反. 它表明交换律对向量积不成立.

（2）分配律. $(a+b)\times c=a\times c+b\times c$；

（3）结合律. $\lambda(a\times b)=(\lambda a)\times b=a\times(\lambda b)$（$\lambda$ 为实数）.

利用向量积的定义可以证明上述运算规律.

下面我们利用向量积的性质和运算规律来推导向量积的坐标表达式.

设 $a=a_x i+a_y j+a_z k$，$b=b_x i+b_y j+b_z k$，按向量积的运算规律可得

$$a\times b=(a_x i+a_y j+a_z k)\times(b_x i+b_y j+b_z k)$$

$$=a_x b_x i\times i+a_x b_y i\times j+a_x b_z i\times k+a_y b_x j\times i+a_y b_y j\times j+a_y b_z j\times k$$

$$+a_z b_x k\times i+a_z b_y k\times j+a_z b_z k\times k,$$

因为 i,j,k 是两两垂直的单位向量，所以有

$$i\times i=j\times j=k\times k=0,$$

$$i\times j=k,\quad j\times k=i,\quad k\times i=j,$$

$$j\times i=-k,\quad k\times j=-i,\quad i\times k=-j.$$

从而得到向量积的坐标表达式

$$a\times b=(a_y b_z-a_z b_y)i+(a_z b_x-a_x b_z)j+(a_x b_y-a_y b_x)k. \tag{7.3.4}$$

即

$$a\times b=\{a_y b_z-a_z b_y,a_z b_x-a_x b_z,a_x b_y-a_y b_x\}.$$

利用三阶行列式可将上式表示成方便记忆的形式：

$$a\times b=\begin{vmatrix} i & j & k \\ a_x & a_y & a_z \\ b_x & b_y & b_z \end{vmatrix}=\begin{vmatrix} a_y & a_z \\ b_y & b_z \end{vmatrix}i+\begin{vmatrix} a_z & a_x \\ b_z & b_x \end{vmatrix}j+\begin{vmatrix} a_x & a_y \\ b_x & b_y \end{vmatrix}k. \tag{7.3.5}$$

由此进一步得到，$a/\!/b$ 的充分必要条件是

$$\frac{a_x}{b_x}=\frac{a_y}{b_y}=\frac{a_z}{b_z},$$

其中 b_x,b_y,b_z 不能同时为零.

例 4　已知三角形 ABC 的顶点分别是 $A(1,1,-1),B(2,1,0)$ 和 $C(0,0,2)$,求 $\triangle ABC$ 的面积及 BC 边上的高.

解　根据向量积的定义,$\triangle ABC$ 的面积为

$$S_{\triangle ABC}=\frac{1}{2}|\overrightarrow{AB}|\,|\overrightarrow{AC}|\sin\angle A=\frac{1}{2}|\overrightarrow{AB}\times\overrightarrow{AC}|,$$

由于 $\overrightarrow{AB}=\{1,0,1\},\overrightarrow{AC}=\{-1,-1,3\}$,所以

$$\overrightarrow{AB}\times\overrightarrow{AC}=\begin{vmatrix}\boldsymbol{i}&\boldsymbol{j}&\boldsymbol{k}\\1&0&1\\-1&-1&3\end{vmatrix}=\{1,-4,-1\}.$$

于是

$$S_{\triangle ABC}=\frac{1}{2}|\overrightarrow{AB}\times\overrightarrow{AC}|=\frac{1}{2}\sqrt{1^2+(-4)^2+(-1)^2}=\frac{3}{2}\sqrt{2}.$$

又 $\overrightarrow{BC}=\{-2,-1,2\},|\overrightarrow{BC}|=3$,故 BC 边上的高

$$h=\frac{S_{\triangle ABC}}{\frac{1}{2}|\overrightarrow{BC}|}=\frac{\frac{3}{2}\sqrt{2}}{\frac{1}{2}\times3}=\sqrt{2}.$$

例 5　求与向量 $\boldsymbol{a}=\{3,-2,4\},\boldsymbol{b}=\{1,1,-2\}$ 都垂直的单位向量.

解　因

$$\boldsymbol{a}\times\boldsymbol{b}=\{a_yb_z-a_zb_y,a_zb_x-a_xb_z,a_xb_y-a_yb_x\}=\{0,10,5\},$$

所以与向量 $\boldsymbol{a},\boldsymbol{b}$ 都垂直的向量为 $\boldsymbol{c}=\pm\{0,10,5\}$,又 $|\boldsymbol{c}|=\sqrt{10^2+5^2}=5\sqrt{5}$,故所求单位向量为

$$\boldsymbol{c}°=\frac{\boldsymbol{c}}{|\boldsymbol{c}|}=\pm\left\{0,\frac{2}{\sqrt{5}},\frac{1}{\sqrt{5}}\right\}.$$

例 6　设刚体以等角速度 ω 绕 l 轴旋转,计算刚体上一点 M 的线速度.

解　刚体绕 l 轴旋转时,我们可以用在 l 轴上的一个向量 $\boldsymbol{\omega}$ 表示角速度.它的大小等于角速度的大小,它的方向由右手规则定出:即以右手握住 l 轴.当右手的四个手指的转向与刚体的旋转方向一致时.大拇指的指向就是 $\boldsymbol{\omega}$ 的方向,如图 7-3-5 所示,设点 M 到旋转轴 l 的距离为 a,再在 l 轴上任取一点 O 作向量 $\boldsymbol{r}=\overrightarrow{OM}$,并以 θ 表示 $\boldsymbol{\omega}$ 与 $\boldsymbol{r}$ 的夹角,则

$$a=|\boldsymbol{r}|\sin\theta.$$

设线速度为 $\boldsymbol{v}$,那么由物理学上线速度与角速度间的关系可知,$\boldsymbol{v}$ 的大小为

$$|\boldsymbol{v}|=|\boldsymbol{\omega}|a=|\boldsymbol{\omega}|\,|\boldsymbol{r}|\sin\theta.$$

$\boldsymbol{v}$ 的方向垂直于通过点 M 与 l 轴的平面,即 $\boldsymbol{v}$ 公垂直于 $\boldsymbol{\omega}$ 与 $\boldsymbol{r}$;且 $\boldsymbol{v}$ 的指向要使 $\boldsymbol{\omega},\boldsymbol{r},\boldsymbol{v}$ 符合右手规则,因此有

$$\boldsymbol{v}=\boldsymbol{\omega}\times\boldsymbol{r}.$$

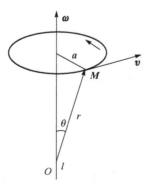

图 7-3-5

7.3.3　向量的混合积

定义 3　设有三个向量 a，b，c，则数量 $(a \times b) \cdot c$ 称为向量 a，b，c 的**混合积**.

下面我们来推导向量混合积的坐标表达式.

设 $a = \{a_x, a_y, a_z\}$，$b = \{b_x, b_y, b_z\}$，$c = \{c_x, c_y, c_z\}$，因为

$$a \times b = \begin{vmatrix} a_y & a_z \\ b_y & b_z \end{vmatrix} i + \begin{vmatrix} a_z & a_x \\ b_z & b_x \end{vmatrix} j + \begin{vmatrix} a_x & a_y \\ b_x & b_y \end{vmatrix} k,$$

所以

$$(a \times b) \cdot c = c_x \begin{vmatrix} a_y & a_z \\ b_y & b_z \end{vmatrix} + c_y \begin{vmatrix} a_z & a_x \\ b_z & b_x \end{vmatrix} + c_z \begin{vmatrix} a_x & a_y \\ b_x & b_y \end{vmatrix} = \begin{vmatrix} a_x & a_y & a_z \\ b_x & b_y & b_z \\ c_x & c_y & c_z \end{vmatrix}. \tag{7.3.6}$$

根据向量混合积的定义，可以推出

$$(a \times b) \cdot c = (b \times c) \cdot a = (c \times a) \cdot b.$$

下面，来讨论向量混合积的几何意义.

以向量 a，b，c 为棱做一个平行六面体，并记此六面体的高为 h，底面积为 A，再记 $a \times b = d$，向量 c 与 d 的夹角为 θ.

当 d 与 c 指向底面的同侧 $\left(0 < \theta < \dfrac{\pi}{2}\right)$ 时（图 7-3-6(a)），

$$h = |c| \cos\theta;$$

当 d 与 c 指向底面的异侧 $\left(\dfrac{\pi}{2} < \theta < \pi\right)$ 时（图 7-3-6(b)），

$$h = |c| \cos(\pi - \theta) = -|c| \cos\theta.$$

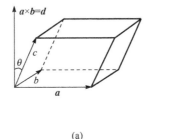 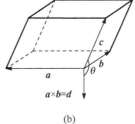

(a)　　　　　　　　　　(b)

图 7-3-6

综合以上两种情况，得到 $h = |c| |\cos\theta|$，而底面积 $A = |a \times b|$. 这样，平行六面体的体积为

$$V = A \cdot h = |a \times b| |c| |\cos\theta| = |(a \times b) \cdot c|,$$

即向量的混合积 $(a \times b) \cdot c$ 是这样的一个数，它的绝对值表示以向量 a，b，c 为棱的平行六面体的体积（图 7-3-7）.

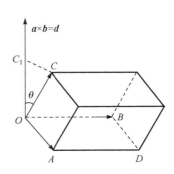

根据向量混合积的几何意义，可推出以下结论：

（1）三向量 a，b，c 共面的充分必要条件是 $(a \times b) \cdot c$.

（2）空间四点 $M_i(x_i, y_i, z_i)$（$i = 1, 2, 3, 4$）共面的充分必要条件是

图 7-3-7

$$(\overrightarrow{M_1M_2}\times\overrightarrow{M_1M_3})\cdot\overrightarrow{M_1M_4}=\begin{vmatrix} x_2-x_1 & y_2-y_1 & z_2-z_1 \\ x_3-x_1 & y_3-y_1 & z_3-z_1 \\ x_4-x_1 & y_4-y_1 & z_4-z_1 \end{vmatrix}=0.$$

例 7　设 $a=\{2,-3,1\}$,$b=\{1,-1,3\}$,$c=\{1,-2,0\}$,求

(1) $(a\cdot b)c-(a\cdot c)b$;　　　　(2) $(a+b)\times(b+c)$;　　　　(3) $(a\times b)\cdot c$.

解　(1) 因为 $a\cdot b=8$,$a\cdot c=8$,所以

$$(a\cdot b)c-(a\cdot c)b=8c-8b=\{8,-16,0\}-\{8,-8,24\}=\{0,-8,-24\}.$$

(2) 因为 $a+b=\{3,-4,4\}$,$b+c=\{2,-3,3\}$,所以

$$(a+b)\times(b+c)=\{3,-4,4\}\times\{2,-3,3\}=\{0,-1,-1\}.$$

(3) $(a\times b)\cdot c=\begin{vmatrix} 2 & -3 & 1 \\ 1 & -1 & 3 \\ 1 & -2 & 0 \end{vmatrix}=2.$

例 8　已知空间内的 4 点

$$A(2,3,1),\quad B(4,1,-2),\quad C(6,3,7),\quad D(-5,-4,8),$$

求以这四点为顶点的四面体的体积和从顶点 D 所引的高的长度.

解　由立体几何知,四面体的体积等于以向量 $\overrightarrow{AB}$,$\overrightarrow{AC}$,$\overrightarrow{AD}$ 为棱的平行六面体的体积的六分之一,即

$$V=\frac{1}{6}|(\overrightarrow{AB}\times\overrightarrow{AC})\cdot\overrightarrow{AD}|.$$

因为

$$\overrightarrow{AB}=\{2,-2,-3\},\quad \overrightarrow{AC}=\{4,0,6\},\quad \overrightarrow{AD}=\{-7,-7,7\},$$

所以

$$V=\frac{1}{6}|(\overrightarrow{AB}\times\overrightarrow{AC})\cdot\overrightarrow{AD}|=\frac{308}{6}=51\frac{1}{3}.$$

又 $\triangle ABC$ 的面积

$$S=\frac{1}{2}|\overrightarrow{AB}\times\overrightarrow{AC}|=\frac{1}{2}|4\{-3,-6,2\}|=14.$$

所以从顶点 D 所引的高的长度

$$h=\frac{V}{\frac{1}{3}S}=\frac{154}{14}=11.$$

习　题　7-3

1. 设 $a=\{3,-1,-2\}$,$b=\{1,2,-1\}$,$c=\{-2,1,3\}$,求

(1) $(-2a)\cdot b$ 及 $a\times(2b)$;　　　　(2) a,b 的夹角的余弦;　　　　(3) $(a\times b)\cdot c$.

2. 设 a,b,c 为单位向量,且满足 $a+b+c=0$,求 $a\cdot b+b\cdot c+c\cdot a$.

3. 试用向量证明三角形的余弦定理.

4. 设力 $F=2i-3j+5k$ 作用在一质点上,质点由 $M_1(1,1,2)$ 沿直线移动到 $M_2(3,4,5)$,求此力所做的功(设力的单位为 N,位移的单位为 m).

5. 求向量 $a=\{4,-3,4\}$ 在向量 $b=\{2,2,1\}$ 上的投影.

6. 设 $a+3b$ 与 $7a-5b$ 垂直,$a-4b$ 与 $7a-2b$ 垂直,求 a 与 b 之间的夹角.

7. 已知 $M_1(1,-1,2),M_2(3,3,1)$ 和 $M_3(3,1,3)$,求与 $\overrightarrow{M_1M_2},\overrightarrow{M_2M_3}$ 同时垂直的单位向量.

8. 设 $a=\{3,5,-2\},b=\{2,1,4\}$,问 λ 与 μ 有怎样的关系能使 $\lambda a+\mu b$ 与 z 轴垂直?

9. 在杠杆上支点 O 的一侧与点 O 的距离为 x_1 的点 P_1 处,有一与 $\overrightarrow{OP_1}$ 成角 θ_1 的力 F_1 作用着,在点 O 的另一侧与点 O 的距离为 x_2 的点 P_2 处,有一与 $\overrightarrow{OP_2}$ 成角 θ_2 的力 F_2 作用着,如图 7-3-8 所示,问 $\theta_1,\theta_2,x_1,x_2,|F_1|,|F_2|$ 符合怎样的条件才能使杠杆保持平衡?

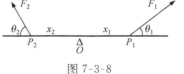

图 7-3-8

10. 直线 L 通过点 $A(-2,1,3)$ 和 $B(0,-1,2)$,求点 $C(10,5,10)$ 到直线 L 的距离.

11. 试证向量 $\dfrac{a|b|+b|a|}{|a|+|b|}$ 表示向量 a 与 b 夹角的分角线向量的方向.

12. 设 $m=2a+b,n=ka+b$,其中 $|a|=1,|b|=2$,且 $a\perp b$.

(1) k 为何值时,$m\perp n$?

(2) k 为何值时,以 a 与 b 为邻边的平行四边形的面积为 6?

13. 设 a,b,c 均为非零向量,其中任意两个向量不共线,但 $a+b$ 与 c 共线,$b+c$ 与 a 共线,试证 $a+b+c=0$.

14. 设点 A,B,C 的向径为 $r_1=2i+4j+k,r_2=3i+7j+5k,r_3=4i+10j+9k$,试证 A,B,C 三点在一条直线上.

15. 已知 $(a\times b)\cdot c=2$,计算 $[(a+b)\times(b+c)]\cdot(c+a)$.

16. 试证向量 $a=-i+3j+2k,b=2i-3j-4k,c=-3i+12j+6k$ 在同一平面上,并沿 a 和 b 分解 c.

17. 已知 $a=\{a_x,a_y,a_z\},b=\{b_x,b_y,b_z\},c=\{c_x,c_y,c_z\}$,试利用行列式的性质证明 $(a\times b)\cdot c=(b\times c)\cdot a=(c\times a)\cdot b$.

18. 试用向量证明不等式:

$$\sqrt{a_1^2+a_2^2+a_3^2}\sqrt{b_1^2+b_2^2+b_3^2}\geqslant|a_1b_1+a_2b_2+a_3b_3|,$$

其中,a_1,a_2,a_3,b_1,b_2,b_3 为任意实数,并指出等号成立的条件.

7.4　曲面及其方程

7.4.1　曲面方程的概念

在日常生话中,经常会遇到各种曲面,例如,反光镜的镜面、管道的外表面以及球面等. 与在平面解析几何中把平面曲线看作是动点的轨迹类似,在空间解析几何中,任何曲面都可看作是具有某种性质的动点的轨迹.

定义 1　在空间直角坐标系中,如果曲面 S 与三元方程 $F(x,y,z)=0$ 有下述关系:

(1) 曲面 S 上任一点的坐标都满足方程 $F(x,y,z)=0$;

(2) 不在曲面 S 上的点的坐标都不满足该方程,则方程 $F(x,y,z)=0$ 称为**曲面 S 的方程**,而曲面 S 就称为方程 $F(x,y,z)=0$ 的图形(图 7-4-1).

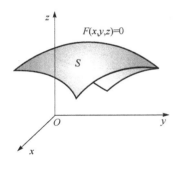

图 7-4-1

建立了空间曲面与其方程的联系后,我们就可以通过研究方程的解析性质来研究曲面的几何性质.

空间曲面研究的两个基本问题是:

(1) 已知曲线上的点所满足的几何条件,建立曲面的方程;

（2）已知曲面的方程，研究曲面的几何形状．

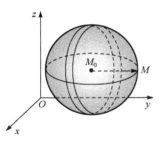

图 7-4-2

例 1　建立球心在点 $M_0(x_0, y_0, z_0)$、半径为 R 的球面的方程．

解　设 $M(x, y, z)$ 是球面上任一点（图 7-4-2），根据题意，有

$$|MM_0| = R,$$

即

$$\sqrt{(x-x_0)^2 + (y-y_0)^2 + (z-z_0)^2} = R,$$

所以

$$(x-x_0)^2 + (y-y_0)^2 + (z-z_0)^2 = R^2.$$

特别地，当球心在原点时，球面的方程为

$$x^2 + y^2 + z^2 = R^2.$$

例 2　求与定点 $A(2,3,1)$ 和 $B(4,5,6)$ 等距离的点的全体所构成的曲面的方程．

解　设 $M(x, y, z)$ 是曲面上任一点，根据题意，有

$$|MA| = |MB|,$$

即

$$\sqrt{(x-2)^2 + (y-3)^2 + (z-1)^2} = \sqrt{(x-4)^2 + (y-5)^2 + (z-6)^2},$$

故所求曲面的方程为

$$4x + 4y + 10z - 63 = 0.$$

例 3　方程 $x^2 + y^2 + z^2 - 2x + 4y - 4z - 7 = 0$ 表示怎样的曲面？

解　对原方程配方，得

$$(x-1)^2 + (y+2)^2 + (z-2)^2 = 16,$$

所以，原方程表示球心在点 $M_0(1, -2, 2)$、半径为 $R = 4$ 的球面．

7.4.2　旋转曲面

定义 2　以一条平面曲线绕其平面上的一条定直线旋转一周所成的曲面称为**旋转曲面**，这条平面曲线和定直线分别称为该旋转曲面的**母线**和**轴**．

这里我们只讨论旋转轴为坐标轴的旋转曲面．

设在 yOz 坐标面上有一已知曲线 C，其方程为 $f(y, z) = 0$，把这曲线绕 z 轴旋转一周，就得到一个以 z 轴为轴的旋转曲面（图 7-4-3）．下面我们来推导这个旋转曲面的方程．

设 $M_1(0, y_1, z_1)$ 为曲线 C 上一点，则有

$$f(y_1, z_1) = 0, \tag{7.4.1}$$

且易知点 M_1 到 z 轴的距离为 $|y_1|$．设曲线 C 绕 z 轴旋转时，点 M_1 随着曲线转到点 $M(x, y, z)$．这时 $z = z_1$ 保持不变，且点 M 与点 M_1 到 z 轴的距离也不变，即有

$$\sqrt{x^2 + y^2} = |y_1|, \quad z = z_1,$$

将上式代入式（7.4.1），就得到所求旋转曲面的方程

$$f(\pm\sqrt{x^2 + y^2}, z) = 0. \tag{7.4.2}$$

由此可知，在曲线 C 的方程 $f(y, z) = 0$ 中，将 y 改为 $\pm\sqrt{x^2 + y^2}$，便得曲线 C 绕 z 轴旋转一周所得的旋转曲面的方程．

同理，曲线 C 绕 y 轴旋转一周所得的旋转曲面的方程为

$$f(y, \pm\sqrt{x^2 + z^2}) = 0. \tag{7.4.3}$$

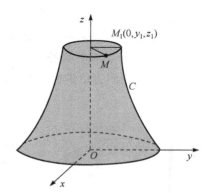

图 7-4-3

xOy 坐标面上的曲线绕 x 轴或 y 轴旋转，zOx 坐标面上的曲线绕 x 轴或 z 轴旋转，都可以用类似的方法讨论.

例如，将 zOx 坐标面上的曲线 $\dfrac{x^2}{a^2}-\dfrac{z^2}{c^2}=1$ 绕 z 轴旋转一周，所生成的旋转曲面的方程为

$\dfrac{(\pm\sqrt{x^2+y^2})^2}{a^2}-\dfrac{z^2}{c^2}=1$，即 $\dfrac{x^2+y^2}{a^2}-\dfrac{z^2}{c^2}=1$，这个旋转曲面称为**旋转单叶双曲面**（图 7-4-4）.

而绕 x 轴旋转一周所生成的旋转曲面的方程为 $\dfrac{x^2}{a^2}-\dfrac{(\pm\sqrt{y^2+z^2})^2}{c^2}=1$，即 $\dfrac{x^2}{a^2}-\dfrac{y^2+z^2}{c^2}=1$，这个旋转曲面称为**旋转双叶双曲面**（图 7-4-5）.

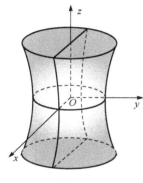

图 7-4-4

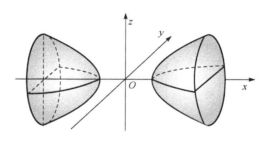

图 7-4-5

例 4　直线 L 绕另一条与 L 相交的定直线旋转一周，所得的旋转曲面称为**圆锥面**（图 7-4-6），两直线的交点称为圆锥面的顶点，两直线的夹角 α $\left(0<\alpha<\dfrac{\pi}{2}\right)$ 称为圆锥面的**半顶角**. 试建立顶点在坐标原点，旋转轴为 z 轴，半顶角为 α 的圆锥面方程.

解　在 yOz 面上，与 z 轴相交于原点，且与 z 轴的夹角为 α 的直线方程为

$$z=y\cot\alpha.$$

因此，此直线绕 z 轴旋转所生成的圆锥面方程为

$$z=\pm\sqrt{x^2+y^2}\cot\alpha\quad\text{或}\quad z^2=a^2(x^2+y^2),$$

其中 $a=\cot\alpha$.

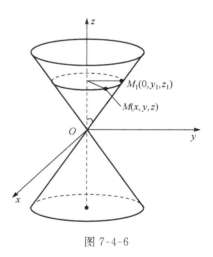

图 7-4-6

7.4.3　柱面

我们先分析一个具体的例子.

例 5　方程 $x^2+y^2=R^2$ 在空间中表示怎样的曲面？

解　易知，方程 $x^2+y^2=R^2$ 在 xOy 面上表示圆心在原点 O、半径为 R 的圆. 在空间直角坐标系中，注意到方程不含竖坐标 z，因此对于空间中的点，不论其竖坐标 z 怎样，只要它的横坐标 x 和纵坐标 y 能满足这方程，那么这一点就在这曲面上. 这就是说，凡是通过 xOy 面内圆 $x^2+y^2=R^2$ 上一点 $M(x,y,0)$，且平行于 z 轴的直线 l 都在这曲面上. 因此，这曲面可以看作是由平行于 z 轴的直线 l 沿 xOy 面上的圆 $x^2+y^2=R^2$ 移动而形成的，称此曲面为**圆柱面**

（图 7-4-7），xOy 面上的圆 $x^2+y^2=R^2$ 称为它的准线，平行于 z 轴的直线 l 称为它的母线.

一般地，有下述定义.

定义 3　平行于定直线并沿定曲线 C 移动的直线 L 所形成的轨迹称为**柱面**，这条定曲线 C 称为柱面的**准线**，动直线 L 称为柱面的**母线**.

由上面的例子可知，在空间直角坐标系中，不含 z 的方程 $x^2+y^2=R^2$ 表示母线平行于 z 轴、准线为 xOy 面上的圆 $x^2+y^2=R^2$ 的柱面，称为**圆柱面**.

一般地，在空间解析几何中，不含 z 而仅含 x,y 的方程 $F(x,y)=0$ 表示母线平行于 z 轴的柱面，其准线为 xOy 面上的曲线 $F(x,y)=0$（图 7-4-8）.

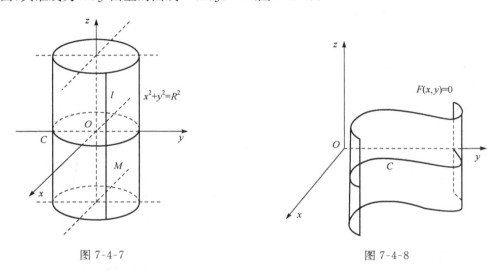

图 7-4-7　　　　　　　　　　　图 7-4-8

同理，不含 y 而仅含 x,z 的方程 $G(x,z)=0$ 表示母线平行于 y 轴的柱面，其准线为 xOz 面上的曲线 $G(x,z)=0$；不含 x 而仅含 y,z 的方程 $H(y,z)=0$ 表示母线平行于 x 轴的柱面，其准线为 yOz 面上的曲线 $H(y,z)=0$.

例如，方程 $y=1-z$ 表示母线平行于 x 轴、准线为 yOz 面上的直线 $y=1-z$ 的柱面，这个柱面是一个平面（图 7-4-9）.

方程 $y^2=2x$ 表示母线平行于 z 轴、准线为 xOy 面上的抛物线 $y^2=2x$ 的柱面，这个柱面称为**抛物柱面**（图 7-4-10）.

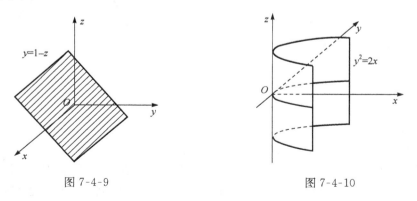

图 7-4-9　　　　　　　　　　　图 7-4-10

下面两个也是常见的母线平行于 z 轴的柱面：

椭圆柱面　$\dfrac{x^2}{a^2}+\dfrac{y^2}{b^2}=1.$

双曲柱面　$\dfrac{x^2}{a^2}-\dfrac{y^2}{b^2}=1$.

圆柱面、抛物柱面、椭圆柱面和双曲柱面的方程都是二次的,因此这些柱面统称为**二次柱面**.

习　题　7-4

1. 求以点 $O(1,2,-1)$ 为球心,且通过坐标原点的球面方程.

2. 求与原点和 $M_0(1,0,1)$ 的距离之比为 $1:3$ 的点的全体所构成的曲面的方程,它表示怎样的曲面?

3. 将 zOx 坐标面上的抛物线 $z^2=6x$ 分别绕 z 轴旋转一周,求所生成的旋转曲面的方程.

4. 将 xOy 坐标面上的双曲线 $4x^2-9y^2=36$ 分别绕 x 轴或 y 轴旋转一周,求所生成的旋转曲面的方程.

5. 指出下列方程在平面解析几何与空间解析几何中分别表示什么图形:

(1) $x=3$;　　　　　　　　(2) $y=2x-5$;　　　　　　(3) $x^2+y^2=16$;

(4) $x^2-y^2=4$;　　　　　(5) $\dfrac{x^2}{4}+\dfrac{y^2}{9}=1$;　　　　(6) $y^2=4x$.

6. 说明下列旋转曲面是怎样形成的:

(1) $\dfrac{x^2}{9}+\dfrac{y^2}{16}+\dfrac{z^2}{16}=1$;　　(2) $x^2-\dfrac{y^2}{9}+z^2=1$;　　(3) $x^2-y^2-z^2=4$.

7. 指出下列各方程表示哪种曲面:

(1) $x^2+y^2-6z=0$;　　　(2) $x^2-y^2=0$;　　　　(3) $x^2+y^2=0$;

(4) $y-\sqrt{2}z=0$;　　　　(5) $y^2-5y+6=0$;　　　(6) $\dfrac{x^2}{4}+\dfrac{y^2}{16}=1$;

(7) $x^2-\dfrac{y^2}{16}=1$;　　　(8) $x^2=9y$;　　　　　(9) $z^2-x^2-y^2=0$.

7.5　空间曲线及其方程

7.5.1　空间曲线的一般方程

任何空间曲线总可以看作空间两曲面的交线. 设
$$F(x,y,z)=0　和　G(x,y,z)=0$$
是两个曲面的方程,它们相交且交线为 C(图 7-5-1). 易知,曲线 C 上的任一点都同时在这两个曲面上,所以曲线 C 上所有点的坐标都同时满足这两个曲面的方程. 反之,坐标同时满足这两个曲面方程的点一定在它们的交线上. 因此,将这两个方程联立起来,所得到的方程组

$$C:\begin{cases}F(x,y,z)=0\\ G(x,y,z)=0\end{cases}\qquad(7.5.1)$$

就称为空间曲线 C 的**一般方程**.

例 1　方程组 $\begin{cases}x^2+y^2=1\\ 2x+3z=6\end{cases}$ 表示怎样的曲线?

解　方程组中第一个方程表示母线平行于 z 轴的圆柱面,其准线是 xOy 面上的圆,圆心在原点 O、半径为 1;第二个方程表示母线平行于 y 轴的柱面,其准线是 zOx 面上的直线,它是一个平面. 题设方程组就表示上述平面与圆柱面的交线(图 7-5-2).

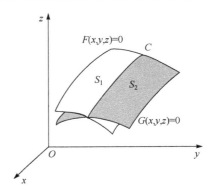

图 7-5-1

例 2 方程组 $\begin{cases} z=\sqrt{a^2-x^2-y^2} \\ \left(x-\dfrac{a}{2}\right)^2+y^2=\dfrac{a^2}{4} \end{cases}$ 表示怎样的曲线?

解 方程组中第一个方程表示球心在原点 O、半径为 a 的上半球面;;第二个方程表示母线平行于 z 轴的圆柱面,其准线是 xOy 面上的圆,圆心在点 $\left(\dfrac{a}{2},0\right)$、半径为 $\dfrac{a}{2}$. 题设方程组表示上述半球面与圆柱面的交线(图 7-5-3).

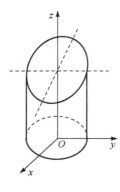

图 7-5-2

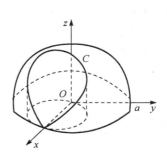

图 7-5-3

7.5.2 空间曲线的参数方程

在平面直角坐标系中,平面曲线可以用参数方程表示. 同样,在空间直角坐标系中,空间曲线也可以用参数方程来表示. 只要将曲线 C 上动点的坐标 x,y,z 分别表示为参数 t 的函数,其一般形式是

$$\begin{cases} x=x(t) \\ y=y(t), \\ z=z(t) \end{cases} \tag{7.5.2}$$

这个方程组称为空间曲线的参数方程. 当给定 $t=t_1$ 时,就得到曲线上的一个点 (x_1,y_1,z_1),随着参数 t 的变化就可得到曲线上全部的点.

例 3 将空间曲线方程 $\begin{cases} x^2+y^2+z^2=4 \\ x+y=0 \end{cases}$ 化为参数方程.

解 由 $x+y=0$ 得 $y=-x$,将其代入 $x^2+y^2+z^2=4$,得

$$2x^2+z^2=4, \quad 即 \quad \frac{x^2}{(\sqrt{2})^2}+\frac{z^2}{2^2}=1,$$

类似于椭圆的参数方程,可取 $\begin{cases} x=\sqrt{2}\cos\theta \\ y=2\sin\theta \end{cases}(0\leqslant\theta\leqslant2\pi)$,故所求的参数方程为

$$\begin{cases} x=\sqrt{2}\cos\theta \\ y=-\sqrt{2}\cos\theta \quad (0\leqslant\theta\leqslant2\pi). \\ z=2\sin\theta \end{cases}$$

注 空间曲线的参数方程不是唯一的,这取决于所选取的参数,选取的参数不同,得到的参数方程也不同.

例 4 如果空间一点 M 在圆柱面 $x^2+y^2=a^2$ 上以角速度 ω 绕 z 轴旋转,同时又以线速度

v 沿平行于 z 轴的正方向上升(其中 ω,v 都是常数),则点 M 构成的图形称为**螺旋线**(图 7-5-4).
试建立其参数方程.

解　取时间 t 为参数. 如图 7-5-4 所示,设当 $t=0$ 时,动
点位于 x 轴上的点 $A(a,0,0)$ 处,经过时间 t 后,动点由 A 运
动到 $M(x,y,z)$. 记 M 在 xOy 面的投影为 M',则 M' 的坐标
为 $(x,y,0)$. 由于动点在圆柱面上以角速度 ω 绕 z 轴旋转,所
以经过时间 t 后,$\angle AOM'=\omega t$,从而

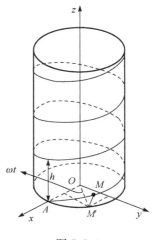

$$x=|OM'|\cos\omega t=a\cos\omega t,$$
$$y=|OM'|\sin\omega t=a\sin\omega t,$$

同时,动点又以线速度 v 沿平行于 z 轴的正方向上升,所以
经过时间 t 后

$$z=|MM'|=vt.$$

这样,就得到螺旋线的参数方程

$$\begin{cases} x=a\cos\omega t \\ y=a\sin\omega t \\ z=vt \end{cases}.$$

图 7-5-4

也可以用其他变量作为参数,例如在上例中,如果取 $\theta=\omega t$ 作为参数,则螺旋线的参数方
程为

$$\begin{cases} x=a\cos\theta \\ y=a\sin\theta \\ z=k\theta \end{cases},$$

其中 $k=\dfrac{v}{\omega}$.

螺旋线是生产实践中常用的曲线. 例如,平头螺丝钉的外缘曲线就是螺旋线.

螺旋线有一个重要性质:当 $\theta=2\pi$ 时,$z=2\pi k$,这表示动点从点 A 开始绕 z 轴运动一周后
在 z 轴方向上所移动的距离,这个距离 $h=2\pi k$ 称为**螺距**.

7.5.3　空间曲线在坐标面上的投影

设空间曲线 C 的一般方程为

$$\begin{cases} F(x,y,z)=0 \\ G(x,y,z)=0 \end{cases}, \tag{7.5.3}$$

如果我们能从方程组(7.5.3)中消去变量 z 而得到方程

$$H(x,y)=0. \tag{7.5.4}$$

则当点 M 的坐标 x,y,z 满足方程组(7.5.3)时,也一定满足方程(7.5.4). 这说明曲线 C 上的
所有点都落在由方程(7.5.4)所表示的曲面上.

由上节知道,方程(7.5.4)表示一个母线平行于 z 轴的柱面. 由上面的讨论可知,这柱面必
定包含曲线 C. 以曲线 C 为准线、母线平行于 z 轴(即垂直于 xOy 面)的柱面称为曲线 C 关于
xOy 面的**投影柱面**. 这个投影柱面与 xOy 面的交线称为空间曲线 C 在 xOy 面上的**投影曲线**,
简称为**投影**.

因为方程(7.5.4)所表示的曲面上包含曲线 C,所以它就一定包含着 C(关于 xOy 面)的投
影柱面,因此方程组

$$\begin{cases} H(x,y)=0 \\ z=0 \end{cases} \qquad (7.5.5)$$

所表示的曲线必定包含着 C 在 xOy 面上的投影.

注 要注意的是,C 在 xOy 面上的投影可能只是方程组(7.5.5)所表示的曲线中的一部分,而不一定是全部.这一点,具体问题要具体分析.

同理,消去方程组(7.5.3)中的变量 x 或变量 y,再分别和 $x=0$ 或 $y=0$ 联立,就可分别得到包含曲线 C 在 yOz 面或 zOx 面上的投影的曲线方程:

$$\begin{cases} R(y,z)=0 \\ x=0 \end{cases} \quad \text{或} \quad \begin{cases} T(x,z)=0 \\ y=0 \end{cases}.$$

例5 求曲线 C:$\begin{cases} x^2+y^2+z^2=1 \\ x^2+z^2-x=0 \end{cases}$ 在三坐标面上的投影方程.

解 从题设方程组中消去变量 z 后,得 $y^2+x=1$,于是,曲线 C 在 xOy 面上的投影方程为

$$\begin{cases} y^2+x=1 \\ z=0 \end{cases}.$$

同理,由 $x=1-y^2$,从题设方程组中消去变量 x 后,得 $z^2-y^2+y^4=0$,于是,曲线 C 在 yOz 面上的投影方程为

$$\begin{cases} z^2-y^2+y^4=0 \\ x=0 \end{cases}.$$

由曲线方程可知,曲线 C 在柱面 $x^2+z^2-x=0$ 上,故曲线 C 在 zOx 面上的投影方程为

$$\begin{cases} x^2+z^2-x=0 \\ y=0 \end{cases}.$$

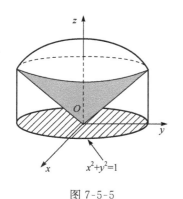

图 7-5-5

例6 设一个立体由上半球面 $z=\sqrt{4-x^2-y^2}$ 和锥面 $z=\sqrt{3(x^2+y^2)}$ 所围成(图 7-5-5),求它在 xOy 面上的投影.

解 半球面和锥面的交线为

$$C:\begin{cases} z=\sqrt{4-x^2-y^2} \\ z=\sqrt{3(x^2+y^2)} \end{cases},$$

从这个方程组中消去 z 得投影柱面的方程

$$x^2+y^2=1,$$

因此,交线 C 在 xOy 面上的投影曲线为

$$\begin{cases} x^2+y^2=1 \\ z=0 \end{cases},$$

这是一个 xOy 面上的单位圆,故所求立体在 xOy 面上的投影,即为该圆在 xOy 面上所围的部分:$x^2+y^2\leqslant 1$.

习 题 7-5

1. 画出下列曲线在第一卦限内的图形:

(1) $\begin{cases} x=2 \\ y=4 \end{cases}$;   (2) $\begin{cases} z=\sqrt{9-x^2-y^2} \\ x-y=0 \end{cases}$;   (3) $\begin{cases} x^2+y^2=a^2 \\ x^2+z^2=a^2 \end{cases}$.

2. 方程组 $\begin{cases} y=5x+2 \\ y=2x-5 \end{cases}$ 在平面解析几何与空间解析几何中各表示什么?

3. 方程组 $\begin{cases} \dfrac{x^2}{4}+\dfrac{y^2}{9}=1 \\ x=2 \end{cases}$ 在平面解析几何与空间解析几何中各表示什么?

4. 求曲面 $x^2+9y^2=10z$ 与 yOz 平面的交线.

5. 将曲线 $\begin{cases} x^2+y^2+z^2=9 \\ y=x \end{cases}$ 化为参数方程.

6. 将曲线的一般方程 $\begin{cases} (x-1)^2+y^2+(z+1)^2=4 \\ z=0 \end{cases}$ 化为参数方程.

7. 分别求母线平行于 x 轴及 y 轴而且通过曲线 $\begin{cases} 2x^2+y^2+z^2=16 \\ x^2+z^2-y^2=0 \end{cases}$ 的柱面方程.

8. 求曲线 $\begin{cases} x+z=1 \\ x^2+y^2+z^2=9 \end{cases}$ 在 xOy 面上的投影方程.

9. 求曲线 $\begin{cases} y-z+1=0 \\ x^2+z^2+3yz-2x+3z-3=0 \end{cases}$ 在 xOz 面上的投影方程.

10. 指出下列各方程组表示什么曲线?

(1) $\begin{cases} x+2=0 \\ y-3=0 \end{cases}$;　　　　(2) $\begin{cases} x^2+y^2+z^2=20 \\ z-2=0 \end{cases}$;　　　(3) $\begin{cases} x^2-4y^2+9z^2=36 \\ y=1 \end{cases}$;

(4) $\begin{cases} x^2-4y^2=4z \\ y=-2 \end{cases}$;　　　　(5) $\begin{cases} x^2-4y^2=8z \\ z=8 \end{cases}$.

11. 求旋转抛物面 $z=x^2+y^2(0\leqslant z\leqslant 4)$ 在三坐标面上的投影.

12. 假定直线 L 在 yOz 平面上的投影方程为 $\begin{cases} 2y-3z=1 \\ x=0 \end{cases}$,而在 xOz 面上的投影方程为 $\begin{cases} x+z=2 \\ y=0 \end{cases}$,求直线 L 在 xOy 面上的投影方程.

7.6　平面及其方程

平面是空间中最简单且最重要的曲面. 本节我们将以向量为工具,在空间直角坐标系中建立其方程,并进一步讨论有关平面的一些基本性质.

7.6.1　平面的点法式方程

平面在空间中的位置是由一定的几何条件所决定的. 例如,通过某定点的平面有无穷多个,但若再限定平面与一已知非零向量垂直,则这个平面就可以完全确定. 下面我们就从这个角度来建立平面的点法式方程.

一般地,如果一个非零向量垂直于一平面,则称此向量为该平面的**法线向量**,简称**法向量**. 容易知道,平面上的任一向量均与该平面的法向量垂直.

设平面 Π 过点 $M_0(x_0,y_0,z_0)$,且以 $\boldsymbol{n}=\{A,B,C\}$ 为法向量,下面来建立这个平面的方程.

如图 7-6-1 所示,在平面 Π 上任取一点 $M(x,y,z)$,则有 $\overrightarrow{M_0M}\perp\boldsymbol{n}$,即 $\overrightarrow{M_0M}\cdot\boldsymbol{n}=0$. 因为

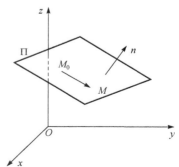

图 7-6-1

$$\overrightarrow{M_0M} = \{x-x_0, y-y_0, z-z_0\},$$

所以

$$A(x-x_0) + B(y-y_0) + C(z-z_0) = 0. \tag{7.6.1}$$

由点 M 的任意性知,平面 Π 上的任一点都满足方程(7.6.1).反之,不在该平面上的点的坐标都不满足方程(7.6.1),因为这样的点与点 M_0 所构成的向量 $\overrightarrow{M_0M}$ 与法向量 $\boldsymbol{n}$ 不垂直.因此,方程(7.6.1)就是平面 Π 的方程,称为平面的**点法式方程**,而平面 Π 就是方程(7.6.1)的图形.

例 1 求过点 $M(1,2,3)$ 且以 $\boldsymbol{n} = \{1,1,-2\}$ 为法向量的平面的方程.

解 根据平面的点法式方程(7.6.1),得所求平面的方程为

$$(x-1) + (y-2) - 2(z-3) = 0,$$

即

$$x+y-2z+3 = 0.$$

例 2 已知两点 $M_1(1,-2,3)$ 与 $M_2(3,0,-1)$,求线段 M_1M_2 的垂直平分面的方程.

解 因为向量

$$\overrightarrow{M_1M_2} = \{2,2,-4\} = 2\{1,1,-2\}$$

垂直于该平面,所以该平面的一个法向量为 $\boldsymbol{n} = \{1,1,-2\}$.所求平面又通过 M_1M_2 的中点 $M_0 = \{2,-1,1\}$,因此该平面的点法式方程为

$$(x-2) + (y+1) - 2(z-1) = 0,$$

即

$$x+y-2z+1 = 0.$$

例 3 求过点 $A(1,1,-1)$, $B(-2,-2,2)$, $C(1,-1,2)$ 三点的平面方程.

解 先求出该平面的法向量 $\boldsymbol{n}$.由于法向量 $\boldsymbol{n}$ 与向量 $\overrightarrow{AB}$, $\overrightarrow{AC}$ 都垂直,而

$$\overrightarrow{AB} = \{-3,-3,3\}, \quad \overrightarrow{AC} = \{0,-2,3\},$$

故可取它们的向量积为法向量 $\boldsymbol{n}$,即

$$\boldsymbol{n} = \overrightarrow{AB} \times \overrightarrow{AC} = \begin{vmatrix} \boldsymbol{i} & \boldsymbol{j} & \boldsymbol{k} \\ -3 & -3 & 3 \\ 0 & -2 & 3 \end{vmatrix} = \{-3,9,6\},$$

因此所求平面方程为

$$-3(x-1) + 9(y-1) + 6(z+1) = 0,$$

即

$$x-3y-2z = 0.$$

7.6.2 平面的一般方程

平面的点法式方程是关于 x,y,z 的三元一次方程,而任一平面都可以都可以用它上面的一点及它的法向量来确定,因此任一平面都可以用三元一次方程来表示.

反之,设有三元一次方程

$$Ax + By + Cz + D = 0, \tag{7.6.2}$$

任取满足该方程的一组数 x_0, y_0, z_0,则有

$$Ax_0 + By_0 + Cz_0 + D = 0,$$

将上述两式相减,得

$$A(x-x_0) + B(y-y_0) + C(z-z_0) = 0, \tag{7.6.3}$$

易见,方程(7.6.3)就是过点 $M_0(x_0, y_0, z_0)$ 且以 $\boldsymbol{n} = \{A,B,C\}$ 为法向量的平面方程.因方程

(7.6.3)与方程(7.6.2)是同解方程. 所以,任一三元一次方程(7.6.2)的图形总是一个平面.
方程(7.6.2)称为**平面的一般方程**,其中 x,y,z 的系数就是该平面的一个法向量 $\boldsymbol{n}$ 的坐标,即
$\boldsymbol{n}=\{A,B,C\}$.

平面的一般方程的几种特殊情形:

(1) 若 $D=0$,则方程为 $Ax+By+Cz=0$,该平面通过坐标原点;

(2) 若 $C=0$,则方程为 $Ax+By+D=0$,法向量为 $\boldsymbol{n}=\{A,B,0\}$,垂直于 z 轴,该方程表示
一个平行于 z 轴的平面;

同理,方程 $Ax+Cz+D=0$ 和 $By+Cz+D=0$ 分别表示一个平行于 y 轴和 x 轴的平面.

(3) 若 $B=C=0$,则方程为 $Ax+D=0$,法向量 $\boldsymbol{n}=\{A,0,0\}$ 同时垂直于 y 轴和 z 轴,方程
表示一个平行于 yOz 面的平面或垂直于 x 轴的平面.

同理,方程 $By+D=0$ 和 $Cz+D=0$ 分别表示一个平行于 zOx 面和 xOy 面的平面.

注　在平面解析几何中,二元一次方程表示一条直线;在空间解析几何中,二元一次方程
表示一个平面.例如,$x+y=1$ 在平面解析几何中表示一条直线,而在空间解析几何中表示一
个平面.

例 4　求通过 y 轴和点 $(1,2,-3)$ 的平面方程.

解　设所求平面的一般方程为
$$Ax+By+Cz+D=0,$$
因为所求平面通过 y 轴,则一定平行于 y 轴,所以 $B=0$,又平面通过坐标原点,所以 $D=0$,从
而方程为
$$Ax+Cz=0,$$
又因平面过点 $(1,2,-3)$,因此有
$$A-3C=0,$$
即 $A=3C$,将 $A=3C$ 代入方程 $Ax+Cz=0$,再除以 $C(C\neq0)$,便得到所求方程为
$$3x+z=0.$$

例 5　设平面过点 $M_1\{1,1,1\}$ 及点 $M_2\{0,1,-1\}$,且与平面 $x+y+z=0$ 互相垂直,求此
平面的方程.

解　设所求平面的方程为
$$Ax+By+Cz+D=0,$$
由平面过点 M_1,M_2 知
$$A+B+C+D=0. \tag{7.6.4}$$
$$B-C+D=0. \tag{7.6.5}$$
因为所求平面与平面 $x+y+z=0$ 互相垂直,则 $\{A,B,C\}\perp\{1,1,1\}$,所以 $\{A,B,C\}\cdot\{1,1,1\}=0$,即
$$A+B+C=0, \tag{7.6.6}$$
联立方程(7.6.4),(7.6.5)和(7.6.6),解得
$$A=-2B=C,\quad D=0,$$
故所求平面方程为
$$2x-y-z=0.$$

7.6.3　平面的截距式方程

设一平面的一般方程为

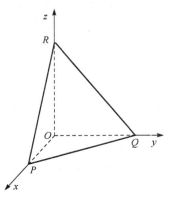

图 7-6-2

$$Ax+By+Cz+D=0,$$

若该平面与 x,y,z 轴分别交于 $P(a,0,0)$、$Q(0,b,0)$、$R(0,0,c)$ 三点（图 7-6-2），其中 $a\neq0,b\neq0,c\neq0$，则这三点均满足平面方程，即有

$$aA+D=0, \quad bB+D=0, \quad cC+D=0.$$

解得

$$A=-\frac{D}{a}, \quad B=-\frac{D}{b}, \quad C=-\frac{D}{c},$$

代入所设平面方程中，得

$$\frac{x}{a}+\frac{y}{b}+\frac{z}{c}=1. \tag{7.6.7}$$

这个方程称为**平面的截距式方程**，其中 a,b,c 分别称为平面在 x,y,z 轴上的**截距**.

例 6 求平行于平面 $6x+y+6z+5=0$ 且与三个坐标面所围成的四面体体积为 1 的平面方程.

解 设所求平面方程为

$$\frac{x}{a}+\frac{y}{b}+\frac{z}{c}=1,$$

该平面与三个坐标面所围成的四面体体积 V 为 1，故

$$V=\frac{1}{3}\cdot\frac{1}{2}abc=1, \tag{7.6.8}$$

又因所求平面与平面 $6x+y+6z+5=0$ 平行，所以

$$\frac{\frac{1}{a}}{6}=\frac{\frac{1}{b}}{1}=\frac{\frac{1}{c}}{6}, \quad 即 \ 6a=b=6c.$$

令 $6a=b=6c=t$，则 $a=\frac{t}{6},b=t,c=\frac{t}{6}$，代入式（7.6.7），得

$$\frac{1}{6}\cdot\frac{t}{6}\cdot t\cdot\frac{t}{6}=1, \quad 即 \quad t=6,$$

从而 $a=1,b=6,c=1$. 于是，所求平面方程为

$$\frac{x}{1}+\frac{y}{6}+\frac{z}{1}=1, \quad 即 \quad 6x+y+6z=6.$$

7.6.4 两平面的夹角

两平面法向量之间的夹角（通常取锐角）称为**两平面的夹角**.

设有两个平面 Π_1 和 Π_2：

$$\Pi_1:A_1x+B_1y+C_1z+D_1=0, \quad \boldsymbol{n}_1=\{A_1,B_1,C_1\},$$

$$\Pi_2:A_2x+B_2y+C_2z+D_2=0, \quad \boldsymbol{n}_2=\{A_2,B_2,C_2\},$$

则平面 Π_1 和 Π_2 的夹角 θ 应是 $(\widehat{\boldsymbol{n}_1,\boldsymbol{n}_2})$ 和 $\pi-(\widehat{\boldsymbol{n}_1,\boldsymbol{n}_2})$ 两者中的锐角（图 7-6-3），因此

$$\cos\theta=|\cos(\widehat{\boldsymbol{n}_1,\boldsymbol{n}_2})|.$$

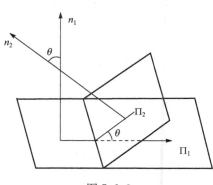

图 7-6-3

按照两向量夹角的余弦公式,有

$$\cos\theta=\frac{|A_1A_2+B_1B_2+C_1C_2|}{\sqrt{A_1^2+B_1^2+C_1^2}\cdot\sqrt{A_2^2+B_2^2+C_2^2}}. \tag{7.6.9}$$

从两向量垂直和平行的充要条件,即可推出:

(1) $\Pi_1\perp\Pi_2$ 的充要条件是 $A_1A_2+B_1B_2+C_1C_2=0$;

(2) $\Pi_1/\!/\Pi_2$ 的充要条件是 $\dfrac{A_1}{A_2}=\dfrac{B_1}{B_2}=\dfrac{C_1}{C_2}$;

(3) Π_1 与 Π_2 重合的充要条件是 $\dfrac{A_1}{A_2}=\dfrac{B_1}{B_2}=\dfrac{C_1}{C_2}=\dfrac{D_1}{D_2}$.

例 7　研究以下各组中两平面的位置关系:

(1) $\Pi_1:-x+2y-z+1=0,\Pi_2:y+3z-1=0$;

(2) $\Pi_1:2x-y+z-1=0,\Pi_2:-4x+2y-2z-1=0$;

(3) $\Pi_1:2x-y-z+1=0,\Pi_2:-4x+2y+2z-2=0$.

解　(1) 两平面的法向量分别为 $\boldsymbol{n}_1=\{-1,2,-1\}$,$\boldsymbol{n}_2=\{0,1,3\}$,因为

$$\cos\theta=\frac{|-1\times0+2\times1-1\times3|}{\sqrt{(-1)^2+2^2+(-1)^2}\cdot\sqrt{1^2+3^2}}=\frac{1}{\sqrt{60}},$$

所以这两平面相交,且夹角为 $\theta=\arccos\dfrac{1}{\sqrt{60}}$.

(2) 两平面的法向量分别为 $\boldsymbol{n}_1=\{2,-1,1\}$,$\boldsymbol{n}_2=\{-4,2,-2\}$,因为

$$\frac{2}{-4}=\frac{-1}{2}=\frac{1}{-2}\neq\frac{-1}{-1},$$

所以这两平面平行但不重合.

(3) 两平面的法向量分别为 $\boldsymbol{n}_1=\{2,-1,-1\}$,$\boldsymbol{n}_2=\{-4,2,2\}$,因为

$$\frac{2}{-4}=\frac{-1}{2}=\frac{-1}{2}=\frac{1}{-2},$$

所以这两平面重合.

7.6.5　点到平面的距离

设 $P_0(x_0,y_0,z_0)$ 是平面 $\Pi:Ax+By+Cz+D=0$ 外的一点,求点 P_0 到平面 Π 的距离.

如图 7-6-4 所示,在平面 Π 上任取一点 $P_1(x_1,y_1,z_1)$,作向量 $\overrightarrow{P_1P_0}$,易见点 P_0 到平面 Π 的距离 d 等于 $\overrightarrow{P_1P_0}$ 在平面 Π 的法向量 $\boldsymbol{n}$ 上的投影的绝对值,即

$$d=|\,\mathrm{Prj}_n\,\overrightarrow{P_1P_0}\,|.$$

设 $\boldsymbol{n}^\circ$ 为与 $\boldsymbol{n}$ 同方向的单位向量,则有

$$\mathrm{Prj}_n\,\overrightarrow{P_1P_0}=\overrightarrow{P_1P_0}\cdot\boldsymbol{n}^\circ,$$

故

$$\begin{aligned}
d&=|\,\mathrm{Prj}_n\,\overrightarrow{P_1P_0}\,|=\frac{|\,\overrightarrow{P_1P_0}\cdot\boldsymbol{n}\,|}{|\boldsymbol{n}|}\\
&=\frac{|A(x_0-x_1)+B(y_0-y_1)+C(z_0-z_1)|}{\sqrt{A^2+B^2+C^2}}\\
&=\frac{|Ax_0+By_0+Cz_0-(Ax_1+By_1+Cz_1)|}{\sqrt{A^2+B^2+C^2}}.
\end{aligned}$$

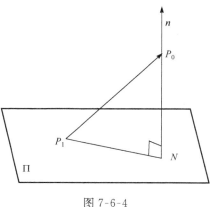
图 7-6-4

注意到点 $P_1(x_1,y_1,z_1)$ 在平面 Π 上,故 $Ax_1+By_1+Cz_1=-D$,这样我们就得到**点到平面的距离公式**

$$d=\frac{|Ax_0+By_0+Cz_0-D|}{\sqrt{A^2+B^2+C^2}}. \tag{7.6.9}$$

例 8 求两平行平面 $\Pi_1:x+y+z-2=0$ 和 $\Pi_2:2x-2y+z-3=0$ 之间的距离 d.

解 可在平面 Π_1 上任取一点,该点到平面 Π_2 的距离即为这两平行平面之间的距离. 为此,在平面 Π_1 上取点 $(1,1,0)$,则

$$d=\frac{|2\times1+(-2)\times1+1\times0-3|}{\sqrt{2^2+(-2)^2+1^2}}=\frac{3}{\sqrt{9}}=1.$$

<h3 style="text-align:center">习 题 7-6</h3>

1. 求过点 $(1,0,-1)$ 且与平面 $3x-6y+9z-12=0$ 平行的平面方程.

2. 求过点 $M_0(2,9,-6)$ 且与连接坐标原点及点 M_0 的线段 OM_0 垂直的平面方程.

3. 求过 $A(1,1,2),B(3,2,3),C(2,0,3)$ 三点的平面方程.

4. 平面过原点 O,且垂直于平面

$$\Pi_1:x+2y+3z-2=0,\Pi_2:6x-y+5z+2=0,$$

求此平面的方程.

5. 指出下列各平面的特殊位置:

(1) $x=1$;   (2) $3y-2=0$;   (3) $2x-3y-6=0$;

(4) $x-\sqrt{3}y=0$;   (5) $y+z=2$;   (6) $x-2z=0$;

6. 求平面 $x-y+z+6=0$ 与各坐标面夹角的余弦.

7. 已知 $A(-5,-11,3),B(7,10,-6)$ 和 $C(1,-3,-2)$,求平行于 $\triangle ABC$ 所在的平面且与它的距离等于 2 的平面的方程.

8. 确定 k 的值,使平面 $x+ky-2z=9$ 满足下列条件之一:

(1) 经过点 $(5,-4,-6)$;   (2) 与 $2x+4y+3z=3$ 垂直;

(3) 与 $3x-7y-6z-1=0$ 平行;   (4) 与 $2x-3y+z=0$ 的夹角为 $\frac{\pi}{4}$;

(5) 与原点的距离等于 3;   (6) 在 y 轴上的截距为 -3.

9. 求点 $(1,2,1)$ 到平面 $x+2y+2z-10=0$ 的距离.

10. 求平行于平面 $x+y+z=100$ 且与球面 $x^2+y^2+z^2=4$ 相切的平面方程.

11. 求平面 $x-2y+2z+21=0$ 与 $7x+24z-5=0$ 的夹角的平分面的方程.

<h2 style="text-align:center">7.7 空间直线及其方程</h2>

7.7.1 空间直线的一般方程

如同空间曲线可看作两曲面的交线一样,空间直线可看作两个相交平面的交线.

设两个相交平面的方程分别为

$$\Pi_1:A_1x+B_1y+C_1z+D_1=0,$$
$$\Pi_2:A_2x+B_2y+C_2z+D_2=0,$$

记它们的交线为直线 L(图 7-7-1),则 L 上任一点的坐标应同时满足这两个平面的方程,即应满足方程组

$$\begin{cases} A_1 x + B_1 y + C_1 z + D_1 = 0 \\ A_2 x + B_2 y + C_2 z + D_2 = 0 \end{cases}. \qquad (7.7.1)$$

反之,如果一个点不在直线 L 上,则它不可能同时在平面 Π_1 和 Π_2 上,它的坐标也就不可能满足方程组 (7.7.1).因此,直线 L 可以用方程组 (7.7.1) 来表示.方程组(7.7.1)称为**空间直线的一般方程**.

通过空间一直线 L 的平面有无穷多个,在这无穷多个平面中任选两个,把它们的方程联立起来,都可作为直线 L 的方程.

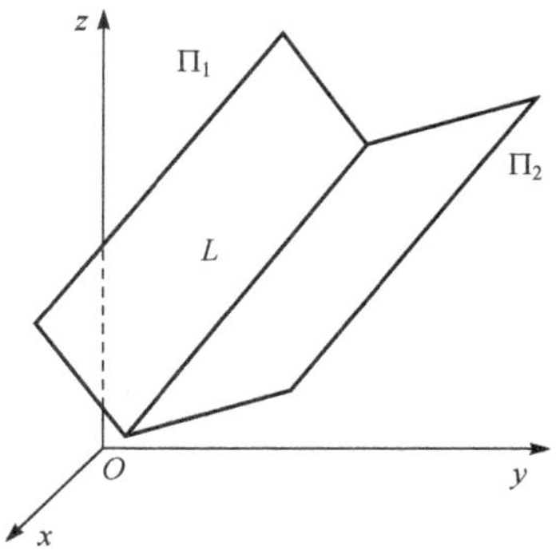

图 7-7-1

7.7.2　空间直线的对称式方程与参数方程

如果一非零向量平行于一条已知直线,这个向量就称为这条直线的**方向向量**.由于过空间一点可作而且只能作一条直线平行于一已知直线,所以空间直线的位置可由其上一点及它的方向向量完全确定.

设直线 L 通过点 $M_0(x_0, y_0, z_0)$,且与一非零向量 $\boldsymbol{s} = \{m, n, p\}$ 平行,下面我们来求这条直线的方程.

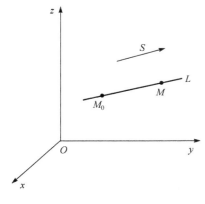

图 7-7-2

如图 7-7-2 所示,在直线 L 任取一点 $M(x, y, z)$,则有 $\overrightarrow{M_0 M} // \boldsymbol{s}$,因为

$$\overrightarrow{M_0 M} = \{x - x_0, y - y_0, z - z_0\},$$

所以

$$\frac{x - x_0}{m} = \frac{y - y_0}{n} = \frac{z - z_0}{p}. \qquad (7.7.2)$$

由点 M 的任意性知,直线 L 上的任一点都满足方程(7.7.2).反之,如果点 M 不在 L 上,$\overrightarrow{M_0 M}$ 就不可能与 $\boldsymbol{s}$ 平行,则点 M 的坐标就不满足方程(7.7.2),所以方程(7.7.2)就是直线 L 的方程.由于方程在形式上对称,称它为直线 L 的**对称式方程**.

由于向量 $\boldsymbol{s}$ 确定了直线的方向,称 $\boldsymbol{s}$ 为直线 L 的**方向向量**.向量 $\boldsymbol{s}$ 的坐标 m, n, p 称为直线的一组**方向数**.方向向量 $\boldsymbol{s}$ 的余弦称为直线的**方向余弦**.

因为向量 $\boldsymbol{s}$ 是非零向量,它的方向数 m, n, p 不会同时为零,但可能有其中一个或两个为零的情形.例如,当 $\boldsymbol{s}$ 垂直于 x 轴时,它在 x 轴上的投影 $m = 0$,此时为了保持方程的对称形式,我们仍写成

$$\frac{x - x_0}{0} = \frac{y - y_0}{n} = \frac{z - z_0}{p}.$$

但这时上式应理解为

$$\begin{cases} x - x_0 = 0 \\ \dfrac{y - y_0}{n} = \dfrac{z - z_0}{p} \end{cases}.$$

当 m, n, p 中有两个为零时,例如 $m = n = 0$,方程(7.7.2)应理解为

$$\begin{cases} x - x_0 = 0 \\ y - y_0 = 0 \end{cases}.$$

由直线的对称式方程容易导出直线的参数方程. 如设

$$\frac{x-x_0}{m}=\frac{y-y_0}{n}=\frac{z-z_0}{p}=t,$$

则

$$\begin{cases} x=x_0+mt \\ y=y_0+nt, \\ z=z_0+pt \end{cases} \tag{7.7.3}$$

这个方程组就是直线的**参数方程**.

例 1　设一直线过点 $A(2,-3,4)$,且与 y 轴垂直相交,求其对称式方程.

解　因为直线和 y 轴相交,故其交点为 $B(0,-3,0)$,取方向向量 $s=\overrightarrow{BA}=\{2,0,4\}$,则得到所求直线对称式方程为

$$\frac{x-2}{2}=\frac{y+3}{0}=\frac{z-4}{4}.$$

例 2　求过点 $P_0(1,-1,2)$ 且平行于 $\dfrac{x-3}{3}=\dfrac{y}{1}=\dfrac{z+1}{-2}$ 的直线的参数方程.

解　直线 $\dfrac{x-3}{3}=\dfrac{y}{1}=\dfrac{z+1}{-2}$ 的方向向量为 $s=\{3,1,-2\}$,由于所求直线与它平行,故 s 就是所求直线的方向向量,因此所求直线的标准方程为

$$\frac{x-1}{3}=\frac{y+1}{1}=\frac{z-2}{-2}.$$

令 $\dfrac{x-1}{3}=\dfrac{y+1}{1}=\dfrac{z-2}{-2}=t$(其中 t 为参数),于是所求直线的参数方程为

$$\begin{cases} x=1+3t \\ y=-1+t. \\ z=2-2t \end{cases}$$

例 3　把直线 L 的一般方程

$$\begin{cases} x+y+z+1=0 \\ 2x-y+3z+4=0 \end{cases}$$

化为对称式方程.

解　先在直线上找出一点 (x_0,y_0,z_0),不妨取 $x_0=1$,代入题设方程组得

$$\begin{cases} y_0+z_0+2=0 \\ y_0-3z_0-6=0 \end{cases},$$

解得 $y_0=0,z_0=-2$,即得到了题设直线上的一点 $(1,0,-2)$. 因为所求直线是上述两平面的交线,所以所求直线与两平面的法向量都垂直,取

$$s=n_1\times n_2=\begin{vmatrix} i & j & k \\ 1 & 1 & 1 \\ 2 & -1 & 3 \end{vmatrix}=\{4,-1,-3\},$$

故题设直线的对称式方程为

$$\frac{x-1}{4}=\frac{y-0}{-1}=\frac{z+2}{-3}.$$

一般地,如果直线过两已知点 $M_1(x_1,y_1,z_1)$ 和 $M_2(x_2,y_2,z_2)$,则直线的一个方向向量为

$$s=\overrightarrow{M_1M_2}=\{x_2-x_1,y_2-y_1,z_2-z_1\},$$

由对称式方程,得所求直线方程为

$$\frac{x-x_1}{x_2-x_1}=\frac{y-y_1}{y_2-y_1}=\frac{z-z_1}{z_2-z_1},\qquad(7.7.4)$$

这个方程称为直线的**两点式方程**.

由此,我们可以得出三点 $M_1(x_1,y_1,z_1),M_2(x_2,y_2,z_2),M_3(x_3,y_3,z_3)$ 共线的充要条件是

$$\frac{x_3-x_1}{x_2-x_1}=\frac{y_3-y_1}{y_2-y_1}=\frac{z_3-z_1}{z_2-z_1}.\qquad(7.7.5)$$

7.7.3　两直线的夹角

两直线的方向向量之间的夹角(通常取锐角)称为**两直线的夹角**.

设 $s_1=\{m_1,n_1,p_1\},s_2=\{m_2,n_2,p_2\}$ 分别是直线 L_1,L_2 的方向向量,则直线 L_1 与直线 L_2 的夹角 φ 应是 $(\widehat{s_1,s_2})$ 和 $\pi-(\widehat{s_1,s_2})$ 两者中的锐角.因此,$\cos\varphi=|\cos(\widehat{s_1,s_2})|$.

仿照关于平面夹角的讨论,可以得到以下结论:

(1) $\cos\varphi=\dfrac{|m_1m_2+n_1n_2+p_1p_2|}{\sqrt{m_1^2+n_1^2+p_1^2}\cdot\sqrt{m_2^2+n_2^2+p_2^2}}$;　　　　(7.7.6)

(2) $L_1\perp L_2$ 的充要条件是 $m_1m_2+n_1n_2+p_1p_2=0$;

(3) $L_1/\!/L_2$ 的充要条件是 $\dfrac{m_1}{m_2}=\dfrac{n_1}{n_2}=\dfrac{p_1}{p_2}$.

例 4　求直线 $L_1:\begin{cases}2x+4y+2z-1=0\\3x-6y+3z+1=0\end{cases}$ 与直线 $L_2:\begin{cases}x-y-z-1=0\\x-y+2z+1=0\end{cases}$ 的夹角.

解　依题知两直线的方向向量分别为

$$s_1=\begin{vmatrix}i&j&k\\2&4&2\\3&-6&3\end{vmatrix}=24i-24k,\quad s_2=\begin{vmatrix}i&j&k\\1&-1&-1\\1&-1&2\end{vmatrix}=-3i-3j,$$

设直线 L_1 和 L_2 的夹角为 φ,则有

$$\cos\varphi=\left|\frac{|24\times(-3)+0\times(-3)+(-24)\times0|}{\sqrt{24^2+0^2+24^2}\cdot\sqrt{(-3)^2+(-3)^2+0^2}}\right|=\left|-\frac{1}{2}\right|=\frac{1}{2},$$

因此所求两直线之间的夹角为 $\varphi=\dfrac{\pi}{3}$.

例 5　求直线 $L_1:\dfrac{x-1}{1}=\dfrac{y}{-4}=\dfrac{z+3}{1}$ 和 $L_2:\dfrac{x}{2}=\dfrac{y+2}{-2}=\dfrac{z}{-1}$ 的夹角.

解　直线 L_1 和 L_2 的方向向量分别为 $s_1=\{1,-4,1\},s_2=\{2,-2,-1\}$.设直线 L_1 和 L_2 的夹角为 φ,则有

$$\cos\varphi=\frac{|1\times2+(-4)\times(-2)+1\times(-1)|}{\sqrt{1^2+(-4)^2+1^2}\cdot\sqrt{2^2+(-2)^2+(-1)^2}}=\frac{\sqrt{2}}{2},$$

所以直线 L_1 和 L_2 的夹角为 $\varphi=\dfrac{\pi}{4}$.

例 6　求过点 $(1,2,5)$ 且与两平面 $x-4z=3$ 和 $2x-y-5z=1$ 的交线平行的直线方程.

解　设所求直线的方向向量为 $s=\{m,n,p\}$,n_1 和 n_2 分别为平面 $x-4z=3$ 和 $2x-y-5z=1$ 的法向量,由题意知

$$s\perp n_1,\quad s\perp n_2,$$

取
$$s=n_1\times n_2=\begin{vmatrix} i & j & k \\ 1 & 0 & -4 \\ 2 & -1 & -5 \end{vmatrix}=\{-4,-3,-1\},$$

图 7-7-3

则所求直线的方程为 $\dfrac{x-1}{4}=\dfrac{y-2}{3}=\dfrac{z-5}{1}$.

7.7.4 直线与平面的夹角

当直线与平面不垂直时,直线和它在平面上的投影直线的夹角 $\varphi\left(0\leqslant\varphi<\dfrac{\pi}{2}\right)$ 称为**直线与平面的夹角**(图 7-7-3).当直线与平面垂直时,规定直线与平面的夹角为 $\dfrac{\pi}{2}$.

设直线的方向向量为 $s=\{m,n,p\}$,平面的法向量为 $n=\{A,B,C\}$,直线与平面的夹角为 φ,则
$$\varphi=\left|\frac{\pi}{2}-\widehat{(s,n)}\right|,$$

故可得到下列结论:

(1) $\sin\varphi=|\cos\widehat{(s,n)}|=\dfrac{|Am+Bn+Cp|}{\sqrt{A^2+B^2+C^2}\cdot\sqrt{m^2+n^2+p^2}}$; (7.7.7)

(2) $L\perp\Pi$ 的充要条件是 $\dfrac{A}{m}=\dfrac{B}{n}=\dfrac{C}{p}$;

(3) $L/\!/\Pi$ 的充要条件是 $Am+Bn+Cp=0$.

例 7 设直线 $L:\dfrac{x-1}{2}=\dfrac{y}{-2}=\dfrac{z+1}{0}$,平面 $\Pi:x-y+\sqrt{2}z=3$,求直线 L 与平面 Π 的夹角 φ.

解 因为直线 L 的方向向量为 $s=\{2,-2,0\}$,平面 Π 的法向量为 $n=\{1,-1,\sqrt{2}\}$,所以
$$\sin\varphi=\frac{|1\times2+(-1)\times(-2)+\sqrt{2}\times0|}{\sqrt{1^2+(-1)^2+(\sqrt{2})^2}\cdot\sqrt{2^2+(-2)^2+0^2}}=\frac{\sqrt{2}}{2},$$

故所求夹角为 $\varphi=\dfrac{\pi}{4}$.

7.7.5 平面束

通过空间一直线可作无穷多个平面,通过同一直线的所有平面构成一个**平面束**(图 7-7-4).

设空间直线 L 的一般方程为
$$\begin{cases} A_1x+B_1y+C_1z+D_1=0 \\ A_2x+B_2y+C_2z+D_2=0 \end{cases},$$

则方程
$$(A_1x+B_1y+C_1z+D_1)+\lambda(A_2x+B_2y+C_2z+D_2)=0$$

称为过直线 L 的**平面束方程**,其中 λ 为参数.

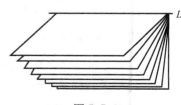

图 7-7-4

注 上述平面束包括了除平面 $A_2x+B_2y+C_2z+D_2=0$ 之外的过直线 L 的所有平面.

例8 过直线 $L:\begin{cases} x+2y-z-6=0 \\ x-2y+z=0 \end{cases}$ 作平面 Π,使平面 Π 垂直于平面 $\Pi_1:x+2y+z=0$,求平面 Π 的方程.

解 设过直线 L 的平面束 $\Pi(\lambda)$ 的方程为

$$(x+2y-z-6)+\lambda(x-2y+z)=0,$$

即

$$(1+\lambda)x+2(1-\lambda)y+(\lambda-1)z-6=0.$$

现要在上述平面束中找出一个平面 Π,使它垂直于平面 Π_1.因平面 Π 垂直于平面 Π_1,故平面 Π 的法向量 $\boldsymbol{n}(\lambda)$ 垂直于平面 Π_1 的法向量 $\boldsymbol{n}_1=\{1,2,1\}$,于是

$$\boldsymbol{n}(\lambda)\cdot\boldsymbol{n}_1=0, \quad 即\ 1\cdot(1+\lambda)+4(1-\lambda)+(\lambda-1)=0,$$

解得 $\lambda=2$,故所求平面方程为

$$\Pi:\ 3x-2y+z-6=0.$$

容易验证,平面 $x-2y+z=0$ 不是所求平面.

习 题 7-7

1. 求过点 $M(2,-3,-5)$ 且与平面 $6x-3y-5z+2=0$ 垂直的直线方程.

2. 求过两点 $M_1(-3,0,1)$ 和 $M_2(2,-5,1)$ 的直线方程.

3. 用对称式方程及参数方程表示直线 $\begin{cases} 2x-y-3z+2=0 \\ x+2y-z-6=0 \end{cases}$.

4. 求通过直线 $\dfrac{x-2}{1}=\dfrac{y+3}{-5}=\dfrac{z+1}{-1}$ 且与直线 $\begin{cases} 2x-y+z-3=0 \\ x+2y-z-5=0 \end{cases}$ 平行的平面方程.

5. 求过点 $M(1,0,-2)$ 且与两直线 $\dfrac{x-1}{1}=\dfrac{y}{1}=\dfrac{z+1}{-1}$ 和 $\dfrac{x}{1}=\dfrac{y-1}{-1}=\dfrac{z+1}{0}$ 都垂直的直线方程.

6. 求过点 $(0,2,4)$ 且与两平面 $x+2z=1$ 和 $y-3z=2$ 平行的直线方程.

7. 求过点 $(2,1,3)$ 且与直线 $\dfrac{x+1}{3}=\dfrac{y-1}{2}=\dfrac{z}{-1}$ 垂直相交的直线的方程.

8. 求直线 $L_1:\dfrac{x-1}{1}=\dfrac{y}{-4}=\dfrac{z+3}{1}$ 和 $L_2:\dfrac{x}{2}=\dfrac{y+2}{-2}=\dfrac{z}{-1}$ 的夹角.

9. 试确定下列各组中的直线和平面间的关系:

(1) $\dfrac{x+3}{-2}=\dfrac{y+4}{-7}=\dfrac{z}{3}$ 和 $4x-2y-2z=3$;

(2) $\dfrac{x}{3}=\dfrac{y}{-2}=\dfrac{z}{7}$ 和 $3x-2y+7z=8$;

(3) $\dfrac{x-2}{3}=\dfrac{y+2}{1}=\dfrac{z-3}{-4}$ 和 $x+y+z=3$.

10. 求点 $(-1,2,0)$ 在平面 $x+2y-z+1=0$ 上的投影.

11. 设 M_0 是直线 L 外一点,M 是直线 L 上任意一点,且直线的方向向量为 $\boldsymbol{s}$,试证:点 M_0 到直线 L 的距离 $d=\dfrac{|\overrightarrow{M_0M}\times\boldsymbol{s}|}{|\boldsymbol{s}|}$.

12. 求直线 $L:\begin{cases} x+y-z-1=0 \\ x-y+z+1=0 \end{cases}$ 在平面 $\Pi:x+y+z=0$ 上的投影直线的方程.

13. 已知直线 $L:\begin{cases} 2y+3z-5=0 \\ x-2y-z+7=0 \end{cases}$,求

(1) 直线在 yOz 平面上的投影方程;   (2) 直线在 xOy 平面上的投影方程;

(3) 直线在平面 $\Pi:x-y+3z+8=0$ 上的投影方程.

14. 证明直线 $L_1: \dfrac{x-1}{3} = \dfrac{y-9}{8} = \dfrac{z-3}{1}$ 和直线 $L_2: \dfrac{x+3}{4} = \dfrac{y-2}{7} = \dfrac{z}{3}$ 相交,并求它们夹角的平分线方程.

7.8　二 次 曲 面

在 7.4 节中我们已经介绍了曲面的概念,并且知道曲面可以用直角坐标 x, y, z 的一个三元方程 $F(x, y, z) = 0$ 来表示. 如果方程左端是关于 x, y, z 的多项式,方程所表示的曲面称为**代数曲面**. 多项式的次数称为**代数曲面的次数**. 一次方程所表示的曲面称为**一次曲面**,即平面;二次方程所表示的曲面称为**二次曲面**. 这一节我们将讨论几种简单的二次曲面.

怎样了解三元方程所表示的曲面的形状呢?

在空间直角坐标系中,我们采用一系列平行于坐标面的平面去截割曲面,从而得到平面与曲面的一系列交线(即**截痕**),通过综合分析这些截痕的形状和性质来认识曲面形状的全貌. 这种研究曲面的方法称为平面截割法,简称为**截痕法**.

7.8.1　椭球面

由方程

$$\frac{x^2}{a^2} + \frac{y^2}{b^2} + \frac{z^2}{c^2} = 1 \tag{7.8.1}$$

所表示的曲面称为**椭球面**(图 7-8-1).

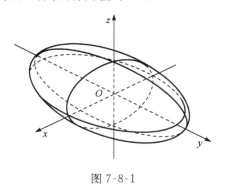

图 7-8-1

由方程(7.8.1)知

$$\frac{x^2}{a^2} \leqslant 1, \quad \frac{y^2}{b^2} \leqslant 1, \quad \frac{z^2}{c^2} \leqslant 1,$$

即　　　$|x| \leqslant a, \quad |y| \leqslant b, \quad |z| \leqslant c.$

这说明方程(7.8.1)表示的椭球面完全包含在一个以原点为中心的长方体内. a, b, c 称为**椭球面的半轴**.

椭球面与三个坐标面的交线分别为

$$\begin{cases} \dfrac{y^2}{b^2} + \dfrac{z^2}{c^2} = 1 \\ x = 0 \end{cases}, \quad \begin{cases} \dfrac{x^2}{a^2} + \dfrac{z^2}{c^2} = 1 \\ y = 0 \end{cases}, \quad \begin{cases} \dfrac{x^2}{a^2} + \dfrac{y^2}{b^2} = 1 \\ z = 0 \end{cases},$$

易见这些交线都是椭圆.

再用平面 $z = h (|h| \leqslant c)$ 去截椭球面,得到的截痕为

$$\begin{cases} \dfrac{x^2}{a^2} + \dfrac{y^2}{b^2} = 1 - \dfrac{h^2}{c^2} \\ z = h \end{cases},$$

这是平面 $z = h$ 上的椭圆:

$$\frac{x^2}{a^2\left(1 - \dfrac{h^2}{c^2}\right)} + \frac{y^2}{b^2\left(1 - \dfrac{h^2}{c^2}\right)} = 1,$$

它的中心在 z 轴上,两个半轴分别为

$$a \cdot \sqrt{1 - \frac{h^2}{c^2}} \quad 和 \quad b \cdot \sqrt{1 - \frac{h^2}{c^2}}.$$

当 $|h|$ 由零逐渐增大到 c 时,椭圆由大到小,最后当 $|h|$ 到达 c 时,椭圆缩成一点.

同理,用平面 $y=h(|h|\leqslant b)$ 和 $x=h(|h|\leqslant a)$ 去截曲面时,可以得到与上述类似的结果.

综合上述讨论,我们基本上认识了椭球面的形状(图 7-8-1).

特别地,当 $a=b=c$ 时,方程(7.8.1)变成

$$x^2+y^2+z^2=a^2,$$

这个方程表示一个球心在圆心、半径为 a 的球面.

如果有两个半轴相等,例如 $a=b\neq c$,方程变成

$$\frac{x^2+y^2}{a^2}+\frac{z^2}{c^2}=1,$$

这个方程表示一个由 xOz 平面上的椭圆 $\dfrac{x^2}{a^2}+\dfrac{z^2}{c^2}=1$ 绕 z 轴旋转而成的旋转曲面,称为**旋转椭球面**. 它与一般的椭球面不同的是,用平面 $z=h(|h|\leqslant c)$ 去截它时,所得的截痕是圆心在 z 轴上的圆:

$$\begin{cases} x^2+y^2=a^2\left(1-\dfrac{h^2}{c^2}\right), \\ z=h \end{cases}$$

其半径为 $a\cdot\sqrt{1-\dfrac{h^2}{c^2}}$.

7.8.2 抛物面

1. 椭圆抛物面

由方程

$$z=\frac{x^2}{2p}+\frac{y^2}{2q}\quad(p\text{ 与 }q\text{ 同号}) \tag{7.8.2}$$

所确定的曲面称为**椭圆抛物面**.

首先,以 $p>0,q>0$ 的情形为例进行讨论. 因为 $z\geqslant 0$,所以曲面位于 xOy 面的上方,如图 7-8-2 所示.

用平面 $z=h(h\geqslant 0)$ 去截曲面,得到截痕

$$\begin{cases} \dfrac{x^2}{2p}+\dfrac{y^2}{2q}=h, \\ z=h \end{cases}.$$

当 $h=0$ 时,截痕为原点 $O(0,0,0)$;当 $h>0$ 时,截痕为

$$\begin{cases} \dfrac{x^2}{2ph}+\dfrac{y^2}{2qh}=1, \\ z=h \end{cases},$$

这是平面 $z=h$ 上的一个椭圆,其中心在 z 轴上,两个半轴分别为 $\sqrt{2ph}$ 和 $\sqrt{2qh}$. 易见,随着 h 从零逐渐增大,椭圆的两个半轴也随之增大,椭圆也在增大.

用平面 $y=h$ 去截曲面,得到截痕

$$\begin{cases} x^2=2p\left(z-\dfrac{h^2}{2q}\right), \\ y=h \end{cases}$$

这是平面 $y=h$ 上的一条抛物线,它的轴平行于 z 轴,顶点为 $\left(0,h,\dfrac{h^2}{2q}\right)$.

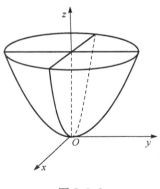

图 7-8-2

类似地,用平面 $x=h$ 去截曲面,截痕也是一条抛物线.

综合上述讨论,我们基本上认识了椭圆抛物面的形状(图 7-8-2).

特别地,当 $p=q$ 时,方程(7.8.2)变成

$$z=\frac{x^2+y^2}{2p},$$

这个方程表示一个由 yOz 平面上的抛物线 $z=\dfrac{y^2}{2p}$ 绕 z 轴旋转而成的旋转曲面,称为**旋转抛物面**. 用平面 $z=h(h\geqslant 0)$ 去截它时,所得的截痕是圆心在 z 轴上的圆:

$$\begin{cases} x^2+y^2=2ph, \\ z=h \end{cases},$$

其半径为 $\sqrt{2ph}$.

当 $p<0,q<0$ 时,可类似地讨论.

2. 双曲抛物面

由方程

$$-\frac{x^2}{2p}+\frac{y^2}{2q}=z \quad (p\ \text{与}\ q\ \text{同号}) \tag{7.8.3}$$

所确定的曲面称为**双曲抛物面**.

同样可用截痕法对它进行讨论. 当 $p>0,q>0$ 时,可得曲线的形状(图 7-8-3). 由方程(7.8.3)知,双曲抛物面关于 zOx,yOz 平面及 z 轴对称,且通过原点.

用坐标面 $z=0$ 去截曲面,得截痕为 xOy 面上两条在原点相交的直线.

用坐标面 $y=0$ 和 $x=0$ 去截曲面,截痕分别为

$$\begin{cases} x^2=-2pz \\ y=0 \end{cases}, \quad \begin{cases} y^2=2qz \\ x=0 \end{cases}.$$

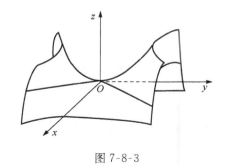

图 7-8-3

它们分别是 zOx 和 yOz 面上的抛物线,顶点都在原点,对称轴都为 z 轴,但两抛物线的开口方向不同.

用平面 $z=h(h\neq 0)$ 去截曲面,得到截痕

$$\begin{cases} -\dfrac{x^2}{2ph}+\dfrac{y^2}{2qh}=1, \\ z=h \end{cases},$$

这是平面 $z=h$ 上的双曲线. 当 $h<0,p>0,p>0$ 时,双曲线的实轴平行于 x 轴,虚轴平行于 y 轴;当 $h>0,p>0,p>0$ 时,双曲线的实轴平行于 y 轴,虚轴平行于 x 轴.

用平面 $y=h$ 去截曲面,得到截痕

$$\begin{cases} x^2=-2p\left(z-\dfrac{h^2}{2q}\right), \\ y=h \end{cases}$$

这是平面 $y=h$ 上的抛物线. 类似地,用平面 $x=h$ 去截曲面,截痕也是抛物线.

综合上面讨论结果可知,双曲抛物面的形状如图 7-8-3 所示. 因其形状像个马鞍,所以又称它为**马鞍面**.

7.8.3　双曲面

1. 单叶双曲面

由方程

$$\frac{x^2}{a^2}+\frac{y^2}{b^2}-\frac{z^2}{c^2}=1 \quad (a>0,b>0,c>0) \tag{7.8.4}$$

所表示的曲面称为**单叶双曲面**.

单叶双曲面与三个坐标面的交线分别为

$$\begin{cases} \dfrac{y^2}{b^2}-\dfrac{z^2}{c^2}=1, \\ x=0 \end{cases} \qquad \begin{cases} \dfrac{x^2}{a^2}-\dfrac{z^2}{c^2}=1, \\ y=0 \end{cases} \qquad \begin{cases} \dfrac{x^2}{a^2}+\dfrac{y^2}{b^2}=1, \\ z=0 \end{cases}$$

它们分别是 yOz 面和 zOx 面上的双曲线与 xOy 面上的椭圆.

用平面 $z=h$ 去截曲面,得到截痕

$$\begin{cases} \dfrac{x^2}{a^2}+\dfrac{y^2}{b^2}=1+\dfrac{h^2}{c^2}, \\ z=h \end{cases}$$

这是平面 $z=h$ 上的椭圆:

$$\frac{x^2}{a^2\left(1+\dfrac{h^2}{c^2}\right)}+\frac{y^2}{b^2\left(1+\dfrac{h^2}{c^2}\right)}=1,$$

它的中心在 z 轴上,两个半轴分别为

$$a\cdot\sqrt{1+\frac{h^2}{c^2}} \quad \text{和} \quad b\cdot\sqrt{1+\frac{h^2}{c^2}}.$$

当 $h=0$ 时,截得的椭圆最小,随着 $|h|$ 的增大,椭圆也在增大.

用平面 $y=h$ 去截曲面,得到截痕

$$\begin{cases} \dfrac{x^2}{a^2}-\dfrac{z^2}{c^2}=1-\dfrac{h^2}{b^2}, \\ y=h \end{cases}$$

当 $|h|<b$ 时,它是平面 $y=h$ 上的双曲线,其实轴平行于 x 轴,虚轴平行于 z 轴,实半轴为 $a\cdot\sqrt{1-\dfrac{h^2}{b^2}}$,虚半轴为 $c\cdot\sqrt{1-\dfrac{h^2}{b^2}}$;当 $|h|>b$ 时,它仍是平面 $y=h$ 上的双曲线,但其实轴平行于 z 轴,虚轴平行于 x 轴,实半轴为 $c\cdot\sqrt{\dfrac{h^2}{b^2}-1}$,虚半轴为 $a\cdot\sqrt{\dfrac{h^2}{b^2}-1}$.

当 $h=\pm b$ 时,截痕是一对相交直线

$$\begin{cases} \dfrac{x}{a}-\dfrac{z}{c}=0 \\ y=h \end{cases} \quad \text{和} \quad \begin{cases} \dfrac{x}{a}+\dfrac{z}{c}=0 \\ y=h \end{cases}.$$

同理,用平面 $x=h$ 去截曲面,截痕的情况与 $y=h$ 时类似.

综合上面讨论结果,单叶双曲面的图形如图 7-8-4 所示.

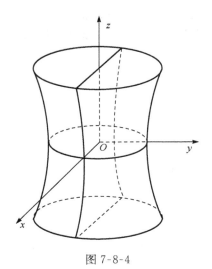

图 7-8-4

2. 双叶双曲面

由方程

$$\frac{x^2}{a^2}+\frac{y^2}{b^2}-\frac{z^2}{c^2}=-1 \quad (a>0,b>0,c>0) \quad (7.8.5)$$

所表示的曲面称为**双叶双曲面**.

双叶双曲面与 xOy 面不相交,而与 yOz 面和 zOx 面的交线分别为

$$\begin{cases}\dfrac{z^2}{c^2}-\dfrac{y^2}{b^2}=1,\\ x=0\end{cases}, \quad \begin{cases}\dfrac{z^2}{c^2}-\dfrac{x^2}{a^2}=1,\\ y=0\end{cases},$$

它们分别是 yOz 面和 zOx 面上的双曲线,实轴为 z 轴.

用平面 $z=h$ 去截曲面,得到截痕

$$\begin{cases}\dfrac{x^2}{a^2}+\dfrac{y^2}{b^2}=\dfrac{h^2}{c^2}-1,\\ z=h\end{cases},$$

当 $|h|<c$ 时,无截痕,即双叶双曲面与平面 $z=h$ 不相交;当 $|h|>c$ 时,截痕为平面 $z=h$ 上的椭圆,半轴分别为

$$a\cdot\sqrt{\frac{h^2}{c^2}-1} \quad 和 \quad b\cdot\sqrt{\frac{h^2}{c^2}-1},$$

$|h|$ 越大,椭圆越大.

当 $h=\pm c$ 时,截痕为一点 $(0,0,c)$ 或 $(0,0,-c)$,即双叶双曲面与平面 $z=h$ 相切.

用平面 $y=h$ 及平面 $x=h$ 去截曲面,所得截痕分别为 $y=h$ 和 $x=h$ 面上的双曲线,即

$$\begin{cases}\dfrac{z^2}{c^2}-\dfrac{x^2}{a^2}=1+\dfrac{h^2}{b^2},\\ y=h\end{cases}, \quad \begin{cases}\dfrac{z^2}{c^2}-\dfrac{y^2}{b^2}=1+\dfrac{h^2}{a^2}.\\ x=h\end{cases}$$

综上可知,双叶双曲面的图形如图 7-8-5 所示.

若 $a=b$,方程(7.8.5)变成

$$\frac{x^2+y^2}{a^2}-\frac{z^2}{c^2}=-1,$$

这个方程表示一个由 xOz 平面上的双曲线 $\dfrac{x^2}{a^2}-\dfrac{z^2}{c^2}=-1$ 绕 z 轴旋转而成的旋转曲面,称为**旋转双叶双曲面**.

方程 $\dfrac{x^2}{a^2}-\dfrac{y^2}{b^2}+\dfrac{z^2}{c^2}=-1$ 与 $-\dfrac{x^2}{a^2}+\dfrac{y^2}{b^2}+\dfrac{z^2}{c^2}=-1$ 所表示的图形也是双叶双曲面,也可做类似的讨论.

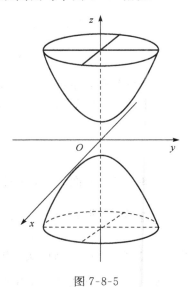

图 7-8-5

7.8.4 二次锥面

由方程

$$\frac{x^2}{a^2}+\frac{y^2}{b^2}-\frac{z^2}{c^2}=0 \quad (a>0,b>0,c>0) \quad (7.8.6)$$

所表示的曲面称为**二次锥面**.

二次锥面有如下特点:如果点 $M_0(x_0,y_0,z_0)$(不是原点)落在曲面上,则过点 M_0 和坐标原点 O 的直线整个落在曲面上.

事实上,若点 M_0 在这个曲面上,我们写出过 $O(0,0,0)$ 和 $M_0(x_0,y_0,z_0)$ 的直线方程

$$\frac{x-0}{x_0-0}=\frac{y-0}{y_0-0}=\frac{z-0}{z_0-0}, \quad \text{即} \quad \frac{x}{x_0}=\frac{y}{y_0}=\frac{z}{z_0},$$

其参数方程为 $\qquad\qquad x=x_0 t, \quad y=y_0 t, \quad z=z_0 t.$

代入曲面方程(7.8.6),可见对任何实数 t,都有

$$\frac{(x_0 t)^2}{a^2}+\frac{(y_0 t)^2}{b^2}-\frac{(z_0 t)^2}{c^2}=t^2\left(\frac{x_0^2}{a^2}+\frac{y_0^2}{b^2}-\frac{z_0^2}{c^2}\right)=0.$$

由此可知,二次锥面由过原点 O 的直线所构成.

用平面 $z=h$ 去截曲面,得到截痕

$$\begin{cases}\dfrac{x^2}{a^2}+\dfrac{y^2}{b^2}=\dfrac{h^2}{c^2},\\ z=h\end{cases}$$

当 $h=0$ 时,截痕为原点 $O(0,0,0)$;当 $h\neq 0$ 时,截痕为平面 $z=h$ 上的椭圆,如果我们在椭圆上任取一点 M,过原点和 M 点作直线 OM,那么当 M 沿椭圆移动一周时,直线 OM 就描出了锥面(图 7-8-6).

当 $a=b$,方程(7.8.6)变成

$$\frac{x^2+y^2}{a^2}=\frac{z^2}{c^2},$$

这个方程表示一个由 yOz 平面上的直线 $z=\dfrac{c}{a}y$ 绕 z 轴旋转而成的旋转曲面,称之为**圆锥面**.用平面 $z=h$ 去截它时,所得截痕是圆.

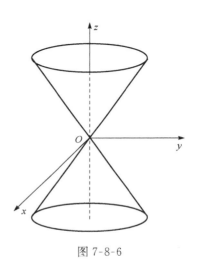

图 7-8-6

7.8.5　空间区域简图

在有些问题中,会遇到由几个曲面所围成的空间区域,需要对空间区域的形状作出一个简单的图形.

例 1　由曲面 $z=6-x^2-y^2$,$z=\sqrt{x^2+y^2}$ 围成一个空间区域,试作出它的简图.

解　曲面 $z=6-x^2-y^2$ 是 zOx 平面上的抛物线 $z=6-x^2$ 绕 z 轴旋转而成的旋转抛物面.曲面 $z=\sqrt{x^2+y^2}$ 绕 z 轴旋转而成的旋转锥面($z\geqslant 0$).两平面交线

$$\begin{cases}z=6-x^2-y^2\\ z=\sqrt{x^2+y^2}\end{cases}$$

是一个圆.

从上述方程组中消去 x^2+y^2,得 $z^2=6-z$,即

$$(z+3)(z-2)=0.$$

因 $z\geqslant 0$,故 $z=2$.从而得到交线为 $z=2$ 平面上的圆 $x^2+y^2=4$,该圆的圆心为 $(0,0,2)$,半径为 2.这个圆割下抛物面一部分及锥面一部分,两部分合在一起即为所求的空间区域(图 7-8-7).

此外,因为圆

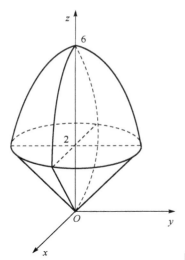

图 7-8-7

$$\begin{cases} x^2+y^2=4 \\ z=2 \end{cases}$$

在 xOy 面上的投影仍为圆,其方程为

$$\begin{cases} x^2+y^2=4 \\ z=0 \end{cases},$$

所以空间区域在 xOy 面上的投影为一圆域:$x^2+y^2\leqslant 4$.

例 2 由曲面 $x=0,y=0,z=0,x+y=1,y^2+z^2=1$ 围成一个空间区域(在第一卦限部分),试作出它的简图.

解 $x=0,y=0$ 和 $z=0$ 分别表示 yOz,zOx 及 xOy 坐标面. $x+y=1$ 是平行于 z 轴且过点 $(1,0,0),(0,1,0)$ 的平面. $y^2+z^2=1$ 是母线平行于 x 轴的圆柱面.

$x+y=1$ 与 $z=0$ 和 $y=0$ 的交线分别为

$$\begin{cases} x+y=1 \\ z=0 \end{cases} \text{ 和 } \begin{cases} x=1 \\ y=0 \end{cases},$$

一条是 $z=0$ 平面上的直线 $x+y=1$,一条是 $y=0$ 平面上的直线 $x=1$. 两者可先分别画出.

$y^2+z^2=1$ 与 $x=0$ 和 $y=0$ 的交线分别为

$$\begin{cases} y^2+z^2=1 \\ x=0 \end{cases} \text{ 和 } \begin{cases} z=1 \\ y=0 \end{cases},$$

一条是 $x=0$ 平面上的圆 $y^2+z^2=1$,一条是 $y=0$ 平面上的直线 $z=1$. 两者可分别在各平面上画出.

最后画出 $x+y=1$ 与 $y^2+z^2=1$ 的交线,得该空间区域如图 7-8-8 所示.

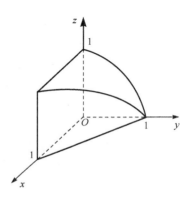

图 7-8-8

习 题 7-8

1. 画出下列方程所表示的曲面:

(1) $16x^2+4y^2-z^2=64$;   (2) $x^2-y^2-4z^2=4$;   (3) $\dfrac{z}{3}=\dfrac{x^2}{4}+\dfrac{y^2}{9}$.

2. 指出下列方程组所表示的曲线:

(1) $\begin{cases} x^2+y^2+z^2=25 \\ x=3 \end{cases}$;   (2) $\begin{cases} x^2+4y^2+9z^2=36 \\ y=1 \end{cases}$;

(3) $\begin{cases} x^2-4y^2+z^2=25 \\ x=-3 \end{cases}$;   (4) $\begin{cases} y^2+z^2-4x+8=0 \\ y=4 \end{cases}$.

3. 画出下列各区面所围成的立体的图形:

(1) $x=0,y=0,z=0,x=2,y=1,3x+4y+2z-12=0$;

(2) $x=0,y=0,x=1,y=2,z=\dfrac{y}{4}$;

(3) $z=0,z=3,x-y=0,x-\sqrt{3}y=0,x^2+y^2=1$,在第一卦限内;

(4) $x=0,y=0,z=0,x^2+y^2=R^2,y^2+z^2=R^2$,在第一卦限内.

总习题七

1. 设 $\triangle ABC$ 的三边为 $\overrightarrow{AB}=a,\overrightarrow{CA}=b,\overrightarrow{AB}=c$,三边中点依次为 D,E,F,试证明
$$\overrightarrow{AD}+\overrightarrow{BE}+\overrightarrow{CF}=\mathbf{0}.$$

2. 设 $(a+3b)\perp(7a-5b),(a-4b)\perp(7a-2b)$,求 $(\widehat{a,b})$.

3. 已知 $|a|=2,|b|=5,(\widehat{a,b})=\dfrac{2\pi}{3}$,问:系数 λ 为何值时,向量 $m=\lambda a+17b$ 与 $n=3a-b$ 垂直.

4. 求与向量 $a=\{2,-1,2\}$ 共线且满足方程 $a\cdot x=-18$ 的向量 x.

5. 设 $a=\{-1,3,2\},b=\{2,-3,-4\},c=\{-3,12,6\}$,证明三向量 a,b,c 共面,并用 a 和 b 表示 c.

6. 证明点 $M_0(x_0,y_0,z_0)$ 到通过点 $A(a,b,c)$、方向平行于向量 s 的直线的距离为 $d=\dfrac{|r\times s|}{|s|}$,其中 $r=\overrightarrow{AM_0}$.

7. 已知向量 a,b 非零,且不共线,作 $c=\lambda a+b,\lambda$ 是实数,证明:$|c|$ 最小的向量 c 垂直于 a,并求当 $a=\{1,2,-2\},b=\{1,-1,1\}$ 时,使 $|c|$ 最小的向量 c.

8. 将 xOy 坐标面上的双曲线 $4x^2-9y^2=36$ 分别绕 x 轴及 y 轴旋转一周,求所生成的旋转曲面的方程.

9. 求直线 $L:\dfrac{x-1}{1}=\dfrac{y}{2}=\dfrac{z-1}{1}$ 绕 z 轴旋转所得旋转曲面的方程.

10. 求曲线 $\begin{cases} z=2-x^2-y^2 \\ z=(x-1)^2+(y-1)^2 \end{cases}$ 在三个坐标面上的投影曲线的方程.

11. 求曲线 $\begin{cases} 6x-6y-z+16=0 \\ 2x+5y+2z+3=0 \end{cases}$ 在三个坐标面上的投影曲线的方程.

12. 求螺旋线 $x=a\cos\theta,y=a\sin\theta,z=b\theta$ 在三个坐标面上的投影曲线的直角坐标方程.

13. 求由上半球面 $z=\sqrt{a^2-x^2-y^2}$,柱面 $x^2+y^2-ax=0$ 及平面 $z=0$ 所围成的立体在 xOy 面和 xOz 面上的投影.

14. 求与已知平面 $2x+y+2z+5=0$ 平行且与三坐标面构成的四面体体积为 1 的平面方程.

15. 求通过点 $(1,2,-1)$ 且与直线 $\begin{cases} 2x-3y+z-5=0 \\ 3x+y-2z-4=0 \end{cases}$ 垂直的平面方程.

16. 求过直线 $L:\begin{cases} 2x-y-2z+1=0 \\ x+y+4z-2=0 \end{cases}$ 且在 y 轴和 z 轴有相同的非零截距的平面的方程.

17. 在平面 $2x+y-3z+2=0$ 和平面 $5x+5y-4z+3=0$ 所确定的平面束内求两个相互垂直的平面,其中一个平面经过点 $(4,-3,1)$.

18. 用对称式方程及参数方程表示直线 $\begin{cases} x-y+z=1 \\ 2x+y+z=4 \end{cases}$.

19. 求与两直线 $L_1:\begin{cases} x=3z-1 \\ y=2z-3 \end{cases}$ 和 $L_2:\begin{cases} y=2x-5 \\ z=7x+2 \end{cases}$ 垂直且相交的直线方程.

20. 求与原点关于平面 $6x+2y-9z+121=0$ 对称的点.

21. 求点 $P(3,-1,2)$ 到直线 $\begin{cases} x+y-z+1=0 \\ 2x-y+z-4=0 \end{cases}$ 的距离.

22. 求直线 $\begin{cases} x+y-z+1=0 \\ x-y+2z-2=0 \end{cases}$ 与平面 $x-2y+3z-3=0$ 间夹角的正弦.

23. 设直线通过点 $P(-3,5,-9)$,且和两直线 $L_1:\begin{cases} y=3x+5 \\ z=2x-3 \end{cases}$ 和 $L_2:\begin{cases} y=4x-7 \\ z=5x+10 \end{cases}$ 相交,求此直线方程.

24. 求点 $(2,3,1)$ 在直线 $\begin{cases} x=t-7 \\ y=2t-2 \\ z=3t-2 \end{cases}$ 上的投影.

25. 求直线 $L:\begin{cases}2x-y+z-1=0 \\ x+y-z+1=0\end{cases}$ 在平面 $\Pi:x+2y-z=0$ 上的投影直线的方程.

26. 一动点与点 $P(1,2,3)$ 的距离是它到平面 $x=3$ 的距离的 $\frac{1}{\sqrt{3}}$,使求动点的轨迹方程,并求该轨迹曲面与 yOz 平面的交线.

27. 设有直线 $L:\begin{cases}x+y-3=0 \\ x+z-1=0\end{cases}$ 及平面 $\Pi:x+y+z+1=0$,光线沿直线 L 投射到平面 Π 上,求反射线所在的直线方程.

第8章 多元函数微分学

在前面几章中,我们讨论的函数都只有一个自变量,这种函数称为一元函数.但在很多实际问题中,往往需要考虑多个变量之间的关系,反映到数学上,就是要考虑一个变量(因变量)与另外多个变量(自变量)之间的相互依赖关系,由此引入了多元函数以及多元函数的微积分问题.本章将在一元函数微分学的基础上,讨论多元函数的微分法及其应用.讨论中我们将以二元函数为主要对象,这不仅因为二元函数的有关概念和方法大多有比较直观的解释,便于理解,而且二元函数的结论大多能自然推广到二元以上的多元函数.

8.1 多元函数的基本概念

8.1.1 平面区域的概念

讨论一元函数时,经常用到点集、邻域和区间等概念.为了讨论多元函数,我们需要将上述概念加以推广.

1. 邻域

与数轴上邻域的概念类似,我们引入平面上点的邻域的概念.

设 $P_0(x_0,y_0)$ 为直角坐标平面上一点,δ 为一正数,则与点 P_0 距离小于 δ 的点 $P(x,y)$ 的全体,称为点 P_0 的 δ **邻域**,记为 $U(P_0,\delta)$ 或 $U_\delta(P_0)$,或简称邻域,记为 $U(P_0)$,即

$$U(P_0,\delta)=\{P\mid |PP_0|<\delta\},$$

也就是

$$U(P_0,\delta)=\{(x,y)\mid \sqrt{(x-x_0)^2+(y-y_0)^2}<\delta\}.$$

根据这一定义,$U(P_0,\delta)$ 实际上是以点 P_0 为圆心、δ 为半径的圆的内部(图 8-1-1).

而点集 $U(P_0,\delta)-\{P_0\}$ 称为点 P_0 的去心 δ **邻域**,记作 $\mathring{U}(P_0,\delta)$ 或 $\mathring{U}_\delta(P_0)$,即

$$\mathring{U}(P_0,\delta)=\{(x,y)\mid 0<\sqrt{(x-x_0)^2+(y-y_0)^2}<\delta\}.$$

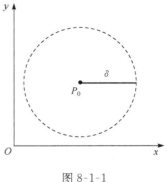

图 8-1-1

2. 区域

下面我们利用邻域来描述平面上点和点集之间的关系

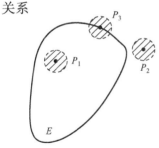

图 8-1-2

设 E 是平面上的一个点集,P 是平面上的一点,则点 P 与点集 E 之间必存在以下三种关系之一:

(1) 如果存在点 P 的某一邻域 $U(P)$,使得 $U(P)\subset E$,则称 P 为 E 的内点(图 8-1-2 中的点 P_1);

(2) 如果存在点 P 的某一邻域 $U(P)$,使得 $U(P)\cap E=\varnothing$,则称 P 为 E 的外点(图 8-1-2 中的点 P_2);

(3) 如果点 P 的任一邻域内既有属于 E 的点,也有不属于

E 的点,则称 P 为 E 的**边界点**(图 8-1-2 中的点 P_3).点集 E 的边界点的全体称为 E 的**边界**.

根据上述定义可知,点集 E 的内点必属于 E;E 的外点必不属于 E;而 E 的边界点则可能属于 E 也可能不属于 E.

例如,对于点集 $E=\{(x,y)\mid 1\leqslant x^2+y^2<4\}$,满足 $1<x^2+y^2<4$ 的一切点都是 E 的内点;圆周 $x^2+y^2=1$ 上的点是 E 的边界点,且都属于 E;圆周 $x^2+y^2=4$ 上的点也是 E 的边界点,但不属于 E.

平面上点 P 与点集 E 之间除了上述三种关系之外,还可按在点 P 的附近是否密集着 E 中无穷多个点而构成如下关系:

(1) 如果对于任意给定的 $\delta>0$,点 P 的去心邻域 $\mathring{U}(P_0,\delta)$ 内总有点集 E 的点,即 $\mathring{U}(P_0,\delta)\cap E\neq\varnothing$,则称 P 为 E 的**聚点**;

(2) 设点 $P\in E$,如果存在点 P 的某一邻域 $U(P)$,使得 $U(P)\cap E=\{P\}$,则称 P 为 E 的**孤立点**.

显然,孤立点一定是边界点;内点和非孤立的边界点一定是聚点;既不是聚点,又不是孤立点,则必为外点.

根据上述定义,可进一步定义一些重要的平面点集.

(1) 如果点集 E 内任意一点均为 E 的内点,则称 E 为**开集**;

(2) 如果点集 E 的余集 $\overline{E}$ 为开集,则称 E 为**闭集**;

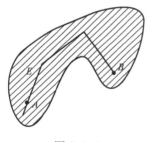

图 8-1-3

例如,点集 $E_1=\{(x,y)\mid 1<x^2+y^2<4\}$ 是开集;点集 $E_2=\{(x,y)\mid 1\leqslant x^2+y^2\leqslant 4\}$ 是闭集;点集 $E_3=\{(x,y)\mid 1\leqslant x^2+y^2<4\}$ 既非开集,也非闭集.

(3) 如果点集 E 内任意两点都可用折线连接起来,且该折线上的点都属于 E,则称 E 为**连通集**(图 8-1-3);

(4) 连通的开集称为**区域**或**开区域**;

(5) 开区域连同它的边界一起称为**闭区域**;

(6) 对于点集 E,如果存在正数 K,使得 $E\subset U_K(O)$,则称 E 为**有界集**,其中 O 为坐标原点.否则,称 E 为**无界集**.

例如,点集 $E_1=\{(x,y)\mid 1<x^2+y^2<4\}$ 是一开区域,并且是有界开区域(图 8-1-4);点集 $E_2=\{(x,y)\mid 1\leqslant x^2+y^2\leqslant 4\}$ 是一闭区域,并且是有界闭区域(图 8-1-5);点集 $E_4=\{(x,y)\mid x+y\geqslant 0\}$ 是一无界闭区域(图 8-1-6).

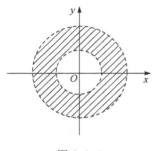

图 8-1-4

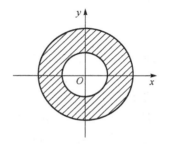

图 8-1-5

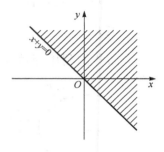

图 8-1-6

8.1.2　n 维空间的概念

我们知道,数轴上的点与实数一一对应,实数的全体记为 $\mathbf{R}$;平面上的点与二元有序数组 (x,y) 一一对应,二元有序数组 (x,y) 的全体记为 $\mathbf{R}^2$;空间中的点与三元有序数组 (x,y,z) 一一对应,三元有序数组 (x,y,z) 的全体记为 $\mathbf{R}^3$. 这样,$\mathbf{R},\mathbf{R}^2,\mathbf{R}^3$ 就分别对应于数轴、平面和空间.

一般地,设 n 为取定的一个自然数,我们称 n 元有序数组 $(x_1,x_2,\cdots,x_n)$ 的全体为 **n 维空间**,记为 $\mathbf{R}^n$,而每个 n 元有序数组 $(x_1,x_2,\cdots,x_n)$ 称为 **n 维空间的点**,$\mathbf{R}^n$ 中的点 $(x_1,x_2,\cdots,x_n)$ 有时也用单个字母 x 来表示 $x=(x_1,x_2,\cdots,x_n)$,数 x_i 称为点 x 的第 i 个坐标. 当所有的 $x_i(i=1,2,\cdots,n)$ 都为零时,这个点称为 $\mathbf{R}^n$ 的坐标原点,记为 O.

n 维空间 $\mathbf{R}^n$ 中任意两点 $P(x_1,x_2,\cdots,x_n)$ 和 $Q(y_1,y_2,\cdots,y_n)$ 之间的距离规定为
$$|PQ|=\sqrt{(x_1-y_1)^2+(x_2-y_2)^2+\cdots+(x_n-y_n)^2}.$$
显然,当 $n=1,2,3$ 时,由上式便得数轴上、平面上及空间中两点间的距离公式.

前面就平面点集所引入的一系列概念,可推广到 n 维空间 $\mathbf{R}^n$ 中去. 例如,设点 $P_0\in\mathbf{R}^n$,δ 为一正数,则 n 维空间内的点集
$$U(P_0,\delta)=\{P\mid |PP_0|<\delta,P\in\mathbf{R}^n\}$$
就称为 $\mathbf{R}^n$ 中点 P_0 的 δ 域. 以邻域为基础,可以进一步定义点集的内点、外点、边界点和聚点,以及开集、闭集、区域等一系列概念.

8.1.3　二元函数的概念

定义 1　设 D 是平面上的一个非空点集,如果对于 D 内的任一点 (x,y),按照某种法则 f,都有唯一确定的实数 z 与之对应,则称 f 是 D 上的**二元函数**,记为
$$z=f(x,y),\quad (x,y)\in D.$$
其中,点集 D 称为该函数的**定义域**,x,y 称为**自变量**,z 称为**因变量**.

上述定义中,与 (x,y) 对应的 z 的值也称为 f 在 (x,y) 处的函数值,记为 $f(x,y)$,即 $z=f(x,y)$. 函数值 $f(x,y)$ 的全体所构成的集合称为函数 f 的**值域**,记为 $f(D)$,即 $f(D)=\{z\mid z=f(x,y),(x,y)\in D\}$.

注　关于二元函数的定义域,我们仍作如下约定:如果函数没有明确指出定义域,则往往取使函数的表达式有意义的所有点 (x,y) 所构成的集合作为该函数的定义域,并称其为**自然定义域**.

类似地,可定义三元及三元以上的函数. 当 $n\geqslant 2$ 时,n 元函数统称为**多元函数**.

例 1　求二元函数 $z=\ln(y-x)+\dfrac{\sqrt{x}}{\sqrt{1-x^2-y^2}}$ 的定义域.

解　要使表达式有意义,必须
$$\begin{cases} y-x>0 \\ x\geqslant 0 \\ 1-x^2-y^2>0 \end{cases},\quad 即\begin{cases} y>x \\ x\geqslant 0 \\ x^2+y^2<1 \end{cases},$$
故所求定义域为
$$D=\{(x,y)\mid x^2+y^2<1,y>x\geqslant 0\}.$$

例 2　设 $f\left(x+y,\dfrac{y}{x}\right)=x^2-y^2$,求 $f(x,y)$.

解　设 $u=x+y, v=\dfrac{y}{x}$，则

$$x=\frac{u}{1+v}, \quad y=\frac{uv}{1+v},$$

所以

$$f(u,v)=\left(\frac{u}{1+v}\right)^2-\left(\frac{uv}{1+v}\right)^2=\frac{u^2(1-v^2)}{(1+v)^2},$$

即

$$f(x,y)=\frac{x^2(1-y^2)}{(1+y)^2}.$$

二元函数的几何意义

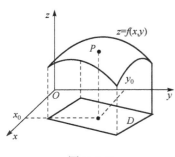

图 8-1-7

设 $z=f(x,y)$ 是定义在区域 D 上的一个二元函数，则空间点集
$$S=\{(x,y,z)\,|\,z=f(x,y),(x,y)\in D\}$$
称为二元函数 $z=f(x,y)$ 的图形. 易见，属于 S 的点 $P(x_0,y_0,z_0)$ 满足三元方程
$$F(x,y,z)=z-f(x,y)=0,$$
故二元函数 $z=f(x,y)$ 的图形就是空间区域 D 上的一张曲面(图 8-1-7)，定义域 D 就是该曲面在 xOy 面上的投影.

例如，二元函数 $z=\sqrt{1-x^2-y^2}$ 表示以原点为中心、1 为半径的上半球面(图 8-1-8)，它的定义域 D 是 xOy 面上以原点为圆心、1 为半径的圆.

例如，二元函数 $z=\sqrt{x^2+y^2}$ 表示顶点在原点的圆锥面(图 8-1-9)，它的定义域 D 是整个 xOy 面.

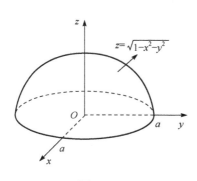

图 8-1-8

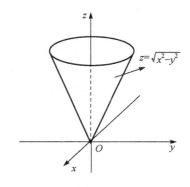

图 8-1-9

8.1.4　二元函数的极限

与一元函数的极限概念类似，如果在 $P(x,y)$ 趋于点 $P_0(x_0,y_0)$ 的过程中，对应的函数值 $f(x,y)$ 无限接近于一个确定的常数 A，则称 A 为函数 $f(x,y)$ 当 $P(x,y)$ 趋于点 $P_0(x_0,y_0)$ 时的极限. 下面，用"ε-δ"语言描述这个极限概念.

定义 2　设函数 $z=f(x,y)$ 在点 $P_0(x_0,y_0)$ 的某一去心邻域内有定义，若对于任意给定的正数 ε，总存在正数 δ，使得当点 $P(x,y)\in E\cap \mathring{U}(P_0,\delta)$ 时，即
$$0<|PP_0|=\sqrt{(x-x_0)^2+(y-y_0)^2}<\delta$$
时，恒有

$$|f(P)-A|=|f(x,y)-A|<\varepsilon,$$

则称常数 A 为**函数** $f(x,y)$ 当 $(x,y)\to(x_0,y_0)$ 时的**极限**,记为

$$\lim_{\substack{x\to x_0\\y\to y_0}}f(x,y)=A \quad \text{或} \quad f(x,y)\to A((x,y)\to(x_0,y_0)),$$

也记作

$$\lim_{P\to P_0}f(P)=A \quad \text{或} \quad f(P)\to A(P\to P_0).$$

为了区别于一元函数的极限,我们称二元函数的极限为**二重极限**.二重极限与一元函数的极限具有相同的性质和运算法则,读者可以类似推得.

注 在定义 2 中,动点 P 趋于点 P_0 的方式是任意的(图 8-1-10).即 $\lim\limits_{P\to P_0}f(P)=A$ 是指 P 以不同方式趋于 P_0 时,函数 $f(x,y)$ 都无限接近 A.因此,如果当 P 以某一特殊方式趋于 P_0 时,即使函数无限接近于某一确定值,也不能由此断定函数的极限存在.相反,如果当 P 以不同方式趋于 P_0 时,函数趋于不同的值,或 P 以某种方式趋于 P_0 时,函数的极限不存在,那么此函数的极限一定不存在.

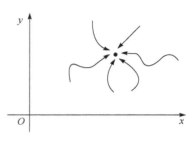

图 8-1-10

例 3 求下列极限:

(1) $\lim\limits_{\substack{x\to 0\\y\to 0}}(x^2+y^2)\sin\dfrac{1}{x^2+y^2}$;

(2) $\lim\limits_{(x,y)\to(2,0)}\dfrac{\tan(xy)}{y}$;

(3) $\lim\limits_{\substack{x\to 0\\y\to 2}}(1+xy)^{\frac{1}{x}}$;

(4) $\lim\limits_{\substack{x\to 0\\y\to 0}}\dfrac{\sqrt{1+x^2+y^2}-1}{x^2+y^2}$.

解 (1) 令 $u=x^2+y^2$,则

$$\lim_{\substack{x\to 0\\y\to 0}}(x^2+y^2)\sin\frac{1}{x^2+y^2}=\lim_{u\to 0}u\sin\frac{1}{u}=0.$$

(2) 当 $(x,y)\to(2,0)$ 时,$xy\to 0$,因此,

$$\lim_{(x,y)\to(2,0)}\frac{\tan(xy)}{y}=\lim_{xy\to 0}\frac{\tan(xy)}{xy}\cdot\lim_{x\to 2}x=1\cdot 2=2.$$

(3) $\lim\limits_{\substack{x\to 0\\y\to 2}}(1+xy)^{\frac{1}{x}}=\lim\limits_{\substack{x\to 0\\y\to 2}}(1+xy)^{\frac{1}{xy}\cdot y}=\left[\lim\limits_{\substack{x\to 0\\y\to 2}}(1+xy)^{\frac{1}{xy}}\right]^{\lim\limits_{y\to 2}y}=e^2.$

(4) 利用等价无穷小代换,当 $x\to 0$,$y\to 0$ 时,$\sqrt{1+x^2+y^2}-1\sim\dfrac{1}{2}(x^2+y^2)$,则

$$\lim_{\substack{x\to 0\\y\to 0}}\frac{\sqrt{1+x^2+y^2}-1}{x^2+y^2}=\lim_{\substack{x\to 0\\y\to 0}}\frac{\frac{1}{2}(x^2+y^2)}{x^2+y^2}=\frac{1}{2}.$$

例 4 求极限 $\lim\limits_{\substack{x\to 0\\y\to 0}}\dfrac{xy}{\sqrt{x^2+y^2}}$.

解 因为

$$0\leqslant\frac{|xy|}{\sqrt{x^2+y^2}}\leqslant\frac{1}{\sqrt{x^2+y^2}}\cdot\frac{x^2+y^2}{2}=\frac{\sqrt{x^2+y^2}}{2},$$

又当 $x\to 0$,$y\to 0$ 时,有 $\dfrac{\sqrt{x^2+y^2}}{2}\to 0$,故

$$\lim_{\substack{x \to 0 \\ y \to 0}} \frac{xy}{\sqrt{x^2 + y^2}} = 0.$$

例 5　讨论函数 $f(x, y) = \dfrac{xy}{x^2 + y^2}$ 在点 $(0, 0)$ 的极限.

解　令点 (x, y) 沿直线 $y = kx$（k 为常数）趋于点 $(0, 0)$，则

$$\lim_{\substack{x \to 0 \\ y \to 0}} f(x, y) = \lim_{\substack{x \to 0 \\ y = kx}} \frac{xy}{x^2 + y^2} = \lim_{x \to 0} \frac{x \cdot kx}{x^2 + k^2 x^2} = \frac{k}{1 + k^2},$$

易见，当 k 取不同值，即点 (x, y) 沿不同直线 $y = kx$（k 为常数）趋于点 $(0, 0)$ 时，函数 $f(x, y)$ 的极限不同，故 $f(x, y)$ 在点 $(0, 0)$ 的极限不存在.

8.1.5　二元函数的连续性

下面我们在极限概念的基础上，引入二元函数连续性的概念.

定义 3　设二元函数 $z = f(x, y)$ 在点 (x_0, y_0) 的某一邻域内有定义，如果

$$\lim_{\substack{x \to x_0 \\ y \to y_0}} f(x, y) = f(x_0, y_0),$$

则称函数 $z = f(x, y)$ 在点 (x_0, y_0) 处**连续**. 如果函数 $z = f(x, y)$ 在点 (x_0, y_0) 处不连续，则称函数 $z = f(x, y)$ 在点 (x_0, y_0) 处**间断**.

如果函数 $z = f(x, y)$ 在区域 D 内的每一点都连续，则称该函数在**区域 D 上连续**，或称函数 $z = f(x, y)$ 是区域 D 上的**连续函数**. 区域 D 上连续的二元函数的图形是区域 D 上的一张连续曲面.

容易验证，二元连续函数经过四则运算和复合运算后仍为二元连续函数.

与一元函数类似，将由常数及 x 和 y 的基本初等函数经过有限次的四则运算和有限次的复合运算构成的可用一个式子表示的二元函数称为**二元初等函数**.

由基本初等函数的连续性，进一步可以得到如下结论：**一切二元初等函数在其定义区域内都是连续的**. 这里所说的定义区域是指包含在定义域内的区域或闭区域. 利用这个结论，当求二元初等函数在其定义区域内一点的极限时，只要计算出函数在该点的函数值即可.

例 6　（1）讨论函数 $f(x, y) = \begin{cases} \dfrac{xy}{x^2 + y^2}, & (x, y) \neq (0, 0) \\ 0, & (x, y) = (0, 0) \end{cases}$ 在点 $(0, 0)$ 处的连续性.

（2）讨论二元函数 $f(x, y) = \begin{cases} \dfrac{\sqrt{1 + x^2 y^2} - 1}{x^2 + y^2}, & (x, y) \neq (0, 0) \\ 0, & (x, y) = (0, 0) \end{cases}$ 的连续性.

解　（1）由例 5 知道，极限 $\lim\limits_{\substack{x \to 0 \\ y \to 0}} \dfrac{xy}{x^2 + y^2}$ 不存在，所以函数 $f(x, y)$ 在点 $(0, 0)$ 处间断.

（2）函数 $f(x, y)$ 的定义域为整个 xOy 面.

当 $(x, y) \neq (0, 0)$ 时，$f(x, y) = \dfrac{\sqrt{1 + x^2 y^2} - 1}{x^2 + y^2}$ 为初等函数，故函数在 $(x, y) \neq (0, 0)$ 的点处连续.

又

$$\lim_{\substack{x \to 0 \\ y \to 0}} \frac{\sqrt{1 + x^2 y^2} - 1}{x^2 + y^2} = \lim_{\substack{x \to 0 \\ y \to 0}} \frac{\frac{1}{2} x^2 y^2}{x^2 + y^2} = 0 = f(0, 0),$$

故函数在点 $(0,0)$ 处也连续. 因此,函数 $f(x,y)$ 在其定义域 xOy 面上连续.

例 7　求极限 $\lim\limits_{\substack{x\to 0 \\ y\to 1}}\left[\ln(y-x)+\dfrac{y}{\sqrt{1-x^2}}\right]$.

解　函数 $f(x,y)=\ln(y-x)+\dfrac{y}{\sqrt{1-x^2}}$ 是初等函数,其定义域为

$$D=\{(x,y)\,|\,y>x,-1<x<1\},$$

是一个区域,且 $(0,1)\in D$,故

$$\lim\limits_{\substack{x\to 0 \\ y\to 1}}\left[\ln(y-x)+\dfrac{y}{\sqrt{1-x^2}}\right]=\ln(1-0)+\dfrac{1}{\sqrt{1-0}}=1.$$

与闭区间上一元连续函数的性质相类似,在有界闭区域 D 上连续的二元函数具有如下性质.

定理 1(最大值和最小值定理)　在有界闭区域 D 上的二元连续函数在 D 上一定有最大值和最小值.

定理 2(有界性定理)　在有界闭区域 D 上的二元连续函数在 D 上一定有界.

定理 3(介值定理)　在有界闭区域 D 上的二元连续函数,如果在 D 上取得两个不同的函数值,则它在 D 上必取得介于这两个值之间的任何值.

定理 4(一致连续性定理)　在有界闭区域 D 上的二元连续函数必定在 D 上一致连续.

习　题　8-1

1. 已知函数 $f(x+y,x-y)=\dfrac{x^2-y^2}{x^2+y^2}$,求 $f(x,y)$.

2. 已知函数 $f(u,v,w)=u^w+w^{u+v}$,试求 $f(x-y,x+y,xy)$.

3. 求下列各函数的定义域:

(1) $z=\ln(y^2-2x+1)$;

(2) $z=\sqrt{x-\sqrt{y}}$;

(3) $z=\dfrac{\arcsin(3-x^2-y^2)}{\sqrt{x-y^2}}$;

(4) $z=\sqrt{4-x^2-y^2}+\dfrac{1}{\sqrt{x^2+y^2-1}}$;

(5) $z=\dfrac{\sqrt{4x-y^2}}{\ln(1-x^2-y^2)}$;

(6) $u=\arccos\dfrac{z}{\sqrt{x^2+y^2}}$;

(7) $z=\ln(y-x)+\dfrac{\sqrt{x}}{\sqrt{1-x^2-y^2}}$;

(8) $f(x,y)=\ln[x\ln(y-x)]$.

4. 求下列各极限:

(1) $\lim\limits_{\substack{x\to 1 \\ y\to 0}}\dfrac{\ln(x+e^y)}{\sqrt{x^2+y^2}}$;

(2) $\lim\limits_{\substack{x\to\infty \\ y\to\infty}}(x^2+y^2)\sin\dfrac{3}{x^2+y^2}$;

(3) $\lim\limits_{(x,y)\to(0,0)}\dfrac{2-\sqrt{xy+4}}{xy}$;

(4) $\lim\limits_{\substack{x\to 0 \\ y\to 0}}\dfrac{x^2 y^2}{x^2+y^2}$;

(5) $\lim\limits_{\substack{x\to 0 \\ y\to 0}}\dfrac{1-\cos(x^2+y^2)}{(x^2+y^2)e^{x^2+y^2}}$;

(6) $\lim\limits_{\substack{x\to 0 \\ y\to 0}}\dfrac{\sqrt{x^2+y^2}-\sin\sqrt{x^2+y^2}}{\sqrt{(x^2+y^2)^3}}$;

(7) $\lim\limits_{\substack{x\to\infty \\ y\to\infty}}\dfrac{x+y}{x^2+y^2}$;

(8) $\lim\limits_{\substack{x\to 0 \\ y\to 0}}\dfrac{1-\cos(x^2+y^2)}{(x^2+y^2)x^2 y^2}$;

(9) $\lim\limits_{\substack{x\to+\infty \\ y\to+\infty}}(x^2+y^2)e^{-(x+y)}$;

(10) $\lim\limits_{\substack{x\to 2 \\ y\to-\frac{1}{2}}}(2+xy)^{\frac{1}{y+xy^2}}$;

(11) $\lim\limits_{\substack{x\to\infty \\ y\to a}}\left(1+\dfrac{1}{x}\right)^{\frac{x^2}{y+x}}$;

(12) $\lim\limits_{\substack{x\to 0 \\ y\to 0}}\dfrac{2xy^2\sin x}{x^2+y^4}$.

5. 证明下列极限不存在:

(1) $\lim\limits_{(x,y)\to(0,0)}\dfrac{2x^2-y^2}{3x^2+2y^2}$;

(2) $\lim\limits_{(x,y)\to(0,0)}\dfrac{\sqrt{xy+1}-1}{x+y}$;

(3) $\lim\limits_{\substack{x\to 0 \\ y\to 0}}\dfrac{x^4 y^4}{(x^2+y^4)^3}$;

(4) $\lim\limits_{\substack{x\to 0\\y\to 0}}\dfrac{x^2y^2}{x^2y^2+(x-y)^2}$;   (5) $\lim\limits_{\substack{x\to 0\\y\to 0}}\dfrac{xy^2}{x^2+y^4}$;   (6) $\lim\limits_{\substack{x\to 0\\y\to 0}}\dfrac{x+y}{x-y}$;

(7) $\lim\limits_{\substack{x\to 0\\y\to 0}}\dfrac{xy}{x+y}$.

6. 研究下列函数的连续性:

(1) $f(x,y)=\dfrac{y^2+2x}{y^2-2x}$;   (2) $f(x,y)=xy\ln(x^2+y^2)$.

7. 设 $f(x,y)=\begin{cases}\dfrac{y\mathrm{e}^{\frac{1}{x^2}}}{y^2\mathrm{e}^{\frac{2}{x^2}}+1}, & x\neq 0,y\ 任意\\[3mm] 0, & x=0,y\ 任意\end{cases}$,讨论 $f(x,y)$ 在 $(0,0)$ 处的连续性.

8.2 偏 导 数

8.2.1 偏导数的定义及其计算

在研究一元函数时,我们从研究函数的变化率引入了导数的概念. 对于多元函数同样需要讨论它的变化率,但多元函数的自变量不止一个,因变量与自变量的关系要比一元函数复杂得多. 在这一节里,我们首先考虑多元函数关于其中一个自变量的变化率问题,即就是多元函数在其他自变量固定不变时,函数随一个自变量变化的变化率问题,这就是偏导数.

以二元函数 $z=f(x,y)$ 为例,如果固定自变量 $y=y_0$,这时函数 $z=f(x,y_0)$ 就是 x 的一元函数,函数对 x 的导数,就称为二元函数 $z=f(x,y)$ 对 x 的偏导数,即有如下定义.

定义 1 设函数 $z=f(x,y)$ 在点 (x_0,y_0) 的某一邻域内有定义,当 y 固定在 y_0 ,而 x 在 x_0 处有增量 Δx 时,相应地,函数有增量

$$f(x_0+\Delta x,y_0)-f(x_0,y_0).$$

如果极限 $\lim\limits_{\Delta x\to 0}\dfrac{f(x_0+\Delta x,y_0)-f(x_0,y_0)}{\Delta x}$ 存在,则称此极限为函数 $z=f(x,y)$ 在点 (x_0,y_0) 处**对 x 的偏导数**,记为

$$\left.\frac{\partial z}{\partial x}\right|_{\substack{x=x_0\\y=y_0}},\quad \left.\frac{\partial f}{\partial x}\right|_{\substack{x=x_0\\y=y_0}},\quad \left.z_x\right|_{\substack{x=x_0\\y=y_0}}\quad 或\ f_x(x_0,y_0).$$

例如,有

$$f_x(x_0,y_0)=\lim_{\Delta x\to 0}\frac{f(x_0+\Delta x,y_0)-f(x_0,y_0)}{\Delta x}.$$

类似地,函数 $z=f(x,y)$ 在点 (x_0,y_0) 处**对 y 的偏导数**为

$$\lim_{\Delta y\to 0}\frac{f(x_0,y_0+\Delta y)-f(x_0,y_0)}{\Delta y},$$

记为

$$\left.\frac{\partial z}{\partial y}\right|_{\substack{x=x_0\\y=y_0}},\quad \left.\frac{\partial f}{\partial y}\right|_{\substack{x=x_0\\y=y_0}},\quad \left.z_y\right|_{\substack{x=x_0\\y=y_0}}\quad 或\ f_y(x_0,y_0).$$

如果函数 $z=f(x,y)$ 在区域 D 内任一点 (x,y) 处对 x 的偏导数都存在,则这个偏导数就是 x,y 的函数,并称为函数 $z=f(x,y)$ 对**自变量 x 的偏导函数**(简称为**偏导数**),记为

$$\frac{\partial z}{\partial x},\quad \frac{\partial f}{\partial x},\quad z_x\quad 或\ f_x(x,y).$$

同理,可以定义函数 $z=f(x,y)$ 对**自变量 y 的偏导数**,记为

$$\frac{\partial z}{\partial y}, \quad \frac{\partial f}{\partial y}, \quad z_y \quad 或 \quad f_y(x,y).$$

注　函数 $z=f(x,y)$ 在点 (x_0,y_0) 处对 x 的偏导数 $f_x(x_0,y_0)$ 就是偏导函数 $f_x(x,y)$ 在点 (x_0,y_0) 处的函数值,即 $f_x(x_0,y_0)=f_x(x,y)\Big|_{\substack{x=x_0\\y=y_0}}$. 同理,有 $f_y(x_0,y_0)=f_y(x,y)\Big|_{\substack{x=x_0\\y=y_0}}$.

偏导数的记号 z_x,f_x 也记为 z'_x,f'_x,对后面的高阶导数也有类似的情形.

偏导数的概念还可以推广到二元以上的函数. 例如,三元函数 $u=f(x,y,z)$ 在点 (x,y,z) 处的偏导数分别为:

$$f_x(x,y,z)=\lim_{\Delta x\to 0}\frac{f(x+\Delta x,y,z)-f(x,y,z)}{\Delta x},$$

$$f_y(x,y,z)=\lim_{\Delta y\to 0}\frac{f(x,y+\Delta y,z)-f(x,y,z)}{\Delta y},$$

$$f_z(x,y,z)=\lim_{\Delta z\to 0}\frac{f(x,y,z+\Delta z)-f(x,y,z)}{\Delta z}.$$

实际中,在求多元函数对某个自变量的偏导数时,只需把其余自变量看作常数,然后直接利用一元函数的求导公式及法则来计算.

例 1　求 $z=f(x,y)=x^3y+2x^2y-xy^3$ 在点 $(1,2)$ 处的偏导数.

解　把 y 看成常数,对 x 求导,得

$$f_x(x,y)=3x^2y+4xy-y^3.$$

把 x 看成常数,对 y 求导,得

$$f_y(x,y)=x^3+2x^2-3xy^2,$$

故所求偏导数

$$f_x(1,2)=3\times 1^2\times 2+4\times 1\times 2-2^3=6,$$
$$f_y(1,2)=1^3+2\times 1^2-3\times 1\times 2^2=-9.$$

例 2　求函数 $z=x^y-x\sin(xy)$ 的偏导数.

解　把 y 看成常数,对 x 求导,得

$$\frac{\partial z}{\partial x}=yx^{y-1}-\sin(xy)-xy\cos(xy),$$

把 x 看成常数,对 y 求导,得

$$\frac{\partial z}{\partial y}=x^y\ln x-x^2\cos(xy).$$

例 3　求函数 $u=(1+xz)^{yz}$ 的偏导数.

解　把 y 和 z 看成常数,对 x 求导,得

$$\frac{\partial u}{\partial x}=yz(1+xz)^{yz-1}z=yz^2(1+xz)^{yz-1};$$

把 x 和 z 看成常数,对 y 求导,得

$$\frac{\partial u}{\partial y}=(1+xz)^{yz}\ln(1+xz)z=z(1+xz)^{yz}\ln(1+xz);$$

把 x 和 y 看成常数,对 z 求导,得

$$\frac{\partial u}{\partial z}=\frac{\partial}{\partial z}(\mathrm{e}^{yz\ln(1+xz)})=\mathrm{e}^{yz\ln(1+xz)}\left[y\ln(1+xz)+\frac{xyz}{1+xz}\right]$$

$$= (1+xz)^{yz} \left[y\ln(1+xz) + \frac{xyz}{1+xz} \right].$$

例 4　讨论二元函数 $f(x,y) = \begin{cases} \dfrac{xy}{x^2+y^2}, & (x,y)\neq(0,0) \\ 0, & (x,y)=(0,0) \end{cases}$ 在点 $(0,0)$ 处的偏导数及连续性的关系.

解　由偏导数的定义知

$$f_x(0,0) = \lim_{\Delta x \to 0} \frac{f(0+\Delta x,0)-f(0,0)}{\Delta x} = \lim_{\Delta x \to 0} \frac{0}{\Delta x} = 0,$$

$$f_y(0,0) = \lim_{\Delta y \to 0} \frac{f(0,0+\Delta y)-f(0,0)}{\Delta y} = \lim_{\Delta y \to 0} \frac{0}{\Delta y} = 0,$$

从而 $f(x,y)$ 在 $(0,0)$ 点的偏导数都存在, 但从 8.1 节中已经知道此函数在点 $(0,0)$ 处不连续.

关于多元函数的偏导数, 补充以下几点说明:

(1) 对一元函数而言, 导数 $\dfrac{\mathrm{d}y}{\mathrm{d}x}$ 可看作函数的微分 $\mathrm{d}y$ 与自变量的微分 $\mathrm{d}x$ 的商, 但偏导数的记号 $\dfrac{\partial z}{\partial x}$ 是一个整体;

(2) 与一元函数类似, 对于分段函数在分段点处的偏导数要利用偏导数的定义来求;

(3) 在一元函数微分学中, 我们知道, 如果函数在某点的导数存在, 则它在该点必定连续. 但对于多元函数而言, 即使函数在某点的各个偏导数都存在, 也不能保证函数在该点连续, 如例 4.

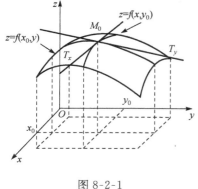

图 8-2-1

偏导数的几何意义

设 $M_0(x_0,y_0,f(x_0,y_0))$ 为曲面 $z=f(x,y)$ 上一点, 过点 M_0 作平面 $y=y_0$, 截此曲面得一条曲线, 其方程为

$$\begin{cases} z=f(x,y_0) \\ y=y_0 \end{cases},$$

则偏导数 $f_x(x_0,y_0)$ 作为一元函数 $f(x,y_0)$ 在 $x=x_0$ 的导数, 即 $\dfrac{\mathrm{d}}{\mathrm{d}x} f(x,y_0)\bigg|_{x=x_0}$, 就是这条曲线在点 M_0 处的切线 M_0T_x 对 x 轴正向的斜率 (图 8-2-1). 同理, 偏导数 $f_y(x_0,y_0)$ 就是曲面被平面 $x=x_0$ 所截得的曲线在点 M_0 处的切线 M_0T_y 对 y 轴正向的斜率.

8.2.2　高阶偏导数

设函数 $z=f(x,y)$ 在区域 D 内具有偏导数

$$\frac{\partial z}{\partial x} = f_x(x,y), \quad \frac{\partial z}{\partial y} = f_y(x,y),$$

则在 D 内 $f_x(x,y)$ 和 $f_y(x,y)$ 都是 x,y 的函数. 如果这两个函数的偏导数也存在, 则称它们是函数 $z=f(x,y)$ 的**二阶偏导数**. 按照对变量求导次序的不同, 共有下列四个二阶偏导数:

$$\frac{\partial}{\partial x}\left(\frac{\partial z}{\partial x}\right) = \frac{\partial^2 z}{\partial x^2} = f_{xx}(x,y), \quad \frac{\partial}{\partial y}\left(\frac{\partial z}{\partial x}\right) = \frac{\partial^2 z}{\partial x \partial y} = f_{xy}(x,y),$$

$$\frac{\partial}{\partial x}\left(\frac{\partial z}{\partial y}\right)=\frac{\partial^2 z}{\partial y\partial x}=f_{yx}(x,y),\quad \frac{\partial}{\partial y}\left(\frac{\partial z}{\partial y}\right)=\frac{\partial^2 z}{\partial y^2}=f_{yy}(x,y),$$

其中第 2 个、第 3 个偏导数称为**混合偏导数**.

类似地,可以定义三阶、四阶、……以及 n 阶偏导数. 我们把二阶及二阶以上的偏导数统称为**高阶偏导数**.

例 5　求函数 $z=x^3y^2+3x^2y-2xy^2-xy+3$ 的所有二阶偏导数和 $\dfrac{\partial^3 z}{\partial y\partial x^2}$.

解　由于

$$\frac{\partial z}{\partial x}=3x^2y^2+6xy-2y^2-y,\quad \frac{\partial z}{\partial y}=2x^3y+3x^2-4xy-x,$$

因此

$$\frac{\partial^2 z}{\partial x^2}=\frac{\partial}{\partial x}\left(\frac{\partial z}{\partial x}\right)=6xy^2+6y,\quad \frac{\partial^2 z}{\partial x\partial y}=\frac{\partial}{\partial y}\left(\frac{\partial z}{\partial x}\right)=6x^2y+6x-4y-1,$$

$$\frac{\partial^2 z}{\partial y\partial x}=\frac{\partial}{\partial x}\left(\frac{\partial z}{\partial y}\right)=6x^2y+6x-4y-1,\quad \frac{\partial^2 z}{\partial y^2}=\frac{\partial}{\partial y}\left(\frac{\partial z}{\partial y}\right)=2x^3-4x,$$

$$\frac{\partial^3 z}{\partial y\partial x^2}=\frac{\partial}{\partial x}\left(\frac{\partial^2 z}{\partial y\partial x}\right)=12xy+6.$$

例 6　求函数 $z=\ln\sqrt{x^2+y^2}$ 的所有二阶偏导数.

解　因为 $z=\ln\sqrt{x^2+y^2}=\dfrac{1}{2}\ln(x^2+y^2)$,所以

$$\frac{\partial z}{\partial x}=\frac{x}{x^2+y^2},\quad \frac{\partial z}{\partial y}=\frac{y}{x^2+y^2},$$

$$\frac{\partial^2 z}{\partial x^2}=\frac{(x^2+y^2)-x\cdot 2x}{(x^2+y^2)^2}=\frac{y^2-x^2}{(x^2+y^2)^2},\quad \frac{\partial^2 z}{\partial x\partial y}=\frac{-x\cdot 2y}{(x^2+y^2)^2}=\frac{-2xy}{(x^2+y^2)^2},$$

$$\frac{\partial^2 z}{\partial y^2}=\frac{(x^2+y^2)-y\cdot 2y}{(x^2+y^2)^2}=\frac{x^2-y^2}{(x^2+y^2)^2},\quad \frac{\partial^2 z}{\partial y\partial x}=\frac{-y\cdot 2x}{(x^2+y^2)^2}=\frac{-2xy}{(x^2+y^2)^2}.$$

容易看出,例 5 和例 6 中两个二阶混合偏导数均相等,即

$$\frac{\partial^2 z}{\partial x\partial y}=\frac{\partial^2 z}{\partial y\partial x},$$

这种现象并不是偶然的. 事实上,我们有下述定理.

定理 1　如果函数 $z=f(x,y)$ 的两个二阶混合偏导数 $\dfrac{\partial^2 z}{\partial x\partial y}$ 及 $\dfrac{\partial^2 z}{\partial y\partial x}$ 在区域 D 内连续,则在该区域内有 $\dfrac{\partial^2 z}{\partial x\partial y}=\dfrac{\partial^2 z}{\partial y\partial x}$.

证明　略.

注　定理 1 表明,二阶混合偏导数在连续的条件下与求偏导的次序无关,这给混合偏导数的计算带来了方便.

对于二元以上的多元函数,我们也可以类似地定义高阶偏导数,而且高阶混合偏导数在连续的条件下也与求偏导的次序无关.

例 7　证明函数 $u=\dfrac{1}{r}$ 满足拉普拉斯方程

$$\frac{\partial^2 u}{\partial x^2}+\frac{\partial^2 u}{\partial y^2}+\frac{\partial^2 u}{\partial z^2}=0,$$

其中 $r=\sqrt{x^2+y^2+z^2}$.

证明 $\dfrac{\partial u}{\partial x}=-\dfrac{1}{r^2}\dfrac{\partial r}{\partial x}=-\dfrac{1}{r^2}\cdot\dfrac{x}{r}=-\dfrac{x}{r^3}$, $\quad\dfrac{\partial^2 u}{\partial x^2}=-\dfrac{1}{r^3}+\dfrac{3x}{r^4}\cdot\dfrac{\partial r}{\partial x}=-\dfrac{1}{r^3}+\dfrac{3x^2}{r^5}$.

由函数关于自变量的对称性,有

$$\dfrac{\partial^2 u}{\partial y^2}=-\dfrac{1}{r^3}+\dfrac{3y^2}{r^5}, \quad \dfrac{\partial^2 u}{\partial z^2}=-\dfrac{1}{r^3}+\dfrac{3z^2}{r^5},$$

因此

$$\dfrac{\partial^2 u}{\partial x^2}+\dfrac{\partial^2 u}{\partial y^2}+\dfrac{\partial^2 u}{\partial z^2}==-\dfrac{3}{r^3}+\dfrac{3x^2}{r^5}+\dfrac{3y^2}{r^5}+\dfrac{3z^2}{r^5}=-\dfrac{3}{r^3}+\dfrac{3(x^2+y^2+z^2)}{r^5}=0.$$

习　题　8-2

1. 求下列函数的偏导数:

(1) $z=x^3 y+3x^2 y^2-xy^3$; 　　　(2) $z=\dfrac{x^2+y^2}{xy}$; 　　　(3) $z=\sqrt{\ln(xy)}$;

(4) $z=x^{\sin y}$; 　　　(5) $z=(1+xy)^y$; 　　　(6) $z=e^x(\cos y+x\sin y)$;

(7) $z=\arcsin\dfrac{x}{\sqrt{x^2+y^2}}$; 　　　(8) $z=\ln\tan\dfrac{x}{y}$; 　　　(9) $u=\arctan(x+2y)^z$;

(10) $u=\left(\dfrac{x}{y}\right)^z$; 　　　(11) $z=\displaystyle\int_x^y e^{t^2}\,dt$; 　　　(12) $z=e^{\sin\frac{t}{x}}$.

2. 设 $f(x,y)=x\ln(x+\ln y)$,求 $f_x(1,e)$,$f_y(1,e)$.

3. 设 $z=e^{-\left(\frac{1}{x}+\frac{1}{y}\right)}$,证明 $x^2\dfrac{\partial z}{\partial x}+y^2\dfrac{\partial z}{\partial y}=2z$.

4. 设 $u=(y-z)(z-x)(x-y)$,证明 $\dfrac{\partial u}{\partial x}+\dfrac{\partial u}{\partial y}+\dfrac{\partial u}{\partial z}=0$.

5. 设 $f(x,y)=\begin{cases}(x^2+y)\sin\dfrac{1}{\sqrt{x^2+y^2}}, & (x,y)\neq(0,0)\\ 0, & (x,y)=(0,0)\end{cases}$,求 $f'_x(0,0)$,$f'_y(0,0)$.

6. 求下列函数的 $\dfrac{\partial^2 z}{\partial x^2},\dfrac{\partial^2 z}{\partial y^2}$ 和 $\dfrac{\partial^2 z}{\partial x\partial y}$:

(1) $z=x\ln(x+y)$; 　　(2) $z=x^2 ye^{xy}$; 　　(3) $z=y^x$; 　　(4) $z=\arctan\dfrac{y}{x}$.

7. 设 $f(x,y,z)=xy^2+yz^2+zx^2$,求 $f_{xx}(0,0,1)$,$f_{xz}(1,0,2)$,$f_{yz}(0,-1,0)$ 及 $f_{zzx}(2,0,1)$.

8. 设 $z=\dfrac{y^2}{3x}+\varphi(xy)$,其中函数 $\varphi(u)$ 可导,证明 $x^2\dfrac{\partial z}{\partial x}+y^2\dfrac{\partial z}{\partial y}=xy\dfrac{\partial z}{\partial y}$.

9. 设 $z=x\ln(xy)$,求 $\dfrac{\partial^3 z}{\partial x^2\partial y}$ 及 $\dfrac{\partial^3 z}{\partial x\partial y^2}$.

10. 设 $r=\sqrt{x^2+y^2+z^2}$,试证明 $\dfrac{\partial^2 r}{\partial x^2}+\dfrac{\partial^2 r}{\partial y^2}+\dfrac{\partial^2 r}{\partial z^2}=\dfrac{2}{r}$.

8.3　全微分及其应用

8.3.1　全微分的概念

我们已经知道,二元函数对某个自变量的偏导数表示当另一个自变量固定时,因变量对该自变量的变化率. 根据一元函数微分学中增量与微分的关系,可得

$$f(x_0+\Delta x,y_0)-f(x_0,y_0)\approx f_x(x_0,y_0)\Delta x,$$
$$f(x_0,y_0+\Delta y)-f(x_0,y_0)\approx f_y(x_0,y_0)\Delta y.$$

上面两式的左端分别称为二元函数 $z=f(x,y)$ 在点 (x_0,y_0) 处对 x 和对 y 的**偏增量**,分别记为 $\Delta_x z$ 和 $\Delta_y z$. 而两式的右端分别称为二元函数 $z=f(x,y)$ 在点 (x_0,y_0) 处对 x 和对 y 的**偏微分**.

在实际问题中,有时需要研究多元函数中各个自变量都取得增量时因变量所取得的增量,即所谓全增量的问题. 下面以二元函数为例进行讨论.

如果函数 $z=f(x,y)$ 在点 $P(x,y)$ 的某邻域内有定义,并设 $P'(x+\Delta x,y+\Delta y)$ 为该邻域内任意一点,则称

$$f(x+\Delta x,y+\Delta y)-f(x,y)$$

为函数 $z=f(x,y)$ 在点 $P(x,y)$ 处相应于自变量增量 $\Delta x,\Delta y$ 的**全增量**,记为 Δz,即

$$\Delta z=f(x+\Delta x,y+\Delta y)-f(x,y).$$

一般来说,全增量的计算比较复杂. 与一元函数的情形类似,我们也希望用自变量增量 $\Delta x,\Delta y$ 的线性函数来近似代替函数的全增量 Δz,由此引入二元函数全微分的定义.

定义 1 如果函数 $z=f(x,y)$ 在点 (x,y) 处的全增量

$$\Delta z=f(x+\Delta x,y+\Delta y)-f(x,y)$$

可以表示为

$$\Delta z=A\Delta x+B\Delta y+o(\rho),$$

其中 A,B 不依赖于 $\Delta x,\Delta y$,而仅与 x,y 有关,$\rho=\sqrt{(\Delta x)^2+(\Delta y)^2}$,则称函数 $z=f(x,y)$ 在点 (x,y) 处**可微分**,$A\Delta x+B\Delta y$ 称为函数 $z=f(x,y)$ 在点 (x,y) 处的**全微分**,记为 $\mathrm{d}z$,即

$$\mathrm{d}z=A\Delta x+B\Delta y.$$

例如,函数 $z=f(x,y)=x^2+y^2$ 在点 $(1,2)$ 处可微. 事实上,

$$\Delta z=f(1+\Delta x,2+\Delta y)-f(1,2)=(1+\Delta x)^2+(2+\Delta y)^2-5$$
$$=2\Delta x+4\Delta y+(\Delta x)^2+(\Delta y)^2,$$

其中 $(\Delta x)^2+(\Delta y)^2=o(\rho)$,$\mathrm{d}z=2\Delta x+4\Delta y$.

若函数在区域 D 内各点处都可微分,则称该函数在 D 内**可微分**.

注 从上节知道,多元函数在某点的偏导数存在,并不能保证函数在该点连续. 但由上述定义可知,如果函数 $z=f(x,y)$ 在点 (x,y) 处可微分,则函数在该点必定连续. 事实上,若函数 $z=f(x,y)$ 在点 (x,y) 处可微分,有

$$\lim_{(\Delta x,\Delta y)\to(0,0)}\Delta z=\lim_{(\Delta x,\Delta y)\to(0,0)}[A\Delta x+B\Delta y+o(\rho)]=0,$$

从而 $\lim\limits_{(\Delta x,\Delta y)\to(0,0)}f(x+\Delta x,y+\Delta y)=\lim\limits_{(\Delta x,\Delta y)\to(0,0)}[f(x,y)+\Delta z]=f(x,y),$

所以函数 $z=f(x,y)$ 在点 (x,y) 处连续.

8.3.2 函数可微分的条件

我们根据全微分与偏导数的定义来讨论函数在一点可微分的条件.

定理 1(必要条件) 如果函数 $z=f(x,y)$ 在点 (x,y) 处可微分,则该函数在点 (x,y) 处的偏导数 $\dfrac{\partial z}{\partial x},\dfrac{\partial z}{\partial y}$ 必存在,且函数 $z=f(x,y)$ 在点 (x,y) 处的全微分为

$$\mathrm{d}z=\frac{\partial z}{\partial x}\Delta x+\frac{\partial z}{\partial y}\Delta y.$$

证明 设函数 $z=f(x,y)$ 在点 (x,y) 处可微分,则对于点 P 的某个邻域内的任意一点

$P'(x+\Delta x,y+\Delta y)$,恒有

$$\Delta z=A\Delta x+B\Delta y+o(\rho)$$

成立. 特别地,当 $\Delta y=0$ 时上式仍成立(此时 $\rho=|\Delta x|$),从而有

$$f(x+\Delta x,y)-f(x,y)=A\Delta x+o(|\Delta x|).$$

上式两端除以 Δx,令 $\Delta x\rightarrow0$,并取极限,得

$$\frac{\partial z}{\partial x}=\lim_{\Delta x\rightarrow0}\frac{f(x+\Delta x,y)-f(x,y)}{\Delta x}=\lim_{\Delta x\rightarrow0}\left[A+\frac{o(|\Delta x|)}{\Delta x}\right]=A.$$

同理可证 $\frac{\partial z}{\partial y}=B$. 故定理 1 得证.

我们知道,一元函数在某点可导是在该点可微的充分必要条件. 但对多元函数则不然. 当函数的各偏导数存在时,虽然能形式地写出 $\frac{\partial z}{\partial x}\Delta x+\frac{\partial z}{\partial y}\Delta y$,但它与 Δz 之差并不一定是较 ρ 高阶的无穷小,因此它不一定是函数的全微分. 换句话说,二元函数的各偏导数存在只是全微分存在的必要条件而不是充分条件.

例 1 证明二元函数

$$f(x,y)=\begin{cases}\dfrac{xy}{\sqrt{x^2+y^2}}, & x^2+y^2\neq0 \\ 0, & x^2+y^2=0\end{cases}$$

在点 $(0,0)$ 处的偏导数存在,但在该点不可微.

证明 由偏导数的定义,可证明

$$f_x(0,0)=0, \quad f_y(0,0)=0.$$

所以 $f(x,y)$ 在点 $(0,0)$ 处的偏导数存在.

因为 $f(x,y)$ 在点 $(0,0)$ 处的全增量为

$$\begin{aligned}\Delta z&=f(0+\Delta x,0+\Delta y)-f(0,0)\\&=\frac{\Delta x\Delta y}{\sqrt{(\Delta x)^2+(\Delta y)^2}},\end{aligned}$$

所以

$$\Delta z-[f_x(0,0)\Delta x+f_y(0,0)\Delta y]=\frac{\Delta x\Delta y}{\sqrt{(\Delta x)^2+(\Delta y)^2}}.$$

现在让点 $(\Delta x,\Delta y)$ 沿直线 $y=x$ 趋于 $(0,0)$,则有

$$\begin{aligned}\lim_{\substack{\Delta x\rightarrow0\\\Delta y=\Delta x\rightarrow0}}\frac{\Delta z-[f_x(0,0)\Delta x+f_y(0,0)\Delta y]}{\rho}&=\lim_{\substack{\Delta x\rightarrow0\\\Delta y=\Delta x\rightarrow0}}\frac{\Delta x\Delta y}{(\Delta x)^2+(\Delta y)^2}\\&=\lim_{\Delta x\rightarrow0}\frac{\Delta x\Delta x}{(\Delta x)^2+(\Delta x)^2}=\frac{1}{2},\end{aligned}$$

它不随着 $\rho\rightarrow0$ 而趋于 0,即 $\Delta z-[f_x(0,0)\Delta x+f_y(0,0)\Delta y]$ 不是较 ρ 高阶的无穷小. 故函数 $f(x,y)$ 在点 $(0,0)$ 处不可微分.

由此可见,对于多元函数而言,偏导数存在并不一定可微. 因为函数的偏导数仅描述了函数在一点处沿坐标轴的变化率,而全微分描述的是函数沿各个方向的变化情况. 但如果再假定各偏导数连续,就可以保证函数是可微分的.

定理 2(充分条件) 如果函数 $z=f(x,y)$ 的偏导数 $\frac{\partial z}{\partial x},\frac{\partial z}{\partial y}$ 在点 (x,y) 处连续,则函数在该

点处可微分.

证明　函数的全增量

$$\Delta z = f(x+\Delta x, y+\Delta y) - f(x,y)$$
$$= [f(x+\Delta x, y+\Delta y) - f(x, y+\Delta y)] + [f(x, y+\Delta y) - f(x,y)],$$

对上面两个中括号内的表达式,分别应用拉格朗日中值定理,有

$$f(x+\Delta x, y+\Delta y) - f(x, y+\Delta y) = f_x(x+\theta_1\Delta x, y+\Delta y)\Delta x,$$
$$f(x, y+\Delta y) - f(x,y) = f_y(x, y+\theta_2\Delta y)\Delta y,$$

其中 $0<\theta_1,\theta_2<1$. 根据题设条件,$f_x(x,y)$ 在点 (x,y) 处连续,故

$$\lim_{\substack{\Delta x\to 0\\ \Delta y\to 0}} f_x(x+\theta_1\Delta x, y+\Delta y) = f_x(x,y),$$

从而有 $\qquad f_x(x+\theta_1\Delta x, y+\Delta y)\Delta x = f_x(x,y)\Delta x + \varepsilon_1\Delta x,$

其中 ε_1 是 $\Delta x,\Delta y$ 的函数,且当 $\Delta x\to 0,\Delta y\to 0$ 时,$\varepsilon_1\to 0$.

同理有

$$f_y(x, y+\theta_2\Delta y)\Delta y = f_y(x,y)\Delta y + \varepsilon_2\Delta y,$$

其中 ε_2 是 $\Delta x,\Delta y$ 的函数,且当 $\Delta y\to 0$ 时,$\varepsilon_2\to 0$. 于是

$$\Delta z = f_x(x,y)\Delta x + f_y(x,y)\Delta y + \varepsilon_1\Delta x + \varepsilon_2\Delta y,$$

而 $\qquad \lim_{\substack{\Delta x\to 0\\ \Delta y\to 0}} \dfrac{\varepsilon_1\Delta x + \varepsilon_2\Delta y}{\rho} = \lim_{\substack{\Delta x\to 0\\ \Delta y\to 0}} \left(\varepsilon_1\dfrac{\Delta x}{\rho} + \varepsilon_2\dfrac{\Delta y}{\rho}\right) = 0,$

其中 $\rho = \sqrt{(\Delta x)^2 + (\Delta y)^2}$. 所以,由可微的定义知函数 $z=f(x,y)$ 在点 (x,y) 处可微分.

习惯上,常将自变量的增量 $\Delta x,\Delta y$ 分别记为 dx,dy,并分别称为自变量的微分. 这样,函数 $z=f(x,y)$ 的全微分就表示为

$$dz = \frac{\partial z}{\partial x}dx + \frac{\partial z}{\partial y}dy,$$

容易看出,二元函数的全微分实际上等于它的两个偏微分之和,这种关系称为二元函数的微分符合**叠加原理**.

上述关于二元函数全微分的定义及可微的必要和充分条件,可以完全类似地推广到三元及三元以上的多元函数. 例如,三元函数 $u=f(x,y,z)$ 的全微分为

$$du = \frac{\partial u}{\partial x}dx + \frac{\partial u}{\partial y}dy + \frac{\partial u}{\partial z}dz.$$

由定理 1 和定理 2,可知二元函数的可微性、偏导数存在及连续性之间的关系为

$$\text{偏导数存在且连续} \Rightarrow \text{可微} \Rightarrow \begin{cases} \text{连续} \\ \text{偏导数存在} \end{cases},$$

但上述关系一般情况下是不可逆的.

例 2　求函数 $z=y\cos(x-2y)$ 的全微分.

解　因为 $\qquad \dfrac{\partial z}{\partial x} = -y\sin(x-2y), \dfrac{\partial z}{\partial y} = \cos(x-2y) + 2y\sin(x-2y),$

且这两个偏导数连续,所以

$$dz = [-y\sin(x-2y)]dx + [\cos(x-2y) + 2y\sin(x-2y)]dy.$$

例 3　求函数 $z=2y^2 + e^{xy}$ 在点 $(1,1)$ 处的全微分.

解　因为 $f_x(x,y) = ye^{xy}, f_y(x,y) = 4y + xe^{xy}$,所以

$$f_x(1,1) = e, \quad f_y(1,2) = 4+e,$$

从而所求全微分为

$$dz = e\,dx + (4+e)\,dy.$$

例 4 求函数 $u = x^{y^z}$ 的全微分.

解 因为

$$\frac{\partial u}{\partial x} = y^z \cdot x^{y^z-1} = x^{y^z} \cdot \frac{y^z}{x},$$

$$\frac{\partial u}{\partial y} = x^{y^z} \cdot z \cdot y^{z-1} \cdot \ln x = x^{y^z} \cdot \frac{z \cdot y^z \cdot \ln x}{y},$$

$$\frac{\partial u}{\partial z} = x^{y^z} \cdot \ln x \cdot y^z \cdot \ln y = x^{y^z} \cdot y^z \cdot \ln x \cdot \ln y,$$

所以

$$du = \frac{\partial u}{\partial x}dx + \frac{\partial u}{\partial y}dy + \frac{\partial u}{\partial z}dz = x^{y^z}\left(\frac{y^z}{x}dx + \frac{zy^z\ln x}{y}dy + y^z\ln x\ln y\,dz \right).$$

8.3.3　二元函数的线性化

与一元函数的线性化类似,我们也可以研究二元函数的线性化近似问题.

由前面的讨论可知,当函数 $z = f(x,y)$ 在点 (x_0,y_0) 处可微,且 $|\Delta x|$,$|\Delta y|$ 都较小时,有 $\Delta z \approx dz$,即

$$f(x_0+\Delta x, y_0+\Delta y) - f(x_0,y_0) \approx f_x(x_0,y_0)\Delta x + f_y(x_0,y_0)\Delta y,$$

如果令 $x = x_0+\Delta x$,$y = y_0+\Delta y$,则 $\Delta x = x-x_0$,$\Delta y = y-y_0$,从而有

$$f(x,y) - f(x_0,y_0) \approx f_x(x_0,y_0)(x-x_0) + f_y(x_0,y_0)(y-y_0),$$

即

$$f(x,y) \approx f(x_0,y_0) + f_x(x_0,y_0)(x-x_0) + f_y(x_0,y_0)(y-y_0).$$

若记上式右端的线性函数为

$$L(x,y) = f(x_0,y_0) + f_x(x_0,y_0)(x-x_0) + f_y(x_0,y_0)(y-y_0),$$

其图形为通过点 $(x_0,y_0,f(x_0,y_0))$ 处的一个平面,即所谓曲面 $z = f(x,y)$ 在点 $(x_0,y_0,f(x_0,y_0))$ 处的切平面.

定义 2 如果函数 $z = f(x,y)$ 在点 (x_0,y_0) 处可微,那么函数

$$L(x,y) = f(x_0,y_0) + f_x(x_0,y_0)(x-x_0) + f_y(x_0,y_0)(y-y_0)$$

就称为函数 $z = f(x,y)$ 在点 (x_0,y_0) 处的**线性化**. 近似式 $f(x,y) \approx L(x,y)$ 称为函数 $z = f(x,y)$ 在点 (x_0,y_0) 处的**标准线性近似**.

从几何上看,二元函数线性化的实质就是曲面上某点邻近的一小块曲面被相应的一小块平面近似代替(图 8-3-1).

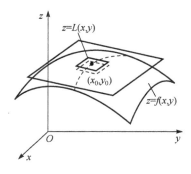

图 8-3-1

例 5 求函数 $f(x,y) = x^2 - xy + \dfrac{1}{2}y^2 + 6$ 在点 $(3,2)$ 处的线性化.

解 因为 $f_x(x,y) = 2x-y$,$f_y(x,y) = -x+y$,所以

$$f(3,2) = 11, \quad f_x(3,2) = 4, \quad f_y(3,2) = -1,$$

从而函数 $f(x,y)$ 在点 $(3,2)$ 处的线性化为

$$L(x,y) = f(x_0,y_0) + f_x(x_0,y_0)(x-x_0) + f_y(x_0,y_0)(y-y_0)$$
$$= 11 + 4(x-3) - (y-2) = 4x - y + 1.$$

例 6 计算 $(1.007)^{2.98}$ 的近似值.

解　设函数 $f(x,y)=x^y$,则要计算的近似值就是该函数在 $x=1.007,y=2.98$ 时的函数值的近似值. 令 $x_0=1,y_0=3$,由
$$f_x(x,y)=yx^{y-1}, \quad f_y(x,y)=x^y\ln x,$$
$$f(1,3)=1, \quad f_x(1,3)=3, \quad f_y(1,3)=0,$$
可得函数 $f(x,y)=x^y$ 在点 $(1,3)$ 处的线性化为
$$L(x,y)=1+3(x-1),$$
所以
$$(1.007)^{2.98}=(1+0.007)^{3-0.02}\approx1+3\times0.007=1.021.$$

习　题　8-3

1. 求下列函数的全微分:

(1) $z=3x^2y+\dfrac{x}{y}$;　　　(2) $z=\sin(x\cos y)$;　　　(3) $z=\dfrac{y}{\sqrt{x^2+y^2}}$;　　　(4) $u=x^{\frac{y}{z}}$;

(5) $z=\arctan\dfrac{x+y}{x-y}$;　　(6) $u=xy+yz+zx$;　　(7) $z=\ln\sqrt{1+x^2+y^2}$;　　(8) $z=x^{\ln y}$.

2. 求函数 $z=\ln(2+x^2+y^2)$ 在 $x=2,y=1$ 时的全微分.

3. 设 $f(x,y,z)=\left(\dfrac{x}{y}\right)^{\frac{1}{z}}$,求 $\mathrm{d}f(1,1,1)$.

4. 设函数 $z=\mathrm{e}^{xy}$,(x,y) 从 $(1,1)$ 变到 $(1.15,1.1)$,求全微分 $\mathrm{d}z$ 之值.

5. 求下列函数在各点的线性化.

(1) $f(x,y)=x^2+y^2+1,(1,1)$;　　　　　(2) $f(x,y)=\mathrm{e}^x\cos y,\left(0,\dfrac{\pi}{2}\right)$.

6. 计算 $\sqrt{(1.02)^3+(1.97)^3}$ 的近似值.

7. 计算 $(1.04)^{2.02}$ 的近似值.

8. 已知边长为 $x=6\mathrm{m}$ 与 $y=8\mathrm{m}$ 的矩形,如果 x 边增加 $2\mathrm{cm}$,而 y 边减少 $5\mathrm{cm}$,问这个矩形的对角线的近似值怎样变化?

9. 用某种材料做一个开口长方体容器,其外形长 $5\mathrm{m}$,宽 $4\mathrm{m}$,高 $3\mathrm{m}$,厚 $20\mathrm{cm}$,求所需材料的近似值与精确值.

8.4　复合函数微分法

在一元函数微分学中,复合函数求导有所谓的"链式法则",这一法则可以推广到多元复合函数的情形. 多元复合函数的求导法则在多元函数微分学中也起着重要作用. 下面分几种情况来讨论.

8.4.1　复合函数的中间变量为一元函数的情形

设函数 $z=f(u,v),u=u(t),v=v(t)$ 构成复合函数 $z=f[u(t),v(t)]$,其变量间的相互依赖关系可用图 8-4-1 来表达. 这种函数关系图以后还会经常用到.

定理 1　如果函数 $u=u(t)$ 及 $v=v(t)$ 都在点 t 处可导,函数 $z=f(u,v)$ 在对应点 (u,v) 处具有连续偏导数,则复合函数 $z=f[u(t),v(t)]$ 在对应点 t 处可导,且其导数可用下列公式计算:

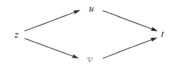

图 8-4-1

$$\frac{\mathrm{d}z}{\mathrm{d}t}=\frac{\partial z}{\partial u}\frac{\mathrm{d}u}{\mathrm{d}t}+\frac{\partial z}{\partial v}\frac{\mathrm{d}v}{\mathrm{d}t}. \tag{8.4.1}$$

证明　设给 t 以增量 Δt，则函数 u,v 相应得到增量

$$\Delta u=u(t+\Delta t)-u(t),\quad \Delta v=v(t+\Delta t)-v(t).$$

由于函数 $z=f(u,v)$ 在点 (u,v) 处具有连续偏导数，于是根据 8.3 节定理 2 的证明过程，有

$$\Delta z=\frac{\partial z}{\partial u}\Delta u+\frac{\partial z}{\partial v}\Delta v+\varepsilon_1 \Delta u+\varepsilon_2 \Delta v,$$

这里，当 $\Delta u\to0$，$\Delta v\to0$ 时，$\varepsilon_1\to0$，$\varepsilon_2\to0$.

在上式两端除以 Δt，得

$$\frac{\Delta z}{\Delta t}=\frac{\partial z}{\partial u}\cdot\frac{\Delta u}{\Delta t}+\frac{\partial z}{\partial v}\cdot\frac{\Delta v}{\Delta t}+\varepsilon_1\frac{\Delta u}{\Delta t}+\varepsilon_2\frac{\Delta v}{\Delta t},$$

因为当 $\Delta t\to0$ 时，$\Delta u\to0$，$\Delta v\to0$，且 $\dfrac{\Delta u}{\Delta t}\to\dfrac{\mathrm{d}u}{\mathrm{d}t}$，$\dfrac{\Delta v}{\Delta t}\to\dfrac{\mathrm{d}v}{\mathrm{d}t}$，所以

$$\frac{\mathrm{d}z}{\mathrm{d}t}=\lim_{\Delta t\to0}\frac{\Delta z}{\Delta t}=\frac{\partial z}{\partial u}\frac{\mathrm{d}u}{\mathrm{d}t}+\frac{\partial z}{\partial v}\frac{\mathrm{d}v}{\mathrm{d}t}.$$

定理 1 的结论可推广到中间变量多于两个的情形. 例如，设 $z=f(u,v,w)$，$u=u(t)$，$v=v(t)$，$w=w(t)$ 构成复合函数

$$z=f[u(t),v(t),w(t)],$$

其变量间的相互依赖关系可用图 8-4-2 来表达，则在满足与定理 1 相类似的条件下，有

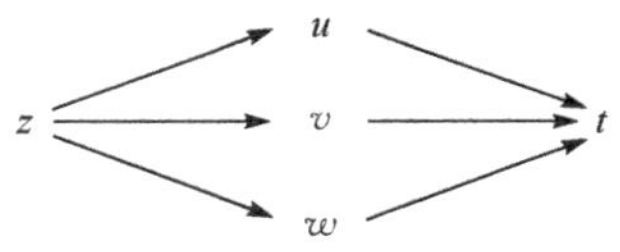

图 8-4-2

$$\frac{\mathrm{d}z}{\mathrm{d}t}=\frac{\partial z}{\partial u}\frac{\mathrm{d}u}{\mathrm{d}t}+\frac{\partial z}{\partial v}\frac{\mathrm{d}v}{\mathrm{d}t}+\frac{\partial z}{\partial w}\frac{\mathrm{d}w}{\mathrm{d}t}. \tag{8.4.2}$$

公式 (8.4.1) 和公式 (8.4.2) 中的导数称为**全导数**.

例 1　设 $z=u^3 v^2$，而 $u=\sin t$，$v=\cos t$，求全导数 $\dfrac{\mathrm{d}z}{\mathrm{d}t}$.

解
$$\frac{\mathrm{d}z}{\mathrm{d}t}=\frac{\partial z}{\partial u}\frac{\mathrm{d}u}{\mathrm{d}t}+\frac{\partial z}{\partial v}\frac{\mathrm{d}v}{\mathrm{d}t}=3u^2v^2\cos t+2u^3v(-\sin t)$$

$$=\sin t\cos t(3\sin t\cos^2 t-2\sin^3 t).$$

8.4.2　复合函数的中间变量为多元函数的情形

定理 1 可推广到中间变量为多元函数的情形. 例如，对中间变量为二元函数的情形，设函数 $z=f(u,v)$，$u=u(x,y)$，$v=v(x,y)$ 构成复合函数 $z=f[u(x,y),v(x,y)]$，其变量间的相互依赖关系可用图 8-4-3 来表达. 此时，我们有以下结论：

定理 2　如果函数 $u=u(x,y)$ 及 $v=v(x,y)$ 都在点 (x,y) 处具有对 x 及对 y 的偏导数，函数 $z=f(u,v)$ 在对应点 (u,v) 处具有连续偏导数，则复合函数 $z=f[u(x,y),v(x,y)]$ 在对应点 (x,y) 处的两个偏导数存在，且其偏导数可用下列公式计算：

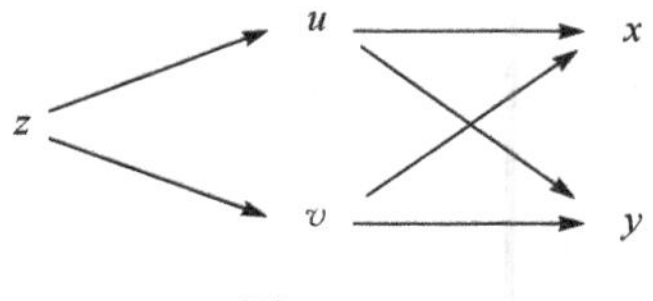

图 8-4-3

$$\frac{\partial z}{\partial x}=\frac{\partial z}{\partial u}\frac{\partial u}{\partial x}+\frac{\partial z}{\partial v}\frac{\partial v}{\partial x}, \tag{8.4.3}$$

$$\frac{\partial z}{\partial y}=\frac{\partial z}{\partial u}\frac{\partial u}{\partial y}+\frac{\partial z}{\partial v}\frac{\partial v}{\partial y}. \tag{8.4.4}$$

定理 2 的结论也可推广到中间变量多于两个的情形. 例如,设 $z=f(u,v,w),u=u(x,y)$, $v=v(x,y),w=w(x,y)$ 构成复合函数

$$z=f[u(x,y),v(x,y),w(x,y)],$$

其变量间的相互依赖关系如图 8-4-4 所示,
则在满足与定理 2 相类似的条件下,有

$$\frac{\partial z}{\partial x}=\frac{\partial z}{\partial u}\frac{\partial u}{\partial x}+\frac{\partial z}{\partial v}\frac{\partial v}{\partial x}+\frac{\partial z}{\partial w}\frac{\partial w}{\partial x}, \tag{8.4.5}$$

$$\frac{\partial z}{\partial y}=\frac{\partial z}{\partial u}\frac{\partial u}{\partial y}+\frac{\partial z}{\partial v}\frac{\partial v}{\partial y}+\frac{\partial z}{\partial w}\frac{\partial w}{\partial y}. \tag{8.4.6}$$

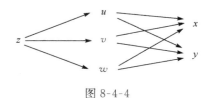

图 8-4-4

例 2　设 $z=u^2\ln v$,而 $u=xy,v=x+y$,求 $\dfrac{\partial z}{\partial x}$ 和 $\dfrac{\partial z}{\partial y}$.

解

$$\frac{\partial z}{\partial x}=\frac{\partial z}{\partial u}\frac{\partial u}{\partial x}+\frac{\partial z}{\partial v}\frac{\partial v}{\partial x}=2u\cdot\ln v\cdot y+u^2\cdot\frac{1}{v}\cdot 1$$

$$=xy^2\left[2\ln(x+y)+\frac{x}{x+y}\right],$$

$$\frac{\partial z}{\partial y}=\frac{\partial z}{\partial u}\frac{\partial u}{\partial y}+\frac{\partial z}{\partial v}\frac{\partial v}{\partial y}=2u\cdot\ln v\cdot x+u^2\cdot\frac{1}{v}\cdot 1$$

$$=x^2y\left[2\ln(x+y)+\frac{y}{x+y}\right].$$

8.4.3　复合函数的中间变量既有一元函数也有多元函数的情形

下面,我们再来讨论中间变量既有一元函数也有多元函数的情形. 例如,设函数 $z=f(u,v),u=u(x,y),v=v(y)$ 构成复合函数 $z=f[u(x,y),v(y)]$,其变量间的相互依赖关系如图 8-4-5所示. 此时,我们有以下结论:

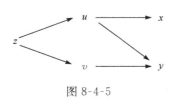

图 8-4-5

定理 3　如果函数 $u=u(x,y)$ 在点 (x,y) 处具有对 x 及对 y 的偏导数,函数 $v=v(y)$ 在点 y 处可导,函数 $z=f(u,v)$ 在对应点 (u,v) 处具有连续偏导数,则复合函数 $z=f[u(x,y),v(y)]$ 在对应点 (x,y) 处的两个偏导数存在,且其偏导数可用下列公式计算:

$$\frac{\partial z}{\partial x}=\frac{\partial z}{\partial u}\frac{\partial u}{\partial x}, \tag{8.4.7}$$

$$\frac{\partial z}{\partial y}=\frac{\partial z}{\partial u}\frac{\partial u}{\partial y}+\frac{\partial z}{\partial v}\frac{\mathrm{d}v}{\mathrm{d}y}. \tag{8.4.8}$$

容易看出,这类情形实际上是第二种情形的一种特例,即变量 v 与 x 无关,从而 $\dfrac{\partial v}{\partial x}=0$,而 v 是 y 的一元函数,所以 $\dfrac{\partial v}{\partial y}$ 换成 $\dfrac{\mathrm{d}v}{\mathrm{d}y}$,从而有上述结果.

在第三种情况中,一种常见的情况是:复合函数的某些中间变量本身又是复合函数的自变量的情形.

例如,设函数 $z=f(u,x,y),u=u(x,y)$ 构成复合函数 $z=f[u(x,y),x,y]$,其变量间的相

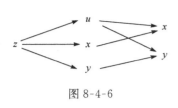

图 8-4-6

互依赖关系如图 8-4-6 所示.则此类情形可视为第二种情形的式(8.4.5)和式(8.4.6)中 $v=x,w=y$ 的情况,从而有

$$\frac{\partial z}{\partial x}=\frac{\partial f}{\partial u}\frac{\partial u}{\partial x}+\frac{\partial f}{\partial x}, \tag{8.4.9}$$

$$\frac{\partial z}{\partial y}=\frac{\partial f}{\partial u}\frac{\partial u}{\partial y}+\frac{\partial f}{\partial y}. \tag{8.4.10}$$

注 这里 $\frac{\partial z}{\partial x}$ 和 $\frac{\partial f}{\partial x}$ 是不同的, $\frac{\partial z}{\partial x}$ 是把复合函数中的 y 看作不变而对 x 的偏导数, $\frac{\partial f}{\partial x}$ 是把函数 $z=f(u,x,y)$ 中的 u 及 y 看作不变而对 x 的偏导数. $\frac{\partial z}{\partial y}$ 和 $\frac{\partial f}{\partial y}$ 也有类似的区别.

例 3 设 $z=f(u,x,y)=\mathrm{e}^{x^2+y^2+u^2}$,而 $u=x^2\mathrm{ln}y$,求 $\frac{\partial z}{\partial x}$ 和 $\frac{\partial z}{\partial y}$.

解
$$\frac{\partial z}{\partial x}=\frac{\partial f}{\partial u}\frac{\partial u}{\partial x}+\frac{\partial f}{\partial x}=\mathrm{e}^{x^2+y^2+u^2}\cdot 2u\cdot 2x\mathrm{ln}y+\mathrm{e}^{x^2+y^2+u^2}\cdot 2x$$
$$=2x\mathrm{e}^{x^2+y^2+x^4\ln^2 y}(1+2x^2\ln^2 y),$$
$$\frac{\partial z}{\partial y}=\frac{\partial f}{\partial u}\frac{\partial u}{\partial y}+\frac{\partial f}{\partial y}=\mathrm{e}^{x^2+y^2+u^2}\cdot 2u\cdot x^2\frac{1}{y}+\mathrm{e}^{x^2+y^2+u^2}\cdot 2y$$
$$=2\mathrm{e}^{x^2+y^2+x^4\ln^2 y}\left(y+x^4\frac{\ln y}{y}\right).$$

例 4 设 $z=\ln(x+y)+\arctan t,x=2t,y=2t^3$,求全导数 $\dfrac{\mathrm{d}z}{\mathrm{d}t}$.

解
$$\frac{\mathrm{d}z}{\mathrm{d}t}=\frac{\partial z}{\partial t}+\frac{\partial z}{\partial x}\frac{\mathrm{d}x}{\mathrm{d}t}+\frac{\partial z}{\partial y}\frac{\mathrm{d}y}{\mathrm{d}t}$$
$$=\frac{1}{1+t^2}+\frac{1}{x+y}\cdot 2+\frac{1}{x+y}\cdot 6t^2$$
$$=\frac{1}{1+t^2}+\frac{2+6t^2}{2t+2t^3}=\frac{3t^2+t+1}{t(1+t^2)}.$$

在多元函数的复合求导中,为了简便起见,常采用以下记号:

$$f'_1=\frac{\partial f(u,v)}{\partial u},\ f'_2=\frac{\partial f(u,v)}{\partial v},\ f''_{11}=\frac{\partial^2 f(u,v)}{\partial u^2},\ f''_{12}=\frac{\partial^2 f(u,v)}{\partial u\partial v},\cdots,$$

这里下标 1 表示对第一个变量 u 求偏导数,下标 2 表示对第二个变量 v 求偏导数.

例 5 设 $z=f(x^2-y^2,\mathrm{e}^{2x},\sin y)$,求 $\frac{\partial z}{\partial x}$ 和 $\frac{\partial z}{\partial y}$.

解 令 $u=x^2-y^2,v=\mathrm{e}^{2x},w=\sin y$,根据复合函数求导法则,有
$$\frac{\partial z}{\partial x}=\frac{\partial z}{\partial u}\frac{\partial u}{\partial x}+\frac{\partial z}{\partial v}\frac{\mathrm{d}v}{\mathrm{d}x}=f'_u\cdot 2x+f'_v\cdot 2\mathrm{e}^{2x}=2xf'_u+2\mathrm{e}^{2x}f'_v,$$
$$\frac{\partial z}{\partial y}=\frac{\partial z}{\partial u}\frac{\partial u}{\partial y}+\frac{\partial z}{\partial w}\frac{\mathrm{d}w}{\mathrm{d}y}=f'_u\cdot(-2y)+f'_w\cdot\cos y=-2yf'_u+\cos yf'_w.$$

例 6 设 $w=f(x+y+z,xyz)$,其中函数 f 具有二阶连续偏导数,求 $\frac{\partial w}{\partial y}$ 和 $\frac{\partial^2 w}{\partial y\partial z}$.

解 令 $u=x+y+z,v=xyz$,则根据复合函数求导法则,有
$$\frac{\partial w}{\partial y}=\frac{\partial f}{\partial u}\frac{\partial u}{\partial y}+\frac{\partial f}{\partial v}\frac{\partial v}{\partial y}=f'_1+xzf'_2,$$

则

$$\frac{\partial^2 w}{\partial y \partial z} = \frac{\partial}{\partial z}(f_1' + xzf_2') = \frac{\partial f_1'}{\partial z} + xf_2' + xz\frac{\partial f_2'}{\partial z}.$$

求 $\dfrac{\partial f_1'}{\partial z}$ 和 $\dfrac{\partial f_2'}{\partial z}$ 时,应注意 f_1' 和 f_2' 仍旧是复合函数,故有

$$\frac{\partial f_1'}{\partial z} = \frac{\partial f_1'}{\partial u}\frac{\partial u}{\partial z} + \frac{\partial f_1'}{\partial v}\frac{\partial v}{\partial z} = f_{11}'' + xyf_{12}'',$$

$$\frac{\partial f_2'}{\partial z} = \frac{\partial f_2'}{\partial u}\frac{\partial u}{\partial z} + \frac{\partial f_2'}{\partial v}\frac{\partial v}{\partial z} = f_{21}'' + xyf_{22}''.$$

所以

$$\frac{\partial^2 w}{\partial y \partial z} = f_{11}'' + xyf_{12}'' + xf_2' + xz(f_{21}'' + xyf_{22}'') = f_{11}'' + x(y+z)f_{12}'' + x^2yzf_{22}'' + xf_2'.$$

例 7　设函数 $u = u(x,y)$ 可微,在极坐标变换 $x = r\cos\theta, y = r\sin\theta$ 下,证明

$$\left(\frac{\partial u}{\partial x}\right)^2 + \left(\frac{\partial u}{\partial y}\right)^2 = \left(\frac{\partial u}{\partial r}\right)^2 + \frac{1}{r^2}\left(\frac{\partial u}{\partial \theta}\right)^2.$$

证明　因为 $u = u(x,y), x = r\cos\theta, y = r\sin\theta$,则 u 即为 r, θ 的复合函数,即 $u = u(r\cos\theta, r\sin\theta)$,则

$$\frac{\partial u}{\partial r} = \frac{\partial u}{\partial x}\frac{\partial x}{\partial r} + \frac{\partial u}{\partial y}\frac{\partial y}{\partial r} = \frac{\partial u}{\partial x}\cos\theta + \frac{\partial u}{\partial y}\sin\theta,$$

$$\frac{\partial u}{\partial \theta} = \frac{\partial u}{\partial x}\frac{\partial x}{\partial \theta} + \frac{\partial u}{\partial y}\frac{\partial y}{\partial \theta} = \frac{\partial u}{\partial x}(-r\sin\theta) + \frac{\partial u}{\partial y}r\cos\theta,$$

所以

$$\left(\frac{\partial u}{\partial r}\right)^2 + \frac{1}{r^2}\left(\frac{\partial u}{\partial \theta}\right)^2 = \left(\frac{\partial u}{\partial x}\cos\theta + \frac{\partial u}{\partial y}\sin\theta\right)^2 + \frac{1}{r^2}\left(\frac{\partial u}{\partial x}(-r\sin\theta) + \frac{\partial u}{\partial y}r\cos\theta\right)^2$$

$$= \left(\frac{\partial u}{\partial x}\right)^2 + \left(\frac{\partial u}{\partial y}\right)^2.$$

8.4.4　全微分形式的不变性

根据复合函数求导的链式法则,可得到重要的**全微分形式不变性**. 以二元函数为例,设

$$z = f(u,v), u = u(x,y), v = v(x,y)$$

是可微函数,则由全微分定义和链式法则,有

$$\mathrm{d}z = \frac{\partial z}{\partial x}\mathrm{d}x + \frac{\partial z}{\partial y}\mathrm{d}y$$

$$= \left(\frac{\partial z}{\partial u}\cdot\frac{\partial u}{\partial x} + \frac{\partial z}{\partial v}\cdot\frac{\partial v}{\partial x}\right)\mathrm{d}x + \left(\frac{\partial z}{\partial u}\cdot\frac{\partial u}{\partial y} + \frac{\partial z}{\partial v}\cdot\frac{\partial v}{\partial y}\right)\mathrm{d}y$$

$$= \frac{\partial z}{\partial u}\left(\frac{\partial u}{\partial x}\mathrm{d}x + \frac{\partial u}{\partial y}\mathrm{d}y\right) + \frac{\partial z}{\partial v}\left(\frac{\partial v}{\partial x}\mathrm{d}x + \frac{\partial v}{\partial y}\mathrm{d}y\right)$$

$$= \frac{\partial z}{\partial u}\mathrm{d}u + \frac{\partial z}{\partial v}\mathrm{d}v.$$

由此可见,尽管现在的 u, v 是中间变量,但全微分 $\mathrm{d}z$ 与 x, y 是自变量时的表达式在形式上完全一致,这个性质称为**全微分形式不变性**. 在解题时适当应用这个性质,会收到很好的效果.

例 8 设 $z=e^u\sin v, u=xy, v=x+y$,利用全微分形式的不变性求解 $\dfrac{\partial z}{\partial x}$ 和 $\dfrac{\partial z}{\partial y}$.

解 因 $dz=d(e^u\sin v)=e^u\sin v\,du+e^u\cos v\,dv$,又

$$du=d(xy)=y\,dx+x\,dy, dv=d(x+y)=dx+dy,$$

代入合并含 dx 和 dy 的项,得

$$dz=e^u(y\sin v+\cos v)dx+e^u(x\sin v+\cos v)dy$$
$$=e^{xy}[y\sin(x+y)+\cos(x+y)]dx+e^{xy}[x\sin(x+y)+\cos(x+y)]dy,$$

又因为 $dz=\dfrac{\partial z}{\partial x}dx+\dfrac{\partial z}{\partial y}dy$,所以

$$\frac{\partial z}{\partial x}=e^{xy}[y\sin(x+y)+\cos(x+y)],\qquad \frac{\partial z}{\partial y}=e^{xy}[x\sin(x+y)+\cos(x+y)].$$

例 9 利用一阶全微分形式的不变性求函数 $u=\dfrac{x}{x^2+y^2+z^2}$ 的偏导数.

解
$$du=\frac{(x^2+y^2+z^2)dx-xd(x^2+y^2+z^2)}{(x^2+y^2+z^2)^2}$$
$$=\frac{(x^2+y^2+z^2)dx-x(2xdx+2ydy+2zdz)}{(x^2+y^2+z^2)^2}$$
$$=\frac{(y^2+z^2-x^2)dx-2xydy-2xzdz}{(x^2+y^2+z^2)^2}.$$

所以
$$\frac{\partial u}{\partial x}=\frac{y^2+z^2-x^2}{(x^2+y^2+z^2)^2},\qquad \frac{\partial u}{\partial y}=\frac{-2xy}{(x^2+y^2+z^2)^2},\qquad \frac{\partial u}{\partial z}=\frac{-2xz}{(x^2+y^2+z^2)^2}.$$

习 题 8-4

1. 设 $z=\arctan(xy), y=e^x$,求 $\dfrac{dz}{dt}$.

2. 设 $z=e^{x-2y}$,而 $x=\sin t, y=t^3$,求 $\dfrac{dz}{dt}$.

3. 设 $z=u^2\ln v$,而 $u=\dfrac{x}{y}, v=3x-2y$,求 $\dfrac{\partial z}{\partial x}, \dfrac{\partial z}{\partial y}$.

4. 设 $z=(x^2+y^2)^{xy}$,求 $\dfrac{\partial z}{\partial x}, \dfrac{\partial z}{\partial y}$.

5. 设 $u=f(x,y,z)$,其中 $z=\ln\sqrt{x^2+y^2}$,求 $\dfrac{\partial u}{\partial x}, \dfrac{\partial u}{\partial y}$.

6. 求下列函数的一阶偏导数(其中 f 具有一阶连续偏导数):

(1) $u=f(x^2-y^2,xy)$; 　　　　　　(2) $u=f\left(\dfrac{x}{y},\dfrac{y}{z}\right)$;

(3) $u=f(x,xy,xyz)$; 　　　　　　(4) $z=xf(e^x\sin y)$.

7. 设 $z=yf(x^2-y^2)$,其中 f 为可导函数,验证:$\dfrac{1}{x}\dfrac{\partial z}{\partial x}+\dfrac{1}{y}\dfrac{\partial z}{\partial y}=\dfrac{z}{y^2}$.

8. 设函数 $u=f(x+y+z,x^2+y^2+z^2)$,其中 f 具有二阶连续偏导数,求

$$\Delta u=\frac{\partial^2 u}{\partial x^2}+\frac{\partial^2 u}{\partial y^2}+\frac{\partial^2 u}{\partial z^2}.$$

9. 设 $z=xf(x+y,xy^2)$,其中 f 具有二阶连续偏导数,求 $\dfrac{\partial^2 z}{\partial x\partial y}$.

10. 求下列函数的 $\dfrac{\partial^2 z}{\partial x^2}$, $\dfrac{\partial^2 z}{\partial x \partial y}$, $\dfrac{\partial^2 z}{\partial y^2}$ (其中 f 具有二阶连续偏导数).

(1) $u = f(xy, y)$;　　　　　　　　　　　(2) $u = f\left(\dfrac{y}{x}, x^2 y\right)$.

11. 设 $f(u)$ 可导, $z = x^n f\left(\dfrac{y}{x^2}\right)$, 证明 $x \dfrac{\partial z}{\partial x} + 2y \dfrac{\partial z}{\partial y} = nz$.

12. 设 $z = f(x, y)$ 二次可微, 且 $x = e^u \cos v$, $y = e^u \sin v$, 试证:

$$\frac{\partial^2 z}{\partial x^2} + \frac{\partial^2 z}{\partial y^2} = e^{-2u}\left(\frac{\partial^2 z}{\partial u^2} + \frac{\partial^2 z}{\partial v^2}\right).$$

8.5　隐函数微分法

8.5.1　一个方程的情形

在一元函数微分学中, 我们曾引入了隐函数的概念, 并介绍了不经过显化而直接由方程 $F(x, y) = 0$ 来求它所确定的隐函数的导数的方法. 本节将进一步从理论上阐明隐函数的存在性, 并通过多元复合函数的求导法则建立隐函数的求导公式.

定理 1　设函数 $F(x, y)$ 在点 $P(x_0, y_0)$ 的某一邻域内具有连续的偏导数, 且 $F_y(x_0, y_0) \neq 0$, $F(x_0, y_0) = 0$, 则方程 $F(x, y) = 0$ 在点 $P(x_0, y_0)$ 的某一邻域内恒能唯一确定一个连续且具有连续导数的函数 $y = f(x)$, 它满足条件 $y_0 = f(x_0)$, 并有

$$\frac{\mathrm{d}y}{\mathrm{d}x} = -\frac{F_x}{F_y}. \tag{8.5.1}$$

式 (8.5.1) 就是隐函数的求导公式.

这个定理我们不做严格证明, 下面仅对式 (8.5.1) 给出推导.

将方程 $F(x, y) = 0$ 所确定的函数 $y = f(x)$ 代入该方程, 得

$$F[x, f(x)] = 0,$$

利用复合函数求导法则, 在上述等式两端对 x 求导, 得

$$\frac{\partial F}{\partial x} + \frac{\partial F}{\partial y} \cdot \frac{\mathrm{d}y}{\mathrm{d}x} = 0,$$

由于 F_y 连续, 且 $F_y(x_0, y_0) \neq 0$, 故存在 (x_0, y_0) 的一个邻域, 在这个邻域内 $F_y \neq 0$, 所以

$$\frac{\mathrm{d}y}{\mathrm{d}x} = -\frac{F_x}{F_y}.$$

将上式两端视为 x 的函数, 继续利用复合函数求导法则在上式两边求导, 可求得隐函数的二阶导数

$$\begin{aligned}
\frac{\mathrm{d}^2 y}{\mathrm{d}x^2} &= \frac{\partial}{\partial x}\left(-\frac{F_x}{F_y}\right) + \frac{\partial}{\partial y}\left(-\frac{F_x}{F_y}\right)\frac{\mathrm{d}y}{\mathrm{d}x} \\
&= -\frac{F_{xx}F_y - F_{yx}F_x}{F_y^2} - \frac{F_{xy}F_y - F_{yy}F_x}{F_y^2}\left(-\frac{F_x}{F_y}\right) \\
&= -\frac{F_{xx}F_y^2 - 2F_{xy}F_xF_y + F_{yy}F_x^2}{F_y^3}. \tag{8.5.2}
\end{aligned}$$

例 1　求由方程 $\ln\sqrt{x^2 + y^2} - \arctan\dfrac{y}{x} = 0$ 所确定的隐函数 $y = f(x)$ 的一阶和二阶导数.

解　令 $F(x, y) = \ln\sqrt{x^2 + y^2} - \arctan\dfrac{y}{x}$, 则

$$F_x(x,y) = \frac{x+y}{x^2+y^2}, \quad F_y(x,y) = \frac{y-x}{x^2+y^2}.$$

所以

$$\frac{dy}{dx} = -\frac{F_x}{F_y} = -\frac{x+y}{y-x} = \frac{x+y}{x-y},$$

$$\frac{d^2y}{dx^2} = \frac{(1+y')(x-y)-(x+y)(1-y')}{(x-y)^2}$$

$$= \frac{2xy'-2y}{(x-y)^2} = \frac{2x\frac{x+y}{x-y}-2y}{(x-y)^2}$$

$$= \frac{2x^2+2y^2}{(x-y)^3}.$$

隐函数存在定理也可以推广到多元函数. 既然一个二元方程可以确定一个一元隐函数,那么一个三元方程 $F(x,y,z)=0$ 就有可能确定一个二元隐函数. 此时我们有下面的定理:

定理 2　设函数 $F(x,y,z)$ 在点 $P(x_0,y_0,z_0)$ 的某一邻域内具有连续的偏导数,且 $F(x_0,y_0,z_0)=0, F_z(x_0,y_0,z_0)\neq 0$,则方程 $F(x,y,z)=0$ 在点 $P(x_0,y_0,z_0)$ 的某一邻域内恒能唯一确定一个连续且具有连续偏导数的函数 $z=f(x,y)$,它满足条件 $z_0=f(x_0,y_0)$,并有

$$\frac{\partial z}{\partial x} = -\frac{F_x}{F_z}, \quad \frac{\partial z}{\partial y} = -\frac{F_y}{F_z}. \tag{8.5.3}$$

下面仅给出隐函数求导公式(8.5.3)的推导.

将方程 $F(x,y,z)=0$ 所确定的函数 $z=f(x,y)$ 代入该方程,得

$$F[x,y,f(x,y)]=0,$$

利用复合函数求导法则,在上述等式两端分别对 x,y 求导,得

$$F_x + F_z \cdot \frac{\partial z}{\partial x} = 0, \quad F_y + F_z \cdot \frac{\partial z}{\partial y} = 0.$$

由于 F_z 连续,且 $F_z(x_0,y_0,z_0)\neq 0$,故存在点 (x_0,y_0,z_0) 的一个邻域,在这个邻域内 $F_z\neq 0$,所以

$$\frac{\partial z}{\partial x} = -\frac{F_x}{F_z}, \quad \frac{\partial z}{\partial y} = -\frac{F_y}{F_z}.$$

例 2　求由方程 $\frac{x}{z} = \ln\frac{z}{y}$ 所确定的隐函数 $z=f(x,y)$ 的偏导数 $\frac{\partial z}{\partial x}$ 和 $\frac{\partial z}{\partial y}$.

解　**方法一**. 令 $F(x,y,z)=\frac{x}{z}-\ln\frac{z}{y}$,则

$$F_x = \frac{1}{z}, \quad F_y = -\frac{y}{z}\cdot\left(-\frac{z}{y^2}\right) = \frac{1}{y}, \quad F_z = -\frac{x}{z^2}-\frac{y}{z}\cdot\frac{1}{y} = -\frac{x+z}{z^2},$$

所以

$$\frac{\partial z}{\partial x} = -\frac{F_x}{F_z} = -\frac{\frac{1}{z}}{-\frac{x+z}{z^2}} = \frac{z}{x+z}, \quad \frac{\partial z}{\partial y} = -\frac{F_y}{F_z} = -\frac{\frac{1}{y}}{-\frac{x+z}{z^2}} = \frac{z^2}{y(x+z)}.$$

方法二. 将题设方程化简为 $\frac{x}{z} = \ln z - \ln y.$

在上式两边同时对 x 求偏导数,得

$$\frac{z-x\dfrac{\partial z}{\partial x}}{z^2}=\frac{\dfrac{\partial z}{\partial x}}{z},$$

所以

$$\frac{\partial z}{\partial x}=\frac{z}{x+z},$$

在上式两边同时对 y 求偏导数,得

$$\frac{-x\dfrac{\partial z}{\partial y}}{z^2}=\frac{\dfrac{\partial z}{\partial y}}{z}-\frac{1}{y},$$

所以

$$\frac{\partial z}{\partial y}=\frac{z^2}{y(x+z)}.$$

注 求方程所确定的多元函数的偏导数也可以直接求偏导数.也可以在方程两边分别对 x,y 求偏导,求导过程中将 z 看作是 x、y 的函数,从而得到关于 $\dfrac{\partial z}{\partial x}$ 和 $\dfrac{\partial z}{\partial y}$ 的等式,从中可直接解出 $\dfrac{\partial z}{\partial x}$ 和 $\dfrac{\partial z}{\partial y}$.

例3 求由方程 $z^2y-xz^3-1=0$ 确定的隐函数 $z=f(x,y)$ 的偏导数 $\dfrac{\partial z}{\partial y}$ 和 $\dfrac{\partial^2 z}{\partial y^2}$.

解 令 $F(x,y,z)=z^2y-xz^3-1$,则
$$F_y=z^2,\quad F_z=2zy-3xz^2,$$

所以

$$\frac{\partial z}{\partial y}=-\frac{F_y}{F_z}=-\frac{z^2}{2zy-3xz^2}=-\frac{z}{2y-3xz}.$$

$$\frac{\partial^2 z}{\partial y^2}=\frac{\partial}{\partial y}\left(\frac{-z}{2y-3xz}\right)=\frac{-\dfrac{\partial z}{\partial y}(2y-3xz)+z\left(2-3x\dfrac{\partial z}{\partial y}\right)}{(2y-3xz)^2}$$

$$=\frac{2z-2y\dfrac{\partial z}{\partial y}}{(2y-3xz)^2}=\frac{2z-2y\left(\dfrac{-z}{2y-3xz}\right)}{(2y-3xz)^2}=\frac{6yz-6xz^2}{(2y-3xz)^2}.$$

注 在实际应用中,求方程所确定的多元函数的偏导数时,若方程中含有抽象函数时,利用求偏导或求微分的过程进行推导更为清楚.

例4 设 $F\left(\dfrac{y}{x},\dfrac{z}{x}\right)=0$,求 $\dfrac{\partial z}{\partial x},\dfrac{\partial z}{\partial y}$.

解 在题设方程两边同时对 x 求偏导数,得

$$\left(-\frac{y}{x^2}\right)\cdot F_1'+\left(\frac{x\dfrac{\partial z}{\partial x}-z}{x^2}\right)\cdot F_2'=0,$$

所以

$$\frac{\partial z}{\partial x}=\frac{yF_1'+zF_2'}{xF_2'}.$$

在题设方程两边同时对 y 求偏导数,得

$$\frac{1}{x}F_1' + \frac{\frac{\partial z}{\partial y}}{x}F_2' = 0,$$

所以

$$\frac{\partial z}{\partial x} = \frac{-F_1'}{F_2'}.$$

例 5　设 $F(x-y, y-z, z-x) = 0$,其中 F 具有连续偏导数,且 $F_2' - F_3' \neq 0$,求证

$$\frac{\partial z}{\partial x} + \frac{\partial z}{\partial y} = 1.$$

证明　由题意知,方程确定函数 $z = z(x, y)$. 在题设方程两边求微分,得

$$dF(x-y, y-z, z-x) = 0,$$

即有

$$F_1' d(x-y) + F_2' d(y-z) + F_3' d(z-x) = 0.$$

根据微分运算,得

$$F_1'(dx - dy) + F_2'(dy - dz) + F_3'(dz - dx) = 0,$$

合并同类项,得

$$(F_1' - F_3')dx + (F_2' - F_1')dy = (F_2' - F_3')dz,$$

两边同除以 $F_2' - F_3'$,得

$$dz = \frac{F_1' - F_3'}{F_2' - F_3'}dx + \frac{F_2' - F_1'}{F_2' - F_3'}dy,$$

从而

$$\frac{\partial z}{\partial x} = \frac{F_1' - F_3'}{F_2' - F_3'}, \quad \frac{\partial z}{\partial y} = \frac{F_2' - F_1'}{F_2' - F_3'},$$

所以

$$\frac{\partial z}{\partial x} + \frac{\partial z}{\partial y} = 1.$$

8.5.2　方程组的情形

下面我们将隐函数存在定理进一步推广到方程组的情形.

设方程组

$$\begin{cases} F(x, y, u, v) = 0 \\ G(x, y, u, v) = 0 \end{cases},$$

隐函数组 $u = u(x, y)$, $v = v(x, y)$,我们来推导函数 u, v 的偏导数的公式.

将 $u = u(x, y)$, $v = v(x, y)$ 代入上述方程组中,得

$$\begin{cases} F(x, y, u(x, y), v(x, y)) \equiv 0 \\ G(x, y, u(x, y), v(x, y)) \equiv 0 \end{cases},$$

等式两边分别对 x 求偏导,得

$$\begin{cases} F_x + F_u \dfrac{\partial u}{\partial x} + F_v \dfrac{\partial v}{\partial x} = 0 \\ G_x + G_u \dfrac{\partial u}{\partial x} + G_v \dfrac{\partial v}{\partial x} = 0 \end{cases}.$$

解此方程组,得

$$\frac{\partial u}{\partial x} = -\frac{\begin{vmatrix} F_x & F_v \\ G_x & G_v \end{vmatrix}}{\begin{vmatrix} F_u & F_v \\ G_u & G_v \end{vmatrix}}, \quad \frac{\partial v}{\partial x} = -\frac{\begin{vmatrix} F_u & F_x \\ G_u & G_x \end{vmatrix}}{\begin{vmatrix} F_u & F_v \\ G_u & G_v \end{vmatrix}}, \tag{8.5.4}$$

其中行列式 $\begin{vmatrix} F_u & F_v \\ G_u & G_v \end{vmatrix}$ 称为函数 F, G 的雅可比行列式, 记为

$$J = \frac{\partial(F, G)}{\partial(u, v)} = \begin{vmatrix} F_u & F_v \\ G_u & G_v \end{vmatrix}.$$

利用这种记法, 式(8.5.4)可写成

$$\frac{\partial u}{\partial x} = -\frac{\dfrac{\partial(F, G)}{\partial(x, v)}}{\dfrac{\partial(F, G)}{\partial(u, v)}}, \quad \frac{\partial v}{\partial x} = -\frac{\dfrac{\partial(F, G)}{\partial(u, x)}}{\dfrac{\partial(F, G)}{\partial(u, v)}}. \tag{8.5.5}$$

同理可得

$$\frac{\partial u}{\partial y} = -\frac{\dfrac{\partial(F, G)}{\partial(y, v)}}{\dfrac{\partial(F, G)}{\partial(u, v)}}, \quad \frac{\partial v}{\partial y} = -\frac{\dfrac{\partial(F, G)}{\partial(u, y)}}{\dfrac{\partial(F, G)}{\partial(u, v)}}. \tag{8.5.6}$$

上述求导公式, 虽然形式复杂, 但其中有规律可循, 每个偏导数的表达式都是一个分式, 前面都带有负号, 分母都是函数 F, G 的雅可比行列式 $\dfrac{\partial(F, G)}{\partial(u, v)}$, $\dfrac{\partial u}{\partial x}$ 的分子是在 $\dfrac{\partial(F, G)}{\partial(u, v)}$ 中把 u 换成 x 的结果, $\dfrac{\partial v}{\partial x}$ 的分子是在 $\dfrac{\partial(F, G)}{\partial(u, v)}$ 中把 v 换成 x 的结果. 类似地, $\dfrac{\partial u}{\partial y}$, $\dfrac{\partial v}{\partial y}$ 也符合这样的规律.

在实际计算中, 可以不必直接套用公式, 而是依照推导上述公式的方法来求解.

定理 3 设函数 $F(x, y, u, v), G(x, y, u, v)$ 在点 $P(x_0, y_0, u_0, v_0)$ 的某一邻域内有对各个变量的连续偏导数, 又 $F(x_0, y_0, u_0, v_0) = 0, G(x_0, y_0, u_0, v_0) = 0$, 且函数 F, G 的雅可比行列式 $\dfrac{\partial(F, G)}{\partial(u, v)}$ 在点 $P(x_0, y_0, u_0, v_0)$ 处不等于零, 则方程组 $\begin{cases} F(x, y, u, v) = 0 \\ G(x, y, u, v) = 0 \end{cases}$ 在点 $P(x_0, y_0, u_0, v_0)$ 的某一邻域内恒能唯一确定一组连续且具有连续偏导数的函数 $u = u(x, y), v = v(x, y)$, 它们满足条件 $u_0 = u(x_0, y_0), v_0 = v(x_0, y_0)$, 其偏导数公式由式(8.5.5)和式(8.5.6)给出.

例 6 设 $\begin{cases} xu - yv = 0 \\ yu + xv = 1 \end{cases}$, 求 $\dfrac{\partial u}{\partial x}, \dfrac{\partial v}{\partial x}, \dfrac{\partial u}{\partial y}, \dfrac{\partial v}{\partial y}$.

解 在题设方程组两边对 x 求偏导, 得

$$\begin{cases} u + x\dfrac{\partial u}{\partial x} - y\dfrac{\partial v}{\partial x} = 0 \\ y\dfrac{\partial u}{\partial x} + v + x\dfrac{\partial v}{\partial x} = 0 \end{cases},$$

解方程组, 得

$$\frac{\partial u}{\partial x} = -\frac{xu + yv}{x^2 + y^2}, \quad \frac{\partial v}{\partial x} = \frac{yu - xv}{x^2 + y^2}.$$

同理可得

$$\frac{\partial u}{\partial y} = \frac{xv - yu}{x^2 + y^2}, \quad \frac{\partial v}{\partial y} = -\frac{xu + yv}{x^2 + y^2}.$$

例 7 在坐标变换中我们常常要研究一个坐标 (x, y) 与另一个坐标 (u, v) 之间的关系. 设方程组

$$\begin{cases} x = x(u, v) \\ y = y(u, v) \end{cases} \tag{8.5.7}$$

可确定隐函数组 $u=u(x,y),v=v(x,y)$,称其为方程组(8.5.7)的反方程组. 若 $x(u,v),y(u,v),u(x,y),v(x,y)$ 具有连续的偏导数,试证明

$$\frac{\partial(u,v)}{\partial(x,y)} \cdot \frac{\partial(x,y)}{\partial(u,v)} = 1.$$

证明 将 $u=u(x,y),v=v(x,y)$ 代入方程组(8.5.7)中,得

$$\begin{cases} x=x(u(x,y),v(x,y)) \\ y=y(u(x,y),v(x,y)) \end{cases}$$

在方程组两端分别对 x 和 y 求偏导,得

$$\begin{cases} 1-x'_u u'_x-x'_v v'_x=0 \\ 0-y'_u u'_x-y'_v v'_x=0 \end{cases} \text{和} \quad \begin{cases} 0-x'_u u'_y-x'_v v'_y=0 \\ 1-y'_u u'_y-y'_v v'_y=0 \end{cases}.$$

即

$$\begin{cases} x'_u u'_x+x'_v v'_x=1 \\ y'_u u'_x+y'_v v'_x=0 \end{cases} \text{和} \quad \begin{cases} x'_u u'_y+x'_v v'_y=0 \\ y'_u u'_y+y'_v v'_y=1 \end{cases}.$$

由

$$\begin{vmatrix} u'_x & v'_x \\ u'_y & v'_y \end{vmatrix} \cdot \begin{vmatrix} x'_u & y'_u \\ x'_v & y'_v \end{vmatrix} = \begin{vmatrix} x'_u u'_x+x'_v v'_x & y'_u u'_x+y'_v v'_x \\ x'_u u'_y+x'_v v'_y & y'_u u'_y+y'_v v'_y \end{vmatrix} = \begin{vmatrix} 1 & 0 \\ 0 & 1 \end{vmatrix} = 1,$$

知

$$\frac{\partial(u,v)}{\partial(x,y)} \cdot \frac{\partial(x,y)}{\partial(u,v)} = 1.$$

这个结果与一元函数的反函数的导数公式 $\dfrac{\mathrm{d}y}{\mathrm{d}x} \cdot \dfrac{\mathrm{d}x}{\mathrm{d}y} = 1$ 是类似的. 上述结果还可推广到三维以上空间的坐标变换中去.

例如,若函数组 $x=x(u,v,w),y=y(u,v,w),z=z(u,v,w)$ 确定反函数组 $u=u(x,y,z),v=v(x,y,z),w=w(x,y,z)$,则在一定条件下,有

$$\frac{\partial(u,v,w)}{\partial(x,y,z)} \cdot \frac{\partial(x,y,z)}{\partial(u,v,w)} = 1.$$

习 题 8-5

1. 求下列方程所确定的隐函数的导数.

(1) $x+y-\mathrm{e}^{-x^2 y}=0$;

(2) $\sin(xy)=x^2 y^2+x+y$.

2. 求下列方程所确定的隐函数的偏导数.

(1) $x+2y+z-2\sqrt{xyz}=0$;

(2) $yz=\arctan(xz)$;

(3) $xyz=\mathrm{e}^z$;

(4) $x+y+z=\mathrm{e}^{-(x+y+z)}$.

3. 设 $x^2+y^2+z^2=yf\left(\dfrac{z}{y}\right)$,其中 f 可导,求 $\dfrac{\partial z}{\partial x},\dfrac{\partial z}{\partial y}$.

4. 设 $z=f(x+y+z,xyz)$,求 $\dfrac{\partial z}{\partial x},\dfrac{\partial z}{\partial y},\dfrac{\partial y}{\partial z}$.

5. (1) 设函数 $z(x,y)$ 由方程 $F\left(x+\dfrac{z}{y},y+\dfrac{z}{x}\right)=0$ 所确定,证明:

$$x\frac{\partial z}{\partial x}+y\frac{\partial z}{\partial y}=z-xy;$$

(2) 设 $\Phi(u,v)$ 具有连续偏导数,证明:由方程 $\Phi(cx-az,cy-bz)=0$ 所确定的隐函数 $z=f(x,y)$ 满足 $a\dfrac{\partial z}{\partial x}+b\dfrac{\partial z}{\partial y}=c$.

6. 设 $z^3-2xz+y=0$,求 $\dfrac{\partial^2 z}{\partial x^2},\dfrac{\partial^2 z}{\partial y^2}$.

7. 设 $z^5 - xz^4 + yz^3 = 1$，求 $\dfrac{\partial^2 z}{\partial x \partial y}\bigg|_{(0,0)}$.

8. 设 $\begin{cases} x+y+z=0 \\ x^2+y^2+z^2=1 \end{cases}$，求 $\dfrac{\mathrm{d}x}{\mathrm{d}z}, \dfrac{\mathrm{d}y}{\mathrm{d}z}$.

9. 设 $\begin{cases} x+y+z+z^2=0 \\ x+y^2+z+z^3=0 \end{cases}$，求 $\dfrac{\mathrm{d}z}{\mathrm{d}x}, \dfrac{\mathrm{d}y}{\mathrm{d}x}$.

10. 设 $\begin{cases} x=\mathrm{e}^u - u\sin v \\ y=\mathrm{e}^u - u\cos v \end{cases}$，求 $\dfrac{\partial u}{\partial x}, \dfrac{\partial v}{\partial x}, \dfrac{\partial u}{\partial y}, \dfrac{\partial v}{\partial y}$.

11. 设 $\mathrm{e}^{x+y} = xy$，证明：$\dfrac{\mathrm{d}^2 y}{\mathrm{d}x^2} = -\dfrac{y[(x-1)^2 + (y-1)^2]}{x^2(y-1)^3}$.

8.6　微分法在几何上的应用

8.6.1　空间曲线的切线与法平面

（1）设空间曲线 Γ 的参数方程为
$$x=x(t), \quad y=y(t), \quad z=z(t), \tag{8.6.1}$$
式中的三个函数都可导,且导数不全为零.

在曲线 Γ 上取对应于参数 $t=t_0$ 的一点 $M_0(x_0, y_0, z_0)$ 及对应于参数 $t=t_0+\Delta t$ 的邻近一点 $M(x_0+\Delta x, y_0+\Delta y, z_0+\Delta z)$. 根据空间解析几何知识,曲线的割线 M_0M 的方程为
$$\frac{x-x_0}{\Delta x} = \frac{y-y_0}{\Delta y} = \frac{z-z_0}{\Delta z}.$$

当点 M 沿着曲线 Γ 趋于点 M_0 时,割线 M_0M 的极限位置 M_0T 就是曲线 Γ 在点 M_0 处的切线（图 8-6-1）. 用 Δt 除上式的各分母,得

$$\frac{x-x_0}{\dfrac{\Delta x}{\Delta t}} = \frac{y-y_0}{\dfrac{\Delta y}{\Delta t}} = \frac{z-z_0}{\dfrac{\Delta z}{\Delta t}},$$

令 $M \to M_0$（此时 $\Delta t \to 0$）,对上式取极限,即得到曲线 Γ 在点 M_0 处的切线方程

$$\frac{x-x_0}{x'(t_0)} = \frac{y-y_0}{y'(t_0)} = \frac{z-z_0}{z'(t_0)}. \tag{8.6.2}$$

曲线在某点处的切线的方向向量称为曲线的**切向量**.
向量
$$T = \{x'(t_0), y'(t_0), z'(t_0)\}$$
就是曲线 Γ 在点 M_0 处的一个切向量.

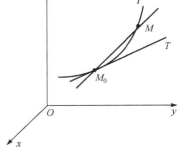

图 8-6-1

过点 M_0 且与切线垂直的平面称为曲线 Γ 在点 M_0 处的**法平面**. 易知,曲线的切向量就是法平面的法向量,于是,该法平面的方程为
$$x'(t_0)(x-x_0) + y'(t_0)(y-y_0) + z'(t_0)(z-z_0) = 0. \tag{8.6.3}$$

例 1　求曲线 $x=t-\sin t, y=1-\cos t, z=4\sin \dfrac{t}{2}$ 在 $t=\dfrac{\pi}{2}$ 处的切线及法平面方程.

解　当 $t=\dfrac{\pi}{2}$ 时,$x=\dfrac{\pi}{2}-1, y=1, z=2\sqrt{2}$,又

$$x'=1-\cos t, \quad y'=\sin t, \quad z'=2\cos \dfrac{t}{2},$$

298 • 高 等 数 学

所以曲线在 $t=\dfrac{\pi}{2}$ 处的切向量为

$$\boldsymbol{T}=\left\{x'\left(\dfrac{\pi}{2}\right),y'\left(\dfrac{\pi}{2}\right),z'\left(\dfrac{\pi}{2}\right)\right\}=\{1,1,\sqrt{2}\}.$$

于是,所求切线方程为

$$\dfrac{x-\left(\dfrac{\pi}{2}-1\right)}{1}=\dfrac{y-1}{1}=\dfrac{z-2\sqrt{2}}{\sqrt{2}},$$

法平面方程为

$$x-\left(\dfrac{\pi}{2}-1\right)+y-1+\sqrt{2}(z-2\sqrt{2})=0,$$

即

$$x+y+\sqrt{2}z=\dfrac{\pi}{2}+4.$$

（2）如果空间曲线 Γ 的方程为

$$\begin{cases}y=y(x)\\z=z(x)\end{cases}, \tag{8.6.4}$$

则可取 x 为参数,将方程组（8.6.4）表示为参数方程的形式

$$\begin{cases}x=x\\y=y(x),\\z=z(x)\end{cases}$$

如果函数 $y(x),z(x)$ 在 $x=x_0$ 处可导,则曲线 Γ 在点 $x=x_0$ 处的切向量为 $T=\{1,y'(x_0),z'(x_0)\}$,因此曲线 Γ 在点 $M_0(x_0,y_0,z_0)$ 处的切线方程为

$$\dfrac{x-x_0}{1}=\dfrac{y-y_0}{y'(x_0)}=\dfrac{z-z_0}{z'(x_0)}, \tag{8.6.5}$$

法平面方程为

$$(x-x_0)+y'(x_0)(y-y_0)+z'(x_0)(z-z_0)=0. \tag{8.6.6}$$

（3）如果空间曲线 Γ 的方程为

$$\begin{cases}F(x,y,z)=0\\G(x,y,z)=0\end{cases}, \tag{8.6.7}$$

且 F,G 具有连续的偏导数,则方程组（8.6.7）隐含唯一确定的函数组 $y=y(x),z=z(x)$,且容易推出

$$\dfrac{\mathrm{d}y}{\mathrm{d}x}=-\dfrac{\dfrac{\partial(F,G)}{\partial(x,z)}}{\dfrac{\partial(F,G)}{\partial(y,z)}}=\dfrac{\dfrac{\partial(F,G)}{\partial(z,x)}}{\dfrac{\partial(F,G)}{\partial(y,z)}},\quad \dfrac{\mathrm{d}z}{\mathrm{d}x}=-\dfrac{\dfrac{\partial(F,G)}{\partial(y,x)}}{\dfrac{\partial(F,G)}{\partial(y,z)}}=\dfrac{\dfrac{\partial(F,G)}{\partial(x,y)}}{\dfrac{\partial(F,G)}{\partial(y,z)}},$$

故曲线 Γ 的切向量为

$$\boldsymbol{T}=\{1,y'(x),z'(x)\}=\left\{1,\dfrac{\dfrac{\partial(F,G)}{\partial(z,x)}}{\dfrac{\partial(F,G)}{\partial(y,z)}},\dfrac{\dfrac{\partial(F,G)}{\partial(x,y)}}{\dfrac{\partial(F,G)}{\partial(y,z)}}\right\},$$

从而曲线 Γ 在点 $M_0(x_0,y_0,z_0)$ 处的切向量可取为

$$\boldsymbol{T}=\left\{\dfrac{\partial(F,G)}{\partial(y,z)}\bigg|_{M_0},\dfrac{\partial(F,G)}{\partial(z,x)}\bigg|_{M_0},\dfrac{\partial(F,G)}{\partial(x,y)}\bigg|_{M_0}\right\},$$

因此,当 $\left.\dfrac{\partial(F,G)}{\partial(y,z)}\right|_{M_0}$,$\left.\dfrac{\partial(F,G)}{\partial(z,x)}\right|_{M_0}$,$\left.\dfrac{\partial(F,G)}{\partial(x,y)}\right|_{M_0}$ 不同时为零时,曲线 Γ 在点 $M_0(x_0,y_0,z_0)$ 处的切线方程为

$$\frac{x-x_0}{\left.\dfrac{\partial(F,G)}{\partial(y,z)}\right|_{M_0}}=\frac{y-y_0}{\left.\dfrac{\partial(F,G)}{\partial(z,x)}\right|_{M_0}}=\frac{z-z_0}{\left.\dfrac{\partial(F,G)}{\partial(x,y)}\right|_{M_0}}, \tag{8.6.8}$$

这个公式利用变量 x,y,z 轮换对称性很容易记住.

法平面方程为

$$\left.\frac{\partial(F,G)}{\partial(y,z)}\right|_{M_0}(x-x_0)+\left.\frac{\partial(F,G)}{\partial(z,x)}\right|_{M_0}(y-y_0)+\left.\frac{\partial(F,G)}{\partial(x,y)}\right|_{M_0}(z-z_0)=0. \tag{8.6.9}$$

例 2　求曲线 $\begin{cases}x^2+z^2=10\\y^2+z^2=10\end{cases}$ 在点 $(1,1,3)$ 处的切线及法平面方程.

解　设 $F(x,y,z)=x^2+z^2-10,G(x,y,z)=y^2+z^2-10,$由

$$F_x=2x,\quad F_y=0,\quad F_z=2z,\quad G_x=0,\quad G_y=2y,\quad G_z=2z,$$

所以

$$\left.\frac{\partial(F,G)}{\partial(y,z)}\right|_{(1,1,3)}=\begin{vmatrix}F_y&F_z\\G_y&G_z\end{vmatrix}_{(1,1,3)}=\begin{vmatrix}0&2z\\2y&2z\end{vmatrix}_{(1,1,3)}=-12,$$

$$\left.\frac{\partial(F,G)}{\partial(z,x)}\right|_{(1,1,3)}=\begin{vmatrix}F_z&F_x\\G_z&G_x\end{vmatrix}_{(1,1,3)}=\begin{vmatrix}2z&2x\\2z&0\end{vmatrix}_{(1,1,3)}=-12,$$

$$\left.\frac{\partial(F,G)}{\partial(x,y)}\right|_{(1,1,3)}=\begin{vmatrix}F_x&F_y\\G_x&G_y\end{vmatrix}_{(1,1,3)}=\begin{vmatrix}2x&0\\0&2y\end{vmatrix}_{(1,1,3)}=4.$$

故题设曲线在点 $(1,1,3)$ 处的切向量可取为

$$\boldsymbol{T}=\{3,3,-1\},$$

从而所求的切线方程为

$$\frac{x-1}{3}=\frac{y-1}{3}=\frac{z-3}{-1}.$$

法平面方程为

$$3(x-1)+3(y-1)-(z-3)=0,$$

即

$$3x+3y-z=3.$$

例 3　求曲线 $\begin{cases}x^2+y^2+z^2=6\\x+y+z=0\end{cases}$ 在点 $(1,-2,1)$ 处的切线及法平面方程.

解　在题设方程组两边对 x 求偏导,得

$$\begin{cases}x+y\dfrac{\mathrm{d}y}{\mathrm{d}x}+z\dfrac{\mathrm{d}z}{\mathrm{d}x}=0\\[2mm]1+\dfrac{\mathrm{d}y}{\mathrm{d}x}+\dfrac{\mathrm{d}z}{\mathrm{d}x}=0\end{cases},解得\begin{cases}\dfrac{\mathrm{d}y}{\mathrm{d}x}=\dfrac{z-x}{y-z}\\[2mm]\dfrac{\mathrm{d}z}{\mathrm{d}x}=\dfrac{x-y}{y-z}\end{cases},$$

从而有 $\left.\dfrac{\mathrm{d}y}{\mathrm{d}x}\right|_{(1,-2,1)}=0,\left.\dfrac{\mathrm{d}z}{\mathrm{d}x}\right|_{(1,-2,1)}=-1$,即题设曲线在点 $(1,-2,1)$ 处的切向量为 $T=\{1,0,-1\}$,故所求的切线方程为

$$\frac{x-1}{1}=\frac{y+2}{0}=\frac{z-1}{-1},$$

法平面方程为

$$(x-1)+0 \cdot (y+2)-(z-1)=0,$$

即　　　　　　　　　　　　　　　$$x-z=0.$$

8.6.2　空间曲面的切平面与法线

（1）设曲面 $\sum$ 的方程为

$$F(x,y,z)=0,$$

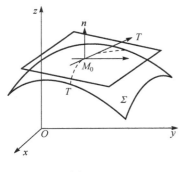

$M_0(x_0,y_0,z_0)$ 是曲面 $\sum$ 上的一点，函数 $F(x,y,z)$ 的偏导数在该点连续且不同时为零. 过点 M_0 在曲面上可以作无数条曲线. 设这些曲线在点 M_0 处分别都有切线，我们要证明这无数条曲线的切线都在同一平面上.

如图 8-6-2 所示，过点 M_0 在曲面 $\sum$ 上任意作一条曲线 Γ，设其方程为

$$x=x(t),\quad y=y(t),\quad z=z(t),$$

且 $t=t_0$ 时，

$$x_0=x(t_0),\quad y_0=y(t_0),\quad z_0=z(t_0),$$

图 8-6-2

由于曲线 Γ 在曲面 $\sum$ 上，因此有

$$F[x(t),y(t),z(t)]\equiv 0,$$

从而　　　　　　　　　$$\frac{\mathrm{d}}{\mathrm{d}t}F[x(t),y(t),z(t)]\Big|_{t=t_0}=0,$$

即

$$F_x|_{M_0}x'(t_0)+F_y|_{M_0}y'(t_0)+F_z|_{M_0}z'(t_0)=0. \tag{8.6.10}$$

注意到曲线 Γ 在点 M_0 处的切向量 $\boldsymbol{T}=\{x'(t_0),y'(t_0),z'(t_0)\}$，如果引入向量

$$\boldsymbol{n}=\{F_x(x_0,y_0,z_0),F_y(x_0,y_0,z_0),F_z(x_0,y_0,z_0)\},$$

则式（8.6.10）可写成

$$\boldsymbol{n}\cdot\boldsymbol{T}=\boldsymbol{0}.$$

这说明曲面 $\sum$ 上过点 M_0 的任意一条曲线的切线都与向量 $\boldsymbol{n}$ 垂直，这样就证明了过点 M_0 的任意一条曲线在点 M_0 处的切线都落在以向量 $\boldsymbol{n}$ 为法向量且经过点 M_0 的平面上. 这个平面称为曲面 $\sum$ 在点 M_0 处的**切平面**，该切平面的方程为

$$F_x|_{M_0}(x-x_0)+F_y|_{M_0}(y-y_0)+F_z|_{M_0}(z-z_0)=0, \tag{8.6.11}$$

曲面在点 M_0 处的切平面的法向量称为在点 M_0 处的曲面的**法向量**，于是，点 M_0 处的曲面的法向量为

$$\boldsymbol{n}=\{F_x(x_0,y_0,z_0),F_y(x_0,y_0,z_0),F_z(x_0,y_0,z_0)\}. \tag{8.6.12}$$

过点 M_0 且垂直于切平面的直线称为曲面 $\sum$ 在点 M_0 处的**法线**. 因此法线方程为

$$\frac{x-x_0}{F_x|_{M_0}}=\frac{y-y_0}{F_y|_{M_0}}=\frac{z-z_0}{F_z|_{M_0}}. \tag{8.6.13}$$

（2）设曲面 $\sum$ 的方程为

$$z=f(x,y),$$

令 $F(x,y,z)=z-f(x,y)$，则有

$$F_x = -f_x, \quad F_y = -f_y, \quad F_z = 1,$$

于是,当函数 $f(x,y)$ 的偏导数 $f_x(x,y),f_y(x,y)$ 在点 (x_0,y_0) 处连续时,曲面 $\sum$ 在点 M_0 处的法向量为

$$\boldsymbol{n} = \{-f_x(x_0,y_0), -f_y(x_0,y_0), 1\}, \tag{8.6.14}$$

从而切平面方程为

$$f_x(x_0,y_0)(x-x_0) + f_y(x_0,y_0)(y-y_0) - (z-z_0) = 0,$$

或

$$(z-z_0) = f_x(x_0,y_0)(x-x_0) + f_y(x_0,y_0)(y-y_0), \tag{8.6.15}$$

法线方程为

$$\frac{x-x_0}{f_x(x_0,y_0)} = \frac{y-y_0}{f_y(x_0,y_0)} = \frac{z-z_0}{-1}. \tag{8.6.16}$$

注 方程 (8.6.15) 的右端恰好是函数 $z=f(x,y)$ 在点 (x_0,y_0) 处的全微分,而左端是切平面上点的竖坐标的增量. 因此,函数 $z=f(x,y)$ 在点 (x_0,y_0) 处的全微分,在几何上表示曲面 $z=f(x,y)$ 在点 (x_0,y_0) 处的切平面上点的竖坐标的增量.

设 α,β,γ 表示曲面的法向量的方向角,并假定法向量与 z 轴正向的夹角 γ 是一锐角,则法向量的**方向余弦**为

$$\cos\alpha = \frac{-f_x}{\sqrt{1+f_x^2+f_y^2}}, \quad \cos\beta = \frac{-f_y}{\sqrt{1+f_x^2+f_y^2}}, \quad \cos\gamma = \frac{1}{\sqrt{1+f_x^2+f_y^2}},$$

其中 $f_x = f_x(x_0,y_0), f_y = f_y(x_0,y_0)$.

例 4 求旋转抛物面 $z = x^2+y^2-1$ 在点 $(2,1,4)$ 处的切平面及法线方程.

解 这里 $f(x,y) = x^2+y^2-1$,于是

$$\boldsymbol{n} = \{f_x, f_y, -1\} = \{2x, 2y, -1\}, \quad \boldsymbol{n}|_{(2,1,4)} = \{4, 2, -1\},$$

所以曲面在点 $(2,1,4)$ 处的切平面方程为

$$4(x-2) + 2(y-1) - (z-4) = 0,$$

即

$$4x + 2y - z - 6 = 0,$$

法线方程为

$$\frac{x-2}{4} = \frac{y-1}{2} = \frac{z-4}{-1}.$$

例 5 求曲面 $x^2+y^2+z^2-xy-3 = 0$ 上同时垂直于平面 $z=0$ 与 $x+y+1=0$ 的切平面方程.

解 设 $F(x,y,z) = x^2+y^2+z^2-xy-3$,则

$$F_x = 2x - y, \quad F_y = 2y - x, \quad F_z = 2z,$$

曲面在点 (x_0,y_0,z_0) 处的法向量为

$$\boldsymbol{n} = \{2x_0-y_0, 2y_0-x_0, 2z_0\}.$$

由于平面 $z=0$ 的法向量为 $\boldsymbol{n}_1 = \{0,0,1\}$,平面 $x+y+1=0$ 的法向量为 $\boldsymbol{n}_2 = \{1,1,0\}$,且曲面的切平面与平面 $z=0$ 与 $x+y+1=0$ 垂直,则 $\boldsymbol{n}$ 同时垂直于 $\boldsymbol{n}_1$ 和 $\boldsymbol{n}_2$,从而有 $\boldsymbol{n}\cdot\boldsymbol{n}_1 = 0, \boldsymbol{n}\cdot\boldsymbol{n}_2 = 0$,即

$$2z_0 = 0, \quad (2x_0-y_0) + (2y_0-x_0) = 0,$$

解得 $x_0 = -y_0, z_0 = 0$,将其代入题设曲线方程中,得切点为

$$M_1(1,-1,0) \text{ 和 } M_2(-1,1,0),$$

从而所求切平面方程为

$$-(x-1) + (y+1) = 0, \text{ 即 } x-y-2 = 0,$$

和 $\qquad -(x+1)+(y-1)=0$,即 $x-y+2=0$.

习 题 8-6

1. 求曲线 $x=\dfrac{t}{1+t}, y=\dfrac{1+t}{t}, z=t^2$ 在 $t=2$ 处的切线方程与法平面方程.

2. 求曲线 $y^2=2mx, z^2=m-x$ 在点 (x_0,y_0,z_0) 处的切线方程与法平面方程.

3. 求曲线 $\begin{cases} x^2+y^2+z^2-3x=0 \\ 2x-3y+5z-4=0 \end{cases}$ 在点 $(1,1,1)$ 处的切线方程与法平面方程.

4. 找出曲线 $x=t, y=t^2, z=t^3$ 上的点,使在该点的切线平行于平面 $x+2y+z=4$.

5. 求曲面 $z=x^2+y^2$ 在点 $(1,1,2)$ 处的切平面方程及法线方程.

6. 求曲面 $x^2+y^2+z^2=1$ 上平行于平面 $x-y+2z=0$ 的切平面方程.

7. 证明:曲面 $F(nx-lz, ny-mz)=0$ 在任意一点处的切平面都平行于直线

$$\frac{x-1}{l}=\frac{y-2}{m}=\frac{z-3}{n},$$

其中 F 具有连续的偏导数.

8. 证明曲面方程 $xyz=a^3(a\ne 0,常数)$ 在任意点处的切平面与三个坐标平面所形成的四面体的体积为常数.

8.7 方向导数与梯度

8.7.1 方向导数

我们知道,二元函数 $z=f(x,y)$ 的偏导数 f_x 与 f_y 能表达函数沿 x 轴与 y 轴的变化率,现在来讨论函数 $z=f(x,y)$ 在一点 P 沿某一方向的变化率问题. 为此,引入函数的方向导数的概念.

定义 1 设函数 $z=f(x,y)$ 在点 $P(x,y)$ 的某一邻域 $U(P)$ 内有定义,l 为自点 P 出发的射线,$P'(x+\Delta x, y+\Delta y)$ 为射线 l 上且含于 $U(P)$ 内的任一点,以

$$\rho=\sqrt{(\Delta x)^2+(\Delta y)^2}$$

表示点 P 与 P' 之间的距离(图 8-7-1),如果极限

$$\lim_{\rho\to 0}\frac{\Delta z}{\rho}=\lim_{\rho\to 0}\frac{f(x+\Delta x, y+\Delta y)-f(x,y)}{\rho}$$

存在,则称此极限值为函数 $f(x,y)$ 在点 P 处沿方向 l 的**方向导数**,记为 $\dfrac{\partial f}{\partial l}$,即

$$\frac{\partial f}{\partial l}=\lim_{\rho\to 0}\frac{f(x+\Delta x, y+\Delta y)-f(x,y)}{\rho}. \quad (8.7.1)$$

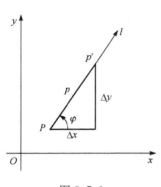

图 8-7-1

根据上述定义,函数 $f(x,y)$ 在点 P 处沿 x 轴与 y 轴正向的方向导数就是 $\dfrac{\partial f}{\partial x}$ 与 $\dfrac{\partial f}{\partial y}$,沿 x 轴与 y 轴负向的方向导数

就是 $-\dfrac{\partial f}{\partial x}$ 与 $-\dfrac{\partial f}{\partial y}$. 一般情况下,方向导数与 $\dfrac{\partial f}{\partial x}$ 及 $\dfrac{\partial f}{\partial y}$ 间有什么关系呢?

定理 1 如果函数 $z=f(x,y)$ 在点 $P(x,y)$ 处是可微分的,则函数在该点处沿任一方向 l 的方向导数都存在,且

$$\frac{\partial f}{\partial l} = \frac{\partial f}{\partial x}\cos\varphi + \frac{\partial f}{\partial y}\sin\varphi, \tag{8.7.2}$$

其中 φ 为 x 轴正向到方向 l 的转角(图 8-7-1).

证明 因为函数 $z = f(x, y)$ 在点 $P(x, y)$ 处是可微分的,所以该函数的增量可表示为

$$f(x + \Delta x, y + \Delta y) - f(x, y) = \frac{\partial f}{\partial x}\Delta x + \frac{\partial f}{\partial y}\Delta y + o(\rho),$$

两边各除以 ρ,得

$$\begin{aligned}\frac{f(x + \Delta x, y + \Delta y) - f(x, y)}{\rho} &= \frac{\partial f}{\partial x}\frac{\Delta x}{\rho} + \frac{\partial f}{\partial y}\frac{\Delta y}{\rho} + \frac{o(\rho)}{\rho}\\ &= \frac{\partial f}{\partial x}\cos\varphi + \frac{\partial f}{\partial y}\sin\varphi + \frac{o(\rho)}{\rho},\end{aligned}$$

故

$$\frac{\partial f}{\partial l} = \lim_{\rho \to 0}\frac{f(x + \Delta x, y + \Delta y) - f(x, y)}{\rho} = \frac{\partial f}{\partial x}\cos\varphi + \frac{\partial f}{\partial y}\sin\varphi.$$

例 1 求函数 $z = x\mathrm{e}^{2y}$ 在点 $P(1, 0)$ 处沿从点 $P(1, 0)$ 到点 $Q(2, -1)$ 的方向的方向导数.

解 这里方向 l 即向量 $\overrightarrow{PQ} = \{1, -1\}$ 的方向,因此 x 轴正向到方向 l 的转角 $\varphi = \frac{\pi}{4}$.

因为

$$\frac{\partial z}{\partial x}\Big|_{(1,0)} = \mathrm{e}^{2y}\big|_{(1,0)} = 1,$$

$$\frac{\partial z}{\partial y}\Big|_{(1,0)} = 2x\,\mathrm{e}^{2y}\big|_{(1,0)} = 2,$$

故所求方向导数为

$$\frac{\partial f}{\partial l} = \frac{\partial f}{\partial x}\cos\varphi + \frac{\partial f}{\partial y}\sin\varphi = \cos\left(-\frac{\pi}{4}\right) + 2\sin\left(-\frac{\pi}{4}\right) = -\frac{\sqrt{2}}{2}.$$

类似地,可以定义三元函数 $u = f(x, y, z)$ 在空间一点 $P(x, y, z)$ 处沿着方向 l 的方向导数为

$$\frac{\partial f}{\partial l} = \lim_{\rho \to 0}\frac{f(x + \Delta x, y + \Delta y, z + \Delta z) - f(x, y, z)}{\rho},$$

其中 ρ 为点 $P(x, y, z)$ 与点 $P'(x + \Delta x, y + \Delta y, z + \Delta z)$ 之间的距离,即

$$\rho = \sqrt{(\Delta x)^2 + (\Delta y)^2 + (\Delta z)^2}.$$

设方向 l 的方向角为 α, β, γ,则有

$$\Delta x = \rho\cos\alpha, \quad \Delta y = \rho\cos\beta, \quad \Delta z = \rho\cos\gamma.$$

于是,当函数在点 $P(x, y, z)$ 处可微时,函数在该点处沿任意方向 l 的方向导数都存在,且有

$$\frac{\partial f}{\partial l} = \frac{\partial f}{\partial x}\cos\alpha + \frac{\partial f}{\partial y}\cos\beta + \frac{\partial f}{\partial z}\cos\gamma. \tag{8.7.3}$$

例 2 求函数 $u = \ln(x + \sqrt{y^2 + z^2})$ 在点 $A(1, 0, 1)$ 处沿点 A 指向点 $B(3, -2, 2)$ 的方向的方向导数.

解 这里方向 l 即向量 $\overrightarrow{AB} = \{2, -2, 1\}$ 的方向,向量 $\overrightarrow{AB}$ 的方向余弦为

$$\cos\alpha = \frac{2}{3}, \quad \cos\beta = -\frac{2}{3}, \quad \cos\gamma = \frac{1}{3},$$

又

$$\frac{\partial u}{\partial x} = \frac{1}{x + \sqrt{y^2 + z^2}}, \quad \frac{\partial u}{\partial y} = \frac{1}{x + \sqrt{y^2 + z^2}} \cdot \frac{y}{\sqrt{y^2 + z^2}},$$

$$\frac{\partial u}{\partial z} = \frac{1}{x + \sqrt{y^2 + z^2}} \cdot \frac{z}{\sqrt{y^2 + z^2}},$$

所以
$$\frac{\partial u}{\partial x}\bigg|_A = \frac{1}{2}, \quad \frac{\partial u}{\partial y}\bigg|_A = 0, \quad \frac{\partial u}{\partial z}\bigg|_A = \frac{1}{2},$$

于是所求方向导数为

$$\frac{\partial u}{\partial l} = \frac{\partial u}{\partial x}\cos\alpha + \frac{\partial u}{\partial y}\cos\beta + \frac{\partial u}{\partial z}\cos\gamma = \frac{1}{2} \times \frac{2}{3} + 0 \times \left(-\frac{2}{3}\right) + \frac{1}{2} \times \frac{2}{3} = \frac{1}{2}.$$

例 3 设 n 是曲面 $2x^2 + 3y^2 + z^2 = 6$ 在点 $P(1,1,1)$ 处的指向外侧的法向量，求函数 $u = \frac{1}{z}(6x^2 + 8y^2)^{\frac{1}{2}}$ 沿方向 n 的方向导数.

解 令 $F(x,y,z) = 2x^2 + 3y^2 + z^2 - 6$，则有
$$F_x|_P = 4x|_P = 4, \quad F_y|_P = 6y|_P = 6, \quad F_z|_P = 2z|_P = 2,$$

从而
$$n = \{F_x, F_y, F_z\} = \{4, 6, 2\},$$
$$|n| = \sqrt{4^2 + 6^2 + 2^2} = 2\sqrt{14},$$

其方向余弦为 $\cos\alpha = \dfrac{2}{\sqrt{14}}, \cos\beta = \dfrac{3}{\sqrt{14}}, \cos\gamma = \dfrac{1}{\sqrt{14}}$. 又

$$\frac{\partial u}{\partial x} = \frac{6x}{z\sqrt{6x^2 + 8y^2}}, \quad \frac{\partial u}{\partial y} = \frac{6y}{z\sqrt{6x^2 + 8y^2}},$$

$$\frac{\partial u}{\partial z} = -\frac{\sqrt{6x^2 + 8y^2}}{z^2},$$

所以
$$\frac{\partial u}{\partial x}\bigg|_P = \frac{6}{\sqrt{14}}, \frac{\partial u}{\partial y}\bigg|_P = \frac{8}{\sqrt{14}}, \frac{\partial u}{\partial z}\bigg|_P = -\sqrt{14}.$$

于是所求方向导数为

$$\frac{\partial u}{\partial n} = \frac{\partial u}{\partial x}\cos\alpha + \frac{\partial u}{\partial y}\cos\beta + \frac{\partial u}{\partial z}\cos\gamma = \frac{11}{7}.$$

8.7.2 梯度的概念

定义 2 设函数 $z = f(x,y)$ 在平面区域 D 内具有一阶连续偏导数，则对于每一点 $P(x,y) \in D$，都可定义一个向量

$$\frac{\partial f}{\partial x}i + \frac{\partial f}{\partial y}j,$$

称它为函数 $z = f(x,y)$ 在点 $P(x,y)$ 处的**梯度**，记为 $\mathbf{grad}f(x,y)$，即

$$\mathbf{grad}f(x,y) = \frac{\partial f}{\partial x}i + \frac{\partial f}{\partial y}j. \tag{8.7.4}$$

若设 $e = \{\cos\varphi, \sin\varphi\}$ 是与方向 l 同方向的单位向量，则根据方向导数的计算公式，有

$$\frac{\partial f}{\partial l} = \frac{\partial f}{\partial x}\cos\varphi + \frac{\partial f}{\partial y}\sin\varphi = \left\{\frac{\partial f}{\partial x}, \frac{\partial f}{\partial y}\right\} \cdot \{\cos\varphi, \sin\varphi\}$$

$$= \mathbf{grad}f(x,y) \cdot e = |\mathbf{grad}f(x,y)|\cos\theta,$$

其中 $\theta = (\widehat{\mathbf{grad}f(x,y), e})$ 表示 $\mathbf{grad}f(x,y)$ 与 e 的夹角.

由此可见，$\dfrac{\partial f}{\partial l}$ 就是梯度在射线 l 上的投影（图 8-7-2），如果方向 l 与梯度方向一致时，有

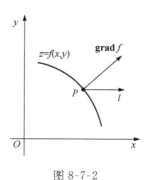

$$\cos(\widehat{\mathbf{grad}\,f(x,y),e})=1,$$

则 $\dfrac{\partial f}{\partial l}$ 有最大值,即函数 f 沿梯度方向的方向导数达到最大值;

如果方向 l 与梯度方向相反时,有

$$\cos(\widehat{\mathbf{grad}\,f(x,y),e})=-1,$$

则 $\dfrac{\partial f}{\partial l}$ 有最小值,即函数 f 沿梯度的反方向的方向导数取得最

小值. 因此,我们有如下结论:

图 8-7-2

　　函数在某点的梯度是这样一个向量,它的方向与取得最大
方向导数的方向一致,而它的模为方向导数的最大值.

　　根据梯度的定义,梯度的模为

$$|\mathbf{grad}\,f(x,y)|=\sqrt{f_x^2+f_y^2}.$$

当 f_x 不为零时,x 轴到梯度的转角的正切为 $\tan\theta=\dfrac{f_y}{f_x}$.

　　设三元函数 $u=f(x,y,z)$ 在空间区域 G 内具有一阶连续偏导数,我们可以类似地定义
$u=f(x,y,z)$ 在 G 内点 $P(x,y,z)$ 处的梯度为

$$\mathbf{grad}\,f(x,y,z)=\frac{\partial f}{\partial x}\boldsymbol{i}+\frac{\partial f}{\partial y}\boldsymbol{j}+\frac{\partial f}{\partial z}\boldsymbol{k}. \tag{8.7.5}$$

　　类似于二元函数,这个梯度也是一个向量,其方向与取得最大方向导数的方向一致,其模
为方向导数的最大值.

　　例 4　求 $\mathbf{grad}\,\dfrac{1}{x^2+y^2}$.

　　解　这里 $f(x,y)=\dfrac{1}{x^2+y^2}$. 因为

$$\frac{\partial f}{\partial x}=-\frac{2x}{(x^2+y^2)^2},\quad \frac{\partial f}{\partial y}=-\frac{2y}{(x^2+y^2)^2},$$

所以

$$\mathbf{grad}\,\frac{1}{x^2+y^2}=-\frac{2x}{(x^2+y^2)^2}\boldsymbol{i}-\frac{2y}{(x^2+y^2)^2}\boldsymbol{j}.$$

　　例 5　函数 $u=xy^2+z^3-xyz$ 在点 $P_0(1,1,1)$ 处沿哪个方向的方向导数最大? 最大值是
多少?

　　解　由 $\dfrac{\partial u}{\partial x}=y^2-yz,\dfrac{\partial u}{\partial y}=2xy-xz,\dfrac{\partial u}{\partial z}=3z^2-xy$,得

$$\left.\frac{\partial u}{\partial x}\right|_{P_0}=0,\quad \left.\frac{\partial u}{\partial y}\right|_{P_0}=1,\quad \left.\frac{\partial u}{\partial z}\right|_{P_0}=2.$$

从而

$$\mathbf{grad}\,u(P_0)=\{0,1,2\},\ |\mathbf{grad}\,u(P_0)|=\sqrt{0+1+4}=\sqrt{5}.$$

于是,函数 u 在点 P_0 处沿方向 $\{0,1,2\}$ 的方向导数最大,最大值是 $\sqrt{5}$.

　　例 6　试求数量场 $\dfrac{m}{r}$ 所产生的梯度场,其中 $m>0$,$r=\sqrt{x^2+y^2+z^2}$ 为原点 O 与点 $M(x,$
$y,z)$ 间的距离.

　　解　$\dfrac{\partial}{\partial x}\left(\dfrac{m}{r}\right)=-\dfrac{m}{r^2}\dfrac{\partial r}{\partial x}=-\dfrac{mx}{r^3}$,同理 $\dfrac{\partial}{\partial y}\left(\dfrac{m}{r}\right)=-\dfrac{my}{r^3},\dfrac{\partial}{\partial z}\left(\dfrac{m}{r}\right)=-\dfrac{mz}{r^3}$,

从而
$$\mathbf{grad}\,\frac{m}{r} = -\frac{m}{r^2}\left(\frac{x}{r}\boldsymbol{i} + \frac{y}{r}\boldsymbol{j} + \frac{z}{r}\boldsymbol{k}\right).$$

如果用 $\boldsymbol{e}_r$ 表示与 $\overrightarrow{OM}$ 同方向的单位向量,则
$$\boldsymbol{e}_r = \frac{x}{r}\boldsymbol{i} + \frac{y}{r}\boldsymbol{j} + \frac{z}{r}\boldsymbol{k},$$

因此
$$\mathbf{grad}\,\frac{m}{r} = -\frac{m}{r^2}\boldsymbol{e}_r.$$

上式右端在力学上可解释为位于原点 O 而质量为 m 的质点对于位于点 M 而质量为 1 的质点的引力. 该引力的大小与两质点的质量的乘积成正比,而与它们的距离平方成反比,该引力的方向由点 M 指向原点.

梯度运算满足以下运算法则:设 u,v 可微,α,β 为常数,则

(1) $\mathbf{grad}(\alpha u + \beta v) = \alpha\mathbf{grad}u + \beta\mathbf{grad}v$;

(2) $\mathbf{grad}(u \cdot v) = u\mathbf{grad}v + v\mathbf{grad}u$;

(3) $\mathbf{grad}f(u) = f'(u)\mathbf{grad}u$.

以上性质请读者自证.

例 7　设 $f(r)$ 为可微函数,$r = |\boldsymbol{r}|$,$\boldsymbol{r} = x\boldsymbol{i} + y\boldsymbol{j} + z\boldsymbol{k}$,求 $\mathbf{grad}f(r)$.

解　由上述公式(3),知
$$\mathbf{grad}f(r) = f'(r)\mathbf{grad}r = f'(r)\left(\frac{\partial r}{\partial x}\boldsymbol{i} + \frac{\partial r}{\partial y}\boldsymbol{j} + \frac{\partial r}{\partial z}\boldsymbol{k}\right),$$

又因为 $\dfrac{\partial r}{\partial x} = \dfrac{x}{r}$,$\dfrac{\partial r}{\partial y} = \dfrac{y}{r}$,$\dfrac{\partial r}{\partial z} = \dfrac{z}{r}$,所以
$$\mathbf{grad}f(r) = f'(r)\left(\frac{x}{r}\boldsymbol{i} + \frac{y}{r}\boldsymbol{j} + \frac{z}{r}\boldsymbol{k}\right) = f'(r)\frac{\boldsymbol{r}}{|\boldsymbol{r}|} = f'(r)\boldsymbol{r}^\circ,$$

其中 $\boldsymbol{r}^\circ$ 表示 r 方向上的单位向量.

利用场的概念,我们可以说向量函数 $\mathbf{grad}f(M)$ 确定了一个向量场——**梯度场**,它是由数量场 $f(M)$ 产生的. 通常称函数 $f(M)$ 为这个向量场的**势**,而这个向量场又称为**势场**. 必须注意,任意一个向量场不一定是势场,因为它不一定是某个数量函数的梯度场.

习 题 8-7

1. 求函数 $u = \ln(x^2 + y^2 + z^2)$ 在点 $M_0(0,1,2)$ 处沿向量 $\boldsymbol{l} = \{2,-1,-1\}$ 的方向导数.

2. 求函数 $z = \ln(x+y)$ 在抛物线 $y^2 = 4x$ 上的点 $(1,2)$ 处,沿着此抛物线在该点处偏向 x 轴正向的切线方向的方向导数.

3. 求函数 $u = xy + yz + zx$ 在点 $P(1,2,3)$ 处沿 P 点的向径方向的方向导数.

4. 求函数 $u = x^2 + y^2 + z^2$ 在曲线 $x = t, y = t^2, z = t^3$ 上点 $(1,1,1)$ 处沿曲线在该点的切线正方向的方向导数.

5. 设 $f(x,y,z) = x^2 + 3y^2 + 5z^2 + 2xy - 4y - 8z$,求 $\mathbf{grad}f(0,0,0)$,$\mathbf{grad}f(3,2,1)$.

6. 确定常数 λ,使在右半平面 $x > 0$ 上的向量
$$\boldsymbol{A}(x,y) = \{2xy(x^4 + y^2)^\lambda, -x^2(x^4 + y^2)^\lambda\}$$
为某二元函数 $u(x,y)$ 的梯度,其中 $u(x,y)$ 具有连续的二阶偏导数.

7. 求函数 $u = x^2 + y^2 - z^2$ 在点 $M_1(1,0,1), M_2(0,1,0)$ 的梯度之间的夹角.

8. 设函数 $u = \ln \dfrac{1}{r}$，其中 $r = \sqrt{(x-a)^2 + (y-b)^2 + (z-c)^2}$，试讨论在空间哪些点处等式 $|\mathbf{grad} u| = 1$ 成立.

8.8　多元函数的极值

在实际问题中，我们会遇到大量求多元函数最大值和最小值的问题. 与一元函数的情形类似，多元函数的最大值、最小值与极大值、极小值有着密切的联系. 下面以二元函数为例来讨论多元函数的极值问题.

8.8.1　二元函数极值的概念

定义 1　设函数 $z = f(x, y)$ 在点 (x_0, y_0) 的某一邻域内有定义，对于该邻域内异于 (x_0, y_0) 的任意一点 (x, y)，如果

$$f(x, y) < f(x_0, y_0),$$

则称函数在 (x_0, y_0) 处有**极大值**；如果

$$f(x, y) > f(x_0, y_0),$$

则称函数在 (x_0, y_0) 处有**极小值**；极大值、极小值统称为**极值**. 使函数取得极值的点称为**极值点**.

例 1　函数 $z = 2x^2 + 3y^2$ 在点 $(0, 0)$ 处有极小值. 从几何上看，$z = 2x^2 + 3y^2$ 表示一开口向上的椭圆抛物面，点 $(0, 0, 0)$ 是它的顶点（图 8-8-1）.

例 2　函数 $z = -\sqrt{x^2 + y^2}$ 在点 $(0, 0)$ 处有极大值. 从几何上看，$z = -\sqrt{x^2 + y^2}$ 表示一开口向下的半圆锥面，点 $(0, 0, 0)$ 是它的顶点（图 8-8-2）.

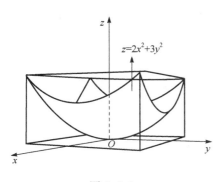

图 8-8-1

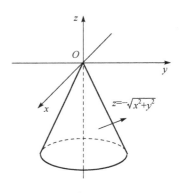

图 8-8-2

例 3　函数 $z = y^2 - x^2$ 在点 $(0, 0)$ 处无极值. 从几何上看，它表示双曲抛物面（马鞍面）（图 8-8-3）.

与导数在一元函数极值研究中的作用一样，偏导数也是研究多元函数极值的主要手段.

如果二元函数 $z = f(x, y)$ 在点 (x_0, y_0) 处取得极值，那么固定 $y = y_0$，一元函数 $z = f(x, y_0)$ 在 $x = x_0$ 点处必取得相同的极值；同理，固定 $x = x_0$，$z = f(x_0, y)$ 在 $y = y_0$ 点处也取得相同的极值. 因

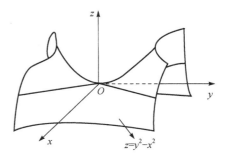

图 8-8-3

此,由一元函数极值的必要条件,我们可以得到二元函数极值的必要条件.

定理 1(必要条件)　设函数 $z=f(x,y)$ 在点 (x_0,y_0) 处具有偏导数,且在点 (x_0,y_0) 处有极值,则它在该点的偏导数必然为零,即

$$f_x(x_0,y_0)=0,\quad f_y(x_0,y_0)=0.$$

类似地,如果三元函数 $z=f(x,y,z)$ 在点 $P(x_0,y_0,z_0)$ 处具有偏导数,则它在点 $P(x_0,y_0,z_0)$ 处有极值的必要条件为

$$f_x(x_0,y_0,z_0)=0,\quad f_y(x_0,y_0,z_0)=0,\quad f_z(x_0,y_0,z_0)=0.$$

与一元函数的情形类似,对于多元函数,凡是能使一阶偏导数同时为零的点称为函数的**驻点**.

根据定理 1,具有偏导数的函数的极值点必定是驻点. 但是函数的驻点不一定是极值点,例如,点 $(0,0)$ 是函数 $z=y^2-x^2$ 的驻点,但函数在该点并无极值.

如何判定一个驻点是否为极值点? 下面的定理部分地回答了这个问题.

定理 2(充分条件)　设函数 $z=f(x,y)$ 在点 (x_0,y_0) 的某邻域内有直到二阶的连续偏导数,又 $f_x(x_0,y_0)=0,f_y(x_0,y_0)=0$. 令

$$f_{xx}(x_0,y_0)=A,\quad f_{xy}(x_0,y_0)=B,\quad f_{yy}(x_0,y_0)=C.$$

(1) 当 $AC-B^2>0$ 时,函数 $f(x,y)$ 在点 (x_0,y_0) 处有极值,且当 $A>0$ 时有极小值 $f(x_0,y_0)$;当 $A<0$ 时有极大值 $f(x_0,y_0)$;

(2) 当 $AC-B^2<0$ 时,函数 $f(x,y)$ 在点 (x_0,y_0) 处没有极值;

(3) 当 $AC-B^2=0$ 时,函数 $f(x,y)$ 在点 (x_0,y_0) 处可能有极值,也可能没有极值.

证明　略.

注　在定理 2 中,如果 $AC-B^2=0$,则不能确定 $f(x_0,y_0)$ 是否是极值,需另做讨论.

根据定理 1 与定理 2,如果函数 $f(x,y)$ 具有二阶连续偏导数,则求 $z=f(x,y)$ 的极值的一般步骤为:

(1) 解方程组 $f_x(x,y)=0,f_y(x,y)=0$,求出 $f(x,y)$ 的所有驻点;

(2) 求出函数 $f(x,y)$ 的二阶偏导数,依次确定各驻点处 A,B,C 的值,并根据 $AC-B^2$ 的正负号判定驻点是否为极值点;

(3) 求出函数 $f(x,y)$ 在极值点处的函数值,就得到 $f(x,y)$ 的全部极值.

例 4　求函数 $f(x,y)=x^3-y^3+3x^2+3y^2-9x$ 的极值.

解　解方程组

$$\begin{cases} f_x(x,y)=3x^2+6x-9=0 \\ f_y(x,y)=-3y^2+6y=0 \end{cases},$$

得驻点 $(1,0),(1,2),(-3,0),(-3,2)$. 再求出二阶偏导数

$$f_{xx}(x,y)=6x+6,\quad f_{xy}(x,y)=0,\quad f_{yy}(x,y)=-6y+6.$$

在点 $(1,0)$ 处,$AC-B^2=12\times6>0$,又 $A>0$,故函数在该点处有极小值 $f(1,0)=-5$;

在点 $(1,2)$ 和 $(-3,0)$ 处,$AC-B^2=-12\times6<0$,故函数在这两点处没有极值;

在点 $(-3,2)$ 处,$AC-B^2=(-12)\times(-6)>0$,又 $A<0$,故函数在该点处有极大值 $f(-3,2)=31$.

注　在讨论一元函数的极值问题时,我们知道,函数的极值既可能在驻点处取得,也可能在导数不存在的点处取得.同样,多元函数的极值也可能在个别偏导数不存在的点处取得.例

如,在例 2 中,函数 $z=-\sqrt{x^2+y^2}$ 在点 $(0,0)$ 处有极大值,但该函数在点 $(0,0)$ 处的偏导数不存在.因此,在考虑函数的极值问题时,除了考虑函数的驻点外,还要考虑那些使偏导数不存在的点.

与一元函数类似,可以利用多元函数的极值来求多元函数的最大值和最小值.在 8.1 节中已经指出,如果函数 $f(x,y)$ 在有界闭区域 D 上连续,则 $f(x,y)$ 在 D 上必定能取得最大值和最小值,且函数最大值点或最小值点必在函数的极值点或在 D 的边界点上.因此,只需求出 $f(x,y)$ 在各驻点和不可导点的函数值及在边界上的最大值和最小值,然后加以比较即可.

我们假定函数 $f(x,y)$ 在 D 上连续、偏导数存在且驻点只有有限个,则求函数 $f(x,y)$ 在 D 上的最大值和最小值的一般步骤为:

(1) 求函数 $f(x,y)$ 在 D 内所有驻点处的函数值;

(2) 求函数 $f(x,y)$ 在 D 的边界上的最大值和最小值;

(3) 将前两步得到的所有函数值进行比较,其中最大者即为最大值,最小者即为最小值.

在通常遇到的实际问题中,如果根据问题的性质,可以判断出函数 $f(x,y)$ 的最大值(最小值)一定在 D 的内部取得,而函数 $f(x,y)$ 在 D 内只有一个驻点,则可以肯定该驻点处的函数值就是函数 $f(x,y)$ 在 D 上的最大值(最小值).

例 5　求 $f(x,y)=\dfrac{x+y}{x^2+y^2+1}$ 的最大值和最小值.

解　由

$$f_x(x,y)=\frac{(x^2+y^2+1)-2x(x+y)}{(x^2+y^2+1)^2}=0,$$

$$f_y(x,y)=\frac{(x^2+y^2+1)-2y(x+y)}{(x^2+y^2+1)^2}=0,$$

解得驻点 $\left(\dfrac{1}{\sqrt{2}},\dfrac{1}{\sqrt{2}}\right)$,$\left(-\dfrac{1}{\sqrt{2}},-\dfrac{1}{\sqrt{2}}\right)$.

因为 $\lim\limits_{\substack{x\to\infty\\y\to\infty}}\dfrac{x+y}{x^2+y^2+1}=0$,即边界上的值为 0.

又　　　　　　　　$f\left(\dfrac{1}{\sqrt{2}},\dfrac{1}{\sqrt{2}}\right)=\dfrac{1}{\sqrt{2}},\quad f\left(-\dfrac{1}{\sqrt{2}},-\dfrac{1}{\sqrt{2}}\right)=-\dfrac{1}{\sqrt{2}},$

所以 $f(x,y)$ 的最大值为 $\dfrac{1}{\sqrt{2}}$,最小值为 $-\dfrac{1}{\sqrt{2}}$.

例 6　某厂要用铁板做成一个体积为 $a\mathrm{m}^3(a>0)$ 的有盖长方体水箱.问长、宽、高各取怎样的尺寸时,才能使用料最省.

解　设水箱的长为 $x\mathrm{m}$,宽为 $y\mathrm{m}$,则其高应为 $\dfrac{a}{xy}\mathrm{m}$,于是此水箱所用材料的面积为

$$S=2\left(xy+y\cdot\frac{a}{xy}+x\cdot\frac{a}{xy}\right)=2\left(xy+\frac{a}{x}+\frac{a}{y}\right)\quad(x>0,y>0).$$

可见材料面积 S 是 x 和 y 的二元函数(目标函数).按题意,下面求这个函数的最小值点.解方程组

$$\frac{\partial S}{\partial x}=2\left(y-\frac{a}{x^2}\right)=0,\quad\frac{\partial S}{\partial y}=2\left(x-\frac{a}{y^2}\right)=0,$$

得唯一的驻点 $x=\sqrt[3]{a}$, $y=\sqrt[3]{a}$.

　　根据题意可以断定，水箱所用材料面积的最小值一定存在，并在区域 $D=\{(x,y)|x>0,y>0\}$ 内取得. 又函数在 D 内只有唯一的驻点，因此该驻点即为所求最小值点. 从而当水箱的长为 $\sqrt[3]{a}$ m，宽为 $\sqrt[3]{a}$ m，高为 $\sqrt[3]{a}$ m 时，水箱所用的材料最省.

　　注　本例的结论表明：体积一定的长方体中，立方体的表面积最小.

8.8.2　条件极值　拉格朗日乘数法

　　前面所讨论的极值问题，对于函数的自变量一般只要求落在定义域内，并无其他限制条件，这类极值称为**无条件极值**. 但在实际问题中，常会遇到对函数的自变量还有附加条件的极值问题.

　　例如，求表面积为 a^2 而体积最大的长方体的体积问题. 设长方体的长、宽、高分别为 x,y,z ，则体积 $V=xyz$. 因为长方体的表面积是定值，所以自变量 x,y,z 还需满足附加条件 $2(xy+yz+xz)=a^2$. 像这样对自变量有附加条件的极值称为**条件极值**.

　　有些情况下，可将条件极值问题转化为无条件极值问题，如在上述问题中，可以从 $2(xy+yz+xz)=a^2$ 中解出变量 z 关于变量 x 、y 的表达式，并代入体积 $V=xyz$ 的表达式中，即可将上述条件极值问题转化为无条件极值问题. 然而，一般地讲，这样转化很不方便. 下面，我们介绍求解一般条件极值问题的拉格朗日乘数法.

　　拉格朗日乘数法

　　在所给条件
$$G(x,y,z)=0 \tag{8.8.1}$$
下，求目标函数
$$u=f(x,y,z) \tag{8.8.2}$$
的极值.

　　设 f 和 G 具有连续的偏导数，且 $G_z\neq0$. 由隐函数存在定理，方程(8.8.1)确定了一个隐函数 $z=z(x,y)$ ，且它的偏导数为
$$\frac{\partial z}{\partial x}=-\frac{G_x}{G_z},\ \frac{\partial z}{\partial y}=-\frac{G_y}{G_z},$$
于是所求条件极值问题可以化为求函数
$$u=f[x,y,z(x,y)] \tag{8.8.3}$$
的无条件极值问题.

　　设 (x_0,y_0) 为方程(8.8.3)的极值点，$z_0=z(x_0,y_0)$ ，由必要条件知，极值点 (x_0,y_0) 必须满足条件：
$$\frac{\partial u}{\partial x}=0,\quad \frac{\partial u}{\partial y}=0.$$
应用复合函数求导法则以及上式，得
$$\begin{cases}\dfrac{\partial u}{\partial x}=f_x+f_z\dfrac{\partial z}{\partial x}=f_x-\dfrac{G_x}{G_z}f_z=0\\[2mm]\dfrac{\partial u}{\partial y}=f_y+f_z\dfrac{\partial z}{\partial y}=f_y-\dfrac{G_y}{G_z}f_z=0\end{cases},$$
即所求问题的解 (x_0,y_0,z_0) 必须满足关系式

$$\frac{f_x(x_0,y_0,z_0)}{G_x(x_0,y_0,z_0)}=\frac{f_y(x_0,y_0,z_0)}{G_y(x_0,y_0,z_0)}=\frac{f_z(x_0,y_0,z_0)}{G_z(x_0,y_0,z_0)}.$$

若将上式的公共比值记为 $-\lambda$,则 (x_0,y_0,z_0) 必须满足:

$$\begin{cases} f_x+\lambda G_x=0 \\ f_y+\lambda G_y=0. \\ f_z+\lambda G_z=0 \end{cases} \tag{8.8.4}$$

因此,(x_0,y_0,z_0) 除了应满足约束条件(8.8.1)外,还应满足方程组(8.8.4). 换句话说,函数 $u=f(x,y,z)$ 在约束条件 $G(x,y,z)=0$ 下的极值点 (x_0,y_0,z_0) 是下列方程组

$$\begin{cases} f_x+\lambda G_x=0 \\ f_y+\lambda G_y=0 \\ f_z+\lambda G_z=0 \\ G(x,y,z)=0 \end{cases} \tag{8.8.5}$$

的解. 容易看到,方程组(8.8.5)恰好是四个独立变量 x,y,z,λ 的函数

$$L(x,y,z,\lambda)=f(x,y,z)+\lambda G(x,y,z) \tag{8.8.6}$$

取到极值的必要条件. 这里引进的函数 $L(x,y,z,\lambda)$ 称为**拉格朗日函数**,它将有约束条件的极值问题转化为普通的无条件的极值问题. 通过解方程组(8.8.5),得 x,y,z,λ,然后再研究相应的 (x,y,z) 是否真是问题的极值点,这种方法即所谓的**拉格朗日乘数法**.

利用拉格朗日乘数法求函数 $u=f(x,y,z)$ 在条件 $G(x,y,z)=0$ 下的极值的一般步骤为:

(1) 构造拉格朗日函数 $L(x,y,z,\lambda)=f(x,y,z)+\lambda G(x,y,z)$,其中 λ 为某一常数;

(2) 求其对 x,y,z 的一阶偏导数,令之为零,并与 $G(x,y,z)=0$ 联立成方程组

$$\begin{cases} L_x=f_x+\lambda G_x=0 \\ L_y=f_y+\lambda G_y=0 \\ L_z=f_z+\lambda G_z=0, \\ G(x,y,z)=0 \end{cases}$$

解出 x,y,z,即为所求条件极值的可能极值点.

注　拉格朗日乘数法只给出函数取极值的必要条件,因此,按照这种方法求出来的点是否为极值点,还需要加以讨论. 不过,在实际问题中,往往可以根据问题本身的性质来判定所求的点是不是极值点.

拉格朗日乘数法可推广到自变量多于两个而条件多于一个的情形. 例如,求函数 $u=f(x,y,z,t)$ 在条件 $\varphi(x,y,z,t)=0,\psi(x,y,z,t)=0$ 下的极值. 可构造拉格朗日函数

$$L(x,y,z,t,\lambda,\mu)=f(x,y,z,t)+\lambda\varphi(x,y,z,t)+\mu\psi(x,y,z,t),$$

其中 λ,μ 均为常数. 由 $L(x,y,z,t,\lambda,\mu)$ 关于变量 x,y,z,t 的偏导数为零的方程组,并联立条件中的两个方程解出 x,y,z,t,即得所求条件极值的可能极值点.

例 7　求表面积为 a^2 而体积最大的长方体的体积.

解　设长方体的长、宽、高分别为 x,y,z,则题设问题归结为在约束条件

$$\varphi(x,y,z)=2xy+2yz+2xz-a^2=0$$

下,求函数 $V=xyz(x>0,y>0,z>0)$ 的最大值.

作拉格朗日函数

$$L(x,y,z,\lambda)=xyz+\lambda(2xy+2yz+2xz-a^2),$$

由方程组

$$\begin{cases} L_x = yz + 2\lambda(y+z) = 0 \\ L_y = xz + 2\lambda(x+z) = 0 \\ L_z = xy + 2\lambda(x+y) = 0 \\ 2xy + 2yz + 2xz - a^2 = 0 \end{cases},$$

解得唯一的可能极值点 $x = y = z = \dfrac{\sqrt{6}}{6}a$.

由问题本身的意义及驻点的唯一性可知,该点就是所求的最大值点. 即表面积为 a^2 的长方体中,以棱长为 $\dfrac{\sqrt{6}}{6}a$ 的立方体的体积最大,且最大体积为 $V = \dfrac{\sqrt{6}}{36}a^3$.

例 8 设销售收入 R(单位:万元)与花费在两种广告宣传上的费用 x, y(单位:万元)之间的关系为

$$R = \frac{200x}{x+5} + \frac{100y}{10+y},$$

利润额相当于五分之一的销售收入,并要扣除广告费用. 已知广告费用总预算金是 25 万元,试问如何分配两种广告费用可使利润最大.

解 设利润为 L,则

$$L = \frac{1}{5}R - x - y = \frac{40x}{x+5} + \frac{20y}{10+y} - x - y,$$

题设问题归结为求 L 在条件 $x + y = 25$ 下的最大值.

作拉格朗日函数

$$L(x, y, z, \lambda) = \frac{40x}{x+5} + \frac{20y}{10+y} - x - y + \lambda(x+y-25),$$

由方程组

$$\begin{cases} L_x = \dfrac{200}{(x+5)^2} - 1 + \lambda = 0 \\ L_y = \dfrac{200}{(y+10)^2} - 1 + \lambda = 0 \\ x + y - 25 = 0 \end{cases}$$

解得唯一的可能极值点 $x = 15, y = 10$. 由问题本身的意义及驻点的唯一性可知,当投入两种广告的费用分别为 15 万元和 10 万元时,可使利润最大.

习 题 8-8

1. 求函数 $f(x,y) = x^3 + y^3 - 3xy$ 的极值.

2. 求函数 $f(x,y) = (x^2+y^2)^2 - 2(x^2-y^2)$ 的极值.

3. 求函数 $f(x,y) = e^{2x}(x+y^2+2y)$ 的极值.

4. 求函数 $f(x,y) = \sin x + \cos y + \cos(x-y), 0 \leqslant x, y \leqslant \dfrac{\pi}{2}$ 的极值.

5. 求由方程 $x^2 + y^2 + z^2 - 2x + 2y - 4z - 10 = 0$ 确定的函数 $z = f(x,y)$ 的极值.

6. 欲围一个面积为 $60\mathrm{m}^2$ 的矩形场地,正面所用材料每米造价 10 元,其余三面每米造价 5 元,求场地的长、宽各为多少米时,所用材料费最少?

7. 将周长为 $2p$ 的矩形绕它的一边旋转构成一个圆柱体,问矩形的边长各为多少时,才能使圆柱体的体积最大?

8. 抛物面 $z=x^2+y^2$ 被平面 $x+y+z=1$ 截成一椭圆,求原点到此椭圆的最长与最短距离.

9. 某工厂生产两种产品 **A** 与 **B**,出售单价分别为 10 元与 9 元,生产 x 单位的产品 **A** 与生产 y 单位的产品 **B** 的总费用是

$$400+2x+3y+0.01(3x^2+xy+3y^2)(元).$$

求取得最大利润时两种产品的产量.

总 习 题 八

1. 求函数 $z=\sqrt{(x^2+y^2-a^2)(2a^2-x^2-y^2)}$ $(a>0)$ 的定义域.

2. 求下列极限:

(1) $\lim\limits_{\substack{x\to\infty\\y\to\infty}}\left(1+\dfrac{1}{x}\right)^{\frac{x^2}{x+y}}$;
　　　　　　　　　(2) $\lim\limits_{\substack{x\to\infty\\y\to\infty}}\dfrac{x+y}{x^2-xy+y^2}$.

3. 试判断极限 $\lim\limits_{\substack{x\to0\\y\to0}}\dfrac{x^2y}{x^4+y^2}$ 是否存在.

4. 讨论二元函数 $f(x,y)=\begin{cases}(x+y)\cos\dfrac{1}{x}, & x\neq0\\ 0, & x=0\end{cases}$ 在点 $(0,0)$ 处的连续性.

5. 求下列函数的偏导数:

(1) $z=\displaystyle\int_0^{xy}\mathrm{e}^{-t^2}\,\mathrm{d}t$;
　　　　　　　　　(2) $u=\arctan(x-y)^2$;

(3) $f(x,y)=x+(y-1)\arcsin\sqrt{\dfrac{x}{y}}$.

6. $y=\mathrm{e}^{-kn^2t}\sin nx$,证明 $\dfrac{\partial y}{\partial t}=k\dfrac{\partial^2 y}{\partial x^2}$.

7. 求函数 $u=\arcsin\dfrac{z}{\sqrt{x^2+y^2}}$ 的全微分.

8. 求 $u(x,y,z)=x^y y^z z^x$ 的全微分.

9. 设 $z=(x^2+y^2)\mathrm{e}^{-\arctan\frac{y}{x}}$,求 $\mathrm{d}z,\dfrac{\partial^2 z}{\partial x\partial y}$.

10. 设 $f(x,y)=\begin{cases}\dfrac{x^2y}{x^2+y^2}, & x^2+y^2\neq0\\ 0, & x^2+y^2=0\end{cases}$,求 $f_x(x,y)$ 及 $f_y(x,y)$.

11. 设 $f(x,y)=\begin{cases}\dfrac{\sqrt{|xy|}}{x^2+y^2}\sin(x^2+y^2), & x^2+y^2\neq0\\ 0, & x^2+y^2=0\end{cases}$,讨论 $f(x,y)$ 在点 $(0,0)$ 处的可微性.

12. 设 $f(x,y)=\begin{cases}(x^2+y^2)\sin\dfrac{1}{x^2+y^2}, & x^2+y^2\neq0\\ 0, & x^2+y^2=0\end{cases}$,问在点 $(0,0)$ 处,

(1) 偏导数是否存在? (2) 偏导数是否连续? (3) 是否可微? 说明理由.

13. 设 $u=\dfrac{\mathrm{e}^{ax}(y-z)}{a^2+1}$,$y=a\sin x,z=\cos x$,求 $\dfrac{\mathrm{d}y}{\mathrm{d}x}$.

14. (1) 设 $z=xy+xF(u)$,而 $u=\dfrac{y}{x}$,$F(u)$ 为可导函数,证明 $x\dfrac{\partial z}{\partial x}+y\dfrac{\partial z}{\partial y}=z+xy$.

(2) 设 $u=x\phi(x+y)+y\psi(x+y)$,其中函数 ϕ,ψ 具有二阶连续导数,验证:

$$\dfrac{\partial^2 u}{\partial x^2}-2\dfrac{\partial^2 u}{\partial x\partial y}+\dfrac{\partial^2 u}{\partial y^2}=0.$$

15. (1) 设 $z=f(u,x,y)$，$u=xe^y$，其中 f 具有连续的二阶偏导数，求 $\dfrac{\partial^2 z}{\partial x \partial y}$.

(2) 设 $z=f(e^x\sin y, x^2+y^2)$，其中 f 具有二阶连续偏导数，求 $\dfrac{\partial^2 z}{\partial x \partial y}$.

16. 设 $u=\dfrac{x+y}{x-y}$ $(x\neq y)$，求 $\dfrac{\partial^{m+n} z}{\partial x^m \partial y^n}$ $(m,n$ 为自然数$)$.

17. 设 $z=z(x,y)$ 为由方程 $xyz+\sqrt{x^2+y^2+z^2}=\sqrt{2}$ 所确定的隐函数，求 $\dfrac{\partial z}{\partial x}$ 和 $\dfrac{\partial z}{\partial y}$.

18. 设方程 $x^z+y^y=z^z$ 确定了函数 $z=z(x,y)$，求 $\mathrm{d}z$.

19. 设 z 为由方程 $f(x+y,y+z)=0$ 所确定的函数，求 $\mathrm{d}z$，$\dfrac{\partial^2 z}{\partial x^2}$.

20. 设 $u=f(x,y,z)$ 一阶连续可偏导，又 $z=z(x,y)$ 由确定 $xe^x+ye^y=ze^z$，求 $\dfrac{\partial u}{\partial x}$，$\dfrac{\partial u}{\partial y}$.

21. 设 $\begin{cases} z=x^2+y^2 \\ x^2+2y^2+3z^2=20 \end{cases}$，求 $\dfrac{\mathrm{d}y}{\mathrm{d}x}$，$\dfrac{\mathrm{d}z}{\mathrm{d}x}$.

22. 求椭球面 $x^2+2y^2+z^2=1$ 上平行于平面 $x-y+2z=0$ 的切平面方程.

23. 求螺旋线 $x=a\cos\theta$，$y=a\sin\theta$，$z=b\theta$ 在点 $(a,0,0)$ 处的切线方程及法平面方程.

24. 在曲面 $z=xy$ 上求一点，使这点处的法线垂直于平面 $x+3y+z+9=0$，写出该法线的方程.

25. 试证曲面 $\sqrt{x}+\sqrt{y}+\sqrt{z}=\sqrt{a}$ $(a>0)$ 上任何点的切平面在各坐标轴上的截距之和等于 a.

26. 求函数 $u=x+y+z$ 在球面 $x^2+y^2+z^2=1$ 上点 (x_0,y_0,z_0) 处，沿球面在该点的外法线方向的方向导数.

27. 求函数 $z=xy$ 在点 (x,y) 处沿方向 $l=\{\cos\alpha,\sin\alpha\}$ 的方向导数，并求在这点的梯度和最大的方向导数及最小的方向导数.

28. 设 u,v 都是 x,y,z 的函数，u,v 的各偏导数存在且连续，证明：

(1) $\mathbf{grad}(u+v)=\mathbf{grad}u+\mathbf{grad}v$;

(2) $\mathbf{grad}(uv)=v\,\mathbf{grad}u+u\,\mathbf{grad}v$.

29. 求函数 $f(x,y)=\ln(1+x^2+y^2)+1-\dfrac{x^3}{15}-\dfrac{y^3}{4}$ 的极值.

30. 将正数 a 分成三个正数 x,y,z，使 $f=x^m y^n z^p$ 最大，其中 m,n,p 均为已知数.

31. 某厂家生产的一种产品同时在两个市场销售，售价分别为 p_1 和 p_2，销售量分别为 q_1 和 q_2，需求函数分别为 $q_1=24-0.2p_1$ 和 $q_2=10-0.05p_2$，总成本函数为 $C=35+40(q_1+q_2)$. 试问：厂家如何确定商品在两个市场的售价，才能使获得的总利润最大？最大总利润为多少？

32. 某公司可通过电台及报纸两种方式做销售某种产品的广告. 根据统计资料，销售收入 R（万元）与电台广告费用 x_1（万元）及报纸广告费用 x_2（万元）之间的关系有如下的经验公式：

$$R=15+14x_1+32x_2-8x_1x_2-2x_1^2-10x_2^2.$$

(1) 在广告费用不限的情况下，求最优广告策略；

(2) 若广告费用为 1.5 万元，求相应的最优广告策略.

第9章 重 积 分

一元函数定积分的概念是某种"特殊和式的极限",把一元函数推广到多元函数,把积分范围从区间推广到平面或空间区域,就得到重积分的概念.本章介绍重积分(包括二重积分和三重积分)的概念、算法和应用.

9.1 二重积分的概念与性质

9.1.1 二重积分的概念

二重积分的概念也是从实际问题中抽象出来的,我们先考虑以下应用问题:

例 1 曲顶柱体的体积.

设有一立体,它的底是 xOy 面上的闭区域 D,它的侧面是以 ∂D(D 的边界曲线)为准线,而母线平行于 z 轴的柱面,它的顶是曲面 $z = f(x, y)$,这里 $f(x, y) \geqslant 0$,而且是 D 上的连续函数,称这种立体为**曲顶柱体**(图 9-1-1),现在我们来讨论如何计算上述曲顶柱体的体积.

我们知道,如果 $f(x, y)$ 是常数,曲顶柱体就转化为平顶柱体,它的体积可以用公式

$$\text{体积} = \text{高} \times \text{底面积}$$

来定义和计算.而对于曲顶柱体,当点 (x, y) 在区域 D 上变动时,高度 $f(x, y)$ 是个变量,因此它的体积不能直接用上式来定义和计算.与一元函数定积分一章中求曲边梯形面积的类似,可以用微元法处理(小范围以直代曲).

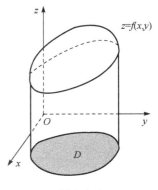

图 9-1-1

(1) **分割**.

首先,用一组曲线网把 D 分成 n 个小闭区域

$$\Delta\sigma_1, \quad \Delta\sigma_2, \quad \cdots, \quad \Delta\sigma_n,$$

同时用 $\Delta\sigma_i$ 表示该小闭区域的面积.分别以这些小闭区域的边界曲线为准线,作母线平行于 z 轴的柱面,这些柱面把原来的曲顶柱体分为 n 个小曲顶柱体.当这些小闭区域的直径很小时,由于 $f(x, y)$ 连续,对同一个小闭区域来说,$f(x, y)$ 变化很小,这时小曲顶柱体可近似看作平顶柱体.我们在每个 $\Delta\sigma_i$ 中任取一点 (ξ_i, η_i),用以 $f(\xi_i, \eta_i)$ 为高而底为 $\Delta\sigma_i$ 的平顶柱体(图 9-1-2)的体积近似代替小曲顶柱体的体积为

$$\Delta V_i \approx f(\xi_i, \eta_i)\Delta\sigma_i \quad (i = 1, 2, \cdots, n).$$

(2) **求和**.

这 n 个平顶柱体体积之和为所求曲顶柱体体积 V 的近似值

$$V = \sum_{i=1}^{n} \Delta V_i \approx \sum_{i=1}^{n} f(\xi_i, \eta_i)\Delta\sigma_i.$$

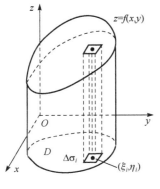

图 9-1-2

（3）**取极限.**

当分割越来越细时，近似代替的误差就越来越小，令 n 个小闭区域的直径中的最大值 $\lambda = \max_{1 \leqslant i \leqslant n} \{d(\Delta \sigma_i)\}$ 趋于零，取上述和的极限，所得的极限便自然地定义为曲顶柱体体积 V，即

$$V = \lim_{\lambda \to 0} \sum_{i=1}^{n} f(\xi_i, \eta_i) \Delta \sigma_i.$$

例 2 非均匀平面薄片的质量.

设有一个平面薄片占有 xOy 面上的闭区域 D，它在点 (x, y) 处的面密度为 $\rho(x, y)$，这里 $\rho(x, y) > 0$，且在 D 上连续. 现在要计算该薄片的质量 M.

我们知道，如果薄片是均匀的，即面密度是常数，那么薄片的质量可以用公式

$$\text{质量} = \text{面密度} \times \text{面积}$$

来计算. 现在面密度 $\rho(x, y)$ 是变量，薄片的质量就不能直接用上式来计算，我们可以用微元法处理（小范围以均匀近似代替非均匀）.

（1）**分割.**

用任意一组网线把区域 D 划分成 n 个小闭区域 $\Delta \sigma_i$（图 9-1-3），把薄片分成许多小块后，其面积仍记为 $\Delta \sigma_i$. 在 $\Delta \sigma_i$ 上任取一点 (ξ_i, η_i)，由于 $\rho(x, y)$ 连续，当小闭区域 $\Delta \sigma_i$ 的直径很小，可将小薄片近似看作均匀的，其密度近似等于 $\rho(\xi_i, \eta_i)$，从而 $\Delta \sigma_i$ 对应的平面小薄片的质量近似等于

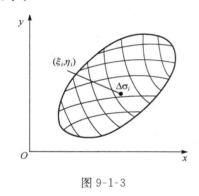

$$\rho(\xi_i, \eta_i) \Delta \sigma_i \quad (i = 1, 2, \cdots, n).$$

（2）**求和.**

对 i 求和，得所求平面薄片质量近似值

$$M \approx \sum_{i=1}^{n} \rho(\xi_i, \eta_i) \Delta \sigma_i.$$

（3）**取极限.**

得所求平面薄片质量 M 的精确值

$$M = \lim_{\lambda \to 0} \sum_{i=1}^{n} \rho(\xi_i, \eta_i) \Delta \sigma_i,$$

图 9-1-3

其中 λ 为各小闭区域 $\Delta \sigma_i (i = 1, 2, \cdots, n)$ 的直径最大值.

上面两个问题的实际意义虽然不同，但所求量都归结为同一形式的和的极限. 在物理、力学、几何和工程技术中，有许多物理量或几何量都可归结为这种形式的和的极限. 因此我们要一般地研究这种和的极限，并抽象出下述二重积分的定义.

定义 1 设 $f(x, y)$ 是有界闭区域 D 上的有界函数，将闭区域 D 任意分成 n 个小闭区域 $\Delta \sigma_1, \Delta \sigma_2, \cdots, \Delta \sigma_n$，其中 $\Delta \sigma_i$ 表示第 i 个小闭区域，也表示它的面积. 在每个 $\Delta \sigma_i$ 上任取一点 (ξ_i, η_i)，作和

$$\sum_{i=1}^{n} f(\xi_i, \eta_i) \Delta \sigma_i,$$

如果当小闭区域的直径中的最大值 $\lambda = \max_{1 \leqslant i \leqslant n} \{d(\Delta \sigma_i)\}$ 趋于零时，该和式的极限存在，则称函数 $f(x, y)$ 在闭区域 D 上可积，称此极限为函数 $f(x, y)$ 在闭区域 D 上的二重积分，记作 $\iint\limits_{D} f(x, y) \mathrm{d}\sigma$，即

$$\iint\limits_{D} f(x, y) \mathrm{d}\sigma = \lim_{\lambda \to 0} \sum_{i=1}^{n} f(\xi_i, \eta_i) \Delta \sigma_i,$$

其中 $f(x,y)$ 称为被积函数,$f(x,y)\mathrm{d}\sigma$ 称为被积表达式,$\mathrm{d}\sigma$ 称为面积元素或面积微元,x 与 y 称为积分变量,D 称为积分区域,$\sum\limits_{i=1}^{n} f(\xi_i,\eta_i)\Delta\sigma_i$ 称为积分和.

根据二重积分定义,例 1 中的曲顶柱体体积为 $V = \iint\limits_{D} f(x,y)\mathrm{d}\sigma$;例 2 中的平面薄片质量为 $M = \iint\limits_{D}\rho(x,y)\mathrm{d}\sigma.$

二重积分的几何意义:一般地,若 $f(x,y)\geqslant 0$,被积函数可看作 (x,y) 处的竖坐标,所以二重积分的几何意义为曲顶柱体体积;若 $f(x,y)<0$,柱体位于 xOy 平面下方,二重积分值为负,其绝对值等于曲顶柱体体积;若 $f(x,y)$ 在区域 D 若干部分为正,其余为负,则 $f(x,y)$ 在 D 上的二重积分就等于 xOy 平面上下方曲顶柱体的体积之差.

对二重积分的说明:

(1) 可以证明,若函数 $f(x,y)$ 在区域 D 上连续,则 $f(x,y)$ 为 D 上的可积函数,今后都假定被积函数 $f(x,y)$ 在积分区域 D 上连续.

(2) 根据定义,二重积分的存在与区域 D 的分割方法无关,因此在直角坐标系中可以取平行于坐标轴的直线网来划分 D,那么除了包含边界点的一些小闭区域外,其余的小闭区域都是矩形闭区域,设矩形闭区域 $\Delta\sigma_i,\Delta\sigma_i$ 的边长为 Δx_i 和 Δy_i,则 $\Delta\sigma_i = \Delta x_i \Delta y_i$,因此在直角坐标系中,有时也把面积元素 $\mathrm{d}\sigma$ 记作 $\mathrm{d}x\mathrm{d}y$,而把二重积分记作

$$\iint\limits_{D} f(x,y)\mathrm{d}x\mathrm{d}y,$$

其中 $\mathrm{d}x\mathrm{d}y$ 称为直角坐标系中的面积元素.

9.1.2 二重积分的性质

二重积分可以看成是定积分的推广,因此与定积分有类似的性质,我们不加证明的叙述如下:

性质 1 设 $f(x,y),g(x,y)$ 在 D 上可积,则 $f(x,y)\pm g(x,y)$ 在 D 上可积,且

$$\iint\limits_{D}[f(x,y)\pm g(x,y)]\mathrm{d}\sigma = \iint\limits_{D}f(x,y)\mathrm{d}\sigma \pm \iint\limits_{D}g(x,y)\mathrm{d}\sigma.$$

性质 2 设 k 为常数,$f(x,y)$ 在 D 上可积,则 $kf(x,y)$ 在 D 上可积,且

$$\iint\limits_{D}kf(x,y)\mathrm{d}\sigma = k\iint\limits_{D}f(x,y)\mathrm{d}\sigma.$$

这两条性质也称为线性性质.

性质 3(有限可加性) 如果闭区域 D 被有限条曲线分为有限个部分闭区域,则在 D 上的二重积分等于在各部分闭区域上的二重积分的和. 例如 D 分为两个闭区域 D_1 与 D_2,即 $D = D_1 + D_2$,则

$$\iint\limits_{D}f(x,y)\mathrm{d}\sigma = \iint\limits_{D_1}f(x,y)\mathrm{d}\sigma + \iint\limits_{D_2}f(x,y)\mathrm{d}\sigma.$$

这个性质表示二重积分对于积分区域具有可加性.

性质 4 $\iint\limits_{D}1\cdot\mathrm{d}\sigma = \iint\limits_{D}\mathrm{d}\sigma = S(D).$

这条性质的几何意义是很明显的,因为高为 1 的平顶柱体的体积在数值上就等于柱体的底面积.

性质 5(保号性) 如果在 D 上,$f(x,y) \geqslant 0$,则

$$\iint\limits_{D} f(x,y)\mathrm{d}\sigma \geqslant 0.$$

推论 1 如果在 D 上,$f(x,y) \geqslant g(x,y)$,则

$$\iint\limits_{D} f(x,y)\mathrm{d}\sigma \geqslant \iint\limits_{D} g(x,y)\mathrm{d}\sigma.$$

推论 2

$$\left| \iint\limits_{D} f(x,y)\mathrm{d}\sigma \right| \leqslant \iint\limits_{D} \left| f(x,y) \right| \mathrm{d}\sigma.$$

推论 3 如果 $f(x,y)$ 在 D 上连续,$f(x,y) \geqslant 0$ 但不恒为零,则

$$\iint\limits_{D} f(x,y)\mathrm{d}\sigma > 0.$$

性质 6(二重积分估值不等式) 设 $f(x,y)$ 在闭区域 D 上连续,m,M 分别是 $f(x,y)$ 在 D 上的最小、大值,则有

$$mS(D) \leqslant \iint\limits_{D} f(x,y)\mathrm{d}\sigma \leqslant MS(D).$$

其几何意义为:区域 D 上的曲顶柱体体积介于以 D 为底以曲顶的最低最高点为高的两个平顶柱体体积之间.

在上述不等式两边同除以 $S(D)$,可得

$$m \leqslant \frac{1}{S(D)}\iint\limits_{D} f(x,y)\mathrm{d}\sigma \leqslant M,$$

因为 $f(x,y)$ 在闭区域 D 上连续,由介值定理知在 D 上至少存在一点 (ξ,η),使得下式成立:

$$\frac{1}{S(D)}\iint\limits_{D} f(x,y)\mathrm{d}\sigma = f(\xi,\eta).$$

因此,我们有如下性质.

性质 7(二重积分的中值定理) 设函数 $f(x,y)$ 在闭区域 D 上连续,则在 D 上至少存在一点 (ξ,η),使得下式成立

$$\iint\limits_{D} f(x,y)\mathrm{d}\sigma = f(\xi,\eta)S(D).$$

其几何意义为:区域 D 上的以连续曲面为曲顶的曲顶柱体体积等于以 D 为底以某一点 (ξ,η) 的函数值为高的平顶柱体的体积.

通常把数值 $\dfrac{1}{S(D)}\iint\limits_{D} f(x,y)\mathrm{d}\sigma$ 称为 $f(x,y)$ 在闭区域 D 上的平均值.

习 题 9-1

1. 设 $I_1 = \iint\limits_{D_1}(x^2+y^2)\mathrm{d}\sigma$,其中 $D_1 = \{(x,y) \mid -1 \leqslant x \leqslant 1, -2 \leqslant y \leqslant 2\}$,又 $I_2 = \iint\limits_{D_2}(x^2+y^2)\mathrm{d}\sigma$,$D_2 = \{(x,y) \mid 0 \leqslant x \leqslant 1, 0 \leqslant y \leqslant 2\}$;试用二重积分几何意义说明 I_1 与 I_2 的关系.

2. 利用二重积分定义证明:

(1) $\iint\limits_{D} \mathrm{d}\sigma = S(D)$;

(2) $\iint\limits_{D} kf(x,y)\mathrm{d}\sigma = k\iint\limits_{D}f(x,y)\mathrm{d}\sigma$;

(3) $\iint\limits_{D_1+D_2}f(x,y)\mathrm{d}\sigma = \iint\limits_{D_1}f(x,y)\mathrm{d}\sigma + \iint\limits_{D_2}f(x,y)\mathrm{d}\sigma$.

3. 根据二重积分性质比较下列积分大小:

(1) $\iint\limits_{D}(x+y)^2\mathrm{d}\sigma$ 与 $\iint\limits_{D}(x+y)^3\mathrm{d}\sigma$,其中积分区域 D 是由 x 轴、y 轴与直线 $x+y=1$ 所围成;

(2) $\iint\limits_{D}(x+y)^2\mathrm{d}\sigma$ 与 $\iint\limits_{D}(x+y)^3\mathrm{d}\sigma$,其中积分区域 D 是由圆周 $(x-2)^2+(y-1)^2=2$ 所围成;

(3) $\iint\limits_{D}\ln(x+y)\mathrm{d}\sigma$ 和 $\iint\limits_{D}\ln(x+y)^3\mathrm{d}\sigma$,其中 $D=\{(x,y)\,|\,3\leqslant x\leqslant 5,0\leqslant y\leqslant 1\}$.

4. 利用二重积分的性质估计下列积分的值:

(1) $I=\iint\limits_{D}xy(x+y)\mathrm{d}\sigma$,其中 $D=\{(x,y)\,|\,0\leqslant x\leqslant 1,0\leqslant y\leqslant 1\}$;

(2) $I=\iint\limits_{D}\sin^2 x\sin^2 y\mathrm{d}\sigma$,其中 $D=\{(x,y)\,|\,0\leqslant x\leqslant \pi,0\leqslant y\leqslant \pi\}$;

(3) $I=\iint\limits_{D}(x+y+1)\mathrm{d}\sigma$,其中 $D=\{(x,y)\,|\,0\leqslant x\leqslant 1,0\leqslant y\leqslant 2\}$;

(4) $I=\iint\limits_{D}(x^2+4y^2+9)\mathrm{d}\sigma$,其中 $D=\{(x,y)\,|\,x^2+y^2\leqslant 4\}$.

5. 利用二重积分的几何意义,不经过计算直接给出下列二重积分的值.

(1) $\iint\limits_{D}\mathrm{d}\sigma$,$D: \dfrac{x^2}{a^2}+\dfrac{y^2}{b^2}\leqslant 1$;

(2) $\iint\limits_{D}\sqrt{R^2-x^2-y^2}\mathrm{d}\sigma$,$D: x^2+y^2\leqslant R^2$.

9.2 二重积分的计算(一)

按照二重积分的定义来计算二重积分,对少数特别简单的被积函数和积分区域来说是可行的,但对一般的函数和区域来说,这不是一种切实可行的方法.本节和 9.3 节介绍计算二重积分的比较简单而实用的方法,这种方法是把二重积分化为两次定积分来计算,称为二次积分或累次积分.

我们先介绍平面区域 D 的类型:Y-型区域(图 9-2-1)和 X-型区域(图 9-2-2).

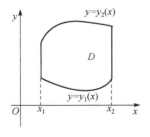

图 9-2-1

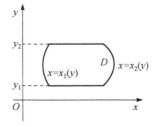

图 9-2-2

Y-型区域:$D=\{(x,y)\,|\,y_1(x)\leqslant y\leqslant y_2(x),x_1\leqslant x\leqslant x_2\}$,其中函数 $y_1(x)$、$y_2(x)$ 在区间 $[x_1,x_2]$ 上连续,区域的特点是:穿过 D 内部且平行于 y 轴的直线与 D 的边界相交不多于两点.

X-型区域:$D=\{(x,y)\,|\,x_1(y)\leqslant x\leqslant x_2(y),y_1\leqslant y\leqslant y_2\}$,其中函数 $x_1(y)$、$x_2(y)$ 在区间

$[y_1, y_2]$ 上连续,区域的特点是:穿过 D 内部且平行于 x 轴的直线与 D 的边界相交不多于两点.

下面我们来讨论二重积分 $\iint\limits_D f(x,y)\mathrm{d}\sigma$ 的计算问题,在讨论中假定 $f(x,y) \geqslant 0$,且积分区

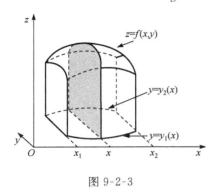

图 9-2-3

域为 Y-型区域:$D = \{(x,y) \mid y_1(x) \leqslant y \leqslant y_2(x), x_1 \leqslant x \leqslant x_2\}$. 按照二重积分的几何意义,二重积分 $\iint\limits_D f(x,y)\mathrm{d}\sigma$ 的值等于以 D 为底,以曲面 $z = f(x,y)$ 为顶的曲顶柱体(图 9-2-3)的体积. 下面我们应用第 6 章中计算"平行截面面积为已知的立体的体积"的方法,来计算这个曲顶柱体的体积.

先计算截面面积. 为此,在区间 $[x_1, x_2]$ 上任取一点 x,作平行于 yOz 面的平面,这平面截曲顶柱体所得截面是一个以区间 $[y_1(x), y_2(x)]$ 为底、曲线 $z = f(x,y)$ 为曲边的曲边梯形(图 9-2-3 中的阴影部分),所以该截面的面积为

$$A(x) = \int_{y_1(x)}^{y_2(x)} f(x,y)\mathrm{d}y,$$

于是,应用计算平行截面面积为已知的立体体积的方法,得曲顶柱体体积为

$$\iint\limits_D f(x,y)\mathrm{d}\sigma = V = \int_{x_1}^{x_2} A(x)\mathrm{d}x = \int_{x_1}^{x_2}\left[\int_{y_1(x)}^{y_2(x)} f(x,y)\mathrm{d}y\right]\mathrm{d}x, \qquad (9.2.1)$$

上式右端称为先对 y 后对 x 的二次积分或累次积分,习惯上其中的括号省略不计,而记为

$$\int_{x_1}^{x_2}\mathrm{d}x\int_{y_1(x)}^{y_2(x)} f(x,y)\mathrm{d}y,$$

因此公式(9.2.1)又写为

$$\iint\limits_D f(x,y)\mathrm{d}\sigma = \int_{x_1}^{x_2}\mathrm{d}x\int_{y_1(x)}^{y_2(x)} f(x,y)\mathrm{d}y. \qquad (9.2.2)$$

在上面的讨论中假定了 $f(x,y) \geqslant 0$,只是为几何上方便说明,事实上公式(9.2.2)的成立不受这个条件限制.

类似地,如果积分区域 D 为 X-型区域:$D = \{(x,y) \mid x_1(y) \leqslant x \leqslant x_2(y), y_1 \leqslant y \leqslant y_2\}$,则有

$$\iint\limits_D f(x,y)\mathrm{d}\sigma = \int_{y_1}^{y_2}\mathrm{d}y\int_{x_1(y)}^{x_2(y)} f(x,y)\mathrm{d}x. \qquad (9.2.3)$$

上式右端称为先对 x 后对 y 的二次积分或累次积分.

如果在积分区域(图 9-2-4)中,一部分过 D 内部且平行于 y 轴的直线与 D 的边界相交多于两点,又有一部分,使穿过 D 内部且平行于 x 轴的直线与 D 的边界相交多于两点,即 D 既不是 X-型区域,又不是 Y-型区域,对于这种情形,我们可以把 D 分成几部分,使每个部分是 X-型区域或 Y-型区域,在各个区域上使用公式,再根据二重积分可加性计算出所求积分值.

如果积分区域既是 X-型区域,又是 Y-型区域(图 9-2-5),即

$$D = \{(x,y) \mid y_1(x) \leqslant y \leqslant y_2(x), x_1 \leqslant x \leqslant x_2\}$$
$$= \{(x,y) \mid x_1(y) \leqslant x \leqslant x_2(y), y_1 \leqslant y \leqslant y_2\},$$

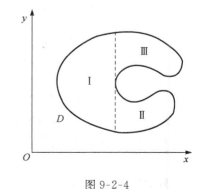

图 9-2-4

则有

$$\iint\limits_{D} f(x,y)\mathrm{d}\sigma = \int_{x_1}^{x_2}\mathrm{d}x \int_{y_1(x)}^{y_2(x)} f(x,y)\mathrm{d}y$$

$$= \int_{y_1}^{y_2}\mathrm{d}y \int_{x_1(y)}^{x_2(y)} f(x,y)\mathrm{d}x.$$

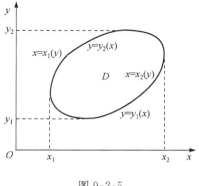

图 9-2-5

计算二重积分的步骤:先画出积分区域,判断积分区域 D 的类型,写出区域 D 的不等式表达式;再确定积分次序,然后化二重积分为二次积分.

其中,如果积分区域是 Y- 型区域,就在区间 $[x_1, x_2]$ 上任意取定一个 x 值(图 9-2-6),过该点作平行于 y 轴的直线,与区域 D 的边界交于点 $y_1(x)$、$y_2(x)$,这时把 x 看作常数,把 $f(x,y)$ 只看作 y 的函数,先对 y 计算从 $y_1(x)$ 到 $y_2(x)$ 的定积分;然后把算得的结果(x 的函数)再对 x 计算在区间 $[x_1, x_2]$ 上的定积分.

下面,通过具体例题进一步说明二重积分的计算.

例 1　计算 $\iint\limits_{D} xy\mathrm{d}\sigma$,其中 D 是由直线 $y=1$,$x=2$ 及 $y=x$ 所围成的闭区域.

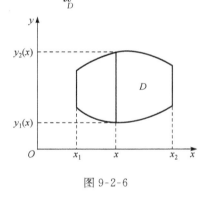

图 9-2-6

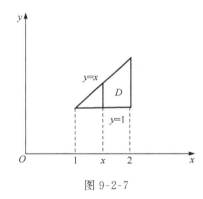

图 9-2-7

解　**解法一**　首先画出积分区域 D. D 既是 X- 型区域,又是 Y- 型区域. 把 D 看作 Y- 型区域(图 9-2-7),D 上的点的横坐标的变动范围是区间 $[1,2]$. 在区间 $[1,2]$ 上任意取定一个 x 值,D 上以这个 x 值为横坐标的点在一段直线上,这段直线平行于 y 轴,该线段上点的纵坐标从 $y=1$ 变到 $y=x$,因此

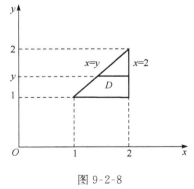

图 9-2-8

$$D = \{(x,y) \mid 1 \leqslant y \leqslant x, 1 \leqslant x \leqslant 2\},$$

利用公式(9.2.2),得

$$\iint\limits_{D} xy\mathrm{d}\sigma = \int_1^2 x\mathrm{d}x \int_1^x y\mathrm{d}y = \int_1^2 x \cdot \frac{y^2}{2}\Big|_1^x \mathrm{d}x$$

$$= \int_1^2 \left(\frac{x^3}{2} - \frac{x}{2}\right)\mathrm{d}x = \left(\frac{x^4}{8} - \frac{x^2}{4}\right)\Big|_1^2 = \frac{9}{8}.$$

解法二　将积分区域看作 X- 型区域(图 9-2-8),则

$$D = \{(x,y) \mid y \leqslant x \leqslant 2, 1 \leqslant y \leqslant 2\},$$

利用公式(9.2.3),得:

$$\iint\limits_{D} xy\mathrm{d}\sigma = \int_1^2 y\mathrm{d}y \int_y^2 x\mathrm{d}x = \int_1^2 y \cdot \frac{x^2}{2}\Big|_y^2 \mathrm{d}y = \int_1^2 \left(2y - \frac{y^3}{2}\right)\mathrm{d}y = \left(y^2 - \frac{y^4}{8}\right)\Big|_1^2 = \frac{9}{8}.$$

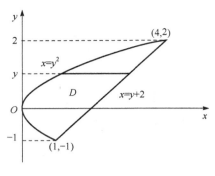

图 9-2-9

例 2 计算 $\iint\limits_D xy\,\mathrm{d}\sigma$,其中 D 是由抛物线 $y^2=x$ 及直线 $y=x-2$ 所围成的闭区域.

解 先画出积分区域 D. D 既是 X-型区域,又是 Y-型区域(图 9-2-9).若将区域视为 X-型区域,则

$$D=\{(x,y)\,|\,y^2\leqslant x\leqslant y+2,-1\leqslant y\leqslant 2\},$$

利用公式(9.2.3),得:

$$\iint\limits_D xy\,\mathrm{d}\sigma=\int_{-1}^2 y\mathrm{d}y\int_y^2 x\mathrm{d}x=\int_{-1}^2 y\cdot\frac{x^2}{2}\Big|_{y^2}^{y+2}\mathrm{d}x$$

$$=\frac{1}{2}\int_{-1}^2\big[y\,(y+2)^2-y^5\big]\mathrm{d}y=\frac{1}{2}\Big(\frac{y^4}{4}+\frac{4}{3}y^3+2y^2-\frac{y^6}{6}\Big)\Big|_{1}^{2}=5\frac{5}{8}.$$

若利用公式(9.2.2)来计算,则由于在区间[0,1]及[1,4]上表示 $y_1(x)$ 的表达式不同,所以要用经过交点 $(-1,1)$ 且平行于 y 轴的直线 $x=1$ 把区域 D 分成 D_1 和 D_2 两部分(图 9-2-10),其中

$$D_1=\{(x,y)\,|-\sqrt{x}\leqslant y\leqslant\sqrt{x},0\leqslant x\leqslant 1\},$$

$$D_2=\{(x,y)\,|\,x-2\leqslant y\leqslant\sqrt{x},1\leqslant x\leqslant 4\}.$$

因此,根据二重积分的有限可加性,就有

$$\iint\limits_D xy\,\mathrm{d}\sigma=\iint\limits_{D_1} xy\,\mathrm{d}\sigma+\iint\limits_{D_2} xy\,\mathrm{d}\sigma$$

$$=\int_0^1 x\mathrm{d}x\int_{-\sqrt{x}}^{\sqrt{x}} y\mathrm{d}y+\int_1^4 x\mathrm{d}x\int_{x-2}^{\sqrt{x}} y\mathrm{d}y.$$

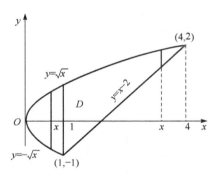

图 9-2-10

很显然,这里将区域视为 Y-型区域来计算比较麻烦,可见选择积分的次序是我们必须考虑的问题,为了计算简便,要考虑到积分区域的形状和被积函数的特点.

例 3 求两个底圆半径都等于 R 的直交圆柱面所围成的立体的体积.

解 设这两个圆柱面的方程分别为

$$x^2+y^2=R^2,\quad x^2+z^2=R^2,$$

利用立体关于坐标平面的对称性,只要算出它在第一卦限部分(图 9-2-11(a))的体积 V_1,然后再乘以 8 即可.

所求立体在第一卦限部分可以看成是一个曲顶柱体(图 9-2-11(b)),它的底为

$$D=\{(x,y)\,|\,0\leqslant y\leqslant\sqrt{R^2-x^2},0\leqslant x\leqslant R\},$$

它的顶是柱面 $z=\sqrt{R^2-x^2}$.于是所求立体体积为

$$V=8V_1=8\iint\limits_D\sqrt{R^2-x^2}\,\mathrm{d}\sigma=8\int_0^R\sqrt{R^2-x^2}\,\mathrm{d}x\int_0^{\sqrt{R^2-x^2}}\mathrm{d}y$$

$$=8\int_0^R(R^2-x^2)\,\mathrm{d}x=\frac{16}{3}R^3.$$

例 4 交换二次积分 $\int_0^1\mathrm{d}x\int_{x^2}^x f(x,y)\mathrm{d}y$ 的次序.

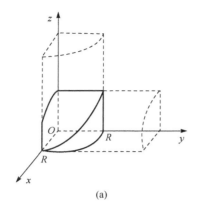 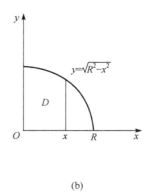

(a)   (b)

图 9-2-11

解 先根据二次积分的积分限画出积分区域 D 的图形(图 9-2-12),再把积分区域看成另一种类型,确定新的积分限

$$D = \{(x, y) \mid y \leqslant x \leqslant \sqrt{y}, 0 \leqslant y \leqslant 1\},$$

所以

$$\int_0^1 dx \int_{x^2}^x f(x, y) dy = \iint\limits_D f(x, y) d\sigma$$

$$= \int_0^1 dy \int_y^{\sqrt{y}} f(x, y) dx.$$

例 5 计算 $\iint\limits_D x^2 y^2 dx dy$,其中区域 $D: |x| + |y| \leqslant 1$.

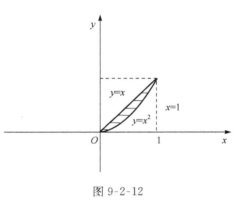

图 9-2-12

解 因为积分区域 D(图 9-2-13)关于 x 轴和 y 轴对称,且 $f(x, y) = x^2 y^2$ 为关于 x 或 y 均为偶函数,所以题设积分等于在积分区域 D_1 上的积分的 4 倍.

$$\iint\limits_D x^2 y^2 dx dy = 4 \iint\limits_{D_1} x^2 y^2 dx dy = 4 \int_0^1 x^2 dx \int_0^{1-x} y^2 dy$$

$$= \frac{4}{3} \int_0^1 x^2 (1 - x)^3 dx = \frac{1}{45}.$$

例 6 计算 $\iint\limits_D \dfrac{\sin y}{y} d\sigma$, D 由直线 $y = x, x = 0, y = \dfrac{\pi}{2}, y = \pi$ 所围而成.

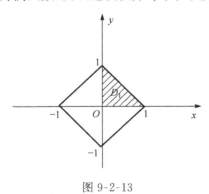

图 9-2-13

解 由题易知 D 既是 X 型,又是 Y 型区域. 若 D 看作 X 型区域,先对 y 积分后对 x 积分,则会遇到求不定积分 $\displaystyle\int \dfrac{\sin y}{y} dy$,这个积分是"积不出来"的. 所以只能将 D 看作 Y 型区域,先对 x 积分后对 y 积分.

$$D = \{(x, y) \mid 0 \leqslant x \leqslant y, \frac{\pi}{2} \leqslant y \leqslant \pi\},$$

$$\iint\limits_D \frac{\sin y}{y} d\sigma = \int_{\frac{\pi}{2}}^{\pi} dy \int_0^y \frac{\sin y}{y} dx = \int_{\frac{\pi}{2}}^{\pi} \frac{\sin y}{y} \cdot y dy = -\cos y \Big|_{\frac{\pi}{2}}^{\pi} = 1.$$

注　在选择积分次序时,既要看积分区域的特征,又要考虑被积函数的特点,否则会使计算复杂,甚至无法计算.处理的原则是既要使计算能进行,又要使计算尽可能地简便.

习 题 9-2

1. 计算:

(1) $\iint\limits_{D}(x^2+y^2)\mathrm{d}\sigma$,其中 D: $|x|\leqslant 1$, $|y|\leqslant 1$;

(2) $\iint\limits_{D}(3x+2y)\mathrm{d}\sigma$,其中区域 D 由坐标轴以及 $x+y=2$ 围成;

(3) $\iint\limits_{D}(x^3+3x^2y+y^3)\mathrm{d}\sigma$,其中 D:$0\leqslant x\leqslant 1,0\leqslant y\leqslant 1$;

(4) $\iint\limits_{D}x\cos(x+y)\mathrm{d}\sigma$ 其中 D 是顶点分别为 $(0,0)$,$(\pi,0)$ 和 (π,π) 的三角区域.

2. 画出积分区域并计算二重积分:

(1) $\iint\limits_{D}x\sqrt{y}\mathrm{d}\sigma$,其中 D 是由 $y=x^2,y=\sqrt{x}$ 围成的闭区域;

(2) $\iint\limits_{D}xy^2\mathrm{d}\sigma$,其中 D 是圆周 $x^2+y^2=4$ 及 y 轴所围成的右半区域;

(3) $\iint\limits_{D}(x^2-y^2)\mathrm{d}\sigma$,其中 D:$0\leqslant y\leqslant\sin x,0\leqslant x\leqslant\pi$;

(4) $\iint\limits_{D}\mathrm{e}^{x+y}\mathrm{d}\sigma$,其中 D:$|x|+|y|\leqslant 1$;

(5) $\iint\limits_{D}(x^2+y^2-x)\mathrm{d}\sigma$,其中 D 是由 $y=2,y=x$ 及 $y=2x$ 所围成的区域;

(6) $\iint\limits_{D}x\sin(xy)\mathrm{d}\sigma$,其中 D:$0\leqslant x\leqslant\pi,0\leqslant y\leqslant 1$;

(7) $\iint\limits_{D}\dfrac{x}{y+1}\mathrm{d}\sigma$,其中 D 由 $y=x^2+1,y=2x,x=0$ 围成;

(8) $\iint\limits_{D}\dfrac{x^2}{y^2}\mathrm{d}\sigma$,其中 D 由 $xy=2,y=1+x^2,x=2$ 围成;

(9) $\iint\limits_{D}6x^2y^2\mathrm{d}x\mathrm{d}y$,其中 D 由 $y=x,y=-x,y=2-x^2$ 围成的在 x 轴上方的区域;

(10) $\iint\limits_{D}x\mathrm{d}x\mathrm{d}y$,其中 D 是以 $(0,0)$,$(1,2)$ 和 $(2,1)$ 为顶点的三角形区域.

3. 画出下列二次积分所表示的二重积分的积分区域,并交换其积分次序:

(1) $\displaystyle\int_0^1\mathrm{d}y\int_0^y f(x,y)\mathrm{d}x$;　　　　　　　(2) $\displaystyle\int_0^2\mathrm{d}y\int_{y^2}^{2y} f(x,y)\mathrm{d}x$;

(3) $\displaystyle\int_0^1\mathrm{d}y\int_{-\sqrt{1-y^2}}^{\sqrt{1-y^2}} f(x,y)\mathrm{d}x$;　　(4) $\displaystyle\int_1^2\mathrm{d}x\int_{2-x}^{\sqrt{2x-x^2}} f(x,y)\mathrm{d}y$;

(5) $\displaystyle\int_1^{\mathrm{e}}\mathrm{d}x\int_0^{\ln x} f(x,y)\mathrm{d}y$;　　　　　(6) $\displaystyle\int_0^{\pi}\mathrm{d}x\int_{-\sin\frac{x}{2}}^{\sin x} f(x,y)\mathrm{d}y$;

(7) $\displaystyle\int_{-1}^0\mathrm{d}y\int_{1-y}^2 f(x,y)\mathrm{d}x$;　　　　(8) $\displaystyle\int_0^1\mathrm{d}x\int_0^x f(x,y)\mathrm{d}y+\int_1^2\mathrm{d}x\int_0^{2-x} f(x,y)\mathrm{d}y$.

4. 设 $f(x,y)$ 连续,且 $f(x,y)=xy+\iint\limits_{D}f(u,v)\mathrm{d}u\mathrm{d}v$,其中 D 是由 $y=0,y=x^2,x=1$ 所围区域,求 $f(x,y)$ 的表达式.

5. 如果二重积分 $\iint\limits_{D}f(x,y)\mathrm{d}\sigma$ 的被积函数 $f(x,y)$ 是两个一元函数 $f(x)$ 及 $g(y)$ 的乘积,积分区域为矩形

$D = [a,b] \times [c,d] = \{(x,y) \mid a \leqslant x \leqslant b, c \leqslant y \leqslant d\}$,证明此二重积分恰为两个定积分的乘积$\iint\limits_{D} f(x,y)\mathrm{d}\sigma =$

$\iint\limits_{[a,b] \times [c,d]} f(x) \cdot g(y)\mathrm{d}\sigma = \left[\int_a^b f(x)\mathrm{d}x\right] \cdot \left[\int_c^d g(y)\mathrm{d}y\right]$.

6. 设 $f(x,y)$ 在 D 上连续,其中 D 是由直线 $y=x, y=a, x=b(b>a)$ 围成的区域,证明:

$$\int_a^b \mathrm{d}x \int_a^x f(x,y)\mathrm{d}y = \int_a^b \mathrm{d}y \int_y^b f(x,y)\mathrm{d}x.$$

7. 设 $f(x)$ 在 $[0,1]$ 上连续,并且 $\int_0^1 f(x)\mathrm{d}x = A$,求 $\int_0^1 \mathrm{d}x \int_x^1 f(x)f(y)\mathrm{d}y$.

8. 用二重积分表示由曲面 $z=0, x+y+z=1, x^2+y^2=1$ 所围成的立体体积.

9. 计算由平面 $x=0, y=0, x+y=1$ 所围成的柱面被平面 $z=0$ 及抛物面 $x^2+y^2=6-z$ 所截得的立体体积.

10. 求由平面 $x+2y+z=2, x=2y, x=0$ 和 $z=0$ 所围成的四面体的体积.

9.3 二重积分的计算(二)

9.3.1 在极坐标下计算二重积分

有些二重积分,积分区域 D 的边界曲线用极坐标方程来表示比较方便,比如圆形或者扇形区域的边界等等,而且此时被积函数用极坐标表达比较简单,这时我们就可以考虑利用极坐标系计算二重积分 $\iint\limits_{D} f(x,y)\mathrm{d}\sigma$. 注意到直角坐标与极坐标的转换关系

$$x = r\cos\theta, \quad y = r\sin\theta,$$

被积函数 $f(x,y)$ 可表示为 $f(r\cos\theta, r\sin\theta)$,关键是得到极坐标系下的面积元素.

假定从极点 O 出发且穿过闭区域 D 内部的射线与 D 的边界曲线相交不多于两点,在极坐标系下积分区域 D 变成 D'. 我们用以极点为中心的一族同心圆:$r=$ 常数,以及从极点出发的一族射线:$\theta=$ 常数,把 D 分成 n 个小闭区域(图 9-3-1).

设其中一个小闭区域为 $\Delta\sigma_i$($\Delta\sigma_i$ 同时表示该小闭区域的面积),除了边界上的个别区域,绝大部分区域由两个扇形围成,于是

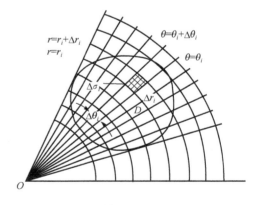

图 9-3-1

$$\Delta\sigma_i = \frac{1}{2}(r_i + \Delta r_i)^2 \cdot \Delta\theta_i - \frac{1}{2}r_i^2 \cdot \Delta\theta_i = \frac{r_i + (r_i + \Delta r_i)}{2} \cdot \Delta r_i \cdot \Delta\theta_i \approx r_i \cdot \Delta r_i \cdot \Delta\theta_i.$$

因此根据微元法可以得到极坐标下的面积元素 $\mathrm{d}\sigma = r\mathrm{d}r\mathrm{d}\theta$,从而得到直角坐标系与极坐标系之间的转换公式

$$\iint\limits_{D} f(x,y)\mathrm{d}x\mathrm{d}y = \iint\limits_{D'} f(r\cos\theta, r\sin\theta)r\mathrm{d}r\mathrm{d}\theta. \tag{9.3.1}$$

极坐标系下的二重积分,同样可以化为二次积分来计算. 与直角坐标系类似,极坐标系下的积分区域可分为 r- 型区域和 θ- 型区域,我们只考虑 r- 型区域. 下面就几种情况来讨论具体计算方法,其中假定被积函数在指定积分区域上均为连续的.

(1)积分区域 D 介于两条射线 $\theta=\alpha, \theta=\beta$ 之间,而对于 D 内任意一点 (r,θ),其极径总是介于 $r=r_1(\theta), r=r_2(\theta)$ 之间(图 9-3-2),则

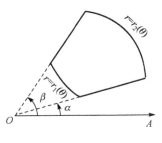

图 9-3-2

$$D' = \{(r,\theta) \mid r_1(\theta) \leqslant r \leqslant r_2(\theta), \alpha \leqslant \theta \leqslant \beta\},$$

从而有

$$\iint_D f(x,y)\mathrm{d}x\mathrm{d}y = \iint_{D'} f(r\cos\theta, r\sin\theta)r\mathrm{d}r\mathrm{d}\theta$$

$$= \int_\alpha^\beta \mathrm{d}\theta \int_{r_1(\theta)}^{r_2(\theta)} f(r\cos\theta, r\sin\theta)r\mathrm{d}r.$$

(9.3.2)

（2）如果积分区域 D 如图 9-3-3 所示，那么可以把它看作第一种情形中的特例，此时

$$D' = \{(r,\theta) \mid 0 \leqslant r \leqslant r(\theta), \alpha \leqslant \theta \leqslant \beta\},$$

从而有

$$\iint_D f(x,y)\mathrm{d}x\mathrm{d}y = \int_\alpha^\beta \mathrm{d}\theta \int_0^{r(\theta)} f(r\cos\theta, r\sin\theta)r\mathrm{d}r.$$

（3）如果积分区域 D 如图 9-3-4 所示，极点在 D 的内部，那么可以把它看作图 9-3-3 的特殊情况，此时有

$$\iint_D f(x,y)\mathrm{d}x\mathrm{d}y = \int_0^{2\pi} \mathrm{d}\theta \int_0^{r(\theta)} f(r\cos\theta, r\sin\theta)r\mathrm{d}r.$$

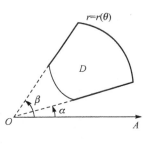

图 9-3-3

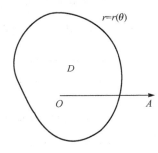

图 9-3-4

由二重积分的性质知，闭区域 D 的面积在极坐标下可以表示为

$$S(D) = \iint_D \mathrm{d}\sigma = \iint_{D'} r\mathrm{d}r\mathrm{d}\theta.$$

如果闭区域 D 如图 9-3-3 所示，则有

$$S(D) = \iint_{D'} r\mathrm{d}r\mathrm{d}\theta = \int_\alpha^\beta \mathrm{d}\theta \int_0^{r(\theta)} r\mathrm{d}r = \frac{1}{2}\int_\alpha^\beta r^2(\theta)\mathrm{d}\theta.$$

下面，通过具体实例来说明极坐标下二重积分的计算.

例 1　计算 $\iint_D \mathrm{e}^{-x^2-y^2}\mathrm{d}x\mathrm{d}y$，其中 D 是由圆心在原点、半径为 R 的圆周所围成的闭区域如图 9-3-5.

解　在极坐标系中，闭区域可表示为

$$D' = \{(r,\theta) \mid 0 \leqslant r \leqslant R, 0 \leqslant \theta \leqslant 2\pi\},$$

于是

$$\iint_D \mathrm{e}^{-x^2-y^2}\mathrm{d}x\mathrm{d}y = \iint_{D'} \mathrm{e}^{-r^2}r\mathrm{d}r\mathrm{d}\theta = \int_0^{2\pi}\mathrm{d}\theta \int_0^a \mathrm{e}^{-r^2}r\mathrm{d}r$$

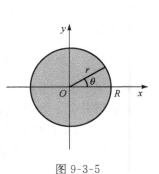

图 9-3-5

$$= \int_0^{2\pi} \frac{e^{-r^2}}{2} \Big|_0^R d\theta = \pi(1-e^{-R^2}).$$

本题如果用直角坐标计算,由于积分 $\int e^{-x^2} dx$ 不能用初等函数来表示,所以算不出来.

例 2　计算 $\iint\limits_D \dfrac{\sin(\pi\sqrt{x^2+y^2})}{\sqrt{x^2+y^2}}dxdy$,其中积分区域由 $1 \leqslant x^2+y^2 \leqslant 4$ 所确定的圆环.

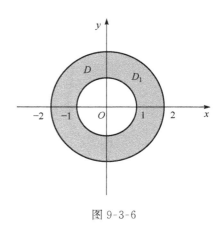

解　因为积分区域 D(图 9-3-6)关于 x 轴和 y 轴对称,且被积函数关于 x 或 y 均为偶函数,所以题设积分等于在积分区域 D_1 上的积分的 4 倍,

$$D_1' = \left\{(r,\theta) \mid 1 \leqslant r \leqslant 2, 0 \leqslant \theta \leqslant \frac{\pi}{2}\right\},$$

图 9-3-6

因此有

$$\iint\limits_D \frac{\sin(\pi\sqrt{x^2+y^2})}{\sqrt{x^2+y^2}}dxdy = 4\iint\limits_{D_1'} \frac{\sin\pi r}{r}rdrd\theta = 4\int_0^{\frac{\pi}{2}}d\theta\int_1^2 \sin\pi r dr = -4.$$

本题如果用直角坐标系,将无法计算.

例 3　计算 $\iint\limits_D \dfrac{y^2}{x^2}dxdy$,其中 D 是由曲线 $x^2+y^2=2x$ 所围成的平面区域.

解　积分区域 D 如图 9-3-7 所示,其边界曲线 $x^2+y^2=2x$ 的极坐标方程为 $r=2\cos\theta$,于是

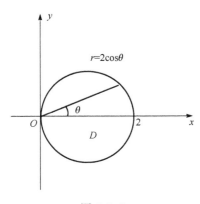

$$D' = \left\{(r,\theta) \mid 0 \leqslant r \leqslant 2\cos\theta, -\frac{\pi}{2} \leqslant \theta \leqslant \frac{\pi}{2}\right\},$$

因此

$$\iint\limits_D \frac{y^2}{x^2}dxdy = \iint\limits_{D'} \frac{r^2\sin^2\theta}{r^2\cos^2\theta}rdrd\theta = \int_{-\frac{\pi}{2}}^{\frac{\pi}{2}} \frac{\sin^2\theta}{\cos^2\theta}d\theta\int_0^{2\cos\theta}rdr$$

$$= \int_{-\frac{\pi}{2}}^{\frac{\pi}{2}} 2\sin^2\theta d\theta = \pi.$$

例 4　设 $D = \{(x,y) \mid 1 \leqslant x^2+y^2 \leqslant 9, y \geqslant 0\}$,求二重积分 $\iint\limits_D (2x+8y^2)d\sigma$ 的值.

图 9-3-7

解　因积分区域的边界曲线有两个圆弧,现考虑在极坐标中求之,$x=r\cos\theta, y=r\sin\theta, d\sigma=rdrd\theta$.

$$\iint\limits_D (2x+8y^2)d\sigma = \iint\limits_{D'} (2r\cos\theta+8r^2\sin^2\theta)rdrd\theta$$

$$= \int_0^{\pi}d\theta\int_1^3 (2r^2\cos\theta+8r^3\sin^2\theta)dr$$

$$= \int_0^{\pi}\left[\frac{2}{3}(3^3-1^3)\cos\theta+2(3^4-1^4)\sin^2\theta\right]d\theta$$

$$= \frac{52}{3}\int_0^{\pi}\cos\theta d\theta+160\int_0^{\pi}\sin^2\theta d\theta$$

$$= \frac{52}{3}\sin\theta \Big|_0^{\pi}+160\int_0^{\pi}\frac{1-\cos2\theta}{2}d\theta$$

$$= 0 + 80\left(\pi - \frac{1}{2}\sin 2\theta \mid_0^\pi\right) = 80\pi.$$

例 5 求球体 $x^2 + y^2 + z^2 \leqslant 4a^2$ 被圆柱面 $x^2 + y^2 = 2ax\ (a > 0)$ 所截得的（含在圆柱面内的部分）立体的体积（图 9-3-8）.

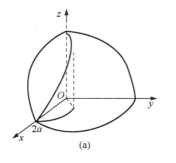 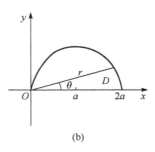

图 9-3-8

解 由于立体关于 xOy 面和 zOx 面的对称性，故所求立体体积 V 等于该立体在第一卦限部分 V_1 的 4 倍，再注意到 V_1 是由曲面 $z = \sqrt{4a^2 - x^2 - y^2}$ 为顶，以区域 D 为底的曲顶柱体，其中区域 D 为半圆周 $y = \sqrt{2ax - x^2}$ 及 x 轴所围成的闭区域，

$$D' = \left\{(r, \theta) \mid 0 \leqslant r \leqslant 2a\cos\theta, 0 \leqslant \theta \leqslant \frac{\pi}{2}\right\},$$

因此

$$V = 4\iint_D \sqrt{4a^2 - x^2 - y^2}\,d\sigma = 4\iint_{D'} \sqrt{4a^2 - r^2}\,r\,dr\,d\theta = 4\int_0^{\frac{\pi}{2}} d\theta \int_0^{2a\cos\theta} \sqrt{4a^2 - r^2}\,r\,dr$$

$$= \frac{32a^3}{3}\int_0^{\pi/2}(1 - \sin^3\theta)\,d\theta = \frac{32a^3}{3}\left(\frac{\pi}{2} - \frac{2}{3}\right).$$

例 6 计算概率积分 $\displaystyle\int_0^{+\infty} e^{-x^2}\,dx$.

解 这是一个广义积分，由于 e^{-x^2} 的原函数不能用初等函数表示，因此利用广义积分无法计算，现在用二重积分来计算，其思想与广义积分一样.

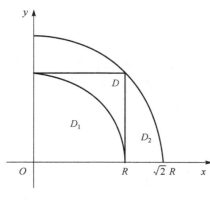

图 9-3-9

设 $I(R) = \displaystyle\int_0^R e^{-x^2}\,dx$，则

$$I^2(R) = \int_0^R e^{-x^2}\,dx\int_0^R e^{-x^2}\,dx = \int_0^R e^{-x^2}\,dx\int_0^R e^{-y^2}\,dy$$

$$= \iint_{[0,R]\times[0,R]} e^{-(x^2+y^2)}\,d\sigma.$$

记区域 $D = [0, R] \times [0, R]$，设 D_1, D_2 分别表示圆域 $x^2 + y^2 \leqslant R^2$，$x^2 + y^2 \leqslant 2R^2$ 位于第一象限的两个扇形（图 9-3-9），则

$$\iint_{D_1} e^{-(x^2+y^2)}\,d\sigma < I^2(R) < \iint_{D_2} e^{-(x^2+y^2)}\,d\sigma,$$

由例 1 的计算结果可知

$$\frac{\pi}{4}(1 - e^{-R^2}) \leqslant I^2(R) \leqslant \frac{\pi}{4}(1 - e^{-2R^2}).$$

当 $R \rightarrow +\infty$ 时,上式两端都以 $\dfrac{\pi}{4}$ 为极限,由夹逼定理知

$$\left(\int_0^{+\infty} \mathrm{e}^{-x^2} \mathrm{d}x\right)^2 = \left[\lim_{R \to +\infty} I(R)\right]^2 = \lim_{R \to +\infty} I^2(R) = \frac{\pi}{4},$$

因此 $I = \dfrac{\sqrt{\pi}}{2}$,即 $\displaystyle\int_0^{+\infty} \mathrm{e}^{-x^2} \mathrm{d}x = \dfrac{\sqrt{\pi}}{2}$.

9.3.2 二重积分换元法

在实际问题中,仅用直角坐标和极坐标来计算二重积分是不够的,下面我们介绍一般曲线坐标系下的二重积分计算,即二重积分换元法.

定理 1 设函数 $f(x,y)$ 在 xOy 平面上的闭区域 D 上连续,变换 $\begin{cases} x = x(u,v) \\ y = y(u,v) \end{cases}$ 将 uOv 平面上的闭区域 D' 一一对应地变成 xOy 平面上的闭区域 D,其中函数 $x = x(u,v)$,$y = y(u,v)$ 在 D' 上有一阶连续偏导数,且在 D' 上雅可比行列式 $\dfrac{\partial(x,y)}{\partial(u,v)} = \begin{vmatrix} \dfrac{\partial x}{\partial u} & \dfrac{\partial x}{\partial v} \\ \dfrac{\partial y}{\partial u} & \dfrac{\partial y}{\partial v} \end{vmatrix} \neq 0$,则有

$$\iint\limits_D f(x,y) \mathrm{d}x\mathrm{d}y = \iint\limits_{D'} f[x(u,v), y(u,v)] \left|\frac{\partial(x,y)}{\partial(u,v)}\right| \mathrm{d}u\mathrm{d}v.$$

这个公式称为二重积分的一般换元公式. 其中记号 $\mathrm{d}\sigma = \begin{vmatrix} \dfrac{\partial x}{\partial u} & \dfrac{\partial x}{\partial v} \\ \dfrac{\partial y}{\partial u} & \dfrac{\partial y}{\partial v} \end{vmatrix} \mathrm{d}u\mathrm{d}v$ 称为曲线坐标系 uOv 下的面积元素.

利用上述公式,我们验证极坐标系下的变换公式.

因为 $x = r\cos\theta$,$y = r\sin\theta$,所以

$$\frac{\partial(x,y)}{\partial(r,\theta)} = \begin{vmatrix} \cos\theta & -r\sin\theta \\ \sin\theta & r\cos\theta \end{vmatrix} = r,$$

因此有

$$\iint\limits_D f(x,y) \mathrm{d}\sigma = \iint\limits_D f(r\cos\theta, r\sin\theta) r\mathrm{d}r\mathrm{d}\theta.$$

一般地,如果区域 D 能用某种曲线坐标表示,使得积分更简单,就可以利用一般换元公式化简积分的计算.

例 7 求椭球体 $\dfrac{x^2}{a^2} + \dfrac{y^2}{b^2} + \dfrac{z^2}{c^2} \leqslant 1$ 的体积.

解 由对称性知所求体积为

$$V = 8\iint\limits_D c \sqrt{1 - \frac{x^2}{a^2} - \frac{y^2}{b^2}} \mathrm{d}\sigma,$$

其中积分区域为

$$D = \left\{ (x,y) \Big| \frac{x^2}{a^2} + \frac{y^2}{b^2} \leqslant 1, x \geqslant 0, y \geqslant 0 \right\},$$

令 $x = ar\cos\theta$,$y = br\sin\theta$(称其为广义极坐标变换),则

$$D' = \{(r,\theta) \mid 0 \leqslant r \leqslant 1, 0 \leqslant \theta \leqslant 2\pi\},$$

$$J = \frac{\partial(x,y)}{\partial(r,\theta)} = \begin{vmatrix} a\cos\theta & -ar\sin\theta \\ b\sin\theta & br\cos\theta \end{vmatrix} = abr,$$

于是

$$V = 8abc \iint\limits_{D'} c \sqrt{1-r^2}\, r\mathrm{d}r\mathrm{d}\theta = 8abc \int_0^{\frac{\pi}{2}} \mathrm{d}\theta \int_0^1 \sqrt{1-r^2}\, r\mathrm{d}r$$

$$= 8abc \cdot \frac{\pi}{2} \cdot \left(-\frac{1}{3}\right)(\sqrt{1-r^2})^3 \Big|_0^1 = \frac{4}{3}\pi abc.$$

特别地，当 $a=b=c=R$ 时，则得到的球体的体积公式

$$V_{球} = \frac{4}{3}\pi R^3.$$

习　题　9-3

1. 把 $\iint\limits_{D} f(x,y)\mathrm{d}x\mathrm{d}y$ 化为极坐标形式的二次积分，其中积分区域 D 为：

(1) $x^2 + y^2 \leqslant a^2 (a > 0)$；　　　　　　　　(2) $a^2 \leqslant x^2 + y^2 \leqslant b^2 (0 < a < b)$；

(3) $x^2 + y^2 \leqslant 2x$；　　　　　　　　　　　(4) $0 \leqslant y \leqslant 1 - x, 0 \leqslant x \leqslant 1$.

2. 化下列二次积分为极坐标形式的二次积分：

(1) $\int_0^1 \mathrm{d}x \int_0^1 f(x,y)\mathrm{d}y$；　　　　　　　　(2) $\int_0^2 \mathrm{d}x \int_x^{\sqrt{3}x} f(x,y)\mathrm{d}y$；

(3) $\int_0^1 \mathrm{d}x \int_{1-x}^{\sqrt{1-x^2}} f(x,y)\mathrm{d}y$；　　　　　(4) $\int_0^1 \mathrm{d}x \int_0^{x^2} f(x,y)\mathrm{d}y$.

3. 化下列积分为极坐标形式并计算积分值：

(1) $\int_0^{2a} \mathrm{d}x \int_0^{\sqrt{2ax-x^2}} (x^2+y^2)\mathrm{d}y$；　　　(2) $\int_0^a \mathrm{d}x \int_0^x \sqrt{x^2+y^2}\,\mathrm{d}y$；

(3) $\int_0^1 \mathrm{d}x \int_{x^2}^x (x^2+y^2)^{-\frac{1}{2}}\mathrm{d}y$；　　　(4) $\int_0^a \mathrm{d}y \int_0^{\sqrt{a^2-y^2}} (x^2+y^2)\mathrm{d}x$.

4. 计算：

(1) $\iint\limits_{D} \mathrm{e}^{x^2+y^2}\mathrm{d}\sigma$，其中 D 是由 $x^2+y^2=4$ 所围成的闭区域；

(2) $\iint\limits_{D} \ln(1+x^2+y^2)\mathrm{d}\sigma$，其中 D 是由圆周 $x^2+y^2=1$ 及坐标轴所围成的在第一象限内的闭区域；

(3) $\iint\limits_{D} \arctan\frac{y}{x}\mathrm{d}\sigma$，其中 D 是由 $x^2+y^2=4, x^2+y^2=1$ 及直线 $y=0, y=x$ 所围成的在第一象限内的闭区域；

(4) $\iint\limits_{x^2+y^2 \leqslant x+y} (x+y)\mathrm{d}x\mathrm{d}y$.

5. 选用适当坐标计算下列各题：

(1) $\iint\limits_{D} \frac{x^2}{y^2}\mathrm{d}\sigma$，其中 D 是由 $x=2, y=x, xy=1$ 所围成的闭区域；

(2) $\iint\limits_{D} \sqrt{\frac{1-x^2-y^2}{1+x^2+y^2}}\,\mathrm{d}\sigma$，其中 D 是由圆周 $x^2+y^2=1$ 及坐标轴围成的在第一象限的闭区域；

(3) $\iint\limits_{D}(x^2+y^2)\mathrm{d}\sigma$，其中 D 是由直线 $y=x, y=x+a, y=a, y=3a(a>0)$ 所围成的闭区域；

(4) $\iint\limits_{D}\sqrt{x^2+y^2}\mathrm{d}\sigma$,其中 D 是由圆环形闭区域:$a^2\leqslant x^2+y^2\leqslant b^2$;

(5) $\iint\limits_{D}(x+y)\mathrm{d}\sigma$,其中 D:$x^2+y^2-2aR\leqslant 0$;

(6) $\iint\limits_{D}(x+y)\mathrm{d}\sigma$,其中 D 是由 $y^2=2x,x+y=4,x+y=12$ 所围成的区域;

(7) $\iint\limits_{D}\dfrac{\mathrm{d}\sigma}{(a^2+x^2+y^2)^{3/2}}$,其中 D 为 $0\leqslant x\leqslant a$;$0\leqslant y\leqslant a$.

6. 进行适当变量代换,化二重积分$\iint\limits_{D}f(xy)\mathrm{d}x\mathrm{d}y$ 为定积分,其中 D 为由曲线 $xy=1,xy=2,y=x,y=4x(x>0,y>0)$ 所围成的闭区域.

7. 做适当变量代换证明等式:$\iint\limits_{D}f(x+y)\mathrm{d}x\mathrm{d}y=\int_{-1}^{1}f(u)\mathrm{d}u$,其中闭区域 D:$|x|+|y|\leqslant 1$.

8. 求旋转抛物面 $z=x^2+y^2$ 与平面 $z=4$ 所围成的立体体积.

9.4　三重积分(一)

9.4.1　三重积分的概念

定积分及二重积分为某种特殊形式和的极限,将被积函数和积分区域推广到三维空间,就很自然地得到三重积分的概念.

定义 1　设 $f(x,y,z)$ 是空间有界闭区域 Ω 上的有界函数. 将 Ω 任意分成 n 个小闭区域
$$\Delta V_1,\quad \Delta V_2,\quad \cdots,\quad \Delta V_n,$$
同时用 ΔV_i 表示第 i 个小闭区域的体积,在每个 ΔV_i 上任取一点(ξ_i,η_i,ζ_i),作和
$$\sum_{i=1}^{n}f(\xi_i,\eta_i,\zeta_i)\Delta V_i,$$
如果当各小闭区域直径中的最大值 $\lambda=\max\limits_{1\leqslant i\leqslant n}\{d(\Delta V_i)\}$ 趋于零时,和式的极限存在,则称函数 $f(x,y,z)$ 在闭区域 Ω 上可积,称此极限为函数 $f(x,y,z)$ 在闭区域 Ω 上的三重积分,记为
$$\iiint\limits_{\Omega}f(x,y,z)\mathrm{d}V=\lim_{\lambda\to 0}\sum_{i=1}^{n}f(\xi_i,\eta_i,\zeta_i)\Delta V_i,$$
其中 $\mathrm{d}V$ 称为体积元素或体积微元.

在直角坐标系中,如果用平行于坐标面的平面来划分 Ω,那么除了包含 Ω 的边界上的一些不规则小闭区域外,得到的绝大多数小闭区域 ΔV_i 为长方体. 设长方体小闭区域 ΔV_i 的边长为 $\Delta x_i,\Delta y_i,\Delta z_i$,则 $\Delta V_i=\Delta x_i\Delta y_i\Delta z_i$,因此在直角坐标系中,有时也把体积元素 $\mathrm{d}V$ 记作 $\mathrm{d}x\mathrm{d}y\mathrm{d}z$,而把三重积分记为
$$\iiint\limits_{\Omega}f(x,y,z)\mathrm{d}V=\iiint\limits_{\Omega}f(x,y,z)\mathrm{d}x\mathrm{d}y\mathrm{d}z,$$
其中 $\mathrm{d}x\mathrm{d}y\mathrm{d}z$ 称为直角坐标系中的体积元素.

根据定义,密度为 $f(x,y,z)$ 的空间立体 Ω 的质量为
$$M=\iiint\limits_{\Omega}f(x,y,z)\mathrm{d}V,$$
这也是三重积分的物理意义.

三重积分的性质也与第一节中所述的二重积分的性质类似,这里不再重复,这里指出:

当 $f(x,y,z)\equiv1$ 时,有

$$\iiint\limits_{\Omega}1\cdot\mathrm{d}V=\iiint\limits_{\Omega}\mathrm{d}V=V(\Omega).$$

这个公式的物理意义是:密度为 1 的均质立体 Ω 的质量在数值上等于 Ω 的体积.

假定函数 $f(x,y,z)$ 在空间有界闭区域 Ω 上是连续的,下面我们讨论直角坐标系下三重积分的计算.

9.4.2   直角坐标系下三重积分的计算

三重积分的计算,与二重积分的计算类似,其基本思路也是化为累次积分.

假设平行于 z 轴且穿过闭区域 Ω 内部的直线与 Ω 的边界曲面 S 相交不多于两点,把闭区域 Ω 投影到 xOy 平面上,得一平面闭区域 D_{xy}(图 9-4-1),以 D_{xy} 的边界为准线作母线平行于 z 轴的柱面,设柱面与曲面 S 的交线从 S 中分出的下、上两部分的方程分别为

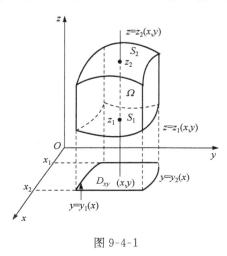

图 9-4-1

$$S_1:z=z_1(x,y),\quad S_2:z=z_2(x,y),$$

其中 $z_1(x,y)$ 与 $z_2(x,y)$ 都是 D_{xy} 上的连续函数,且 $z_1(x,y)\leqslant z_2(x,y)$,过 D_{xy} 内任一点 (x,y) 作平行于 z 轴的直线,则直线通过曲面 S_1 穿入 Ω 内,然后通过曲面 S_2 穿出 Ω 外,且穿入点与穿出点的竖坐标分别为 $z_1(x,y)$ 与 $z_2(x,y)$,如此,积分区域 Ω 可表示为

$$\Omega=\{(x,y,z)\,|\,z_1(x,y)\leqslant z\leqslant z_2(x,y),(x,y)\in D_{xy}\}.$$

我们称这种区域为空间 Z-型区域,可类似定义空间 X-型区域和空间 Y-型区域.

下面我们利用定积分、二重积分及三重积分的物理意义计算 $\iiint\limits_{\Omega}f(x,y,z)\mathrm{d}V$.

1. 投影法

将空间物体 Ω 压缩到 xOy 平面上,得一平面薄片 D_{xy},由定积分的物理意义知,从 $z_1(x,y)$ 到 $z_2(x,y)$ 的线段的质量为

$$\rho(x,y)=\int_{z_1(x,y)}^{z_2(x,y)}f(x,y,z)\mathrm{d}z,$$

恰为平面薄片 D_{xy} 在点 (x,y) 的面密度,再由二重积分的物理意义知,该薄片的质量为

$$M=\iint\limits_{D_{xy}}\rho(x,y)\mathrm{d}\sigma=\iint\limits_{D_{xy}}\Big[\int_{z_1(x,y)}^{z_2(x,y)}f(x,y,z)\mathrm{d}z\Big]\mathrm{d}\sigma=\iint\limits_{D_{xy}}\mathrm{d}x\mathrm{d}y\int_{z_1(x,y)}^{z_2(x,y)}f(x,y,z)\mathrm{d}z,$$

即空间物体 Ω 的质量,由三重积分的物理意义知

$$\iiint\limits_{\Omega}f(x,y,z)\mathrm{d}V=M=\iint\limits_{D_{xy}}\mathrm{d}x\mathrm{d}y\int_{z_1(x,y)}^{z_2(x,y)}f(x,y,z)\mathrm{d}z.$$

称这种计算三重积分的方法为投影法,类似地,可得到空间 X-型区域(将 Ω 投影到 yOz 平面)和空间 Y-型区域(将 Ω 投影到 zOx 平面)上三重积分的计算公式

$$\iiint\limits_{\Omega}f(x,y,z)\mathrm{d}V=\iint\limits_{D_{yz}}\mathrm{d}y\mathrm{d}z\int_{x_1(y,z)}^{x_2(y,z)}f(x,y,z)\mathrm{d}x=\iint\limits_{D_{zx}}\mathrm{d}x\mathrm{d}z\int_{y_1(x,z)}^{y_2(x,z)}f(x,y,z)\mathrm{d}y.$$

进一步,如果 Ω 为空间 Z-型区域,D_{xy} 为 xOy 平面的 Y-型区域,即

$$D_{xy}=\{(x,y)\,|\,y_1(x)\leqslant y\leqslant y_2(x),x_1\leqslant x\leqslant x_2\},$$

从而
$$\Omega=\{(x,y,z)\,|\,z_1(x,y)\leqslant z\leqslant z_2(x,y),y_1(x)\leqslant y\leqslant y_2(x),x_1\leqslant x\leqslant x_2\},$$
则有
$$\iiint\limits_{\Omega}f(x,y,z)\mathrm{d}V=\int_{x_1}^{x_2}\mathrm{d}x\int_{y_1(x)}^{y_2(x)}\mathrm{d}y\int_{z_1(x,y)}^{z_2(x,y)}f(x,y,z)\mathrm{d}z.$$

上式右端称为先对 z、再对 y、后对 x 的三次积分或累次积分.

类似地,如果 Ω 为空间 X-型区域,D_{yz} 为 yOz 平面的 Z-型区域,即
$$D_{yz}=\{(y,z)\,|\,z_1(y)\leqslant z\leqslant z_2(y),y_1\leqslant y\leqslant y_2\},$$
从而
$$\Omega=\{(x,y,z)\,|\,x_1(y,z)\leqslant x\leqslant x_2(y,z),z_1(y)\leqslant z\leqslant z_2(y),y_1\leqslant y\leqslant y_2\},$$
则有
$$\iiint\limits_{\Omega}f(x,y,z)\mathrm{d}V=\int_{y_1}^{y_2}\mathrm{d}y\int_{z_1(y)}^{z_2(y)}\mathrm{d}z\int_{x_1(y,z)}^{x_2(y,z)}f(x,y,z)\mathrm{d}x.$$

上式右端称为先对 z、再对 y、后对 x 的三次积分或累次积分.

请读者给出其他情况下的计算公式.

如果平行于坐标轴且穿过闭区域 Ω 内部的直线与边界曲面 S 的交点多于两个,也可象处理二重积分那样,把 Ω 分成若干部分,利用有限可加性将 Ω 上的三重积分化为各部分闭区域上的三重积分的和.

例 1　计算三重积分 $\iiint\limits_{\Omega}x\mathrm{d}x\mathrm{d}y\mathrm{d}z$,其中 Ω 为三个坐标面及平面 $x+y+z=1$ 所围成的闭区域.

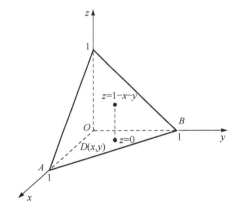

图 9-4-2

解　作出积分区域 Ω(图 9-4-2),将 Ω 投影到 xOy 平面,得到投影区域三角形 OAB,即
$$D_{xy}=\{(x,y)\,|\,0\leqslant y\leqslant 1-x,0\leqslant x\leqslant 1\},$$
在 D 内任取一点 (x,y),过此点作平行 z 轴的直线,该直线通过平面 $z=0$ 穿入 Ω 内,然后通过平面 $z=1-x-y$ 穿出 Ω 外,所以 $0\leqslant z\leqslant 1-x-y$,从而
$$\Omega=\{(x,y,z)\,|\,0\leqslant z\leqslant 1-x-y,0\leqslant y\leqslant 1-x,0\leqslant x\leqslant 1\},$$
于是有
$$\iiint\limits_{\Omega}x\mathrm{d}x\mathrm{d}y\mathrm{d}z=\int_0^1 x\mathrm{d}x\int_0^{1-x}\mathrm{d}y\int_0^{1-x-y}\mathrm{d}z=\int_0^1 x\mathrm{d}x\int_0^{1-x}(1-x-y)\mathrm{d}y$$
$$=\frac{1}{2}\int_0^1 x(1-x)^2\mathrm{d}x=\frac{1}{2}\int_0^1(x-2x^2+x^3)\mathrm{d}x=\frac{1}{24}.$$

例 2　化三重积分 $\iiint\limits_{\Omega}f(x,y,z)\mathrm{d}x\mathrm{d}y\mathrm{d}z$ 为三次积分,其中积分区域 Ω 为曲面 $z=x^2+2y^2$,$z=2-x^2$ 围成的闭区域.

解　曲面 $z=x^2+2y^2$ 为开口向上的椭圆抛物面,而 $z=2-x^2$ 为母线平行于 y 轴的开口向下的抛物柱面,两个曲面的交线 $\begin{cases}z=x^2+2y^2\\z=2-x^2\end{cases}$ 在 xOy 平面的投影为 $x^2+y^2=1$,因此这两个曲面所围成的空间区域 Ω 在 xOy 平面的投影区域为

$$D_{xy} = \{(x,y) \mid x^2+y^2 \leqslant 1\} = \{(x,y) \mid -\sqrt{1-x^2} \leqslant y \leqslant \sqrt{1-x^2}, -1 \leqslant x \leqslant 1\},$$

从这两个曲面的图形特征可知,在投影区域 D 上,$z=2-x^2$ 为上曲面,$z=x^2+2y^2$ 为下曲面,因此积分区域 Ω 可表示为

$$\Omega = \{(x,y,z) \mid \mid x^2+2y^2 \leqslant z \leqslant 2-x^2, -\sqrt{1-x^2} \leqslant y \leqslant \sqrt{1-x^2}, -1 \leqslant x \leqslant 1\},$$

于是有

$$\iiint\limits_{\Omega} f(x,y,z)\mathrm{d}x\mathrm{d}y\mathrm{d}z = \int_{-1}^{1}\mathrm{d}x\int_{-\sqrt{1-x^2}}^{\sqrt{1-x^2}}\mathrm{d}y\int_{x^2+2y^2}^{2-x^2}f(x,y,z)\mathrm{d}z.$$

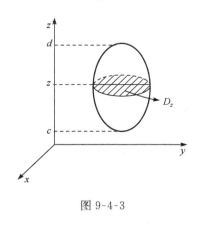

图 9-4-3

2. 截面法

如果积分区域 Ω 介于两平面 $z=z_1, z=z_2$ 之间,且 $z_1<z_2$,过点 $(0,0,z)(z\in[z_1,z_2])$ 作垂直于 z 轴的平面与立体 Ω 相截得一截面 D_z(图 9-4-3),于是积分区域 Ω 可以表示为

$$\Omega = \{(x,y,z) \mid (x,y)\in D_z, z_1 \leqslant z \leqslant z_2\}.$$

将空间物体 Ω 压缩到 z 轴上,得一直线段状物体,由二重积分的物理意义知,平面薄片截面 D_z 的质量为

$$\rho(z) = \iint\limits_{D_z} f(x,y,z)\mathrm{d}\sigma,$$

恰为直线段状物体在点 z 的线密度,再由定积分的物理意义知,该直线段状物体的质量为

$$M = \int_{z_1}^{z_2}\rho(z)\mathrm{d}z = \int_{z_1}^{z_2}\left[\iint\limits_{D_z}f(x,y,z)\mathrm{d}\sigma\right]\mathrm{d}z = \int_{z_1}^{z_2}\mathrm{d}z\iint\limits_{D_z}f(x,y,z)\mathrm{d}x\mathrm{d}y,$$

即空间物体 Ω 的质量,由三重积分的物理意义知

$$\iiint\limits_{\Omega} f(x,y,z)\mathrm{d}V = M = \int_{z_1}^{z_2}\mathrm{d}z\iint\limits_{D_z}f(x,y,z)\mathrm{d}x\mathrm{d}y.$$

称这种计算三重积分的方法为截面法,类似地,可得到作垂直于 x 轴或 y 轴的截面时三重积分的计算公式

$$\iiint\limits_{\Omega} f(x,y,z)\mathrm{d}V = \int_{x_1}^{x_2}\mathrm{d}x\iint\limits_{D_x}f(x,y,z)\mathrm{d}y\mathrm{d}z = \int_{y_1}^{y_2}\mathrm{d}y\iint\limits_{D_y}f(x,y,z)\mathrm{d}x\mathrm{d}z.$$

上述公式可进一步化成三次积分,请读者给出计算公式.如果被积函数只含有一个变量,垂直于该坐标轴的截面面积容易计算,可以用这种方法.例如

$$\iiint\limits_{\Omega} f(x)\mathrm{d}V = \int_{x_1}^{x_2}f(x)\mathrm{d}x\iint\limits_{D_x}\mathrm{d}y\mathrm{d}z$$

$$= \int_{x_1}^{x_2}f(x)S(D_x)\mathrm{d}x.$$

例3 计算三重积分 $\iiint\limits_{\Omega}z^2\mathrm{d}x\mathrm{d}y\mathrm{d}z$,其中 Ω 是由椭球面 $\dfrac{x^2}{a^2}+\dfrac{y^2}{b^2}+\dfrac{z^2}{c^2}=1$ 所围成的空间闭区域.

解 如图 9-4-4 所示,区域 Ω 介于平面 $z=-c, z=c$ 之间,在 $[-c,c]$ 内任取一点 z,作垂直

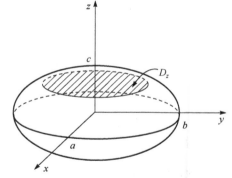

图 9-4-4

于 z 轴的平面,截区域 Ω 得一截面

$$D_z=\left\{(x,y)\mid\frac{x^2}{a^2}+\frac{y^2}{b^2}\leqslant1-\frac{z^2}{c^2}\right\},$$

由于

$$S(D_z)=\pi\sqrt{a^2\left(1-\frac{z^2}{c^2}\right)}\sqrt{b^2\left(1-\frac{z^2}{c^2}\right)}=\pi ab\left(1-\frac{z^2}{c^2}\right),$$

于是

$$\iiint\limits_{\Omega}z^2\mathrm{d}x\mathrm{d}y\mathrm{d}z=\int_{-c}^{c}z^2\mathrm{d}z\iint\limits_{D_z}\mathrm{d}x\mathrm{d}y=\int_{-c}^{c}z^2S(D_z)\mathrm{d}z$$

$$=\pi ab\int_{-c}^{c}\left(1-\frac{z^2}{c^2}\right)z^2\mathrm{d}z=\frac{4}{15}\pi abc^3.$$

本题也可作垂直于 x 轴或 y 轴的截面.

习　题　9-4

1. 化三重积分 $I=\iiint\limits_{\Omega}f(x,y,z)\mathrm{d}x\mathrm{d}y\mathrm{d}z$ 为三次积分,其中积分区域 Ω 分别为

(1) 由 $z=xy,x+y-1=0,z=0$ 所围成的区域;

(2) 由 $z=x^2+y^2,z=1$ 所围成的闭区域;

(3) 由 $z=x^2+2y^2,z=2-x^2$ 围成的闭区域;

(4) 由 $cz=xy(c>0),\dfrac{x^2}{a^2}+\dfrac{y^2}{b^2}=1,z=0$ 所围成的在第一卦限内的闭区域.

2. 设有一物体,占空间闭区域 $\Omega:0\leqslant x\leqslant1,0\leqslant y\leqslant1,0\leqslant z\leqslant1$,在点 (x,y,z) 处的密度为 $\rho(x,y,z)=x+y+z$,计算该物体质量.

3. 积分区域 $\Omega:a\leqslant x\leqslant b,c\leqslant y\leqslant d,m\leqslant z\leqslant l$,证明:

$$\iiint\limits_{\Omega}f(x)g(y)h(z)\mathrm{d}x\mathrm{d}y\mathrm{d}z=\int_{a}^{b}f(x)\mathrm{d}x\int_{c}^{d}g(y)\mathrm{d}y\int_{m}^{l}h(z)\mathrm{d}z.$$

4. 计算 $\iiint\limits_{\Omega}x\mathrm{d}x\mathrm{d}y\mathrm{d}z$,其中 Ω 是由平面 $x=0,y=0,z=0$ 和 $x+y+z=2$ 所围成的四面体.

5. 计算 $\iiint\limits_{\Omega}\dfrac{\mathrm{d}x\mathrm{d}y\mathrm{d}z}{(1+x+y+z)^3}$,其中 Ω 为 $x=0,y=0,z=0$ 和 $x+y+z=1$ 所围成的四面体.

6. 计算 $\iiint\limits_{\Omega}xyz\mathrm{d}x\mathrm{d}y\mathrm{d}z$,其中 Ω 为球面 $x^2+y^2+z^2=1$ 与三个坐标面围成的在第一卦限内的闭区域.

7. 计算 $\iiint\limits_{\Omega}xz\mathrm{d}x\mathrm{d}y\mathrm{d}z$,其中 Ω 是由曲面 $z=0,y=1,z=y$ 及抛物柱面 $y=x^2$ 所围成的.

8. 计算 $\iiint\limits_{\Omega}\mathrm{d}x\mathrm{d}y\mathrm{d}z,$,其中 Ω 是由曲面 $z=xy$,平面 $x+y+z=1,z=0$ 所围成的闭区域.

9. 计算 $\iiint\limits_{\Omega}z\mathrm{d}x\mathrm{d}y\mathrm{d}z$,其中 Ω 是由锥面 $z=\dfrac{h}{R}\sqrt{x^2+y^2}$ 与平面 $z=h(R>0,h>0)$ 所围成的闭区域.

10. 设 $f(x)$ 在 $(-\infty,+\infty)$ 可积,试证明:$\iiint\limits_{\Omega}f(z)\mathrm{d}y=\pi\int_{-1}^{1}(1-z^2)f(z)\mathrm{d}z$,其中 Ω 是由球面 $x^2+y^2+z^2=1$ 所围成的空间闭区域.

11. 计算 $\iiint\limits_{\Omega}(x^2+y^2)\mathrm{d}x\mathrm{d}y\mathrm{d}z$,其中 Ω 为由平面曲线 $y^2=2z,x=0$ 绕 z 轴旋转一周形成的曲面与平面闭区域.

12. 计算椭球体 $\dfrac{x^2}{a^2} + \dfrac{y^2}{b^2} + \dfrac{z^2}{c^2} \leqslant 1$ 的质量,物体各点的密度是该点到原点距离的平方.

9.5　三重积分(二)

9.5.1　三重积分换元法

将定积分及二重积分的换元法推广到三维空间,就得到三重积分换元法.

定理 1　设函数 $f(x,y,z)$ 在空间闭区域 Ω 连续,变换 $\begin{cases} x = x(u,v,\omega) \\ y = y(u,v,\omega) \\ z = z(u,v,\omega) \end{cases}$ 将 Ω' 一一对应地变成 Ω,其中函数 $x = x(u,v,\omega)$,$y = y(u,v,\omega)$,$z = z(u,v,\omega)$ 在 Ω' 上有一阶连续偏导数,且在 Ω'

上雅可比行列式 $\dfrac{\partial(x,y,z)}{\partial(u,v,\omega)} = \begin{vmatrix} \dfrac{\partial x}{\partial u} & \dfrac{\partial x}{\partial v} & \dfrac{\partial x}{\partial \omega} \\ \dfrac{\partial y}{\partial u} & \dfrac{\partial y}{\partial v} & \dfrac{\partial y}{\partial \omega} \\ \dfrac{\partial z}{\partial u} & \dfrac{\partial z}{\partial v} & \dfrac{\partial z}{\partial \omega} \end{vmatrix} \neq 0$,则有

$$\iiint\limits_{\Omega} f(x,y,z)\,\mathrm{d}x\mathrm{d}y\mathrm{d}z = \iiint\limits_{\Omega'} f\left[x(u,v,\omega), y(u,v,\omega), z(u,v,\omega) \right] \left| \dfrac{\partial(x,y,z)}{\partial(u,v,\omega)} \right| \mathrm{d}u\mathrm{d}v\mathrm{d}\omega.$$

这个公式称为三重积分的一般换元公式. 其中记号 $\mathrm{d}V = \left| \dfrac{\partial(x,y,z)}{\partial(u,v,\omega)} \right| \mathrm{d}u\mathrm{d}v\mathrm{d}\omega$ 称为曲面坐标系下的体积元素.

9.5.2　利用柱面坐标系计算三重积分

设 $M(x,y,z)$ 为空间内一点,并设点 M 在 xOy 面上的投影 M' 的极坐标为 (r,θ),则有序数组 (r,θ,z) 就称为点 M 的柱面坐标(图 9-5-1),这里规定 r,θ,z 的变化范围为

$$0 \leqslant r < +\infty, \quad 0 \leqslant \theta \leqslant 2\pi, \quad -\infty < z < +\infty.$$

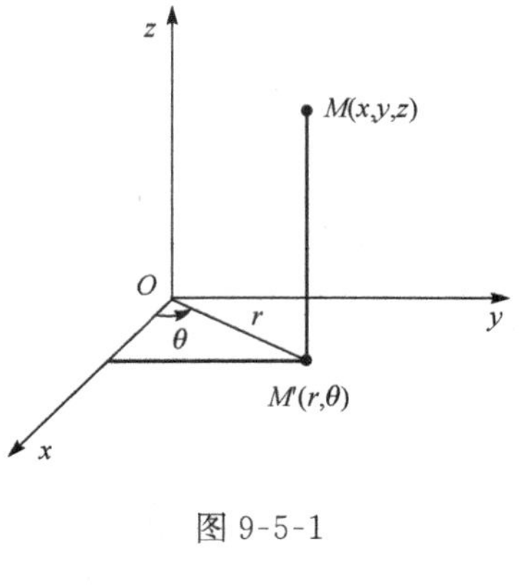

柱面坐标系中三组坐标面分别为:

$r =$ 常数,一族以 z 轴为中心轴的圆柱面;

$\theta =$ 常数,一族从 z 轴出发的半平面;

$z =$ 常数,一族与 z 轴垂直的平面.

显然,该柱面坐标系相当于将三维空间的坐标平面 xOy 用极坐标表示,因此点 M 的直角坐标与柱面坐标的关系为

图 9-5-1

$$\begin{cases} x = r\cos\theta \\ y = r\sin\theta \\ z = z \end{cases}.$$

请读者给出将三维空间的坐标平面 yOz 或 zOx 用极坐标表示时的柱面坐标系中，直角坐标与柱面坐标的关系式.

把上述公式看成变换，由于雅可比行列式

$$\frac{\partial(x,y,z)}{\partial(r,\theta,z)} = \begin{vmatrix} \cos\theta & -r\sin\theta & 0 \\ \sin\theta & r\cos\theta & 0 \\ 0 & 0 & 1 \end{vmatrix} = r,$$

所以在柱面坐标系中体积元素为 $dV = rdrd\theta dz$，从而有

$$\iiint\limits_{\Omega} f(x,y,z)dxdydz = \iiint\limits_{\Omega} f(r\cos\theta, r\sin\theta, z)rdrd\theta dz.$$

进一步可将上式右端的三重积分化为累次积分. 如果平行于 z 轴的直线与区域 Ω 的边界最多只有两个交点，设区域 Ω 关于 xOy 面投影柱面将 Ω 的边界曲面分为上下两部分，设下、上曲面方程为 $z = z_1(r,\theta)$、$z = z_2(r,\theta)$，$z_1(r,\theta) \leqslant z \leqslant z_2(r,\theta)$，$(r,\theta) \in D'$，则 Ω' 可表示为

$$\Omega' = \{(r,\theta,z) \mid z_1(r,\theta) \leqslant z \leqslant z_2(r,\theta), r_1(\theta) \leqslant r \leqslant r_2(\theta), \alpha \leqslant \theta \leqslant \beta\},$$

于是

$$\iiint\limits_{\Omega} f(r\cos\theta, r\sin\theta, z)rdrd\theta dz = \int_{\alpha}^{\beta} d\theta \int_{r_1(\theta)}^{r_2(\theta)} rdr \int_{z_1(r,\theta)}^{z_2(r,\theta)} f(r\cos\theta, r\sin\theta, z)dz.$$

请读者给出其他两种柱面坐标系中三重积分的计算公式.

例 1 利用柱面坐标计算三重积分 $\iiint\limits_{\Omega} zdxdydz$，其中闭区域 Ω 由球面 $x^2 + y^2 + z^2 = 4$ 与抛物面 $x^2 + y^2 = 3z$ 围成（在抛物面内的那一部分）的立体区域.

解 解方程组 $\begin{cases} x^2 + y^2 + z^2 = 4 \\ x^2 + y^2 = 3z \end{cases}$ 得到两曲面的交线

$\begin{cases} x^2 + y^2 = 3 \\ z = 1 \end{cases}$ （图 9-5-2），由此可知立体 Ω 在 xOy 面上的投影区域为 $D = \{(x,y) \mid x^2 + y^2 \leqslant 3\}$，利用柱面坐标变换，题设中的上曲面方程为 $r^2 + z^2 = 4$，下曲面方程为 $r^2 = 3z$，因此有

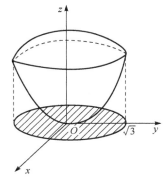

图 9-5-2

$$\Omega' = \left\{(r,\theta,z) \mid \frac{r^2}{3} \leqslant z \leqslant \sqrt{4-r^2}, 0 \leqslant r \leqslant \sqrt{3}, 0 \leqslant \theta \leqslant 2\pi\right\},$$

于是

$$\iiint\limits_{\Omega} zdxdydz = \iiint\limits_{\Omega} zrdrd\theta dz = \int_0^{2\pi} d\theta \int_0^{\sqrt{3}} rdr \int_{r^2/3}^{\sqrt{4-r^2}} zdz$$

$$= \int_0^{2\pi} d\theta \int_0^{\sqrt{3}} \frac{1}{2} r\left(4 - r^2 - \frac{r^4}{9}\right)dr = \frac{13}{4}\pi.$$

用柱面坐标进行变换的时候，首先求出 Ω 在 xOy 面上的投影区域，确定上下曲面，然后用柱面坐标变换，把上下曲面表示成 r,θ 的函数，投影区域用 r,θ 的不等式来表示.

例 2 利用柱面坐标计算三重积分$\iiint\limits_{\Omega}z\mathrm{d}x\mathrm{d}y\mathrm{d}z$,其中 Ω 由曲面 $z=x^2+y^2$ 与平面 $z=4$ 围成.

解 显然立体 Ω 在 xOy 面上的投影区域为 $D=\{(x,y)\,|\,x^2+y^2\leqslant 4\}$,利用柱面坐标变换,题设中的上曲面方程为 $z=4$,下曲面方程为 $z=r^2$,因此有

$$\Omega'=\{(r,\theta,z)\,|\,r^2\leqslant z\leqslant 4,0\leqslant r\leqslant 2,0\leqslant \theta\leqslant 2\pi\},$$

于是

$$\iiint\limits_{\Omega}z\mathrm{d}x\mathrm{d}y\mathrm{d}z=\iiint\limits_{\Omega'}zr\mathrm{d}r\mathrm{d}\theta\mathrm{d}z=\int_0^{2\pi}\mathrm{d}\theta\int_0^2 r\mathrm{d}r\int_{r^2}^4 z\mathrm{d}z$$

$$=\frac{1}{2}\int_0^{2\pi}\mathrm{d}\theta\int_0^2 r(16-r^4)\mathrm{d}r=\frac{64}{3}\pi.$$

9.5.3 利用球面坐标计算三重积分

设 $M(x,y,z)$ 为空间内一点,M 在 xOy 面上的投影为 P,r 为原点 O 与点 M 间的距离,φ 为向量 $\overrightarrow{OM}$ 与 z 轴正向所夹的角,θ 为从 z 轴正向来看自 x 轴正向按逆时针方向转到 $\overrightarrow{OP}$ 的角(图 9-5-3),则点 M 也可由这数 r,φ,θ 来确定,称有序数组 (r,φ,θ) 为点 M 的球面坐标,这里 r,φ,θ 的变化范围为 $0\leqslant r<+\infty,0\leqslant \varphi\leqslant\pi,0\leqslant\theta\leqslant 2\pi$.

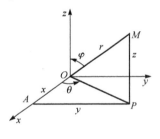

图 9-5-3

球面坐标系中三族坐标面分别为

$r=$ 常数,一族以原点为心的球面;

$\varphi=$ 常数,一族以原点为顶点、z 轴为中心轴的半圆锥面;

$\theta=$ 常数,一族从 z 轴出发的半平面.

设点 M 在 xOy 面上的投影为 P,点 P 在 x 轴上的投影为 A,则

$$OA=x,\quad AP=y,\quad PM=z,\quad OP=r\sin\varphi,z=r\cos\varphi,$$

因此,点 M 的直角坐标与球面坐标的关系为

$$\begin{cases}x=OP\cos\theta=r\sin\varphi\cos\theta\\y=OP\sin\theta=r\sin\varphi\sin\theta\\z=r\cos\varphi\end{cases},$$

把上述公式看成变换,由于雅可比行列式

$$\frac{\partial(x,y,z)}{\partial(r,\varphi,\theta)}=\begin{vmatrix}\sin\varphi\cos\theta & r\cos\varphi\cos\theta & -r\sin\varphi\sin\theta\\\sin\varphi\sin\theta & r\cos\varphi\sin\theta & r\sin\varphi\cos\theta\\\cos\varphi & -r\sin\varphi & 0\end{vmatrix}=r^2\sin\varphi,$$

所以在球面坐标系中体积元素为 $\mathrm{d}V=r^2\sin\varphi\mathrm{d}r\mathrm{d}\varphi\mathrm{d}\theta$,从而有

$$\iiint\limits_{\Omega}f(x,y,z)\mathrm{d}x\mathrm{d}y\mathrm{d}z=\iiint\limits_{\Omega}f(r\sin\varphi\cos\theta,r\sin\varphi\sin\theta,r\cos\varphi)r^2\sin\varphi\mathrm{d}r\mathrm{d}\varphi\mathrm{d}\theta.$$

进一步可将上式右端的三重积分化为累次积分.

一般地,当被积函数含有 $x^2+y^2+z^2$,积分区域是由球面围成的区域或由球面及圆锥面围成的区域等,在球面坐标变换下,用 r,φ,θ 表示比较简单时,利用球面坐标变换能简化积分的计算.

特别地,若积分区域 Ω 为球面 $r=a$ 所围成,则

$$\iiint\limits_{\Omega} f(x,y,z)\mathrm{d}V = \int_0^{2\pi}\mathrm{d}\theta\int_0^{\pi}\mathrm{d}\varphi\int_0^a f(r\sin\varphi\cos\theta, r\sin\varphi\sin\theta, r\cos\varphi)r^2\sin\varphi\mathrm{d}r.$$

当 $f(x,y,z)=1$ 时,由上式即得球的体积公式

$$V_{球} = \int_0^{2\pi}\mathrm{d}\theta\int_0^{\pi}\sin\varphi\mathrm{d}\varphi\int_0^R r^2\mathrm{d}r = 2\pi\cdot 2\cdot\frac{R^3}{3} = \frac{4}{3}\pi R^3.$$

例 3 　求半径为 a 的球面与半顶角为 α 的内接锥面所围成的立体的体积(图 9-5-4).

解 　设球面通过原点 O,球心在 z 轴上,又内接锥面的顶点在原点 O,其轴与 z 轴重合,则球面方程为 $r=2a\cos\varphi$,锥面方程为 $\varphi=\alpha$,因而为立体所占有的空间闭区域可表示为

$$\Omega' = \{(r,\varphi,\theta)\mid 0\leqslant r\leqslant 2a\cos\varphi, 0\leqslant\varphi\leqslant\alpha, 0\leqslant\theta\leqslant 2\pi\}.$$

于是

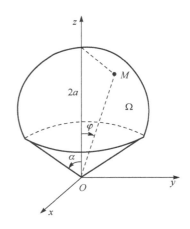

图 9-5-4

$$V = \iiint\limits_{\Omega} r^2\sin\varphi\mathrm{d}r\mathrm{d}\varphi\mathrm{d}\theta = \int_0^{2\pi}\mathrm{d}\theta\int_0^{\alpha}\mathrm{d}\varphi\int_0^{2a\cos\varphi} r^2\sin\varphi\mathrm{d}r$$

$$= 2\pi\int_0^{\alpha}\sin\varphi\mathrm{d}\varphi\int_0^{2a\cos\varphi} r^2\mathrm{d}r = \frac{16\pi a^3}{3}\int_0^{\alpha}\sin\varphi\cos^3\varphi\mathrm{d}\varphi$$

$$= \frac{4\pi a^3}{3}\cos^4\varphi\Big|_{\alpha}^0 = \frac{4\pi a^3}{3}(1-\cos^4\alpha).$$

例 4 　计算球体 $x^2+y^2+z^2\leqslant 2a^2$ 在锥面 $z=\sqrt{x^2+y^2}$ 上方部分 Ω 的体积(图 9-5-5).

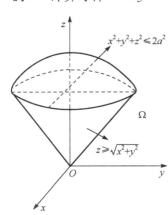

图 9-5-5

解 　在球坐标变换下,球面 $x^2+y^2+z^2=2a^2$ 的方程为 $r=\sqrt{2}a$,锥面 $z=\sqrt{x^2+y^2}$ 的方程 $\varphi=\dfrac{\pi}{4}$,于是

$$\Omega' = \left\{(r,\varphi,\theta)\mid 0\leqslant r\leqslant\sqrt{2}a, 0\leqslant\varphi\leqslant\frac{\pi}{4}, 0\leqslant\theta\leqslant 2\pi\right\},$$

$$V = \iiint\limits_{\Omega} r^2\sin\varphi\mathrm{d}r\mathrm{d}\varphi\mathrm{d}\theta = \int_0^{2\pi}\mathrm{d}\theta\int_0^{\frac{\pi}{4}}\sin\varphi\mathrm{d}\varphi\int_0^{\sqrt{2}a} r^2\mathrm{d}r$$

$$= 2\pi(-\cos\varphi)\Big|_0^{\frac{\pi}{4}}\cdot\frac{r^3}{3}\Big|_0^{\sqrt{2}a} = \frac{4}{3}\pi(\sqrt{2}-1)a^3.$$

9.5.4　三重积分的应用

1. 空间立体质心与转动惯量

设有一物体占有空间区域 Ω,密度函数 $\rho(x,y,z)$ 在 Ω 上连续,则该物体的质心坐标为

$$\bar{x} = \frac{1}{M}\iiint\limits_{\Omega} x\rho\mathrm{d}V, \quad \bar{y} = \frac{1}{M}\iiint\limits_{\Omega} y\rho\mathrm{d}V, \quad \bar{z} = \frac{1}{M}\iiint\limits_{\Omega} z\rho\mathrm{d}V,$$

其中 $M=\iiint\limits_{\Omega}\rho\mathrm{d}V$ 为物体的质量.

该物体对于 x,y,z 轴的转动惯量分别为

$$I_x = \iiint\limits_{\Omega}(y^2+z^2)\rho\mathrm{d}V, \quad I_y = \iiint\limits_{\Omega}(x^2+z^2)\rho\mathrm{d}V, \quad I_z = \iiint\limits_{\Omega}(x^2+y^2)\rho\mathrm{d}V.$$

例 5 求均匀半球体的质心.

解 设半球体为

$$\Omega = \{(x,y,z) \mid x^2 + y^2 + z^2 \leqslant a^2, z \geqslant 0\},$$

显然,重心在 z 轴上,故 $\bar{x} = \bar{y} = 0$.

$$\iiint\limits_{\Omega} z \mathrm{d}V = \iiint\limits_{\Omega} r\cos\varphi \cdot r^2 \sin\varphi \mathrm{d}r\mathrm{d}\varphi\mathrm{d}\theta = \int_0^{2\pi} \mathrm{d}\theta \int_0^{\frac{\pi}{2}} \cos\varphi\sin\varphi \mathrm{d}\varphi \int_0^a r^3 \mathrm{d}r$$

$$= 2\pi \cdot \frac{\sin^2\varphi}{2}\Big|_0^{\frac{\pi}{2}} \cdot \frac{r^4}{4}\Big|_0^a = \frac{\pi a^4}{4},$$

$$\bar{z} = \frac{1}{M}\iiint\limits_{\Omega} z\rho \mathrm{d}V = \frac{1}{V}\iiint\limits_{\Omega} z \mathrm{d}V = \frac{3}{8}a,$$

其中 $V = \frac{2}{3}\pi a^3$ 为半球体的体积,因此质心为 $\left(0,0,\frac{3}{8}a\right)$.

例 6 求密度为 ρ 的均匀球体对于过球心的一条轴 l 的转动惯量.

解 取球心为坐标原点,z 轴与轴 l 重合,又设球的半径为 a,则球体所占空间闭区域为

$$\Omega = \{(x,y,z) \mid x^2 + y^2 + z^2 \leqslant a^2\},$$

因此有

$$I_z = \iiint\limits_{\Omega} (x^2 + y^2)\rho \mathrm{d}V = \rho\iiint\limits_{\Omega} (r^2 \sin^2\varphi \cos^2\theta + r^2 \sin^2\varphi \sin^2\theta) r^2 \sin\varphi \mathrm{d}r\mathrm{d}\varphi\mathrm{d}\theta$$

$$= \rho\iiint\limits_{\Omega} r^4 \sin^3\varphi \mathrm{d}r\mathrm{d}\varphi\mathrm{d}\theta = \rho\int_0^{2\pi}\mathrm{d}\theta\int_0^{\pi}\sin^3\varphi\mathrm{d}\varphi\int_0^a r^4\mathrm{d}r = \frac{8\pi}{15}a^5\rho.$$

2. 空间立体对质点的引力

设物体占有空间区域 Ω,密度函数 $\rho(x,y,z)$ 在 Ω 上连续,应用微元法,在物体内任取一微元 $\mathrm{d}V$,其体积也记为 $\mathrm{d}V$,(x,y,z) 为微元内的一点,把这个微元的质量 $\mathrm{d}M = \rho\mathrm{d}V$ 近似看作集中在点 (x,y,z) 处,根据两质点间的引力公式,可得到微元 $\mathrm{d}V$ 对于物体外一点 $P_0(x_0,y_0,z_0)$ 处的单位质量的质点的引力为

$$\mathrm{d}F = \{\mathrm{d}F_x, \mathrm{d}F_y, \mathrm{d}F_z\}$$

$$= \left\{\frac{G\rho(x-x_0)}{r^3}\mathrm{d}V, \frac{G\rho(y-y_0)}{r^3}\mathrm{d}V, \frac{G\rho(z-z_0)}{r^3}\mathrm{d}V\right\},$$

其中 $\mathrm{d}F_x, \mathrm{d}F_y, \mathrm{d}F_z$ 为引力微元 $\mathrm{d}F$ 在三个坐标上的投影,G 为引力常数,

$$r = \sqrt{(x-x_0)^2 + (y-y_0)^2 + (z-z_0)^2}.$$

将 $\mathrm{d}F_x, \mathrm{d}F_y, \mathrm{d}F_z$ 在 Ω 上分别积分,即得

$$F = \{F_x, F_y, F_z\}$$

$$= \left\{\iiint\limits_{\Omega} \frac{G\rho(x-x_0)}{r^3}\mathrm{d}V, \iiint\limits_{\Omega} \frac{G\rho(y-y_0)}{r^3}\mathrm{d}V, \iiint\limits_{\Omega} \frac{G\rho(z-z_0)}{r^3}\mathrm{d}V\right\}.$$

例 7 设半径为 R 的匀质球体(其密度为常数 ρ_0)占有空间区域

$$\Omega = \{(x,y,z) \mid x^2 + y^2 + z^2 \leqslant R^2\},$$

求它对于位于点 $M(0,0,a)(a > R)$ 处具有单位质量的质点的引力.

解 由球体的对称性易知 $F_x = F_y = 0$,而

$$F_z = \iiint\limits_{\Omega} G\rho_0 \frac{z-a}{[x^2+y^2+(z-a)^2]^{\frac{3}{2}}}\mathrm{d}V$$

$$= G\rho_0 \int_{-R}^{R} (z-a)\mathrm{d}z \iint_{x^2+y^2 \leqslant R^2-z^2} \frac{\mathrm{d}x\mathrm{d}y}{\left[x^2+y^2+(z-a)^2\right]^{\frac{3}{2}}}$$

$$= G\rho_0 \int_{-R}^{R} (z-a)\mathrm{d}z \int_0^{2\pi} \mathrm{d}\theta \int_0^{\sqrt{R^2-z^2}} \frac{r\mathrm{d}r}{\left[r^2+(z-a)^2\right]^{\frac{3}{2}}}$$

$$= 2\pi G\rho_0 \int_{-R}^{R} (z-a)\left(\frac{1}{a-z} - \frac{1}{\sqrt{R^2-2az+a^2}}\right)\mathrm{d}z$$

$$= 2\pi G\rho_0 \left[-2R + \frac{1}{a}\int_{-R}^{R} (z-a)\mathrm{d}\sqrt{R^2-2az+a^2}\right]$$

$$= 2\pi G\rho_0 \left(-2R + 2R - \frac{2R^3}{3a^2}\right) = -G\frac{M}{a^2},$$

其中 $M = \dfrac{4\pi R^3}{3}\rho$ 为球的质量. 上述结果表明: 匀质球对球外一质点的引力如同球的质量集中于球心时两质点间的引力.

习 题 9-5

1. 利用柱面坐标计算三重积分 $\iiint\limits_{\Omega} z\mathrm{d}V$, 其中积分区域 Ω 由曲面 $z = \sqrt{2-x^2-y^2}$ 及 $z = x^2+y^2$ 所围成.

2. 利用球面坐标计算积分 $\iiint\limits_{\Omega} z\mathrm{d}V$, 其中 Ω 由不等式 $x^2+y^2+(z-a)^2 \leqslant a^2$, $x^2+y^2 \leqslant z^2$ 所确定.

3. 利用球面坐标计算积分 $\iiint\limits_{\Omega} (x^2+y^2+z^2)\mathrm{d}V$, 其中 Ω 是由球面 $x^2+y^2+z^2 = 1$ 所围成的区域.

4. 计算 $\iiint\limits_{\Omega} xy\mathrm{d}V$, 其中 Ω 是由柱面 $x^2+y^2 = 1$ 及平面 $z = 1, z = 0, x = 0, y = 0$ 所围成的在第一卦限内的闭区域.

5. 计算 $\iiint\limits_{\Omega} (x^2+y^2)\mathrm{d}V$, 其中 Ω 是由 $4z^2 = 25(x^2+y^2)$ 及平面 $z = 5$ 所围成的闭区域.

6. 计算 $\iiint\limits_{\Omega} (x^2+y^2)\mathrm{d}V$, 其中 Ω 是由不等式 $0 < a \leqslant \sqrt{x^2+y^2+z^2} \leqslant A, z \geqslant 0$ 所确定.

7. 计算 $\iiint\limits_{\Omega} z^2\mathrm{d}V$, 其中 Ω 是两个球 $x^2+y^2+z^2 \leqslant R^2$, $x^2+y^2+z^2 \leqslant 2Rz(R>0)$ 所围成的闭区域.

8. 求曲面 $z = 6-x^2-y^2$ 及 $z = \sqrt{x^2+y^2}$ 所围成的立体的体积.

9. 球体 $x^2+y^2+z^2 \leqslant 2Rz$ 内, 各点处的密度的大小等于该点到坐标原点的距离的平方, 求球体的质心.

10. 一均匀物体(密度 ρ 为常量)占有的闭区域 Ω 由曲面 $z = x^2+y^2, z = 0, |x| = a, |y| = a$ 所围成.

(1) 求物体的质心;　　　　　　　　(2) 求物体关于 z 轴的转动惯量.

11. 求密度均匀的圆柱体对底面中心处单位质点的引力.

总 习 题 九

1. 设有空间闭区域 $\Omega_1 = \{(x,y,z) \mid x^2+y^2+z^2 \leqslant R^2, z \geqslant 0\}$, $\Omega_2 = \{(x,y,z) \mid x^2+y^2+z^2 \leqslant R^2, x \geqslant 0, y \geqslant 0, z \geqslant 0\}$, 则有(　　)

(A) $\iiint\limits_{\Omega_1} x\mathrm{d}V = 4\iiint\limits_{\Omega_2} x\mathrm{d}V$;　　　　　　(B) $\iiint\limits_{\Omega_1} y\mathrm{d}V = 4\iiint\limits_{\Omega_2} y\mathrm{d}V$;

(C) $\iiint\limits_{\Omega_1} z\mathrm{d}V = 4\iiint\limits_{\Omega_2} z\mathrm{d}V$;　　　　　　(D) $\iiint\limits_{\Omega_1} xyz\mathrm{d}V = 4\iiint\limits_{\Omega_2} xyz\mathrm{d}V$.

2. 设 $I = \iint\limits_{x^2+y^2\leqslant 4} \sqrt[3]{1-x^2-y^2}\,\mathrm{d}x\mathrm{d}y$，则必有（　　）

(A) $I > 0$；　　　　　　　　　　　(B) $I < 0$；

(C) $I = 0$；　　　　　　　　　　　(D) $I \neq 0$,但其符号无法判断.

3. 判断下列积分值的大小：
$$I_1 = \iint\limits_{D} \ln^3(x+y)\,\mathrm{d}x\mathrm{d}y, \quad I_2 = \iint\limits_{D} (x+y)^3\,\mathrm{d}x\mathrm{d}y, \quad I_3 = \iint\limits_{D} \sin^3(x+y)\,\mathrm{d}x\mathrm{d}y,$$

其中 D 由 $x=0, y=0, x+y=\dfrac{1}{2}, x+y=1$ 围成，则它们之间的大小顺序为（　　）

(A) $I_1 < I_2 < I_3$；　　　　　　　　(B) $I_3 < I_2 < I_1$；

(C) $I_1 < I_3 < I_2$；　　　　　　　　(D) $I_3 < I_1 < I_2$.

4. 计算 $I = \iint\limits_{x^2+y^2\leqslant a^2} (x^2+2\sin x+3y+4)\,\mathrm{d}x\mathrm{d}y$.

5. 计算 $I = \iint\limits_{D} x[1+yf(x^2+y^2)]\,\mathrm{d}x\mathrm{d}y$,其中 D 由 $x=1, y=1, y=x^3$ 围成，f 是连续函数.

6. 交换二次积分的次序：

(1) $\int_0^{2\pi}\mathrm{d}x\int_0^{\sin x} f(x,y)\,\mathrm{d}y$；　　　　　　(2) $\int_0^{2a}\mathrm{d}x\int_{\sqrt{2ax-x^2}}^{\sqrt{2ax}} f(x,y)\,\mathrm{d}y$　$(a>0)$；

(3) $\int_0^1\mathrm{d}x\int_0^{1-x}\mathrm{d}y\int_0^{x+y} f(x,y,z)\,\mathrm{d}z$,改换成先 x 最后 y 的顺序.

7. 证明：$\int_0^a\mathrm{d}y\int_0^y \mathrm{e}^{m(a-x)} f(x)\,\mathrm{d}x = \int_0^a (a-x)\mathrm{e}^{m(a-x)} f(x)\,\mathrm{d}x$.

8. 计算下列三重积分：

(1) $\iiint\limits_{\Omega} z^2\,\mathrm{d}x\mathrm{d}y\mathrm{d}z$,其中 Ω：$\dfrac{x^2}{a^2}+\dfrac{y^2}{b^2}+\dfrac{z^2}{c^2}\leqslant 1$；

(2) $\iiint\limits_{\Omega} (x^2+y^2+z)\,\mathrm{d}V$,其中 Ω 是由曲线 $\begin{cases} y^2=2z \\ x=0 \end{cases}$ 绕 z 轴旋转一周而成的旋转面与平面 $z=4$ 所围成的立体.

9. 利用柱面坐标计算积分 $\iiint\limits_{\Omega} (x^2+y^2)\,\mathrm{d}V$,其中是 Ω 由曲面 $x^2+y^2=2z$ 及平面 $z=2$ 所围成的区域.

10. 计算 $\iiint\limits_{\Omega} \sqrt{x^2+y^2+z^2}\,\mathrm{d}V$,其中 Ω 是由柱面 $x^2+y^2+z^2=z$ 所围成的闭区域.

11. 利用三重积分计算由下列曲面围成的立体的体积：
$$x^2+y^2+z^2=2az\,(a>0) \text{ 及 } x^2+y^2=z^2(\text{含 }z\text{ 轴的部分}).$$

12. 利用三重积分计算下列曲面所围成的立体体积：$z=\sqrt{x^2+y^2}$,及 $z=x^2+y^2$.

13. 求曲面 $z=\sqrt{5-x^2-y^2}$ 及 $x^2+y^2=4z$ 所围成的体积.

14. 计算 $\iiint\limits_{\Omega} \left(\dfrac{x^2}{a^2}+\dfrac{y^2}{b^2}+\dfrac{z^2}{c^2}\right)\mathrm{d}V$,其中 Ω 是由椭球面 $\dfrac{x^2}{a^2}+\dfrac{y^2}{b^2}+\dfrac{z^2}{c^2}=1$ 所围成的区域.

15. 求曲面 $z=x^2+y^2, z=1$ 所围成的立体的质心(设密度 $\rho=1$).

16. 求由曲面 $z=x^2+y^2, x+y=a$ 及三坐标面所围成的立体的质心(设密度 $\rho=1$).

17. 证明：$\int_a^b\mathrm{d}x\int_a^x (x-y)^{n-2} f(y)\,\mathrm{d}y = \dfrac{1}{n-1}\int_a^b (b-y)^{n-1} f(y)\,\mathrm{d}y$.

18. 证明：$\int_0^x\left[\int_0^v\left(\int_0^u f(t)\,\mathrm{d}t\right)\mathrm{d}u\right]\mathrm{d}v = \dfrac{1}{2}\int_0^x (x-t)^2 f(t)\,\mathrm{d}t$.

19. 计算：$I = \iiint\limits_{\Omega} |z-x^2-y^2|\,\mathrm{d}V$,其中 Ω：$0\leqslant z\leqslant 1, x^2+y^2\leqslant 1$.

20. 求由抛物线 $y^2=ax$ 及直线 $x=a(a>0)$ 所围成的图形(面密度为常数 $\rho=1$)对于直线 $y=-a$ 的转动惯量.

第10章 曲线积分与曲面积分

在第9章中,我们已经把积分的积分域从数轴上的区间推广到了平面上的区域和空间中的区域.本章将进一步把积分的积分域推广到平面和空间中的一段曲线或一片曲面的情形.相应地称为曲线积分与曲面积分,它是多元函数积分学的又一重要内容.本章将介绍曲线积分与曲面积分的概念及其计算方法,以及沟通上述几类积分内在联系的几个重要公式:格林公式、高斯公式和斯托克斯公式.

10.1 第一类曲线积分

10.1.1 问题的提出

设某曲线形构件所占的位置在 xOy 面内的一段曲线弧 L 上,它的端点是 A,B(图 10-1-1),它的质量分布不均匀,该构件的线密度(单位长度的质量)为 $\rho(x,y)$.现在要计算该构件的质量 M.

如果构件是均匀的,则线密度为常量,那么这构件的质量就等于它的线密度与长度的乘积.现在构件上各点处的线密度是变量,就不能直接用上述方法来计算.为了克服这个困难,我们可以用微元法处理(小范围以均匀代替非均匀).用 L 上的点把 L 分成 n 个小段,设分点依次为 $A=M_0,M_1,M_2,\cdots,M_{n-1},M_n=B$,取其中一小段构件 $\overset{\frown}{M_{i-1}M_i}$(用 Δl_i 表示 $\overset{\frown}{M_{i-1}M_i}$ 及其弧长)来分析.在线密度连续变化的前提下,只要这小段很短,就可以近似看成均匀的.用这小段上任一点 (ξ_i,η_i) 处的线密度作为该段的平均线密度,就得到这小段构件的质量的近似值

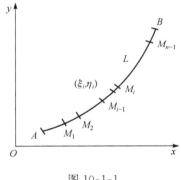

图 10-1-1

$$\rho(\xi_i,\eta_i)\Delta l_i.$$

于是整个曲线形构件的质量

$$M\approx\sum_{i=1}^{n}\rho(\xi_i,\eta_i)\Delta l_i.$$

用 λ 表示 n 个小弧段的最大直径.为了计算 M 的精确值,取上式右端之和当 $\lambda\to0$ 时的极限,从而得到

$$M=\lim_{\lambda\to0}\sum_{i=1}^{n}\rho(\xi_i,\eta_i)\Delta l_i.$$

这种和的极限称为函数 $\rho(x,y)$ 在曲线 L 上的第一类曲线积分,在研究其他问题时也会遇到.下面给出一般定义.

10.1.2 第一类曲线积分的定义与性质

定义 1 设 L 为 xOy 面内的一条光滑曲线弧.函数 $f(x,y)$ 在 L 上有界.把 L 任意分成 n 个小段,其分点依次记为 $A=M_0,M_1,M_2,\cdots,M_{n-1},M_n=B$,用 Δl_i 表示第 i 个小段及其弧长,

任取$(\xi_i,\eta_i)\in\Delta l_i$,作和

$$\sum_{i=1}^{n}f(\xi_i,\eta_i)\Delta l_i,$$

令$\lambda=\max\limits_{1\leqslant i\leqslant n}\{d(\Delta l_i)\}$,如果当$\lambda\to0$时,和式极限总存在,且与$L$的分法及$(\xi_i,\eta_i)$的取法无关,则称此极限为函数$f(x,y)$在曲线弧$L$上**对弧长的曲线积分**或**第一类曲线积分**,记作$\displaystyle\int_L f(x,y)\mathrm{d}l$,即

$$\int_L f(x,y)\mathrm{d}l=\lim_{\lambda\to0}\sum_{i=1}^{n}f(\xi_i,\eta_i)\Delta l_i,$$

其中$f(x,y)$称为被积函数,L称为积分弧段.

可以证明,当$f(x,y)$在光滑曲线弧L上连续时,第一类曲线积分$\displaystyle\int_L f(x,y)\mathrm{d}l$是存在的(证明略). 以后我们总假定$f(x,y)$在$L$上是连续的.

根据这个定义,前述曲线形构件的质量M当线密度$\rho(x,y)$在L上连续时,就有

$$M=\int_L\rho(x,y)\mathrm{d}l.$$

根据这个定义,容易写出该曲线形构件关于坐标轴的质心坐标$(\bar{x},\bar{y})$

$$\bar{x}=\frac{\displaystyle\int_L x\rho(x,y)\mathrm{d}l}{\displaystyle\int_L\rho(x,y)\mathrm{d}l},\quad \bar{y}=\frac{\displaystyle\int_L y\rho(x,y)\mathrm{d}l}{\displaystyle\int_L\rho(x,y)\mathrm{d}l}.$$

同样,容易得到该曲线形构件关于坐标轴及原点的转动惯量

$$I_x=\int_L y^2\rho(x,y)\mathrm{d}l,$$

$$I_y=\int_L x^2\rho(x,y)\mathrm{d}l,$$

$$I_O=\int_L(x^2+y^2)\rho(x,y)\mathrm{d}l.$$

上述定义可以类似地推广到积分弧段为空间曲线弧Γ的情形,即函数$f(x,y,z)$在曲线弧Γ上的第一类曲线积分

$$\int_\Gamma f(x,y,z)\mathrm{d}l=\lim_{\lambda\to0}\sum_{i=1}^{n}f(\xi_i,\eta_i,\tau_i)\Delta l_i.$$

类似地,可得到线密度为$\rho(x,y,z)$的空间曲线形构件Γ的质心坐标$(\bar{x},\bar{y},\bar{z})$

$$\bar{x}=\frac{\displaystyle\int_\Gamma x\rho(x,y,z)\mathrm{d}l}{\displaystyle\int_\Gamma\rho(x,y,z)\mathrm{d}l},\quad \bar{y}=\frac{\displaystyle\int_\Gamma y\rho(x,y,z)\mathrm{d}l}{\displaystyle\int_\Gamma\rho(x,y,z)\mathrm{d}l},\quad \bar{z}=\frac{\displaystyle\int_\Gamma z\rho(x,y,z)\mathrm{d}l}{\displaystyle\int_\Gamma\rho(x,y,z)\mathrm{d}l}.$$

如果L是闭曲线,那么函数$f(x,y)$在闭曲线L上的第一类曲线积分记为

$$\oint_L f(x,y)\mathrm{d}l.$$

第一类曲线积分也有与定积分类似的性质,下面列出一部分.

性质1(线性)　设α,β为常数,则

$$\int_L[\alpha f(x,y)+\beta g(x,y)]\mathrm{d}l=\alpha\int_L f(x,y)\mathrm{d}l+\beta\int_L g(x,y)\mathrm{d}l.$$

若曲线L可分成有限段,而且每一段都是光滑的,就称L是**分段光滑的**.

性质2(有限可加性)　若L由两段光滑曲线弧L_1和L_2组成,则

$$\int_L f(x,y)\mathrm{d}l = \int_{L_1+L_2} f(x,y)\mathrm{d}l = \int_{L_1} f(x,y)\mathrm{d}l + \int_{L_2} f(x,y)\mathrm{d}l.$$

性质 3 $\int_L 1 \cdot \mathrm{d}l = \int_L \mathrm{d}l = l(L)$（$L$ 的弧长）.

性质 4 设在 L 上 $f(x,y) \leqslant g(x,y)$，则

$$\int_L f(x,y)\mathrm{d}l \leqslant \int_L g(x,y)\mathrm{d}l.$$

特别地，有

$$\left| \int_L f(x,y)\mathrm{d}l \right| \leqslant \int_L |f(x,y)| \mathrm{d}l.$$

性质 5（中值定理） 设函数 $f(x,y)$ 在光滑曲线 L 上连续，则在 L 上至少存在一点 (ξ, η)，使

$$\int_L f(x,y)\mathrm{d}l = f(\xi,\eta) \cdot l(L).$$

10.1.3 第一类曲线积分的的计算

定理 1 设 $f(x,y)$ 在曲线弧 L 上有定义且连续，L 的参数方程为

$$\begin{cases} x=x(t) \\ y=y(t) \end{cases} \quad (\alpha \leqslant t \leqslant \beta),$$

其中 $x(t),y(t)$ 在 $[\alpha,\beta]$ 上具有一阶连续导数，且 $x'^2(t)+y'^2(t) \neq 0$，则函数 $f(x,y)$ 在曲线 L 上的第一类曲线积分存在，且

$$\int_L f(x,y)\mathrm{d}l = \int_\alpha^\beta f[x(t),y(t)] \sqrt{x'^2(t)+y'^2(t)}\,\mathrm{d}t. \tag{10.1.1}$$

证明 对曲线 L 作任意分割，设分点依次为

$$A=M_0,M_1,M_2,\cdots,M_{n-1},M_n=B,$$

它们对应于一列单调增加的参数值

$$\alpha=t_0,t_1,t_2,\cdots,t_{n-1},t_n=\beta.$$

根据第一类曲线积分的定义，有

$$\int_L f(x,y)\mathrm{d}l = \lim_{\lambda \to 0} \sum_{i=1}^n f(\xi_i,\eta_i)\Delta l_i.$$

设点 (ξ_i,η_i) 对应于参数值 τ_i，即 $\xi_i=x(\tau_i)$、$\eta_i=y(\tau_i)$，这里 $t_{i-1} \leqslant \tau_i \leqslant t_i$. 由于

$$\Delta l_i = \int_{t_{i-1}}^{t_i} \sqrt{x'^2(t)+y'^2(t)}\,\mathrm{d}t,$$

应用积分中值定理，有

$$\Delta l_i = \sqrt{x'^2(\tau_i')+y'^2(\tau_i')}\Delta t_i,$$

其中 $\Delta t_i=t_i-t_{i-1}$，$t_{i-1} \leqslant \tau_i' \leqslant t_i$. 于是

$$\int_L f(x,y)\mathrm{d}l = \lim_{\lambda \to 0} \sum_{i=1}^n f[x(\tau_i),y(\tau_i)] \sqrt{x'^2(\tau_i')+y'^2(\tau_i')}\Delta t_i.$$

由于函数 $\sqrt{x'^2(t)+y'^2(t)}$ 在闭区间 $[\alpha,\beta]$ 上连续，因而一致连续，所以我们可以把上式中的 τ_i' 换成 τ_i，从而

$$\int_L f(x,y)\mathrm{d}l = \lim_{\lambda \to 0} \sum_{i=1}^n f[x(\tau_i),y(\tau_i)] \sqrt{x'^2(\tau_i)+y'^2(\tau_i)}\Delta t_i.$$

由于函数 $f[x(t),y(t)]\sqrt{x'^2(t)+y'^2(t)}$ 在区间 $[\alpha,\beta]$ 连续，因而在区间 $[\alpha,\beta]$ 可积，上式右端

这个极限必存在,就是函数在区间$[\alpha,\beta]$上的定积分,因此上式左端的曲线积分$\int_L f(x,y)\mathrm{d}l$也存在,并且有

$$\int_L f(x,y)\mathrm{d}l = \int_\alpha^\beta f[x(t),y(t)]\sqrt{x'^2(t)+y'^2(t)}\,\mathrm{d}t.$$

公式(10.1.1)表明,计算第一类曲线积分$\int_L f(x,y)\mathrm{d}l$时,只要把$x,y,\mathrm{d}l$依次换为$x(t)$,$y(t)$,$\sqrt{x'^2(t)+y'^2(t)}\,\mathrm{d}t$,然后从$\alpha$到$\beta$作定积分就行了,这里必须注意,定积分的下限$\alpha$一定要小于上限$\beta$.这是因为,从上述推导中可以看出.由于小弧段的长度Δl_i总是正的,从而$\Delta t_i>0$,所以定积分的下限α一定要小于上限β.

可以看出,$\mathrm{d}l$正好是弧长(取增加方向)的微分.因此可得到以下几种情形下的计算公式.

如果曲线L的方程为$y=y(x)(a\leqslant x\leqslant b)$,则

$$\int_L f(x,y)\mathrm{d}l = \int_a^b f[x,y(x)]\sqrt{1+y'^2(x)}\,\mathrm{d}x. \qquad (10.1.2)$$

如果曲线L的方程为$x=x(y)(c\leqslant y\leqslant d)$,则

$$\int_L f(x,y)\mathrm{d}l = \int_c^d f[x(y),y]\sqrt{1+x'^2(y)}\,\mathrm{d}y. \qquad (10.1.3)$$

如果曲线L的方程为$r=r(\theta)(\alpha\leqslant\theta\leqslant\beta)$,则

$$\int_L f(x,y)\mathrm{d}l = \int_\alpha^\beta f[r(\theta)\cos\theta,r(\theta)\sin\theta]\sqrt{r^2(\theta)+r'^2(\theta)}\,\mathrm{d}\theta. \qquad (10.1.4)$$

公式(10.1.1)可推广到空间曲线的情形,设Γ的参数方程为

$$\begin{cases} x=x(t) \\ y=y(t) \quad (\alpha\leqslant t\leqslant\beta), \\ z=z(t) \end{cases}$$

则

$$\int_\Gamma f(x,y,z)\mathrm{d}l = \int_\alpha^\beta f[x(t),y(t),z(t)]\sqrt{x'^2(t)+y'^2(t)+z'^2(t)}\,\mathrm{d}t. \qquad (10.1.5)$$

例1 计算$\int_L \sqrt{y}\,\mathrm{d}l$,其中$L$是抛物线$y=x^2$上点$O(0,0)$与点$B(1,1)$之间的一段弧(图10-1-2).

解 由于L由方程

$$y=x^2(0\leqslant x\leqslant 1)$$

给出,因此由公式(10.1.2)得

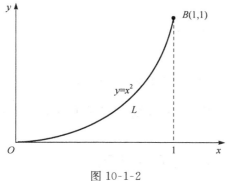

图 10-1-2

$$\int_L \sqrt{y}\,\mathrm{d}l = \int_0^1 \sqrt{x^2}\sqrt{1+(x^2)'^2}\,\mathrm{d}x$$

$$= \int_0^1 x\sqrt{1+4x^2}\,\mathrm{d}x$$

$$= \left[\frac{1}{12}(1+4x^2)^{\frac{3}{2}}\right]_0^1 = \frac{1}{12}(5\sqrt{5}-1).$$

例2 计算半径为R、中心角为2α的圆弧L对于它的对称轴的转动惯量I(设线密度$\rho=1$).

解 取坐标系(图10-1-3),则

$$I = \int_L y^2\mathrm{d}l.$$

为了便于计算,利用 L 的参数方程

$$x=R\cos\theta, \quad y=R\sin\theta \ (-\alpha\leqslant\theta\leqslant\alpha).$$

于是

$$I=\int_L y^2\,\mathrm{d}l=\int_{-\alpha}^{\alpha}R^2\sin^2\theta\sqrt{(-R\sin\theta)^2+(R\cos\theta)^2}\,\mathrm{d}\theta$$

$$=R^3\int_{-\alpha}^{\alpha}\sin^2\theta\,\mathrm{d}\theta=\frac{R^3}{2}\left[\theta-\frac{\sin2\theta}{2}\right]_{-\alpha}^{\alpha}$$

$$=\frac{R^3}{2}(2\alpha-2\sin2\alpha)=R^3(\alpha-\sin\alpha\cdot\cos\alpha).$$

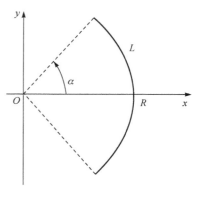

图 10-1-3

例 3　计算曲线积分 $\displaystyle\int_{\Gamma}(x^2+y^2+z^2)\mathrm{d}l$,其中 Γ 为螺旋线 $x=a\cos t,y=a\sin t,z=kt$ 上相应于 t 从 0 到 2π 的一段弧.

解
$$\int_{\Gamma}(x^2+y^2+z^2)\mathrm{d}l$$

$$=\int_0^{2\pi}\left[(a\cos t)^2+(a\sin t)^2+(kt)^2\right]\cdot\sqrt{(-a\sin t)^2+(a\cos t)^2+k^2}\,\mathrm{d}t$$

$$=\int_0^{2\pi}(a^2+k^2t^2)\sqrt{a^2+k^2}\,\mathrm{d}t=\sqrt{a^2+k^2}\left[a^2+\frac{k^2}{3}t^3\right]_0^{2\pi}$$

$$=\frac{2\pi}{3}\sqrt{a^2+k^2}(3a^2+4\pi^2k^2).$$

例 4　求半径为 R,中心角为 $\dfrac{\pi}{2}$ 的均匀圆弧 L(线密度 $\rho=1$)的质心坐标.

解　由于圆弧的参数方程为

$$x=R\cos\theta, \quad y=R\sin\theta, -\frac{\pi}{4}\leqslant\theta\leqslant\frac{\pi}{4}.$$

由密度均匀及 L 关于 x 轴的对称性可知,$\bar{y}=0$. 又质量 $M=\dfrac{\pi}{2}R$,

$$\int_L x\,\mathrm{d}l=\int_{-\frac{\pi}{4}}^{\frac{\pi}{4}}R\cos\theta\cdot R\,\mathrm{d}\theta=2R^2\sin\frac{\pi}{4}=\sqrt{2}R^2.$$

故 $\bar{x}=\dfrac{1}{M}\displaystyle\int_L x\,\mathrm{d}l=\sqrt{2}R^2\cdot\dfrac{2}{\pi R}=\dfrac{2\sqrt{2}}{\pi}R$, 所求的质心坐标为 $\left(\dfrac{2\sqrt{2}}{\pi}R,0\right)$.

习　题　10-1

1. 设在 xOy 面内有一分布着质量的曲线弧 L,任一点 (x,y) 处它的线密度为 $\mu(x,y)$.用第一类曲线积分分别表示,(1)这曲线弧对 x 轴、对 y 轴的转动惯量 I_x,I_y;(2)这曲线弧的质心坐标 $\bar{x},\bar{y}$.

2. 利用第一类曲线积分的定义证明性质 2.

3. 计算下列第一类曲线积分:

(1) $\displaystyle\oint_L(x^2+y^2)^n\mathrm{d}l$,其中 L 为圆周 $x=a\cos t,y=a\sin t(0\leqslant t\leqslant2\pi)$;

(2) $\int_L (x+y)\mathrm{d}l$, 其中 L 为连接 $(1,0)$ 及 $(0,1)$ 两点的直线段;

(3) $\oint_L x\mathrm{d}l$, 其中 L 为由直线 $y=x$ 及抛物线 $y=x^2$ 所围成的区域的整个边界;

(4) $\oint_L \sqrt{x^2+y^2}\,\mathrm{d}l$, 其中 L 为圆周 $x^2+y^2=ax$;

(5) $\int_\Gamma \dfrac{1}{x^2+y^2+z^2}\mathrm{d}l$, 其中 Γ 为曲线 $x=e^t\cos t, y=e^t\sin t, z=e^t$ 上相应于 t 从 0 变到 2 这段弧;

(6) $\int_\Gamma x^2yz\mathrm{d}l$, 其中 Γ 为折线 $ABCD$, 这里 A,B,C,D 依次为点 $(0,0,0),(0,0,2),(1,0,2),(1,3,2)$;

(7) $\int_L y^2\mathrm{d}l$, 其中 L 为摆线的一拱 $x=a(t-\sin t), y=a(1-\cos t)$ $(0\leqslant t\leqslant 2\pi)$;

(8) $\int_L (x^2+y^2)\mathrm{d}l$, 其中 L 为曲线 $x=a(\cos t+t\sin t), y=a(\sin t-t\cos t)$ $(0\leqslant t\leqslant 2\pi)$.

4. 求半径为 a、中心角为 2φ 的均匀圆弧(线密度 $\mu=1$)的质心.

5. 设螺旋形弹簧一圈的方程为 $x=a\cos t, y=a\sin t, z=kt$, 其中 $0\leqslant t\leqslant 2\pi$, 它的线密度 $\rho(x,y,z)=x^2+y^2+z^2$. 求

(1) 它关于 z 轴的转动惯量 I_z;

(2) 它的质心.

6. 有一铁丝成半圆形, 其方程为 $x=a\cos t, y=a\sin t(0\leqslant t\leqslant\pi)$, 每一点的线密度等于该点纵坐标, 求铁丝的质量.

7. 试证明沿极坐标方程 $r=r(\theta)(\alpha\leqslant\theta\leqslant\beta)$ 表示的曲线 L 的弧长的曲线积分计算公式:

$$\int_L f(x,y)\mathrm{d}l=\int_\alpha^\beta f[r(\theta)\cos\theta, r(\theta)\sin\theta]\sqrt{r^2(\theta)+r'^2(\theta)}\,\mathrm{d}\theta.$$

由此计算 $\int_L e^{\sqrt{x^2+y^2}}\,\mathrm{d}l$, 其中 L 是曲线 $r=a\left(0\leqslant\theta\leqslant\dfrac{\pi}{4}\right)$ 的一段弧.

10.2 第二类曲线积分

10.2.1 问题的提出

设一个质点在 xOy 面内从点 A 沿光滑曲线弧 L 移动到点 B, 在移动过程中, 这质点受到力

$$\vec{F}(x,y)=P(x,y)\vec{i}+Q(x,y)\vec{j}$$

的作用, 其中 $P(x,y), Q(x,y)$ 在 L 上连续. 要计算在上述移动过程中变力 $\vec{F}(x,y)$ 所作的功 W(图 10-2-1).

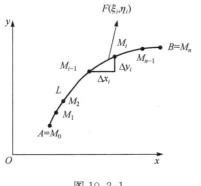

图 10-2-1

我们知道, 如果力 $\vec{F}$ 是常力, 且质点从 A 沿直线移动到 B, 那么常力 $\vec{F}$ 所作的功 W 等于向量 $\vec{F}$ 与向量 $\overrightarrow{AB}$ 的数量积, 即

$$W=\vec{F}\cdot\overrightarrow{AB}.$$

现在 $\vec{F}(x,y)$ 是变力, 且质点沿曲线 L 移动, 功 W 不能直接按以上公式计算. 我们可用微元法处理(小范围以常力近似代替变力).

先用曲线弧 L 上的点 $M_1(x_1,y_1), M_2(x_2,y_2), \cdots, M_{n-1}(x_{n-1},y_{n-1})$ 把 L 分成 n 个小弧段, 取其中一个有向小弧段 $\overparen{M_{i-1}M_i}$ 来分析. 在线密度连续变化的前提下, 只要这小段很短, 就可以近似看成常力沿直线作的功. 由于 $\overparen{M_{i-1}M_i}$ 光滑而且很短, 可以用有向线段

$$\overrightarrow{M_{i-1}M_i} = (\Delta x_i)\vec{i} + (\Delta y_i)\vec{j}$$

来近似代替它,其中 $\Delta x_i = x_i - x_{i-1}$,$\Delta y_i = y_i - y_{i-1}$. 又由于函数 $P(x,y)$,$Q(x,y)$ 在 L 上连续,可以用 $\overrightarrow{M_{i-1}M_i}$ 任意取定的一点 (ξ_i,η_i) 处的力

$$\vec{F}(\xi_i,\eta_i) = P(\xi_i,\eta_i)\vec{i} + Q(\xi_i,\eta_i)\vec{j}$$

作为平均力来近似代替这小弧段上各点处的力. 这样,变力 $\vec{F}(x,y)$ 沿有向小弧段 $\overrightarrow{M_{i-1}M_i}$ 所作的功 ΔW_i 可以认为近似地等于常力 $\vec{F}(\xi_i,\eta_i)$ 沿 $\overrightarrow{M_{i-1}M_i}$ 所作的功:

$$\Delta W_i \approx F(\xi_i,\eta_i) \cdot \overrightarrow{M_{i-1}M_i},$$

即

$$\Delta W_i \approx P(\xi_i,\eta_i)\Delta x_i + Q(\xi_i,\eta_i)\Delta y_i.$$

于是

$$W = \sum_{i=1}^{n} \Delta W_i \approx \sum_{i=1}^{n} \left[P(\xi_i,\eta_i)\Delta x_i + Q(\xi_i,\eta_i)\Delta y_i \right].$$

用 λ 表示 n 个小弧段的最大直径,令 $\lambda \to 0$ 取上述和的极限,所得到的极限自然地被认作变力 $\vec{F}$ 沿有向曲线弧 L 所作的功,即

$$W = \lim_{\lambda \to 0} \sum_{i=1}^{n} \left[P(\xi_i,\eta_i)\Delta x_i + Q(\xi_i,\eta_i)\Delta y_i \right].$$

这种和的极限在研究其他问题时也会遇到. 现在引进下面的定义.

10.2.2　第二类曲线积分的定义与性质

定义 1　设 L 为 xOy 面内从点 A 到点 B 的一条有向光滑曲线,函数 $P(x,y)$(或 $Q(x,y)$)在 L 上有界. 把 L 任意分成 n 个小段,其分点依次记为

$$A = M_0(x_0,y_0), M_1(x_1,y_1), M_2(x_2,y_2), \cdots, M_{n-1}(x_{n-1},y_{n-1}), M_n(x_n,y_n) = B,$$

设 $\Delta x_i = x_i - x_{i-1}$,$\Delta y_i = y_i - y_{i-1}$,又 (ξ_i,η_i) 为 $\overrightarrow{M_{i-1}M_i}$ 上任意取定的一点,作和

$$\sum_{i=1}^{n} P(\xi_i,\eta_i)\Delta x_i \quad (\text{或} \sum_{i=1}^{n} Q(\xi_i,\eta_i)\Delta y_i).$$

令 $\lambda = \max\{ \mathrm{d}(\overrightarrow{M_0M_1}), \mathrm{d}(\overrightarrow{M_1M_2}), \cdots, \mathrm{d}(\overrightarrow{M_{n-1}M_n}) \}$,如果当 $\lambda \to 0$ 时,和式极限总存在,且与 L 的分法及 (ξ_i,η_i) 的取法无关,则称此极限为函数 $P(x,y)$ 在有向曲线弧 L 上**对坐标 x 的曲线积分**(或函数 $Q(x,y)$ 在有向曲线弧 L 上**对坐标 y 的曲线积分**),记为 $\int_L P(x,y)\mathrm{d}x$(或 $\int_L Q(x,y)\mathrm{d}y$),即

$$\int_L P(x,y)\mathrm{d}x = \lim_{\lambda \to 0} \sum_{i=1}^{n} P(\xi_i,\eta_i)\Delta x_i,$$

$$\int_L Q(x,y)\mathrm{d}y = \lim_{\lambda \to 0} \sum_{i=1}^{n} Q(\xi_i,\eta_i)\Delta y_i.$$

其中 $P(x,y)$,$Q(x,y)$ 称为**被积函数**,L 称为**积分弧段**.

以上两个积分也称为**第二类曲线积分**.

可以证明,当 $P(x,y)$,$Q(x,y)$ 在有向光滑曲线弧上 L 上连续时,第二类曲线积分 $\int_L P(x,y)\mathrm{d}x$ 及 $\int_L Q(x,y)\mathrm{d}y$ 都存在(证明略). 以后我们总假定 $P(x,y)$,$Q(x,y)$ 在 L 上连续.

应用上经常出现的是

$$\int_L P(x,y)\mathrm{d}x + \int_L Q(x,y)\mathrm{d}y = \int_L P(x,y)\mathrm{d}x + Q(x,y)\mathrm{d}y,$$

也可写成向量形式

$$\int_L \vec{F}(x,y) \cdot \mathrm{d}\vec{r},$$

其中 $\vec{F}(x,y) = P(x,y)\vec{i} + Q(x,y)\vec{j}$ 为向量值函数,$\mathrm{d}\vec{r} = \mathrm{d}x \cdot \vec{i} + \mathrm{d}y \cdot \vec{j}$.

例如,本节开始时讨论过的功可以表示成

$$W = \int_L P(x,y)\mathrm{d}x + Q(x,y)\mathrm{d}y,$$

或

$$W = \int_L \vec{F}(x,y) \cdot \mathrm{d}\vec{r}.$$

上述定义可以类似地推广到积分弧段为空间有向曲线弧 Γ 的情形:

$$\int_\Gamma P(x,y,z)\mathrm{d}x = \lim_{\lambda \to 0} \sum_{i=1}^n P(\xi_i, \eta_i, \tau_i) \Delta x_i,$$

$$\int_\Gamma Q(x,y,z)\mathrm{d}y = \lim_{\lambda \to 0} \sum_{i=1}^n Q(\xi_i, \eta_i, \tau_i) \Delta y_i,$$

$$\int_\Gamma R(x,y,z)\mathrm{d}z = \lim_{\lambda \to 0} \sum_{i=1}^n R(\xi_i, \eta_i, \tau_i) \Delta z_i.$$

类似地,把

$$\int_\Gamma P(x,y,z)\mathrm{d}x + \int_\Gamma Q(x,y,z)\mathrm{d}y + \int_\Gamma R(x,y,z)\mathrm{d}z$$

简写成

$$\int_\Gamma P(x,y,z)\mathrm{d}x + Q(x,y,z)\mathrm{d}y + R(x,y,z)\mathrm{d}z,$$

或

$$\int_\Gamma \vec{A}(x,y,z) \cdot \mathrm{d}\vec{r},$$

其中 $\vec{A}(x,y,z) = P(x,y,z) \cdot \vec{i} + Q(x,y,z) \cdot \vec{j} + R(x,y,z) \cdot \vec{k}$,$\mathrm{d}\vec{r} = \mathrm{d}x \cdot \vec{i} + \mathrm{d}y \cdot \vec{j} + \mathrm{d}z \cdot \vec{k}$.

根据上述曲线积分的定义,可以导出第二类曲线积分的一些性质. 为了表达简便起见,我们用向量形式表达,并假定其中的向量值函数在曲线 L 上连续.

性质 1 设 α, β 为常数,则

$$\int_L [\alpha \vec{F}_1(x,y) + \beta \vec{F}_2(x,y)] \cdot \mathrm{d}\vec{r} = \alpha \int_L \vec{F}_1(x,y) \cdot \mathrm{d}\vec{r} + \beta \int_L \vec{F}_2(x,y) \cdot \mathrm{d}\vec{r}.$$

性质 2 若有向曲线弧 L 可分成两段光滑的有向曲线弧 L_1 和 L_2,则

$$\int_L \vec{F}(x,y) \cdot \mathrm{d}\vec{r} = \int_{L_1} \vec{F}(x,y) \cdot \mathrm{d}\vec{r} + \int_{L_2} \vec{F}(x,y) \cdot \mathrm{d}\vec{r}.$$

性质 3 设 L 是有向光滑曲线弧,$-L$ 是 L 的反向曲线弧,则

$$\int_{-L} \vec{F}(x,y) \cdot \mathrm{d}\vec{r} = -\int_L \vec{F}(x,y) \cdot \mathrm{d}\vec{r}.$$

性质 3 表示,当积分弧段的方向改变时,第二类曲线积分要改变符号. 因此关于第二类曲线积分,我们**必须注意积分弧段的方向**. 这一性质是第二类曲线积分所特有的,第一类曲线积分不具有这一性质.

10. 2. 3　第二类曲线积分的计算

定理 1 设 $P(x,y), Q(x,y)$ 在有向曲线弧 L 上有定义且连续,L 的参数方程为

$$\begin{cases} x = x(t) \\ y = y(t) \end{cases},$$

当参数 t 单调地由 α 变至 β 时,点 $M(x,y)$ 从 L 的起点 A 沿至 L 运动到终点 B,$x(t)$、$y(t)$ 在 $[\alpha,\beta]$(或 $[\beta,\alpha]$,以后我们都表示为 $[\alpha,\beta]$)上具有一阶连续导数,且 $x'^2(t)+y'^2(t)\neq 0$,则第二类曲线积分 $\int_L P(x,y)\mathrm{d}x + Q(x,y)\mathrm{d}y$ 存在,且

$$\int_L P(x,y)\mathrm{d}x + Q(x,y)\mathrm{d}y = \int_\alpha^\beta \{P[x(t),y(t)]x'(t) + Q[x(t),y(t)]y'(t)\}\mathrm{d}t.$$

$$(10.2.1)$$

证明　对曲线 L 作任意分割,设分点依次为

$$A = M_0, M_1, M_2, \cdots, M_{n-1}, M_n = B,$$

它们对应于一列单调变化的参数值

$$\alpha = t_0, t_1, t_2, \cdots, t_{n-1}, t_n = \beta.$$

根据第二类曲线积分的定义,有

$$\int_L P(x,y)\mathrm{d}x = \lim_{\lambda \to 0} \sum_{i=1}^n P(\xi_i, \eta_i)\Delta x_i.$$

设点 (ξ_i, η_i) 对应于参数值 τ_i,即 $\xi_i = x(\tau_i)$、$\eta_i = y(\tau_i)$,这里 τ_i 在 t_{i-1} 与 t_i 之间. 由于

$$\Delta x_i = x_i - x_{i-1} = x(t_i) - x(t_{i-1}),$$

应用微分中值定理,有

$$\Delta x_i = x'(\tau_i')\Delta t_i,$$

其中 $\Delta t_i = t_i - t_{i-1}$,$\tau_i'$ 在 t_{i-1} 与 t_i 之间. 于是

$$\int_L P(x,y)\mathrm{d}x = \lim_{\lambda \to 0} \sum_{i=1}^n P[x(\tau_i),y(\tau_i)]x'(\tau_i')\Delta t_i,$$

由于函数 $x'(t)$ 在闭区间 $[\alpha,\beta]$ 上连续,因而一致连续,所以我们可以把上式中的 τ_i' 换成 τ_i,从而

$$\int_L P(x,y)\mathrm{d}x = \lim_{\lambda \to 0} \sum_{i=1}^n P[x(\tau_i),y(\tau_i)]x'(\tau_i)\Delta t_i.$$

由于函数 $P[x(t),y(t)]x'(t)$ 在区间 $[\alpha,\beta]$ 连续,因而在区间 $[\alpha,\beta]$ 可积,上式右端这个极限必存在,就是函数在区间 $[\alpha,\beta]$ 上的定积分,因此上式左端的曲线积分 $\int_L P(x,y)\mathrm{d}x$ 也存在,并且有

$$\int_L P(x,y)\mathrm{d}x = \int_\alpha^\beta P[x(t),y(t)]x'(t)\mathrm{d}t.$$

同理可证

$$\int_L Q(x,y)\mathrm{d}y = \int_\alpha^\beta Q[x(t),y(t)]y'(t)\mathrm{d}t.$$

把以上两式相加,得

$$\int_L P(x,y)\mathrm{d}x + Q(x,y)\mathrm{d}y = \int_\alpha^\beta \{P[x(t),y(t)]x'(t) + Q[x(t),y(t)]y'(t)\}\mathrm{d}t,$$

这里下限 α 对应于 L 的起点,上限 β 对应于 L 的终点.

公式 $(10.2.1)$ 表明,计算第二类曲线积分

$$\int_L P(x,y)\mathrm{d}x + Q(x,y)\mathrm{d}y$$

时,只要把 $x,y,\mathrm{d}x,\mathrm{d}y$ 依次换为 $x(t),y(t),x'(t)\mathrm{d}t,y'(t)\mathrm{d}t$,然后从 L 的起点所对应的参数

值 α 到 L 的终点所对应的参数值 β 作定积分就行了,这里必须注意,下限 α 对应于 L 的起点,上限 β 对应于 L 的终点,α 不一定小于 β.

如果 L 由方程 $y=y(x)$ 或 $x=x(y)$ 给出,可以看作参数方程的特殊情形,例如,当 L 由 $y=y(x)$ 给出时,公式(10.2.1)成为

$$\int_L P(x,y)\mathrm{d}x + Q(x,y)\mathrm{d}y = \int_a^b \{P[x,y(x)] + Q[x,y(x)]y'(x)\}\mathrm{d}x.$$

这里下限 a 对应 L 的起点,上限 b 对应 L 的终点.

公式(10.2.1)可推广到空间曲线 Γ 由参数方程

$$\begin{cases} x=x(t) \\ y=y(t) \quad (t:\alpha\to\beta) \\ z=z(t) \end{cases}$$

给出的情形,这样便得到

$$\int_\Gamma P(x,y,z)\mathrm{d}x + Q(x,y,z)\mathrm{d}y + R(x,y,z)\mathrm{d}z$$

$$= \int_\alpha^\beta \{P[x(t),y(t),z(t)]x'(t) + Q[x(t),y(t),z(t)]y'(t) + R[x(t),y(t),z(t)]z'(t)\}\mathrm{d}t,$$

这里下限 α 对应 Γ 的起点,上限 β 对应 Γ 的终点.

例 1　计算 $\int_L xy\,\mathrm{d}x$,其中 L 为抛物线 $x=y^2$ 上从 $A(1,-1)$ 到 $B(1,1)$ 的一段弧(图 10-2-2).

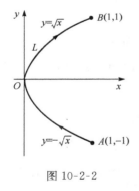

图 10-2-2

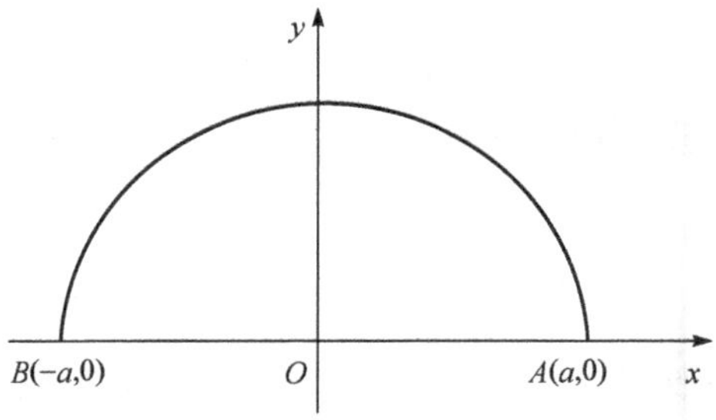

图 10-2-3

解　**解法一.**　将所给积分化为对 x 的定积分来计算. 由于 $y=\pm\sqrt{x}$ 不是单值函数,所以要把 L 分为 AO 和 OB 两部分. 在 AO 上,$y=-\sqrt{x}$,x 从 1 到 0;在 OB 上,$y=\sqrt{x}$,x 从 0 到 1. 因此

$$\int_L xy\,\mathrm{d}x = \int_{AO} xy\,\mathrm{d}x + \int_{OB} xy\,\mathrm{d}x = \int_1^0 x(-\sqrt{x})\mathrm{d}x + \int_0^1 x\sqrt{x}\,\mathrm{d}x$$

$$= 2\int_0^1 x^{\frac{3}{2}}\,\mathrm{d}x = \frac{4}{5}.$$

解法二.　将所给积分化为对 y 的定积分来计算,现在 $x=y^2$,y 从 -1 变到 1. 因此

$$\int_L xy\,\mathrm{d}x = \int_{-1}^1 y^2 y(y^2)'\,\mathrm{d}y = 2\int_{-1}^1 y^4\,\mathrm{d}y = 2\left[\frac{y^5}{5}\right]_{-1}^1 = \frac{4}{5}.$$

例 2　计算 $\int_L y^2\,\mathrm{d}x$,其中 L 为(图 10-2-3):

(1) 半径为 a、圆心为原点、按逆时针方向绕行的上半圆周;

(2) 从点 $A(a,0)$ 沿 x 轴到点 $B(-a,0)$ 的直线段.

解　（1）L 是参数方程

$$\begin{cases} x=a\cos\theta \\ y=a\sin\theta \end{cases} (\theta:0\to\pi),$$

因此

$$\int_L y^2 dx = \int_0^\pi a^2 \sin^2\theta(-a\sin\theta)d\theta = a^3\int_0^\pi (1-\cos^2\theta)d\cos\theta$$

$$= a^3\left[\cos\theta - \frac{\cos^3\theta}{3}\right]_0^\pi = -\frac{3}{4}a^3.$$

（2）现在，L 的方程为 $y=0$，x 从 a 变到 $-a$. 所以

$$\int_L y^2 dx = \int_a^{-a} 0dx = 0.$$

从例 2 看出，虽然两个曲线积分的被积函数相同，起点和终点也相同，但沿不同路径得出的值并不相等.

例 3　计算 $\int_L 2xydx + x^2 dy$，其中 L 为（图 10-2-4）：

（1）抛物线 $y=x^2$ 上从 $O(0,0)$ 到 $B(1,1)$ 的一段弧；

（2）抛物线 $x=y^2$ 上从 $O(0,0))$ 到 $B(1,1)$ 的一段弧；

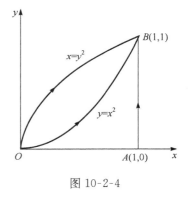

（3）有向折线 OAB，这里 O,A,B 依次是点 $(0,0)$，$(1,0)$，$(1,1)$.

解　（1）化为对 x 的定积分 $L:y=x^2$，x 从 0 变到 1. 所以

$$\int_L 2xydx + x^2 dy = \int_0^1 (2x\cdot x^2 + x^2\cdot 2x)dx = 4\int_0^1 x^3 dx = 1.$$

（2）化为对 y 的定积分 $L:x=y^2$，y 从 0 变到 1. 所以

$$\int_L 2xydx + x^2 dy = \int_0^1 (2y^2\cdot y\cdot 2y + y^4)dy = 5\int_0^1 y^4 dx = 1.$$

图 10-2-4

（3）$\int_L 2xydx + x^2 dy = \int_{\overrightarrow{OA}} 2xydx + x^2 dy + \int_{\overrightarrow{AB}} 2xydx + x^2 dy.$

在 $\overrightarrow{OA}$ 上，$y=0$，x 从 0 变到 1，所以

$$\int_{\overrightarrow{OA}} 2xydx + x^2 dy = \int_0^1 (2x\cdot 0 + x^2\cdot 0)dx = 0.$$

在 $\overrightarrow{AB}$ 上，$x=1$，y 从 0 变到 1，所以

$$\int_{\overrightarrow{AB}} 2xydx + x^2 dy = \int_0^1 (2y\cdot 0 + 1)dy = 1.$$

从而

$$\int_L 2xydx + x^2 dy = 0 + 1 = 1.$$

从例 3 可以看出，虽然沿不同路径，曲线积分的值可以相等.

例 4　计算 $\int_\Gamma x^3 dx + 3zy^2 dy - x^2 ydz$，其中 Γ 是从点 $A(3,2,1)$ 到点 $B(0,0,0)$ 的直线段 $\overrightarrow{AB}$.

解　直线段的 $\overrightarrow{AB}$ 的方程是

$$\frac{x}{3} = \frac{y}{2} = \frac{z}{1},$$

化为参数方程得

$$x=3t, y=2t, z=t, t \text{ 从 1 变到 0.}$$

所以
$$\int_{\Gamma} x^3 \mathrm{d}x + 3zy^2 \mathrm{d}y - x^2 y \mathrm{d}z$$

$$= \int_1^0 \big[(3t)^3 \cdot 3 + 3t(2t)^2 \cdot 2 - (3t)^2 \cdot 2t\big]\mathrm{d}t$$

$$= 87 \int_1^0 t^3 \mathrm{d}t = -\frac{87}{4}.$$

例 5　在过点 $O(0,0)$ 和 $A(\pi,0)$ 的曲线族 $y = a\sin x(a>0)$ 中,求一条曲线 Γ,使沿该曲线从 $O(0,0)$ 到 $A(\pi,0)$ 的积分 $\int_{\Gamma}(1+y^3)\mathrm{d}x + (2x+y)\mathrm{d}y$ 的值最小.

解　将 $y = a\sin x$ 代入所给的曲线积分中:

$$\int_{\Gamma}(1+y^3)\mathrm{d}x + (2x+y)\mathrm{d}y = \int_0^{\pi}\big[1 + a^3\sin^3 x + (2x + a\sin x)a\cos x\big]\mathrm{d}x$$

$$= \pi - a^3 \int_0^{\pi}\sin^2 x \mathrm{d}\cos x + 2a\int_0^{\pi}x\cos x \mathrm{d}x - a^2\int_0^{\pi}\cos x \mathrm{d}\cos x$$

$$= \pi - a^3 \int_0^{\pi}(1-\cos^2 x)\mathrm{d}\cos x + 2a\Big[x\sin x\,\big|_0^{\pi} - \int_0^{\pi}\sin x \mathrm{d}x\Big] - 0$$

$$= \pi + 2a^3 + \frac{a^3}{3}\cos^3 x\,\big|_0^{\pi} + 2a\cos x\,\big|_0^{\pi} = \pi + \frac{4a^3}{3} - 4a.$$

记 $\varphi(a) = \pi + \dfrac{4a^3}{3} - 4a$,则 $\varphi'(a) = 4a^2 - 4$,令 $\varphi'(a) = 0$,得 $a=1(a=-1$ 舍去),且 $a=1$ 是 $\varphi(a)$ 在 $(0,+\infty)$ 内唯一驻点. 又 $\varphi''(a) = 8a$,$\varphi''(1) = 8 > 0$,故 $\varphi(a)$ 在 $a=1$ 处取得极小值. 又因 $\varphi(x)$ 在 $(0,+\infty)$ 内处处可微,$\varphi''(a)>0$ 在 $(0,+\infty)$ 上 $\varphi(x)$ 向上凹,这个极小值点就是最小值点,故所求曲线为 $y = \sin x (0 \leqslant x \leqslant \pi)$.

例 6　设一个质点在 $M(x,y)$ 处受到力 $\vec{F}$ 的作用,$\vec{F}$ 的大小与 M 到原点 O 的距离成正比,$\vec{F}$ 的方向恒指向原点. 此质点由点 $A(a,0)$ 沿椭圆 $\dfrac{x^2}{a^2} + \dfrac{y^2}{b^2} = 1$ 按逆时针方向移动到点 $B(0,b)$,求力 $\vec{F}$ 所作的功 W.

解　
$$\overrightarrow{OM} = x\boldsymbol{i} + y\boldsymbol{j}, \quad |\overrightarrow{OM}| = \sqrt{x^2 + y^2}.$$

由假设有 $\vec{F} = -k(x\boldsymbol{i} + y\boldsymbol{j})$,其中 $k>0$ 是比例常数. 于是

$$W = \int_{\widehat{AB}} \vec{F} \cdot \mathrm{d}\vec{r} = \int_{\widehat{AB}}(-kx - ky)\mathrm{d}y = -k\int_{\widehat{AB}} x\mathrm{d}x + y\mathrm{d}y.$$

利用椭圆参数方程:$\begin{cases} x = a\cos t \\ y = b\sin t \end{cases}$,起点 A,终点 B 分别对应参数 $0,\dfrac{\pi}{2}$. 于是

$$W = -k\int_0^{\frac{\pi}{2}}(-a^2\cos t \cdot \sin t + b^2\sin t \cdot \cos t)\mathrm{d}t$$

$$= k(a^2 - b^2)\int_0^{\frac{\pi}{2}}\sin t \cdot \cos t \mathrm{d}t = \frac{k}{2}(a^2 - b^2).$$

10.2.4　两类曲线积分之间的联系

设有向曲线弧 L 的起点为 A,终点为 B. 曲线弧 L 由参数方程

$$\begin{cases} x = x(t) \\ y = y(t) \end{cases} \quad (t:\alpha \to \beta)$$

给出,起点 A、终点 B 分别对应参数 α,β. 不妨设 $\alpha<\beta$(若 $\alpha>\beta$,可令 $s=-t,A,B$ 对应 $s=-\alpha$, $s=-\beta$,就有 $(-\alpha)<(-\beta)$,把下面的讨论对参数 s 进行即可),并设函数 $x(t),y(t)$ 在 $[\alpha,\beta]$ 上具有一阶连续导数,且 $x'^2(t)+y'^2(t)\neq0$,又函数 $P(x,y),Q(x,y)$ 在 L 上连续. 于是,由公式 (10.2.1)有

$$\int_L P(x,y)\mathrm{d}x+Q(x,y)\mathrm{d}y=\int_\alpha^\beta\{P[x(t),y(t)]x'(t)+Q[x(t),y(t)]y'(t)\}\mathrm{d}t.$$

我们知道,向量 $\vec{\tau}=x'(t)i+y'(t)j$ 是曲线弧 L 在点 $M(x(t),y(t))$ 处的一个切向量,它的指向与参数 t 增大时点 M 移动的走向一致,当 $\alpha<\beta$ 时,这个走向就是有向曲线弧 L 的走向. 以后,我们称这种指向与有向曲线弧的走向一致的切向量为有向曲线弧的切向量. 于是,有向曲线弧 L 的切向量为 $\vec{\tau}=x'(t)i+y'(t)j$,它的方向余弦为

$$\cos\alpha=\frac{x'(t)}{\sqrt{x'^2(t)+y'^2(t)}},\quad\cos\beta=\frac{y'(t)}{\sqrt{x'^2(t)+y'^2(t)}}.$$

由第一类曲线积分的计算公式可得

$$\int_L\left[P(x,y)\cos\alpha+Q(x,y)\cos\beta\right]\mathrm{d}l$$
$$=\int_\alpha^\beta\left\{P[x(t),y(t)]\frac{x'(t)}{\sqrt{x'^2(t)+y'^2(t)}}\right.$$
$$\left.+Q[x(t),y(t)]\frac{y'(t)}{\sqrt{x'^2(t)+y'^2(t)}}\right\}\sqrt{x'^2(t)+y'^2(t)}\mathrm{d}t$$
$$=\int_\alpha^\beta\{P[x(t),y(t)]x'(t)+Q[x(t),y(t)]y'(t)\}\mathrm{d}t.$$

由此可见,平面曲线 L 上的两类曲线积分之间有如下联系:

$$\int_L P\mathrm{d}x+Q\mathrm{d}y=\int_L(P\cos\alpha+Q\cos\beta)\mathrm{d}l,\tag{10.2.2}$$

其中 $\alpha(x,y),\beta(x,y)$ 为有向曲线弧 L 在点 (x,y) 处的切向量的方向角.

类似地可知,空间曲线 Γ 上的两类曲线积分之间有如下联系:

$$\int_\Gamma P\mathrm{d}x+Q\mathrm{d}y+R\mathrm{d}z=\int_\Gamma(P\cos\alpha+Q\cos\beta+R\cos\gamma)\mathrm{d}l,\tag{10.2.3}$$

其中 $\alpha(x,y,z),\beta(x,y,z),\gamma(x,y,z)$ 为有向曲线弧 Γ 在点 (x,y,z) 处的切向量的方向角.

两类曲线积分之间的联系也可用向量的形式表达. 例如,空间曲线 Γ 上的两类曲线积分之间的联系可写成如下形式:

$$\int_\Gamma\vec{A}\cdot\mathrm{d}\vec{r}=\int_\Gamma\vec{A}\cdot\vec{\tau}\mathrm{d}l,\tag{10.2.4}$$

或

$$\int_\Gamma\vec{A}\cdot\mathrm{d}\vec{r}=\int_\Gamma A_{\vec{\tau}}\mathrm{d}l,$$

其中 $\vec{A}=(P,Q,R),\vec{\tau}=(\cos\alpha,\cos\beta,\cos\gamma)$ 为有向曲线弧 Γ 在点 (x,y,z) 处的单位切向量,$\mathrm{d}\vec{r}=\vec{\tau}\mathrm{d}l=(\mathrm{d}x,\mathrm{d}y,\mathrm{d}z))$,称为有向曲线元,$A_{\vec{\tau}}$ 为向量 $\vec{A}$ 在向量 $\vec{\tau}$ 上的投影.

习　题　10-2

1. 设 L 为 xOy 面内直线 $x=a$ 上的一段,证明:

$$\int_L P(x,y)\mathrm{d}x=0.$$

2. 设 L 为 xOy 面内 x 轴上从点 $(a,0)$ 到点 $(b,0)$ 的一段直线,证明:

$$\int_L P(x,y)\mathrm{d}x = \int_a^b P(x,0)\mathrm{d}x.$$

3. 计算下列对坐标的曲线积分:

(1) $\int_L (x^2 - y^2)\mathrm{d}x$,其中 L 是抛物线 $y = x^2$ 上从点 $(0,0)$ 到点 $(2,4)$ 的一段弧;

(2) $\oint_L \dfrac{y}{x+1}\mathrm{d}x + 2xy\mathrm{d}y$,其中 L 是由 $y = x^2$ 与 $y = x$ 轴所围成的闭路(按逆时针方向绕行);

(3) $\int_L y\mathrm{d}x + x\mathrm{d}y$,其中 L 为圆周 $x = R\cos t, y = R\sin t$ 上对应 t 从 0 到 $\dfrac{\pi}{2}$ 的一段弧;

(4) $\oint_L \dfrac{(x+y)\mathrm{d}x - (x-y)\mathrm{d}y}{x^2 + y^2}$,其中 L 为圆周 $x^2 + y^2 = a^2$(按逆时针方向绕行);

(5) $\int_\Gamma x^2\mathrm{d}x + z\mathrm{d}y - y\mathrm{d}z$,其中 Γ 为曲线 $x = k\theta, y = a\cos\theta, z = a\sin\theta$ 上对应 θ 从 0 到 π 的一段弧;

(6) $\int_\Gamma x\mathrm{d}x + y\mathrm{d}y + (x+y-1)\mathrm{d}z$,其中 Γ 是从点 $(1,1,1)$ 到点 $(2,3,4)$ 的一段直线;

(7) $\oint_\Gamma \mathrm{d}x - \mathrm{d}y + y\mathrm{d}z$,其中 Γ 为有向闭折线 $ABCA$,这里的 A,B,C 依次为点 $(1,0,0)$,$(0,1,0)$,$(0,0,1)$;

(8) $\int_L (x^2 - 2xy)\mathrm{d}x + (y^2 - 2xy)\mathrm{d}y$,其中 L 是抛物线 $y = x^2$ 上从点 $(-1,1)$ 到点 $(1,1)$ 的一段弧.

4. 计算 $\int_L (x+y)\mathrm{d}x + (y-x)\mathrm{d}y$,其中 L 是:

(1) 抛物线 $x = y^2$ 上从点 $(1,1)$ 到点 $(4,2)$ 的一段弧;

(2) 从点 $(1,1)$ 到点 $(4,2)$ 的直线段;

(3) 先沿直线从点 $(1,1)$ 到点 $(1,2)$,然后再沿直线到点 $(4,2)$ 的折线;

(4) 曲线 $x = 2t^2 + t + 1, y = t^2 + 1$ 上从点 $(1,1)$ 到点 $(4,2)$ 的一段弧.

5. 质点 P 沿着以 AB 为直径的半圆周从点 $A(1,2)$ 运动到点 $B(3,4)$ 的过程中受变力 $\vec{F}$ 作用. $\vec{F}$ 的大小等于点 P 与原点 O 之间的距离,其方向垂直于线段 OP 且与 y 轴正向的夹角小于 $\dfrac{\pi}{2}$,求变力 $\vec{F}$ 对质点所作的功.

6. 设 z 轴与重力的方向一致,求质量为 m 的质点从位置 (x_1,y_1,z_1) 沿直线移到 (x_2,y_2,z_2) 时重力所作的功.

7. 把对坐标的曲线积分 $\int_L P(x,y)\mathrm{d}x + Q(x,y)\mathrm{d}y$ 化成对弧长的曲线积分,其中 L 为:

(1) 在 xOy 面内沿直线从点 $(0,0)$ 到点 $(1,1)$;

(2) 沿抛物线 $y = x^2$ 从点 $(0,0)$ 到点 $(1,1)$;

(3) 沿上半圆周 $x^2 + y^2 = 2x$ 从点 $(0,0)$ 到点 $(1,1)$.

8. 计算曲线积分 $\int_\Gamma (2y - 6xy^3)\mathrm{d}x + (2x - 9x^2y^2)\mathrm{d}y$,其中 Γ 为沿曲线 $y = \dfrac{1}{2}x^2$,由点 $(0,0)$ 到点 $(2,2)$.

9. 设 Γ 为曲线 $x = t, y = t^2, z = t^3$ 上相应于 t 从 0 变到 1 的曲线弧. 把对坐标的曲线积分 $\int_\Gamma P\mathrm{d}x + Q\mathrm{d}y + R\mathrm{d}z$ 化成对弧长的曲线积分.

10.3　格林公式及其应用

10.3.1　格林公式

在一元函数积分学中,微积分基本公式

$$\int_a^b F'(x)\mathrm{d}x = F(b) - F(a)$$

表示 $F'(x)$ 在闭区间 $[a,b]$ 上的积分可以通过它的原函数 $F(x)$ 在这个区间端点（区域的边界）上的值来表达. 该公式不仅揭示了微分与积分之间的精确联系,而且简化了定积分的计算,那么该结论能否推广到多元函数的积分呢?

下面要介绍的格林（Green）公式回答了上面的问题. 格林公式告诉我们,在平面闭区域 D 上的二重积分可以通过沿闭区域 D 的边界曲线 L 上的曲线积分来表达.

现在先介绍平面单连通区域的概念. 设 D 为平面区域,如果 D 内任一闭曲线所围的部分都属于 D,则称 D 为平面**单连通区域**,否则称为**复连通区域**. 通俗地说,平面单连通区域就是不含有"洞"（包括点"洞"）的区域,复连通区域是含有"洞"（包括点"洞"）的区域. 例如,平面上的圆形区域 $\{(x,y)\,|\,x^2+y^2<1\}$、上半平面 $\{(x,y)\,|\,y>0\}$ 都是单连通区域. 圆环形区域 $\{(x,y)\,|\,1<x^2+y^2<4\}$、$\{(x,y)\,|\,0<x^2+y^2<2\}$ 都是复连通区域.

对平面区域 D 的边界曲线 L,我们规定 L 的正向如下：当观察者沿 L 的这个方向行走时,D 内在他近处的那一部分总在他的左边（沿着边界走,区域靠左手）. 后边我们用 ∂D^+ 表示 D 的正向边界. 例如,D 是边界曲线 L 及 l 所围成的复连通区域（图 10-3-1）. 作为 D 的正向边界,L 的正向是逆时针方向,而 l 的正向是顺时针方向.

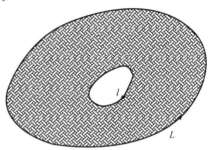

图 10-3-1

定理 1　设闭区域 D 由分段光滑的曲线围成,函数 $P(x,y)$ 及 $Q(x,y)$ 在 D 上具有一阶连续偏导数,则

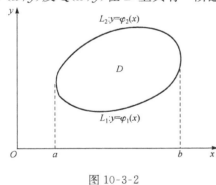

图 10-3-2

$$\iint\limits_{D}\left(\frac{\partial Q}{\partial x}-\frac{\partial P}{\partial y}\right)\mathrm{d}x\mathrm{d}y=\oint_{\partial D^+}P\mathrm{d}x+Q\mathrm{d}y.$$

$$(10.3.1)$$

公式 (10.3.1) 称为格林公式.

证明　先假设穿过区域 D 内部且平行坐标轴的直线与 D 的边界曲线的交点恰好为两点,即区域 D 既是 X-型又是 Y-型的情形（图 10-3-2）.

设 $D=\{(x,y)\,|\,\varphi_1(x)\leqslant y\leqslant\varphi_2(x),a\leqslant x\leqslant b\}$. 因为 $\dfrac{\partial P}{\partial y}$ 连续,所以由二重积分的计算法有

$$\iint\limits_{D}\frac{\partial P}{\partial y}\mathrm{d}x\mathrm{d}y=\int_a^b\left\{\int_{\varphi_1(x)}^{\varphi_2(x)}\frac{\partial P(x,y)}{\partial y}\mathrm{d}y\right\}\mathrm{d}x$$

$$=\int_a^b\{P[x,\varphi_2(x)]-P[x,\varphi_1(x)]\}\mathrm{d}x.$$

另一方面,由第二类曲线积分的性质及计算法有

$$\oint_{\partial D^+}P\mathrm{d}x=\int_{L_1}P\mathrm{d}x+\int_{L_2}P\mathrm{d}x=\int_a^bP[x,\varphi_1(x)]\mathrm{d}x+\int_b^aP[x,\varphi_2(x)]\mathrm{d}x$$

$$=\int_a^b\{P[x,\varphi_1(x)]-P[x,\varphi_2(x)]\}\mathrm{d}x.$$

因此

$$-\iint\limits_{D}\frac{\partial P}{\partial y}\mathrm{d}x\mathrm{d}y=\oint_{\partial D^+}P\mathrm{d}x.$$

$$(10.3.2)$$

设 $D=\{(x,y)\,|\,\psi_1(y)\leqslant x\leqslant\psi_2(y),c\leqslant y\leqslant\mathrm{d}\}$. 类似地可证

$$\iint_D \frac{\partial Q}{\partial x}\mathrm{d}x\mathrm{d}y = \oint_{\partial D^+} Q\mathrm{d}y. \tag{10.3.3}$$

由于 D 既是 X-型又是 Y-型区域,(10.3.2)、(10.3.3)同时成立,合并后即得公式(10.3.1).

再考虑一般情形. 如果闭区域 D 不满足以上条件,那么可以在 D 内引进一条或几条辅助曲线,把 D 分成有限个部分闭区域,使得每个部分闭区域都满足上述条件. 例如,就图 10-3-3 所示的闭区域 D 来说,它的边界曲线 L 为 $\overset{\frown}{MNPM}$,引进一条辅助线 ABC,把 D 分成 D_1、D_2、D_3 三部分. 应用公式(10.3.1)于每个部分,得

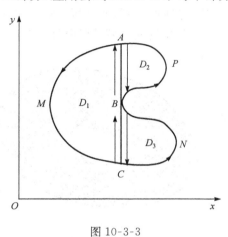

图 10-3-3

$$\iint_{D_1}\left(\frac{\partial Q}{\partial x}-\frac{\partial P}{\partial y}\right)\mathrm{d}x\mathrm{d}y = \oint_{\overset{\frown}{MCBAM}} P\mathrm{d}x + Q\mathrm{d}y,$$

$$\iint_{D_2}\left(\frac{\partial Q}{\partial x}-\frac{\partial P}{\partial y}\right)\mathrm{d}x\mathrm{d}y = \oint_{\overset{\frown}{BPAB}} P\mathrm{d}x + Q\mathrm{d}y,$$

$$\iint_{D_3}\left(\frac{\partial Q}{\partial x}-\frac{\partial P}{\partial y}\right)\mathrm{d}x\mathrm{d}y = \oint_{\overset{\frown}{BCNB}} P\mathrm{d}x + Q\mathrm{d}y.$$

把这三个等式相加,注意到相加时沿辅助曲线来回的曲线积分相互抵消,便得

$$\iint_D\left(\frac{\partial Q}{\partial x}-\frac{\partial P}{\partial y}\right)\mathrm{d}x\mathrm{d}y = \oint_{\partial D^+} P\mathrm{d}x + Q\mathrm{d}y.$$

一般地,公式(10.3.1)对于由分段光滑曲线围成的闭区域都成立. 证毕.

对于复连通区域 D,可引进适当辅助线,化成若干个单连通区域,相加时沿辅助曲线来回的曲线积分相互抵消,格林公式(10.3.1)仍成立. 需注意格林公式(10.3.1)右端应包括沿区域 D 的全部边界的曲线积分,且边界的方向对区域 D 来说都是正向.

在公式(10.3.1)中,令 $P=-y,Q=x$,得

$$\oint_{\partial D^+} x\mathrm{d}y - y\mathrm{d}x = 2\iint_D \mathrm{d}x\mathrm{d}y = 2S(D),$$

因此有

$$S(D) = \frac{1}{2}\oint_{\partial D^+} x\mathrm{d}y - y\mathrm{d}x. \tag{10.3.4}$$

若令 $P=0,Q=x$(或 $P=-y,Q=0$),则有

$$S(D) = \oint_{\partial D^+} x\mathrm{d}y = -\oint_{\partial D^+} y\mathrm{d}x.$$

例 1 求椭圆 $x=a\cos\theta,y=b\sin\theta$ 所围成图形的面积 A.

解 根据公式(10.3.4)有

$$A = \frac{1}{2}\oint_{\partial D^+} x\mathrm{d}y - y\mathrm{d}x = \frac{1}{2}\int_0^{2\pi}(ab\cos^2\theta + ab\sin^2\theta)\mathrm{d}\theta$$

$$= \frac{1}{2}ab\int_0^{2\pi}\mathrm{d}\theta = \pi ab.$$

例 2 设 L 是任意一条分段光滑的闭曲线,证明

$$\oint_L 2xy\mathrm{d}x + x^2\mathrm{d}y = 0.$$

证明 令 $P=2xy,Q=x^2$,则

$$\frac{\partial Q}{\partial x} - \frac{\partial P}{\partial y} = 2x - 2y = 0,$$

因此,由公式(10.3.1)有

$$\oint_L 2xy\,\mathrm{d}x + x^2\,\mathrm{d}y = \pm\iint_D 0\,\mathrm{d}x\,\mathrm{d}y = 0.$$

例3　计算 $\iint_D \mathrm{e}^{-y^2}\,\mathrm{d}x\,\mathrm{d}y$,其中 D 是以 $O(0,0),A(1,1),B(0,1)$ 为顶点的三角形闭区域(图 10-3-4).

解　令 $P=0,Q=x\mathrm{e}^{-y^2}$,则

$$\frac{\partial Q}{\partial x} - \frac{\partial P}{\partial y} = \mathrm{e}^{-y^2}.$$

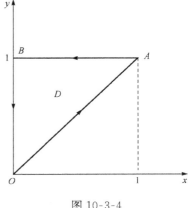

图 10-3-4

因此,由公式(10.3.1)有

$$\iint_D \mathrm{e}^{-y^2}\,\mathrm{d}x\,\mathrm{d}y = \oint_{\partial D^+} P\mathrm{d}x + Q\mathrm{d}y = \int_{\overrightarrow{OA}+\overrightarrow{AB}+\overrightarrow{BO}} x\mathrm{e}^{-y^2}\,\mathrm{d}y$$

$$= \int_{\overrightarrow{OA}} x\mathrm{e}^{-y^2}\,\mathrm{d}y = \int_0^1 x\mathrm{e}^{-x^2}\,\mathrm{d}x = \frac{1}{2}(1-\mathrm{e}^{-1}).$$

例4　设 Γ 为取正向的圆周 $x^2+y^2=9$,求曲线积分

$$\oint_\Gamma (2xy-2y)\,\mathrm{d}x + (x^2-4x)\,\mathrm{d}y.$$

解　若用上节的方法去计算这个曲线积分,会稍有一些计算工作量.但因 Γ 为闭曲线,$P=2xy-2y,Q=x^2-4x$ 及圆域 $x^2+y^2\leqslant 9$ 满足格林公式的全部条件,利用格林公式化曲线积分为二重积分,便立得结果:

$$\oint_\Gamma (2xy-2y)\,\mathrm{d}x + (x^2-4x)\,\mathrm{d}y = \iint_D \left(\frac{\partial Q}{\partial x} - \frac{\partial P}{\partial y}\right)\mathrm{d}\sigma$$

$$= \iint_D [2x-4-(2x-2)]\,\mathrm{d}\sigma = \iint_D (-2)\,\mathrm{d}\sigma$$

$$= -2\iint_D \mathrm{d}\sigma = -2\times\pi\times 3^2 = -18\pi.$$

例5　计算 $\oint_L \dfrac{x\mathrm{d}y - y\mathrm{d}x}{x^2+y^2}$,其中 L 为一条无重点,分段光滑且不经过原点的连续闭曲线,L 的方向为逆时针方向.

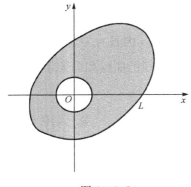

图 10-3-5

解　令 $P=\dfrac{-y}{x^2+y^2},Q=\dfrac{x}{x^2+y^2}$,则 $x^2+y^2\neq 0$ 时,有

$$\frac{\partial Q}{\partial x} = \frac{y^2-x^2}{(x^2+y^2)^2} = \frac{\partial P}{\partial y}.$$

记 L 所围成的闭区域为 D.当 $(0,0)\notin D$ 时,由公式(10.3.1)便得

$$\oint_L \frac{x\mathrm{d}y - y\mathrm{d}x}{x^2+y^2} = \oint_{\partial D^+} P\mathrm{d}x + Q\mathrm{d}y = \iint_D \left(\frac{\partial Q}{\partial x} - \frac{\partial P}{\partial y}\right)\mathrm{d}x\,\mathrm{d}y = 0;$$

当 $(0,0)\in D$ 时,选取适当小的 $r>0$,作位于 D 内的圆周 l:$x^2+y^2=r^2$.记 L 和 l 所围成的闭区域为 D_1(图 10-3-5)对复连通区域 D_1 应用格林公式,得

$$\oint_L \frac{x\,dy - y\,dx}{x^2 + y^2} - \oint_l \frac{x\,dy - y\,dx}{x^2 + y^2} = \oint_{\partial D_1^+} P\,dx + Q\,dy = \iint_{D_1} \left(\frac{\partial Q}{\partial x} - \frac{\partial P}{\partial y} \right) dx\,dy = 0,$$

其中 l 的方向取逆时针方向. 于是

$$\oint_L \frac{x\,dy - y\,dx}{x^2 + y^2} = \oint_l \frac{x\,dy - y\,dx}{x^2 + y^2} = \int_0^{2\pi} \frac{r^2 \cos^2\theta + r^2 \sin^2\theta}{r^2}\,d\theta = 2\pi.$$

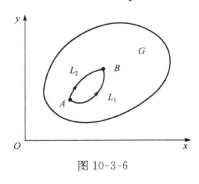

图 10-3-6

10.3.2　平面上曲线积分与路径无关的条件

在物理、力学中要研究所谓势场,就是要研究场力所作的功与路径无关的情形. 我们知道重力做功与路径无关,那么一般情况在什么条件下场力所作的功与路径无关? 这个问题在数学上就是要研究曲线积分与路径无关的条件. 为了研究这个问题,先要明确什么是曲线积分 $\int_L P\,dx + Q\,dy$ 与路径无关.

设 G 是一个区域,$P(x,y)$ 以及 $Q(x,y)$ 在区域 G 内具有一阶连续偏导数. 如果对于 G 内任意指定的两个点 A,B 以及 G 内从点 A 到点 B 的任意两条曲线 L_1, L_2(图 10-3-6),等式 $\int_{L_1} P\,dx + Q\,dy = \int_{L_2} P\,dx + Q\,dy$ 恒成立,就说曲线积分 $\int_L P\,dx + Q\,dy$ 在 G 内与路径无关,否则便说与路径有关.

在以上叙述中注意到,如果曲线积分与路径无关,那么

$$\int_{L_1} P\,dx + Q\,dy = \int_{L_2} P\,dx + Q\,dy.$$

由于

$$\int_{-L_2} P\,dx + Q\,dy = -\int_{L_2} P\,dx + Q\,dy,$$

所以

$$\int_{L_1} P\,dx + Q\,dy + \int_{-L_2} P\,dx + Q\,dy = 0,$$

从而

$$\oint_{L_1 + (-L_2)} P\,dx + Q\,dy = 0.$$

这里 $L_1 + (-L_2)$ 是一条有向闭曲线. 因此,在区域 G 内由曲线积分与路径无关可推得在 G 内沿闭曲线的曲线积分为零. 反过来,如果在区域 G 内沿任意闭曲线的曲线积分为零,也可推得在 G 内曲线积分与路径无关. 由此得出结论:曲线积分 $\int_L P\,dx + Q\,dy$ 在 G 内与路径无关相当于沿 G 内任意闭曲线 C 的曲线积分 $\oint_C P\,dx + Q\,dy$ 等于零.

定理 2　设区域 G 是一个单连通域,,函数 $P(x,y)$ 及 $Q(x,y)$ 在 G 内具有一阶连续偏导数,则曲线积分 $\int_L P\,dx + Q\,dy$ 在 G 内与路径无关(或沿 G 内任意闭曲线的曲线积分为零)的充分必要条件是

$$\frac{\partial P}{\partial y} = \frac{\partial Q}{\partial x} \tag{10.3.5}$$

在 G 内恒成立.

证明　先证这条件是充分的. 在 G 内任取一条闭曲线 C,要证当条件(10.3.5)成立时有 $\oint_C P\,dx + Q\,dy = 0$. 因为 G 是单连通的,所以闭曲线 C 所围成的闭区域 D 全部在 G 内,于是

（10.3.5）式在 D 上恒成立. 应用格林公式,有

$$\iint\limits_{D}\left(\frac{\partial Q}{\partial x}-\frac{\partial P}{\partial y}\right)\mathrm{d}x\mathrm{d}y=\oint_{C}P\mathrm{d}x+Q\mathrm{d}y.$$

上式左端的二重积分等于零$\left(\text{因为被积函数}\frac{\partial Q}{\partial x}-\frac{\partial P}{\partial y}\text{在}D\text{上恒为零}\right)$,从而右端的曲线积分也等于零.

再证条件（10.3.5）是必要的. 用反证法来证. 假设上述论断不成立,那么 G 内至少有一点 M_0,使

$$\left(\frac{\partial Q}{\partial x}-\frac{\partial P}{\partial y}\right)_{M_0}\neq 0.$$

不妨假定

$$\left(\frac{\partial Q}{\partial x}-\frac{\partial P}{\partial y}\right)_{M_0}=\eta>0.$$

由于 $\frac{\partial Q}{\partial x},\frac{\partial P}{\partial y}$ 在 G 内连续,可以在 G 内取得一个以 M_0 为圆心、半径足够小的圆形闭区域 K,使得在 K 上恒有

$$\frac{\partial Q}{\partial x}-\frac{\partial P}{\partial y}\geqslant\frac{\eta}{2}.$$

于是由格林公式及二重积分的性质就有

$$\oint_{\partial K^+}P\mathrm{d}x+Q\mathrm{d}y=\iint\limits_{K}\left(\frac{\partial Q}{\partial x}-\frac{\partial P}{\partial y}\right)\mathrm{d}x\mathrm{d}y\geqslant\frac{\eta}{2}\cdot S(K)>0,$$

这结果与沿 G 内任意闭曲线的曲线积分为零的假定相矛盾,可见 G 不成立的点不可能存在,即（10.3.5）式在 G 内处处成立.

证毕.

在 10.2 节例 3 中我们看到,起点与终点相同的三个曲线积分 $\int_{L}2xy\mathrm{d}x+x^2\mathrm{d}y$ 相等. 从定理 2 来看,这不是偶然的. 因为这里 $\frac{\partial P}{\partial y}=\frac{\partial Q}{\partial x}=2x$ 在整个 xOy 面内恒成立,而整个 xOy 面是单连通域,因此曲线积分 $\int_{L}2xy\mathrm{d}x+x^2\mathrm{d}y$ 与路径无关.

在定理 2 中,要求区域 G 是单连通区域,且函数 $P(x,y)$ 及 $Q(x,y)$ 在 G 内具有一阶连续偏导数. 如果这两个条件之一不能满足,那么定理的结论不能保证成立. 例如,在例 4 中我们已经看到,当 L 所围成的区域含有原点时,虽然除去原点外,恒有 $\frac{\partial Q}{\partial x}=\frac{\partial P}{\partial y}$,但沿闭曲线的积分如 $\oint_{L}P\mathrm{d}x+Q\mathrm{d}y\neq 0$,其原因在于区域内含有破坏函数 P,Q 及 $\frac{\partial Q}{\partial x},\frac{\partial P}{\partial y}$ 连续性条件的点 O,这种点通常称为奇点.

10.3.3 二元函数的全微分求积

现在要讨论:函数 $P(x,y)$、$Q(x,y)$ 满足什么条件时. 表达式 $P(x,y)\mathrm{d}x+Q(x,y)\mathrm{d}y$ 才是某个二元函数 $u(x,y)$ 的全微分;当这样的二元函数存在时把它求出来.

定理 3 设区域 G 是一个单连通域,函数 $P(x,y)$、$Q(x,y)$ 在 G 内具有一阶连续偏导数,则 $P(x,y)\mathrm{d}x+Q(x,y)\mathrm{d}y$ 在 G 内为某一函数 $u(x,y)$ 的全微分的充分必要条件是

$$\frac{\partial P}{\partial y}=\frac{\partial Q}{\partial x}$$

（10.3.6）

在 G 内恒成立.

证明 先证必要性.假设存在着某一函数 $u(x,y)$,使得

$$\mathrm{d}u=P(x,y)\mathrm{d}x+Q(x,y)\mathrm{d}y,$$

则必有

$$\frac{\partial u}{\partial x}=P(x,y), \quad \frac{\partial u}{\partial y}=Q(x,y).$$

从而

$$\frac{\partial^2 u}{\partial x\partial y}=\frac{\partial P}{\partial y}, \quad \frac{\partial^2 u}{\partial y\partial x}=\frac{\partial Q}{\partial x}.$$

由于 P,Q 具有一阶连续偏导数,所以 $\dfrac{\partial^2 u}{\partial x\partial y}$,$\dfrac{\partial^2 u}{\partial y\partial x}$ 连续,因此 $\dfrac{\partial^2 u}{\partial x\partial y}=\dfrac{\partial^2 u}{\partial y\partial x}$,即 $\dfrac{\partial P}{\partial y}=\dfrac{\partial Q}{\partial x}$,这就证明了条件(10.3.6)是必要的.

再证充分性.设已知条件(10.3.6)在 G 内恒成立,则由定理 2 可知,起点为 $M_0(x_0,y_0)$ 终点为 $M(x,y)$ 的曲线积分在区域 G 内与路径无关,于是可把这个曲线积分写作

$$\int_{(x_0,y_0)}^{(x,y)} P(s,t)\mathrm{d}s+Q(s,t)\mathrm{d}t.$$

当起点 $M_0(x_0,y_0)$ 固定时,这个积分的值取决于终点 $M(x,y)$,因此,它是 x,y 的函数,把这函数记作 $u(x,y)$,即

$$u(x,y)=\int_{(x_0,y_0)}^{(x,y)} P(s,t)\mathrm{d}s+Q(s,t)\mathrm{d}t. \tag{10.3.7}$$

下面来证明函数 $u(x,y)$ 的全微分就是 $P(x,y)\mathrm{d}x+Q(x,y)\mathrm{d}y$.因为 $P(x,y),Q(x,y)$ 都是连续的,因此只要证明

$$\frac{\partial u}{\partial x}=P(x,y), \quad \frac{\partial u}{\partial y}=Q(x,y).$$

由于(10.3.7)的曲线积分与路径无关,可以选择适当的 M_0,如图 10-3-7,使折线 M_0SM 位于 G 内,以折线 M_0SM 作为曲线积分的路径,按第二类曲线积分的计算法就有

$$u(x,y)=\int_{(x_0,y_0)}^{(x,y)} P(s,t)\mathrm{d}s+Q(s,t)\mathrm{d}t$$

$$=\int_{y_0}^{y} Q(x_0,t)\mathrm{d}t+\int_{x_0}^{x} P(s,y)\mathrm{d}s.$$

由于 $P(x,y)$ 连续,利用变上限积分的求导公式和偏导数的计算方法,可得

$$\frac{\partial u}{\partial x}=P(x,y),$$

同理可证

$$\frac{\partial u}{\partial y}=Q(x,y).$$

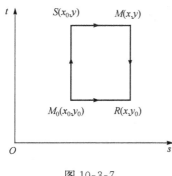

图 10-3-7

这就证明了条件(10.3.6)是充分的.证毕.

根据上述定理,如果函数 $P(x,y),Q(x,y)$ 在单连通域 G 内具有一阶连续偏导数.且满足条件(10.3.6),那么 $P\mathrm{d}x+Q\mathrm{d}y$ 是某个函数的全微分.这函数可用公式(10.3.7)来求出.因为公式(10.3.7)中的曲线积分与路径无关,为计算简便起见,可以选择平行于坐标轴的直线段连成的折线 M_0RM 或 M_0SM 作为积分路线(图 10-3-7),当然要假定这些折线完全位于 G 内.按第二类曲线积分的计算法就有

$$u(x,y)=\int_{x_0}^{x} P(s,y_0)\mathrm{d}s+\int_{y_0}^{y} Q(x,t)\mathrm{d}t.$$

或

$$u(x,y)=\int_{y_0}^{y}Q(x_0,t)\mathrm{d}t+\int_{x_0}^{x}P(s,y)\mathrm{d}s.$$

例 6　验证：$\dfrac{x\mathrm{d}y-y\mathrm{d}x}{x^2+y^2}$ 在右半平面 $(x>0)$ 内是某个函数的全微分，并求出一个这样的函数.

解　在例 5 中已经知道，令

$$P=\frac{-y}{x^2+y^2},\quad Q=\frac{x}{x^2+y^2},$$

就有

$$\frac{\partial P}{\partial y}=\frac{y^2-x^2}{(x^2+y^2)^2}=\frac{\partial Q}{\partial x}.$$

在右半平面内恒成立，因此在右半平面内，$\dfrac{x\mathrm{d}y-y\mathrm{d}x}{x^2+y^2}$ 是某个函数的全微分.

取积分路线如图 10-3-8 所示，利用公式(10.3.7)得所求函数为

$$u(x,y)=\int_{(1,0)}^{(x,y)}\frac{s\mathrm{d}t-t\mathrm{d}s}{s^2+t^2}=\int_{\overrightarrow{AB}}\frac{s\mathrm{d}t-t\mathrm{d}s}{s^2+t^2}+\int_{\overrightarrow{BC}}\frac{s\mathrm{d}t-t\mathrm{d}s}{s^2+t^2}$$

$$=0+\int_0^y\frac{x\mathrm{d}t}{x^2+t^2}=\left[\arctan\frac{t}{x}\right]_0^y=\arctan\frac{y}{x}.$$

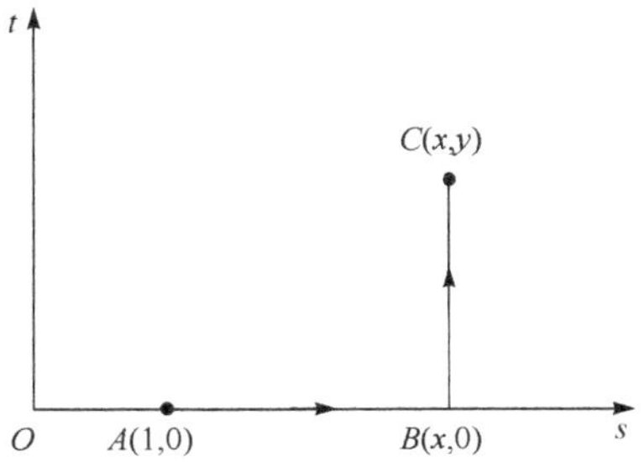

例 7　验证：在整个 xOy 面内，$xy^2\mathrm{d}x+x^2y\mathrm{d}y$ 是某个函数的全微分，并求出一个这样的函数.

图 10-3-8

解　现在 $P=xy^2$，$Q=yx^2$，且

$$\frac{\partial P}{\partial y}=2xy=\frac{\partial Q}{\partial x},$$

在整个 xOy 面内恒成立，因此在整个 xOy 面内，$xy^2\mathrm{d}x+x^2y\mathrm{d}y$ 是某个函数的全微分.

取积分路线如图 10-3-9 所示，利用公式(10.3.6)得所求函数为

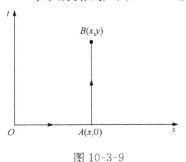

$$u(x,y)=\int_{(0,0)}^{(x,y)}st^2\mathrm{d}s+s^2t\mathrm{d}t=\int_{\overrightarrow{OA}}st^2\mathrm{d}s+s^2t\mathrm{d}t+\int_{\overrightarrow{AB}}st^2\mathrm{d}s+s^2t\mathrm{d}t$$

$$=0+\int_0^y x^2 t\mathrm{d}t=x^2\left[\frac{t^2}{2}\right]_0^y=\frac{x^2y^2}{2}.$$

除了利用公式(10.3.7)以外，还可用下面的方法来求函数 $u(x,y)$.

因为函数 u 满足

$$\frac{\partial u}{\partial x}=xy^2,$$

图 10-3-9

故

$$u=\int xy^2\mathrm{d}x=\frac{x^2y^2}{2}+\varphi(y),$$

其中 $\varphi(y)$ 是 y 的待定函数. 由此得

$$\frac{\partial u}{\partial y}=x^2y+\varphi'(y),$$

故

$$x^2y+\varphi'(y)=x^2y.$$

从而 $\varphi'(y)=0,\varphi(y)=C$,所求函数为

$$u=\frac{x^2y^2}{2}+C.$$

习 题 10-3

1. 计算下列曲线积分,并验证格林公式的正确性:

(1) $\oint_L(2xy-x^2)\mathrm{d}x+(x+y^2)\mathrm{d}y$,其中 L 是由抛物线 $y=x^2$ 和 $y^2=x$ 所围成的区域的正向边界曲线;

(2) $\oint_L(x^2-xy^3)\mathrm{d}x+(y^2-2xy)\mathrm{d}y$,其中 L 是四个顶点分别为 $(0,0)$、$(2,0)$、$(2,2)$ 和 $(0,2)$ 的正方形区域的正向边界.

2. 利用曲线积分,求下列曲线所围成的图形的面积:

(1)星形线 $x=a\cos^3t,y=a\sin^3t$;

(2)椭圆 $9x^2+16y^2=144$;

(3)圆 $x^2+y^2=2ax$.

3. 计算曲线积分 $\oint_L\dfrac{y\mathrm{d}x-x\mathrm{d}y}{2(x^2+y^2)}$,,其中 L 为圆周 $(x-1)^2+y^2=2$,L 的方向为逆时针方向.

4. 证明下列曲线积分在整个 xOy 面内与路径无关,并计算积分值:

(1) $\displaystyle\int_{(1,1)}^{(2,3)}(x+y)\mathrm{d}x+(x-y)\mathrm{d}y$;

(2) $\displaystyle\int_{(1,2)}^{(3,4)}(6xy^2+y^3)\mathrm{d}x+(6x^2y-3xy^2)\mathrm{d}y$;

(3) $\displaystyle\int_{(1,0)}^{(2,1)}(2xy-y^4+3)\mathrm{d}x+(x^2-4xy^3)\mathrm{d}y$.

5. 利用格林公式,计算下列曲线积分:

(1) $\oint_L(2x-y+4)\mathrm{d}x+(5y+3x-6)\mathrm{d}y$,其中 L 为三顶点分别为 $(0,0)$、$(3,0)$ 和 $(3,2)$ 的三角形正向边界;

(2) $\oint_L(x^2y\cos x+2x\sin x-y^2\mathrm{e}^x)\mathrm{d}x+(x^2\sin x-2y\mathrm{e}^x)\mathrm{d}y$,其中 L 为正向星形线 $x^{\frac{2}{3}}+y^{\frac{2}{3}}=a^{\frac{2}{3}}(a>0)$;

(3) $\displaystyle\int_L(2xy^3-y^2\cos x)\mathrm{d}x+(1-2y\sin x+3x^2y^2)\mathrm{d}y$,其中 L 为抛物线 $2x=\pi y^2$;由点 $(0,0)$ 到 $\left(\dfrac{\pi}{2},1\right)$ 的一段弧;

(4) $\displaystyle\int_L(x^2-y)\mathrm{d}x-(x+\sin^2y)\mathrm{d}y$,其中 L 是在圆周 $y=\sqrt{2x-x^2}$ 上由点 $(0,0)$ 到 $(1,1)$ 的一段弧.

6. 验证下列 $P(x,y)\mathrm{d}x+Q(x,y)\mathrm{d}y$ 在整个 xOy 平面内是某一函数 $u(x,y)$ 的全微分,并求这样的一个 $u(x,y)$:

(1) $(x+2y)\mathrm{d}x+(2x+y)\mathrm{d}y$;

(2) $2xy\mathrm{d}x+x^2\mathrm{d}y$;

(3) $4\sin x\sin 3y\cos x\mathrm{d}x-3\cos 3y\cos 2x\mathrm{d}y$;

(4) $(3x^2y+8xy^2)\mathrm{d}x+(x^3+8x^2y+12y\mathrm{e}^x)\mathrm{d}y$;

(5) $(2x\cos y+y^2\cos x)\mathrm{d}x+(2y\sin x-x^2\sin y)\mathrm{d}y$.

7. 已知平面区域 $D=\{(x,y)\,|\,0\leqslant x\leqslant\pi,0\leqslant y\leqslant\pi\}$,$L$ 为 D 的正向边界. 试证:

(1) $\oint_L x\mathrm{e}^{\sin y}\mathrm{d}y-y\mathrm{e}^{-\sin x}\mathrm{d}x=\oint_L x\mathrm{e}^{-\sin y}\mathrm{d}y-y\mathrm{e}^{\sin x}\mathrm{d}x$;

(2) $\oint_L x\mathrm{e}^{\sin y}\mathrm{d}y-y\mathrm{e}^{-\sin x}\mathrm{d}x\geqslant 2\pi^2$.

10.4　第一类曲面积分

10.4.1　第一类曲面积分的概念与性质

在本章 10.1 节的质量问题中，如果把曲线 L 改为曲面 Σ，并相应地把线密度 $\rho(x,y)$ 改为面密度 $\rho(x,y,z)$，小段曲线的弧长 Δl_i 改为小块曲面的面积 ΔS_i，面第 i 小段曲线上的一点 (ξ_i,η_i) 改为第 i 小块曲面上的一点 (ξ_i,η_i,τ_i)，那么，在面密度 $\rho(x,y,z)$ 连续的前提下，所求的质量 M 就是下列和的极限：

$$M = \lim_{\lambda \to 0} \sum_{i=1}^{n} \rho(\xi_i,\eta_i,\tau_i)\Delta S_i.$$

其中 λ 表示 n 小块曲面的最大直径.

这种和的极限称为函数 $\rho(x,y,z)$ 在面 Σ 上的第一类曲面线积分，在研究其他问题时也会遇到. 下面给出一般定义.

定义 1　设曲面 Σ 是光滑的，函数 $f(x,y,z)$ 在 Σ 上有界. 把 Σ 任意分成 n 小块，用 ΔS_i 表示第 i 小块曲面及其面积，任取 $(\xi_i,\eta_i,\tau_i) \in \Delta S_i$，作和

$$\sum_{i=1}^{n} f(\xi_i,\eta_i,\tau_i) \cdot \Delta S_i,$$

令 $\lambda = \max_{1 \leqslant i \leqslant n} \{d(\Delta S_i)\}$，如果当 $\lambda \to 0$ 时，和式极限总存在，且与 Σ 的分法及 (ξ_i,η_i,τ_i) 的取法无关，则称此极限值为函数 $f(x,y,z)$ 在曲面 Σ 上对面积的曲面积分或第一类曲面积分，记作 $\iint_{\Sigma} f(x,y,z)\mathrm{d}S$，即

$$\iint_{\Sigma} f(x,y,z)\mathrm{d}S = \lim_{\lambda \to 0} \sum_{i=1}^{n} f(\xi_i,\eta_i,\tau_i) \cdot \Delta S_i.$$

其中 $f(x,y,z)$ 称为**被积函数**，Σ 称为**积分曲面**.

可以证明，当 $f(x,y,z)$ 在光滑曲面 Σ 上连续时，第一类曲面积分 $\iint_{\Sigma} f(x,y,z)\mathrm{d}S$ 是存在的（证明略）. 今后总假定 $f(x,y,z)$ 在 Σ 上连续.

根据上述定义，以连续函数 $\rho(x,y,z)$ 为面密度的光滑曲面 Σ 的质量 M，可表示为第一类曲面积分

$$M = \iint_{\Sigma} \rho(x,y,z)\mathrm{d}S.$$

如果 Σ 是分片光滑的，我们规定函数在 Σ 上的第一类曲面积分等于函数在光滑的各片曲面上的第一类曲面积分之和. 例如，Σ 可分成两片光滑曲面 Σ_1 及 Σ_2（记作 $\Sigma = \Sigma_1 + \Sigma_2$），则

$$\iint_{\Sigma_1 + \Sigma_2} f(x,y,z)\mathrm{d}S = \iint_{\Sigma_1} f(x,y,z)\mathrm{d}S + \iint_{\Sigma_2} f(x,y,z)\mathrm{d}S.$$

由第一类曲面积分的定义可知，它具有与第一类曲线积分相类似的性质，这里不再赘述.

10.4.2　第一类曲面积分的计算法

设曲面 Σ 由方程 $z = z(x,y)$ 给出，Σ 在 xOy 面上的投影区域为 D_{xy}（图 10-4-1），函数 $z = z(x,y)$ 在 D_{xy} 上具有连续偏导数，被积函数 $f(x,y,z)$ 在 Σ 上连续.

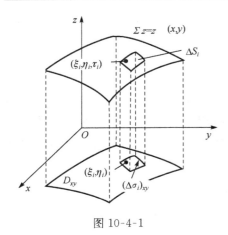

图 10-4-1

按第一类曲面积分的定义,有

$$\iint_\Sigma f(x,y,z)\mathrm{d}S = \lim_{\lambda \to 0}\sum_{i=1}^n f(\xi_i,\eta_i,\tau_i)\cdot\Delta S_i.$$

$$(10.4.1)$$

用 $(\Delta\sigma_i)_{xy}$ 表示 Σ 上第 i 块曲面 ΔS_i 在 xOy 面上的投影区域及其面积. 则 (10.4.1) 式中的 ΔS_i 可表示为二重积分:

$$\Delta S_i = \iint_{(\Delta\sigma_i)_{xy}}\sqrt{1+z_x'^2(x,y)+z_y'^2(x,y)}\,\mathrm{d}x\mathrm{d}y.$$

利用二重积分中值定理,上式又可写成

$$\Delta S_i = \sqrt{1+z_x'^2(\xi_i',\eta_i')+z_y'^2(\xi_i',\eta_i')}\,(\Delta\sigma_i)_{xy},$$

其中 (ξ_i',η_i') 是小闭区域 $(\Delta\sigma_i)_{xy}$ 上的一点. 又因 (ξ_i,η_i,τ_i) 是 Σ 上的一点,故 $\tau_i = z(\xi_i,\eta_i)$,这里 $(\xi_i,\eta_i,0)$ 也是小闭区域 $(\Delta\sigma_i)_{xy}$ 上的点. 于是

$$\lim_{\lambda \to 0}\sum_{i=1}^n f(\xi_i,\eta_i,\tau_i)\Delta S_i = \lim_{\lambda \to 0}\sum_{i=1}^n f[\xi_i,\eta_i,z(\xi_i,\eta_i)]\sqrt{1+z_x'^2(\xi_i',\eta_i')+z_y'^2(\xi_i',\eta_i')}\,(\Delta\sigma_i)_{xy},$$

由于函数 $f[(x,y,z(x,y)]$ 以及函数 $\sqrt{1+z_x'^2(x,y)+z_y'^2(x,y)}$ 都在有界闭区域 D_{xy} 上连续,所以我们可以把上式中的 (ξ_i',η_i') 换成 (ξ_i,η_i),从而

$$\lim_{\lambda \to 0}\sum_{i=1}^n f(\xi_i,\eta_i,\tau_i)\Delta S_i = \lim_{\lambda \to 0}\sum_{i=1}^n f[\xi_i,\eta_i,z(\xi_i,\eta_i)]\sqrt{1+z_x'^2(\xi_i,\eta_i)+z_y'^2(\xi_i,\eta_i)}\,(\Delta\sigma_i)_{xy},$$

上式右端的极限在开始所给的条件下是存在的,它等于二重积分

$$\iint_{D_{xy}}f[x,y,z(x,y)]\sqrt{1+z_x^2(x,y)+z_y^2(x,y)}\,\mathrm{d}x\mathrm{d}y,$$

因此左端的极限即曲面积分 $\iint_\Sigma f(x,y,z)\mathrm{d}S$ 也存在,且有

$$\iint_\Sigma f(x,y,z)\mathrm{d}S = \iint_{D_{xy}}f[x,y,z(x,y)]\sqrt{1+z_x^2(x,y)+z_y^2(x,y)}\,\mathrm{d}x\mathrm{d}y. \quad (10.4.2)$$

这就是把对面积的曲面积分化为二重积分的公式. 这公式是容易记忆的,因为曲面 Σ 的方程是函数 $z=z(x,y)$,而曲面的面积元素 $\mathrm{d}S$ 就是 $\sqrt{1+z_x^2(x,y)+z_y^2(x,y)}\,\mathrm{d}x\mathrm{d}y$. 在计算时,只要把变量 z 换为 $z(x,y)$,曲面的面积元素 $\mathrm{d}S$ 换为 $\sqrt{1+z_x^2+z_y^2}\,\mathrm{d}x\mathrm{d}y$,再确定 Σ 在 xOy 面上的投影区域 D_{xy},这样就把对面积的曲面积分化为二重积分了.

如果积分曲面 Σ 由方程 $x=x(y,z)$ 或 $y=y(z,x)$ 给出,也可类似地把对面积的曲面积分化为相应的二重积分.

例 1　计算曲面积分 $\iint_\Sigma \dfrac{\mathrm{d}S}{z}$,其中 Σ 是球面 $x^2+y^2+z^2=a^2$ 被平面 $z=h(0<h<a)$ 截出的顶部(图 10-4-2).

解　Σ 的方程为

$$z=\sqrt{a^2-x^2-y^2}.$$

Σ 在 xOy 面上的投影区域 D_{xy} 为圆形闭区域 $\{(x,y)\,|\,x^2+y^2 \leqslant a^2-h^2\}$. 又

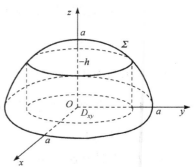

图 10-4-2

$$\sqrt{1+z_x'^2+z_y'^2}=\frac{a}{\sqrt{a^2-x^2-y^2}}.$$

根据公式(10.4.2),有

$$\iint\limits_{\Sigma}\frac{\mathrm{d}S}{z}=\iint\limits_{D_{xy}}\frac{a\,\mathrm{d}x\mathrm{d}y}{a^2-x^2-y^2}.$$

利用极坐标,得

$$\iint\limits_{\Sigma}\frac{\mathrm{d}S}{z}=\iint\limits_{D_{xy}}\frac{ar\,\mathrm{d}r\mathrm{d}\theta}{a^2-r^2}=a\int_0^{2\pi}\mathrm{d}\theta\int_0^{\sqrt{a^2-r^2}}\frac{r\mathrm{d}r}{a^2-r^2}$$

$$=2\pi a\left[-\frac{1}{2}\ln(a^2-r^2)\right]_0^{\sqrt{a^2-r^2}}=2\pi\ln\frac{a}{h}.$$

例 2　计算 $\oiint\limits_{\Sigma}xyz\mathrm{d}S$,其中 Σ 是由平面 $x=0,y=0,z=0$ 及 $x+y+z=1$ 所围四面体的整个边界曲面(图 10-4-3).

解　整个边界曲面 Σ 在平面 $x=0,y=0,z=0$ 及 $x+y+z=1$ 上的部分依次为 $\Sigma_1,\Sigma_2,\Sigma_3,\Sigma_4$,于是

$$\oiint\limits_{\Sigma}xyz\mathrm{d}S=\iint\limits_{\Sigma_1}xyz\mathrm{d}S+\iint\limits_{\Sigma_2}xyz\mathrm{d}S+\iint\limits_{\Sigma_3}xyz\mathrm{d}S+\iint\limits_{\Sigma_4}xyz\mathrm{d}S.$$

由于在 $\Sigma_1,\Sigma_2,\Sigma_3$ 上,被积函数 $f(x,y,z)=xyz$ 均为零,所以

$$\iint\limits_{\Sigma_1}xyz\mathrm{d}S=\iint\limits_{\Sigma_2}xyz\mathrm{d}S=\iint\limits_{\Sigma_3}xyz\mathrm{d}S=0.$$

在 Σ_4 上,$z=1-x-y$,所以

$$\sqrt{1+z_x'^2+z_y'^2}=\sqrt{1+(-1)^2+(-1)^2}=\sqrt{3},$$

由于 Σ_4 在 xOy 面上的投影区域为 $D_{xy}=\{(x,y)\mid 0\leqslant y\leqslant 1-x,0\leqslant x\leqslant 1\}$,因此

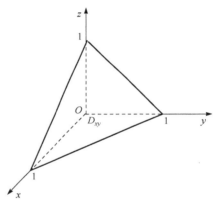

图 10-4-3

$$\oiint\limits_{\Sigma}xyz\mathrm{d}S=\sqrt{3}\int_0^1 x\mathrm{d}x\int_0^{1-x}y(1-x-y)\mathrm{d}y=\sqrt{3}\int_0^1 x\left[(1-x)\frac{y^2}{2}-\frac{y^3}{3}\right]_0^{1-x}\mathrm{d}x$$

$$=\sqrt{3}\int_0^1 x\cdot\frac{(1-x)^3}{6}\mathrm{d}x=\frac{\sqrt{3}}{6}\int_0^1(x-3x^2+3x^3-x^4)\mathrm{d}x=\frac{\sqrt{3}}{120}.$$

例 3　设有一高度为 $h(t)$(t 为时间)的雪堆在融化过程中,其侧面满足方程 $z=h(t)-\frac{2(x^2+y^2)}{h(t)}$(设长度单位为 cm,时间单位为 h),已知体积减少的速率与侧面积成正比(比例系数为 0.9),问高度为 130cm 的雪堆全部融化需多少时间?

解　设 V 为雪堆体积,S 为雪堆的侧面积,则

$$V=\int_0^{h(t)}\mathrm{d}z\iint\limits_{x^2+y^2\leqslant\frac{1}{2}[h^2(t)-h(t)z]}\mathrm{d}x\mathrm{d}y$$

$$=\int_0^{h(t)}\frac{1}{2}\pi[h^2(t)-h(t)z]\mathrm{d}z=\frac{3\pi}{4}h^3(t);$$

$$S=\iint\limits_{x^2+y^2\leqslant\frac{1}{2}h^2(t)}\sqrt{1+(z_x')^2+(z_y')^2}\,\mathrm{d}x\mathrm{d}y$$

$$= \iint\limits_{x^2+y^2\leqslant\frac{1}{2}h^2(t)} \sqrt{1+\frac{16(x^2+y^2)}{h^2(t)}}\mathrm{d}x\mathrm{d}y$$

$$= \frac{2\pi}{h(t)}\int_0^{\frac{h(t)}{2}}\left[h^2(t)+16r^2\right]^{\frac{1}{2}}r\mathrm{d}r = \frac{13\pi h^2(t)}{12}.$$

由题意知
$$\frac{\mathrm{d}V}{\mathrm{d}t}=-0.9S,$$

所以
$$\frac{\mathrm{d}h(t)}{\mathrm{d}t}=-\frac{13}{10},$$

因此
$$h(t)=-\frac{13}{10}t+C,$$

由 $h(0)=130$，得
$$h(t)=-\frac{13}{10}t+130,$$

令 $h(t)=-\dfrac{13}{10}t+130\to0$，得 $t=100(\mathrm{h})$. 所以，高度为 130cm 的雪堆全部融化所需时间为 100h.

习 题 10-4

1. 设有一分布着质量的曲面 Σ，在点 (x,y,z) 处它的面密度为 $\mu(x,y,z)$，用对面积的曲面积分表示这曲面对于 x 轴的转动惯量.

2. 设 Σ 为椭球面 $\dfrac{x^2}{2}+\dfrac{y^2}{2}+z^2=1$ 的上半部分，点 $P(x,y,z)\in\Sigma$，π 为 Σ 在点 P 处的切平面，$\rho(x,y,z)$ 为点 $O(0,0,0)$ 到平面 π 的距离，求 $\iint\limits_{\Sigma}\dfrac{z}{\rho(x,y,z)}\mathrm{d}S$.

3. 当 Σ 是 xOy 面上的一个闭区域时，曲面积分 $\iint\limits_{\Sigma}f(x,y,z)\mathrm{d}S$ 与二重积分有什么关系？

4. 计算曲面积分 $\iint\limits_{\Sigma}f(x,y,z)\mathrm{d}S$，其中 Σ 为抛物面 $z=2-(x^2+y^2)$ 在 xOy 面上方的部分，$f(x,y,z)$ 分别如下：

(1) $f(x,y,z)=1$；　(2) $f(x,y,z)=x^2+y^2$；　(3) $f(x,y,z)=3z$.

5. 计算 $\iint\limits_{\Sigma}(x^2+y^2)\mathrm{d}S$，其中 $\sum$ 是

(1) 锥面 $z=\sqrt{x^2+y^2}$ 及平面 $z=1$ 所围成的区域的整个边界曲面；

(2) 锥面 $z^2=3(x^2+y^2)$ 被平面 $z=0$ 和 $z=3$ 所截得的部分.

6. 计算下列对面积的曲面积分：

(1) $\iint\limits_{\Sigma}\left(z+2x+\dfrac{4}{3}y\right)\mathrm{d}S$，其中 Σ 为平面 $\dfrac{x}{2}+\dfrac{y}{3}+\dfrac{z}{4}=1$ 在第一封限中的部分；

(2) $\iint\limits_{\Sigma}(2xy-2x^2-x+z)\mathrm{d}S$，其中 Σ 为平面 $2x+2y+z=6$ 在第一封限中的部分；

(3) $\iint\limits_{\Sigma}(x+y+z)\mathrm{d}S$，其中 Σ 是球面 $x^2+y^2+z^2=a^2$ 上 $z\geqslant h(0<h<a)$ 的部分；

(4) $\iint\limits_{\Sigma}(xy+yz+zx)\mathrm{d}S$，其中 Σ 为锥面 $z=\sqrt{x^2+y^2}$ 被柱面 $x^2+y^2=2ax$ 所截得的有限部分.

7. 求抛物面壳 $z=\dfrac{1}{2}(x^2+y^2)$ $(0\leqslant z\leqslant1)$ 的质量，此壳的面密度为 $\mu=z$.

8. 求面密度为 μ_0 的均匀半球壳 $x^2+y^2+z^2=a^2(z\geqslant0)$ 对于 z 轴的转动惯量.

10.5　第二类曲面积分

10.5.1　有向曲面

我们对曲面作一些说明. 这里假定曲面是光滑的.

在光滑曲面 Σ 上任意取定一点 P,该点的法线有两个可能的方向,选定一个方向,则当点 P 在曲面 Σ 上连续变动时,相应的法向量也随之连续变动. 如果点 P 在曲面 Σ 上沿任一不跨越曲面边界的路径连续地变动后回到原来的位置时,相应的法向量方向与原方向相同,就称 Σ 是一个**双侧曲面**;如果点 P 在曲面 Σ 上沿某不跨越曲面边界的路径连续地变动后回到原来的位置时,相应的法向量方向与原方向相反,就称 Σ 是一个**单侧曲面**. 通常我们遇到的曲面都是双侧的. 如球面、抛物面、双曲面、马鞍面等. 但单侧曲面也是存在的,例如,把一长方形纸条一端旋转 $180°$,再与另一端粘起来就得到著名的莫比乌斯带,这是一个典型的单侧曲面. 本书不研究单侧曲面,以后我们总假定所考虑的曲面是双侧的. 例如由方程 $z=z(x,y)$ 表示的曲面,有**上侧**与**下侧**之分;又例如,一张包围某一空间区域的闭曲面,有**外侧**与**内侧**之分.

在讨论第二类曲面积分时,需要指定曲面的侧. 我们可以通过曲面上法向量的指向来定出曲面的侧. 例如,对于曲面 $z=z(x,y)$,如果取它的法向量 $\vec{n}$ 的指向朝上,我们就认为取定曲面的上侧;又如,对于闭曲面如果取它的法向量的指向朝外,我们就认为取定曲面的外侧. 这种取定了法向量亦即选定了侧的曲面,就称为**有向曲面**.

设 Σ 是有向曲面. 在 Σ 上取一小块曲面 ΔS,把 ΔS 投影到 xOy 面上得一投影区域,这投影区域的面积记为 $(\Delta\sigma)_{xy}$. 假定 ΔS 上各点处的法向量与 z 轴的夹角 γ 的余弦 $\cos\gamma$ 有相同的符号(即 $\cos\gamma$ 都是正的或都是负的). 我们规定 ΔS 在 xOy 面上的投影 $(\Delta S)_{xy}$ 为

$$(\Delta S)_{xy}=\begin{cases} (\Delta\sigma)_{xy}, & \cos\gamma>0 \\ -(\Delta\sigma)_{xy}, & \cos\gamma<0, \\ 0, & \cos\gamma\equiv0 \end{cases}$$

其中 $\cos\gamma\equiv0$ 也就是 $(\Delta\sigma)_{xy}=0$ 的情形. ΔS 在 xOy 面上的投影 $(\Delta S)_{xy}$ 实际就是 ΔS 在 xOy 面上的投影区域的面积附以一定的正负号. 类似地可以定义 ΔS 在 yOz 面及 zOx 面上的投影 $(\Delta S)_{yz}$ 及 $(\Delta S)_{zx}$.

10.5.2　引例

流向曲面一侧的流量　设稳定流动的不可压缩流体(假定密度为 1)的速度场由
$$\vec{v}(x,y,z)=P(x,y,z)\vec{i}+Q(x,y,z)\vec{j}+R(x,y,z)\vec{k}$$
给出,Σ 是速度场中的一片有向曲面,函数 $P(x,y,z),Q(x,y,z),R(x,y,z)$ 都在 Σ 上连续,求在单位时间内流向 Σ 指定侧的流体的质量,即流量 Φ.

如果流体流过平面上面积为 A 的一个闭区域,且流体在这闭区域上各点处的流速为(常向量)$\vec{v}$,又设 $\vec{n}$ 为该平面的单位法向量(图 10-5-1),$\vec{v}$ 与 $\vec{n}$ 的夹角为 θ,那么在单位时间内流过这闭区域的流体组成一个底面积为 A、斜高为 $|\vec{v}|$ 的斜柱体(图 10-5-2).

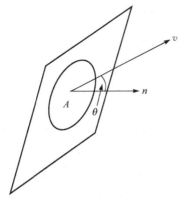

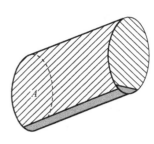

图 10-5-1　　　　　　　　　　　　　　　　　图 10-5-2

当 $\langle\vec{v},\vec{n}\rangle=\theta<\dfrac{\pi}{2}$ 时,这斜柱体的体积为

$$A|\vec{v}|\cos\theta=A\vec{v}\cdot\vec{n}.$$

这也就是通过闭区域 A 流向 $\vec{n}$ 所指一侧的流量.

当 $\langle\vec{v},\vec{n}\rangle=\theta=\dfrac{\pi}{2}$ 时,显然流体通过闭区域 A 流向 $\vec{n}$ 所指一侧的流量 Φ 为零,而 $A\vec{v}\cdot\vec{n}=0$,故 $\Phi=A\vec{v}\cdot\vec{n}$.

当 $\langle\vec{v},\vec{n}\rangle=\theta>\dfrac{\pi}{2}$ 时,$A\vec{v}\cdot\vec{n}<0$,这时我们仍把 $A\vec{v}\cdot\vec{n}$ 称为流体通过闭区域 A 流向 $\vec{n}$ 所指一侧的流量,它表示流体通过闭区域 A 实际上流向 $-\vec{n}$ 所指一侧,且流向 $-\vec{n}$ 所指一侧的流量为 $-A\vec{v}\cdot\vec{n}$.因此,不论 $\langle\vec{v},\vec{n}\rangle$ 为何值,流体通过闭区域 A 流向 $\vec{n}$ 所指一侧的流量均为 $A\vec{v}\cdot\vec{n}$.

由于现在所考虑的不是平面闭区域而是一片曲面,且流速 $\vec{v}$ 也不是常向量,因此所求流量不能直接用上述方法计算.然而过去在引出各类积分概念的例子中一再使用过的方法,也可用来解决目前的问题.

把曲面 Σ 任意分成 n 小块,用 ΔS_i 表示第 i 小块曲面及其面积.在 Σ 是光滑的和 $\vec{v}$ 是连续的前提下,只要 ΔS_i 的直径很小,我们就可以用 ΔS_i 上任一点 (ξ_i,η_i,τ_i) 处的流速

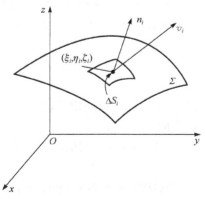

图 10-5-3

$$\vec{v}_i=\vec{v}(\xi_i,\eta_i,\tau_i)=P(\xi_i,\eta_i,\tau_i)\vec{i}+Q(\xi_i,\eta_i,\tau_i)\vec{j}+R(\xi_i,\eta_i,\tau_i)\vec{k}$$

代替 ΔS_i 上其他各点处的流速,以该点 (ξ_i,η_i,ζ_i) 处曲面 Σ 的单位法向量

$$\vec{n}_i=\cos\alpha_i\vec{i}+\cos\beta_i\vec{j}+\cos\gamma_i\vec{k}$$

代替 ΔS_i 上其他各点处的单位法向量(图 10-5-3).

从而得到通过 ΔS_i 流向指定侧的流量的近似值为

$$\vec{v}_i\cdot\vec{n}_i\Delta S_i\quad(i=1,2,\cdots,n).$$

于是,通过 Σ 流向指定侧的流量

$$\Phi\approx\sum_{i=1}^{n}\vec{v}_i\cdot\vec{n}_i\Delta S_i$$

$$= \sum_{i=1}^{n} \left[P(\xi_i, \eta_i, \tau_i)\cos\alpha_i + Q(\xi_i, \eta_i, \tau_i)\cos\beta_i + R(\xi_i, \eta_i, \tau_i)\cos\gamma_i \right]\Delta S_i.$$

但　　　$\cos\alpha_i \cdot \Delta S_i \approx (\Delta S_i)_{yz}, \cos\beta_i \cdot \Delta S_i \approx (\Delta S_i)_{zx}, \cos\gamma_i \cdot \Delta S_i \approx (\Delta S_i)_{xy}.$

因此上式可以写成

$$\Phi \approx \sum_{i=1}^{n} \left[P(\xi_i, \eta_i, \tau_i)(\Delta S_i)_{yz} + Q(\xi_i, \eta_i, \tau_i)(\Delta S_i)_{zx} + R(\xi_i, \eta_i, \tau_i)(\Delta S_i)_{xy} \right].$$

令 n 小块曲面的最大直径 $\lambda \to 0$ 取上述和式的极限,就得到流量 Φ 的精确值. 这样的极限还会在其他问题中遇到. 抽去它们的具体意义,就得到第二类曲面积分的概念.

10.5.3　第二类曲面积分的概念与性质

定义 1　设 Σ 为光滑的有向曲面,函数 $R(x,y,z)$ 在 Σ 上有界. 把曲面 Σ 任意分成 n 小块,用 ΔS_i 表示第 i 小块曲面及其面积,ΔS_i 在 xOy 面上的投影区域为 $(\Delta S_i)_{xy}$,任取 $(\xi_i, \eta_i, \tau_i) \in \Delta S_i$,作和

$$\sum_{i=1}^{n} R(\xi_i, \eta_i, \tau_i)(\Delta S_i)_{xy}.$$

令 $\lambda = \max\{d(\Delta S_1), d(\Delta S_2), \cdots, d(\Delta S_n)\}$,如果当 $\lambda \to 0$ 时,和式极限总存在,且与 Σ 的分法及 (ξ_i, η_i, τ_i) 的取法无关,则称此极限为函数 $R(x,y,z)$ 在有向曲面 Σ 上**对坐标 x, y 的曲面积分**,记作 $\iint\limits_{\Sigma} R(x,y,z)\mathrm{d}x\mathrm{d}y$,即

$$\iint\limits_{\Sigma} R(x,y,z)\mathrm{d}x\mathrm{d}y = \lim_{\lambda \to 0} \sum_{i=1}^{n} R(\xi_i, \eta_i, \tau_i)(\Delta S_i)_{xy},$$

其中 $R(x,y,z)$ 称为**被积函数**,Σ 称为**积分曲面**.

类似地可以定义函数 $P(x,y,z)$ 在有向曲面 Σ 上对坐标 y,z 的曲面积分 $\iint\limits_{\Sigma} P(x,y,z)\mathrm{d}y\mathrm{d}z$,及函数 $Q(x,y,z)$ 在有向曲面 Σ 上对坐标 z、x 的曲面积分 $\iint\limits_{\Sigma} Q(x,y,z)\mathrm{d}z\mathrm{d}x$,即

$$\iint\limits_{\Sigma} P(x,y,z)\mathrm{d}y\mathrm{d}z = \lim_{\lambda \to 0} \sum_{i=1}^{n} P(\xi_i, \eta_i, \tau_i)(\Delta S_i)_{yz},$$

$$\iint\limits_{\Sigma} Q(x,y,z)\mathrm{d}z\mathrm{d}x = \lim_{\lambda \to 0} \sum_{i=1}^{n} Q(\xi_i, \eta_i, \tau_i)(\Delta S_i)_{zx}.$$

以上三个曲面积分也称为**第二类曲面积分**.

可以证明,当 $P(x,y,z)$,$Q(x,y,z)$,$R(x,y,z)$ 在有向光滑曲面 Σ 上连续时,第二类曲面积分是存在的(证明略),以后总假定 P,Q,R 在 Σ 上连续.

在应用上出现较多的是:

$$\iint\limits_{\Sigma} P(x,y,z)\mathrm{d}y\mathrm{d}z + \iint\limits_{\Sigma} Q(x,y,z)\mathrm{d}z\mathrm{d}x + \iint\limits_{\Sigma} R(x,y,z)\mathrm{d}x\mathrm{d}y.$$

这种合并起来的形式,为简便起见,我们把它写成:

$$\iint\limits_{\Sigma} P(x,y,z)\mathrm{d}y\mathrm{d}z + Q(x,y,z)\mathrm{d}z\mathrm{d}x + R(x,y,z)\mathrm{d}x\mathrm{d}y.$$

例如,上述流向 Σ 指定侧的流量 Φ 可表示为

$$\Phi = \iint\limits_{\Sigma} P(x,y,z)\mathrm{d}y\mathrm{d}z + Q(x,y,z)\mathrm{d}z\mathrm{d}x + R(x,y,z)\mathrm{d}x\mathrm{d}y.$$

第二类曲面积分具有与第二类曲线积分相类似的一些性质. 例如:

(1)如果把 Σ 分成 Σ_1 和 Σ_2, 则

$$\iint\limits_{\Sigma} P\mathrm{d}y\mathrm{d}z + Q\mathrm{d}z\mathrm{d}x + R\mathrm{d}x\mathrm{d}y$$

$$= \iint\limits_{\Sigma_1} P\mathrm{d}y\mathrm{d}z + Q\mathrm{d}z\mathrm{d}x + R\mathrm{d}x\mathrm{d}y + \iint\limits_{\Sigma_2} P\mathrm{d}y\mathrm{d}z + Q\mathrm{d}z\mathrm{d}x + R\mathrm{d}x\mathrm{d}y.$$

$$(10.5.1)$$

公式(10.5.1)可以推广到 Σ 分成 $\Sigma_1, \Sigma_2, \cdots, \Sigma_n$ 有限个部分的情形.

(2)设 Σ 是有向曲面, $-\Sigma$ 表示与 Σ 取相反侧的有向曲面, 则

$$\iint\limits_{-\Sigma} P(x,y,z)\mathrm{d}y\mathrm{d}z = -\iint\limits_{\Sigma} P(x,y,z)\mathrm{d}y\mathrm{d}z,$$

$$\iint\limits_{-\Sigma} Q(x,y,z)\mathrm{d}z\mathrm{d}x = -\iint\limits_{\Sigma} Q(x,y,z)\mathrm{d}z\mathrm{d}x, \qquad (10.5.2)$$

$$\iint\limits_{-\Sigma} R(x,y,z)\mathrm{d}x\mathrm{d}y = -\iint\limits_{\Sigma} R(x,y,z)\mathrm{d}x\mathrm{d}y,$$

(10.5.2)式表示, 当积分曲面改变为相反侧时, 第二类曲面积分要改变符号. 因此关于第二类曲面积分, 我们必须注意积分曲面所取的侧.

这些性质的证明从略.

10.5.4 对坐标的曲面积分的计算法

设积分曲面 Σ 是由方程 $z=z(x,y)$ 所给出的曲面上侧, Σ 在 xOy 面上的投影区域为 D_{xy}, 函数 $z=z(x,y)$ 在 D_{xy} 上具有一阶连续偏导数, 被积函数 $R(x,y,z)$ 在 Σ 上连续.

按第二类曲面积分的定义, 有

$$\iint\limits_{\Sigma} R(x,y,z)\mathrm{d}x\mathrm{d}y = \lim_{\lambda \to 0} \sum_{i=1}^{n} R(\xi_i, \eta_i, \tau_i)(\Delta S_i)_{xy}.$$

因为 Σ 取上侧, $\cos\gamma > 0$, 所以

$$(\Delta S_i)_{xy} = (\Delta\sigma_i)_{xy}.$$

又因 (ξ_i, η_i, τ_i) 是 Σ 上的一点, 故 $\tau_i = z(\xi_i, \eta_i)$. 从而有

$$\sum_{i=1}^{n} R(\xi_i, \eta_i, \tau_i)(\Delta S_i)_{xy} = \sum_{i=1}^{n} R[\xi_i, \eta_i, z(\xi_i, \eta_i)](\Delta\sigma_i)_{xy}.$$

令 $\lambda \to 0$ 取上式两端的极限, 就得到

$$\iint\limits_{\Sigma} R(x,y,z)\mathrm{d}x\mathrm{d}y = \iint\limits_{D_{xy}} R[x,y,z(x,y)]\mathrm{d}x\mathrm{d}y. \qquad (10.5.3)$$

这就是把第二类曲面积分化为二重积分的公式.

(10.5.3)式表明, 计算曲面积分 $\iint\limits_{\Sigma} R(x,y,z)\mathrm{d}x\mathrm{d}y$ 时, 只要把其中变量 z 换为表示 Σ 的函数 $z(x,y)$, 然后在 Σ 的投影区域 D_{xy} 上计算二重积分就行.

必须注意, (10.5.3)式的曲面积分是取在曲面 Σ 上侧的; 如果曲面积分取在 Σ 的下侧, 这时 $\cos\gamma < 0$, 那么

$$(\Delta S_i)_{xy} = -(\Delta\sigma_i)_{xy},$$

从而有

$$\iint\limits_{\Sigma} R(x,y,z)\mathrm{d}x\mathrm{d}y = -\iint\limits_{D_{xy}} R[x,y,z(x,y)]\mathrm{d}x\mathrm{d}y. \tag{10.5.3}$$

类似地,如果 Σ 由 $x=x(y,z)$ 给出,则有

$$\iint\limits_{\Sigma} P(x,y,z)\mathrm{d}y\mathrm{d}z = \pm\iint\limits_{D_{yz}} R[x(y,z),y,z]\mathrm{d}y\mathrm{d}z. \tag{10.5.4}$$

等式右端的符号这样决定:如果积分曲面 Σ 是由方程 $x=x(y,z)$ 所给出的曲面前侧,即 $\cos\alpha>0$,应取正号;反之,如果 Σ 取后侧,即 $\cos\alpha<0$,应取负号.

如果 Σ 由 $y=y(z,x)$ 给出,则有

$$\iint\limits_{\Sigma} Q(x,y,z)\mathrm{d}z\mathrm{d}x = \pm\iint\limits_{D_{zx}} Q[x,y(x,z),z]\mathrm{d}z\mathrm{d}x. \tag{10.5.5}$$

等式右端的符号这样决定:如果积分曲面 Σ 是由方程 $y=y(z,x)$ 所给出的曲面右侧,即 $\cos\beta>0$,应取正号;反之,如果 Σ 取左侧,即 $\cos\beta<0$,应取负号.

例 1　计算曲面积分

$$\iint\limits_{\Sigma} x^2\mathrm{d}y\mathrm{d}z + y^2\mathrm{d}z\mathrm{d}x + z^2\mathrm{d}x\mathrm{d}y,$$

其中 Σ 是长方体 $\Omega=[0,a]\times[0,b]\times[0,c]$ 的整个表面的外侧.

解　把有向曲面 Σ 分成以下六部分:

$$\Sigma_1 : z=c\,(0\leqslant x\leqslant a, 0\leqslant y\leqslant b)\text{的上侧};$$
$$\Sigma_2 : z=0\,(0\leqslant x\leqslant a, 0\leqslant y\leqslant b)\text{的下侧};$$
$$\Sigma_3 : x=a\,(0\leqslant y\leqslant b, 0\leqslant z\leqslant c)\text{的前侧};$$
$$\Sigma_4 : x=0\,(0\leqslant y\leqslant b, 0\leqslant z\leqslant c)\text{的后侧};$$
$$\Sigma_5 : y=b\,(0\leqslant x\leqslant a, 0\leqslant z\leqslant c)\text{的右侧};$$
$$\Sigma_6 : y=0\,(0\leqslant x\leqslant a, 0\leqslant z\leqslant c)\text{的左侧}.$$

除 Σ_3、Σ_4 外,其余四片曲面在 yOz 面上的投影为零,因此

$$\iint\limits_{\Sigma} x^2\mathrm{d}y\mathrm{d}z = \iint\limits_{\Sigma_3} x^2\mathrm{d}y\mathrm{d}z + \iint\limits_{\Sigma_4} x^2\mathrm{d}y\mathrm{d}z.$$

应用公式(10.5.4)就有

$$\iint\limits_{\Sigma} x^2\mathrm{d}y\mathrm{d}z = \iint\limits_{D_{yz}} a^2\mathrm{d}y\mathrm{d}z - \iint\limits_{D_{yz}} 0^2\mathrm{d}y\mathrm{d}z = a^2bc.$$

类似地可得

$$\iint\limits_{\Sigma} y^2\mathrm{d}z\mathrm{d}x = b^2ac,$$

$$\iint\limits_{\Sigma} z^2\mathrm{d}x\mathrm{d}y = c^2ab,$$

于是所求曲面积分为 $abc(a+b+c)$.

例 2　计算曲面积分 $\iint\limits_{\Sigma} xyz\mathrm{d}x\mathrm{d}y$,其中 Σ 是球面 $x^2+y^2+z^2=1$ 外侧在 $x\geqslant 0, y\geqslant 0$ 的部分.

解　把 Σ 分为 Σ_1 和 Σ_2 两部分(图 10-5-4),Σ_1 的方程为

$$z_1 = -\sqrt{1-x^2-y^2},$$

Σ_2 的方程为

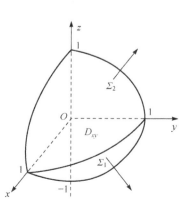

图 10-5-4

$$z_2 = \sqrt{1 - x^2 - y^2},$$

$$\iint\limits_{\Sigma} xyz \, \mathrm{d}x\mathrm{d}y = \iint\limits_{\Sigma_2} xyz \, \mathrm{d}x\mathrm{d}y + \iint\limits_{\Sigma_1} xyz \, \mathrm{d}x\mathrm{d}y.$$

上式右端的第一个积分的积分曲面 Σ_2 取上侧,第二个积分的积分曲面 Σ_1 取下侧,因此分别应用公式(10.5.3)及(10.5.3′),就有

$$\iint\limits_{\Sigma} xyz \, \mathrm{d}x\mathrm{d}y = \iint\limits_{D_{xy}} xy \sqrt{1 - x^2 - y^2} \, \mathrm{d}x\mathrm{d}y - \iint\limits_{D_{xy}} xy (-\sqrt{1 - x^2 - y^2}) \mathrm{d}x\mathrm{d}y$$

$$= 2 \iint\limits_{D_{xy}} xy \sqrt{1 - x^2 - y^2} \, \mathrm{d}x\mathrm{d}y.$$

其中 D_{xy} 是 Σ_1 及 Σ_2 在 xOy 面上的投影区域,就是位于第一象限内的扇形 $x^2 + y^2 \leqslant 1$ $(x \geqslant 0, y \geqslant 0)$. 利用极坐标计算这个二重积分如下:

$$2 \iint\limits_{D_{xy}} xy \sqrt{1 - x^2 - y^2} \, \mathrm{d}x\mathrm{d}y = 2 \iint\limits_{D_{xy}} r^3 \sin\theta\cos\theta \sqrt{1 - r^2} \, \mathrm{d}r\mathrm{d}\theta$$

$$= \int_0^{\frac{\pi}{2}} \sin2\theta \mathrm{d}\theta \int_0^1 r^3 \sqrt{1 - r^2} \, \mathrm{d}r = 1 \cdot \frac{2}{15} = \frac{2}{15}.$$

从而

$$\iint\limits_{\Sigma} xyz \, \mathrm{d}x\mathrm{d}y = \frac{2}{15}.$$

10.5.5　两类曲面积分之间的联系

设有向曲面 Σ 由方程 $z = z(x, y)$ 所给出,Σ 在 xOy 面上的投影区域为 D_{xy},函数 $z = z(x, y)$ 在 D_{xy} 上具有一阶连续偏导数,$R = R(x, y, z)$ 在 Σ 上连续. 如果 Σ 取上侧,则由第二类曲面积分的计算公式(10.5.3)有

$$\iint\limits_{\Sigma} R(x, y, z) \mathrm{d}x\mathrm{d}y = \iint\limits_{D_{xy}} R[x, y, z(x, y)] \mathrm{d}x\mathrm{d}y.$$

另一方面,因上述有向曲面 Σ 的法向量的方向余弦为

$$\cos\alpha = \frac{-z_x}{\sqrt{1 + z_x^2 + z_y^2}}, \quad \cos\beta = \frac{-z_y}{\sqrt{1 + z_x^2 + z_y^2}}, \quad \cos\gamma = \frac{1}{\sqrt{1 + z_x^2 + z_y^2}},$$

故由第一类曲面积分计算公式有

$$\iint\limits_{\Sigma} R(x, y, z) \cos\gamma \mathrm{d}S = \iint\limits_{D_{xy}} R[x, y, z(x, y)] \mathrm{d}x\mathrm{d}y.$$

由此可见,有

$$\iint\limits_{\Sigma} R(x, y, z) \mathrm{d}x\mathrm{d}y = \iint\limits_{\Sigma} R(x, y, z) \cos\gamma \mathrm{d}S. \tag{10.5.6}$$

如果 Σ 取下侧,则由(10.5.3′)有

$$\iint\limits_{\Sigma} R(x, y, z) \mathrm{d}x\mathrm{d}y = -\iint\limits_{D_{xy}} R[x, y, z(x, y)] \mathrm{d}x\mathrm{d}y.$$

但这时 $\cos\gamma = \dfrac{-1}{\sqrt{1 + z_x^2 + z_y^2}}$,因此(10.5.6)式仍成立.

类似地可推得

$$\iint\limits_{\Sigma} P(x,y,z)\mathrm{d}y\mathrm{d}z = \iint\limits_{D_{yz}} P(x,y,z)\cos\alpha\mathrm{d}S, \tag{10.5.7}$$

$$\iint\limits_{\Sigma} Q(x,y,z)\mathrm{d}z\mathrm{d}x = \iint\limits_{D_{zx}} Q(x,y,z)\cos\beta\mathrm{d}S. \tag{10.5.8}$$

合并(10.5.6)、(10.5.7)、(10.5.8)三式,得两类曲面积分之间的如下联系:

$$\iint\limits_{\Sigma} P\mathrm{d}y\mathrm{d}z + Q\mathrm{d}z\mathrm{d}x + R\mathrm{d}x\mathrm{d}y = \iint\limits_{\Sigma} (P\cos\alpha + Q\cos\beta + R\cos\gamma)\mathrm{d}S, \tag{10.5.9}$$

其中 $\cos\alpha,\cos\beta,\cos\gamma$ 是有向曲面 Σ 在点 (x,y,z) 处的法向量的方向余弦.

两类曲面积分之间的联系也可写成如下的向量形式:

$$\iint\limits_{\Sigma} \vec{A} \cdot \mathrm{d}\vec{S} = \iint\limits_{\Sigma} \vec{A} \cdot \vec{n}\mathrm{d}S \tag{10.5.10}$$

其中 $\vec{A}=(P,Q,R),\vec{n}=(\cos\alpha,\cos\beta,\cos\gamma)$ 为有向曲面 Σ 在点 (x,y,z) 处的单位法向量, $\mathrm{d}\vec{S}=\vec{n}\mathrm{d}S=(\mathrm{d}y\mathrm{d}z,\mathrm{d}z\mathrm{d}x,\mathrm{d}x\mathrm{d}y)$,称为**有向曲面元**.

例3　计算曲面积分 $\iint\limits_{\Sigma}(z^2+x)\mathrm{d}y\mathrm{d}z - z\mathrm{d}x\mathrm{d}y$,其中 Σ 是旋转抛物面 $z = \dfrac{x^2+y^2}{2}$ 介于平面 $z=0$ 及 $z=2$ 之间的部分的下侧.

解　由两类曲面积分之间的联系(10.5.9),可得

$$\iint\limits_{\Sigma}(z^2+x)\mathrm{d}y\mathrm{d}z = \iint\limits_{\Sigma}(z^2+x)\cos\alpha\mathrm{d}S = \iint\limits_{\Sigma}(z^2+x)\frac{\cos\alpha}{\cos\gamma}\mathrm{d}x\mathrm{d}y.$$

在曲面 Σ 上,有

$$\cos\alpha = \frac{x}{\sqrt{1+x^2+y^2}}, \quad \cos\gamma = \frac{-1}{\sqrt{1+x^2+y^2}}.$$

故

$$\iint\limits_{\Sigma}(z^2+x)\mathrm{d}y\mathrm{d}z - z\mathrm{d}x\mathrm{d}y = \iint\limits_{\Sigma}[(z^2+x)(-x)]\mathrm{d}x\mathrm{d}y.$$

再按第二类曲面积分的计算法,便得

$$\iint\limits_{\Sigma}(z^2+x)\mathrm{d}y\mathrm{d}z - z\mathrm{d}x\mathrm{d}y = -\iint\limits_{D_{xy}}\left\{\left[\frac{1}{4}(x^2+y^2)^2 + x\right]\cdot(-x) - \frac{1}{2}(x^2+y^2)\right\}\mathrm{d}x\mathrm{d}y.$$

$$= \int_0^{2\pi}\mathrm{d}\theta\int_0^2\left(\frac{r^5}{4}\cos\theta + r^2\cos^2\theta + \frac{r^2}{2}\right)r\mathrm{d}r = 8\pi.$$

例4　设 $f(x,y,z)$ 为连续函数,Σ 为平面 $x-y+z=1$ 在第四卦限部分的上侧,求

$$I = \iint\limits_{\Sigma}[f(x,y,z)+x]\mathrm{d}y\mathrm{d}z + [2f(x,y,z)+y]\mathrm{d}z\mathrm{d}x + [f(x,y,z)+z]\mathrm{d}x\mathrm{d}y.$$

解　平面上侧法向量的方向余弦为

$$\cos\alpha = \frac{1}{\sqrt{3}}, \quad \cos\beta = -\frac{1}{\sqrt{3}}, \quad \cos\gamma = \frac{1}{\sqrt{3}}.$$

则由两类曲面积分之间的关系,得

$$I = \frac{1}{\sqrt{3}}\iint\limits_{\Sigma}[f(x,y,z)+x-2f(x,y,z)-y+f(x,y,z)+z]\mathrm{d}S$$

$$= \frac{1}{\sqrt{3}}\iint\limits_{\Sigma}(x-y+z)\mathrm{d}S = \frac{1}{\sqrt{3}}\iint\limits_{\Sigma}\mathrm{d}S = \frac{1}{\sqrt{3}}S.$$

这里 S 是 Σ 的面积,由于 Σ 是边长为 $\sqrt{2}$ 的正三角形,故 $S=\dfrac{\sqrt{3}}{2}$,因此 $I=\dfrac{1}{2}$.

习　题　10-5

1. 按第二类曲面积分的定义证明公式

$$\iint\limits_{\Sigma}[P_1(x,y,z) \pm P_2(x,y,z)]\mathrm{d}y\mathrm{d}z = \iint\limits_{\Sigma}P_1(x,y,z)\mathrm{d}y\mathrm{d}z \pm \iint\limits_{\Sigma}P_2(x,y,z)\mathrm{d}y\mathrm{d}z.$$

2. 当 Σ 为 xOy 面内的一个闭区域时,曲面积分 $\iint\limits_{\Sigma}R(x,y,z)\mathrm{d}x\mathrm{d}y$ 与二重积分有什么关系?

3. 计算下列第二类曲面积分:

(1) $\iint\limits_{\Sigma}x^2y^2\mathrm{d}x\mathrm{d}y$,其中 Σ 为球面 $x^2+y^2+z^2=R^2$ 的下半部分的下侧;

(2) $\iint\limits_{\Sigma}z\mathrm{d}x\mathrm{d}y+x\mathrm{d}y\mathrm{d}z+x\mathrm{d}y\mathrm{d}z$,其中 Σ 是柱面 $x^2+y^2=1$ 平面 $z=0$ 及 $z=3$ 所截得的在第一卦限内的部分的前侧;

(3) $\iint\limits_{\Sigma}x^3\mathrm{d}y\mathrm{d}z+y^3\mathrm{d}z\mathrm{d}x+z^3\mathrm{d}x\mathrm{d}y$,其中 Σ 是曲面 $x^2+y^2+z^2=1$ 的外侧;

(4) $\oiint\limits_{\Sigma}xz\mathrm{d}x\mathrm{d}y+xy\mathrm{d}y\mathrm{d}z+yz\mathrm{d}z\mathrm{d}x$ 其中 Σ 是平面 $x=0,y=0,z=0,x+y+z=1$ 的所围成的空间区域的整个边界曲面的外侧.

4. 把第二类曲面积分

$$\iint\limits_{\Sigma}P(x,y,z)\mathrm{d}y\mathrm{d}z+Q(x,y,z)\mathrm{d}z\mathrm{d}x+R(x,y,z)\mathrm{d}x\mathrm{d}y$$

化成第一类曲面积分. 其中:

(1) Σ 是平面 $3x+2y+2\sqrt{3}z=6$ 在第一卦限的部分的上侧;

(2) Σ 是抛物面 $z=8-(x^2+y^2)$ 在 xOy 面上方的部分的上侧.

10.6　高斯公式　通量与散度

10.6.1　高斯公式

格林(Green)公式表达了平面闭区域上的二重积分与其正向边界上的曲线积分之间的关系,那么空间闭区域上的三重积分与其边界曲面上的曲面积分之间是否有内在联系呢? 高斯(Gauss)回答了这个问题. 我们规定空间闭区域 Ω 的正向边界是 Ω 的整个边界曲面的外侧,用 $\partial\Omega^+$ 表示. 则两种积分的关系可陈述如下:

定理 1　设空间闭区域 Ω 由分片光滑的闭曲面 Σ 所围成,函数 $P(x,y,z)$、$Q(x,y,z)$、$R(x,y,z)$ 在 Ω 上具有一阶连续偏导数,则有

$$\iiint\limits_{\Omega}\left(\frac{\partial P}{\partial x}+\frac{\partial Q}{\partial y}+\frac{\partial R}{\partial z}\right)\mathrm{d}V = \oiint\limits_{\Sigma}P\mathrm{d}y\mathrm{d}z+Q\mathrm{d}z\mathrm{d}x+R\mathrm{d}x\mathrm{d}y. \tag{10.6.1}$$

或

$$\iiint\limits_{\Omega}\left(\frac{\partial P}{\partial x}+\frac{\partial Q}{\partial y}+\frac{\partial R}{\partial z}\right)\mathrm{d}V = \oiint\limits_{\Sigma}(P\cos\alpha+Q\cos\beta+R\cos\gamma)\mathrm{d}S. \tag{10.6.1'}$$

这里 $\cos\alpha,\cos\beta,\cos\gamma$ 是 $\partial\Omega^+$ 在点 (x,y,z) 处的法向量的方向余弦.公式(10.6.1)或(10.6.1′)称为高斯公式.

证明　设闭区域 Ω 用在 xOy 面上的投影区域为 D_{xy}. 假定穿过 Ω 内部且平行于 z 轴的直

线与 Ω 的边界曲面的交点恰好是两个. 这样, 可设边界曲面由 Σ_1、Σ_2 和 Σ_3 三部分组成(图 10-6-1), 其中 Σ_1 和 Σ_2 分别由方程 $z=z_1(x,y)$ 和 $z=z_2(x,y)$ 给定, Σ_1 取下侧, Σ_2 取上侧, 这里 $z_1(x,y) \leqslant z_2(x,y)$; Σ_3 是以 D_{xy} 的边界曲线为准线而母线平行于 z 轴的柱面上的一部分, 取外侧, 这样 Σ_1、Σ_2 和 Σ_3 三部分组成了 Ω 的正向边界 $\partial\Omega^+$.

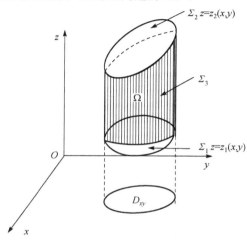

图 10-6-1

根据三重积分的计算法, 有

$$\iiint\limits_{\Omega} \frac{\partial R}{\partial z} \mathrm{d}\overline{V} = \iint\limits_{D_{xy}} \left[\int_{z_1(x,y)}^{z_2(x,y)} \frac{\partial R}{\partial z} \mathrm{d}z \right] \mathrm{d}x\mathrm{d}y$$

$$= \iint\limits_{D_{xy}} \{ R[x,y,z_2(x,y)] - R[x,y,z_1(x,y)] \} \mathrm{d}x\mathrm{d}y. \qquad (10.6.2)$$

根据第二类曲面积分的计算法, 有

$$\iint\limits_{\Sigma_1} R(x,y,z) \mathrm{d}x\mathrm{d}y = -\iint\limits_{D_{xy}} R[x,y,z_1(x,y)] \mathrm{d}x\mathrm{d}y.$$

$$\iint\limits_{\Sigma_2} R(x,y,z) \mathrm{d}x\mathrm{d}y = \iint\limits_{D_{xy}} R[x,y,z_2(x,y)] \mathrm{d}x\mathrm{d}y.$$

因为 Σ_3 上任意一块曲面在 xOy 面上的投影为零, 所以直接根据第二类曲面积分的定义可知

$$\iint\limits_{\Sigma_3} R(x,y,z) \mathrm{d}x\mathrm{d}y = 0.$$

把以上三式相加, 得

$$\oiint\limits_{\partial\Omega^+} R(x,y,z) \mathrm{d}x\mathrm{d}y = \iint\limits_{\Sigma_1} R(x,y,z) \mathrm{d}x\mathrm{d}y + \iint\limits_{\Sigma_2} R(x,y,z) \mathrm{d}x\mathrm{d}y + \iint\limits_{\Sigma_3} R(x,y,z) \mathrm{d}x\mathrm{d}y$$

$$= \iint\limits_{D_{xy}} \{ R[x,y,z_2(x,y)] - R[x,y,z_1(x,y)] \} \mathrm{d}x\mathrm{d}y. \qquad (10.6.3)$$

比较(10.6.2)、(10.6.3)两式, 得

$$\iiint\limits_{\Omega} \frac{\partial R}{\partial z} \mathrm{d}\overline{V} = \oiint\limits_{\partial\Omega^+} R(x,y,z) \mathrm{d}x\mathrm{d}y.$$

如果穿过 Ω 内部且平行于 x 轴的直线以及平行于 y 轴的直线与 Ω 的边界曲面 Σ 的交点也都恰好是两个, 那么类似地可得

$$\iiint_{\Omega} \frac{\partial P}{\partial x} \mathrm{d}\overline{V} = \oiint_{\partial \Omega^{+}} P(x,y,z) \mathrm{d}y \mathrm{d}z,$$

$$\iiint_{\Omega} \frac{\partial Q}{\partial y} \mathrm{d}\overline{V} = \oiint_{\partial \Omega^{+}} Q(x,y,z) \mathrm{d}z \mathrm{d}x.$$

把以上三式两端分别相加,即得高斯公式(10.6.1).

在上述证明中,我们对闭区域 Ω 作了这样的限制,即穿过 Ω 内部且平行于坐标轴的直线与 Ω 的边界曲面 Σ 的交点恰好是两点. 如果 Ω 不满足这样的条件,可以引进几张辅助曲面把 Ω 分为有限个闭区域,使得每个闭区域满足这样的条件,并注意到沿辅助曲面相反两侧的两个曲面积分的绝对值相等而符号相反,相加时正好抵消,因此公式(10.6.1)对于这样的闭区域仍然是正确的.

例 1 利用高斯公式计算曲面积分

$$\oiint_{\Sigma} (x-y)\mathrm{d}x\mathrm{d}y + (y-z)\mathrm{d}y\mathrm{d}z,$$

其中 Σ 为柱面 $x^2+y^2=1$ 及平面 $z=0, z=3$ 所围成的空间闭区域 Ω 的整个边界曲面的外侧(图 10-6-2).

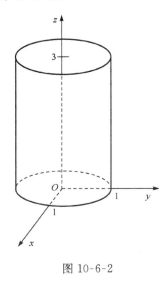

图 10-6-2

解 现在 $P=(y-z)x, Q=0, R=x-y$,

$$\frac{\partial P}{\partial x} = (y-z), \quad \frac{\partial Q}{\partial y} = 0, \quad \frac{\partial R}{\partial z} = 0,$$

利用高斯公式把所给曲面积分化为三重积分,再利用柱面坐标计算三重积分:

$$\oiint_{\Sigma} (x-y)\mathrm{d}x\mathrm{d}y + (y-z)\mathrm{d}y\mathrm{d}z = \iiint_{\Omega} (y-z)\mathrm{d}x\mathrm{d}y\mathrm{d}z$$

$$= \int_0^{2\pi} \mathrm{d}\theta \int_0^1 r\mathrm{d}r \int_0^3 (r\sin\theta - z)\mathrm{d}z$$

$$= -\frac{9\pi}{2}.$$

例 2 利用高斯公式计算曲面积分

$$\iint_{\Sigma} (x^2\cos\alpha + y^2\cos\beta + z^2\cos\gamma)\mathrm{d}S,$$

其中 Σ 为锥面 $x^2+y^2=z^2$ 介于平面 $z=0$ 及 $z=h(h>0)$ 之间的部分的下侧,$\cos\alpha, \cos\beta, \cos\gamma$ 是 Σ 在点 (x,y,z) 处的法向量的方向余弦.

解 现在,曲面 Σ 不是封闭曲面,不能直接利用高斯公式. 若设 Σ_1 为 $z=h(x^2+y^2 \leqslant h^2)$ 的上侧,则 Σ 与 Σ_1 一起构成一个封闭曲面,记它们围成的空间闭区域为 Ω,利用高斯公式,便得

$$\oiint_{\Sigma+\Sigma_1} (x^2\cos\alpha + y^2\cos\beta + z^2\cos\gamma)\mathrm{d}S$$

$$= 2\iiint_{\Omega} (x+y+z)\mathrm{d}\overline{V} = 2\iint_{D_{xy}} \mathrm{d}x\mathrm{d}y \int_{\sqrt{x^2+y^2}}^{h} (x+y+z)\mathrm{d}z.$$

其中 $D_{xy} = \{(x,y) | x^2+y^2 \leqslant h^2\}$. 注意到

$$\iint_{D_{xy}} \mathrm{d}x\mathrm{d}y \int_{\sqrt{x^2+y^2}}^{h} (x+y)\mathrm{d}z = 0,$$

即得

$$\oiint\limits_{\Sigma+\Sigma_1}(x^2\cos\alpha+y^2\cos\beta+z^2\cos\gamma)\,\mathrm{d}S=\iint\limits_{D_{xy}}(h^2-x^2-y^2)\,\mathrm{d}x\mathrm{d}y=\frac{1}{2}\pi h^4.$$

而

$$\iint\limits_{\Sigma_1}(x^2\cos\alpha+y^2\cos\beta+z^2\cos\gamma)\,\mathrm{d}S=\iint\limits_{\Sigma_1}z^2\,\mathrm{d}S=\iint\limits_{D_{xy}}h^2\,\mathrm{d}x\mathrm{d}y=\pi h^4.$$

因此

$$\iint\limits_{\Sigma_1}(x^2\cos\alpha+y^2\cos\beta+z^2\cos\gamma)\,\mathrm{d}S=\frac{1}{2}\pi h^4-\pi h^4=-\frac{1}{2}\pi h^4.$$

例 3　设函数 $u(x,y,z)$ 和 $v(x,y,z)$ 在闭区域 Ω 上具有一阶及二阶连续偏导数. 证明

$$\iiint\limits_{\Omega}u\Delta v\mathrm{d}x\mathrm{d}y\mathrm{d}z=\oiint\limits_{\Sigma}u\frac{\partial u}{\partial n}\mathrm{d}S-\iiint\limits_{\Omega}\Big(\frac{\partial u}{\partial x}\frac{\partial v}{\partial x}+\frac{\partial u}{\partial y}\frac{\partial v}{\partial y}+\frac{\partial u}{\partial z}\frac{\partial v}{\partial z}\Big)\mathrm{d}x\mathrm{d}y\mathrm{d}z,$$

其中 Σ 是闭区域 Ω 的整个边界曲面，$\dfrac{\partial v}{\partial n}$ 为函数 $v(x,y,z)$ 沿 Σ 的外法线方向的方向导数，符号

$\Delta=\dfrac{\partial^2}{\partial x^2}+\dfrac{\partial^2}{\partial y^2}+\dfrac{\partial^2}{\partial z^2}$，称为拉普拉斯(Laplace)算子. 这个公式称为**格林第一公式**.

证明　因为方向导数

$$\frac{\partial v}{\partial n}=\frac{\partial v}{\partial x}\cos\alpha+\frac{\partial v}{\partial y}\cos\beta+\frac{\partial v}{\partial z}\cos\gamma,$$

其中 $\cos\alpha$、$\cos\beta$、$\cos\gamma$ 是 Σ 在点 (x,y,z) 处的外法线向量的方向余弦. 于是曲面积分

$$\oiint\limits_{\Sigma}u\frac{\partial v}{\partial n}\mathrm{d}S=\oiint\limits_{\Sigma}u\Big(\frac{\partial v}{\partial x}\cos\alpha+\frac{\partial v}{\partial y}\cos\beta+\frac{\partial v}{\partial z}\cos\gamma\Big)\mathrm{d}S$$

$$=\oiint\limits_{\Sigma}\Big[\Big(u\frac{\partial v}{\partial x}\Big)\cos\alpha+\Big(u\frac{\partial v}{\partial y}\Big)\cos\beta+\Big(u\frac{\partial v}{\partial z}\Big)\cos\gamma\Big]\mathrm{d}S.$$

利用高斯公式，即得

$$\oiint\limits_{\Sigma}u\frac{\partial v}{\partial n}\mathrm{d}S=\iiint\limits_{\Omega}\Big[\frac{\partial}{\partial x}\Big(u\frac{\partial v}{\partial x}\Big)+\frac{\partial}{\partial y}\Big(u\frac{\partial v}{\partial y}\Big)+\frac{\partial}{\partial z}\Big(u\frac{\partial v}{\partial z}\Big)\Big]\mathrm{d}x\mathrm{d}y\mathrm{d}z$$

$$=\iiint\limits_{\Omega}u\Delta v\mathrm{d}x\mathrm{d}y\mathrm{d}z+\iiint\limits_{\Omega}\Big(\frac{\partial u}{\partial x}\frac{\partial v}{\partial x}+\frac{\partial u}{\partial y}\frac{\partial v}{\partial y}+\frac{\partial u}{\partial z}\frac{\partial v}{\partial z}\Big)\mathrm{d}x\mathrm{d}y\mathrm{d}z,$$

将上式右端第二个积分移至左端便得所要证明的等式.

* 10. 6. 2　沿任意闭曲面的曲面积分为零的条件

现在提出与 11.3 节所讨论的问题相类似的问题，这就是：在怎样的条件下，曲面积分

$$\iint\limits_{\Sigma}P\mathrm{d}y\mathrm{d}z+Q\mathrm{d}z\mathrm{d}x+R\mathrm{d}x\mathrm{d}y$$

与曲面 Σ 无关而只取决于 Σ 的边界曲线？ 这问题相当于在怎样的条件下，沿任意闭曲面的曲面积分为零？ 这问题可用高斯公式来解决.

先介绍空间二维单连通区域及一维单连通区域的概念. 对空间区域 G，如果 G 内任一闭曲面所围成的区域全属于 G，则称 G **是空间二维单连通区域**；如果 G 内任一闭曲线总可以张一片完全属于 G 的曲面，则称 G **为空间一维单连通区域**. 例如球面所围成的区域既是空间二维单连通的，又是空间一维单连通的；环面所围成的区域是空间二维单连通的，但不是空间一维单连通的；两个同心球面之间的区域是空间一维单连通的，但不是空间二维单连通的.

对于沿任意闭曲面的曲面积分为零的条件,我们有以下结论:

定理 2 设 G 是空间二维单连通区域,$P(x,y,z)$、$Q(x,y,z)$、$R(x,y,z)$ 在 G 内具有一阶连续偏导数,则曲面积分

$$\iint\limits_{\Sigma} P\mathrm{d}y\mathrm{d}z + Q\mathrm{d}z\mathrm{d}x + R\mathrm{d}x\mathrm{d}y$$

在 G 内与所取曲面 Σ 无关而只取决于 Σ 的边界曲线(或沿 G 内任一闭曲面的曲面积分为零)的充分必要条件是

$$\frac{\partial P}{\partial x} + \frac{\partial Q}{\partial y} + \frac{\partial R}{\partial z} = 0 \qquad (10.6.4)$$

在 G 内情成立.

证明 若等式(10.6.4)在 G 内恒成立,则由高斯公式(10.6.1)立即可看出沿 G 内的任意闭曲面的曲面积分为零,因此条件(10.6.4)是充分的. 反之,设沿 G 内的任一闭曲面的曲面积分为零,若等式(10.6.4)在 G 内不恒成立,就是说在 G 内至少有一点 M_0 使得

$$\left(\frac{\partial P}{\partial x} + \frac{\partial Q}{\partial y} + \frac{\partial R}{\partial z}\right)_{M_0} \neq 0,$$

仿照 11.3 节中所用的方法,就可得出 G 内存在着闭曲面使得沿该闭曲面的曲面积分不等于零,这与假设相矛盾. 因此条件(10.6.4)是必要的. 证毕.

10.6.3 通量与散度

下面来解释高斯公式

$$\iiint\limits_{\Omega}\left(\frac{\partial P}{\partial x} + \frac{\partial Q}{\partial y} + \frac{\partial R}{\partial z}\right)\mathrm{d}\overline{V} = \oiint\limits_{\Sigma} P\mathrm{d}y\mathrm{d}z + Q\mathrm{d}z\mathrm{d}x + R\mathrm{d}x\mathrm{d}y \qquad (10.6.1)$$

的物理意义.

设稳定流动的不可压缩流体(假定密度为 1)的速度场由

$$\vec{v}(x,y,z) = P(x,y,z)i + Q(x,y,z)j + R(x,y,z)k$$

给出,其中 P、Q、R 假定具有一阶连续偏导数,Σ 是速度场中一片有向曲面,又

$$\vec{n} = \cos\alpha i + \cos\beta j + \cos\gamma k$$

是 Σ 在点 (x,y,z) 处的单位法向量. 则由 11.5 节知道,单位时间内流体经过 Σ 流向指定侧的流体总质量 Φ 可用曲面积分来表示:

$$\begin{aligned}
\Phi &= \iint\limits_{\Sigma} P\mathrm{d}y\mathrm{d}z + Q\mathrm{d}z\mathrm{d}x + R\mathrm{d}x\mathrm{d}y \\
&= \iint\limits_{\Sigma}(P\cos\alpha + Q\cos\beta + R\cos\gamma)\mathrm{d}S = \iint\limits_{\Sigma}\vec{v}\cdot\vec{n}\mathrm{d}S = \iint\limits_{\Sigma} v_n\mathrm{d}S,
\end{aligned}$$

其中 $v_n = \vec{v}\cdot\vec{n} = P\cos\alpha + Q\cos\beta + R\cos\gamma$ 表示流体的速度向量 $\vec{v}$ 在有向曲面 Σ 的法向量上的投影. 如果 Σ 是高斯公式(10.6.1)中闭区域 Ω 的边界曲面的外侧,那么公式(10.6.1)的右端可解释为单位时间内离开闭区域 Ω 的流体的总质量. 由于我们假定流体是不可压缩的,且流动是稳定的,因此在流体离开 Ω 的同时,Ω 内部必须有产生流体的"源头"产生出同样多的流体来进行补充. 所以高斯公式左端可解释为分布在 Ω 内的源头在单位时间内所产生的流体的总质量.

为简便起见,把高斯公式(10.6.1)改写成

$$\iiint\limits_{\Omega}\left(\frac{\partial P}{\partial x} + \frac{\partial Q}{\partial y} + \frac{\partial R}{\partial z}\right)\mathrm{d}\overline{V} = \oiint\limits_{\Sigma} v_n\mathrm{d}S.$$

以闭区域 Ω 的体积 V 除上式两端,得

$$\frac{1}{V}\iiint\limits_{\Omega}\Big(\frac{\partial P}{\partial x}+\frac{\partial Q}{\partial y}+\frac{\partial R}{\partial z}\Big)\mathrm{d}\overline{V}=\frac{1}{V}\oiint\limits_{\Sigma}v_n\mathrm{d}S.$$

上式左端表示 Ω 内的源头在单位时间单位体积内所产生的流体质量的平均值. 应用积分中值定理于上式左端,得

$$\Big(\frac{\partial P}{\partial x}+\frac{\partial Q}{\partial y}+\frac{\partial R}{\partial z}\Big)\Big|_{(\xi,\eta,\zeta)}=\frac{1}{V}\oiint\limits_{\Sigma}v_n\mathrm{d}S,$$

这里(ξ,η,ζ)是 Ω 内的某个点. 令 Ω 缩向一点 $M(x,y,z)$,取上式的极限,得

$$\frac{\partial P}{\partial x}+\frac{\partial Q}{\partial y}+\frac{\partial R}{\partial z}=\lim_{\Omega\to M}\frac{1}{V}\oiint\limits_{\Sigma}v_n\mathrm{d}S.$$

上式左端称为 $\vec{v}$ 在点 M 的散度,记作 $\mathrm{div}\vec{v}$,即

$$\mathrm{div}\vec{v}=\frac{\partial P}{\partial x}+\frac{\partial Q}{\partial y}+\frac{\partial R}{\partial z}.$$

$\mathrm{div}\vec{v}$ 在这里可看作稳定流动的不可压缩流体在点 M 的源头强度——在单位时间单位体积内所产生的流体质量. 如果 $\mathrm{div}\vec{v}$ 为负,表示点 M 处流体在消失.

一般地,设某向量场由

$$\vec{A}(x,y,z)=P(x,y,z)\vec{i}+Q(x,y,z)\vec{j}+R(x,y,z)\vec{k}$$

给出,其中 P,Q,R 具有一阶连续偏导数,Σ 是场内的一片有向曲面,$\vec{n}$ 是曲面 Σ 在点(x,y,z)处的单位法向量,则沿曲面,则 $\iint\limits_{\Sigma}\vec{A}\cdot\vec{n}\mathrm{d}S$ 称为向量场 $\vec{A}$ 通过曲面 Σ 向着指定侧的**通量**(或流量). 而 $\dfrac{\partial P}{\partial x}+\dfrac{\partial Q}{\partial y}+\dfrac{\partial R}{\partial z}$ 称为向量场 $\vec{A}$ 的**散度**,记为 $\mathrm{div}\vec{A}$,即

$$\mathrm{div}\vec{A}=\frac{\partial P}{\partial x}+\frac{\partial Q}{\partial y}+\frac{\partial R}{\partial z}.$$

高斯公式可写成

$$\iint\limits_{\Omega}\mathrm{div}\vec{A}\mathrm{d}\vec{v}=\oiint\limits_{\Sigma}A_n\mathrm{d}S,$$

其中 Σ 是空间闭区域 Ω 的边界曲面,而

$$A_n=\vec{A}\cdot\vec{n}=P\cos\alpha+Q\cos\beta+R\cos\gamma$$

是向量 A 在曲面 Σ 的外侧法向量上的投影.

习　题　10-6

1. 利用高斯公式计算曲面积分:

(1) $\oiint\limits_{\Sigma}x^2\mathrm{d}y\mathrm{d}z+y^2\mathrm{d}z\mathrm{d}x+z^2\mathrm{d}x\mathrm{d}y$,其中 Σ 为平面 $x=0,y=0,z=0,x=a,y=a,z=a$ 所围成的立体的表面的外侧;

(2) $\oiint\limits_{\Sigma}x^3\mathrm{d}y\mathrm{d}z+y^3\mathrm{d}z\mathrm{d}x+z^3\mathrm{d}x\mathrm{d}y$,其中 Σ 为球面 $x^2+y^2+z^2=a^2$ 的外侧;

(3) $\oiint\limits_{\Sigma}xz^2\mathrm{d}y\mathrm{d}z+(x^2y-z^3)\mathrm{d}z\mathrm{d}x+(2xy+y^2z)\mathrm{d}x\mathrm{d}y$,其中 Σ 为上半球面 $x^2+y^2\leqslant a^2,0\leqslant z\leqslant\sqrt{a^2-x^2-y^2}$ 的表面外侧;

(4) $\oiint\limits_{\Sigma} x\mathrm{d}y\mathrm{d}z+y\mathrm{d}z\mathrm{d}x+z\mathrm{d}x\mathrm{d}y$，其中 Σ 是界于 $z=0$ 和 $z=3$ 之间的圆柱体 $x^2+y^2\leqslant 9$ 整个表面的外侧；

(5) $\oiint\limits_{\Sigma} 4xz\mathrm{d}y\mathrm{d}z-y^2\mathrm{d}z\mathrm{d}x+yz\mathrm{d}x\mathrm{d}y$，其中 Σ 是平面 $x=0,y=0,z=0,x=1,y=1,z=1$ 所围成的立体的全表面的外侧；

(6) $\iint\limits_{\Sigma} yz\mathrm{d}z\mathrm{d}x+2\mathrm{d}x\mathrm{d}y$，其中 Σ 是上半球面 $z=\sqrt{4-x^2-y^2}$ 的上侧.

2. 求下列向量 A 穿过曲面 Σ 流向指定侧的通量：

(1) $\vec{A}=yz\,\vec{i}+xz\,\vec{j}+xy\,\vec{k}$，$\Sigma$ 为圆柱 $x^2+y^2\leqslant a^2(0\leqslant z\leqslant h)$ 的全表面，流向外侧；

(2) $\vec{A}=(2x-z)\vec{i}+x^2y\,\vec{j}-xz^2\vec{k}$，$\Sigma$ 是立方体 $0\leqslant x\leqslant a,0\leqslant y\leqslant a,0\leqslant z\leqslant a$ 全表面的外侧，流向外侧；

(3) $\vec{A}=(2x+3z)\vec{i}-(xz+y)\vec{j}+(y^2+2z)\vec{k}$，$\Sigma$ 是以点 $(3,-1,2)$ 为球心，半径 $R=3$ 的球面，流向外侧.

3. 求下列向量场 A 的散度：

(1) $\vec{A}=(x^2+yz)\vec{i}+(y^2+xz)\vec{j}+(z^2+xy)\vec{k}$；

(2) $\vec{A}=\mathrm{e}^{xy}\vec{i}+\cos(xy)\vec{j}+\cos(xz^2)\vec{k}$；

(3) $\vec{A}=y^2\,\vec{i}+xy\,\vec{j}+xz\,\vec{k}$.

4. 设 $u(x,y,z),v(x,y,z)$ 是两个定义在闭区域 Ω 上的具有二阶连续偏导数的函数，$\dfrac{\partial u}{\partial n},\dfrac{\partial v}{\partial n}$ 依次表示 $u(x,y,z),v(x,y,z)$ 沿 Σ 的外法线方向的方向导数. 证明

$$\iiint\limits_{\Omega}(u\Delta x-v\Delta u)\mathrm{d}x\mathrm{d}y=\oiint\limits_{\Sigma}\left(\frac{\partial v}{\partial n}-v\frac{\partial u}{\partial n}\right)\mathrm{d}S,$$

其中 Σ 是空间闭区域 Ω 的整个边界曲面. 这个公式称为**格林第二公式**.

5. 设空间闭区域 Ω 是由曲面 $z=a^2-x^2-y^2$ 与平面 $z=0$ 围成，其中 a 为正常数，记 Ω 表面的外侧为 Σ，Ω 的体积为 V，证明：

$$\oiint\limits_{\Sigma} x^2yz^2\mathrm{d}y\mathrm{d}z-xy^2z^2\mathrm{d}z\mathrm{d}x+z(1+xyz)\mathrm{d}x\mathrm{d}y=V.$$

10.7 斯托克斯公式 环流量与旋度

10.7.1 斯托克斯公式

斯托克斯(Stokes)公式是格林公式的推广. 格林公式表达了平面闭区域上的二重积分与其边界曲线上的曲线积分间的关系，而斯托克斯公式则把曲面 Σ 上的曲面积分与沿着 Σ 的边界曲线的曲线积分联系起来. 若 Σ 的边界曲线 Γ 的方向与 Σ 的侧符合右手规则，称 Γ 为 Σ 的正向边界，记为 $\partial\Sigma^+$. 上述联系可陈述如下：

定理 1 设 Γ 为分段光滑的空间有向闭曲线，Σ 是以 Γ 为正向边界的分片光滑的有向曲面，函数 $P(x,y,z),Q(x,y,z),R(x,y,z)$ 在曲面 Σ(连同边界 Γ)上具有一阶连续偏导数，则有

$$\iint\limits_{\Sigma}\left(\frac{\partial R}{\partial y}-\frac{\partial Q}{\partial z}\right)\mathrm{d}y\mathrm{d}z+\left(\frac{\partial P}{\partial z}-\frac{\partial R}{\partial x}\right)\mathrm{d}z\mathrm{d}x+\left(\frac{\partial Q}{\partial x}-\frac{\partial P}{\partial y}\right)\mathrm{d}x\mathrm{d}y$$

$$=\oint_{\partial\Sigma^+} P\mathrm{d}x+Q\mathrm{d}y+R\mathrm{d}z . \tag{10.7.1}$$

公式(10.7.1)称为**斯托克斯公式**.

证明　先假定 Σ 与平行于 z 轴的直线相交不多于一点,并设 Σ 为曲面 $z=f(x,y)$ 的上侧,Σ 的正向边界曲线 $\partial\Sigma^+$ 在 xOy 面上的投影为平面有向曲线 C,C 所围成的闭区域为 D_{xy}(图 10-7-1).

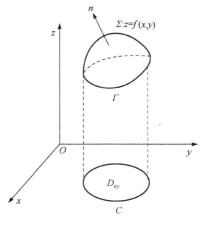

图 10-7-1

我们设法把曲面积分

$$\iint_{\Sigma} \frac{\partial P}{\partial z}\mathrm{d}z\mathrm{d}x - \frac{\partial P}{\partial y}\mathrm{d}x\mathrm{d}y$$

化为闭区域 D_{xy} 上的二重积分,然后通过格林公式使它与曲线积分相联系.

根据对面积的和对坐标的曲面积分间的关系,有

$$\iint_{\Sigma} \frac{\partial P}{\partial z}\mathrm{d}z\mathrm{d}x - \frac{\partial P}{\partial y}\mathrm{d}x\mathrm{d}y = \iint_{\Sigma}\left(\frac{\partial P}{\partial z}\cos\beta - \frac{\partial P}{\partial y}\cos\gamma\right)\mathrm{d}S.$$

$$(10.7.2)$$

有向曲面 Σ 的法向量的方向余弦为

$$\cos\alpha = \frac{-f_x}{\sqrt{1+f_x^2+f_y^2}}, \quad \cos\beta = \frac{-f_y}{\sqrt{1+f_x^2+f_y^2}}, \quad \cos\gamma = \frac{1}{\sqrt{1+f_x^2+f_y^2}}.$$

因此 $\cos\beta = -f_y\cos^{-1}\gamma$,把它代入(10.7.2)式得

$$\iint_{\Sigma} \frac{\partial P}{\partial z}\mathrm{d}z\mathrm{d}x - \frac{\partial P}{\partial y}\mathrm{d}x\mathrm{d}y = -\iint_{\Sigma}\left(\frac{\partial P}{\partial z}+\frac{\partial P}{\partial y}f_y\right)\cos\gamma\mathrm{d}S,$$

即

$$\iint_{\Sigma} \frac{\partial P}{\partial z}\mathrm{d}z\mathrm{d}x - \frac{\partial P}{\partial y}\mathrm{d}x\mathrm{d}y = -\iint_{\Sigma}\left(\frac{\partial P}{\partial z}+\frac{\partial P}{\partial y}f_y\right)\mathrm{d}x\mathrm{d}y.$$

$$(10.7.3)$$

上式右端的曲面积分化为二重积分时,应把 $P(x,y,z)$ 中的 z 用 $f(x,y)$ 来代替.因为由复合函数的微分法,有

$$\frac{\partial}{\partial y}P[x,y,f(x,y)] = \frac{\partial P}{\partial z}+\frac{\partial P}{\partial y}\cdot f_y.$$

所以,(10.7.3)式可写成

$$\iint_{\Sigma} \frac{\partial P}{\partial z}\mathrm{d}z\mathrm{d}x - \frac{\partial P}{\partial y}\mathrm{d}x\mathrm{d}y = -\iint_{D_{xy}}\frac{\partial}{\partial y}P[x,y,f(x,y)]\mathrm{d}x\mathrm{d}y.$$

根据格林公式,上式右端的二重积分可化为沿闭区域 D_{xy} 的边界 C 的曲线积分:

$$-\iint_{D_{xy}}\frac{\partial}{\partial y}P[x,y,f(x,y)]\mathrm{d}x\mathrm{d}y = \oint_{C}P[x,y,f(x,y)]\mathrm{d}x.$$

因为函数 $P[x,y,f(x,y)]$ 在曲线 C 上点 (x,y) 处的值与函数 $P(x,y,z)$ 在曲线 $\partial\Sigma^+$ 上对应点 (x,y,z) 处的值是一样的,并且两曲线上的对应小弧段在 x 轴上的投影也一样,根据曲线积分的定义,上式右端的曲线积分等于曲线 Γ 上的曲线积分 $\oint_{\partial\Sigma^+}P(x,y,z)\mathrm{d}x$,因此,我们证得

$$\iint_{\Sigma} \frac{\partial P}{\partial z}\mathrm{d}z\mathrm{d}x - \frac{\partial P}{\partial y}\mathrm{d}x\mathrm{d}y = \oint_{\partial\Sigma^+}P(x,y,z)\mathrm{d}x.$$

$$(10.7.4)$$

如果 Σ 取下侧,Γ 也相应地改成相反的方向,那么(10.7.4)式两端同时改变符号,因此(10.7.4)式仍成立.

其次,如果曲面与平行于 z 轴的直线的交点多于一个,则可作辅助曲线把曲面分成几部

分,然后应用(10.7.4)式并相加.因为沿辅助曲线而方向相反的两个曲线积分相加时正好抵消,所以对于这一类曲面(10.7.4)式也成立.

同样可证

$$\iint\limits_{\Sigma} \frac{\partial Q}{\partial x} \mathrm{d}x\mathrm{d}y - \frac{\partial Q}{\partial z} \mathrm{d}y\mathrm{d}z = \oint_{\partial\Sigma^+} Q\mathrm{d}y ,$$

$$\iint\limits_{\Sigma} \frac{\partial R}{\partial y} \mathrm{d}y\mathrm{d}z - \frac{\partial R}{\partial x} \mathrm{d}z\mathrm{d}x = \oint_{\partial\Sigma^+} R\mathrm{d}z .$$

把它们与(10.7.4)式相加即得(10.7.1)式. 证华.

为了便于记忆,利用行列式记号把斯托克斯(10.7.1)式写成

$$\iint\limits_{\Sigma} \begin{vmatrix} \mathrm{d}y\mathrm{d}z & \mathrm{d}z\mathrm{d}x & \mathrm{d}x\mathrm{d}y \\ \dfrac{\partial}{\partial x} & \dfrac{\partial}{\partial y} & \dfrac{\partial}{\partial z} \\ P & Q & R \end{vmatrix} = \oint_{\partial\Sigma^+} P\mathrm{d}x + Q\mathrm{d}y + R\mathrm{d}z,$$

把其中的行列式按第一行展开,并把 $\frac{\partial}{\partial y}$ 与 R 的"积"理解为 $\frac{\partial R}{\partial y}$, $\frac{\partial}{\partial z}$ 与 Q 的"积"理解为 $\frac{\partial Q}{\partial z}$ 等等,于是这个行列式就"等于"

$$\left(\frac{\partial R}{\partial y} - \frac{\partial Q}{\partial z}\right)\mathrm{d}y\mathrm{d}z + \left(\frac{\partial P}{\partial z} - \frac{\partial R}{\partial x}\right)\mathrm{d}z\mathrm{d}x + \left(\frac{\partial Q}{\partial x} - \frac{\partial P}{\partial y}\right)\mathrm{d}x\mathrm{d}y.$$

这恰好是(10.7.1)式左端的被积表达式.

利用两类曲面积分之间的关系,可得斯托克斯公式的另一形式:

$$\iint\limits_{\Sigma} \begin{vmatrix} \cos\alpha & \cos\beta & \cos\gamma \\ \dfrac{\partial}{\partial x} & \dfrac{\partial}{\partial y} & \dfrac{\partial}{\partial z} \\ P & Q & R \end{vmatrix} \mathrm{d}S = \oint_{\partial\Sigma^+} P\mathrm{d}x + Q\mathrm{d}y + R\mathrm{d}z.$$

其中 $\vec{n} = (\cos\alpha, \cos\beta, \cos\gamma)$ 为有向曲面 Σ 在点 (x,y,z) 处的单位法向量.

如果 Σ 是 xOy 面上的一块平面闭区域,斯托克斯公式就变成格林公式.因此,格林公式是斯托克斯公式的一个特殊情形.

例 1　利用斯托克斯公式计算曲线积分 $\oint_{\Gamma} z\mathrm{d}x + x\mathrm{d}y + y\mathrm{d}z$,其中 Γ 是平面 $x+y+z=1$ 被三个坐标面所截成的三角形的整个边界,它的正向与这个三角形上侧的法向量之间符合右手规则 (图 10-7-2).

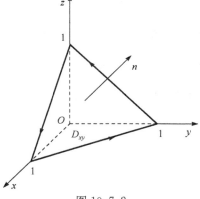

图 10-7-2

解　按斯托克斯公式,有

$$\oint_{\Gamma} z\mathrm{d}x + x\mathrm{d}y + y\mathrm{d}z = \iint\limits_{\Sigma} \mathrm{d}y\mathrm{d}z + \mathrm{d}z\mathrm{d}x + \mathrm{d}x\mathrm{d}y.$$

由于 Σ 的法向量的三个方向余弦都为正,又由于对称性,上式右端等于

$$3\iint\limits_{D_{xy}} \mathrm{d}\sigma,$$

其中 D_{xy} 为 xOy 面上由直线 $x+y=1$ 及两条坐标轴围成的三角形闭区域,因此

$$\oint_\Gamma z\mathrm{d}x + x\mathrm{d}y + y\mathrm{d}z = \frac{3}{2}.$$

例 2　利用斯托克斯公式计算曲线积分

$$\oint_\Gamma (y^2 - z^2)\mathrm{d}x + (z^2 - x^2)\mathrm{d}y + (x^2 - y^2)\mathrm{d}z,$$

其中 Γ 是用平面 $x+y+z=\dfrac{3}{2}$ 截立方体 $\{(x,y,z)\,|\,0\leqslant x\leqslant 1, 0\leqslant y\leqslant 1, 0\leqslant z\leqslant 1\}$ 的表面所得的截痕,从 x 轴的正向看去,取逆时针方向 (图 10-7-3(a))

解　取 Σ 为平面 $x+y+z=\dfrac{3}{2}$ 的上侧被 Γ 所围成的部分,Σ 的单位法向量

$$\vec{n} = \left\{\frac{1}{\sqrt{3}}, \frac{1}{\sqrt{3}}, \frac{1}{\sqrt{3}}\right\},$$

即 $\cos\alpha = \cos\beta = \cos\gamma = \dfrac{1}{\sqrt{3}}.$ 按斯托克斯公式,有

$$I = \iint\limits_{\Sigma} \begin{vmatrix} \dfrac{1}{\sqrt{3}} & \dfrac{1}{\sqrt{3}} & \dfrac{1}{\sqrt{3}} \\ \dfrac{\partial}{\partial x} & \dfrac{\partial}{\partial y} & \dfrac{\partial}{\partial z} \\ y^2 - z^2 & z^2 - x^2 & x^2 - y^2 \end{vmatrix} \mathrm{d}S = -\frac{4}{\sqrt{3}}\iint\limits_{\Sigma}(x+y+z)\mathrm{d}S.$$

因为在 Σ 上 $x+y+z=\dfrac{3}{2}$,故

$$I = -\frac{4}{\sqrt{3}} \cdot \frac{3}{2}\iint\limits_{\Sigma}\mathrm{d}S = -2\sqrt{3}\iint\limits_{D_{xy}}\sqrt{3}\mathrm{d}x\mathrm{d}y = -6\sigma_{xy},$$

其中 D_{xy} 为 Σ 在 xOy 平面上的投影区域(图 10-7-3(b)),σ_{xy} 为 D_{xy} 的面积,因

$$\sigma_{xy} = 1 - 2\times\frac{1}{8} = \frac{3}{4}.$$

故

$$I = -\frac{9}{2}.$$

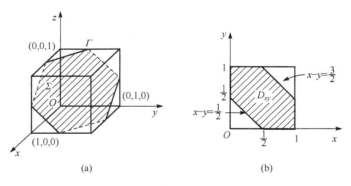

图 10-7-3

例 3　计算 $I = \displaystyle\int_{L^+} y\mathrm{d}x + z\mathrm{d}y + x\mathrm{d}z$,其中 L^+ 为曲线 $\begin{cases} x^2 + y^2 + z^2 = 1 \\ x+y+z=1 \end{cases}$,其方向是从 y 轴正向看去为逆时针方向.

解　L^+ 是一条空间曲线,将它的方程参数化比较麻烦,因而用斯托克斯公式来计算.

设 $x+y+z=1$ 上圆的内部区域为 S,法向量取向上,由斯托克斯公式,

$$\oint_{L^+} y\mathrm{d}x + z\mathrm{d}y + x\mathrm{d}z = \iint_S \begin{vmatrix} \mathrm{d}y\mathrm{d}z & \mathrm{d}z\mathrm{d}x & \mathrm{d}x\mathrm{d}y \\ \dfrac{\partial}{\partial x} & \dfrac{\partial}{\partial y} & \dfrac{\partial}{\partial z} \\ y & z & x \end{vmatrix}$$

$$= -\iint_S \mathrm{d}y\mathrm{d}z + \mathrm{d}z\mathrm{d}x + \mathrm{d}x\mathrm{d}y .$$

而 S 指定侧的单位法向量为 $\vec{n} = \left\{ \dfrac{1}{\sqrt{3}}, \dfrac{1}{\sqrt{3}}, \dfrac{1}{\sqrt{3}} \right\}$,所以 $\cos\alpha = \cos\beta = \cos\gamma = \dfrac{1}{\sqrt{3}}$,$\alpha, \beta, \gamma$ 为 $\vec{n}$ 的方向角,由第一、二型曲面积分的联系

$$\oint_{L^+} y\mathrm{d}x + z\mathrm{d}y + x\mathrm{d}z = -\iint_S \sqrt{3}\,\mathrm{d}S = -\sqrt{3}\,|S| ,$$

其中 $|S|$ 为圆 S 的面积.

由题易知,S 的半径 $R = \dfrac{\sqrt{2}}{2} \Big/ \cos\dfrac{\pi}{6} = \dfrac{\sqrt{6}}{3}$,从而 $|S| = \pi \left(\dfrac{\sqrt{6}}{3} \right)^2 = \dfrac{2}{3}\pi$. 所以

$$\oint_{L^+} y\mathrm{d}x + z\mathrm{d}y + x\mathrm{d}z = -\dfrac{2\sqrt{3}}{3}\pi .$$

*10.7.2　空间曲线积分与路径无关的条件

在 10.3 节中,利用格林公式推得了平面曲线积分与路径无关的条件. 完全类似地,利用斯托克斯公式,可推得空间曲线积分与路径无关的条件.

首先我们指出,空间曲线积分与路径无关相当于沿任意闭曲线的曲线积分为零. 关于空间曲线积分在什么条件下与路径无关的问题,有以下结论:

定理 2　设空间区域 G 是一维单连通域,函数 $P(x,y,z), Q(x,y,z), R(x,y,z)$ 在 G 内具有一阶连续偏导数,则空间曲线积分 $\displaystyle\int_\Gamma P\mathrm{d}x + Q\mathrm{d}y + R\mathrm{d}z$ 在 G 内与路径无关(或沿 G 内任意闭曲线的曲线积分为零)的充分必要条件是

$$\dfrac{\partial P}{\partial y} = \dfrac{\partial Q}{\partial x}, \quad \dfrac{\partial Q}{\partial z} = \dfrac{\partial R}{\partial y}, \quad \dfrac{\partial R}{\partial x} = \dfrac{\partial P}{\partial z} \tag{10.7.5}$$

在 G 内恒成立.

证明　如果等式(10.7.5)在 G 内恒成立,则由斯托克斯公式(10.7.1)立即可看出. 沿闭曲线的曲线积分为零,因此条件是充分的. 反之,设沿 G 内任意闭曲线的曲线积分为零,若 G 内有一点 M_0 使(10.7.5)式中的三个等式不完全成立,例如 $\dfrac{\partial P}{\partial y} \neq \dfrac{\partial Q}{\partial x}$. 不妨假定

$$\left(\dfrac{\partial Q}{\partial x} - \dfrac{\partial P}{\partial y} \right)_{M_0} = \eta > 0$$

过点 $M_0(x,y,z)$ 作平面 $z=z_0$,并在这个平面上取一个以 M_0 为圆心、半径足够小的圆形闭区域 K,使得在 K 上恒有

$$\dfrac{\partial Q}{\partial x} - \dfrac{\partial P}{\partial y} \geqslant \dfrac{\eta}{2} .$$

设 γ 是 K 的正向边界曲线. 因为 γ 在平面 $z=z_0$ 上,所以按定义有

$$\oint_{\gamma} P\,\mathrm{d}x + Q\,\mathrm{d}y + R\,\mathrm{d}z = \oint_{\gamma} P\,\mathrm{d}x + Q\,\mathrm{d}y.$$

又由(10.7.1)式有

$$\oint_{\gamma} P\,\mathrm{d}x + Q\,\mathrm{d}y + R\,\mathrm{d}z = -\iint_{K} \left(\frac{\partial Q}{\partial x} - \frac{\partial P}{\partial y} \right) \mathrm{d}x\mathrm{d}y \geqslant \frac{\eta}{2} \cdot \sigma.$$

其中 σ 是 K 的面积,因为 $\eta > 0, \sigma > 0$,从而

$$\oint_{\gamma} P\,\mathrm{d}x + Q\,\mathrm{d}y + R\,\mathrm{d}z > 0.$$

这结果与所设不合,从而(10.7.5)式在 G 内恒成立. 证毕.

应用定理 2 并仿照 10.3 节定理 3 的证法,便可以得到:

定理 3 设区域 G 是空间一维单连通区域,函数 $P(x,y,z), Q(x,y,z), R(x,y,z)$ 在 G 内具有一阶连续偏导数,则表达式 $P\mathrm{d}x + Q\mathrm{d}y + R\mathrm{d}z$ 在 G 内成为某一函数 $u(x,y,z)$ 的全微分的充分必要条件是等式(图 10.7.5)在 G 内恒成立;当条件(10.7.5)满足时,这函数(不计一常数之差)可用下式求出:

$$u(x,y,z) = \int_{(x_0,y_0,z_0)}^{(x,y,z)} P\mathrm{d}s + Q\mathrm{d}t + R\mathrm{d}\omega. \tag{10.7.6}$$

或用定积分表示为(图 10-7-4)取积分路径:

$$u(x,y,z) = \int_{x_0}^{x} P(s,y_0,z_0)\mathrm{d}s + \int_{y_0}^{y} Q(x,t,z_0)\mathrm{d}t + \int_{z_0}^{z} R(x,y,\omega)\mathrm{d}\omega. \tag{10.7.6'}$$

其中 $M_0(x_0,y_0,z_0)$ 为 G 内某点,$M(x,y,z) \in G$.

10.7.3　环流量与旋度

设斯托克斯公式中的有向曲面 Σ 在点 (x,y,z) 处的单位法向量为

$$\vec{n} = \cos\alpha \vec{i} + \cos\beta \vec{j} + \cos\gamma \vec{k},$$

而 Σ 的正向边界曲线 Γ 在点 (x,y,z) 处的单位切向量为

$$\vec{\tau} = \cos\lambda\,\vec{i} + \cos\mu\,\vec{j} + \cos\nu\,\vec{k},$$

则斯托克斯公式可用对面积的曲面积分及对弧长的曲线积分表示为

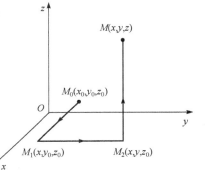

图 10-7-4

$$\iint_{\Sigma} \left[\left(\frac{\partial R}{\partial y} - \frac{\partial Q}{\partial z} \right)\cos\alpha + \left(\frac{\partial P}{\partial z} - \frac{\partial R}{\partial x} \right)\cos\beta + \left(\frac{\partial Q}{\partial x} - \frac{\partial P}{\partial y} \right)\cos\gamma \right]\mathrm{d}S$$

$$= \oint_{\Gamma} (P\cos\lambda + Q\cos\mu + R\cos\nu)\mathrm{d}l. \tag{10.7.7}$$

设有向量场

$$\vec{A}(x,y,z) = P(x,y,z)\vec{i} + Q(x,y,z)\vec{j} + R(x,y,z)\vec{k},$$

在坐标轴上的投影分别为

$$\frac{\partial R}{\partial y} - \frac{\partial Q}{\partial z}, \quad \frac{\partial P}{\partial z} - \frac{\partial R}{\partial x}, \quad \frac{\partial Q}{\partial x} - \frac{\partial P}{\partial y}$$

的向量称为向量场 $\vec{A}$ 的旋度,记为 $\mathrm{rot}\vec{A}$,即

$$\mathrm{rot}\vec{A} = \left(\frac{\partial R}{\partial y} - \frac{\partial Q}{\partial z} \right)\vec{i} + \left(\frac{\partial P}{\partial z} - \frac{\partial R}{\partial x} \right)\vec{j} + \left(\frac{\partial Q}{\partial x} - \frac{\partial P}{\partial y} \right)\vec{k}. \tag{10.7.8}$$

现在,斯托克斯公式可写成向量的形式

$$\iint\limits_{\Sigma} \mathrm{rot}\vec{A} \cdot \vec{n}\mathrm{d}\vec{S} = \oint\limits_{\Gamma} \vec{A} \cdot \vec{\tau}\mathrm{d}l,$$

或

$$\iint\limits_{\Sigma} (\mathrm{rot}\vec{A})_n \cdot \mathrm{d}\vec{S} = \oint\limits_{\Gamma} \vec{A_\tau} \cdot \mathrm{d}l, \tag{10.7.9}$$

其中

$$(\mathrm{rot}\vec{A})_n = \mathrm{rot}\vec{A} \cdot \vec{n} = \left(\frac{\partial R}{\partial y} - \frac{\partial Q}{\partial z}\right)\cos\alpha + \left(\frac{\partial P}{\partial z} - \frac{\partial R}{\partial x}\right)\cos\beta + \left(\frac{\partial Q}{\partial x} - \frac{\partial P}{\partial y}\right)\cos\gamma$$

为 $\mathrm{rot}\vec{A}$ 在 Σ 的法向量上的投影,而

$$A_\tau = \vec{A} \cdot \vec{\tau} = P\cos\lambda + Q\cos\mu + R\cos\upsilon$$

为向量 $\vec{A}$ 在 Γ 的切向量上的投影.

沿有向闭曲线 Γ 的曲线积分

$$\oint\limits_{\Gamma} P\mathrm{d}x + Q\mathrm{d}y + R\mathrm{d}z = \oint\limits_{\Gamma} \vec{A_\tau} \cdot \mathrm{d}l$$

称为向量场 $\vec{A}$ 沿有向闭曲线 Γ 的环流量.斯托克斯公式(10.7.9)现在可叙述为:向场 $\vec{A}$ 沿有向闭曲线 Γ 的环流量等于向场 $\vec{A}$ 的旋度场通过 Γ 所张的曲面 Σ 的**通量**,这里 Γ 的正向与 Σ 的侧应符合右手规则.

为了便于记忆,$\mathrm{rot}\vec{A}$ 的表达式(10.7.8)可利用行列式记号形式地表示为

$$\mathrm{rot}\vec{A} = \begin{vmatrix} \vec{i} & \vec{j} & \vec{k} \\ \dfrac{\partial}{\partial x} & \dfrac{\partial}{\partial y} & \dfrac{\partial}{\partial z} \\ P & Q & R \end{vmatrix}.$$

最后,我们从力学角度来对 $\mathrm{rot}\vec{A}$ 的含义作些解释.

设有刚体绕定轴 l 转动,角速度为 ω,M 为刚体内任意一点.在定轴 l 上任取一点 O 为坐标原点,作空间直角坐标系,使 z 轴与定轴 l 重合,则 $\vec{\omega} = \omega\vec{k}$,而点 M 可用向量 $\vec{r} = \overrightarrow{OM} = (x, y, z)$ 来确定.由力学知道,点 M 线速度 $\vec{v}$ 可表示为

$$\vec{v} = \vec{\omega} \times \vec{r} = \begin{vmatrix} \vec{i} & \vec{j} & \vec{k} \\ 0 & 0 & \omega \\ x & y & z \end{vmatrix} = (-\omega y, \omega x, 0),$$

而

$$\mathrm{rot}\vec{v} = \begin{vmatrix} \vec{i} & \vec{j} & \vec{k} \\ \dfrac{\partial}{\partial x} & \dfrac{\partial}{\partial y} & \dfrac{\partial}{\partial z} \\ -\omega y & \omega x & 0 \end{vmatrix} = (0, 0, 2\omega) = 2\omega.$$

从速度场 $\vec{v}$ 的旋度与旋转角速度的这个关系,可见"旋度"这一名词的由来.

*10.7.4　向量微分算子

向量微分算于 ∇ 的定义为

$$\nabla = \frac{\partial}{\partial x}\vec{i} + \frac{\partial}{\partial y}\vec{j} + \frac{\partial}{\partial z}\vec{k},$$

它又称为∇(Nabla)算子或哈密顿(Hamillton)算子. 运用向量微分算子, 我们有

(1)设 $u = u(x, y, z)$, 则

$$\nabla u = \frac{\partial u}{\partial x}\vec{i} + \frac{\partial u}{\partial y}\vec{j} + \frac{\partial u}{\partial z}\vec{k} = \operatorname{grad} u;$$

$$\nabla^2 u = \nabla \cdot \nabla u = \nabla \operatorname{grad} u = \frac{\partial^2 u}{\partial x^2} + \frac{\partial^2 u}{\partial y^2} + \frac{\partial^2 u}{\partial z^2} = \nabla u.$$

(2)设 $\vec{A}(x, y, z) = P(x, y, z)\vec{i} + Q(x, y, z)\vec{j} + R(x, y, z)\vec{k}$, 则

$$\nabla \cdot \nabla \vec{A} = \left(\frac{\partial}{\partial x}\vec{i} + \frac{\partial}{\partial y}\vec{j} + \frac{\partial}{\partial z}\vec{k} \right) \cdot (P\vec{i} + Q\vec{j} + R\vec{k}) = \frac{\partial P}{\partial x} + \frac{\partial Q}{\partial y} + \frac{\partial R}{\partial z} = \operatorname{div}\vec{A};$$

$$\nabla \times \vec{A} = \begin{vmatrix} \vec{i} & \vec{j} & \vec{k} \\ \dfrac{\partial}{\partial x} & \dfrac{\partial}{\partial y} & \dfrac{\partial}{\partial z} \\ -\omega y & \omega x & 0 \end{vmatrix} = \operatorname{rot}\vec{A}.$$

现在, 高斯公式和斯托克斯公式可分别写成

$$\iiint\limits_{\Omega} \nabla \cdot \vec{A} \mathrm{d}v = \oiint\limits_{\Sigma} \vec{A_n} \cdot \mathrm{d}\vec{S},$$

$$\iint\limits_{\Omega} (\nabla \times \vec{A})_n \mathrm{d}\vec{S} = \oint\limits_{\Gamma} \vec{A_\tau} \cdot \mathrm{d}\vec{l}.$$

习　题　10-7

1. 利用斯托克斯公式, 计算下列曲线积分:

(1) $\oint_{\Gamma} y\mathrm{d}x + z\mathrm{d}y + x\mathrm{d}z$, 其中 Γ 为圆周 $x^2 + y^2 + z^2 = a^2, x + y + z = 0$, 若从 x 轴的正向看去, 这圆周是取逆时针方向;

(2) $\oint_{\Gamma} (y-z)\mathrm{d}x + (z-x)\mathrm{d}y + (x-y)\mathrm{d}z$, 其中 Γ 为椭圆 $x^2 + y^2 + z^2 = a^2, \dfrac{x}{a} + \dfrac{y}{b} + \dfrac{z}{b} = 1 (a > 0, b < 0)$, 若从 x 轴正向看去, 这椭圆是取逆时针方向;

(3) $\oint_{\Gamma} 3y\mathrm{d}x + xz\mathrm{d}y + yz^2\mathrm{d}z$, 其中 Γ 是圆周 $x^2 + y^2 = 2z, z = 2$, 若从 x 轴正向看去, 这圆周是取逆时针方向;

(4) $\oint_{\Gamma} 2y\mathrm{d}x + 3x\mathrm{d}y - z^2\mathrm{d}z$, 其中 Γ 是圆周 $x^2 + y^2 + z^2 = a^2, x + y + z = 0$, 若从 x 轴正向看去, 这圆周是取逆时针方向.

2. 求下列向量场 $\vec{A}$ 的旋度:

(1) $\vec{A} = (2x - 3y)\vec{i} + (3x - z)\vec{j} + (y - 2x)\vec{k}$;

(2) $\vec{A} = (z + \sin y)\vec{i} - (z - x\cos y)\vec{j}$;

(3) $\vec{A} = x^2\sin y\vec{i} + \sin xz\vec{j} + xy\sin(\cos z)\vec{k}$.

3. 利用斯托克斯公式把曲面积分 $\iint_{\Sigma} \operatorname{rot}\vec{A} \cdot \vec{n}\mathrm{d}\vec{S}$ 化为曲线积分, 并计算积分值, 其中 $\vec{A}, \Sigma$ 及 $\vec{n}$ 分别如下:

(1) $\vec{A} = y^2\vec{i} + xy\vec{j} + xz\vec{k}$, Σ 为上半球面 $z = \sqrt{1 - x^2 - y^2}$ 的上侧, $\vec{n}$ 是 Σ 的单位法向量;

(2) $\vec{A} = (y - z)\vec{i} + yz\vec{j} - xz\vec{k}$, Σ 为立方体 $\{(x, y, z) \mid 0 \leqslant x \leqslant 2, 0 \leqslant y \leqslant 2, 0 \leqslant z \leqslant 2\}$ 的表面外侧去掉 xOy 面上的那个底面, $\vec{n}$ 是 Σ 的单位法向量.

4. 求下列向量场 $\vec{A}$ 沿闭曲线 Γ(从 z 的正向看 Γ 依逆时针方向)的环流量:

(1) $\vec{A} = -y\vec{i} + x\vec{j} + c\vec{k}$($c$ 为常量), Γ 为圆周 $x^2 + y^2 = 1, z = 0$;

(2)$\vec{A}=(x-z)\vec{i}+(x^3+yz)\vec{j}-3xy^2\vec{k}$,其中 Γ 为圆周 $z=2\sqrt{x^2+y^2}$,$z=0$.

5. 已知柱体由圆柱面 $x^2+y^2=a^2$ 以及平面 $z=0$ 和 $z=h$ 所围成,求矢径 $\vec{r}$ 穿出圆柱体侧面的通量.

6. 设 $u=u(x,y,z)$ 具有二阶连续偏导数,求 $\mathrm{rot}(\mathrm{grad}u)$.

*7. 证明:

(1)$\nabla(uv)=u\,\nabla v+v\,\nabla u$;

(2)$\Delta(uv)=u\Delta v+v\Delta u+2\,\nabla u\cdot\nabla v$;

(3)$\nabla(\vec{A}\times\vec{B})=\vec{B}\cdot(\nabla\times\vec{A})-\vec{A}\cdot(\nabla\times\vec{B})$;

(4)$\nabla\times(\nabla\times\vec{A})=\nabla(\nabla\cdot\vec{A})-\nabla^2\vec{A}$.

总 习 题 十

1. 填空:

(1)曲线积分 $\oint_L\dfrac{\mathrm{d}l}{x^2+y^2+z^2}$ 的值为_____,其中 $L:\begin{cases}x^2+y^2+z^2=5\\z=1\end{cases}$.

(2)第二类曲线积分 $\int_\Gamma P\mathrm{d}x+Q\mathrm{d}y+R\mathrm{d}z$ 化成第一类曲线积分是_____,其中 α,β,γ 为有向曲线弧 Γ 在点 (x,y,z) 处的_____的方向角;

(3) 第二类曲面积分 $\iint_\Sigma P\mathrm{d}y\mathrm{d}z+Q\mathrm{d}z\mathrm{d}x+R\mathrm{d}z\mathrm{d}y$ 化成第一类曲面积分是_____,其中 α,β,γ 为有向曲面 Σ 在点 (x,y,z) 处的_____的方向角;

(4)设 $r=\sqrt{x^2+y^2+z^2}$,则 $\mathrm{div}(\mathrm{grad}r)\big|_{(1,-2,2)}=$_____.

2. 选择下述题中给出的四个结论中一个正确的结论:

设曲面 Σ 是上半球面:$x^2+y^2+z^2=R^2(z\geqslant0)$,曲面 Σ_1 是曲面 Σ 在第一卦限中的部分,则有_____.

(A) $\iint_\Sigma x\mathrm{d}S=4\iint_{\Sigma_1}x\mathrm{d}S$;

(B) $\iint_\Sigma y\mathrm{d}S=4\iint_{\Sigma_1}x\mathrm{d}S$;

(C) $\iint_\Sigma z\mathrm{d}S=4\iint_{\Sigma_1}x\mathrm{d}S$;

(D) $\iint_\Sigma xyx\mathrm{d}S=4\iint_{\Sigma_1}xyz\mathrm{d}S$.

3. 计算下列曲线积分:

(1)$\oint_L\sqrt{x^2+y^2}\mathrm{d}s$,其中 L 为圆周 $x^2+y^2=ax$;

(2)$\int_\Gamma z\mathrm{d}s$,其中 Γ 为曲线 $x=t\cos t,y=t\sin t,z=t(0\leqslant t\leqslant t_0)$;

(3)$\int_L(2a-y)\mathrm{d}x+x\mathrm{d}y$,其中 L 为摆线 $x=a(t-\cos t),y=a(1-\cos t)$ 上对应 t 从 0 到 2π 的一段弧;

(4)$\int_\Gamma(y^2-z^2)\mathrm{d}x+2yz\mathrm{d}y-x^2\mathrm{d}z$,其中 Γ 为曲线 $x=t,y=t^2,z=t^3$ 上由 $t_1=0$ 到 $t_2=1$ 的一段弧;

(5)$\int_L(\mathrm{e}^x\sin y-2y)\mathrm{d}x+(\mathrm{e}^x\cos y-2)\mathrm{d}y$,其中 L 为上半圆周 $(x-a)^2+y^2=a^2,y\geqslant0$,沿逆时针方向.

(6)$\oint_\Gamma xyz\mathrm{d}z$,其中 Γ 是用平面 $y=z$ 截球面 $x^2+y^2+z^2=1$ 所得的戴痕,从 z 轴的正向看去,沿逆时针方向.

4. 计算下列曲面积分:

(1)$\iint_\Sigma\dfrac{\mathrm{d}S}{x^2+y^2+z^2}$,其中 Σ 是界于平面 $z=0$ 及 $z=H$ 之间的圆柱面 $x^2+y^2=R^2$;

(2)$\iint_\Sigma(y^2-z)\mathrm{d}y\mathrm{d}x+(z^2-x)\mathrm{d}z\mathrm{d}x+(x^2-y)\mathrm{d}x\mathrm{d}y$,其中 Σ 为锥面 $z=\sqrt{x^2+y^2}(0\leqslant z\leqslant h)$ 的外侧;

(3) $\displaystyle\iint\limits_{\Sigma} x\mathrm{d}y\mathrm{d}x+y\mathrm{d}z\mathrm{d}x+z\mathrm{d}x\mathrm{d}y$，其中 Σ 为半球面 $z=\sqrt{R^2-x^2-y^2}$ 的上侧；

(4) $\displaystyle\iint\limits_{\Sigma}\frac{x\mathrm{d}y\mathrm{d}z+y\mathrm{d}z\mathrm{d}x+z\mathrm{d}x\mathrm{d}y}{\sqrt{(x^2+y^2+z^2)^3}}$，其中 Σ 为曲面 $1-\dfrac{z}{5}=\dfrac{(x-2)^2}{16}+\dfrac{(y-1)^2}{9}\,(z\geqslant0)$ 的上侧；

(5) $\displaystyle\iint\limits_{\Sigma} xyz\,\mathrm{d}x\mathrm{d}y$，其中 Σ 为球面 $x^2+y^2+z^2=1\,(x\geqslant0,y\geqslant0)$ 的外侧.

5. 证明：$\dfrac{x\mathrm{d}x+y\mathrm{d}y}{x^2+y^2}$ 在整个 xOy 平面除去 y 的负半轴及原点的区域 G 内是某个二元函数的全微分，并求出一个这样的二元函数.

6. 设在半平面 $x>0$ 内有力 $\vec{F}=-\dfrac{k}{\rho}(x\vec{i}+y\vec{j})$ 构成力场，其中 k 为常数，$\rho=\sqrt{x^2+y^2}$. 证明在此力场中场力所作的功与所取的路径无关.

7. 求均匀曲面 $z=\sqrt{a^2-x^2-y^2}$ 的质心的坐标.

8. 设 $u(x,y)$、$v(x,y)$ 在闭区域 D 上都具有二阶连续偏导数，分段光滑的曲线 L 为 D 的正向边界曲线. 证明：

(1) $\displaystyle\iint\limits_{D} v\Delta u\mathrm{d}x\mathrm{d}y=-\iint\limits_{D}(\mathrm{grad}\vec{u}\cdot\mathrm{grad}\,\vec{v})\mathrm{d}x\mathrm{d}y+\int_{L} v\frac{\partial u}{\partial n}\mathrm{d}s$；

(2) $\displaystyle\iint\limits_{D}(u\Delta v-v\Delta u)\mathrm{d}x\mathrm{d}y=\int_{L}\left(u\frac{\partial v}{\partial n}-v\frac{\partial u}{\partial n}\right)\mathrm{d}s.$

其中 $\dfrac{\partial u}{\partial n},\dfrac{\partial v}{\partial n}$ 分别是 u,v 沿 L 的外法线向量 $\vec{n}$ 的方向导数，符号 $\Delta=\dfrac{\partial^2}{\partial x^2}+\dfrac{\partial^2}{\partial y^2}$ 称二维拉普拉斯算子.

9. 求向量 $\vec{A}=x\vec{i}+y\vec{j}+z\vec{k}$ 通过闭区域 $\{\Omega=(x,y,z)\,|\,0\leqslant x\leqslant1,0\leqslant y\leqslant1,0\leqslant z\leqslant1\}$ 的边界曲面流向外测的通量.

10. 求力 $\vec{F}=y\vec{i}+z\vec{j}+x\vec{k}$ 沿有向闭曲线 Γ 所作的功，其中 Γ 为平面 $x+y+z=1$ 被三个坐标面所截成的三角形的整个边界，从 z 轴正向看去，沿顺时针方向.

11. 已知 $\mathrm{d}u=[y+\ln(x+1)]\mathrm{d}x+(x+1-e^y)\mathrm{d}y$，求原函数 $u(x,y)$.

12. 设 Σ 是抛物面 $z=x^2+y^2$ 夹在平面 $z=0$ 和 $z=1$ 之间的部分曲面，求 $\displaystyle\iint\limits_{\Sigma}|xyz|\,\mathrm{d}S.$

13. 计算 $\displaystyle\iint\limits_{\Sigma}(2x+z)\mathrm{d}y\mathrm{d}z+z\mathrm{d}x\mathrm{d}y$，其中 Σ 为有向曲面 $z=x^2+y^2\,(0\leqslant z\leqslant1)$，其法向量与 z 轴正向夹角为锐角.

14. 求曲面积分 $I=\displaystyle\iint\limits_{\Sigma} yz\mathrm{d}z\mathrm{d}x+2\mathrm{d}x\mathrm{d}y$，其中 Σ 为球面 $x^2+y^2+z^2=4$ 外侧且在 $z\geqslant0$ 的部分.

15. 计算 $\displaystyle\oint\limits_{C}-\frac{y}{x^2+y^2}\mathrm{d}x+\frac{x}{x^2+y^2}\mathrm{d}y$，其中 C 是正向椭圆 $\dfrac{x^2}{4}+\dfrac{y^2}{9}=1$.

16. 求笛卡儿叶形线 $x^3+y^3-3axy=0$ 所包围成的区域的面积.

17. 利用斯托克斯公式求曲线积分 $\displaystyle\oint\limits_{\Gamma}(y+z)\mathrm{d}x+(z+x)\mathrm{d}y+(x+y)\mathrm{d}z$，其中 Γ 是圆 $\begin{cases}x^2+y^2+z^2=a^2\\x+y+z=0\end{cases}$.

18. 求向量 $\vec{A}=x\vec{i}+y\vec{j}+z\vec{k}$ 通过椭球面 $\dfrac{x^2}{a^2}+\dfrac{y^2}{b^2}+\dfrac{z^2}{c^2}=1$ 侧面向外的流量.

19. 验证曲线积分 $\displaystyle\int_{(1,1,2)}^{(3,5,10)} yz\mathrm{d}x+zx\mathrm{d}y+xy\mathrm{d}z$ 与路径无关，并求其值.

20. 证明：$yz(2x+y+z)\mathrm{d}x+xz(x+2y+z)\mathrm{d}y+xy(x+y+2z)\mathrm{d}z$ 为全微分，并求其原函数.

第 11 章　无穷级数

在数学史上,从有限向无限发展是一种自然趋势,无穷级数就是这一趋势的产物.无穷级数与微分、积分一样都是《高等数学》的重要组成部分,它在表达函数、研究函数的性质、进行数值计算以及求解微分方程等方面都是非常有用的工具.研究无穷级数及其和,可以说是研究数列及其极限的另一种形式,而且在这方面表现出巨大的优越性.

本章首先讨论了常数项级数,这是无穷级数的理论基础,然后讨论函数项级数,着重讨论在应用上有重要意义的幂级数和傅里叶级数.

11.1　常数项级数的概念和性质

11.1.1　常数项级数的概念

人们认识事物在数量方面的特性,往往有一个由近似到精确的过程.在这种认识过程中,会遇到由有限个数量相加到无穷多个数量相加的问题.例如,计算半径为 R 的圆面积 S,做法如下:作圆的内接正六边形,算出这六边形的面积 u_1,它是圆面积 S 的一个粗糙的近似值.为了比较准确地计算出 S 的值,我们以这个正六边形的每一边为底分别作一个顶点在圆周上的等腰三角形(图 11-1-1),算出这六个等腰三角形的面积之和 u_2,那么 u_1+u_2(即内接正十二边形的面积)就是 S 的一个较好的近似值.同样地,在这正十二边形的每一边上分别作一个顶点在圆周上的等腰三角形,算出这十二个等腰三角形的面积之和 u_3,那么 $u_1+u_2+u_3$(即内接正二十四边形的面积)是 S 的一个更好的近似值.如此继续下去,内接正 3×2^n 边形的面积就逐步逼近圆面积:

$$S\approx u_1,\quad S\approx u_1+u_2,\quad S\approx u_1+u_2+u_3,\quad \cdots,$$
$$S\approx u_1+u_2+\cdots+u_n.$$

如果内接正多边形的边数无限增多,即 n 无限增大,则和 $u_1+u_2+\cdots+u_n$ 的极限就是所要求的圆面积 S.这时和式中的项数无限增多,于是出现了无穷多个数量依次相加的数学式子.

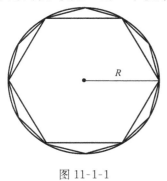

图 11-1-1

一般地,如果给定一个数列 $\{u_n\}$,即

$$u_1,\quad u_2,\quad \cdots,\quad u_n,\quad \cdots,$$

它的所有项的和

$$u_1+u_2+\cdots+u_n+\cdots,$$

简记为 $\displaystyle\sum_{n=1}^{\infty}u_n$,即

$$\sum_{n=1}^{\infty}u_n = u_1+u_2+\cdots+u_n+\cdots, \tag{11.1.1}$$

称为(常数项)**无穷级数**(简称**级数**).式中每一个数称为该常数项级数的项,例如,u_1 称为第 1 项,u_2 称为第 2 项,其中第 n 项 u_n 称为级数的**通项**或**一般项**.

级数前 n 项的和

$$S_n = u_1 + u_2 + \cdots + u_n = \sum_{i=1}^{n} u_i,$$

称为级数的前 n 项**部分和**. 由部分和可以构成一个新的数列, 即

$$S_1,\quad S_2,\quad \cdots,\quad S_n,\quad \cdots,$$

其中 $S_1 = u_1, S_2 = u_1 + u_2, \cdots\cdots$, 称为**部分和数列**.

根据这个数列是否存在极限, 我们引进级数(11.1.1)的收敛与发散的概念.

定义 1　如果级数 $\sum\limits_{n=1}^{\infty} u_n$ 的部分和数列 $\{S_n\}$ 的**极限存在**, 即

$$\lim_{n\to\infty} S_n = S \quad (S \text{ 是有限常数}),$$

则称级数(11.1.1)**收敛**, S 称为它的和, 即

$$S = \sum_{n=1}^{\infty} u_n = u_1 + u_2 + \cdots + u_n + \cdots,$$

如果当 $n\to\infty$ 时, 数列 $\{S_n\}$ 的**极限不存在**, 则称级数(11.1.1)**发散**.

注　(1)级数 $\sum\limits_{n=1}^{\infty} u_n$ 与其部分和数列 $\{S_n\}$ 具有相同的敛散性, 且在收敛时, 有 $\sum\limits_{n=1}^{\infty} u_n = \lim\limits_{n\to\infty} S_n$, 而发散的级数没有"和"可言;

(2)当级数**收敛**时, 其部分和 S_n 是级数的和 S 的近似值, 级数和 S 与部分和 S_n 的差

$$r_n = S - S_n = u_{n+1} + u_{n+2} + \cdots,$$

称为级数的**余项**.

若用 S_n 近似代替 S, 误差为 $|r_n|$.

例 1　证明级数 $1+2+3+\cdots+n+\cdots$ 是发散的.

证明　级数的部分和为

$$S_n = 1+2+3+\cdots+n = \frac{n(n+1)}{2}.$$

显然, $\lim\limits_{n\to\infty} S_n = \infty$, 因此所给级数是发散的.

例 2　判别级数 $\sum\limits_{n=1}^{\infty} \dfrac{1}{n(n+1)} = \dfrac{1}{1\cdot2} + \dfrac{1}{2\cdot3} + \cdots + \dfrac{1}{n(n+1)} + \cdots$ 的敛散性.

解　由于 $\dfrac{1}{n(n+1)} = \dfrac{1}{n} - \dfrac{1}{n+1}$, 所以级数的部分和

$$S_n = \frac{1}{1\cdot2} + \frac{1}{2\cdot3} + \cdots + \frac{1}{n(n+1)}$$
$$= \left(1-\frac{1}{2}\right) + \left(\frac{1}{2}-\frac{1}{3}\right) + \cdots + \left(\frac{1}{n}-\frac{1}{n+1}\right) = 1 - \frac{1}{n+1}.$$

从而 $\lim\limits_{n\to\infty} S_n = \lim\limits_{n\to\infty}\left(1-\dfrac{1}{n+1}\right) = 1$. 所以该级数收敛, 其和为 1.

例 3　判别级数 $\sum\limits_{n=1}^{\infty} \ln\dfrac{n+1}{n} = \ln\dfrac{2}{1} + \ln\dfrac{3}{2} + \cdots + \ln\dfrac{n+1}{n} + \cdots$ 的敛散性.

解　由于 $\ln\dfrac{n+1}{n} = \ln(n+1) - \ln n$, 所以级数的部分和

$$S_n = \ln\frac{2}{1} + \ln\frac{3}{2} + \cdots + \ln\frac{n+1}{n}$$
$$= (\ln2 - \ln1) + (\ln3 - \ln2) + \cdots + (\ln(n+1) - \ln n)$$

$$=\ln(n+1).$$

从而 $\lim\limits_{n \to \infty} S_n = \lim\limits_{n \to \infty} \ln(n+1) = +\infty$,所以该级数发散.

例 4 证明**几何级数(等比级数)**

$$\sum_{n=1}^{\infty} aq^{n-1} = a + aq + aq^2 + \cdots + aq^{n-1} + \cdots ,$$

当 $|q| < 1$ 时,收敛;当 $|q| \geqslant 1$ 时,发散. 其中 $a \neq 0$,q 为公比.

证明 (1)当 $|q| \neq 1$ 时,

$$S_n = a + aq + aq^2 + \cdots aq^{n-1} = \frac{a(1-q^n)}{1-q} = \frac{a}{1-q} - \frac{aq^n}{1-q}.$$

则

$$\lim_{n \to \infty} S_n = \lim_{n \to \infty} \left(\frac{a}{1-q} - \frac{aq^n}{1-q} \right) = \lim_{n \to \infty} \frac{a}{1-q} - \lim_{n \to \infty} \frac{aq^n}{1-q} = \frac{a}{1-q} - \frac{a}{1-q} \lim_{n \to \infty} q^n.$$

当 $|q| < 1$ 时,由于 $\lim\limits_{n \to \infty} q^n = 0$,因此 $\lim\limits_{n \to \infty} S_n = \frac{a}{1-q}$,这时等比级数收敛,其和 $S = \frac{a}{1-q}$.

当 $|q| > 1$,则由于 $\lim\limits_{n \to \infty} q^n = \infty$,因此 $\lim\limits_{n \to \infty} S_n = \infty$,这时等比级数发散.

(2)如果 $|q| = 1$,则当 $q = 1$ 时,$S_n = na$,从而 $\lim\limits_{n \to \infty} S_n = \lim\limits_{n \to \infty} na = \infty$,这时等比级数发散.

又当 $q = -1$ 时,等比级数成为 $a - a + a - a + \cdots + a - a + \cdots$,此时,

$$S_n = \frac{a[1-(-1)^n]}{1-(-1)} = \frac{a[1-(-1)^n]}{2} = \begin{cases} 0, & n \text{ 为偶数时} \\ a, & n \text{ 为奇数时} \end{cases},$$

从而 $\lim\limits_{n \to \infty} S_n$ 不存在,这时等比级数发散.

综上所述,等比级数(几何级数)

$$\sum_{n=1}^{\infty} aq^{n-1} = a + aq + aq^2 + \cdots + aq^{n-1} + \cdots ,$$

当 $|q| < 1$ 是收敛,其和 $S = \frac{a}{1-q}$;当 $|q| \geqslant 1$ 时发散.

注 几何级数是收敛级数中最著名的一个级数. 阿贝尔曾今指出"除了几何级数之外,数学中不存在任何一种它的和已被严格确定的无穷级数". 几何级数在判断无穷级数的收敛性、求无穷级数的和以及将一个函数展开为无穷级数等方面都有广泛而重要的应用.

例 5 判别级数 $\sum\limits_{n=1}^{\infty} \frac{1}{4^n}$ 的敛散性.

解 因为级数

$$\sum_{n=1}^{\infty} \frac{1}{4^n} = \frac{1}{4} + \frac{1}{16} + \frac{1}{64} + \cdots + \frac{1}{4^n} + \cdots$$

是等比级数,且公比 $q = \frac{1}{4}$,满足 $|q| = \frac{1}{4} < 1$,所以该级数收敛,其和

$$S = \frac{a}{1-q} = \frac{\frac{1}{4}}{1-\frac{1}{4}} = \frac{1}{3}.$$

例 6 把循环小数 $5.232\ 323\cdots$ 表示成两个整数之比.

解 $5.232\ 323\cdots = 5 + \frac{23}{100} + \frac{23}{100^2} + \frac{23}{100^3} + \cdots$

$$=5+\frac{23}{100}\Big(1+\frac{1}{100^2}+\frac{1}{100^3}+\cdots\Big)$$

$$=5+\frac{23}{100}\cdot\frac{1}{0.99}=\frac{518}{99}.$$

11.1.2　收敛级数的基本性质

根据无穷级数收敛、发散以及和的概念,可以得出收敛级数的几个性质.

性质 1　如果级数

$$\sum_{n=1}^{\infty}u_n=u_1+u_2+\cdots+u_n+\cdots$$

收敛,且和为 S,则它的每一项都乘以一个常数 a 后,所得的级数

$$\sum_{n=1}^{\infty}au_n=au_1+au_2+\cdots+au_n+\cdots$$

也收敛,且其和为 aS.

证明　设级数

$$\sum_{n=1}^{\infty}u_n=u_1+u_2+\cdots+u_n+\cdots,$$

的前 n 项部分和

$$S_n=u_1+u_2+\cdots+u_n,$$

则 $\lim\limits_{n\to\infty}S_n=S.$

设级数

$$\sum_{n=1}^{\infty}au_n=au_1+au_2+\cdots+au_n+\cdots$$

的前 n 项部分和

$$K_n=au_1+au_2+\cdots+au_n=a(u_1+u_2+\cdots+u_n)=aS_n.$$

因此

$$\lim_{n\to\infty}K_n=\lim_{n\to\infty}aS_n=a\lim_{n\to\infty}S_n=aS.$$

故

$$\sum_{n=1}^{\infty}au_n=aS=a\sum_{n=1}^{\infty}u_n.$$

由以上可见,当 $a\neq0$ 时,如果 $\lim\limits_{n\to\infty}S_n$ 不存在,则 $\lim\limits_{n\to\infty}K_n$ 也不存在,所以有**结论:级数的每一项都乘以一个不为零的常数 a 后,其敛散性不变.**

例 7　判断级数

$$\frac{7}{2}+\frac{7}{4}+\frac{7}{8}\cdots+\frac{7}{2^n}+\cdots$$

的敛散性.

解　因为级数

$$\frac{1}{2}+\frac{1}{4}+\frac{1}{8}+\cdots+\frac{1}{2^n}+\cdots$$

是公比 $q=\frac{1}{2}$ 的等比级数,满足 $|q|<1$,所以收敛,其和为 $\dfrac{\frac{1}{2}}{1-\frac{1}{2}}=1$.因此由性质1,各项都乘

以 7，即级数 $\dfrac{7}{2}+\dfrac{7}{4}+\dfrac{7}{8}+\cdots+\dfrac{7}{2^n}+\cdots$ 也收敛，其和为 7．

性质 2 如果级数

$$\sum_{n=1}^{\infty} u_n = u_1 + u_2 + \cdots + u_n + \cdots$$

与级数

$$\sum_{n=1}^{\infty} v_n = v_1 + v_2 + \cdots + v_n + \cdots$$

都收敛，且和分别为 S 和 K，则级数

$$\sum_{n=1}^{\infty} (u_n \pm v_n) = (u_1 \pm v_1) + (u_2 \pm v_2) + \cdots + (u_n \pm v_n) + \cdots$$

也收敛，且其和为 $S \pm K$．

证明 设

$$S_n = u_1 + u_2 + \cdots + u_n,$$

则 $\lim\limits_{n \to \infty} S_n = S$．

$$K_n = v_1 + v_2 + \cdots + v_n,$$

则 $\lim\limits_{n \to \infty} K_n = K$，那么

$$
\begin{aligned}
M_n &= (u_1 \pm v_1) + (u_2 \pm v_2) + \cdots + (u_n \pm v_n) \\
&= (u_1 + u_2 + \cdots + u_n) \pm (v_1 + v_2 + \cdots + v_n) \\
&= S_n \pm K_n.
\end{aligned}
$$

因此

$$\lim_{n \to \infty} M_n = \lim_{n \to \infty} (S_n \pm K_n) = \lim_{n \to \infty} S_n \pm \lim_{n \to \infty} K_n = S \pm K.$$

所以

$$\sum_{n=1}^{\infty} (u_n \pm v_n) = S \pm K = \sum_{n=1}^{\infty} u_n \pm \sum_{n=1}^{\infty} v_n.$$

例 8 判断级数

$$\left(\frac{1}{2}+\frac{1}{3}\right) + \left(\frac{1}{4}+\frac{1}{9}\right) + \left(\frac{1}{8}+\frac{1}{27}\right) + \cdots$$

的敛散性．

解 因为级数

$$\frac{1}{2}+\frac{1}{4}+\frac{1}{8}+\cdots+\frac{1}{2^n}+\cdots$$

是公比 $q = \dfrac{1}{2}$ 的等比级数，满足 $|q| < 1$，所以收敛，其和为 $\dfrac{\frac{1}{2}}{1-\frac{1}{2}} = 1$．

$$\frac{1}{3}+\frac{1}{9}+\frac{1}{27}+\cdots+\frac{1}{3^n}+\cdots$$

是公比 $q = \dfrac{1}{3}$ 的等比级数，满足 $|q| < 1$，所以收敛，其和为 $\dfrac{\frac{1}{3}}{1-\frac{1}{3}} = \dfrac{1}{2}$．

由性质 2 知,所求级数 $\left(\dfrac{1}{2}+\dfrac{1}{3}\right)+\left(\dfrac{1}{4}+\dfrac{1}{9}\right)+\left(\dfrac{1}{8}+\dfrac{1}{27}\right)+\cdots$ 收敛,其和为 $1+\dfrac{1}{2}=\dfrac{3}{2}$.

性质 3　在级数中去掉、加上或改变有限项,不会改变级数的敛散性.

证明　这里只证明"改变级数前面有限项,不会改变级数的敛散性",其他情况类似可证.

设级数

$$\sum_{n=1}^{\infty}u_n=u_1+u_2+\cdots+u_k+u_{k+1}+\cdots+u_n+\cdots,\qquad(11.1.2)$$

改变它的前 k 项,得到一个新级数

$$v_1+v_2+\cdots+v_k+u_{k+1}+\cdots+u_n+\cdots.\qquad(11.1.3)$$

设级数(11.1.2)的前 n 项和为 A_n,则

$$A_n=u_1+u_2+\cdots+u_k+u_{k+1}+\cdots+u_n.$$

设

$$u_1+u_2+\cdots+u_k=a,$$

则

$$A_n=u_1+u_2+\cdots+u_k+u_{k+1}+\cdots+u_n$$
$$=a+u_{k+1}+\cdots+u_n.$$

设级数(11.1.3)的前 n 项和为 B_n,则

$$B_n=v_1+v_2+\cdots+v_k+u_{k+1}+\cdots+u_n.$$

设

$$v_1+v_2+\cdots+v_k=b,$$

则

$$B_n=v_1+v_2+\cdots+v_k+u_{k+1}+\cdots+u_n$$
$$=b+u_{k+1}+\cdots+u_n$$
$$=b+A_n-a,$$
$$\lim_{n\to\infty}B_n=\lim_{n\to\infty}A_n-a+b.$$

因为 $\lim\limits_{n\to\infty}B_n$ 与 $\lim\limits_{n\to\infty}A_n$ 同时存在或同时不存在,所以级数(11.1.2)与(11.1.3)同时收敛或同时发散.

例 9　判断级数

$$5+\frac{1}{2}+\frac{1}{4}+\frac{1}{8}+\cdots+\frac{1}{2^n}+\cdots$$

的敛散性.

解　因为级数 $\dfrac{1}{2}+\dfrac{1}{4}+\dfrac{1}{8}+\cdots+\dfrac{1}{2^n}+\cdots$ 是公比 $q=\dfrac{1}{2}$ 的等比级数,满足 $|q|<1$,所以收敛.在其前面增加一项,所得级数 $5+\dfrac{1}{2}+\dfrac{1}{4}+\dfrac{1}{8}+\cdots+\dfrac{1}{2^n}+\cdots$ 也收敛.

性质 4　如果一个级数收敛,则对这级数的项任意加括号后所得的级数也收敛,且和不变.

证明　设级数 $\sum\limits_{n=1}^{\infty}u_n=S$,其前 n 项部分和为 S_n,对此级数的项任意加括号后,所得级数为

$$(u_1+\cdots+u_{n_1})+(u_{n_1+1}+\cdots+u_{n_2})+\cdots+(u_{n_{k-1}+1}+\cdots+u_{n_k})+\cdots,$$

它的前 k 项和为 A_k,即

$$A_1 = (u_1 + \cdots + u_{n_1}) = S_{n_1},$$

$$A_2 = (u_1 + \cdots + u_{n_1}) + (u_{n_1+1} + \cdots + u_{n_2}) = S_{n_2},$$

$$\cdots$$

$$A_k = (u_1 + \cdots + u_{n_1}) + (u_{n_1+1} + \cdots + u_{n_2}) + \cdots + (u_{n_{k-1}+1} + \cdots + u_{n_k}) = S_{n_k},$$

$$\cdots$$

易见,数列 $\{A_K\}$ 是数列 $\{S_n\}$ 的子数列,因为数列 $\{S_n\}$ 收敛,所以数列 $\{A_K\}$ 也收敛,且

$$\lim_{k \to \infty} A_k = \lim_{n \to \infty} S_n,$$

即如果一个级数收敛,则加括号后所得的级数也收敛,且和不变.

注 (1)该命题的逆命题不成立,即加括号后的级数收敛,但是原级数不一定收敛.

(2)该逆命题的逆否命题当然也不成立,即如果级数发散,但是加括号后所成的级数不一定发散.

例如,对于级数 $1-1+1-1+1-1+\cdots$,它的部分和数列是 $1,0,1,0,1,0,\cdots$ 发散,所以这个级数发散.

而加括号和的级数

$$(1-1)+(1-1)+(1-1)+\cdots,$$

它的部分和数列是 $0,0,0,0,0,0,\cdots$ 收敛,所以这个级数收敛.

推论 1 加括号后的级数发散,则原级数也发散.

性质 5(级数收敛的必要条件) 若级数 $\sum\limits_{n=1}^{\infty} u_n$ 收敛,则 $\lim\limits_{n \to \infty} u_n = 0$.

证明 设级数 $\sum\limits_{n=1}^{\infty} u_n$ 的部分和为 S_n,且 $S_n \to S(n \to \infty)$.

又因为 $$u_n = S_n - S_{n-1},$$

所以 $$\lim_{n \to \infty} u_n = \lim_{n \to \infty} (S_n - S_{n-1}) = \lim_{n \to \infty} S_n - \lim_{n \to \infty} S_{n-1} = S - S = 0.$$

注 (1)该命题的逆否命题也成立,即若 $\lim\limits_{n \to \infty} u_n \neq 0$,则级数 $\sum\limits_{n=1}^{\infty} u_n$ 发散.这是判断级数发散的重要方法;

(2)该命题的逆命题不成立,即若 $\lim\limits_{n \to \infty} u_n = 0$,则级数 $\sum\limits_{n=1}^{\infty} u_n$ 不一定收敛,即级数的一般项趋于零只是级数收敛的必要条件.

例如,级数

$$\sum_{n=1}^{\infty} \frac{1}{\sqrt{n}} = \frac{1}{\sqrt{1}} + \frac{1}{\sqrt{2}} + \frac{1}{\sqrt{3}} + \cdots + \frac{1}{\sqrt{n}} + \cdots,$$

虽然 $\lim\limits_{n \to \infty} u_n = \lim\limits_{n \to \infty} \dfrac{1}{\sqrt{n}} = 0$,但它是发散的.事实上,由于

$$\frac{1}{\sqrt{k}} = \frac{2}{2\sqrt{k}} > \frac{2}{\sqrt{k+1} + \sqrt{k}} = 2(\sqrt{k+1} - \sqrt{k}),$$

所以

$$S_n = \sum_{k=1}^{n} \frac{1}{\sqrt{k}} > 2\sum_{k=1}^{n}(\sqrt{k+1}-\sqrt{k}) = 2\sqrt{n+1}-2\sqrt{1}.$$

而 $\lim\limits_{n\to\infty}S_n=\infty$，所以级数 $\sum\limits_{n=1}^{\infty}\frac{1}{\sqrt{n}}$ 发散.

例 10　判断级数

$$\frac{1}{2}+\frac{2}{3}+\frac{3}{4}+\cdots+\frac{n}{n+1}+\cdots$$

的敛散性.

解　因为 $u_n=\frac{n}{n+1}$，且 $\lim\limits_{n\to\infty}u_n=\lim\limits_{n\to\infty}\frac{n}{n+1}=1\neq 0$，所以，该级数发散.

例 11　判断级数

$$\cos\pi+\cos\frac{\pi}{2}+\cos\frac{\pi}{3}+\cos\frac{\pi}{4}+\cdots+\cos\frac{\pi}{n}+\cdots$$

的敛散性.

解　因为 $u_n=\cos\frac{\pi}{n}$，且 $\lim\limits_{n\to\infty}u_n=\lim\limits_{n\to\infty}\cos\frac{\pi}{n}=1\neq 0$，所以，该级数发散.

例 12　证明**调和级数**

$$\sum_{n=1}^{\infty}\frac{1}{n}=1+\frac{1}{2}+\frac{1}{3}+\cdots+\frac{1}{n}+\cdots$$

是发散的.

证明　对题设级数 $\sum\limits_{n=1}^{\infty}\frac{1}{n}$ 按下列方式加括号

$$1+\frac{1}{2}+\left(\frac{1}{3}+\frac{1}{4}\right)+\left(\frac{1}{5}+\frac{1}{6}+\frac{1}{7}+\frac{1}{8}\right)+\cdots+\left(\frac{1}{2^m+1}+\frac{1}{2^m+2}+\cdots+\frac{1}{2^{m+1}}\right)+\cdots,$$

即从第三项起，依次按 2 项、2^2 项、2^3 项、$\cdots$、2^m 项、$\cdots$、加括号，设所得新级数为 $\sum\limits_{m=1}^{\infty}v_m$，则

$$v_1=1,\quad v_2=\frac{1}{2},\quad v_3=\frac{1}{3}+\frac{1}{4}>\frac{1}{2},\quad v_4=\frac{1}{5}+\frac{1}{6}+\frac{1}{7}+\frac{1}{8}>\frac{1}{2},\cdots,$$

$$v_m=\frac{1}{2^m+1}+\frac{1}{2^m+2}+\cdots+\frac{1}{2^{m+1}}>\underbrace{\frac{1}{2^{m+1}}+\frac{1}{2^{m+1}}+\cdots+\frac{1}{2^{m+1}}}_{2^m\text{个}}=2^m\cdot\frac{1}{2^{m+1}}=\frac{1}{2},\cdots,$$

易见当 $m\to\infty$，v_m 不趋于零，由性质 5 知 $\sum\limits_{m=1}^{\infty}v_m$ 发散，再由性质 4 的推论即知，调和级数 $\sum\limits_{n=1}^{\infty}\frac{1}{n}$ 发散.

11.1.3　级数收敛的柯西准则

由于级数 $\sum\limits_{n=1}^{\infty}u_n$ 的敛散性是用级数 $\sum\limits_{n=1}^{\infty}u_n$ 的部分和数列 $\{S_n\}$ 的敛散性定义的，而 $\{S_n\}$ 的敛散性可用数列的柯西收敛准则来判别. 因此，把数列的柯西收敛准则转移到级数上来就有判别级数敛散性的柯西收敛准则.

定理 1(柯西收敛准则)　级数 $\sum\limits_{n=1}^{\infty}u_n$ 收敛的充分必要条件是：对于任意给定的正数 ε，总

存在自然数 N，使得当 $n > N$ 时，对于任意的自然数 p，都有

$$|u_{n+1} + u_{n+2} + \cdots + u_{n+p}| < \varepsilon$$

成立.

该准则表明，级数 $\sum\limits_{n=1}^{\infty} u_n$ 收敛的充分必要条件是：它的充分远的任意片段 $\sum\limits_{k=n+1}^{n+p} u_k$ 的绝对值可以任意小.

根据定理 1，我们立刻可以写出级数 $\sum\limits_{n=1}^{\infty} u_n$ 发散的充分必要条件：存在某正数 ε_0，对任何自然数 N，总存在自然数 $n_0(>N)$ 和 p_0，都有

$$|u_{n_0+1} + u_{n_0+2} + \cdots + u_{n_0+p_0}| \geqslant \varepsilon_0.$$

例 13 应用柯西收敛准则证明级数 $\sum\limits_{n=1}^{\infty} \dfrac{1}{n^2}$ 的收敛性.

证明 因为对于任意的自然数 p，

$$|u_{n+1} + u_{n+2} + \cdots + u_{n+p}|$$
$$= \frac{1}{(n+1)^2} + \frac{1}{(n+2)^2} + \cdots + \frac{1}{(n+p)^2}$$
$$< \frac{1}{n(n+1)} + \frac{1}{(n+1)(n+2)} + \cdots + \frac{1}{(n+p-1)(n+p)}$$
$$= \left(\frac{1}{n} - \frac{1}{n+1}\right) + \left(\frac{1}{n+1} - \frac{1}{n+2}\right) + \cdots + \left(\frac{1}{n+p-1} - \frac{1}{n+p}\right)$$
$$= \frac{1}{n} - \frac{1}{n+p} < \frac{1}{n},$$

因此，对于任意给定的正数 ε，取 $N \geqslant \left[\dfrac{1}{\varepsilon}\right]$，则当 $n > N$ 时，对于任意的自然数 p，都有

$$|u_{n+1} + u_{n+2} + \cdots + u_{n+p}| < \varepsilon$$

成立. 故由级数收敛的柯西准则知级数 $\sum\limits_{n=1}^{\infty} \dfrac{1}{n^2}$ 收敛.

例 14 应用柯西收敛准则证明级数 $\sum\limits_{n=1}^{\infty} \dfrac{1}{n}$ 发散.

证明 取 $\varepsilon_0 = \dfrac{1}{4} > 0$，对于任意的自然数 N，存在自然数 $n_0(>N)$ 和 $p_0 = n_0$，有

$$\frac{1}{n_0+1} + \frac{1}{n_0+2} + \cdots + \frac{1}{n_0+n_0} >$$
$$\frac{1}{2n_0} + \frac{1}{2n_0} + \cdots + \frac{1}{2n_0} = \frac{1}{2} > \frac{1}{4} = \varepsilon_0.$$

因此级数 $\sum\limits_{n=1}^{\infty} \dfrac{1}{n}$ 发散.

习 题 11-1

1. 写出下列级数的一般项：

(1) $\dfrac{1}{2} + \dfrac{1}{4} + \dfrac{1}{6} + \dfrac{1}{8} + \cdots$；

(2) $\dfrac{\sqrt{x}}{2} + \dfrac{x}{2 \cdot 4} + \dfrac{x\sqrt{x}}{2 \cdot 4 \cdot 6} + \dfrac{x^2}{2 \cdot 4 \cdot 6 \cdot 8} + \cdots$；

(3) $\dfrac{a^2}{3} - \dfrac{a^3}{5} + \dfrac{a^4}{7} - \dfrac{a^5}{9} + \cdots$.

2. 根据级数收敛或发散的定义判别下列级数的敛散性,若收敛,求其和 S.

(1) $\displaystyle\sum_{n=1}^{\infty} \dfrac{1}{(5n-3)(5n+1)}$;

(2) $\displaystyle\sum_{n=1}^{\infty} \dfrac{1}{\sqrt{n+1}+\sqrt{n}}$;

(3) $\displaystyle\sum_{n=1}^{\infty} (\sqrt{n+2} - 2\sqrt{n+1} + \sqrt{n})$;

(4) $\displaystyle\sum_{n=1}^{\infty} \dfrac{1}{n(n+1)(n+2)}$.

3. 根据级数收敛的性质判别下列级数的敛散性:

(1) $\displaystyle\sum_{n=1}^{\infty} (-1)^{n-1} \dfrac{5^n}{7^n}$;

(2) $\displaystyle\sum_{n=1}^{\infty} \dfrac{2n-1}{2n}$;

(3) $\displaystyle\sum_{n=1}^{\infty} \dfrac{5}{2n}$;

(4) $\displaystyle\sum_{n=1}^{\infty} \left(\dfrac{5}{8^n} + \dfrac{1}{3^n}\right)$;

(5) $3 + \sqrt{3} + \sqrt[3]{3} + \sqrt[4]{3} + \cdots + \sqrt[n]{3} + \cdots$.

4. 设级数 $\displaystyle\sum_{n=1}^{\infty} u_n$ 和 $\displaystyle\sum_{n=1}^{\infty} v_n$ 都发散,试问级数 $\displaystyle\sum_{n=1}^{\infty} (u_n + v_n)$ 一定发散吗?又若 u_n 和 $v_n (n=1,2,\cdots)$ 都是非负数,则能得出怎样的结论?

5. 设级数的前 n 项和为 $S_n = \dfrac{1}{n+1} + \cdots + \dfrac{1}{n+n}$,求级数的一般项 a_n 及和 S.

6*. 应用级数收敛的柯西准则判别下列级数的收敛性:

(1) $\displaystyle\sum_{n=1}^{\infty} \dfrac{(-1)^{n+1}}{n}$;

(2) $\displaystyle\sum_{n=1}^{\infty} \dfrac{\sin nx}{2^n}$;

(3) $1 + \dfrac{1}{2} - \dfrac{1}{3} + \dfrac{1}{4} + \dfrac{1}{5} - \dfrac{1}{6} + \cdots$.

11.2　正项级数的判别法

一般的常数项级数,它的各项可以是正数、负数、或者零. 现在我们先讨论各项都是正数或零的级数,这种级数称为**正项级数**. 这种级数非常重要,以后将看到许多级数的收敛性问题可归结为正项级数的收敛性问题.

11.2.1　一般判别原理

定义 1　如果级数

$$\sum_{n=1}^{\infty} u_n = u_1 + u_2 + \cdots + u_n + \cdots$$

满足条件 $u_n \geqslant 0 (n=1,2,\cdots)$,则称为**正项级数**.

显然正项级数的部分和数列 $\{S_n\}$ 是单调增加数列. 即

$$S_1 \leqslant S_2 \leqslant S_3 \leqslant \cdots \leqslant S_{n-1} \leqslant S_n \leqslant \cdots.$$

由数列极限存在的准则,知如果数列 $\{S_n\}$ 有上界,则它收敛;否则发散. 于是,我们得到如下重要的结论:

定理 1　正项级数 $\displaystyle\sum_{n=1}^{\infty} u_n$ 收敛的**充分必要**条件是:它的部分和数列 $\{S_n\}$ 有界.

例 1　判断级数 $\displaystyle\sum_{n=1}^{\infty} \dfrac{1}{2^n+1}$ 的敛散性.

解　由于

$$S_n = \sum_{k=1}^{n} \frac{1}{2^k+1} < \sum_{k=1}^{n} \frac{1}{2^k} = \frac{1}{2} \frac{1-\frac{1}{2^n}}{1-\frac{1}{2}} = 1-\frac{1}{2^n} < 1, \quad n=1,2,\cdots,$$

所以由定理 1 知级数 $\sum\limits_{n=1}^{\infty} \frac{1}{2^n+1}$ 收敛.

11.2.2 比较判别法

定理 1 的重要性主要并不在于利用它来直接判别正项级数的收敛性,而在于它是证明下面一系列判别法的基础,并且根据该定理 1 可建立正项级数收敛的一个基本判别法,即下面的定理 2.

定理 2（比较判别法） 如果级数 $\sum\limits_{n=1}^{\infty} u_n$ 与 $\sum\limits_{n=1}^{\infty} v_n$ 都是正项级数,且 $u_n \leqslant v_n (n=1,2,\cdots)$,那么

(1) 若级数 $\sum\limits_{n=1}^{\infty} v_n$ 收敛,则级数 $\sum\limits_{n=1}^{\infty} u_n$ 收敛;

(2) 若级数 $\sum\limits_{n=1}^{\infty} u_n$ 发散. 则级数 $\sum\limits_{n=1}^{\infty} v_n$ 发散.

证明 设级数 $\sum\limits_{n=1}^{\infty} u_n$ 和 $\sum\limits_{n=1}^{\infty} v_n$ 的部分和分别是 A_n, B_n. 即

$$A_n = u_1 + u_2 + \cdots + u_n, \quad B_n = v_1 + v_2 + \cdots + v_n.$$

因为 $u_n \leqslant v_n$,所以 $A_n \leqslant B_n$.

(1) 若级数 $\sum\limits_{n=1}^{\infty} v_n$ 收敛,则它的部分和数列 $\{B_n\}$ 有界,从而级数 $\sum\limits_{n=1}^{\infty} u_n$ 的部分和数列 $\{A_n\}$ 有界,于是级数 $\sum\limits_{n=1}^{\infty} u_n$ 收敛.

(2) 若级数 $\sum\limits_{n=1}^{\infty} u_n$ 发散,用反正法,设级数 $\sum\limits_{n=1}^{\infty} v_n$ 收敛,由 (1) 得级数 $\sum\limits_{n=1}^{\infty} u_n$ 收敛,与条件矛盾,故若级数 $\sum\limits_{n=1}^{\infty} u_n$ 发散. 则级数 $\sum\limits_{n=1}^{\infty} v_n$ 发散.

由级数的每一项都乘以一个不为零的常数后或去掉前面有限项,不会改变级数的敛散性,可得下述推论:

推论 1 如果级数 $\sum\limits_{n=1}^{\infty} u_n$ 与 $\sum\limits_{n=1}^{\infty} v_n$ 都是正项级数,且 $u_n \leqslant kv_n$（从某项起,$k>0$）,那么

(1) 若级数 $\sum\limits_{n=1}^{\infty} v_n$ 收敛,则级数 $\sum\limits_{n=1}^{\infty} u_n$ 收敛;

(2) 若级数 $\sum\limits_{n=1}^{\infty} u_n$ 发散. 则级数 $\sum\limits_{n=1}^{\infty} v_n$ 发散.

例 2 判定 p-级数

$$\sum_{n=1}^{\infty} \frac{1}{n^p} = 1 + \frac{1}{2^p} + \frac{1}{3^p} + \cdots + \frac{1}{n^p} + \cdots$$

的敛散性,其中常数 $p>0$.

解 当 $0<p\leqslant 1$ 时,因为 $\frac{1}{n^p} \geqslant \frac{1}{n}$,又因为调和级数

$$\sum_{n=1}^{\infty} \frac{1}{n} = 1 + \frac{1}{2} + \frac{1}{3} + \cdots + \frac{1}{n} + \cdots$$

发散,所以,由比较判别法,知 $\sum_{n=1}^{\infty} \frac{1}{n^p}$ 发散.

当 $p>1$ 时,$n \geqslant 2$,对 $n-1 \leqslant x \leqslant n$ 有

$$\frac{1}{n^p} \leqslant \frac{1}{x^p}, \quad \frac{1}{n^p} \leqslant \int_{n-1}^{n} \frac{1}{x^p} \mathrm{d}x$$

$$S_n = 1 + \frac{1}{2^p} + \frac{1}{3^p} + \cdots + \frac{1}{n^p}$$

$$\leqslant 1 + \int_{1}^{2} \frac{1}{x^p} \mathrm{d}x + \int_{2}^{3} \frac{1}{x^p} \mathrm{d}x + \cdots + \int_{n-1}^{n} \frac{1}{x^p} \mathrm{d}x$$

$$= 1 + \int_{1}^{n} \frac{1}{x^p} \mathrm{d}x$$

$$= 1 + \frac{1}{p-1} \left(1 - \frac{1}{n^{p-1}}\right) \leqslant 1 + \frac{1}{p-1}.$$

即部分和数列 $\{S_n\}$ 有界. 由定理 1 可知 $\sum_{n=1}^{\infty} \frac{1}{n^p}$ 收敛.

综上所述,当 $p>1$ 时,**p-级数收敛**;当 $0<p \leqslant 1$ 时,**p-级数发散**.

注 比较判别法是判别正项级数收敛性的一个重要方法. 对于给定的正项级数,如果要用比较判别法来判别其收敛性,则首先要通过观察,找到另一个已知级数与其进行比较,并应用定理 2 进行判断. 只有知道一些重要级数的收敛性,并加以灵活应用,才能熟练掌握. 至今为止,我们熟悉的重要级数包括等比级数、调和级数以及 **p-级数**等.

例3 判定级数

$$\sum_{n=1}^{\infty} \frac{1}{n^n} = 1 + \frac{1}{2^2} + \frac{1}{3^3} + \cdots + \frac{1}{n^n} + \cdots$$

的敛散性.

解 因为当 $n \geqslant 2$ 时,$\frac{1}{n^n} \leqslant \frac{1}{2^n}$,且级数 $\sum_{n=1}^{\infty} \frac{1}{2^n} = \frac{1}{2} + \frac{1}{2^2} + \frac{1}{2^3} + \cdots + \frac{1}{2^n} + \cdots$ 是公比 $q = \frac{1}{2}$ 的等比级数(公比 $|q| = \frac{1}{2} < 1$),所以收敛,和 $S = \frac{a}{1-q} = \frac{\frac{1}{2}}{1-\frac{1}{2}} = 1$,所以由比较判别法知级数 $\sum_{n=1}^{\infty} \frac{1}{n^n}$ 收敛.

例4 判定级数 $\sum_{n=1}^{\infty} \frac{1}{\sqrt{n(n+1)}}$ 的敛散性.

解 因为 $\frac{1}{\sqrt{n(n+1)}} > \frac{1}{n+1}$,级数 $\sum_{n=1}^{\infty} \frac{1}{n+1} = \sum_{n=1}^{\infty} \frac{1}{n} - 1$ 发散,所以级数 $\sum_{n=1}^{\infty} \frac{1}{\sqrt{n(n+1)}}$ 由比较判别法知也发散.

例5 判定级数 $\sum_{n=1}^{\infty} \frac{1}{n^2-n+1}$ 的敛散性.

解 由于当 $n \geqslant 2$ 时,

$$\frac{1}{n^2-n+1}<\frac{1}{n^2-n}=\frac{1}{n(n-1)}<\frac{1}{(n-1)^2}.$$

因为 $\sum\limits_{n=2}^{\infty}\frac{1}{(n-1)^2}=\sum\limits_{n=1}^{\infty}\frac{1}{n^2}$，而 $\sum\limits_{n=1}^{\infty}\frac{1}{n^2}$ 收敛（是 $p=2>1$ 的 **p- 级数**），所以由比较判别法

知 $\sum\limits_{n=1}^{\infty}\frac{1}{n^2-n+1}$ 收敛.

例 6　判定级数 $\sum\limits_{n=1}^{\infty}\frac{2n+1}{(n+1)^2\,(n+2)^2}$ 的敛散性.

解　因为 $\frac{2n+1}{(n+1)^2\,(n+2)^2}<\frac{2n+2}{(n+1)^2\,(n+2)^2}<\frac{2}{(n+1)^3}<\frac{2}{n^3}$，级数 $\sum\limits_{n=1}^{\infty}\frac{1}{n^3}$ 收敛（是 $p=$

$3>1$ 的 $p-$ 级数），所以由比较判别法知级数 $\sum\limits_{n=1}^{\infty}\frac{2n+1}{(n+1)^2\,(n+2)^2}$ 收敛.

由上面的 6 个例子可以看出，要应用比较判别法来判别给定级数的收敛性，就必须建立级数的一般项与某一已知级数的一般项之间的不等式. 但由例 6 我们看到有时直接建立这样的不等式不是很容易，为应用方便，我们给出**比较判别法的极限形式**：

定理 3　如果级数 $\sum\limits_{n=1}^{\infty}u_n$ 与 $\sum\limits_{n=1}^{\infty}v_n$ 都是正项级数，且 $\lim\limits_{n\to\infty}\frac{u_n}{v_n}=l$,

(1) 当 $0<l<+\infty$ 时，$\sum\limits_{n=1}^{\infty}u_n$ 与 $\sum\limits_{n=1}^{\infty}v_n$ 具有相同的敛散性；

(2) 当 $l=0$ 时，若 $\sum\limits_{n=1}^{\infty}v_n$ 收敛，则 $\sum\limits_{n=1}^{\infty}u_n$ 收敛；

(3) 当 $l=+\infty$ 时，若 $\sum\limits_{n=1}^{\infty}v_n$ 发散，则 $\sum\limits_{n=1}^{\infty}u_n$ 发散.

证明　(1)由 $\lim\limits_{n\to\infty}\frac{u_n}{v_n}=l>0$，则对于 $\varepsilon=\frac{l}{2}>0$，存在正数 N，当 $n>N$ 时，有

$$\left|\frac{u_n}{v_n}-l\right|<\frac{l}{2}, \text{即 } l-\frac{l}{2}<\frac{u_n}{v_n}<l+\frac{l}{2}, \text{从而 } \frac{l}{2}v_n<u_n<\frac{3l}{2}v_n.$$

所以，由比较判别法知 $\sum\limits_{n=1}^{\infty}u_n$ 与 $\sum\limits_{n=1}^{\infty}v_n$ 具有相同的敛散性.

(2)当 $l=0$，则对于 $\varepsilon=1$，存在正数 N，当 $n>N$ 时，有

$$\left|\frac{u_n}{v_n}\right|<1, \text{得} \frac{u_n}{v_n}<1, \text{即 } u_n<v_n,$$

由比较判别法即可得证.

(3)当 $l=+\infty$，则对于 $M=1$，存在正数 N，当 $n>N$ 时，有 $\frac{u_n}{v_n}>1$，即 $u_n>v_n$，由比较判别法即可得证.

注　在情形(1)中，当 $0<l<+\infty$ 时，可表述为：若 u_n 与 lv_n 是 $n\to\infty$ 是的等价无穷小，则 $\sum\limits_{n=1}^{\infty}u_n$ 与 $\sum\limits_{n=1}^{\infty}v_n$ 具有相同的敛散性.

例 7　判定级数 $\sum\limits_{n=1}^{\infty}\frac{n+1}{n^2+5n+2}$ 的敛散性.

解　因为 $\lim\limits_{n\to\infty}\dfrac{\dfrac{n+1}{n^2+5n+2}}{\dfrac{1}{n}}=\lim\limits_{n\to\infty}\dfrac{n^2+n}{n^2+5n+2}=1$，且级数 $\sum\limits_{n=1}^{\infty}\dfrac{1}{n}$ 发散，所以，级数

$\sum\limits_{n=1}^{\infty}\dfrac{n+1}{n^2+5n+2}$ 发散.

例 8　判定下列级数的敛散性.

(1) $\sum\limits_{n=1}^{\infty}\ln\left(1+\dfrac{1}{n^2}\right)$；　　　　　　(2) $\sum\limits_{n=1}^{\infty}\sqrt{n+1}\left(1-\cos\dfrac{\pi}{n}\right)$.

解　(1)因为当 $n\to\infty$ 时，$\ln\left(1+\dfrac{1}{n^2}\right)\sim\dfrac{1}{n^2}$，所以

$$\lim_{n\to\infty}\frac{\ln\left(1+\dfrac{1}{n^2}\right)}{\dfrac{1}{n^2}}=\lim_{n\to\infty}\frac{\dfrac{1}{n^2}}{\dfrac{1}{n^2}}=1,$$

且级数 $\sum\limits_{n=1}^{\infty}\dfrac{1}{n^2}$ 收敛(是 $p=2>1$ 的 p-级数)，故由定理 3 知级数 $\sum\limits_{n=1}^{\infty}\ln\left(1+\dfrac{1}{n^2}\right)$ 收敛.

(2)因为当 $n\to\infty$ 时，$1-\cos\dfrac{\pi}{n}\sim\dfrac{1}{2}\left(\dfrac{\pi}{n}\right)^2=\dfrac{\pi^2}{2}\dfrac{1}{n^2}$，所以

$$\lim_{n\to\infty}\frac{\sqrt{n+1}\left(1-\cos\dfrac{\pi}{n}\right)}{\dfrac{1}{n^{\frac{3}{2}}}}=\lim_{n\to\infty}n^{\frac{3}{2}}\sqrt{n+1}\left(1-\cos\dfrac{\pi}{n}\right)=\lim_{n\to\infty}n^2\sqrt{\frac{n+1}{n}}\cdot\frac{\pi^2}{2}\frac{1}{n^2}=\frac{\pi^2}{2},$$

且 $\sum\limits_{n=1}^{\infty}\dfrac{1}{n^{\frac{3}{2}}}$ 收敛 $\left(\text{是 }P=\dfrac{3}{2}>1\text{ 的 }p\text{-级数}\right)$ 故由定理 3 知级数 $\sum\limits_{n=1}^{\infty}\sqrt{n+1}\left(1-\cos\dfrac{\pi}{n}\right)$ 收敛.

例 9　判定级数 $\sum\limits_{n=1}^{\infty}2^n\sin\dfrac{\pi}{3^n}$ 的敛散性.

解　因为当 $n\to\infty$ 时，$\sin\dfrac{\pi}{3^n}\sim\dfrac{\pi}{3^n}$，所以

$$\lim_{n\to\infty}\frac{2^n\sin\dfrac{\pi}{3^n}}{2^n\cdot\dfrac{\pi}{3^n}}=\lim_{n\to\infty}\frac{\dfrac{\pi}{3^n}}{\dfrac{\pi}{3^n}}=1,$$

且级数 $\sum\limits_{n=1}^{\infty}2^n\cdot\dfrac{\pi}{3^n}=\sum\limits_{n=1}^{\infty}\pi\left(\dfrac{2}{3}\right)^n$ 是公比 $q=\dfrac{2}{3}$ 的等比级数(公比 $|q|=\dfrac{2}{3}<1$)，所以收敛，故由定理 3 知级数 $\sum\limits_{n=1}^{\infty}2^n\sin\dfrac{\pi}{3^n}$ 收敛.

11.2.3　比值判别法

使用比较判别法或其极限形式，都需要找一个已知级数来进行比较，这多少有些困难，下面学习的判别法，是利用级数自身特点进行判断，使用起来相对方便些.

若级数的一般项 u_n 中含有**幂函数**(例如 $u_n=\dfrac{1}{a^n}$)或**阶乘**(例如 $u_n=\dfrac{1}{n!}$)，则常用下述定理判断敛散性.

定理 4（比值判别法或达朗贝尔判别法）　如果级数 $\sum\limits_{n=1}^{\infty} u_n$ 是正项级数，且 $\lim\limits_{n\to\infty}\dfrac{u_{n+1}}{u_n}=\rho$（或 $\rho=+\infty$），那么

（1）当 $\rho<1$ 时，级数收敛；

（2）当 $\rho>1$（包括 $\rho=+\infty$ 时），级数发散；

（3）当 $\rho=1$ 时，本判别法失效.

证明　当 ρ 为有限数时，对任意的 $\varepsilon>0$，存在正整数 N，当 $n>N$ 时，有 $\left|\dfrac{u_{n+1}}{u_n}-\rho\right|<\varepsilon$，即

$$\rho-\varepsilon<\frac{u_{n+1}}{u_n}<\rho+\varepsilon.$$

（1）当 $\rho<1$ 时，取 $0<\varepsilon<1-\rho$，使 $r=\rho+\varepsilon<1$，则当 $n>N$ 时，有

$$u_{N+2}<ru_{N+1},$$
$$u_{N+3}<ru_{N+2}<r^2 u_{N+1},$$
$$u_{N+4}<ru_{N+3}<r^3 u_{N+1},$$
$$\cdots\cdots$$
$$u_{N+m}<ru_{N+m-1}<r^2 u_{N+m-2}<\cdots<r^{m-1} u_{N+1},$$
$$\cdots\cdots$$

而级数 $\sum\limits_{m=1}^{\infty} r^{m-1} u_{N+1}$ 收敛，由比较判别法知级数 $\sum\limits_{m=1}^{\infty} u_{N+m}=\sum\limits_{n=N+1}^{\infty} u_n$ 收敛，由性质 3，级数 $\sum\limits_{n=1}^{\infty} u_n$ 收敛.

（2）当 $\rho>1$ 时，取 $0<\varepsilon<\rho-1$，使 $r=\rho-\varepsilon>1$，则当 $n>N$ 时，$\dfrac{u_{n+1}}{u_n}>r$，即 $u_{n+1}>ru_n>u_n$，

也即当 $n>N$ 时，级数 $\sum\limits_{n=1}^{\infty} u_n$ 的一般项逐渐增大，从而 $\lim\limits_{n\to\infty} u_n\neq 0$，由性质 5，得级数 $\sum\limits_{n=1}^{\infty} u_n$ 发散.

类似地，可以证明：当 $\lim\limits_{n\to\infty}\dfrac{u_{n+1}}{u_n}=\infty$ 时，级数 $\sum\limits_{n=1}^{\infty} u_n$ 发散.

（3）当 $\rho=1$ 时，本判别法失效.

例如，对于级数 $\sum\limits_{n=1}^{\infty}\dfrac{1}{n}$，有

$$\lim_{n\to\infty}\frac{u_{n+1}}{u_n}=\lim_{n\to\infty}\frac{\dfrac{1}{n+1}}{\dfrac{1}{n}}=\lim_{n\to\infty}\frac{n}{n+1}=1.$$

对于级数 $\sum\limits_{n=1}^{\infty}\dfrac{1}{n^2}$，有

$$\lim_{n\to\infty}\frac{u_{n+1}}{u_n}=\lim_{n\to\infty}\frac{\dfrac{1}{(n+1)^2}}{\dfrac{1}{n^2}}=\lim_{n\to\infty}\frac{n^2}{(n+1)^2}=1.$$

而级数 $\sum\limits_{n=1}^{\infty}\dfrac{1}{n}$ 发散（调和级数），级数 $\sum\limits_{n=1}^{\infty}\dfrac{1}{n^2}$ 收敛（$p=2>1$ 的 p- 级数）. 因此，在 $\rho=1$ 时就

要用其他判别法进行判断.

例 10 判断下列级数的敛散性：

(1) $\displaystyle\sum_{n=1}^{\infty} \frac{1}{n!}$; (2) $\displaystyle\sum_{n=1}^{\infty} \frac{n!}{10^n}$.

解 (1) $u_n = \dfrac{1}{n!}$，由于

$$\lim_{n\to\infty} \frac{u_{n+1}}{u_n} = \lim_{n\to\infty} \frac{\dfrac{1}{(n+1)!}}{\dfrac{1}{n!}} = \lim_{n\to\infty} \frac{1}{n+1} = 0 < 1,$$

所以级数 $\displaystyle\sum_{n=1}^{\infty} \frac{1}{n!}$ 收敛.

(2) $u_n = \dfrac{n!}{10^n}$，由于

$$\lim_{n\to\infty} \frac{u_{n+1}}{u_n} = \lim_{n\to\infty} \frac{\dfrac{(n+1)!}{10^{n+1}}}{\dfrac{n!}{10^n}} = \lim_{n\to\infty} \frac{n+1}{10} = +\infty,$$

所以级数 $\displaystyle\sum_{n=1}^{\infty} \frac{n!}{10^n}$ 发散.

例 11 判断下列级数的敛散性：

(1) $\displaystyle\sum_{n=1}^{\infty} \frac{3^n}{n \cdot 2^n}$; (2) $\displaystyle\sum_{n=1}^{\infty} \frac{n \cos^2 \dfrac{n}{3}\pi}{2^n}$.

解 (1) $u_n = \dfrac{3^n}{n \cdot 2^n}$，由于

$$\lim_{n\to\infty} \frac{u_{n+1}}{u_n} = \lim_{n\to\infty} \frac{\dfrac{3^{n+1}}{(n+1) \cdot 2^{n+1}}}{\dfrac{3^n}{n \cdot 2^n}} = \lim_{n\to\infty} \frac{n}{n+1} \cdot \frac{3}{2} = \frac{3}{2} > 1,$$

所以级数 $\displaystyle\sum_{n=1}^{\infty} \frac{3^n}{n \cdot 2^n}$ 发散.

(2) 因为 $\cos^2 \dfrac{n}{3}\pi \leqslant 1$，所以 $\dfrac{n \cos^2 \dfrac{n}{3}\pi}{2^n} \leqslant \dfrac{n}{2^n}$.

对级数 $\displaystyle\sum_{n=1}^{\infty} \frac{n}{2^n}$，由于

$$\lim_{n\to\infty} \frac{u_{n+1}}{u_n} = \lim_{n\to\infty} \frac{\dfrac{n+1}{2^{n+1}}}{\dfrac{n}{2^n}} = \lim_{n\to\infty} \frac{n+1}{2n} = \frac{1}{2} < 1,$$

根据比值判别法知级数 $\displaystyle\sum_{n=1}^{\infty} \frac{n}{2^n}$ 收敛，再由比较判别法知级数 $\displaystyle\sum_{n=1}^{\infty} \frac{n \cos^2 \dfrac{n}{3}\pi}{2^n}$ 收敛.

例 12 判断级数 $\sum\limits_{n=1}^{\infty} \dfrac{1}{(2n-1)2n}$ 的敛散性.

解 $u_n = \dfrac{1}{(2n-1)2n}$,由于

$$\lim_{n \to \infty} \frac{u_{n+1}}{u_n} = \lim_{n \to \infty} \frac{\dfrac{1}{(2n+1)2(n+1)}}{\dfrac{1}{(2n-1)2n}} = \lim_{n \to \infty} \frac{(2n-1)2n}{(2n+1)(2n+2)} = 1,$$

这时 $\rho = 1$,比值判别法失效,必须用其他方法来判断级数的敛散性.

因为 $2n > 2n-1 \geqslant n$,所以 $\dfrac{1}{(2n-1)2n} < \dfrac{1}{n^2}$,而级数 $\sum\limits_{n=1}^{\infty} \dfrac{1}{n^2}$ 收敛($p = 2 > 1$ 的 p- 级数),因此由比较判别法可知所给级数也收敛.

11.2.4 根值判别法

若级数的一般项 u_n 中含有 n **次幂因子**(例如 $u_n = \left(\dfrac{n}{2n+1}\right)^n$),则常用下述定理判断敛散性.

定理 5(根值判别法或柯西判别法) 如果级数 $\sum\limits_{n=1}^{\infty} u_n$ 是正项级数,且 $\lim\limits_{n \to \infty} \sqrt[n]{u_n} = \rho$(或 $\rho = +\infty$),那么

(1)当 $\rho < 1$ 时,级数收敛;

(2)当 $\rho > 1$(包括 $\rho = +\infty$ 时),级数发散;

(3)当 $\rho = 1$ 时,本判别法失效.

证明 当 ρ 为有限数时,对任意的 $\varepsilon > 0$,存在正整数 N,当 $n > N$ 时,有

$$\left| \sqrt[n]{u_n} - \rho \right| < \varepsilon,$$

即

$$\rho - \varepsilon < \sqrt[n]{u_n} < \rho + \varepsilon.$$

(1)当 $\rho < 1$ 时,取 $0 < \varepsilon < 1 - \rho$,使 $r = \rho + \varepsilon < 1$,则当 $n > N$ 时,有

$$\sqrt[n]{u_n} < r,$$

即 $u_n < r^n$,因为级数 $\sum\limits_{n=1}^{\infty} r^n$ 收敛,所以由比较判别法,知级数 $\sum\limits_{n=1}^{\infty} u_n$ 收敛.

(2)当 $\rho > 1$ 时,取 $0 < \varepsilon < \rho - 1$,使 $r = \rho - \varepsilon > 1$,则当 $n > N$ 时,$\sqrt[n]{u_n} > r$,即 $u_n > r^n$,也即当 $n > N$ 时,级数 $\sum\limits_{n=1}^{\infty} u_n$ 的一般项逐渐增大,从而 $\lim\limits_{n \to \infty} u_n \neq 0$,由性质 5,得级数 $\sum\limits_{n=1}^{\infty} u_n$ 发散.

(3)当 $\rho = 1$ 时,本判别法失效.

例如,对于级数 $\sum\limits_{n=1}^{\infty} \dfrac{1}{n}$,有

$$\lim_{n \to \infty} \sqrt[n]{u_n} = \lim_{n \to \infty} \sqrt[n]{\frac{1}{n}} = \lim_{x \to +\infty} \left(\frac{1}{x}\right)^{\frac{1}{x}} = \lim_{x \to +\infty} e^{\ln\left(\frac{1}{x}\right)^{\frac{1}{x}}}$$

$$= e^{\lim\limits_{x \to +\infty} \frac{1}{x} \ln\left(\frac{1}{x}\right)} = e^{\lim\limits_{x \to +\infty} \frac{\ln\left(\frac{1}{x}\right)}{x}} = e^{\lim\limits_{x \to +\infty} x\left(-\frac{1}{x^2}\right)} = 1.$$

对于级数 $\sum\limits_{n=1}^{\infty}\dfrac{1}{n^2}$,有

$$\lim_{n\to\infty}\sqrt[n]{u_n}=\lim_{n\to\infty}\sqrt[n]{\dfrac{1}{n^2}}=\lim_{x\to+\infty}\left(\dfrac{1}{x^2}\right)^{\frac{1}{x}}=\lim_{x\to+\infty}\mathrm{e}^{\ln\left(\frac{1}{x^2}\right)^{\frac{1}{x}}}$$

$$=\mathrm{e}^{\lim\limits_{x\to+\infty}\frac{2}{x}\ln\left(\frac{1}{x}\right)}=\mathrm{e}^{2\lim\limits_{x\to+\infty}\frac{\ln\left(\frac{1}{x}\right)}{x}}=\mathrm{e}^{2\lim\limits_{x\to+\infty}x\left(-\frac{1}{x^2}\right)}=1.$$

而级数 $\sum\limits_{n=1}^{\infty}\dfrac{1}{n}$ 发散(调和级数),级数 $\sum\limits_{n=1}^{\infty}\dfrac{1}{n^2}$ 收敛($p=2>1$ 的 p- 级数). 因此,在 $\rho=1$ 时就要用其他判别法进行判断.

例 13 判定下列级数的敛散性:

(1) $\sum\limits_{n=1}^{\infty}\dfrac{1}{n^n}$; (2) $\sum\limits_{n=1}^{\infty}\left(\dfrac{n}{2n+1}\right)^n$.

解 (1)因为

$$\lim_{n\to\infty}\sqrt[n]{u_n}=\lim_{n\to\infty}\sqrt[n]{\dfrac{1}{n^n}}=\lim_{n\to+\infty}\dfrac{1}{n}=0<1,$$

所以由根值判别法知级数 $\sum\limits_{n=1}^{\infty}\dfrac{1}{n^n}$ 收敛.

(2)因为

$$\lim_{n\to\infty}\sqrt[n]{u_n}=\lim_{n\to\infty}\sqrt[n]{\left(\dfrac{n}{2n+1}\right)^n}=\lim_{n\to+\infty}\dfrac{n}{2n+1}=\dfrac{1}{2}<1,$$

所以由根值判别法知级数 $\sum\limits_{n=1}^{\infty}\left(\dfrac{n}{2n+1}\right)^n$ 收敛.

例 14 判定下列级数的敛散性:

(1) $\sum\limits_{n=1}^{\infty}2^{-n-(-1)^n}$; (2) $\sum\limits_{n=1}^{\infty}\left(1-\dfrac{1}{n}\right)^{n^2}$.

解 (1)因为

$$\lim_{n\to\infty}\sqrt[n]{u_n}=\lim_{n\to\infty}\sqrt[n]{2^{-n-(-1)^n}}=\lim_{n\to+\infty}2^{-1-\frac{(-1)^n}{n}}=\dfrac{1}{2}<1,$$

所以由根值判别法知级数 $\sum\limits_{n=1}^{\infty}2^{-n-(-1)^n}$ 收敛.

(2)因为

$$\lim_{n\to\infty}\sqrt[n]{u_n}=\lim_{n\to\infty}\sqrt[n]{\left(1-\dfrac{1}{n}\right)^{n^2}}=\lim_{n\to+\infty}\left(1-\dfrac{1}{n}\right)^n=\dfrac{1}{\mathrm{e}}<1,$$

所以由根值判别法知级数 $\sum\limits_{n=1}^{\infty}\left(1-\dfrac{1}{n}\right)^{n^2}$ 收敛.

最后,我们再介绍一个判断正项级数敛散性的**积分判别法**.

积分判别法是利用非负函数的单调性和积分性质,并以非正常积分为比较对象来判断正项级数敛散性的方法.

定理 6 设 $f(x)$ 为 $[1,+\infty)$ 上的非负递减函数,那么正项级数 $\sum\limits_{n=1}^{\infty}f(n)$ 与非正常积分 $\displaystyle\int_1^{+\infty}f(x)\mathrm{d}x$ 同时收敛或同时发散.

证明　由假设 $f(x)$ 为 $[1,+\infty)$ 上的非负递减函数,对任何正数 $A>1$,$f(x)$ 为 $[1,A]$ 上可积,从而有

$$f(n)\leqslant\int_{n-1}^{n}f(x)\mathrm{d}x\leqslant f(n-1),\quad n=2,3,\cdots.$$

依次相加可得

$$\sum_{n=2}^{m}f(n)\leqslant\int_{1}^{m}f(x)\mathrm{d}x\leqslant\sum_{n=2}^{m}f(n)=\sum_{n=1}^{m-1}f(n).\tag{11.2.1}$$

若非正常积分收敛,则由(11.2.1)式左端,对任何自然数 m,有

$$S_m=\sum_{n=1}^{m}f(n)\leqslant f(1)+\int_{1}^{m}f(x)\mathrm{d}x\leqslant f(1)+\int_{1}^{+\infty}f(x)\mathrm{d}x.$$

根据定理 1 知,级数 $\sum\limits_{n=1}^{\infty}f(n)$ 收敛.

反之,若级数 $\sum\limits_{n=1}^{\infty}f(n)$ 收敛,则由(11.2.1)式右端,对任一自然数 $m(>1)$ 有

$$\int_{1}^{m}f(x)\mathrm{d}x\leqslant S_{m-1}\leqslant\sum_{n=1}^{\infty}f(n)=S,\tag{11.2.2}$$

因为 $f(x)$ 为非负递减函数,故对任何正数 $A>1$,都有

$$0\leqslant\int_{1}^{A}f(x)\mathrm{d}x\leqslant S_n\leqslant S,n\leqslant A\leqslant n+1.$$

则由(11.2.2)式和非正常积分收敛定理知非正常积分 $\int_{1}^{+\infty}f(x)\mathrm{d}x$ 收敛.

同样方法,可证明正项级数 $\sum\limits_{n=1}^{\infty}f(n)$ 与非正常积分 $\int_{1}^{+\infty}f(x)\mathrm{d}x$ 同时发散.

例 15　判断级数 $\sum\limits_{n=2}^{\infty}\dfrac{1}{n\,(\ln n)^{p}}$ 的敛散性,其中 $p>0$.

解　函数 $f(x)=\dfrac{1}{x\,(\ln x)^{p}}$,当 $p>0$ 时在 $[2,+\infty)$ 上是非负递减函数.研究非正常积分 $\int_{2}^{+\infty}f(x)\mathrm{d}x=\int_{2}^{+\infty}\dfrac{1}{x\,(\ln x)^{p}}\mathrm{d}x$,由于

$$\int_{2}^{+\infty}\frac{\mathrm{d}x}{x\,(\ln x)^{p}}=\int_{2}^{+\infty}\frac{\mathrm{d}(\ln x)}{(\ln x)^{p}}=\int_{\ln 2}^{+\infty}\frac{\mathrm{d}u}{u^{p}},$$

当 $p>1$ 时收敛;当 $0<p\leqslant 1$ 时发散.根据定理 5 知级数 $\sum\limits_{n=2}^{\infty}\dfrac{1}{n\,(\ln n)^{p}}$ 在 $p>1$ 时收敛;在 $0<p\leqslant 1$ 时发散.

习　题　11-2

1. 用比较判别法或其极限形式判别下列级数的敛散性:

(1) $\sum\limits_{n=1}^{\infty}\dfrac{1}{2n-1}$;

(2) $\sum\limits_{n=1}^{\infty}\dfrac{1}{n^{2}+1}$;

(3) $\sum\limits_{n=1}^{\infty}\dfrac{1}{(n+1)(n+4)}$;

(4) $\sum\limits_{n=1}^{\infty}\dfrac{1}{\ln(n+1)}$;

(5) $\sum\limits_{n=1}^{\infty}\tan\dfrac{\pi}{3^{n}}$;

(6) $\sum\limits_{n=1}^{\infty}\dfrac{n^{n-1}}{(n+1)^{n+1}}$;

(7) $\sum\limits_{n=1}^{\infty}\dfrac{1}{na+b},(a>0,b>0)$;　(8) $\sum\limits_{n=1}^{\infty}\dfrac{1}{1+a^{n}},(a>0)$.

2. 用比值判别法判别下列级数的敛散性:

(1) $\sum\limits_{n=1}^{\infty}n\left(\dfrac{3}{5}\right)^{n}$;

(2) $\sum\limits_{n=1}^{\infty}\dfrac{2n-1}{2^{n}}$;

(3) $\sum\limits_{n=1}^{\infty}\dfrac{1}{(2n-1)\cdot 2^{2n-1}}$;

(4) $\sum\limits_{n=1}^{\infty}\dfrac{2^{n}}{n(n+1)}$;

(5) $\sum\limits_{n=1}^{\infty}\dfrac{n!}{n^{n}}$;

(6) $\sum\limits_{n=1}^{\infty}\dfrac{1\cdot 3\cdot\cdots\cdot(2n-1)}{n!}$;

(7) $\sum\limits_{n=1}^{\infty}\dfrac{4^{n}}{5^{n}-3^{n}}$;

(8) $\sum\limits_{n=1}^{\infty}\dfrac{a^{n}}{n^{k}}(a>0)$.

3. 用根值判别法判别下列级数的敛散性:

(1) $\sum\limits_{n=1}^{\infty}\left(\dfrac{n}{5n+1}\right)^{n}$;

(2) $\sum\limits_{n=1}^{\infty}\dfrac{1}{[\ln(n+1)]^{n}}$;

(3) $\sum\limits_{n=1}^{\infty}\left(\dfrac{n}{5n+1}\right)^{2n-1}$;

(4) $\sum\limits_{n=1}^{\infty}\left(\dfrac{3n^{2}}{n^{2}+1}\right)^{n}$;

(5) $\sum\limits_{n=1}^{\infty}\dfrac{3^{n}}{\left(\dfrac{n+1}{n}\right)^{n^{2}}}$;

(6) $\sum\limits_{n=1}^{\infty}\dfrac{2^{n}}{1+\mathrm{e}^{n}}$.

4. 若级数 $\sum\limits_{n=1}^{\infty}a_{n}^{2}$ 与 $\sum\limits_{n=1}^{\infty}b_{n}^{2}$ 都收敛,证明下列级数也收敛:

(1) $\sum\limits_{n=1}^{\infty}|a_{n}b_{n}|$;

(2) $\sum\limits_{n=1}^{\infty}(a_{n}+b_{n})^{2}$;

(3) $\sum\limits_{n=1}^{\infty}\dfrac{|a_{n}|}{n}$.

5. 证明下列极限:

(1) $\lim\limits_{n\to\infty}\dfrac{n^{n}}{(n!)^{2}}=0$;

(2) $\lim\limits_{n\to\infty}\dfrac{(2n)!}{a^{n!}}\quad(a>1)$.

提示:由级数收敛的必要条件推出.

6. 设 $\{u_{n}\}$ 单调减少,且 $u_{n}\geqslant 0$. 证明级数 $\sum\limits_{n=1}^{\infty}u_{n}$ 与级数 $\sum\limits_{n=1}^{\infty}2^{n}u_{n}$ 同时收敛或同时发散.

7. 证明级数 $\sum\limits_{n=2}^{\infty}\dfrac{1}{\ln(n!)}$ 发散.

8. 用积分判别法讨论下列级数的敛散性:

(1) $\sum\limits_{n=1}^{\infty}\dfrac{1}{n^{2}+1}$;

(2) $\sum\limits_{n=3}^{\infty}\dfrac{1}{n\ln n\ln(\ln n)}$.

11.3　一般常数项级数

上节我们讨论了关于正项级数收敛性的判别法,本节我们要进一步讨论一般常数项级数收敛性的判别法. 这里所谓的"一般常数项级数"是指级数的各项不受限制,即可以是正数、负数、零. 下面先来讨论一种特殊的级数——交错级数,然后再讨论一般常数项级数.

11.3.1　交错级数

$$\sum_{n=1}^{\infty}(-1)^{n-1}u_{n}=u_{1}-u_{2}+u_{3}-u_{4}+\cdots+u_{2k-1}-u_{2k}+\cdots,\text{其中}\ u_{n}>0(n=1,2,\cdots),\text{称}$$

为**交错级数**. 对于交错级数,我们有下面的判别法:

定理 1(莱布尼茨定理)　若交错级数 $\sum\limits_{n=1}^{\infty}(-1)^{n-1}u_{n}$ 满足条件:

(1) $u_{n}\geqslant u_{n+1}(n=1,2,\cdots)$;

(2) $\lim\limits_{n\to\infty}u_{n}=0$.

则级数收敛,其和 $S \leqslant u_1$,且其余项 r_n 的绝对值 $|r_n| \leqslant u_{n+1}$.

证明 设该级数的部分和为 S_n,把它的前 $2k$ 项和表示成下面两种形式:

$$S_{2k} = u_1 - u_2 + u_3 - u_4 + \cdots + u_{2k-1} + u_{2k}$$
$$= (u_1 - u_2) + (u_3 - u_4) + \cdots + (u_{2k-1} - u_{2k}) \tag{11.3.1}$$
$$= u_1 - (u_2 - u_3) - (u_4 - u_5) - \cdots - (u_{2k-2} - u_{2k-1}) - u_{2k}. \tag{11.3.2}$$

因为 $u_n \geqslant u_{n+1} (n = 1, 2, \cdots)$,所以两式中,所有括号内的差都非负. 由(11.3.1)式知,S_{2k} 单调增加,由(11.3.2)式知,$S_{2k} \leqslant u_1$,即 S_{2k} 有界,由极限存在的准则,得 $\lim\limits_{k \to \infty} S_{2k} = S \leqslant u_1$,再由 $S_{2k+1} = S_{2k} + u_{2k+1}$ 及条件 $\lim\limits_{n \to \infty} u_n = 0$ 得

$$\lim_{k \to \infty} S_{2k+1} = \lim_{k \to \infty} S_{2k} + \lim_{k \to \infty} u_{2k+1} = S + 0 = S,$$

所以 $\lim\limits_{n \to \infty} S_n = S$,于是交错级数 $\sum\limits_{n=1}^{\infty} (-1)^{n-1} u_n$ 收敛.

如果用 S_n 作为 S 的近似值,则误差

$$|r_n| = u_{n+1} - u_{n+2} + u_{n+3} - u_{n+4} + \cdots$$

也是一个交错级数,并且满足收敛条件,所以其和小于等于级数的第一项,即 $|r_n| \leqslant u_{n+1}$.

注 由于交错级数的莱布尼茨判别法只是一个充分条件,并非必要条件,故当莱布尼茨定理的条件不满足时,不能由此断定交错级数是发散的. 例如级数 $\sum\limits_{n=2}^{\infty} (-1)^{n-1} \dfrac{1}{\sqrt{n + (-1)^n}}$,不满足 $u_n > u_{n+1}$,但该级数是收敛的.

例 1 判定级数 $\sum\limits_{n=1}^{\infty} (-1)^{n-1} \dfrac{1}{n}$ 的敛散性.

解 因为 $u_n = \dfrac{1}{n} > \dfrac{1}{n+1} = u_{n+1}$,且 $\lim\limits_{n \to \infty} u_n = \lim\limits_{n \to \infty} \dfrac{1}{n} = 0$,所以,级数 $\sum\limits_{n=1}^{\infty} (-1)^{n-1} \dfrac{1}{n}$ 收敛,且和 $S < 1$.

注 判别交错级数 $\sum\limits_{n=1}^{\infty} (-1)^{n-1} f(n)$(其中 $f(n) > 0$)的收敛性时,如果数列 $\{f(n)\}$ 单调减少不易判断,可通过讨论 x 充分大时 $f'(x)$ 的符号,来判断当 n 充分大时数列 $\{f(n)\}$ 是否单调减少;如果直接求极限 $\lim\limits_{n \to \infty} f(n)$ 有困难,亦可通过求极限 $\lim\limits_{x \to +\infty} f(x)$(假定它存在) 来求 $\lim\limits_{n \to \infty} f(n)$.

例 2 判断级数 $\sum\limits_{n=2}^{\infty} (-1)^{n-1} \dfrac{\ln n}{n}$ 的敛散性.

解 级数 $\sum\limits_{n=2}^{\infty} (-1)^{n-1} \dfrac{\ln n}{n}$ 为交错级数. 令 $f(x) = \dfrac{\ln x}{x}$,则

$$f'(x) = \frac{1 - \ln x}{x^2} < 0 \quad (x \geqslant 3),$$

即 $x \geqslant 3$ 时,$f'(x) < 0$,所以在 $[3, +\infty)$ 上,$f(x)$ 单调减少,于是当 $n \geqslant 3$ 时,$f(n) > f(n+1)$,即 $u_n \geqslant u_{n+1} (n = 3, 4, \cdots)$,又利用洛必达法则,有

$$\lim_{n \to \infty} \frac{\ln n}{n} = \lim_{x \to +\infty} \frac{\ln x}{x} = \lim_{x \to +\infty} \frac{1}{x} = 0.$$

所以,由莱布尼茨定理知,级数 $\sum\limits_{n=2}^{\infty} (-1)^{n-1} \dfrac{\ln n}{n}$ 收敛.

11.3.2　一般常数项级数

级数

$$\sum_{n=1}^{\infty} u_n = u_1 + u_2 + \cdots + u_n + \cdots \tag{11.3.3}$$

是**一般的常数项级数**,即其中 u_n 可以是正数、负数、零. 对这个级数各项取绝对值后,得到下面的正项级数:

$$\sum_{n=1}^{\infty} |u_n| = |u_1| + |u_2| + \cdots + |u_n| + \cdots, \tag{11.3.4}$$

称级数(11.3.4)为原级数(11.3.3)的绝对值级数.

上述两个级数的收敛性有下述关系.

定理 2　如果 $\sum_{n=1}^{\infty} |u_n|$ 收敛,则 $\sum_{n=1}^{\infty} u_n$ 收敛.

证明　由于 $0 \leqslant u_n + |u_n| \leqslant 2|u_n|$,且级数 $\sum_{n=1}^{\infty} 2|u_n|$ 收敛,故由比较判别法知 $\sum_{n=1}^{\infty} (u_n + |u_n|)$ 收敛,又 $\sum_{n=1}^{\infty} u_n = \sum_{n=1}^{\infty} [(u_n + |u_n|) - |u_n|]$,所以级数 $\sum_{n=1}^{\infty} u_n$ 收敛.

注　上述定理的逆命题并不成立.

例如由例 2 知级数 $\sum_{n=1}^{\infty} (-1)^{n-1} \frac{1}{n}$ 收敛,但它的绝对值级数为 $\sum_{n=1}^{\infty} \left| (-1)^{n-1} \frac{1}{n} \right| = \sum_{n=1}^{\infty} \frac{1}{n}$ 为调和级数,发散.

根据定理 2,我们可以把许多一般常数项级数的敛散性判别问题转化为对正项级数进行敛散性的判别,即当一个一般常数项级数所对应的绝对值级数收敛时,这个一般常数项级数必收敛. 对于级数的这种收敛性,我们给出以下定义:

定义 1　设 $\sum_{n=1}^{\infty} u_n$ 为一般常数项级数,则

(1)如果 $\sum_{n=1}^{\infty} |u_n|$ 收敛,则 $\sum_{n=1}^{\infty} u_n$ 一定收敛,此时称 $\sum_{n=1}^{\infty} u_n$ 绝对收敛;

(2)如果 $\sum_{n=1}^{\infty} |u_n|$ 发散,且 $\sum_{n=1}^{\infty} u_n$ 收敛,此时称 $\sum_{n=1}^{\infty} u_n$ 条件收敛.

根据以上定义,对于一般常数项级数,我们应当判别它是绝对收敛,条件收敛还是发散. 而判断一般常数项级数绝对收敛时,我们可以借助正项级数的判别法来讨论.

例 3　判断级数 $\sum_{n=1}^{\infty} (-1)^{n-1} \frac{1}{n^p}$ 的敛散性.

解　由于 $\sum_{n=1}^{\infty} \left| (-1)^{n-1} \frac{1}{n^p} \right| = \sum_{n=1}^{\infty} \frac{1}{n^p}$.

(1)当 $p \leqslant 0$ 时,$\lim\limits_{n \to \infty} \frac{1}{n^p} \neq 0$,所以 $\lim\limits_{n \to \infty} (-1)^{n-1} \frac{1}{n^p} \neq 0$,由性质 5 知题设级数发散.

(2)当 $p > 0$ 时,$\sum_{n=1}^{\infty} \frac{1}{n^p}$ 是 p 级数,则当 $p > 1$ 时,p- 级数收敛,故题设级数绝对收敛;当 $0 < p \leqslant 1$ 时,p- 级数发散,但由莱布尼茨定理知 $\sum_{n=1}^{\infty} (-1)^{n-1} \frac{1}{n^p}$ 收敛,故题设级数条件收敛.

综上，可知级数 $\sum\limits_{n=1}^{\infty}(-1)^{n-1}\dfrac{1}{n^p}=\begin{cases}p\leqslant 0, & \textbf{发散}\\ 0<p\leqslant 1, & \textbf{条件收敛,}\\ p>1, & \textbf{绝对收敛}\end{cases}$

例 4　试证级数 $\sum\limits_{n=1}^{\infty}\dfrac{\sin n\alpha}{n^2}$ 绝对收敛.

证明　因为 $|u_n|=\left|\dfrac{\sin n\alpha}{n^2}\right|\leqslant\dfrac{1}{n^2}$，且 $\sum\limits_{n=1}^{\infty}\dfrac{1}{n^2}$ 收敛（是 $p=2>1$ 的 p- 级数），根据比较判别法，$\sum\limits_{n=1}^{\infty}\left|\dfrac{\sin n\alpha}{n^2}\right|$ 收敛，于是 $\sum\limits_{n=1}^{\infty}\dfrac{\sin n\alpha}{n^2}$ 绝对收敛.

例 5　判断级数 $\sum\limits_{n=1}^{\infty}(-1)^n\dfrac{n^{n+1}}{(n+1)!}$ 的敛散性.

解　这是一个交错级数，其一般项 $u_n=(-1)^n\dfrac{n^{n+1}}{(n+1)!}$. 先判断 $\sum\limits_{n=1}^{\infty}|u_n|$ 是否收敛，利用比值判别法，因为

$$\lim_{n\to\infty}\frac{|u_{n+1}|}{|u_n|}=\lim_{n\to\infty}\frac{(n+1)^{n+2}}{[(n+1)+1]!}\frac{(n+1)!}{n^{n+1}}$$
$$=\lim_{n\to\infty}\left(\frac{n+1}{n}\right)^n\cdot\frac{(n+1)^2}{n(n+2)}$$
$$=\lim_{n\to\infty}\left(1+\frac{1}{n}\right)^n=\mathrm{e}>1,$$

由比值判别法，$\sum\limits_{n=1}^{\infty}|u_n|$ 发散，从而 $\sum\limits_{n=1}^{\infty}(-1)^n\dfrac{n^{n+1}}{(n+1)!}$ 非绝对收敛，

又因为 $\lim\limits_{n\to\infty}\dfrac{|u_{n+1}|}{|u_n|}=\mathrm{e}>1$，所以当 n 充分大时，$|u_{n+1}|>|u_n|$，　故 $\lim\limits_{n\to\infty}u_n\neq 0$，从而 $\sum\limits_{n=1}^{\infty}(-1)^n\dfrac{n^{n+1}}{(n+1)!}$ 发散.

例 6　判断级数 $\sum\limits_{n=1}^{\infty}(-1)^n\dfrac{1}{2^n}\left(1+\dfrac{1}{n}\right)^{n^2}$ 的敛散性.

解　因为

$$\lim_{n\to\infty}\sqrt[n]{|u_n|}=\lim_{n\to\infty}\frac{1}{2}\left(1+\frac{1}{n}\right)^n=\frac{1}{2}\mathrm{e}>1,$$

可知 $\lim\limits_{n\to\infty}|u_n|\neq 0$，所以 $\lim\limits_{n\to\infty}u_n\neq 0$，故级数

$$\sum_{n=1}^{\infty}(-1)^n\frac{1}{2^n}\left(1+\frac{1}{n}\right)^{n^2}$$

发散.

习　题　11-3

1. 判别下列级数的敛散性. 若收敛，是条件收敛还是绝对收敛？

(1) $\sum\limits_{n=1}^{\infty}(-1)^{n-1}\dfrac{1}{\sqrt{n}}$；　　　　　　　　(2) $\sum\limits_{n=1}^{\infty}(-1)^n\dfrac{n}{3^{n-1}}$；

(3) $\sum_{n=1}^{\infty} (-1)^{n-1} \sin \dfrac{1}{n^2}$;　　　　　　(4) $\sum_{n=1}^{\infty} (-1)^{n+1} \dfrac{1}{\ln(n+1)}$;

(5) $\sum_{n=1}^{\infty} \dfrac{(-1)^n}{na^n} (a>0)$;　　　　　　(6) $\dfrac{1}{2} + \sum_{n=1}^{\infty} (-1)^{\frac{n(n-1)}{2}} \dfrac{(2n+1)^2}{2^{n+1}}$.

2. 级数 $\sum_{n=1}^{\infty} \sin\left(n\pi + \dfrac{1}{\ln n}\right)$ 是绝对收敛,条件收敛,还是发散?

3. 判别级数 $\sum_{n=1}^{\infty} \dfrac{(-1)^{n-1}}{[n+(-1)^n]^p} (p>0)$ 的敛散性.

4. 若级数 $\sum_{n=1}^{\infty} a_n$ 与 $\sum_{n=1}^{\infty} b_n$ 都绝对收敛,证明下列级数也绝对收敛:

(1) $\sum_{n=1}^{\infty} (a_n + b_n)$;　　　　(2) $\sum_{n=1}^{\infty} (a_n - b_n)$;　　　　(3) $\sum_{n=1}^{\infty} ka_n$.

5. 设 $f(x)$ 在 $x=0$ 的某一邻域内具有二阶连续导数,且 $\lim\limits_{x\to 0} \dfrac{f(x)}{x}=0$,证明级数 $\sum_{n=1}^{\infty} \sqrt{n} f\left(\dfrac{1}{n}\right)$ 绝对收敛.

11.4　幂 级 数

11.4.1　函数项级数的概念

如果给定一个定义在区间 I 上的函数列
$$u_1(x),\quad u_2(x),\quad \cdots,\quad u_n(x),\quad \cdots,$$
则由上述函数列构成的表达式
$$\sum_{n=1}^{\infty} u_n(x) = u_1(x) + u_2(x) + \cdots + u_n(x) + \cdots \qquad (11.4.1)$$
称为定义在区间 I 上的(**函数项**)无穷级数,简称(**函数项**)级数

对于每一个确定的值 $x_0 \in I$,函数项级数(11.4.1)成为常数项级数
$$\sum_{n=1}^{\infty} u_n(x_0) = u_1(x_0) + u_2(x_0) + \cdots + u_n(x_0) + \cdots. \qquad (11.4.2)$$
级数(11.4.2)可能收敛也可能发散.如果(11.4.2)收敛,我们称点 x_0 是函数项级数(11.4.1)的**收敛点**;如果(11.4.2)发散,我们称点 x_0 是函数项级数(11.4.1)的**发散点**.函数项级数(11.4.1)的所有收敛点的全体称为它的**收敛域**,所有发散点的全体称为它的**发散域**.

对应于收敛域内的任意一个数 x,函数项级数成为一个收敛的常数项级数,因而有一确定的和 S.这样,在收敛域上,函数项级数的和是 x 的函数 $S(x)$.通常称 $S(x)$ 为函数项级数的和函数,这函数的定义域就是级数的收敛域,并写成
$$S(x) = u_1(x) + u_2(x) + \cdots + u_n(x) + \cdots.$$
把函数项级数(11.4.1)的前 n 项的部分和记作 $S_n(x)$,则在收敛域上有
$$\lim_{n\to\infty} S_n(x) = S(x).$$
称 $r_n(x) = S(x) - S_n(x)$ 为函数项级数的余项(当然只有 x 在收敛域上 $r_n(x)$ 才有意义),于是有 $\lim\limits_{n\to\infty} r_n(x) = 0$.

11.4.2　幂级数及其收敛性

函数项级数中简单而常见的一类级数就是各项都是幂函数的函数项级数即称为**幂级数**,它的形式是

$$\sum_{n=0}^{\infty} a_n x^n = a_0 + a_1 x + a_2 x^2 + \cdots + a_n x^n + \cdots. \tag{11.4.3}$$

其中常数 $a_0, a_1, a_2, \cdots, a_n, \cdots$ 称为幂级数的**系数**.

注 对于形如 $\sum_{n=0}^{\infty} a_n (x - x_0)^n$ 的幂级数,可通过变量代换 $t = x - x_0$ 转化为 $\sum_{n=0}^{\infty} a_n t^n$ 的形式,所以,以后主要针对形如(11.4.3)的级数展开讨论.

对于给定的幂级数,它的收敛域是怎么样的?

显然,当 $x = 0$ 时,幂级数 $\sum_{n=0}^{\infty} a_n x^n$ 收敛于 a_0,这说明幂级数的收敛域总是非空的. 再来看一个例子.

例 1 等比级数

$$\sum_{n=0}^{\infty} x^n = 1 + x + x^2 + \cdots + x^n + \cdots$$

就是一个幂级数. 当 $|x| < 1$ 时,级数收敛;当 $|x| \geqslant 1$ 时,级数发散.

因此,它的收敛域是 $(-1, 1)$,发散域是 $(-\infty, -1] \cup [1, +\infty)$. 在收敛域内有

$$1 + x + x^2 + \cdots + x^n + \cdots = \frac{1}{1-x},$$

即幂级数 $\sum_{n=0}^{\infty} x^n$ 的和函数 $S(x) = \frac{1}{1-x}$.

从这个例子里我们可以看到,这个幂级数的收敛域是一个区间. 事实上,这个结论对于一般的幂级数也是成立的. 我们有如下定理:

定理 1(阿贝尔(Abel)定理) 如果级数 $\sum_{n=0}^{\infty} a_n x^n$ 当 $x = x_0 (x_0 \neq 0)$ 时收敛,则对于满足不等式 $|x| < |x_0|$ 的一切 x,级数 $\sum_{n=0}^{\infty} a_n x^n$ 绝对收敛;反之,如果级数 $\sum_{n=0}^{\infty} a_n x^n$ 当 $x = x_0$ 时发散,则对于满足不等式 $|x| > |x_0|$ 的一切 x,级数 $\sum_{n=0}^{\infty} a_n x^n$ 发散.

证明 (1)设 x_0 是幂级数 $\sum_{n=0}^{\infty} a_n x^n$ 的收敛点,即级数 $\sum_{n=0}^{\infty} a_n x_0^n$ 收敛. 根据级数收敛的必要条件,有

$$\lim_{n \to \infty} a_n x_0^n = 0,$$

于是存在常数 M,使得

$$|a_n x_0^n| \leqslant M \quad (n = 0, 1, 2, \cdots).$$

因为

$$|a_n x^n| = \left| a_n x_0^n \cdot \frac{x^n}{x_0^n} \right| = |a_n x_0^n| \left| \frac{x^n}{x_0^n} \right| \leqslant M \left| \frac{x}{x_0} \right|^n,$$

则当 $\left| \frac{x}{x_0} \right| < 1$ 时,等比级数 $\sum_{n=0}^{\infty} M \left| \frac{x}{x_0} \right|^n$ 收敛,由比较判别法,级数 $\sum_{n=0}^{\infty} |a_n x^n|$ 收敛,即级数 $\sum_{n=0}^{\infty} a_n x^n$ 绝对收敛.

(2)定理的第二部分可用反证法证明. 设当 $x = x_0$ 时,幂级数 $\sum_{n=0}^{\infty} a_n x^n$ 发散,而有一点

x_1(满足$|x_1|>|x_0|$)使级数收敛,则根据本定理的第一部分,级数当$x=x_0$时应收敛,这与假设矛盾.定理得证.

由定理 1 可见:如果幂级数在$x=x_0$处收敛.则对于开区间$(-|x_0|,|x_0|)$内的任何x,幂级数都收敛;如果幂级数在$x=x_0$处发散.则对于闭区间$[-|x_0|,|x_0|]$外的任何x,幂级数都发散.

设已给幂级数在数轴上既有收敛点(不仅是原点)也有发散点.现在从原点沿数轴向右方走,最初只遇到收敛点,然后就只遇到发散点.这两部分的分界点可能是收敛点也可能是发散点.从原点沿数轴向左方走情形也是如此.这两个分界点P与P'在原点的两侧,且由定理 l 可以证明它们关于原点对称.

从上面的分析,我们可以得到重要的推论:

推论 1　如果幂级数$\sum_{n=0}^{\infty}a_nx^n$不是仅在$x=0$一点上都收敛,也不是在整个数轴上都收敛,.则必有完全一个确定的正数R,使得

(1) 当$|x|<R$时,幂级数绝对收敛;

(2) 当$|x|>R$时,幂级数发散;

(3) 当$x=R$及$x=-R$时,幂级数可能收敛也可能发散.

正数R称为幂级数的**收敛半径**,开区间$(-R,R)$称为幂级数的**收敛区间**,再由幂级数在$x=R$及$x=-R$处的收敛性就可以决定它的**收敛域**是$(-R,R)$,$[-R,R)$,$(-R,R]$或$[-R,R]$之一.

如果幂级数只在$x=0$处收敛.这时收敛域只有一点$x=0$,但为了方便起见,我们规定这时收敛半径$R=0$;如果幂级数对一切x都收敛,则规定收敛半径$R=+\infty$,这时收敛域是$(-\infty,+\infty)$.

关于幂级数的收敛半径求法,有下面的定理:

定理 2　设幂级数$\sum_{n=0}^{\infty}a_nx^n$的所有系数$a_n\neq0$,如果$\lim_{n\to\infty}\left|\dfrac{a_{n+1}}{a_n}\right|=\rho$,则

(1) 当$\rho\neq0$时,该幂级数的收敛半径$R=\dfrac{1}{\rho}$;

(2) 当$\rho=0$时,该幂级数的收敛半径$R=+\infty$;

(3) 当$\rho=+\infty$时,该幂级数的收敛半径$R=0$.

证明　(1)对级数$\sum_{n=0}^{\infty}|a_nx^n|$应用比值判别法,得

$$\lim_{n\to\infty}\frac{u_{n+1}}{u_n}=\lim_{n\to\infty}\left|\frac{a_{n+1}x^{n+1}}{a_nx^n}\right|=\lim_{n\to\infty}\frac{|a_{n+1}|}{|a_n|}|x|=\rho|x|.$$

如果$\lim_{n\to\infty}\left|\dfrac{a_{n+1}}{a_n}\right|=\rho(\rho\neq0)$存在,则当$\rho|x|<1$,即$|x|<\dfrac{1}{\rho}$时,$\sum_{n=0}^{\infty}|a_nx^n|$收敛,从而$\sum_{n=0}^{\infty}a_nx^n$绝对收敛;当$\rho|x|>1$,即$|x|>\dfrac{1}{\rho}$时,$\sum_{n=0}^{\infty}|a_nx^n|$发散,且当$n$充分大时,有

$$|a_{n+1}x^{n+1}|>|a_nx^n|,$$

故一般项$|a_nx^n|$不趋于零,从而题设级数发散.于是收敛半径$R=\dfrac{1}{\rho}$.

(2)对级数$\sum_{n=0}^{\infty}|a_nx^n|$应用比值判别法,得

$$\lim_{n\to\infty}\frac{u_{n+1}}{u_n}=\lim_{n\to\infty}\left|\frac{a_{n+1}x^{n+1}}{a_nx^n}\right|=\lim_{n\to\infty}\frac{|a_{n+1}|}{|a_n|}|x|=\rho|x|,$$

如果

$$\lim_{n\to\infty}\left|\frac{a_{n+1}}{a_n}\right|=\rho=0,$$

则

$$\lim_{n\to\infty}\frac{u_{n+1}}{u_n}=\lim_{n\to\infty}\left|\frac{a_{n+1}x^{n+1}}{a_nx^n}\right|=\lim_{n\to\infty}\frac{|a_{n+1}|}{|a_n|}|x|=\rho|x|=0<1,$$

当 $x\in(-\infty,+\infty)$ 时,级数 $\sum\limits_{n=0}^{\infty}|a_nx^n|$ 收敛,于是级数 $\sum\limits_{n=0}^{\infty}a_nx^n$ 绝对收敛,所以收敛半径 $R=+\infty$.

(3)对级数 $\sum\limits_{n=0}^{\infty}|a_nx^n|$ 应用比值判别法,得

$$\lim_{n\to\infty}\frac{u_{n+1}}{u_n}=\lim_{n\to\infty}\left|\frac{a_{n+1}x^{n+1}}{a_nx^n}\right|=\lim_{n\to\infty}\frac{|a_{n+1}|}{|a_n|}|x|=\rho|x|.$$

如果

$$\lim_{n\to\infty}\left|\frac{a_{n+1}}{a_n}\right|=\rho=+\infty,$$

则

$$\lim_{n\to\infty}\frac{u_{n+1}}{u_n}=\lim_{n\to\infty}\left|\frac{a_{n+1}x^{n+1}}{a_nx^n}\right|=\lim_{n\to\infty}\frac{|a_{n+1}|}{|a_n|}|x|=\rho|x|=+\infty>1,$$

那么对于任何非零的 x,级数 $\sum\limits_{n=0}^{\infty}|a_nx^n|$ 发散,于是级数 $\sum\limits_{n=0}^{\infty}a_nx^n$ 发散,所以收敛半径 $R=0$.

注 (1)该定理中设幂级数 $\sum\limits_{n=1}^{\infty}a_nx^n$ 的所有系数 $a_n\neq0$,这时,幂级数的各项是依幂次连续的,不缺项;如果幂级数有缺项,(如缺少奇数次幂),则应直接利用比值判别法或根值判别法,该定理中结论此时失效.

(2)根据幂级数系数的形式,有时也可用根值判别法来求收敛半径,此时, $\lim\limits_{n\to\infty}\sqrt[n]{|a_n|}=\rho$.

求幂级数 $\sum\limits_{n=1}^{\infty}a_nx^n$ 的收敛域的基本步骤:

(1)求出收敛半径;

(2)判断常数项级数 $\sum\limits_{n=0}^{\infty}a_nR^n$,$\sum\limits_{n=0}^{\infty}a_n(-R)^n$ 的收敛性;

(3)写出幂级数 $\sum\limits_{n=0}^{\infty}a_nx^n$ 的收敛域.

例 2 求幂级数

$$\sum_{n=1}^{\infty}\frac{x^n}{n!}=x+\frac{1}{2!}x^2+\frac{1}{3!}x^3+\cdots+\frac{x^n}{n!}+\cdots$$

的收敛半径与收敛域.

解 因为

$$\rho=\lim_{n\to\infty}\left|\frac{a_{n+1}}{a_n}\right|=\lim_{n\to\infty}\frac{\dfrac{1}{(n+1)!}}{\dfrac{1}{n!}}=\lim_{n\to\infty}\frac{1}{n+1}=0.$$

所以,收敛半径 $R=\dfrac{1}{\rho}=+\infty$. 因此,收敛域是 $(-\infty,+\infty)$.

例 3 求幂级数

$$\sum_{n=1}^{\infty} n!x^n = x+2!x^2+3!x^3+\cdots+n!x^n+\cdots$$

的收敛半径与收敛域.

解 因为

$$\rho=\lim_{n\to\infty}\left|\frac{a_{n+1}}{a_n}\right|=\lim_{n\to\infty}\frac{(n+1)!}{n!}=\lim_{n\to\infty}(n+1)=+\infty.$$

所以,收敛半径 $R=\dfrac{1}{\rho}=0$. 因此,该级数仅在 $x=0$ 收敛.

例 4 求幂级数

$$\sum_{n=1}^{\infty}(-nx)^n = -x+(-2x)^2+(-3x)^3+\cdots+(-nx)^n+\cdots$$

的收敛半径与收敛域.

解 因为

$$\rho=\lim_{n\to\infty}\sqrt[n]{|a_n|}=\lim_{n\to\infty}\sqrt[n]{|(-n)^n|}=\lim_{n\to\infty}n=+\infty,$$

所以,收敛半径 $R=\dfrac{1}{\rho}=0$. 因此,该级数仅在 $x=0$ 收敛.

例 5 求幂级数

$$\sum_{n=1}^{\infty}(-1)^n\frac{x^n}{n} = x-\frac{1}{2}x^2+\frac{1}{3}x^3-\cdots+(-1)^n\frac{x^n}{n}+\cdots$$

的收敛半径与收敛域.

解 因为

$$\rho=\lim_{n\to\infty}\left|\frac{a_{n+1}}{a_n}\right|=\lim_{n\to\infty}\frac{\dfrac{1}{n+1}}{\dfrac{1}{n}}=1,$$

所以,收敛半径 $R=\dfrac{1}{\rho}=1$.

当 $x=1$ 时,级数 $\sum_{n=1}^{\infty}(-1)^n\dfrac{x^n}{n}=\sum_{n=1}^{\infty}(-1)^n\dfrac{1}{n}$,前面讨论知它收敛.

当 $x=-1$ 时,级数 $\sum_{n=1}^{\infty}(-1)^n\dfrac{x^n}{n}=\sum_{n=1}^{\infty}\dfrac{1}{n}$(调和级数)发散.

因此,收敛域是 $(-1,1]$.

例 6 求幂级数

$$\sum_{n=1}^{\infty}\frac{x^{2n}}{2^n} = \frac{x^2}{2}+\frac{x^4}{2^2}+\cdots+\frac{x^{2n}}{2^n}+\cdots$$

的收敛半径与收敛域.

解 因为 $\sum_{n=1}^{\infty}a_nx^n=\sum_{n=1}^{\infty}\dfrac{x^{2n}}{2^n}$ 的 $a_{2n+1}=0$,级数缺少奇次幂的项,定理 2 不能直接应用.

由比值判别法,得

$$\lim_{n \to \infty} \left| \frac{u_{n+1}(x)}{u_n(x)} \right| = \lim_{n \to \infty} \left| \frac{\frac{x^{2(n+1)}}{2^{n+1}}}{\frac{x^{2n}}{2^n}} \right| = \frac{1}{2} x^2.$$

当 $\frac{1}{2} x^2 < 1$ 时，即 $|x| < \sqrt{2}$ 时，级数 $\sum_{n=1}^{\infty} \left| \frac{x^{2n}}{2^n} \right|$ 收敛，级数 $\sum_{n=1}^{\infty} \frac{x^{2n}}{2^n}$ 绝对收敛.

当 $\frac{1}{2} x^2 > 1$ 时，即 $|x| > \sqrt{2}$ 时，级数 $\sum_{n=1}^{\infty} \frac{x^{2n}}{2^n}$ 发散.

于是，收敛半径 $R = \sqrt{2}$.

当 $x = \pm\sqrt{2}$ 时，级数为 $1 + 1 + 1 + \cdots$，它的 $\lim_{n \to \infty} u_n = \lim_{n \to \infty} 1 = 1 \neq 0$，所以发散. 故收敛域为 $(-\sqrt{2}, \sqrt{2})$.

例 7 求幂级数

$$\sum_{n=1}^{\infty} \frac{(x-1)^n}{2^n \cdot n} = \frac{x-1}{2} + \frac{(x-1)^2}{2^2 \cdot 2} + \cdots + \frac{(x-1)^n}{2^n \cdot n} + \cdots$$

的收敛半径与收敛域.

解 令 $t = x - 1$，则级数 $\sum_{n=1}^{\infty} \frac{(x-1)^n}{2^n \cdot n} = \sum_{n=1}^{\infty} \frac{t^n}{2^n \cdot n}$.

因为

$$\rho = \lim_{n \to \infty} \left| \frac{a_{n+1}}{a_n} \right| = \lim_{n \to \infty} \frac{2^n \cdot n}{2^{n+1}(n+1)} = \frac{1}{2},$$

所以 $R = 2$，收敛区间 $(-2, 2)$.

当 $t = 2$ 时，级数 $\sum_{n=1}^{\infty} \frac{t^n}{2^n \cdot n} = \sum_{n=1}^{\infty} \frac{1}{n}$，发散.

当 $t = -2$ 时，级数 $\sum_{n=1}^{\infty} \frac{t^n}{2^n \cdot n} = \sum_{n=1}^{\infty} (-1)^n \frac{1}{n}$，收敛.

所以，收敛域为：$-2 \leqslant t < 2$，即 $-2 \leqslant x - 1 < 2$，得 $-1 \leqslant x < 3$，故级数 $\sum_{n=1}^{\infty} \frac{(x-1)^n}{2^n \cdot n}$ 的收敛域是 $[-1, 3)$.

11.4.3 幂级数的运算

设幂级数 $\sum_{n=0}^{\infty} a_n x^n$ 和 $\sum_{n=0}^{\infty} b_n x^n$ 的收敛半径分别为 R_1 和 R_2，令 $R = \min\{R_1, R_2\}$，则

(1)**加减法**. $\sum_{n=0}^{\infty} a_n x^n \pm \sum_{n=0}^{\infty} b_n x^n = \sum_{n=0}^{\infty} c_n x^n$，其中 $c_n = a_n \pm b_n$，$x \in (-R, R)$.

(2)**乘法**. $\left(\sum_{n=0}^{\infty} a_n x^n \right) \cdot \left(\sum_{n=0}^{\infty} b_n x^n \right) = \sum_{n=0}^{\infty} c_n x^n$，其中 $c_n = a_0 b_n + a_1 b_{n-1} + \cdots + a_n b_0$，$x \in (-R, R)$.

(3)**除法**. $\dfrac{\sum_{n=0}^{\infty} a_n x^n}{\sum_{n=0}^{\infty} b_n x^n} = \sum_{n=0}^{\infty} c_n x^n \ (b_0 \neq 0)$.

为了确定系数 $c_0, c_1, c_2, \cdots, c_n, \cdots$,可以将级数 $\sum_{n=0}^{\infty} b_n x^n$ 和 $\sum_{n=0}^{\infty} c_n x^n$ 相乘,并令乘积中各项的系数分别等于级数 $\sum_{n=0}^{\infty} a_n x^n$ 中同次幂的系数,即得:

$$a_0 = b_0 c_0,$$
$$a_1 = b_1 c_0 + b_0 c_1,$$
$$a_2 = b_2 c_0 + b_1 c_1 + b_0 c_2,$$
$$\cdots\cdots$$

由这些方程就可以顺序地求出 $c_0, c_1, c_2, \cdots, c_n, \cdots$. 相除后所得的幂级数 $\sum_{n=0}^{\infty} c_n x^n$ 的区间可能比原来两级数的收敛区间小得多.

例 8 求幂级数

$$\sum_{n=1}^{\infty} \left[\frac{(-1)^n}{n} + \frac{1}{2^n} \right] x^n$$

的收敛半径与收敛域.

解 对级数 $\sum_{n=1}^{\infty} \frac{x^n}{2^n}$,有 $\rho = \lim_{n \to \infty} \left| \frac{a_{n+1}}{a_n} \right| = \lim_{n \to \infty} \frac{\frac{1}{2^{n+1}}}{\frac{1}{2^n}} = \frac{1}{2}$,所以,收敛半径 $R = \frac{1}{\rho} = 2$.

当 $x = \pm 2$ 时,级数为 $1 + 1 + 1 + \cdots$,它的 $\lim_{n \to \infty} u_n = \lim_{n \to \infty} 1 = 1 \neq 0$,发散.

所以,级数 $\sum_{n=1}^{\infty} \frac{x^n}{2^n}$ 的收敛域是 $(-2, 2)$.

对级数 $\sum_{n=1}^{\infty} (-1)^n \frac{x^n}{n}$,由例 5,知它的收敛域是 $(-1, 1]$. 因为 $(-1, 1] \cap (-2, 2) = (-1, 1]$,所以,级数 $\sum_{n=1}^{\infty} \left[\frac{(-1)^n}{n} + \frac{1}{2^n} \right] x^n$ 的收敛域是 $(-1, 1]$.

我们知道,幂级数的和函数是在其收敛域内定义的一个函数,关于这类函数的连续性、可导性及可积性,我们有如下定理:

定理 3 设幂级数 $\sum_{n=0}^{\infty} a_n x^n$ 的收敛半径为 R,则

(1) 幂级数的和函数 $S(x)$ 在其收敛域上连续;

(2) 幂级数的和函数 $S(x)$ 在其收敛域上可积,且

$$\int_0^x S(x) \mathrm{d}x = \int_0^x \sum_{n=0}^{\infty} a_n x^n \mathrm{d}x = \sum_{n=0}^{\infty} \int_0^x a_n x^n \mathrm{d}x = \sum_{n=0}^{\infty} \frac{a_n}{n+1} x^{n+1},$$

且逐项积分后得到的幂级数和原级数有相同的收敛半径;

(3) 幂级数的和函数 $S(x)$ 在其收敛区间 $(-R, R)$ 内可导,且

$$S'(x) = \left(\sum_{n=0}^{\infty} a_n x^n \right)' = \sum_{n=0}^{\infty} (a_n x^n)' = \sum_{n=1}^{\infty} n a_n x^{n-1},$$

且逐项求导后得到的幂级数和原级数有相同的收敛半径.

注 反复应用结论(3)可得,幂级数的和函数 $S(x)$ 在其收敛区间 $(-R, R)$ 内具有任意阶导数.

上述运算性质称为幂级数的**分析运算性质**. 它常用来求幂级数的和函数. 另外,等比级数

的和函数

$$\sum_{n=0}^{\infty} x^n = 1 + x + x^2 + \cdots + x^n + \cdots = \frac{1}{1-x}, x \in (-1, 1)$$

是幂级数求和函数时的重要结论. 由该结论可得,

$$\sum_{n=1}^{\infty} x^n = x + x^2 + \cdots + x^n + \cdots = \frac{x}{1-x},$$

$$\sum_{n=0}^{\infty} x^{2n} = 1 + x^2 + x^4 + \cdots + x^{2n} + \cdots = \frac{1}{1-x^2},$$

$$\sum_{n=0}^{\infty} (-x)^n = 1 - x + x^2 - x^3 + \cdots + (-x)^n + \cdots = \frac{1}{1+x}.$$

例 9　求幂级数 $\displaystyle\sum_{n=1}^{\infty} nx^{n-1}$ 的和函数及收敛域.

解　因为级数 $\displaystyle\sum_{n=1}^{\infty} x^n$ 的收敛半径 $R_1 = 1$,所以所求级数的收敛半径 $R_1 = 1$,当 $x = 1$ 时,级数 $\displaystyle\sum_{n=1}^{\infty} nx^{n-1} = \sum_{n=1}^{\infty} n$,$\lim\limits_{n \to \infty} u_n = \lim\limits_{n \to \infty} n = +\infty \neq 0$,级数发散;又当 $x = -1$ 时,级数 $\displaystyle\sum_{n=1}^{\infty} nx^{n-1} = \sum_{n=1}^{\infty} (-1)^{n-1} n$,$\{S_n\}$ 的极限 不存在,级数发散. 因此,所求级数 $\displaystyle\sum_{n=1}^{\infty} nx^{n-1}$ 的收敛域是 $(-1, 1)$.

$$\sum_{n=1}^{\infty} nx^{n-1} = \sum_{n=1}^{\infty} (x^n)' = \left(\sum_{n=1}^{\infty} x^n\right)' = \left(\frac{x}{1-x}\right)' = \frac{1}{(1-x)^2}.$$

例 10　求幂级数 $\displaystyle\sum_{n=1}^{\infty} \frac{x^n}{n}$ 的和函数及收敛域.

解　级数 $\displaystyle\sum_{n=0}^{\infty} x^n$ 的收敛半径 $R_1 = 1$,所求级数的收敛半径 $R = 1$. 当 $x = 1$ 时,级数 $\displaystyle\sum_{n=1}^{\infty} \frac{x^n}{n} = \sum_{n=1}^{\infty} \frac{1}{n}$,级数发散;又当 $x = -1$ 时,级数 $\displaystyle\sum_{n=1}^{\infty} \frac{x^n}{n} = \sum_{n=1}^{\infty} \frac{(-1)^n}{n}$,级数收敛. 因此,所求级数 $\displaystyle\sum_{n=1}^{\infty} \frac{x^n}{n}$ 的收敛域是 $[-1, 1)$.

$$\sum_{n=1}^{\infty} \frac{x^n}{n} = \sum_{n=1}^{\infty} \int_0^x x^{n-1} \mathrm{d}x = \int_0^x \sum_{n=1}^{\infty} x^{n-1} \mathrm{d}x = \int_0^x \sum_{n=0}^{\infty} x^n \mathrm{d}x = \int_0^x \frac{1}{1-x} \mathrm{d}x = \ln(1-x).$$

例 11　求幂级数 $\displaystyle\sum_{n=1}^{\infty} nx^n$ 的和函数及收敛域.

解　因为级数 $\displaystyle\sum_{n=1}^{\infty} x^n$ 的收敛半径 $R_1 = 1$,所以所求级数的收敛半径 $R = 1$. 当 $x = 1$ 时,级数 $\displaystyle\sum_{n=1}^{\infty} nx^n = \sum_{n=1}^{\infty} n$,$\lim\limits_{n \to \infty} u_n = \lim\limits_{n \to \infty} n = +\infty \neq 0$,级数发散;又当 $x = -1$ 时,级数 $\displaystyle\sum_{n=1}^{\infty} nx^n = \sum_{n=1}^{\infty} (-1)^n n$,$\{S_n\}$ 的极限不存 在,级数发散;因此,所求级数 $\displaystyle\sum_{n=1}^{\infty} nx^n$ 的收敛域是 $(-1, 1)$.

$$\sum_{n=1}^{\infty} nx^n = x\sum_{n=1}^{\infty} nx^{n-1} = x\sum_{n=1}^{\infty} (x^n)' = x\left(\sum_{n=1}^{\infty} x^n\right)' = x\left(\frac{x}{1-x}\right)' = \frac{x}{(1-x)^2}.$$

例 12 求幂级数 $\sum\limits_{n=1}^{\infty} n^2 x^{n-1}$ 的和函数及收敛域.

解 因为级数 $\sum\limits_{n=1}^{\infty} x^n$ 的收敛半径 $R_1 = 1$，所以所求级数的收敛半径 $R = 1$，当 $x = 1$ 时，级数 $\sum\limits_{n=1}^{\infty} n^2 x^{n-1} = \sum\limits_{n=1}^{\infty} n^2$，$\lim\limits_{n \to \infty} u_n = \lim\limits_{n \to \infty} n^2 = +\infty \neq 0$，级数发散；又当 $x = -1$ 时，级数 $\sum\limits_{n=1}^{\infty} n^2 x^{n-1} = \sum\limits_{n=1}^{\infty} (-1)^{n-1} n^2$，$\{S_n\}$ 的极限不存在，级数发散. 因此，所求级数 $\sum\limits_{n=1}^{\infty} n^2 x^{n-1}$ 的收敛域是 $(-1, 1)$.

$$\sum_{n=1}^{\infty} n^2 x^{n-1} = \sum_{n=1}^{\infty} [(n+1) - 1] n x^{n-1} = \sum_{n=1}^{\infty} n(n+1) x^{n-1} - \sum_{n=1}^{\infty} n x^{n-1}$$
$$= \left(\sum_{n=1}^{\infty} x^{n+1} \right)'' - \left(\sum_{n=1}^{\infty} x^n \right)' = \left(\frac{x}{1-x} \right)'' - \left(\frac{x}{1-x} \right)'$$
$$= \frac{2}{(1-x)^3} - \frac{1}{(1-x)^2} = \frac{1+x}{(1-x)^3}.$$

习 题 11-4

1. 求下列幂级数的收敛域：

(1) $\sum\limits_{n=1}^{\infty} (-1)^{n-1} \dfrac{x^n}{n^2}$;

(2) $\sum\limits_{n=1}^{\infty} \dfrac{x^n}{n \cdot 3^n}$;

(3) $\sum\limits_{n=1}^{\infty} \dfrac{x^n}{2 \cdot 4 \cdots \cdot (2n)}$;

(4) $\sum\limits_{n=1}^{\infty} \dfrac{n}{n+1} x^{n+1}$;

(5) $\sum\limits_{n=1}^{\infty} \dfrac{(x-2)^n}{n^2}$;

(6) $\sum\limits_{n=1}^{\infty} \dfrac{(x-5)^n}{\sqrt{n}}$;

(7) $\sum\limits_{n=1}^{\infty} (-1)^n \dfrac{x^{2n+1}}{2n+1}$;

(8) $\sum\limits_{n=1}^{\infty} \dfrac{2n-1}{2^n} x^{2n-2}$.

2. 求下列幂级数的收敛半径：

(1) $\sum\limits_{n=1}^{\infty} \dfrac{(n+1)^n}{n!} x^n$;

(2) $\sum\limits_{n=1}^{\infty} \dfrac{(-1)^n}{\sqrt[n]{n!}} x^n$.

3. 求下列幂级数的和函数：

(1) $\sum\limits_{n=1}^{\infty} (-1)^{n-1} \dfrac{x^n}{n}$;

(2) $\sum\limits_{n=1}^{\infty} \dfrac{x^{2n-1}}{2n-1}$;

(3) $\sum\limits_{n=1}^{\infty} \dfrac{x^n}{n(n+1)}$.

4. 求幂级数 $\sum\limits_{n=1}^{\infty} \dfrac{x^{2n+1}}{n!}$ 的和函数，并求数项级数 $\sum\limits_{n=1}^{\infty} \dfrac{2n+1}{n!}$ 的和.

5. 求级数 $\sum\limits_{n=1}^{\infty} \dfrac{(-1)^n (n^2 - n + 1)}{2^n}$ 的和.

6. 试求极限 $\lim\limits_{n \to \infty} \left(\dfrac{1}{a} + \dfrac{2}{a^2} + \cdots + \dfrac{n}{a^n} \right)$，其中 $a > 1$.

11.5 函数展开成幂级数

前面讨论了幂级数的收敛域及其和函数，但在许多应用中. 我们遇到的却是相反的问题：对给定函数 $f(x)$，要考虑它是否能在某个区间内表示成幂级数，即能否找到一个幂级数，它在某区间内收敛，且其和恰好就是给定的函数 $f(x)$. 如果这样的幂级数存在，则称函数 $f(x)$ 在该区间内能**展开成幂级数**，而此幂级数在该区间内就表达了函数 $f(x)$.

11.5.1　泰勒级数

由第 3 章 3.3 节中的泰勒公式我们看到,如果函数 $f(x)$ 在点 x_0 的某邻域内具有直到 $n+1$ 阶导数,则对于该邻域内任意一点,有

$$f(x)=f(x_0)+f'(x_0)(x-x_0)+\frac{f''(x_0)}{2!}(x-x_0)^2$$
$$+\cdots+\frac{f^{(n)}(x_0)}{n!}(x-x_0)^n+R_n(x).$$

其中 $R_n(x)=\frac{f^{(n+1)}(\xi)}{(n+1)!}(x-x_0)^{n+1}$,这里 ξ 是介于 x_0 与 x 之间的某个值.

如果 $f(x)$ 存在任意阶导数,且 $\sum\limits_{n=0}^{\infty}\frac{f^{(n)}(x_0)}{n!}(x-x_0)^n$ 的收敛半径为 R,则

$$f(x)=\lim_{n\to\infty}\Big[f(x_0)+f'(x_0)(x-x_0)+\frac{f''(x_0)}{2!}(x-x_0)^2$$
$$+\cdots+\frac{f^{(n)}(x_0)}{n!}(x-x_0)^n+R_n(x)\Big].$$

其中 $f(x_0)+f'(x_0)(x-x_0)+\frac{f''(x_0)}{2!}(x-x_0)^2+\cdots+\frac{f^{(n)}(x_0)}{n!}(x-x_0)^n$ 是级数 $\sum\limits_{n=0}^{\infty}\frac{f^{(n)}(x_0)}{n!}(x-x_0)^n$ 的第 $n+1$ 次部分和,即

$$S_{n+1}(x)=f(x_0)+f'(x_0)(x-x_0)+\frac{f''(x_0)}{2!}(x-x_0)^2$$
$$+\cdots+\frac{f^{(n)}(x_0)}{n!}(x-x_0)^n.$$

于是,有下面的定理.

定理 1　如果 $f(x)$ 在区间内 $|x-x_0|<R$ 存在任意阶导数,且幂级数 $\sum\limits_{n=0}^{\infty}\frac{f^{(n)}(x_0)}{n!}(x-x_0)^n$ 的收敛区间为 $|x-x_0|<R$,则在区间 $|x-x_0|<R$ 内,$f(x)=\sum\limits_{n=0}^{\infty}\frac{f^{(n)}(x_0)}{n!}(x-x_0)^n$ 成立的充分必要条件是:在该区间内,

$$\lim_{n\to\infty}R_n(x)=\lim_{n\to\infty}\frac{f^{(n+1)}(\xi)}{(n+1)!}(x-x_0)^{n+1}=0.$$

级数 $\sum\limits_{n=0}^{\infty}\frac{f^{(n)}(x_0)}{n!}(x-x_0)^n$ 称为 $f(x)$ 在点 $x=x_0$ 处的**泰勒级数**,当 $x_0=0$ 时,泰勒级数为

$$\sum_{n=0}^{\infty}\frac{f^{(n)}(0)}{n!}x^n=f(0)+f'(0)x+\frac{f''(0)}{2!}x^2+\cdots+\frac{f^{(n)}(0)}{n!}x^n+\cdots,$$

称其为 $f(x)$ 的**麦克劳林级数**.

注　利用函数的幂级数展开式和唯一性,可以求函数 $f(x)$ 在点 $x=x_0$ 处的高阶导数.

11.5.2　函数展开成幂级数的方法

1. 直接展开法

把函数 $f(x)$ 在点 $x=x_0$ 处展开成泰勒级数的步骤:

（1）计算各阶导数 $f^{(n)}(x_0)(n=1,2,3,\cdots)$；

（2）写出级数 $\sum\limits_{n=0}^{\infty}\dfrac{f^{(n)}(x_0)}{n!}(x-x_0)^n$，并求出收敛半径 R；

（3）考察在 $|x-x_0|<R$ 内，余项 $R_n(x)$ 的极限

$$\lim_{n\to\infty}R_n(x)=\lim_{n\to\infty}\frac{f^{(n+1)}(\xi)}{(n+1)!}(x-x_0)^{n+1}$$

是否为零；

（4）如果是零，则在 $|x-x_0|<R$ 内，函数可以展开成幂级数，写出展开式

$$f(x)=\sum_{n=0}^{\infty}\frac{f^{(n)}(x_0)}{n!}(x-x_0)^n.$$

例 1　把函数 $f(x)=\mathrm{e}^x$ 展开成 x 的幂级数（麦克劳林级数）.

解　由 $f^{(n)}(x)=\mathrm{e}^x$，得 $f^{(n)}(0)=\mathrm{e}^0=1$，则所求级数为

$$\sum_{n=0}^{\infty}\frac{f^{(n)}(0)}{n!}x^n=f(0)+f'(0)x+\frac{f''(0)}{2!}x^2+\cdots+\frac{f^{(n)}(0)}{n!}x^n+\cdots,$$

即

$$\sum_{n=0}^{\infty}\frac{1}{n!}x^n=1+x+\frac{1}{2!}x^2+\cdots+\frac{1}{n!}x^n+\cdots.$$

该级数收敛半径 $R=+\infty$.

对于任何有限的数 x,ξ（ξ 在 0 与 x 之间），余项的绝对值为

$$|R_n(x)|=\left|\frac{f^{(n+1)}(\xi)}{(n+1)!}x^{n+1}\right|=\left|\frac{\mathrm{e}^{\xi}}{(n+1)!}x^{n+1}\right|<\mathrm{e}^{|x|}\cdot\frac{|x|^{n+1}}{(n+1)!},$$

即

$$-\mathrm{e}^{|x|}\cdot\frac{|x|^{n+1}}{(n+1)!}<R_n(x)<\mathrm{e}^{|x|}\cdot\frac{|x|^{n+1}}{(n+1)!}.$$

对于级数 $\sum\limits_{n=0}^{\infty}\mathrm{e}^{|x|}\cdot\dfrac{|x|^{n+1}}{(n+1)!}$，因为

$$\lim_{n\to\infty}\left|\frac{u_{n+1}}{u_n}\right|=\lim_{n\to\infty}\frac{\mathrm{e}^{|x|}\cdot\dfrac{|x|^{n+2}}{(n+2)!}}{\mathrm{e}^{|x|}\cdot\dfrac{|x|^{n+1}}{(n+1)!}}=\lim_{n\to\infty}\frac{|x|}{n+2}=0<1,$$

所以收敛，由性质 5 得

$$\lim_{n\to\infty}u_n=\lim_{n\to\infty}\mathrm{e}^{|x|}\cdot\frac{|x|^{n+1}}{(n+1)!}=0,$$

从而 $\lim\limits_{n\to\infty}R_n(x)=0$，于是

$$f(x)=\mathrm{e}^x=\sum_{n=0}^{\infty}\frac{1}{n!}x^n=1+x+\frac{1}{2!}x^2+\cdots+\frac{1}{n!}x^n+\cdots,x\in(-\infty,+\infty).$$

例 2　把函数 $f(x)=\sin x$ 展开成 x 的幂级数（麦克劳林级数）.

解　由 $f^{(n)}(x)=\sin\left(x+\dfrac{n}{2}\pi\right)$，得

$$f(0)=0,\quad f'(0)=1,\quad f''(0)=0,\quad f'''(0)=-1,\quad\cdots\quad f^{(2k)}(0)=0,\quad f^{(2k+1)}(0)=(-1)^k,$$

级数为

$$\sum_{n=0}^{\infty} \frac{f^{(n)}(0)}{n!} x^n = f(0) + f'(0)x + \frac{f''(0)}{2!}x^2 + \cdots + \frac{f^{(n)}(0)}{n!}x^n + \cdots,$$

即

$$\sum_{n=0}^{\infty} (-1)^n \frac{x^{2n+1}}{(2n+1)!} = x - \frac{x^3}{3!} + \frac{x^5}{5!} + \cdots + (-1)^n \frac{x^{2n+1}}{(2n+1)!} + \cdots.$$

该级数收敛半径 $R = +\infty$.

对于任何有限的数 $x, \xi(\xi$ 在 0 与 x 之间),余项的绝对值为

$$|R_n(x)| = \left| \frac{f^{(n+1)}(\xi)}{(n+1)!} x^{n+1} \right| = \left| \frac{\sin\left[\xi + \frac{(n+1)\pi}{2}\right]}{(n+1)!} x^{n+1} \right| < \frac{|x|^{n+1}}{(n+1)!},$$

即

$$-\frac{|x|^{n+1}}{(n+1)!} < R_n(x) < \frac{|x|^{n+1}}{(n+1)!}.$$

对于级数 $\sum_{n=0}^{\infty} \frac{|x|^{n+1}}{(n+1)!}$,因为

$$\lim_{n \to \infty} \left| \frac{u_{n+1}}{u_n} \right| = \lim_{n \to \infty} \frac{\frac{|x|^{n+2}}{(n+2)!}}{\frac{|x|^{n+1}}{(n+1)!}} = \lim_{n \to \infty} \frac{|x|}{n+2} = 0 < 1,$$

所以收敛,由性质 5 得

$$\lim_{n \to \infty} u_n = \lim_{n \to \infty} \frac{|x|^{n+1}}{(n+1)!} = 0,$$

从而 $\lim_{n \to \infty} R_n(x) = 0$,于是

$$f(x) = \sin x = \sum_{n=0}^{\infty} (-1)^n \frac{x^{2n+1}}{(2n+1)!} = x - \frac{x^3}{3!} + \frac{x^5}{5!} + \cdots + (-1)^n \frac{x^{2n+1}}{(2n+1)!} + \cdots,$$
$$x \in (-\infty, +\infty).$$

由上面两个例子可以看出,用直接展开法展开幂级数时,首先要计算幂级数的系数,其次还要考察余项 $R_n(x)$ 是否趋于零. 这种方法计算量较大,而且研究余项即使在初等函数中也不是件容易的事,其实更多的情况是利用一些已知的函数展开式,通过变量代换、恒等变形、幂级数的四则运算、逐项求导或逐项积分等方法间接地求得幂级数的展开式. 这种方法我们称为**间接展开法**. 实质上函数的幂级数展开就是求幂级数和函数的逆过程.

2. 间接展开法

例 3 把函数 $f(x) = \cos x$ 展开成 x 的幂级数(麦克劳林级数).

解 对

$$\sin x = \sum_{n=0}^{\infty} (-1)^n \frac{x^{2n+1}}{(2n+1)!} = x - \frac{x^3}{3!} + \frac{x^5}{5!} + \cdots + (-1)^n \frac{x^{2n+1}}{(2n+1)!} + \cdots,$$

逐项求导,得

$$\cos x = \sum_{n=0}^{\infty} (-1)^n \frac{x^{2n}}{(2n)!} = 1 - \frac{x^2}{2!} + \frac{x^4}{4!} + \cdots + (-1)^n \frac{x^{2n}}{(2n)!} + \cdots, x \in (-\infty, +\infty).$$

例 4 把函数 $f(x) = \ln(1+x)$ 展开成 x 的幂级数(麦克劳林级数).

解 因为 $f'(x) = \frac{1}{1+x}$,且

$$\frac{1}{1+x}=1-x+x^2-x^3+\cdots+(-x)^n+\cdots, x\in(-1,1),$$

两边逐项积分,得

$$\ln(1+x)=x-\frac{x^2}{2}+\frac{x^3}{3}-\cdots+(-1)^n\frac{x^{n+1}}{n+1}+\cdots, x\in(-1,1].$$

例 5　利用直接展开法和幂级数的性质,可得

$$(1+x)^k=1+kx+\frac{k(k-1)}{2}x^2+\cdots+\frac{k(k-1)\cdots(k-n+1)}{n!}x^n+\cdots,$$

其中 $x\in(-1,1), k\in(-\infty,\infty)$.

在区间端点 $x=\pm1$ 处,展开式能否成立与 k 的取值有关. 可以证明:

(1)当 $k\leqslant-1$ 时,收敛域是 $(-1,1)$;

(2)当 $-1<k\leqslant0$ 时,收敛域是 $(-1,1]$;

(3)当 $k>0$ 时,收敛域是 $[-1,1]$.

该公式称为**牛顿二项展开式**.特别地,当 k 是正整数时,它便是初等代数中的二项式定理.

例 6　当 $k=\frac{1}{2}$ 时,可得　$\sqrt{1+x}=1+\frac{1}{2}x-\frac{1}{2\cdot4}x^2+\frac{1\cdot3}{2\cdot4\cdot6}x^3+\cdots x\in[-1,1]$,当 $k=-\frac{1}{2}$ 时,可得　$\frac{1}{\sqrt{1+x}}=1-\frac{1}{2}x+\frac{1\cdot3}{2\cdot4}x^2-\frac{1\cdot3\cdot5}{2\cdot4\cdot6}x^3+\cdots x\in(-1,1]$.

常用的麦克劳林展开式如下所述:

$$\frac{1}{1-x}=\sum_{n=0}^{\infty}x^n=1+x+x^2+\cdots+x^n+\cdots, x\in(-1,1);$$

$$\frac{1}{1+x}=\sum_{n=0}^{\infty}(-x)^n=1-x+x^2-x^3+\cdots+(-x)^n+\cdots, x\in(-1,1);$$

$$\frac{x}{1-x}=\sum_{n=1}^{\infty}x^n=x+x^2+\cdots+x^n+\cdots, x\in(-1,1);$$

$$\frac{1}{1-x^2}=\sum_{n=0}^{\infty}x^{2n}=1+x^2+x^4+\cdots+x^{2n}+\cdots, x\in(-1,1);$$

$$e^x=\sum_{n=0}^{\infty}\frac{1}{n!}x^n=1+x+\frac{1}{2!}x^2+\cdots+\frac{1}{n!}x^n+\cdots, x\in(-\infty,+\infty),$$

$$\sin x=\sum_{n=0}^{\infty}(-1)^n\frac{x^{2n+1}}{(2n+1)!}=x-\frac{x^3}{3!}+\frac{x^5}{5!}+\cdots+(-1)^n\frac{x^{2n+1}}{(2n+1)!}+\cdots,$$
$$x\in(-\infty,+\infty);$$

$$\cos x=\sum_{n=0}^{\infty}(-1)^n\frac{x^{2n}}{(2n)!}=1-\frac{x^2}{2!}+\frac{x^4}{4!}+\cdots+(-1)^n\frac{x^{2n}}{(2n)!}+\cdots,$$
$$x\in(-\infty,+\infty);$$

$$\ln(1+x)=x-\frac{x^2}{2}+\frac{x^3}{3}-\cdots+(-1)^n\frac{x^{n+1}}{n+1}+\cdots, x\in(-1,1];$$

$$(1+x)^k=1+kx+\frac{k(k-1)}{2}x^2+\cdots+\frac{k(k-1)\cdots(k-n+1)}{n!}x^n+\cdots,$$
$$x\in(-1,1), k\in(-\infty,\infty);$$

例 7　把函数 $f(x)=\dfrac{1}{3-x}$ 展开成 x 的幂级数(**麦克劳林级数**).

解 因为
$$\frac{1}{1-x}=1+x+x^2+x^3+\cdots+x^n+\cdots,\ x\in(-1,1),$$

所以
$$\frac{1}{1-\frac{x}{3}}=1+\frac{x}{3}+\left(\frac{x}{3}\right)^2+\left(\frac{x}{3}\right)^3+\cdots+\left(\frac{x}{3}\right)^n+\cdots=\sum_{n=0}^{\infty}\left(\frac{x}{3}\right)^n,$$

则
$$f(x)=\frac{1}{3-x}=\frac{1}{3\left(1-\frac{x}{3}\right)}=\frac{1}{3}\sum_{n=0}^{\infty}\left(\frac{x}{3}\right)^n,\ -1<\frac{x}{3}<1,$$

即 $-3<x<3$.

例 8 把函数 $f(x)=\arctan x$ 展开成 x 的幂级数（**麦克劳林级数**）.

解 因为
$$\frac{1}{1+x^2}=1-x^2+x^4-\cdots+(-1)^nx^{2n}+\cdots,\ x\in(-1,1),$$

所以
$$f(x)=\arctan x=\int_0^x\frac{1}{1+x^2}\mathrm{d}x=\int_0^x[1-x^2+x^4-\cdots+(-1)^nx^{2n}+\cdots]\mathrm{d}x$$
$$=x-\frac{1}{3}x^3+\frac{1}{5}x^5-\cdots+(-1)^n\frac{x^{2n+1}}{2n+1}+\cdots,\ x\in(-1,1).$$

当 $x=1$ 时,级数 $\sum_{n=0}^{\infty}\frac{(-1)^n}{2n+1}$ 收敛;当 $x=-1$ 时,级数 $\sum_{n=0}^{\infty}\frac{(-1)^{n+1}}{2n+1}$ 也收敛,且当 $x=\pm1$ 时,函数 $\arctan x$ 连续,所以
$$\arctan x=x-\frac{1}{3}x^3+\frac{1}{5}x^5-\cdots+(-1)^n\frac{x^{2n+1}}{2n+1}+\cdots,\quad x\in[-1,1].$$

例 9 求非初等函数
$$F(x)=\int_0^x\mathrm{e}^{-t^2}\mathrm{d}t$$
的幂级数展开式.

解 因为
$$\mathrm{e}^x=\sum_{n=0}^{\infty}\frac{1}{n!}x^n=1+x+\frac{1}{2!}x^2+\cdots+\frac{1}{n!}x^n+\cdots,\ x\in(-\infty,+\infty),$$

所以
$$\mathrm{e}^{-x^2}=\sum_{n=0}^{\infty}\frac{1}{n!}(-x^2)^n=1-\frac{x^2}{1!}+\frac{x^4}{2!}-\frac{x^6}{3!}+\cdots+\frac{(-1)^nx^{2n}}{n!}+\cdots,x\in(-\infty,+\infty),$$

再逐项求积就得到 $F(x)$ 在 $(-\infty,+\infty)$ 上的展开式
$$F(x)=\int_0^x\mathrm{e}^{-t^2}\mathrm{d}t=x-\frac{1}{1!}\frac{x^3}{3}+\frac{1}{2!}\frac{x^5}{5}-\frac{1}{3!}\frac{x^7}{7}+\cdots+\frac{(-1)^n}{n!}\frac{x^{2n+1}}{2n+1}+\cdots.$$

掌握了函数展开成**麦克劳林级数**的方法后,当要把函数展开成 $x-x_0$ 的幂级数时,只需把 $f(x)$ 转化成 $x-x_0$ 的表达式,把 $x-x_0$ 看做变量 t,展开成 t 的幂级数,即得 $x-x_0$ 的幂级数.

例 10　把函数 $f(x)=\dfrac{1}{3-x}$ 展开成 $x-1$ 的幂级数.

解　因为

$$\frac{1}{1-x}=\sum_{n=0}^{\infty}x^n=1+x+x^2+x^3+\cdots+x^n+\cdots,x\in(-1,1),$$

所以

$$f(x)=\frac{1}{3-x}=\frac{1}{2-(x-1)}=\frac{1}{2}\cdot\frac{1}{1-\dfrac{x-1}{2}}=\frac{1}{2}\sum_{n=0}^{\infty}\left(\frac{x-1}{2}\right)^n$$

$$=\frac{1}{2}\left[1+\frac{x-1}{2}+\left(\frac{x-1}{2}\right)^2+\cdots+\left(\frac{x-1}{2}\right)^n+\cdots\right]$$

$$=\sum_{n=0}^{\infty}\frac{(x-1)^n}{2^{n+1}},$$

$-1<\dfrac{x-1}{2}<1,$ 即 $-1<x<3.$

例 11　把函数 $f(x)=\dfrac{1}{x^2-5x+6}$ 展开成 $x-1$ 的幂级数.

解　因为

$$f(x)=\frac{1}{x^2-5x+6}=\frac{1}{2-x}-\frac{1}{3-x}=\frac{1}{1-(x-1)}-\frac{1}{2-(x-1)}$$

$$=\frac{1}{1-(x-1)}-\frac{1}{2}\cdot\frac{1}{1-\left(\dfrac{x-1}{2}\right)},$$

又因为

$$\frac{1}{1-(x-1)}=\sum_{n=0}^{\infty}(x-1)^n,$$

$-1<x-1<1,$ 即 $0<x<2.$

$$\frac{1}{2}\cdot\frac{1}{1-\left(\dfrac{x-1}{2}\right)}=\frac{1}{2}\sum_{n=0}^{\infty}\left(\frac{x-1}{2}\right)^n=\sum_{n=0}^{\infty}\frac{(x-1)^n}{2^{n+1}},$$

$-1<\dfrac{x-1}{2}<1$ 即 $-1<x<3.$

所以

$$\frac{1}{x^2-5x+6}=\sum_{n=0}^{\infty}(x-1)^n-\sum_{n=0}^{\infty}\frac{(x-1)^n}{2^{n+1}}$$

$$=\sum_{n=0}^{\infty}\left(1-\frac{1}{2^{n+1}}\right)(x-1)^n,0<x<2.$$

例 12　把函数 $f(x)=\sin x$ 展开成 $x-\dfrac{\pi}{4}$ 的幂级数.

解　因为

$$f(x)=\sin x=\sin\left[\frac{\pi}{4}+\left(x-\frac{\pi}{4}\right)\right]=\sin\frac{\pi}{4}\cos\left(x-\frac{\pi}{4}\right)+\cos\frac{\pi}{4}\sin\left(x-\frac{\pi}{4}\right)$$

$$=\frac{1}{\sqrt{2}}\left[\cos\left(x-\frac{\pi}{4}\right)+\sin\left(x-\frac{\pi}{4}\right)\right].$$

又因为

$$\sin\left(x-\frac{\pi}{4}\right)=\sum_{n=0}^{\infty}(-1)^n\frac{\left(x-\frac{\pi}{4}\right)^{2n+1}}{(2n+1)!}=\left(x-\frac{\pi}{4}\right)-\frac{\left(x-\frac{\pi}{4}\right)^3}{3!}+\frac{\left(x-\frac{\pi}{4}\right)^5}{5!}$$

$$+\cdots+(-1)^n\frac{\left(x-\frac{\pi}{4}\right)^{2n+1}}{(2n+1)!}+\cdots,x\in(-\infty,+\infty),$$

$$\cos\left(x-\frac{\pi}{4}\right)=\sum_{n=0}^{\infty}(-1)^n\frac{\left(x-\frac{\pi}{4}\right)^{2n}}{(2n)!}=1-\frac{\left(x-\frac{\pi}{4}\right)^2}{2!}+\frac{\left(x-\frac{\pi}{4}\right)^4}{4!}$$

$$+\cdots+(-1)^n\frac{\left(x-\frac{\pi}{4}\right)^{2n}}{(2n)!}+\cdots,x\in(-\infty,+\infty).$$

所以

$$\sin x=\frac{1}{\sqrt{2}}\left[\cos\left(x-\frac{\pi}{4}\right)+\sin\left(x-\frac{\pi}{4}\right)\right]$$

$$=\frac{1}{\sqrt{2}}\left[1+\left(x-\frac{\pi}{4}\right)-\frac{\left(x-\frac{\pi}{4}\right)^2}{2!}-\frac{\left(x-\frac{\pi}{4}\right)^3}{3!}+\frac{\left(x-\frac{\pi}{4}\right)^4}{4!}+\cdots\right],\quad x\in(-\infty,+\infty).$$

习 题 11-5

1. 将下列函数展开成 x 的幂级数,并求成立的区间.

(1) $f(x)=\ln(10+x)$；　　(2) $f(x)=a^x$；　　(3) $f(x)=\cos^2 x$；

(4) $f(x)=\dfrac{e^x-e^{-x}}{2}$；　　(5) $f(x)=\dfrac{x}{\sqrt{1+x^2}}$；　　(6) $f(x)=\dfrac{1}{x^2-2x-3}$.

2. 将下列函数展开成 $x-1$ 的幂级数,并求成立的区间.

(1) $f(x)=\dfrac{1}{6+x-x^2}$；　　(2) $f(x)=\ln(3x-x^2)$.

3. 将函数 $f(x)=\cos x$ 展开成 $x+\dfrac{\pi}{3}$ 的幂级数.

4. 将函数 $f(x)=\arctan\dfrac{1+x}{1-x}$ 展开成 x 的幂级数.

5. 将函数 $f(x)=\ln\left(x+\sqrt{1+x^2}\right)$ 展开成 x 的幂级数.

6. 将函数 $f(x)=\dfrac{1}{x}$ 展开成 $x-3$ 的幂级数.

11.6 函数项级数的一致收敛性

11.6.1 函数项级数的一致收敛性

我们知道,有限个连续函数的和仍然是连续函数,有限个函数和的导数等于它们导数的和,有限个函数和的积分等于它们积分的和.但是对于无穷多个函数的和是否也只有这些性质呢? 对于幂级数来说,回答是肯定的.但是.对于一般的函数项级数,情况并非如此.下面先来看一个例子:

例 1 研究函数项级数

$$x+(x^2-x)+(x^3-x^2)+\cdots+(x^n-x^{n-1})+\cdots$$

的和函数在 $[0,1]$ 上的连续性.

解　因为该级数的每一项都在 $[0,1]$ 上连续,且

$$s_n(x)=x+(x^2-x)+(x^3-x^2)+\cdots+(x^n-x^{n-1})=x^n,$$

它的和函数

$$s(x)=\lim_{n\to\infty}s_n(x)=\begin{cases}0,&0\leqslant x<1\\1,&x=1\end{cases}.$$

可以计算: $\lim\limits_{x\to 1^-}s(x)=0$; $s(1)=1$,则和函数 $s(x)$ 在 $x=1$ 处间断.

由此可见,即使函数项级数的每一项在 $[a,b]$ 上连续,并且级数在 $[a,b]$ 上收敛,其和函数不一定在 $[a,b]$ 上连续;同样也可以举例说明,由函数项级数每一项的导数或积分所构成的级数的和并不一定等于它们的和函数的导数或积分. 这就提出一个问题,在什么条件下,我们才能够从级数每一项的连续性得出它的和函数的连续性,从级数每一项的导数或积分所构成的级数之和得出原来级数的和函数的导数或积分呢? 要回答这个问题,就需要引入函数项级数的**一致收敛性**概念.

设函数项级数

$$u_1(x)+u_2(x)+\cdots+u_n(x)+\cdots,$$

在区间 I 上收敛于和 $s(x)$,指的是它在区间 I 上的每一点 x_0,数项级数 $\sum\limits_{n=1}^{\infty}u_n(x_0)$ 收敛于 $s_n(x_0)$,即级数的部分和所成的数列

$$s_n(x_0)=\sum_{k=1}^{n}u_k(x_0)\to s(x_0)\quad(n\to\infty).$$

按数列极限的定义,即对于任意给定的正数 ε,以及区间 I 上的每一点 x_0,总存在着一个自然数 N,使得当 $n>N$ 时,恒有不等式

$$|s(x_0)-s_n(x_0)|<\varepsilon,$$

即

$$|r_n(x_0)|=\left|\sum_{k=n+1}^{\infty}u_k(x_0)\right|<\varepsilon.$$

一般说来,这个数 N 不仅依赖于 ε,而且也依赖于 x_0,我们记它为 $N(x_0,\varepsilon)$. 如果对某一函数项级数能够找到这样一个自然数 N,它只依赖于 ε,而不依赖于 x_0,当 $n>N$ 时,不等式 $|s(x_0)-s_n(x_0)|<\varepsilon$ 对区间 I 上的每一个点 x_0 都成立,那么这类函数项级数就是所谓的**一致收敛的级数**.

定义 1　对于函数项级数 $\sum\limits_{n=1}^{\infty}u_n(x)$. 如果对任意给定的正数 ε,都存在一个只依赖于 ε 的自然数 N,使得当 $n>N$ 时,对区间 I 上的一切 x,不等式

$$|r_n(x)|=|s(x)-s_n(x)|<\varepsilon$$

都成立,则称函数项级数 $\sum\limits_{n=1}^{\infty}u_n(x)$ 在区间 I 上一致收敛于和 $s(x)$,也称函数序列 $\{s_n(x)\}$ 在区间 I 上一致收敛于 $s(x)$.

一致收敛级数的几何解释是:对于任意给定的

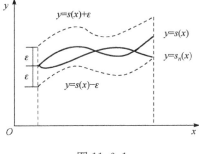

图 11-6-1

正数 ε,总存在与 x 无关的自然数 $N(\varepsilon)$,当 $n>N$ 时,对区间 I 上的一切 x,曲线 $y=s_n(x)$ 都落在曲线 $y=s(x)+\varepsilon$ 与 $y=s(x)-\varepsilon$ 之间(图 11-6-1).

例 2　研究级数 $\displaystyle\sum_{n=1}^{\infty}\left(\frac{x^n}{n}-\frac{x^{n+1}}{n+1}\right)$ 在区间 $[-1,1]$ 上的一致收敛性.

解　因为

$$s_n(x)=\sum_{k=1}^{n}\left(\frac{x^k}{k}-\frac{x^{k+1}}{k+1}\right)=x-\frac{x^{n+1}}{n+1},$$

当 $-1\leqslant x\leqslant 1$ 时,有

$$\lim_{n\to\infty}s_n(x)=\lim_{n\to\infty}\left(x-\frac{x^{n+1}}{n+1}\right)=x=s(x).$$

因为

$$|s(x)-s_n(x)|=\frac{|x|^{n+1}}{n+1}\leqslant\frac{1}{n+1}<\frac{1}{n},$$

若要 $|s(x)-s_n(x)|<\varepsilon$,只需 $\dfrac{1}{n}<\varepsilon$. 于是对任意给定的 $\varepsilon>0$,取 $N=\left[\dfrac{1}{\varepsilon}\right]$,当 $n>N$ 时,对一切 $x\in[-1,1]$,都有

$$|s(x)-s_n(x)|\leqslant\frac{1}{n}<\varepsilon.$$

因此,级数 $\displaystyle\sum_{n=1}^{\infty}\left(\frac{x^n}{n}-\frac{x^{n+1}}{n+1}\right)$ 在区间 $[-1,1]$ 上一致收敛.

例 3　研究级数 $\displaystyle\sum_{n=0}^{\infty}(1-x)x^n$ 在区间 $[0,1]$ 上的一致收敛性.

解　由于

$$s_n(x)=\sum_{k=0}^{n}(1-x)x^k=(1-x)\sum_{k=0}^{n}x^k=1-x^n,$$

于是

$$s(x)=\lim_{n\to\infty}s_n(x)=\lim_{n\to\infty}(1-x^n)=\begin{cases}1,&0\leqslant x<1\\0,&x=1\end{cases}.$$

取 $\varepsilon_0=\dfrac{1}{4}$,不论 n 多大,只要取 $x=\dfrac{1}{\sqrt[n]{2}}\in(0,1)$,就有

$$\left|s\left(\frac{1}{\sqrt[n]{2}}\right)-s_n\left(\frac{1}{\sqrt[n]{2}}\right)\right|=\left|1-\frac{1}{2}\right|=\frac{1}{2}>\varepsilon_0.$$

因此,级数 $\displaystyle\sum_{n=0}^{\infty}(1-x)x^n$ 在区间 $[0,1]$ 上的收敛,但不一致收敛.

上面两个例子都是直接根据定义来判定所给级数的一致收敛性的,而且也说明了级数的一致收敛性与所讨论的区间有关.

下面我们介绍一个较为方便的判别法.

定理 1(魏尔斯特拉斯判别法)　如果函数项级数 $\displaystyle\sum_{n=1}^{\infty}u_n(x)$ 在在区间 I 上满足条件:

(1) $|u_n(x)|\leqslant a_n$　$(n=1,2,3,\cdots)$;

(2)正项级数收敛 $\displaystyle\sum_{n=1}^{\infty}a_n$ 收敛.

则该函数项级数 $\sum\limits_{n=1}^{\infty} u_n(x)$ 在区间 I 上一致收敛.

证明　因为正项级数 $\sum\limits_{n=1}^{\infty} a_n$ 收敛,由数项级数收敛的柯西准则知,对任意给定的正数 ε,都存在自然数 N. 使得当 $n > N$ 时,对任意自然数 p,有

$$|a_{n+1}+a_{n+2}+\cdots+a_{n+p}| < \frac{\varepsilon}{2}.$$

于是,对一切 $x \in I$ 时,都有

$$|u_{n+1}(x)+u_{n+2}(x)+\cdots+u_{n+p}(x)| \leqslant |u_{n+1}(x)| + |u_{n+2}(x)| + \cdots + |u_{n+p}(x)|$$
$$\leqslant |a_{n+1}+a_{n+2}+\cdots+a_{n+p}| < \frac{\varepsilon}{2},$$

令 $p \to \infty$,由上式得 $|r_n| < \frac{\varepsilon}{2} < \varepsilon$,所以函数项级数 $\sum\limits_{n=1}^{\infty} u_n(x)$ 在区间 I 上一致收敛.

例 4　证明级数

$$\sum_{n=1}^{\infty} \frac{\sin n^2 x}{n^2} = \frac{\sin x}{1^2} + \frac{\sin 2^2 x}{2^2} + \cdots + \frac{\sin n^2 x}{n^2} + \cdots$$

在 $(-\infty, +\infty)$ 内一致收敛.

证明　因为在 $(-\infty, +\infty)$ 内

$$\left| \frac{\sin n^2 x}{n^2} \right| \leqslant \frac{1}{n^2},$$

级数 $\sum\limits_{n=1}^{\infty} \frac{1}{n^2}$ 收敛,由魏尔斯特拉斯判别法得,级数 $\sum\limits_{n=1}^{\infty} \frac{\sin n^2 x}{n^2}$ 在 $(-\infty, +\infty)$ 内一致收敛.

例 5　判断级数 $\sum\limits_{n=1}^{\infty} \frac{x}{1+n^4 x^2}$ 在 $(-\infty, +\infty)$ 内的一致收敛性.

解　因为 $1+n^4 x^2 \geqslant 2n^2|x|$,所以

$$\left| \frac{x}{1+n^4 x^2} \right| \leqslant \frac{1}{2n^2}, \quad x \in (-\infty, +\infty),$$

而级数 $\sum\limits_{n=1}^{\infty} \frac{1}{2n^2}$ 收敛,由魏尔斯特拉斯判别法得,级数 $\sum\limits_{n=1}^{\infty} \frac{x}{1+n^4 x^2}$ 在 $(-\infty, +\infty)$ 内一致收敛.

11.6.2　一致收敛级数的基本性质

一致收敛级数有如下**基本性质**:

定理 2　如果级数 $\sum\limits_{n=1}^{\infty} u_n(x)$ 的各项在区间 $[a,b]$ 上都连续,且级数 $\sum\limits_{n=1}^{\infty} u_n(x)$ 在区间 $[a,b]$ 上一致收敛于 $s(x)$,则 $s(x)$ 在 $[a,b]$ 上也连续.

证明　任意取定 $x_0 \in [a,b]$,x 为 $[a,b]$ 上任意一点,由

$$s(x) = s_n(x) + r_n(x), \quad s(x_0) = s_n(x_0) + r_n(x_0),$$

得

$$|s(x)-s(x_0)| = |s_n(x)-s_n(x_0)+r_n(x)-r_n(x_0)|$$
$$\leqslant |s_n(x)-s_n(x_0)| + |r_n(x)| + |r_n(x_0)|.$$

因为级数 $\sum\limits_{n=1}^{\infty} u_n(x)$ 在区间 $[a,b]$ 上一致收敛于 $s(x)$,所以,对任意给定的正数 ε,都存在自然数 $N = N(\varepsilon)$,使得当 $n > N$ 时,对任一 $x \in [a,b]$,有 $|r_n(x)| < \frac{\varepsilon}{3}$,从而也有 $|r_n(x_0)| < \frac{\varepsilon}{3}$.

由于 $u_n(x)$ 在 $[a,b]$ 上连续,从而有限和 $s_n(x)$ 在点 x_0 处连续,于是对上述的 $\varepsilon > 0$,存在 $\delta > 0$,当 $|x-x_0| < \delta$ 时,总有

$$|s_n(x)-s_n(x_0)| < \frac{\varepsilon}{3}$$

成立.

综上所述,对任意给定的正数 ε,存在 $\delta > 0$,当 $|x-x_0| < \delta$ 时,总有

$$|s(x)-s(x_0)| < \varepsilon$$

成立,即 $s(x)$ 在点 x_0 处连续. 由 x_0 在 $[a,b]$ 上的任意性知,$s(x)$ 在 $[a,b]$ 上连续.

在定理 2 的条件下,有

$$\lim_{x \to x_0} \sum_{n=1}^{\infty} u_n(x) = \sum_{n=1}^{\infty} \lim_{x \to x_0} u_n(x).$$

即在定理 2 的条件下,极限运算与求和运算可交换顺序.

定理 3 如果级数 $\sum\limits_{n=1}^{\infty} u_n(x)$ 的各项 $u_n(x)$ 在区间 $[a,b]$ 上都连续,且级数 $\sum\limits_{n=1}^{\infty} u_n(x)$ 在区间 $[a,b]$ 上一致收敛于 $s(x)$,则 $\int_{x_0}^{x} s(x)\mathrm{d}x$ 存在,且级数 $\sum\limits_{n=1}^{\infty} u_n(x)$ 在区间 $[a,b]$ 上可以逐项积分,即

$$\int_{x_0}^{x} s(x)\mathrm{d}x = \int_{x_0}^{x} \left[\sum_{n=1}^{\infty} u_n(x) \right] \mathrm{d}x = \sum_{n=1}^{\infty} \left[\int_{x_0}^{x} u_n(x)\mathrm{d}x \right],$$

其中 $a \leqslant x_0 \leqslant x \leqslant b$,且上式右端的级数在 $[a,b]$ 上也一致收敛.

证明 由定理 2 知,$s(x)$ 在 $[a,b]$ 上连续,从而在 $[a,b]$ 上可积,因为级数 $\sum\limits_{n=1}^{\infty} u_n(x)$ 在区间 $[a,b]$ 上一致收敛于 $s(x)$,所以对任意给定的正数 ε,都存在自然数 $N = N(\varepsilon)$,使得当 $n > N$ 时,对任一 $x \in [a,b]$,都有

$$|s_n(x)-s(x)| < \frac{\varepsilon}{b-a}.$$

从而

$$\left| \int_{x_0}^{x} s(x)\mathrm{d}x - \int_{x_0}^{x} s_n(x)\mathrm{d}x \right| = \left| \int_{x_0}^{x} [s_n(x)-s(x)]\mathrm{d}x \right|$$

$$\leqslant \int_{x_0}^{x} |s_n(x)-s(x)|\mathrm{d}x$$

$$< \int_{a}^{b} \frac{\varepsilon}{b-a}\mathrm{d}x = \varepsilon.$$

于是,根据极限的定义,有

$$\lim_{n \to \infty} \int_{x_0}^{x} s_n(x)\mathrm{d}x = \int_{x_0}^{x} s(x)\mathrm{d}x.$$

即

$$\int_{x_0}^{x} s(x)\mathrm{d}x = \int_{x_0}^{x} \left[\sum_{n=1}^{\infty} u_n(x) \right] \mathrm{d}x = \sum_{n=1}^{\infty} \left[\int_{x_0}^{x} u_n(x)\mathrm{d}x \right].$$

这表明在定理 3 的条件下,积分运算与求和运算可交换顺序.

定理 4 如果级数 $\sum\limits_{n=1}^{\infty} u_n(x)$ 在区间 $[a,b]$ 上收敛于 $s(x)$,它的各项 $u_n(x)$ 都有连续导数

$u'_n(x)$，并且级数 $\sum\limits_{n=1}^{\infty} u'_n(x)$ 在区间 $[a,b]$ 上一致收敛，则级数 $\sum\limits_{n=1}^{\infty} u_n(x)$ 在区间 $[a,b]$ 上一致收敛，且级数 $\sum\limits_{n=1}^{\infty} u_n(x)$ 在区间 $[a,b]$ 上可以逐项求导，即

$$s'(x) = \Big[\sum_{n=1}^{\infty} u_n(x)\Big]' = \sum_{n=1}^{\infty} u'_n(x).$$

证明　设 $\sum\limits_{n=1}^{\infty} u'_n(x) = h(x)$，根据定理 3，得

$$\int_{x_0}^{x} h(x)\mathrm{d}x = \int_{x_0}^{x}\Big[\sum_{n=1}^{\infty} u'_n(x)\Big]\mathrm{d}x = \sum_{n=1}^{\infty}\Big[\int_{x_0}^{x} u'_n(x)\mathrm{d}x\Big]$$

$$= \sum_{n=1}^{\infty}\big[u_n(x) - u_n(x_0)\big] = \sum_{n=1}^{\infty} u_n(x) - \sum_{n=1}^{\infty} u_n(x_0)$$

$$= s(x) - s(x_0).$$

因为 $h(x)$ 连续，故有

$$h(x) = \frac{\mathrm{d}}{\mathrm{d}x}\int_{x_0}^{x} h(x)\mathrm{d}x = \frac{\mathrm{d}}{\mathrm{d}x}\big[s(x) - s(x_0)\big] = \frac{\mathrm{d}}{\mathrm{d}x}s(x),$$

即

$$\Big[\sum_{n=1}^{\infty} u_n(x)\Big]' = s'(x) = h(x) = \sum_{n=1}^{\infty} u'_n(x).$$

这表明在定理 3 的条件下，求导运算与求和运算可交换顺序.

注　仅有函数项级数的一致收敛性并不能保证可以逐项求导. 例如，级数

$$\frac{\sin x}{1^2} + \frac{\sin 2^2 x}{2^2} + \cdots + \frac{\sin n^2 x}{n^2} + \cdots$$

在任何区间 $[a,b]$ 上都是一致收敛的. 但逐项求导后所得的级数为

$$\cos x + \cos 2^2 x + \cdots + \cos n^2 x + \cdots,$$

因其一般项不趋于零，所以对于任何 x 都是发散的. 因此原级数不能逐项求导.

11.6.3　幂级数的一致收敛性

定理 5　如果幂级数 $\sum\limits_{n=1}^{\infty} a_n x^n$ 的收敛半径 $R > 0$，则该级数在 $(-R,R)$ 内的任一闭区间 $[a,b]$ 上一致收敛.

证明　设 $l = \max\{|a|,|b|\}$，则对任一 $x \in [a,b]$，都有

$$|a_n x^n| \leqslant |a_n l^n| \quad (n = 0,1,2,\cdots),$$

且 $0 < l < R$，由 11.3 节定理 1 得，级数 $\sum\limits_{n=1}^{\infty} a_n l^n$ 绝对收敛，再由魏尔斯特拉斯判别法即得所要证的结论.

进一步还可证明，如果幂级数 $\sum\limits_{n=1}^{\infty} a_n x^n$ 在收敛区间的端点收敛，则一致收敛的区间可扩大到包含端点.

下面我们来证明在 11.3 节中指出的关于幂级数在其收敛区间内的和函数的连续性、逐项可导、逐项可积的结论.

关于幂级数和函数的连续性及逐项可积的结论，由定理 2、定理 3 和定理 5 立即可得. 关

于逐项可导的结论,我们重新叙述如下并给出证明.

定理 6 如果幂级数 $\sum_{n=1}^{\infty} a_n x^n$ 的收敛半径 $R > 0$,则其和函数 $s(x)$ 在 $(-R, R)$ 内可导,且有逐项求导公式

$$s'(x) = \left[\sum_{n=1}^{\infty} a_n x^n\right]' = \sum_{n=1}^{\infty} n a_n x^{n-1}.$$

逐项求导后所得到的幂级数与原级数有相同的收敛半径.

证明 先证级数 $\sum_{n=1}^{\infty} n a_n x^{n-1}$ 在 $(-R, R)$ 内收敛. 在 $(-R, R)$ 内任意选取 x 和 x_1,使得 $|x| < x_1 < R$,令 $q = \dfrac{|x|}{x_1} < 1$,则

$$\left| n a_n x^{n-1} \right| = n \left| \frac{x}{x_1} \right|^{n-1} \cdot \frac{1}{x_1} |a_n x_1^n| = n q^{n-1} \cdot \frac{1}{x_1} |a_n x_1^n|.$$

由比值判别法知级数 $\sum_{n=1}^{\infty} n q^{n-1}$ 收敛,于是 $n q^{n-1} \to 0 (n \to \infty)$,故数列 $\{n q^{n-1}\}$ 有界,必有 $M > 0$,使得

$$n q^{n-1} \cdot \frac{1}{x_1} \leqslant M \quad (n = 1, 2, \cdots).$$

又 $0 < x_1 < R$,级数 $\sum_{n=1}^{\infty} |a_n x^n|$ 收敛,由比较判别法知,级数 $\sum_{n=1}^{\infty} n a_n x^{n-1}$ 在 $(-R, R)$ 内收敛. 由定理 5,级数 $\sum_{n=1}^{\infty} n a_n x^{n-1}$ 在 $(-R, R)$ 内任意闭区间 $[a, b]$ 上一致连续. 故幂级数 $\sum_{n=1}^{\infty} a_n x^n$ 在 $[a, b]$ 上满足定理 4 的条件,所以可逐项求导,再由 $[a, b]$ 在 $(-R, R)$ 内的任意性,即得幂级数 $\sum_{n=1}^{\infty} a_n x^n$ 在 $(-R, R)$ 可逐项求导.

设幂级数 $\sum_{n=1}^{\infty} n a_n x^{n-1}$ 的收敛半径为 $R'(R \leqslant R')$,将此幂级数 $\sum_{n=1}^{\infty} n a_n x^{n-1}$ 在 $[0, x](|x| < R')$ 上逐项积分,即得 $\sum_{n=1}^{\infty} a_n x^n$,因逐项积分所得级数的收敛半径不会缩小,所以 $R' \leqslant R$,于是 $R' = R$,即级数 $\sum_{n=1}^{\infty} n a_n x^{n-1}$ 与 $\sum_{n=1}^{\infty} a_n x^n$ 的收敛半径相同.

习　题　11-6

1. 已知级数 $\sum_{n=1}^{\infty} \dfrac{x^2}{(1+x^2)^{n-1}}$ 在 $(-\infty, +\infty)$ 内收敛,

(1)求此级数的和;

(2)问 $N(\varepsilon, x)$ 取多大,能使当 $n > N$ 时,级数的余项 r_n 的绝对值小于 ε;

(3)分别讨论级数在区间 $[0, 1]$,$\left[\dfrac{1}{2}, 1\right]$ 上的一致收敛性.

2. 对于等比级数 $\sum_{n=1}^{+\infty} x^n$,证明:

(1) 级数在 $|x| < 1$ 内不是一致收敛到极限函数 $\dfrac{1}{1-x}$;

(2)级数在$|x|<1$内部任意一个闭区间$|x|\leqslant r<1$上一致收敛到极限函数$\dfrac{1}{1-x}$.

3. 按定义讨论级数$\displaystyle\sum_{n=1}^{\infty}(-1)^{n-1}\dfrac{x^2}{(1+x^2)^n}$,$x\in(-\infty,+\infty)$在所给区间内的一致收敛性.

4. 利用魏尔斯特拉斯判别法证明下列级数在所给区间上的一致收敛性:

(1) $\displaystyle\sum_{n=1}^{\infty}\dfrac{\sin nx}{x+3^n}$,　$x\in(-3,+\infty)$;　　　　(2) $\displaystyle\sum_{n=1}^{\infty}\dfrac{x^n}{n^{\frac{3}{2}}}$,　$x\in[-1,1]$;

(3) $\displaystyle\sum_{n=1}^{\infty}x^2 e^{-nx}$,　$x\in(0,+\infty)$;　　　　(4) $\displaystyle\sum_{n=1}^{\infty}\arctan\dfrac{2x}{x^2+n^3}$,　$x\in\mathbf{R}$;

(5) $\dfrac{1}{1+x}-\displaystyle\sum_{n=2}^{\infty}\dfrac{1}{(x+n-1)(x+n)}$,　$x\in[0,1]$.

11.7　傅里叶(Fourier)级数

前面我们知道,如果函数$f(x)$满足一定条件,则它在某一区域可以展开成幂级数,从而$f(x)$可以用多项式来逼近它.那么对于一个周期函数$f(x)$,是否可以有一些简单的周期函数的和来逼近它呢? 答案是肯定的,即就是我们在科学技术中经常用到的另一种级数,所谓的**三角级数**,它是研究周期函数的重要工具.在本节中将讨论在理论和应用中都有重要价值的三角级数,着重研究如何把函数展开成三角级数.

11.7.1　三角级数的概念

在科学试验与工程技术中,常常会遇到各种周期现象.例如,各种各样的振动就是最常见的周期现象,其他如交流电的变化、发动机中的活塞运动等也都属于这类现象.当然,周期现象在数学上都可用周期函数来描述.正弦函数和余弦函数均是常见而且简单的周期函数.例如,在物理中最简单的振动可表示为:
$$y=A\sin(\omega t+\varphi),$$
这种振动称为**简谐振动**,其中A,ω,φ分别称为振幅、频率、初位相,y表示动点的位置,简谐振动的周期是$T=\dfrac{2\pi}{\omega}$,当$\omega=1$时,$T=2\pi$.

但是在实际问题中,除了正弦函数外,还会遇到非正弦的周期函数,它们反映了较复杂的周期现象.如何研究这一类非正弦周期函数呢? 鉴于许多函数可以用幂级数展开式表示,我们设想,周期为$T\left(=\dfrac{2\pi}{\omega}\right)$的周期函数$f(t)$可展开成一系列周期为$T$的正弦函数$A_n\sin(n\omega t+\varphi_n)$组成的级数,即
$$f(t)=A_0+\sum_{n=1}^{\infty}A_n\sin(n\omega t+\varphi_n). \tag{11.7.1}$$
其中$A_0,A_n,\varphi_n(n=1,2,\cdots)$都是实数.

将周期函数按上述方式展开,物理意义是把比较复杂的周期运动看成一系列不同频率的简谐振动的叠加.在电工学上,这种展开称为谐波分析.其中常数项A_0称为$f(t)$的直流分量;$A_1\sin(\omega t+\varphi_1)$称为**一次谐波**(又称为**基波**);而$A_2\sin(2\omega t+\varphi_2)$、$A_3\sin(3\omega t+\varphi_3)$称为**二次谐波、三次谐波**等.

由于
$$A_n\sin(n\omega t+\varphi_n)=A_n\sin n\omega t\cos\omega t+A_n\cos n\omega t\sin\omega t,$$

记 $\dfrac{a_0}{2}=A_0$，$a_n=A_n\sin\varphi_n$，$b_n=A_n\cos\varphi_n$，$\omega t=x$，则(11.8.1)式右端可变为

$$\frac{a_0}{2}+\sum_{n=1}^{\infty}(a_n\cos nx+b_n\sin nx). \tag{11.7.2}$$

形如(11.7.2)式的级数称为**三角级数**，其中 a_0,a_n 和 $b_n(n=1,2,\cdots)$ 称为三角级数的系数，并且它们都是实常数.

如同幂级数一样，必须讨论三角级数(11.7.2)的收敛问题，以及如何把给定周期为 $T=2\pi$ 的函数展开成三角级数(11.7.2). 为此，我们首先介绍三角函数系的正交性.

11.7.2　三角函数系的正交性

函数系

$$1,\quad \cos x,\quad \sin x,\quad \cos 2x,\quad \sin 2x,\quad \cdots,\quad \cos nx,\quad \sin nx,\quad \cdots$$

称为**三角函数系**，它在区间 $[-\pi,\pi]$ 上正交，指的是三角函数系中任何两个不同函数的乘积在 $[-\pi,\pi]$ 上的积分等于零，即

$$\int_{-\pi}^{\pi}\cos nx\,\mathrm{d}x=0\quad(n=1,2,3,\cdots);$$

$$\int_{-\pi}^{\pi}\sin nx\,\mathrm{d}x=0\quad(n=1,2,3,\cdots);$$

$$\int_{-\pi}^{\pi}\sin kx\cos nx\,\mathrm{d}x=0\quad(k,n=1,2,3,\cdots);$$

$$\int_{-\pi}^{\pi}\cos kx\cos nx\,\mathrm{d}x=0\quad(k,n=1,2,3,\cdots,k\neq n);$$

$$\int_{-\pi}^{\pi}\sin kx\sin nx\,\mathrm{d}x=0\quad(k,n=1,2,3,\cdots,k\neq n).$$

以上等式都可以通过计算定积分来验证，现将第 4 式验证如下：

利用三角函数中的积化和差公式

$$\cos kx\cos nx=\frac{1}{2}[\cos(k+n)x+\cos(k-n)x],$$

当 $k\neq n$ 时有

$$\begin{aligned}\int_{-\pi}^{\pi}\cos kx\cos nx\,\mathrm{d}x&=\frac{1}{2}\int_{-\pi}^{\pi}[\cos(k+n)x+\cos(k-n)x]\mathrm{d}x\\&=\frac{1}{2}\left[\frac{\sin(k+n)x}{k+n}+\frac{\sin(k-n)x}{k-n}\right]_{-\pi}^{\pi}\\&=0\quad(k,n=1,2,3,\cdots,k,\neq n).\end{aligned}$$

其余等式请读者自行验证.

在三角函数系中，两个相同函数的乘积在区间 $[-\pi,\pi]$ 上的积分不等于零，即

$$\int_{-\pi}^{\pi}1^2\mathrm{d}x=2\pi,\quad \int_{-\pi}^{\pi}\sin^2 nx\,\mathrm{d}x=\pi,\quad \int_{-\pi}^{\pi}\cos^2 nx\,\mathrm{d}x=\pi\quad(n=1,2,3,\cdots).$$

11.7.3　傅里叶级数及周期函数展开成傅里叶级数

要将函数 $f(x)$ 展开成

$$\frac{a_0}{2}+\sum_{n=1}^{\infty}(a_n\cos nx+b_n\sin nx),$$

首先要确定三角级数的系数 a_0, a_n 和 $b_n(n=1,2,\cdots)$，然后要讨论用这样的系数构造出的三角级数的收敛性. 如果级数收敛，还要考虑它的和函数与函数 $f(x)$ 是否相同，如果在某个范围内两者相同，则在这个范围内函数 $f(x)$ 可以展开成这个三角级数.

设 $f(x)$ 是以 2π 为周期的函数，由于周期性，只要在 $[-\pi,\pi]$ 上讨论就可以了. 假定 $f(x)$ 在 $[-\pi,\pi]$ 上能展开为三角级数，即

$$f(x) = \frac{a_0}{2} + \sum_{n=1}^{\infty} (a_n\cos nx + b_n\sin nx), \tag{11.7.3}$$

并且右端级数在 $[-\pi,\pi]$ 一致收敛于 $f(x)$，给上式两端同乘以 $\cos kx\,(k=0,1,2,\cdots)$，在 $[-\pi,\pi]$ 上逐项积分，得

$$\int_{-\pi}^{\pi} f(x)\cos kx\,\mathrm{d}x = \frac{a_0}{2}\int_{-\pi}^{\pi} \cos kx\,\mathrm{d}x$$
$$+ \sum_{n=1}^{\infty} \left(a_n\int_{-\pi}^{\pi} \cos kx\cos nx\,\mathrm{d}x + b_n\int_{-\pi}^{\pi} \cos kx\sin nx\,\mathrm{d}x\right).$$

当 $k=0$ 时，根据三角函数系的正交性，等式右端除第一项外，其余各项均为零，所以得

$$\int_{-\pi}^{\pi} f(x)\,\mathrm{d}x = \frac{a_0}{2}\int_{-\pi}^{\pi} \mathrm{d}x = \pi a_0,$$

从而

$$a_0 = \frac{1}{\pi}\int_{-\pi}^{\pi} f(x)\,\mathrm{d}x.$$

当 $k\neq 0$ 为任意正整数时，根据三角函数系的正交性，等式右端除 $k=n$ 的一项外，其余各项均为零，所以得

$$\int_{-\pi}^{\pi} f(x)\cos nx\,\mathrm{d}x = a_n\int_{-\pi}^{\pi} \cos^2 nx\,\mathrm{d}x = \pi a_n,$$

从而

$$a_n = \frac{1}{\pi}\int_{-\pi}^{\pi} f(x)\cos nx\,\mathrm{d}x \quad (n=1,2,\cdots).$$

类似地，给 (11.7.3) 式两端同乘以 $\sin kx\,(k=0,1,2,\cdots)$，并在 $[-\pi,\pi]$ 上逐项积分，得

$$b_n = \frac{1}{\pi}\int_{-\pi}^{\pi} f(x)\sin nx\,\mathrm{d}x \quad (n=1,2,\cdots).$$

于是，得系数公式：

$$a_n = \frac{1}{\pi}\int_{-\pi}^{\pi} f(x)\cos nx\,\mathrm{d}x \quad (n=0,1,2,\cdots),$$
$$b_n = \frac{1}{\pi}\int_{-\pi}^{\pi} f(x)\sin nx\,\mathrm{d}x \quad (n=1,2,\cdots). \tag{11.7.4}$$

如果式 (11.7.4) 中的积分都存在，那么我们称式 (11.7.4) 为**欧拉-傅里叶公式**（Euler-Fourier 公式），由这个公式确定的系数 a_0, a_1 和 $b_1\cdots$ 称为函数 $f(x)$ 的**傅里叶**（Fourier）**系数**，以傅里叶系数作系数的三角级数

$$f(x) = \frac{a_0}{2} + \sum_{n=1}^{\infty} (a_n\cos nx + b_n\sin nx)$$

称为函数 $f(x)$ 的**傅里叶**（Fourier）**级数**.

系数公式 (11.7.4) 是在函数 $f(x)$ 能展开成三角级数并在三角级数一致收敛到 $f(x)$ 的条件下求得的，但实际从公式本身来说，只要 $f(x)$ 在 $[-\pi,\pi]$ 上可积，就可以由此公式计算出系

数 a_n 与 b_n，并唯一地写出 $f(x)$ 的 **Fourier 级数**，即

$$f(x) \sim \frac{a_0}{2} + \sum_{n=1}^{\infty} (a_n \cos nx + b_n \sin nx).$$

当证明了这级数收敛于 $f(x)$ 之后，就可得到

$$f(x) = \frac{a_0}{2} + \sum_{n=1}^{\infty} (a_n \cos nx + b_n \sin nx).$$

根据上述分析可见，一个定义在 $(-\infty, +\infty)$ 上周期为 2π 的函数 $f(x)$，如果它在一个周期上可积，则一定可以做出 $f(x)$ 的 Fourier 级数．接下来我们要解决的问题是：函数 $f(x)$ 在怎样的条件下，它的傅里叶级数收敛到函数 $f(x)$？即函数 $f(x)$ 满足什么条件就可以展开成傅里叶级数？这个问题早在 1829 年，就由德国数学家狄利克雷（Dirichlet）给出了一个严格的数学证明，这里我们不加证明地叙述狄利克雷关于傅里叶级数收敛问题的一个充分条件．

定理 1（收敛定理，狄利克雷（Dirichlet）充分条件）　设 $f(x)$ 是周期为 2π 的周期函数，如果它满足在一个周期内连续或只有有限个第一类间断点，并且在一个周期内至多只有有限个极值点．则 $f(x)$ 的 Fourier 级数收敛，并且

（1）当 x 是 $f(x)$ 的连续点时，级数收敛于 $f(x)$；

（2）当 x 是 $f(x)$ 的间断点时，级数收敛于

$$\frac{1}{2}[f(x-0) + f(x+0)].$$

狄利克雷收敛定理告诉我们：只要函数在 $[-\pi, \pi]$ 上至多有有限个第一类间断点，并且不作无限次振动，函数的 Fourier 级数在连续点处就收敛于该点的函数值，在间断点处收敛于该点左极限与右极限的算术平均值．可见，函数展开成 Fourier 级数的条件比展开成幂级数的条件低得多．

例 1　设 $f(x)$ 是周期为 2π 的周期函数，它在 $[-\pi, \pi)$ 上的表达式为

$$f(x) = \begin{cases} -1, & -\pi \leqslant x < 0 \\ 1, & 0 \leqslant x < \pi \end{cases}.$$

如图 11-7-1 所示。试将 $f(x)$ 展开为 **Fourier 级数**.

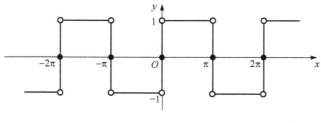

图 11-7-1

解　所给函数满足定理 1 的条件，它在点 $x = n\pi (n = 0, \pm 1, \pm 2, \cdots)$ 处不连续，由定理 1 得：

（1）当 $x = n\pi (n = 0, \pm 1, \pm 2, \cdots)$ 时，级数收敛于

$$\frac{1}{2}[f(x-0) + f(x+0)] = \frac{-1+1}{2} = 0.$$

（2）当 $x \neq n\pi (n = 0, \pm 1, \pm 2, \cdots)$ 时，级数收敛于 $f(x)$，其中

$$a_n = \frac{1}{\pi} \int_{-\pi}^{\pi} f(x) \cos nx \, dx \quad (n = 1, 2, \cdots)$$

$$= \frac{1}{\pi}\int_{-\pi}^{0} -1 \cdot \cos nx \, \mathrm{d}x + \frac{1}{\pi}\int_{0}^{\pi} 1 \cdot \cos nx \, \mathrm{d}x = 0 \quad (n = 0,1,2,\cdots),$$

$$b_n = \frac{1}{\pi}\int_{-\pi}^{\pi} f(x)\sin nx \, \mathrm{d}x \, (n = 1,2,\cdots)$$

$$= \frac{1}{\pi}\int_{-\pi}^{0} -1 \cdot \sin nx \, \mathrm{d}x + \frac{1}{\pi}\int_{0}^{\pi} 1 \cdot \sin nx \, \mathrm{d}x = \frac{1}{\pi}\left[\frac{\cos nx}{n}\right]_{-\pi}^{0} + \frac{1}{\pi}\left[-\frac{\cos nx}{n}\right]_{0}^{\pi}$$

$$= \frac{1}{n\pi}\left[1 - \cos n\pi - \cos n\pi + 1\right] = \frac{2}{n\pi}\left[1 - (-1)^n\right]$$

$$= \begin{cases} \dfrac{4}{n\pi}, & n = 1,3,5,\cdots \\ 0, & n = 2,4,6,\cdots \end{cases}.$$

于是

$$f(x) = \frac{a_0}{2} + \sum_{n=1}^{\infty}(a_n\cos nx + b_n\sin nx)$$

$$= \frac{4}{\pi}\left[\sin x + \frac{1}{3}\sin 3x + \cdots + \frac{1}{2n-1}\sin(2n-1)x + \cdots\right]$$

$$(-\infty < x < +\infty; \quad x \neq 0, \pm\pi, \pm 2\pi, \cdots).$$

注　如果把例 1 中的函数理解为矩形波的波形函数(周期 $T = 2\pi$,幅值 $E = 1$,自变量 x 表示时间),那么上面得到的展开式表明:矩形波是由一系列不同频率的正弦波叠加而成的,这些正弦波的频率依次为基波频率的奇数倍.

根据狄利克雷收敛定理,为求函数 $f(x)$ 的傅里叶级数展开的和函数,并不需要求出函数 $f(x)$ 的傅里叶级数.

例 2　设 $f(x)$ 是周期为 2π 的周期函数,它在 $(-\pi,\pi]$ 上的表达式为

$$f(x) = \begin{cases} -1, & -\pi \leqslant x < 0 \\ 1 + x^2, & 0 \leqslant x < \pi \end{cases}.$$

求 $f(x)$ 的傅里叶级数展开式在区间 $(-\pi,\pi]$ 上的和函数 $s(x)$ 的表达式.

解　此题只求 $f(x)$ 的傅里叶级数的和函数,因此不需要求出函数 $f(x)$ 的傅里叶级数.

因为函数 $f(x)$ 满足狄利克雷收敛定理的条件,在 $(-\pi,\pi]$ 上的第一类间断点为 $x = 0,\pi$,在其余点均连续. 故由收敛定理知,在间断点 $x = 0$ 处,和函数

$$s(x) = \frac{f(0-0) + f(0+0)}{2} = \frac{-1+1}{2} = 0.$$

在间断点 $x = \pi$ 处,和函数

$$s(x) = \frac{f(\pi-0) + f(-\pi+0)}{2} = \frac{(1+\pi^2) + (-1)}{2} = \frac{\pi^2}{2}.$$

因此,所求和函数为

$$s(x) = \begin{cases} -1, & -\pi < x < 0 \\ 1 + x^2, & 0 < x < \pi \\ 0, & x = 0 \\ \pi^2/2, & x = \pi \end{cases}.$$

应该注意,如果函数 $f(x)$ 只在 $[-\pi,\pi]$ 上有定义,并且满足收敛定理 1 的条件,那么 $f(x)$ 也可以展开成 Fourier 级数. 事实上,我们可在 $[-\pi,\pi)$ 或 $(-\pi,\pi]$ 外补充函数 $f(x)$ 的定义,使它拓广成周期为 2π 的周期函数 $F(x)$,按这种方式拓广函数的定义域的过程称为周期延拓. 再

将 $F(x)$ 展开成 Fourier 级数. 最后限制 x 在 $(-\pi,\pi)$ 内, 此时 $F(x)\equiv f(x)$, 这样便得到 $f(x)$ 的 Fourier 级数展开式. 根据收敛定理, 这个级数在区间端点 $x=\pm\pi$ 处收敛于 $\frac{1}{2}[f(\pi-0)+f(-\pi+0)]$.

例 3 将函数

$$f(x)=\begin{cases} -x, & -\pi\leqslant x<0 \\ x, & 0\leqslant x<\pi \end{cases}$$

展开成傅里叶级数.

解 所给级数在区间 $[-\pi,\pi]$ 上满足收敛定理的条件, 并且拓广为周期函数时, 它在每一点 x 处都收敛, 因此拓广后的周期函数的傅里叶级数在 $[-\pi,\pi]$ 上收敛于 $f(x)$.

计算傅里叶系数如下:

$$\begin{aligned} a_n &= \frac{1}{\pi}\int_{-\pi}^{\pi} f(x)\cos nx\, \mathrm{d}x = \frac{1}{\pi}\int_{-\pi}^{0} (-x)\cos nx\, \mathrm{d}x + \frac{1}{\pi}\int_0^{\pi} x\cos nx\, \mathrm{d}x \\ &= -\frac{1}{\pi}\left[\frac{x\sin nx}{n}+\frac{\cos nx}{n^2}\right]_{-\pi}^{0} + \frac{1}{\pi}\left[\frac{x\sin nx}{n}+\frac{\cos nx}{n^2}\right]_0^{\pi} \\ &= \frac{2}{n^2\pi}(\cos n\pi - 1) \\ &= \begin{cases} -\dfrac{4}{n^2\pi}, & n=1,3,5,\cdots \\ 0 & n=2,4,6,\cdots \end{cases}. \end{aligned}$$

$$\begin{aligned} a_0 &= \frac{1}{\pi}\int_{-\pi}^{\pi} f(x)\,\mathrm{d}x = \frac{1}{\pi}\int_{-\pi}^{0}(-x)\,\mathrm{d}x + \frac{1}{\pi}\int_0^{\pi} x\,\mathrm{d}x \\ &= \frac{1}{\pi}\left[-\frac{x^2}{2}\right]_{-\pi}^{0} + \frac{1}{\pi}\left[\frac{x^2}{2}\right]_0^{\pi} = \pi. \end{aligned}$$

$$\begin{aligned} b_n &= \frac{1}{\pi}\int_{-\pi}^{\pi} f(x)\sin nx\,\mathrm{d}x = \frac{1}{\pi}\int_{-\pi}^{0}(-x)\sin nx\,\mathrm{d}x + \frac{1}{\pi}\int_0^{\pi} x\sin nx\,\mathrm{d}x \\ &= -\frac{1}{\pi}\left[\frac{x\cos nx}{n}+\frac{\sin nx}{n^2}\right]_{-\pi}^{0} + \frac{1}{\pi}\left[\frac{x\cos nx}{n}+\frac{\sin nx}{n^2}\right]_0^{\pi} = 0\ (n=1,2,3,\cdots). \end{aligned}$$

所以函数 $f(x)$ 的傅里叶级数为

$$f(x)=\frac{\pi}{2}-\frac{4}{\pi}\left(\cos x+\frac{1}{3^2}\cos 3x+\frac{1}{5^2}\cos 5x+\cdots\right)\quad (-\pi\leqslant x\leqslant\pi).$$

利用这个展开式, 我们可以求出几个特殊级数的和. 如在这个展开式中, 令 $x=0$, 则由 $f(0)=0$, 得

$$\frac{\pi^2}{8}=1+\frac{1}{3^2}+\frac{1}{5^2}+\cdots.$$

设

$$\sigma=1+\frac{1}{2^2}+\frac{1}{3^2}+\frac{1}{4^2}+\cdots;\qquad \sigma_1=1+\frac{1}{3^2}+\frac{1}{5^2}+\frac{1}{7^2}+\cdots\left(=\frac{\pi^2}{8}\right);$$

$$\sigma_2=\frac{1}{2^2}+\frac{1}{4^2}+\frac{1}{6^2}+\cdots;\qquad \sigma_3=1-\frac{1}{2^2}+\frac{1}{3^2}-\frac{1}{4^2}+\cdots.$$

因为 $\sigma_2=\dfrac{\sigma}{4}=\dfrac{\sigma_1+\sigma_2}{4}$, 所以

$$\sigma_2 = \frac{\sigma_1}{3} = \frac{\pi^2}{24},$$

$$\sigma = \sigma_1 + \sigma_2 = \frac{\pi^2}{8} + \frac{\pi^2}{24} = \frac{\pi^2}{6},$$

$$\sigma_3 = 2\sigma_1 - \sigma = \frac{\pi^2}{4} - \frac{\pi^2}{6} = \frac{\pi^2}{12}.$$

11.7.4　奇函数和偶函数的傅里叶级数

一般说来,一个函数的 Fourier 级数既含有正弦项,又含有余弦项. 但是,也有一些函数的 Fourier 级数只含有正弦项(如例 1)或者只含有常数项和余弦项(如例 3),导致这种现象的原因与所给函数的奇偶性有关. 事实上,根据对称区间上奇偶函数的积分性质,可得下面结论:

设 $f(x)$ 是周期为 2π 的周期函数,则:

(1)当 $f(x)$ 为奇函数时,$f(x)\cos nx$ 是奇函数,$f(x)\sin nx$ 是偶函数,其 Fourier 系数为

$$a_n = \frac{1}{\pi} \int_{-\pi}^{\pi} f(x)\cos nx \, dx = 0 \quad (n = 0,1,2,\cdots),$$

$$b_n = \frac{1}{\pi} \int_{-\pi}^{\pi} f(x)\sin nx \, dx = \frac{2}{\pi} \int_0^{\pi} f(x)\sin nx \, dx \quad (n = 1,2,\cdots).$$

即奇函数的 Fourier 级数是只含有正弦项的**正弦级数**

$$\sum_{n=1}^{\infty} b_n \sin nx.$$

(2)当 $f(x)$ 为偶函数时,$f(x)\cos nx$ 是偶函数,$f(x)\sin nx$ 是奇函数,其 Fourier 系数为

$$a_n = \frac{1}{\pi} \int_{-\pi}^{\pi} f(x)\cos nx \, dx = \frac{2}{\pi} \int_0^{\pi} f(x)\cos nx \, dx \quad (n = 0,1,2,\cdots),$$

$$b_n = \frac{1}{\pi} \int_{-\pi}^{\pi} f(x)\sin nx \, dx = 0 \quad (n = 1,2,\cdots).$$

即偶函数的 Fourier 级数是只含有余弦项的**余弦级数**

$$\frac{a_0}{2} + \sum_{n=1}^{\infty} a_n \cos nx.$$

例 4　试将函数 $f(x) = x\,(-\pi \leqslant x \leqslant \pi)$ 展开成 Fourier 级数.

解　题设函数满足定理 1 的条件,但作周期延拓后的函数 $F(x)$ 在区间端点 $x = (2k+1)\pi$ $(k = 0, \pm 1, \pm 2, \cdots)$ 处不连续,因此 $F(x)$ 的 Fourier 级数在区间端点 $x = (2k+1)\pi$ 处收敛于

$$\frac{1}{2}[f(\pi - 0) + f(-\pi + 0)] = \frac{(-\pi) + \pi}{2} = 0.$$

在连续点 $x(x \neq (2k+1)\pi)$ 收敛于 $f(x)$. 和函数的图形如图 11-7-2.

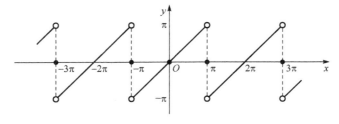

图 11-7-2

如果不计 $x=(2k+1)\pi(k=0,\pm1,\pm2,\cdots)$，则 $f(x)$ 是周期为 2π 的奇函数，因此在 Fourier 级数中

$$a_n=\frac{1}{\pi}\int_{-\pi}^{\pi}f(x)\cos nx\,\mathrm{d}x=0 \quad(n=0,1,2,\cdots),$$

$$b_n=\frac{1}{\pi}\int_{-\pi}^{\pi}f(x)\sin nx\,\mathrm{d}x=\frac{2}{\pi}\int_{0}^{\pi}f(x)\sin nx\,\mathrm{d}x \quad(n=1,2,\cdots)$$

$$=\frac{2}{\pi}\int_{0}^{\pi}x\sin nx\,\mathrm{d}x=\frac{2}{\pi}\left[-\frac{x\cos nx}{n}+\frac{\sin nx}{n^2}\right]_{0}^{\pi}=-\frac{2}{n}\cos n\pi=\frac{2}{n}(-1)^{n-1}.$$

于是 $f(x)$ 的傅里叶级数为**正弦级数**：

$$f(x)=2\sum_{n=1}^{\infty}\frac{(-1)^{n-1}}{n}\sin nx \quad(-\pi<x<\pi).$$

例 5　设 $f(x)$ 是以 2π 为周期的周期函数，它在 $(0,\pi)$ 上的表达式为

$$f(x)=\begin{cases}\dfrac{\pi}{2}+x,&-\pi<x<0\\[2mm]\dfrac{\pi}{2}-x,&0\leqslant x\leqslant\pi\end{cases}.$$

将 $f(x)$ 展开成 Fourier 级数.

解　因为 $f(x)$ 在区间 $(-\pi,\pi)$ 内为偶函数，所以 $b_n=0(n=1,2,\cdots)$，而

$$a_0=\frac{2}{\pi}\int_{0}^{\pi}f(x)\,\mathrm{d}x=\frac{2}{\pi}\int_{0}^{\pi}\left(\frac{\pi}{2}-x\right)\mathrm{d}x=0;$$

$$a_n=\frac{2}{\pi}\int_{0}^{\pi}f(x)\cos nx\,\mathrm{d}x=\frac{2}{\pi}\int_{0}^{\pi}\left(\frac{\pi}{2}-x\right)\cos nx\,\mathrm{d}x=\int_{0}^{\pi}\cos nx\,\mathrm{d}x-\frac{2}{\pi}\int_{0}^{\pi}x\cos nx\,\mathrm{d}x$$

$$=0-\frac{2}{\pi}\left[\frac{x\sin nx}{n}+\frac{\cos nx}{n^2}\right]_{0}^{\pi}=\frac{2}{n^2\pi}(1-\cos nx)=\begin{cases}\dfrac{4}{n^2\pi},&n=1,3,5,\cdots\\[2mm]0,&n=2,4,6,\cdots\end{cases}.$$

于是 $f(x)$ 的傅里叶级数为余弦级数：

$$f(x)=\frac{4}{\pi}\left(\cos x+\frac{\cos 3x}{3^2}+\frac{\cos 5x}{5^2}+\cdots\right) \quad(-\pi<x\leqslant\pi).$$

11.7.5　函数展开成正弦级数或余弦级数

在实际应用中，如果函数 $f(x)$ 有在区间 $[0,\pi]$ 上有定义且满足狄利克雷收敛定理的条件，那么我们在 $[0,\pi]$ 上能否将 $f(x)$ 展开成正弦级数或余弦级数？答案是肯定的，方法如下：

先把 $f(x)$ 的定义延拓到区间 $(-\pi,0]$ 上，得到定义在 $(-\pi,\pi]$ 上的函数 $F(x)$，根据实际需要，常采用以下两种延拓方式：

（1）**奇延拓.**　令

$$F(x)=\begin{cases}f(x),&0<x\leqslant\pi\\0,&x=0\\-f(-x),&-\pi<x<0\end{cases}.$$

则 $F(x)$ 是定义在 $(-\pi,\pi]$ 上的奇函数，把 $F(x)$ 在 $(-\pi,\pi]$ 上展开成 Fourier 级数，所得级数必是正弦级数. 再限制 x 在 $(0,\pi]$ 上，此时 $F(x)\equiv f(x)$，这样就得到函数 $f(x)$ 的正弦级数展开式.

（2）**偶延拓.**　令

$$F(x)=\begin{cases}f(x), & 0\leqslant x\leqslant\pi\\ f(-x), & -\pi<x<0\end{cases}.$$

则 $F(x)$ 是定义在 $(-\pi,\pi]$ 上的偶函数,把 $F(x)$ 在 $(-\pi,\pi]$ 上展开成 Fourier 级数,所得级数必是余弦级数. 再限制 x 在 $(0,\pi]$ 上,此时 $F(x)\equiv f(x)$,这样就得到函数 $f(x)$ 的余弦级数展开式.

例 6　将函数 $f(x)=x+1(0\leqslant x\leqslant\pi)$ 分别展开成正弦级数和余弦级数.

解　(1)先求正弦级数,为此对 $f(x)$ 进行奇延拓,则

$$b_n=\frac{2}{\pi}\int_0^\pi f(x)\sin nx\,\mathrm{d}x=\frac{2}{\pi}\int_0^\pi(x+1)\sin nx\,\mathrm{d}x$$

$$=\frac{2}{\pi}\left[-\frac{(x+1)\cos nx}{n}+\frac{\sin nx}{n^2}\right]_0^\pi$$

$$=\frac{2}{n\pi}[1-(\pi+1)\cos n\pi]$$

$$=\begin{cases}\dfrac{2}{\pi}\cdot\dfrac{\pi+2}{n}, & n=1,3,5,\cdots\\ -\dfrac{2}{n}, & n=2,4,6,\cdots\end{cases}.$$

于是

$$f(x)=x+1=\frac{2}{\pi}\left[(\pi+2)\sin x-\frac{\pi}{2}\sin 2x+\frac{1}{3}(\pi+2)\sin 3x-\cdots\right]\quad(0<x<\pi).$$

在端点 $x=0$ 及 $x=\pi$ 处,级数的和显然为零,它不代表原来函数的值.

(2)再求余弦级数,为此对 $f(x)$ 进行偶延拓,则

$$a_n=\frac{1}{\pi}\int_{-\pi}^\pi f(x)\cos nx\,\mathrm{d}x=\frac{2}{\pi}\int_0^\pi f(x)\cos nx\,\mathrm{d}x\quad(n=1,2,\cdots)$$

$$=\frac{2}{\pi}\int_0^\pi(x+1)\cos nx\,\mathrm{d}x=\frac{2}{\pi}\left[\frac{(x+1)\sin nx}{n}+\frac{\cos nx}{n^2}\right]_0^\pi$$

$$=\frac{2}{n^2\pi}(\cos n\pi-1)=\begin{cases}0, & n=2,4,6,\cdots\\ -\dfrac{4}{n^2\pi}, & n=1,3,5,\cdots\end{cases}.$$

$$a_0=\frac{2}{\pi}\int_0^\pi f(x)\,\mathrm{d}x=\frac{2}{\pi}\int_0^\pi(x+1)\,\mathrm{d}x=\pi+2.$$

于是

$$f(x)=x+1=\frac{\pi}{2}+1-\frac{4}{\pi}\left(\cos x+\frac{1}{3^2}\cos 3x+\frac{1}{5^2}\cos 5x+\cdots\right)\quad(0\leqslant x\leqslant\pi).$$

习　题　11-7

1. 将下列以 2π 为周期的周期函数 $f(x)$ 展开成傅里叶级数.

(1) $f(x)=3x^2+1$　$(-\pi\leqslant x<\pi)$;　　(2) $f(x)=e^{2x}$　$(-\pi\leqslant x<\pi)$;

(3) $f(x)=\pi^2-x^2$　$(-\pi<x<\pi)$;　　(4) $f(x)=\sin^4 x$　$(-\pi\leqslant x\leqslant\pi)$;

(5) $f(x)=\begin{cases}0, & -\pi<x<0\\ 1, & 0\leqslant x\leqslant\pi\end{cases}$;　　(6) $f(x)=\begin{cases}2\pi+x, & -\pi\leqslant x\leqslant 0\\ x, & 0<x<\pi\end{cases}$;

$(7) f(x) = \begin{cases} ax, & -\pi \leqslant x \leqslant 0 \\ bx, & 0 < x < \pi, (a, b \text{ 为常数}) \end{cases};$

$(8) f(x) = \begin{cases} -\dfrac{\pi}{2}, & -\pi \leqslant x < -\dfrac{\pi}{2} \\ x, & -\dfrac{\pi}{2} \leqslant x < \dfrac{\pi}{2} \\ \dfrac{\pi}{2}, & \dfrac{\pi}{2} \leqslant x < \pi \end{cases}.$

2. 在区间 $\left(-\dfrac{\pi}{2}, \dfrac{\pi}{2}\right)$ 内展开 $f(x) = x\cos x$ 为傅里叶级数.

3. 将下列级数展开成正弦或余弦级数.

(1) $f(x) = 2x^2 (0 \leqslant x \leqslant \pi)$ 展开成正弦级数;

(2) $f(x) = 2x + 3 (0 \leqslant x \leqslant \pi)$ 展开成余弦级数;

(3) $f(x) = \dfrac{\pi - x}{2} (0 \leqslant x \leqslant \pi)$ 展开成正弦级数;

(4) $f(x) = \pi(\pi - x) (0 \leqslant x \leqslant \pi)$ 展开成余弦级数.

4. 设 $f(x)$ 是周期为 2π 的周期函数,证明:

(1) 如果 $f(x-\pi) = -f(x)$,则 $f(x)$ 的傅里叶系数 $a_0 = 0, a_{2n} = 0, b_{2n} = 0 (n = 1, 2, \cdots)$;

(2) 如果 $f(x-\pi) = f(x)$,则 $f(x)$ 的傅里叶系数 $a_{2n+1} = 0, b_{2n+1} = 0 (n = 0, 1, 2, \cdots)$.

5. 将函数 $f(x) = \text{sgn} x (-\pi < x < \pi)$ 展开成傅里叶级数,并利用展开式计算级数 $\displaystyle\sum_{n=0}^{\infty} \dfrac{(-1)^n}{2n+1}$ 的和.

6. 把函数 $f(x) = \dfrac{\pi}{4}$ 在 $[0, \pi]$ 上展成正弦级数,并由它推导:

(1) $1 - \dfrac{1}{3} + \dfrac{1}{5} - \dfrac{1}{7} + \cdots = \dfrac{\pi}{4}$;　　　　(2) $1 - \dfrac{1}{5} + \dfrac{1}{7} - \dfrac{1}{11} + \dfrac{1}{13} - \dfrac{1}{17} + \cdots = \dfrac{\sqrt{3}}{6}\pi.$

7. 把函数 $f(x) = x^3 (0 \leqslant x \leqslant \pi)$ 展开为余弦级数,并由此求级数 $\displaystyle\sum_{n=1}^{\infty} \dfrac{1}{n^4}$ 的和.

11.8　一般周期函数的傅里叶级数

11.8.1　一般周期函数的傅里叶级数

前面我们所讨论的周期函数都是以 2π 为周期的,但是实际问题中所遇到的周期函数,它的周期不一定是 2π. 例如 11.8 节中的我们所指出的矩形波,它的周期是 $T = \dfrac{2\pi}{\omega}$. 因此,下面我们讨论周期为 $2l(l$ 为任意实数)的周期函数的傅里叶级数. 根据前面讨论的结果,经过自变量的变量代换,可得到下面的定理.

定理 1　设周期为 $2l(l$ 为任意实数)的周期函数 $f(x)$ 在区间 $[-l, l]$ 上满足狄利克雷收敛定理的条件,则它的 Fourier 级数展开式为:

$$f(x) = \dfrac{a_0}{2} + \sum_{n=1}^{\infty} \left(a_n \cos \dfrac{n\pi x}{l} + b_n \sin \dfrac{n\pi x}{l}\right). \tag{11.8.1}$$

其中

$$a_n = \dfrac{1}{l} \int_{-l}^{l} f(x) \cos \dfrac{n\pi x}{l} \mathrm{d}x \quad (n = 0, 1, 2, \cdots),$$

$$b_n = \dfrac{1}{l} \int_{-l}^{l} f(x) \sin \dfrac{n\pi x}{l} \mathrm{d}x \quad (n = 1, 2, 3, \cdots). \tag{11.8.2}$$

如果 $f(x)$ 为奇函数,则

$$f(x) = \sum_{n=1}^{\infty} b_n \sin \frac{n\pi x}{l}. \tag{11.8.3}$$

其中

$$b_n = \frac{2}{l} \int_0^l f(x) \sin \frac{n\pi x}{l} dx \quad (n=1,2,3,\cdots). \tag{11.8.4}$$

如果 $f(x)$ 为偶函数,则

$$f(x) = \frac{a_0}{2} + \sum_{n=1}^{\infty} a_n \cos \frac{n\pi x}{l}. \tag{11.8.5}$$

其中

$$a_n = \frac{2}{l} \int_0^l f(x) \cos \frac{n\pi x}{l} dx \quad (n=0,1,2,\cdots). \tag{11.8.6}$$

注 当 x 为 $f(x)$ 的间断点时,级数收敛于

$$\frac{1}{2}\big[f(x-0)+f(x+0)\big].$$

证明 做变量代换 $z=\dfrac{\pi x}{l}$,于是区间 $-l \leqslant x \leqslant l$ 就变换成 $-\pi \leqslant z \leqslant \pi$,设函数

$$f(x) = f\left(\frac{lz}{\pi}\right) = F(z).$$

从而 $F(z)$ 是周期为 2π 的周期函数,且在区间 $[-\pi, \pi]$ 上满足狄利克雷收敛定理的条件,则它的 Fourier 级数展开式为:

$$F(z) = \frac{a_0}{2} + \sum_{n=1}^{\infty} (a_n \cos nz + b_n \sin nz).$$

其中

$$a_n = \frac{1}{\pi} \int_{-\pi}^{\pi} F(z) \cos nz \, dz \quad (n=0,1,2,\cdots),$$

$$b_n = \frac{1}{\pi} \int_{-\pi}^{\pi} f(z) \sin nz \, dz \quad (n=1,2,3,\cdots).$$

因为 $z=\dfrac{\pi x}{l}$, 且 $f(x)=f\left(\dfrac{lz}{\pi}\right)=F(z)$,所以

$$f(x) = \frac{a_0}{2} + \sum_{n=1}^{\infty} \left(a_n \cos \frac{n\pi x}{l} + b_k \sin \frac{n\pi x}{l}\right).$$

其中

$$a_n = \frac{1}{l} \int_{-l}^{l} f(x) \cos \frac{n\pi x}{r} dx \quad (n=0,1,2,\cdots),$$

$$b_n = \frac{1}{l} \int_{-l}^{l} f(x) \sin \frac{n\pi x}{l} dx \quad (n=1,2,3,\cdots).$$

类似地,可证明定理的其余部分.

例 1 设 $f(x)$ 是周期为 4 的周期函数,它在区间 $[-2,2)$ 上的表达式为

$$f(x) = \begin{cases} 0, & -2 \leqslant x < 0 \\ h, & 0 \leqslant x < 2 \end{cases}.$$

求它的 Fourier 级数展开式.

解 $f(x)$ 满足狄利克雷收敛定理的条件,且 $l=2$,根据公式 (11.8.2),有

$$a_n = \frac{1}{l} \int_{-l}^{l} f(x) \cos \frac{n\pi x}{l} dx \quad (n \neq 0)$$

$$= \frac{1}{2} \int_0^2 h \cos \frac{n\pi x}{2} dx$$

$$= \left[\frac{h}{n\pi} \sin \frac{n\pi x}{2} \right]_0^2 = 0.$$

$$a_0 = \frac{1}{2} \int_{-2}^0 0 dx + \frac{1}{2} \int_0^2 h dx = h.$$

$$b_n = \frac{1}{l} \int_{-l}^l f(x) \sin \frac{n\pi x}{l} dx \quad (n = 1, 2, 3, \cdots)$$

$$= \frac{1}{2} \int_0^2 h \sin \frac{n\pi x}{2} dx = \left[-\frac{h}{n\pi} \cos \frac{n\pi x}{2} \right]_0^2$$

$$= \frac{h}{n\pi}(1 - \cos n\pi) = \begin{cases} \dfrac{2h}{n\pi}, & n = 1, 3, 5, \cdots \\ 0, & n = 2, 4, 6, \cdots \end{cases}.$$

将求得的系数代入(11.9.1)式,得

$$f(x) = \frac{a_0}{2} + \sum_{n=1}^{\infty} \left(a_n \cos \frac{n\pi x}{l} + b_n \sin \frac{n\pi x}{l} \right)$$

$$= \frac{h}{2} + \frac{2h}{\pi} \left(\sin \frac{\pi x}{2} + \frac{1}{3} \sin \frac{3\pi x}{2} + \frac{1}{5} \sin \frac{5\pi x}{2} + \cdots \right).$$

$$\left(-\infty < x < +\infty; x \neq 0, \pm 2, \pm 4, \cdots; \text{在 } x = \pm 2, \pm 4, \cdots \text{收敛于} \frac{h}{2} \right).$$

如果 $f(x)$ 是定义在 $[0,l]$ 上且满足狄利克雷收敛定理条件的函数,我们可类似定义在 $[0,\pi]$ 上的函数一样进行奇延拓或偶延拓,把延拓后的以 $2l$ 为周期的周期函数展开成傅里叶级数.

例 2 将函数

$$M(x) = \begin{cases} \dfrac{px}{2}, & 0 \leqslant x < \dfrac{l}{2} \\ \dfrac{p(l-x)}{2}, & \dfrac{l}{2} \leqslant x < l \end{cases}$$

展开成正弦级数.

解 $M(x)$ 是定义在区间 $[0,l]$ 上的函数,要将它展开成正弦级数,必须对 $M(x)$ 进行奇延拓,并按公式(11.9.4)计算延拓后的函数的傅里叶系数:

$$b_n = \frac{2}{l} \int_0^l f(x) \sin \frac{n\pi x}{l} dx$$

$$= \frac{2}{l} \left[\int_0^{\frac{l}{2}} \frac{px}{2} \sin \frac{n\pi x}{l} dx + \int_{\frac{l}{2}}^l \frac{p(l-x)}{2} \sin \frac{n\pi x}{l} dx \right].$$

对上式右端的第二项,令 $t = l - x$,则

$$b_n = \frac{2}{l} \int_0^l f(x) \sin \frac{n\pi x}{l} dx$$

$$= \frac{2}{l} \left[\int_0^{\frac{l}{2}} \frac{px}{2} \sin \frac{n\pi x}{l} dx + \int_0^{\frac{l}{2}} \frac{pt}{2} \sin \frac{n\pi(l-t)}{l} (-dt) \right]$$

$$= \frac{2}{l} \left[\int_0^{\frac{l}{2}} \frac{px}{2} \sin \frac{n\pi x}{l} dx + (-1)^{n+1} \int_0^{\frac{l}{2}} \frac{pt}{2} \sin \frac{n\pi t}{l} dt \right].$$

当 $n = 2, 4, 6, \cdots$ 时,$b_n = 0$;当 $n = 1, 3, 5, \cdots$ 时,

$$b_n = \frac{4p}{2l} \int_0^{\frac{l}{2}} x \sin \frac{n\pi x}{l} \mathrm{d}x = \frac{2pl}{n^2\pi^2} \sin \frac{n\pi}{2}.$$

将求得的 b_n 代入式(11.8.3),得

$$M(x) = \frac{2pl}{\pi^2} \left(\sin \frac{\pi x}{l} - \frac{1}{3^2} \sin \frac{3\pi x}{l} + \frac{1}{5^2} \sin \frac{5\pi x}{l} - \cdots \right) (0 \leqslant x \leqslant l).$$

11.8.2　傅里叶级数的复数形式

傅里叶级数还可以用复数形式表示. 在电子技术中,经常用这种形式.

设周期为 $2l$ 的周期函数 $f(x)$ 的 Fourier 级数为

$$f(x) = \frac{a_0}{2} + \sum_{n=1}^{\infty} \left(a_n \cos \frac{n\pi x}{l} + b_n \sin \frac{n\pi x}{l} \right).$$

其中

$$a_n = \frac{1}{l} \int_{-l}^{l} f(x) \cos \frac{n\pi x}{l} \mathrm{d}x \quad (n = 0, 1, 2, \cdots),$$

$$b_n = \frac{1}{l} \int_{-l}^{l} f(x) \sin \frac{n\pi x}{l} \mathrm{d}x \quad (n = 1, 2, 3, \cdots).$$

利用欧拉公式,得

$$\cos \frac{n\pi x}{l} = \frac{\mathrm{e}^{i\frac{n\pi x}{l}} + \mathrm{e}^{-i\frac{n\pi x}{l}}}{2}, \quad \sin \frac{n\pi x}{l} = \frac{\mathrm{e}^{i\frac{n\pi x}{l}} - \mathrm{e}^{-i\frac{n\pi x}{l}}}{2}.$$

于是

$$\begin{aligned} f(x) &= \frac{a_0}{2} + \sum_{n=1}^{\infty} \left(a_n \cos \frac{n\pi x}{l} + b_n \sin \frac{n\pi x}{l} \right) \\ &= \frac{a_0}{2} + \sum_{n=1}^{\infty} \left[\frac{a_n}{2} (\mathrm{e}^{i\frac{n\pi x}{l}} + \mathrm{e}^{-i\frac{n\pi x}{l}}) - \frac{ib_n}{2} (\mathrm{e}^{i\frac{n\pi x}{l}} - \mathrm{e}^{-i\frac{n\pi x}{l}}) \right] \\ &= \frac{a_0}{2} + \sum_{n=1}^{\infty} \left[\frac{a_n - ib_n}{2} \mathrm{e}^{i\frac{n\pi x}{l}} + \frac{a_n + ib_n}{2} \mathrm{e}^{-i\frac{n\pi x}{l}} \right] \\ &= c_0 + \sum_{n=1}^{\infty} \left[c_n \mathrm{e}^{i\frac{n\pi x}{l}} + c_{-n} \mathrm{e}^{-i\frac{n\pi x}{l}} \right]. \end{aligned} \tag{11.8.7}$$

其中

$$c_0 = \frac{a_0}{2} = \frac{1}{2l} \int_{-l}^{l} f(x) \mathrm{d}x,$$

$$c_n = \frac{a_n - ib_n}{2} = \frac{1}{2l} \int_{-l}^{l} f(x) \left(\cos \frac{n\pi x}{l} - i \sin \frac{n\pi x}{l} \right) \mathrm{d}x$$

$$= \frac{1}{2l} \int_{-l}^{l} f(x) \mathrm{e}^{-i\frac{n\pi x}{l}} \mathrm{d}x \quad (n = 1, 2, 3, \cdots),$$

$$c_{-n} = \frac{a_n + ib_n}{2} = \frac{1}{2l} \int_{-l}^{l} f(x) \left(\cos \frac{n\pi x}{l} + i \sin \frac{n\pi x}{l} \right) \mathrm{d}x$$

$$= \frac{1}{2l} \int_{-l}^{l} f(x) \mathrm{e}^{i\frac{n\pi x}{l}} \mathrm{d}x \quad (n = 1, 2, 3, \cdots).$$

于是,级数(11.8.7)可写为

$$\sum_{n=-\infty}^{\infty} c_n \mathrm{e}^{i\frac{n\pi x}{l}}, \tag{11.8.8}$$

其中

$$c_n = \frac{1}{2l} \int_{-l}^{l} f(x) e^{-i\frac{n\pi x}{l}} dx \quad (n = 0, \pm 1, \pm 2, \pm 3, \cdots). \tag{11.8.9}$$

我们把式(11.8.8)称为**傅里叶级数的复数形式**,式(11.8.9)称为**傅里叶级数系数的复数形式**.

傅里叶级数的两种形式,本质上一样的.但复数形式比较简洁,且只用一个算式计算系数.

例3　设 $f(x)$ 是周期为 2 的周期函数,它在区间 $[-1,1)$ 上的表达式为 $f(x) = e^{-x}$,将其展开成复数形式的 Fourier 级数.

解　$c_n = \dfrac{1}{2} \int_{-1}^{1} e^{-x} e^{-in\pi x} dx = \dfrac{1}{2} \int_{-1}^{1} e^{-(1+in\pi)x} dx$

$$= -\frac{1}{2} \cdot \frac{1-in\pi}{1+n^2\pi^2} [e^{-1} \cos n\pi - e\cos n\pi] = (-1)^n \frac{1-in\pi}{1+n^2\pi^2} \text{sh} 1.$$

于是

$$f(x) = \sum_{-\infty}^{+\infty} (-1)^n \frac{1-in\pi}{1+n^2\pi^2} \text{sh} 1 \cdot e^{in\pi x} \quad (x \ne 2n+1, n = 0, \pm 1, \pm 2, \cdots).$$

例4　把宽为 τ、高为 h、周期为 T 的矩形波(图 11-8-1)展开为复数形式的傅里叶级数.

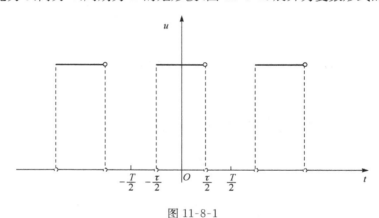

图 11-8-1

解　在一个周期 $\left[-\dfrac{T}{2}, \dfrac{T}{2}\right]$ 上,矩形波的函数表达式为

$$u(t) = \begin{cases} 0, & -\dfrac{T}{2} \leqslant t < -\dfrac{\tau}{2} \\[2mm] h, & -\dfrac{\tau}{2} \leqslant t < \dfrac{\tau}{2} \\[2mm] 0, & \dfrac{\tau}{2} \leqslant t \leqslant \dfrac{T}{2} \end{cases},$$

利用公式(11.8.9),有

$$c_0 = \frac{1}{T} \int_{-\frac{T}{2}}^{\frac{T}{2}} u(t) dt = \frac{1}{T} \int_{-\frac{\tau}{2}}^{\frac{\tau}{2}} h dt = \frac{h\tau}{T},$$

$$c_n = \frac{1}{T} \int_{-\frac{T}{2}}^{\frac{T}{2}} u(t) e^{-i\frac{n\pi t}{T}} dt = \frac{1}{T} \int_{-\frac{\tau}{2}}^{\frac{\tau}{2}} h e^{-i\frac{n\pi t}{T}} dt$$

$$= \frac{h}{T} \left[\frac{-T}{2n\pi i} e^{-i\frac{n\pi t}{T}} \right]_{-\frac{\tau}{2}}^{\frac{\tau}{2}} = \frac{h}{n\pi} \sin \frac{n\pi\tau}{T} \quad (n = \pm 1, \pm 2, \cdots).$$

将系数 c_0, c_n 代入级数(11.8.8),得

$$u(t) = \frac{h\tau}{T} + \frac{h}{\pi} \sum_{\substack{n=-\infty \\ n \neq 0}}^{+\infty} \frac{1}{n} \sin \frac{n\pi\tau}{T} e^{i\frac{2n\pi t}{T}} \quad \left(-\infty < t < +\infty, t \neq \pm \frac{\tau}{2}, \pm \frac{\tau}{2} \pm \frac{T}{2}, \cdots \right).$$

习　题　11-8

1. 将下列周期函数展开成傅里叶级数,它们在一个周期内的表达式为:

(1) $f(x) = 1 - x^2 \quad \left(-\frac{1}{2} \leqslant x < \frac{1}{2} \right)$; 　　(2) $f(x) = \cos \frac{\pi}{l} x \quad \left(-\frac{l}{2} \leqslant x < \frac{l}{2} \right)$;

(3) $f(x) = \begin{cases} 2x+1, & -3 \leqslant x < 0 \\ 1, & 0 \leqslant x \leqslant 3 \end{cases}$; 　　(4) $f(x) = \begin{cases} x, & -1 \leqslant x < 0 \\ 1, & 0 \leqslant x < \frac{1}{2} \\ -1, & \frac{1}{2} \leqslant x < 0 \end{cases}$.

2. 将下列函数分别展开成正弦级数与余弦级数.

(1) $f(x) = x^2 \quad (0 \leqslant x \leqslant 2)$;

(2) $f(x) = \begin{cases} x, & 0 \leqslant x < \frac{l}{2} \\ l-x, & \frac{l}{2} \leqslant x \leqslant l \end{cases}$.

3. 证明:

(1) $\int_{-l}^{l} \cos \frac{n\pi x}{l} dx = 0$, 对所有的正整数 n 都成立;

(2) $\int_{-l}^{l} \sin \frac{n\pi x}{l} dx = 0$, 对所有的正整数 n 都成立.

4. 将函数 $f(x) = ax - x^2 (0 \leqslant x \leqslant a)$ 展开成余弦级数, 并利用此结果求级数 $\sum_{n=1}^{\infty} \frac{(-1)^{n-1}}{n^2}$ 的和.

5. $f(t)$ 是以 $T = \frac{2\pi}{\omega}$ 为周期的函数, 它在 $\left[-\frac{\pi}{\omega}, \frac{\pi}{\omega} \right]$ 上定义为

$$f(t) = \begin{cases} 0, & -\frac{\pi}{\omega} \leqslant t < 0 \\ E\sin\omega t, & 0 \leqslant t \leqslant \frac{\pi}{\omega} \end{cases}$$

求 $f(t)$ 复数形式的 Fourier 展开式.

总习题十一

1. 求级数 $\frac{1}{3} + \frac{3}{3^2} + \frac{5}{3^3} + \cdots + \frac{2n-1}{3^n} + \cdots$ 的和.

2. 证明级数 $\sum_{n=1}^{\infty} \sin n$ 发散.

3. 证明:如果数列 $\{u_n\}$ 单调减少且 $u_n \geqslant 0$, 级数 $\sum_{n=1}^{\infty} u_n$ 收敛, 则 $\lim_{n \to \infty} n u_n = 0$.

4. 设 $u_n > 0$, 证明级数 $\sum_{n=1}^{\infty} \frac{u_n}{(1+u_1)(1+u_2)\cdots(1+u_n)}$ 收敛.

5. 证明:若 $\lim_{n \to \infty} n^{2n\sin\frac{1}{n}} \cdot u_n = 1$, 证明级数 $\sum_{n=1}^{\infty} u_n$ 收敛.

6. 判断下列级数的敛散性：

(1) $\sum\limits_{n=1}^{\infty} \dfrac{1}{(2n-1)(2n+1)}$;　　　(2) $\sum\limits_{n=1}^{\infty} (\sqrt[n]{a}-1)\ (a>1)$;　　　(3) $\sum\limits_{n=1}^{\infty} \arcsin\dfrac{1}{\sqrt{n}}$

(4) $\sum\limits_{n=1}^{\infty} n\tan\dfrac{\pi}{2^{n+1}}$;　　　(5) $\sum\limits_{n=1}^{\infty} \dfrac{n^{n-1}}{(2n^2+\ln n+1)^{\frac{n+1}{2}}}$;　　　(6) $\sum\limits_{n=1}^{\infty} \dfrac{(n!)^2}{2^{n^2}}$;

(7) $\sum\limits_{n=1}^{\infty} \dfrac{[(n+1)!]^2}{2!4!\cdots(2n)!}$;　　　(8) $\sum\limits_{n=1}^{\infty} \dfrac{n^2}{\left(n+\dfrac{1}{n}\right)^n}$;　　　(9) $\sum\limits_{n=1}^{\infty} \dfrac{a^n}{n^s}\ (a>0, s>0)$.

7. 求极限 $\lim\limits_{n\to\infty} \dfrac{(a+1)(2a+1)\cdots(na+1)}{(b+1)(2b+1)\cdots(nb+1)}, b>a>0$.

8. 给定级数 $\sum\limits_{n=1}^{\infty} u_n\ (u_n>0)$, 设

$$\lim_{n\to\infty} \frac{\ln\dfrac{1}{u_n}}{\ln n} = q.$$

证明：当 $q>1$ 时，级数收敛；当 $q\leqslant 1$ 时，级数发散.

9. 讨论级数 $\sum\limits_{n=1}^{\infty} \dfrac{\sqrt{n+2}-\sqrt{n-2}}{n^a}$ 的收敛性.

10. 设数列 $S_1=1, S_2, S_3, \cdots$, 由公式 $2S_{n+1}=S_n+\sqrt{S_n^2+u_n}$ 决定，其中 u_n 是级数 $\sum\limits_{n=1}^{\infty} u_n = u_1+u_{2+}\cdots+$ $u_n+\cdots$ 的一般项，且 $u_n>0$, 证明：级数 $\sum\limits_{n=1}^{\infty} u_n$ 收敛的充分必要条件是数列 $\{S_n\}$ 也收敛.

11. 判别下列级数是否收敛，若收敛，是绝对收敛还是条件收敛.

(1) $\sum\limits_{n=1}^{\infty} (-1)^n \ln\dfrac{n+1}{n}$;　　　(2) $\sum\limits_{n=1}^{\infty} (-1)^{n+1} \dfrac{2^{n^2}}{n!}$;　　　(3) $\sum\limits_{n=1}^{\infty} (-1)^{n+1} \dfrac{(n+1)^n}{2^{n+1}}$.

12. 设数列 $\{u_n\}$ 单调减少，且 $\lim\limits_{n\to\infty} u_n=0$, 证明级数

$$\sum_{n=1}^{\infty} (-1)^{n-1} \frac{u_1+u_2+\cdots+u_n}{n}$$

收敛.

13. 设 $f(x)$ 在 $x=0$ 处存在二阶导数，且 $\lim\limits_{x\to 0} \dfrac{f(x)}{x}=0$, 证明级数 $\sum\limits_{n=1}^{\infty} f\left(\dfrac{1}{n}\right)$ 绝对收敛.

14. 求下列幂级数的收敛域：

(1) $\sum\limits_{n=1}^{\infty} n!\left(\dfrac{x}{n}\right)^n$;　　　(2) $\sum\limits_{n=1}^{\infty} \dfrac{n}{2^n} x^{2n}$;　　　(3) $\sum\limits_{n=1}^{\infty} \dfrac{(x-1)^n}{n\cdot 9^n}$.

15. 求下列幂级数的和函数：

(1) $\sum\limits_{n=1}^{\infty} \dfrac{1}{n\cdot 2^n} x^{n-1}$;　　　(2) $\sum\limits_{n=0}^{\infty} \dfrac{n^2+1}{2^n n!} x^n$;　　　(3) $\sum\limits_{n=1}^{\infty} \dfrac{x^{4n+1}}{4n+1}$.

16. 将下列函数展开成 x 的幂级数：

(1) $f(x) = \dfrac{1}{(2-x)^2}$;　　　　　　(2) $f(x) = \ln(4-3x-x^2)$;

(3) $f(x) = \ln(1+x+x^2+x^3)$;　　　(4) $f(x) = x\arctan x - \ln\sqrt{1+x^2}$.

17. 将函数 $f(x) = \dfrac{1}{x^2+3x+2}$ 展开成 $x+4$ 的幂级数.

18. 用幂级数计算下列极限：

(1) $\lim\limits_{x\to 0} \dfrac{\sin x - \tan x}{x^3}$;　　　　　　(2) $\lim\limits_{x\to 0} \left(\dfrac{1}{\sin x} - \dfrac{1}{x}\right)$.

19. 设函数 $f(x)=\begin{cases}\dfrac{\sin x}{x}, & x\neq 0 \\ 1, & x=0\end{cases}$，求 $f^{(n)}(0), n=1,2,\cdots$.

20. 设 $a_0,a_1,a_2,\cdots$ 为等差数列，公差为 $d,a_0\neq 0$. 求级数 $\sum\limits_{n=0}^{\infty}\dfrac{a_n}{2^n}$ 的和.

21. 利用幂级数求数项级数 $\sum\limits_{n=0}^{\infty}\dfrac{1}{2^n}\cdot\dfrac{2n+1}{n!}$ 的和.

22. 已知 $\sum\limits_{n=0}^{\infty}\dfrac{1}{n^2}=\dfrac{\pi^2}{6}$，求积分 $\int_0^1\dfrac{\ln x}{1+x}\mathrm{d}x$.

23. 证明函数 $f(x)=\begin{cases}\mathrm{e}^{-\frac{1}{x^2}}, & x\neq 0 \\ 0 & x=0\end{cases}$，在任何区间 $(-R,R)(R>0)$ 内不能展开成幂级数 $\sum\limits_{n=0}^{\infty}a_nx^n$.

24. 设 $f(x)$ 是周期为 2π 的函数，它在 $[-\pi,\pi)$ 上的表达式为
$$f(x)=\begin{cases}0, & x\in[-\pi,0) \\ \mathrm{e}^x, & x\in[0,\pi)\end{cases}.$$
将 $f(x)$ 展开成傅里叶级数.

25. 将函数 $f(x)=\begin{cases}x, & x\in\left[-\dfrac{\pi}{2},\dfrac{\pi}{2}\right) \\ \pi-x, & x\in\left[\dfrac{\pi}{2},3\dfrac{\pi}{2}\right]\end{cases}$ 展开成傅里叶级数.

26. 设函数 $f(x)=\begin{cases}x, & x\in\left[0,\dfrac{l}{2}\right), \\ l-x, & x\in\left[\dfrac{l}{2},l\right].\end{cases}$，将其展开成正弦级数和余弦级数.

27. 将函数 $f(x)=2+|x|(x\in[-1,1])$ 展开成以 2 为周期的傅里叶级数.

28. 证明：当 $0\leqslant x\leqslant\pi$ 时，$\sum\limits_{n=1}^{\infty}\dfrac{\cos n\pi x}{n^2}=\dfrac{x^2}{4}-\dfrac{\pi x}{2}+\dfrac{\pi^2}{6}$.

29. 设函数 $f(x)$ 在区间 $[-\pi,\pi]$ 上可积，且 a_n,b_n 为 $f(x)$ 的傅里叶系数，试证对任意自然数 n，都有：
$$\dfrac{a_0^2}{2}+\sum\limits_{n=1}^{\infty}(a_n^2+b_n^2)\leqslant\dfrac{1}{\pi}\int_{-\pi}^{\pi}[f(x)]^2\mathrm{d}x.$$

第12章 微分方程

　　函数是反映客观现实世界运动过程中量与量之间的一种关系．但在很多实际问题中遇到稍微复杂的一些运动过程时，往往很难直接得到所研究的变量之间的函数关系，但比较容易地建立这些变量和它们的导数或微分之间的关系．这种联系着自变量、未知函数及它的导数（或微分）的关系式，数学上称为微分方程．"数学是一门理性思维的科学，是研究、了解和知晓现实世界的工具"，那么微分方程在其中起着举足轻重的作用．通过对微分方程的研究，找出未知量之间的函数关系，这就是解微分方程．

　　微分方程源于生产实际，研究微分方程的目的就在于掌握它所反映的客观规律，能动的解释所出现的各种现象并预测未来的可能情况．但微分方程的解的问题是非常复杂的，作为一门独立的数学学科，它有完备的理论体系．本章我们主要介绍微分方程的一些基本概念，几种常用的微分方程的解法．

12.1　微分方程的基本概念

　　下面通过几个实际问题的举例来说明微分方程的基本概念．

　　例 1　一曲线过点 $(0,2)$，且在该曲线上任一点处 $M(x,y)$ 处的切线的斜率为 $6x$，求此曲线方程．

　　解　设所求曲线方程为 $y=f(x)$，根据导数的几何意义，可知为未知函数 $y=f(x)$ 满足关系式

$$\frac{\mathrm{d}y}{\mathrm{d}x}=6x. \tag{12.1.1}$$

对上式两端分别积分，得

$$y=\int 6x\mathrm{d}x$$

即
$$y=3x^2+c, \tag{12.1.2}$$

其中 c 是任意常数．

　　又知曲线过 $(1,1)$，满足"$x=0$ 时，$y=2$"的条件，代入上式得

$$c=2. \tag{12.1.3}$$

即得所求曲线方程为
$$y=3x^2+2. \tag{12.1.4}$$

　　例 2　列车在平直路上以 $20\mathrm{m/s}$ 的速度行驶；当制动时列车获得加速度 $-0.4\mathrm{m/s^2}$．问开始制动后多少时间列车才能停住，以及列车在这段时间里行驶了多少路程？

　　解　设列车开始制动后 t 秒行驶了 s 米，根据题意路程关于时间的函数 $s=s(t)$ 满足关系式

$$\frac{\mathrm{d}^2 s}{\mathrm{d}t^2}=-0.4. \tag{12.1.5}$$

对上式两边分别积分一次，得

$$v=\frac{\mathrm{d}s}{\mathrm{d}t}=-0.4t+c_1. \tag{12.1.6}$$

再积分一次,得

$$s=-0.2t^2+c_1t+c_2,\tag{12.1.7}$$

其中 c_1,c_2 是任意常数.

此外,未知函数 $s=s(t)$ 还应满足以下条件:

$$t=0 \text{ 时},s=0,v=\frac{\mathrm{d}s}{\mathrm{d}t}=20.\tag{12.1.8}$$

把条件"$t=0$ 时,$v=20$"代入(12.1.6)式,得 $c_1=20$.

把条件"$t=0$ 时,$s=0$"代入(12.1.7)式, 得 $c_2=0$.

把 $c_1=20,c_2=0$ 代入(12.1.7),(12.1.8)式,得

$$v=-0.4t+20,\tag{12.1.9}$$
$$s=-0.2t^2+20t.\tag{12.1.10}$$

在(12.1.9)中令 $v=0$,得到列车从开始制动到停止所需的时间为 $t=50(\text{s})$.

再把 $t=50$ 代入(12.1.10)式,得到列车在制动时段行驶的路程为

$$s=-0.2\times50^2+20\times50=500(\text{m}).$$

上述两个例子中的关系式(12.1.1)和(12.1.5)都含有未知函数的导数,把它们都称为微分方程.

一般地,把含有未知函数及未知函数的导数或微分的方程称为**微分方程**. 未知函数是一元函数的称为**常微分方程**. 例1、例2中的关系式都是常微分方程. 未知函数是多元的称为

偏微分方程. 微分方程中未知函数的最高阶导数的阶数称为**微分方程的阶**. 例如,$\frac{\partial z}{\partial x}-y^2\frac{\partial z}{\partial y}=z,(x-y)\frac{\partial^2 u}{\partial x\partial y}-\frac{\partial u}{\partial x}+\frac{\partial u}{\partial y}=0$ 分别是一阶和二阶偏微分方程.

例1中的微分方程是一阶常微分方程,例2中的微分方程是二阶常微分方程.

本章我们只讨论常微分方程. n 阶常微分方程的一般形式可表示为:

$$F(x,y,y',y'',\cdots,y^{(n)})=0,\tag{12.1.11}$$

其中 F 是 $n+2$ 个变量的函数. 需要指出的是在方程(12.1.11)中 $y^{(n)}$ 必须出现,而 $x,y,y',\cdots,y^{(n-1)}$ 等变量可以不出现.

例如 $y^{(n)}+1=0$ 是 n 阶微分方程,除 $y^{(n)}$ 外,其他变量都没有出现.

如果能从(12.1.11)式中解出最高阶导数,得到微分方程

$$y^{(n)}=f(x,y',\cdots,y^{(n-1)}).\tag{12.1.12}$$

本章我们主要讨论形如(12.1.12)的微分方程,并且假设(12.1.12)式右端的函数 f 在所讨论的范围内连续.

如果(12.1.12)式可表示为如下形式:

$$y^{(n)}+a_1(x)y^{(n-1)}+\cdots+a_{n-1}(x)y'+a_n(x)y=g(x),\tag{12.1.13}$$

则称方程(12.1.13)为 **n 阶线性微分方程**. 其中 $a_1(x),a_2(x),\cdots,a_n(x)$ 和 $g(x)$ 均是自变量 x 的已知函数.

把不能表示为(12.1.13)式的方程,统称为**非线性微分方程**.

例3 指出下列方程是什么方程,并说明其阶数.

(1) $\cos(y'')+\ln y=x+1$;　　(2) $xy''-3(y')^3+2xy=0$;

(3) $x\left(\frac{\mathrm{d}y}{\mathrm{d}x}\right)^2-2\frac{\mathrm{d}y}{\mathrm{d}x}+4x=0$;　　(4) $x^3y'''+x^2y^2-2xy'=3x^2$.

解　方程(1)是二阶非线性微分方程;方程(2)是二阶非线性微分方程;方程(3)一阶非线性微分方程;方程(4)是三阶线性微分方程.

由例 1、例 2 可以看出,在研究某些实际问题时,首先要建立微分方程,然后找出满足微分方程的函数,这个过程就是解微分方程.就是说,找出这样的函数,把此函数代入微分方程能使该方程成为恒等式.这个函数就称为该**微分方程的解**.确切地说,设函数 $y=\varphi(x)$ 在区间 I 上有 n 阶连续导数,使

$$F(x,\varphi(x),\varphi'(x),\cdots,\varphi^{(n)}(x))\equiv 0,$$

那么函数 $y=\varphi(x)$ 就称为微分方程(12.1.11)在区间 I 上的解.

例如(12.1.2)和(12.1.4)式都是微分方程(12.1.1)的解,(12.1.7)和(12.1.10)都是微分方程(12.1.5)的解.

如果微分方程的解中含有相互独立的任意常数,且任意常数的个数与微分方程的阶数相同,把这样的解称为微分方程的**通解(一般解)**.例如(12.1.2)是微分方程(12.1.1)的通解,方程(12.1.1)是一阶微分方程,它的通解含有一个任意常数.又如(12.1.7)是微分方程(12.1.5)的通解,方程(12.1.5)是二阶微分方程,它的通解中含有两个任意常数,且这两个任意常数是相互独立的.

由于通解中含有任意常数,有时候不能反映客观事物的规律性,需要确定这些常数的值.为此,要根据问题的实际情况,提出确定这些常数的条件.例如例 1 中的(12.1.3),例 2 中的(12.1.8)都是确定任意常数的条件.

对于一阶微分方程,设其解为 $y=y(x)$,用来确定任意常数的条件是:

$$x=x_0 \text{ 时},y=y_0,\text{或写成 } y|_{x=x_0}=y_0,$$

其中 x_0,y_0 都是给定的值;若微分方程是二阶的,通常用来确定任意常数的条件是:

$$x=x_0 \text{ 时},y=y_0,y'=y'_0,\text{或写成 } y|_{x=x_0}=y_0,y'|_{x=x_0}=y'_0,$$

其中 x_0,y_0 和 y'_0 都是给定的值,把上述这种条件称为**初始条件**.

把初始条件代入通解,确定出任意常数,就得到了微分方程的**特解**.例如(12.1.4)式是方程(12.1.1)满足条件(12.1.3)的特解;(12.1.10)式是方程(12.1.5)满足条件(12.1.8)的特解.

带有初始条件的微分方程称为微分方程的**初值问题**.

例如,一阶微分方程的初值问题,记为

$$\begin{cases} y'=f(x,y) \\ y|_{x=x_0}=y_0 \end{cases}. \tag{12.1.14}$$

其解的图形是一条曲线,称为微分方程的**积分曲线**,且此曲线是过 (x_0,y_0) 的那条曲线.二阶微分方程的初值问题,记为:

$$\begin{cases} y''=f(x,y,y') \\ y|_{x=x_0}=y_0,y'|_{x=x_0}=y'_0 \end{cases}. \tag{12.1.15}$$

其解表示过点 (x_0,y_0) 且在该点处的切线斜率为 y'_0 的那条曲线.

例 4　验证 $y=(C_1+C_2 x)\mathrm{e}^{-x}$($C_1,C_2$ 是任意常数)是方程 $y''+2y'+y=0$ 的通解,并求满足初始条件 $y|_{x=0}=4,y'|_{x=0}=-2$ 的特解.

解　要验证函数是否是方程的解,只要将函数代入方程,验证是否恒等,再看函数中所含的独立的任意常数的个数是否与方程的阶数相同.

对函数 $y=(C_1+C_2 x)\mathrm{e}^{-x}$ 分别求一阶、二阶导数,得

$$y'=\mathrm{e}^{-x}(C_2+C_1)-C_2 x\mathrm{e}^{-x};$$

$$y'' = \mathrm{e}^{-x}(C_1 - 2C_2) + C_2 x \mathrm{e}^{-x}.$$

把 y, y' 及 y'' 代入方程中,得

$$\mathrm{e}^{-x}(C_1 - 2C_2) + C_2 x \mathrm{e}^{-x} + 2[\mathrm{e}^{-x}(C_2 + C_1) - C_2 x \mathrm{e}^{-x}] + (C_1 + C_2 x)\mathrm{e}^{-x} \equiv 0.$$

因方程两边恒等,且 x 中含有两个独立的任意常数 C_1, C_2,故 $y = (C_1 + C_2 x)\mathrm{e}^{-x}$ 是方程 $y'' + 2y' + y = 0$ 的通解.

将"$x=0, y=4$"代入 y 中,得 $C_1 = 4$;将"$x=0, y'=-2$"代入 y' 中,得 $C_2 = 2$. 把 C_1, C_2 代入 y 中,得方程的特解 $y = (4 + 2x)\mathrm{e}^{-x}$.

习　题　12-1

1. 指出下列微分方程的阶数.

(1) $x(y')^2 - 2yy' + x = 0$;

(2) $\dfrac{\mathrm{d}x}{\mathrm{d}t} + 5\sin t = \cos x$;

(3) $L\dfrac{\mathrm{d}^2 Q}{\mathrm{d}t^2} + R\dfrac{\mathrm{d}Q}{\mathrm{d}t} + \dfrac{Q}{C} = 0$;

(4) $xy''' + (y'')^2 - 2xy = 0$.

2. 判断下列微分方程是线性的还是非线性的.

(1) $\dfrac{\mathrm{d}y}{\mathrm{d}x} = 4y^2 + (3x^2 + 2)y$;

(2) $y'' - 3(y')^2 + 15xy = 0$;

(3) $xy'' - 5y' - 2xy = \sin x$;

(4) $y^{(4)} - 2\sin x y'' + \sin y = 0$;

(5) $t^2 \dfrac{\mathrm{d}Q}{\mathrm{d}t} + 5Q - 4 = 0$;

(6) $\sin y'' + \mathrm{e}^y = \cos 2x$.

3. 指出下列各题中的函数是否为所给微分方程的解.

(1) $y'' = -4y, y = 3\sin 2x - 4\cos 2x$;

(2) $y'' - 2y' + y = 0, y = x^2 \mathrm{e}^x$;

(3) $xy' = 2y, y = 5x^2$;

(4) $y'' - (\lambda_1 + \lambda_2)y' + \lambda_1 \lambda_2 y = 0$, $y = C_1 \mathrm{e}^{\lambda_1 x} + C_2 \mathrm{e}^{\lambda_2 x}$.

4. 验证由方程 $y^3 - 5y - 3x^4 = C$ 所确定的函数为微分方程 $y' = \dfrac{12x^3}{3y^2 - 5}$ 的通解.

5. 验证由方程 $y = \dfrac{\sin x}{x}$ 所确定的函数为微分方程 $xy' + y - \cos x = 0$ 的解.

6. 验证 $y = Cx + \dfrac{1}{C}$(C 是任意常数)是方程 $xy'' - yy' + 1 = 0$ 的通解. 并求满足初始条件 $y|_{x=0} = 2$ 的特解.

7. 验证:函数 $y = 2 + C\sqrt{1 - x^2}$ 是微分方程 $(1 - x^2)\dfrac{\mathrm{d}y}{\mathrm{d}x} + xy = 2x$ 的通解,并求满足初始条件 $y|_{x=0} = 5$ 的特解.

8. 确定函数关系式 $y = C_1 \sin(x - C_2)$ 所含的参数,使其满足初始条件

$$y|_{x=\pi} = 1, y'|_{x=\pi} = 0.$$

9. 设函数 $y = (1 + x)^2 u(x)$ 是方程 $y' - \dfrac{2}{x+1}y = (x+1)^3$ 的通解,求 $u(x)$.

10. 设曲线在点 (x, y) 处的切线的斜率等于该点横坐标的平方,试建立曲线所满足的微分方程.

11. 求连续函数 $f(x)$,使它满足 $\displaystyle\int_0^1 f(tx)\,\mathrm{d}t = f(x) + x\sin x$.

12.2　可分离变量的微分方程

从本节开始我们将根据微分方程的不同类型,给出相应的解法.

12.2.1　可分离变量的微分方程

设一阶微分方程

$$y' = F(x, y), \tag{12.2.1}$$

如果右端函数能分解成 $F(x, y) = f(x)g(y)$，即有

$$\frac{\mathrm{d}y}{\mathrm{d}x} = f(x)g(y). \tag{12.2.2}$$

则称(12.2.2)式为**可分离变量的微分方程**，其中，$f(x)$，$g(y)$ 都是 x，y 的连续函数．

设 $g(y) \neq 0$，方程两边同除以 $g(y)$，乘以 $\mathrm{d}x$，就可以把方程写成一端只含 y 的函数和 $\mathrm{d}y$，另一端只含 x 的函数和 $\mathrm{d}x$，即

$$\frac{\mathrm{d}y}{g(y)} = f(x)\mathrm{d}x,$$

在对上式两边分别积分，即得

$$\int \frac{\mathrm{d}y}{g(y)} = \int f(x)\mathrm{d}x.$$

如果 $g(y_0) = 0$，则 $y = y_0$ 也是方程(12.2.2)的解．

上述求解可分离变量方程的方法称为**分离变量法**．

例 1　求解微分方程 $\dfrac{\mathrm{d}y}{\mathrm{d}x} = 2xy(y \neq 0)$ 的通解．

解　题设方程是可分离变量的，分离变量后得

$$\frac{1}{y}\mathrm{d}y = 2x\mathrm{d}x.$$

两端积分

$$\int \frac{1}{y}\mathrm{d}y = \int 2x\mathrm{d}x.$$

得

$$\ln|y| = x^2 + C_1.$$

即

$$y = \pm \mathrm{e}^{x^2 + C_1}.$$

从而

$$y = C\mathrm{e}^{x^2},$$

其中 C 是任意常数．

例 2　求微分方程 $\mathrm{d}x + xy\mathrm{d}y = y^2\mathrm{d}x + y\mathrm{d}y$ 的通解．

解　方程整理可得

$$y(x-1)\mathrm{d}y = (y^2 - 1)\mathrm{d}x.$$

设 $y^2 - 1 \neq 0$，$x - 1 \neq 0$，分离变量得

$$\frac{y}{y^2 - 1}\mathrm{d}y = \frac{1}{x-1}\mathrm{d}x.$$

两端积分

$$\int \frac{y}{y^2 - 1}\mathrm{d}y = \int \frac{1}{x-1}\mathrm{d}x.$$

得

$$\frac{1}{2}\ln|y^2 - 1| = \ln|x - 1| + \ln|C_1|.$$

于是

$$y^2 - 1 = \pm C_1^2 (x-1)^2.$$

记 $C = \pm C_1^2$，则得题设方程的通解

$$y^2 - 1 = C(x-1)^2.$$

注　在用分离变量法解可分离变量的微分方程中，我们在假定 $g(y) \neq 0$ 的前提下，用它

除方程两边,得到的通解不包含 $g(y)=0$ 的特解. 但是,有时如果我们扩大任意常数 C 的取值范围,则其失去的解仍包含在通解中. 如在例 2 中,我们得到的通解中应该 $C \neq 0$,但这样方程就失去特解 $y=\pm 1$,而如果允许 $C=0$,则 $y=\pm 1$ 仍包含在通解 $y^2-1=C(x-1)^2$ 中.

例 3 设一物体的温度为 100℃,将其放置在空气温度为 20℃ 的环境中冷却,求物体温度随时间 t 的变化规律.

解 设物体的温度 T 与时间 t 的函数关系为 $T=T(t)$,则可建立 $T(t)$ 所满足的微分方程为

$$\frac{\mathrm{d}T}{\mathrm{d}t}=-k(T-20), \qquad (12.2.3)$$

其中 $k(k>0)$ 为比例常数.

根据题意,$T=T(t)$ 还满足初始条件

$$T|_{t=0}=100, \qquad (12.2.4)$$

下面来求上述初值问题的解.

将方程(12.2.3)分离变量,得

$$\frac{\mathrm{d}T}{T-20}=-k\mathrm{d}t,$$

两边积分

$$\int \frac{\mathrm{d}T}{T-20}=\int -k\mathrm{d}t,$$

得

$$\ln|T-20|=-kt+C_1 \quad (\text{其中 } C_1 \text{ 为任意常数}),$$

即

$$T-20=\pm \mathrm{e}^{-kt+C_1}=\pm \mathrm{e}^{C_1}\mathrm{e}^{-kt}=C\mathrm{e}^{-kt}(\text{其中 } C=\pm \mathrm{e}^{C_1}),$$

从而

$$T=20+C\mathrm{e}^{-kt}.$$

再将条件(12.2.4)代入,得 $C=100-20=80$,于是,所求规律为

$$T=20+80\mathrm{e}^{-kt}.$$

注 物体冷却的数学模型在多个领域有着广泛的应用. 例如,警方破案时,法医要根据尸体当时的温度推断这个人的死亡时间,就可以利用这个模型来计算解决.

例 4 某公司 t 年净资产有 $W(t)$(百万元),并且资产本身以每年 5% 的速度连续增长,同时该公司每年要以 30 百万元的数额连续支付职工的工资.

(1)给出描述净资产 $W(t)$ 的微分方程;

(2)求解方程,这时假设初始净资产为 W_0;

(3)讨论在 $W_0=500,600,700$ 三种情况下,$W(t)$ 的变化特点.

解 (1)利用平衡法,即有:

净资产增长速度=资产本身增长速度−职工工资支付速度,得到所求微分方程

$$\frac{\mathrm{d}W}{\mathrm{d}t}=0.05W-30.$$

(2)分离变量,得

$$\frac{\mathrm{d}W}{W-600}=0.05\mathrm{d}t,$$

两边积分,得

$$\ln|W-600|=0.05t+\ln C_1 (C_1 \text{ 为正常数}).$$

于是

$$|W-600|=C_1 e^{0.05t},$$

或

$$W-600=Ce^{0.05t}(C=\pm C_1),$$

将 $W(0)=W_0$ 代入,得方程的通解:

$$W=600+(W_0-600)e^{0.05t}.$$

上式推导过程中 $W \neq 600$,当 $W=600$ 时,由 $\dfrac{\mathrm{d}W}{\mathrm{d}t}=0$ 可知

$$W=600=W_0,$$

通常称此为平衡解,仍包含在通解表达式中.

(3) 由通解表达式可知,当 $W_0=500$ 百万元时,净资产额单调递减,公司将在第 36 年破产;当 $W_0=600$ 百万元时,公司将收支平衡,将资产保持在 600 百万元不变;当 $W_0=700$ 百万元时,公司净资产将按指数不断增大.

12.2.2　齐次方程

形如

$$\frac{\mathrm{d}y}{\mathrm{d}x}=f\left(\frac{y}{x}\right) \tag{12.2.5}$$

的一阶微分方程称为齐次微分方程,简称齐次方程.

齐次方程(12.2.5)通过变量替换,可化为可分离变量方程来求解,即令

$$u=\frac{y}{x} \text{或} y=ux,$$

其中 $u=u(x)$ 是新的未知函数,则有

$$\frac{\mathrm{d}y}{\mathrm{d}x}=u+x\frac{\mathrm{d}u}{\mathrm{d}x},$$

将其代入(12.2.5)式,得

$$u+x\frac{\mathrm{d}u}{\mathrm{d}x}=f(u), \tag{12.2.6}$$

分离变量,得

$$\frac{\mathrm{d}u}{f(u)-u}=\frac{\mathrm{d}x}{x},$$

两边积分

$$\int \frac{\mathrm{d}u}{f(u)-u}=\int \frac{\mathrm{d}x}{x},$$

求出积分后,再将 $u=\dfrac{y}{x}$ 回代,便得到方程(12.2.5)的通解.

注　如果有 u_0,使得 $f(u_0)-u_0=0$,则显然 $u=u_0$ 也是方程(12.2.6)的解,从而 $y=u_0x$ 也是方程(12.2.5)的解;如果 $f(u)-u \equiv 0$,则方程(12.2.5)变成 $\dfrac{\mathrm{d}y}{\mathrm{d}x}=\dfrac{y}{x}$,这是一个可分离变量方程.

例 5 求微分方程

$$\frac{\mathrm{d}y}{\mathrm{d}x} = \frac{y}{x} + \tan\frac{y}{x}$$

满足初始条件 $y|_{x=1} = \frac{\pi}{6}$ 的特解.

解 题设方程为齐次方程,设 $u = \frac{y}{x}$,有

$$\frac{\mathrm{d}y}{\mathrm{d}x} = u + x\frac{\mathrm{d}u}{\mathrm{d}x},$$

代入原方程,得

$$u + x\frac{\mathrm{d}u}{\mathrm{d}x} = u + \tan u,$$

分离变量得

$$\cot u\, \mathrm{d}u = \frac{1}{x}\mathrm{d}x,$$

两边积分,得

$$\ln|\sin u| = \ln|x| + \ln|C|\ .$$

即 $\sin u = Cx$,将 $u = \frac{y}{x}$ 回代,则得原方程的通解为

$$\sin\frac{y}{x} = Cx.$$

代入初始条件 $y|_{x=1} = \frac{\pi}{6}$,得

$$C = \frac{1}{2}.$$

从而原方程的特解为

$$\sin\frac{y}{x} = \frac{1}{2}x.$$

例 6 求解微分方程 $x(\ln x - \ln y)\mathrm{d}y - y\mathrm{d}x = 0\,(x>0)$.

解 原方程可写为

$$\ln\frac{y}{x}\mathrm{d}y + \frac{y}{x}\mathrm{d}x = 0\,(x>0),$$

易见题设方程是齐次方程,令 $u = \frac{y}{x}$,则

$$y = ux,\quad \frac{\mathrm{d}y}{\mathrm{d}x} = u + x\frac{\mathrm{d}u}{\mathrm{d}x},$$

于是原方程变为

$$u + x\frac{\mathrm{d}u}{\mathrm{d}x} = -\frac{u}{\ln u},$$

分离变量,得

$$\frac{\ln u}{u(\ln u + 1)}\mathrm{d}u = -\frac{\mathrm{d}x}{x}.$$

两端积分,得

$$\ln u - \ln(\ln u + 1) = -\ln x + \ln c,$$

即

$$y = c(\ln u + 1).$$

将 $u=\dfrac{y}{x}$ 回代,则得原方程的通解为

$$y=c\left(\ln\dfrac{y}{x}+1\right).$$

12. 2. 3　可化为齐次方程的微分方程

有些方程本身虽然不是齐次的,但通过适当变换,可化为齐次方程.

方程　　　　　　　　　　$$\dfrac{\mathrm{d}y}{\mathrm{d}x}=\dfrac{a_1x+b_1y+c_1}{a_2x+b_2y+c_2}\qquad\qquad(12.2.7)$$

的方程,也可经变量代换化为可分离变量的微分方程,这里 a_1,b_1,c_1,a_2,b_2,c_2 均为常数.

下面分三种情形来讨论:

(1) $c_1=c_2=0$ 的情形.

方程(12.2.7)为齐次方程,有

$$\dfrac{\mathrm{d}y}{\mathrm{d}x}=\dfrac{a_1x+b_1y}{a_2x+b_2y}=\dfrac{a_1+b_1\dfrac{y}{x}}{a_2+b_2\dfrac{y}{x}}=f\left(\dfrac{y}{x}\right).$$

因此,只要作变换 $u=\dfrac{y}{x}$,就可将方程化为可分离变量的微分方程.

(2) $\begin{vmatrix}a_1&b_1\\a_2&b_2\end{vmatrix}=0$,即 $\dfrac{a_1}{a_2}=\dfrac{b_1}{b_2}$ 的情形.

设此比值为 k,即 $\dfrac{a_1}{a_2}=\dfrac{b_1}{b_2}=k$,则此方程可写成

$$\dfrac{\mathrm{d}y}{\mathrm{d}x}=\dfrac{k(a_2x+b_2y)+c_1}{a_2x+b_2y+c_2}=f(a_2x+b_2y).$$

令 $a_2x+b_2y=u$,则方程可化为

$$\dfrac{\mathrm{d}u}{\mathrm{d}x}=a_2+b_2f(u),$$

这也是可分离变量的微分方程.

(3) 现讨论 $\begin{vmatrix}a_1&b_1\\a_2&b_2\end{vmatrix}\neq0$ 及 c_1,c_2 不全为零的情形.

这时方程(12.2.7)右端的分子、分母都是 x,y 的一次式,因此

$$\begin{cases}a_1x+b_1y+c_1=0\\a_2x+b_2y+c_2=0\end{cases},\qquad\qquad(12.2.8)$$

表示 xOy 面上两条相交的直线,设其交点为 (x_0,y_0).

显然,$x_0\neq0$ 或 $y_0\neq0$,因为否则 $x_0=y_0=0$,即交点为坐标原点,那么必有 $c_1=c_2=0$,这正是情形(1).从几何上知道要将所考虑的情形化为情形(1)只需进行坐标平移,可作平移变换

$$\begin{cases}X=x-x_0\\Y=y-y_0\end{cases},$$

即

$$\begin{cases} x=X+x_0 \\ y=Y+y_0 \end{cases},$$

有 $\dfrac{\mathrm{d}y}{\mathrm{d}x}=\dfrac{\mathrm{d}Y}{\mathrm{d}X}$，于是，原方程就化为齐次方程

$$\frac{\mathrm{d}Y}{\mathrm{d}X}=\frac{a_1X+b_1Y}{a_2X+b_2Y}=f\left(\frac{Y}{X}\right).$$

需要指出的是，上述解题的方法也适合比方程(12.2.7)更一般的方程类型

$$\frac{\mathrm{d}y}{\mathrm{d}x}=f\left(\frac{a_1x+b_1y+c_1}{a_2x+b_2y+c_2}\right).$$

此外，诸如

$$\frac{\mathrm{d}y}{\mathrm{d}x}=f(ax+by+c),$$

$$yf(xy)\mathrm{d}x+xg(xy)\mathrm{d}y=0,$$

以及

$$M(x,y)(x\mathrm{d}x+y\mathrm{d}y)+N(x,y)(x\mathrm{d}y-y\mathrm{d}x)=0,$$

其中 M,N 均为 x,y 的齐次函数，次数可以不相同，这些方程都可通过适当的变量代换化为可分离变量的微分方程.

例 7　求 $\dfrac{\mathrm{d}y}{\mathrm{d}x}=\dfrac{2y-x+5}{2x-y-4}$ 的通解.

解　直线 $2y-x+5=0$ 和直线 $2x-y-4=0$ 的交点 $(1,-2)$，因此作变换

$$x=X+1,\quad y=2-Y,$$

代入题设方程，得

$$\frac{\mathrm{d}Y}{\mathrm{d}X}=\frac{2Y-X}{2X-Y}=\frac{\left(2\dfrac{Y}{X}-1\right)}{\left(2-\dfrac{Y}{X}\right)}.$$

令 $u=\dfrac{Y}{X}$，则

$$Y=uX,\quad \frac{\mathrm{d}Y}{\mathrm{d}X}=u+X\frac{\mathrm{d}u}{\mathrm{d}X},$$

代入上式，得

$$u+X\frac{\mathrm{d}u}{\mathrm{d}X}=\frac{2u-1}{2-u}.$$

于是

$$\frac{\mathrm{d}u}{\mathrm{d}X}=\frac{1}{X}\frac{u^2-1}{2-u},$$

这个方程的通解为

$$Y-X=c(Y+X)^3,$$

再将 $X=x-1, Y=y+2$ 回代，则可整理得到所求题设方程的通解

$$y-x+3=c(y+x+1)^3.$$

习 题 12-2

1. 求下列微分方程的通解.

(1) $\dfrac{\mathrm{d}x}{\sqrt{1-x^2}}+\dfrac{\mathrm{d}y}{\sqrt{1-y^2}}=0$；
(2) $x\dfrac{\mathrm{d}y}{\mathrm{d}x}=y\ln\dfrac{y}{x}$；
(3) $y'-\mathrm{e}^{x-y}+\mathrm{e}^x=0$；

(4) $y'=\mathrm{e}^{x-y}$；
(5) $\cot y\,\mathrm{d}y-\tan x\,\mathrm{d}x=0$；
(6) $y'+\sin\dfrac{x+y}{2}=\sin\dfrac{x-y}{2}$；

(7) $y'=\dfrac{x(1+y^2)}{y(1+x^2)}$；
(8) $xy'-y-\sqrt{y^2-x^2}=0$；
(9) $(x^2+y^2)\mathrm{d}x-xy\,\mathrm{d}y=0$；

(10) $x^2y\,\mathrm{d}x=(1-y^2+x^2-x^2y^2)\mathrm{d}y$；
(11) $\left(1+2\mathrm{e}^{\frac{x}{y}}\right)\mathrm{d}x+2\mathrm{e}^{\frac{x}{y}}\left(1-\dfrac{x}{y}\right)\mathrm{d}y=0$；

(12) $\sec^2 x\tan y\,\mathrm{d}x+\sec^2 y\tan x\,\mathrm{d}y=0$.

2. 求下列微分方程所满足的初值问题的解.

(1) $\dfrac{\mathrm{d}y}{\mathrm{d}x}-y\tan x=\sec x,\ y|_{x=0}=0$；
(2) $\dfrac{\mathrm{d}y}{\mathrm{d}x}+\dfrac{y}{x}=\dfrac{\sin x}{x},\ y|_{x=\pi}=1$；

(3) $\dfrac{\mathrm{d}y}{\mathrm{d}x}+y\cot x=5\mathrm{e}^{\cos x},\ y|_{x=\frac{\pi}{2}}=-4$；
(4) $\dfrac{\mathrm{d}y}{\mathrm{d}x}+3y=8,\ y|_{x=0}=2$；

(5) $\dfrac{\mathrm{d}y}{\mathrm{d}x}+\dfrac{2-3x^2}{x^3}y=1,\ y|_{x=1}=0$；
(6) $x\dfrac{\mathrm{d}y}{\mathrm{d}x}+y=y^2,\ y|_{x=1}=0.5$；

(7) $\dfrac{\mathrm{d}y}{\mathrm{d}x}=2\sqrt{y}\ln x,\ y|_{x=e}=1$；

(8) $\sin y\cos x\,\mathrm{d}y=\cos y\sin x\,\mathrm{d}x,\ y|_{x=0}=\dfrac{\pi}{4}$；

(9) $\cos y\,\mathrm{d}x+(1+\mathrm{e}^{-x})\sin y\,\mathrm{d}y=0,\ y|_{x=0}=\dfrac{\pi}{4}$；

(10) $(x^2+2xy-y^2)\mathrm{d}x+(y^2+2xy-x^2)\mathrm{d}y=0,\ y|_{x=1}=1$；
(11) $y'=\mathrm{e}^{2x-y},\ y|_{x=0}=0$；
(12) $(1+\mathrm{e}^x)yy'=\mathrm{e}^x,\ y|_{x=1}=1$.

3. 化下列方程为齐次方程,并求其通解.

(1) $\dfrac{\mathrm{d}y}{\mathrm{d}x}=\dfrac{x+y+1}{2x+2y-1}$；
(2) $\dfrac{\mathrm{d}y}{\mathrm{d}x}=\dfrac{2y-x+5}{2x-y-4}$；

(3) $(3y-7x+7)\mathrm{d}x+(7y-3x+3)\mathrm{d}y=0$；
(4) $(2x-5y+3)\mathrm{d}x-(2x+4y-6)\mathrm{d}y=0$；

(5) $(2x+y+1)\mathrm{d}x-(4x+2y-3)\mathrm{d}y=0$；
(6) $(x-y-1)\mathrm{d}x+(4y+x-1)\mathrm{d}y=0$.

4. 求一曲线方程,该曲线通过点$(0,1)$且曲线上任一点处的切线垂直于此点与原点的连线.

5. 某商品的需求量 x 对价格 p 的弹性为 $\eta=-3p^3$,市场对该产品的最大需求量为 1(万件),求需求函数.

6. 求一曲线,使得通过这曲线的任一点 P 的切线 $\overrightarrow{PQ}$ 与向径 $\overrightarrow{OP}$ 的夹角为 $\dfrac{\pi}{4}$.

7. 设某商品的需求量 D 和供给量 s,各自对价格 p 的函数 $D(p)=\dfrac{a}{p^2}$,$s(p)=bp$,且 p 是时间 t 的函数并满足方程 $\dfrac{\mathrm{d}p}{\mathrm{d}t}=k[D(p)-s(p)]$($a,b,k$ 为正常数),求:

(1) 在需求量与供给量相等时的均衡价格 p_e；

(2) 当 $t=0,p=1$ 时的价格函数 $p(t)$；

(3) $\lim\limits_{t\to+\infty}p(t)$.

12.3 一阶线性微分方程

12.3.1 一阶线性微分方程

形如

$$\frac{dy}{dx}+P(x)y=Q(x) \tag{12.3.1}$$

的方程称为**一阶线性微分方程**. 其中函数 $P(x),Q(x)$ 是某一区间 I 上的连续函数.

当 $Q(x)\equiv 0$ 时,方程(12.3.1)成为

$$\frac{dy}{dx}+P(x)y=0, \tag{12.3.2}$$

称(12.3.2)式为**一阶齐次线性方程**. 相应地,方程(12.3.1)称为**一阶非齐次线性方程**.

一阶齐次线性方程(12.3.2)是可分离变量的方程,分离变量得

$$\frac{dy}{y}=-P(x)dx,$$

两边积分得

$$\ln|y|=-\int P(x)dx+C_1,$$

由此得方程(12.3.2)的通解为

$$y=Ce^{-\int P(x)dx}, \tag{12.3.3}$$

其中 $C(C=\pm e^{C_1})$ 为任意常数.

下面再来讨论一阶非齐次线性方程(12.3.1)的通解.

将方程(12.3.1)变形为

$$\frac{dy}{y}=\left[\frac{Q(x)}{y}-P(x)\right]dx,$$

两边积分得

$$\ln|y|=\int \frac{Q(x)}{y}dx-\int P(x)dx,$$

记 $\int \frac{Q(x)}{y}dx=v(x)$,则

$$\ln|y|=v(x)-\int P(x)dx,$$

即

$$y=\pm e^{v(x)}e^{-\int P(x)dx}=u(x)e^{-\int P(x)dx}. \tag{12.3.4}$$

将此解与齐次方程的通解(12.3.3)相比较,易见其表达式一致,只需将(12.3.3)中的常数 C 换为函数 $u(x)$. 由此我们引入求解一阶非齐次线性微分方程的方法,即常数变易法:即在求出相应齐次方程的通解(12.3.3)后,将通解中的常数 C 变易为待定函数 $u(x)$,并设一阶非齐次方程的通解为

$$y=u(x)e^{-\int P(x)dx},$$

求导得

$$y'=u'e^{-\int P(x)dx}+u[-P(x)]e^{-\int P(x)dx},$$

将 y 和 y' 代入方程(12.3.1),得

$$u'(x)\mathrm{e}^{-\int P(x)\mathrm{d}x} = Q(x)\ ,$$

积分,得

$$u(x) = \int Q(x)\mathrm{e}^{\int P(x)\mathrm{d}x}\mathrm{d}x + C\ ,$$

从而一阶非齐次线性方程(12.3.1)的通解为

$$y = \left[\int Q(x)\mathrm{e}^{\int P(x)\mathrm{d}x}\mathrm{d}x + C\right]\mathrm{e}^{-\int P(x)\mathrm{d}x}\ . \tag{12.3.5}$$

公式(12.3.5)可写成

$$y = C\mathrm{e}^{-\int P(x)\mathrm{d}x} + \mathrm{e}^{-\int P(x)\mathrm{d}x} \cdot \int Q(x)\mathrm{e}^{\int P(x)\mathrm{d}x}\mathrm{d}x\ .$$

由上式可看出,一阶非齐次线性方程(12.3.1)的通解是对应的齐次方程的通解与其本身的一个特解之和. 以后还可得到,这个结论对高阶非齐次线性方程亦成立.

例 1　求方程 $\dfrac{\mathrm{d}y}{\mathrm{d}x} + 2xy = 4x$ 的通解.

解　题设方程是一阶非齐次线性方程,这里

$$P(x) = 2x, \quad Q(x) = 4x,$$

代入通解公式,得

$$\begin{aligned} y &= \mathrm{e}^{-\int 2x\mathrm{d}x}\left(\int 4x \cdot \mathrm{e}^{\int 2x\mathrm{d}x}\mathrm{d}x + C\right)\\ &= \mathrm{e}^{-x^2}\left(2\int \mathrm{e}^{x^2}\mathrm{d}x^2 + C\right)\\ &= \mathrm{e}^{-x^2}(2\mathrm{e}^{x^2} + C) = C\mathrm{e}^{-x^2} + 2\ . \end{aligned}$$

例 2　求方程 $\dfrac{\mathrm{d}y}{\mathrm{d}x} - \dfrac{2y}{x+1} = (x+1)^{\frac{5}{2}}$ 的通解.

解　题设方程是一阶非齐次线性方程,下面不直接套公式(12.3.5),而采用常数变易法来求解.

先求对应齐次方程的通解. 由

$$\frac{\mathrm{d}y}{\mathrm{d}x} - \frac{2}{x+1}y = 0$$

分离变量,得

$$\frac{\mathrm{d}y}{y} = \frac{2\mathrm{d}x}{x+1},$$

两边积分,得对应齐次方程的通解为

$$y = C_1(x+1)^2.$$

其中 C_1 为任意常数.

利用常数变易法,设题设方程的通解为

$$y = u(x)(x+1)^2. \tag{12.3.6}$$

求导,得

$$\frac{\mathrm{d}y}{\mathrm{d}x} = u'(x)(x+1)^2 + 2u(x)(x+1)\ ,$$

代入题设方程,得

$$u'(x) = (x+1)^{\frac{1}{2}}\ .$$

两边积分,得

$$u(x) = \frac{2}{3}(x+1)^{\frac{3}{2}} + C.$$

将上式代入(12.3.6),即得到题设方程的通解

$$y = (x+1)^2 \left[\frac{2}{3}(x+1)^{\frac{3}{2}} + C \right].$$

例 3　求方程 $y^3 \mathrm{d}x + (2xy^2 - 1)\mathrm{d}y = 0$ 的通解.

解　若将 y 看成 x 的函数,则方程变为

$$\frac{\mathrm{d}y}{\mathrm{d}x} = \frac{y^3}{1 - 2xy^2},$$

此方程不是一阶线性微分方程,不便求解. 如果将 x 看成 y 的函数,则方程可改写为

$$y^3 \frac{\mathrm{d}x}{\mathrm{d}y} + 2y^2 x = 1,$$

它是一阶线性微分方程,其对应齐次方程为

$$y^3 \frac{\mathrm{d}x}{\mathrm{d}y} + 2y^2 x = 0,$$

分离变量,并积分得

$$\int \frac{\mathrm{d}x}{x} = -\int \frac{2\mathrm{d}y}{y}, \quad 即\ x = C_1 \frac{1}{y^2}.$$

其中 C_1 为任意常数,利用常数变易法,设题设方程的通解为

$$x = u(y)\frac{1}{y^2},$$

代入原方程,得

$$u'(y) = \frac{1}{y}.$$

积分,得

$$u(y) = \ln|y| + C.$$

于是原方程的通解为

$$x = \frac{1}{y^2}(\ln|y + C)|,$$

其中 C 为任意常数.

12.3.2　伯努利方程

形如

$$\frac{\mathrm{d}y}{\mathrm{d}x} + P(x)y = Q(x)y^n \tag{12.3.7}$$

的方程称为**伯努利方程**,其中 n 为常数,且 $n \neq 0, 1$.

伯努利方程是一类非线性方程,但通过适当变换,就可以把它化为线性的. 事实上,在方程(12.3.7)两端除以 y^n,得

$$y^{-n}\frac{\mathrm{d}y}{\mathrm{d}x} + P(x)y^{1-n} = Q(x),$$

或

$$\frac{1}{1-n}(y^{1-n})' + P(x)y^{1-n} = Q(x),$$

于是,令 $z=y^{1-n}$,就得到关于变量 z 的一阶线性方程

$$\frac{\mathrm{d}z}{\mathrm{d}x}+(1-n)P(x)z=(1-n)Q(x).$$

利用线性方程的求解方法求出通解后,再回代原变量,便可得到伯努利方程(12.3.7)的通解

$$y^{1-n}=\mathrm{e}^{-\int(1-n)P(x)\mathrm{d}x}\Big(\int Q(x)(1-n)\mathrm{e}^{\int(1-n)P(x)\mathrm{d}x}\mathrm{d}x+C\Big).$$

例 4 求方程 $\dfrac{\mathrm{d}y}{\mathrm{d}x}-\dfrac{4}{x}y=x^2\sqrt{y}$ 的通解.

解 两端除以 $\sqrt{y}$,得

$$\frac{1}{\sqrt{y}}\frac{\mathrm{d}y}{\mathrm{d}x}-\frac{4}{x}\sqrt{y}=x^2.$$

令 $z=\sqrt{y}$,得

$$\frac{\mathrm{d}z}{\mathrm{d}x}=\frac{1}{2\sqrt{y}}\frac{\mathrm{d}y}{\mathrm{d}x},$$

代入方程得

$$2\frac{\mathrm{d}z}{\mathrm{d}x}-\frac{4}{x}z=x^2,$$

解此线性方程,得

$$z=x^2\Big(\frac{x}{2}+c\Big),$$

代入 $z=\sqrt{y}$,得题设方程的通解为

$$y=x^4\Big(\frac{x}{2}+c\Big)^2.$$

利用变量代换把一个微分方程化为可分离变量的方程或一阶线性方程等已知可解的方程,这是解微分方程最常用的方法.下面再通过例子说明之.

例 5 求解微分方程 $\dfrac{\mathrm{d}y}{\mathrm{d}x}=\dfrac{1}{x\sin^2(xy)}-\dfrac{y}{x}$.

解 令 $z=xy$,则有 $\dfrac{\mathrm{d}z}{\mathrm{d}x}=y+x\dfrac{\mathrm{d}y}{\mathrm{d}x}$,原方程可化为

$$\frac{\mathrm{d}z}{\mathrm{d}x}=y+x\Big(\frac{1}{x\sin^2(xy)}-\frac{y}{x}\Big)=\frac{1}{\sin^2 z},$$

分离变量,得

$$\sin^2 z\mathrm{d}z=\mathrm{d}x,$$

两端积分,得

$$2z-\sin 2z=4x+C,$$

回代 $z=xy$,即得题设方程的通解

$$2xy-\sin(2xy)=4x+C.$$

习 题 12-3

1. 求下列微分方程的通解:

(1) $y'+\dfrac{y}{x}=x^2$;

(2) $\dfrac{\mathrm{d}y}{\mathrm{d}x}+2xy=x\mathrm{e}^{-x^2}$;

(3) $y'+y\cos x=e^{-\sin x}$;

(4) $y'+y\tan x=\sin 2x$;

(5) $(\sin x\cos x)\dfrac{dy}{dx}-y-\sin^3 x=0$;

(6) $xy'\ln x-y=x^3(3\ln x-1)$;

(7) $x(x-1)y'+y=x^2(2x-1)$;

(8) $(x-2xy-y^2)y'+y^2=0$;

(9) $y\ln y dx+(x-\ln y)dy=0$;

(10) $\dfrac{dy}{dx}=\dfrac{1}{x\cos y+\sin 2y}$;

(11) $(x-2)\dfrac{dy}{dx}=y+2(x-2)^3$;

(12) $(x^2-1)y'+2xy-\cos x=0$.

2. 求下列微分方程满足所给初始条件的特解:

(1) $(x+1)y'+y=2e^{-x},y|_{x=1}=0$;

(2) $xy'+y=e^x,\ y|_{x=a}=b$;

(3) $\dfrac{dy}{dx}+\dfrac{3y}{x}=\dfrac{2}{x^3},\ y|_{x=1}=1$;

(4) $\dfrac{dy}{dx}+\dfrac{y}{x}+e^x=0,y|_{x=1}=0$;

(5) $x(1+x^2)dy=(y+x^2y+x^2)dx,y|_{x=1}=-\dfrac{\pi}{4}$;

(6) $y'+y\cos x=\sin x\cos x,y|_{x=0}=1$;

(7) $\dfrac{dy}{dx}+\dfrac{2-3x^2}{x^3}y=1,y|_{x=1}=0$;

(8) $\dfrac{dy}{dx}+y\cot x=5e^{\cos x},y|_{x=\frac{\pi}{2}}=-4$.

3. 求下列伯努力方程的通解:

(1) $yy'\sin x=(\sin x-y^2)\cos x$;

(2) $y'=-\dfrac{y}{x}+y^2\ln x$;

(3) $y'=\dfrac{x^4+y^3}{xy^2}$;

(4) $\dfrac{dy}{dx}=\dfrac{\ln x}{x}y^2-\dfrac{1}{x}y$;

(5) $y'-3xy=xy^2$;

(6) $y'=x^3y^3-xy$;

(7) $xdy-[y+xy^3(1+\ln x)]dx=0$;

(8) $y'+y=y^2(\cos x-\sin x)$;

(9) $y'+\dfrac{2}{x}y=x^2y^{\frac{4}{3}}$;

(10) $\dfrac{dy}{dx}+\dfrac{1}{3}y=\dfrac{1}{3}(1-2x)y^4$.

4. 用适当的变量代换将下列方程化为可分离变量的方程,然后求解方程.

(1) $\dfrac{dy}{dx}=(x+y)^2$;

(2) $\dfrac{dy}{dx}=\dfrac{1}{x-y}+1$;

(3) $xy'+y=y(\ln x+\ln y)$;

(4) $y(xy+1)dx+x(1+xy+x^2y^2)dy=0$.

5. 设连续函数 $y(x)$ 满足方程 $y(x)=\int_0^x y(t)dt+e^x$,求 $y(x)$.

6. 求一曲线方程,该曲线通过原点,并且它在点 (x,y) 处的切线斜率等于 $2x+y$.

7. 求曲线族,使其法线在 ox 轴上所截的线段等于 $\dfrac{y^2}{x}$.

12.4　可降阶的二阶微分方程

从这一节开始讨论二阶及二阶以上的微分方程,即所谓的**高阶微分方程**. 对于高阶微分方程,我们只讨论你几种特殊形式. 下面介绍三种容易降阶的高阶微分方程的求解方法.

12.4.1　$y''=f(x)$ 型

这是最简单的二阶微分方程,可以通过逐次积分得到方程的通解.

在方程 $y''=f(x)$ 两端积分,得

$$y'=\int f(x)dx+C_1,$$

再次积分,得

$$y = \int \left[\int f(x) \mathrm{d}x + C_1 \right] \mathrm{d}x + C_2.$$

注　这种类型的方程的解法,可推广到 n 阶微分方程

$$y^{(n)} = f(x),$$

只要连续积分 n 次,就可得到此方程含有 n 个任意常数的通解.

例 1　求方程 $y'' = \mathrm{e}^{3x} - \sin x$ 满足 $y(0) = 0, y'(0) = 1$ 的特解.

解　对所给方程连续两次积分,得

$$y' = \frac{1}{3}\mathrm{e}^{3x} - \cos x + C_1, \tag{12.4.1}$$

$$y = \frac{1}{9}\mathrm{e}^{3x} - \sin x + C_1 x + C_2, \tag{12.4.2}$$

将 $y'(0) = 1$ 代入(12.4.1),得 $C_1 = \dfrac{5}{3}$,再将 $y(0) = 0$ 代入(12.4.2),得 $C_2 = \dfrac{1}{9}$,得所求方程的特解为

$$y = \frac{1}{9}\mathrm{e}^{3x} - \sin x + \frac{5}{3}x + \frac{1}{9}.$$

例 2　求方程 $xy^{(4)} - y^{(3)} = 0$ 的通解.

解　设 $y''' = P(x)$,代入题设方程,得

$$xP' - P = 0 (P \neq 0).$$

解此线性方程,得 　　　　　　　$P = C_1 x,$

即 　　　　　　　　　　　　　　$y''' = C_1 x,$

两端积分,得

$$y'' = \frac{1}{2}C_1 x^2 + C_2,$$

$$y' = \frac{C_1}{6}x^3 + C_2 x + C_3,$$

再次积分得所求方程的通解为

$$y = \frac{C_1}{24}x^4 + \frac{C_2}{2}x^2 + C_3 x + C_4,$$

其中 $C_i (i = 1,2,3,4)$ 为任意实数. 进一步通解可改写为

$$y = D_1 x^4 + D_2 x^2 + D_3 x + D_4.$$

其中 $D_i (i = 1,2,3,4)$ 为任意常数.

12.4.2　$y'' = f(x, y')$ 型

这种方程的特点是不显含未知数 y,求解的方法是:

设 $y' = p(x)$,则 $y'' = p'(x)$,原方程化为以 $p(x)$ 为未知数的一阶微分方程即

$$p' = f(x, p).$$

设其通解为 　　　　　　　　　$p = \varphi(x, C_1),$

代入 $y' = p(x)$,又得到一个一阶微分方程

$$y' = \varphi(x, C_1).$$

两边积分,得 $y'' = f(x, y')$ 的通解为

$$y = \int \varphi(x, C_1) \mathrm{d}x + C_2.$$

例 3 求微分方程 $(1+x^2)\dfrac{d^2y}{dx^2}-2x\dfrac{dy}{dx}=0$ 满足初始条件 $y(0)=1, y'(0)=3$ 的特解.

解 此方程不显含未知量 y. 令 $\dfrac{dy}{dx}=p(x)$, 则 $\dfrac{d^2y}{dx^2}=\dfrac{dp}{dx}$, 代入方程, 方程可降阶为

$$(1+x^2)\dfrac{dp}{dx}-2xp=0,$$

即

$$\dfrac{dp}{p}=\dfrac{2x}{1+x^2}dx,$$

两边积分, 得

$$\ln|p|=\ln(1+x^2)+C,$$

即

$$p=y'=C_1(1+x^2) \qquad (C_1=\pm e^C).$$

代入初始条件 $y'(0)=3$, 得

$$C_1=3,$$

所以

$$y'=3(1+x^2).$$

两端再积分, 得

$$y=x^3+3x+C_2.$$

又由条件 $y(0)=1$, 得 $C_2=1,$
于是所求方程的特解为

$$y=x^3+3x+1.$$

12.4.3 $y''=f(y,y')$ 型

这种方程的特点是不显含 x, 求解的方法是:

作变换 $y'=p(y)$, 于是, 由复合函数求导法则, 有

$$y''=\dfrac{dp}{dx}=\dfrac{dp}{dy}\cdot\dfrac{dy}{dx}=p\dfrac{dp}{dy}.$$

代入原方程, 可化为

$$p\dfrac{dp}{dy}=f(y,p).$$

这是一个关于变量 y, p 的一阶微分方程.

设它的通解为

$$y'=p=\varphi(y,C_1).$$

分离变量并积分, 得 $y''=f(y,y')$ 的通解为

$$\int\dfrac{dy}{\varphi(y,C_1)}=x+C_2.$$

例 4 求微分方程 $yy''=2(y'^2-y')$ 满足初始条件 $y(0)=1, y'(0)=2$ 的特解.

解 显然此方程不显含 x, 设

$$y'=p,$$

则

$$y''=p\dfrac{dp}{dy},$$

代入原方程

$$y\frac{\mathrm{d}p}{\mathrm{d}y}=2(p-1).$$

上式为可分离变量的一阶微分方程,解得

$$p=y'=Cy^2+1.$$

再分离变量,得

$$\frac{\mathrm{d}y}{Cy^2+1}=\mathrm{d}x.$$

由初始条件 $y(0)=1,y'(0)=2$ 定出 $C=1$,从而得

$$\frac{\mathrm{d}y}{1+y^2}=\mathrm{d}x;$$

再两边积分,得

$$\arctan y=x+C_1 \text{ 或 } y=\tan(x+C_1).$$

由 $y(0)=1$ 定出

$$C_1=\arctan 1=\frac{\pi}{4},$$

从而所求特解为

$$y=\tan\left(x+\frac{\pi}{4}\right).$$

习 题 12-4

1. 求下列微分方程的通解:

(1) $y'''=e^{-2x}+\cos x$;

(2) $y''-\frac{9}{4}x=0$;

(3) $yy''-y'^2=0$;

(4) $x^2y'''+1=0$;

(5) $y''=\frac{1}{1-y}y'^2$;

(6) $y''=(y')^3+y'$;

(7) $y^3y''-1=0$;

(8) $y''=\frac{1}{\sqrt{y}}$;

(9) $y''=(y')^3+y'$;

(10) $y''=x+\sin x$;

(11) $y''=y'+x$;

(12) $y'''=xe^x$;

(13) $xy''+y'=0$;

(14) $y''=1+y'^2$.

2. 求下列微分方程满足初始条件的特解:

(1) $(1-x^2)y''=xy',y|_{x=0}=0,y'|_{x=0}=1$;

(2) $y''+(y')^2=1,y|_{x=0}=0,y'|_{x=0}=0$;

(3) $y'''=e^x,y|_{x=1}=y'|_{x=1}=y''|_{x=1}=0$;

(4) $y^3y''+1=0,y|_{x=1}=1,y'|_{x=1}=0$;

(5) $y''=3\sqrt{y},y|_{x=0}=1,y'|_{x=0}=2$;

(6) $y''-ay'^2=0,y|_{x=0}=0,y'|_{x=0}=-1$;

(7) $y''=e^{2y},y|_{x=0}=y'|_{x=0}=0$;

(8) $xy''-y'\ln y'+y'\ln x=0,y|_{x=1}=2,y'|_{x=1}=e^2$.

3. 试求 $y''=x$ 的经过点 $M(0,1)$ 且在此点与直线 $y=\frac{x}{2}+1$ 相切的积分曲线.

4. 求 $y''-2y'+(a^2+1)y=0$ 的通解(a 为常数),并求当 $a=1$ 时满足 $y|_{x=0}=1,y'|_{x=0}=-1$ 的特解.

12.5　二阶线性微分方程解的结构

形如

$$\frac{\mathrm{d}^2 y}{\mathrm{d}x^2} + P(x)\frac{\mathrm{d}y}{\mathrm{d}x} + Q(x)y = f(x) \tag{12.5.1}$$

称为**二阶线性微分方程**,其中,$P(x)$,$Q(x)$ 及 $f(x)$ 是自变量 x 的已知函数,函数 $f(x)$ 称为方程(12.5.1)的自由项.

当 $f(x)=0$ 时,方程(12.5.1)成为

$$\frac{\mathrm{d}^2 y}{\mathrm{d}x^2} + P(x)\frac{\mathrm{d}y}{\mathrm{d}x} + Q(x)y = 0. \tag{12.5.2}$$

称为**二阶齐次线性微分方程**,相应地,称方程(12.5.1)为**二阶非齐次线性微分方程**.

本节所讨论的二阶线性微分方程的解的一些性质,还可以推广到 n 阶线性微分方程

$$y^{(n)} + P_1(x)y^{(n-1)} + \cdots + P_{n-1}(x)y' + P_n(x)y = f(x).$$

对于二阶齐次线性微分方程的解满足以下两条定理:

定理 1　如果函数 $y_1(x)$ 与 $y_2(x)$ 是方程(12.5.2)的两个解,则

$$y = C_1 y_1(x) + C_2 y_2(x). \tag{12.5.3}$$

也是方程(12.5.2)的解,其中 C_1,C_2 是任意常数.

证明　将(12.5.3)代入方程(12.5.2)的左端,有

$$(C_1 y_1 + C_2 y_2)'' + P(x)(C_1 y_1 + C_2 y_2)' + Q(x)(C_1 y_1 + C_2 y_2)$$
$$= (C_1 y_1'' + C_2 y_2'') + P(x)(C_1 y_1' + C_2 y_2') + Q(x)(C_1 y_1 + C_2 y_2)$$
$$= C_1 [y_1'' + P(x)y_1' + Q(x)y_1] + C_2 [y_2'' + P(x)y_2' + Q(x)y_2]$$
$$= 0$$

所以,(12.5.3)是方程(12.5.2)的解.

齐次线性方程的这个性质表明它的解符合**叠加原理**.

这个定理表明将齐次方程(12.5.2)的两个解 $y_1(x)$ 与 $y_2(x)$ 按(12.5.3)式叠加起来仍是该方程的解,但不一定是方程(12.5.2)的通解,虽然(12.5.3)形式上含有两个任意常数 C_1,C_2,定理的条件却没有保证 $y_1(x)$ 与 $y_2(x)$ 这两个函数相互独立,为了解决这个问题,我们引入函数的线性相关与线性无关的概念.

定义 1　设 $y_1(x)$,$y_2(x)$ 是定义在区间 I 上的两个函数,如果存在两个不全为零的常数 k_1,k_2,使得在区间 I 上恒有

$$k_1 y_1(x) + k_2 y_2(x) \equiv 0,$$

则称这两个函数在区间 I 上线性相关,否则线性无关.

根据定义可知,判断区间 I 上两个函数是否线性相关,只要看它们的比是否为常数. 如果比是常数,则它们线性相关,否则,线性无关.

例如,函数 $y_1(x) = \mathrm{e}^{2x}$,$y_2(x) = \mathrm{e}^x$ 是两个线性无关的函数,因为 $\dfrac{y_1(x)}{y_2(x)} = \dfrac{\mathrm{e}^{2x}}{\mathrm{e}^x} = \mathrm{e}^x$;函数 $y_1(x) = \sin 2x$,$y_2(x) = \sin x \cos x$ 是两个线性相关的函数,因为

$$\frac{y_1(x)}{y_2(x)} = \frac{\sin 2x}{\sin x \cos x} = 2.$$

还可以将线性无关的定义推广到 n 个函数.

设 $y_1(x), y_2(x), \cdots, y_n(x)$ 为定义在区间 I 上的 n 个函数,如果存在 n 个不全为零的常数 $k_1, k_2, \cdots, k_n$,使得恒等式

$$k_1 y_1 + k_2 y_2 + \cdots + k_n y_n \equiv 0$$

成立,则称这 n 个函数在区间 I 上**线性相关**;否则,**线性无关**.

有了线性无关的概念后,我们有如下二阶齐次线性微分方程的通解结构的定理.

定理 2 如果函数 $y_1(x)$ 与 $y_2(x)$ 是方程(12.5.2)的两个线性无关的特解,那么

$$y = C_1 y_1(x) + C_2 y_2(x) \quad (C_1, C_2 \text{ 是任意常数})$$

就是方程(12.5.2)的通解.

例如,方程 $y'' + y = 0$ 是二阶齐次微分方程,容易验证 $y_1 = \cos x, y_2 = \sin x$ 是所给方程的两个解,且 $\dfrac{y_1}{y_2} = \dfrac{\cos x}{\sin x} = \cot x \neq$ 常数,即它们是线性无关的. 因此,方程 $y'' + y = 0$ 的通解为 $y = C_1 \cos x + C_2 \sin x$.

定理 2 还可推广到 n 阶齐次线性方程.

推论 如果 $y_1(x), y_2(x), \cdots, y_n(x)$ 是 n 阶齐次线性方程

$$y^{(n)} + a_1(x) y^{(n-1)} + \cdots + a_{n-1}(x) y' + a_n(x) y = 0$$

的 n 个线性无关的解,那么,此方程的通解为

$$y = C_1 y_1(x) + C_2 y_2(x) + \cdots + C_n y_n(x)$$

其中 $C_1, C_2, \cdots, C_n$ 为任意常数.

下面讨论二阶非齐次线性方程(12.5.1),把(12.5.2)称为(12.5.1)对应的齐次方程.

在一阶线性微分方程的讨论中,我们已经得到,一阶非齐次线性微分方程的通解可以表示为对应齐次方程的通解与一个非齐次方程的特解的和. 实际上,不仅一阶非齐次线性微分方程的通解具有这样的结构,而且二阶及更高阶的非齐次线性微分方程的通解也具有这样的结构.

定理 3 设 y^* 是方程(12.5.1)的一个特解,Y 是其对应的齐次方程(12.5.2)的通解,则

$$y = Y + y^* \tag{12.5.4}$$

是二阶非齐次线性微分方程(12.5.1)的通解.

证明 把(12.5.4)代入方程(12.5.1)的左端,得

$$
\begin{aligned}
& (Y + y^*)'' + P(x)(Y + y^*)' + Q(x)(Y + y^*) \\
&= (Y'' + y^{*\prime\prime}) + P(x)(Y' + y^{*\prime}) + Q(x)(Y + y^*) \\
&= [Y'' + P(x)Y' + Q(x)Y] + [y^{*\prime\prime} + P(x)y^{*\prime} + Q(x)y^*] \\
&= 0 + f(x) = f(x),
\end{aligned}
$$

即 $y = Y + y^*$ 是方程(12.5.1)的解. 由于对应齐次方程的通解

$$Y = C_1 y_1(x) + C_2 y_2(x)$$

含有两个相互独立的任意常数 C_1, C_2,所以 $y = Y + y^*$ 是方程(12.5.1)的通解.

例如,方程 $y'' + y = x^2$ 是二阶非齐次线性微分方程,已知其对应的齐次方程 $y'' + y = 0$ 的通解为 $Y = C_1 \cos x + C_2 \sin x$. 又容易验证 $y = x^2 - 2$ 是该方程的一个特解,故所给方程的通解为

$$y = C_1 \cos x + C_2 \sin x + x^2 - 2.$$

定理 4 设 y_1^* 与 y_2^* 分别是方程

$$y'' + P(x)y' + Q(x)y = f_1(x) \text{ 与 } y'' + P(x)y' + Q(x)y = f_2(x)$$

的特解,则 $y_1^* + y_2^*$ 是方程

$$y'' + P(x)y' + Q(x)y = f_1(x) + f_2(x) \tag{12.5.5}$$

的特解.

证明　将 $y = y_1^* + y_2^*$ 代入(12.5.5)的左端,得

$$(y_1^* + y_2^*)'' + P(x)(y_1^* + y_2^*)' + Q(x)(y_1^* + y_2^*)$$
$$= [y_1^{*''} + P(x)y_1^{*'} + Q(x)y_1^*] + [y_2^{*''} + P(x)y_2^{*'} + Q(x)y_2^*]$$
$$= f_1(x) + f_2(x).$$

因此 $y_1^* + y_2^*$ 是方程(12.5.5)的一个特解.

这个定理通常称为非齐次线性微分方程的解的叠加原理.

定理 5　设 $y_1 + iy_2$ 是方程

$$y'' + P(x)y' + Q(x)y = f_1(x) + if_2(x) \tag{12.5.6}$$

的解,其中 $P(x), Q(x), f_1(x), f_2(x)$ 为实值函数,i 为纯虚数. 则 y_1 与 y_2 分别是方程

$$y'' + P(x)y' + Q(x)y = f_1(x)$$

与

$$y'' + P(x)y' + Q(x)y = f_2(x)$$

的解.

证明略.

定理 3,定理 4,定理 5 也可推广到 n 阶非次线性方程.

习　题　12-5

1. 下列函数组在其定义区间内哪些是线性无关的?

(1) $3x^2 + 2x + 1, \sin 5x$；

(2) $\tan^2 x, 1$；

(3) $x^2, 8x^2$；

(4) $e^x, x^2 e^x$；

(5) $3x^2 + 2x + 1, \sin 5x$；

(6) $\ln x, \ln x^9$；

(7) $\cos 2x, \sin x \cos x$；

(8) $e^{\lambda_1 x}, e^{\lambda_2 x}(\lambda_1 \neq \lambda_2)$.

2. 验证 $y_1 = \cos\omega x$ 及 $y_2 = \sin\omega x$ 都是方程 $y'' + \omega^2 y = 0$ 的解,并写出方程的通解.

3. 验证 $y_1 = e^{x^2}$ 及 $y_2 = xe^{x^2}$ 都是方程 $y'' - 4xy' + (4x^2 - 2)y = 0$ 的解,并写出该程的通解.

4. 已知 $y_1 = 3, y_2 = 3 + x^2, y_3 = 3 + x^2 + e^x$ 都是微分方程

$$(x^2 - 2x)y'' - (x^2 - 2)y' + (2x - 2)y = 6x - 6$$

的解,并写出该程的通解.

5. 验证 $y = C_1 e^{C_2 - 3x} - 1$ 是 $y'' - 9y = 9$ 的解,说明它不是通解,其中 C_1, C_2 是意常数.

12.6　二阶常系数齐次线性微分方程

前面讨论了二阶线性微分方程解的结构,其通解是对应二阶齐次线性方程的通解与非齐次方程的一个特解的和构成. 下面我们先讨论二阶齐次微分方程的通解的解法.

12.6.1　二阶常系数齐次线性微分方程及其解法

形如

$$y'' + py' + qy = 0, \tag{12.6.1}$$

其中 p, q 是常数,根据 12.5 节定理 2,方程(12.6.1)的通解可以表示为其任意两个线性无关的特解 y_1, y_2 的线性组合,所以下面我们讨论这两个特解的求法.

　　当 r 为常数时,指数函数 $y=e^{rx}$ 和它的各阶导数都只相差一个常数因子.由指数函数的这个特点,因此,我们用 $y=e^{rx}$ 来尝试,看能否选取适当的常数 r,使得 $y=e^{rx}$ 满足方程(12.6.1).

　　对 $y=e^{rx}$ 求导,得

$$y'=re^{rx}, \quad y''=r^2e^{rx},$$

把 y,y',y'' 代入方程(12.6.1),得

$$(r^2+pr+q)e^{rx}=0.$$

　　由于 $e^{rx}\neq0$,所以

$$r^2+pr+q=0. \tag{12.6.2}$$

由此可见,只要 r 满足代数方程(12.6.2),函数 $y=e^{rx}$ 就是方程(12.6.1)的解.我们把代数方程(12.6.2)称为微分方程(12.6.1)的**特征方程**.并称特征方程的两个根 r_1,r_2 为特征根.根据初等代数的知识,特征根有三种可能的情况,下面分别进行讨论.

　　1.特征方程(12.6.2)有两个不相等的实根 r_1,r_2

　　此时 $p^2-4q>0$,e^{r_1x},e^{r_2x} 是方程(12.6.1)的两个特解,且

$$\frac{e^{r_1x}}{e^{r_2x}}=e^{(r_1-r_2)x}\neq常数,$$

所以 e^{r_1x},e^{r_2x} 为线性无关函数,由解的结构定理知,方程(12.6.1)的通解为

$$y=C_1e^{r_1x}+C_2e^{r_2x}(其中 C_1,C_2 为任意常数). \tag{12.6.3}$$

　　2.特征方程(12.6.2)有两个相等的实根 $r_1=r_2$

　　此时 $p^2-4q=0$,特征根 $r_1=r_2=-\dfrac{p}{2}$,这样只能得到方程(12.6.1)的一个特解 $y_1=e^{r_1x}$.还需要找到另一个特解 y_2,并使得 y_1 与 y_2 的比不是常数,因此,我们设

$$y_2=ue^{r_1x},$$

这里 $u=u(x)$ 为待定函数.将 y_2 求导,得

$$y_2'=e^{r_1x}(u'+r_1u) \ , y_2''=e^{r_1x}(u''+2r_1u'+r_1^2u).$$

将 y_2,y_2',y_2'' 代入方程(12.6.1),得

$$e^{r_1x}[(u''+2r_1u'+r_1^2u)+p(u'+r_1u)+qu]=0.$$

约去 e^{r_1x},并以 u'',u',u 为准合并同类项,得

$$u''+(2r_1+p)u'+(r_1^2+pr_1+q)u=0.$$

由于 r_1 是特征方程(12.6.2)的二重根.因此 $r_1^2+pr_1+q=0$,且 $2r_1+p=0$,于是有

$$u''=0.$$

这里只要找到一个 u 不为常数的解,不妨选取 $u=x$,由此得到方程(12.6.1)的另一个特解

$$y_2=xe^{r_1x}.$$

从而得方程(12.6.1)的通解为

$$y=C_1e^{r_1x}+C_2xe^{r_1x}.$$

即

$$y=(C_1+C_2x)e^{r_1x}. \tag{12.6.4}$$

其中 C_1,C_2 为任意常数.

3. 特征方程(12.6.2)有一对共轭复根 $r_1 = \alpha + i\beta, r_2 = \alpha - i\beta$

此时，$p^2 - 4q < 0$，方程(12.6.1)有两个特解
$$y_1 = e^{(\alpha + i\beta)x}, \quad y_2 = e^{(\alpha - i\beta)x},$$
$$y = C_1 e^{(\alpha + i\beta)x} + C_2 e^{(\alpha - i\beta)x}.$$

由于这两个特解都是复值函数的形式，为了得到实值函数形式，我们可利用欧拉公式 $e^{i\theta} = \cos\theta + i\sin\theta$，把 y_1, y_2 改写为
$$y_1 = e^{(\alpha + i\beta)x} = e^{\alpha x} \cdot e^{i\beta x} = e^{\alpha x}(\cos\beta x + i\sin\beta x),$$
$$y_2 = e^{(\alpha - i\beta)x} = e^{\alpha x} \cdot e^{-i\beta x} = e^{\alpha x}(\cos\beta x - i\sin\beta x).$$

由于复值函数 y_1, y_2 之间成共轭关系，因此，取它们的和除以 2 就得到它们的实部；取它们的差除以 $2i$ 就得到它们的虚部. 由于方程(12.6.1)的解符合叠加原理，所以实值函数
$$\bar{y}_1 = \frac{1}{2}(y_1 + y_2) = e^{\alpha x}\cos\beta x,$$
$$\bar{y}_2 = \frac{1}{2i}(y_1 - y_2) = e^{\alpha x}\sin\beta x.$$

还是方程(12.6.1)的解，且 $\dfrac{\bar{y}_1}{\bar{y}_2} = \cot\beta x \neq$ 常数，所以微分方程(12.6.1)的通解为
$$y = e^{\alpha x}(C_1 \cos\beta x + C_2 \sin\beta x). \tag{12.6.5}$$

综上所述，求二阶常系数齐次线性微分方程(12.6.1)的通解，只需先求出其特征方程(12.6.2)的根，再根据根的不同情形写出微分方程(12.6.1)的通解：

特征方程 $r^2 + pr + q = 0$ 的两根 r_1, r_2	微分方程 $y'' + py' + qy = 0$ 的通解
两个不相等的实根 r_1, r_2	$y = C_1 e^{r_1 x} + C_2 e^{r_2 x}$
两个相等的实根 $r_1 = r_2$	$y = (C_1 + C_2 x)e^{r_1 x}$
一对共轭复根 $r_1 = \alpha + i\beta, r_2 = \alpha - i\beta$	$y = e^{\alpha x}(C_1 \cos\beta x + C_2 \sin\beta x)$

例 1　求微分方程 $y'' + 5y' + 6y = 0$ 的通解.

解　所给方程的特征方程为
$$r^2 + 5r + 6 = 0,$$
其根 $r_1 = -2, r_2 = -3$ 是两个不相等的实根，因此所给方程的通解为
$$y = C_1 e^{-2x} + C_2 e^{-3x}.$$

例 2　求微分方程 $16y'' - 24y' + 9y = 0$ 的通解.

解　所给方程的特征方程为
$$16r^2 - 24r + 9 = 0,$$
它有两个相等的实根 $r_1 = r_2 = \dfrac{3}{4}$，故所求方程的通解为
$$y = (C_1 + C_2 x)e^{\frac{3}{4}x}.$$

例 3　求微分方程 $y'' + 8y' + 25y = 0$ 的通解.

解　所给方程的特征方程为
$$r^2 + 8r + 25 = 0.$$
它有一对共轭复根 $r_1 = -4 + 3i, r_2 = -4 - 3i$. 故所求方程的通解为
$$y = e^{-4x}(C_1 \cos 3x + C_2 \sin 3x).$$

12.6.2　n 阶常系数齐次线性微分方程的解法

前面讨论了二阶常系数齐次线性微分方程所用的方法以及通解的形式,可推广到 n 阶常系数齐次线性微分方程的情形. 对此我们不再详细讨论,只简单的叙述如下:

n 阶常系数齐次线性微分方程的一般形式为

$$y^{(n)} + p_1 y^{(n-1)} + p_2 y^{(n-2)} + \cdots + p_{n-1} y' + p_n y = 0. \qquad (12.6.6)$$

其中 $p_1, p_2, \cdots, p_{n-1}, p_n$ 都是常数. 其对应的特征方程为

$$r^n + p_1 r^{n-1} + \cdots + p_{n-1} r + p_n = 0. \qquad (12.6.7)$$

根据特征方程的根,可按下面直接写出其对应的微分方程的解:

特征方程的根	通解中的对应项
单实根 r	给出一项:　Ce^{rx}
一对共轭复根 $r_1 = \alpha + i\beta, r_2 = \alpha - i\beta$	给出两项:　$e^{\alpha x}(C_1 \cos\beta x + C_2 \sin\beta x)$
k 重实根 r	给出 k 项:　$(C_1 + C_2 x + \cdots + C_k x^{k-1})e^{rx}$
一对 k 重复根 $r_1 = \alpha + i\beta, r_2 = \alpha - i\beta$	给出 $2k$ 项:　$e^{\alpha x}[(C_1 + C_2 x + \cdots + C_k x^{k-1})$ $\cos\beta x + (D_1 + D_2 x + \cdots + D_k x^{k-1})\sin\beta x]$

把 $\dfrac{dy}{dx}$ 记作 Dy,把 $\dfrac{d^n y}{dx^n}$ 记作 $D^n y$,其中 D 称微分算子表示对 x 求导的运算,这样方程(12.6.6)可以记作

$$(D^n + p_1 D^{n-1} + \cdots + p_{n-1} D + p_n)y = 0. \qquad (12.6.8)$$

注　n 次代数方程有 n 个根,而特征方程的每一个根都对应着通解中的一项,且每一项各含一个任意常数. 这样就得到 n 阶常系数齐次线性微分方程的通解为

$$y = C_1 y_1 + C_2 y_2 + \cdots + C_n y_n.$$

例 4　求方程 $y^{(5)} + 2y''' + y' = 0$ 的通解.

解　所给方程的特征方程为

$$r^5 + 2r^3 + r = 0.$$

即

$$r(r^2 + 1)^2 = 0.$$

它的根是 $r_1 = 0, r_2 = r_3 = i, r_4 = r_5 = -i$.

因此所给方程的通解为

$$y = C_1 + (C_2 + C_3 x)\cos x + (C_4 + C_5 x)\sin x.$$

例 5　已知一个四阶常系数齐次线性微分方程的 4 个线性无关的特解为

$$y_1 = e^x, y_2 = xe^x, y_3 = \cos 2x, y_4 = 3\sin 2x,$$

求此四阶微分方程及通解.

解　由 y_1, y_2 知,它们对应的特征根为二重根 $r_1 = r_2 = 1$,由 y_3, y_4 可知,它们对应的特征根为一对共轭复根 $r_{3,4} = \pm 2i$. 故所求微分方程的特征方程为

$$(r-1)^2(r^2+4) = 0,$$

即

$$r^4 - 2r^3 + 5r^2 - 8r + 4 = 0,$$

从而得它所对应的微分方程为

$$y^{(4)} - 2y''' + 5y'' - 8y' + 4y = 0.$$

此方程的通解为

$$y=(C_1+C_2x)e^x+C_3\cos2x+C_4\sin2x.$$

习　题　12-6

1. 验证 $y_1=e^{-2x}$ 及 $y_2=e^{-6x}$ 都是方程 $y''+8y'+12y=0$ 的解,并写出该方程的通解.

2. 验证 $y_1=\sin x$ 及 $y_2=\cos x$ 都是方程 $y''+y=0$ 的解,并写出该方程的通解.

3. 求下列微分方程的通解.

(1) $y''+8y'+16y=0$;

(2) $y''-4y'=0$;

(3) $y''+6y'+13y=0$;

(4) $y^{(4)}-y=0$;

(5) $4\dfrac{d^2x}{dt^2}-20\dfrac{dx}{dt}+25x=0$;

(6) $y''-4y'+13y=0$;

(7) $y''+y'-2y=0$;

(8) $y^{(4)}-2y'''+y''=0$;

(9) $y''-4y'+5y=0$;

(10) $y''+y'=0$.

4. 求下列微分方程满足所给初始条件的特解:

(1) $y''-6y'+8y=0,y|_{x=0}=1,y'|_{x=0}=6$;

(2) $y''-3y'-4y=0,y|_{x=0}=0,y'|_{x=0}=-5$;

(3) $y''+25y=0,y|_{x=0}=2,y'|_{x=0}=5$;

(4) $y''+4y'+29y=0,y|_{x=0}=0,y'|_{x=0}=15$;

(5) $y''-4y'+3y=0,y|_{x=0}=6,y'|_{x=0}=10$;

(6) $y''-4y'+13y=0,y|_{x=0}=0,y'|_{x=0}=3$;

(7) $y''+3y'-4y=0,y|_{x=0}=0,y'|_{x=0}=-5$;

(8) $4y''+4y'+y=0,y|_{x=0}=2,y'|_{x=0}=0$.

12.7　二阶常系数非齐次线性微分方程

二阶常系数非齐次线性微分方程的一般形式是

$$y''+py'+qy=f(x),\tag{12.7.1}$$

其中,p,q 是常数. 根据微分方程解的结构定理可知,要求方程(12.7.1)的通解,只要求出它的一个特解及其对应的齐次方程

$$y''+py'+qy=0\tag{12.7.2}$$

的通解,两个解相加就得到方程(12.7.1)的通解. 上一节我们已经讨论了齐次方程的通解的求法,因此,本节要解决的问题是如何求得方程(12.7.1)的一个特解 y^*.

本节只介绍当方程(12.7.1)中的 $f(x)$ 取两种常见形式时求 y^* 的方法. 这种方法的特点是不用积分就可求出 y^* 来,它称为**待定系数法**. $f(x)$ 的两种形式是:

(1) $f(x)=P_m(x)e^{\lambda x}$,其中 λ 是常数,$P_m(x)$ 是 x 的一个 m 次多项式:

$$P_m(x)=a_0x^m+a_1x^{m-1}+\cdots+a_{m-1}x+a_m;$$

(2) $f(x)=e^{\lambda x}[P_l(x)\cos\omega x+P_n(x)\sin\omega x]$,其中 λ,ω 是常数,$P_l(x),P_n(x)$ 分别是 x 的 l 次、n 次多项式,其中有一个可为零.

下面分别介绍 $f(x)$ 为上述两种形式时 y^* 的求法.

12.7.1　$f(x)=P_m(x)e^{\lambda x}$ 型

要求方程(12.7.1)的一个特解 y^* 就要求一个满足方程(12.7.1)的函数,在 $f(x)=P_m(x)e^{\lambda x}$ 的情况下,方程(12.7.1)的右端是多项式 $P_m(x)$ 与指数函数 $e^{\lambda x}$ 的乘积,而多项式与

指数函数乘积的导数仍是同类型的函数,因此,我们可以推测方程(12.7.1)具有如下形式的特解:

$$y^* = Q(x)e^{\lambda x} \quad (\text{其中 } Q(x) \text{ 为某个多项式}).$$

再进一步讨论如何选取多项式 $Q(x)$,使得 $y^* = Q(x)e^{\lambda x}$ 满足方程(12.7.1). 为此,将

$$y^* = Q(x)e^{\lambda x};$$
$$y^{*\prime} = e^{\lambda x}[\lambda Q(x) + Q'(x)];$$
$$y^{*\prime\prime} = e^{\lambda x}[\lambda^2 Q(x) + 2\lambda Q'(x) + Q''(x)],$$

代入方程(12.7.1)并消去 $e^{\lambda x}$,得

$$Q''(x) + (2\lambda + p)Q'(x) + (\lambda^2 + p\lambda + q)Q(x) = P_m(x). \tag{12.7.3}$$

(1) 如果 λ 不是方程(12.7.2)的特征方程 $r^2 + pr + q = 0$ 的根,即 $\lambda^2 + p\lambda + q \neq 0$,由于 $P_m(x)$ 是 x 的一个 m 次多项式,要使(12.7.3)的两端恒等,可令 $Q(x)$ 为另一个 m 次多项式 $Q_m(x)$:

$$Q_m(x) = b_0 x^m + b_1 x^{m-1} + \cdots + b_{m-1} x + b_m,$$

代入(12.7.3)式,比较等式两端 x 同次幂的系数,就可得到以 $b_0, b_1, \cdots, b_m$ 作为未知数的 $m+1$ 个方程的联立方程组. 从而可以确定这些 $b_i (i = 0,1,2,\cdots,m)$,并得到所求的特解

$$y^* = Q_m(x)e^{\lambda x}.$$

(2) 如果 λ 是特征方程 $r^2 + pr + q = 0$ 的单根,即 $\lambda^2 + p\lambda + q = 0$,但 $2\lambda + p \neq 0$,要使(12.7.3)式两端恒等,那么 $Q'(x)$ 必须是 m 次多项式. 此时可令

$$Q(x) = x Q_m(x),$$

并且可用同样的方法来确定 $Q_m(x)$ 的系数 $b_i (i = 0,1,2,\cdots,m)$.

(3) 如果 λ 是特征方程 $r^2 + pr + q = 0$ 的重根,即 $\lambda^2 + p\lambda + q = 0$,且 $2\lambda + p = 0$,要使(12.7.3)式两端恒等,那么 $Q''(x)$ 必须是 m 次多项式. 此时可令

$$Q(x) = x^2 Q_m(x),$$

并且可用同样的方法来确定 $Q_m(x)$ 的系数 $b_i (i = 0,1,2,\cdots,m)$.

综上所述,我们有如下结论:

如果 $f(x) = P_m(x)e^{\lambda x}$,则二阶常系数非齐次线性微分方程(12.7.1)具有形如

$$y^* = x^k Q_m(x)e^{\lambda x} \tag{12.7.4}$$

的特解,其中 $Q_m(x)$ 是与 $P_m(x)$ 同次的多项式,而 k 根据 λ 不是特征方程的根、是特征方程的单根、是特征方程的重根依次取 $0,1,2$.

上述结论可推广到 n 阶常系数非齐次线性微分方程,但要注意(12.7.4)式中的 k 是特征方程含根 λ 的重复次数(即若 λ 不是特征方程的根,k 取为 0;若 λ 是特征方程的 s 重根,k 取为 s).

例1 下列方程具有什么样形式的特解?

(1) $y'' + 5y' + 6y = e^{3x}$;

(2) $y'' + 5y' + 6y = 3xe^{-2x}$;

(3) $y'' + 2y' + y = -(3x^2 + 1)e^{-x}$.

解 (1) 因 $\lambda = 3$ 不是特征方程 $r^2 + 5r + 6 = 0$ 的根,故方程具有特解形式:

$$y^* = b_0 e^{3x}.$$

(2) 因 $\lambda = -2$ 是特征方程 $r^2 + 5r + 6 = 0$ 的单根,故方程具有特解形式:

$$y^* = x(b_0 x + b_1)e^{-2x}.$$

(3) 因 $\lambda = -1$ 是特征方程 $r^2 + 2r + 1 = 0$ 的二重根,故方程具有特解形式:

$$y^* = x^2(b_0 x^2 + b_1 x + b_2)e^{-x}.$$

例 2　求微分方程 $y'' - 2y' - 3y = 3x + 1$ 的一个特解.

解　题设方程右端的自由项为 $f(x) = P_m(x)e^{\lambda x}$ 型,其中

$$P_m(x) = 3x + 1,\quad \lambda = 0.$$

与题设方程对应的齐次方程的特征方程为

$$r^2 - 2r - 3 = 0,$$

特征根为 $r_1 = -1, r_2 = 3.$

由于这里 $\lambda = 0$ 不是特征方程的根,所以应设特解为

$$y^* = b_0 x + b_1,$$

把它代入题设方程,得

$$-3b_0 x - 2b_0 - 3b_1 = 3x + 1,$$

比较两端 x 同次幂的系数,得

$$\begin{cases} -3b_0 = 3 \\ -2b_0 - 3b_1 = 1 \end{cases},\quad 即 \begin{cases} b_0 = -1 \\ b_1 = \dfrac{1}{3} \end{cases}.$$

于是所求特解为 $y^* = -x + \dfrac{1}{3}.$

例 3　求方程 $y'' + y' = 2x^2 e^x$ 的通解.

解　题设方程右端的自由项为 $f(x) = P_m(x)e^{\lambda x}$ 型,其中

$$P_m(x) = 2x^2,\quad \lambda = 1,$$

与题设方程对应的齐次方程的特征方程为

$$r^2 + r = 0,$$

特征根为 $r_1 = 0, r_2 = -1$,于是,题设方程对应的齐次方程的通解为

$$Y = C_1 + C_2 e^{-x},$$

因为 $\lambda = 1$ 不是特征方程的根,故题设方程有以下形式的特解

$$y^* = (b_0 x^2 + b_1 x + b_2)e^x,$$

代入题设方程,得

$$2b_0 x^2 + (6b_0 + 2b_1)x + 2b_0 + 3b_1 + 2b_2 = 2x^2,$$

比较两端 x 同次幂的系数,得

$$b_0 = 1,\quad b_1 = -3,\quad b_2 = \dfrac{7}{2},$$

于是所求方程的一个特解为

$$y^* = \left(x^2 - 3x + \dfrac{7}{2}\right)e^x.$$

从而,题设方程的通解为

$$y = C_1 + C_2 e^{-x} + \left(x^2 - 3x + \dfrac{7}{2}\right)e^x.$$

12.7.2　$f(x) = P_m(x)e^{\lambda x}\cos\omega x$ 或 $P_m(x)e^{\lambda x}\sin\omega x$ 型

要求形如

$$y'' + py' + qy = P_m(x)e^{\lambda x}\cos\omega x; \qquad (12.7.5)$$

$$y'' + py' + qy = P_m(x)\mathrm{e}^{\lambda x}\sin\omega x \qquad (12.7.6)$$

两方程的特解.

由欧拉公式知道，$P_m(x)\mathrm{e}^{\lambda x}\cos\omega x$ 和 $P_m(x)\mathrm{e}^{\lambda x}\sin\omega x$ 分别是

$$P_m(x)\mathrm{e}^{(\lambda+i\omega)x} = P_m(x)\mathrm{e}^{\lambda x}(\cos\omega x + i\sin\omega x)$$

的实部与虚部.

我们先考虑方程

$$y'' + py' + qy = P_m(x)\mathrm{e}^{(\lambda+i\omega)x} \qquad (12.7.7)$$

的特解，应用上一节的结果，对于 $P_m(x)\mathrm{e}^{(\lambda+i\omega)x}$，可求出一个 m 次多项式 $Q_m(x)$，使得方程 (12.7.7) 的一个特解为

$$y^* = x^k Q_m(x)\mathrm{e}^{(\lambda+i\omega)x}, \qquad (12.7.8)$$

其中 k 按 $\lambda+i\omega$ 不是特征方程的根或是特征方程的单根依次取 0 或 1.

根据 12.5 节中的定理 5 知道，方程 (12.7.7) 的特解的实部就是方程 (12.7.5) 的特解，而方程 (12.7.7) 的特解的虚部就是方程 (12.7.6) 的特解.

上述推论可推广到 n 阶常系数非齐次线性微分方程，但要注意 (12.7.8) 式中的 k 是特征方程中含根 $\lambda+i\omega$ 的重复次数.

例 4 求微分方程 $y'' + y = x\sin 2x$ 的通解.

解 题设方程的自由项为 $f(x) = P_m(x)\mathrm{e}^{\lambda x}\cos\omega x$ 型，其中

$$P_m(x) = x, \quad \lambda = 0, \quad \omega = 2,$$

与题设方程对应的齐次方程的特征方程为

$$r^2 + 1 = 0,$$

它的特征根为

$$r_1 = i, \quad r_2 = -i.$$

题设方程对应的齐次方程的通解为

$$Y = C_1\cos x + C_2\sin x.$$

为求题设方程的一个特解，先求方程

$$y'' + y = x\mathrm{e}^{2ix} \qquad (12.7.9)$$

的一个特解，由于 $\lambda+i\omega = 2i$ 不是特征方程的根，所以设方程 (12.7.9) 的特解为

$$y^* = (b_0 x + b_1)\mathrm{e}^{2ix}.$$

将其代入方程 (12.7.9) 中，消去因子 e^{2ix}，得

$$4b_0 i - 3b_0 x - 3b_1 = x,$$

即 $4b_0 i - 3b_1 = 0, -3b_0 = 1$，解得 $b_0 = -\dfrac{1}{3}, b_1 = -\dfrac{4}{9}i$，这样就得到方程 (12.7.9) 的一个特解为

$$y^* = \left(-\frac{1}{3}x - \frac{4}{9}i\right)\mathrm{e}^{2ix} = \left(-\frac{1}{3} - \frac{4}{9}i\right)(\cos 2x + i\sin 2x)$$

$$= -\frac{1}{3}x\cos 2x + \frac{4}{9}\sin 2x - i\left(\frac{4}{9}\cos 2x + \frac{1}{3}x\sin 2x\right).$$

取其实部就是题设方程的一个特解

$$y^* = -\left(\frac{4}{9}\cos 2x + \frac{1}{3}x\sin 2x\right).$$

所以方程的通解为

$$y = C_1\cos x + C_2\sin x - \left(\frac{4}{9}\cos 2x + \frac{1}{3}x\sin 2x\right).$$

例 5　设函数 $y(x)$ 满足

$$y'(x) = 1 + \int_0^x \left[6\sin^2 t - y(t) \right] \mathrm{d}t, \quad y(0) = 1,$$

求 $y(x)$.

解　将方程两端对 x 求导, 得到微分方程

$$y'' + y = 6\sin^2 x.$$

即

$$y'' + y = 3(1 - \cos 2x). \tag{12.7.10}$$

其对应的齐次方程的特征方程为 $r^2 + 1 = 0$, 特征根为 $r_1 = i, r_2 = -i$. 所以其对应的齐次方程的通解为

$$Y = C_1 \cos x + C_2 \sin x,$$

其中, C_1, C_2 为任意常数.

方程 (12.7.10) 右端的自由项为

$$f(x) = 3 - 3\cos 2x = f_1(x) + f_2(x).$$

分别讨论方程

$$y'' + y = 3, \tag{12.7.11}$$
$$y'' + y = -3\mathrm{e}^{2ix}. \tag{12.7.12}$$

因为 $\lambda \pm i\omega = \pm 2i$ 不是上述两方程的特征根, 故设方程 (12.7.11) 与方程 (12.7.12) 的特解分别为

$$y_1^* = A \quad \text{与} \quad y_2^* = B\mathrm{e}^{2ix}.$$

将 $y_1^* = A$ 代入方程 (12.7.11), 得 $A = 3$; 将 $y_2^* = B\mathrm{e}^{2ix}$ 代入方程 (12.7.12), 得 $B = 1$.

根据非齐次线性方程解的叠加原理, 方程 (12.7.10) 的特解为

$$\tilde{y}^* = y_1^* + y_2^* = 3 + \mathrm{e}^{2ix}$$

的实部, 即 $y^* = 3 + \cos 2x$, 所以方程 (12.7.10) 的通解为

$$y = C_1 \cos x + C_2 \sin x + \cos 2x + 3.$$

令 $x = 0$, 得 $y'(0) = 1$, 由 $y(0) = 1, y'(0) = 1$, 可从通解中确定出 $C_1 = -3, C_2 = 1$, 从而所求函数为

$$y = -3\cos x + \sin x + \cos 2x + 3.$$

习　题　12-7

1. 求下列微分方程的通解:

(1) $y'' - 4y' + 4y = 3\mathrm{e}^{2x}$;

(2) $y'' + 3y' + 2y = 3\sin x$;

(3) $y'' - 4y = 2x + 1$;

(4) $y'' - 7y' + 6y = \sin x$;

(5) $y'' - 2y' + 5y = \mathrm{e}^x \sin 2x$;

(6) $2y'' + y' - y = 2\mathrm{e}^x$;

(7) $y'' + 5y' + 4y = 3 - 2x$;

(8) $y'' + 3y' + 2y = 3x\mathrm{e}^{-x}$;

(9) $y'' + y' = \mathrm{e}^x + \cos x$;

(10) $y'' + a^2 y = \mathrm{e}^x$;

(11) $y'' + 4y = x\cos x$;

(12) $2y'' + 5y' = 5x^2 - 2x - 1$;

(13) $y'' - 6y' + 9y = (x+1)\mathrm{e}^{3x}$;

(14) $y'' - y' = \sin^2 x$.

2. 求下列微分方程满足所给初始条件的特解:

(1) $y'' = y' + 2\cos x, y|_{x=0} = 0, y'|_{x=0} = 0$;

(2) $3y'' + 2y' - y = 4\mathrm{e}^{-x}, y|_{x=0} = 0, y'|_{x=0} = 3$;

(3) $y'' - 3y' + 2y = 5, y|_{x=0} = 1, y'|_{x=0} = 2$;

(4) $y''+y'+\sin 2x=0, y|_{x=\pi}=1, y'|_{x=\pi}=1$;

(5) $y''-4y'=5, y|_{x=0}=1, y'|_{x=0}=0$;

(6) $y''-10y'+9y=e^{2x}, y|_{x=0}=\dfrac{6}{7}, y'|_{x=0}=\dfrac{33}{7}$;

(7) $y''-y=4xe^x, y|_{x=0}=0, y'|_{x=0}=1$;

(8) $y''+2y'+y=\cos x, y|_{x=0}=0, y'|_{x=0}=\dfrac{3}{2}$.

3. 设 $\varphi(x)$ 连续,且 $\varphi(x)=e^x+\displaystyle\int_0^x t\varphi(t)\mathrm{d}t-x\int_0^x \varphi(t)\mathrm{d}t$,求 $\varphi(x)$.

4. 设二阶常系数线性微分方程 $y''+\alpha y'+\beta y=\gamma e^x$ 一个特解为 $y=e^{2x}+(1+x)e^x$,试确定 α,β,γ,并求方程的通解.

5. 设 $y=f(x)$ 满足微分方程 $y''-3y'+2y=2e^x$,并且其图形在 $(0,1)$ 点处的切线与曲线 $y=x^2-x+1$ 在该点处的切线重合,求 $y=f(x)$.

6. 设 $y_1^*=x, y_2^*=x+e^{2x}, y_1^*=x(1+e^{2x})$ 是二阶常系数线性非其次方程的特解,求该方程.

12.8　欧 拉 方 程

变系数的线性微分方程,一般情况都不易求解. 但有些特殊的变系数线性微分方程,则可通过变量代换化为常系数线性微分方程,从而求出其解,欧拉方程就是其中的一种.

形如

$$x^n y^{(n)}+p_1 x^{n-1}y^{(n-1)}+\cdots+p_{n-1}xy'+p_n y=f(x) \tag{12.8.1}$$

的方程(其中 $p_1,p_2,\cdots,p_n$ 为常数),称为欧拉方程.

作变换 $x=e^t$ 或 $t=\ln x$,将自变量 x 换成 t,有

$$\frac{\mathrm{d}y}{\mathrm{d}x}=\frac{\mathrm{d}y}{\mathrm{d}t}\cdot\frac{\mathrm{d}t}{\mathrm{d}x}=\frac{1}{x}\frac{\mathrm{d}y}{\mathrm{d}t},$$

$$\frac{\mathrm{d}^2y}{\mathrm{d}x^2}=\frac{1}{x^2}\left(\frac{\mathrm{d}^2y}{\mathrm{d}t^2}-\frac{\mathrm{d}y}{\mathrm{d}t}\right),$$

$$\frac{\mathrm{d}^3y}{\mathrm{d}x^3}=\frac{1}{x^3}\left(\frac{\mathrm{d}^3y}{\mathrm{d}t^3}-3\frac{\mathrm{d}^2y}{\mathrm{d}t^2}+2\frac{\mathrm{d}y}{\mathrm{d}t}\right).$$

我们用记号 D 表示对 t 求导的运算 $\dfrac{\mathrm{d}}{\mathrm{d}t}$,那么上面的计算结果可表示为

$$xy'=Dy,$$
$$x^2y''=\frac{\mathrm{d}^2y}{\mathrm{d}t^2}-\frac{\mathrm{d}y}{\mathrm{d}t}=\left(\frac{\mathrm{d}^2}{\mathrm{d}t^2}-\frac{\mathrm{d}}{\mathrm{d}t}\right)y$$
$$=(D^2-D)y=D(D-1)y,$$
$$x^3y'''=\frac{\mathrm{d}^3y}{\mathrm{d}t^3}-3\frac{\mathrm{d}^2y}{\mathrm{d}t^2}+2\frac{\mathrm{d}y}{\mathrm{d}t}$$
$$=(D^3-3D^2+2D)y=D(D-1)(D-2)y,$$

一般地,有

$$x^k y^{(k)}=D(D-1)\cdots(D-k+1)y.$$

把它代入欧拉方程(12.8.1),便得一个以 t 为自变量的常系数线性微分方程. 在求出这个方程的解后,把 t 换成 $\ln x$,即得原方程的解.

例 1　求欧拉方程 $x^3y'''+x^2y''-4xy'=3x^2$ 的通解.

解　作变换 $x=e^t$ 或 $t=\ln x$，原方程化为
$$D(D-1)(D-2)y+D(D-1)y-4Dy=3e^{2t},$$

即
$$D^3y-2D^2y-3Dy=3e^{2t},$$

或
$$\frac{d^3y}{dt^3}-2\frac{d^2y}{dt^2}-3\frac{dy}{dt}=3e^{2t}. \qquad (12.8.2)$$

方程(12.8.2)对应的齐次方程为
$$\frac{d^3y}{dt^3}-2\frac{d^2y}{dt^2}-3\frac{dy}{dt}=0. \qquad (12.8.3)$$

其特征方程为
$$r^3-2r^2-3r=0.$$

它有三个根：$r_1=0,r_2=-1,r_3=3$. 于是方程(12.8.3)的通解为
$$Y=C_1+C_2e^{-t}+C_3e^{3t}=C_1+\frac{C_2}{x}+C_3x^3.$$

根据 12.7 节结论，方程(12.8.2)的特解形式为
$$y^*=be^{2t}=bx^2,$$

代入方程(12.8.2)，得 $b=-\dfrac{1}{2}$，即
$$y^*=-\frac{1}{2}x^2.$$

所求题设方程的通解为
$$y=C_1+\frac{C_2}{x}+C_3x^3-\frac{1}{2}x^2.$$

习　题　12-8

求下列欧拉方程的通解.

(1) $x^2y''+xy'-y=0$;

(2) $y''-\dfrac{y'}{x}+\dfrac{y}{x^2}=\dfrac{2}{x}$;

(3) $x^3y'''+3x^2y''-2xy'+2y=0$;

(4) $x^2y''-2xy'+2y=\ln^2 x-2\ln x$;

(5) $x^2y''+xy'-4y=x^3$;

(6) $x^2y''-xy'+4y=x\sin(\ln x)$;

(7) $x^2y''-3xy'+4y=x+x^2\ln x$;

(8) $x^3y'''+2xy'-2y=x^2\ln x+3x$.

总习题十二

1. 填空题.

(1) 通解为 $y=Ce^x+x$ 的微分方程是_____;

(2) 微分方程 $(1+e^{2x})dy-(2e^x+e^{2x}+1)e^x dx=0$ 满足初始条件 $y(0)=\dfrac{\pi}{2}$ 的特解为_____;

(3) 若连续函数 $f(x)$ 满足关系式 $f(x)=\displaystyle\int_0^{2x}f\left(\frac{t}{2}\right)dt+\ln 2$，则 $f(x)$ 等于_____;

(4) 设 y 是由方程 $\displaystyle\int_0^y e^t dt+\int_0^x \cos t dt=0$ 所确定的 x 的函数，则 $\dfrac{dy}{dx}=$ _____;

(5) 已知 $\dfrac{(x+ay)dx+ydy}{(x+y)^2}$ 为某函数的全微分，则 a 等于_____;

(6)适合方程 $f'(x)+\dfrac{1}{x}f(x)\mathrm{d}x=-1$ 的所有连续可微函数 $f(x)=$ _____ .

2. 求下列微分方程的通解.

(1) $xy'+y=2\sqrt{xy}$;　　　　　　　　(2) $xy'\ln x+y=ax(\ln x+1)$;

(3) $y''+2y'+y=\mathrm{e}^{-x}$;　　　　　　　(4) $y\mathrm{d}x+(x^2-4x)\mathrm{d}y=0$;

(5) $y'+y\tan x=\cos x$;　　　　　　　(6) $y''+y=-2x$;

(7) $1+y'=\mathrm{e}^{y}$;　　　　　　　　　(8) $y''-2y'+2y=\mathrm{e}^{x}$;

(9) $y''-4y'=\mathrm{e}^{2x}$;　　　　　　　　(10) $y''+2y'+5y=0$.

3. 求下列微分方程满足所给初始条件的特解.

(1) $xy'+y=y^2$, $y|_{x=1}=\dfrac{1}{2}$;

(2) $x\ln x\mathrm{d}y+(y-\ln x)\mathrm{d}x=0$, $y|_{x=e}=1$;

(3) $y''-2y'-\mathrm{e}^{2x}=0$; $y|_{x=0}=1$; $y'|_{x=0}=1$;

(4) $y''+2y'+y=\cos x$; $y|_{x=0}=0$; $y'|_{x=0}=\dfrac{3}{2}$.

4. 设函数 $y=y(x)$ 满足条件

$$\begin{cases} y''+4y'+4y=0 \\ y(0)=2, y'(0)=-4 \end{cases},$$

求广义积分 $\displaystyle\int_0^{+\infty} y(x)\mathrm{d}x$.

5. 设函数 $y=y(x)$ 满足微分方程 $y''-3y'+2y=2\mathrm{e}^{x}$ 且其图形在点 $(0,1)$ 处的切线与曲线 $y=x^2-x+1$ 在该点的切线重合,求函数 $y=y(x)$.

6. 设函数 $f(u)$ 具有二阶连续导数,而 $z=f(\mathrm{e}^{x}\sin y)$ 满足方程 $\dfrac{\partial^2 z}{\partial x^2}+\dfrac{\partial^2 z}{\partial y^2}=\mathrm{e}^{2x}z$,求 $f(u)$.

7. 设函数 $f(x)$ 在 $[1,+\infty)$ 上连续,若曲线 $y=f(x)$,直线 $x=1,x=t(t>1)$ 与 x 轴所围成的平面图形绕 x 轴旋转一周所成的旋转体的体积为 $V(t)=\dfrac{\pi}{3}[t^2 f(t)-f(1)]$,试求 $y=f(x)$ 所满足的微分方程,并求该微分方程满足条件 $y|_{x=2}=\dfrac{2}{9}$ 的解.

8. 设 $f(x)$ 为连续函数

(1) 求初值问题 $\begin{cases} y'+ay=f(x) \\ y|_{x=0}=0 \end{cases}$ 的解 $y(x)$,其中 a 为正常数;

(2) 若 $|f(x)|\leqslant k$ (k 为常数),证明:当 $x\geqslant 0$ 时,有 $|y(x)|\leqslant\dfrac{k}{a}(1-\mathrm{e}^{-x})$.

9. 设函数 $f(x)$ 在 $[0,+\infty)$ 上连续,且满足方程 $f(t)=\mathrm{e}^{4\pi t^2}+\displaystyle\iint\limits_{x^2+y^2\leqslant 4t^2} f\left(\dfrac{1}{2}\sqrt{x^2+y^2}\right)\mathrm{d}x\mathrm{d}y$,求 $f(t)$.

部分习题参考答案

习题 1-1

1. (1) $[-1,0)\bigcup(0,1]$； (2) $(1,2]$； (3) $[-1,3]$； (4) $(-\infty,0)\bigcup(0,3]$；

   (5) $(-\infty,-1]\bigcup(1,3)$； (6) $(1,2)\bigcup(2,4)$； (7) $[-1,0)\bigcup(0,3)$.

2. (1) 不相同； (2) 不相同； (3) 相同； (4) 不相同； (5) 相同； (6) 不相同.

3. $\varphi\left(\dfrac{\pi}{6}\right)=\dfrac{1}{2}$，$\varphi\left(\dfrac{\pi}{4}\right)=\varphi\left(-\dfrac{\pi}{4}\right)=\dfrac{\sqrt{2}}{2}$，$\varphi(-2)=0$.

4. (1) 单调增加； (2) 单调增加.

6. $f(x)=-2x+\dfrac{1}{1-x}$，$0<x<1$.

7. $f(x)=\dfrac{1}{a^2-b^2}\left(a\sin x+b\sin\dfrac{1}{x}\right)$.

9. (1) 偶函数； (2) 既非奇函数又非偶函数； (3) 偶函数； (4) 偶函数；

   (5) 既非奇函数又非偶函数； (6) 奇函数.

10. (1) 是周期函数，$T=2\pi$； (2) 不是周期函数； (3) 是周期函数，$T=\pi$；

    (4) 是周期函数，$T=\dfrac{\pi}{2}$； (5) 不是周期函数； (6) 是周期函数，$T=2$.

13. $L=\dfrac{S_0}{h}+\dfrac{2-\cos40°}{\sin40°}h$，$h\in\left(0,\sqrt{S_0\tan40°}\right)$.

14. $F=\dfrac{\mu P}{\cos\alpha+\mu\sin\alpha}$.

15. $V=\dfrac{1}{3}\pi\dfrac{r^2h^2}{h-2r}$，$h\in(2r,+\infty)$.

习题 1-2

1. (1) $y=x^3-1$； (2) $y=\dfrac{dx-b}{a-cx}$； (3) $y=\dfrac{1-x}{1+x}$； (4) $y=\mathrm{e}^{x-1}-2$；

   (5) $y=\dfrac{1}{3}\arcsin\dfrac{x}{2}$，$x\in[-2,2]$； (6) $y=\log_2\dfrac{x}{1-x}$.

2. $f(x-1)=\begin{cases}1,& x<1\\0,& x=1,\\1,& x>1\end{cases}$ $f(x^2-1)=\begin{cases}1,& |x|<1\\0,& |x|=1.\\1,& |x|>1\end{cases}$

3. $-\dfrac{3}{8}$，0.

4. $f[f(x)]=\dfrac{x}{1-2x}$，$f\{f[f(x)]\}=\dfrac{x}{1-3x}$.

5. (1) $y=\sin u$，$u=2x$； (2) $y=\sqrt{u}$，$u=\tan v$，$v=\mathrm{e}^x$； (3) $y=a^u$，$u=v^2$，$v=\sin x$；

   (4) $y=\ln u$，$u=\ln v$，$v=\ln x$； (5) $y=u^3$，$u=1+v^2$，$v=\ln x$； (6) $y=x^2 u$，$u=\cos v$，$v=\mathrm{e}^\omega$，$\omega=\sqrt{x}$.

6. (1) $y=\left(\ln\dfrac{x}{3}\right)^2$； (2) $y=\sqrt{\mathrm{e}^x-1}$； (3) $y=\ln(\tan^2 x+1)$； (4) $y=\sin\sqrt{2x-1}$；

(5) $y=\arctan\sqrt{a^2+x^2}$.

7. (1) $[-1,1]$;　(2) $\bigcup\limits_{n\in\mathbf{Z}}[2n\pi,2(n+1)\pi]$;　(3) $[1,\mathrm{e}]$;　(4) $[-1,1]$.

8. $f(t)=5t+\dfrac{2}{t^2}$, $f(t^2+1)=5(t^2+1)+\dfrac{2}{(t^2+1)^2}$.

9. $f(x)=x^2-2$.

10. $f(x)=2(1-x^2)$.

11. $\varphi(x)=\arcsin(1-x^2)$, $[-\sqrt{2},\sqrt{2}]$.

习题 1-3

1. (1) 0;　(2) 0;　(3) 2;　(4) 1;　(5) ∞.

3. $\lim\limits_{n\to\infty}x_n=0$, $N=\left[\dfrac{1}{\varepsilon}\right]$;当 $\varepsilon=0.001$ 时,取 $N=1000$.

习题 1-4

1. 不一定.

2. $\delta=0.0002$.

3. $\delta=0.5$.

6. $\lim\limits_{x\to0^-}f(x)=-1$, $\lim\limits_{x\to0^+}f(x)=1$, $\lim\limits_{x\to0}f(x)$ 不存在.

7. $f(x)=\begin{cases}0 & x=0 \\ \dfrac{1}{x} & x\neq0\end{cases}$.

习题 1-5

1. (1) ×;　(2) √;　(3) ×;　(4) ×;　(5) ×.

2. (1) 无穷小量;　(2) 无穷小量;　(3) 无穷大量.

4. (1) 3;　(2) 2;　(3) ∞.

5. 极限 $\lim\limits_{x\to\infty}\mathrm{e}^{\frac{1}{x}}$ 存在;极限 $\lim\limits_{x\to0}\mathrm{e}^{\frac{1}{x}}$ 不存在.

6. $y=x\cos x$ 在 $(-\infty,+\infty)$ 上无界,但当 $x\to+\infty$ 时, $y=x\cos x$ 不是无穷大.

习题 1-6

1. (1) 5;　(2) -9;　(3) 0;　(4) 0;　(5) 2;　(6) $\dfrac{2}{3}$;　(7) $\dfrac{2}{3}$;　(8) $\dfrac{1}{2}$;　(9) $2x$;　(10) 2;

(11) 0;　(12) 0;　(13) $\dfrac{4}{3}$;　(14) ∞;　(15) $\dfrac{1}{2}$;　(16) 0;　(17) -1;　(18) $\left(\dfrac{3}{2}\right)^{20}$;　(19) 1;

(20) 0;　(21) $\dfrac{1}{2}$;　(22) $\cos\alpha$.

2. (1) $\dfrac{1}{5}$;　(2) 0;　(3) 2;　(4) $\dfrac{1}{2}$;　(5) $\dfrac{1}{2}$.

3. $\lim\limits_{x\to0}f(x)$ 不存在; $\lim\limits_{x\to1}f(x)=2$.

4. (1) $\dfrac{1}{4}$;　(2) 0;　(3) 4;　(4) $\dfrac{1}{2}$;　(5) ∞.

5. $k=-3$.

6. $a=1,b=-1$.

习题 1-7

1. (1) 3; (2) 1; (3) 1; (4) 0; (5) 2; (6) $\sqrt{2}$; (7) 1; (8) $\frac{2}{3}$; (9) 0.

2. (1) $\frac{1}{e}$; (2) e^2; (3) e^2; (4) e^{-k}; (5) $\frac{1}{e}$; (6) e^{2a}; (7) e; (8) 1; (9) $\frac{5}{3}$.

3. -1.

4. $c=\ln3$.

5. (1) 提示：$\dfrac{n}{\sqrt{n^2+n}}\leqslant\left(\dfrac{1}{\sqrt{n^2+1}}+\dfrac{1}{\sqrt{n^2+2}}+\cdots+\dfrac{1}{\sqrt{n^2+n}}\right)\leqslant\dfrac{n}{\sqrt{n^2+1}}$;

   (2) 令 $\sqrt[n]{n}=1+r_n(r_n\geqslant0)$;

   (3) 提示：当 $x>0$ 时，$1<\sqrt[n]{1+x}<1+x$；当 $-1<x<0$ 时，$1+x<\sqrt[n]{1+x}<1$;

   (4) 当 $a=1$ 时，$\sqrt[n]{1}=1$；当 $a>1$ 时，$x_n=\sqrt[n]{a}<\sqrt[n]{n}$.；当 $0<a<1$ 时，总存在一个正数 $b(b>1)$，使得 $a=\dfrac{1}{b}$.

6. -1.

习题 1-8

1. 当 $x\to0$ 时，x^2-x^3 是比 $x-x^2$ 高阶的无穷小.

2. 同阶，等价无穷小.

3. 三阶无穷小.

4. 同阶，但不是等价无穷小.

5. (1) $\frac{3}{5}$; (2) 3; (3) 2; (4) 5; (5) $\frac{1}{2}$; (6) $\frac{9}{4}$; (7) 2; (8) $\frac{1}{16}$; (9) $\frac{1}{\sqrt{2}}$; (10) $\frac{7}{5}$.

习题 1-9

1. (1) $f(x)$ 在 $[0,2]$ 上连续; (2) $f(x)$ 在 $(-\infty,-1)$ 与 $(-1,+\infty)$ 内连续，$x=-1$ 为跳跃间断点.

2. (1) 连续; (2) 连续.

3. (1) $x=-2$ 为第二类的无穷间断点;

   (2) $x=1$ 为第一类可去间断点，补充 $y(1)=-2$；$x=2$ 为第二类的无穷间断点;

   (3) $x=0$ 为第一类可去间断点，补充 $y(0)=-1$;(4)$x=0$ 为第二类的振荡间断点;

   (5) $x=1$ 为第一类的跳跃间断点.

4. $a=1$.

5. $a=1,b=e$.

6. 左不连续，右连续.

8. $a=0,b=1$

习题 1-10

1. 连续区间：$(-\infty,-3),(-3,-2),(-2,+\infty)$；$\lim\limits_{x\to0^-}f(x)=\dfrac{1}{2}$；$\lim\limits_{x\to-3}f(x)=-\dfrac{8}{5}$；$\lim\limits_{x\to-2}f(x)=\infty$.

2. (1) $\sqrt{5}$; (2) 1; (3) 0; (4) 1; (5) 0; (6) 0; (7) e^2; (8) $e^{-\frac{1}{2}}$; (9) $\frac{1}{2}$.

7. 提示：$m \leqslant \dfrac{f(x_1)+f(x_2)+\cdots+f(x_n)}{n} \leqslant M$，其中 m,M 分别为 $f(x)$ 在 $[x_1,x_n]$ 上的最小值与最大值.

10. 若 $f(a+0)$ 与 $f(b-0)$ 存在，则 $f(x)$ 在 (a,b) 内一致连续.

总习题一

1. $[1,2]$.

2. $[0,9]$.

4. $T=2(b-a)$.

6. $\varphi(x)=\begin{cases} (x-1)^2, & 1\leqslant x\leqslant 2 \\ 2(x-1), & 2<x\leqslant 3 \end{cases}.$

7. $\varphi(x)=\sqrt{\ln(2-\arcsin x)}, x\in[-1,1]$.

8. $f[g(x)]=\begin{cases} 1, & x<0 \\ 0, & x=0, \\ -1, & x>0 \end{cases} g[f(x)]=\begin{cases} e, & |x|<1 \\ 1, & |x|=1. \\ e^{-1}, & |x|>1 \end{cases}$

9. $f[f(x)]=f(x)=\begin{cases} 0, & x\leqslant 0 \\ x, & x>0 \end{cases}, g[g(x)]=0, f[g(x)]=0,$

$g[f(x)]=g(x)=\begin{cases} 0, & x\leqslant 0 \\ -x^2, & x>0 \end{cases}.$

10. (1) 必要；充分； (2) 必要；充分； (3) 必要；充分； (4) 充分必要.

14. $\lim\limits_{x\to 0}f(x)$ 不存在；$\lim\limits_{x\to 2}f(x)=0$；$\lim\limits_{x\to-\infty}f(x)=0$；$\lim\limits_{x\to+\infty}f(x)=+\infty$.

15. $p=-5,q=0$ 时，$f(x)$ 为无穷小量；$q\neq 0$，p 为任意常数时，$f(x)$ 为无穷大量.

16. (1) n; (2) $\dfrac{2\sqrt{2}}{3}$; (3) $\dfrac{p+q}{2}$; (4) 0; (5) 0; (6) $\dfrac{1}{9}$.

17. (1) x; (2) $\dfrac{6}{5}$; (3) $\dfrac{1}{2}$.

18. (1) e; (2) e^2; (3) $e^{\frac{1}{2}}$.

19. $\lim\limits_{n\to\infty}x_n=\dfrac{1+\sqrt{5}}{2}$.

20. (1) $0 (n>m$ 时$),1(n=m$ 时$),\infty(n<m$ 时$)$; (2) $\dfrac{\alpha}{n}$; (3) -3; (4) 4; (5) 1; (6) 2;

(7) e^{a-b}; (8) $e^{-\frac{1}{2}}$.

21. 2.

22. $k=\dfrac{3}{4}$.

23. $a=1,b=-\dfrac{1}{6}$.

24. $p(x)=x^3+2x^2+x$.

25. $a=1,b=-2$.

26. $\beta=\dfrac{1}{2013},\alpha=-\dfrac{2012}{2013}$.

27. (1) 连续； (2) 不连续.

28. (1) $x=0$ 和 $x=k\pi+\dfrac{\pi}{2}$ 为第一类可去间断点，补充 $y(0)=1, y\left(k\pi+\dfrac{\pi}{2}\right)=0$；

$x=k\pi(k\neq0)$ 为第二类无穷间断点.

(2) $x=0$ 为第二类无穷间断点, $x=1$ 为第一类跳跃间断点.

(3) $x=0$ 为第二类无穷间断点, $x=1$ 为第一类跳跃间断点.

29. 3.

30. $f(x)=\begin{cases} x, & |x|<1 \\ 0, & |x|=1, x=1 \text{ 和 } x=-1 \text{ 为第一类跳跃间断点.} \\ -x, & |x|>1 \end{cases}$

31. $a=0$.

32. $(-\infty,-\sqrt{e}),(-\sqrt{e},0),(0,\sqrt{e}),(\sqrt{e},+\infty)$.

习题 2-1

1. -20.

2. $12(\text{m}/\text{s})$

3. (1) $-f'(x_0)$; (2) $2f'(x_0)$; (3) $\dfrac{3}{2}f'(x_0)$; (4) $f'(0)$.

4. 2.

5. 切线方程: $y=x+1$;法线方程: $y=-x+3$.

6. 切线方程: $\sqrt{3}x+2y=\dfrac{\sqrt{3}}{3}\pi+1$;法线方程: $\dfrac{2}{3}\sqrt{3}x-y+\dfrac{1}{2}-\dfrac{2\sqrt{3}}{9}\pi=0$.

7. 切线方程: $x-y+1=0$;法线方程: $x+y-1=0$.

8. $a=2,b=-1$.

9. 1.

10. $f'(0)=1,f'(x)=\begin{cases} \cos x, & x<0 \\ 1, & x\geqslant0 \end{cases}$.

11. 在 $x=0$ 处连续且可导.

12. $2a\varphi(a)$.

13. $x=0$ 是 $\dfrac{f(x)}{x}$ 的可去间断点.

15. $\theta'(t_0)$.

16. $T'(t)$.

习题 2-2

1. (1) $3+\dfrac{5}{2\sqrt{x}}-\dfrac{1}{x^2}$; (2) $9x^2-5^x\ln5+7e^x$; (3) $\sec x(2\sec x+\tan x)$; (4) $\cos2x$;

(5) $x^3(4\ln x+1)$; (6) $4e^x(\cos x-\sin x)$; (7) $\dfrac{1-n\ln x}{x^{n+1}}$; (8) $\dfrac{1+\sin t+\cos t}{(1+\cos t)^2}$;

(9) $(x-2)(x-3)+(x-1)(x-3)+(x-1)(x-2)$; (10) $\dfrac{3(x^2-6x+1)}{(x^2-1)^2}$;

(11) $\log_2 x+\dfrac{1}{\ln2}$; (12) $\dfrac{2}{(x+1)^2}$; (13) $-\dfrac{2\csc x[(1+x^2)\cot x+2x]}{(1+x^2)^2}$;

(14) $2x\ln x\cos x+x\cos x-x^2\ln x\sin x$; (15) $\dfrac{1}{3}x^{-\frac{2}{3}}\sin x+\sqrt[3]{x}\cos x+e^x a^x(\ln a+1)$;

(16) $ax^{a-1}+a^x\ln a$; (17) $\dfrac{4}{(e^t+e^{-t})^2}$

2. (1) $\dfrac{\mathrm{d}y}{\mathrm{d}x}\Big|_{x=\frac{\pi}{6}}=\dfrac{\sqrt{3}+1}{2}$, $\dfrac{\mathrm{d}y}{\mathrm{d}x}\Big|_{x=\frac{\pi}{4}}=\sqrt{2}$;　(2) $\dfrac{\mathrm{d}\rho}{\mathrm{d}\varphi}\Big|_{\varphi=\frac{\pi}{4}}=\dfrac{\sqrt{2}}{4}\left(1+\dfrac{\pi}{2}\right)$;　(3) $y'(0)=\dfrac{3}{25}$;　(4) $y'(0)=-2$.

3. (1) $v(t)=v_0-gt$;　(2) $t=\dfrac{v_0}{g}$.

4. $\left(-\dfrac{b}{2a},\dfrac{4ac-b^2}{4a}\right)$

5. $(2,4)$.

6. 在点 $(1,0)$ 处的切线方程为: $y=2(x-1)$; 在点 $(-1,0)$ 处的切线方程为: $y=2(x+1)$.

7. (1) $4\sin(5-4x)$;　(2) $-15x^2\mathrm{e}^{-5x^3}$;　(3) $-\dfrac{x}{\sqrt{a^2-x^2}}$;　(4) $2x\sec^2 x^2$;　(5) $\sin 2x$;　(6) $\dfrac{\mathrm{e}^x}{1+\mathrm{e}^{2x}}$;

　　(7) $-\dfrac{1}{\sqrt{x-x^2}}$;　(8) $\dfrac{|x|}{x^2\sqrt{x^2-1}}$;　(9) $\sec x$;　(10) $\csc x$;　(11) $\dfrac{2x}{1+x^2}$;　(12) $\dfrac{2x+1}{(x^2+x+1)\ln a}$.

8. (1) $-\dfrac{1}{2}\mathrm{e}^{-\frac{x}{2}}(\cos 3x+6\sin 3x)$;　(2) $\dfrac{1}{(1-x)\sqrt{x}}$;　(3) $\csc x$;　(4) $\dfrac{2\arcsin\dfrac{x}{2}}{\sqrt{4-x^2}}$;　(5) $2\sqrt{1-x^2}$;

　　(6) $\dfrac{1}{x\ln x}$;　(7) $n\sin^{n-1}x\cos(n+1)x$;　(8) $\dfrac{\mathrm{e}^{\arctan\sqrt{x}}}{2\sqrt{x}(1+x)}$;　(9) $\dfrac{\ln x}{x\sqrt{1+\ln^2 x}}$;

　　(10) $10^{x\tan 2x}\ln 10(\tan 2x+2x\sec^2 2x)$;　(11) $-\dfrac{1}{(1+x)\sqrt{2x(1-x)}}$;　(12) $\dfrac{2}{\mathrm{e}^{4x}+1}$;

　　(13) $-\dfrac{1}{x^2}\cdot\sec^2\dfrac{1}{x}\cdot\mathrm{e}^{\tan\frac{1}{x}}$;　(14) $\dfrac{2\sqrt{x}+1}{4\sqrt{x}\sqrt{x+\sqrt{x}}}$.

9. (1) $4x^3f'(x^4)$;　(2) $\sin 2x[f'(\sin^2 x)-f'(\cos^2 x)]$;　(3) $\dfrac{-1}{|x|\sqrt{x^2-1}}f'\left(\arcsin\dfrac{1}{x}\right)$.

　　(4) $f'(\mathrm{e}^x+x^\mathrm{e})(\mathrm{e}^x+\mathrm{e}x^{\mathrm{e}-1})$;　(5) $\mathrm{e}^{f(x)}[f'(\mathrm{e}^x)\mathrm{e}^x+f(\mathrm{e}^x)f'(x)]$.

10. $-x\mathrm{e}^{x-1}$.

11. $f'(x+3)=5x^4$, $f'(x)=5(x-3)^4$.

12. $-\dfrac{1}{(1+x)^2}$.

15. $f'(x)=\begin{cases}2\sec^2 x & x<0 \\ \mathrm{e}^x & x>0\end{cases}$.

16. (1) $\mathrm{sh}(\mathrm{sh}x)\cdot\mathrm{ch}x$;　(2) $\mathrm{e}^{\mathrm{ch}x}(\mathrm{ch}x+\mathrm{sh}^2 x)$;　(3) $\dfrac{1}{x\,\mathrm{ch}^2(\ln x)}$;　(4) $(3\mathrm{sh}x+2)\mathrm{sh}x\mathrm{ch}x$;

　　(5) $\dfrac{2x}{\sqrt{x^4+2x^2+2}}$;　(6) $\dfrac{2\mathrm{e}^{2x}}{\sqrt{\mathrm{e}^{4x}-1}}$;　(7) $\mathrm{th}^3 x$;　(8) $\dfrac{4}{(x+1)^2}\mathrm{ch}\left(\dfrac{x-1}{x+1}\right)\mathrm{sh}\left(\dfrac{x-1}{x+1}\right)$.

习题 2-3

1. (1) $6(5x^4+6x^2+2x)$;　(2) $16\mathrm{e}^{4x-3}$;　(3) $-2\sin x-x\cos x$;　(4) $-2\mathrm{e}^{-t}\cos t$;

　　(5) $-\dfrac{a^2}{\sqrt{(a^2-x^2)^3}}$;　(6) $-\dfrac{2(1+x^2)}{(1-x^2)^2}$;　(7) $2\sec^2 x\tan x$;　(8) $\dfrac{6x^2-2}{(x^2+1)^3}$;

　　(9) $2\arctan x+\dfrac{2x}{1+x^2}$;　(10) $\dfrac{\mathrm{e}^x(x^2-2x+2)}{x^3}$;　(11) $2x\mathrm{e}^{x^2}(2x^2+3)$;　(12) $-\dfrac{x}{(1+x^2)^{\frac{3}{2}}}$.

2. 207 360.

5. $2g(a)$.

6. (1) $6xf'(x^3)+9x^4f''(x^3)$; (2) $\dfrac{f''(x)f(x)-[f'(x)]^2}{[f(x)]^2}$.

7. (1) $n!$; (2) $2^{n-1}\sin\left[2x+(n-1)\dfrac{\pi}{2}\right]$; (3) $\ln x+1(n=1),(-1)^n\dfrac{(n-2)!}{x^{n-1}}(n\geqslant 2)$;

  (4) $(-1)^n n!\left[\dfrac{2}{(x-3)^{n+1}}-\dfrac{1}{(x-2)^{n+1}}\right]$.

8. (1) $-4\mathrm{e}^x\cos x$; (2) $x\mathrm{sh}x+100\mathrm{ch}x$; (3) $2^{50}\left(x^2\sin 2x+50x\cos 2x+\dfrac{1\,225}{2}\sin 2x\right)$;

  (4) $\dfrac{n!}{(x-1)^{n+1}}-\dfrac{n!}{x^{n+1}}$.

习题 2-4

1. (1) $\dfrac{\mathrm{e}^{x+y}-y}{x-\mathrm{e}^{x+y}}$; (2) $\dfrac{y}{2\pi y\cos(\pi y^2)-x}$; (3) $\dfrac{5-y\mathrm{e}^{xy}}{x\mathrm{e}^{xy}+3y^2}$; (4) $-\dfrac{\mathrm{e}^y}{1+x\mathrm{e}^y}$; (5) $-\dfrac{1+y\sin(xy)}{x\sin(xy)}$;

  (6) $\dfrac{x+y}{x-y}$.

2. 切线方程：$x+2y-3=0$；法线方程：$y-2x+1=0$.

3. (1) $y''=-\dfrac{b^4}{a^2y^3}$; (2) $y''=-\dfrac{(x+y)\cos^2 y-(x+y)\sin y}{[(x+y)\cos y-1]^3}$; (3) $y''=\dfrac{1}{(x-y)[2+\ln(x-y)]^3}$;

  (4) $y''=-2\csc^2(x+y)\cot^3(x+y)$.

4. (1) $(1+x^2)^{\tan x}\left[\sec^2 x\ln(1+x^2)+\dfrac{2x\tan x}{1+x^2}\right]$;

  (2) $\dfrac{\sqrt[5]{x-3}\sqrt[3]{3x-2}}{\sqrt{5x+2}}\left[\dfrac{1}{5(x-3)}+\dfrac{1}{3x-2}-\dfrac{5}{2(5x+2)}\right]$;

  (3) $\dfrac{1}{5}\sqrt[5]{\dfrac{x-5}{\sqrt[5]{x^2+2}}}\left[\dfrac{1}{x-5}-\dfrac{2x}{5(x^2+2)}\right]$;

  (4) $-\dfrac{1}{2}\left(\csc^2\dfrac{x}{2}\ln\tan 2x-8\cot\dfrac{x}{2}\csc 4x\right)\cdot(\tan 2x)^{\cot\frac{x}{2}}$;

  (5) $\dfrac{1}{2}\sqrt{x\sin x\sqrt{1-\mathrm{e}^x}}\left[\dfrac{1}{x}+\cot x-\dfrac{\mathrm{e}^x}{2(1-\mathrm{e}^x)}\right]$;

  (6) $(\tan x)^{\sin x}(\cos x\ln\tan x+\sec x)+x^x(\ln x+1)$.

5. $y'(0)=\mathrm{e}$，切线方程 $y=\mathrm{e}x+1$；法线方程 $y=-\dfrac{1}{\mathrm{e}}x+1$.

6. $y''(0)=-2$.

7. 切线方程 $y-\dfrac{\pi}{4}=\dfrac{1}{2}(x-\ln 2)$；法线方程 $y-\dfrac{\pi}{4}=-2(x-\ln 2)$.

8. (1) $\dfrac{3b}{2a}t$; (2) $\dfrac{\cos t-\sin t}{\sin t+\cos t}$; (3) -1.

9. (1) $\dfrac{1}{t^3}$; (2) $-\dfrac{b}{a^2\sin^3 t}$; (3) $\dfrac{4}{9}\mathrm{e}^{3t}$; (4) $\dfrac{1}{f''(t)}$.

10. (1) $-\dfrac{3}{8t^5}(1+t^3)$; (2) $\dfrac{t^4-1}{t^3}$.

习题 2-5

1. $\Delta x=1$ 时，$\Delta y=19$，$\mathrm{d}y=12$；$\Delta x=0.1$ 时，$\Delta y=1.261$，$\mathrm{d}y=1.2$；

$\Delta x=0.01$ 时，$\Delta y=0.120\ 601$，$dy=0.12$.

2. (1) $\dfrac{7}{2}x^2+C$;　(2) $-\dfrac{1}{\omega}\cos\omega x+C$;　(3) $\ln(x+3)+C$;　(4) $-\dfrac{1}{5}e^{-5x}+C$;

　　(5) $2\sqrt{x}+C$;　(6) $\dfrac{1}{5}\tan 5x+C$.

3. (1) $\left(\dfrac{1}{x}+\dfrac{1}{\sqrt{x}}\right)dx$;　(2) $(\sin 2x+2x\cos 2x)dx$;　(3) $3x^2e^{3x}(x+1)dx$;　(4) $-\dfrac{x}{1-x^2}dx$;

　　(5) $2(e^{2x}-e^{-2x})dx$;　(6) $\dfrac{2\sqrt{x}-1}{4\sqrt{x}\sqrt{x-\sqrt{x}}}dx$;　(7) $-\dfrac{2x}{1+x^4}dx$;　(8) $\dfrac{1}{\sqrt{x^2\pm a^2}}dx$;

　　(9) $e^{-x}[\sin(3-x)-\cos(3-x)]dx$;　(10) $dy=\begin{cases}\dfrac{dx}{\sqrt{1-x^2}}, & -1<x<0 \\[2mm] -\dfrac{dx}{\sqrt{1-x^2}}, & 0<x<1\end{cases}$;

　　(11) $8x\tan(1+2x^2)\sec^2(1+2x^2)dx$.

4. $\dfrac{2+\ln(x-y)}{3+\ln(x-y)}dx$.

5. $-\dfrac{y}{x}dx$.

7. (1) $\dfrac{47}{24}$;　(2) $\dfrac{21}{40}$.

8. $L(x)=\dfrac{3}{2}x+1$，$L_1(x)=\dfrac{1}{2}x+1$，$L_2(x)=x$，$L(x)=L_1(x)+L_2(x)$.

9. (1) $1.000\ 02$;　(2) $0.874\ 76$;　(3) $30°47''$.

10. 0.33%.

总习题二

1. (1) 充分；必要；　(2) 充分必要；　(3) 充分必要.

2. $(-1)^n n!$.　　3. $2C$.　　5. D

6. $\dfrac{1}{3}$.

7. $y-9x-10=0$ 与 $y-9x+22=0$.

8. 可导.

9. $a=b=-1$.

10. (1) $f'_-(0)=f'_+(0)=f'(0)=1$;　(2) $f'_-(0)=1$，$f'_+(0)=0$，$f'(0)$ 不存在.

11. (1) $\dfrac{\cos x}{|\cos x|}$;　(2) $-\dfrac{1}{x^2+1}$;　(3) $\dfrac{1}{\sqrt{1-x^2}+1-x^2}$;　(4) $\dfrac{e^x}{\sqrt{1+e^{2x}}}$;　(5) $x^{\frac{1}{x}-2}(1-\ln x)$;

　　(6) $\arcsin\dfrac{x}{2}$.

12. $f'(x)=2+\dfrac{1}{x^2}$.

13. $\left.\dfrac{dy}{dx}\right|_{x=0}=\dfrac{3\pi}{4}$.

14. (1) $-2\cos 2x\cdot\ln x-\dfrac{2\sin 2x}{x}-\dfrac{\cos^2 x}{x^2}$;　(2) $-\dfrac{x}{(1+x^2)^{\frac{3}{2}}}$.

16. (1) $2^{n-1}\sin\left[2x+(n-1)\dfrac{\pi}{2}\right]$;　(2) $(-1)^n\dfrac{2\cdot n!}{(1+x)^{n+1}}$.

17. $n!\left[f(x)\right]^{n+1}$.

18. $\dfrac{\mathrm{d}y}{\mathrm{d}x}\bigg|_{x=0}=1$.

19. (1) $-\dfrac{4\sin y}{(2-\cos y)^3}$; (2) $\dfrac{y\,(\ln y+1)^2-x\,(\ln x+1)^2}{xy\,(\ln y+1)^3}$.

20. B.

21. $\mathrm{e}^{f(x)}\left[f(\ln x)f'(x)+\dfrac{1}{x}f'(\ln x)\right]\mathrm{d}x$.

22. $\dfrac{\mathrm{d}y}{\mathrm{d}x}=-2x\sin x^2$; $\dfrac{\mathrm{d}y}{\mathrm{d}x^2}=-\sin x^2$; $\dfrac{\mathrm{d}y}{\mathrm{d}x^3}=\dfrac{-2\sin x^2}{3x}$; $\dfrac{\mathrm{d}^2 y}{\mathrm{d}x^2}=-2\sin x^2-4x^2\cos x^2$.

23. $L(x)=\dfrac{5}{2}x-\dfrac{1}{10}$.

习题 3-1

1. (1) 满足, $\xi=\dfrac{1}{4}$; (2) 满足, $\xi=2$.

2. $\xi=\dfrac{5\pm\sqrt{13}}{12}$.

7. 满足, $\xi=\dfrac{14}{9}$.

12. 三个根,分别在 $(1,2)$, $(2,3)$, $(3,4)$.

习题 3-2

1. (1) 2; (2) $\cos a$; (3) $-\dfrac{1}{8}$; (4) 1; (5) 1; (6) $\dfrac{4}{\mathrm{e}}$; (7) 2; (8) $\dfrac{1}{2}$; (9) $+\infty$;

(10) 1; (11) $\dfrac{1}{2}$; (12) $\dfrac{1}{2}$; (13) e^a; (14) 1; (15) 1; (16) $-\dfrac{1}{2}$; (17) e; (18) 1;

(19) 1; (20) $\mathrm{e}^{\frac{1}{3}}$.

4. 连续.

5. $a=g'(0)$, $f'(0)=\dfrac{1}{2}g''(0)$.

习题 3-3

1. $f(x)=8+10(x-1)+9\,(x-1)^2+4\,(x-1)^3+(x-1)^4$.

2. $\sqrt{x}=2+\dfrac{1}{2^2}(x-4)-\dfrac{1}{2^6}\cdot(x-4)^2+\dfrac{1}{2^9}(x-4)^3-\dfrac{5}{128\,\sqrt{[4+\theta(x-4)]^7}}(x-4)^4\ (0<\theta<1)$.

3. $\tan x=x+\dfrac{x^3}{3}+o(x^3)$.

4. $f(x)=1+2x+2x^2-2x^4+o(x^4)$, $f^{(3)}(0)=0$.

5. $f(x)=\ln 2+\dfrac{1}{2}(x-2)-\dfrac{1}{2^3}\cdot(x-2)^2+\dfrac{1}{3\cdot 2^3}(x-2)^3-\cdots+(-1)^{n-1}\dfrac{5}{n\cdot 2^n}(x-2)^n+o[(x-2)^n]$.

6. $\dfrac{1}{x}=-[1+(x+1)+(x+1)^2+\cdots+(x+1)^n]+(-1)^{n+1}\dfrac{(x+1)^{n+1}}{[-1+\theta(x+1)]^{n+2}}\ (0<\theta<1)$.

7. $xe^x = x + x^2 + \dfrac{x^3}{2!} + \cdots + \dfrac{x^n}{(n-1)!} + o(x^n)$.

8. $\sqrt{e} \approx 1.646$.

9. $\ln 1.2 \approx 0.1823$，$|R_5(0.2)| \leqslant 0.000\,010\,7$.

10. (1) $-\dfrac{1}{4}$；　(2) $-\dfrac{1}{12}$.

习题 3-4

2. 单调增加.

3. (1) 在 $(-\infty, -1]$，$[3, +\infty)$ 内单调增加，在 $[-1, 3]$ 内单调减少；

(2) 在 $[2, +\infty)$ 内单调增加，在 $(0, 2]$ 内单调减少；

(3) 在 $(-\infty, 0]$，$[1, +\infty)$ 内单调增加，在 $[0, 1]$ 内单调减少；

(4) 在 $(-\infty, +\infty)$ 内单调增加；

(5) 在 $\left(-\infty, \dfrac{1}{3}\right]$，$[1, +\infty)$ 内单调增加，在 $\left[\dfrac{1}{3}, 1\right]$ 内单调减少；

(6) 在 $\left[\dfrac{1}{2}, +\infty\right)$ 内单调增加，在 $\left(0, \dfrac{1}{2}\right]$ 内单调减少.

6. 不一定. $f(x) = x + \sin x$ 在 $(-\infty, +\infty)$ 内单调，但 $f'(x)$ 在 $(-\infty, +\infty)$ 内不单调.

7. (1) 极大值 $y(1) = 2$，极小值 $y(2) = 1$；(2) 极小值 $y(0) = 0$；

(3) 极大值 $y(e^2) = \dfrac{4}{e^2}$，极小值 $y(1) = 0$；(4) 极大值 $y\left(\dfrac{3}{4}\right) = \dfrac{5}{4}$；

(5) 极大值 $y\left(\dfrac{\pi}{4} + 2k\pi\right) = \dfrac{\sqrt{2}}{2} e^{\frac{\pi}{4} + 2k\pi}$ $(k = 0, \pm 1, \pm 2, \cdots)$；

极小值 $y\left(\dfrac{\pi}{4} + (2k+1)\pi\right) = -\dfrac{\sqrt{2}}{2} e^{\frac{\pi}{4} + (2k+1)\pi}$ $(k = 0, \pm 1, \pm 2, \cdots)$；

(6) 极大值 $f(0) = 0$，极小值 $f\left(\dfrac{5}{2}\right) = -\dfrac{3}{5}\sqrt[3]{\dfrac{4}{25}}$.

9. $a = 2$，极大值为 $f\left(\dfrac{\pi}{3}\right) = \sqrt{3}$.

习题 3-5

1. (1) $y_{\min}(2) = -14$，$y_{\max}(3) = 11$；　(2) $y_{\min}\left(\dfrac{5\pi}{4}\right) = -\sqrt{2}$，$y_{\max}\left(\dfrac{\pi}{4}\right) = \sqrt{2}$；

(3) $y_{\min}(-5) = -5 + \sqrt{6}$，$y_{\max}\left(\dfrac{3}{4}\right) = \dfrac{5}{4}$；　(4) $y_{\min}(0) = 0$，$y_{\max}\left(\dfrac{1}{2}\right) = y_{\max}(1) = \dfrac{1}{2}$.

2. (1) $\dfrac{7^5}{2^7}$；　(2) $\sqrt[3]{3}$.

3. 函数在 $x = -3$ 处取得最小值.

4. 正方形的四个角各截去边长为 $\dfrac{a}{6}$ 的小正方形时，能做成容积最大的盒子.

5. 应切去圆心角为 $2\pi\left(1 - \dfrac{\sqrt{6}}{3}\right)$ 弧度的扇形.

6. 当 $\alpha = \arctan\mu = \arctan 0.25 \approx 14°2'$ 时，可使力 F 最小.

7. 2h.

习题 3-6

1. (1) 拐点为 $\left(\dfrac{1}{2}, \dfrac{13}{2}\right)$，在 $\left(-\infty, \dfrac{1}{2}\right]$ 上是凸的，在 $\left[\dfrac{1}{2}, +\infty\right)$ 上是凹的；

   (2) 没有拐点，在 $(0, +\infty)$ 上是凹的；

   (3) 拐点为 $(0, 0)$，在 $(-\infty, -1)$，$[0, 1)$ 上是凸的，在 $(-1, 0)$，$(1, +\infty)$ 上是凹的；

   (4) 没有拐点，在 R 上是凹的；

   (5) 没有拐点，在 R 上是凹的；

   (6) 拐点为 $(-1, \ln 2)$，$(1, \ln 2)$，在 $(-\infty, -1]$，$[1, +\infty)$ 上是凸的，在 $[-1, 1]$ 上是凹的．

   (7) 拐点为 $\left(\dfrac{1}{2}, \mathrm{e}^{\arctan \frac{1}{2}}\right)$，在 $\left[\dfrac{1}{2}, +\infty\right)$ 上是凸的，在 $\left(-\infty, \dfrac{1}{2}\right]$ 上是凹的．

4. $a = -\dfrac{3}{2}, b = \dfrac{9}{2}$.

5. $a = 1, b = -3, c = -24, d = 16$.

6. $k = \pm \dfrac{\sqrt{2}}{8}$.

7. $(x_0, f(x_0))$ 是拐点．

习题 3-7

1. (1) $y = 1, x = 0$;   (2) $y = x + 2, x = 1$;   (3) $y = x$;   (4) $y = \dfrac{\pi}{2} x - 1, y = -\dfrac{\pi}{2} x - 1$.

习题 3-8

1. $K = \dfrac{1}{13\sqrt{26}}, \rho = 13\sqrt{26}$.

2. $K = 2$.

3. $K = \dfrac{\sqrt{2}}{4a}$.

4. $\left(\dfrac{\pi}{2}, 1\right)$; 1.

5. 约 641.4 千克力．

6. 约 45 400N.

7. $(x-3)^2 + (y+2)^2 = 8$.

8. $\begin{cases} a = \dfrac{3y^2}{2p} \\ \beta = -\dfrac{y^3}{p^2} \end{cases}$.

总习题三

3. D.

14. (1) 1;   (2) $-\dfrac{1}{2}$;   (3) $\dfrac{2}{\pi}$;   (4) $-\dfrac{1}{2}$;   (5) $\mathrm{e}^{-\frac{1}{3}}$;   (6) $\mathrm{e}^{\frac{-2}{\pi}}$.

15. ka.

16. $a = -3, b = \dfrac{9}{2}$.

17. $f'(x) = \begin{cases} \dfrac{[g'(x) + \mathrm{e}^{-x}]x - g(x) + \mathrm{e}^{-x}}{x^2}, & x \neq 0 \\[3mm] \dfrac{1}{2}(g''(0) - 1), & x = 0 \end{cases}$.

19. $f(0) = 0; f'(0) = 0; f''(0) = 4$.

20. $f(x) = \ln(1 + \sin x) = x - \dfrac{x^2}{2} + \dfrac{x^3}{6} - \dfrac{x^4}{12} + o(x^4)$.

24. (1) $\dfrac{1}{2}$; (2) $\dfrac{1}{6}$.

25. 36.

26. $p_2(x) = 1 + x \ln 2 + \dfrac{x^2}{2} \ln^2 2$.

27. $a = \dfrac{1}{2}, b = 1$.

28. (1) 在 $\left(-\infty, \dfrac{2a}{3}\right), [a, +\infty)$ 上单调增加,在 $\left[\dfrac{2a}{3}, a\right]$ 上单调减少;

   (2) 在 $[0, n]$ 上单调增加,在 $(n, +\infty)$ 内单调减少;

   (3) 在 $\left[\dfrac{k\pi}{2}, \dfrac{k\pi}{2} + \dfrac{\pi}{3}\right]$ 上单调增加,在 $\left[\dfrac{k\pi}{2} + \dfrac{\pi}{3}, \dfrac{k\pi}{2} + \dfrac{\pi}{2}\right]$ 上单调减少 $(k = 0, \pm 1, \pm 2, \cdots)$.

32. (1) 拐点为 $(1, -7)$,在 $(0, 1]$ 内是凸的,在 $[1, +\infty)$ 内是凹的;

   (2) 拐点为 $\left(2, \dfrac{2}{\mathrm{e}^2}\right)$,在 $(-\infty, 2]$ 内是凸的,在 $[2, +\infty)$ 内是凹的;

   (3) 拐点为 $(2, 1)$,在 $[2, +\infty)$ 内是凸的,在 $(-\infty, 2]$ 内是凹的.

34. $a = 0, b = -3$,极值点为 $x = 1$ 和 $x = -1$,拐点为 $(0, 0)$.

36. (1) 极大值 $y\left(\dfrac{12}{5}\right) = \dfrac{\sqrt{205}}{10}$; (2) 极小值 $y\left(-\dfrac{1}{2}\ln 2\right) = 2\sqrt{2}$; (3) 没有极值.

37. 极小值 $f(0) = 0$,极大值 $f(1) = 1$.

38. (1) $y_{\min}(0) = 0, y_{\max}\left(-\dfrac{1}{2}\right) = y_{\max}(1) = 1/2$; (2) $y_{\max}(\mathrm{e}) = \mathrm{e}^{\frac{1}{\mathrm{e}}}$,无最小值.

39. 最大值为 $\dfrac{2+a}{1+a}$.

40. 最小项的项数 $n = 5$,该项的数值为 $\dfrac{27}{2}$.

42. (1) 25,510.2; (2) 4 020; (3) 6 377.6.

43. (1) $y = 1$; (2) $x = 0, y = 1$; (3) $y = 1$.

44. 在 $(-\infty, -1), (0, +\infty)$ 上单调增加,在 $(-1, 0)$ 上单调减少,极小值 $y(0) = -\mathrm{e}^{\frac{\pi}{2}}$,极大值 $y(-1) = -2\mathrm{e}^{\frac{\pi}{4}}$,渐近线为 $y = \mathrm{e}^{\pi}(x - 2), y = x - 2$.

45. $x + y + a = 0$.

46. $K = |\cos x|, \rho |\sec x|$.

48. 曲率半径 $R = 3|axy|^{\frac{1}{3}}$,曲率圆心坐标为 (α, β),其中 $\alpha = x^{\frac{1}{3}}(a^{\frac{2}{3}} + 2y^{\frac{2}{3}}), \beta = y^{\frac{1}{3}}(a^{\frac{2}{3}} + 2x^{\frac{2}{3}})$.

习题 4-1

1. (1) $x - \dfrac{x^2}{2} + \dfrac{x^4}{4} - 3\sqrt[3]{x} + C$; (2) $\dfrac{x^3}{3} + \ln|x| - \dfrac{4}{3}\sqrt{x^3} + C$; (3) $\dfrac{2^x}{\ln 2} + \dfrac{1}{3}x^3 + C$

(4) $x^3+\arctan x+C$;　(5)$x-\arctan x+C$;　(6)$\dfrac{x^2}{4}-\ln|x|-\dfrac{3}{2x^2}+\dfrac{4}{3x^3}+C$;

(7) $3\arctan x-2\arcsin x+C$;　(8)$\dfrac{8}{15}x^{\frac{15}{8}}+C$;　(9)$-\dfrac{1}{x}-\arctan x+C$;

(10) e^t+t+C;　(11)$e^x+\dfrac{(2e)^x}{1+\ln 2}+\dfrac{3^x}{\ln 3}+\dfrac{6^x}{\ln 6}+C$;　(12)$\dfrac{e^{3x}}{3}-3e^x-3e^{-x}+\dfrac{e^{-3x}}{3}+C$;

(13) $-\cot x-x+C$;　(14)$2x-\dfrac{5\left(\dfrac{2}{3}\right)^x}{\ln\dfrac{2}{3}}+C$;　(15)$\dfrac{x+\sin x}{2}+C$;　(16)$\dfrac{1}{2}\tan x+C$;

(17)$\sin x-\cos x+C$;　(18)$-(\cot x+\tan x)+C$;　(19)$2\arcsin x+C$;　(20)$\dfrac{1}{2}\tan x+\dfrac{1}{2}x+C$.

2. $\dfrac{-1}{x\sqrt{1-x^2}}$.　3. $C_1x-\sin x+C_2$.　5. $y=\ln|x|+1$.　6. (1) 27(m)；　(2) 约 7.11(s).

习题 4-2

1. (1)$\dfrac{1}{7}$;　(2)$-\dfrac{1}{2}$;　(3)$\dfrac{1}{12}$;　(4)$\dfrac{1}{2}$;　(5)$-\dfrac{1}{5}$;　(6)2;　(7)$-\dfrac{2}{3}$;　(8)$\dfrac{1}{2}$;　(9)$\dfrac{1}{3}$.

2. (1)$\dfrac{1}{3}e^{3t}+C$;　(2)$-\dfrac{1}{20}(3-5x)^4+C$;　(3)$-\dfrac{1}{2}\ln|3-2x|+C$;　(4)$-\dfrac{1}{2}(5-3x)^{\frac{2}{3}}+C$;

(5)$-\dfrac{1}{a}\cos ax-be^{\frac{x}{b}}+C$;　(6)$2\sin\sqrt{t}+C$;　(7)$\dfrac{1}{11}\tan^{11}x+C$;　(8)$\ln|\ln\ln x|+C$;

(9)$-\ln\left|\cos\sqrt{1+x^2}\right|+C$;　(10)$\ln|\tan x|+C$;　(11)$\arctan e^x+C$;　(12)$\dfrac{1}{2}\sin(x^2)+C$;

(13)$-\dfrac{1}{3}\sqrt{2-3x^2}+C$;　(14)$-\dfrac{1}{3\omega}\cos^3(\omega t)+C$;　(15)$-\dfrac{3}{4}\ln|1-x^4|+C$;

(16)$\dfrac{1}{2}\sec^2 x+C$;　(17)$\dfrac{1}{10}\arcsin\left(\dfrac{x^{10}}{\sqrt{2}}\right)+C$;　(18)$\dfrac{1}{2}\arcsin\dfrac{2x}{3}+\dfrac{1}{4}\sqrt{9-4x^2}+C$;

(19)$\dfrac{1}{2\sqrt{2}}\ln\left|\dfrac{\sqrt{2}x-1}{\sqrt{2}x+1}\right|+C$;　(20)$\dfrac{1}{25}\ln|4-5x|+\dfrac{4}{25(4-5x)}+C$;

(21)$-\dfrac{1}{97(x-1)^{97}}-\dfrac{1}{49(x-1)^{98}}-\dfrac{1}{99(x-1)^{99}}+C$;　(22)$\dfrac{1}{8}\ln\left|\dfrac{x^2-1}{x^2+1}\right|-\dfrac{1}{4}\arctan x^2+C$;

(23)$\sin x-\dfrac{\sin^3 x}{3}+C$;　(24)$\dfrac{t}{2}+\dfrac{1}{4\omega}\sin 2(\omega t+\varphi)+C$;　(25)$\dfrac{\cos x}{2}-\dfrac{\cos 5x}{10}+C$;

(26)$\dfrac{1}{4}\sin 2x-\dfrac{1}{24}\sin 12x+C$;　(27)$\dfrac{1}{3}\sec^3 x-\sec x+C$;　(28)$-\dfrac{10^{\arccos x}}{\ln 10}+C$;

(29)$-\dfrac{1}{\arcsin x}+C$;　(30)$(\arctan\sqrt{x})^2+C$;　(31)$\dfrac{1}{2}(\ln\tan x)^2+C$;

(32)$-\dfrac{1}{x\ln x}+C$;　(33)$-\ln|e^{-x}-1|+C$;

(34)$\dfrac{1}{4}\ln x-\dfrac{1}{24}\ln(x^6+4)+C$;　(35)$-\dfrac{1}{7x^7}-\dfrac{1}{5x^5}-\dfrac{1}{3x^3}-\dfrac{1}{x}-\dfrac{1}{2}\ln\left|\dfrac{1-x}{1+x}\right|+C$;

(36)$\dfrac{1}{3}\arctan\dfrac{x-4}{3}+C$;　(37)$\sqrt{2x}-\ln(1+\sqrt{2x})+C$;　(38)$2\ln(\sqrt{1+e^x}-1)-x+C$.

3. (1)$\arcsin x-\dfrac{1-\sqrt{1-x^2}}{x}+C$;　(2)$\sqrt{x^2-9}-3\arccos\dfrac{3}{|x|}+C$;　(3)$\dfrac{x}{\sqrt{x^2+1}}+C$;

(4)$\dfrac{x}{a^2\sqrt{x^2+a^2}}+C$;　(5)$\dfrac{1}{2}\Big[\ln(\sqrt{1+x^4}+x^2)+\ln\Big(\dfrac{\sqrt{1+x^4}-1}{x^2}\Big)\Big]+C$;

(6)$\dfrac{9}{2}\arcsin\dfrac{x+2}{3}+\dfrac{x+2}{2}\sqrt{5-4x-x^2}+C$.

4. (1) $\dfrac{[f(x)]^{a+1}}{a+1}+C$;　(2)$\arctan[f(x)]+C$;　(3)$\ln|f(x)|+C$;　(4)$e^{f(x)}+C$;　(5)$\dfrac{f(x^2)}{2}+C$.

5. $f(x)=2\sqrt{x+1}-1$.　6. $\dfrac{1}{4}\tan^4 x-\dfrac{1}{2}\tan^2 x-\ln|\cos x|+C$.

习题 4-3

1. (1) $x\arcsin x+\sqrt{1-x^2}+C$;　(2)$x\ln(x^2+1)-2x+2\arctan x+C$;

(3) $x\arctan x-\dfrac{1}{2}\ln(1+x^2)+C$;　(4)$-\dfrac{2}{17}e^{-2x}\Big(\cos\dfrac{x}{2}+4\sin\dfrac{x}{2}\Big)+C$;

(5) $\dfrac{1}{3}x^3\arctan x-\dfrac{1}{6}x^2+\dfrac{1}{6}\ln(1+x^2)+C$;　(6)$2x\sin\dfrac{x}{2}+4\cos\dfrac{x}{2}+C$;

(7) $-\dfrac{1}{2}x^2+x\tan x+\ln|\cos x|+C$;　(8)$x(\ln x)^2-2x\ln x+2x+C$;

(9) $\dfrac{1}{2}(x^2-1)\ln(x-1)-\dfrac{1}{4}x^2-\dfrac{1}{2}x+C$;　(10)$-\dfrac{1}{x}[(\ln x)^2+2\ln x+2]+C$;

(11) $\dfrac{x}{2}(\cos\ln x+\sin\ln x)+C$;　(12)$-\dfrac{1}{x}\ln(x+1)+C$;　(13)$\dfrac{x^{n+1}}{n+1}\Big(\ln|x|-\dfrac{1}{n+1}\Big)+C$;

(14) $-(x^2+2x+2)e^{-x}+C$;　(15)$\dfrac{x^4}{8}\Big[2(\ln x)^2-\ln x+\dfrac{1}{4}\Big]+C$;

(16) $(\ln\ln x-1)\ln x+C$;　(17)$-\dfrac{1}{4}x\cos 2x+\dfrac{1}{8}\sin 2x+C$;

(18) $\dfrac{x^3}{6}+\dfrac{x^2\sin x}{2}+x\cos x-\sin x+C$;　(19)$-\dfrac{1}{2}\Big(x^2-\dfrac{3}{2}\Big)\cos 2x+\dfrac{x\sin 2x}{2}+C$;

(20)$3e^{\sqrt[3]{x}}(\sqrt[3]{x^2}-2\sqrt[3]{x}+2)+C$;　(21)$x(\arcsin x)^2+2\sqrt{1-x^2}\arcsin x-2x+C$;

(22)$\dfrac{e^x}{2}-\dfrac{e^x\sin 2x}{5}-\dfrac{e^x\cos 2x}{10}+C$;　(23)$2\sqrt{x}\ln(1+x)-4\sqrt{x}+4\arctan\sqrt{x}+C$;

(24)$-\dfrac{\ln(1+e^x)}{e^x}-\ln(e^{-x}+1)+C$;　(25)$\dfrac{1}{2}(x^2-1)\ln\dfrac{1+x}{1-x}+x+C$;

(26)$(x-1)\ln(1+\sqrt{x})+\sqrt{x}-\dfrac{x}{2}+C$;　(27)$\dfrac{1}{2\cos x}+\dfrac{1}{2}\ln|\csc x-\cot x|+C$.

2. $\cos x-\dfrac{2\sin x}{x}+C$.　3. $\Big(1-\dfrac{2}{x}\Big)e^x+C$.

5. $I_n=(x\arcsin x)^2+n\sqrt{1-x^2}(\arcsin x)^{n-1}-n(n-1)I_{n-2}$,

$I_0=x+C$, $I_1=x\arcsin x+\sqrt{1-x^2}+C$.

6. $xf^{-1}(x)-F(f^{-1}(x))+C$.

习题 4-4

1. (1)$\dfrac{x^3}{3}+\dfrac{x^2}{2}+x+\ln|x-1|+C$;　(2)$\ln|x-2|+\ln|x+5|+C$;

(3)$\dfrac{1}{3}x^3+\dfrac{1}{2}x^2+x+8\ln|x|-3\ln|x-1|-4\ln|x+1|+C$;

(4)$\ln|x+1|-\dfrac{1}{2}\ln(x^2-x+1)+\sqrt{3}\arctan\dfrac{2x-1}{\sqrt{3}}+C$;　(5)$2\ln\Big|\dfrac{x}{x+1}\Big|+\dfrac{4x+3}{2(x+1)^2}+C$;

(6) $\ln\left(\dfrac{x+3}{x+2}\right)^2-\dfrac{3}{x+3}+C$;   (7) $\dfrac{2x+1}{2(x^2+1)}+C$;

(8) $2\ln|x+2|-\dfrac{1}{2}\ln|x+1|-\dfrac{3}{2}\ln|x+3|+C$;   (9) $\ln|x|-\dfrac{1}{2}\ln(x^2+1)+C$;

(10) $\dfrac{\sqrt2}{4}\arctan\dfrac{x^2-1}{\sqrt2 x}-\dfrac{\sqrt2}{8}\ln\dfrac{x^2-\sqrt2 x+1}{x^2+\sqrt2 x+1}+C$;

(11) $\dfrac{1}{2}\ln\dfrac{x^2+x+1}{x^2+1}+\dfrac{\sqrt3}{3}\arctan\dfrac{2x+1}{\sqrt3}+C$;   (12) $-\dfrac{4}{\sqrt3}\arctan\dfrac{2x+1}{\sqrt3}-\dfrac{x+1}{x^2+x+1}+C$.

2. (1) $\dfrac{1}{2\sqrt3}\arctan\dfrac{2\tan x}{\sqrt3}+C$;   (2) $\dfrac{1}{2}\arctan\left(2\tan\dfrac{x}{2}\right)+C$;   (3) $\dfrac{2}{\sqrt3}\arctan\dfrac{2\tan\frac{x}{2}+1}{\sqrt3}+C$;

(4) $\dfrac{1}{2}\left[\ln|1+\tan x|+x-\dfrac{1}{2}\ln(1+\tan^2 x)\right]+C$;   (5) $\dfrac{x}{2}+\ln\left|\sec\dfrac{x}{2}\right|-\ln\left|1+\tan\dfrac{x}{2}\right|+C$;

(6) $-\dfrac{4}{9}\ln|5+4\sin x|+\dfrac{1}{2}\ln|1+\sin x|-\dfrac{1}{18}\ln|1-\sin x|+C$;

(7) $\dfrac{3}{2}\sqrt[3]{(1+x)^2}-\sqrt[3]{x+1}+3\ln\left|1+\sqrt[3]{x+1}\right|+C$;   (8) $\dfrac{1}{2}x^2-\dfrac{2}{3}\sqrt{x^3}+x+C$;

(9) $x-4\sqrt{x+1}+4\ln(\sqrt{x+1}+1)+C$;   (10) $2\sqrt x-4\sqrt[4]{x}+4\ln(\sqrt[4]{x}+1)+C$;

(11) $\dfrac{1}{3}\sqrt{(1+x^2)^3}-\sqrt{1+x^2}+C$;   (12) $-\dfrac{3}{2}\sqrt[3]{\dfrac{x+1}{x-1}}+C$.

总习题四

1. B.   2. $x+e^x+C$.   3. $-\dfrac{1}{3}\sqrt{(1-x^2)^3}+C$.   4. $x+2\ln|x-1|+C$.

5. $\dfrac{\sin^2 2x}{\sqrt{x-\frac{1}{4}\sin4x+1}}$.

6. (1) $-\dfrac{30x+8}{375}(2-5x)^{\frac{3}{2}}+C$;   (2) $-\arcsin\dfrac{1}{x}+C$;   (3) $\dfrac{1}{2(\ln3-\ln2)}\ln\left|\dfrac{3^x-2^x}{3^x+2^x}\right|+C$;

(4) $\dfrac{1}{6a^3}\ln\left|\dfrac{a^3+x^3}{a^3-x^3}\right|+C$;   (5) $2\ln(\sqrt x+\sqrt{1+x})+C$;   (6) $\dfrac{1}{2}\ln|x|-\dfrac{1}{20}\ln(x^{10}+2)+C$;

(7) $x+\ln|5\cos x+2\sin x|+C$;   (8) $e^x\tan\dfrac{x}{2}+C$.

7. $-\dfrac{x}{2}+\dfrac{\sin2x}{4}+C$.   8. $\dfrac{1}{x}+C$.   9. $\dfrac{1}{2}\left[\dfrac{f(x)}{f'(x)}\right]^2+C$.

10. D.

11. (1) $\dfrac{1}{2}\ln\dfrac{\sqrt{1+x^4}-1}{x^2}+C$;   (2) $\dfrac{\sqrt{x^2-1}}{x}-\arcsin\dfrac{1}{x}+C$;

(3) $\ln\left|\dfrac{1}{x}-\dfrac{\sqrt{1-x^2}}{x}\right|-\dfrac{2\sqrt{1-x^2}}{x}+C$;   (4) $\dfrac{1}{\sqrt2}\arctan\dfrac{\sqrt2 x}{1-x^2}+C$;

(5) $\dfrac{1}{4}\ln\left|\dfrac{\sqrt{4-x^2}-2}{\sqrt{4-x^2}+2}\right|+C$;   (6) $\dfrac{2}{3}\left(\dfrac{x}{1-x}\right)^{\frac{3}{2}}+C$.

12. (1) $x\ln(x+\sqrt{1+x^2})-\sqrt{1+x^2}+C$;   (2) $\dfrac{x}{4\cos^4 x}-\dfrac{1}{4}\left(\tan x+\dfrac{1}{3}\tan^3 x\right)+C$;

(3) $x\arctan x-\dfrac{1}{2}\ln(1+x^2)-\dfrac{1}{2}(\arctan x)^2+C$;   (4) $\ln\dfrac{x}{\sqrt{1+x^2}}-\dfrac{\ln(1+x^2)}{2x^2}+C$;

高 等 数 学

$(5) -\sqrt{1-x^2}\arcsin x + x + C;$ $(6)\dfrac{1}{3}x^3\mathrm{e}^{x^3}+C.$

13. $I_n = \displaystyle\int x^n\mathrm{e}^x\mathrm{d}x = x^n\mathrm{e}^x - nI_{n-1}, I_1 = x\mathrm{e}^x - \mathrm{e}^x + C.$

14. $(1)\dfrac{1}{4}x^4+\ln\dfrac{\sqrt[4]{x^4+1}}{x^4+2}+C;$ $(2)\ln|x|-\dfrac{1}{4}\ln(1+x^8)+C;$

$(3) -\dfrac{1}{96}\dfrac{1}{(x-2)^{96}} - \dfrac{6}{97}\dfrac{1}{(x-2)^{97}} - \dfrac{5}{49}\dfrac{1}{(x-2)^{98}} - \dfrac{5}{99}\dfrac{1}{(x-2)^{99}}+C;$

$(4)\dfrac{1}{6}\ln\left(\dfrac{x^2+1}{x^2+4}\right)+C;$ $(5)\ln\dfrac{x}{(\sqrt[6]{x}+1)^6}+C;$

$(6) -\dfrac{2}{5}\sqrt{(x+1)^5}+\dfrac{2}{3}\sqrt{(x+1)^3}+\dfrac{2}{3}\sqrt{x^3}+\dfrac{2}{5}\sqrt{x^5}+C;$ $(7) -\arcsin\dfrac{2-x}{\sqrt{2}(x-1)}+C;$

$(8)\ln(\mathrm{e}^x+\sqrt{\mathrm{e}^{2x}-1})+\arcsin(\mathrm{e}^{-x})+C;$ $(9)2\sqrt{1+\sqrt{1+x^2}}+C.$

15. $(1)\dfrac{1}{4}\left[\ln\left|\tan\dfrac{x}{2}\right|+\dfrac{1}{2}\tan^2\dfrac{x}{2}\right]+C;$ $(2)\tan\dfrac{x}{2}-\ln\left(1+\tan\dfrac{x}{2}\right)+C;$

$(3)\ln|\tan x|-\dfrac{1}{2}\csc^2 x+C;$ $(4)\dfrac{1}{2}(\sin x-\cos x)-\dfrac{1}{2\sqrt{2}}\ln\left|\tan\left(\dfrac{x}{2}+\dfrac{\pi}{8}\right)\right|+C;$

$(5)\dfrac{1}{\sqrt{5}}\arctan\dfrac{3\tan\dfrac{x}{2}+1}{\sqrt{5}}+C;$ $(6)\dfrac{1}{2}\arctan(\tan^2 x)+C;$

$(7) -\dfrac{1}{16}\cos 4x-\dfrac{1}{8}\cos 2x+\dfrac{1}{24}\cos 6x+C;$ $(8)2x-\ln|\sin x+2\cos x|+C;$

$(9)\arctan\left(\dfrac{1+r}{1-r}\tan\dfrac{x}{2}\right)+C.$

16. $\begin{cases} -\dfrac{x^2}{2}+C, & x<-1 \\ x+\dfrac{1}{2}+C, & -1\leqslant x\leqslant 1. \\ \dfrac{x^2}{2}+1+C, & x>1 \end{cases}$

17. $\dfrac{1}{2}\ln|(x-y)^2-1|+C.$

18. $f(x)$ 在 (a,b) 内不存在原函数.

习题 5-1

1. $(1)\displaystyle\lim_{\lambda\to 0}\sum_{i=1}^{n}f(\xi_i)\Delta x_i;$ (2)被积函数,积分区间,积分变量; $(3)\displaystyle\int_a^b\mathrm{d}x;$ (4)充分条件;

(5) 介于曲线 $y=f(x)$,x 轴,直线 $x=a$、$x=b$ 之间各部分面积的代数和.

2. $(1)b^2-a^2;$ $(2)\mathrm{e}-1.$

3. $\dfrac{1}{3}(b^3-a^3)+b-a.$ 5. 2.931 2;3.131 2;3.141 6.

6. $\displaystyle\int_0^1\sqrt{1-x^2}\mathrm{d}x.$

习题 5-2

2. $(1)9\leqslant\displaystyle\int_1^4(x^2+2)\mathrm{d}x\leqslant 54;$ $(2)\dfrac{3\pi}{4}\leqslant\displaystyle\int_{\frac{\pi}{4}}^{\frac{3\pi}{4}}(1+\sin^2 x)\mathrm{d}x\leqslant\pi;$

(3) $\dfrac{\pi}{9} \leqslant \displaystyle\int_{\frac{1}{\sqrt{3}}}^{\sqrt{3}} x\arctan x\,dx \leqslant \dfrac{2\pi}{3}$;　(4) $1 \leqslant \displaystyle\int_0^1 e^{x^2}\,dx \leqslant e$;

(5) $\dfrac{2}{5} \leqslant \displaystyle\int_1^2 \dfrac{x}{x^2+1}\,dx \leqslant \dfrac{1}{2}$;　(6) $1 \leqslant \displaystyle\int_0^{\frac{\pi}{2}} \dfrac{\sin x}{x}\,dx \leqslant \dfrac{\pi}{2}$.

3. (1) $\displaystyle\int_0^{\frac{\pi}{2}} \sin^3 x\,dx < \displaystyle\int_0^{\frac{\pi}{2}} \sin^2 x\,dx$;　(2) $\displaystyle\int_1^2 x^2\,dx < \displaystyle\int_1^2 x^3\,dx$;

(3) $\displaystyle\int_1^2 \ln x\,dx > \displaystyle\int_1^2 (\ln x)^3\,dx$;　(4) $\displaystyle\int_1^0 \ln(x+1)\,dx < \displaystyle\int_1^0 \dfrac{x}{1+x}\,dx$

(5) $\displaystyle\int_0^{\frac{\pi}{2}} x\,dx > \displaystyle\int_0^{\frac{\pi}{2}} \sin x\,dx$;　(6) $\displaystyle\int_0^{\frac{\pi}{2}} \sin x\,dx > \displaystyle\int_{-\frac{\pi}{2}}^0 \sin x\,dx$.

4. (1) 0;　(2) 0.

6. 先用积分中值定理,再作辅助函数 $\varphi(x) = e^{1-x^2} f(x)$.

习题 5-3

1. (1) $\varphi'(x) = \sin x^2$;　(2) $\varphi'(x) = -2x e^{-x^4}$;　(3) $\varphi'(x) = \dfrac{2x^3}{1+x^4} - \dfrac{1}{2(1+x)}$;

(4) $\varphi'(x) = \cos(\pi \sin^2 x)(\sin x - \cos x)$.

2. (1) 1;　(2) 12;　(3) $\dfrac{1}{4}$;　(4) $\dfrac{1}{2}$;　(5) 0;　(6) $\dfrac{1}{6}$.

3. $\dfrac{dy}{dx} = \dfrac{\cos x}{\sin x - 1}$;　4. $\dfrac{dy}{dx} = \dfrac{\cos t}{\sin t}$.

5. $x=0$ 取极小值 0,$x=1$ 取极大值 $\dfrac{1}{2e^2}$.

6. 最大值 $F(0)=0$,最小值 $F(4)=-\dfrac{32}{3}$.

7. (1) $\dfrac{31}{5}$;　(2) $2e-1$;　(3) $\dfrac{\pi}{2}$;　(4) $1-\dfrac{\pi}{4}$;　(5) $\dfrac{\pi}{6}$;　(6) $1-\dfrac{\pi}{4}$;　(7) $\dfrac{\pi}{2}$;　(8) 4;　(9) $\dfrac{11}{6}$.

8. $a=1$.　9. $a=4, b=1$.　10. $\dfrac{\pi}{4-\pi}$.　11. 有且仅有一个实根.

习题 5-4

1. (1) $\dfrac{7}{72}$;　(2) $\ln\dfrac{1+e}{2}$;　(3) $\dfrac{1}{3}$;　(4) $\dfrac{\pi}{2}$;　(5) $\dfrac{\pi^2}{72}$;　(6) $1-e^{-\frac{1}{2}}$;　(7) $e-\sqrt{e}$;　(8) $\dfrac{1}{2}(25-\ln 26)$;

(9) $10+12\ln 2 - 4\ln 3$;　(10) $\dfrac{2\pi}{3}$;　(11) $2\ln 3$;　(12) $(\sqrt{3}-1)a$;　(13) $\sqrt{3}-1$;　(14) $\dfrac{\pi}{4}$;　(15) $\dfrac{\pi}{2}$;

(16) $\dfrac{\sqrt{2}}{2}$;　(17) $1-2\ln 2$;　(18) $2+2\ln\dfrac{2}{3}$;　(19) $\dfrac{1}{6}$;　(20) $\ln(1+\sqrt{2}) - \ln(1+\sqrt{1+e^2})+1$;

(21) $\dfrac{\pi}{6}$;　(22) $\dfrac{\pi}{4}$;　(23) $-\dfrac{4}{3}$;　(24) $10-\dfrac{8}{3}\sqrt{2}$.

2. (1) $2\ln 2 - 1$;　(2) $\dfrac{1}{4}(e^2+1)$;　(3) $4(2\ln 2 -1)$;　(4) $\dfrac{\pi}{4}-\dfrac{1}{2}$;　(5) $\pi-2$;

(6) $\left(\dfrac{1}{4}-\dfrac{\sqrt{3}}{9}\right)\pi + \dfrac{1}{2}\ln\dfrac{3}{2}$;　(7) π^2;　(8) $\dfrac{1}{108}(13e^6-1)$;　(9) $\ln 2 - \dfrac{1}{2}$;　(10) $\dfrac{1}{4}\ln 2$;

(11) $\dfrac{\pi}{8}-\dfrac{1}{4}$;　(12) $2-\dfrac{2}{e}$;　(13) $\dfrac{\pi}{4}-\dfrac{1}{2}\ln 2$;　(14) $\dfrac{1}{5}(e^{\pi}-2)$;　(15) $\dfrac{1}{2}(e\sin 1 - e\cos 1 + 1)$.

3. (1) 0;　(2) $\dfrac{4}{3}$;　(3) 0;　(4) $1-\dfrac{\sqrt{3}\pi}{6}$;　(5) $\dfrac{2\sqrt{3}\pi}{3}-2\ln 2$;　(6) 0;　(7) $\dfrac{16}{15}$;　(8) 0;　(9) $4\sqrt{2}$.

8. $\dfrac{\pi}{4-\pi}$.　9. $xf(x^2)$.　10. $\dfrac{1}{2n}f'(0)$.　11. $f'(0)$.

12. $f(x)=3x-3\sqrt{1-x^2}$ 或 $f(x)=3x-\dfrac{3}{2}\sqrt{1-x^2}$.

13. $I_m=\begin{cases}\dfrac{m!!}{(m+1)!!}\cdot\dfrac{\pi}{2},&m=2k+1\\[2mm]\dfrac{m!!}{(m+1)!!},&m=2k\end{cases}\quad(k\in\mathbf{N})$.

14. $J_m=\begin{cases}\dfrac{m!!}{(m+1)!!}\cdot\dfrac{\pi^2}{2},&m=2n\\[2mm]\dfrac{m!!}{(m+1)!!}\cdot\pi,&m=2n+1\end{cases}\quad\left(n\in\mathbf{N},J_0=\dfrac{\pi^2}{2},J_1=\pi\right)$.

习题 5-5

1.(1)2；　(2)$\dfrac{1}{2}\ln2$；　(3)π；　(4)$\dfrac{\pi}{2}$；　(5)$\dfrac{8}{3}$；　(6)发散；　(7)发散；　(8)$\dfrac{\pi}{2}$；　(9)$\dfrac{\omega}{p^2+\omega^2}$.

2. 当 $k>1$ 时收敛于 $\dfrac{1}{(k-1)(\ln2)^{k-1}}$；当 $k\leqslant1$ 时，发散；当 $k=1-\dfrac{1}{\ln\ln2}$ 时取得最小值.

3. $n!$.　4. $c=\dfrac{5}{2}$.

习题 5-6

1.(1) 收敛；　(2) 收敛；　(3) 发散；　(4)收敛；　(5)发散；　(6)收敛.

2.(1)30；　(2)$\dfrac{16}{105}$；　(3)4!；　(4)$\dfrac{\sqrt{\pi}}{8\sqrt{2}}$.

3.(1)$\dfrac{1}{n}\Gamma\left(\dfrac{1}{n}\right),n>0$；　(2)$\Gamma(p+1),p>-1$；　(3)1.

总习题五

1.(1) 必要,充分；　(2) 充分必要；　(3)收敛；　(4)不一定.

3. 0.　4. $\dfrac{3}{2}$.

5.(1)$\dfrac{2}{3}(2\sqrt{2}-1)$；　(2)$\dfrac{1}{p+1}$；　(3)$-1$；　(4) 2；　(5)$af(a)$；　(6)$\dfrac{\pi^2}{4}$.

10. $1+\dfrac{3\sqrt{2}}{2}$.　11. $f(\pm\sqrt{2})=1+e^{-2}$ 为最大值,$f(0)=0$ 为最小值.

12.(1)$\pi-\dfrac{4}{3}$；　(2)$\dfrac{\pi}{2}$；　(3)$8\ln2-5$；　(4)$\dfrac{\pi a^4}{16}$；　(5)$\dfrac{\pi}{2}$；　(6)$\dfrac{\pi}{8}\ln2$,提示：令 $x=\dfrac{\pi}{4}-t$；　(7)$\dfrac{\pi}{4}$；

(8)$2(\sqrt{2}-1)$；　(9)$\dfrac{22}{3}$；　(10)$4\sqrt{2}$；　(11)$\dfrac{\pi}{8}\ln2$；　(12)$\dfrac{\pi}{8}\ln2$；　(13)$\dfrac{1}{3}$；　(14)$\dfrac{\sqrt{2}\pi}{2}$；　(15)$\dfrac{3}{2}e^{\frac{5}{2}}$.

15. 7.　16. 连续,可导且 $F'(0)=0$.

17. $F'(x)=\begin{cases}\dfrac{f(x)}{x}-\dfrac{1}{x^2}\displaystyle\int_0^x f(u)\,du,&x\neq0\\[2mm]0,&x=0\end{cases}$,且 $F'(x)$ 处处连续.

18.(1)$k=0$；(2)连续.　20. $\dfrac{dy}{dx}=2\tan t^2$；$\dfrac{d^2y}{dx^2}=4t\sec^3(t^2)$.

21. $f(x)=3+3\ln x$. 　22. 1. 　23. $\dfrac{7}{3}-\dfrac{1}{e}$. 　24. π^2-2.

25. (2)可先计算出 $\arctan e^x+\arctan e^{-x}=\dfrac{\pi}{2}$，且 $g(x)=|\sin x|$ 为偶函数，由(1)的结果可得 $\displaystyle\int_{-\frac{\pi}{2}}^{\frac{\pi}{2}}|\sin x|$

$\arctan e^x\,\mathrm{d}x=\dfrac{\pi}{2}$. 　26. 0. 　27. $\dfrac{\pi}{8}-\dfrac{1}{4}\ln 2$.

29. $\dfrac{2}{3}-\dfrac{3\sqrt{3}}{8}$. 　30. $\ln 2$.

31. (1)收敛于 $2\sqrt{2}$；　(2)发散；　(3)发散；　(4)收敛于 π；　(5)收敛于 -1；　(6)收敛；　(7)收敛.

32. $a=0$ 或 $a=-1$.

习题 6-2

1. (1) $\dfrac{3}{2}-\ln 2$；　(2) $e+\dfrac{1}{e}-2$；　(3) $\dfrac{9}{2}$；　(4) $\dfrac{3}{4}(2\sqrt[3]{2}-1)$；　(5) $e-1$；　(6) $2\pi+\dfrac{4}{3}$，$6\pi-\dfrac{4}{3}$.

2. $k=\dfrac{1}{\sqrt[3]{2}}$. 　3. $\dfrac{9}{4}$. 　4. $\dfrac{37}{12}$. 　5. πa^2. 　6. $\dfrac{3}{8}\pi a^2$. 　7. $18\pi a^2$.

8. $\dfrac{a^2}{4}(e^{2\pi}-e^{-2\pi})$. 　9. $2-\dfrac{\pi}{4}$. 　10. $t=\dfrac{\pi}{4}$ 时，s 最小；$t=0$ 时，s 最大. . 　11. $1+\dfrac{2\sqrt{2}}{3}$.

12. 切点坐标为 $\left(\dfrac{1}{\sqrt{3}},\dfrac{2}{3}\right)$，最小值 $A\left(\dfrac{1}{\sqrt{3}}\right)=\dfrac{4}{9}\sqrt{3}-\dfrac{2}{3}$. 　13. $\dfrac{8}{3}a^2$.

习题 6-3

1. (1) $\dfrac{1}{2}a^3\pi$；　(2) $4\pi^2$；　(3) $V_x=\pi(e-2)$，$V_y=\dfrac{\pi}{2}(e^2+1)$；　(4) $\dfrac{128\pi}{15}$；　(5) $\dfrac{64\pi}{3}$；　(6) $2\pi^2$.

2. $7\pi^2 a^3$. 　3. 160π. 　4. $\pi\left(4\ln 2-\dfrac{2}{3}\right)$. 　5. $\dfrac{4\sqrt{3}}{3}R^3$. 　6. $a=0,b=A$.

7. $2r=\sqrt{4-\sqrt[3]{16}}$. 　8. $\dfrac{448\pi}{15}$. 　9. $\dfrac{\pi}{6}$. 　10. $\dfrac{\pi}{2}$.

习题 6-4

1. $1+\dfrac{1}{2}\ln\dfrac{3}{2}$. 　2. $2\sqrt{3}-\dfrac{4}{3}$. 　3. $\dfrac{8}{9}\left[\left(\dfrac{5}{2}\right)^{\frac{3}{2}}-1\right]$.

4. $\dfrac{y}{2p}\sqrt{p^2+y^2}+\dfrac{p}{2}\ln\dfrac{y+\sqrt{p^2+y^2}}{p}$. 　5. $\dfrac{a}{2}\pi^2$. 　6. $\left(\left(\dfrac{2}{3}\pi-\dfrac{\sqrt{3}}{2}\right)a,\dfrac{3}{2}a\right)$.

7. $\dfrac{\sqrt{1+a^2}}{a}(e^{a\varphi}-1)$. 　8. $\ln\dfrac{3}{2}+\dfrac{5}{12}$. 　9. $8a$.

10. $s(x)=\dfrac{1}{6}\left[(1+4x)^{\frac{3}{2}}-5^{\frac{3}{2}}\right]$. 　11. $\dfrac{1}{r}=\sin\left(\dfrac{\pi}{6}\mp\theta\right)$.

习题 6-5

1. 2.45(J). 　2. $-\dfrac{27}{7}kc^{\frac{2}{3}}a^{\frac{7}{3}}$（$k$ 是比例常数）. 　3. 6.35×10^8(J).

4. $W=\omega\pi r^3\left(\dfrac{2}{3}H+\dfrac{1}{4}r\right)+\dfrac{1}{2}\omega\pi r^2(h-r)(2H+r-h)$.

5. (1)9.8×10^6(N)； (2) 2.55×10^7(N). 6. 17.3(kN)；

7. $W=\dfrac{11}{384}\omega\pi r^2h^2$. 8. $\dfrac{2GMm}{\pi R^2}$,方向为 m 指向圆环中点.

9. 取 y 轴通过细直棒,$F_y=Gm\rho\left(\dfrac{1}{a}-\dfrac{1}{\sqrt{a^2+l^2}}\right),F_x=-\dfrac{Gm\rho l}{a\ \sqrt{a^2+l^2}}$.

总习题六

1. $4\sqrt{2}$. 2. $\dfrac{2}{3}\sqrt{3}\pi$. 3. $\dfrac{e}{2}$. 4. A. 5. $y=1$. 6. $a=\dfrac{1}{3},b=\dfrac{5}{3}$. 7. $\dfrac{16}{3}a^3$. 8. $\dfrac{5}{4}a$. 9. $\dfrac{4}{3}a^2h$

10. $h=4r$ 时体积最小,最小体积 $V(4r)=\dfrac{8}{3}\pi r^3$ 11. $\dfrac{\pi}{30}$.

12. $\dfrac{\pi}{2}$. 13. $a=\dfrac{1}{2}\ln2$. 14. $a=-\dfrac{5}{4},b=\dfrac{3}{2},c=0$.

15. $a=4$ 时体积最大,最大体积 $V(4)=\dfrac{32\sqrt{5}\pi}{1\,875}$. 16. $\dfrac{1}{6}\pi h[2(ab+AB)+aB+bA]$. 19. 9.

20. $\dfrac{\sqrt{2}}{4}l$. 21. (1)4; (2)$\ln\dfrac{\pi}{2}$. 22. $\dfrac{5}{4}m$. 23. $\dfrac{4}{3}\pi R^4g$.

24. $W=\dfrac{2}{3}\mu gaR^3$. 25. $\dfrac{1}{2}\rho gab(2h+b\sin\alpha)$. 26. $282\,240\pi$(N).

27. $F_x=\dfrac{3}{5}Ga^2,F_y=\dfrac{3}{5}Ga^2$. 28. $1-3e^{-2}$(提示 $\bar{y}=\dfrac{1}{2-0}\int_0^2 y\mathrm{d}x$).

习题 7-1

1.(1) a 垂直于 b； (2) a 与 b 同向； (3) 半径为 1 的球面； (4) 距离等于 2 的两点.

2.$5a-11b+7c$. 3. $-2a-\dfrac{10}{3}b$.

5. $\overrightarrow{D_1A}=-\dfrac{a}{5}-c,\overrightarrow{D_2A}=-\dfrac{2}{5}a-c,\overrightarrow{D_3A}=-\dfrac{3}{5}a-c,\overrightarrow{D_4A}=-\dfrac{4}{5}a-c$.

习题 7-2

1. A 第Ⅱ卦限,B 第Ⅳ卦限,C 第Ⅴ卦限,D 第Ⅶ卦限,E 第Ⅲ卦限,F 第Ⅷ卦限,G 第Ⅵ卦限,H 第Ⅰ卦限.

2. A,B,C,D 依次在 zOx 面上,yOz 面上,z 轴上,y 轴上.

3. (1) $(a,-b,-c)$; (2) $(a,b,-c)$; (3) $(-a,-b,-c)$.

4. x 轴:$\sqrt{34}$,y 轴:$\sqrt{41}$,z 轴:5;xOy 面:5,yOz 面:4,zOx 面:3;坐标原点:$5\sqrt{2}$.

5. $(0,1,-2)$. 8. $\overrightarrow{M_1M_2}=\{1,-2,-2\},-2\overrightarrow{M_1M_2}=\{-2,4,4\}$.

9. $\left\{\pm\dfrac{6}{11},\pm\dfrac{7}{11},\mp\dfrac{6}{11}\right\}$.

10. 2;$\cos\alpha=-\dfrac{1}{2}$,$\cos\beta=\dfrac{1}{2}$,$\cos\gamma=-\dfrac{\sqrt{2}}{2}$;$\alpha=\dfrac{2\pi}{3}$,$\beta=\dfrac{\pi}{3}$,$\gamma=\dfrac{3\pi}{4}$.

11. $\left\{\dfrac{3}{2},\dfrac{3\sqrt{2}}{2},\dfrac{3}{2}\right\}$.

12. (1) $a \perp Ox$ 轴或 $a // yOz$ 面；　(2) $a // Oy$ 轴(或 $a \perp zOx$ 面)且与 y 轴正向一致；

　　(3) $a // Oz$ 轴或 $a \perp xOy$ 面．

13. 2.　14. $A(0,1,0)$.　15. $b = \{-32, 30, -24\}$.

16. $13, 7j$.

习题 7-3

1. (1) -6 及 $\{10,2,14\}$；　(2) $\dfrac{3}{2\sqrt{21}}$；　(3) 12.

2. $-\dfrac{3}{2}$.

4. $10(\mathrm{N} \cdot \mathrm{m})$.　5. 2.　6. $\dfrac{\pi}{3}$.　7. $\left\{ \dfrac{\pm 3}{\sqrt{17}}, \dfrac{\mp 2}{\sqrt{17}}, \dfrac{\mp 2}{\sqrt{17}} \right\}$.

8. $\lambda = 2\mu$.　9. $x_1 | F_1 | \sin\theta_1 = x_2 | F_2 | \sin\theta_2$.　10. $10\sqrt{2}$.

12. (1) -2；(2) -1 或 5.　15. 4.

习题 7-4

1. $x^2 + y^2 + z - 2x - 4y + 2z = 0$.　2. $8x^2 + 8y^2 + 8z^2 + 2x + 2z = 2$, 球面．

3. $y^2 + z^2 = 6x$.　4. x 轴:$4x^2 - 9y^2 - 9z^2 = 36$, y 轴:$4x^2 + 4z^2 - 9y^2 = 36$.

5.

方程	平面解析几何中	空间解析几何中
(1)$x = 3$	平行于 y 轴的直线	平行于 yOz 面的平面
(2)$y = 2x - 5$	斜率为 2 的直线	平行于 z 轴的平面
(3)$x^2 + y^2 = 16$	圆心在原点,半径为 4 的圆	母线平行于 z 轴,准线为 xOy 面上的圆 $x^2 + y^2 = 16$ 的圆柱面
(4)$x^2 - y^2 = 4$	两半轴均为 2 的双曲线	母线平行于 z 轴的双曲柱面
(5)$\dfrac{x^2}{4} + \dfrac{y^2}{9} = 1$	椭圆	母线平行于 z 轴的椭圆柱面
(6)$y^2 = 4x$	抛物线	母线平行于 z 轴的抛物柱面

6. (1) xOy 面上的椭圆 $\dfrac{x^2}{9} + \dfrac{y^2}{16} = 1$ 绕 x 轴旋转一周；

　(2) xOy 面上的双曲线 $x^2 - \dfrac{y^2}{9} = 1$ 绕 y 轴旋转一周；

　(3) xOy 面上的双曲线 $x^2 - y^2 = 4$ 绕 x 轴旋转一周．

7. (1) 旋转抛物面；　(2) 两相交平面；　(3) z 轴；　(4) 过 x 轴的平面；

　(5) 两平行平面；　(6) 椭圆柱面；　(7) 双曲柱面；　(8) 抛物柱面；　(9) 圆锥面．

习题 7-5

2. 在平面解析几何中,表示两直线的交点;在空间解析几何中,表示两平面的交线．

3. 在平面解析几何中,表示椭圆与直线的交点;在空间解析几何中,表示椭圆柱面与平面的交线．

4. $\begin{cases} y^2 = \dfrac{10}{9} z \\ x = 0 \end{cases}$.　5. $x = y = \dfrac{3}{\sqrt{2}} \cos\theta, z = 3\sin\theta (0 \leqslant \theta \leqslant 2\pi)$.

6. $x=1+\sqrt{3}\cos\theta, y=\sqrt{3}\sin\theta, z=0$　$(0\leqslant\theta\leqslant2\pi)$.

7. $3y^2-z^2=16$ 及 $3x^2+2z^2=16$.　　8. $\begin{cases}2\left(x-\dfrac{1}{2}\right)^2+y^2=\dfrac{17}{2}\\z=0\end{cases}$.

9. $\begin{cases}x^2+4z^2-2x-3=0\\y=0\end{cases}$.

10. (1) 两平面的交线：$\begin{cases}x+2=0\\y-3=0\end{cases}$;　(2)球面与平面的交线：$\begin{cases}x^2+y^2=16\\z=2\end{cases}$（圆）;

　　　(3) 单叶双曲面与平面的交线：$\begin{cases}x^2+9z^2=40\\y=1\end{cases}$（椭圆）;

　　　(4) 双曲抛物面与平面的交线：$\begin{cases}x^2-16=4z\\y=-2\end{cases}$（抛物线）;

　　　(5) 双曲抛物面与平面的交线：$\begin{cases}x^2-4y^2=64\\z=8\end{cases}$（双曲线）.

11. xOy 面：$\begin{cases}x^2+y^2\leqslant4\\z=0\end{cases}$;$yOz$ 面：$\begin{cases}y^2\leqslant z\leqslant4\\x=0\end{cases}$;$zOx$ 面：$\begin{cases}x^2\leqslant z\leqslant4\\y=0\end{cases}$.

12. $\begin{cases}3x+2y=7\\z=0\end{cases}$.

习题 7-6

1. $x-6y+9z+6=0$.　2. $2x+9y-6z=121$.　3. $2x-y-3z+5=0$.

4. $13x+13y-13z=0$.

5. (1) 平行于 yOz 面的平面；　(2) 平行于 zOx 面的平面；　(3) 平行于 z 轴的平面；
　　(4) 过 z 轴的平面；　(5) 平行于 x 轴的平面；　(6) 过 y 轴的平面.

6. $\dfrac{1}{\sqrt{3}};\dfrac{1}{\sqrt{3}};-\dfrac{1}{\sqrt{3}}$.　　7. $-11x+2y-10z+27=0$ 或 $-11x+2y-10z-33=0$.

8. (1) $k=2$;　(2) $k=1$;　(3) $k=-\dfrac{7}{3}$;　(4) $k=\pm\dfrac{1}{2}\sqrt{70}$;　(5) $k=\pm2$;　(6) $k=-3$.

9. 1.　　10. $x+y+z+2\sqrt{3}=0$ 或 $x+y+z-2\sqrt{3}=0$.

11. $23x-25y+61z+255=0, 2x-25y-11z+270=0$.

习题 7-7

1. $\dfrac{x-2}{6}=\dfrac{y+3}{-3}=\dfrac{z+5}{-5}$.　　2. $\dfrac{x+3}{1}=\dfrac{y}{-1}=\dfrac{z-1}{0}$.

3. $\dfrac{x-\dfrac{2}{5}}{7}=\dfrac{y-\dfrac{14}{5}}{-1}=\dfrac{z-0}{5}$,$\begin{cases}x=7t+\dfrac{2}{5}\\y=-t+\dfrac{14}{5}\\z=5t\end{cases}$.　4. $11x+2y+z-15=0$.　5. $\dfrac{x-1}{1}=\dfrac{y}{1}=\dfrac{z+2}{2}$.

6. $\dfrac{x}{-2}=\dfrac{y-2}{3}=\dfrac{z-4}{1}$.　　7. $\dfrac{x-2}{2}=\dfrac{y-1}{-1}=\dfrac{z-3}{4}$.　　8. $\varphi=\dfrac{\pi}{4}$.

9. (1) 平行；　(2) 垂直；　(3) 直线在平面上.　　10. $\left(-\dfrac{5}{3},\dfrac{2}{3},\dfrac{2}{3}\right)$.　　12. $\begin{cases}y-z=1\\x+y+z=0\end{cases}$.

13. (1) $\begin{cases} x=0 \\ 2y+3z-5=0 \end{cases}$; (2) $\begin{cases} z=0 \\ 3x-4y+16=0 \end{cases}$; (3) $\begin{cases} x-y+3z+8=0 \\ x-2y-z+7=0 \end{cases}$.

14. $\dfrac{x-1}{7}=\dfrac{y-9}{15}=\dfrac{z-3}{4}$.

习题 7-8

1. (1) 单叶双曲面; (2) 双叶双曲面; (3) 椭圆抛物面.

2. (1) 圆: $\begin{cases} y^2+z^2=16 \\ x=3 \end{cases}$; (2) 椭圆: $\begin{cases} x^2+9z^2=32 \\ y=1 \end{cases}$; (3) 双曲线: $\begin{cases} z^2-4y^2=16 \\ x=-3 \end{cases}$;

(4) 抛物线: $\begin{cases} z^2=4x-24 \\ y=4 \end{cases}$.

总习题七

2. $\pi/3$. 3. $\lambda=40$. 4. $\{-4,2,-4\}$. 5. $c=5a+b$.

7. $\left\{\dfrac{4}{3},-\dfrac{1}{3},\dfrac{1}{3}\right\}$. 8. x 轴: $4x^2-9y^2-9z^2=36$, y 轴: $4x^2-9y^2+4z^2=36$.

9. $x^2+y^2=z^2+4(z-1)^2$.

10. xOy 面: $\begin{cases} x^2+y^2=x+y \\ z=0 \end{cases}$; yOz 面: $\begin{cases} 2y^2+2yz+z^2-4y-3z+2=0 \\ x=0 \end{cases}$;

zOx 面: $\begin{cases} 2x^2+2xz+z^2-4x-3z+2=0 \\ y=0 \end{cases}$.

11. xOy 面: $\begin{cases} 2x-y+5=0 \\ z=0 \end{cases}$; yOz 面: $\begin{cases} 3y+z-1=0 \\ x=0 \end{cases}$; zOx 面: $\begin{cases} 6x+z+14=0 \\ y=0 \end{cases}$.

12. xOy 面: $\begin{cases} x^2+y^2=a^2 \\ z=0 \end{cases}$; yOz 面: $\begin{cases} y=a\sin(z/b) \\ x=0 \end{cases}$; zOx 面: $\begin{cases} x=a\cos(z/b) \\ y=0 \end{cases}$.

13. xOy 面: $\begin{cases} \left(x-\dfrac{a}{2}\right)^2+y^2\leqslant\left(\dfrac{a}{2}\right)^2 \\ z=0 \end{cases}$; zOx 面: $\begin{cases} z^2+ax\leqslant a^2 (z\geqslant0,x\geqslant0) \\ y=0 \end{cases}$.

14. $2x+y+2z\pm2\sqrt[3]{3}=0$. 15. $5x+7y+11z-8=0$. 16. $7x-2y-2z+1=0$.

17. $3x+4y-z+1=0$, $x-2y-5z+3=0$. 18. $\dfrac{2x}{-2}=\dfrac{2y-3}{1}=\dfrac{2z-5}{3}$, $\begin{cases} x=-2t \\ y=t+3/2 \\ z=3t+5/2 \end{cases}$.

19. $\begin{cases} x-3z+1=0 \\ 37x+20y-11z+122=0 \end{cases}$. 20. $(-12,-4,18)$. 21. $\dfrac{3}{2}\sqrt{2}$. 22. $\dfrac{1}{14}$.

23. $\begin{cases} x=t-3 \\ y=22t+5 \\ z=2t-9 \end{cases}$. 24. $(-5,2,4)$. 25. $\begin{cases} 3x-y+z-1=0 \\ x+2y-z=0 \end{cases}$.

26. $\dfrac{x^2}{3}+\dfrac{(y-2)^2}{2}+\dfrac{(z-3)^2}{2}=1$, $\begin{cases} \dfrac{(y-2)^2}{2}+\dfrac{(z-3)^2}{2}=1 \\ x=0 \end{cases}$.

27. $\dfrac{x-5}{-5}=\dfrac{y+2}{1}=\dfrac{z+4}{1}$.

习题 8-1

1. $\dfrac{2xy}{x^2+y^2}$.　　2. $(x+y)^{xy}+(xy)^{2x}$.

3. (1) $\{(x,y)\,|\,y^2-2x+1>0\}$;　　(2) $\{(x,y)\,|\,x\geqslant0,x^2\geqslant y\geqslant0\}$;

　　(3) $\{(x,y)\,|\,2\leqslant x^2+y^2\leqslant4,x>y^2\}$;　　(4) $\{(x,y)\,|\,1<x^2+y^2\leqslant4\}$;

　　(5) $\{(x,y)\,|\,0<x^2+y^2<1,4x\geqslant y^2\}$;　　(6) $\{(x,y,z)\,|\,x^2+y^2\geqslant z^2,x^2+y^2\neq0\}$;

　　(7) $\{(x,y)\,|\,y>x\geqslant0,x^2+y^2<1\}$;　　(8) $\{(x,y)\,|\,x>0,y>x+1\}\bigcup\{(x,y)\,|\,x<0,x<y<x+1\}$.

4. (1) $\ln2$;　　(2) 3;　　(3) $-\dfrac{1}{4}$;　　(4) 0;　　(5) 0;　　(6) $\dfrac{1}{6}$;

　　(7) 0;　　(8) ∞;　　(9) 0;　　(10) e^{-2}　　(11) e;　　(12) 0.

6.(1)间断点集:$\{(x,y)\,|\,y^2-2x=0\}$;　　(2)点$(0,0)$为 $f(x,y)$ 的可去间断点. 7. 不连续.

习题 8-2

1. (1)$\dfrac{\partial z}{\partial x}=3x^2y+6xy^2-y^3,\dfrac{\partial z}{\partial y}=x^3+6x^2y-3xy^2$;

　　(2) $\dfrac{\partial z}{\partial x}=\dfrac{1}{y}-\dfrac{y}{x^2},\dfrac{\partial z}{\partial y}=\dfrac{1}{x}-\dfrac{x}{y^2}$;　　(3) $\dfrac{\partial z}{\partial x}=\dfrac{1}{2x\sqrt{\ln(xy)}},\dfrac{\partial z}{\partial y}=\dfrac{1}{2y\sqrt{\ln(xy)}}$;

　　(4)$\dfrac{\partial z}{\partial x}=\sin y\cdot x^{\sin y-1},\dfrac{\partial z}{\partial y}=x^{\sin y}\ln x\cdot\cos y$;

　　(5) $\dfrac{\partial z}{\partial x}=y^2\,(1+xy)^{y-1},\dfrac{\partial z}{\partial y}=(1+xy)^y\left[\ln(1+xy)+\dfrac{xy}{1+xy}\right]$;

　　(6) $\dfrac{\partial z}{\partial x}=\mathrm{e}^x(\cos y+\sin y+x\sin y),\dfrac{\partial z}{\partial y}=\mathrm{e}^x(-\sin y+x\cos y)$;

　　(7) $\dfrac{\partial z}{\partial x}=\dfrac{|y|}{x^2+y^2},\dfrac{\partial z}{\partial y}=-\dfrac{x}{x^2+y^2}\,\mathrm{sgn}\,\dfrac{1}{y}$;

　　(8) $\dfrac{\partial z}{\partial x}=\dfrac{2}{y}\csc\dfrac{2x}{y},\dfrac{\partial z}{\partial y}=-\dfrac{2x}{y^2}\csc\dfrac{2x}{y}$;

　　(9) $\dfrac{\partial u}{\partial x}=\dfrac{z\,(x+2y)^{z-1}}{1+(x+2y)^{2z}},\dfrac{\partial u}{\partial y}=\dfrac{2z\,(x+2y)^{z-1}}{1+(x+2y)^{2z}},\dfrac{\partial u}{\partial z}=\dfrac{(x+2y)^z\ln(x+2y)}{1+(x+2y)^{2z}}$;

　　(10) $\dfrac{\partial u}{\partial x}=\dfrac{z}{y}\left(\dfrac{x}{y}\right)^{z-1},\dfrac{\partial u}{\partial y}=-\dfrac{z}{y}\left(\dfrac{x}{y}\right)^z,\dfrac{\partial u}{\partial z}=\left(\dfrac{x}{y}\right)^z\ln\dfrac{x}{y}$.

　　(11) $\dfrac{\partial z}{\partial x}=-\mathrm{e}^{x^2},\dfrac{\partial z}{\partial y}=\mathrm{e}^{y^2}$.

　　(12) $\dfrac{\partial z}{\partial x}=-\dfrac{t}{x^2}\mathrm{e}^{\sin\frac{t}{x}}\cos\dfrac{t}{x},\dfrac{\partial z}{\partial t}=\dfrac{1}{x}\mathrm{e}^{\sin\frac{t}{x}}\cos\dfrac{t}{x}$.

2. $f_x(1,\mathrm{e})=\ln2+\dfrac{1}{2},f_y(1,\mathrm{e})=\dfrac{1}{2\mathrm{e}}$.

5. $f'_x(0,0)=0,f'_y(0,0)$不存在.

6. (1) $\dfrac{\partial^2 z}{\partial x^2}=\dfrac{x+2y}{(x+y)^2},\dfrac{\partial^2 z}{\partial y^2}=\dfrac{-x}{(x+y)^2},\dfrac{\partial^2 z}{\partial x\partial y}=\dfrac{y}{(x+y)^2}$;

　　(2) $\dfrac{\partial^2 z}{\partial x^2}=2y\mathrm{e}^y,\dfrac{\partial^2 z}{\partial y^2}=x^2(2+y)\mathrm{e}^y,\dfrac{\partial^2 z}{\partial x\partial y}=2x(1+y)\mathrm{e}^y$;

　　(3) $\dfrac{\partial^2 z}{\partial x^2}=y^x\ln^2 y,\dfrac{\partial^2 z}{\partial y^2}=x(x-1)y^{x-2},\dfrac{\partial^2 z}{\partial x\partial y}=y^{x-1}(1+x\ln y)$;

(4) $\dfrac{\partial^2 z}{\partial x^2}=\dfrac{2xy}{(x^2+y^2)^2}$，$\dfrac{\partial^2 z}{\partial x\partial y}=\dfrac{\partial^2 z}{\partial y\partial x}=\dfrac{y^2-x^2}{(x^2+y^2)^2}$，$\dfrac{\partial^2 z}{\partial y^2}=-\dfrac{2xy}{(x^2+y^2)^2}$．

7. $f_{xx}(0,0,1)=2$，$f_{xz}(1,0,2)=2$，$f_{yz}(0,-1,0)=0$，$f_{zx}(2,0,1)=0$；

9. $\dfrac{\partial^3 z}{\partial x^2\partial y}=0$，$\dfrac{\partial^3 z}{\partial x\partial y^2}=-\dfrac{1}{y^2}$．

习题 8-3

1. (1) $\left(6xy+\dfrac{1}{y}\right)dx+\left(3x^2-\dfrac{x}{y^2}\right)dy$； (2) $\cos(x\cos y)\cos y dx-x\sin y\cos(x\cos y)dy$；

    (3) $-\dfrac{xy}{(x^2+y^2)^{3/2}}dx+\dfrac{x^2}{(x^2+y^2)^{3/2}}dy$； (4) $\dfrac{y}{z}x^{\frac{y}{z}-1}dx+\dfrac{1}{z}x^{\frac{y}{z}}\ln x dy-\dfrac{y}{z^2}x^{\frac{y}{z}}\ln x dz$．

    (5) $dz=-\dfrac{y}{x^2+y^2}dx+\dfrac{x}{x^2+y^2}dy$； (6) $du=(y+z)dx+(x+z)dy+(x+y)dz$；

    (7) $dz=\dfrac{x}{1+x^2+y^2}dx+\dfrac{y}{1+x^2+y^2}dy$； (8) $dz=x^{\ln y}\left(\dfrac{\ln y}{x}dx+\dfrac{\ln x}{y}dy\right)$．

2. $\dfrac{4}{7}dx+\dfrac{2}{7}dy$． 3. $dx-dy$． 4. $dz=0.25e$．

5. (1) $L(x,y)=2x+2y-1$； (2) $L(x,y)=-y+\dfrac{\pi}{2}$． 6. 2.95．

7. 1.08． 8. 约减少了 2.8cm． 9. 约 14.8m³，13.632m³．

习题 8-4

1. $\dfrac{dz}{dx}=\dfrac{e^x(1+x)}{1+x^2e^{2x}}$． 2. $\dfrac{dz}{dt}=e^{\sin t-2t^3}(\cos t-6t^2)$．

3. $\dfrac{\partial z}{\partial x}=\dfrac{2x}{y^2}\ln(3x-2y)+\dfrac{3x^2}{y^2(3x-2y)}$，$\dfrac{\partial z}{\partial y}=-\dfrac{2x^2}{y^3}\ln(3x-2y)-\dfrac{2x^2}{y^2(3x-2y)}$．

4. $\dfrac{\partial z}{\partial x}=y(x^2+y^2)^{xy-1}\left[2x^2+(x^2+y^2)\ln(x^2+y^2)\right]$，

    $\dfrac{\partial z}{\partial y}=x(x^2+y^2)^{xy-1}\left[2y^2+(x^2+y^2)\ln(x^2+y^2)\right]$．

5. $\dfrac{\partial u}{\partial x}=f_1'+f_3'\dfrac{x}{x^2+y^2}$，$\dfrac{\partial u}{\partial y}=f_2'+f_3'\dfrac{y}{x^2+y^2}$．

6. (1) $\dfrac{\partial u}{\partial x}=2xf_1'+yf_2'$，$\dfrac{\partial u}{\partial y}=-2yf_1'+xf_2'$；

    (2) $\dfrac{\partial u}{\partial x}=\dfrac{1}{y}f_1'$，$\dfrac{\partial u}{\partial y}=-\dfrac{x}{y^2}f_1'+\dfrac{1}{z}f_2'$，$\dfrac{\partial u}{\partial z}=-\dfrac{y}{z^2}f_2'$；

    (3) $\dfrac{\partial u}{\partial x}=f_1'+yf_2'+yzf_3'$，$\dfrac{\partial u}{\partial y}=xf_2'+xzf_3'$，$\dfrac{\partial u}{\partial z}=xyf_3'$；

    (4) $\dfrac{\partial z}{\partial x}=f(e^x\sin y)+xe^x\sin yf'(e^x\sin y)$，$\dfrac{\partial z}{\partial y}=xe^x\cos yf'(e^x\sin y)$．

8. $\Delta u=3f_{11}''+4(x+y+z)f_{12}''+4(x^2+y^2+z^2)f_{22}''+6f_2'$．

9. $f_1'+4xyf_2'+xf_{11}''+(2x^2y+xy^2)f_{12}''+2x^2y^3f_{22}''$．

10. (1) $\dfrac{\partial^2 z}{\partial x^2}=y^2f_{11}''$，$\dfrac{\partial^2 z}{\partial x\partial y}=f_1'+y(xf_{11}''+f_{12}'')$，$\dfrac{\partial^2 z}{\partial y^2}=x^2f_{11}''+2xf_{12}''+f_{22}''$；

    (2) $\dfrac{\partial^2 z}{\partial x^2}=\dfrac{y^2}{x^4}f_{11}''-\dfrac{4y^2}{x}f_{12}''+4x^2y^2f_{22}''+\dfrac{2y}{x^3}f_1'+2yf_2'$，

$$\frac{\partial^2 z}{\partial x \partial y} = -\frac{y}{x^3} f''_{11} - y f''_{12} + 2x^3 y f''_{22} - \frac{1}{x^3} f'_1 + 2x f'_2, \quad \frac{\partial^2 z}{\partial y^2} = \frac{1}{x^2} f''_{11} + 2x f''_{12} + x^4 f''_{22}.$$

习题 8-5

1. (1) $\dfrac{\mathrm{d}y}{\mathrm{d}x} = -\dfrac{1 + 2xy\mathrm{e}^{-x^2 y}}{1 + x^2 \mathrm{e}^{-x^2 y}}$; 　(2) $\dfrac{\mathrm{d}y}{\mathrm{d}x} = \dfrac{y\cos(xy) - 2xy^2 - 1}{-x\cos(xy) + 2x^2 y + 1}$.

2. (1) $\dfrac{\partial z}{\partial x} = \dfrac{yz - \sqrt{xyz}}{\sqrt{xyz} - xy}, \dfrac{\partial z}{\partial y} = \dfrac{xz - 2\sqrt{xyz}}{\sqrt{xyz} - xy}$;

　(2) $\dfrac{\partial z}{\partial x} = \dfrac{z}{y(1 + x^2 z^2) - x}, \dfrac{\partial z}{\partial y} = -\dfrac{z(1 + x^2 z^2)}{y(1 + x^2 z^2) - x}$;

　(3) $\dfrac{\partial z}{\partial x} = \dfrac{yz}{\mathrm{e}^z - xy}, \dfrac{\partial z}{\partial y} = \dfrac{xz}{\mathrm{e}^z - xy}$;

　(4) $\dfrac{\partial z}{\partial x} = -1, \dfrac{\partial z}{\partial y} = -1$.

3. $\dfrac{\partial z}{\partial x} = -\dfrac{2x}{2z - f'(u)}, \dfrac{\partial z}{\partial y} = -\dfrac{2y^2 - yf(u) + zf'(u)}{y[2z - f'(u)]}, u = \dfrac{z}{y}$.

4. $\dfrac{\partial z}{\partial x} = \dfrac{f_u + yz f_v}{1 - f_u - xy f_v}, \dfrac{\partial x}{\partial y} = -\dfrac{f_u + xz f_v}{f_u + yz f_v}, \dfrac{\partial y}{\partial z} = \dfrac{1 - f_u - xy f_v}{f_u + xz f_v}$.

6. $\dfrac{\partial^2 z}{\partial x^2} = -\dfrac{16xz}{(3z^2 - 2x)^3}, \dfrac{\partial^2 z}{\partial y^2} = -\dfrac{6z}{(3z^2 - 2x)^3}$ $(3z^2 - 2x \ne 0$ 时$)$.

7. $-\dfrac{3}{25}$. 　8. $\dfrac{\mathrm{d}x}{\mathrm{d}z} = \dfrac{z - y}{y - x}, \dfrac{\mathrm{d}y}{\mathrm{d}z} = \dfrac{x - z}{y - x}$.

9. $\dfrac{\mathrm{d}z}{\mathrm{d}x} = \dfrac{2y - 1}{1 + 3z^2 - 2y - 4yz}, \dfrac{\mathrm{d}y}{\mathrm{d}x} = \dfrac{2z - 3z^2}{1 + 3z^2 - 2y - 4yz}$.

10. $\dfrac{\partial u}{\partial x} = \dfrac{\sin v}{\mathrm{e}^u(\sin v - \cos v) + 1}, \dfrac{\partial v}{\partial x} = \dfrac{\cos v - \mathrm{e}^u}{u[\mathrm{e}^u(\sin v - \cos v) + 1]}$,

　$\dfrac{\partial u}{\partial y} = \dfrac{-\cos v}{\mathrm{e}^u(\sin v - \cos v) + 1}, \dfrac{\partial v}{\partial y} = \dfrac{\sin v + \mathrm{e}^u}{u[\mathrm{e}^u(\sin v - \cos v) + 1]}$.

习题 8-6

1. 切线方程为 $\dfrac{x - \dfrac{2}{3}}{\dfrac{1}{9}} = \dfrac{y - \dfrac{3}{2}}{-\dfrac{1}{4}} = \dfrac{z - 4}{4}$,法平面方程为 $\dfrac{1}{9}\left(x - \dfrac{2}{3}\right) - \dfrac{1}{4}\left(y - \dfrac{3}{2}\right) + 4(z - 4) = 0$.

2. 切线方程为 $\dfrac{x - x_0}{1} = \dfrac{y - y_0}{m/y_0} = \dfrac{z - z_0}{-1/(2z_0)}$,法平面方程为 $(x - x_0) + \dfrac{m}{y_0}(y - y_0) - \dfrac{1}{2z_0}(z - z_0) = 0$.

3. 切线方程为 $\dfrac{x - 1}{16} = \dfrac{y - 1}{9} = \dfrac{z - 1}{-1}$,法平面方程为 $16x + 9y - z - 24 = 0$.

4. $M_1(-1, 1, -1)$ 及 $M_2\left(-\dfrac{1}{3}, \dfrac{1}{9}, -\dfrac{1}{27}\right)$.

5. 切平面方程为 $z = 2x + 2y - 2$,法线方程为 $\dfrac{x - 1}{2} = \dfrac{y - 1}{2} = \dfrac{z - 2}{-1}$.

6. $x - y + 2z = \pm 3\sqrt{\dfrac{2}{3}}$.

习题 8-7

1. $-\dfrac{2\sqrt{6}}{15}$.　　2. $\dfrac{\sqrt{2}}{3}$.　　3. $\dfrac{22}{\sqrt{14}}$.　　4. $\dfrac{6\sqrt{14}}{7}$.

5. $\mathbf{grad}f(0,0,0)=\{0,-4,-8\},\mathbf{grad}f(3,2,1)=\{10,14,2\}$.　　6. $\lambda=-1$.

7. $\dfrac{\pi}{2}$.　　8. 单位球面上所有点均使 $|\mathbf{grad}u|=1$ 成立.

习题 8-8

1. 极小值：$f(1,1)=-1$.　　2. 极小值：$f(\pm1,0)=-1$.　　3. 极小值：$f\left(\dfrac{1}{2},-1\right)=-\dfrac{e}{2}$.

4. 极大值：$f\left(\dfrac{\pi}{3},\dfrac{\pi}{6}\right)=\dfrac{3\sqrt{3}}{2}$.　　5. 极大值：6，极小值：$-2$.

6. 长为 $2\sqrt{10}$m，宽为 $3\sqrt{10}$m 时，所用材料费最省.

7. 当矩形的边长为 $\dfrac{2p}{3}$ 及 $\dfrac{p}{3}$ 时，绕短边旋转所得圆柱体的体积最大.

8. 最长距离为 $\sqrt{9+5\sqrt{3}}$，最短距离为 $\sqrt{9-5\sqrt{3}}$.

9. 生产 120 单位产品 A，80 单位产品 B 时所得利润最大.

总习题八

1. $D=\{(x,y)\mid a^2\leqslant x^2+y^2\leqslant 2a^2\}$.　　2. (1) e；(2) 0.　　3. 极限不存在.

4. $f(x,y)$ 在点 $(0,0)$ 处连续.

5. (1) $\dfrac{\partial z}{\partial x}=y\mathrm{e}^{-x^2y^2},\dfrac{\partial z}{\partial y}=x\mathrm{e}^{-x^2y^2}$；

　 (2) $\dfrac{\partial u}{\partial x}=\dfrac{z(x-y)^{z-1}}{1+(x-y)^{2z}},\dfrac{\partial u}{\partial y}=-\dfrac{z(x-y)^{z-1}}{1+(x-y)^{2z}},\dfrac{\partial u}{\partial z}=\dfrac{(x-y)^z\ln|x-y|}{1+(x-y)^{2z}}$；

　 (3) $f_x(x,y)=1+\dfrac{y-1}{2\sqrt{x(y-x)}},\ f_y(x,y)=\dfrac{x(1-y)}{2\sqrt{x(y-x)}}$.

7. $\mathrm{d}u=-\dfrac{xz}{(x^2+y^2)\sqrt{x^2+y^2-z^2}}\mathrm{d}x-\dfrac{yz}{(x^2+y^2)\sqrt{x^2+y^2-z^2}}\mathrm{d}y+\dfrac{1}{\sqrt{x^2+y^2-z^2}}\mathrm{d}z$.

8. $x^y y^z z^x\left[\left(\dfrac{y}{x}+\ln z\right)\mathrm{d}x+\left(\dfrac{z}{y}+\ln x\right)\mathrm{d}y+\left(\dfrac{x}{z}+\ln y\right)\mathrm{d}z\right]$.

9. $\mathrm{d}z=\mathrm{e}^{-\arctan\frac{y}{x}}\left[(2x+y)\mathrm{d}x+(2y-x)\mathrm{d}y\right],\dfrac{\partial^2 z}{\partial x\partial y}=\mathrm{e}^{-\arctan\frac{y}{x}}\dfrac{y^2-x^2-xy}{x^2+y^2}$.

10. $f_x(x,y)=\begin{cases}\dfrac{2xy^3}{(x^2+y^2)^2}, & x^2+y^2\neq 0\\ 0, & x^2+y^2=0\end{cases},f_y(x,y)=\begin{cases}\dfrac{x^2(x^2-y^2)}{(x^2+y^2)^2}, & x^2+y^2\neq 0\\ 0, & x^2+y^2=0\end{cases}$.

11. 不可微.　　12. (1) 两个偏导数存在；(2) 不连续；(3) 可微.　　13. $\mathrm{e}^{ax}\sin x$.

15. (1) $x\mathrm{e}^{2y}f''_{uu}+\mathrm{e}^y f''_{uy}+x\mathrm{e}^y f''_{xu}+f''_{xy}+\mathrm{e}^y f'_u$；

　 (2) $\dfrac{\partial^2 z}{\partial x\partial y}=\mathrm{e}^x\cos y f'_1+\mathrm{e}^{2x}\sin y\cos y f''_{11}+2\mathrm{e}^x(x\cos y+y\sin y)f''_{12}+4xy f''_{22}$.

16. $\dfrac{2(-1)^m(m+n-1)!(my+nx)}{(x-y)^{m+n+1}}$.

17. $\dfrac{\partial z}{\partial x}=-\dfrac{x+yz}{z+xy}\dfrac{\sqrt{x^2+y^2+z^2}}{\sqrt{x^2+y^2+z^2}},\dfrac{\partial z}{\partial y}=-\dfrac{y+zx}{z+xy}\dfrac{\sqrt{x^2+y^2+z^2}}{\sqrt{x^2+y^2+z^2}}.$

18. $\mathrm{d}z=\dfrac{x^x(1+\ln x)}{z^z(1+\ln z)}\mathrm{d}x+\dfrac{y^y(1+\ln y)}{z^z(1+\ln z)}\mathrm{d}y.$

19. $\mathrm{d}z=-\dfrac{1}{f_2'}[f_1'\mathrm{d}x+(f_1'+f_2')\mathrm{d}y],\dfrac{\partial^2 z}{\partial x^2}=\dfrac{f_{12}''f_1'-f_2'f_{11}''}{f_2'^2}+\dfrac{f_{12}''f_1'f_2'-f_{22}''f_1'^2}{f_2'^3}.$

20. $\dfrac{\partial u}{\partial x}=f_1'+\dfrac{x+1}{z+1}\mathrm{e}^{x-z}f_3',\dfrac{\partial u}{\partial y}=f_2'+\dfrac{y+1}{z+1}\mathrm{e}^{y-z}f_3'.$

21. $\dfrac{\mathrm{d}y}{\mathrm{d}x}=-\dfrac{x(6z+1)}{2y(3z+1)},\dfrac{\mathrm{d}z}{\mathrm{d}x}=\dfrac{x}{3z+1}.$

22. 切平面方程为 $x-y+2z=\pm\sqrt{\dfrac{11}{2}}.$

23. 切线方程为 $\begin{cases}x=a\\az-by=0\end{cases}$,法平面方程为 $ay+bz=0.$

24. $\dfrac{x+3}{1}=\dfrac{y+1}{3}=\dfrac{z-3}{1}.$　　26. $x_0+y_0+z_0.$

27. 方向导数为 $y\cos\alpha+x\sin\alpha$,梯度为 $\{y,x\}$,最大方向导数为 $\sqrt{x^2+y^2}$,最小方向导数为 $-\sqrt{x^2+y^2}.$

29. 在 $(0,0)$ 处取得极小值 $f(0,0)=1$;在 $(2,0)$ 处取得极大值 $f(2,0)=\ln 5+\dfrac{7}{15}.$

30. $x=\dfrac{ma}{m+n+p},y=\dfrac{na}{m+n+p},z=\dfrac{pa}{m+n+p}.$

31. 当 $p_1=80,p_2=120$ 时,厂家所获得的总利润最大,最大总利润为 $L_{\max}=605$(单位).

32. (1) $x_1=0.75$(万元),$x_2=1.25$(万元);　(2) $x_1=0$(万元),$x_2=1.5$(万元).

习题 9-1

1. $I_1=4I_2.$

3. (1) $\displaystyle\iint\limits_{D}(x+y)^2\mathrm{d}\sigma\geqslant\iint\limits_{D}(x+y)^3\mathrm{d}\sigma$;　(2) $\displaystyle\iint\limits_{D}(x+y)^2\mathrm{d}\sigma\geqslant\iint\limits_{D}(x+y)^3\mathrm{d}\sigma$;

　　(3) $\displaystyle\iint\limits_{D}\ln(x+y)\mathrm{d}\sigma\geqslant\iint\limits_{D}\ln(x+y)^3\mathrm{d}\sigma.$

4. (1) $0\leqslant I\leqslant 2$;　(2) $0\leqslant I\leqslant\pi^2$;　(3) $2\leqslant I\leqslant 8$;　(4) $36\pi\leqslant I\leqslant 100\pi.$

5. (1) πab;(2) $\dfrac{2}{3}\pi R^3.$

习题 9-2

1. (1) $\dfrac{8}{3}$;　(2) $\dfrac{20}{3}$;　(3) 1;　(4) $-\dfrac{3\pi}{2}.$

2. (1) $\dfrac{6}{55}$;　(2) $\dfrac{64}{15}$;　(3) $\pi^2-\dfrac{40}{9}$;　(4) $\mathrm{e}-\mathrm{e}^{-1}$;　(5) $\dfrac{13}{6}$;　(6) π;　(7) $\dfrac{9}{8}\ln 3-\ln 2-\dfrac{1}{2}$;

　　(8) $\dfrac{7}{8}+\arctan 2-\dfrac{\pi}{4}$;　(9) $\dfrac{1\,066}{315}$;　(10) $\dfrac{3}{2}.$

3. (1) $\displaystyle\int_0^1\mathrm{d}x\int_x^1 f(x,y)\mathrm{d}y$;　(2) $\displaystyle\int_0^4\mathrm{d}x\int_{\frac{x}{2}}^{\sqrt{x}}f(x,y)\mathrm{d}y$;

　　(3) $\displaystyle\int_{-1}^1\mathrm{d}x\int_0^{\sqrt{1-x^2}}f(x,y)\mathrm{d}y$;　(4) $\displaystyle\int_0^1\mathrm{d}y\int_{2-y}^{1+\sqrt{1-y^2}}f(x,y)\mathrm{d}x$;

(5) $\int_0^1 dy \int_{e^y}^e f(x,y)dx$; (6) $\int_{-1}^0 dy \int_{-2\arcsin y}^{\pi} f(x,y)dx + \int_0^1 dy \int_{\arcsin y}^{\pi-\arcsin y} f(x,y)dx$;

(7) $\int_1^2 dx \int_{1-x}^0 f(x,y)dy$; (8) $\int_{-1}^0 dy \int_y^{2-y} f(x,y)dx$.

4. $f(x,y) = xy + \dfrac{1}{8}$. 7. $\dfrac{A^2}{2}$.

8. $V = \iint\limits_{x^2+y^2\leqslant 1} |1-x-y|\,dxdy$.

9. $\dfrac{17}{6}$. 10. $\dfrac{1}{3}$.

习题 9-3

1. (1) $\int_0^{2\pi} d\theta \int_0^a f(r\cos\theta, r\sin\theta)rdr$; (2) $\int_0^{2\pi} d\theta \int_a^b f(r\cos\theta, r\sin\theta)rdr$;

(3) $\int_{-\frac{\pi}{2}}^{\frac{\pi}{2}} d\theta \int_0^{2\cos\theta} f(r\cos\theta, r\sin\theta)rdr$; (4) $\int_0^{\frac{\pi}{2}} d\theta \int_0^{(\cos\theta+\sin\theta)^{-1}} f(r\cos\theta, r\sin\theta)rdr$.

2. (1) $\int_0^{\frac{\pi}{4}} d\theta \int_0^{\sec\theta} f(r\cos\theta, r\sin\theta)rdr + \int_{\frac{\pi}{4}}^{\frac{\pi}{2}} d\theta \int_0^{\csc\theta} f(r\cos\theta, r\sin\theta)rdr$;

(2) $\int_{\frac{\pi}{4}}^{\frac{\pi}{3}} d\theta \int_0^{\sec\theta} f(r\cos\theta, r\sin\theta)rdr$; (3) $\int_0^{\frac{\pi}{2}} d\theta \int_{(\cos\theta+\sin\theta)^{-1}}^1 f(r\cos\theta, r\sin\theta)rdr$;

(4) $\int_0^{\frac{\pi}{4}} d\theta \int_{\sec\theta\tan\theta}^{\sec\theta} f(r\cos\theta, r\sin\theta)rdr$.

3. (1) $\dfrac{3}{4}\pi a^4$; (2) $\dfrac{a^3}{6}(\sqrt{2}+\ln(1+\sqrt{2}))$; (3) $\sqrt{2}-1$; (4) $\dfrac{1}{8}\pi a^4$.

4. (1) $\pi(e^4-1)$; (2) $\dfrac{\pi}{4}(2\ln2-1)$; (3) $\dfrac{3}{64}\pi^3$; (4) $\dfrac{\pi}{2}$.

5. (1) $\dfrac{9}{4}$; (2) $\dfrac{\pi}{8}(\pi-2)$; (3) $14a^4$; (4) $\dfrac{2\pi}{3}(b^3-a^3)$; (5) πR^3; (6) $543\dfrac{11}{15}$; (7) $\dfrac{\pi}{6a}$.

6. $\ln2 \int_1^2 f(u)du$.

8. 8π.

习题 9-4

1. (1) $\int_0^1 dx \int_0^{1-y} dy \int_0^{xy} f(x,y,z)dz$; (2) $\int_{-1}^1 dx \int_{-\sqrt{1-x^2}}^{\sqrt{1-x^2}} dy \int_{x^2+y^2}^1 f(x,y,z)dz$;

(3) $\int_{-1}^1 dx \int_{-\sqrt{1-x^2}}^{\sqrt{1-x^2}} dy \int_{x^2+y^2}^{2-x^2} f(x,y,z)dz$; (4) $\int_0^a dx \int_0^{b\sqrt{1-x^2/a^2}} dy \int_0^{xy/c} f(x,y,z)dz$.

2. $\dfrac{3}{2}$. 4. $\dfrac{2}{3}$. 5. $\dfrac{1}{2}(\ln2-\dfrac{5}{8})$. 6. $\dfrac{1}{48}$. 7. 0.

8. $2\ln2-\dfrac{11}{2}$. 9. $\dfrac{1}{4}\pi h^2 R^2$. 11. $\dfrac{1024}{3}\pi$. 12. $\dfrac{4}{15}\pi abc(a^2+b^2+c^2)$.

习题 9-5

1. $\dfrac{7\pi}{12}$. 2. $\dfrac{7\pi}{6}a^4$. 3. $\dfrac{4\pi}{5}$. 4. $\dfrac{1}{8}$. 5. 8π. 6. $\dfrac{4\pi}{15}(A^5-a^5)$.

7. $\dfrac{59\pi}{480}R^3$.　　8. $\dfrac{32\pi}{3}$.　　9. $\left(0,0,\dfrac{5}{4}R\right)$.　　10. (1) $\left(0,0,\dfrac{7a^2}{15}\right)$;　　(2) $\dfrac{112}{45}a^6\rho$.

11. $F_x=F_y=0,F_z=25\pi(R-\sqrt{R^2+H^2}+H)K$.

总习题九

1. C(提示:利用被积函数的奇偶性及积分区域的对称性来简化积分的计算).

2. B.　　3. C.

4. $\dfrac{\pi}{4}a^4+4\pi a^2$.

5. $-\dfrac{2}{5}$.

6. (1) $\displaystyle\int_{-1}^{0}\mathrm{d}y\int_{\pi-\arcsin y}^{2\pi+\arcsin y}f(x,y)\mathrm{d}x+\int_{0}^{1}\mathrm{d}y\int_{\arcsin y}^{\pi-\arcsin y}f(x,y)\mathrm{d}x$;

(2) $\displaystyle\int_{0}^{a}\mathrm{d}y\int_{\frac{y^2}{2a}}^{a-\sqrt{a^2-y^2}}f(x,y)\mathrm{d}x+\int_{a}^{2a}\mathrm{d}y\int_{\frac{y^2}{2a}}^{2a}f(x,y)\mathrm{d}x+\int_{0}^{a}\mathrm{d}y\int_{a+\sqrt{a^2-y^2}}^{2a}f(x,y)\mathrm{d}x$;

(3) $\displaystyle\int_{0}^{1}\mathrm{d}y\int_{0}^{y}\mathrm{d}z\int_{0}^{1-y}f(x,y,z)\mathrm{d}x+\int_{0}^{1}\mathrm{d}y\int_{y}^{1}\mathrm{d}z\int_{z-y}^{1-y}f(x,y,z)\mathrm{d}x$.

8. (1) $\dfrac{4}{15}\pi abc^3$;　　(2) $\dfrac{256}{3}\pi$.

9. $\dfrac{16\pi}{3}$.　　10. $\dfrac{\pi}{10}$.

11. πa^3.　　12. $\dfrac{\pi}{6}$.

13. $\dfrac{2\pi}{3}(5\sqrt{5}-4)$.　　14. $\dfrac{4\pi}{5}abc$.

15. $\left(0,0,\dfrac{3}{4}\right)$.　　16. $\left(\dfrac{2}{5}a,\dfrac{2}{5}a,\dfrac{7}{30}a^2\right)$.

19. $\dfrac{\pi}{3}$.　　20. $\dfrac{8}{5}a^4$.

习题 10-1

1. (1) $I_x=\displaystyle\int_{L}y^2\mu(x,y)\mathrm{d}s,I_y=\int_{L}x^2\mu(x,y)\mathrm{d}s$;

(2) $\bar{x}=\dfrac{\displaystyle\int_{L}x\mu(x,y)\mathrm{d}s}{\displaystyle\int_{L}\mu(x,y)\mathrm{d}s},\bar{y}=\dfrac{\displaystyle\int_{L}y\mu(x,y)\mathrm{d}s}{\displaystyle\int_{L}\mu(x,y)\mathrm{d}s}$.

3. (1) $2\pi a^2$;　　(2) $\sqrt{2}$;　　(3) $\dfrac{1}{12}(5\sqrt{5}+6\sqrt{2}-1)$;　　(4) $2a^2$;

(5) $\dfrac{\sqrt{3}}{2}(1-\mathrm{e}^{-2})$;　　(6) 9;　　(7) $\dfrac{256}{15}a^3$;　　(8) $2\pi^2a^3(1+2\pi^2)$.

4. 质心在扇形的对称轴上且与圆心距离 $\dfrac{a\sin\varphi}{\varphi}$ 处.

5. (1) $I_x=\dfrac{2}{3}\pi a^2\sqrt{a^2+k^2}(3a^2+4\pi^2k^2)$;

(2) $\bar{x}=\dfrac{6ak^2}{3a^2+4\pi^2k^2},\bar{y}=\dfrac{-6a\pi k^2}{3a^2+4\pi^2k^2},\bar{z}=\dfrac{3k(\pi a^2+2\pi^2k^2)}{3a^2+4\pi^2k^2}$

6. $2a^2$.

7. $\dfrac{\pi}{4}a\mathrm{e}^a$.

习题 10-2

3. (1) $-\dfrac{56}{15}$; (2) $2\ln 2-\dfrac{41}{30}$; (3) 0; (4) -2π; (5) $\dfrac{k^3a^3}{3}-a^2\pi$; (6) 13; (7) $\dfrac{1}{2}$; (8) $-\dfrac{14}{15}$.

4. (1) $\dfrac{34}{3}$; (2) 11; (3) 14; (4) $\dfrac{32}{3}$.

5. $2\pi-2$.

6. $mg(z_2-z_1)$.

7. (1) $\displaystyle\int_L \dfrac{P(x,y)+Q(x,y)}{\sqrt{2}}\mathrm{d}s$; (2) $\displaystyle\int_L \dfrac{P(x,y)+2xQ(x,y)}{\sqrt{1+4x^2}}\mathrm{d}s$;

(3) $\displaystyle\int_L \left[\sqrt{2x-x^2}P(x,y)+(1-x)Q(x,y)\right]\mathrm{d}s$.

8. -88.

9. $\displaystyle\int_\Gamma \dfrac{P+2xQ+3yR}{\sqrt{1+4x^2+9y^2}}\mathrm{d}s$.

习题 10-3

1. (1) $\dfrac{1}{30}$; (2) 8.

2. (1) $\dfrac{3}{8}\pi a^2$; (2) 12π.

3. $-\pi$.

4. (1) $\dfrac{5}{2}$; (2) 236; (3) 5.

5. (1) 12; (2) 0; (3) $\dfrac{\pi^2}{4}$; (4) $\dfrac{\sin 2}{4}-\dfrac{7}{6}$.

6. (1) $\dfrac{1}{2}x^2\sin x+x^2\cos y$; (2) x^2y; (3) $-\cos 2x\cdot\sin 3y$; (4) $x^3y+4x^2y^2-12\mathrm{e}^y+12y\mathrm{e}^y$;

(5) $y^2\cos x+x^2\cos y$.

习题 10-4

1. $I_x=\displaystyle\iint (y^2+z^2)\mu(x,y,z)\mathrm{d}S$.

2. $\dfrac{3}{2}\pi$.

4. (1) $\dfrac{13}{3}\pi$; (2) $\dfrac{149}{30}\pi$; (3) $\dfrac{111}{10}\pi$.

5. (1) $\dfrac{1+\sqrt{2}}{2}\pi$; (2) 9π.

6. (1) $4\sqrt{61}$; (2) $-\dfrac{27}{4}$; (3) $\pi a(a^2-h^2)$; (4) $\dfrac{64}{15}\sqrt{2}a^4$.

7. $\dfrac{2\pi}{15}(6\sqrt{3}+1)$.

8. $\dfrac{4}{3}\mu_0\pi a^4$.

习题 10-5

3. (1) $\dfrac{2}{105}\pi R^7$; (2) $\dfrac{3}{2}\pi$; (3) $\dfrac{12}{5}\pi$; (4) $\dfrac{1}{8}$.

4. (1) $\iint\limits_{\Sigma}\left(\dfrac{3}{5}P+\dfrac{2}{5}Q+\dfrac{2\sqrt{3}}{5}R\right)\mathrm{d}S$; (2) $\iint\limits_{\Sigma}\left(\dfrac{2xP+2yQ+R}{\sqrt{1+4x^2+4y^2}}\right)\mathrm{d}S$.

习题 10-6

1. (1) $3a^4$; (2) $\dfrac{12}{5}\pi a^5$; (3) $\dfrac{2}{5}\pi a^3$; (4)81π; (5) $\dfrac{3}{2}$; (6)12π.

2. (1) 0; (2)$a^3\left(2-\dfrac{a^2}{6}\right)$; (3)$108\pi$.

3.(1) $\operatorname{div}\vec{A}=2x+2y+2z$; (2)$\operatorname{div}\vec{A}=ye^{xy}-x\sin(xy)-2xz\sin(xz^2)$; (3) $\operatorname{div}\vec{A}=2x$.

5. 提示:取液面为 xOy 面,z 轴铅直向下. 这物体表面 Σ 上点(x,y,z) 处单位面积上所受液体的压力为 $(-v_0z\cos\alpha,-v_0z\cos\beta,-v_0z\cos\gamma)$,其中 v_0 为液体单位体积的重力,$\cos\alpha$、$\cos\beta$、$\cos\gamma$ 为点(x,y,z) 处 Σ 的外法线的方向余弦.

习题 10-7

1. (1)$-\sqrt{3}\pi a^2$; (2)$-2\pi a(a+b)$; (3)-20π; (4)9π.

2. (1) $\operatorname{rot}\vec{A}=2\vec{i}+4\vec{j}+6\vec{k}$; (2) $\operatorname{rot}\vec{A}=\vec{i}+\vec{j}$;

   (3)$\operatorname{rot}\vec{A}=[x\sin(\cos z)-xy^2\cos(xz)]\vec{i}-y\sin(\cos z)\vec{j}+[y^2\cos(xz)-x^2\cos y]\vec{k}$.

3. (1) 0; (2)-4.

4. (1) 2π; (2)12π.

5. $2\pi a^2h$.

6.0

总习题十

1. (1)$\dfrac{4}{5}\pi$;

   (2) $\displaystyle\int_{\Gamma}(P\cos\alpha+Q\cos\beta+R\cos\gamma)\mathrm{d}s$,切向量;

   (3)$\displaystyle\iint\limits_{\Sigma}(P\cos\alpha+Q\cos\beta+R\cos\gamma)\mathrm{d}S$,法向量;

   (4) $\dfrac{2}{3}$.

2.(C).

3. (1)$2a^2$; (2) $\dfrac{(2+t_0^2)^{\frac{3}{2}}-2\sqrt{2}}{3}$; (3) $-2\pi a^2$; (4) $\dfrac{1}{35}$; (5)πa^2; (6) $\dfrac{2}{16}\pi$.

4. (1) $2\pi\arctan\dfrac{H}{R}$; (2) $-\dfrac{\pi}{4}h^4$; (3) $2\pi R^3$; (4)2π; (5) $\dfrac{2}{15}$.

5. (1) $2\pi\arctan\dfrac{H}{R}$; (2) $-\dfrac{\pi}{4}h^4$; (3) $2\pi R^3$; (4)2π; (5) $\dfrac{2}{15}$.

6. $\dfrac{1}{2}\ln(x^2+y^2)$. 7. $\left(0,0,\dfrac{a}{2}\right)$. 9. 3. 10. $\dfrac{3}{2}$.

11. $(x+1)[\ln(x+1)+y]-x-e^y+C_1$,其中 C_1 为任意常数.

12. $\dfrac{125\sqrt{5}-1}{420}$. 13. $-\dfrac{\pi}{2}$. 14. 12π. 15. 2π. 16. $\dfrac{3}{2}a^2$.

17. 0. 18. $4\pi abc$. 19. -2. 20. $x^2yz+xy^2z+xyz^2+C$.

习题 11-1

1. (1)$u_n=\dfrac{1}{2n}$; (2)$u_n=\dfrac{x^{\frac{n}{2}}}{(2n)!!}$; (3)$u_n=\dfrac{(-1)^{n+1}}{2n+1}a^{n+1}$.

2. (1) 收敛,$S=\dfrac{1}{4}$; (2) 发散; (3)收敛,$S=1-\sqrt{2}$; (4)收敛,$S=\dfrac{1}{4}$.

3. (1) 收敛; (2)发散; (3) 发散; (4) 收敛; (5) 发散.

4. 不一定;必发散.

5. $a_n=\dfrac{1}{2n-1}-\dfrac{1}{2n}$, $S=\ln 2$.

习题 11-2

1. (1) 发散; (2) 收敛; (3)收敛; (4)发散; (5)收敛; (6) 收敛; (7) 发散;
(8)$0<a\leqslant 1$ 时发散;$1<a$ 时收敛.

2. (1)收敛; (2)收敛; (3)收敛; (4)发散; (5)收敛; (6)发散; (7)收敛;
(8)$0<a<1$ 时发散;$1<a$ 时收敛;
$a=1$ 且 $k>1$ 时收敛;$a=1$ 且 $0<k\leqslant 1$ 时发散.

3. (1) 收敛; (2) 发散; (3) 收敛; (4) 发散; (5) 发散; (6) 收敛.

习题 11-3

1. (1)条件收敛; (2)绝对收敛; (3)绝对收敛; (4)条件收敛;
(5)$0<a<1$ 时发散;$1<a$ 时绝对收敛;$a=1$ 时条件收敛; (6)绝对收敛.

2. 条件收敛. 3. 条件收敛.

习题 11-4

1. (1) $[-1,1]$; (2) $[-3,3]$; (3) $(-\infty,+\infty)$; (4) $[-1,1)$; (5) $[1,3]$; (6) $[4,6]$;
(7) $[-1,1]$; (8) $(-\sqrt{2},\sqrt{2})$.

2. (1) $\dfrac{1}{e}$; (2) 1.

3. (1) $\ln(1+x)$, $(-1,1]$; (2)$\dfrac{1}{2}\ln\dfrac{1+x}{1-x}$ $(-1<x<1)$; (3)$\dfrac{1}{x}[x+(1-x)\ln(1-x)]$, $x=0$.

4. xe^2,$3e$.

习题 11-5

1. (1) $\ln(10+x) = \ln 10 + \dfrac{x}{10} - \dfrac{x^2}{2 \cdot 10^2} + \dfrac{x^3}{3 \cdot 10^3} - \cdots + (-1)^{n+1} \dfrac{x^n}{n \cdot 10^n} + \cdots, x \in (-10, 10]$;

(2) $a^x = \displaystyle\sum_{n=0}^{\infty} \dfrac{(\ln a)^n}{n!} x^n, x \in (-\infty, +\infty)$;

(3) $\cos^2 x = 1 + \displaystyle\sum_{n=0}^{\infty} (-1)^n \dfrac{(2x)^{2n}}{2(2n)!}, x \in (-\infty, +\infty)$;

(4) $\dfrac{e^x - e^{-x}}{2} = \displaystyle\sum_{n=1}^{\infty} \dfrac{x^{2n-1}}{(2n-1)!}, x \in (-\infty, +\infty)$;

(5) $\dfrac{x}{\sqrt{1+x^2}} = x + \displaystyle\sum_{n=0}^{\infty} (-1)^n \dfrac{2(2n)!}{(n!)^2} \left(\dfrac{x}{2}\right)^{2n+1}, x \in (-1, 1)$;

(6) $\dfrac{1}{x^2 - 2x - 3} = -\dfrac{1}{4} \displaystyle\sum_{n=0}^{\infty} \left[\dfrac{1}{3^n} + (-1)^n\right] x^n, x \in (-1, 1)$.

2. (1) $f(x) = \dfrac{1}{6+x-x^2} = \dfrac{1}{5} \displaystyle\sum_{n=0}^{\infty} \left[\dfrac{1}{2^{n+1}} + \dfrac{(-1)^n}{3^{n+1}}\right](x-1)^n$;

(2) $f(x) = \ln(3x - x^2) = \ln 2 + \displaystyle\sum_{n=1}^{\infty} \left[(-1)^{n-1} - \dfrac{1}{2^n}\right]\dfrac{(x-1)^n}{n}, \quad 0 < x \leqslant 2$.

3. $\cos x = \dfrac{1}{2} \displaystyle\sum_{n=0}^{\infty} (-1)^n \left[\dfrac{\left(x+\dfrac{\pi}{3}\right)^{2n}}{(2n)!} + \sqrt{3} \dfrac{\left(x+\dfrac{\pi}{3}\right)^{2n+1}}{(2n+1)!}\right], x \in (-\infty, +\infty)$.

4. $\arctan \dfrac{1+x}{1-x} = \dfrac{\pi}{4} + \displaystyle\sum_{n=1}^{\infty} \dfrac{(-1)^n}{2n+1} x^{2n+1}, x \in [-1, 1)$.

5. $\ln(x + \sqrt{1+x^2}) = x^2 + \displaystyle\sum_{n=1}^{\infty} (-1)^n \dfrac{(2n-1)!!}{(2n)!!} \dfrac{x^{2n+2}}{2n+1}, x \in [-1, 1]$.

习题 11-6

1. (1) $s(x) = \begin{cases} 0 & x = 0 \\ 1 + x^2 & x \neq 0 \end{cases}$;

(2) 当 $x \neq 0$ 时, 取自然数 $N \geqslant \dfrac{\ln \dfrac{1}{\varepsilon}}{\ln(1+x^2)}$; 当 $x = 0$ 时, 取 $N = 1$.

(3) 在 $[0, 1]$ 上不一致收敛, 在 $\left[\dfrac{1}{2}, 1\right]$ 上一致收敛.

3. 一致收敛.

4. (1) 绝对收敛并一致收敛; (2) 一致收敛; (3) 一致收敛; (4) 绝对收敛并一致收敛;

(5) 一致收敛.

习题 11-7

1. (1) $3x^2 + 1 = \pi^2 + 1 + 12 \displaystyle\sum_{n=1}^{\infty} \dfrac{(-1)^n}{n^2} \cos nx, x \in (-\infty, +\infty)$;

(2) $e^{2x} = \dfrac{e^{2\pi} - e^{-2\pi}}{\pi} \left[\dfrac{1}{4} + \displaystyle\sum_{n=1}^{\infty} \dfrac{(-1)^n}{n^2+4}(2\cos nx - n\sin nx)\right], x \neq (2n+1)\pi, n = 0, \pm 1, \pm 2, \cdots$;

$(3)\pi^2 - x^2 = \dfrac{2\pi^2}{3} + 4\displaystyle\sum_{n=1}^{\infty} \dfrac{(-1)^{n+1}}{n^2}\cos nx, x\in(-\pi,\pi);$

$(4)\sin^4 x = \dfrac{3}{8} - \dfrac{1}{2}\cos 2x + \dfrac{1}{8}\cos 4x, x\in[-\pi,\pi];$

$(5)\dfrac{1}{2} + \dfrac{2}{\pi}\displaystyle\sum_{n=1}^{\infty}\dfrac{\sin(2n-1)x}{2n-1} = \begin{cases} f(x) & x\in(-\pi,0)\bigcup(0,\pi) \\ \dfrac{1}{2} & x=0,\pm\pi \end{cases};$

$(6)f(x) = \pi + \displaystyle\sum_{n=1}^{\infty}\dfrac{-2}{n}\sin nx, x\neq 2n\pi, n=0,\pm1,\pm2,\cdots;$

$(7)f(x) = \dfrac{b-a}{4}\pi + \dfrac{2(a-b)}{\pi}\displaystyle\sum_{n=1}^{\infty}\dfrac{\cos(2n-1)x}{(2n-1)^2} + (a+b)\sum_{n=1}^{\infty}(-1)^{n-1}\dfrac{\sin nx}{n}, x\neq(2n+1)\pi, n=0,$

$\pm1,\pm2,\cdots;$

$(8)f(x) = \dfrac{2}{\pi}\displaystyle\sum_{n=1}^{\infty}\dfrac{1}{n}\left[\dfrac{1}{n}\sin\dfrac{n\pi}{2} - (-1)^n\dfrac{\pi}{2}\right]\sin nx, x\in(-\pi,\pi).$

2. $x\cos x = \dfrac{16}{\pi}\displaystyle\sum_{n=0}^{\infty}\dfrac{(-1)^{n+1}}{(4n^2-1)^2}\sin 2nx, x\in\left(-\dfrac{\pi}{2},\dfrac{\pi}{2}\right).$

3. $(1)2x^2 = \dfrac{4}{\pi}\displaystyle\sum_{n=1}^{\infty}\left[\dfrac{2}{n^3} - (-1)^n\left(\dfrac{2}{n^3} - \dfrac{\pi^2}{n}\right)\right]\sin nx, x\in[0,\pi];$

$(2)2x+3 = \pi + 3 - \dfrac{8}{\pi}\displaystyle\sum_{n=0}^{\infty}\dfrac{\cos(2n+1)x}{(2n+1)^2}, x\in[0,\pi];$

$(3)\dfrac{\pi-x}{2} = \displaystyle\sum_{n=1}^{\infty}\dfrac{\sin nx}{n}, x\in[0,\pi];$

$(4)\pi(\pi-x) = \dfrac{\pi^2}{6} - 4\displaystyle\sum_{n=1}^{\infty}\dfrac{\cos 2nx}{(2n)^2}, x\in[0,\pi].$

5. $\text{sgn}x = \dfrac{4}{\pi}\displaystyle\sum_{n=0}^{\infty}\dfrac{\sin(2n+1)x}{2n+1}, \sum_{n=0}^{\infty}\dfrac{(-1)^n}{2n+1} = \dfrac{\pi}{4}.$

6. $\dfrac{\pi}{4} = \displaystyle\sum_{n=1}^{\infty}\dfrac{1}{2n-1}\sin(2n-1)x, x\in[0,\pi].$

7. $x^3 = \dfrac{\pi^3}{4} + \left(\dfrac{24}{\pi-1^4} - \dfrac{6\pi}{1^2}\right)\cos x + \dfrac{6\pi}{2^2}\cos 2x + \left(\dfrac{24}{\pi-3^4} - \dfrac{6\pi}{3^2}\right)\cos 3x + \cdots, x\in[0,\pi], \displaystyle\sum_{n=1}^{\infty}\dfrac{\pi^3}{n^4} = \dfrac{\pi^4}{90}.$

习题 11-8

1. $(1)\ 1-x^2 = \dfrac{11}{12} + \dfrac{1}{\pi^2}\displaystyle\sum_{n=1}^{\infty}\dfrac{(-1)^{n+1}}{n^2}\cos 2n\pi x \ (-\infty < x < +\infty);$

$(2)\cos\dfrac{\pi}{l}x = \dfrac{2}{\pi} + \dfrac{4}{\pi}\displaystyle\sum_{n=1}^{\infty}\dfrac{(-1)^{n-1}}{4n^2-1}\cos\dfrac{2n\pi}{l}x \ (-\infty < x < +\infty);$

$(3)\ f(x) = -\dfrac{1}{2} + \left\{\displaystyle\sum_{n=1}^{\infty}\dfrac{6}{n^2\pi^2}[1-(-1)^n]\cos\dfrac{n\pi x}{3} + \dfrac{6}{n\pi}(-1)^{n+1}\sin\dfrac{n\pi x}{3}\right\},$

$(x\neq 3(2n+1), n=0,\pm1,\pm2,\cdots);$

$(4)\ f(x) = -\dfrac{1}{4} + \displaystyle\sum_{n=1}^{\infty}\left\{\left[\dfrac{1-(-1)^n}{n^2\pi^2} + \dfrac{2\sin\dfrac{n\pi}{2}}{n\pi}\right]\cos n\pi x + \dfrac{1-2\cos\dfrac{n\pi}{2}}{n\pi}\sin n\pi x\right\},$

$(x\neq 2n, 2n+\dfrac{1}{2}, n=0,\pm1,\pm2,\cdots).$

2. $(1)x^2 = \dfrac{8}{\pi}\displaystyle\sum_{n=1}^{\infty}\left\{\dfrac{(-1)^{n+1}}{n} + \dfrac{2}{n^3\pi^2}[(-1)^n-1]\right\}\sin\dfrac{n\pi}{2}x \ (0\leqslant x < 2);$

$$x^2 = \frac{4}{3} + \frac{16}{\pi^2} \sum_{n=1}^{\infty} \frac{(-1)^n}{n^2} \cos \frac{n\pi}{2} x \quad (0 \leqslant x \leqslant 2);$$

$$(2) f(x) = \frac{4l}{\pi^2} \sum_{n=1}^{\infty} \frac{1}{n^2} \sin \frac{n\pi}{2} \sin \frac{n\pi}{l} x \quad (0 \leqslant x \leqslant l);$$

$$f(x) = \frac{l}{4} + \frac{2l}{\pi^2} \sum_{n=1}^{\infty} \frac{1}{n^2} \left[2\cos \frac{n\pi}{2} - 1 - (-1)^n \right] \cos \frac{n\pi}{l} x \quad (0 \leqslant x \leqslant l).$$

4. $ax - x^2 = \dfrac{a^2}{6} - \dfrac{a^2}{\pi^2} \sum_{n=1}^{\infty} \dfrac{1}{n^2} \cos \dfrac{2n\pi}{a} x \quad (0 \leqslant x \leqslant a), \quad \sum_{n=1}^{\infty} \dfrac{(-1)^{n-1}}{n^2} = \dfrac{\pi^2}{12}.$

5. $f(t) = \dfrac{E}{\pi} - \dfrac{E}{2} \sin\omega t - \dfrac{E}{\pi} \sum_{\substack{k=-\infty \\ k \neq 0}}^{\infty} \dfrac{1}{4k^2 - 1} \mathrm{e}^{2k\omega t i}, \quad t \in (-\infty, +\infty).$

总习题十一

1. $\dfrac{1}{3} + \dfrac{3}{3^2} + \dfrac{5}{3^3} + \cdots + \dfrac{2n-1}{3^n} + \cdots = 1.$

6. (1) 收敛；　(2) 发散；　(3) 发散；　(4) 收敛；　(5) 收敛；　(6) 发散；　(7) 收敛；　(8) 收敛；
(9) $a < 1$ 时收敛；$a > 1$ 时发散；$a = 1$ 且 $s > 1$ 时收敛；$a = 1$ 且 $s \leqslant 1$ 时发散.

7. 0.

9. $a \leqslant \dfrac{1}{2}$ 时发散；$a > \dfrac{1}{2}$ 时收敛.

11. (1)条件收敛；　(2)发散；　(3)条件收敛.

14. (1)$(-\mathrm{e}, \mathrm{e})$；　(2)$(-\sqrt{2}, \sqrt{2})$；　(3) $(2, 8]$.

15. (1)$s(x) = \begin{cases} -\dfrac{1}{x} \ln \left(1 - \dfrac{x}{2}\right), & -2 < x < 2, x \neq 0 \\[2mm] \dfrac{1}{2}, & x = 0 \end{cases}$；

(2)$s(x) = \left(\dfrac{x^2}{4} + \dfrac{x}{2} + 1\right) \mathrm{e}^{\frac{x}{2}}, -\infty < x < +\infty$；　(3)$s(x) = \dfrac{1}{2} \arctan x - x + \dfrac{1}{4} \ln \dfrac{1+x}{1-x}, -1 < x < 1.$

16. (1) $\dfrac{1}{(2-x)^2} = \sum_{n=1}^{\infty} \dfrac{nx^{n-1}}{2^{n+1}}, \quad -2 < x < 2;$

(2)$\ln(4 - 3x - x^2) = \ln 4 + \sum_{n=0}^{\infty} \left[\dfrac{(-1)^n}{4^{n+1}} - 1 \right] \dfrac{x^{n+1}}{n+1}, \quad -1 \leqslant x < 1;$

(3)$\ln(1 + x + x^2 + x^3) = -\sum_{n=1}^{\infty} \dfrac{x^{4n}}{n} + \sum_{n=1}^{\infty} \dfrac{x}{n}, \quad -1 < x < 1;$

(4)$x\arctan x - \ln \sqrt{1 + x^2} = \sum_{n=0}^{\infty} (-1)^n \dfrac{x^{2n+2}}{(2n+1)(2n+2)}, \quad -1 \leqslant x \leqslant 1.$

17. $\dfrac{1}{x^2 + 3x + 2} = \sum_{n=0}^{\infty} \left(\dfrac{1}{2^{n+1}} - \dfrac{1}{3^{n+1}} \right) (x+4)^n, \quad -6 < x < -2.$

18. (1) $-\dfrac{1}{2}$；　(2)0.

19. $f^{(n)}(0) = \begin{cases} 0, & n = 2m-1 \\[2mm] \dfrac{(-1)^n}{2m+1}, & n = 2m \end{cases}, m = 1, 2, \cdots.$

20. $2(a_0 + d).$

21. $S = 2\mathrm{e}^{\frac{1}{2}}.$

23. $\displaystyle\int_0^1 \dfrac{\ln x}{1+x} \mathrm{d}x = -\dfrac{\pi^2}{12}.$

25. $f(x) = \dfrac{e^\pi - 1}{2\pi} + \dfrac{1}{\pi} \sum_{n=1}^{\infty} \left\{ \dfrac{(-1)^n e^\pi - 1}{n^2 + 1} \cos nx + \dfrac{n[1 - (-1)^n e^\pi]}{n^2 + 1} \sin nx \right\}$,

$(-\infty < x < +\infty, x \neq n\pi, n = 0, \pm 1, \pm 2, \cdots)$.

26. $f(x) = \dfrac{4}{\pi} \sum_{n=0}^{\infty} \dfrac{1}{(2n-1)^2} \cos\left[(2n-1)\left(x - \dfrac{\pi}{2}\right)\right]$, $x \in \left[-\dfrac{\pi}{2}, \dfrac{3}{2}\pi\right]$.

27. $f(x) = \dfrac{4l}{\pi^2} \sum_{n=1}^{\infty} \dfrac{1}{n^2} \sin\dfrac{n\pi}{2} \sin\dfrac{n\pi}{l}x \ (0 \leqslant x \leqslant l)$;

$f(x) = \dfrac{l}{4} + \dfrac{2l}{\pi^2} \sum_{n=1}^{\infty} \dfrac{1}{n^2}\left[2\cos\dfrac{n\pi}{2} - 1 - (-1)^n\right]\cos\dfrac{n\pi}{l}x \ (0 \leqslant x \leqslant l)$.

28. $f(x) = \dfrac{5}{2} - \dfrac{4}{\pi^2} \sum_{n=1}^{\infty} \dfrac{\cos(2n-1)\pi x}{(2n-1)^2} \ (x \in [-1,1])$.

习题 12-1

1. (1) 一阶; (2) 一阶; (3) 二阶; (4) 三阶.
2. (1) 非线性; (2) 非线性; (3) 线性; (4) 非线性; (5) 线性; (6) 非线性.
3. (1) 是; (2) 不是; (3) 是; (4) 是.
6. $\dfrac{1}{2}x + 2$. 7. $y = 2 + 3\sqrt{1 - x^2}$.
8. $C_1 = \pm 1, C_2 = 2k\pi + \dfrac{\pi}{2}$. 9. $u(x) = \dfrac{x^2}{2} + x + C$.
10. $y' = x^2$. 11. $\cos x - x\sin x + C$.

习题 12-2

1. (1) $\arcsin x + \arcsin y = C$; (2) $\ln\dfrac{y}{x} = Cx + 1$;

(3) $y = \ln[1 + Ce^{-e^x}]$; (4) $e^x - e^y = C$;

(5) $\cos x \sin y = C$; (6) $\begin{cases} \ln\left|\tan\dfrac{y}{4}\right| = C - 2\sin\dfrac{x}{2}, \sin\dfrac{y}{2} \neq 0 \\ y = 2k\pi(k = 0, \pm 1, \pm 2, \cdots), \sin\dfrac{y}{2} = 0 \end{cases}$;

(7) $1 + y^2 = C(1 + x^2)$; (8) $y + \sqrt{y^2 - x^2} = Cx^2$;

(9) $y^2 = x^2(2\ln|x| + C)$; (10) $\ln y^2 - y^2 = 2x - 2\arctan x + C$;

(11) $x + 2y e^{\frac{x}{y}} = C$; (12) $\tan x \tan y = C$.

2. (1) $y = \dfrac{x}{\cos x}$; (2) $y = \dfrac{\pi - 1 - \cos x}{x}$; (3) $y\sin x + 5e^{\cos x} = 1$;

(4) $y = \dfrac{2}{3}(4 - e^{-3x})$; (5) $2y = x^3 - x^3 e^{\frac{1}{x^2} - 1}$; (6) $xy + y - 1 = 0$;

(7) $y = (x\ln x - x + 1)^2$; (8) $\cos x = \sqrt{2}\cos y$; (9) $(1 + e^x)\sec y = 2\sqrt{2}$;

(10) $\dfrac{x + y}{x^2 + y^2} = 1$; (11) $e^y = \dfrac{e^{2x} + 1}{2}$;

(12) $y = \sqrt{2\ln(1 + e^x) - 2\ln(1 + e) + 1}$.

3. (1) $y = -x + Ce^{2y-x}$; (2) $y - x + 3 = C(y + x + 1)^3, x + y + 1 = 0$;

(3) $(y - x + 1)^2(y + x - 1)^5 = C$; (4) $(4y - x - 3)(y + 2x + 3)^2 = C$;

(5) $2x+y-1=Ce^{2y-x}$；　(6) $\ln[4y^2+(x-1)^2]+\arctan\dfrac{2y}{x-1}=C$.

4. $x^2+y^2=1$.　5. e^{-p^3} .

6. $2\mathrm{arc}\dfrac{y}{x}=\ln(x^2+y^2)+C$.

7. (1) $\sqrt[3]{\dfrac{a}{b}}$ ；　(2) $\left[\dfrac{a}{b}+\left(1-\dfrac{a}{b}\right)e^{-3bkt}\right]^{\frac{1}{3}}$；　(3) $\sqrt[3]{\dfrac{a}{b}}$.

习题 12-3

1. (1) $y=\dfrac{C}{x}+\dfrac{1}{4}x^3$；　(2) $y=e^{-x^2}\left(\dfrac{1}{2}x^2+C\right)$；　(3) $y=(x+C)e^{-\sin x}$；

(4) $y=C\cos x-2\cos^2 x$；　(5) $y=-\sin x+C\tan x$；　(6) $y=C\ln x+x^2$；

(7) $y=\dfrac{Cx}{x-1}+x^2$；　(8) $x=y^2 e^{\frac{1}{y}}\left(e^{\frac{1}{y}}+C\right)$；　(9) $2x\ln y=\ln^2 y+C$；　(10) $x=Ce^{\sin y}-2(\sin y+1)$；

(11) $y=(x-2)^3+C(x-2)$；　(12) $y=\dfrac{\sin x+C}{x^2-1}$.

2. (1) $y=\dfrac{2}{x+1}\left(\dfrac{1}{e}+e^{-x}\right)$；　(2) $y=\dfrac{1}{x}e^x+\dfrac{ab-e^a}{x}$ ；　(3) $y=-\dfrac{1}{x^3}+\dfrac{2}{x^2}$；

(4) $y=e^x\left(\dfrac{1}{x}-1\right)$；　(5) $y=-x\arctan x$；　(6) $y=2e^{-\sin x}+\sin x-1$ ；

(7) $2y=x^3-x^3 e^{x^{\frac{1}{2}}-1}$ ；　(8) $y\sin x+5e^{\cos x}=1$.

3. (1) $y^2=\dfrac{1}{\sin^2 x}\left(\dfrac{1}{3}\sin^3 x+C\right)$；　(2) $y^{-1}=x\left(C-\dfrac{1}{2}\ln^2 x\right)$；　(3) $y^3=x^3(3x+C)$；

(4) $y=\dfrac{1}{\ln x+Cx+1}$；　(5) $\dfrac{3}{2}x^2+\ln\left|1+\dfrac{3}{y}\right|=C$；　(6) $y^{-2}=x^2+1+Ce^{x^2}$ ；

(7) $\dfrac{x^2}{y^2}=-\dfrac{2}{3}x^3\left(\dfrac{2}{3}+\ln x\right)+C$；　(8) $\dfrac{1}{y}=-\sin x+Ce^x$；　(9) $7y^{-\frac{1}{3}}=Cx^{\frac{2}{3}}-x^3$；

(10) $\dfrac{1}{y^3}=Ce^x-1-2x$.

4. (1) $y=-x+\tan(x+C)$；　(2) $(x-y)^2=-2x+C$；

(3) $y=\dfrac{1}{x}e^{Cx}$；　(4) $2x^2y^2\ln|y|-2xy-1=Cx^2y^2$.

5. $y=e^x(x+1)$.　6. $y=2(e^x-x-1)$.

7. $x^2 e^{\frac{y^2}{x^2}}=C$.

习题 12-4

1. (1) $y=-\dfrac{1}{8}e^{-2x}-\sin x+C_1 x^2+C_2 x+C_3$；　　(2) $y=\dfrac{3}{8}x^3+C_1 x+C_2$；　(3) $y=C_2 e^{C_1 x}$；

(4) $y=x(\ln x-1)+\dfrac{1}{2}C_1 x^2+C_2 x+C_3$；

(5) $(y-1)^3=C_1 x+C_2$；　(6) $y=\arcsin(C_2 e^x)+C_1$；　(7) $C_1 y^2-1=(C_1 x+C_2)^2$；

(8) $x+C_2=\pm\left[\dfrac{2}{3}(\sqrt{y}+C_1)^{\frac{3}{2}}-2C_1\sqrt{\sqrt{y}+C_1}\right]$；　(9) $y=\arcsin(C_2 e^x+C_1)$；

(10) $y=\dfrac{1}{6}x^3-\sin x+C_1 x+C_2$；　(11) $y=C_1 e^x-\dfrac{1}{2}x^2-x+C_2$；

(12) $y=(x-3)e^x+C_1 x^2+C_2 x+C_3$；　(13) $y=C_1\ln|x|+C_2$；　(14) $y=-\ln|\cos(x+C_1)|+C_2$.

2. (1) $y=\arcsin x$；　(2) $y=\ln\text{ch}x$；　(3) $y=e^x-\dfrac{1}{2}x^2-\dfrac{e}{2}$；　(4) $y=\sqrt{2x-x^2}$；

(5) $y=\left(\dfrac{1}{2}x+1\right)^4$；　(6) $y=-\dfrac{1}{a}\ln(ax+1)$；　(7) $y=\ln\sec x$；　(8) $y=(x-1)e^{x+1}+2$.

3. $y=\dfrac{x^3}{6}+\dfrac{x}{2}+1$.

4. $y=e^x(\cos x-2\sin x)$.

习题 12-5

1. (1) 线性无关；　(2) 线性无关；　(3) 线性相关；　(4) 线性无关；　(5) 线性无关；　(6) 线性相关；
(7) 线性无关；　(8) 线性无关；

2. $y=C_1\cos\omega x+C_2\sin\omega x$.　3. $y=(C_1+C_2 x)e^{x^2}$.　4. $y=C_1 e^x+C_2 x^2+3$.

习题 12-6

1. $y_1=C_1 e^{-2x}+C_2 e^{-6x}$.

2. $y_1=C_1\sin x+C_2\cos x$.

3. (1) $y=(C_1+C_2 x)e^{-4x}$；　(2) $y=C_1+C_2 e^{4x}$；　(3) $y=e^{-3x}(C_1\cos 2x+C_2\sin 2x)$；

(4) $y=C_1 e^x+C_2 e^{-x}+C_3\cos x+C_4\sin x$；　(5) $x=(C_1+C_2 t)e^{\frac{5}{2}t}$；　(6) $y=e^{2x}(C_1\cos 3x+C_2\sin 3x)$；

(7) $y=C_1 e^x+C_2 e^{-2x}$；　(8) $y=C_1+C_2 x+(C_3+C_4 x)e^x$；　(9) $y=e^{2x}(C_1\cos x+C_2\sin x)$；

(10) $y=C_1\cos x+C_2\sin x$.

4. (1) $y=-e^{2x}+2e^{4x}$；　(2) $y=e^{-x}-e^{4x}$；　(3) $y=2\cos 5x+\sin 5x$；　(4) $y=3e^{-2x}\sin 5x$；

(5) $y=4e^x+2e^{3x}$；　(6) $y=e^{2x}\sin 3x$；　(7) $y=e^{-x}-e^{4x}$；　(8) $y=(2+x)e^{-\frac{x}{2}}$.

习题 12-7

1. (1) $y=\dfrac{3}{2}x^2 e^{2x}+C_1 e^{2x}+C_2 x e^{2x}$；　(2) $y=C_1 e^{-x}+C_2 e^{-2x}+\dfrac{3}{10}\sin x-\dfrac{9}{10}\cos x$；

(3) $y=C_1 e^{2x}+C_2 e^{-2x}-\dfrac{1}{2}x-\dfrac{1}{4}$；　(4) $y=C_1 e^x+C_2 e^{6x}+\dfrac{5}{74}\sin x+\dfrac{7}{74}\cos x$；

(5) $y=e^x(C_1\cos 2x+C_2\sin 2x)-\dfrac{1}{4}x e^x\cos 2x$；　(6) $y=C_1 e^{\frac{x}{2}}+C_2 e^{-x}+e^x$；

(7) $y=C_1 e^{-x}+C_2 e^{-4x}+\dfrac{11}{8}-\dfrac{1}{2}x$；　(8) $y=C_1 e^{-x}+C_2 e^{-2x}+\left(\dfrac{3}{2}x^2-3x\right)e^{-x}$；

(9) $y=C_1\cos x+C_2\sin x+\dfrac{e^x}{2}+\dfrac{x}{2}\sin x$；　(10) $y=C_1\cos ax+C_2\sin ax+\dfrac{e^x}{1+a^2}$；

(11) $y=C_1\cos 2x+C_2\sin 2x+\dfrac{1}{3}x\cos x+\dfrac{2}{9}\sin x$；　(12) $y=C_1+C_2 e^{-\frac{5}{2}x}+\dfrac{1}{3}x^3-\dfrac{3}{5}x^2+\dfrac{7}{25}x$；

(13) $y=(C_1+C_2 x)e^{3x}+\dfrac{x^2}{2}\left(\dfrac{1}{3}x+1\right)e^{3x}$；　(14) $y=C_1 e^x+C_2 e^{-x}-\dfrac{1}{2}+\dfrac{1}{10}\cos 2x$.

2. (1) $y=e^x-\cos x-\sin x$；　(2) $y=3e^{\frac{x}{3}}-3e^{-x}-x e^{-x}$；

(3) $y=-5e^x+\dfrac{7}{2}e^{2x}+\dfrac{5}{2}$；　(4) $y=-\cos x-\dfrac{1}{3}\sin x+\dfrac{1}{3}\sin 2x$；

(5) $y=\dfrac{11}{16}+\dfrac{5}{16}e^{4x}-\dfrac{5}{4}x$;　(6) $y=\dfrac{1}{2}(e^{9x}+e^{x})-\dfrac{1}{7}e^{2x}$;

(7) $y=e^{x}-e^{-x}+e^{x}(x^{2}-x)$;　(8) $y=xe^{-x}+\dfrac{1}{2}\sin x$.

3. $\dfrac{\cos x+\sin x+e^{x}}{2}$.　4. $y=C_{1}e^{x}+C_{2}e^{2x}+xe^{x}$.

5. $y=(1-2x)e^{x}$.　6. $y''-4y'+4y=4(x-1)$.

习题 12-8

1. (1) $y=C_{1}x+\dfrac{C_{2}}{x}$;　(2) $y=x(C_{1}+C_{2}\ln|x|)+x\ln^{2}|x|$;　(3) $y=C_{1}x+C_{2}x\ln|x|+C_{3}x^{-2}$;

(4) $y=C_{1}x+C_{2}x^{2}+\dfrac{1}{2}(\ln^{2}x+\ln x)+\dfrac{1}{4}$;　(5) $y=C_{1}x^{2}+C_{2}x^{-2}+\dfrac{1}{5}x^{3}$;

(6) $y=x\big[C_{1}\cos(\sqrt{3}\ln x)+C_{2}\sin(\sqrt{3}\ln x)\big]+\dfrac{1}{2}x\sin(\ln x)$;　(7) $y=C_{1}x^{2}+C_{2}x^{2}\ln x+x+\dfrac{1}{6}x^{2}\ln^{3}x$;

(8) $y=C_{1}x+x\big[C_{2}\cos(\ln x)+C_{3}\sin(\ln x)\big]+\dfrac{1}{2}x^{2}(\ln x-2)+3x\ln x$.

总习题十二

1. (1) $y'=y-x+1$;　(2) $y=(1+e^{2x})\arctan e^{x}$;　(3) $e^{2x}\ln 2$;　(4) $\dfrac{\cos x}{\sin x-1}$;　(5) 2;

(6) $\dfrac{1}{x}\Big(-\dfrac{x^{2}}{2}+C\Big)$.

2. (1) $x-\sqrt{xy}=C$;　(2) $y=ax+\dfrac{C}{\ln x}$;　(3) $y=\dfrac{1}{2}(x^{2}+C_{1}x+C_{2})e^{-x}$;　(4) $(x-4)y^{4}=Cx$;

(5) $y=(x+C)\cos x$;　(6) $y=C_{1}\cos x+C_{2}\sin x-2x$;　(7) $y=-\ln(1+Ce^{x})$;

(8) $y=e^{x}(C_{1}\cos x+C_{2}\sin x+1)$;　(9) $y=C_{1}e^{-2x}+\Big(C_{2}+\dfrac{1}{4}x\Big)e^{2x}$;

(10) $y=e^{x}(C_{1}\cos 2x+C_{2}\sin 2x)$.

3. (1) $y=\dfrac{1}{1+x}$;　(2) $y=\dfrac{1}{2}\Big(\ln x+\dfrac{1}{\ln x}\Big)$;　(3) $y=\dfrac{1}{4}e^{2x}(2x+1)+\dfrac{3}{4}$;　(4) $y=xe^{-x}+\dfrac{1}{2}\sin x$.

4. 1.　5. $y=(1-2x)e^{x}$.　6. $f(u)=C_{1}e^{u}+C_{2}e^{-u}$.

7. $y-x=-x^{3}y$ 或 $\Big(y=\dfrac{y}{1+x^{3}}\Big)$.

8. (1) $y(x)=e^{-ax}\displaystyle\int_{0}^{x}f(t)e^{at}\,dt$.

9. $f(t)=(4\pi t^{2}+1)e^{4\pi t^{2}}$.

附录　积　分　表

一、含有 $ax+b$ 的积分

1. $\int \dfrac{1}{ax+b}\mathrm{d}x = \dfrac{1}{a}\ln|ax+b|+C.$

2. $\int (ax+b)^{\mu}\mathrm{d}x = \dfrac{1}{a(\mu+1)}(ax+b)^{\mu+1}+C \quad (\mu \neq -1).$

3. $\int \dfrac{x}{ax+b}\mathrm{d}x = \dfrac{1}{a^2}(ax+b-b\ln|ax+b|)+C.$

4. $\int \dfrac{x^2}{ax+b}\mathrm{d}x = \dfrac{1}{a^3}\left[\dfrac{1}{2}(ax+b)^2-2b(ax+b)+b^2\ln|ax+b|\right]+C.$

5. $\int \dfrac{\mathrm{d}x}{x(ax+b)} = -\dfrac{1}{b}\ln\left|\dfrac{ax+b}{x}\right|+C.$

6. $\int \dfrac{\mathrm{d}x}{x^2(ax+b)} = -\dfrac{1}{bx}+\dfrac{a}{b^2}\ln\left|\dfrac{ax+b}{x}\right|+C.$

7. $\int \dfrac{x}{(ax+b)^2}\mathrm{d}x = \dfrac{1}{a^2}\left(\ln|ax+b|+\dfrac{b}{ax+b}\right)+C.$

8. $\int \dfrac{x^2}{(ax+b)^2}\mathrm{d}x = \dfrac{1}{a^3}\left(ax+b-2b\ln|ax+b|-\dfrac{b^2}{ax+b}\right)+C.$

9. $\int \dfrac{\mathrm{d}x}{x(ax+b)^2} = \dfrac{1}{b(ax+b)}-\dfrac{1}{b^2}\ln\left|\dfrac{ax+b}{x}\right|+C.$

二、含有 $\sqrt{ax+b}$ 的积分

10. $\int \sqrt{ax+b}\,\mathrm{d}x = \dfrac{2}{3a}\sqrt{(ax+b)^3}+C.$

11. $\int x\sqrt{ax+b}\,\mathrm{d}x = \dfrac{2}{15a^2}(3ax-2b)\sqrt{(ax+b)^3}+C.$

12. $\int x^2\sqrt{ax+b}\,\mathrm{d}x = \dfrac{2}{105a^3}(15a^2x^2-12abx+8b^2)\sqrt{(ax+b)^3}+C.$

13. $\int \dfrac{x}{\sqrt{ax+b}}\mathrm{d}x = \dfrac{2}{3a^2}(ax-2b)\sqrt{ax+b}+C.$

14. $\int \dfrac{x^2}{\sqrt{ax+b}}\mathrm{d}x = \dfrac{2}{15a^3}(3a^2x^2-4abx+8b^2)\sqrt{ax+b}+C.$

15. $\int \dfrac{\mathrm{d}x}{x\sqrt{ax+b}} = \begin{cases} \dfrac{1}{\sqrt{b}}\ln\left|\dfrac{\sqrt{ax+b}-\sqrt{b}}{\sqrt{ax+b}+\sqrt{b}}\right|+C & (b>0). \\[4mm] \dfrac{2}{\sqrt{-b}}\arctan\sqrt{\dfrac{ax+b}{-b}}+C & (b<0). \end{cases}$

16. $\int \dfrac{\mathrm{d}x}{x^2\sqrt{ax+b}} = -\dfrac{\sqrt{ax+b}}{bx}-\dfrac{a}{2b}\int \dfrac{\mathrm{d}x}{x\sqrt{ax+b}}.$

17. $\int \dfrac{\sqrt{ax+b}}{x}\mathrm{d}x = 2\sqrt{ax+b}+b\int \dfrac{\mathrm{d}x}{x\sqrt{ax+b}}.$

18. $\int \dfrac{\sqrt{ax+b}}{x^2}\mathrm{d}x = -\dfrac{\sqrt{ax+b}}{x}+\dfrac{a}{2}\int \dfrac{\mathrm{d}x}{x\sqrt{ax+b}}.$

三、含有 $x^2 \pm a^2$ 的积分

19. $\int \dfrac{\mathrm{d}x}{x^2 + a^2} = \dfrac{1}{a} \arctan \dfrac{x}{a} + C.$

20. $\int \dfrac{\mathrm{d}x}{(x^2 + a^2)^n} = \dfrac{x}{2(n-1)a^2 (x^2 + a^2)^{n-1}} + \dfrac{2n-3}{2(n-1)a^2} \int \dfrac{\mathrm{d}x}{(x^2 + a^2)^{n-1}}.$

21. $\int \dfrac{\mathrm{d}x}{x^2 - a^2} = \dfrac{1}{2a} \ln \left| \dfrac{x-a}{x+a} \right| + C.$

四、含有 $ax^2 + b(a > 0)$ 的积分

22. $\int \dfrac{\mathrm{d}x}{ax^2 + b} = \begin{cases} \dfrac{1}{\sqrt{ab}} \arctan \sqrt{\dfrac{a}{b}}\, x + C \quad (b > 0) \\[3mm] \dfrac{1}{2\sqrt{-ab}} \ln \left| \dfrac{\sqrt{ax} - \sqrt{-b}}{\sqrt{ax} + \sqrt{-b}} \right| + C \quad (b < 0) \end{cases}$

23. $\int \dfrac{x}{ax^2 + b} \mathrm{d}x = \dfrac{1}{2a} \ln |ax^2 + b| + C.$

24. $\int \dfrac{x^2}{ax^2 + b} \mathrm{d}x = \dfrac{x}{a} - \dfrac{b}{a} \int \dfrac{\mathrm{d}x}{ax^2 + b}.$

25. $\int \dfrac{\mathrm{d}x}{x(ax^2 + b)} = \dfrac{1}{2b} \ln \dfrac{x^2}{|ax^2 + b|} + C.$

26. $\int \dfrac{\mathrm{d}x}{x^2(ax^2 + b)} = -\dfrac{1}{bx} - \dfrac{a}{b} \int \dfrac{\mathrm{d}x}{ax^2 + b}.$

27. $\int \dfrac{\mathrm{d}x}{x^3(ax^2 + b)} = \dfrac{a}{2b^2} \ln \dfrac{|ax^2 + b|}{x^2} - \dfrac{1}{2bx^2} + C.$

28. $\int \dfrac{\mathrm{d}x}{(ax^2 + b)^2} = \dfrac{x}{2b(ax^2 + b)} + \dfrac{1}{2b} \int \dfrac{\mathrm{d}x}{ax^2 + b}.$

五、含有 $ax^2 + bx + c(a > 0)$ 的积分

29. $\int \dfrac{\mathrm{d}x}{ax^2 + bx + c} = \begin{cases} \dfrac{2}{\sqrt{4ac - b^2}} \arctan \dfrac{2ax + b}{\sqrt{4ac - b^2}} + C \quad (b^2 < 4ac) \\[3mm] \dfrac{1}{\sqrt{b^2 - 4ac}} \ln \left| \dfrac{2ax + b - \sqrt{b^2 - 4ac}}{2ax + b + \sqrt{b^2 - 4ac}} \right| + C \quad (b^2 > 4ac) \end{cases}$

30. $\int \dfrac{x}{ax^2 + bx + c} \mathrm{d}x = \dfrac{1}{2a} \ln |ax^2 + bx + c| - \dfrac{b}{2a} \int \dfrac{\mathrm{d}x}{ax^2 + bx + c}.$

六、含有 $\sqrt{x^2 + a^2}\,(a > 0)$ 的积分

31. $\int \dfrac{\mathrm{d}x}{\sqrt{x^2 + a^2}} = \operatorname{arsh} \dfrac{x}{a} + C = \ln(x + \sqrt{x^2 + a^2}) + C.$

32. $\int \dfrac{\mathrm{d}x}{\sqrt{(x^2 + a^2)^3}} = \dfrac{x}{a^2 \sqrt{x^2 + a^2}} + C.$

33. $\int \dfrac{x}{\sqrt{x^2 + a^2}} \mathrm{d}x = \sqrt{x^2 + a^2} + C.$

34. $\int \dfrac{x}{\sqrt{(x^2 + a^2)^3}} \mathrm{d}x = -\dfrac{1}{\sqrt{x^2 + a^2}} + C.$

35. $\int \dfrac{x^2}{\sqrt{x^2 + a^2}} \mathrm{d}x = \dfrac{x}{2} \sqrt{x^2 + a^2} - \dfrac{a^2}{2} \ln(x + \sqrt{x^2 + a^2}) + C.$

36. $\displaystyle\int \frac{x^2}{\sqrt{(x^2+a^2)^3}}dx = -\frac{x}{\sqrt{x^2+a^2}} + \ln(x+\sqrt{x^2+a^2}) + C.$

37. $\displaystyle\int \frac{dx}{x\sqrt{x^2+a^2}} = \frac{1}{a}\ln\frac{\sqrt{x^2+a^2}-a}{|x|} + C.$

38. $\displaystyle\int \frac{dx}{x^2\sqrt{x^2+a^2}} = -\frac{\sqrt{x^2+a^2}}{a^2 x} + C.$

39. $\displaystyle\int \sqrt{x^2+a^2}\,dx = \frac{x}{2}\sqrt{x^2+a^2} + \frac{a^2}{2}\ln(x+\sqrt{x^2+a^2}) + C.$

40. $\displaystyle\int \sqrt{(x^2+a^2)^3}\,dx = \frac{x}{8}(2x^2+5a^2)\sqrt{x^2+a^2} + \frac{3}{8}a^4\ln(x+\sqrt{x^2+a^2}) + C.$

41. $\displaystyle\int x\sqrt{x^2+a^2}\,dx = \frac{1}{3}\sqrt{(x^2+a^2)^3} + C.$

42. $\displaystyle\int x^2\sqrt{x^2+a^2}\,dx = \frac{x}{8}(2x^2+a^2)\sqrt{x^2+a^2} - \frac{a^4}{8}\ln(x+\sqrt{x^2+a^2}) + C.$

43. $\displaystyle\int \frac{\sqrt{x^2+a^2}}{x}dx = \sqrt{x^2+a^2} + a\ln\frac{\sqrt{x^2+a^2}-a}{|x|} + C.$

44. $\displaystyle\int \frac{\sqrt{x^2+a^2}}{x^2}dx = -\frac{\sqrt{x^2+a^2}}{x} + \ln(x+\sqrt{x^2+a^2}) + C.$

七、含有 $\sqrt{x^2-a^2}\,(a>0)$ 的积分

45. $\displaystyle\int \frac{dx}{\sqrt{x^2-a^2}} = \frac{x}{|x|}\mathrm{arch}\frac{|x|}{a} + C = \ln(x+\sqrt{x^2-a^2}) + C.$

46. $\displaystyle\int \frac{dx}{\sqrt{(x^2-a^2)^3}} = -\frac{x}{a^2\sqrt{x^2-a^2}} + C.$

47. $\displaystyle\int \frac{x}{\sqrt{x^2-a^2}}dx = \sqrt{x^2-a^2} + C.$

48. $\displaystyle\int \frac{x}{\sqrt{(x^2-a^2)^3}}dx = -\frac{1}{\sqrt{x^2-a^2}} + C.$

49. $\displaystyle\int \frac{x^2}{\sqrt{x^2-a^2}}dx = \frac{x}{2}\sqrt{x^2-a^2} + \frac{a^2}{2}\ln\left|x+\sqrt{x^2-a^2}\right| + C.$

50. $\displaystyle\int \frac{x^2}{\sqrt{(x^2-a^2)^3}}dx = -\frac{x}{\sqrt{x^2-a^2}} + \ln\left|x+\sqrt{x^2-a^2}\right| + C.$

51. $\displaystyle\int \frac{dx}{x\sqrt{x^2-a^2}} = \frac{1}{a}\arccos\frac{a}{|x|} + C.$

52. $\displaystyle\int \frac{dx}{x^2\sqrt{x^2-a^2}} = \frac{\sqrt{x^2-a^2}}{a^2 x} + C.$

53. $\displaystyle\int \sqrt{x^2-a^2}\,dx = \frac{x}{2}\sqrt{x^2-a^2} - \frac{a^2}{2}\ln\left|x+\sqrt{x^2-a^2}\right| + C.$

54. $\displaystyle\int \sqrt{(x^2-a^2)^3}\,dx = \frac{x}{8}(2x^2-5a^2)\sqrt{x^2-a^2} + \frac{3}{8}a^4\ln\left|x+\sqrt{x^2-a^2}\right| + C.$

55. $\displaystyle\int x\sqrt{x^2-a^2}\,dx = \frac{1}{3}\sqrt{(x^2-a^2)^3} + C.$

56. $\displaystyle\int x^2\sqrt{x^2-a^2}\,dx = \frac{x}{8}(2x^2-a^2)\sqrt{x^2-a^2} - \frac{a^4}{8}\ln\left|x+\sqrt{x^2-a^2}\right| + C.$

57. $\displaystyle\int \frac{\sqrt{x^2-a^2}}{x}dx = \sqrt{x^2-a^2} - a\arccos\frac{a}{|x|} + C.$

58. $\int \dfrac{\sqrt{x^2-a^2}}{x^2}\mathrm{d}x = -\dfrac{\sqrt{x^2-a^2}}{x}+\ln\left|x+\sqrt{x^2-a^2}\right|+C.$

八、含有 $\sqrt{a^2-x^2}\,(a>0)$ 的积分

59. $\int \dfrac{\mathrm{d}x}{\sqrt{a^2-x^2}} = \arcsin\dfrac{x}{a}+C.$

60. $\int \dfrac{\mathrm{d}x}{\sqrt{(a^2-x^2)^3}} = \dfrac{x}{a^2\sqrt{a^2-x^2}}+C.$

61. $\int \dfrac{x}{\sqrt{a^2-x^2}}\mathrm{d}x = -\sqrt{a^2-x^2}+C.$

62. $\int \dfrac{x}{\sqrt{(a^2-x^2)^3}}\mathrm{d}x = \dfrac{1}{\sqrt{a^2-x^2}}+C.$

63. $\int \dfrac{x^2}{\sqrt{a^2-x^2}}\mathrm{d}x = -\dfrac{x}{2}\sqrt{a^2-x^2}+\dfrac{a^2}{2}\arcsin\dfrac{x}{a}+C.$

64. $\int \dfrac{x^2}{\sqrt{(a^2-x^2)^3}}\mathrm{d}x = \dfrac{x}{\sqrt{a^2-x^2}}-\arcsin\dfrac{x}{a}+C.$

65. $\int \dfrac{\mathrm{d}x}{x\sqrt{a^2-x^2}} = \dfrac{1}{a}\ln\dfrac{a-\sqrt{a^2-x^2}}{|x|}+C.$

66. $\int \dfrac{\mathrm{d}x}{x^2\sqrt{a^2-x^2}} = -\dfrac{\sqrt{a^2-x^2}}{a^2 x}+C.$

67. $\int \sqrt{a^2-x^2}\,\mathrm{d}x = \dfrac{x}{2}\sqrt{a^2-x^2}+\dfrac{a^2}{2}\arcsin\dfrac{x}{a}+C.$

68. $\int \sqrt{(a^2-x^2)^3}\,\mathrm{d}x = \dfrac{x}{8}(5a^2-2x^2)\sqrt{a^2-x^2}+\dfrac{3}{8}a^4\arcsin\dfrac{x}{a}+C.$

69. $\int x\sqrt{a^2-x^2}\,\mathrm{d}x = -\dfrac{1}{3}\sqrt{(a^2-x^2)^3}+C.$

70. $\int x^2\sqrt{a^2-x^2}\,\mathrm{d}x = \dfrac{x}{8}(2x^2-a^2)\sqrt{a^2-x^2}+\dfrac{a^4}{8}\arcsin\dfrac{x}{a}+C.$

71. $\int \dfrac{\sqrt{a^2-x^2}}{x}\mathrm{d}x = \sqrt{a^2-x^2}+a\ln\dfrac{a-\sqrt{a^2-x^2}}{|x|}+C.$

72. $\int \dfrac{\sqrt{a^2-x^2}}{x^2}\mathrm{d}x = -\dfrac{\sqrt{a^2-x^2}}{x}-\arcsin\dfrac{x}{a}+C.$

九、含有 $\sqrt{\pm ax^2+bx+c}\,(a>0)$ 的积分

73. $\int \dfrac{\mathrm{d}x}{\sqrt{ax^2+bx+c}} = \dfrac{1}{\sqrt{a}}\ln\left|2ax+b+2\sqrt{a}\sqrt{ax^2+bx+c}\right|+C.$

74. $\int \sqrt{ax^2+bx+c}\,\mathrm{d}x = \dfrac{2ax+b}{4a}\sqrt{ax^2+bx+c}+\dfrac{4ac-b^2}{8\sqrt{a^3}}\ln\left|2ax+b+2\sqrt{a}\sqrt{ax^2+bx+c}\right|+C.$

75. $\int \dfrac{x}{\sqrt{ax^2+bx+c}}\mathrm{d}x = \dfrac{1}{a}\sqrt{ax^2+bx+c}-\dfrac{b}{2\sqrt{a^3}}\ln\left|2ax+b+2\sqrt{a}\sqrt{ax^2+bx+c}\right|+C.$

76. $\int \dfrac{\mathrm{d}x}{\sqrt{c+bx-ax^2}} = -\dfrac{1}{\sqrt{a}}\arcsin\dfrac{2ax-b}{\sqrt{b^2+4ac}}+C.$

77. $\int \sqrt{c+bx-ax^2}\,\mathrm{d}x = \dfrac{2ax-b}{4a}\sqrt{c+bx-ax^2}+\dfrac{b^2+4ac}{8\sqrt{a^3}}\arcsin\dfrac{2ax-b}{\sqrt{b^2+4ac}}+C.$

78. $\int \dfrac{x}{\sqrt{c+bx-ax^2}}\mathrm{d}x = -\dfrac{1}{a}\sqrt{c+bx-ax^2} + \dfrac{b}{2\sqrt{a^3}}\arcsin\dfrac{2ax-b}{\sqrt{b^2+4ac}} + C.$

十、含有 $\sqrt{\pm\dfrac{x-a}{x-b}}$ 或 $\sqrt{(x-a)(b-x)}$ 的积分

79. $\int \sqrt{\dfrac{x-a}{x-b}}\mathrm{d}x = (x-b)\sqrt{\dfrac{x-a}{x-b}} + (b-a)\ln(\sqrt{|x-a|}+\sqrt{|x-b|}) + C.$

80. $\int \sqrt{\dfrac{x-a}{b-x}}\mathrm{d}x = (x-b)\sqrt{\dfrac{x-a}{b-x}} + (b-a)\arcsin\sqrt{\dfrac{x-a}{b-a}} + C.$

81. $\int \dfrac{\mathrm{d}x}{\sqrt{(x-a)(b-x)}} = 2\arcsin\sqrt{\dfrac{x-a}{b-a}} + C \quad (a < b).$

82. $\int \sqrt{(x-a)(b-x)}\mathrm{d}x = \dfrac{2x-a-b}{4}\sqrt{(x-a)(b-x)} + \dfrac{(b-a)^2}{4}\arcsin\sqrt{\dfrac{x-a}{b-a}} + C \quad (a < b).$

十一、含有三角函数的积分

83. $\int \sin x\,\mathrm{d}x = -\cos x + C.$

84. $\int \cos x\,\mathrm{d}x = \sin x + C.$

85. $\int \tan x\,\mathrm{d}x = -\ln|\cos x| + C.$

86. $\int \cot x\,\mathrm{d}x = \ln|\sin x| + C.$

87. $\int \sec x\,\mathrm{d}x = \ln\left|\tan\left(\dfrac{\pi}{4}+\dfrac{x}{2}\right)\right| + C = \ln|\sec x + \tan x| + C.$

88. $\int \csc x\,\mathrm{d}x = \ln\left|\tan\dfrac{x}{2}\right| + C = \ln|\csc x - \cot x| + C.$

89. $\int \sec^2 x\,\mathrm{d}x = \tan x + C.$

90. $\int \csc^2 x\,\mathrm{d}x = -\cot x + C.$

91. $\int \sec x\tan x\,\mathrm{d}x = \sec x + C.$

92. $\int \csc x\cot x\,\mathrm{d}x = -\csc x + C.$

93. $\int \sin^2 x\,\mathrm{d}x = \dfrac{x}{2} - \dfrac{1}{4}\sin 2x + C.$

94. $\int \cos^2 x\,\mathrm{d}x = \dfrac{x}{2} + \dfrac{1}{4}\sin 2x + C.$

95. $\int \sin^n x\,\mathrm{d}x = -\dfrac{1}{n}\sin^{n-1} x\cos x + \dfrac{n-1}{n}\int \sin^{n-2} x\,\mathrm{d}x.$

96. $\int \cos^n x\,\mathrm{d}x = \dfrac{1}{n}\cos^{n-1} x\sin x + \dfrac{n-1}{n}\int \cos^{n-2} x\,\mathrm{d}x.$

97. $\int \dfrac{\mathrm{d}x}{\sin^n x} = -\dfrac{1}{n-1}\dfrac{\cos x}{\sin^{n-1} x} + \dfrac{n-2}{n-1}\int \dfrac{\mathrm{d}x}{\sin^{n-2} x}.$

98. $\int \dfrac{\mathrm{d}x}{\cos^n x} = \dfrac{1}{n-1}\dfrac{\sin x}{\cos^{n-1} x} + \dfrac{n-2}{n-1}\int \dfrac{\mathrm{d}x}{\cos^{n-2} x}.$

99. $\int \cos^m x\,\sin^n x\,\mathrm{d}x = \dfrac{1}{m+n}\cos^{m-1} x\,\sin^{n+1} x + \dfrac{m-1}{m+n}\int \cos^{m-2} x\,\sin^n x\,\mathrm{d}x$

$$=-\frac{1}{m+n}\cos^{m+1}x\,\sin^{n-1}x+\frac{n-1}{m+n}\int\cos^{m}x\,\sin^{n-2}x\mathrm{d}x.$$

100. $\displaystyle\int\sin ax\cos bx\,\mathrm{d}x=-\frac{1}{2(a+b)}\cos(a+b)x-\frac{1}{2(a-b)}\cos(a-b)x+C.$

101. $\displaystyle\int\sin ax\sin bx\,\mathrm{d}x=-\frac{1}{2(a+b)}\sin(a+b)x+\frac{1}{2(a-b)}\sin(a-b)x+C.$

102. $\displaystyle\int\cos ax\cos bx\,\mathrm{d}x=\frac{1}{2(a+b)}\sin(a+b)x+\frac{1}{2(a-b)}\sin(a-b)x+C.$

103. $\displaystyle\int\frac{\mathrm{d}x}{a+b\sin x}=\frac{2}{\sqrt{a^2-b^2}}\arctan\frac{a\tan\dfrac{x}{2}+b}{\sqrt{a^2-b^2}}+C\quad(a^2>b^2).$

104. $\displaystyle\int\frac{\mathrm{d}x}{a+b\sin x}=\frac{1}{\sqrt{b^2-a^2}}\ln\left|\frac{a\tan\dfrac{x}{2}+b-\sqrt{b^2-a^2}}{a\tan\dfrac{x}{2}+b+\sqrt{b^2-a^2}}\right|+C\quad(a^2<b^2).$

105. $\displaystyle\int\frac{\mathrm{d}x}{a+b\cos x}=\frac{2}{a+b}\sqrt{\frac{a+b}{a-b}}\arctan\left(\sqrt{\frac{a-b}{a+b}}\tan\frac{x}{2}\right)+C\quad(a^2>b^2).$

106. $\displaystyle\int\frac{\mathrm{d}x}{a+b\cos x}=\frac{1}{a+b}\sqrt{\frac{a+b}{b-a}}\ln\left|\frac{\tan\dfrac{x}{2}+\sqrt{\dfrac{a+b}{b-a}}}{\tan\dfrac{x}{2}-\sqrt{\dfrac{a+b}{b-a}}}\right|+C\quad(a^2<b^2).$

107. $\displaystyle\int\frac{\mathrm{d}x}{a^2\cos^2x+b^2\sin^2x}=\frac{1}{ab}\arctan\left(\frac{b}{a}\tan x\right)+C.$

108. $\displaystyle\int\frac{\mathrm{d}x}{a^2\cos^2x-b^2\sin^2x}=\frac{1}{2ab}\ln\left|\frac{b\tan x+a}{b\tan x-a}\right|+C.$

109. $\displaystyle\int x\sin ax\,\mathrm{d}x=\frac{1}{a^2}\sin ax-\frac{1}{a}x\cos ax+C.$

110. $\displaystyle\int x^2\sin ax\,\mathrm{d}x=-\frac{1}{a}x^2\cos ax+\frac{2}{a^2}x\sin ax+\frac{2}{a^3}\cos ax+C.$

111. $\displaystyle\int x\cos ax\,\mathrm{d}x=\frac{1}{a^2}\cos ax+\frac{1}{a}x\sin ax+C.$

112. $\displaystyle\int x^2\cos ax\,\mathrm{d}x=\frac{1}{a}x^2\sin ax+\frac{2}{a^2}x\cos ax-\frac{2}{a^3}\sin ax+C.$

十二、含有反三角函数的积分

113. $\displaystyle\int\arcsin\frac{x}{a}\mathrm{d}x=x\arcsin\frac{x}{a}+\sqrt{a^2-x^2}+C.$

114. $\displaystyle\int x\arcsin\frac{x}{a}\mathrm{d}x=\left(\frac{x^2}{2}-\frac{a^2}{4}\right)\arcsin\frac{x}{a}+\frac{x}{4}\sqrt{a^2-x^2}+C.$

115. $\displaystyle\int x^2\arcsin\frac{x}{a}\mathrm{d}x=\frac{x^3}{3}\arcsin\frac{x}{a}+\frac{1}{9}(x^2+2a^2)\sqrt{a^2-x^2}+C.$

116. $\displaystyle\int\arccos\frac{x}{a}\mathrm{d}x=x\arccos\frac{x}{a}-\sqrt{a^2-x^2}+C.$

117. $\displaystyle\int x\arccos\frac{x}{a}\mathrm{d}x=\left(\frac{x^2}{2}-\frac{a^2}{4}\right)\arccos\frac{x}{a}-\frac{x}{4}\sqrt{a^2-x^2}+C.$

118. $\displaystyle\int x^2\arccos\frac{x}{a}\mathrm{d}x=\frac{x^3}{3}\arccos\frac{x}{a}-\frac{1}{9}(x^2+2a^2)\sqrt{a^2-x^2}+C.$

119. $\displaystyle\int\arctan\frac{x}{a}\mathrm{d}x=x\arctan\frac{x}{a}-\frac{a}{2}\ln(a^2+x^2)+C.$

120. $\int x \arctan \dfrac{x}{a} dx = \dfrac{1}{2}(a^2 + x^2)\arctan \dfrac{x}{a} - \dfrac{a}{2}x + C.$

121. $\int x^2 \arctan \dfrac{x}{a} dx = \dfrac{x^3}{3}\arctan \dfrac{x}{a} - \dfrac{a}{6}x^2 + \dfrac{a^3}{6}\ln(a^2 + x^2) + C.$

十三、含有指数函数的积分

122. $\int a^x dx = \dfrac{1}{\ln a}a^x + C.$

123. $\int e^{ax} dx = \dfrac{1}{a}e^{ax} + C.$

124. $\int x e^{ax} dx = \dfrac{1}{a^2}(ax - 1)e^{ax} + C.$

125. $\int x^n e^{ax} dx = \dfrac{1}{a}x^n e^{ax} - \dfrac{n}{a}\int x^{n-1} e^{ax} dx.$

126. $\int x a^x dx = \dfrac{x}{\ln a}a^x - \dfrac{1}{(\ln a)^2}a^x + C.$

127. $\int x^n a^x dx = \dfrac{1}{\ln a}x^n a^x - \dfrac{n}{\ln a}\int x^{n-1} a^x dx.$

128. $\int e^{ax} \sin bx\, dx = \dfrac{1}{a^2 + b^2}e^{ax}(a\sin bx - b\cos bx) + C.$

129. $\int e^{ax} \cos bx\, dx = \dfrac{1}{a^2 + b^2}e^{ax}(b\sin bx + a\cos bx) + C.$

130. $\int e^{ax} \sin^n bx\, dx = \dfrac{1}{a^2 + b^2 n^2}e^{ax} \sin^{n-1} bx(a\sin bx - nb\cos bx) + \dfrac{n(n-1)b^2}{a^2 + b^2 n^2}\int e^{ax} \sin^{n-2} bx\, dx.$

131. $\int e^{ax} \cos^n bx\, dx = \dfrac{1}{a^2 + b^2 n^2}e^{ax} \cos^{n-1} bx(a\cos bx + nb\sin bx) + \dfrac{n(n-1)b^2}{a^2 + b^2 n^2}\int e^{ax} \cos^{n-2} bx\, dx.$

十四、含有对数函数的积分

132. $\int \ln x\, dx = x\ln x - x + C.$

133. $\int \dfrac{dx}{x\ln x} = \ln |\ln x| + C.$

134. $\int x^n \ln x\, dx = \dfrac{1}{n+1}x^{n+1}\left(\ln x - \dfrac{1}{n+1}\right) + C.$

135. $\int (\ln x)^n dx = x(\ln x)^n - n\int (\ln x)^{n-1} dx.$

136. $\int x^m (\ln x)^n dx = \dfrac{1}{m+1}x^{m+1}(\ln x)^n - \dfrac{n}{m+1}\int x^m (\ln x)^{n-1} dx.$

十五、含有双曲函数的积分

137. $\int \operatorname{sh} x\, dx = \operatorname{ch} x + C.$

138. $\int \operatorname{ch} x\, dx = \operatorname{sh} x + C.$

139. $\int \operatorname{th} x\, dx = \ln \operatorname{ch} x + C.$

140. $\int \operatorname{sh}^2 x\, dx = -\dfrac{x}{2} + \dfrac{1}{4}\operatorname{sh} 2x + C.$

141. $\int \mathrm{ch}^2 x \mathrm{d}x = \dfrac{x}{2} + \dfrac{1}{4} \mathrm{sh}2x + C.$

十六、定积分

142. $\displaystyle\int_{-\pi}^{\pi} \cos nx \mathrm{d}x = \int_{-\pi}^{\pi} \sin nx \mathrm{d}x = 0.$

143. $\displaystyle\int_{-\pi}^{\pi} \cos mx \sin nx \mathrm{d}x = 0.$

144. $\displaystyle\int_{-\pi}^{\pi} \cos mx \cos nx \mathrm{d}x = \begin{cases} 0 & m \neq n \\ \pi & m = n \end{cases}.$

145. $\displaystyle\int_{-\pi}^{\pi} \sin mx \sin nx \mathrm{d}x = \begin{cases} 0 & m \neq n \\ \pi & m = n \end{cases}.$

146. $\displaystyle\int_{0}^{\pi} \sin mx \sin nx \mathrm{d}x = \int_{0}^{\pi} \cos mx \cos nx \mathrm{d}x \begin{cases} 0 & m \neq n \\ \dfrac{\pi}{2} & m = n \end{cases}.$

147. $I_n = \displaystyle\int_{0}^{\frac{\pi}{2}} \sin^n x \mathrm{d}x = \int_{0}^{\frac{\pi}{2}} \cos^n x \mathrm{d}x$

$$I_n = \dfrac{n-1}{n} I_{n-2} = \begin{cases} I_n = \dfrac{n-1}{n} \cdot \dfrac{n-3}{n-2} \cdot \cdots \cdot \dfrac{4}{5} \cdot \dfrac{2}{3} (n \text{ 为大于 1 的正奇数}), I_1 = 1 \\ I_n = \dfrac{n-1}{n} \cdot \dfrac{n-3}{n-2} \cdot \cdots \cdot \dfrac{3}{4} \cdot \dfrac{1}{2} \cdot \dfrac{\pi}{2} (n \text{ 为正偶数}), I_0 = \dfrac{\pi}{2} \end{cases}.$$